Die Farn- und Blütenpflanzen
Baden-Württembergs
Band 5

Im Rahmen des Artenschutzprogrammes Baden-Württemberg
Die Herausgabe erfolgte in Zusammenarbeit mit der Landesanstalt für Umweltschutz Baden-Württemberg und den Direktionen der Staatlichen Museen für Naturkunde in Stuttgart und Karlsruhe

Die Farn- und Blütenpflanzen Baden-Württembergs

Band 5: Spezieller Teil
(Spermatophyta, Unterklasse Asteridae)
Buddlejaceae bis Caprifoliaceae

Herausgegeben von Oskar Sebald,
Siegmund Seybold, Georg Philippi und Arno Wörz

Autoren von Band 5:
Andreas Kleinsteuber, Dagmar Lange, Georg Philippi, Siegmund Seybold,
Monika Voggesberger, Arno Wörz
mit Beiträgen von Thomas Breunig, Siegfried Demuth, Jörg Griese,
Markus Peintinger, Manfred Rösch, Anette Rosenbauer, Wilhelm Sauer,
Mike Thiv

303 Farbfotos
312 Verbreitungskarten

E.U.
VERLAG
EUGEN
ULMER

Mit Unterstützung
der Stiftung
Naturschutzfonds!

Die Deutsche Bibliothek – CIP-Einheitsaufnahme

Die **Farn- und Blütenpflanzen Baden-Württembergs :** [im Rahmen des Artenschutzprogrammes Baden-Württemberg] / hrsg. von Oskar Sebald... [Die Hrsg. erfolgte in Zusammenarbeit mit der Landesanstalt für Umweltschutz Baden-Württemberg und den Direktionen der Staatlichen Museen für Naturkunde in Stuttgart und Karlsruhe]. – Stuttgart : Ulmer.
NE: Sebald, Oskar [Hrsg.]

Bd. 5. Spezieller Teil (Spermatophyta, Unterklasse Asteridae) : Buddlejaceae bis Caprifoliaceae / Autoren: Andreas Kleinsteuber... – 1996
ISBN 3-8001-3342-3
NE: Kleinsteuber, Andreas

Wollgrasweg 41, 70599 Stuttgart (Hohenheim)
Printed in Germany
Einbandgestaltung: A. Krugmann, Freiberg am Neckar
Satz: Typomedia Satztechnik GmbH, Scharnhausen
Druck: Offsetdruckerei Karl Grammlich, Pliezhausen
Bindung: Buchbinderei Ernst Riethmüller, Stuttgart

Inhaltsverzeichnis

Vorwort zu Band 5 und 6

Mit den vorliegenden Bänden 5 und 6 der „Farn- und Blütenpflanzen Baden-Württembergs" wird die Klasse der Zweikeimblättler (Dicotyledoneae) abgeschlossen. Aufbau und Gliederung entsprechen den bisherigen Bänden. Die Bearbeitung der Texte und Verbreitungskarten der vorliegenden Bände erfolgte in den Jahren 1992 bis 1995. Die dafür notwendige floristische Kartierung wurde dabei weitergeführt. Ohne die Mitarbeit der ehrenamtlichen Kartierer (Liste s. u.) wäre das Werk in dieser Gründlichkeit aber nicht möglich gewesen. An dieser Stelle sei ihnen allen nochmals ganz herzlich gedankt. Gleichzeitig bitten wir um weitere Unterstützung. Für floristische Daten aller Art sind die Botanischen Abteilungen der beiden Naturkundemuseen stets dankbar.

Zu den Herausgebern ist Konservator Dr. ARNO WÖRZ hinzugekommen; Dr. OSKAR SEBALD, seit 1992 im Ruhestand, hat aber weiterhin aktiv am Zustandekommen des Werkes gearbeitet.

Zu danken haben die Herausgeber zahlreichen Mitarbeitern, die einzelne Familien, Gattungen oder Arten zur Bearbeitung übernommen haben:

Dipl. Biol. ANDREAS KLEINSTEUBER (im Rahmen eines Zeitvertrags, Familien der Lamiaceae, Boraginaceae, Lentibulariaceae),
Dr. DAGMAR LANGE (im Rahmen eines Werkvertrags, Familien der Adoxaceae, Dipsacaceae, Asteraceae z. T.),
Dipl. Biol. MONIKA VOGGESBERGER (im Rahmen eines Werkvertrags, Familien der Callitrichaceae, Caprifoliaceae z. T., Asteraceae z. T.),
Dr. NIELS BÖHLING (*Senecio* z. T.)
Dipl. Geogr. THOMAS BREUNIG (*Calamintha*),
Dipl. Biol. MARTIN DAMBACH (*Artemisia*),
Dipl. Biol. SIEGFRIED DEMUTH (Familie der Orobanchaceae)
Oberstudienrat GÜNTER GOTTSCHLICH (*Tolpis* und *Hieracium*),
Dipl. Biol. JÖRG GRIESE (Familie der Polemoniaceae),
Dipl. Biol. MICHAEL KOLTZENBURG (*Anthemis*),
Dipl. Biol. GÖTZ HEINRICH LOOS und KLAUS JUNG (*Taraxacum*),
Dipl. Biol. MARKUS PEINTINGER (*Myosotis, Littorella*),
Dipl. Biol. ANETTE ROSENBAUER (Familien der Gentianaceae, Campanulaceae, *Doronicum, Homogyne*),
Prof. Dr. WILHELM SAUER und Dipl. Biol. MIKE THIV (Mitarbeit bei *Pulmonaria*) und
Dipl. Biol. ROLF WISSKIRCHEN (*Xanthium*).

Die Verbreitungskarten der Gattungen *Kickxia, Antirrhinum* und verschiedener *Veronica*-Arten wurden von Herrn Dr. GEROLD HÜGIN (Denzlingen) und Frau HEIDE HÜGIN (Denzlingen) nach eigenen Funden und der Auswertung von Herbarien ergänzt. Darüber hinaus lieferte Herr Dr. G. HÜGIN Angaben zu zahlreichen Arten der Äcker und Gärten. Prof. Dr. P. SCHMIDT (Tharandt) gab Anregungen und Ergänzungen bei der Gattung *Thymus*. Herr PETER WOLFF (Saarbrücken) half bei der Bearbeitung der Gattungen *Mentha* und *Utricularia*. Herr Dr. E. DÖRR (Kempten) unterstützte uns bei der Geländearbeit durch zahlreiche Hinweise und gewährte Einsicht in seine Aufsammlungen. Herrn Dr. KARL PETER BUTTLER (Offenbach) verdanken wir zahlreiche nomenklatorische Hinweise. Die Angaben über Fossilfunde wurden von Herrn Dr. M. RÖSCH zusammengestellt. Die Nachweise der ältesten Angaben der Literatur oder der Herbarien trug Prof. Dr. S. SEYBOLD zusammen.

Der Ausdruck der Karten erfolgte mittels des Florein-Programmes; dieses wurde uns von Herrn Dipl. Biol. W. AHLMER, Dipl. Biol. W. SUBAL und Prof. Dr. PETER SCHÖNFELDER (alle Regensburg) zur Verfügung gestellt. Herr Dipl. Biol. GEORG SCHOEPE und Herr Dipl. Biol. MARTIN DAMBACH übernahmen die EDV-Betreuung. Bei der Dateneingabe waren zahlreiche Kräfte in den Naturkundemuseen beschäftigt. Allen Mitarbeitern sei hier nochmals herzlich für die Hilfe gedankt.

Die reiche und gute Bebilderung verdanken wir der selbstlosen Mitarbeit der Fotografen.

Auch in diesen Bänden stellten Dr. HELMUT BAUMANN (Böblingen) und HEINZ SCHREMPP (Breisach-Oberrimsingen) ein Großteil der Bilder. Weiter erhielten wir wertvolle Dias von:

ALEKSEJEW, PETER – Schwäbisch Gmünd
BUETTNER, FRIEDRICH – Göppingen
BURGHARDT, HELMUT – Neuss
DEMUTH, SIEGFRIED – Karlsruhe
GOTTSCHLICH, GÜNTER – Tübingen
KLEINSTEUBER, ANDREAS – Karlsruhe
LAUX, HANS E. – Biberach
MUER, THOMAS – Telgte
PAYERL, HANS – Eschach
RASBACH, Dr. KURT und Frau HELGA – Glottertal
REICHENBACH, BERTHOLD – Herbolzheim
RIHM, GERHARD – Aalen
SCHÖNFELDER, Prof. Dr. PETER – Regensburg
WALDERICH, LUDWIG – Gingen/Fils.

Die beiden Fotografen an den Naturkundemuseen, Frau ROTRAUD HARLING, Stuttgart und Herr VOLKER GRIENER, Karlsruhe, fertigten auf Wunsch Aufnahmen von Herbarbelegen an. Frau A. ROSENBAUER, Frau M. VOGGESBERGER und Herr F. WEICK haben durch Zeichnungen einige wichtige Erkennungsmerkmale verdeutlicht. Bei allen Personen bedanken wir uns sehr herzlich für die umfassende Hilfe und bitten sie, uns bei den restlichen Pflanzenfamilien ebenfalls wieder zu unterstützen.

Wir bedanken uns beim Umweltministerium für die nun schon mehr als 10 Jahre andauernde finanzielle Förderung im Rahmen der Grundlagenwerke des Artenschutzprogramms, besonders Herrn Minister HARALD B. SCHÄFER. In den zuständigen Abteilungen fanden wir die nötige Unterstützung durch Herrn Ministerialrat R. KOHLER sowie Frau Regierungsdirektorin B. KOEHLER-NEUMANN und Herrn Oberamtsrat J. KUHN. Der Landesanstalt für Umweltschutz in Karlsruhe, besonders den Herren Dr. K.H. HARMS und Dr. J. MARX danken wir für die gute Betreuung und für zahlreiche Hinweise.

Die Weiterführung dieses großen Projekts war nur möglich durch Verständnis und Unterstützung durch die Direktoren der Naturkundemuseen. Herrn Prof. Dr. S. RIETSCHEL, Herrn Prof. Dr. B. ZIEGLER und Herrn Dr. O. RIEPPEL sei deshalb gleichfalls ganz herzlich gedankt.

Die finanzielle Förderung des Drucks der umfangreichen Bände wurde ermöglicht durch die Stiftung Naturschutzfonds. Unser Dank gilt dabei Herrn Minister HARALD B. SCHÄFER sowie Herrn Ministerialrat Dr. E. HEIDERICH. Mit der Möglichkeit, diese Bände einer breiteren Öffentlichkeit durch einen günstigen Preis nahezubringen, wird nicht nur eine notwendige Förderung des Natur- und Umweltschutzes geleistet, sondern auch die wichtige Aufgabe der Erwachsenenbildung.

Für die hervorragende Zusammenarbeit und die verständnisvolle Betreuung durch den Verlag Eugen Ulmer danken wir herzlich Herrn Verleger ROLAND ULMER und seinen Mitarbeitern, besonders Herrn DIETER KLEINSCHROT.

Mit diesen Bänden ist die floristische Arbeit in Baden-Württemberg keineswegs abgeschlossen. Sie sollen zu weiteren Beobachtungen und Forschungen anregen. Hierzu sind gleichermaßen „Fachleute" wie interessierte „Laien" aufgerufen. Hoffen wir, daß dieses Werk zum Schutz und Erhalt der Natur beiträgt.

Stuttgart und Karlsruhe
Herbst 1995

Oskar Sebald
Siegmund Seybold
Georg Philippi
Arno Wörz

Mitarbeiter der Kartierung

Ade, Manfred – Oberndorf-Aistaig
Ade, Ulrich – Böblingen
Ahrens, Dr. Matthias – Karlsruhe
Aichele, Dr. Dietmar – Ehningen
Aigeldinger, Karl – Epfendorf
Albert, Birgit – Konstanz
Aleksejew, Peter – Schwäbisch Gmünd
Anka, Knut-Georg – Ulm
von Arand-Ackerfeld, Erwin (†) – Munderkingen
Arnold, Klaus – Bietigheim-Bissingen
Aßmann, Adolf (†) – Zavelstein
Banzhaf, Peter – Königsbronn
Banzhaf, Roland – Ulm
Balters, Dr. Helmut – Westhausen
Baral, Hans-Otto – Tübingen-Pfrondorf
Bauer, Heinz-Peter – Stuttgart
Baumann, Dr. Helmut – Böblingen
Baumann, Karl (†) – Nürtingen
Bayer, Dr. Otto – Bad Mergentheim
Beck, Ernst (†) – Albstadt-Ebingen
Beck, Reinhold – Eßlingen
Bense, Gerda – Mössingen
Benzing, Dr. Alfred (†) – Schwenningen
Bergmann, Waldtraut – Blaustein

Berndt, Reinhard – Reutlingen
Beyerle, Burkhart – Konstanz
Bogenrieder, Prof. Dr. Arno – Freiburg i. Br.
Boness, Dr. Martin – Leverkusen
Boos, H. – Rheinfelden
Bosch, Helmut – Blaustein-Arnegg
Braun, Günter – Lörrach
Bresch, Jochen – Kehl-Goldscheuer
Brettar, Otto (†) – Kaiserslautern
Breunig, Thomas – Karlsruhe
Brielmaier, Georg Wolfgang (†) – Wangen/Allgäu
Brodtbeck, Thomas – Riehen
Buck, Ulrich – Ditzingen
Buck-Feucht, Dr. Gertrud – Kirchheim/Teck
Bücking, Elisabeth – Freiburg i. Br.
Bücking, Dr. Winfried – Freiburg i. Br.
Bückle, Eugen – Winnenden-Birkmannsweiler
Bujotzek, Elisabeth – Heidenheim
Burghardt, Helmut – Neuss
Buschle, Alfred – Schweinhausen
Bussmann, Dr. Rainer – Bayreuth
Butter, Dieter – Söhnstetten
Buttler, Dr. Karl Peter – Frankfurt/Main
Cammisar, Franz – Tübingen
Chattopadhyay, Rathin – Stuttgart
Dambach, Martin – Stuttgart
Demuth, Siegfried – Karlsruhe
Deischle, Siegfried – Stuttgart
Detzel, Dr. Peter – Tübingen
Dienst, Michael – Konstanz
Dierssen, Prof. Dr. Klaus – Kiel
Dieterich, Dr. Hermann (†) – Stuttgart
Dirbach, Ulrich – Karlsruhe
Dittrich, Werner – Tübingen
Döler, Hans-Peter – Tübingen
Dörr, Dr. Erhard – Kempten
Dorka, U. – Freudenstadt
Dorka, V. – Freudenstadt
Dühring, Volker – Zaberfeld
Düll, Prof. Dr. Ruprecht – Duisburg
Dunkel, Dr. Franz-Georg – Karlstadt
Eisele, Wendelin – Rangendingen
Eisenschmid, Hans P. – Neuenbürg
Embert, Gustav – Stuttgart
Enderle, Dr. Wilhelm – Wangen/Allgäu
Engelhardt, Martin – Tübingen
Engelhardt, Ottmar – Neresheim
Feldweg, Otto – Tübingen
Filzer, Prof. Dr. Paul – Tübingen
Fink, Ursula – Großbottwar
Fischer, Rudolf (†) – Nördlingen
Flogaus, Robert – Kirchheim/Teck
Franke, Martin (†) – Esslingen
Freund, Clemens – Freiburg i. Br.
Friedhoff, Ulrich – Ulm
Geissert, Fritz – Sessenheim
Genser, Joachim – Stuttgart
Gewers, Georg – Stuttgart
Glock, Heinrich – Wüstenrot-Berg
Glocker, Hans – Ludwigsburg
Gölkel, Walter – Zainingen
Göring, Michael
Görs, Dr. Sabine – Ettlingen
Götz, Thomas – Singen
Gotthard, Prof. Dr. Werner – Ostfildern
Gottschlich, Günter – Tübingen-Hagelloch
Gramlich, Ralf – Gemmingen
Grass, Dr. Wilhelm (†) – Schwäbisch Gmünd
Greb, Dr. Helmut – Ludwigsburg
Griese, Jörg – Karlsruhe
Grüttner, Dr. Astrid – Halle/S.
Haas, Dr. Hans – Stuttgart
Hagemann, Prof. Dr. Wolfgang – Heidelberg
Haisch, Bernd – Stutensee
Harms, Dr. Karl Hermann – Karlsruhe
Harr, Siegfried – Reutin bei Oberndorf
Hassler, Dr. Michael – Bruchsal
Hauff, Dr. Rudolf (†) – Geislingen/Steige
Haug, Otto (†) – Möttlingen
Hauser, Herbert – Renningen
Heil, Norbert – Oedheim
Held, Frieder – Weinheim
Hellmann, Dr. Volker – Konstanz
Hengel, Walter – Weidenstetten
Henkel, Siegfried – Güglingen
Henn, Prof. Karl (†) – Radolfzell
Herwanger, Helmut – Bad Waldsee
von Heydebrand, Dr. Ernst (†) – Heidenheim
Hölzer, Dr. Adam – Karlsruhe
Hügin, Dr. Gerhard (†) – Denzlingen
Hügin, Dr. Gerold – Denzlingen
Hündorf, Bernd-R. – Fridingen
Illich, Heinz – Marbach
Jackwert, Willy – Bad Alexandersbad
Jacob, Dr. Dieter – Überlingen
Kätzler, Wolfgang – Schallstadt-Wolfenweiler
Karg, Petra – Salem-Beuren
Karl, Willy (†) – Albstadt
Katz, Walter – Remchingen
Keller, Andreas – Wuppertal
Kellner, Dr. Kurt – Marburg
Keppler, Arthur – Schömberg
Kersting, Gerhard – Freiburg i. Br.
Kiechle, Josef – Konstanz
Kleinsteuber, Andreas – Karlsruhe
Kless, Gotthard – Fröhnd-Ittenschwand
Klotz, Erich – Stuttgart

Knoch, Dieter – Emmendingen
Koch, Eberhard – Gottmadingen
Koch, Erwin (†) – Heidenheim
Koch, Ulf – Freiburg i. Br.
Köhler, Erich – Künzelsau-Morsbach
König, Andreas – Eschborn
Köster, Peter – Biberach
Koltzenburg, Michael – Tübingen
Korneck, Dieter – Wachtberg-Niederbachem
Krach, Dr. J. Ernst – Pappenheim
Kramer, Dr. Wolfgang – March
Kretzschmar, Dr. Friederich – Freiburg i. Br.
Krieglsteiner, Lothar – Schwäbisch Hall
Kroymann, Burkhard – Stuttgart
Kübler-Thomas, Margarete – Hatzenbühl
Kümmel, Dr. Käthe (†) – Brackenheim
Künkele, Dr. Siegfried – Stuttgart
Künkele, Wolfgang – Stuttgart
Küstner, Werner – Stuttgart
Kulke, Joachim – Wurmlingen
Kull, Prof. Dr. Ulrich – Stuttgart
Kunick, Prof. Dr. Wolfram – Kassel
Kuon, Günter – Leutkirch
Kurz, Gerhard – Vöhringen
Längst, Roland – Schwäbisch Hall
Lages, Helmut – Überlingen
Lange, Dr. Dagmar – Stuttgart
Leist, Dr. Norbert – Bad Schönborn
Lenker, Karl-Heinz – Aitrach
Lessig, Kurz Heinz – Stuttgart
Leuze, Volker – Schwäbisch Hall
Liebheit, Dr. Klaus – Stuttgart
Lippert, Dr. Wolfgang – München
Litzelmann-Jacobi, Maria – Lörrach-Haagen
Lotze, Ursula – Stuttgart
Lüth, Michael – Freiburg i. Br.
Lutz, Peter – Freiburg i. Br.
Maass, Inge – Stuttgart
Mahler, Prof. Karl (†) – Aalen
Malzacher, Dr. Peter – Ludwigsburg
Marquart, Max – Sigmaringen
Mattern, Dr. Hans – Stuttgart
May, Thomas – Freiburg i. Br.
Mayer, Georg – Albstadt
Meckle, Jakob – Blaubeuren-Weiler
Megerle, Andreas – Friedrichshafen
Mehlo, Gudrun – Reutlingen
Meszmer, Franz – Mosbach
Miller, Ulfried – Ravensburg
Mücke, Eginhard – Filderstadt
Müller, Manfred – Neckarbischofsheim
Müller, Prof. Dr. Theo – Steinheim
Murmann-Kristen, Dr. Luise – Karlsruhe
Musfeldt, Klaus – Tübingen
Mutschler, Oswin (†) – Crailsheim
Nebel, Dr. Martin – Stuttgart
Neubehler, Ralph – Karlsruhe
Neumann, Gerhard – Weinheim
Nickel, Dr. Elsa – Stuttgart
Nittinger, Dr. Hilde – Stuttgart
Nothdurft, Dr. Heinrich – Bad Säckingen
Oberdorfer, Prof. Dr. Dr. h. c. Erich – Freiburg i. Br.
Oberhollenzer, Hans – Biberach
Payerl, Hans – Eschach
Peintinger, Markus – Radolfzell
Pfaff, Bertram – Meßkirch
Pfeifer, Gerhard – Heuchlingen
Plieninger, Walter – Nordheim
Pröhl, Monika – Stuttgart
Quinger, Burkhard – Herrsching
Rasbach, Helga – Glottertal
Rasbach, Dr. Kurt – Glottertal
Rathausky, Wolfgang – Werbach-Brunntal
Rauneker, Hugo – Ulm
Reichstein, Prof. Dr. Tadeus – Basel
Reick, Ferdinand (†) – Süßen/Fils
Reineke, Dieter – Freiburg i. Br.
Reinhard, Wolfgang – Baden-Baden
Reinhardt, Edwin – Böblingen
Reinöhl, Heinz – Stuttgart
Rennwald, Erwin – Rheinstetten-Neuburgweier
Rennwald, Klaus – Kehl-Marlen
Rieker, Gerhard – Königsfeld
Rieks, Ralf – Böblingen
Rietdorf, Klaus – Bad Krozingen
Riexinger, Wolf-Dieter – Stuttgart
Rodi, Prof. Dr. Dieter – Schwäbisch Gmünd
Röhn, Christian – Friedrichshafen
Rösch, Dr. Manfred – Hemmenhofen
Rohde, Ulrike – Karlsruhe
Rosenbauer, Anette – Stuttgart
Roweck, Prof. Dr. Hartmut – Kiel
Rüdenauer, Barbara – Stuttgart
Rüdenauer, Klaus – Stuttgart
Säglitz, Elke – Stuttgart
Sapper, Dr. Isolde (†) – Ludwigsburg
Sass, Henrik – Konstanz-Litzelstetten
Sattler, Thomas – Karlsruhe
Sauer, Michael – Stuttgart
Sauerbeck, Dr. Karl – Stuttgart
Sauvigny, Carola – Stuttgart
Schach, Hans – Karlsruhe
Schäfer, Hanno – Weikersheim
Schäfer-Verwimp, Alfons – Herdwangen
Schäuffelen, Dr. Eugen – Ulm
Schedler, Dr. Jürgen – Stuttgart
Scheerer, Dr. Hans – Schorndorf

Scheler, Titus – Altdorf
Scherer, Hans – Inzigkofen
Scheuerle, Erwin (†) – Leonberg-Warmbronn
Scheuerle, Margarete – Leonberg-Warmbronn
Schiefer, Dr. Jochen (†) – Aulendorf
Schill, Gottlob – Münsingen
Schimpf, Frieder – Kirchberg/Jagst
Schlenker, Prof. Dr. Gerhard (†) – Traifelberg
Schlesinger, Siegfried – Teningen
Schloß, Dr. Siegfried – Jockgrim
Schmatelka, Norbert – Freudental
Schmidt, Bertrand – Waldkirch
Schnedler, Wieland – Asslar-Bechlingen
Schneider, Georg – Amstetten
Schölch, Dr. Friedrich – Heidelberg
Schönfelder, Prof. Dr. Peter – Regensburg
Schönleber, Dr. Dorothea (†) – Stuttgart
Schuhwerk, Dr. Franz – München
Schultheiß, Franz (†) – Ellwangen
Schulz, Herbert – Braunschweig
Schulze, Dr. Gerhard – Ludwigshafen
Schwabe, Prof. Dr. Angelika – Darmstadt
Schwegler, Dr. Heinz-Werner – Backnang
Seidel, Dr. Dankwart – Bad Zwischenahn
Seiler, Walter – Stuttgart
Seitz, Dr. Ekkehard – Nonnenhorn
Seliger, Eberhard – Stuttgart
Semmelmann, Thomas – Karlsruhe
Senghas, Dr. Karlheinz – Heidelberg
Seybold, Rainer – Leonberg-Warmbronn
Simon, Werner – Stuttgart
Sindele, Anton – Kornwestheim
Smaglinski, Silke – Binningen
Smettan, Dr. Hans – Ostfildern
Spelda, Jörg – Eßlingen
Spitznagel, August – Igersheim
Stadelmaier, Hartwig – Tübingen
Stauber, Josef – Ehingen
Steidel, Cornelie – Stuttgart
Steiner, Luisa – Freiburg i. Br.
Stieglitz, Wolf – Erkrath
Stöhr, Harald – Fellbach
Thomas, Dr. Peter – Hatzenbühl
Thomma, Robert – Murg-Oberhof
Timmermann, Georg – Rottenburg
Todt, Friedrich (†) – Mühlacker
Treiber, Reinhold – Freiburg i. Br.
Trittler, Jürgen – Heidenheim
Türk, Prof. Dr. Roman – Salzburg
Venth, Wiltrud – Tübingen
Verwimp, Inge – Herdwangen
Veyhl, Walter – Besigheim
Vock, Werner (†) – Stuttgart
Vogel, Peter – Karlsruhe
Vogelgsang, Werner – Riedlingen
Voggenreiter, Dr. Volker – Bonn
Voggesberger, Monika – Stuttgart
Wahrenburg, Wolfram – Weil im Schönbuch
Walderich, Ludwig – Gingen
Walderich, Manfred – Gingen
Walsberg, Margarete – Schwieberdingen
Walter, Hans – Oberberken
Walz, Dieter – Weißach-Flacht
Warth, Dr. Manfred – Stuttgart
Weber, Petra – Tübingen
Wehrmaker, Dr. Alfred – Winterbach
Weidmann, Elmar – Blaubeuren-Gerhausen
Weimert, Helmut – Königheim-Gissigheim
Wein, Gerold – Alpirsbach
Weischedel, Inge und Waltraut – Stuttgart
Weiss, Martin – Stuttgart
Weißbecker, Dr. Maria – Darmstadt
Weller, Prof. Dr. Friedrich – Nürtingen
Westrich, Dr. Paul – Tübingen
Willbold, Elmar – Dürnau
Willbold, Hans – Dürnau
Willer, Dr. Karl-Heinz – Walldorf
Wilmanns, Prof. Dr. Otti – Freiburg i. Br.
Wimmenauer, Prof. Dr. Wolfhard – Freiburg i. Br.
Winkelmann, Artur – Aindling
Winterhoff, Prof. Dr. Wulfard – Sandhausen
Wirth, Prof. Dr. Volkmar – Stuttgart
Witschel, Dr. Michael – Freiburg i. Br.
Wolf, Hans – Ellwangen
Wolf, Hilde – Marbach
Wolf, Thomas – Karlsruhe
Wolff, Peter – Saarbrücken
Wolfstetter, Karl F. (†) – Wörth/Main
Wrede, Dr. Walter (†) – Nagold
Wulf, Friedrich – Kirchzarten-Burg
Zeuner, Hans – Herrenberg
Zidorn, Peter – Spraitbach
Ziegler, Ernst (†) – Ludwigsburg
Zier, Lothar – Königseggwald
Zindler-Frank, Dr. Elisabeth – Konstanz
Zinke, Felix – Villingen-Schwenningen
Zorzi, Martin – Stuttgart

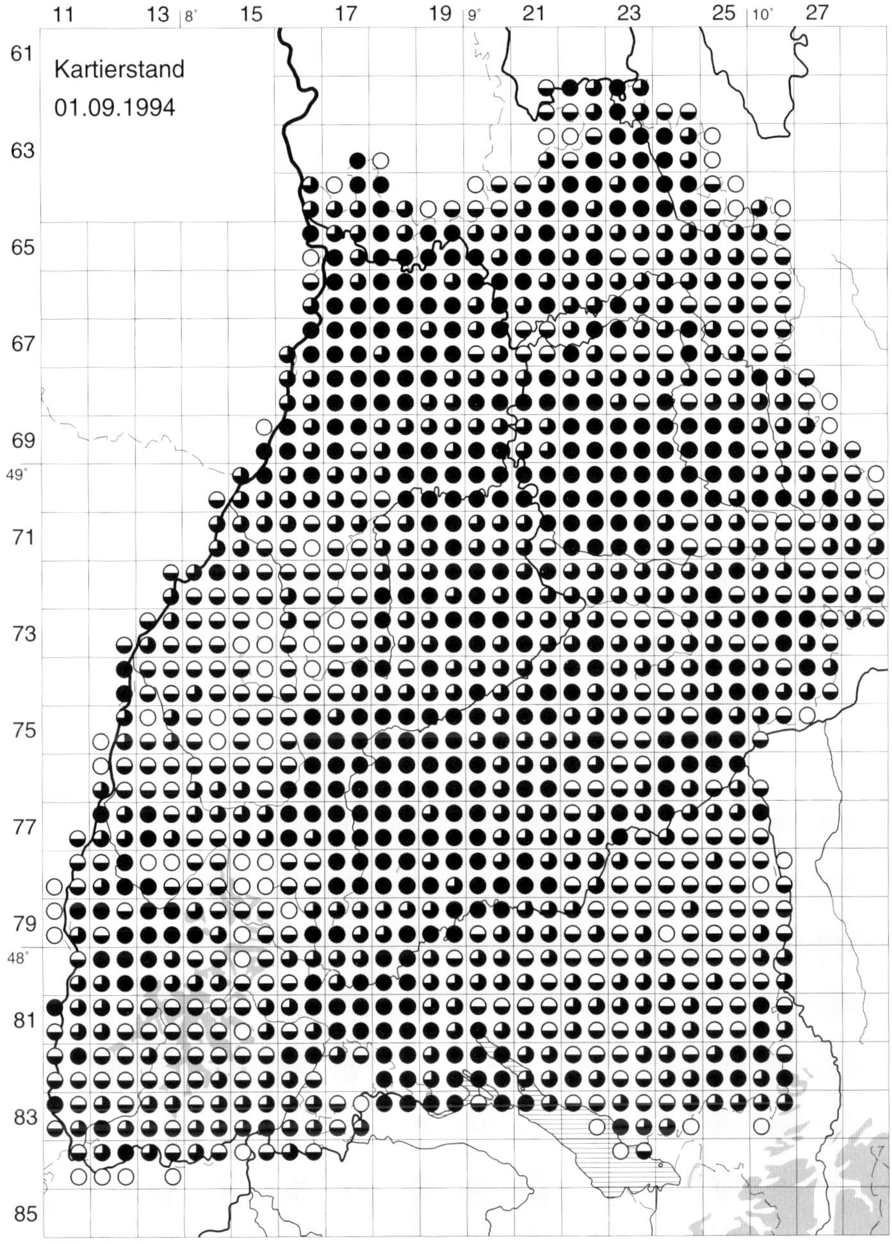

Stand der floristischen Kartierung von Baden-Württemberg am 1. 9. 1994 (nur Daten der Listenkartierung ab 1970).

Die Artenzahlen pro Quadrant sind in 4 Stufen eingetragen:

- ● über 500 Arten
- ◕ 400–500 Arten
- ◒ 300–400 Arten
- ○ 200–300 Arten

keine Signatur = unter 200 Arten

Fundorte subfossiler Erstnachweise

Ergänzungen zu Verzeichnis Band 1, Seite 44 und Band 3, Seite 12 (M. Rösch)

104) Allensbach-Hegne: Galgenacker, Ufersiedlung der Schnurkeramischen Kultur (Rösch 1990).
105) Gerabronn-Amlishagen: Flur Wasserburg, Sediment aus Burg (Rösch, Jacomet u. Karg 1992).
106) Baden-Baden: Gernsbacher Straße, römische Siedlung (Stika 1993).
107) Bietigheim: Kelter, verkohlter Getreidevorrat (Rösch, Jacomet u. Karg 1992).
108) Bodman-Ludwigshafen: Blissenhalde, spätneolithische Ufersiedlung (Rösch 1987).
109) Bönnigheim: Am Köllesturm, spätmittelalterliche Siedlungsbefunde (Rösch, Jacomet u. Karg 1992).
110) Bruchsal: Flur Au, Erdwerk der Michelsberger Kultur (Rösch unpubl.).
111) Calw-Hirsau: Kloster, spätmittelalterliche Klosterlatrine (Rösch, Jacomet u. Karg 1992).
112) Durbach: Pfarrkirche, Bestattung (Rösch 1992a).
113) Eßlingen: Denkendorfer Pfleghof, hochmittelalterliche Siedlungsbefunde (Fischer 1993).
114) Ettlingen: Dekaneigasse, Brandschicht Stadtbrand 1689 (Rösch, Jacomet u. Karg 1992).
115) Freiberg-Geisingen: Gruben Schussenrieder der Kultur und Hallstatt D (Piening 1988).
116) Gerlingen: Bachstraße 7, hochmittelalterliches Grubenhaus (Rösch u. Gross 1994).
117) Gerlingen: Lontel, römischer Keller (Stika 1993).
118) Giengen: Schlößle, hochmittelalterliche Siedlungsbefunde (Rösch, Jacomet u. Karg 1992).
119) Hardthausen-Lampoldshausen: Villa rustica (Piening 1982).
120) Heidelberg: Marstallhof, neuzeitliche Siedlungsbefunde (Rösch unpubl.).
121) Heidelberg: Spitalfriedhof, spätmittelalterliche Gräber (Rösch unpubl.).
122) Heidenheim: Flur Großkuchen, frühmittelalterliche Siedlungsbefunde und Gräber (Rösch unpubl.).
123) Heidenheim: Getreide aus römischen Kastell (Hopf unpubl.).
124) Heilbronn-Neckargartach: Grube der Urnenfelderkultur (Piening 1982).
125) Herrenberg: Flur Raistingen, früh-/hochmittelalterliche Wüstung (Rösch, Jacomet u. Karg 1992).
126) Herrenberg-Affstätt: Flur Krummer, linearbandkeramische Grube (Stika 1991).
127) Hilzingen-Weiterdingen: Amtshausstraße, hochmittelalterliches Grubenhaus, Renaissance-Keller (Rösch unpubl.).
128) Igersheim: Neuseser Tal, frühmittelalterliche Siedlung (Rösch, Jacomet u. Karg 1992).
129) Ilsfeld: Grube der frühen La Tène-Zeit (Piening 1982).
130) Kirchheim/Teck: Marktstraße 28, frühneuzeitliche Latrine (Rösch, Jacomet u. Karg 1992).
131) Knittlingen: Flur Mittelfeld, spätbronzezeitliche Siedlung (Rösch 1994).
132) Ladenburg: Domhofplatz, römische Siedlungsbefunde (Rösch unpubl.).
133) Lahr: Schiller-/Kreutzstraße, hochmittelalterlicher Stadtgraben (Rösch unpubl.).
134) Lauffen: römische Holztruhe (Piening 1982).
135) Mannheim-Wallstadt: Flur Linsenbühl, mittelalterliche Wüstung (Rösch unpubl.).
136) Mengen: Tal Josaphat, mittelalterlich-/neuzeitliche Siedlungsbefunde (Rösch, Jacomet u. Karg 1992).
137) Bad Mergentheim: Rotkreuzstraße, germanisch-/kaiserzeitliche Siedlungsgrube (Piening 1982).
138) Mundelsheim: Flur Steinäcker, römisches Mithraeum (Stika 1993).
139) Mühlacker-Lomersheim: Flur Fronäcker, römische Villa rustica (Hugonot et al. 1991).
140) Nürtingen-Oberensingen: Flur Seelen, römische Villa rustica (Stika 1993).
141) Oberkochen: Römische Villa rustica (Piening 1982).
142) Oberkochen: Frühlingsstraße, alamannische Reihengräber (Rösch unpubl.).
143) Pforzheim: Kappelhofstraße, römischer Vicus (Rösch, Jacomet u. Karg 1992).
144) Rainau-Buch: Römischer Kastellvicus, Gruben, Keller u. ä. (Piening 1982).
145) Rainau-Buch: Brunnen in römischen Kastellvicus (Stika 1993).
146) Remseck-Aldingen: Gruben der Schwieberdinger Gruppe (Piening 1986).
147) Remseck-Aldingen: Flur „bei den Stämmen“, römische Villa rustica (Rösch, Jacomet u. Karg 1992).

148) Riegel: Fronhofbuck, römischer Vicus, Brunnen (STIKA 1993).
149) Rot am See: Ev. Pfarrkirche, mittelalterlicher Erdstall (RÖSCH, JACOMET u. KARG 1992).
150) Rottenburg: Flur Lindele, Fundplatz der Linearbandkeramik (STIKA 1991).
151) Rottenburg: Flur Siebenlinden, mittelsteinzeitlicher Fundplatz (RÖSCH unpubl.).
152) Rottweil: Flur „Auf dem Wall", mittelalterliche Wüstung (RÖSCH, JACOMET u. KARG 1992).
153) Rottweil: Hauptstraße 41, frühneuzeitliche Latrine (RÖSCH unpubl.).
154) Rottweil: Königshofweg, mittelalterliche Wüstung (RÖSCH unpubl.).
155) Rottweil: Flur Hochmauren, römisches Kastell, Grube (STIKA 1993).
156) Rottweil: Flur Steinwandel, römisches Municipium, Brunnen (STIKA 1993).
157) Schallstadt-Mengen: Flur Hofstatt, karolingische Siedlung (RÖSCH 1993a).
158) Schallstadt-Mengen: Flur Löchleacker, völkerwanderungszeitliche Siedlung (RÖSCH 1993a).
159) Schwäbisch Gmünd: Rinderbachgasse, spätmittelalterlich/frühneuzeitliche Latrine (RÖSCH unpubl.).
160) Schwäbisch Hall: Lange Straße 49, frühneuzeitliche Fehlbodenfüllungen (RÖSCH, KARG u. SILLMANN 1994).
161) Seitingen-Oberflacht: Leerhalde, alamannisches Reihengräberfeld (ZAUNER 1992).
162) Sindelfingen: Gottlieb-Daimler-Schule, römischer Vicus, Brunnen (STIKA 1993).
163) Stettfeld: Talstraße 4, Mühlberg, Marcellusplatz, römischer Vicus, Brunnen, Keller (STIKA 1993).
164) Stuttgart-Mühlhausen: Viesenhäuser Hof, linearbandkeramische Siedlung (RÖSCH 1992b).
165) Tauberbischofsheim-Dittigheim: Flur Bogenäcker, fränkisches Reihengräberfeld (RÖSCH, JACOMET u. KARG 1992).
166) Uhingen: Römerstraße 91, bronzezeitliche Gruben (KARG 1988).
167) Ulm: Donaustraße/Grüner Hof, hochmittelalterliche Siedlungsbefunde (WIETOLD 1989).
168) Unteruhldingen-Mühlhofen: Flur Stollenwiesen, spätbronzezeitliche Ufersiedlung (RÖSCH 1993b).
169) Villingen: Gerberstraße, hochmittelalterliche Siedlungsbefunde (RÖSCH 1993c).
170) Villingen: Josephsgasse, mittelalterlich-frühneuzeitliche Siedlungsbefunde (RÖSCH 1993c).
171) Villingen: Kapuzinerkloster, hochmittelalterliche Siedlungsbefunde (RÖSCH 1993c).
172) Villingen: Rietgasse, spätmittelalterliche Siedlungsbefunde (RÖSCH 1993c).
173) Villingen: Rietzentrum, hoch-/spätmittelalterliche Siedlungsbefunde (RÖSCH 1993c).
174) Waldshut-Tiengen: Waldshut, Pfarrkirche „Maria Himmelfahrt", Gruft der Grafen von Sulz (RÖSCH, JACOMET u. KARG 1992).
175) Walheim: Badstube, römischer Vicus (PÜHLER 1990).
176) Walldürn: Flur „Am Römerbad", römischer Kastellvicus (STIKA 1993).
177) Weinstadt-Endersbach: Flur Halde III, Hallstatt-/La Tène-Gruben (RÖSCH unpubl.).
178) Werbach-Gamburg: Flur Alte Kirchen, spätmittelalterliches Grubenhaus (RÖSCH, JACOMET u. KARG 1992).
179) Wiesloch: Küferstraße, mittelalterlich-frühneuzeitliche Siedlungsbefunde (RÖSCH unpubl.).
180) Wiesloch: Flur Weinäcker, spätbronzezeitliche Siedlung (RÖSCH 1993d).

Spezieller Teil

Liste der Signaturen auf den Verbreitungskarten

- ● Beobachtung 1970 und später
- ◕ Beobachtung zwischen dem 1. 1. 1945 und dem 31. 12. 1969
- ◒ Beobachtung zwischen 1900 und 1944
- ○ Beobachtung vor 1900
- ◯ Beobachtung nur für ein bestimmtes Maßtischblatt, nicht aber für einen bestimmten Quadranten angegeben, Zeitraum 1945 und später.

Liste der Abkürzungen und Zeichen

agg. = Aggregat, Bezeichnung für eine Gruppe nah verwandter, schwierig zu unterscheidender Kleinarten
ASP = Artenschutzprogramm der LfU, Karlsruhe
BAS = Herbarium des Botanischen Instituts der Universität Basel
BASBG = Herbarium der Basler Botanischen Gesellschaft
BBZ = Berichte des Botanischen Zirkels Stuttgart (Xerokopien)
cv. = Cultivar (Sorte einer Nutz- oder Zierpflanze)
EGM = EICHLER, GRADMANN u. MEIGEN (1905–27): Ergebnisse der pflanzengeographischen Durchforschung von Württemberg, Baden und Hohenzollern.
ERZ = Herbarium des Fürstin-Eugenie-Instituts für Heilpflanzenforschung, früher Schloß Lindich bei Hechingen, heute dem Herbarium TUB angegliedert.
et al. = und andere
G 0–G 5 = Gefährdungskategorien der Roten Liste 1983 (HARMS et al.)
KR = Herbarium des Staatlichen Museums für Naturkunde Karlsruhe
KR-K = Kartei der Botanischen Abteilung des Staatlichen Museums für Naturkunde Karlsruhe
L/B = Verhältnis Länge : Breite
LfU = Landesanstalt für Umweltschutz Baden-Württemberg
M = Herbarium der Botanischen Staatssammlungen München
MTB = Meßtischblatt (Karte 1 : 25 000)
NN = Name nicht bekannt
nom. cons. = nomen conservandum, manche Gattungsnamen sind als Ausnahmen von der Prioritätsregel gegen ältere Namen geschützt.
nom. inv. = nomen invalidum, ungültiger Name
o. J. = ohne Jahr (Beobachtungsjahr nicht bekannt)
o. O. = ohne Ortsangabe (Angabe aus den Kartierungsunterlagen ohne Nennung eines Fundorts, aber unter Bezug auf einen bestimmten Quadranten oder auf ein bestimmtes Meßtischblatt)
s. l. = sensu lato, in weiterem Sinne (bei Arten, die in mehrere Unterarten oder Kleinarten aufgeteilt werden können).
s. str. = sensu stricto, im engen Sinne (s. Erläuterung bei s. l.).
STU = Herbarium des Staatlichen Museums für Naturkunde Stuttgart
STU-K = Kartei der Botanischen Abteilung des Staatlichen Museums für Naturkunde Stuttgart
TUB = Herbarium des Biologischen Instituts der Universität Tübingen
ZKM = Zettelkatalog MARTENS (Teil von STU-K)
ZT = Herbarium des Instituts für spezielle Botanik an der Eidgenössischen Technischen Hochschule in Zürich

Für weitere Herbarabkürzungen vgl. Index Herbariorum, ed. 8, New York 1990.

♂ = männlich
♀ = weiblich
$<$ = kleiner als
$>$ = größer als
$\approx$ = angenähert gleich
Ø = Durchmesser

Abteilung

Spermatophyta (Anthophyta) Samenpflanzen (Blütenpflanzen)

(Fortsetzung)

Unterklasse

Asteridae
Asternähnliche

Diese große Gruppe von Pflanzen umfaßt die am höchsten entwickelten Arten unter den Zweikeimblättrigen. Sie ist an Zahl ungefähr der Gruppe der Rosidae gleich. Die allermeisten Sippen davon sind an der verwachsenen Blütenkrone zu erkennen. Die Zahl der Staubblätter ist gleich oder geringer als die der Kronzipfel, mit denen sie alternieren.

Nach HEYWOOD (1978) gehören hierher folgende uns betreffende Ordnungen und Familien:

Ordnung Gentianales
- Familie Buddlejaceae – Fliederspeergewächse
- Familie Gentianaceae – Enziangewächse
- Familie Apocynaceae – Hundsgiftgewächse
- Familie Asclepiadaceae – Schwalbenwurzgewächse
- Familie Oleaceae – Ölbaumgewächse

Ordnung Polemoniales
- Familie Solanaceae – Nachtschattengewächse
- Familie Convolvulaceae – Windengewächse
- Familie Menyanthaceae – Fieberkleegewächse
- Familie Polemoniaceae – Sperrkrautgewächse
- Familie Hydrophyllaceae – Wasserblattgewächse
- Familie Boraginaceae – Rauhblattgewächse

Ordnung Lamiales
- Familie Verbenaceae – Eisenkrautgewächse
- Familie Lamiaceae (Labiatae) – Lippenblütler
- Familie Callitrichaceae – Wassersterngewächse

Ordnung Plantaginales
- Familie Plantaginaceae – Wegerichgewächse

Ordnung Scrophulariales
- Familie Scrophulariaceae – Braunwurzgewächse
- Familie Globulariaceae – Kugelblumengewächse
- Familie Orobanchaceae – Sommerwurzgewächse
- Familie Lentibulariaceae – Wasserschlauchgewächse

Ordnung Campanulales
- Familie Campanulaceae – Glockenblumengewächse

Ordnung Rubiales
- Familie Rubiaceae – Krappgewächse

Ordnung Dipsacales
- Familie Adoxaceae – Moschuskrautgewächse
- Familie Caprifoliaceae – Geißblattgewächse
- Familie Valerianaceae – Baldriangewächse
- Familie Dipsacaceae – Kardengewächse

Ordnung Asterales
- Familie Asterales (Compositae) – Korbblütler

Die hier vorgestellte Fassung der Asteridae, die sich an HEYWOOD (1978, 1982) orientiert, umfaßt die Gruppe der Lamiidae mit. Andere Autoren dagegen trennen sie, wobei dann auf die Asteridae im engeren Sinne nur die Campanulaceae und die Asteraceae entfallen, alle anderen Familien werden dann den Lamiidae zugerechnet.

Die Asteridae im engeren Sinne sind dann bei den Staubblättern durch verwachsene Antheren (aber freie Filamente) charakterisiert; der Pollen ist dreikernig, der Fruchtknoten unterständig. Chemisch ist das Auftreten von Inulin und verwandten Reservestoffen statt Stärke bezeichnend sowie der Besitz von Polyacetylenen.

Umgekehrt kann man die Lamiidae durch freie Antheren, 2–3-kernigen Pollen, ober- bis unterständige Fruchtknoten; chemisch durch das Auftreten von Iridoiden und das Fehlen von Polyacetylenen kennzeichnen.

Innerhalb der hier angenommenen umfangreichen Gruppe der Asteridae sind die Gentianales noch relativ ursprünglich; sie werden daher zuerst behandelt. Die Asteraceae dagegen sind wohl am stärksten abgeleitet und bilden den Schluß und Höhepunkt der Zweikeimblättrigen.

Buddlejaceae

Fliederspeergewächse
Bearbeiter: G. PHILIPPI

Bäume, Sträucher, selten Kräuter, mit einfachen, gegenständigen Blättern, Nebenblätter vorhanden (oft reduziert). Blüten vierzählig, Kelch und Krone in der Knospe dachziegelig angeordnet, Krone mit langer Kronröhre. Fruchtknoten oberständig, aus zwei Fruchtblättern gebildet. Frucht eine Kapsel. – Familie v.a. tropisch und subtropisch verbreitet, 20 Gattungen mit ca. 160 Arten. In Europa von Natur aus fehlend; 4 Arten der Gattung *Buddleja* sind als eingebürgert anzusehen.

1. **Buddleja** L.

Fliederspeer

Im Gebiet eine Art eingebürgert:

1. **Buddleja davidii** Franchet 1887

B. variabilis Hemsl.
Chinesischer Fliederspeer

Morphologie: Strauch, bis 3 m hoch. Blätter gegenständig, lanzettlich, am Rand gesägt, oberseits dunkelgrün, unterseits graufilzig, Nebenblätter klein. Stengel filzig behaart. Blütenstand eine endständige Rispe, bis 25 cm lang. Blüten mit langer Kronröhre, diese 4–5× so lang wie der Kelch, flach ausgebreiteter Kronsaum, lila, mit gelbem Schlund, stark duftend. – Blütezeit: Juli–September.

Ökologie: Einzelne Büsche an warm-trockenen Stellen, meist mit kalkreichen Böden, v.a. im Bereich der Bahnanlagen auf skelettreichen Böden, wird auch gelegentlich bei der Begrünung von Böschungen verwendet. Vegetationsaufnahmen fehlen bisher.

Allgemeine Verbreitung: Die Heimat ist China und Tibet, in wärmeren Teilen Europas eingebürgert.

Verbreitung in Baden-Württemberg: V.a. in den größeren Bahnhöfen der Oberrheinebene und des Neckargebietes regelmäßig und meist auch in größerer Menge. Die genauere Verbreitung bleibt noch zu untersuchen. – Die Ausbreitung der Pflanze erfolgte offensichtlich nach den Zerstörungen im letzten Krieg. Zuvor war sie nur als Gartenpflanze bekannt. Die Ausbreitung wurde von KREH (1952) für das Stuttgarter Gebiet dargestellt. SEYBOLD (1968) brachte noch eine ausführliche Liste von Vorkommen um Stuttgart. – Erste Erwähnung: LAUTERBORN (1941: 292): 1928, Kiesbank am Rhein bei Rust.

Chinesischer Fliederspeer *(Buddleja davidii)*
Rheinhausen, 1994

Bestand und Bedrohung: Die Ausbreitung dürfte nicht abgeschlossen sein; mit einer weiteren Zunahme ist zu rechnen. Negative Auswirkungen auf die heimische Flora sind bisher nicht erkennbar.

Biologie: *Buddleja davidii* wird stark von Schmetterlingen aufgesucht, die hier eine wichtige Nektarquelle vorfinden. Für die Artenvielfalt der Schmetterlingsfauna spielt die Pflanze keine Rolle, da sie keine spezielle Futterpflanze für Raupen ist (G. EBERT, mündl. Mitt.).

Gentianaceae

Enziangewächse
Bearbeiterin: A. ROSENBAUER

Einjährige oder ausdauernde Kräuter, selten Sträucher oder niedrige Bäume, meist mit Mycorrhiza. Pflanzen kahl, Blätter meist sitzend, kreuzweise gegenständig, ganzrandig und ohne Nebenblätter. Blüten zwittrig, radiär, meist 4- oder 5zählig, in Trauben, Rispen oder Trugdolden angeordnet. 4 bis 5 Kelchblätter, verwachsen bis tief geteilt. Krone glocken- oder stieltellerförmig. Kronblätter so viele wie Kelchzipfel, am

Grund verwachsen, teilweise am Schlund bärtig oder am Saum gefranst. Kelch und Krone in der Knospe nach rechts gedreht. Staubblätter so viele wie Kronzipfel, am Grund mit der Krone verwachsen. Narbe zweilappig, Fruchtknoten oberständig, aus zwei Fruchtblättern gebildet. Fruchtkapsel länglich, meist an zwei Nähten aufspringend. Die zahlreichen kleinen Samen werden durch den Wind aus der trockenen Kapsel geschüttelt.

Die Familie der Enziangewächse besteht aus etwa 1200 Arten in 74 Gattungen. Die krautigen Arten sind schwerpunktmäßig holarktisch und in den höheren Stufen der tropischen Gebirge verbreitet, während strauch- und baumförmige Arten in den neuweltlichen Tropen vorkommen (MEUSEL, JÄGER u. WEINERT 1973). In Europa gibt es 9 Gentianaceen-Gattungen mit etwa 75 Arten, von denen in Baden-Württemberg 5 Gattungen mit 13 Arten vorkommen.

In Deutschland gehören die Enziangewächse zu den seltenen und zum großen Teil auch zu den geschützten Pflanzen. *Gentiana lutea, Gentiana pneumonanthe, Gentiana acaulis* und *Gentianella ciliata* stehen schon seit 1936 völlig unter Schutz (Naturschutzverordnung vom 18.3.1936). Heute sind alle Arten bis auf die Gattung *Blackstonia* gesetzlich geschützt, und außer Gattung *Centaurium* stehen alle auf der Roten Liste für Baden-Württemberg (HARMS ET AL. 1983).

Alle Gentianaceae enthalten glycosidische Bitterstoffe, die sie vor Tierfraß schützen und teilweise offizinell genutzt werden *(Centaurium erythraea, Gentiana lutea)*.

1 Griffel fadenförmig, vom Fruchtknoten deutlich abgesetzt, Blütenkrone gelb oder rot, klein . . . 2
– Griffel kurz oder fehlend, Blütenkrone blau, violett oder gelb 3
2 Blütenkrone 6 bis 8-teilig, gelb, Staubblätter 6 bis 8, Stengelblätter am Grunde verwachsen . . 1. *Blackstonia*
– Blütenkrone 5-spaltig, rot, Staubblätter 5, Stengelblätter in den Grund verschmälert . . . . . . 2. *Centaurium*
3 Blütenkrone glockenförmig oder stieltellerförmig, mit deutlicher Röhre, blau oder violett . . 4
– Blütenkrone sternförmig, fast bis zum Grunde geteilt, violett oder gelb 5
4 Blütenkrone am Schlund bärtig oder Kronzipfel am Rand gefranst . . . . 4. *Gentianella*
– Blütenkrone am Schlund kahl, Kronzipfel nicht gefranst . . . . 3. *Gentiana*
5 Blütenkrone 5teilig, schmutzig-violett, dunkler punktiert, Grundblätter gestielt . . 5. *Swertia*
– Blütenkrone 5- bis 6-, selten 9teilig, goldgelb, alle Blätter sitzend . . . . 3. *Gentiana (lutea)*

1. **Blackstonia** (L.) Hudson 1762

Bitterling

Vor allem mediterran verbreitete Gattung mit 5–6 Arten, von denen zwei bei uns in wärmeren Gebieten vorkommen.

Die Aufteilung der Gattung Blackstonia ist umstritten. Während manche Autoren, so z. B. KUNZ (1960) und ZELTNER (1970) verschiedene Arten unterscheiden, bevorzugen andere, z. B. TUTIN (in Flora Europaea) und ROTHMALER (1988) eine Aufteilung in Unterarten. Da die Belege aus Baden-Württemberg nicht immer eindeutig zuzuordnen sind, wurde hier die Einteilung in Unterarten bevorzugt.

Im Gebiet kommen die beiden Unterarten subsp. *perfoliata* und subsp. *serotina* vor, im Mittelmeergebiet gibt es noch zwei weitere. Die beiden Unterarten sind oft schwer zu unterscheiden und Zwischenformen sind möglich. Das mag evtl. daran liegen, daß Baden-Württemberg am Rand des Verbreitungsgebietes von Blackstonia liegt. Um eine eindeutige Bestimmung zu ermöglichen, sollten immer mehrere Pflanzen einer Population zur Bestimmung herangezogen werden.

1. **Blackstonia perfoliata** (L.) Hudson 1762

Gentiana perfoliata L. 1753, *Chlora perfoliata* (L.)L. 1767

Durchwachsener Bitterling

Morphologie: Einjährige Kräuter, 10 bis 60 cm hoch. Stengel aufrecht, einfach oder verzweigt, bläulich bereift mit langen Internodien. Stengelblätter gegenständig, am Grund verwachsen, dreieckig bis spitz-eiförmig, Grundblätter kaum verwachsen. Blüten einzeln endständig, 6- bis 8zählig. Kelch tief geteilt mit linealen, 1nervigen Zipfeln. Krone goldgelb mit kurzer, glockiger Röhre und eiförmigen, ausgebreiteten Zipfeln. Staubblätter am Grund mit der Kronröhre verwachsen, Griffel fadenförmig, Narbe tief 2lappig, Kapsel 2klappig aufspringend.

Ökologie: siehe Unterarten.

Allgemeine Verbreitung: Mediterran-westeuropäisch von der Küste Portugals über Spanien und entlang der Mittelmeerküste bis Syrien. Im Süden bis Sizilien, Kreta und Zypern. Die Unterart perfoliata hat die weitere Verbreitung und reicht im Norden bis Holland, Irland und Mittelengland, im Süden greift sie bis auf den afrikanischen Kontinent über (Atlas-Gebirge, Marokko).

Verbreitung in Baden-Württemberg: Die beiden Unterarten von Blackstonia sind hauptsächlich im Oberrheingebiet verbreitet, einzelne Fundorte aus dem letzten Jahrhundert liegen auch im westlichen Bodenseegebiet, im Kraichgau und im Schwarzwald. Der Verbreitungsschwerpunkt von subsp. *serotina* liegt in der Rheinebene, während die seltenere subsp. *perfoliata* vor allem in der Vorhügelzone des Schwarzwalds vorkommt (Philippi 1969). Da aus den meisten der schriftlichen Fundmeldungen nicht sicher zu ersehen war, um welche der beiden Unterarten es sich handelt, wurde eine Verbreitungskarte für Blackstonia perfoliata s.l. gezeichnet, in der alle Angaben eingetragen wurden. Die Verbreitungskarten für die Unterarten wurden nur anhand von nachprüfbaren Herbarbelegen aus Karlsruhe und Stuttgart und von selbst beobachteten Populationen erstellt. Eine Zusammenstellung der Fundorte findet sich auch bei Philippi (1969).

Blackstonia perfoliata s.l.:

Oberrheingebiet und Vorhügelzone: 6516/2: bei Neckarau und Mannheim, Seubert (1880); Wiesen bei Neckarau, o.F. (STU); 6517/1: bei Seckenheim, Schmidt (1857); 6517/3: Rohrhof, Dierbach 19. Jhdt. (KR, ssp. serotina); Rohrhof, 70er Jahre, Philippi (STU-K); 6616/2: Am Rheinufer zwischen Speyer und Mannheim, 19. Jhdt., Zachmann (KR); 6616/4: Pionierschießplatz bei Speyer, Eigner 1906 (STU); Ziegeleigrube südlich Siegelhain, 1986, P. Thomas (KR-K); 6617/1: Schwetzingen, Schrickel 1824 (KR); Ketsch, 70er Jahre, Philippi (STU-K); 6617/3: Altlußheim, Philippi (1969); 6716/3: Elisabethenwört bei Germersheim, Eigner 1906 (STU); o.O., o.J., P. Thomas (KR-K); 6716/4: o.O., o.J., P. Thomas, (KR-K); 6718/1: NSG Frauweiler Wiesen, 1992, (STU-K); 6816/1: o.O., o.J. (KR-K); 6816/2: unterhalb Neudorf/Rhein, 1899, A. Mayer, (STU); Altrhein bei Rußheim, nach 1970, Philippi (KR-K); 6816/3: Leopoldshafen, sehr zahlreich, 1975, Philippi, (KR-K); 6915/4: Rappenwört, Daxlanden; Kneucker 1936 (KR); Rheinhafen, 1989, Voggesberger und Demuth, (STU-K); 6916/1: Eggenstein, Kneucker 1886 (KR); Eggenstein, Döll (1859); bis 1975, Philippi, (STU-K); 6916/3: Rappenwört bei Karlsruhe, Philippi (1969); 7015/1: Au am Rhein, Jauch 1926 (KR); Au, Philippi (1969); 7015/2: Neuburgweier, Philippi (1969); bis nach 1970, Philippi, (STU-K); 7015/3: Steinmauern, Philippi (1969); bis nach 1970, Philippi, (STU-K); 7114/2: Plittersdorf, Philippi (1969); bis nach 1970, Philippi, (STU-K); 7114/4: Hügelsheim, 1975, Philippi (KR-K); 7213/2: westlich Greffern, 1978, Korneck (KR-K); 7213/4: Kiesgrube südlich Grauelsbaum, 1970, Philippi, (KR-K); 7214/1: Korbmachergrund, 70er Jahre, Philippi (1969), (KR-K); 7313/1: o.O., o.J. (KR-K); 7313/3: o.O. und o.J. (KR-K); 7314/2: Rittersbach, Frank (1830); 7412/2: Gewerbegebiet Kehl-Auenheim, 1990, Kleinsteuber, (KR-K); 7512/2: Altenheim, 1989, Semmelmann. (KR-K); 7512/4: Sauweide bei Ichenheim, Korneck (1960); Ichenheim, 1986, Quinger, (KR-K); 7612/3: Taubergießen: Atzelkopf, Görs u. Müller (1974); 7712/1: Taubergießen: G'schleder, Görs und Müller (1974); 7712/3: Oberhausen, Schildknecht (1863); Taubergießen: Hausgrund, Görs u. Müller (1974); 7712/4: Kalenberg und Schafbuck bei Ettenheimweiler, Schildknecht (1863); 7713/1: bei Münchweier und Wallburg, Schildknecht (1863); 7713/3: um dem Brogginger Muschelkalkbruch, Schildknecht (1863); 7811/2: bei Limburg am Kaiserstuhl, Maus 1890 (KR); 7811/4: o.O., 1971, Wilmanns, (KR-K); 7812/4: zwischen Köndringen und Landeck, Schildknecht (1863); 7813/3: Emmendingen, 1986, U. Koch (KR-K); 7911/2: Auf der Rheinseite des Kaiserstuhls, Schildknecht (1863); Faule Waag, Neuberger 1889 (KR); 7912/1: Immenbuck bei Oberschaffhausen, Schildknecht (1863); Oberschaffhausen, Goll 1878 (KR); 8011/4: zwischen Hartheim und Rothaus, Schildknecht (1863); 8012/2: Schönberg bei Freiburg, nach 1970, Koch (STU-K); Knauss 1970 (STU); 8012/4: Ölberg bei Freiburg, A. Mayer 1912 (STU); 8111/1: Grißheim bei Müllheim, Götz 1888 (KR); Grißheim, Philippi (1969); 8111/3: Rheininsel bei Neuenburg, Humbert 1887 (KR); Zienken, Philippi (1969); o.O., 1979, Korneck, (KR-K); Sandkopf bei Zienken, Witschel (1980); 8111/4: Hügelheim, zwischen Buggingen und Dattingen, Schildknecht (1863); zwischen Hügelheim und Buggingen bei Müllheim, Lang, 19. Jhdt. (KR); 8112/3: Badenweiler, Döll (1843); 8211/1: Schliengen, Schildknecht (1863); 8211/2: oberhalb Feldberg, 19. Jhdt., Lang (KR), 1990, Philippi (KR-K); 8211/3: Rheinweiler, Philippi (1969); „Steingrube“ bei Bad Bellingen, Witschel (1980); Steinköpfle/Galgenloch, Witschel (1980); 8211/4: Steinbruch Riedlingen, Witschel (1980); 8311/1: Istein, Schildknecht (1863).

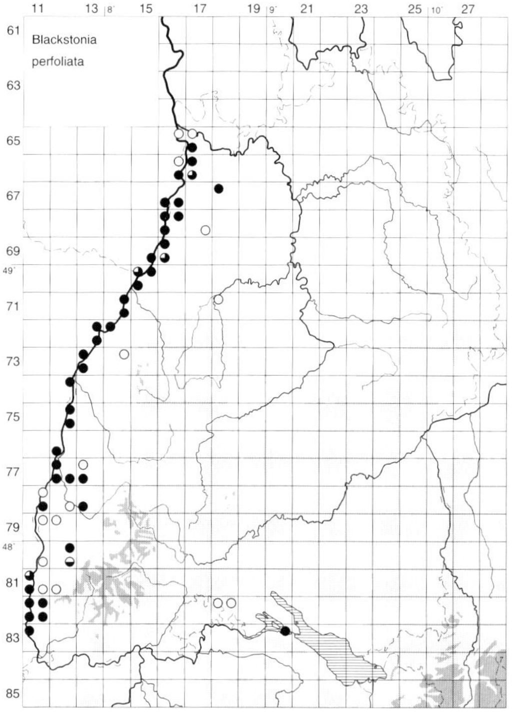

Kraichgau: 6817/4: Bruchsal, SEUBERT und KLEIN (1891). 7118/1: Pforzheim, DÖLL (1843).
Hegau und westliches Bodenseegebiet: 8218/1+2: Südlicher Abhang des Hohenstoffeln, HÖFLE (1850); 8320/2: Konstanz, auf den Wiesen neben dem Bettelgäßle von L. LEINER 1848 einmal gefunden, JACK (1900); Stadtgebiet Konstanz, 1988, DIENST (STU-K).

Der höchste Fundort liegt am Schönberg bei Freiburg (ca. 400 m), der niedrigste bei ca. 95 m bei Neckarau.
Erstnachweise: Die Art ist im Gebiet urwüchsig. Ältester literarischer Nachweis stammt von ROTH VON SCHRECKENSTEIN (1788:99) „bey Zienken" (8111/3).
Bestand und Bedrohung: Siehe Unterarten.

1 Stengelblätter nur am Grund verwachsen, die breiteste Stelle der Blätter ist frei. Eine Grundrosette ist nur selten ausgebildet. Kelch etwa zu 3/4 geteilt, Kelchzipfel lineal-lanzettlich, +/- so lang wie die Krone, in fruchtendem Zustand der Kapsel angedrückt. Blütenstand länglich, blüht August bis Oktober . . . .
1a. *Blackstonia perfoliata* subsp. *serotina*
– Stengelblätter auf der ganzen Breite verwachsen, Grundrosette meist gut entwickelt. Kelch bis ganz zum Grund geteilt, Kelchzipfel linealisch, deutlich kürzer als die Krone, in fruchtendem Zustand von der Kapsel bogig abstehend. Blütenstand gedrängt, schirmförmig, blüht Juni bis August . . . .
1b. *Blackstonia perfoliata* subsp. *perfoliata*

1a. **Blackstonia perfoliata** subsp. **serotina** (Koch ex Reichenb.) Vollm. 1914

Chlora acuminata Koch & Ziz 1814, *Blackstonia acuminata* (Koch & Ziz) Domin 1933
Später Bitterling

Morphologie: siehe Bestimmungsschlüssel
Ökologie: Selten und oft unbeständig auf offenen, wechselfeuchten, kalkreichen, kiesigen Rohböden. Den Späten Bitterling findet man vor allem in Zwergbinsengesellschaften am Rand von Kiesgruben und an Kiesufern von Altwassern. Die Art ist eine Charakterart der Bitterling-Gesellschaft (Erythaeo-Blackstonietum).

Pflanzensoziologische Aufnahmen mit *Blackstonia perfoliata* subsp. *serotina* aus dem Erythraeo-Blackstonietum der Rheinebene bei KORNECK (1960: Tab. 8), aus dem Taubergießengebiet bei TH. MÜLLER (1974, Tabelle 3). Typische Begleiter für das Gebiet der südlichen Oberrheinebene sind *Centaurium pulchellum*, *Juncus bufonius*, *Gnaphalium uliginosum*, *Samolus valerandi*, *Carex serotina*, *Centunculus minimus*, *Equisetum variegatum* und *Eleocharis pauciflora*.

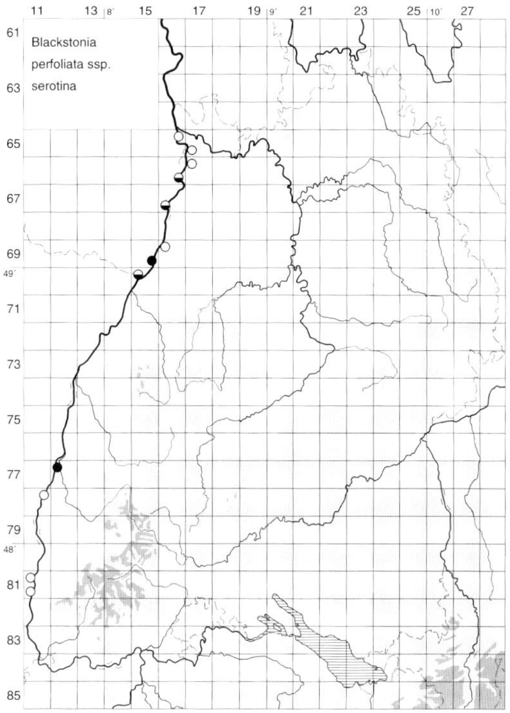

Verbreitung in Baden-Württemberg:

Oberrheingebiet: 6516/2: Wiesen bei Neckarau, o. J. (STU); 6517/3: Rohrhof, 19. Jhdt., DIERBACH (KR); 6616/4: Pionierschießplatz bei Speyer, 1906, EIGNER (STU); 6617/1: Schwetzingen, 1824, SCHRICKEL (KR); 6716/3: Elisabethenwört bei Germersheim, 1906, EIGNER (STU); 6915/4: Rappenwört, Daxlanden, 1936, KNEUCKER (KR); Karlsruhe Rheinhafen, 1992, ROSENBAUER (STU); 6916/1: Eggenstein, 1886, KNEUCKER (KR); 7015/1: Au am Rhein, 1926, JAUCH (KR); 7712/1: NSG Taubergießen, MÜLLER (1974); 7811/2: bei Limburg am Kaiserstuhl, 1890, MAUS (KR); 8111/1: Grißheim bei Müllheim, 1888, GÖTZ (KR); 8111/3: Rheininsel bei Neuenburg, 1887, HUMBERT (KR).

Bestand und Bedrohung: In der Roten Liste (HARMS et al. 1983) wird die subsp. *serotina* als gefährdet (G 3) eingestuft. Außerhalb des Oberrheingebiets sind alle Fundorte schon im letzten Jahrhundert erloschen. Sie kann durch das Offenlegen von Kiesböden an Kiesgruben gefördert werden. Da aber Kiesgruben heute nicht mehr in der Fläche erweitert werden, entfallen die Wuchsorte für Blackstonia, die sich bis vor einigen Jahren dort noch ausbreiten konnte. Deshalb sollten kiesig-schlammige Flächen entlang des Rheins als potentielle Standorte des späten Bitterlings besonders geschützt werden. Allerdings sind Prognosen über die weitere Entwicklung der

Später Bitterling (*Blackstonia perfoliata* subsp. *serotina*)
Iffezheim, 7. 8. 1993

Durchwachsener Bitterling (*Blackstonia perfoliata* subsp. *perfoliata*)
Ringsheim, Juni 1994

Art im Gebiet schwierig, da sie sehr unbeständig auftritt. Die Art sollte unter gesetzlichen Schutz gestellt werden.

1b. Blackstonia perfoliata subsp. perfoliata

Gentiana perfoliata L. 1753
Durchwachsener Bitterling

Morphologie: siehe Bestimmungsschlüssel
Ökologie: Der sehr seltene Durchwachsene Bitterling kommt auf wechselfeuchten, wasserundurchlässigen Tonböden, in lückigen Halbtrokkenrasen, auf gestörten Flächen, an Waldrändern und in Wegspuren vor.

Pflanzensoziologische Aufnahmen gibt es aus Mesobrometen der Freiburger Bucht und dem Markgräfler Hügelland bei Witschel (1980: Tab. 9). Begleitarten sind *Tetragonolobus maritimus, Linum catharticum, Briza media* und *Carex flacca*.

Verbreitung in Baden-Württemberg:
Oberrheingebiet: 7911/2: Faule Waag, 1889, NEUBERGER (KR); 7912/1: Oberschaffhausen, 1878, GOLL (KR); 8012/2: Schönberg bei Freiburg, 1970, KNAUSS (STU); 8111/4: zwischen Hügelheim und Buggingen bei Müllheim, 19. Jhdt., LANG (KR); 8211/2: Feldberg 1980, PHILIPPI (KR-K), 1992, ROSENBAUER (STU-K); 8320/2: Stadtgebiet Konstanz, 1988, DIENST (STU-K), 1992, ROSENBAUER (STU-K).

Bestand und Bedrohung: In der Roten Liste (HARMS et al. 1983) wird subsp. *perfoliata* als stark gefährdet (G 2) eingestuft. Der Durchwachsene Bitterling braucht offenen Boden für seine Entwicklung. Viele Fundorte sind erloschen, und es ist nicht sicher, ob sich die schon immer seltenere Unterart bei uns auf die Dauer

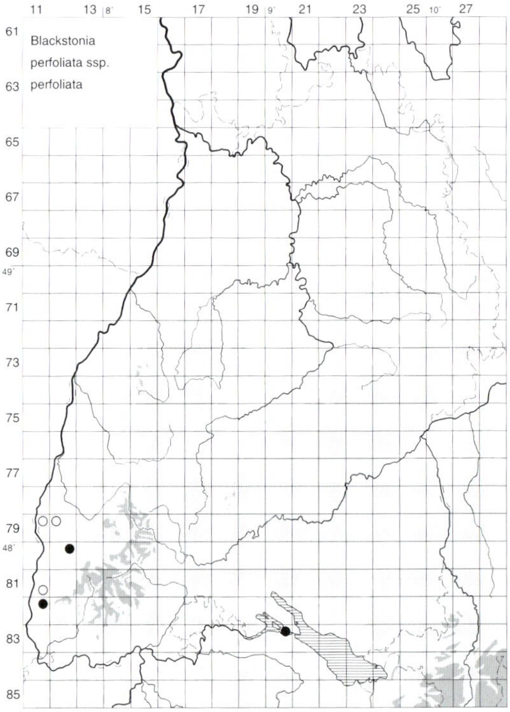

halten kann. Deshalb muß sie als „vom Aussterben bedroht" (G1) eingestuft werden. Die noch vorhandenen Vorkommen sollten unbedingt vor Verbuschung und Zerstörung z. B. durch Wegebau geschützt werden. Die Art sollte unter gesetzlichen Schutz gestellt werden.

2. **Centaurium** Hill 1756

Tausendgüldenkraut

Ein- bis zweijährige oder ausdauernde Kräuter. Blüten in Rispen oder Trugdolden, Krone stieltellerförmig, 5zählig, rot, weiß oder gelb. Griffel fadenförmig mit einer zweilappigen Narbe, Kapsel lineal-zylindrisch, zweifächerig mit zahlreichen sehr kleinen Samen.

Die Gattung umfaßt ca. 50 Arten in den warmen und gemäßigten Klimaten der nördlichen Halbkugel sowie in Chile und Argentinien. Von den 14 europäischen Arten kommen in Baden-Württemberg zwei vor. Alle Arten der Gattung *Centaurium* sind nach der Bundesartenschutzverordnung vom 19.12.1986 gesetzlich geschützt.

1 Stengel mit grundständiger Blattrosette, erst oberhalb der Mitte verzweigt, Kronzipfel 5 bis 8 mm lang . . . . 1. *C. erythraea*
– Stengel ohne grundständige Blattrosette, meist auf ganzer Länge verzweigt, Kronzipfel 3 bis 4 mm lang . . . . 2. *C. pulchellum*

1. **Centaurium erythraea** Rafn 1800

Centaurium minus auct., *Erythraea centaurium* auct.

Echtes Tausendgüldenkraut

Morphologie: Pflanze ein- oder zweijährig, aufrecht, Stengel vierkantig, oberwärts verzweigt, 10 bis 50 cm hoch. Unterste Stengelblätter verkehrt eiförmig, stumpf, in den Stiel verschmälert, eine Rosette bildend. Stengelblätter länglich-eiförmig bis spitz, sitzend. Blütenstand eine flache Scheindolde. Kelch beim Aufblühen halb so lang wie die Kronröhre, Kelchzähne lanzettlich, zugespitzt. Blütenkrone rosa mit flach ausgebreiteten, stumpf-elliptischen Kronzipfeln. – Blütezeit: Juli bis September, Insektenbestäubung.

Variabilität: Das Vorkommen der bei ROTHMALER (1988) für den Kaiserstuhl angegebenen Unterart *rhodense* (Boiss. et Reuter) Melderis 1972 ist nicht gesichert, es liegen keine Herbarbelege vor.

Ökologie: *Centaurium erythraea* kommt in Kalkmagerrasen, an mäßig feuchten Waldrändern und Saumgesellschaften und in Schlag- und Ruderalgesellschaften auf offenen Standorten vor. Es bevorzugt sonnige und sommerwarme Standorte auf wechselfrischen, nährstoff- und basenreichen Ton- und Lehmböden. Das Echte Tausendgüldenkraut ist eine Ordnungskennart der Tollkirschen-Schläge (Atropetalia). Pflanzensoziologische Aufnahmen von Reitgrashalden und Pfeifengraswiesen aus dem westlichen Bodenseegebiet bei LANG (1973: Tab. 51 und 87). Gern zusammen mit *Calamagrostis epigeios, Epilobium montanum, Carex flacca, Potentilla erecta* oder *Fragaria vesca*.

Allgemeine Verbreitung: Eurasiatische Pflanze: nordwärts bis Südskandinavien, ost- und südwärts bis zum Kaukasus, Persien, Nordafrika. In Nordamerika eingeschleppt.

Verbreitung in Baden-Württemberg: Das Echte Tausendgüldenkraut ist in allen Landesteilen verbreitet, aber nicht häufig. Schwerpunktmäßig findet man es in den Gäulandschaften, den Keuper-Liasgebieten, im südlichen Alpenvorland und in der Vorbergzone des Schwarzwalds. Es ist selten in der Hohenloher Ebene und im nördlichen Alpenvorland und fehlt in höheren Lagen von Schwäbischer Alb und Schwarzwald in größeren Bereichen auch ganz. Der niedrigste Fundpunkt

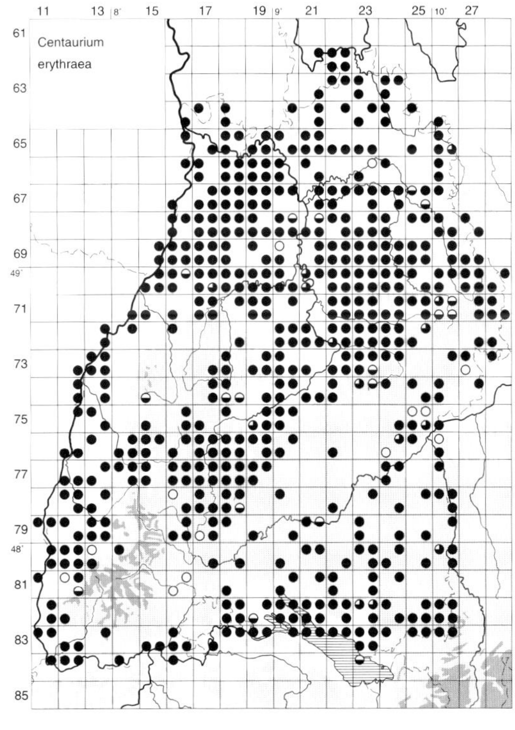

Echtes Tausendgüldenkraut *(Centaurium erythraea)*
Roggental, 10. 7. 1965

liegt bei ca. 100 m bei Mannheim (6516/2), der höchste auf der Adelegg bei ca. 1000 m (8326/2).
Erstnachweise: Die Art ist im Gebiet urwüchsig. Ältester literarischer Nachweis: J. BAUHIN (1598: 195) für die Umgebung von Bad Boll (7323). Ältester archäologischer Nachweis: Tübingen, 13. Jhd. n. Chr. (RÖSCH 1991).
Bestand und Bedrohung: Die Art ist im Gebiet nicht gefährdet, da sie relativ weit verbreitet ist. Doch ist sie nirgends häufig zu finden. Ein geringer Rückgang ist besonders in jüngerer Zeit in der nördlichen Schwäbischen Alb zu bemerken. Für den weiteren Bestand der Art ist die Erhaltung von Magerrasen und intakten, nicht eutrophierten Saumbiotopen sowie offenen Bodenstellen wichtig. Die Art ist gesetzlich geschützt.

2. Centaurium pulchellum (Swartz) Druce 1898

Gentiana pulchella Swartz 1783, *Erythraea pulchella* (Sw.) Fries 1814
Kleines Tausendgüldenkraut

Morphologie: Ein- oder zweijährig, aufrecht, meist von Grund an stark verzweigt, 2 bis 15 cm hoch. Stengel vierkantig, Stengelblätter rundlich bis eiförmig, stumpf, keine grundständige Rosette bildend. Kelch beim Aufblühen etwa 3/4 so lang wie die Kronröhre mit schmal-linealen Zähnen. Blüten dunkelrosa, in einer lockeren Trugdolde. – Blütezeit: Juli bis September, Insekten- und Selbstbestäubung.
Ökologie: Das kleine Tausendgüldenkraut findet man an Wegen und in Steinbrüchen, zwischen Pflastersteinen und an Ufern in Zwergbinsengesellschaften, es ist eine Verbandskennart der Zwergbinsen-Gesellschaften (Nanocyperion). Es kommt zerstreut und unbeständig auf offenen, wechselnassen, mäßig nährstoff- und basenreichen, teils auch salzhaltigen, neutralen bis basischen Lehmböden vor und verträgt keine Beschattung.

Pflanzensoziologische Aufnahmen der Bitterlings-Gesellschaft (Erythraeo-Blackstonietum) der Rheinebene bei KORNECK (1960: Tab. 5), MÜLLER (1974: Tab. 3) und GÖRS u. MÜLLER (1974, S. 261). Typische Begleitpflanzen sind *Blackstonia perfoliata* subsp. *serotina, Equisetum variegatum, Carex serotina, Linum catharticum, Juncus bufonius* und *Juncus articulatus.*

Aufnahmen aus Trittrasen- und Zwergbinsengesellschaften des westlichen Bodenseegebietes findet man bei LANG (1973: Tab. 34, 48, 50).

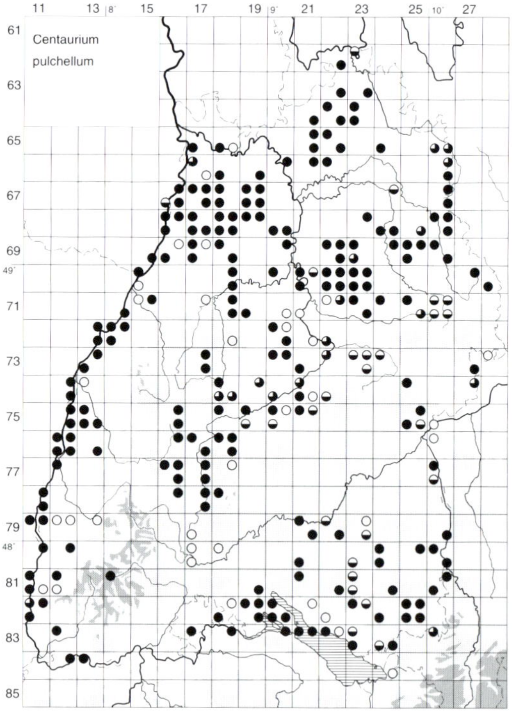

Kleines Tausendgüldenkraut *(Centaurium pulchellum)*
Böblingen, 12. 7. 1991

Typische Begleiter in dieser Gesellschaft sind *Juncus articulatus, Carex panicea* und *Deschampsia cespitosa*.

Allgemeine Verbreitung: In fast ganz Europa, fehlt nur im äußersten Norden. In West- und Zentralasien, Nordafrika.

Verbreitung in Baden-Württemberg: Zerstreut im Oberrheingebiet und am westlichen Bodensee, in den Gäu- und Keuperlandschaften sowie im Alpenvorland. Die Verbreitungsschwerpunkte liegen im Kraichgau, im Schwäbisch-Fränkischen Wald und im westlichen Bodenseegebiet. Die Art gedeiht auf wechselfeuchten, eher kalkarmen Lehmböden und fehlt deshalb auf den armen Sandböden des Schwarzwalds und auf den kalkreichen Böden der Schwäbischen Alb.

Die Höhenverbreitung reicht von etwa 100 m bei Mannheim (6517/3) bis 730 m in Gschwend bei Isny (8326/1).

Erstnachweise: Die Art ist im Gebiet urwüchsig. Ältester literarischer Nachweis: LEOPOLD (1728: 67) „auf der Gänßwies" bei Ulm. Ältester archäologischer Nachweis: Bodman, Mittleres Subboreal (Frühe Bronzezeit, FRANK 1989).

Bestand und Bedrohung: Ein Rückgang der Art ist in allen Landesteilen zu beobachten, dabei ist ein großer Teil der Wuchsorte schon im letzten Jahrhundert verlorengegangen. Aber auch in jüngster Zeit konnten viele Bestände, besonders im Alpenvorland, auf der nördlichen Schwäbischen Alb und im Neckarland, nicht mehr bestätigt werden. Die Art gilt nach der Roten Liste (HARMS et al. 1983) als nicht gefährdet, doch ist heute nach den hier vorliegenden Ergebnissen eine Einstufung in die Gefährdungsstufe 3 (gefährdet) angebracht. Geeignete Biotope wie offene, lehmige Stellen, austrocknende Weiher, wenig gestörte, lehmige Ruderalflächen sollten für das wenig konkurrenzkräftige Kleine Tausendgüldenkraut erhalten werden, um einen weiteren Rückgang zu verhindern. Die Art ist gesetzlich geschützt.

3. **Gentiana** L. 1753
Enzian

Einjährige bis ausdauernde Pflanzen mit meist einfachem, aufrechtem Stengel. Blätter ganzrandig, gegenständig, oft in grundständiger Rosette. Kelch 4- bis 5teilig, zwischen den Kelchzipfeln meist eine weiße Verbindungshaut. Krone tiefgeteilt, glocken- oder stieltellerförmig mit 4 bis 5 Kronzipfeln, Nektardrüsen am Grund des Fruchtknotens. Staubbeutel frei oder zu einer Röhre verwachsen.

Die Gattung umfaßt etwa 450 Arten, die vor allem in den Gebirgen der nördlichen Halbkugel und den Anden verbreitet sind. In Europa kommen etwa 30 und in Baden-Württemberg 6 Arten vor. Nach TUTIN et al. (1964–1980) und ROTHMALER (1976) wird hier die Gattung *Gentiana* von *Gentianella* abgegrenzt. *Gentianella* unterscheidet sich durch gefranste Kronblätter oder einen bärtigen Schlund und auf den Kronblättern liegende Nektarien.

Alle Arten der Gattung *Gentiana* sind nach der Bundesartenschutzverordnung vom 19.12.1986 gesetzlich geschützt.

1 Blüten gelb, sternförmig, Blätter breit-elliptisch, blaugrün, Pflanze 50 bis 140 cm hoch . . . . . . 1. *G. lutea*
– Blüten blau, Pflanze kleiner 2
2 Krone stieltellerförmig mit enger Röhre und waagerecht abstehenden Zipfeln 3
– Krone glockenförmig 4
3 Kelch aufgeblasen, 3 bis 4 mm breit geflügelt, Stengel ästig und mehrblütig, Pflanze einjährig, ohne blütenlose Triebe . . . . . 6. *G. utriculosa*
– Kelch schmal geflügelt, Pflanze einblütig, zwischen den Kronzipfeln ein zweispitziges Anhängsel, ausdauernd, mit nichtblühenden Rosetten . . . . 5. *G. verna*
4 Krone 4-zählig . . . . 4. *G. cruciata*
– Krone 5-zählig 5
5 Pflanze 15 bis 90 cm hoch mit zahlreichen Stengelblättern und Blüten 6
– Pflanze 4 bis 10 cm hoch mit grundständiger Rosette und einer endständigen Blüte . . . . . . [*G. clusii*]
6 Blätter eiförmig-zugespitzt, 3- bis 5nervig, Kelchzipfel viel kürzer als die Kelchröhre . . . 2. *G. asclepiadea*
– Blätter schmal-lineal, 1-nervig, Kelchzipfel etwa so lang wie die Kelchröhre 3. *G. pneumonanthe*

1. **Gentiana lutea** L. 1753
Gelber Enzian

Morphologie: Pflanze mit teilweise armdicken Rhizomen, ausdauernd, 50 bis 140 cm hoch. Stengel aufrecht, einfach, rund, hohl, Blätter blaugrün, breit-elliptisch, spitz, mit 5 bis 7 parallelen Nerven. Blüten gestielt, 5- bis 6- (selten 9-)teilig, blattachselständig in Trugdolden. Kelch 5-teilig, einseitig aufgeschlitzt, Krone tief geteilt. Antheren 5, frei, Kapsel spitz-kegelförmig, bis 6 cm lang. – Blütezeit: Juli bis August, Hummel- und Fliegenbestäubung.

Ökologie: Selten aber gesellig in Weiden, Magerrasen, einmähdigen Wiesen, Flachmooren und lichten Wäldern der hochmontanen bis subalpinen Stufe, auf basenreichen, wechselfeuchten Lehm- und Tonböden. Licht- bis Halbschattenpflanze. Pflanzensoziologische Aufnahmen von Wiesen der Schwäbischen Alb bei WITSCHEL (1986: Tab. 11) und SEBALD (1983: Tab. 12), aus Weidfeldern des Schwarzwalds bei SCHWABE-BRAUN (1980: Tab. 20), aus Borstgrasrasen (Leontodonto helvetici-Nardetum) des Südschwarzwalds bei BOGENRIEDER (1982: Tab. 1). Der Gelbe Enzian wächst gern zusammen mit *Nardus stricta, Arnica montana, Meum athaman-*

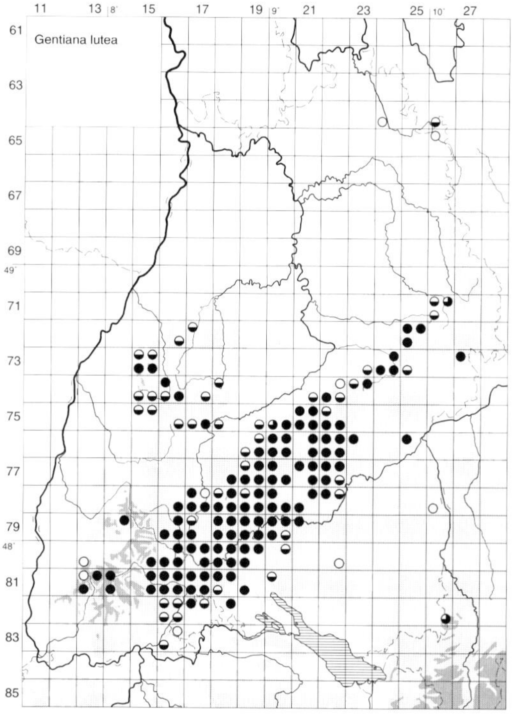

Gelber Enzian *(Gentiana lutea)*
Feldberg

ticum, Calluna vulgaris, Sesleria varia und *Carex sempervirens.*

Allgemeine Verbreitung: Mittel- und Südeuropäische Gebirgspflanze, von Nordspanien bis in die Karpaten, im Süden bis Sardinien, Apennin und Gebirge der Balkanhalbinsel.

Verbreitung in Baden-Württemberg: Verbreitet im Westen und Südwesten der Schwäbischen Alb sowie am nordöstlichen Albrand, selten in den hochgelegenen Regionen des Südschwarzwalds. Vereinzelt im nördlichen Schwarzwald und Alpenvorland. Außerdem gibt es drei isolierte Vorkommen in viel geringerer Meereshöhe als alle anderen (um 300 m) im Taubergebiet.

Nordschwarzwald:, aktuelle Vorkommen: 7315/3: Breitenbrunnen, zahlreich, 1988, SEMMELMANN (KR-K); 7315/4: Hoher Ochsenkopf SO des Gipfels, 1985 NEUBERT (KR-K); 7416/1: Kleemisse, 1985, STADELMAIER (STU-K); 7416/4: Igelsberg, 1971, HAAS (STU-K); 7517/4: zwischen Dettingen und Dießen, 1978, HAAS (STU-K).
Südschwarzwald: 7914/2: Brend, 1983, SEYBOLD (STU-K); 8013/3: Holzschlägermatten, EGM (1907); 8113/1: Halde gegen das Münstertal, NEUBERGER (1898); 8113/2: St. Wilhelmer Hütte, 1987, WÖRZ (STU-K); 8113/3: Belchen, EGM (1907); zuletzt um 1982, PHILIPPI (1989); 8114/1: Feldberg, Seebuck, 1989, SEYBOLD (STU-K); 8114/3: o. O., 1975, SCHUHWERK (STU-K).
Taubergebiet: 6424/3: Theobaldsberg bei Edelfingen, EGM (1907); 6426/3: Waldmannshofen, 1900, SCHLENKER (STU-K); 6526/1: Creglingen, 1866, EICHLER (STU-K).
Alpenvorland: 7826/3: Kirchberg-Gutenzell, MARTENS u. KEMMLER (1865), KIRCHNER u. EICHLER (1913); 8022/4: Königseggwald, EGM (1907); 8226/4: Schleifertobel, 1961, SEYBOLD (STU-K).
Auf der Lone-Egau-Alb zwei mit großer Wahrscheinlichkeit angesalbte Vorkommen: 7327/1: bei Mergelstetten, 1986, KLOTZ (STU-K); 7625/1: o. O., 1982–86, RAUNEKER (STU-K).

Das höchste Vorkommen liegt auf dem Feldberg im Schwarzwald (8114/1) auf ca. 1450 m, das niedrigste war auf dem Theobaldsberg bei Edelfingen (6524/2) auf ca. 290 m.

Erstnachweise: Die Art ist im Gebiet urwüchsig. Ältester literarischer Nachweis: H. BOCK (1539: 44B) „sunderlich im Schwartzwald".

Bestand und Bedrohung: In allen Gebieten ist ein deutlicher Rückgang des Gelben Enzians zu beobachten. Während die Verbreitung in der südlichen Alb noch fast geschlossen ist, gehen die Vorkommen besonders in den Randgebieten zurück. Im Taubergebiet und im Alpenvorland ist der Gelbe Enzian schon ausgestorben, im Nordschwarzwald sind die Bestände auf weniger als ein Viertel zurückgegangen. Im nordöstlichen Albvorland und in Baar und Hegau kann man ebenfalls einen deutlichen Rückgang der Fundorte feststellen. Es ist bekannt, daß die Art auch angesät wurde. Im Gegensatz zu den anderen Enzianarten scheint das hier relativ problemlos zu funktionieren.

In der Roten Liste (HARMS et al. 1983) wird der Gelbe Enzian als gefährdet (G 3) eingestuft. Das trifft für die mittlere und südliche Schwäbische Alb noch zu, während er im Schwarzwald und auf der nördlichen Schwäbischen Alb stark gefährdet ist. Die vermehrte Düngung und intensivere Bewirtschaftung von Bergwiesen einerseits, das Brachfallen und Verbuschen von unrentablen Flächen andererseits sind Ursachen für das Verschwinden der Pflanze. Durch Beweidung wird sie eher gefördert, da sie von den Tieren gemieden wird und als „Weideunkraut" gilt. Da die Art schon seit 1936 gesetzlich geschützt ist, ist nicht anzunehmen, daß die Verbreitung in jüngerer Zeit durch das Sammeln von Wurzelstökken zur Schnapsbereitung abgenommen hat. Aber es sollten möglichst viele Vorkommen als Schutzgebiete ausgewiesen werden, da sie dadurch dauerhaft erhalten werden kann. Der Gelbe Enzian ist schnittempfindlich und verträgt nur eine Herbstmahd (BRIEMLE u. ELLENBERG 1994).

2. Gentiana asclepiadea L. 1753

Schwalbenwurz-Enzian

Morphologie: Pflanze ausdauernd, mit walzlichknotigem Rhizom, 50 bis 100 cm hoch. Stengel aufrecht, schlank, dicht beblättert. Oft bilden mehrere Blütentriebe dichte „Büsche". Blätter bis 8 cm lang, eilanzettlich, zugespitzt, 5nervig. Blüten sitzend, endständig und zu 1 bis 3 in den oberen Blattachseln. Kelch röhrenförmig mit 5 kurzen, lanzettlichen Spitzen. Krone dunkelblau, innen rötlich punktiert mit 5 hellblauen Längsstreifen. Röhre eng mit 5 dreieckigen, ausgebreiteten Zipfeln, jeweils ein kurzer, stumpfer Zahn zwischen den Zipfeln. Staubbeutel zu einer Röhre verklebt, Kapsel länglich, deutlich gestielt. Samen spindelförmig, ringsum geflügelt. Schattenformen sind häufig im Habitus verschieden: Stengel stark überhängend bis niederliegend, Blätter fast zweireihig angeordnet.

Biologie: Blütezeit August bis September, Hummelbestäubung. Der Schwalbenwurz-Enzian ist ebenso wie der Lungenenzian Nahrungspflanze für die Raupen des Kleinen Moorbläulings (*Maculinea alcon*), einer seltenen Schmetterlingsart. Die Imagines legen ihre Eier an die oberen Blätter und die Blütenknospen der Enzianpflanzen, die Raupen fressen Blattgewebe und die Samenanlagen im Fruchtknoten. Nach der ersten Häutung werden die Raupen von Ameisen der Gattung *Myrmica* ins Ameisennest getragen und mit Futtersaft wie die Ameisenlarven gefüttert (EBERT u. RENNWALD 1991).

Ökologie: Gesellig in Moorwiesen, Mischwäldern und an Waldrändern, auf frischen, mäßig nährstoffreichen und meist kalkreichen Torf- und Lehmböden. In den Allgäuer Alpen häufig im Bereich der Grünerlengebüsche.

Pflanzensoziologische Aufnahmen aus Flachmoorgesellschaften des westlichen Bodenseegebietes bei LANG (1973: Tab. 88, 94) und aus Oberschwaben bei GÖRS (1969: Tab. 15, 16). Der Schwalbenwurzenzian ist eine Verbandskennart der Pfeifengraswiesen (Molinion). Er wächst gern zusammen mit *Molinia coerulea, Potentilla erecta, Lysimachia vulgaris, Succisa pratensis* und *Filipendula ulmaria*.

Allgemeine Verbreitung: Mittel- und Südeuropäische Gebirgspflanze, von den Alpen über Süd-

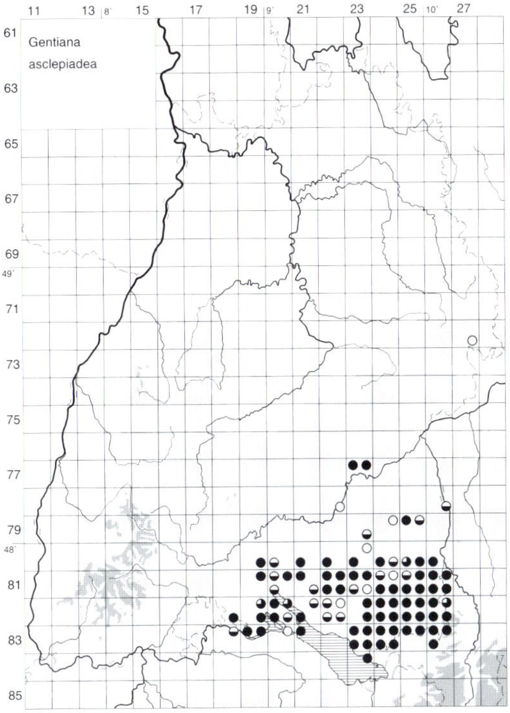

Schwalbenwurz-Enzian *(Gentiana asclepiadea)*
Mindelsee

polen und die Karpaten bis zum Kaukasus, im Süden bis Korsika, den Balkan und die nördliche Türkei.

Verbreitung in Baden-Württemberg: Der Schwalbenwurz-Enzian ist hauptsächlich im südlichen Alpenvorland verbreitet. Im nördlichen Alpenvorland und auf der Schwäbischen Alb gibt es wenige isolierte Standorte.

Schwäbische Alb: 7227/4: bei Fleinheim und bei Nattheim, MARTENS u. KEMMLER (1865), KIRCHNER u. EICHLER (1913); 7723/1: südwestlich Mundingen, 1979, RIEDER, (STU-K); 7723/2: Nördlicher Waldrand der Altsteußlinger Halde, 1961, v. ARAND, (STU-K), 1988, HAGMANN, (STU-K).

Nördliches Alpenvorland: 7822/4: bei Neufra, MARTENS u. KEMMLER, (1865); 7826/4: Sinningen, BERTSCH, (STU-K); 7923/4: Schussenried, EGM, (1909); 7924/2: Biberach am Jordanbad, MARTENS u. KEMMLER (1865); 7925/1: Feldgehölz nördlich Ummendorf, nach 1970, (LfU); 7925/2: am Krombach bei Ochsenhausen, MARTENS u. KEMMLER (1865); im südlichen Alpenvorland verbreitet.

Weitere, mit großer Wahrscheinlichkeit angesalbte Vorkommen:

Schwarzwald: 7317/4: bei Zwerenberg, 1980, ASSMANN, (STU-K).

Keuper-Lias-Neckarland: 6922/2: an einem Waldweg bei Stangenberg, 1990, GLOCK, (STU-K).

Das niedrigste Vorkommen liegt bei ca. 400 m bei Konstanz, (8321/1), das höchstgelegene am Schwarzen Grat bei Isny (8326/3 ca. 1040 m).

Erstnachweise: Die Art ist im Gebiet urwüchsig. Ältester literarischer Nachweis bei ROTH VON SCHRECKENSTEIN (1799: 15) „am Rand der Waldungen um St. Catharina am Untersee, CARDEUR".

Bestand und Bedrohung: Der Schwalbenwurz-Enzian ist in diesem Jahrhundert besonders im westlichen und nördlichen Alpenvorland stark zurückgegangen, was auf die Entwässerung und Düngung vieler Flachmoorstandorte zurückzuführen ist. Er wird in der Roten Liste (HARMS et al. 1983) als gefährdet (Stufe G 3) eingestuft. Da er in sehr gefährdeten Lebensräumen vorkommt und innerhalb der letzten 100 Jahre etwa ein Viertel seiner Standorte im Land verloren hat, ist heute die Gefährdungsstufe 2 (stark gefährdet) angebracht.

Die Unterschutzstellung von Moorwiesen, Flachmoorstandorten und Pfeifengraswiesen ist für die weitere Existenz von *Gentiana asclepiadea* in Baden-Württemberg sehr wichtig. Im benachbarten Alpengebiet ist er allerdings noch recht häufig und wenig bedroht. Die Art ist gesetzlich geschützt. Sie ist schnittempflindlich und verträgt nur eine Herbstmahd (BRIEMLE u. ELLENBERG 1994).

3. Gentiana pneumonanthe L. 1753

Lungen-Enzian

Morphologie: Pflanze mit Rhizom, ausdauernd, 15 bis 60 cm hoch, Stengel aufrecht, unten verholzt. Blätter lineal-lanzettlich, meist 1nervig, am Rand nach unten umgerollt, sitzend. Ohne grundständige und sterile Rosetten. Blüten kurz gestielt, zu 1 bis 3 endständig und zu mehreren blattachselständig. Kelch 5zählig, bis etwa zur Hälfte geteilt, Kelchzähne lineal. Krone 4 bis 5 cm lang, eng-glockenförmig, 5teilig, mit ausgebreiteten dreieckigen Zipfeln und je einem spitzen Zahn zwischen den Zipfeln, dunkelblau mit 5 grün punktierten Streifen. Staubbeutel zu einer Röhre verwachsen. Kapsel lang gestielt, Samen spindelförmig, ungeflügelt.

Biologie: Blütezeit Juli bis September, Hummelbestäubung, auch Selbstbestäubung. Der Lungen-Enzian ist die Futterpflanze für die Raupe des Kleinen Moorbläulings (*Maculinea alcon*), siehe *Gentiana asclepiadea*.

Ökologie: Der Lungen-Enzian kommt selten in Moor- und Streuwiesen und Flachmooren, auf wechselfeuchten, basenreichen, meist kalkfreien modrig-humosen Ton- oder Torfböden vor. Er ist eine Lichtpflanze und gilt als Verbandskennart der Pfeifengraswiesen (Molinion). Pflanzensoziologische Aufnahmen von Pfeifengraswiesen aus dem Oberrheintal bei PHILIPPI (1960: Tab. 1, 5, 6, 7), aus dem Keupergebiet bei MÜLLER (1966: Tab. 11), vom westlichen Bodenseegebiet bei LANG (1973: Tab. 87) und aus Oberschwaben bei GÖRS (1969: Tab. 10). *Gentiana pneumonanthe* wächst gern zusammen mit *Succisa pratensis, Selinum carvifolia, Molinia coerulea* und *Lythrum salicaria.*

Allgemeine Verbreitung: Eurosibirische Pflanze: Von Portugal bis Sibirien, nördlich bis Südengland, Südskandinavien und Estland, im Süden bis zum Balkan.

Verbreitung in Baden-Württemberg: Der Lungen-Enzian *Gentiana pneumonanthe* ist in ganz Baden-Württemberg selten. Eine Häufung der Vorkommen findet man noch im Oberrheingebiet, im Stuttgarter Becken, in den südlichen Gäulandschaften, der Baar und am Bodensee. Vereinzelt kommt er auch im Schwarzwald, in den Keupergebieten, auf der Schwäbischen Alb und im Alpenvorland vor.

Fundorte der nach 1970 bestätigten Vorkommen:

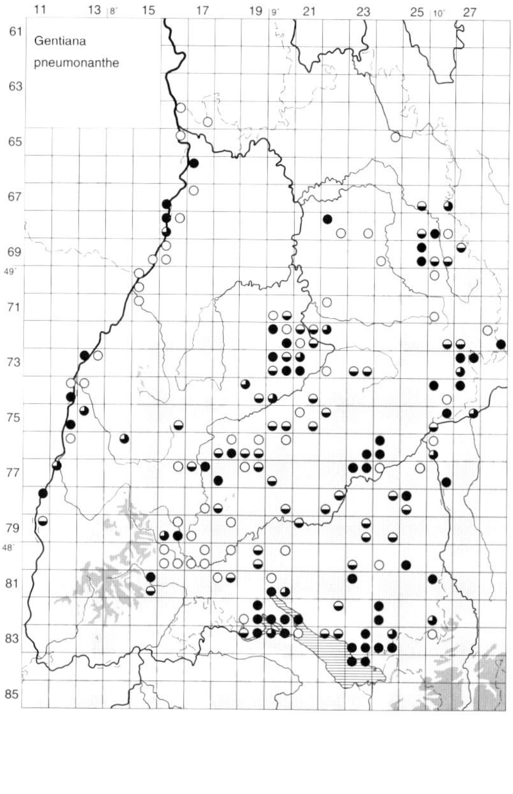

Lungen-Enzian *(Gentiana pneumonanthe)*
Owingen, 29. 8. 1993

Oberrheingebiet: 6617/1: westlich Brühl-Rohrhof, PHILIPPI (1971); 6716/3: o. O., 1987, P. THOMAS (KR-K); 6816/1: Kümmelwiesen, PHILIPPI (1971); W Rußheim noch nach 1975, PHILIPPI (KR-K); 7313/1: Diersheim, PHILIPPI (1971); 7412/4: o. O., 1980-88, E. und K. RENNWALD (KR-K). 7512/4: NSG Sauschollen, nach 1970, (LfU); 7712/1: NSG Taubergießen, nach 1970, (LfU); 7822/2: Riedgelände NO Wyhl, nach 1970, (LfU);
Gäulandschaften: 7618/4: Owingen, Warrenberg, 1986, ADE (STU-K); 7717/2: Ellenhart nördlich Trichtingen, 1974, SEYBOLD (STU-K); 7718/3: Zimmern, Kreuzberg, 1974, KÜNKELE und BENDER (STU-K).
Lias-Keuper-Neckarland: 6822/1: Wolfsklinge nördlich Sulzbach, nach 1970 (LfU); 6826/3: Herschelbuck westlich Onolzheim, 1976, ILLICH (STU-K); 6925/2: zwischen Gründelhardt und Markertshofen, 70er Jahre, BAUMANN (STU-K); 6925/4: „Große Heide" nordöstlich Fronrot, 1978, SEBALD (STU-K); 7220/1: Hölzersee bei Magstadt, 1985, SCHEUERLE (STU-K); 7220/4: NSG Waldwiese im Mahdenbachtal, 1976, LIEBHEIT (STU-K); 7320/1: Heuwegflosche, 1974, BAUMANN (STU-K); 7320/4: Braunäcker, nach 1970, BAUMANN (STU-K); 7321/3: Burkhartsmühle-Betzenberg, 1982, SEYBOLD (STU-K); 7420/3: Spitzberg, 1986, CAMMISAR (STU-K).
Schwäbische Alb: 7228/4: Wald nordöstlich Hofen, 1955, KOCH (STU-K); 7327/2: Streuwiese südl. Oggenhausen, nach 1970, (LfU); 7623/4: Ried SW Altsteußlingen, nach 1970 (LfU); 7624/1: Schmiechener See,

1978, MECKLE (STU-K); 7624/3: Schmiecher See, 1973, SEBALD, (STU-K); 7723/1: Quellsumpf S Mundingen, nach 1970, (LfU); 7723/2: „Lehle" nordöstlich Mundingen, 1986, STRAUBER (STU-K).
Schwarzwald: 7916/4: Tannheimer Moor, nach 1970, PHILIPPI (KR-K); 8115/2: Schlechtwiesen S Rötenbach, nach 1970, (LfU);
Alpenvorland: 7526/2: Donaumoos, RAUNEKER (1975); 7726/4: Ried östlich Illertissen, 1973, SEYBOLD (STU-K); 7825/1: Osterried, BUSCHLE (1980); 8025/3: Wurzacher Ried, DÖRR (1976); 8120/3: ohne Fundort, 1984, QUINGER (STU-K); 8123/1: NSG Dornacher und Häckler Ried, nach 1970, (LfU); 8126/1: Lauben, 1978, KUON (STU-K); 8219/2: Ziegeleiweiher Rickelshausen, GRÜTTNER (1990, Tab. 35); 8219/4: östlich Radolfzell, 1974, SEYBOLD (STU-K); 8220/3: Markelfinger Ried, 1980, HELLMANN (STU-K); Halbinsel Mettnau, nach 1970, (LfU); 8220/4: o. O., 1988, SASS (STU-K); 8221/3: o. O., 1980 BEYERLE (STU-K); 8224/1: o. O., 1992, KLEINSTEUBER (KR-K); 8224/3: Pfaumoos bei Dürrmast, DÖRR (1976); 8319/2: oberes Grauried bei Öhningen, 1978, BEYERLE (STU-K); 8320/2: Wollmatinger Ried, 1977, HENN (STU-K); 8323/2: Tannenwiesen und Feuchtgebiet Steckenbühl, nach 1970, (LfU); 8323/3: Eriskircher Ried, 1988, SEYBOLD (STU-K); 8323/4: westlich Iglerberg bei Laimnau, 1974, ENDERLE (STU-K); 8324/3: Hermannsberger Weiher, Langensee, Flachmoos S Heggelbach, nach 1970, (LfU); 8324/4: Degermoos bei Roten, nach 1970, (LfU); 8423/1: Seewiese an der Argenmündung, nach 1970, (LfU); 8423/2: Stockwiesen bei Unterreitnau und Bodenseeufer nördl. Wasserburg, 1972, SCHÖNFELDER und SEYBOLD (STU-K).

Der niedrigste Fundort lag bei Mannheim (6516/2) auf ca. 100 m, der höchste liegt bei Rötenbach im Schwarzwald (8115/2) auf 830 m.
Erstnachweise: Die Art ist im Gebiet urwüchsig. Ältester literarischer Nachweis: J. BAUHIN (1598: 193) „florens septembri ad montem Eichelberg" (7323/3). Ältester archäologischer Nachweis: Sersheim, Frühes Subboreal (SMETTAN 1985).
Bestand und Bedrohung: Der Lungenenzian ist in Baden-Württemberg stark gefährdet (G 2). Ein großer Teil der Fundorte ist schon im letzten Jahrhundert verschwunden, aber auch in diesem Jahrhundert konnten viele Standorte nicht mehr bestätigt werden. Nur im Allgäu und im westlichen Bodenseegebiet sind noch größere zusammenhängende Areale von Gentiana pneumonanthe vorhanden. Insgesamt hat der Lungenenzian mehr als ¾ seiner Standorte verloren und gehört somit zu den Arten mit stärkstem Rückgang (siehe auch SEYBOLD 1978).

Ungedüngte Moorwiesen und Pfeifengraswiesen, wichtige Standorte des Lungenenzians, sind heute sehr selten. Die Erhaltung und Pflege dieser Biotope ist für den Fortbestand des Lungenenzians unbedingt nötig. Dabei ist es wichtig, daß die Flächen durch breite Schutzzonen vor Eutrophierung vom Rand her geschützt werden und daß sie regelmäßig im Spätherbst oder Winter, wenn der Boden trocken oder gefroren ist (um Bodenschäden zu vermeiden), gemäht werden. Die Art ist nach BRIEMLE u. ELLENBERG (1994) schnittempfindlich und verträgt nur eine Herbstmahd. Ohne Biotope, die gepflegt werden, kann die Art im Gebiet nicht erhalten werden. Sie ist gesetzlich geschützt.

4. Gentiana cruciata L. 1753
Kreuz-Enzian

Morphologie: Pflanze ausdauernd, mit dünnem Rhizom, 10 bis 40 cm hoch. Stengel aufsteigend-aufrecht, dicht kreuzweise gegenständig beblättert, mit grundständiger Rosette, aus der mehrere Blütenstände treiben. Auch sterile Rosetten sind vorhanden. Blätter bis 10 cm lang, länglich-lanzettlich, fast lederig, meist 3nervig. Blüten 4zählig, in endständigen oder blattachselständigen Büscheln. Kelch mit 4 kurzen, linealen Zipfeln. Krone hellblau, außen dunkelblau bis grünlich, 2 bis 2,5 cm lang mit 4 dreieckigen Zipfeln und ein bis mehreren Zähnen dazwischen. Staubbeutel frei, Kapsel sitzend, Samen ungeflügelt.
Biologie: Blütezeit Juli bis Oktober, Hummelbe-

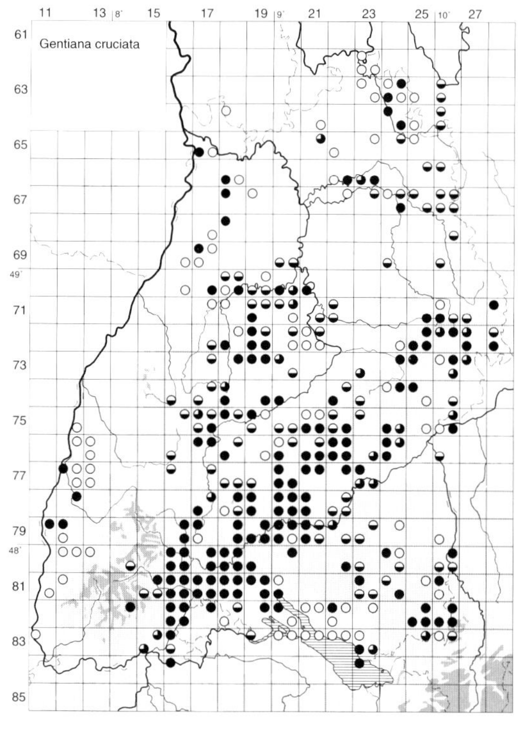

Kreuz-Enzian *(Gentiana cruciata)*
Grafenau, 15. 7. 1990

stäubung, aber auch Blüteneinbruch durch Hummeln. Der Kreuzenzian ist die einzige Nahrungspflanze für die Raupen des Bläulings *Maculinea rebeli* (siehe *Gentiana asclepiadea*).

Ökologie: Der Kreuz-Enzian wächst einzeln auf Kalkmagerrasen, in lichten Kiefernwäldern, an Waldrändern und Rainen in warmen Lagen, an sonnigen bis halbschattigen Stellen, meist in Hanglagen auf kalkreichen, mäßig trockenen, humosen, tiefgründigen Lehm- und Lößböden. Er gilt als Klassenkennart der Trockenrasen (Festuco-Brometea).

Pflanzensoziologische Aufnahmen aus den Enzian-Schillergrasrasen (Gentiano-Koelerietum) des westlichen Bodenseegebietes bei LANG (1973: Tab. 80), aus dem Keupergebiet bei MÜLLER (1966: Tab. 20) und aus Magerrasen in Hohenlohe bei NEBEL (1986: Tab. 20). Gern zusammen mit *Bromus erectus*, *Hippocrepis comosa*, *Sanguisorba minor*, *Carex flacca*, *Brachypodium pinnatum* und *Primula veris*.

Allgemeine Verbreitung: Von den Pyrenäen im Westen über Süd- und Mitteleuropa bis Westsibirien und zum Kaukasus, nördlich bis ca. zum 59. Breitengrad, im Süden bis zum Apennin und den dalmatinischen Gebirgen.

Verbreitung in Baden-Württemberg: Das Hauptverbreitungsgebiet des Kreuz-Enzians liegt auf der südwestlichen und mittleren Schwäbischen Alb und in der Baar. Zerstreut kommt er in den Gäulandschaften, auf der nördlichen Alb, im Taubergebiet und entlang von Kocher und Jagst, sowie im Alpenvorland vor. Selten findet man ihn heute noch im Oberrheingebiet. Im Keupergebiet und in den Grundgebirgs- und Buntsandsteingebieten des Schwarzwalds fehlt er.

Das tiefste Vorkommen liegt bei Mannheim (6517/3) auf ca. 100 m, das höchste am Westhang des Ortenbergs auf ca. 950 m (7818/2).

Erstnachweise: *Gentiana cruciata* ist im Gebiet urwüchsig. Ältester literarischer Nachweis bei J. BAUHIN (1598: 192) für die Umgebung von Bad Boll (7323).

Bestand und Bedrohung: Der Kreuz-Enzian wird in der Roten Liste (HARMS et al. 1983) als gefährdet (G 3) eingestuft. Viele Vorkommen, besonders im Oberrheingebiet, im westlichen Alpenvorland und im Taubergebiet sind schon im letzten Jahrhundert ausgestorben. Aber auch in jüngster Zeit konnten viele Wuchsorte, besonders in den Gäulandschaften, auf der nordöstlichen Alb und im nördlichen Alpenvorland nicht mehr bestätigt werden. Ursachen hierfür sind u.a. der Rückgang von Kalkmagerrasen, ungestörten Wegrainen und lichten, sonnigen Waldrändern durch Verbuschung und Eutrophierung. Der Kreuz-Enzian ist eine Art mit deutlich zurückgehender Verbreitung, deshalb sollten die noch bestehenden Bestände unter besonderen Schutz kommen und gepflegt werden. Dabei müssen besonders kleinflächige Saumstandorte gegen Verbuschung geschützt werden. Der Kreuz-Enzian ist schnittempfindlich bis mäßig schnittverträglich und verträgt 1 bis 2 Schnitte im Jahr, wobei der erste Schnitt nicht vor Mitte Juli liegen darf (BRIEMLE u. ELLENBERG 1994). Die Art ist gesetzlich geschützt.

Gentiana clusii Perr. & Song. 1854
Clusius' Enzian

Mit dünnem Rhizom, ausdauernd, 4 bis 10 cm hoch. Stengel aufrecht, einfach, kantig, mit grundständiger Rosette und bis zu 3 Stengelblattpaaren, die wesentlich kleiner sind als die bis zu 10 cm langen, eiförmig-elliptischen Rosettenblätter. Kelch 5-teilig, etwas kürzer als die halbe Länge der Kronröhre mit lanzettlichen, anliegenden Kelchzähnen und spitzen Kelchbuchten. Krone 3 bis 6 cm lang, glockenförmig, dunkelblau mit olivgrünen Punkten und 5 dreieckigen Zipfeln. Staubblätter zu einer Röhre verklebt, Narbe zweiteilig, Samen ungeflügelt. – Blütezeit: Mai bis August, Hummelbestäubung.

Kommt zerstreut in hochmontanen und subalpinen Kalkmagerrasen, mageren Wiesen und Quellmooren, auf modrig-humosen, meist kalkhaltigen, steinigen Lehmböden vor.

Clusius-Enzian *(Gentiana clusii)*
Garchinger Heide (Bayern), 23. 4. 1994

Gebirgspflanze: Pyrenäen, Schweizer Jura, Alpen, Karpaten, nördlicher Apennin und dalmatinische Gebirge. In Baden-Württemberg nicht urwüchsig und heute verschollen. Nur im Südschwarzwald:

8113/3: Von VULPIUS 1889 am Belchen zusammen mit anderen Alpenpflanzen aus der Schweiz (u. a. *Gentiana purpurea*) angepflanzt, BUISSON (1893); 8114/4: Altglashütten, Windgfällweiher bei Aha, WOLF (1884); Altglashütten, Aha, SEUBERT u. KLEIN (1885 und 1891), NEUBERGER (1898); am Schluchsee, Standort durch Fichtenaufforstung bedroht, SCHLATTERER (1911). Das Vorkommen hier war vermutlich nicht autochthon, da am Standort keine natürliche waldfreie Fläche vorhanden ist.

5. Gentiana verna L. 1753
Frühlings-Enzian

Morphologie: Pflanze ausdauernd, mit dünnem Rhizom, 2 bis 12 cm hoch. Lockere Rasen aus blühenden und sterilen Rosetten bildend. Stengel aufrecht, einblütig. Blätter lanzettlich-spitz, 3nervig, Rosettenblätter deutlich größer als die 2 bis 3 Paar Stengelblätter. Blüten 5zählig, Kelch röhrenförmig mit linealen Zipfeln, am Rand schmal geflügelt. Krone azurblau, stieltellerförmig mit enger Röhre und 5 waagerecht ausgebreiteten stumpf-lanzettlichen Kronzipfeln. Zwischen den Zipfeln ein zweispitziges Anhängsel. Staubbeutel frei, Griffel ungeteilt, Narbe trichterförmig, weiß. Kapsel länglich, sitzend. – Blütezeit: April bis Mai, selten auch eine zweite Blüte im September bis Oktober. Tagfalterbestäubung, Hummelbestäubung und häufig auch Blüteneinbruch durch Hummeln.

Ökologie: Zerstreut aber gesellig auf Kalkmagerrasen, Schafweiden, Flach- und Quellmooren der montanen bis alpinen Stufe, auf mäßig trockenen, nährstoffarmen, kalkreichen bis oberflächlich entkalkten Ton- und Mergelböden. Der Frühlingsenzian ist eine Ordnungskennart der europäisch-alpinen Steinrasen (Seslerietalia). Pflanzensoziologische Aufnahmen von Kalkmagerrasen der Schwäbischen Alb bei KUHN (1937: Tab. 17, 19) und GENSER (1991: Tab. 1, 2), vom westlichen Bodenseegebiet bei LANG (1973: Tab. 80, 97) und aus dem Keupergebiet bei MÜLLER (1966: Tab. 20). Der Frühlings-Enzian wächst gern zusammen mit *Primula veris, Bromus erectus, Carex caryophyllea* und *Potentilla tabernaemontani.*

Allgemeine Verbreitung: Süd- und Mitteleuropäische Gebirgspflanze, von den Pyrenäen über Alpen, deutsche Mittelgebirge, Apennin und Balkan bis zu den Karpaten. Im Norden bis Irland und Südengland.

Verbreitung in Baden-Württemberg: Den Frühlings-Enzian findet man fast ausschließlich in der südöstlichen Hälfte des Landes. Er fehlt fast vollständig auf den sauren Böden im Schwarzwald und im Odenwald, außerdem im ganzen Oberrheingebiet und in den nördlichen Gäulandschaf-

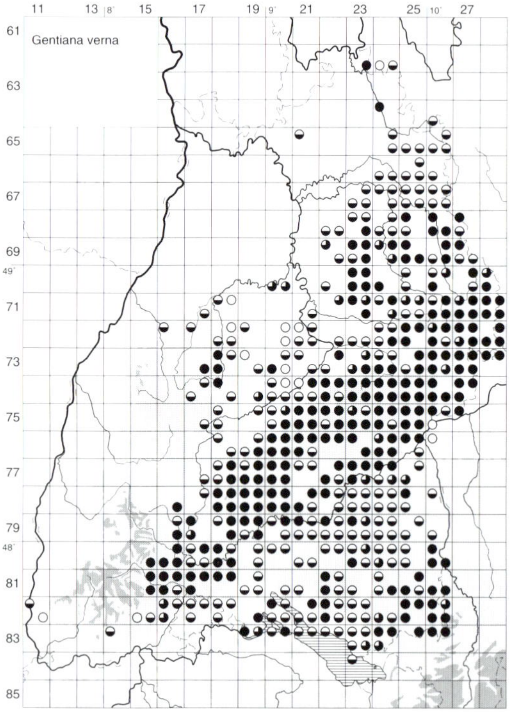

Frühlings-Enzian *(Gentiana verna)*
Karkstein bei Bopfingen, 23. 4. 1994

ten. Die Höhenverbreitung erstreckt sich von ca. 250 m südlich Lindelbach bei Wertheim (6223/4) bis ca. 1000 m am Bol bei Deilingen (7818/2).

Erstnachweise: Archäphytische Pflanze, die als typische Weideart vermutlich im Gefolge des Menschen eingewandert ist. Ältester literarischer Nachweis: KERNER (1786:85) Schießplatz bei Stuttgart (heute Liederhalle); nach SCHINNERL (1912:211) schon von H. HARDER 1576–1594 vermutlich im Gebiet gesammelt.

Bestand und Bedrohung: Der Frühlingsenzian gehört zu den gefährdeten Arten in Baden-Württemberg (G 3, Harms et al. 1983). Seit 1945 haben die Vorkommen außerhalb der Schwäbischen Alb stark abgenommen, so daß er heute im nördlichen und westlichen Alpenvorland, auf der Baar und in den Gäulandschaften fast ausgestorben ist.

Deshalb erscheint jetzt eine Einstufung als „stark gefährdet" (Stufe G 2) angebracht. Der Rückgang dieser Art ist besonders gut dokumentiert, da EICHLER, GRADMANN und MEIGEN schon 1907 eine genaue Kartierung des Frühlingsenzians durchgeführt haben.

Heute findet man den Frühlings-Enzian fast nur noch auf der Schwäbischen Alb. Der starke Rückgang ist zum einen auf die intensivere Nutzung und Düngung von ehemals mageren, einschürigen Wiesen (Mähder) zurückzuführen. Solche ertragsschwachen Standorte sind für die Landwirtschaft nicht mehr rentabel, sie werden entweder intensiviert oder aufgeforstet. Ein weiterer wichtiger Grund für die Abnahme der Frühlingsenzianbestände ist der Rückgang der Schafbeweidung, da der Frühlingsenzian auf den kurzgefressenen, mageren Weiden gut gedeiht und von den Schafen nicht verbissen wird. Auf unbeweideten und ungepflegten Wachholderheiden wird die Grasnarbe bald zu dicht und verfilzt, so daß er verschwindet. Die Schafbeweidung ist eine wichtige Voraussetzung für den Fortbestand der Frühlingsenzianbestände, doch sollte diese unbedingt extensiv und nicht intensiv sein. Die Art ist schnittempfindlich bis mäßig schnittverträglich und verträgt 1 bis 2 Schnitte pro Jahr, wobei der erste Schnitt nicht vor Mitte Juli liegen darf (BRIEMLE u. ELLENBERG 1994). Der Frühlingsenzian ist gesetzlich geschützt.

6. **Gentiana utriculosa** L. 1753
Schlauch-Enzian

Morphologie: Einjährig, 5 bis 25 cm hoch, ohne sterile Triebe. Stengel aufrecht, verzweigt und häufig mehrblütig. Blätter schmal-oval, 1- bis 5nervig, die Rosettenblätter sind länger und breiter als die Stengelblätter. Blüten 5zählig, einzeln am Ende der Äste. Kelch mit lanzettlich spitzen Zipfeln, aufgeblasen und breit geflügelt (2 bis 3 mm), etwa ¾ so lang wie die Kronröhre. Krone azurblau, stieltellerförmig mit enger Röhre und länglich-elliptischen, spitzen Zipfeln und einem zweispitzigen Anhängsel zwischen den Zipfeln. Staubblätter frei, Narbe kreisrund. – Blütezeit: Mai bis August, Hummel- und Tagfalterbestäubung.

Ökologie: Der Schlauch-Enzian kommt selten in Kalkflachmooren, Quellsümpfen, Moorwiesen und auf Kiesbänken der Alpenflüsse, auf nassen bis wechselfeuchten, kalkreichen Ton- oder Moorböden vor. Er gilt als Assoziationskennart des Mehlprimel-Kopfbinsenmoors (Primulo-Schoenetum).

Pflanzensoziologische Aufnahmen aus dem Primulo-Schoenetum im westlichen Bodenseegebiet bei LANG (1973: Tab. 87 und 94). Er wächst gern zusammen mit *Carex davalliana*, *Pinguicula vulgaris*, *Primula farinosa*, *Schoenus ferrugineus*, *Schoenus nigricans* und *Parnassia palustris*.

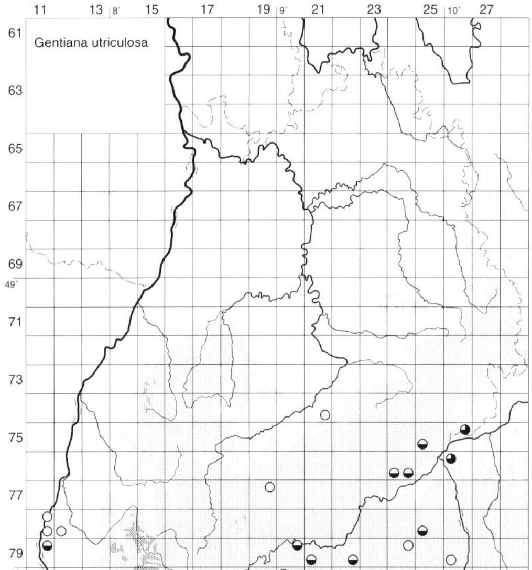

Allgemeine Verbreitung: Mittel- und Südeuropäische Gebirgspflanze mit östlichem Verbreitungsschwerpunkt: von der Oberrheinebene ostwärts über Alpen, Südkarpaten und die Dinarischen Alpen bis zum Balkan. Die baden-württembergischen Vorkommen bilden die nordwestliche Arealgrenze des Schlauch-Enzians.

Verbreitung in Baden-Württemberg: Der Verbreitungsschwerpunkt des Schlauchenzians liegt im westlichen Bodenseegebiet. Sonst kam er noch sehr selten und vereinzelt auf der Schwäbischen Alb, im Alpenvorland und am Kaiserstuhl vor. Nördlichster Punkt (außerhalb des Gebiets) zwischen Schifferstadt und Dannstadt (6516/3, LAUTERBORN 1910).

Südliches Oberrheingebiet: 7811/2: Wyhl, NEUBERGER (1898); 7811/4: Sasbach, NEUBERGER (1898); 7812/3: Kaiserstuhl zwischen Schelingen und Eichelspitze, SCHILDKNECHT (1863); 7911/2: Faule Waag, NEUBERGER (1898); letzter Nachweis 1923, K. MÜLLER (STU); Klettgau: 8217/4: Herblingen, EGM (1909); 8317/4: Baem, EGM (1909); 8416/2: Hohentengen, Grünzgen, EGM (1909).

Schwäbische Alb: 7421/4: Glemser Hochwiesen, MARTENS u. KEMMLER (1865); zuletzt 1898 A. MAYER (STU-K); 7719/2: Hundsrück, 1891 vereinzelt, seit ca. 1892 verschwunden, A. MAYER (STU-K).

Donauniederung: 7525/3: Arnegger Ried, 1950, GRADMANN (STU-K); 7526/2: Langenau, SCHÜBLER u. MARTENS (1834); zuletzt Westerried bei Langenau, 1948 KOCH (STU-K); 7624/3: Allmendinger Ried, SCHÜBLER u. MARTENS (1834); erloschen durch Entwässerung und Aufforstung 1932, v. ARAND (STU-K); 7624/4: bei Altheim 1927 erloschen, v. ARAND (STU-K); 7626/1: Ulmer Ried, MARTENS u. KEMMLER (1865); bei Finningen und Reutti häufiger, E. MAHLER (1898); letzte Angabe: sehr spärlich im Finninger Ried, 1955, K. MAHLER (STU-K).

Nördliches Oberschwaben: 7825/3: Ried bei Lampertshausen, SCHÜBLER u. MARTENS (1834); letzte Angabe bei BERTSCH (1948); 7920/2: Thiergarten, EGM (STU-K); 7921/3: Göggingen, EGM (1909); 7922/4: Saulgau, BERTSCH (1933); 7924/2: Biberach, KIRCHNER u. EICHLER (1900); 7926/3: Illertal bei Rot, MARTENS u. KEMMLER (1865); zuletzt bei KIRCHNER u. EICHLER (1913); 8020/1: Krummbach, EGM (1909).

Bodenseegebiet: 8118/4: Neuhausen im Weihergraben, A. MAYER (1950); 8119/3: Aach, EGM (1909); 8119/4: Wahlwies-Stockach, DÖLL (1859); 8120/1: Zoznegg, DÖLL (1859), zuletzt EGM (1909); 8218/2: Hohentwiel, MARTENS u. KEMMLER (1862), Gennersbrunn, EGM (1909); 8218/3: Dörflingen, EGM (1909); 8219/1: Singen, EGM (1909); 8219/2: Homburg bei Stahringen, DÖLL (1859); 8219/3: Überlingen a. R., EGM (1909); 8219/4: Bei Radolfzell, ROTH V. SCHRECKENSTEIN (1798); zwischen Itznang und Moos, Radolfzell, Mett-

Schlauch-Enzian *(Gentiana utriculosa)*
Wollmatingen

nau, Markelfinger Ried, BAUMANN (1911); NSG Mettnau, 1984, PEINTINGER (STU-K); 8220/1: Nachtweide östlich Mindelsee, 1962, LANG (STU-K); Mindelsee, HENN u. SONNABEND (1983); 8220/3: Untersee: Riedwiesen am Ufer bei Allensbach/Hegau, 1908, KRAUSS (TUB); 8220/3: Mindelseemoor, 1949, A. MAYER (STU); 8220/4: Hegne, BAUMANN (1911); 8221/3: Riedheim, EGM (1909); 8318/1: Büsingen, EGM (1909); 8318/2: Gailingen, EGM (1909); 8319/1: zwischen Öhningen und Bohlingen besonders auf der Strickwiese, HÖFLE (1850); Stiegen, Oberstaad, Kattenhorn, BAUMANN (1911); Stein a. Rh., Öhningen, EGM (1909); zwischen Schienen und Öhringen, 1977, HENN (STU-K); 8319/2: Schloß Marbach, Wangen, Hemmenhofen, Gaienhofen, Hornstaad, BAUMANN (1911); zwischen Wangen und Horn, 1983, REINEKE (STU-K); 8320/1: Reichenau, 1849, HEGELMEIER (STU), zuletzt BAUMANN (1911); 8320/2: Wollmatinger Ried, 1913, A. MAYER (STU); JAKOBY u. DIENST (1988); 8321/1: Konstanz Kuhmoos und Rundenbergmoos, JACK (1900); 8322/2: Raderacher Ried, LINDER (1907).
Westallgäuer Hügelland: 8125/2: Flachmoor an der Wurzacher Aach bei Herbrazhofen, BRIELMEIER (1959); 8125/4: an der Aach unterhalb Reichertshofen, o. J., BERTSCH (STU-K); 8325/1: Gehängemoor beim Hospitalwald südöstlich Sigmanns und Gießenmoor, Markung Eglofs, BRIELMEIER (1965); 8325/2: Eglofstal, Schloß Syrgenstein, BRIELMEIER (1965).

Das tiefste Vorkommen lag bei Wyhl (7811/2) auf ca. 175 m, außerhalb der Gebiets zwischen Schifferstadt und Dannstadt (6516/3) sogar auf 95 m. Höchster Punkt am Hundsrück bei Balingen (7719/2) auf ca. 930 m.

Erstnachweise: Die Art ist im Gebiet urwüchsig. Ältester literarischer Nachweis bei ROTH VON SCHRECKENSTEIN (1798: 94) „bey Radolfzell, CARDEUR“.

Bestand und Bedrohung: Der Schlauchenzian wurde in Baden-Württemberg bisher als stark gefährdet angesehen. Die Art war im Gebiet nie häufig. Etwa ein Viertel der Standorte sind schon im letzten Jahrhundert verschwunden, in jüngster Zeit sind alle Vorkommen außerhalb des westlichen Bodenseegebiets erloschen. Deshalb ist der Schlauchenzian jetzt als „vom Aussterben bedroht“ (G 1) einzustufen. Der starke Rückgang des Schlauchenzians ist auf das Entwässern von Flachmoorstandorten und die Umwandlung in Ackerland oder Wiesen sowie auf Düngung zurückzuführen.

Heute gibt es nur noch sechs aktuelle Vorkommen am westlichen Bodensee. Da diese alle in Naturschutzgebieten liegen, besteht Hoffnung, daß die Art in Baden-Württemberg nicht ganz ausstirbt. Im Wollmatinger Ried konnten sich die Bestände durch winterliche Mahd alle ein bis drei Jahre wesentlich vergrößern. Die Pflege der Vorkommen sollte beibehalten und die Entwicklung der Bestände weiter genau verfolgt werden. Die Art ist gesetzlich geschützt.

4. **Gentianella** Moench 1794
Enzian

Einjährige oder ausdauernde Kräuter, Stengel aufrecht, meist verzweigt. Kelch 4- bis 5zählig, etwa bis zur Hälfte verwachsen. Krone 4- bis 5zählig, meist über die Hälfte der Länge verwachsen. Die Gattung *Gentianella* wird von einigen Autoren (OBERDORFER 1983, HESS, LANDOLT u. HIRZEL 1970) auch mit der Gattung *Gentiana* zusammengefaßt. Von dieser unterscheidet sie sich durch die am Rand gefransten oder am Schlund bärtigen Kronblätter und die auf den Kronblättern liegenden Honigdrüsen, was die Abtrennung als eigene Gattung rechtfertigt (TUTIN et al. 1964-1980).

Die etwa 50 Arten sind vor allem in den Gebirgen der gemäßigten Zone auf der nördlichen Halbkugel verbreitet. Die Arten der Gattung *Gentianella* sind häufig morphologisch uneinheitlich und werden in mehr oder weniger gut abgegrenzte Ökotypen oder Unterarten unterteilt.

In Baden-Württemberg kommen von den 22 europäischen nur 3 Arten vor. Alle Arten der Gattung *Gentianella* sind nach der Bundesartenschutzverordnung vom 19. 12. 1986 gesetzlich geschützt.

1 Blütenblätter am Rand gefranst, Blüte blau . . 1. *G. ciliata*
– Blütenblätter ganzrandig, Krone im Schlund bärtig, meist violett, selten weiß 2
2 Krone und Kelch 4teilig, Kelch mit zwei breiten und zwei sehr schmalen Kelchblättern . . . . . 2. *G. campestris*
– Krone und Kelch 5teilig, Kelchblätter alle gleich gestaltet . . . . 3. *G. germanica*

1. Gentianella ciliata (L.) Borkh. 1796

Gentiana ciliata L. 1753
Fransen-Enzian

Morphologie: Pflanze ist einjährig, mit dünner Pfahlwurzel, 5 bis 30 cm hoch. Stengel aufsteigend bis aufrecht, kantig, einblütig oder mit wenigen Seitenästen. Ohne grundständige Blattrosette, Stengelblätter schmal-lanzettlich, einnervig. Kelch vierzähnig, auf etwa ⅓ der Länge verwachsen, Zipfel lang zugespitzt. Krone hellblau, etwa bis zur Hälfte verwachsen, trichterförmig mit vier Zipfeln, diese sind an der Spitze gezähnelt und zur Basis hin lang gefranst. Fruchtknoten gestielt, keulenförmig, Narbe sitzend, kreisförmig. Kapsel eiförmig, lang gestielt. – Blütezeit von August bis Oktober, Hummelbestäubung.

Ökologie: Zerstreut in Kalkmagerrasen, an Rainen und Waldrändern, auf mäßig trockenen, kalkreichen Lehm- und Lößböden. Der Fransen-Enzian ist eine Verbandskennart der Trespen-Halbtrockenrasen (Mesobromion). Pflanzensoziologische Aufnahmen aus Mesobrometen der Schwäbischen Alb bei Kuhn (1937: Tab. 19) und Breiter (1990: Tab. 9), aus dem Keupergebiet bei Müller (1966: Tab. 15 u. 20), aus dem unteren Neckarland bei Schwarz (1941: Tab. 7) und vom westlichen Bodenseegebiet bei Lang (1973: Tab. 80). Typische Begleiter sind *Carlina acaulis*, *Gentianella germanica*, *Ononis spinosa*, *Scabiosa columbaria*, *Bromus erectus* und *Carlina vulgaris*.

Allgemeine Verbreitung: Süd- und Mitteleuropäische Gebirgspflanze. Von Nordspanien und den Balearen im Westen bis Südpolen, Kaukasus, Bulgarien und Südrußland. Nördlich bis Belgien und Mitteldeutschland, im Süden bis Süditalien und Nordgriechenland.

Verbreitung in Baden-Württemberg: Verbreitet auf der Schwäbischen Alb, in den südlichen Gäulandschaften und im Keupergebiet. Selten am Oberrhein, auf der Baar, am Hochrhein und im nördlichen Alpenvorland, auf den sauren Böden im Schwarzwald fast völlig fehlend. Die Höhenverbreitung erstreckt sich von ca. 160 m in Sulzbach bei Weinheim (6418/1) bis 930 m auf dem Roßberg westlich Meßstetten (7819/2).

Erstnachweise: Archäophytische Pflanze, die als typische Wiesenart wahrscheinlich im Gefolge des Menschen eingewandert ist. Ältester literarischer Nachweis: J. Bauhin (1598: 193) für die Umgebung von Bad Boll (7323).

Bestand und Bedrohung: Der Fransen-Enzian zählt zu den nicht gefährdeten, aber schonungsbedürftigen Pflanzen (G 5). Die Art kommt oft nur in wenigen Exemplaren vor. Die Vorkommen sind vor allem im nördlichen Alpenvorland, auf der Baar, im Oberrheingebiet und im Kraichgau stark zurückgegangen. Aber auch im Großraum Stuttgart, auf der Hohenloher Ebene und im Schwäbisch-Fränkischen Wald konnten in den letzten Jahren viele Wuchsorte nicht mehr bestätigt werden. Gründe hierfür sind sicher der zunehmende Landschaftsverbrauch, die Nutzungsänderung bei mageren Wiesen (entweder Intensivierung oder Brache) und die Zerstörung vieler

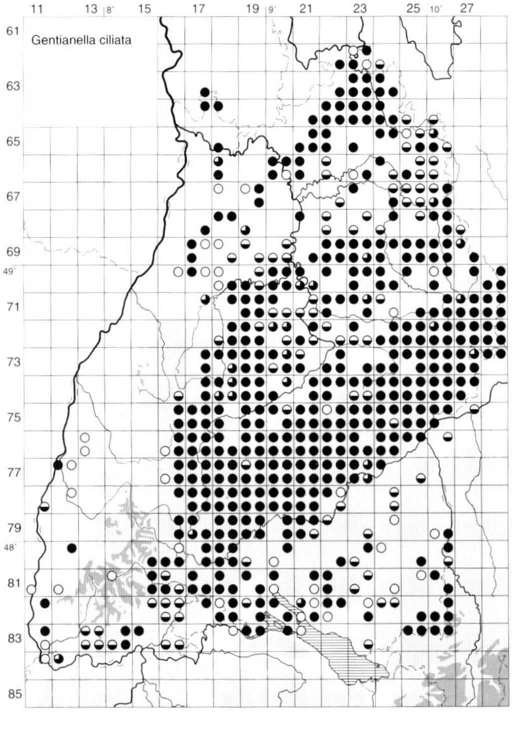

Fransen-Enzian (*Gentianella ciliata*)
Erbstetten, 4. 10. 1993

kleinflächiger Biotope (magere Wegraine, Waldränder, Böschungen). Da der Fransen-Enzian als einjährige Art offene Bodenstellen braucht um zu keimen, sollten solche durch Pflegemaßnahmen (Mähen im Herbst und Abräumen des Heus zur Aushagerung) und Schafbeweidung, die den Fransen-Enzian fördert (BRIEMLE 1988), erhalten werden. Die Art ist schnittempfindlich bis mäßig schnittverträglich und verträgt 1 bis 2 Schnitte pro Jahr, wobei der erste Schnitt nicht vor Mitte Juli liegen darf (BRIEMLE u. ELLENBERG 1994). Sie ist gesetzlich geschützt.

2. Gentianella campestris (L.) Börner 1912

Gentiana campestris L. 1753
Feld-Enzian

Morphologie: Pflanze ein- bis zweijährig, 5 bis 20 cm hoch, Stengel ästig. Grundständige Rosettenblätter verkehrteiförmig-spatelig, Stengelblätter eiförmig, stumpf oder spitz. Kelch, Krone und Staubblätter vierzählig. Kelch fast bis zum Grund geteilt, aus zwei breit-eiförmigen äußeren und zwei schmal-linealen inneren Kelchblättern bestehend. Krone rotviolett, am Schlund bärtig, 15 bis 30 mm lang. Kapsel zylindrisch, sitzend, zweiklappig aufspringend. – Blütezeit: Juni bis September, Bestäubung durch Falter und Hummeln, aber auch Selbstbestäubung.

Ökologie: Gentianella campestris kommt selten auf Silikat-Magerrasen und mageren Wiesen der montanen bis subalpinen Stufe, auf frischen, mäßig nährstoffreichen, kalkarmen Böden vor. Der Feldenzian ist eine Ordnungskennart der Borstgrasrasen (Nardetalia).

Pflanzensoziologische Aufnahmen von Magerrasen der südwestlichen Donaualb bei SEBALD (1992: Tab. 34) und K. MÜLLER (1948: Tab. 18) und aus den Flügelginsterweiden (Festuco-Genistetum sagittalis) des Südschwarzwalds bei BOGENRIEDER (1982: Tab. 1). Häufig vergesellschaftet mit *Genista sagittalis*, *Nardus stricta*, *Potentilla erecta*, *Arnica montana*, *Calluna vulgaris* und *Polygala vulgaris*.

Allgemeine Verbreitung: Europäische Pflanze, nördlich bis Island und Skandinavien (ca. 71. Breitengrad), westlich bis in die Pyrenäen, östlich bis zum Baltikum und Österreich, südlich bis in den Apennin.

Verbreitung in Baden-Württemberg: Selten und zerstreut in den höheren Lagen des Südschwarz-

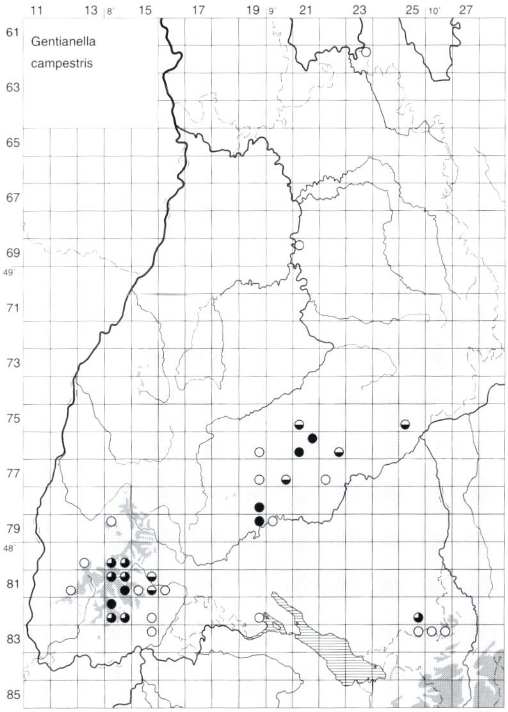

Feld-Enzian *(Gentianella campestris)*
Irndorfer Hardt, 29. 6. 1990

häusern, SCHILDKNECHT (1863); Schluchsee, 1979, SCHUHWERK (STU-K); 8115/2: Hof Stallberg, 1961, WREDE (STU); letzter Nachweis, 1930, KNEUCKER (KR); 8115/3: Bergmatten beim Schluchsee, VULPIUS (1865); 8115/4: Gündelwangen, ZIMMERMANN (1911); 8116/3: Bonndorf, 1884 LOUDET (KR); Bonndorf, ZAHN (1889); 8214/1: Finsterlingen, St. Blasien, Menzenschwand, BECHERER U. GYHR (1928); o. O., 1975 SCHUHWERK (KR-K); 8214/3: Ibach, PHILIPPI (1960); 8214/4: Urberg, Wittenschwand, Wolpadingen, PHILIPPI (1960); 8215/4: Oberhalb des Schlüchttals bei Riedern, SEUBERT (1891); Birkendorf bei Ühlingen, HERZOG (1896); 8315/2: oberhalb des Schlüchttals bei Berau, SEUBERT (1891).

Schwäbische Alb: 7521/3: zwischen Wackerstein und Lichtenstein, MARTENS u. KEMMLER (1865); zwischen Oberhausen und Giesstein, A. MAYER (1930); 7525/3: Arnegg bei Herrlingen, 1937, v. ARAND (STU-K); 7619/4: Zellerhorn, KIRCHNER u. EICHLER (1900); 7621/2: NSG Greuthau, 1977, (STU-K); 7621/3: Kerren, 1977, (STU-K); 7622/4: Lautertal bei Hundersingen, 1906, KRAUSS (TUB); 7719/4: zwischen Burgfelden und Pfeffingen, MARTENS u. KEMMLER (1865); zuletzt A. MAYER (1950); 7720/4?: Ebinger Hardt, MAYER (1929); 7722/3: Upflamör, MARTENS u. KEMMLER (1865); zuletzt KIRCHNER u. EICHLER (1913); 7819/4: Irndorfer Hardt, 1977, RIEDEL (STU-K); 7919/2: Irndorfer Hardt, 1990, MARQUARDT (STU-K); 7920/1: bei Werenwag, JACK (1900).

Westliches Bodenseegebiet: 8219/4: Radolfzell, JACK (1891);

Westallgäuer Hügelland: 8225/4: Syrgener Höhe, 1957, BAUR (STU-K); Terrassenwiese bei Siggen, nach 1970, (LfU); 8325/2: Eglofs, Eisenherz, KIRCHNER u. EICHLER (1900), zuletzt BERTSCH (1962); 8326/1: Isny, SCHÜBLER u. MARTENS (1834), zuletzt BERTSCH (1962); 8326/2: Adelegg, DUCKE (1874).

walds, auf der Schwäbischen Alb, im Allgäu und am westlichen Bodensee. Ebenso wie bei *Gentiana lutea* hat der Feldenzian zwei isolierte, tiefliegende Fundpunkte (einen bei Wertheim und einen bei Heilbronn), weitab vom Hauptverbreitungsareal.

Taubergebiet: 6223/2: zwischen Lindelbach und Dertingen bei Wertheim, WIBEL (1799).

Neckarland: 6921/1: Heilbronn bei dem Talheimer Schlößchen, 1822, LANG (STU), MARTENS (1823).

Südschwarzwald: 7914/1: zwischen Kandel und der Platte, LAUTERER (1874); Kandel, SEUBERT (1880); 8013/3: zwischen Horben und der Halde, SCHILDKNECHT (1863); 8014/3: Alpersbach Sägmühle, DÖLL (1859); zwischen Bisten und Alpersbach, WIMMENAUER u. WIRTH (1963); 8014/4: Hinterzarten Reitzenstein, 1880 (KR); Windeck bei Hinterzarten, SLEUMER (1935); 8112/4: Belchen, 19. Jhdt., DÖLL (KR); 8114/1: Raimartihof, NEUBERGER (1898); zuletzt ca. 1965, WIRTH (STU-K); 8114/2: Bärental, NEUBERGER (1898); beim Seebauer zwischen Feldsee und Rinkenhof, SCHILDKNECHT (1863); S Hinterzarten, um 1955, PHILIPPI (KR-K); 8114/4: zwischen Unteraha und Hinter-

Niedrigster Fundpunkt beim Talheimer Schlößchen bei Heilbronn (6921/1) auf ca. 230 m. Der höchste Fundpunkt liegt auf dem Feldberg (8114/1) bei ca. 1200 m.

Erstnachweise: Die Art ist im Gebiet urwüchsig. Ältester literarischer Nachweis: MARTENS (1823: 236) Heilbronn, Talheimer Schlößchen (6921/1).

Bestand und Bedrohung: Der Feldenzian ist in Baden-Württemberg stark gefährdet (G 2 HARMS et al. 1983). Saure Magerrasen sind im Land selten und die typische Flora, zu der auch der Feldenzian gehört, wird durch Düngung und intensivere Nutzung zerstört. Da solche Standorte nicht so auffällig bunt und reich an Orchideen sind wie die Kalkmagerrasen, stehen sie auch seltener unter Schutz, und das Verschwinden der Arten wird von der Öffentlichkeit nicht so wahrgenommen. Die letzten noch bestehenden Standorte sollten deshalb unbedingt vor Düngung und zu starker Beweidung einerseits und Verbuschung bei Brache andererseits geschützt werden. Dies kann wohl nur in Schutzgebieten erfüllt sein. In den Allgäuer Alpen ist die Art noch relativ häufig. Die Art ist schnittempfindlich bis mäßig schnittverträglich und verträgt 1 bis 2 Schnitte pro Jahr, wobei der erste Schnitt nicht vor Mitte Juli liegen darf (BRIEMLE u. ELLENBERG 1994). Die Art ist gesetzlich geschützt.

3. Gentianella germanica (Willd.) Börner 1912

Gentiana germanica Willd. 1798
Deutscher Enzian

Morphologie: Pflanze ein- bis zweijährig, 5 bis 40 cm hoch. Stengel aufrecht, ästig, oft rot überlaufen. Grundständige Laubblätter verkehrt-eiförmig, zur Blütezeit oft abgestorben, Stengelblätter spitz-eiförmig. Kelch, Krone und Staubblätter fünfzählig, selten einzelne Blüten auch vierzählig. Kelch auf gut der Hälfte der Länge verwachsen, Kelchzipfel mehr oder weniger gleichförmig, spitz. Krone rotviolett (selten weiß), trichterförmig, am Schlund stark bärtig. Kronzipfel stumpf-lanzettlich, 10 bis 15 mm lang. Fruchtknoten deutlich gestielt, Kapsel schmal-länglich. – Blütezeit August bis Oktober, Sommerformen auch schon ab Juni. Bienen- und Hummelbestäubung.

Variabilität: *Gentianella germanica* wird häufig in mehrere Unterarten aufgeteilt, die sich in Blütezeit, Verzweigung, Verbreitung und Vergesellschaftung unterscheiden. In alten Gebietsfloren wird immer wieder *Gentiana obtusifolia* für Baden genannt (z. B. JACK 1900, DÖLL 1843, HÖFLE 1843, SEUBERT 1880, 1885). Mit großer Wahrscheinlichkeit handelt es sich dabei um die sommerblühende Unterart *solstitialis* Wettst. 1896, die auch in den Floren von BERTSCH (1933, 1948, 1962) und ROTHMALER (1988) für das Gebiet genannt wird. *Gentianella germanica* subsp. *solstitialis* zeichnet sich durch stumpfe Stengelblätter, lange Internodien und einen meist einfachen oder wenig verzweigten Stengel aus. Der Blütezeitpunkt liegt schon im Frühsommer (Juni bis Juli). Herbarmaterial zur Überprüfung der Literaturangaben ist nicht vorhanden. Diese Unterart ist heute verschollen. Anhand der Literaturangaben kann man auf drei ehemalige Populationen im Alpenvorland schließen:

7926/2: Sumpfige Wiesen bei Oberopfingen, KIRCHNER u. EICHLER (1900); Illerauen bei Oberopfingen, BERTSCH (1933, 1948, 1962); 8119/4: Zwischen Rissdorf und der Zollbrücke, DÖLL (1856); bei Stockach auf sumpfigen Wiesen, MARTENS u. KEMMLER (1865); sehr selten nur bei Stockach, SEUBERT (1880); zwischen Rissdorf und der Zollbrücke, JACK (1900). 8320/2: selten auf Schnegglisand-Strandwällen am Untersee in den Jahren 1960-64, LANG (1972). Im Wollmatinger Ried mindestens seit 1982 verschwunden, DIENST (mündl.).

Deutscher Enzian *(Gentianella germanica)*
Fridingen

Ökologie: Zerstreut in mäßig trockenen, sonnigen Kalkmagerrasen und Schafweiden, vor allem in der montanen Stufe, auf kalkreichen bis oberflächlich entkalkten, steinigen Lehm- und Mergelböden. Der Deutsche Enzian ist eine Kennart des Enzian-Schillergrasrasens (Gentiano-Koelerietum).

Pflanzensoziologische Aufnahmen von Kalkmagerrasen der Schwäbischen Alb bei KUHN (1937: Tab. 17, 18, 24) und BREITER (1990: Tab. 6, 9), aus dem Taubergießengebiet bei GÖRS (1974: Tab. 3), aus dem Keupergebiet bei MÜLLER (1966: Tab. 20) und vom westlichen Bodenseegebiet bei LANG (1973: Tab. 80). *Gentianella germanica* wächst gern zusammen mit *Gentianella ciliata*, *Hippocrepis comosa*, *Primula veris*,

Bromus erectus, Koeleria pyramidata, Helianthemum nummularium, Scabiosa columbaria und *Carlina acaulis.*

Allgemeine Verbreitung: West- und Mitteleuropa, nördlich bis SO England, in Frankreich bis zur Seinemündung, im Osten bis Südpolen, im Süden bis Schweizer und Bayrische Alpen, Hautes Alpes.

Verbreitung in Baden-Württemberg: Den Deutschen Enzian findet man wie den Fransenenzian hauptsächlich in den Kalkgebieten Baden-Württembergs: verbreitet auf der Schwäbischen Alb und in den südlichen Gäulandschaften, selten und zerstreut im Oberrheingebiet, im Alpenvorland, im Odenwald und den nördlichen Gäu- und Keuperlandschaften, im südlichen Schwarzwald nur ganz vereinzelt. Die Höhenverbreitung erstreckt sich von ca. 100 m bei Mannheim (6516/2) bis 1100 m am Feldsee im Schwarzwald (8114/1).

Erstnachweise: Archäophytische Pflanze, die als typische Weideart vermutlich im Gefolge des Menschen eingewandert ist. Ältester literarischer Nachweis: J. BAUHIN (1691 (3): 526) für die Umgebung von Tübingen (7420), ca. 1560.

Bestand und Bedrohung: Der Deutsche Enzian ist im Gebiet insgesamt nicht gefährdet, aber schonungsbedürftig (G 5). Sein Verbreitungsgebiet ist kleiner als das des Fransenenzians, er kommt aber meist in viel größeren Individuenzahlen vor als jener. Während im Oberrheingebiet, im Kraichgau und im Alpenvorland schon im letzten Jahrhundert viele Wuchsorte erloschen sind, geht in jüngerer Zeit der Bestand auch im Großraum Stuttgart und in der nördlichen Schwäbischen Alb deutlich zurück. Für die Erhaltung des Deutschen Enzians sind Erhalt und Pflege von Kalkmagerrasen, Wacholderheiden und Wegrainen von großer Bedeutung, da der Enzian bei Verbuschung und Beschattung bald verschwindet. Durch Schafbeweidung wird der Enzian gefördert (BRIEMLE 1988). Die Art ist schnittempfindlich bis mäßig schnittverträglich und verträgt 1 bis 2 Schnitte pro Jahr, wobei der erste Schnitt nicht vor Mitte Juli liegen darf (BRIEMLE u. ELLENBERG 1994). Die Art ist gesetzlich geschützt.

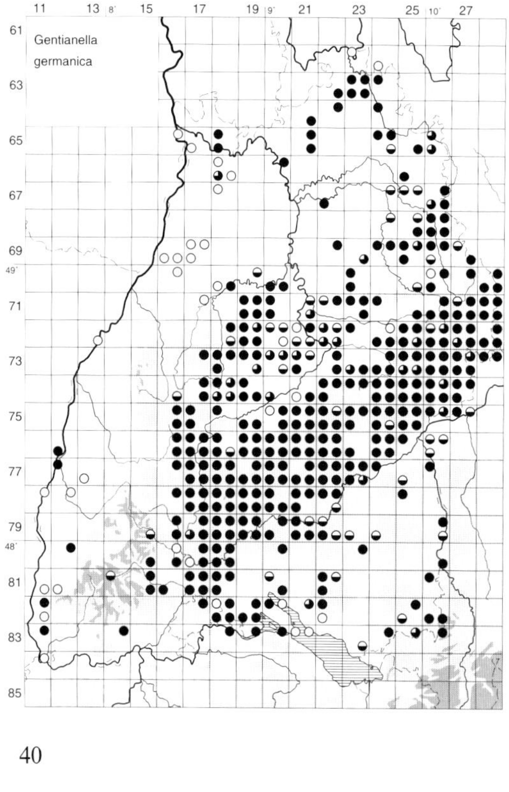

5. Swertia L. 1753
Sumpfstern

Die Gattung umfaßt ca. 70 meist in den Hochgebirgen von Europa, Afrika und Amerika verbreitete Arten. In Europa kommen drei und in Baden-Württemberg nur eine Art vor.

1. Swertia perennis L. 1753
Blauer Sumpfstern

Morphologie: Pflanze ausdauernd, 15 bis 60 cm hoch, Stengel aufrecht, kantig, oft violett überlaufen. Untere Stengelblätter gestielt, obere sitzend, halb stengelumfassend, länglich-lanzettlich. Kelch fünfteilig mit schmal-lanzettlichen Zipfeln. Kronblätter 1 bis 1,5 cm lang, stahlblau bis dunkelviolett, dunkler punktiert, mit je zwei bärtigen Nektardrüsen an den Kronblattbasen. Staubblätter pfeilförmig, fast doppelt so lang wie der Fruchtknoten. Kapsel eiförmig, 10 bis 12 mm lang. Zahlreiche flache, ringsum ungleich geflügelte Samen. – Blütezeit: Juni bis August, Insektenbestäubung.

Ökologie: Der Sumpfstern wächst gesellig in Flach- und Quellmooren, auf durchsickerten, kalk- und basenreichen Sumpfhumusböden. Der mittlere pH-Wert dieser Böden liegt am Feldberg bei 5,8 (BOGENRIEDER u. WILMANNS 1968: dort auch genauere Angaben zur Ökologie). Er gilt als Licht- bis Halbschattenpflanze und Verbandskennart der Davallseggen-Sümpfe (Caricion davalliani). Pflanzensoziologische Aufnahmen aus

Blauer Sumpfstern *(Swertia perennis)*
Feldberg, 4. 8. 1991

dem Schwarzwald bei DIERSSEN u. DIERSSEN (1984: Tab. 11 und 12), BARTSCH (1940: Tab. 10) und aus dem Alpenhelm-Braunseggensumpf (Bartsio-Caricetum fuscae) des Feldbergs bei BOGENRIEDER (1982: Tab. 3). Gern zusammen mit *Parnassia palustris*, *Carex fusca*, *Carex echinata*, *Selaginella selaginoides*, *Bartsia alpina* und *Pinguicula vulgaris*.

Allgemeine Verbreitung: Mitteleuropa, westlich bis in die Pyrenäen, im Süden bis Mittelitalien, Balkan (Montenegro), nördlich bis Estland, im Osten über die Karpaten bis Süd- und Mittelrußland. Gemäßigtes und subtropisches Asien, Kaukasus, Sibirien bis Japan, Nordamerika.

Verbreitung in Baden-Württemberg: Sehr selten und zerstreut im südlichen Schwarzwald, Baar, Alpenvorland und der Schwäbischen Alb.

Feldberggebiet: 8114/1: Feldberg, zuerst 1791 VULPIUS in EGM (1907), BOGENRIEDER u. WILMANNS (1968), 1992, ROSENBAUER (STU-K).

Baar: 8016/2: E Wolterdingen, 1986, PHILIPPI (KR-K); 8017/4: Pfohrener Ried, REHMANN u. BRUNNER (1851), zuletzt 1927, PLANKENHORN (STU), 1960, PHILIPPI (KR-K); Geisingen, NEUBERGER (1885), zuletzt bei A. MAYER (1950). 8117/3: Zollhausried bei Blumberg, 1852, ENGESSER in EGM (1907), zuletzt REICHELT (1978); Kummenried bei Zollhaus, EGM (1907); um 1954 noch reichlich, PHILIPPI (KR-K); 8117/4: Tiefenried, 1969, BEYERLE (STU-K), zuletzt 1987, NEBEL (STU-K); bei Riedöschingen und Krommingen, BARTSCH (1924).

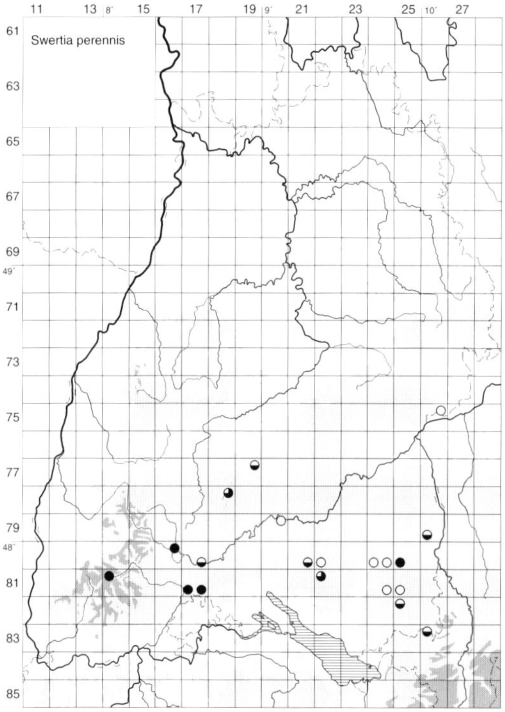

Schwäbische Alb: 7719/2: Onstmettingen, Geifitzmoor, 1898, GRADMANN (STU); A. MAYER (1929): „Infolge Trockenbelegung des Moores verschwunden"; 7818/2: Harrastal, 1950, HERRMANN (STU), zuletzt 1964, RIEDER (STU-K); 7920/2: Thiergarten, STEHLE (1869);

Donauniederung: 7526/2: Langenauer Ried, LECHLER (1844), MARTENS u. KEMMLER (1882): bei Langenau verschwunden.

Alpenvorland: 7926/3: Rot, MARTENS u. KEMMLER (1865); 8021/4: Taubenried, 1926, PLANKENHORN (STU); 8022/3: Burgweiler Ried, JACK (1900), zuletzt bei BARTSCH (1924); 8024/3: Steinach, LINGG (1832); 8024/4: bei Waldsee verschwunden, MARTENS u. KEMMLER (1882); 8025/3: Wurzach, 1858, VALET (STU), zuletzt 1976, DÖRR (STU-K); 8122/1: Pfrunger Ried, 1859 (STU), zuletzt BERTSCH (1962); 8124/4: Wolfegg, 1853, MÖRIKE (STU), 1901 nicht mehr gefunden, KÖNIG (STU-K); 8125/3: Rötsee, MARTENS u. KEMMLER (1882), 1901 nicht mehr gefunden, KÖNIG (STU-K); Immenried, KIRCHNER u. EICHLER (1900), 1901 nicht mehr gefunden, KÖNIG (STU-K); 8225/1: Kißlegg, 1919, A. MAYER (STU); 8326/1: Schweinebach, BERTSCH (STU).

Das höchste Vorkommen liegt am Feldberg (8114/1) bei 1440 m, das tiefste lag im Langenauer Ried (7526/2) bei 450 m.

Erstnachweise: Die Art ist im Gebiet urwüchsig. Ältester literarischer Nachweis: ROTH VON SCHRECKENSTEIN (1798: 93) „um den Feldberg, VULPIUS".

Bestand und Bedrohung: Der Blaue Sumpfstern ist in Baden-Württemberg stark gefährdet (G 2, HARMS et al. 1983). Mehr als die Hälfte seiner Vorkommen sind schon erloschen. Davon sind besonders die Schwäbische Alb und das Alpenvorland betroffen, während die Standorte im Feldberggebiet und auf der Baar noch bestehen.

Die Zerstörung von Quellsümpfen und Kalkflachmooren, ohnehin seltenen Standorten, durch Drainage und Düngung dürfte der wichtigste Grund für den Rückgang sein. Die heute noch bestehenden Vorkommen sollten durch breite Schutzzonen vor der Eutrophierung von außen geschützt werden. Die Pflanze ist schnittunverträglich bis schnittempfindlich und verträgt höchstens einen Herbstschnitt pro Jahr (BRIEMLE u. ELLENBERG 1994). Sie ist nach der Bundesartenschutzverordnung vom 19. 12. 1986 gesetzlich geschützt.

Apocynaceae

Hundsgiftgewächse, Immergrüngewächse
Bearbeiter: G. Philippi

Bäume, Sträucher oder Stauden, z. T. Lianen. Blätter einfach, gegenständig (selten auch quirlständig). Blüten meist 5zählig, Krone vor dem Aufblühen gedreht, Kelch und Krone im unteren Teil röhrenartig. Staubblätter 5, zusammenneigend und den Griffelknopf berührend. Frucht aus 2 Balgfrüchten bestehend. – Pflanzen mit Milchsaft, giftig (Alkaloide, Cardenolide), z. T. für pharmazeutische Zwecke verwendet (in tropischen Ländern werden Inhaltsstoffe der Apocynaceae als Pfeilgifte verwendet). Familie mit ca. 180 Gattungen und 1500 Arten, v. a. in tropischen Regenwaldgebieten. In Europa 4 Gattungen, diese v. a. im Mittelmeergebiet. Zu den Apocynaceae gehört auch *Nerium* (Oleander).

Kleines Immergrün *(Vinca minor)*
Oberrimsingen

1. **Vinca** L. 1753

Immergrün

Niederliegende Halbsträucher oder Kräuter, blühende Stengel aufrecht. Fruchtknoten 2blättrig, am Grunde verwachsen. – Gattung mit 6 Arten in Europa und Westasien (bis Persien), in Europa 5 Arten.

1. **Vinca minor** L. 1753

Kleines Immergrün

Morphologie: Halbstrauch, bis 20 cm hoch. Blätter ledrig, immergrün, oberseits dunkelgrün, glänzend, unterseits heller, eiförmig-lanzettlich, kurz gestielt, bis 6 cm lang kahl. In den Blattachseln Drüsen. Blüten stieltellerartig, mit bis zu 1 cm langer Röhre, hellblau (bis blauviolett). Balgfrucht bis 22 mm lang, Samen walzlich, 6–9 mm lang. – Blütezeit April bis Mai.

Ökologie: In lockeren Herden an beschatteten, frischen, meist nährstoff- und basenreichen, mild-humosen Lehmböden. In verschiedenen Buchen- bzw. Hainbuchenwaldgesellschaften, in Schluchtwäldern, oft Burggartenflüchtling, gepflanzt um Kapellen, in Parkanlagen. In wenigen Vegetationsaufnahmen enthalten, so Oberdorfer (1949: 44, 1952: 21) oder Lang (1973).

Allgemeine Verbreitung: Süd- und Mitteleuropa, in Westeuropa nordwärts bis England und Schottland (57°30' n. Br.), in Osteuropa in der Ukraine. Vielfach eingebürgert; ursprüngliches

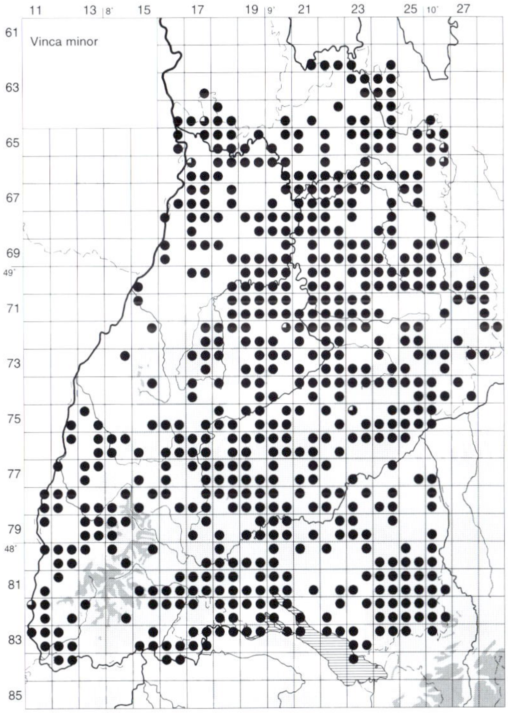

Areal vielleicht Mittelmeergebiet bis Südalpen. – In Deutschland weit verbreitet (nordwärts bis Schleswig-Holstein).

Verbreitung in Baden-Württemberg: In den meisten Gebieten vorhanden. Lediglich im Schwarzwald und in Teilen des Alpenvorlandes etwas seltener. Vorkommen zumeist anthropogen. An den meisten Fundstellen kann sich die Pflanze gut halten, zeigt aber keine auffallende Tendenz zur weiteren Ausbreitung (Verbreitung erfolgt zumeist vegetativ, Samen haben nur geringe Keimrate). Zwischen Vorkommen, wo die Pflanze als eingebürgert angesehen werden kann, und solchen, die offensichtlich auf junge Anpflanzung zurückgehen, gibt es alle Übergänge. – Tiefste Vorkommen in der Rheinebene, ca. 100 m, höchste Fundstellen in der Schwäbischen Alb bei 910 m (BERTSCH 1948).

Erstnachweis: *Vinca minor* wurde bereits von H. HARDER um 1562 in der Gegend von Geislingen – Ulm gesammelt (ZIMMERMANN 1937).

Bestand und Bedrohung: In reichen Beständen vorhanden, nicht bedroht.

Vinca major L. 1753
Großes Immergrün

Von *Vinca minor* durch die größeren Blüten (Durchmesser der Krone 3 cm) und die am Rand behaarten Blätter unterschieden. Heimat Mittelmeergebiet, gelegentlich als Zierpflanze angebaut.

Asclepiadaceae

Seidenpflanzengewächse, Schwalbenwurzgewächse
Bearbeiter: G. PHILIPPI

Sträucher oder ausdauernde Pflanzen. Blätter meist gegenständig. Blüten 5zählig, Kelchblätter frei, Krone vor dem Aufblühen oft gedreht. Staubfäden einen Ring bildend und mit dem Griffel verwachsen, Pollen in Tetraden oder zu Pollinien verklebt. Frucht aus 2 freien Balgfrüchten gebildet, Samen mit Haarschopf. Familie mit ca. 250 Gattungen mit 1800–2000 Arten, v. a. tropische Gebirge Südafrikas und Südamerikas (in Europa 8 Gattungen mit ca. 20 Arten). – Zu dieser Familie gehört auch *Asclepias syriaca* L. (Seidenpflanze) mit doldigen roten Blüten und unterseits weißfilzigen Blättern, bis 2,5 m hohe Staude, früher als Faserpflanze angebaut (vgl. seidenglänzende Samenhaare), Heimat Nordamerika.

1. Vincetoxicum N. M. Wolf

Schwalbenwurz

Kräuter oder Sträucher, oft windende Pflanzen. Blüten weiß, gelblich oder rosa, meist in blattachselständigen Trauben. Samen mit Haarschopf. – Gattung mit ca. 150 Arten, v. a. in den subtropischen und gemäßigten Zonen, in Europa 11 Arten (dazu als weitere Art *Cynanchum acutum* L. in Südeuropa).

1. Vincetoxicum hirundinaria Medic. 1790

Vincetoxicum officinale Moench 1794, *Alexitoxicum vincetoxicum* (L.) H. P. Fuchs 1961, *Cynanchum vincetoxicum* (L.) Pers. 1805, *Asclepias vincetoxicum* L. 1753
Gewöhnliche Schwalbenwurz

Morphologie: Hemikryptophyt, bis 120 cm hoch, unverzweigt. Stengel rund, mit Haarleisten, Blätter dunkelgrün, gestielt, Blüten in wenigblütigen Trauben (Zymen). Kelch kurz, Krone 3–8 mm im Durchmesser, gelblichweiß, fünfzählig. Nebenkrone mit 5 Nektarien, mit den Staubblättern verbunden. Staubbeutel untereinander durch Klemmkörper verbunden, Pollen zu Pollenmassen verklebt (Pollinium). Frucht aus zwei langen

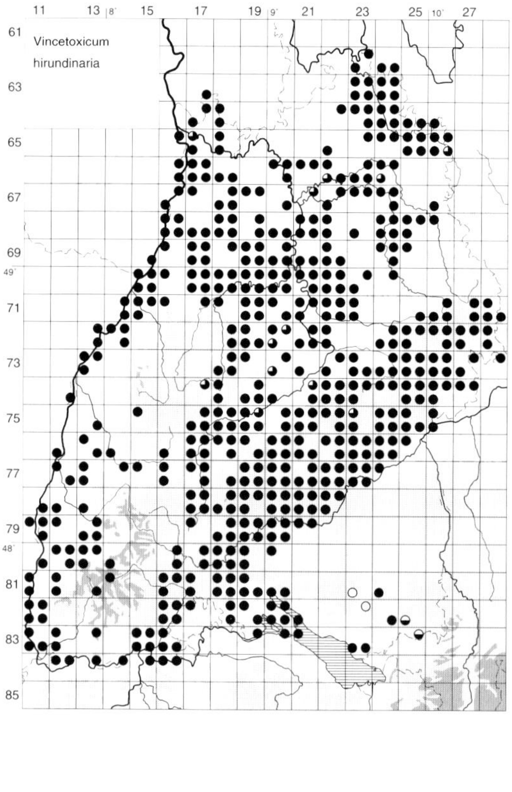

Balgfrüchten zusammengesetzt, bis 5 cm lang. – Blütezeit Mai–August.

Biologie: Klemmfallenblume: Blüte mit Klemmkörpern, die Insekten am Rüssel oder an den Beinen festhalten können. Versucht das Insekt sich zu befreien, so reißt es die Klemmkörper samt den Pollinien heraus, die dann auf andere Pflanzen übertragen werden können. Bestäuber sind fäulnisliebende Fliegen (vgl. Geruch der Blüten), doch auch Hummeln und Bienen. Ähnlicher Bestäubungsmechanismus bei *Asclepias syriaca* (Seidenpflanze).

Ökologie: Sehr lockere Herden auf lichtreichen bis sonnigen, mäßig trockenen, meist kalkhaltigen, basischen, seltener kalkarmen, schwach sauren Stellen, gern auf skelettreichen Böden, auch auf Sand oder Lehm. In Staudengesellschaften der Waldränder, in extensiv genutzten Wiesen, in Felsrasen (z. B. mit *Sesleria albicans*), in Schutthalden oder aufgelichteten Wäldern warm-trokkener Standorte. Undeutlicher Schwerpunkt in Geranion sanguinei-Gesellschaften, weiter in Schutthalden als Kennart einer *Vincetoxicum*-Gesellschaft (Stipion calamagrostis). – In zahlreichen Vegetationsaufnahmen enthalten, meist nur in geringer Menge, z. B. KUHN (1937: 96), SLEUMER (1933: 213), LANG (1973, in verschiedenen Waldgesellschaften), SEBALD (1983, Tab. H), vgl. auch KUHN (1937: 63): Gesellschaft von *Vincetoxicum* und *Brachypodium pinnatum*.

Allgemeine Verbreitung: Europa, Nordafrika, Asien bis zum Himalaja. In Europa v. a. in Süd- und Mitteleuropa, nordwärts bis Schweden und südliches Finnland (ca. 60° n. Br.), in England fehlend. In Deutschland v. a. im südlichen und mittleren Teil, im norddeutschen Tiefland zumeist fehlend. In Süddeutschland verbreitet, nur in kalkarmen Gebieten seltener oder fehlend.

Verbreitung in Baden-Württemberg: Schwerpunkt des Vorkommens in den Kalkgebieten: Schwäbische Alb, Muschelkalkgebiete des Neckarlandes, des Baulandes, des Taubergebietes und des Klettgaues, hier häufig. Seltener im Oberrheingebiet: Rheinebene, vorzugsweise an Dämmen, Kaiserstuhl und Vorbergzone des Schwarzwaldes. In kalkarmen Gebieten selten oder gebietsweise fehlend, so im Odenwald (hier nur an der Bergstraße), im Schwäbisch-Fränkischen Wald und im Schönbuch. Im Schwarzwald auf reicheren Böden in warmer Lage: Renchgebiet bei Oppenau, Kinzigtal, Südschwarzwald im Höllental, am Feldberg, im Wiesen- und Wehratal. – Alpenvorland selten, nur im westlichen Bodenseegebiet häufiger.

Gewöhnliche Schwalbenwurz
(*Vincetoxicum hirundinaria*)
Kinzigtal

Alpenvorland: Neben den Vorkommen im westlichen Bodenseegebiet und Hegau aus dem Argen- und Schussengebiet bekannt, nach BERTSCH (1948) an der Schussen bis Baindt (8123/3) reichend, an der Argen bis Eglofs (8325/2) und Ratzenried bei Wangen (8225/3), nach BERTSCH insgesamt 19 Fundstellen. In jüngerer Zeit nur an wenigen Stellen bestätigt, z. B. 8313/4: Laimnau u. Wiesach, BRIELMAIER (DÖRR 1976), 8313/3: Eriskircher Ried, WINTERHOFF (1993). In diesem Gebiet ist die Pflanze offensichtlich zurückgegangen.

Niedrigste Fundstellen in der Oberrheinebene, ca. 100 m, höchst gelegene an der Seewand am Feldberg (8114/1), ca. 1250 m. – Eine erste Verbreitungskarte der Pflanze in Baden-Württemberg brachten EICHLER, GRADMANN u. MEIGEN (1926, Karte 24).

In der Schwäbischen Alb und im Schwarzwald sind Vorkommen an von Natur aus baumfreien Stellen bekannt; die Pflanze könnte durchaus vor den Eingriffen des Menschen in das Gebiet eingewandert sein. In anderen Landschaften wie dem Oberrheingebiet oder den Lößlandschaften zwischen Oberrheinebene und Neckar dürfte sie erst mit dem Menschen eingwandert und hier als Archäophyt anzusehen sein.

Erstnachweise: Die ältesten Nachweise stammen aus dem 40. Jahrhundert v. Chr. (Hornstaad am Bodensee, Rösch 1985). Die erste Erwähnung findet sich bei Bock (1539: 46A): „Schwartzwald".

Bestand und Bedrohung: *Vincetocixum hirund.* kommt heute noch an zahlreichen Stellen in größeren Beständen vor und ist nicht bedroht. Doch sollten die Vorkommen in intensiv genutzten Landschaften wie dem Oberrhein- und Teilen des Neckargebietes sorgsam verfolgt werden. Im Alpenvorland ist nach dem Rückgang eine Gefährdung anzunehmen (G3?).

Oleaceae

Ölbaumgewächse

Bearbeiter: G. Philippi

Bäume oder Sträucher mit meist gegenständigen Blättern, ohne Nebenblätter, oft mit schuppenartigen Haaren. Kelch 4teilig, Krone 4teilig, selten 5- oder 6teilig, Staubblätter 2, Fruchtknoten oberständig, aus 2 Fruchtblättern bestehend. Frucht eine Beere, Kapsel oder Steinfrucht.

Familie mit 30 Gattungen und 400–500 Arten, weltweit vertreten; Schwerpunkt in tropischen und subtropischen Gebieten, v. a. in Südostasien. In Europa sind die Oleaceae in 7 Gattungen mit ca. 12 Arten vertreten. – Zu den Oleaceae gehören zahlreiche Zierpflanzen, so *Forsythia suspensa* (Thunb.) Vahl (Heimat China), *Jasminum fruticans* L. (Südosteuropa), *J. officinale* L. (Heimat China) und *J. nudiflorum* Lindl. (Heimat China). Während diese Arten im Gebiet kaum verwildert vorkommen, ist *Syringa* (Flieder) gelegentlich anzutreffen.

1 Blätter gefiedert, Frucht eine geflügelte Nuß . . 1. *Fraxinus*

– Blätter ungeteilt 2

2 Blätter ungestielt (oder nur kurz gestielt), länglich, Blüten weiß, Frucht eine schwarze Beere . 2. *Ligustrum*

– Blätter gestielt, breit eiförmig, Blüten lila, Frucht eine zweiklappige Kapsel . 3. *Syringa*

1. Fraxinus L. 1753

Esche

Blätter gefiedert (selten einfach), Blüten klein, zwittrig oder eingeschlechtig (am gleichen Baum), in end- oder seitenständigen Rispen, Kelch vierteilig oder fehlend, Frucht eine geflügelte Nuß. – Gattung mit ca. 60 Arten auf der Nordhalbkugel.

1. Fraxinus excelsior L. 1753

Gewöhnliche Esche

Morphologie: Baum, bis 30 (40) m hoch werdend. Knospen schwarz. Blätter mit bis 13 lanzettlichen Fiederblättchen, diese am Rand fein gesägt, kahl (oder unterseits auf den Mittelnerven behaart). Blüten vor den Blättern erscheinend, Kelch und Krone fehlend; Früchte dünn gestielt, hängend. – Blütezeit April–Mai, Windbestäubung.

Ökologie: Auf frischen bis feuchten, meist durchsickerten, nur selten überfluteten, meist kalkreichen, basischen, auch kalkarmen, basenreichen, schwach sauren, oft skelettreichen Böden. Empfindlich gegen Spätfröste. In Hangwäldern (Schluchtwälder, Klebwälder), in Auenwäldern (hier meist an höher gelegenen Stellen, Staunässe meidend), in Hainbuchen-Wäldern, in Buchenwäldern dagegen nur selten enthalten. Pionierbaum, reiche Verjüngung (v. a. auf Kalkstandorten, „Vereschung"). In zahlreichen Vegetationsaufnahmen enthalten, v. a. von Auenwäldern.

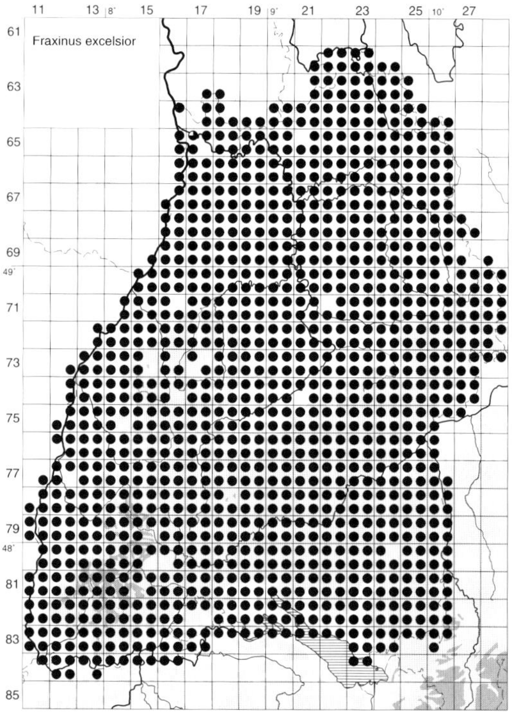

Gewöhnliche Esche (*Fraxinus excelsior*)
Dreisamtal

Zu Eschen-reichen Gesellschaften auf Kalk vgl. SEBALD (1980).

Unterschieden werden „Kalkeschen" (Jahrestriebe kürzer, mit dicht stehenden Knospen) und „Wassereschen" (Jahrestriebe länger, mit sehr locker stehenden Blütenknospen), vgl. dazu BOVET (1958).

Allgemeine Verbreitung: Europa, Kleinasien bis Kaukasus. In Europa vom Mittelmeergebiet (hier in den Gebirgen) bis Irland, England und Schottland; Skandinavien an der Westküste Norwegens bis ca. 64° n. Br., im Ostseegebiet bis Mittelschweden und südliches Finnland, ca. 61° n. Br.

Verbreitung in Baden-Württemberg: Im Gebiet verbreitet; Schwerpunkt auf reichen Böden der Rheinebene und in der Schwäbischen Alb (Hangwälder); im Schwarzwald auf armen Böden (Buntsandstein, Granit) deutlich seltener. Diese unterschiedliche Verbreitung ist in der Karte nicht zu erkennen. Tiefste Fundstellen ca. 100 m, höchste im Schwarzwald 1230 m (OBERDORFER 1982: 352, 8114/3: Herzogenhorn, Ruckenwald).

Erstnachweise: Funde von Pollen von *Fraxinus excelsior* liegen aus dem Cromer-Interglazial vor (Steinbach bei Baden-Baden, SCHEDLER 1981). Nacheiszeitlich erscheinen Pollen von *Fraxinus excelsior* erstmals im Boreal (Hasel-Zeit, ca. 6000 v. Chr.); Maximalwerte erreichen sie im Atlantikum (Eichenmischwald-Zeit) (vgl. z. B. LANG 1971). Holz von *Fraxinus excelsior* wurde erstmals aus dem 7. Jahrtausend v. Chr. nachgewiesen (Bad Urach, RÖSCH 1993). – Der erste schriftliche Nachweis von *Fraxinus exc.* geht auf AGER in BOCK (1595: 417A) zurück (Schwarzwald zwischen Oberkirch und Oppenau). Doch wird die Esche schon früher in Forstordnungen erwähnt, so 1482 in einer Waldordnung der Lußhardt westlich Bruchsal (als „Unholz", da ohne eßbare Früchte), HAUSRATH (1898: 47).

Bestand und Bedrohung: Nicht bedroht, durch forstliche Maßnahmen in Ausbreitung bzw. Zunahme („Edellaubholzforst").

Fraxinus ornus L. 1753, Blumen-Esche, Fiederabschnitte der Blätter eiförmig, Krone mit 4–5 mm langen Kronblättern, weiß. Blüten zusammen mit den Blättern erscheinend. Wärmeliebender Baum Süd- und Südost-Europas, gelegentlich angepflanzt.

Fraxinus pennsylvanica Marsh. 1785, Pennsylvanische Esche, Knospen braun, Fiederabschnitte der Blätter deutlich gestielt, zu 5–7 (9), bis 15 cm lang und 5 cm breit; Kelch vorhanden. – Östliches Nordamerika, gelegentlich gepflanzt.

2. **Ligustrum** L. 1753
Liguster

Sträucher oder kleine Bäume, mit z. T. wintergrünen Blättern; Blätter gegenständig, ganzrandig; Blüten weiß, in endständigen Rispen. Frucht einer Beere. – Gattung mit ca. 40 Arten in Europa und Asien.

1. **Ligustrum vulgare** L. 1753
Gewöhnlicher Liguster

Morphologie: Sträucher, bis 3 (5) m hoch. Blätter dunkelgrün, derb, z. T. überwinternd, bis 6 cm lang und 2 cm breit. Blütenstiele flaumig behaart, Krone trichterig, Blüten duftend. Frucht eine bis 1 cm große, rundlich-eiförmige, schwarze Beere, diese ungenießbar. – Blütezeit Mai–Juni. Insektenbestäubung, Vogelverbreitung.

Ökologie: An lichtreichen (sonnigen) bis mäßig schattigen, mäßig trockenen bis mäßig frischen (selten auch feuchten, gelegentlich überfluteten) kalkreichen, basischen Böden, auf skelettreichen bis lehmigen Standorten, auch auf Sanden. – In Gebüschgesellschaften, v. a. an sonnigen Waldrändern, hier zusammen mit anderen Sträuchern einen Waldmantel bildend, auch als Pioniergehölz in aufgelassenen Viehweiden, in aufgelichteten Waldbeständen, z. T. als Zeiger früherer Nieder- oder Mittelwaldnutzung; natürliche Dauergesellschaft an Felsen. Kennzeichnend für das Pruno-Ligustretum, regional Verbandskennart des Berberidion. Vegetationsaufnahmen vgl. z. B. LANG (1973), TH. MÜLLER (1966: 430; 1974: 416).

Allgemeine Verbreitung: Europa, Kleinasien, Kaukasus. In Europa nordwärts bis Irland, England und Schottland, in Skandinavien nur entlang der Küste zwischen Göteborg und Oslo. – In Deutschland verbreitet und meist häufig, v. a. in den Kalkgebieten; norddeutsche Tiefebene und kalkarme Gebirge selten oder fehlend.

Verbreitung in Baden-Württemberg: Kalkgebiete verbreitet, selten im Schwäbisch-Fränkischen Wald, weitgehend fehlend im Schwarzwald und Odenwald.

Tiefste Fundstellen ca. 100 m, höchste in der Schwäbischen Alb bei 950 m (BERTSCH 1948). – *Ligustrum vulgare* ist einheimisch; natürliche Wuchsorte sind in Felslandschaften gut vorstellbar.

Erstnachweise: Pollenfunde sind aus dem Späten Atlantikum bekannt (Sersheim, SMETTAN 1985),

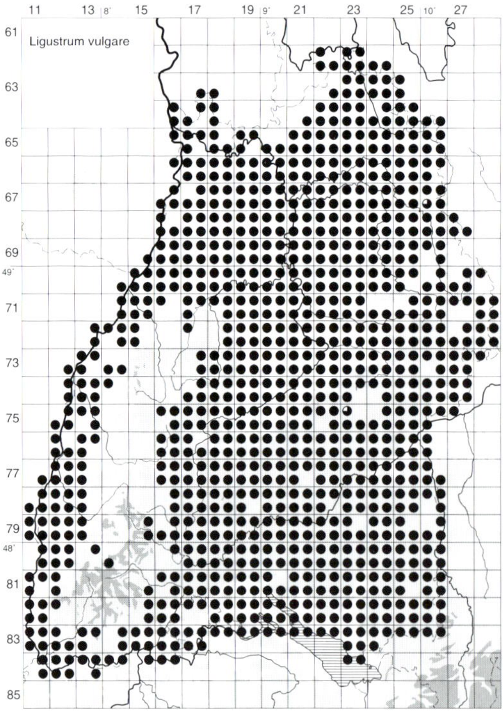

Gewöhnlicher Liguster *(Ligustrum vulgare)*
Pentling (Bayern), 24. 6. 1990

Holz wurde aus dem 2. Jahrhundert n. Chr. nachgewiesen (Walheim, PÜHLER 1990). Von H. HARDER wurde die Pflanze 1576–94 in der Umgebung von Geislingen – Ulm gesammelt (SCHINNERL 1912).

Bestand und Bedrohung: Nicht bedroht.

Ligustrum ovalifolium Hassk. 1844, Eiblättriger Liguster: Jüngere Zweige kahl, breitere, immergrüne Blätter, Kronröhre 2- bis 3mal so lang wie der Kronsaum. – Heimat Japan, vielfach als Hecke gepflanzt, weniger frosthart als *L. vulgare*.

3. Syringa L. 1753
Flieder

Sträucher oder kleine Bäume mit sommergrünen Blättern. Blüten lila oder weiß, mit deutlicher Kronröhre. Frucht eine 4samige, spindelförmige Kapsel. Gattung mit ca. 30 Arten, Schwerpunkt in Ostasien. In Europa zwei Arten.

1. Syringa vulgaris L. 1753
Gewöhnlicher Flieder

Blätter mit breit keilförmigem (bis herzförmigem) Grund, Blüten mit den Blättern erscheinend. – Heimat: Südosteuropa. Im Gebiet häufig als Zierpflanze angebaut, gelegentlich Kulturrelikt, nur selten verwildert (ohne besondere Tendenz einer weiteren Ausbreitung).

Gewöhnlicher Flieder *(Syringa vulgaris)*
Schelingen, Juni 1994

Nach SEYBOLD (1968) sich im Neckargebiet nur selten aussamend; im Oberrheingebiet bei Karlsruhe sind nach HARMS (mündl. Mitt.) Sämlinge aber öfters zu finden.

Fundortszusammenstellung für das Neckargebiet: MAYER (1950), für das Stuttgarter Gebiet SEYBOLD (1968). Besonders reiches Vorkommen bei Haigerloch (7618/2).

Solanaceae

Nachtschattengewächse
Bearbeiter: G. PHILIPPI

Ein- oder zweijährige Arten, ausdauernde Kräuter oder Sträucher, selten Bäume. Blätter wechselständig, ohne Nebenblätter, ungeteilt oder gefiedert. Blüten 5zählig, oft in Wickeln. Staubblätter 5 (selten 4 oder 2), Fruchtknoten oberständig, meist zweifächrig. Frucht eine Beere oder eine Kapsel (selten eine Steinfrucht). Pflanzen vielfach giftig (durch den Gehalt an Alkaloiden wie Atropin oder Hyoscyamin).

Familie mit ca. 70 Gattungen und ca. 3000 Arten (davon allein ca. 2000 Arten auf die Gattung *Solanum* entfallend), Schwerpunkt in Süd- und Mittelamerika.

1 Strauch mit zurückgebogenen, meist dornigen Zweigen, Blüten rotviolett, Frucht eine gelbrote Beere . . . . 2. *Lycium*
– Pflanze krautig (Ausnahme Solanum dulcamara: Stengel am Grund verholzt), ohne dornige, zurückgebogene Zweige 2
2 Frucht eine Beere, Krone radförmig oder glokkenförmig 3
– Frucht eine Kapsel, Krone trichterig bis röhrig 6
3 Kelch die reife Frucht umschließend 4
– Kelch die reife Frucht nicht umschließend . . . 5
4 Kelch am Grund mit 5 rückwärts gerichteten Zipfeln, Beere braun, saftlos . . . 1. *Nicandra*
– Kelch am Grunde ohne Zipfel, zur Fruchtzeit weit aufgeblasen, Beere rot . . . . . 5. *Physalis*
5 Staubblätter miteinander verbunden, Krone radförmig . . . . 6. *Solanum*
– Staubblätter untereinander nicht verbunden, Krone glockig . . . . 3. *Atropa*
6 Büten einzeln in den Blattachseln oder endständig, Blätter buchtig eingeschnitten 7
– Blüten in endständigen, trauben- oder rispenartigen Blütenständen, Blätter groß, ganzrandig . . . . 8. *Nicotiana*
7 Blüten groß, weiß mit verlängerter Kronröhre, 6–10 cm lang, Früchte eine vierklappige bestachelte Kapsel . . . . 7. *Datura*
– Blüten mit kurzer Kronröhre, weiß bis hellgelb, Frucht eine mit Deckel aufspringende Kapsel ohne Stacheln . . . . 4. *Hyoscyamus*

Zu den Solanaceae gehört weiter die Petunie (*Petunia × atkinsiana* D. Don): Blüten blau, violett oder weiß, Blätter ganzrandig, elliptisch, Pflanze drüsenhaarig. Balkonpflanze, Heimat Brasilien.

1. **Nicandra** Adans.

Gattung mit einer Art:

1. **Nicandra physalodes** (L.) Gaertn. 1791
Giftbeere

Einjährig, bis 1,3 m hoch, auslandend beastet, kahl. Blätter breit-eiförmig, am Rand gelappt. Blüten einzeln in den Blattachseln, überhängend. Krone weiß mit hellblauem Rand, Fruchtknoten in 3–5 ungleich große Fächer geteilt. Beere bräunlich, wenig saftig, zur Fruchtreife von den vergrößerten Kelchblättern blasenartig umschlossen. – Giftig. – Blütezeit Juli–August.

Heimat Südamerika. Pflanze früher gelegentlich als Zierpflanze angebaut, unbeständig auf Schutt verwildert. Beständige Vorkommen im Gebiet nicht bekannt.

Oberrheingebiet: Erstmals von Gmelin (1826) erwähnt. – 6816/2: Graben-Neudorf, auf alten Gartenabfällen, 1993, M. HASSLER (KR-K); 6915/4: zw. Knielingen und

Giftbeere *(Nicandra physalodes)*
Hotzenwald

Daxlanden, GMELIN (1826); 6916/4: Karlsruhe, Güterbahnhof und Oststadt, aufgelassenes Gartengelände in über 100 Pflanzen, 1993, 94, BREUNING, GRIESE (KR-K); 7016/1: Karlsruhe, „häufig an Dämmen beim Wasserwerk", 1885, BONNET (1887: 333), später wieder verschwunden; 8111/4: zw. Müllheim und Hügelheim, vor 1900, NEUBERGER (1912). – Linksrheinisch bei Ludwigshafen, selten, HEINE (1950).
Neckargebiet: Um Stuttgart auf Müllplätzen mehrfach, jeweils in wenigen Pflazen, 1935/36, KREH (1950), 7324/4 (?): Geislingen–Altenstadt, 1932, K. MÜLLER (1957). 7420/3: Tübingen, 1880, 1946, MAYER (1950).
Alpenvorland: 8324/2: Müllplatz der Stadt Wangen bei Obermoosweiler, 1972, 73, DÖRR (1977); benachbart auf Müllplätzen in Altstädten (1969, 8527/2) und Blaichach (1968, 8427/4), vgl. DÖRR (1977).

2. **Lycium** L. 1753
Bocksdorn

Sträucher, oft mit dornigen Zweigen, Kelch 5zählig oder zweilippig. Frucht einer Beere. Gattung mit ca. 110 Arten, besonders in den warmen Gebieten. In Europa 3 Arten (Mittelmeergebiet, südliches Rußland), 3 weitere Arten im Mittelmeergebiet eingebürgert.

Lycium barbarum L. 1753
(*L. halimifolium* Mill.)
Gewöhnlicher Bocksdorn

Bis 3 m hoher Strauch mit überhängenden, im unteren Teil dornigen Zweigen. Blätter gestielt, eiförmig-lanzettlich, in der Mitte am breitesten. Krone rotviolett, gegen den Schlund dunkel geadert. Kronröhre 2,5–3 mm lang.

Heimat China. In Südeuropa (bis Ungarn) eingebürgert. Im Gebiet in riesigen Mengen auf den Mittelstreifen der Autobahn gepflanzt, weiter an jungen Straßenböschungen (als Bodenfestiger, vgl. die Bildung von Wurzelsprossen). – Pflanze nur gelegentlich verwildernd (vgl. SEYBOLD 1968: 256). Erste Erwähnung aus dem Gebiet R. FINCKH (1864: 553).

Lycium chinense Mill. 1768
Chinesischer Bocksdorn

Unterscheidet sich von voriger Art durch Blätter, die unterhalb der Mitte am breitesten sind, und die kurze, nur 1,5 mm lange Kronröhre. – Heimat China. Seltener angebaut.

3. **Atropa** L. 1753
Tollkirsche

Aufrechte, ausdauernde Stauden mit ganzrandigen, wechselständigen Blättern, Kelch und Krone glockig, Fruchtknoten zweifächrig, Frucht eine Beere. – Gattung mit 5 Arten Europa, Asien (ostwärts bis zur Mongolei). In Europa 2 Arten.

Gewöhnlicher Bocksdorn *(Lycium barbarum)*
Efringen

1. **Atropa bella-donna** L. 1753
Gewöhnliche Tollkirsche

Morphologie: Hemikryptophyt, bis 1,5 m hoch, ausladend beastet. Im unteren Teil kahl, im oberen Teil drüsig-flaumig behaart (v. a. Blatt, Blattstiele und Blütenstiele). Blätter wechselständig (in der Blütenregion scheinbar gegenständig), bis 20 cm lang. Blüten einzeln, blattachselständig, bis 2,5 cm lang; Krone innen violettbraun, außen hellbraun (selten Krone gelbgrün), kahl. Beere bis 1,5 cm im Durchmesser, kugelig, schwarz. – Blütezeit Juni–Juli.

Pflanze stark giftig: Giftwirkung durch Alkaloide (v. a. L-Hyoscyamin, daneben Atropin und Scopolamin). Giftaufnahme auch durch die Haut möglich. Beeren schmecken süß und angenehm. Bei Kindern gelten 3–4 Beeren als tödlich, bei Erwachsenen 10–12.

Ökologie: Einzeln oder in lockeren Herden an lichtreichen bis schwach beschatteten, mäßig frischen, (mäßig) nährstoff- und basenreichen, meist kalkhaltigen, basischen (oft humosen) Lehmböden; skelettreiche (scherbige) Standorte offensichtlich meidend. – In Waldschlägen, v. a. in Lichtungen von Fichtenkulturen, entlang der Forststraßen, kennzeichnend für das Atropetum bella-donnae bzw. für andere Atropion-Gesellschaften. – Vegetationsaufnahmen vgl. LANG (1973), PHILIPPI (1989: 812), synthetische Tabellen v. ROCHOW (1951), OBERDORFER (1957, 1973).

Gewöhnliche Tollkirsche (*Atropa bella-donna*)
Böblinger Panzerplatz, 9. 8. 1993

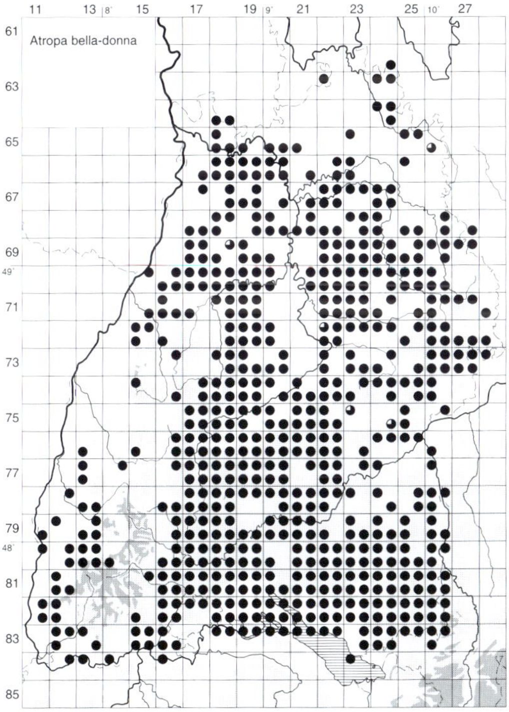

Allgemeine Verbreitung: Europa, Nordafrika und Asien (ostwärts bis zum Himalaja). In Europa nordwärts bis England (v. a. Südost-England), vereinzelt auch Schottland (57°40' n. Br.), Belgien, früher auch Dänemark. In Deutschland im südlichen und mittleren Teil, im norddeutschen Tiefland weitgehend fehlend.

Verbreitung in Baden-Württemberg: In Gebieten mit lehmigen, basenreichen Böden verbreitet, v. a. im Keuper-Lias-Neckarland, lehmüberdeckte Muschelkalkgebiete (Kraichgau, Bauland – Hohenlohe, Heckengäu, Oberes Gäu), Alpenvorland, Schwäbische Alb, hier stellenweise fehlend (z. B. in der Mittleren Donau-Alb). In der Oberrheinebene nur ganz vereinzelt (7015/2: Kastenwört), häufiger in der Vorhügelzone des Schwarzwaldes und an der Bergstraße. Buntsandsteingebiete des Odenwaldes weitgehend fehlend (v. a. im östlichen Odenwald). Schwarzwald nur in tiefgelegenen Gneis-Gebieten um Freiburg und Staufen etwas häufiger (bis ca. 600 m), in anderen Gebieten wie den Sandstein-Randplatten zwischen Pfinz und Murg durch die Verwendung von Kalkschotter beim Bau der Forststraßen in Ausbreitung. – Tiefste Fundstellen in der Rheinebene, ca. 100 m, höchste im Nordschwarzwald ca. 990 m (7415/1: Altsteigerskopf, 1988, WOLF

(KR-K)), im Südschwarzwald ca. 900 m (8112/4: Belchen). *Atropa bella-donna* kommt vereinzelt an natürlichen Stellen vor, so in Lichtungen von Buchenwäldern oder am Fuß von Felsabbrüchen, und ist so mindestens gebietsweise als Bestandteil der ursprünglichen Flora anzusehen. Die Auflichtung der Wälder durch den Menschen, besonders aber der verstärkte Anbau von Nadelholz hat die Vorkommen der Pflanze entschieden gefördert. In vielen Gebieten Baden-Württembergs (wie Schwarzwald oder Neckarland) ist die Pflanze erst mit dem Menschen eingewandert und muß hier als Archäophyt (wenn nicht sogar als Neophyt) angesehen werden.

Erstnachweise: Älteste Nachweise von *Atropa bella-donna*: Sipplingen (Bodensee), 32./29. Jahrhundert v. Chr., BERTSCH (1932). Erstmals erwähnt wird die Pflanze von LEOPOLD (1728: 18): „im Böfinger Holtz" bei Ulm; HARDER hat sie um 1576–94 bereits gesammelt (SCHINNERL 1912).

Bestand und Bedrohung: Die Pflanze kommt in reichen Beständen vor und ist nicht bedroht. Sie konnte sich in den letzten Jahrzehnten infolge verstärkten Nadelholzanbaues und Verwendung von Kalkschotter beim Forststraßenbau erheblich ausbreiten.

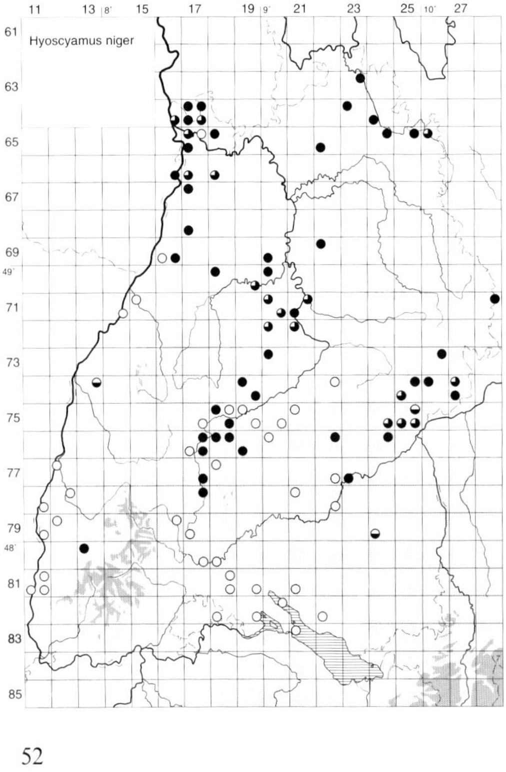

4. Hyoscyamus L. 1753

Bilsenkraut

Ein- oder zweijährige, auch ausdauernde Arten mit ungeteilten bis gelappten Blättern. Kelch glockig, zur Fruchtzeit etwas vergrößert. Blütenkrone trichterig, Kronzipfel etwas ungleich. Frucht zunächst eine beerenartig, sich später zu einer mit Deckel aufspringenden Kapsel umwandelnd. – Gattung mit 14 Arten in Europa, Nordafrika und Asien. In Europa 3 Arten.

1. Hyoscyamus niger L. 1753

Schwarzes Bilsenkraut

Morphologie: Ein- bis zweijährig, bis 80 cm hoch, Stengel einfach (oder verzweigt). Stengel und Kelch drüsig-zottig behaart. Blätter bis 20 cm lang, eiförmig, am Rand buchtig eingeschnitten, untere gestielt, die oberen sitzend. Blüten fast sitzend, etwas einseitswendig, Kelch mit 5 stechenden Zipfeln, Kronsaum schmutziggelb mit violetten Netzadern, der Schlund rotviolett (selten weiß). Samen nierenförmig, 1,3 mm lang und 1 mm breit, pro Kapsel bis 500 Samen. – Blütezeit Juni–September.

Pflanze stark giftig; Giftwirkung durch Atropin und Hyoscyamin u. a. Gehalt von Alkaloiden in den Blättern bis 0,17%. Pflanze wurde seit dem Mittelalter als Heilpflanze genutzt.

Ökologie: An lichtreichen, sonnigen, nährstoff- und basenreichen, basischen, mäßig trockenen Stellen, auf Schuttstellen mit lockeren Böden, am Fuß von Mauern (z. B. an Burgruinen), z. T. zusammen mit *Onopordon acanthium*, gilt als Kennart des Onopordetum ac. – Vegetationsaufnahmen vgl. OBERDORFER (1957: 68), GÖRS (1966: 522).

Allgemeine Verbreitung: Europa, Asien bis Mongolei und nördliches Indien, Nordafrika; eingeschleppt in Nordamerika und Australien. – In Europa Schwerpunkt in wärmeren Gebieten, nordwärts bis Schottland, Mittelschweden und Finnland; Einzelfunde noch nördlich des Polarkreises. In Deutschland zerstreut (nordwärts bis Schleswig-Holstein), Schwerpunkt des Vorkommens in wärmeren Gebieten.

Verbreitung in Baden-Württemberg: Oberrheingebiet, hier v. a. im Gebiet um Mannheim vielfach, aber überall nur spärlich. Neckargebiet nördlich Stuttgart, Oberer Neckar. Taubergebiet. Schwäbische Alb (v. a. im östlichen Teil). Früher auch Baar (mehrfach, vgl. ZAHN 1889) und Al-

Schwarzes Bilsenkraut *(Hyoscyamus niger)*
Oberer See in Böblingen, 3. 10. 1993

penvorland (7924/3: Winterstettenstadt b. Biberach, BERTSCH 1948).

Bei zahlreichen Vorkommen sind (z. T. nur vorübergehende) Verwilderungen aus Gärten nicht auszuschließen. Tief gelegene Fundstellen im Oberrheingebiet ca. 95 m, höchst gelegene in der Baar ca. 700–750 m (8017/3: Wartenberg, 8018/1: Amtenhausen).

Die Pflanze ist sicher erst mit dem Menschen eingewandert, vielleicht nur aus Kulturen verwildert (frühere Verwendung als Heilpflanze).

Erstnachweise: Die ältesten Nachweise stammen aus dem 45. Jahrhundert v. Chr. (Endersbach bei Waiblingen, PIENING 1983). HARDER sammelte die Pflanze um 1562 im Gebiet von Geislingen – Ulm (ZIMMERMANN 1937).

Bestand und Bedrohung: *Hyoscyamus niger* kommt im Gebiet nur in kleinen Beständen vor und tritt meist nur unbeständig auf. Offensichtlich war die Pflanze auch im vergangenen Jahrhundert nicht häufig, wenn auch damals wesentlich mehr Fundstellen genannt wurden (z. B. im Gebiet um Freiburg). Auch zu Zeiten zahlreicher Trümmerstandorte nach dem Krieg war das Bilsenkraut „im allgemeinen spärlich" (HEINE 1952). MÜLLER (1957) bezeichnet die Pflanze kennzeichnend für Landfahrerplätze. Ein starker Rückgang ist offensichtlich; bereits BERTSCH (1948) weist darauf hin. Er läßt sich einmal auf das Verschwinden dörflicher Schuttplätze und entsprechender Standorte an Landfahrerplätzen zurückführen. Zum anderen wird die Pflanze heute in Haus- oder Apothekergärten kaum noch angepflanzt, so daß Samen heute nicht mehr nachgeliefert werden. Gefährdung in Baden-Württemberg: Stark gefährdet (für das Gebiet der Bundesrepublik als gefährdet eingestuft).

5. **Physalis** L. 1753
Judenkirsche

Einjährige Pflanzen oder ausdauernde Kräuter mit aufgeblasenem Kelch, der glockenförmig die Frucht umschließt. Beere saftig. – Gattung mit ca. 100 Arten, Hauptverbreitung im wärmeren Nordamerika. In Europa 1 Art, 3 weitere Arten eingebürgert.

1. **Physalis alkekengi** L. 1753
Gewöhnliche Judenkirsche

Morphologie: Hemikryptophyt, Pflanze ausdauernd, mit kriechendem Rhizom, bis 60 cm hoch. Stengel zerstreut behaart, Blüten einzeln, blattachselständig, Kelchzipfel breit-dreieckig, etwa so lang wie breit und etwa ½ so lang wie die Kelchröhre. Krone grünlich-weiß. Kelch zur Fruchtzeit lampionartig aufgeblasen, bis 5 cm lang, orangerot. Frucht eine 1 cm große rote Beere. – Blütezeit Mai–August. Beeren sind nicht giftig, schmecken säuerlich-bitter; sie wurden früher pharmazeutisch genutzt.

Gewöhnliche Judenkirsche *(Physalis alkekengi)*
Badenweiler

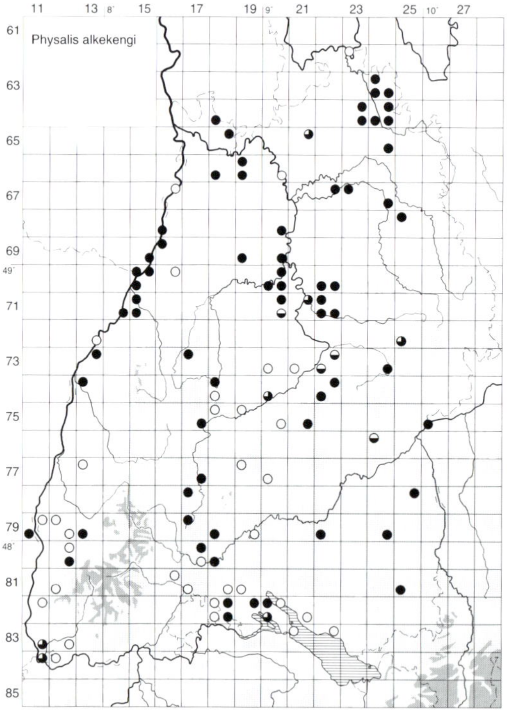

Ökologie: An frischen bis mäßig trockenen, meist kalkreichen, basischen Stellen, gern im Halbschatten. Wärmeliebend (Weinbaugebiete). Früher oft von Schuttstellen und aus Weinbergen genannt. Diese Vorkommen dürften weitgehend erloschen sein. Heute sind beständige Vorkommen v. a. am Rand von Hainbuchenwäldern reicher Standorte (Rheinniederung außerhalb des Überschwemmungsbereichs) bekannt. – Vegetationsaufnahmen mit *Physalis alkekengi* liegen nicht vor.

Allgemeine Verbreitung: Europa, Asien bis Sibirien. In Europa v. a. im südlichen und mittleren Teil, nordwärts bis Nordfrankreich (früher auch Belgien), südliches Niedersachsen, Polen, oft nur eingeschleppt oder verwildert.

Verbreitung in Baden-Württemberg: Sehr zerstreut. Schwerpunkte des Vorkommens in Weinbaugebieten: Taubergebiet, Neckarbecken nördlich Stuttgart, weiter in der Rheinniederung um Karlsruhe. Fehlend im Schwarzwald, selten auf der Schwäbischen Alb, selten im Alpenvorland. Eine feste Einbürgerung ist in den Rheinauewäldern um Karlsruhe, im Weinheimer Exotenwald (6418/3) und im Gebiet um Stuttgart anzunehmen. Bei vielen der übrigen Vorkommen dürfte es sich um vorübergehende Vorkommen oder junge Verwilderungen handeln. Bei der Kartierung wurden beständige Vorkommen und gelegentliche Verwilderungen nicht unterschieden (vgl. SEYBOLD 1968; die von SEYBOLD als „verschleppt" bezeichneten Vorkommen fehlen der Karte).

Tiefste Fundstellen ca. 100 m, höchste in der Baar und im oberen Donaugebiet, ca. 700 m.
Die Pflanze ist in Baden-Württemberg (wie in vielen anderen Gebieten Mitteleuropas) als verwilderte Kulturpflanze anzusehen; nach dem frühen Zeitpunkt des Verwilderns läßt sie sich als Archäophyt einstufen.
Erstnachweise: Älteste Nachweise von *Physalis alkekengi* aus dem 41. Jahrhundert v. Chr., Hornstaad, RÖSCH (1985 unpubl.). Die Pflanze müßte damals schon Kulturpflanze gewesen sein! Im Mittelalter wird sie von der hl. Hildegard von Bingen erwähnt. H. HARDER hat die Pflanze um Ulm gekannt (nur als Gartenpflanze?); BAUHIN (1598: 205, 1602: 229) erwähnt sie vom Dorf Sinnigen (Bad Boll, 7323).
Bestand und Bedrohung: Sicher stark zurückgegangen (Vorkommen in Weinbergen heute nicht mehr bekannt). Vorkommen in den Wäldern der Rheinniederung sind offensichtlich ± beständig und wenig gefährdet.

Physalis pumila L.

Pflanze aus Nordamerika, einmal im Rheinhafen von Karlsruhe beobachtet (1905, zit. nach HEGI 1927).

Physalis franchetii Mast.

Von *Ph. alkekengi* durch schmal dreieckige Kelchzipfel unterschieden, diese so lang wie die Kelchröhre, Pflanze größer. Als Lampionpflanze kultiviert und gelegentlich verwildert: 7921/1: Sigmaringen, BERTSCH (1948), 7221/2: Hedelfingen, 1963–67, SEILER, 7222/4: Rotenhau bei Plochingen, um 1950, LEIDOLF, vgl. SEYBOLD (1968: 257). – Dauerhafte Vorkommen bisher nicht bekannt. – Heimat Ostindien.

6. Solanum L. 1753
Nachtschatten

Einjährige oder ausdauernde Arten, auch Halbsträucher oder (in den Tropen) kleine Bäume. Blätter einfach oder gefiedert, Blüten zu mehreren in traubenartigen Blütenständen. Krone fünfzählig, flach ausgebreitet. Staubbeutel zu einer zylindrischen Röhre verbunden, an der Spitze sich in zwei Poren öffnend (Ausn. *S. lycopersicum*: Staubbeutel öffnet sich in einem Spalt). Frucht eine Beere. – Artenreiche Gattung mit ca. 2000 Arten, v. a. in Südamerika. In Europa von Natur aus nur in einer Art vertreten, 13 weitere Arten wurden eingeschleppt (v. a. in warmen Gebieten).

1 Pflanze niederliegend oder kletternd, ausdauernd, Stengel am Grund verholzt, Blüten blauviolett . . . . 1. *S. dulcamara*
– Pflanze meist aufrecht, Stengel am Grund nicht verholzt, Pflanzen einjährig, Blüten weiß oder gelblich 2
2 Blätter ungeteilt (bis fiederteilig) 3
– Blätter (unregelmäßig) gefiedert 8
3 Blätter tief eingeschnitten, mit schmalen Abschnitten, Pflanze mit niederliegenden Sprossen, beim Zerreiben unangenehm riechend . . . . . 2. *S. triflorum*
– Blätter ungeteilt bis unregelmäßig lappig 4
4 Kelch höchstens halb so lang wie die reife Beere 5
– Kelch halb so lang oder länger als die reife Beere 6
5 Stengel undeutlich kantig, kahl bis locker behaart, Bucht zwischen den Kelchzipfeln spitzwinklig, Beere schwarz (bis grüngelb) . . . . . . 3. *S. nigrum*
– Stengel deutlich kantig bis schmal geflügelt, Bucht zwischen den Kelchzipfeln stumpfwinklig, Beere gelb bis rot 7
6 Stengel stumpfkantig, abstehend drüsig behaart . . . . *S. luteum* (S. 59)
– Stengel schmal geflügelt, anliegend behaart, drüsenlos . . . . *S. alatum* (S. 59)
7 Kelchzipfel reife Beeren nur zur Hälfte umfassend, Beere grün oder violett, glänzend . . . . . 5. *S. nitidibaccatum*
– Kelchzipfel die reife Beere ganz umfassend, Beere grün . . . . 4. *S. sarachoides*
8 Pflanze mit Knollen, Blüten weiß oder hellviolett . . . . *S. tuberosum* (S. 60)
– Pflanze ohne Kollen 9
9 Pflanze ohne gelbe Stacheln, Blüten gelb . . . . *S. lycopersicum* (S. 60)
– Pflanze mit gelben Stacheln 10
10 Blüten gelb . . . . *S. cornutum* (S. 60)
– Blüten rot . . . . *S. citrullifolium* (S. 59)

1. Solanum dulcamara L. 1753
Bittersüß, Bittersüßer Nachtschatten

Morphologie: Chamaephyt (auch Hemikryptophyt), ausdauernd, mit kriechendem Rhizom. Stengel niederliegend oder kletternd, bis 2 m lang, im unteren Teil meist verholzt, oft schwarzgrün. Blätter in eine lange Spitze ausgezogen,

Bittersüß *(Solanum dulcamara)*
Burkheim

Spreite am Grund oft mit 1–2 abgetrennten eiförmigen Abschnitten. Krone violettblau, Kronblätter waagrecht abstehend bis zurückgeschlagen, am Grund mit hellen Flecken. Beere rot, eiförmig, bis 1 cm lang. – Blütezeit Juni–August.

Pflanze giftig (Giftwirkung durch Alkaloide und Saponine); besonders giftig sind unreife Beeren, die über Lähmung zum Tod führen können.

Ökologie: Einzelne Pflanzen an lichtreichen bis schwach beschatteten, nassen bis mäßig trockenen, kalkreichen, basischen bis kalkarmen, mäßig sauren, meist mäßig nährstoffreichen Stellen. Auf Schlammböden in Gräben, in lückigen Röhrichten, z. T. gegen die Wasserlinie hin, in Weidengebüschen und Erlenwäldern, auch epiphytisch auf alten Kopfweiden. Daneben auch an kalkreichen, relativ trockenen Stellen in lückigen Gebüschen der Lesesteinriegel (KREH 1949), in Kiefernforsten über Sand, hier besonders in Gebieten mit stärkerer Luftverschmutzung (vgl. TRAUTMANN et al. 1970). – In zahlreichen Vegetationsaufnahmen von Erlenwäldern und *Salix cinerea*-Gebüschen enthalten, weniger auch in Aufnahmen von Röhrichten, vgl. z. B. GÖRS (1968: 204, 1969: 43), LANG (1973). Vegetationsaufnahmen von Vorkommen an trockenen Stellen fehlen.

Allgemeine Verbreitung: Europa, Nordafrika, Asien (bis Japan und China), eingeschleppt in Nordamerika. In Europa nordwärts bis Schottland, südliches Norwegen, Mittelschweden und Südfinnland; im Ostseegebiet geschlossene Verbreitung bis 61° n. Br. (Einzelvorkommen bis 65° n. Br.).

Verbreitung in Baden-Württemberg: V. a. in tief gelegenen Gebieten mit Feuchtstandorten verbreitet, Oberrheingebiet, Neckargebiet, Keuper-Lias-Neckarland, Alpenvorland. Selten und gebietsweise fehlend im Schwarzwald (wegen zu armer Böden) und in der Schwäbischen Alb (wegen Wasserarmut). Tiefste Fundstellen in der Oberrheinebene, höchste in der Baar um Donaueschingen – Villingen (7916/2: N Villingen, 720 m).

Nach Vorkommen in naturnahen Wäldern ist die Pflanze als im Gebiet urwüchsig anzusehen.

Erstnachweise: Frühester Nachweis: Bad Urach, 8. Jahrhundert v. Chr., RÖSCH (1993). H. HARDER sammelte um 1562 die Pflanze im Gebiete Geislingen – Ulm (ZIMMERMANN 1937).

Bestand und Bedrohung: Die Pflanze findet sich in Baden-Württemberg nur ausnahmsweise in

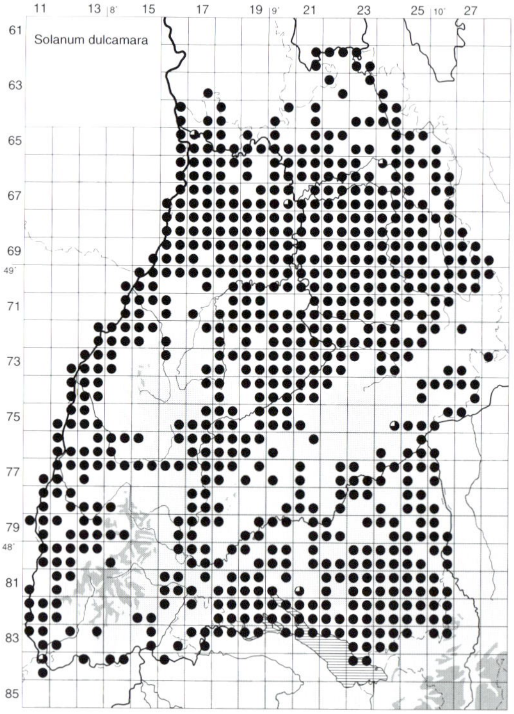

größeren Beständen. Rückgang oder gar eine Bedrohung der Vorkommen sind nicht erkennbar. Als leicht hemerophile Art kann sie sich an neu geschaffenen Stellen relativ rasch einstellen.

2. **Solanum triflorum** Nuttall 1818
Dreiblütiger Nachtschatten

Morphologie: Therophyt, bis 1 m hoch, sparrig verzweigt, mit bis 50 cm langen niederliegenden Seitensprossen, einfach bis borstig, meist anliegend behaart. Blätter eingeschnitten, etwas kraus, leicht sukkulent. Blüten meist zu 3 (1–6), Krone weiß, Beeren glänzend, grün. Blütezeit Juli–August.
Ökologie: Einzelne Pflanzen an trocken-warmen, mäßig nährstoffreichen, oft sandigen Stellen, zusammen mit *Salsola kali*. – Vegetationsaufnahme vgl. EWERLING u. BREUNIG (1992).
Allgemeine Verbreitung: Ursprüngliche nordamerikanische Pflanze, heute in Europa vielfach eingebürgert, so in Holland und Belgien, in Deutschland an einzelnen Stellen des Niederrheingebietes (Häfen) sowie am Oberrhein bei Mannheim.
Verbreitung in Baden-Württemberg: Gebiet um Mannheim.

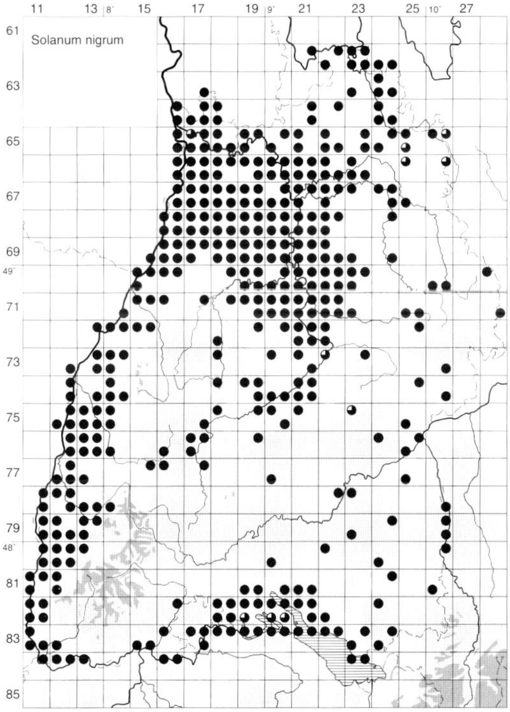

Um 1894 von K. BÄHR im Hafengebiet von Mannheim entdeckt (vgl. ASCHERSON 1894, KNEUCKER 1895: 309), von FELDHOFEN vor 1900 im Mühlau-Hafen beobachtet (wohl 6516/2), um 1950 von HEINE bestätigt. Neuere Beobachtungen 6517/3: Mannheim-Rheinau, Hafen, seit 1987, BREUNIG, Sandfläche am Hirschacker, seit 1988, EWERLING u. BREUNIG, zerstreut vorkommend; vgl. EWERLING u. BREUNIG (1992). – Linksrheinisch von ZIMMERMANN (1913) für das Gelände die Wollspinnerei von Oggersheim (6516/1) genannt.

Ganz offensichtlich ist die Pflanze als eingebürgert anzusehen. Sie läßt keine besondere Tendenz einer weiteren Ausbreitung erkennen.

3. **Solanum nigrum** L. 1753
Schwarzer Nachtschatten

Morphologie: Therophyt, bis 50 cm hoch, dunkelgrün, oft etws violettschwarz überlaufen, ausladend beastet, meist angedrückt behaart. Blätter gestielt, Blattspreite rhombisch, buchtig gelappt. Krone weiß (bis gelblichweiß), Kelchzipfel der Frucht anliegend. Beere schwarz (selten grün). – Blütezeit Juni–Oktober.

Pflanze stark giftig (Gehalt an Solanin, einem Alkaloidgemisch aus 6 Komponenten).

Ökologie: An lichtreichen Stellen mit meist lokkeren, mäßig trockenen, nährstoffreichen, kalkhaltigen, basischen bis kalkarmen, mäßig sauren, lehmigen bis sandigen Böden. Garezeiger. In Hackfruchtgesellschaften, Schwerpunkt an trokken-warmen Stellen in Weinbergen oder Gärten. – In zahlreichen Tabellen enthalten, so z. B. LANG (1973, mehrere Gesellschaften der Hackfrucht), WILMANNS (1975, Weinberge) oder PHILIPPI (1983: 187, Gärten), weiter in zahlreichen Stetigkeitstabellen, z. B. v. ROCHOW (1951), OBERDORFER (1957). Auch in Siedlungen anzutreffen. Wuchsorte in Naturlandschaften auf Kiesbänken der Flüsse.
Allgemeine Verbreitung: Ursprüngliches Areal Europa, Nordafrika und Asien (bis Japan), heute weltweit verbreitet. In Europa nordwärts bis Mittelengland (in Schottland und Irland fehlend) und Nordeuropa: Geschlossenes Areal in Skandinavien bis ca. 61° n. Br., Einzelvorkommen bis 66° n. Br.
Verbreitung in Baden-Württemberg: In Wärmegebieten verbreitet und meist häufig, so im Oberrheingebiet (undeutlicher Schwerpunkt in den Flugsandgebieten), Kraichgau, Neckarbecken nördlich Stuttgart, Bauland und Taubergebiet. Klettgau und Hochrhein, im Alpenvorland v. a. im Bodensee-Gebiet. Selten im Schwarzwald (in

Schwarzer Nachtschatten (*Solanum nigrum*)
Glottertal

den Tälern), Schwäbisch-Fränkischen Wald und in der Schwäbischen Alb.

Tiefste Fundstellen in der Oberrheinebene, ca. 95 m, höchste nach HÜGIN (1992) im Schwarzwald bei 1000 m (Schwerpunkt unterhalb 800 m). ZAHN (1889) berichtet aus der Baar um Donaueschingen (Höhenlage um 700 m) nur von vorübergehenden Vorkommen. Die Pflanze ist mit dem Menschen in das Gebiet eingewandert (Archäophyt).

Erstnachweise: Die ältesten Belege stammen etwa aus dem 55. Jahrhundert v. Chr. (STIKA 1991, GREGG 1989, STIKA 1988, Funde von Hilzingen, Ulm-Eggingen und Heilbronn). Diese Funde stammen aus dem heutigen Hauptverbreitungsgebiet der Art. Intersse verdienen die Funde aus dem Federsee-Gebiet, wo heute die Pflanze nur selten vorkommt: BERTSCH (1926), Nachweis aus dem Neolithikum, BERTSCH (1931), Nachweis aus der Bronzezeit. Vermutlich wurde die Pflanze für die menschliche Ernährung genutzt (Verwendung der Blätter als spinatartiges Blattgemüse), vgl. WILLERDING (1986). Hierfür spricht die große Zahl von gefundenen Samen (z. B. Sipplingen, Neolithikum, BERTSCH 1932). – H. HARDER hat um 1562 *Solanum nigrum* in der Umgebung von Geislingen – Ulm gesammelt (ZIMMERMANN 1937).

Bestand und Bedrohung: Nicht bedroht, durch Eutrophierung der Landschaft noch in Zunahme?

Variabilität: *Solanum nigrum* ist sehr variabel. Bereits DÖLL (1843) unterscheidet für im Gebiet 7 Sippen, wobei einige zu folgenden Arten gezogen werden können. Heute werden neben der subsp. *nigrum* (als weit verbreiteter Sippe, mit kahlem bis angedrückt behaartem Stengel) die subsp. *schultesii* (Op.) Wessely 1960 (mit abstehender Behaarung und einzelnen Drüsenhaaren) unterschieden. Subsp. *schultesii* ist wärmeliebender als subsp. *nigrum* und wird für das Oberrheingebiet angegeben (OBERDORFER 1983), nach Beobachtungen von BREUNIG (KR-K) in den Hardtgebieten nördlich Karlsruhe zerstreut, in Karlsruhe häufiger als subsp. *nigrum*.

4. **Solanum sarachoides** Sendtn. in Mart. 1846 em. Bitter 1912
Saracha-Nachtschatten

Therophyt, bis 50 cm hoch, niederliegend bis aufrecht, reich verzweift, unangenehm riechend. Stengel rund, dicht drüsig-klebrig behaart, dazwischen einzelne lange Haare. Blüten weiß. Kelch ungleich deutlich länger als junge Beere, später etwa bis ¾ der Beerenlänge erreichend. Beere kugelig, hellgrün, durchscheinend. Samen 59–69 pro Beere, 1,3–1,5 mm lang. Blütezeit Juni–Oktober

Herkunft Südamerika.

An trockenen, oft sandigen, nährstoffreichen Stellen in warmer Klimalage ähnlich wie *S. nitidibaccatum* stehend, doch frischere Stellen bevorzugend. – Vegetationsaufnahmen vgl. LANG (1975).

Vereinzelt in der Oberrheinebene, häufiger als *S. nitidibaccatum*, eingebürgert.

6517/3: Mannheim-Rheinau, 1987, BREUNIG (KR-K); um Karlsruhe mehrfach, so: 6916/3: Knielingen; 6916/2,4: Hardtwald; 6916/3: Rheinhafen; 7016/1: Oberreut; 7016/2: Killisfeld, Beobachtungen 1985–94, BREUNIG (KR-K).

5. **Solanum nitidibaccatum** Bitter 1912
S. physalifolium Rusby
Glanzfrüchtiger Nachtschatten

Therophyt, Pflanze niederliegend bis aufsteigend, ohne intensiven unangenehmen Geruch. Stengel rund, dicht abstehend drüsig behaart. Blüten weiß. Kelch in jungem Zustand etwa halb so lang wie die Beere, später etwa ¼ der Beerenlänge erreichend. Beere kugelig bis breit eiförmig, 15–24 Samen pro Beere, diese 1,8–2,4 mm lang.

Heimat westliches Südamerika (vor allem in Chile), in Europa in wärmeren Gebieten eingebürgert.

An trockenen, meist sandigen, nährstoffreichen Stellen in warm-trockener Klimalage. – Vegetationsaufnahmen vgl. Lang (1974). Erste Beobachtungen im Oberrheingebiet vor 1918: Straßburg, leg. Krause.

Vereinzelt in der Oberrheinebene, v. a. in den Sandgebieten. Zum Vorkommen in der benachbarten Pfalz vgl. Lang (1974).

6516/2: Mannheim-Mühlau, 1993, Breunig (KR-K); 6517/3: Mannheim-Rheinau, 1987, Breunig (KR-K); 6716/4, 6717/3: Wiesental, 1993 massenhaft, Hassler (KR-K); 6717/2: Rot, 1986, St. Leon, über 1000 Ex., 1990, Breunig (KR-K); 6916/4: Karlsruhe, 1991, Breunig (KR-K); 7016/1: Oberreut, Kleinsteuber (KR-K); 7114/4: Nordöstlich Iffezheim, über 1000 Ex., 1990, Breunig (KR-K). – Selten im südlichen Oberrheingebiet: 8012/1: Tuniberg, in Rebbergen, 1976/83, Hügin u. Koch (1993).

Literatur: Zur Unterscheidung von *S. sarachoides* vgl. Edmonds (1986).

Solanum luteum Mill. 1768
Gelbfrüchtiger Nachtschatten

Therophyt, bis 50 cm hoch, niederliegend bis aufrecht, dicht abstehend drüsig behaart, Blüten weiß, Beere bis 10 mm groß, meist länger als breit, gelb bis orangerot. – Juni–Oktober.

Mittelmeerländer bis Kleinasien, im Gebiet offensichtlich nur vorübergehend eingeschleppt.

Von *Solanum luteum* liegen aus dem Oberrheingebiet zahlreiche Fundmeldungen vor, so von Gmelin (1805: 521, „non infrequens", „circa et in Carlsruhe"), Spenner (1826: 427, „rarissima", Umkirch bei Freiburg) Döll (1843: 413, als *S. nigrum* f) *villosum*, Schwetzingen, Dossenheim bei Heidelberg, Käfertaler Wald bei Mannheim), Schmidt (1857: Wiesloch bei Heidelberg, in Weinbergen) oder Döll (1859: 768, Hardtwald bei Karlsruhe). Es läßt sich nicht entscheiden, wie weit es damals beständige Vorkommen waren.

Neuere Beobachtungen aus dem Gebiet: 6717/3: Mannheim-Rheinau, 1986, Breunig (KR-K); 6916/3: Karlsruhe-Knielingen, 1990. Breunig u. Kleinsteuber (KR-K), 6916/4: Karlsruhe-Rintheim, 1994, Breunig (KR-K).

Bei den Vorkommen im Neckargebiet und im östlichen Württemberg handelte es sich offensichtlich nur um vorübergehende Einschleppungen: 7321/4: Neckartailfingen, 1892; 7420/3: Tübingen, 1909, nach Bertsch (1948); 6927/4: Aumühle bei Wörth, Frickhinger (v. Martens u. Kemmler 1882), fragliche Angabe.

Solanum alatum Moench
Rotfrüchtiger Nachtschatten

Therophyt, bis 50 cm hoch, Stengel anliegend behaart, ohne Drüsen, Kanten des Stengels von Knötchen rauh. Blüten weiß, Frucht wie bei *Solanum luteum*. – Blütezeit Juni–Oktober.

Mittelmeerländer bis Kleinasien, im Gebiet in der Oberrheinebene, wohl unbeständig.

Die Art wurde erstmals von Gmelin (1826: 176) als *Solanum puniceum* (*S. miniatum* Bernh.) aus dem Gebiet erwähnt. Bei Döll (1843: 413) findet sie sich als *S. nigrum* d) *angulosum* (Kantiger Nachtschatten). Schultz (1846: 314) bezeichnet eine Sippe als *S. nigrum* ζ *villosum*; sie könnte *S. alatum* entsprechen. Döll (1859: 767) führt die Sippe als *Solanum nigrum* γ *luteum* b) *angulosum*. – Neuere Beobachtungen finden sich bei Zimmermann (1907, als *S. miniatum*) und Heine (1952).

Daneben wird von Gmelin (1827: 177) *Solanum luteo-virescens* unterschieden (mit grün-gelben Früchten); diese Art ist vielleicht hier einzuordnen.

Oberrheingebiet: 6516/2: Mannheim, Döll (1843), Heine (1952); 6518/3: Heidelberg mehrfach, „häufig und auffallend verbreitet", an vielen Stellen weitaus häufiger als *S. nigrum*, Heine (1952), weiter in Dossenheim und Handschuhsheim (Heine 1952); 6617/1: Schwetzingen, Zimmermann (1912: 104); 6716/3: Philippsburg, Bauer in Döll (1843); 6916/3: Karlsruhe mehrfach, so am Linkenheimer Tor, Braun in Döll (1843), Mühlburg, Döll (1859). Vgl. auch Gmelin (1826: 176): „circa Carlsruhe non infrequens". – Linksrheinisch Beobachtungen von Oppenheim (Döll 1843), 6316/3: Worms, Stadtzentrum, 1949, Heine (1952); 6616/3: Speyer, um 1906, Zimmermann (1907).
Neuere Beobachtung: 6916/4: Karlsruhe-Rintheim, 1994, Breunig (KR-K).

Solanum cornutum Lam. 1794
S. rostratum Dun.

Einjährig, dicht behaart, mit ungleichen gelben Stacheln. Blüten im Durchmesser 2–4 cm , gelb. – Heimat Mexiko und südwestliche Teile von Nordamerika.

Pflanze in Mitteleuropa mehrfach beobachtet, in Baden-Württemberg erstmals 1893 in Achern, Leiringer (Kneucker 1895: 309) und im Hafengebiet von Mannheim, Bähr (Ascherson 1894, Kneucker 1895: 309). Spätere Beobachtungen 1901 (Neckargebiet bei Neckartailfingen), 1902 (Freiburg) und 1903 (Mannheim), vgl. Hegi (1927). Neuere Beobachtungen 6916/3: Karlsruhe, Rheinhafen, 1950, Oberdorfer (1951); um Stuttgart vgl. Kreh (1950: 118), Hornung (1952) und Seybold (1968: 257), hier meist in Hühnerausläufen, wohl mit Futter eingeschleppt. Letzte Beobachtung 1955 (Schuttplatz bei Marbach). Die Pflanze bildet im Gebiet offensichtlich keine reifen Früchte aus.

Solanum citrullifolium A. Braun 1849

Ähnlich voriger Art, doch mit purpurroter Krone. – Heimat Mexiko. – Pflanze einmal in Stuttgart (1905) beobachtet (Hegi 1927).

Solanum sodomaeum L.

Ausdauernd, strauchig, bis 3 m hoch. Blätter gefiedert, Blütenkrone 2,5–3 cm im Durchmesser, violett. – Heimat Afrika. Einmal auf dem Müllplatz am Killesberg bei Stuttgart beobachtet (1934, K. MÜLLER, vgl. SEYBOLD 1968: 257).

Solanum lycopersicum L. 1753
Lycopersicon esculentum Miller 1768
Tomate

Pflanze einjährig, ± schlaff, drüsig behaart. Blätter gefiedert, Fiederblättchen gestielt, meist eingeschnitten. Blüten gelb, Staubbeutel auf der Innenseite in Längsritzen aufreißend, durch häutige Mittelbänder verwachsen. – Blütezeit Juli–September. – Früchte vitaminreich (bes. Vitamin C), doch mit nur geringem Eiweißgehalt.

Heimat nördliches Südamerika und Karibik. Hier sind wilde Tomaten in 4 Arten vertreten; welche als Ausgangsform für unsere Kulturtomate infrage kommt, ist ungeklärt. Die Tomate wurde bereits von den Indios kultiviert. Anfang des 16. Jahrhunderts kam sie nach Europa, zunächst als Zierpflanze. Als Nahrungspflanze in Italien seit dem 16. Jahrhundert genutzt, in Mitteleuropa erst seit dem 19. Jahrhundert. Vgl. v. MARTENS u. KEMMLER (1882: 26): „Sie kommen in Stuttgart auf den Markt; man wendet aber daselbst nur den Saft zum Brühen an." DÖLL (1847) bezeichnet die Pflanze als Zierpflanze (in der späteren Flora Badens wird die Pflanze nicht erwähnt).

Verwilderungen werden erstmals von v. MARTENS u. KEMMLER (1882) genannt. Heute unbeständig verwildert auf nährstoffreichen Schuttplätzen, an Kiesufern entlang der Flüsse und Seen, vgl. LAUTERBORN (1940: 292), KAPPUS (1953), GÖRS u. MÜLLER (1974: 265), am Bodensee WINTERHOFF (1993). In warmen und wasserarmen Jahren kann die Pflanze auch zur Fruchtreife gelangen (KAPPUS 1953). Ausbreitung auch durch die Verwendung von Klärschlamm als Düngemittel (KREH 1950: 114). Dauerhafte Verwilderungen sind aus dem Gebiet nicht bekannt. – Selten in Vegetationsaufnahmen von Bidention-Gesellschaften enthalten: MÜLLER (1974: 291).

Solanum tuberosum L. 1753
Kartoffel

Ausdauernd, bis 1,2 m hoch. Grundachse mit Knollen. Stengel angedrückt behaart, Blätter ungleich gefiedert. Blüten weiß oder bläulich (lila), Beere hellgrün bis grün. – Blütezeit Juni, Juli.

Alle oberirdischen Teile sowie auswachsende Sprosse der Knolle sind (schwach) giftig; besonders giftig sind unreife Beeren (Gehalt an Solanin und anderen Alkaloiden).

Kulturpflanze, Heimat Südamerika (Hochlagen von Peru, Bolivien und Chile), im Gebiet kaum verwildernd. Der Anbau erfolgt vorzugsweise auf lockeren, oft kalkarmen sandig-lehmigen (bis lehmigen) Böden von den Tieflagen (Oberrheinebene) bis in mittlere und obere Lagen: Schwäbische Alb bis 1000 m, nach BERTSCH (1948), im Schwarzwald im Feldberggebiet am Rinken bis 1200 m, zeitweise auch an der Todtnauer Hütte bei 1320 m, hier wegen zu geringer Erträge bald aufgegeben, vgl. K. MÜLLER (1948: 339). Heute oberhalb 850 m kaum noch feldmäßig angebaut.

Die Pflanze kam um 1560 nach Spanien und um 1565 nach England. In Süddeutschland wird sie erstmals 1588 von Nürnberg und 1590 aus Hessen-Darmstadt erwähnt. BAUHIN (1598) nennt die Pflanze aus dem 1596 angelegten Schloßgarten von Wiesensteig bei Göppingen. Der allgemeine Anbau wurde in Württemberg nach 1710 durch den Waldenser ANT. SEIGNORET gefördert, in den Gebieten der Kurpfalz und im Elsaß begann der Anbau zwischen 1714 und 1724 (Angaben nach KÖRBER-GROHNE 1988, v. MARTENS u. KEMMLER 1882, GMELIN 1805).

7. **Datura** L. 1753
Stechapfel

Einjährige Pflanzen, auch ausdauernde Kräuter oder Bäume. Kelch röhrig, nach dem Verblühen abfallend, Krone weiß, lang trichterig. Fruchtknoten zunächst zweifächrig, wobei jedes Fach durch Trennwände geteilt wird, so daß die Frucht vierfächrig erscheint. Frucht ist eine Kapsel. – Gattung mit ca. 10 meist amerikanischen Arten, in Europa 3 (eingebürgerte) Arten.

1. **Datura stramonium** L. 1753
Gewöhnlicher Stechapfel

Morphologie: Therophyt, bis 1,2 m hoch, kahl (bis schwach flaumig), gabelästig. Blätter gestielt, buchtig eingeschnitten, oberseits dunkelgrün, unterseits etwas heller. Blüten einzeln, blattachselständig. Kelchzähne 5–10 mm lang, ungleich, Krone 6–10 cm lang, meist weiß. Frucht eine bis 7 cm lange, eiförmige, meist bestachelte Kapsel. Samen bis 3,5 mm lang, abgeflacht. – Blütezeit Juli–September.

Pflanze stark giftig; sie enthält zahlreiche Alkaloide wie L-Hyoscyamin, Atropin, L-Scopolamin; Gehalt in den Blättern bis 0,5%. Verwendung bei Indianern als Rauschmittel.

Ökologie: Einzelpflanzen oder lockere Bestände an frischen (bis mäßig trockenen), mäßig nährstoffreichen, meist kalkhaltigen, basischen Stellen, wärmeliebend. Gern an Aufschüttungen mit lockeren, oft sandigen Böden, zusammen mit *Chenopodium*-Arten, seltener in aufgelassenen Gärten oder in Hackfrucht-Gesellschaften (z. B. Beerstrauch-Kulturen). – In Vegetationsaufnahmen selten enthalten: GÖRS (1966: 495, *Diplotaxis muralis*-Gesellschaft, Spitzberg).

Allgemeine Verbreitung: Heimat Mittelamerika. Inzwischen in wärmeren Gegenden der Erde vielfach eingebürgert. In Europa Ende des 16. Jahrhunderts als Gartenpflanze eingeführt, heute v. a. in wärmeren Gebieten, nordwärts bis Südengland, Südschweden und südliches Finnland reichend (Einzelfunde im Ostseegebiet bis 62° n. Br.). In Deutschland in wärmeren Gebieten verbreitet.

Verbreitung in Baden-Württemberg: Oberrheingebiet, v. a. in den Sandgebieten zwischen Mannheim und Rastatt, zerstreut. Mittleres und südliches Oberrheingebiet nur um Kehl, Freiburg und Weil a. Rh. – Vereinzelt im Kraichgau, unteren Neckargebiet und Bauland, Taubergebiet. Einzelfunde im oberen Neckargebiet, im Alpenvorland und im Donaugebiet, oft unbeständig auf Müllplätzen. Früher in Apothekergärten kultiviert und von hier aus öfters verwildert (vgl. BRENZINGER 1904).

Tiefste Fundstellen ca. 100 m, meiste Vorkommen in Höhen unter 300 m im Neckargebiet, unter 400–450 m im Bodenseegebiet. Höchste Vorkommen in der Baar, ca. 680–700 m (Pfohren, Aasen, ZAHN 1889, wohl nur vorübergehende Vorkommen).

Erstnachweise: LEOPOLD (1728: 162–163): Ulm, „Auf Miststätten vor dem neuen Thor hin und wider." – Ältere Beobachtungen von H. HARDER könnten sich auf Vorkommen in Gärten beziehen.

Bestand und Bedrohung: Vorkommen im nordbadischen Oberrheingebiet sind relativ reich und ± konstant; sie sind nicht gefährdet. Durch Baumaßnahmen dürfte *Datura stramonium* in den letzten Jahren noch zugenommen haben. Die Vorkommen in den übrigen Gebieten dürften weniger konstant sein (vgl. dazu die genaueren Angaben von SEYBOLD (1968) für den Stuttgarter Raum). Hier ist ein Rückgang und damit eine gewisse Gefährdung nicht auszuschließen (G 3).

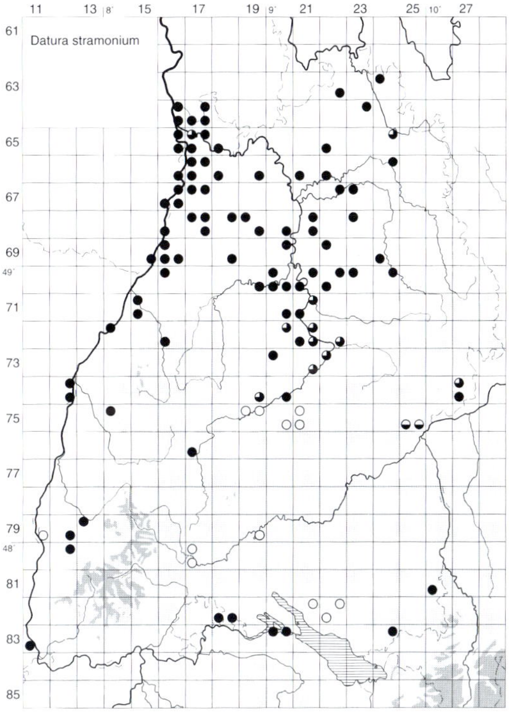

Gewöhnlicher Stechapfel (*Datura stramonium*)
Worms, 19. 8. 1993

8. **Nicotiana** L. 1753
Tabak

Meist einjährige Pflanzen mit ungeteilten, oft drüsig behaarten Blättern. Blüten mit kurzer Röhre und ungleich langen Kronzipfeln. Krone rötlich, gelblich oder grünlich. Frucht eine zweiklappige (selten vierklappige) Kapsel. – Gattung mit ca. 60 Arten, v. a. in den westlichen Teilen Amerikas, wenige Arten in Südostasien.

In Europa seit etwa 1560 kultiviert, zunächst als Zierpflanze, später als Heilpflanze und schließlich als Nutzpflanze. Im Gebiet werden zwei Arten angebaut und können gelegentlich verwildern; dauerhafte Vorkommen sind nicht bekannt.

Nicotiana tabacum L. 1753
Virginischer Tabak

Bis 2 (3) m hoch, Blätter sitzend, z. T. am Stengel herablaufend, Blüten rot. – Heimat Nordamerika (Virginia).

Zahlreiche Kultursippen, die durch Bastardierung entstanden sind.

Als Nutzpflanze auf lehmigen, basenreichen, kalkarmen wie kalkreichen Böden in warmer Klimalage angebaut. Hauptanbaugebiet Oberrheinebene (v. a. Mittelbaden), doch Anbau zurückgehend.

Nicotiana rustica L. 1753
Bauern-Tabak

Bis 1 (1,5) m hohe Pflanze, Blätter gestielt, Blütenkrone gelblichgrün. – Heimat Mexiko und Südamerika. Pflanze gelegentlich als Zierpflanze angebaut.

Convolvulaceae

Windengewächse
Bearbeiter: G. PHILIPPI

Oft windende Pflanzen, meist Kräuter, auch Sträucher, selten Bäume, mit herz- oder pfeilförmigen, wechselständigen Blättern, ohne Nebenblätter. Blüten oft mit einer Hochblatthülle, fünfzählig, mit verwachsener Krone. Fruchtknoten oberständig, Frucht eine 1- bis 4fächrige Kapsel.

Zur Familie der Convolvulaceae wird auch die Gattung *Cuscuta* gerechnet, die aufgrund ihrer abweichenden Lebensweise auch in einer eigenen Familie geführt wird.

Familie v. a. in den Tropen und Subtropen vertreten, ca. 50 Gattungen mit 1800 Arten. In Europa 10 Gattungen mit 46 Arten (davon zahlreiche eingebürgerte Arten), v. a. im Mittelmeergebiet. In Deutschland 12 Arten.

Zu den Convolvulaceae gehört weiter *Ipomaea purpurea* Roth (Prachtwinde) mit weißblauen (auch rosafarbenen) Blüten und kopfiger Narbe; Heimat tropisches Amerika.

1 Bleiche Schmarotzerpflanze mit schuppenartigen Blättchen und kleinen Blüten . 3. *Cuscuta*
– Grüne Pflanzen mit spieß- oder pfeilartigen Blättern und großen Blüten 2
2 Blüten mit großen Vorblättern, weiß, Narbe zweilappig mit großen elliptischen Lappen, Pollen vielporig . . . . 1. *Calystegia*
– Blüten mit kleinen, von der Krone abgerückten Vorblättern, oft rosa. Narbe zweilappig, mit fädigen Lappen, Pollen 3- oder 6faltig . . . . . . 2. *Convolvulus*

1. Calystegia R. Br. 1810

Zaunwinde

Ausdauernde Pflanzen mit kriechendem Wurzelstock, Blüten mit großen Vorblättern. Kapsel einfächrig bzw. im unteren Teil zweifächrig, meist 4samig.

1 Vorblätter nicht blasig, den Kelch nicht verdeckend, Krone meist weiß . . . 1. *C. sepium*
– Vorblätter blasig aufgetrieben, den Kelch völlig verdeckend, Krone rosa . . . . . 2. *C. pulchra*

1. Calystegia sepium (L.) R. Br. 1810

Convolvulus sepium L. 1753
Echte Zaunwinde

Morphologie: Hemikryptophyt, Pflanze windend, bis 3 m hoch, kahl. Blätter pfeilförmig, Blüten blattachselständig, mit zwei großen Vorblättern, diese nicht aufgeblasen, den Kelch nicht völlig verdeckend. Krone weiß, bis 4,5 (5) cm lang, Samen eiförmig, bis 5 mm lang. – Blütezeit Juni–September. Insektenbestäubung.

Im Gebiet nur subsp. *sepium* (Pflanze kahl). (Weitere Unterart: subsp. *roseata* Brumm. mit rosa Blüten und flaumiger Behaarung, an den Küsten Westeuropas.)

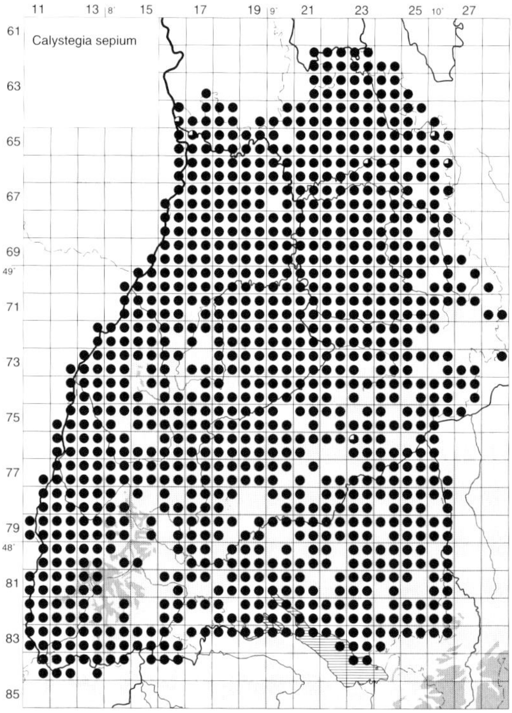

Echte Zaunwinde *(Calystegia sepium)*
Steinen

Ökologie: An lichtreichen bis (schwach) beschatteten, frischen bis feuchten, nährstoff- und basenreichen, meist kalkhaltigen, basischen bis neutralen Stellen. V. a. in Lücken von Auenwäldern (z. B. im Querco-Ulmetum oder Stellario-Alnetum), hier sind natürliche Vorkommen in einer Naturlandschaft anzunehmen. Am Rand von Hecken und Gebüschen, in Gärten (an feuchten Stellen). Pflanze kennzeichnend für Schleiergesellschaften (Convolvuletalia), auch in Gesellschaften der Glechometalia. – In zahlreichen Vegetationsaufnahmen enthalten, z. B. LANG (1973, in mehreren Gesellschaften) oder GÖRS (1974: 326, Urtico-Convolvuletum sepium).

Allgemeine Verbreitung: Ursprüngliches Areal in Europa, West-Asien und Nordafrika, verschleppt in Amerika, Australien und Neuseeland. – In Europa nordwärts bis Schottland, Süd- und Mittelschweden und südliche Teile Norwegens und Finnlands, etwa bis 60° n. Br. reichend (Einzelvorkommen bis 65° n. Br.).

Verbreitung in Baden-Württemberg: Im Gebiet verbreitet und meist häufig. Die Verbreitungskarte zeigt nur wenige Lücken: Im Schwarzwald (v. a. auf der Ostseite) wegen der Höhenlage und des Fehlens größerer Siedlungen zurücktretend, in der Schwäbischen Alb wegen der Höhenlage und wohl auch wegen zu trockener Standorte und im Alpenvorland.

Tiefste Fundstellen in der Oberrheinebene, ca. 95 m, höchste im Südschwarzwald ca. 1150 m (HÜGIN 1992), z. B. 8113/1: Notschrei, ca. 1070 m. Hauptverbreitung unterhalb 500 m, in größeren Höhen nur als Gartenunkraut (HÜGIN 1992: 471).

Die Pflanze ist einheimisch; Vorkommen in einer vom Menschen unberührten Naturlandschaft sind in Auenwäldern und Auengebüschen gut vorstellbar.

Erstnachweise: Die ältesten Nachweise stammen aus dem 34. Jahrhundert v. Chr. (Konstanz-Wallhausen, RÖSCH 1990). HARDER sammelte die Pflanze um 1562 um Geislingen – Ulm (ZIMMERMANN 1937).

Bestand und Bedrohung: Die Pflanze ist häufig und nicht bedroht. Infolge Brachfallens von Feuchtstandorten oder Anlage lichter Pappelforste hat sie in den letzten Jahrzehnten zugenommen.

2. **Calystegia pulchra** Brummitt et Heywood 1960
Schöne Zaunwinde

Von *C. sepium* durch die blasig aufgetriebenen Vorblätter der Blüte verschieden, diese den Kelch völlig verdeckend, Krone rosa, 50–70 mm lang.

Zierpflanze, aus dem nordöstlichen Asien eingeführt oder aus einer Gartenhybride hervorgegangen. In Deutschland stellenweise verwildert.

Bisher im Gebiet erst zweimal beobachtet: 6725/1: Langenburg, am Ortsrand, 1993, SEYBOLD (STU-K); 8224/4: Argen bei Herfatz, 1986, SEYBOLD (vgl. SEBALD u. SEYBOLD 1988: 202). Mit weiteren Funden v. a. im Alpenvorland ist zu rechnen. Im benachbarten bayerischen Allgäu ist die Pflanze seit 1959 (v. a. im Gebiet um Sonthofen) bekannt (vgl. DÖRR 1976). Weiter wurde die Pflanze in den bayerischen Grenzgebieten bei Dinkelsbühl und im Ries beobachtet (6927/2, 7028/4, SCHÖNFELDER u. BRESINSKY 1990).

2. **Convolvulus** L. 1753
Winde

Einjährige oder ausdauernde, meist kriechende oder windende, auch aufrechte Pflanzen. Blüte mit zwei kleinen Vorblättern, die deutlich abgerückt sind. Kapsel 2fächrig, meist viersamig.

Artenreiche Gattung (zusammen mit *Calystegia* 250 Arten), in Europa 23 Arten (davon einige Neubürger).

1. **Convolvulus arvensis** L. 1753
Acker-Winde

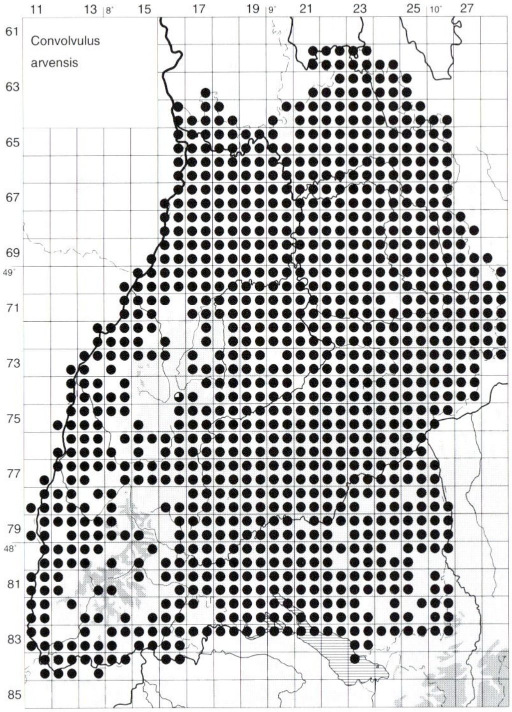

Morphologie: Hemikryptophyt, Pflanze niederliegend oder windend, bis 1 m lang, etwas graugrün, kurz flaumig behaart oder kahl. Blätter spießförmig, 3- bis 6mal so lang wie breit. Blüten einzeln (oder zu zweien), blattachselständig. Blütenstiele so lang wie die Hochblätter, Kelchblätter ungleich lang, Krone bis 2,5 cm lang, weiß bis rosa. Samen 3–4 mm groß, verkehrt-eiförmig. – Blütezeit Juni–September.
Ökologie: An lichtreichen, mäßig trockenen bis mäßig frischen, nährstoff- und basenreichen, meist kalkreichen, basischen Standorten. Wurzelpionier. – In Hackfrucht-Gesellschaften, in Gärten, im Gleisschotter, an Wegböschungen, gern in halbruderalen Trockenrasen (Convolvulo-Agropyrion). – In zahlreichen Vegetationsaufnahmen von Ruderalgesellschaften enthalten, zum Vorkommen in halbruderalen Trockenrasen vgl. Görs (1966: 502).
Allgemeine Verbreitung: Ursprünglich nur in Europa und Asien, heute weltweit verschleppt. In Europa vom Mittelmeergebiet nordwärts bis England und Schottland (hier selten). Im Ostseegebiet geschlossene Verbreitung bis 61° n. Br. – In Deutschland verbreitet und meist häufig.
Verbreitung in Baden-Württemberg: Verbreitet, meist häufig vorkommend. Nur im Schwarzwald (wegen zu armer Böden) und im Alpenvorland (Westallgäuer Hügelland) stellenweise fehlend. – Tiefste Fundstellen im Oberrheingebiet, ca. 95 m, höchste im Südschwarzwald bis ca. 1100 m (Hügin 1992); in Gärten und Bahnhöfen besonders hoch reichend.

Die Pflanze ist wohl erst mit dem Menschen in das Gebiet eingewandert (Archäophyt).
Erstnachweise: Die ältesten Nachweise stammen aus dem 15. Jahrhundert v. Chr. (Bad Buchau/ Federsee, Rösch 1984). H. Harder hat um 1562 die Pflanze in der Umgebung von Geislingen – Ulm gesammelt (Zimmermann 1937).
Bestand und Bedrohung: In reichen Beständen vorhanden und nicht gefährdet. Auch in stark mit Herbiziden behandelten Flächen wie Maisäckern oder Bahnanlagen kann sich *Convolvulus arvensis* gut halten!

Acker-Winde *(Convolvulus arvensis)*
Kaiserstuhl

3. **Cuscuta** L. 1753
Seide, Teufelszwirn

Schmarotzer, ohne Wurzeln, bleich, Chlorophyll nur in unbedeutender Menge vorhanden, Laubblätter zu kleinen Schüppchen reduziert. Pflanze mit Saugorganen (Haustorien) auf den Wirtspflanzen festsitzend. Blüten klein, meist kopfig gedrängt, Blütenstand mit Vorblättern, Krone etwas kugelig, meist 4- oder 5zählig; Staubblätter 4–5, im Schlund der Kronröhre eingefügt, darunter (hypostaminal) Schlundschuppen, diese oft gefranst oder gelappt. Fruchtknoten zweifächrig mit 4 Samenanlagen, Frucht eine Kapsel. – Selbstbestäubung (Autogamie, auch Kleistogamie, Pflanze ist selbstfertil), Insektenbestäubung.

Die Keimung erfolgt am Boden. Der Keimling besitzt eine Wurzel (doch keine Wurzelhaube) und ist fadenförmig. Keimblätter fehlen. Die Stengelspitze des Keimlings führt kreisförmige Bewegungen aus, bis sie eine Wirtspflanze erreicht hat. Die Keimpflanzen können bei *C. suaveolens* bis 10–15 cm groß werden.

Gattung mit ca. 170 Arten; Verbreitungsschwerpunkt in den Tropen und Subtropen. In Europa 17 Arten (davon einige aus Amerika eingeschleppt; in Deutschland sind 8 Arten bekannt (davon 3 aus Amerika und 1 aus dem Mittelmeergebiet bzw. den Tropen).

1 1 Griffel (mit zweilappiger Narbe), Stengel kräftig (bindfadenstark), Blüten in kurzen wenigblütigen Rispen, meist 4zählig . . . . 6. *C. lupuliformis*
– 2 Griffel, Stengel weniger kräftig, Blüten meist in dichten Knäueln, meist 5zählig (Ausnahme *C. europaea*) 2
2 Narbe fädlich (verlängert), Frucht quer aufspringend 3
– Narbe kopfig, Frucht nicht oder unregelmäßig aufspringend 5
3 Griffel länger als der Fruchtknoten, aus der Kronröhre ragend, Kronröhre durch Schlundschuppen verschlossen . . . . 3. *C. epithymum*
– Griffel höchstens so lang wie der Fruchtknoten, Kronröhre nicht durch Schlundschuppen verschlossen (diese der Kronröhre anliegend) . . . 4
4 Pflanze nicht oder höchstens 1- bis 2mal verzweigt, Blüte 5zählig mit spitzen Kelchzipfeln, Kronröhre bauchig, doppelt so lang wie die Kronzipfel, Pflanze streng an *Linum* gebunden 2. *C. epilinum*
– Pflanze stark verzweigt, Blüte meist 4zählig, Kelchzipfel eiförmig-stumpflich, Kronröhre walzlich, so lang wie Kronzipfel, Pflanze meist auf *Urtica* (u.a.) . . . . 1. *C. europaea*
5 Stengel dünn, gelblich, Blüten meist duftend, in lockeren Blütenständen, Schlundschuppen groß, die Kronröhre verschließend, Krone bei der Fruchtreife die Kapsel umschließend . . . . . . *C. suaveolens*, S. 70
– Stengel kräftig, rötlich, Blüten nicht duftend . . 6
6 Stengel glatt, Schlundschuppen groß, solang wie die Kronröhre . . . . 5. *C. campestris*
– Stengel etwas rauh, Schlundschuppen kürzer als die Kronröhre . . . . 4. *C. gronovii*
vgl. auch *C. australis*, S. 70

1. **Cuscuta europaea** L. 1753
Nessel-Seide

Morphologie: Stengel kräftig (stärker als bei *C. epithymum*), gelbweiß bis rötlich überlaufen. Blüten in dichten Köpfchen, 10–15 mm im Durchmesser, Blüten 2–3 (4) mm lang, meist 4zählig (auch 5- oder 3zählig), Kelchblätter breit eiförmig. Schlundschuppen der Kronröhre angedrückt, klein, manchmal fehlend, Staubblätter in die Blüte eingeschlossen. Samen fast kugelig, 1–1,3 mm groß. – Blütezeit Juni–September.

Unterschieden werden zwei Unterarten:
subsp. **europaea**: Krone rosa oder weiß, Kelchzipfel schmal-eiförmig, Fruchtkapseln 3–3,5 mm groß, Samen 1–1,3 mm, auf *Urtica dioica*.

subsp. **viciae** (Engelm.) Ganesin: Krone gelblich, Kelchzipfel breit-eiförmig, Fruchtkapseln 3,5–4 mm groß, Samen 1,3–1,8 mm, meist auf *Vicia* oder *Lens*.

Ökologie: Schmarotzer auf *Urtica dioica*, weiter auf *Calystegia sepium, Humulus lupulus, Artemisia vulgaris* u.a., auch für *Solanum tuberosum* angegeben. Vorkommen in (z.T. periodisch überfluteten) Auenstandorten auf nährstoffreichen, meist kalkhaltigen, basischen Böden. Kennzeichnend für das Cuscuto-Convolvuletum sepium, auch in anderen Senecion fluviatilis-Gesellschaf-

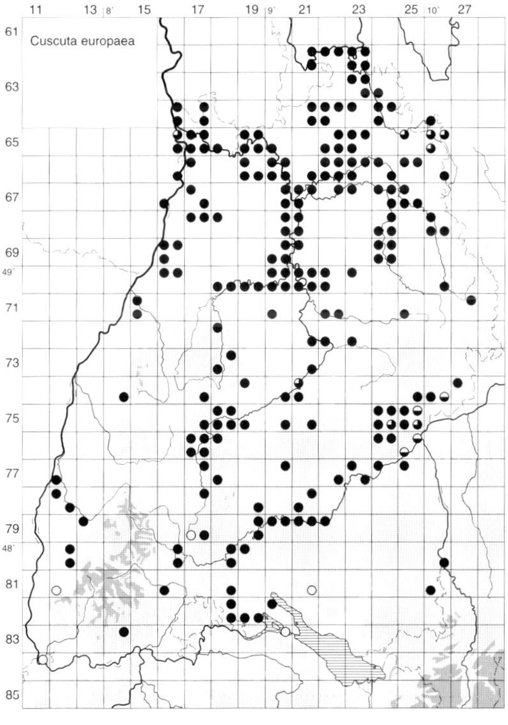

Nessel-Seide *(Cuscuta europaea)*
Weinheim, 28. 8. 1994

ten. Vegetationsaufnahmen mit *Cuscuta europaea* vgl. Görs u. Müller (1974: 262) und Philippi (1983: 427), synthet. Tabellen Görs u. Müller (1969).

Allgemeine Verbreitung: Europa, Asien (bis Tibet und Himalaja), Nordafrika, eingeschleppt in Nordamerika. In Europa von Südeuropa (hier v. a. in den Gebirgen) bis Nordeuropa; im Ostseegebiet fast geschlossenes Areal bis ca. 64° n. Br., in England nur im südlichen Teil. In Deutschland verbreitet, nur in den Gebirgen und im Alpenvorland seltener oder fehlend.

Verbreitung in Baden-Württemberg: Die Pflanze ist in den großen Flußlandschaften vielfach zu finden, so v. a. am Neckar und Main samt den größeren Seitenflüssen. An der Donau kommt sie zerstreut vor. Auffallend selten ist *Cuscuta europaea* am Ober- und Hochrhein (erst unterhalb Karlsruhe häufiger, daneben kleineres Vorkommen im Elzgebiet). Ökologische Ursachen für diese unterschiedliche Verbreitung sind nicht erkennbar. Im Alpenvorland fehlt die Pflanze weitgehend.

Über die Verbreitung der beiden Unterarten im Gebiet ist nichts bekannt. Subsp. *europaea* dürfte die verbreitete Sippe sein. Tiefste Fundstellen am Oberrhein, ca. 100 m, höchste in der Baar und an der oberen Donau, ca. 700 m. Da die Pflanze auch in Naturlandschaften vorkommt, könnte sie als urwüchsig einzustufen sein. Ein Großteil der Vorkommen findet sich an vom Menschen gestörten Stellen (deutlich hemerophile Art).

Erstnachweise: Die ältesten Nachweise reichen in das 2./3. Jahrhundert n. Chr. zurück (Osterburken, Rainau – Buch, Kiefer 1984, Stika 1993). – H. Harder hat *Cuscuta europaea* 1574–76 in der Umgebung von Geislingen – Ulm gesammelt (*Schorler* 1908).

Bestand und Bedrohung: In reichen Beständen vorhanden. Die Pflanze hat offensichtlich von der Eutrophierung der Landschaft profitiert und ist nicht gefährdet.

2. Cuscuta epilinum Weihe 1824

Lein-Seide

Morphologie: Therophyt. Stengel dünn, nicht oder höchstens 1- bis 2mal verzweigt, grüngelb. Blütenknäuel kugelig, 10–11 mm im Durchmesser, Blüten sitzend, 3 mm groß, 5zählig. Schlundschuppen kürzer als die Kronröhre, Staubblätter in der Blüte eingeschlossen. Samen 1–2 mm groß, nicht selten paarweise zusammenbleibend. – Blütezeit Juni–August.

Ökologie: Recht streng an *Linum (L. usitassimum)* gebunden (ausnahmsweise auch auf anderen Arten wie *Lolium temulentum* oder *Came-*

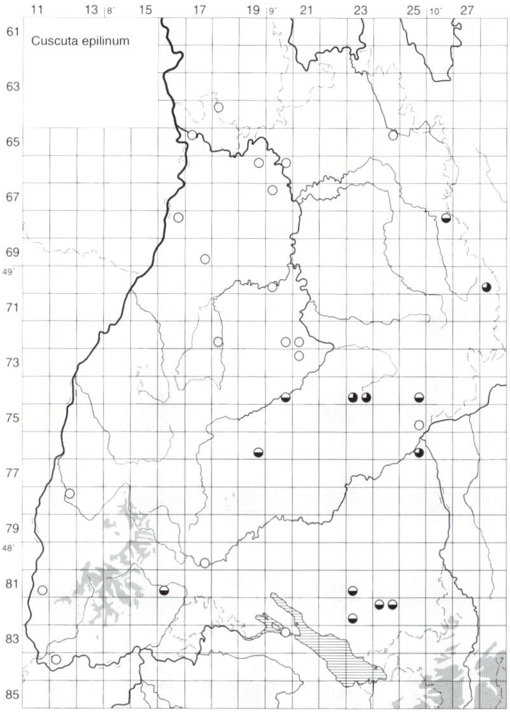

Lein-Seide *(Cuscuta epilinum)*
Zwischen Rötenbach und Döggingen

lina spec. beobachtet). In Leinfeldern auf meist kalkreichen Lehmen, kennzeichnend für das Sileno linicolae-Linetum (Lolio remotae-Linion-Verband). In den Vegetationsaufnahmen von TH. MÜLLER in OBERDORFER (1957: 35) von der Schwäbischen Alb enthalten.

Allgemeine Verbreitung: Europa, Nordafrika, in Asien bis Kleinasien und Persien reichend, eingebürgert in Teilen Nordamerikas. In Europa nordwärts im Ostseegebiet bis 64° n. Br., in England fehlend. Archäophyt; die Heimat wird im Orient vermutet.

Verbreitung in Baden-Württemberg: Früher offensichtlich weit verbreitet, so daß in den Floren kaum Einzelfundorte aufgeführt werden (vgl. z. B. BERTSCH 1948: überall, wo Lein angebaut wird). Die Pflanze war offensichtlich lange Zeit ein lästiges und gefährliches Unkraut; vgl. v. MARTENS u. KEMMLER (1882: 12): „Im Lein, dem sie in feuchten Jahren sehr verderblich wird". Aus dem Oberrheingebiet lagen wenige Beobachtungen vor; im Schwarzwald und Odenwald fehlte die Pflanze anscheinend. In der Baar war die Pflanze offensichtlich selten. Hauptvorkommen waren in (z. T. höher gelegenen) Kalkgebieten wie in der Schwäbischen Alb und im mittleren Neckargebiet. Im Alpenvorland ist die Pflanze von mehreren Stellen um Ravensburg belegt (leg. K. BERTSCH, STU). – Die Rasterkarte stützt sich auf mehr zufällige Angaben und Herbarbelege und kann nur als Provisorium gesehen werden, ein Schwerpunkt in der Verbreitung läßt sich nicht ablesen. Die Art wurde mit dem Rückgang des Flachsanbaues seltener und ist heute im Gebiet (wie auch im übrigen Deutschland) verschwunden. Der Rückgang dürfte bereits nach 1900 begonnen haben (im Oberrheingebiet wohl schon um 1850); besonders stark ist er nach 1945 gewesen. Letzte Beobachtungen: 7028/3: Unterschneidheim, 1950, SCHULTHEISS, vgl. SEBALD u. SEYBOLD (1978); 7423/3: Donnstetten, 1952, TH. MÜLLER (KR-K); 7423/4: Westerheim, ca. 800 m, 1952, TH. MÜLLER (KR-K) 7625/4: Donaustetten, 1947, K. MÜLLER (1955).

Tiefste Fundstellen im Oberrheingebiet ca. 100 m, höchste in der Baar bei Bonndorf (8116/3, ca. 880 m, 1922, JAUCH (KR)). – Die Pflanze ist erst mit dem Flachsanbau in Mitteleuropa eingewandert (Kulturfolger).

Erstnachweise: Die ältesten Nachweise stammen aus dem Frühen Subboreal (Öhningen – Wangen, MESSIKOMMER 1983). Die erste schriftliche Erwähnung findet sich bei G. v. MARTENS (1823: 310): Fund bei Tübingen.

Bestand und Bedrohung: Seit 1952 nicht mehr beobachtet. Ein erneutes natürliches Auftreten ist unwahrscheinlich, auch wenn wieder verstärkt Lein angebaut wird.

3. Cuscuta epithymum (L.) L. 1774

C. europaea var. *epithymum* L. 1753
Quendel-Seide

Morphologie: Therophyt (selten zweijährig). Stengel zart, meist rötlich überlaufen, Blüten in dichten Köpfchen, diese 5–10 mm im Durchmesser; Blüte weiß bis rosa, 3–4 mm lang, 5zählig, sitzend bis kurz gestielt, mit zurückgebogenen Kronzipfeln. Staubblätter aus der Kronröhre ragend, Schlundschuppen klein, die Kronröhre verschließend. Samen 0,3–1,3 mm groß. Blütezeit Juli–September.

Formenreiche Sippe. Im Gebiet werden 2 Unterarten unterschieden (bereits von v. MARTENS u. KEMMLER (1882) erwähnt):

subsp. **epithymum**: Blüten klein, sitzend bis kurz gestielt, Blütenknäuel 8- bis 10blütig, auf *Thymus* und anderen Lamiaceen.

subsp. **trifolii** (Bab. et. Gibs.) Beger: Blüten deutlich gestielt, Blütenknäuel 12- bis 18blütig, auf *Trifolium* und anderen Fabaceen.

Ökologie: An lichtreichen bis sonnigen, mäßig trockenen, kalkarmen, doch basenreichen, mäßig sauren bis kalkreichen, basischen, nährstoffarmen Standorten. Schwerpunkt in Flügelginsterheiden des Südschwarzwaldes (auf *Thymus pulegioides* und *Genista sagittalis*), vorzugsweise an Böschungen, auch in lückigen Glatthaferwiesen (Arrhenatheretum). Vorkommen in Weinbergen (auf *Vitis* schmarotzend, „Barttraube") wurden nur ausnahmsweise beobachtet (A. BRAUN, vgl. DÖLL 1843: 397). – Pflanze kann in ihrem Auftreten von Jahr zu Jahr große Schwankungen zeigen (vgl. dazu SCHWABE et al. 1989). – Vegetationsaufnahmen mit *Cuscuta epithymum* sind v.a. aus dem Schwarzwald bekannt (Flügelginsterheide): BARTSCH (1940: 69), K. MÜLLER (1948: 318), SCHWABE-BRAUN (1979, Tab. 10); Mesobrometum der Baar: WITSCHEL (1980, Tab. 10). Vorkommen in Kleefeldern oder Glatthaferwiesen sind bisher aus dem Gebiet nicht durch Aufnahmen belegt.

Allgemeine Verbreitung: Europa, Asien (bis Kaukasus und Altai), eingebürgert in Südafrika. In Europa nordwärts bis Süd- und Mittelengland, in

Quendel-Seide *(Cuscuta epithymum)*
Böblinger Panzerplatz, 9. 7. 1993

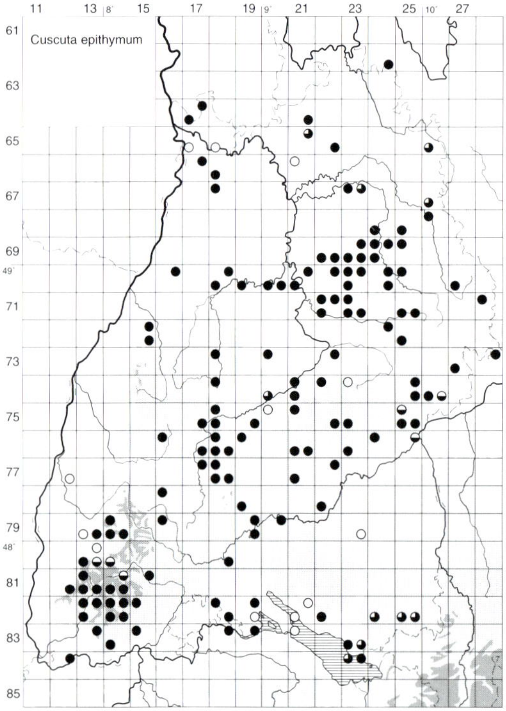

Skandinavien bis Mittelschweden (61° n. Br.), südliches Finnland.

Verbreitung in Baden-Württemberg: Zerstreut im ganzen Gebiet, von der Oberrheinebene bis in den Schwarzwald reichend. Schwerpunkte im südlichen und mittleren Schwarzwald (südlich der Elz), im oberen Neckargebiet, in der Schwäbischen Alb und im Schwäbisch-Fränkischen Wald. Vereinzelt im Alpenvorland (v. a. Bodenseegebiet, Einzelangaben vgl. DÖRR (1976: 72), im Bauland und Neckarbecken nördlich Stuttgart. Tiefste Fundstellen im Oberrheingebiet ca. 110 m, im Südschwarzwald bis über 1020 m (Belchen-Gebiet).

Über die Verbreitung der beiden Unterarten ist nichts bekannt. Nach den Angaben von KIRCHNER (1888) u. BERTSCH (1948) war früher die subsp. *trifolii* verbreitet; heute ist v. a. subsp. *epithymum* zu finden.

Die Pflanze ist wohl erst mit dem Menschen in das Gebiet eingewandert (Archäophyt); Vorkommen in von Natur aus waldfreien Gesellschaften sind im Gebiet nicht bekannt.

Erstnachweis: Die erste Erwähnung findet sich bei J. BAUHIN (1598: 152): „in monte Teck" (7422).

Bestand und Bedrohung: Die Pflanze kommt noch vielfach in reichen Beständen vor, zeigt allerdings in ihrem Auftreten sehr große Unterschiede in den einzelnen Jahren (vgl. SCHWABE u. Mitarb. 1989). Offensichtlich war sie früher wesentlich häufiger, da in den Floren kaum Fundorte genannt werden. Ein Rückgang ist also ganz offensichtlich, er dürfte wesentlich stärker sein, als aus der Karte abzulesen ist. (Da die Pflanze sich erst spät im Jahr entwickelt, mag sie bei der Kartierung öfters übersehen worden sein!) Ursache des Rückganges ist die Intensivierung der Grünlandnutzung. Wenn die Pflanze insgesamt noch nicht gefährdet erscheint, so sollten die Vorkommen sorgfältig beobachtet werden. Hält der Rückgang weiter in diesem Ausmaß an, so zählt sie bald zu den gefährdeten Arten (G3).

4. **Cuscuta gronovii** Willd. in Roem. et Schult. 1820

Gronovius-Seide, Weiden-Seide

Morphologie: Therophyt, Stengel kräftig, orangerot, etwas rauh, Blüten in aufgelockerten Rispen oder dichten Knäueln, weiß, 3–4 mm groß. Kelch etwa halb so lang wie Kronröhre, Staubblätter etwas kürzer als die Kronzipfel, Schlundschuppen kürzer als die Kronröhre, lang bewimpert, Kapsel ei- oder birnförmig, zuletzt kugelig. – Blütezeit August, September.

Ökologie: In Flußauen auf feuchtem, gelegentlich überschwemmten, nährstoff- und basenreichen, meist kalkreichen Standorten, schmarotzend auf *Salix* oder *Populus*, weiter auf krautigen Pflanzen wie *Urtica dioica* oder *Aster* spec.

Allgemeine Verbreitung: Heimat atlantische Gebiete von Nord- und Mittelamerika, eingeschleppt in der 2. Hälfte des vorigen Jahrhunderts in Europa, hier v.a. in West- und Mitteleuropa. In Deutschland v.a. entlang der Flüsse: Rhein (unterhalb Mannheim, v.a. Mittelrhein), Mosel, Main; daneben einzelne isolierte Vorkommen in Bayern und Niedersachsen.

Verbreitung in Baden-Württemberg: Main bei Wertheim (6223/1).

Hier von SEUBERT u. KLEIN (1891) unter *C. cesatiana* Bert. erstmal genannt und als häufig bezeichnet. Die Angabe geht wohl auf Angaben von STOLL (Belege in KR) zurück. Er fand die Pflanze um 1890 z.T. „in üppiger Fülle"; vor 1860 fehlte sie im Gebiet. Letzte Belege aus dem Wertheimer Gebiet 1916 (leg. STOLL, KR). – Nächste Fundstellen am Main in der Nähe von Lohr und Marktheidenfeld (6123/2, 6023/1+2, vgl. SCHÖNFELDER u. BRESINSKY 1990). Die Vorkommen am unteren Main in der Gegend von Miltenberg und Aschaffenburg sind offensichtlich erloschen. Am mittleren Main neben zahlreichen rezenten Beobachtungen auch zahlreiche erloschene Vorkommen.

Daneben mehrere vorübergehende Vorkommen an Ruderalstellen: 6915/4: Rheindamm zwischen Rappenwört und dem Rheinhafen, 1936, KNEUCKER (KR); 7221/1: Bad Cannstatt, Güterbahnhof, auf verschiedenen Wirtspflanzen, 1954, KREH (STU); 7221/1: Stuttgart, im Botanischen Garten der TH, 1965, SEYBOLD. Vgl. KREH (1955: 202), SEYBOLD (1968: 247).

5. **Cuscuta campestris** Yuncker 1932

Amerikanische Seide

Morphologie: Therophyt, Stengel gelblich. Blütenstände dicht, kugelig und ca. 10–12 mm im Durchmesser, Blüten 2–3 mm groß, Kelch so lang wie die Kronröhre. Schlundschuppen lang, die Spitzen der Kronzipfel erreichend. Staubblätter aus der Kronröhre reichend, Fruchtkapsel 2–3 mm lang und deutlich abgeflacht, Samen 1–1,2 mm lang. – Blütezeit Juli–September.

Ökologie: In Ansaaten von *Trifolium resupinatum* oder *T. alexandrinum*, auf *Daucus carota* oder *Medicago* spec.

Allgemeine Verbreitung: Ursprüngliches Areal im südöstlichen Nordamerika, eingebürgert in Südeuropa und in den wärmeren Gebieten Mitteleuropas.

Amerikanische Seide *(Cuscuta campestris)*
Deufringen, 30. 8. 1989

Verbreitung in Baden-Württemberg: Neckargebiet um Stuttgart, mehrfach, doch offensichtlich unbeständig.

Erstmals um 1934 beobachtet (vgl. KREH 1950: 118, SEYBOLD 1968: 247): 7221/1: Untertürkheim, 1934, MÄNNING, 1935, KREH (STU), 1936 verschwunden; 7221/1: Degerloch, 1950, KREH. Neuere Beobachtungen vgl. SEBALD u. SEYBOLD (1982: 202) und PLIENINGER (1992): 6820/4: Nordhausen, Breibachtal, 1989 massenhaft in einem Kleeacker, 1990 wieder verschwunden, PLIENINGER (1992); 7017/3: W Roßwag, quadratmetergroße Flächen in einem Kleeacker, 1986, SEYBOLD; 7019/4: Vaihingen/Enz, Hafnergrube, Kleeacker, 1982, E. ZIEGLER; 7121/4: Rommelshausen, Feld mit *Daucus carota*, 1986, B. LÖTHE; 7224/2: Metlangen, 1989, SCHWEGLER (STU); 7319/1: Deufringen, 1989, H. BAUMANN (STU-K). Weitere Vorkommen nach HAEUPLER u. SCHÖNFELDER (1988) im Gebiet von Freiburg und am Hochrhein bei Rheinfelden. – Offensichtlich kommt die Pflanze im Gebiet nur unbeständig vor!

6. **Cuscuta lupuliformis** Krocker 1787
Weiden-Seide

Morphologie: Therophyt. Stengel sehr kräftig (bis 4 mm stark), gelbrötlich oder purpurn, verzweigt. Blüten in wenigblütigen kopfigen oder rispenartigen Blütenständen. Krone weiß oder rötlich, 4–5 mm lang. Kelch höchstens halb so lang wie die Kronröhre, Schlundschuppen kurz, am Rand etwas gekerbt. Samen 2–3 mm groß, kugelig bis eiförmig. – Blütezeit August, September.
Ökologie: In lichten Ufergebüschen, auf *Populus* und *Salix* schmarotzend, hier selbst 3–4 m hohe Büsche völlig überwuchernd, auch auf anderen Holzarten sowie auf kräftigen Stauden wie *Artemisia, Verbascum* oder *Rubus*, doch nicht auf *Urtica dioica*; Schwerpunkt auf Salicaceae und Rosaceae. Liste der Wirtspflanzen: HARTL (1966).
Allgemeine Verbreitung: Europa, hier v. a. östliches Mitteleuropa, ostwärts bis Ukraine, Ungarn und Serbien. In Deutschland entlang der Oder, im Elbegebiet, Mittel- und Niederrhein, Mosel, selten am Main. Pflanze kontinentaler Verbreitung, im Gebiet an der Südwestgrenze der Verbreitung.
Verbreitung in Baden-Württemberg: 6416/1: Rheinufer bei Kirschgartshausen, 1993, 1994, DEMUTH (KR-K).

Am Mittelrhein wurde die Pflanze erstmals 1948 von W. LUDWIG und WEBER beobachtet (vgl. WEBER u. HARTL 1954) und in der Folgezeit an zahlreichen Stellen nachgewiesen (HARTL 1956), so rheinaufwärts bis Oppenheim. HAEUPLER u. SCHÖNFELDER (1988) führen Vorkommen bis MTB 6216 auf. – Da die Pflanze in Ausbreitung ist (vgl. HARTL 1956), war mit einem Auftreten in Baden-Württemberg zu rechnen. (Reife Samen sind nicht schwimmfähig. So dürfte eine Ausbreitung über Verschwemmung der Samen von untergeordneter Bedeutung sein, vgl. HARTL (1956).)

Bestand und Bedrohung: Die Pflanze ist wohl nicht bedroht. Mit einer weiteren Ausbreitung ist zu rechnen.

Cuscuta suaveolens Ser. 1840
Cuscuta racemosa Mart.
Chilenische Seide

Morphologie: Therophyt, Stengel orangerot, dünn, Blüten in lockeren Rispen, 3–4 mm lang. Kelch nur ⅓ so lang wie die Kronröhre, Staubblätter nur wenig über die Kronröhre reichend, Schlundschuppen gerade bis zu den Staubblättern reichend. Kapsel kugelig, Samen 1,5–2 mm groß. – Blütezeit August–September.
Ökologie: Auf *Medicago* spec. und *Trifolium* spec. in warmer Klimalage.
Allgemeine Verbreitung: Heimat Chile, eingebürgert in Südeuropa und in wärmeren Teilen von Mitteleuropa.
Verbreitung in Baden-Württemberg: Wenige Beobachtungen im Oberrheingebiet, wohl nur vorübergehend.
8013/1: Freiburg, am neuen Pulverturm in großer Menge, A. BRAUN, vgl. SCHILDKNECHT (1862: 35), später verschwunden; 8412/3: Wyhlen, SEUBERT u. KLEIN (1891). – Jüngere Beobachtungen fehlen.

Cuscuta australis R. Br. 1810
Südliche Seide

Pflanze grüngelb bis orange, Blüten in dichten Knäueln, Schlundschuppen deutlich kürzer als die Kronröhre, die Kronröhre nicht verschließend. Fruchtkapsel 3,5–4 mm groß.

Südeuropäische Pflanze, im Gebiet einmal beobachtet: 7121/3: Stuttgart, Hauptgüterbahnhof, auf *Picris hieracioides*, kleiner Bestand, 1950, KREH (1950: 118).

Menyanthaceae
Fieberkleegewächse
Bearbeiterin: A. ROSENBAUER

Ausdauernde Sumpf- und Wasserpflanzen. Blätter kahl, wechselständig, gestielt, ungeteilt oder dreiteilig und mit scheidigen Blattstielen. Blüten zwittrig, 5teilig, radiär, in der Knospe gedreht. Kelchblätter 5, verwachsen, tief geteilt. Kronblätter 5, auf etwa der Hälfte der Länge verwachsen, innen bärtig. Staubblätter 5, Fruchtknoten oberständig, Narbe zweilappig. Die Frucht ist eine sich zweiklappig, unregelmäßig oder gar nicht öffnende Kapsel.

Die Fieberkleegewächse werden von einigen Autoren der Familie der Enziangewächse zugeordnet. Sie sind jedoch sowohl durch morphologische als auch durch embryologische Merkmale eindeutig als eigene Familie abzugrenzen (JOHRI 1963). Im Gegensatz zu den Gentianaceae haben die Menyanthaceae keine Mykorrhiza und können deshalb gut kultiviert werden.

Die Menyanthaceae zeigen, wie auch die Primulaceae (s. Bd. 2, S. 378), Heterostylie, d. h. es gibt Pflanzen mit langem Griffel und kurzen Staubblättern und solche mit kurzem Griffel und langen Staubblättern. Zur erfolgreichen Befruchtung muß Pollen von langgriffligen auf kurzgriffige Individuen übertragen werden.

Die Familie umfaßt etwa 40 Arten in den Gattungen *Menyanthes, Nymphoides, Villarsia, Nephrophyllidium* und *Liparophyllum.* In Europa und in Baden-Württemberg kommen nur die Gattungen *Menyanthes* und *Nymphoides* mit je einer Art vor. Die Arten der anderen Gattungen verteilen sich auf Nordamerika, Afrika, Australien, Neuseeland und Japan.

1 Blätter dreizählig, Blüten in langgestielten Trauben, Krone weiß, rötlich überlaufen, innen stark bärtig . . . . 1. *Menyanthes*
– Blätter seerosenartig, schwimmend, mit tief herzförmigem Grund, Blüten gelb . . . . 2. *Nymphoides*

1. Menyanthes L. 1753
Fieberklee

Monotypische Gattung, die in der Morphologie nur gering variiert und auf der ganzen nördlichen Halbkugel verbreitet ist.

1. Menyanthes trifoliata L. 1753
Fieberklee

Morphologie: Ausdauernde Sumpfpflanze, Rhizom rundlich, 1 bis 1,5 cm dick, gegliedert, verzweigt, mit schuppenförmigen oder faserigen Niederblättern. Stengel aufrecht, 15 bis 30 cm hoch. Blätter dreizählig, ganzrandig, grundständig mit scheidigem Blattstiel, am Grunde oft rötlich überlaufen. Blüten in einer langen Traube. Kelchblätter 5, eiförmig-spitz, am Grunde verwachsen. Kronblätter 5, weiß bis rötlich, zart und etwas fleischig, auf der ganzen Innenfläche stark bärtig, die Kronzipfel sind nach außen zurückgerollt. 5 Staubblätter, Staubbeutel violett. Kapsel rundlich, mit zwei Klappen aufspringend, Samen flach scheibenförmig.

Biologie: Blütezeit April bis Mai, selten nochmals im August. Hummelbestäubung, der Nektar wird am unteren Rand des Fruchtknotens abgesondert. Die Samen sind schwimmfähig und werden durch fließendes Wasser und am Gefieder von Wasservögeln verbreitet.

Ökologie: Fieberklee wächst in Flach- und Quellmooren, in Schlenken und Randbereichen von Hochmooren, in Verlandungssümpfen und Schwingrasen auf überschwemmten, nassen, mäßig nährstoff- und basenreichen Tonschlammböden.

Pflanzensoziologische Aufnahmen aus Zwischenmoorgesellschaften des westlichen Bodenseegebietes bei LANG (1973: Tab. 93), aus dem Schwarzwald bei BARTSCH (1940: Tab. 10, 15), aus Hohenlohe bei NEBEL (1986: Tab. 39) und aus Oberschwaben bei GÖRS (1969. Tab. 11, 15). Der Fieberklee wächst gern zusammen mit *Comarum palustre* und *Eriophorum angustifolium.*

Allgemeine Verbreitung: Zirkumpolar, nördlich bis Island, im Mittelmeergebiet selten, im gemäßigten Asien östlich bis Japan und in Nordamerika.

Verbreitung in Baden-Württemberg: Verbreitet im Alpenvorland und im südlichen Schwarzwald. Vereinzelt auf der nördlichen und östlichen Schwäbischen Alb und in den gewässerreichen Landschaften der Keupergebiete. Selten im Ober-

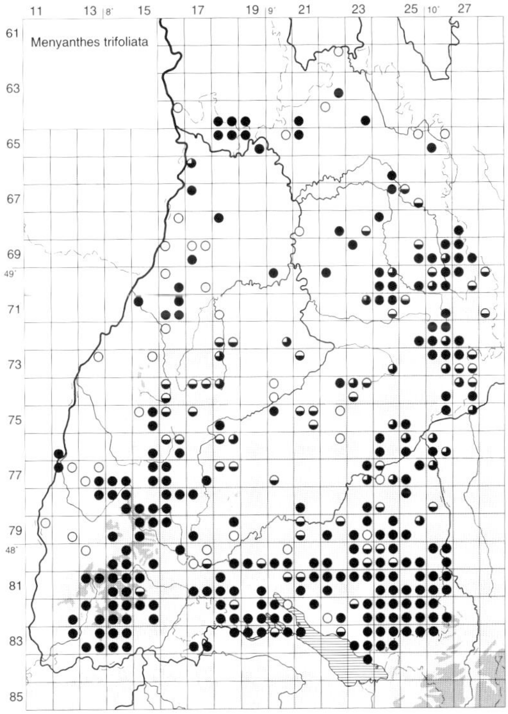

Fieberklee *(Menyanthes trifoliata)*
Feldsee

rheingebiet, im nördlichen Schwarzwald, in den Gäulandschaften und im Odenwald. Der tiefste Fundort liegt bei Sandtorf (6416/2) auf ca. 95 m, der höchste am Feldseemoor (8114/1) auf 1100 m.

Erstnachweise: Die Art ist im Gebiet urwüchsig. Ältester literarischer Nachweis: N. AGERIUS in BOCK (1595: 261 B) „sehr vil im Elsaß nahe bey Noppenaw" (= Oppenau, 7515/1). Ältester archäologischer Nachweis: Dischingen, Alleröd (Pollen, CASTEL 1984).

Ältester Nachweis durch Samen: Reichermoos, Älteste Dryas (K. BERTSCH 1924); zahlreiche holozäne Fundmeldungen, z. B. Sipplingen, Frühes Subboreal (K. BERTSCH 1932).

Bestand und Bedrohung: Im Alpenvorland und im südlichen Schwarzwald ist der Fieberklee noch relativ häufig und der Bestand wohl gesichert, in allen anderen Regionen ist ein starker Rückgang zu beobachten. Der Fieberklee wird nach der Roten Liste als gefährdet (G 3) eingestuft (HARMS et al. 1983).

Gründe für den Bestandsrückgang sind die Trockenlegung und Drainage von Naßwiesen und Flachmooren, das Zuschütten von Weihern, die Verrohrung von Gräben und der zunehmende Nährstoffeintrag in die Gewässer aus Kläranlagen und aus der Landwirtschaft. Um einen weiteren Rückgang der Art zu verhindern, müssen die noch vorhandenen Standorte vor „Melioration" geschützt werden. Ein gutes Mittel hierzu sind sicher Extensivierungsverträge mit den Landwirten. Dabei sollten nicht nur die Standorte selbst berücksichtigt werden, sondern es sollten auch breite Pufferstreifen ringsherum vor weiterem Nährstoffeintrag schützen. Der Fieberklee ist schnittunverträglich bis schnittempfindlich und verträgt höchstens einen Herbstschnitt pro Jahr (BRIEMLE u. ELLENBERG 1994).

Die Art ist nach der Bundesartenschutzverordnung vom 19. 12. 1986 gesetzlich geschützt.

2. **Nymphoides** Hill 1756

Seekanne

Zu der Gattung werden ca. 20 meist tropisch und subtropisch verbreitete Arten gezählt, nur wenige dringen in die gemäßigte Zone vor. In Europa und in Baden-Württemberg kommt als einzige Art nur die folgende vor.

1. **Nymphoides peltata** (S. G. Gmelin) O. Kuntze 1891

Limnanthemum peltatum S. G. Gmelin 1770
Seekanne

Morphologie: Ausdauernde Wasserpflanze mit verzweigtem, gegliedertem Rhizom. Blätter lang gestielt, wechselständig, in der Blütenregion manchmal scheinbar gegenständig, schwimmend, fast rund mit tiefem Herzausschnitt. Oberseits dunkelgrün glänzend, unterseits rötlichviolett, drüsig. Blüten ca. 3 cm im Durchmesser, lang gestielt und über die Wasseroberfläche erhoben. Kelchzipfel lanzettlich, Krone tief geteilt, goldgelb mit dunklerem Mittelstreifen. Kronblattzipfel am Rand gefranst und am Grund bärtig. Fünf Staubblätter, am Grund mit der Krone verwachsen. Narbe zweilappig, Fruchtkapsel zugespitzt, einfächerig, vielsamig. Da die Kapsel oft nicht aufreißt, werden die flach ovalen, am Rand gewimperten Samen durch Vermodern oder Schneckenfraß frei.

Biologie: Die Seekanne blüht ab Mitte Juni bis August und wird durch Schwebfliegen, Bienen, Hummeln und Blumenfliegen bestäubt. Die schwimmfähigen Samen werden wie beim Fieberklee durch die Wasserströmung und durch den Transport im Gefieder von Wasservögeln verbreitet. Die Samen keimen sehr rasch, die Pflanze bildet zuerst einzelne Blätter und im Hochsommer blütentragende Langtriebe aus. Durch die kurzen Transportwege zwischen Blättern und Knospen ist die Biomassenproduktion sehr hoch (PHILIPPI 1969).

Ökologie: Die Seekanne findet man in eutrophen, sommerwarmen, langsam fließenden Gewässern oder Altwässern auf Schlammböden (Gyttia) in 1 bis 1,5 m Tiefe, sie bevorzugt etwas gestörte Stellen. Als Pionier besiedelt sie auch nährstoffarme Kiesgruben bis zu einer Wassertiefe von 2 bis 3 m (PHILIPPI 1969). Sie kommt nur in der Ebene vor. Die Seekanne ist die Kennart der Tausendblatt-reichen Seerosengesellschaft (Myriophyllum-Nuphareteum) und gleichzeitig Trennart der Subassoziation von *Nymphoides peltata.*

Pflanzensoziologische Aufnahmen aus der Oberrheinebene bei PHILIPPI (1969: Tab. 5, 6) und MÜLLER u. GÖRS (1960: Tab. 1). Typische Begleitarten sind *Nuphar lutea, Nymphaea alba, Ceratophyllum demersum* und *Potamogeton lucens.* Eine ausführliche Beschreibung von Soziologie und Ökologie findet sich bei PHILIPPI (1969).

Allgemeine Verbreitung: Zerstreut in Süd- und Mitteleuropa, nördlich bis Holland und zur Ostsee. Gemäßigtes Asien bis China und Japan.

Verbreitung in Baden-Württemberg: Die Seekanne ist nur in den wärmsten Gebieten des Landes, im nördlichen Oberrheingebiet zwischen Kehl und Mannheim verbreitet. Die Hauptverbreitung liegt zwischen Rastatt und Speyer, außerhalb dieses Gebietes kommt sie nur vereinzelt vor. Heute wird die Seekanne auch außerhalb ihres eigentlichen Verbreitungsgebietes häufig in

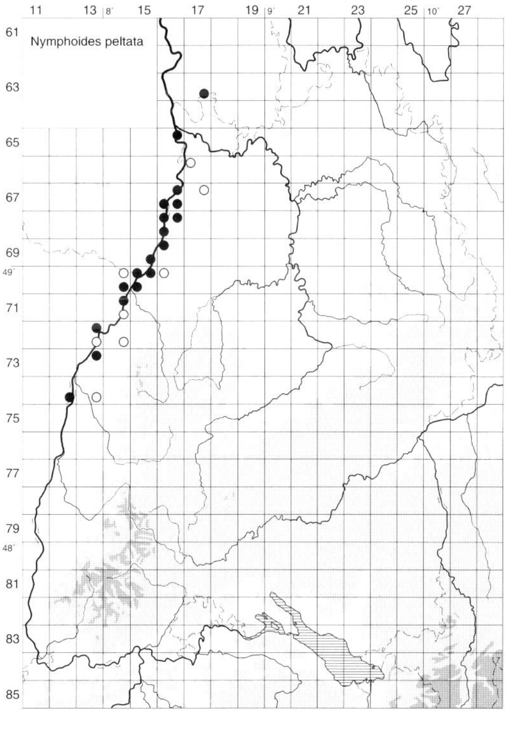

Seekanne *(Nymphoides peltata)*
Plittersdorf

Gartenteichen angepflanzt und auch ausgewildert. Sie kann in solchen künstlichen Biotopen mehr als 10 Jahre überleben (z. B. im Anna-See bei Löwenstein, KIPP (1978).

Oberrheingebiet: 6317/4: Rohrwiesen, 1990, DEMUTH (KR-K); 6516/2: im Neckarauer Wald, DÖLL (1859); o. O., 1989–1993, PHILIPPI (KR-K); 6617/1: Schwetzingen, SEUBERT (1880); Ketsch, SEUBERT (1891), 6616/4: W Luxhof, um 1970, PHILIPPI (KR-K); 6716/2: Philippsburg, Osterwiesen NE Rheinhausen, 1986, P. THOMAS (KR-K); 6716/3: Schrankenwasser, Gräben des Brückenkopfes, nach 1970, PHILIPPI (KR-K); 6716/4: Altrhein bei Rußheim, 70er Jahre, PHILIPPI (KR-K); 6717/2: St. Leoner Bruch, SEUBERT (1891); 6816/1: Rußheim, Dettenheim, PHILIPPI (1978); 6816/2: Rußheimer Altrhein, 1993, PHILIPPI (KR-K); 6816/3: Leopoldshafen, Linkenheim, KNEUCKER (1886); Linkenheim, nach 1988, PHILIPPI (KR-K); 6915/4: Federbach bei Daxlanden, DÖLL (1859); Langengrund, 1990, PHILIPPI (KR-K); 6916/1: Altwasser bei Eggenstein, KNEUCKER (1886); Kleiner Bodensee, 1990, PHILIPPI (KR-K); 7014/2: Scheibenhardt, DÖLL (1859); 7014/4: S Murgmündung, nach 1970, PHILIPPI (KR-K); 7015/1: Au, 1976, PHILIPPI (KR-K); 7015/2: Altrhein bei Neuburgweier, 1976, PHILIPPI (KR-K); 7015/3: Steinmauern, 1830; PHILIPPI (1978); 7016/1: Karlsruhe, SEUBERT (1880); 7114/2: Plittersdorf, 80er Jahre, PHILIPPI (KR-K); 7114/4: Wintersdorf, vor 1900 (KR-K); 7213/2: W Greffern, 1969, REICHENBACH (KR-K); 7213/4: Helmlingen, SEUBERT u. KLEIN (1905); 7214/4: Abtsmoorwald, SEUBERT u. KLEIN (1905); 7313/2: Rheinbischofsheim, SEUBERT (1880); Fischteich bei Freistett, etwa 1966–72, PHILIPPI (KR-K), 7412/4: o. O., 1980–88, E. und K. RENNWALD (KR-K); 7413/4: Griesheim, 1890 SCHATZ (KR).

Die Höhenverteilung der Art erstreckt sich von 95 m im Neckarauer Wald bei Mannheim (6516/2) bis ca. 150 m bei Griesheim (7413/4).

Erstnachweise: Die Art ist im Gebiet urwüchsig. Ältester literarischer Nachweis: C. C. GMELIN (1805: 448) Umgebung von Karlsruhe, z. B. Dachslanden, Knielingen.

Bestand und Bedrohung: Die Seekanne wird in der Roten Liste (HARMS et al. 1983) als gefährdet (G 3) eingestuft. Schon im letzten Jahrhundert sind viele Wuchsorte in den Randbereichen des Verbreitungsgebiets erloschen. Dennoch scheint sie sich in jüngerer Zeit gut zu entwickeln. Die Art verträgt eutrophes Wasser und besiedelt sogar bevorzugt etwas gestörte Bereiche (PHILIPPI 1969, 1978). Die Seekanne ist nach der Bundesartenschutzverordnung vom 19. 12. 1986 gesetzlich geschützt.

Polemoniaceae

Himmelsleitergewächse
Bearbeiter: J. GRIESE und A. KLEINSTEUBER

Meist Stauden, selten einjährige Kräuter, Lianen, Sträucher oder Bäume. Blätter gegen- oder wechselständig, ganzrandig oder geteilt. Blüten in doldenartigen, kopfigen, rispenartigen oder traubigen Blütenständen, selten einzeln, aktino- oder undeutlich zygomorph. Kelch röhren- oder glokkenförmig, 5teilig. Krone trichterförmig bis fast flach ausgebreitet. Staubblätter 5. Fruchtknoten oberständig. Griffel 1, meist mit 3 Narben. Frucht eine vielsamige Kapsel.

Die Familie der Polemoniaceae umfaßt nach HESS et al. (1972) 18 Gattungen mit ca. 320 Arten mit Schwerpunkten im westlichen Nord- und Südamerika.

1 Blätter gefiedert . . . . 1. *Polemonium*
– Blätter ungeteilt 2
2 Staubblätter aus der Krone ragend . . . . . . *[Collomia]*, S. 77
– Staubblätter in der Krone eingeschlossen . . . *[Phlox]*, S. 78

1. Polemonium L. 1753

Himmelsleiter

Ausdauernde, krautige Pflanzen. Blätter wechselständig, unpaarig gefiedert. Blüten in traubigen oder rispigen Blütenständen. Kelch grün, zur Fruchtzeit mit aufrechten Zipfeln. Krone meist blau, weit trichterförmig. Staubblätter aus der Krone ragend, alle auf gleicher Höhe inseriert, am oberen Rand der kurzen Kronröhre angewachsen, am Grunde innen mit braunem Haarschopf.

Gattung mit ca. 40 eurasiatisch-nordamerikanisch verbreiteten Arten. In Europa kommen 3 Arten vor (TUTIN 1972), in Baden-Württemberg eine Art.

1. Polemonium caeruleum L. 1753

Blaue Himmelsleiter

Morphologie: Hemikryptophyt, mit horizontalem Rhizom. Stengel aufrecht, 30–80(–120) cm hoch, kantig, gefurcht, oben behaart, ± dicht drüsig. Blätter jederseits mit 8–15 Teilblättchen, die unteren gestielt. Blüten kurz gestielt in Zymen, diese bis auf die Kronblätter dicht mit Drüsenhaaren besetzt. Krone 8–20 mm lang, radförmig, meist leuchtend blau, selten weiß, mit breit abge-

Blaue Himmelsleiter *(Polemonium caeruleum)*
Finstertal, 24. 7. 1993

rundeten Zipfeln. Kapsel 3fächrig, vielsamig; Samen 3–4 mm lang, ca. 1 mm dick, 3kantig, schmal geflügelt. – Blütezeit: Juni–Juli.

Ökologie: Meist in kleinen Trupps an lichtreichen bis halbschattigen Stellen auf frischen bis feuchten, ± nährstoffreichen, mäßig sauren bis schwach basischen, meist kalkhaltigen, oft skelettreichen Lehmböden. Im Gebiet vor allem in Feuchtwiesen, in Staudenfluren an Bächen, Flüssen, Ufern und Gräben, selten in Grauerlenwäldern und Großseggenrieden, auch an sickerfeuchten Standorten an Kalkschutthängen und in Staudenfluren von Waldlichtungen. Oft in Gärten kultiviert.

Polemonium caeruleum ist in Vegetationsaufnahmen aus Baden-Württemberg nur selten enthalten, z. B. bei OBERDORFER (1949: 89, Alnetum incanae), SEBALD (1983, Tab. 15, Caricetum cespitosae), WORZ (1992: 343, Tab. 1, Gymnocarpietum robertiani). In Bayern tritt die Art als lokale Kennart einer eigenen Bachstaudengesellschaft (Valeriano-Polemonietum caerulei) auf, vgl. ROSSKOPF (1971: 81–84, Tab. 22) u. GILCHER (1993, Tab. 1, hier auch ein Vorkommen in Pappelforsten). Zu Vorkommen in Hessen vgl. ROTH (1983).

Allgemeine Verbreitung: Eurasien mit Schwerpunkten in Osteuropa und Zentralasien. Die Verbreitungsgrenze verläuft nordwärts von Nordengland über Nordskandinavien bis Nordrußland, ostwärts bis zum Baikalsee, west- und südwärts bis in die West- und Südalpen (ein isoliertes Vorkommen in Nordspanien). Die Vorkommen in Deutschland liegen vor allem im süddeutschen Raum, im Westerwald und im Harz. Sie befinden sich außerhalb des geschlossenen Areals. In Europa westlich des 20. östlichen Längengrades vermutlich meist synanthrop.

Verbreitung in Baden-Württemberg: Selten im Keuper-Lias-Neckarland und in der Baar; in der Schwäbischen Alb (insbesondere in der Donauaue und den Seitentälern) und im Alpenvorland zerstreut. Vorkommen im Oberrheingebiet bei Basel und Mannheim, im Südschwarzwald, am oberen Neckar sowie an Nagold und Kocher konnten nicht mehr bestätigt werden.

In die Verbreitungskarte wurden alle vorliegenden Angaben übernommen, da nicht sicher zwischen urwüchsigen und verwilderten Vorkommen unterschieden werden kann.

Tiefstes aktuelles Vorkommen: ca. 535 m SE Bihlafingen (7725/2). Höchstes Vorkommen: ca. 750 m bei Oberstetten in der Schwäbischen Alb (7621/4). *Polemonium caeruleum* ist wahrscheinlich in den Schluchten der Schwäbischen Alb urwüchsig.

Oberrheinebene: Isolierte Vorkommen am Rhein, die später nicht mehr bestätigt werden konnten (vorübergehende Vorkommen aus Gärten?): 8311/3: „... in pratis udis circa Mœrkt ad Rhenum frequens", ZEYHERUS in GMELIN (1805: 465); 6517/3: „In dumetis juxta Rheni aggeres inter Neckarau et Schwezingen hinc inde...", DIERBACH (1819: 59); 6617/1: Auf einer Rheininsel bei Ketsch, 1901 (ZIMMERMANN 1906: 128). Nach HAGENBACH in DÖLL (1843: 395) auf 8411/4: „Bei Basel an der Birs... bei der „neuen Welt", bei Rütihard..." und auf 8311/3: „... am Rhein auf feuchten Wiesen, dem Dorf Merkt gegenüber."

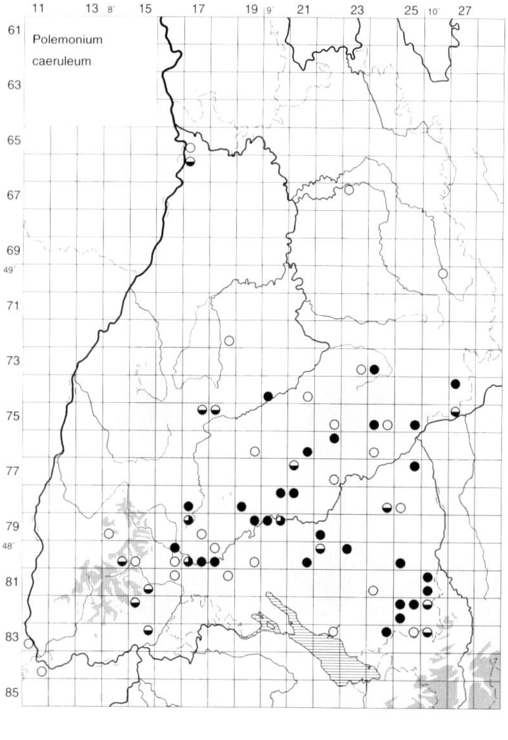

Südschwarzwald: 7914/3: St. Peter (SEUBERT: 1891: 300); 8014/4 (?): Bei Hinterzarten verwildert (SLEUMER 1935: 183); 8015/3: Schottenbühl NW Neustadt, STEHLE in BAUMGARTNER (1884: 154); 8115/4: Gündelwangen 1931, v. ARAND (STU); 8215/1: Mettmatal, an einem Bächlein bei der Klausenmühle (LINDER 1905: 43, ob wild?); 8315/2: An der Schlücht oberhalb Witznau (LINDNER 1905: 43, ob wild?).

Gäulandschaften: 7218/4: Nagoldufer zw. Calw und Hirsau, E. SCHÜZ in VON MARTENS u. KEMMLER (1882: 11), nach KIRCHNER u. EICHLER (1900: 304) zweifelhaft bzw. erloschen; 7517/2: Rexingen, 1903, BRAUN (STU); 7518/1: Eutingen, 1937, MAYER (STU).

Keuper-Lias-Neckarland: 6723/1: Forchtenberg, Kocher-Ufer, 1891, GRADMANN (STU); 7026/2 (?): Ellwangen, am Wellerstein (KIRCHNER u. EICHLER 1900: 304); 7420/3: o. O., 1980, GOTTSCHLICH (STU-K); 7421/4 (?): Glems (SCHÜBLER und VON MARTENS 1834: 144), nach KIRCHNER u. EICHLER (1900: 304) zweifelhaft bzw. erloschen.

Baar-, Wutachgebiet: 7917/1 (?): Schwenningen (MAYER 1950: 378); 8016/2: o. O., 1980, REINEKE u. RIETDORF, (STU-K); 8016/4: Bei Hüfingen, ENGESSER in DÖLL (1843: 395); 8016/4: Am Roten Rain bei Bräunlingen (ENGESSER 1852: 255); 8017/3 (?): Zwischen Pfohren und Bräunlingen auf Moorboden (SEUBERT 1905: 308); 8017/3 (?): Pfohren (MAYER 1950: 378); 8116/2: Gauchachmündung, STEHLE, HATZ u. DÖLL in DÖLL (1857: 796).

Schwäbische Alb: 7323/4 (?): Dürnau (KIRCHNER u. EICHLER 1900: 304); 7324/3: Fränkel, 1983, SEBALD (STU-K); 7427/1: o. O., 1989, RAUNEKER (STU-K); 7522/4 (?): Seeburg, 1841, KUHN (STU), 1893 durch MAYER bestätigt (STU); 7524/3: Im Tiefental (SCHÜBLER und VON MARTENS: 1834: 144), 1993 durch KLOTZ bestätigt (STU); 7524/4: Weiler (KIRCHNER u. EICHLER 1900: 304); 7525/4: o. O., 1975, RAUNEKER (STU-K); 7619/4: Zollern (KIRCHNER u. EICHLER 1900: 304), von MAYER (1905: 378) nicht mehr beobachtet; 7621/4: Lipperthorn bei Trochtelfingen, 1988, BENSE (STU); 7621/4: Burgstall S Oberstetten, 2 Stellen mit zusammen ca. 250 Ex., 1994, KOLTZENBURG u. STÄRR (STU-K); 7622/2: Grafeneck (SCHÜBLER und VON MARTENS: 1834: 144), bestätigt durch KNAUSS, 1963 (STU); 7622/2: Wasserstetten (VON MARTENS u. KEMMLER 1882: 11); 7622/2: Buttenhausen (MAYER 1950: 378); 7622/2: Riedwiesen, 1980, KOLB (STU-K); 7624/3: Allmendingen (KIRCHNER u. EICHLER 1900: 304); 7721/1: Am Weg von Marienberg nach Megerkingen (SCHÜBLER und VON MARTENS: 1834: 144); 7721/1: Lauchertal, zw. Mariaberg u. Bronnen, 1926, PLANKENHORN (STU); 7722/4: Zwiefalten (VON MARTENS u. KEMMLER, 1882: 11); 7819/3: Galgenwiesen S Nusplingen, 1983, SEYBOLD (STU); 7820/2: o. O., 1978, BECK (STU-K); 7821/1: W Veringendorf, 1982, SEBALD (STU-K);

7917/4: Um Talheim, Oberamt Tuttlingen (SCHÜBLER und VON MARTENS: 1834: 144); 7919/2: Finsterthal, 1875 (VULPIUS 1887: 381), 1990 durch WÖRZ bestätigt (STU); 7919/2: Beuron (KIRCHNER u. EICHLER 1900: 304); 7919/2: Bäratal, Beuron, Finstertal (MAYER 1950: 378); Donautal zerstreut von Werenwag (7920/1) bis Bräunlingen (8016/4) (SEUBERT 1891: 300); 7920/1: Werenwag, Langenfelsen (MAYER 1950: 378); 7920/1 Unter den Lenzenfelsen, 1977, SEBALD (STU-K); 7920/2: Thiergarten (MAYER 1950: 378); 8017/4: o. O., 1980, REINEKE u. RIETDORF (STU-K); 8018/1: Bachzimmern (ENGESSER 1852: 255); 8018/3: Immendingen (HODAPP in LEUTZ 1884: 114); 8018/3: Immendingen (MAYER 1950: 378); 8018/3: o. O., 1980, REINEKE u. RIETDORF (STU-K); 8019/2 (?): Tuttlingen, Neuhausen (KIRCHNER u. EICHLER 1900: 304); 8118/2: Bargen bei Engen (LEUTZ 1884: 114).

Alpenvorland: 7725/2: Sumpfwiesen bei den Weihern von Bihlafingen, 1937, V. ARAND (STU), nach Aufforstung nur noch spärlich (BANZHAF, STÜTZEL, RAUNEKER in RAUNEKER 1984: 138), 1994 noch vorhanden (WÖRZ); 7824/4: Biberach-Warthausen, 1917, A. MAYER (STU); 7825/3 (?): Bei Laupertshausen (SCHÜBLER und VON MARTENS: 1834: 144); 7921/3 (?): Krauchenwies (KIRCHNER u. EICHLER 1900: 304); 7922/3: Bremen, Enzkofen (KIRCHNER u. EICHLER 1913: 337); 7922/3: Bremer Ried, 1978, BAUER (STU-K); 8019/4 (?): Schindelwald (VON MARTENS u. KEMMLER 1882: 11); 8021/4: Taubenried bei Pfullendorf (SEUBERT 1891: 300), 1976 von SEYBOLD bestätigt (STU-K); 8022/1: Einhart (KIRCHNER u. EICHLER 1913: 337); 8023/1: Booser bzw. Musbacher Ried, 1986, H. WILLBOLD (STU-K); 8025/3: Im Wurzacher Ried NE Wurzach, ENDERLE in DÖRR (1976: 71); 8025/3 (?): Wurzacher Ried, vermutlich Gartenpflanze, in Ausbreitung (LÜTH 1990: 24); 8124/3 (?): Wald von Weingarten (VON MARTENS u. KEMMLER 1882: 12); 8124/4: Weißenbronnen (KIRCHNER u. EICHLER 1900: 304); 8126/1: Unterzeil, Urlau (KIRCHNER u. EICHLER 1913: 337); 8126/1: Graben am Bahnhof Unterzeil, 1987, DÖRR (STU); 8126/3: An der Eschach zw. Leutkirch und Urlau (SCHÜBLER und VON MARTENS: 1834: 144); 8126/3: Leutkirch (KIRCHNER u. EICHLER 1913: 337); 8126/3: Ochsenweiher bei Leutkirch, BRIELMAIER in DÖRR (1976: 71), 1986 von DÖRR bestätigt (STU); 8225/1: Wuhrmühlweiher, DÖRR in DÖRR (1976: 71); 8225/2: o. O., 1977, HARMS (STU-K); 8225/3: Dürren bei Waltershofen (KIRCHNER u. EICHLER 1900: 304); 8225/3: o. O., 1977, HARMS (STU-K); 8226/1: Urlau (KIRCHNER u. EICHLER 1913: 337); 8322/2 (?): Bei Friedrichshafen (SCHÜBLER und VON MARTENS: 1834: 144), nach HÖFLE (1850: 110) vielleicht doch verwildert; 8324/2: Wangen, BRIELMAIER in DÖRR (1976: 71); 8325/2: Eglofs (KIRCHNER u. EICHLER 1900: 304); 8326/1: Isny (KIRCHNER u. EICHLER 1900: 304); 8326/1: Moor bei Dorenwaid, 1940, V. ARAND (STU). Im angrenzenden Bayern z. B. nach MÜLLER (1957: 156) spärlich in den Donauauen bei Günzburg (7527/1).

Erstnachweise: Die Pflanze wurde bereits von ROTH VON SCHRECKENSTEIN (1799) „auch wild in Menge bei Thalheim“, dazu bei Immendingen erwähnt. Eine spätere Angabe findet sich bei HAGENBACH (1821: 188) „In pratis udis ad Rhenum e regione pagi Merkt, LACHENAL“ für die Umgebung von Basel. Erster archäologischer Nachweis: Pollenfunde bei Biberach aus dem Eem-Interglazial (FRENZEL 1978). Postglaziale Angaben vom Ursee aus dem Alleröd (LANG 1971).

Bestand und Bedrohung: In den Tälern der Schwäbischen Alb und im Apenvorland dauerhafte Vorkommen, diese meist an eng begrenzten Stellen und in kleinen Populationen, sonst oft unbeständig. Eine Unterscheidung von ursprünglichen Vorkommen und solchen, wo sich die Pflanze einbürgern konnte, ist oft nicht möglich. Eine Bedrohung der dauerhaften Bestände scheint nicht vorzuliegen. In manchen Fällen kann eine Ausbreitung beobachtet werden (LÜTH 1990: 24). In der Roten Liste Baden-Württemberg sind die wahrscheinlich bzw. sicher ursprünglichen Vorkommen von *Polemonium caeruleum* als gefährdet eingestuft (RL 3). Nach der Bundesartenschutzverordnung 1986 sind wildlebende Populationen geschützt.

Collomia Nuttall 1818

Leimsaat

Ein- oder zweijährige, krautige Pflanzen. Blätter ungeteilt, wechselständig. Blüten in kopfigen, vielblütigen Blütenständen. Kelch grün, zur Fruchtzeit mit aufrechten Zipfeln. Krone lang trichterförmig. Staubblätter auf verschiedener Höhe inseriert, kahl. Kapsel ein- bis vielsamig. Gattung mit 14 ursprünglich in Amerika verbreiteten Arten. In Europa sind bisher 2 Sippen lokal eingebürgert.

Collomia grandiflora Lindley 1828

Therophyt. Stengel 30–70 cm hoch. Stengel einfach, dicht beblättert. Blätter schmal lanzettlich, ganzrandig. Blütenstand kopfig, von Hochblättern umgeben. Kelchzipfel dicht mit Drüsenhaaren besetzt. Krone gelb bis rosa, mit 5 stumpfen, abstehenden Zipfeln. Staubblätter aus der Kronröhre ragend. Kapsel mit mehreren Fächern, jedes Fach 1samig. – Blütezeit: Juni–Juli.

Ursprünglich im westlichen Nordamerika verbreitete Pflanze, in Eurasien ursprünglich als Gartenpflanze kultiviert und mittlerweile stellenweise eingebürgert. Aus Baden-Württemberg nur Angaben über unbeständige Vorkommen, z. B.: 8015/3: Neustatt; 8013/2: Kirchzarten; 7913/3 (?): Freiburg, alter Friedhof („... daselbst... das gemeinste Unkraut.“). Alle Angaben aus SEUBERT (1891: 300). Aktuelle Vorkommen selten z. B. beim Reußenberg (6826/1, NEBEL 1984, STU-K).

Phlox L. 1753

Ausdauernde Stauden oder Halbsträucher, seltener einjährige, krautige Pflanzen. Blüten mit langer Kronröhre und flachem Kronensaum (Stieltellerblumen), Staubblätter in unterschiedlicher Höhe inseriert und nicht aus der Kronröhre herausragend.

Mit 70 Arten größte Gattung der Familie (HANELT 1994), ursprünglich nur in Nordamerika verbreitet, eine Art auch im außertropischen Asien. In Europa wurden seit Mitte des 18. Jahrhunderts mehrere Arten kultiviert, von denen vor allem zwei selten unbeständig verwildern.

Phlox paniculata L. 1753

Ausdauernde, krautige Pflanze mit aufrechter, bis 150 cm hoher Sproßachse. Blätter elliptisch-lanzettlich und lang zugespitzt, die unteren kreuzgegenständig, die obersten wechselständig. Blüten in dichten, endständigen, traubenartigen Blütenständen. Zahlreiche Gartenformen (s. a. HÜGIN 1991).

Phlox subulata L. 1753

Ausdauernde Polsterpflanze mit niederliegend-aufsteigender und verzweigter Sproßachse. Blätter pfriemlich-lanzettlich, sparrig abstehend. Zahlreiche kultivierte Hybridformen.

Hydrophyllaceae

Wasserblattgewächse
Bearbeiter: A. KLEINSTEUBER

Krautige Pflanzen. Blätter meist wechselständig, ganzrandig bis fiederteilig, ohne Nebenblätter. Blütenstände meist einfach oder in Wickeln, radiär, meist 5zählig. Kelch tief eingeschnitten. Krone glocken- bis radförmig. Fruchtknoten oberständig. Griffel 1–2, Narben meist kopfig. Frucht meist eine Kapsel.

In Europa kommen 3 aus Amerika stammende Gattungen vor, deren Arten teilweise eingebürgert sind (VALENTINE u. CHATER 1972).

Phacelia A. L. de Jussieu 1789

Krautige Pflanzen. Blüten kurz gestielt, in Wickeln. Kelch zwischen den Kelchlappen mit Anhängseln. Staubblätter am Grunde mit Anhängseln.

Phacelia tanacetifolia Bentham 1835
Büschelschön

Therophyt. Stengel 20–80 cm hoch, meist aufrecht, mit Drüsen- und Borstenhaaren. Blätter kurz gestielt, eiförmig bis länglich-eiförmig, 1- bis 2fach fiederteilig. Kelchlappen meist linealisch. Krone 6–9 mm lang, blau.

Büschelschön *(Phacelia tanacetifolia)*
Donaueschingen

Staubblätter und Griffel weit aus der Krone ragend. Kapsel 3–4 mm lang, eiförmig, an der Spitze behaart. Blütezeit: Juni–Oktober.

Aus Nordamerika stammende Pflanze, die in Europa als Bienenfutterpflanze kultiviert wird und im Gebiet häufig unbeständig verwildert.

Boraginaceae

Rauhblattgewächse, Borretschgewächse
Bearbeiter: A. KLEINSTEUBER, unter Mitarbeit von M. PEINTINGER *(Myosotis)*, W. SAUER und M. THIV *(Pulmonaria)*

Kräuter oder Sträucher, außerhalb Europas auch Bäume und Lianen, meist mit Borstenhaaren. Blätter meist wechselständig, einfach, meist ganzrandig, oval oder lanzettlich, ohne Nebenblätter. Blütenstände trauben-, rispen- oder ährenähnlich (aber ohne Hauptachse), vor dem Aufblühen spiralig eingerollt und meist einseitig ausgebildet (Wickel). Blüten meist 5zählig, meist aktinomorph (selten zygomorph); Kelch 5zähnig oder gelappt, meist glocken- oder trichterförmig, sich nach der Blütezeit häufig vergrößernd. Krone meist mit deutlicher Röhre und Kronensaum; Röhre innen häufig mit Schlundschuppen oder Haarbüscheln, selten mit einem Anulus am

Grunde. Staubblätter meist 5, in der Kronröhre angewachsen. Fruchtknoten oberständig, aus 2 Fruchtblättern bestehend, jedes Fruchtblatt durch eine falsche Scheidewand zweifächrig, bei der Reife meist in 4 einsamige Nüßchen (= Klausen) zerfallend.

Die Boraginaceen umfassen ca. 100 Gattungen mit etwa 2000 Arten und sind in den gemäßigten und subtropischen Klimazonen weit verbreitet. Hauptverbreitungsgebiete sind das südliche und westliche Nordamerika, das Mittelmeergebiet und Westasien. In Europa kommen nach VALENTINE & CHATER (1972) 37 Gattungen mit ca. 265 Arten vor.

Verschiedene Gattungen bzw. Arten finden als Zierpflanzen (z. B. *Heliotropium, Pulmonaria*), Gewürzpflanzen, (z. B. *Borago officinalis, Symphytum officinale*) oder Farbstoffe (z. B. *Alkanna tinctoria*) Verwendung.

Hinweise zur Bestimmung: Zur sicheren Bestimmung werden fast immer Blüten und reife Früchte benötigt. Vor dem Pressen und Trocknen der Pflanzen sollte zumindest das Vorhandensein oder Fehlen von Schlundschuppen oder die Art der Behaarung im Innern der Kronröhre notiert werden.

1 Teilfrüchte mit Widerhaken 2
– Teilfrüchte ohne Widerhaken 3
2 Teilfrüchte auf der ganzen Oberfläche mit Widerhaken . . . . 13. *Cynoglossum*
– Teilfrüchte nur am Rand mit Widerhaken . . . 11. *Lappula*
3 Krone deutlich zygomorph 4
– Krone radiär 5
4 Kronröhre ohne Schlundschuppen; Griffel aus der Kronröhre ragend . . . . 4. *Echium*
– Kronröhre mit Schlundschuppen; Griffel in der Kronröhre eingeschlossen 8. *Anchusa arvensis*
5 Griffel endständig (d. h. an der Spitze des zur Blütezeit ungeteilten Fruchtknotens stehend) . . 1. *Heliotropium*
– Griffel zwischen den 2 oder 4 Teilfrüchten inseriert 6
6 Teilfrüchte paarweise miteinander verwachsen (d. h. Paare sich zur Fruchtzeit nicht trennend); Griffel aus der Kronröhre ragend; Krone ohne Schlundschuppen und Anulus . . . 3. *Cerinthe*
– Frucht in 4 Teilfrüchte zerfallend; Griffel meist in der Kronröhre eingeschlossen, wenn herausragend dann Krone mit Schlundschuppen oder Anulus 7
7 Stengel niederliegend; Kelchlappen gezähnt, zur Fruchtzeit stark vergrößert, 2lappig, abgeflacht 9. *Asperugo*
– Stengel aufsteigend oder aufrecht (z. T. mit niederliegenden Ausläufern); Kelchlappen ganzrandig, zur Fruchtzeit nicht oder wenig vergrößert, nie 2lappig und flach 8
8 Teilfrüchte am Grunde mit Randwulst 9
– Teilfrüchte ohne Randwulst 16
9 Schlundschuppen kahl 10
– Schlundschuppen behaart oder papillös oder Kronröhre innen behaart 11
10 Staubblätter die Schlundschuppen weit überragend. Krone ohne oder mit kurzer Kronröhre *[Borago]*, S. 107
– Staubblätter die Schlundschuppen nicht überragend. Krone mit langer Kronröhre . . . . . . 7. *Symphytum*
11 Schlundschuppen in zwei übereinanderstehenden Reihen von jeweils fünf . . . . *[Trachystemon]*, S. 108
– Schlundschuppen bzw. Haare in einer Reihe . . 12
12 Pflanzen mit Rhizom und sterilen Blattrosetten (am Ende der Blütezeit gebildet); Blüten heterstoyl. Kronröhre mit fünf einen Ring bildenden Haarbüscheln . . . . 5. *Pulmonaria*
– Pflanzen ohne Rhizom und sterile Blattrosetten; Blüten homostyl. Kronröhre meist mit (z. T. kleinen) behaarten Schlundschuppen, selten (Nonea) nur mit Haarbüscheln oder Haarring . 13
13 Blüten ohne Tragblätter . *[Brunnera]*, S. 103
– Blüten mit Tragblättern 14
14 Teilfrüchte mit Borsten; Kelch zur Fruchtzeit aufgeblasen . . . . 6. *Nonea*
– Teilfrüchte kahl; Kelch zur Fruchtzeit nicht aufgeblasen 15
15 Seitennerven der Blätter nicht oder kaum sichtbar. Teilfrüchte ohne gestieltes Anhängsel . . . 8. *Anchusa*
– Seitennerven der Blätter deutlich sichtbar. Teilfrüchte mit gestieltem Anhängsel . . . . *[Pentaglottis]*, S. 107
16 Teilfrüchte mit nabelförmiger Einsenkung. Rosettenblätter lang gestielt . . . 12. *Omphalodes*
– Teilfrüchte ohne nabelförmige Einsenkung. Blätter sitzend oder kurz gestielt 17
17 Krone radförmig . . . . 10. *Myosotis*
– Krone anders gestaltet 18
18 Griffel aus der Kronröhre ragend . . . . *[Onosma]*, S. 85
– Griffel in der Kronröhre eingeschlossen 19
19 Krone gelb oder orange 20
– Krone andersfarbig . . . . . . 2. *Lithospermum*
20 Kronröhre innen ohne Behaarung . . . . *[Amsinckia]*, S. 108
– Kronröhre innen mit 5 Haarbüscheln . . . . . . *[Neatostema]*, S. 85

1. **Heliotropium** L. 1753
Sonnenwende

Einjährige oder ausdauernde Kräuter, z. T. mit verholzter Stengelbasis. Blüten in vielblütigen, hochblattlosen Zymen. Kelch meist bis zum Grunde geteilt. Krone meist ohne Schlundschuppen. Staubblätter und Griffel die Krone nicht überragend. Reife Früchte entweder in 2 oder 4 Nüßchen zerfallend oder einsamig und nicht zerfallend. Bestäubung besonders durch Schwebfliegen.

Gattung mit ca. 220 überwiegend in den Tropen und Subtropen verbreiteten Arten.

In Europa kommen 12 Arten vor (BRUMMITT 1972). In Baden-Württemberg sind neben den unten aufgeführten Arten noch mehrere Sippen unbeständig als Wolladventivpflanzen bei Atzenbach nachgewiesen worden (vgl. BAUMGARTNER 1975: 127).

Zur Systematik und Verbreitung der europäischen Arten vgl. RIEDL (1966) und BRUMMITT (1971).

Blüten duftend. Krone 4–8 mm im Durchmesser. Narbe wenig länger als breit . . . . [*H. suaveolens* subsp. *bocconei*]

– Blüten geruchlos. Krone 2–4(–5) mm im Durchmesser. Narbe deutlich länger als breit . . . . . 1. *H. europaeum*

1. Heliotropium europaeum L. 1753
Europäische Sonnenwende

Morphologie: Therophyt, mit Pfahlwurzel. Stengel 5–50 cm hoch, aufrecht oder aufsteigend, meist verzweigt, ± dicht anliegend behaart. Blätter oval, in den Stiel verschmälert (Blattstiel nach oben deutlich kürzer werdend). Blüten in vielblütigen, einseitswendigen Zymen. Kelch abstehend behaart. Krone weiß oder gelblich, im Durchmesser 2–4(–5) mm. Staubblätter in der Mitte der Kronröhre eingefügt. Narbe deutlich länger als breit. Reife Früchte in 4 Teilfrüchte zerfallend. Blütezeit: Juli–September.

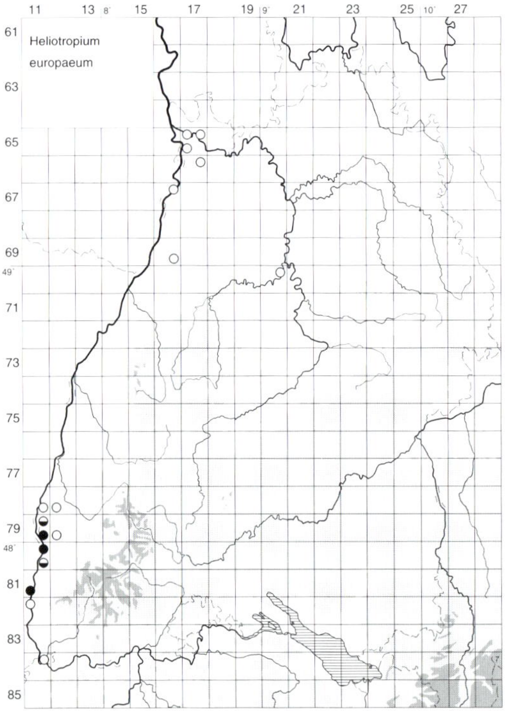

Europäische Sonnenwende *(Heliotropium europaeum)* Oberrimsingen

Ökologie: Auf trockenen bis frischen, nährstoff- und basenreichen, tonigen oder lehmigen Böden. In Hackfruchtäckern, Ackerbrachen, Weinbergen, seltener in Gärten und an Ruderalstellen. Nach OBERDORFER (1990) kennzeichnend für das Geranio-Allietum und das Eragrostion. Vegetionsaufnahmen aus Baden-Württemberg liegen nicht vor.

Allgemeine Verbreitung: Azoren, Mittelmeergebiet, Südwestasien. In Europa reicht das geschlossene Verbreitungsgebiet nordwärts von Nordfrankreich über Südwestdeutschland, Polen und Ungarn bis Südrußland, weiter nördlich sind zahlreiche unbeständige Vorkommen bekannt geworden.

Verbreitung in Baden-Württemberg: In Baden-Württemberg gab es beständige Vorkommen vermutlich nur in der Oberrheinebene und bei Bietigheim an der Enz (Weinberge!).

Tiefstes Vorkommen: ca. 100 m in der nördlichen Oberrheinebene bei Ladenburg (6517/2). Höchstes Vorkommen: ca. 200–250 m bei Bietigheim an der Enz (7020/2).

Heliotropium europaeum ist erst nach Schaffung geeigneter Standorte durch den Menschen in das Gebiet eingewandert (Archäophyt).

Anmerkungen zur Verbreitungskarte: Eindeutig adventive Vorkommen wurden in die Verbreitungskarte nicht übernommen.

Oberrheingebiet: 6517/1: Wallstadt, KLEIN (1891: 304); 6517/2: Ladenburg, SEUBERT (1875: 111); 6517/3: Rohrhof, SUCCOW (1822:73), SCHIMPER in DÖLL (1859: 790); 6617/2: Plankstadt, SCHIMPER in DÖLL (1859: 790); 6716/2: Rheinhausen, BRAUN in DÖLL (1859: 790); 6916/4: Durlach, GMELIN (1805: 408); 7811/4: Lützelberg, SPENNER (1826: 412); Zwischen Jechtingen und Sasbach, ?, LANG (KR); 7812/3: Zwischen Endingen und Königschaffhausen, VULPIUS in SCHILDKNECHT (1863: 93); 7911/2: Büchsenberg, 1886, REITZENSTEIN (KR); Kirchberg und Eichelberg bei Niederrotweil, SLEUMER (1934: 150); 7911/4: Zwischen Ihringen und Altbreisach, SPENNER (1826: 412); Lößacker bei Ihringen, ?, v. HUFNAGEL (STU); Gündlingen, STEHLE (1895: 327); S Gündlingen, 1981, HÜGIN u. KOCH (1993); 7912/3: Tuniberg, NEUBERGER (1898: 176); 7911/4 und 8011/2: In Kartoffeläckern bei Rothaus und von hier bis gegen Breisach, SCHILL (1887: 11); 8011/2: Rothaus, NEUBERGER (1898: 176); Oberrimsingen – Grezhausen, mehrfach z. B. Brachacker am Waldrand, Vorkommen unbeständig, 1980–1990, SCHREMPP (KR-K); 8011/4: Weinstetter Hof, 1927, JAUCH (KR); 8111/3: Neuenburg, ROTH VON SCHREKKENSTEIN (1798: 91); Zienken, 1988, BOGENRIEDER in HÜGIN u. KOCH (1993); 8211/1: Riese bei Steinenstadt, VULPIUS in SCHILDKNECHT (1863: 93); 8411/2: Weil am Rhein, GMELIN (1805: 408).
Enzgebiet: 7020/2 (?): Weinberge bei Bietigheim, ?, MOLL (STU); KURR in von MARTENS u. KEMMLER (1882: 14). Wahrscheinlich bezieht sich die Angabe von Besigheim, ?, ? (STU) auf den gleichen Fundort.
Adventive Vorkommen: 6516/2 (?): Ölfabrik bei Mannheim, 1888, KNEUCKER (KR); 6617/1: Schwetzingen, Schloßgarten, DÖLL (1859: 790); 6915/4 (?): Rappenwört, 1941, JAUCH (KR); 6916/3 (?), Karlsruhe, Güterbahnhof, 1933, JAUCH (KR), vgl. auch JAUCH (1938: 108); 6916/4: Karlsruhe, im bot. Garten als Unkraut, KNEUCKER (1886: 97); 7221/1 (?): Stuttgart, Hauptgüterbahnhof, 1952, KREH (STU); 7521/4: Spinnerei Unterhausen, 1953, K. MÜLLER (STU); 7525/4: Ulm, Güterbahnhof, 1933, K. MÜLLER in JAUCH (1938: 108); K. MÜLER (1957: 157); 7526/3: Örlinger Tal, 1934, K. MÜLLER (1957: 157); 7626/1: Neu-Ulm (Bayern), 1899, RENNER in KURZ (1973: 213), 8012/2: Bahndamm gegen Uffhausen, HERZOG in ANONYMUS (1896: 368); 8213/3: Atzenbach, Wolladventivflora, BAUMGARTNER (1975); 8218/1: Bibern, 1938, EHRAT in KUMMER (1945: 97).
Nicht genau lokalisierbar sind die Angaben: Mannheim, „Rheinschliesse", SUCCOW (1822: 73); Mannheim in den Neckargärten, KÖNIG (1841: 38); Altlußheim und Landstraße gegen Heidelberg, DÖLL (1859: 790).
Vorkommen in angrenzenden Gebieten: Im Elsaß um Neu-Breisach um 1955 massenweise in Ackerbrachen (PHILIPPI, mdl. Mitt.).

Erstnachweis: Ältester literarischer Nachweis bei ROTH VON SCHRECKENSTEIN (1798: 91): „in Weinbergen sparsam bey Nuburg (= Neuenburg)", VULPIUS.

Bestand und Bedrohung: Aus Baden-Württemberg sind nach 1945 nur 2 Vorkommen bekannt geworden. Im letzten Jahrhundert war die Pflanze zumindest im Kaiserstuhl noch häufig (SPENNER 1826: 412). Die Ursachen des Rückgangs liegen in der Intensivierung der Landwirtschaft, d. h. übermäßiges Hacken und Jäten der Weinberge bzw. Umwandlung extensiv bewirtschafteter Hackfruchtäcker in dichtschließende, hochwüchsige Kulturen (OBERDORFER 1983). *Heliotropium europaeum* ist in Baden-Württemberg vom Aussterben bedroht (G 1).

H. suaveolens von Bieberstein subsp. **bocconei** (Gussone) Brummitt 1971

Therophyt, mit Pfahlwurzel. Stengel bis 40 cm hoch, wie die ovalen Blätter ± anliegend behaart. Blüten duftend. Kelch dicht abstehend behaart. Krone weiß, im Durchmesser 4–8 mm. Narbe wenig länger als breit. Reife Früchte in 4 Nüßchen zerfallend. – Blütezeit: Juli–Oktober.

In Kalabrien und auf Sizilien endemische Pflanze trockener Böden (Angaben aus Korsika sind unsicher, vgl. GAMISANS 1993: 125).

In Baden-Württemberg gelegentlich als Zierpflanze kultiviert und selten unbeständig verwildert (OBERDORFER 1990: 777).

2. **Lithospermum** L. 1753
Steinsame

Einjährige oder ausdauernde, krautige Pflanze, außerhalb des Gebietes auch Zwergsträucher; Pflanzen dicht mit anliegenden, am Grunde verdickten Haaren besetzt. Blätter ganzrandig, sitzend, untere Blüten oft einzeln in den Achseln der Laubblätter, obere in beblätterten Wickeln. Kelch fast bis zum Grunde geteilt. Kronröhre mit behaarten Schlundschuppen oder mit Falten oder mit Haarstreifen. Staubblätter und Griffel nicht aus der Kronröhre ragend; Griffel an der Spitze 2teilig. Teilfrüchte meist eiförmig, mit glatter oder wulstiger, löchriger Oberfläche. Bestäubung besonders durch Schwebfliegen.

Gattung mit 60 vorwiegend im Mittelmeergebiet verbreiteten Arten. In Europa kommen 8 (einschließlich *Buglossoides*), in Baden-Württemberg 3 Arten vor.

1 Blätter unterseits deutlich fiedernervig. Stengel reich verzweigt. . . . . 1. *L. officinale*

– Blätter unterseits nur mit Mittelnerv. Stengel unverzweigt oder wenig verzweigt 2
2 Krone zuerst rotviolett, dann blau. Teilfrüchte glatt, weiß. Pflanze mehrjährig. . . . .
2. *L. purpurocaeruleum*
– Krone weiß (selten bläulich). Teilfrüchte mit grubiger und wulstiger Oberfläche, gelbbraun. Pflanze einjährig. . . . . 3. *L. arvense*

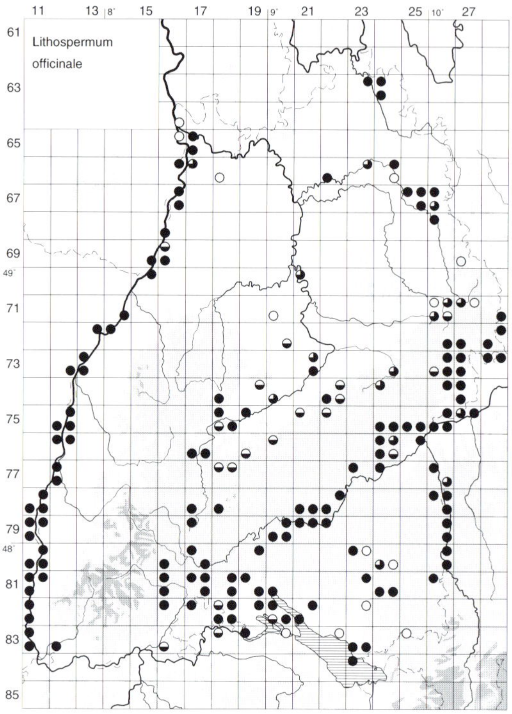

1. Lithospermum officinale L. 1753
Echter Steinsame

Morphologie: Hemikryptophyt, mit holzigem Rhizom. Stengel 30–80(–100) cm hoch, reich verzweigt. Blätter lanzettlich, unterseits fiedernervig. Blüten 1–4 mm lang gestielt; Kelch 4–6 mm lang, mit stumpfen Zipfeln; Krone 4–5 mm lang, weiß oder gelblich (selten grünlich), im Schlund mit 5 behaarten Falten. Teilfrüchte eiförmig, spitz, glatt, glänzend, weiß (nicht vollständig ausgereifte Früchte besitzen eine wulstige Oberfläche!), 3–4 mm lang. – Blütezeit: Mai–Juli.

Ökologie: Auf mäßig trockenen bis frischen (häufig wechselfrischen), mäßig nährstoff- bis nährstoffreichen, basen- und meist kalkreichen Lehmböden. Auf Kiesrücken in Auwäldern, im Trockengebüsch (z. B. Berberitzengebüsch), an Waldwegen, in Saumvegetation und in brachliegenden Halbtrockenrasen.

Vegetationsaufnahmen bzw. synthetische Tabellen liegen von v. Rochow (1951, Tab. 22), Müller u. Görs (1958, Tab. X + XI; 1974: 278), Müller (1974, Tab. 6) und Hauff (1964) vor.

Echter Steinsame (*Lithospermum officinale*)
Engen, 8. 6. 1991

Allgemeine Verbreitung: Europa, West- und Zentralasien, in Nordamerika und selten auf der Südhalbkugel eingeschleppt. In Europa wird die Pflanze nördlich von Elbe und Weichsel zunehmend seltener, die nördlichsten Vorkommen liegen in Norwegen bei ca. 70° n. Br.

Verbreitung in Baden-Württemberg: *Lithospermum officinale* kommt in Baden-Württemberg schwerpunktmäßig in den Tälern von Rhein, Donau, Neckar, Iller (vgl. K. Müller 1957: 158), Tauber und Jagst vor. Selten ist die Pflanze in der Baar, im Hegau und im Alpenvorland.

Tiefstes Vorkommen: ca. 95 m in der nördlichen Oberrheinebene. Höchstes Vorkommen: ca. 620 m im Alpenvorland an der Aitrach.

Die Pflanze ist vermutlich schon vor den ersten Eingriffen des Menschen im Gebiet vorhanden gewesen.

Erstnachweise: Ältester archäologischer Nachweis: 6./7. Jahrh. n. Chr. bei Igersheim (Rösch unpubl.). Erste schriftliche Erwähnung bei FUCHS (ca. 1565: 2[3]:375): „sponte... non procul ab oppido Rotenburgo ad Nicerum sito, prope acidum fontem, Au nominatum".

Bestand und Bedrohung: Durch die großflächigen Grundwasserabsenkungen am Rhein in Südbaden und an der Iller im Alpenvorland wurde *Lithospermum officinale* zusammen mit anderen Saumarten zunächst begünstigt. Durch eine veränderte Waldbewirtschaftung und das Zuwachsen ehemals offener Flächen sind viele Vorkommen aber mittlerweile wieder verschwunden, auch wenn die Verbreitungskarte den Verlust vieler Standorte nicht erkennen läßt. Deutlich ist dagegen der Rückgang auf der Neckarseite der Schwäbischen Alb erkennbar. Die Pflanze ist im Gebiet insgesamt selten, aber (noch?) nicht bedroht.

2. Lithospermum purpurocaeruleum L. 1753

Buglossoides purpurocaerulea (L.) Johnston 1954
Blauroter Steinsame

Morphologie: Krautiger Chamaephyt oder Hemikryptophyt, mit holzigem Rhizom (bei starker Beschattung vermehrt sich die Pflanze vegetativ).

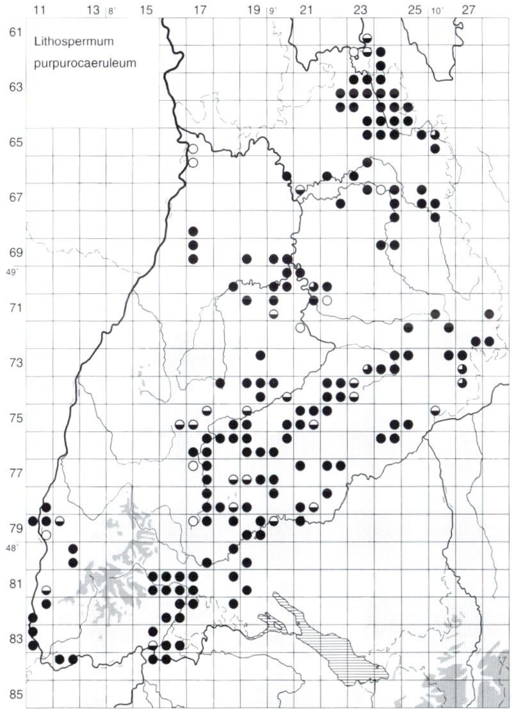

Blauroter Steinsame
(Lithospermum purpurocaeruleum)
Kaiserstuhl

Stengel 20–50(–70) cm hoch, unverzweigt. Blätter lanzettlich, unterseits nur mit deutlichem Mittelnerv. Blüten 1–2 mm lang gestielt; Kelch 8–12 mm lang, mit spitzen Zipfeln; Krone 14–20 mm lang, zuerst rotviolett, dann blau, im Schlund mit 5 flaumig behaarten Streifen. Teilfrüchte eiförmig, glatt, glänzend, weiß, 4–5 mm lang. – Blütezeit: April–Juni.

Ökologie: Wärmeliebende Pflanze, auf trockenen bis mäßig frischen, mäßig nährstoffreichen, basenreichen, häufig kalkreichen Lehmböden. In lichten Laubmisch- und Kiefernwäldern, in aufgelichtetem Eichen-Gebüsch sowie in Staudensäumen an Wald- und Gebüschrändern. Charakterart des Lithospermo-Quercetum, in dieser Gesellschaft aber nur, solange die Wälder z. B. durch Niederwaldbetrieb offen gehalten werden (MOOR 1940; PHILIPPI 1983: 47). *Lithospermum purpurocaeruleum* ist in zahlreichen Vegetationstabellen enthalten, z. B. SLEUMER (1933), KUHN (1937, Tab. 29, 33), OBERDORFER (1949, Tab. 10, 11), TH. MÜLLER (1966, Tab. 14, 15), HÜGIN (1979) und WITSCHEL (1980).

Allgemeine Verbreitung: Mittel- und Südeuropa (auf der Iberischen Halbinsel weitgehend fehlend), Südwestasien. In Europa verläuft die Nordgrenze von Südengland über Mitteldeutschland bis in die Ukraine.

Verbreitung in Baden-Württemberg: Selten im Oberrheingebiet (im nördlichen Oberrheingebiet verschollen, s. u.), am Kraichgaurand, im Stromberggebiet und auf der Schwäbischen Alb. Zerstreut verbreitet ist die Pflanze in Teilen der Gäulandschaften (besonders am oberen Neckar und im Taubergebiet), auf der Neckar- und Donauseite der Schwäbischen Alb, im Wutachgebiet, im

Klettgau, am Hochrhein und im Hegau. Eine Verbreitungskarte für das Taubergebiet veröffentlichte PHILIPPI (1983: 53).

Die tiefsten Vorkommen sind bei ca. 100 m zwischen Schwetzingen und Mannheim-Seckenheim (6517/3). Höchstes Vorkommen: ca. 900 m am Steinberg nördlich Laufen (7719/4, HÜGIN, schriftl. Mitt.).

Die Pflanze ist vermutlich schon vor den ersten Eingriffen des Menschen im Gebiet vorhanden gewesen. Isoliert liegende und bemerkenswerte Vorkommen:

Nördliches Oberrheingebiet: 6517/3: Zwischen Schwetzingen und Mannheim-Seckenheim, ?, DIERBACH (KR); 6517/3 (?): Zwischen Edingen und Schwetzingen, DIERBACH (1819: 49), SUCCOW (1822: 75); 6617/1: Schwetzingen, KÖNIG (1841: 41); 1842, ? (KR).
Kraichgaurand: Zwischen Grötzingen und Bruchsal verbreitet auf südwestexponierten Hängen (HAISCH, mdl. Mitt.) z.B.: 6817/3 u. 6917/1: Eichelberg, 1991, PHILIPPI (KR-K); 6917/1: Ungeheuerklamm zwischen Weingarten und Untergrombach, 1994, PHILIPPI (KR-K); 6917/3: S Weingarten, oberhalb vom Judenfriedhof, 1994, HAISCH (KR-K); Vorderer Heuberg S Weingarten, 1995, Haisch et al. (KR-K).
Stromberggebiet: 6919/3: Schloßberg bei Sternenfels, 1994, VOGEL (KR-K); 6920/3: „Platte" N Spielberg, 1994, VOGEL et al. (KR-K).

Erstnachweis: Erste schriftliche Erwähnung bei FUCHS (ca. 1565: [3]:465): „prope Nurtingam (= Nürtingen)".

Bestand und Bedrohung: *Lithospermum purpurocaeruleum* ist im Gebiet insgesamt selten, aber nicht bedroht.

3. Lithospermum arvense L. 1753

Buglossoides arvensis (L.) Johnston 1954)
Acker-Steinsame

Morphologie: Sommer- oder winterannueller Therophyt, mit Pfahlwurzel. Stengel 10–50 (–80) cm hoch, einfach oder verzweigt. Grundblätter spatelförmig (zur Blütezeit verwelkt), obere schmal oval bis schmal lanzettlich, unterseits nur mit deutlichem Mittelnerv. Blüten 2–4 mm lang gestielt; Kelch 7–10 mm lang, mit spitzen Zipfeln; Krone 6–8 mm lang, meist weiß (selten bläulich), im Schlund mit 5 flaumig behaarten Streifen. Teilfrüchte eiförmig, 3kantig, mit wulstiger und grubiger, glänzender, gelbbrauner Oberfläche, 3,5–4 mm lang. Die Pflanze ist vorwiegend selbstbestäubend. Im Gebiet nur die Typusunterart. – Blütezeit: April–Juli.

Ökologie: Auf trockenen bis frischen, mäßig nährstoff- bis nährstoffreichen, basenreichen,

Acker-Steinsame (*Lithospermum arvense*)
Donautal

lehmigen Böden. In Getreidefeldern (Sommer- und Wintergetreide), seltener in lückigen Ruderalfluren, im Verbreitungsgebiet der subsp. *caerulescens* (nicht im Gebiet) auch in lückigen Trokkenrasen und lichten Kiefernbeständen. Wächst als Secalietea-Klassencharakterart zusammen mit *Viola arvensis, Myosotis arvensis* und *Papaver rhoeas.* Untersuchungen aus Schweden ergaben, daß die Pflanze verschwindet, wenn zwischen der Bewirtschaftung die Ackerflächen mehrere Jahre brachliegen (SVENSSON u. WIGREN 1986). Vegetationsaufnahmen bzw. synthetische Tabellen liegen von KUHN (1937, Tab. 7), OBERDORFER (1949, Tab. 10 und 11), WILMANNS (1956), G. KNAPP (1964), GÖRS (1966, Tab. 1 u. 3), SEBALD (1966, Tab. 12) und PHILIPPI (1994, Tab. 2 u. 4) vor.

Eine ausführliche Darstellung zu Ökologie, Verbreitung und Gefährdung findet sich bei SCHNEIDER, SUKOPP und SUKOPP (1994).

Allgemeine Verbreitung: Europa, Westasien, Nordafrika; in Nordamerika, Ostasien und vereinzelt auf der Südhalbkugel eingeschleppt. In Europa reicht das geschlossene Verbreitungsgebiet nordwärts bis Mittelschweden, weiter nördlich gibt es vereinzelte Vorkommen bis ca. 67° n. Br.

Verbreitung in Baden-Württemberg: Zerstreut bis verbreitet und vielerorts zurückgehend, im nördlichen und südlichen Oberrheingebiet, im Nekkarland, in Klettgau und Hochrhein und auf der Schwäbischen Alb. Selten und zum Teil synanthrop ist die Pflanze im Alpenvorland.

Tiefste Vorkommen: ca. 95 m in der nördlichen Oberrheinebene. Höchstes Vorkommen: ca. 990 m im Gosheimer Steinbruch auf der Schwäbischen Alb (7818/4, vgl. BERTSCH 1919). Im Schwarzwald liegen die höchsten Vorkommen zwischen 700 und 800 m (HÜGIN 1992).

Die Pflanze ist erst nach Schaffung geeigneter Standorte durch den Menschen in das Gebiet eingewandert (Archäophyt).

Alpenvorland (ohne westliches Bodenseegebiet): 7725/4: Orsenhausen, 1989, VOGGESBERGER (STU-K); 7825/2: Schwendi, 1973, SEYBOLD (STU-K); 8023/2: Aulendorf, Güterbahnhof, 1952, KREH (STU-K); 8023/3: Ebenweiler, DÖRR (1977: 29); 8025/1: Kiesgrube S Füramoos, 1987, WÖRZ (STU-K); 8025/3: Albers bei Bad Wurzach, BRIELMEIER in DÖRR (1977: 29), 8125/1: Butzenmühltobel bei Seibranz, BRIELMEIER in DÖRR (1977: 28); 8125/2: Starkenhofen bei Seibranz, RIEDLE nach BRIELMEIER in DÖRR (1977: 28); 8224/4: Pfärrich, Zengerle in KONOLD u. EISELE (1990: 116), 8225/2: Wolferazhofen, 1991, BUSSMANN (schriftl. Mitt.); 8225/3: Wegrand beim Bahnhof Ratzenried, DÖRR (1977: 28); 8323/1: Bahnhof Meckenbeuren, 1989, WÖRZ (STU-K).

Nicht genau lokalisieren läßt sich die Angabe von ZENGERLE (in KONOLD und EISELE 1990: 116): Wangen.

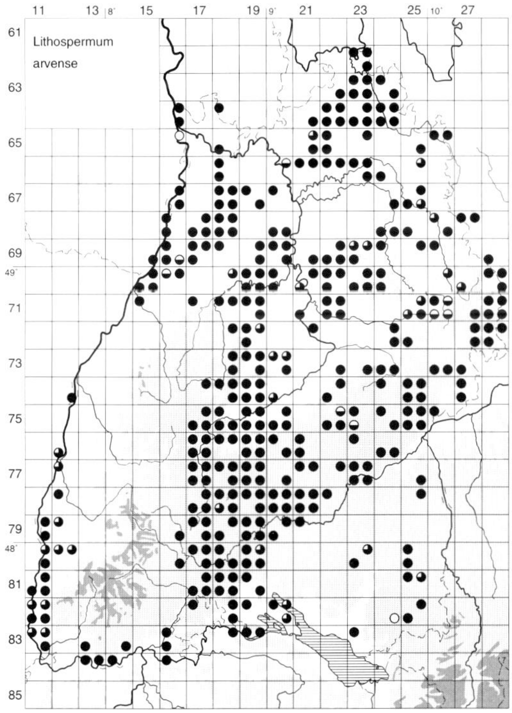

Erstnachweise: Archäologischer Erstnachweis: 11./9. Jahrh. v. Chr. bei Wiesloch (RÖSCH 1993). Nach ZIMMERMANN (1937) von H. HARDER zum ersten Mal ca. 1562 in der Umgebung von Geislingen – Ulm gesammelt.

Bestand und Bedrohung: *Lithospermum arvense* ist im Oberrheingebiet stark zurückgegangen und mittlerweile gefährdet. Die Pflanze wurde von KNEUCKER (1886: 98) und SCHILDKNECHT (1863: 91) noch als gemein für das Karlsruher bzw. Freiburger Gebiet bezeichnet. Die Ursachen für den Rückgang liegen in der Intensivierung der Ackernutzung. Besonders die dichtschließenden Getreidebestände bieten kaum Überlebensmöglichkeiten.

In Baden-Württemberg ist die Art aber insgesamt noch nicht bedroht.

Neatostema Johnston 1953

Monotypische Gattung

Neatostema apulum (L.) Johnston 1953

Einjährige, krautige Pflanze. Stengel 3–30 cm hoch. Krone gelb, Kronröhre mit Haarring oder 5 Gruppen von Haaren. Staubblätter und Griffel in der Kronröhre eingeschlossen. Teilfrüchte mit Höckern.

Im Mittelmeergebiet verbreitete Pflanze trockener Böden. In Baden-Württemberg ist die Pflanze bisher einmal gefunden worden (unbeständiges Vorkommen).

6516/2: Mannheim, Turnerplatz bei der Mühlau, LUTZ (1885: 116); Mannheim-Mühlau, LUTZ (1910: 372). Nach HÖCK (1903: 220) liegt eine Verwechslung mit *Amsinckia lycopsoides* vor. Wie HÖCK zu dieser Ansicht kommt, bleibt unklar.

Onosma L. 1762

Lotwurz

Zweijährige oder ausdauernde, krautige Pflanzen oder Sträucher. Pflanzen dicht mit Borstenhaaren besetzt. Blätter meist ganzrandig, sitzend. Blüten mit Hochblättern. Kelch fast bis zum Grunde geteilt. Krone röhren- oder röhren-glockenförmig, mit 5 kurzen, nach außen zurückgebogenen Zipfeln, ohne Schlundschuppen. Griffel aus der Kronröhre ragend. Teilfrüchte glatt oder mit Höckern.

Gattung mit ca. 150 vom Mittelmeergebiet bis Westchina verbreiteten Arten. In Europa kommen nach BALL (1972) 33 Arten vor.

Onosma arenaria Waldstein & Kitaibel 1812
Sand-Lotwurz

Hemikryptophyt, mit nichtblühenden Rosetten und gewöhnlich einem einzigen Blütenstengel. Stengel 15–70 cm hoch, verzweigt, behaart. Blätter lineal bis lanzettlich, wenig bis dicht behaart, z. T. mit Sternhaaren. Tragblätter kürzer oder so lang wie der Kelch. Kelch 6–18 mm lang. Krone 12–19 mm lang, hellgelb, kahl oder behaart. Teilfrüchte 2,5–3 mm lang, glatt, glänzend. – Blütezeit: Juni–Juli.

In Südosteuropa und im südlichen Mitteleuropa verbreitete Pflanze trockener, kalkreicher Sandböden. In Deutschland nur aus dem Mainzer Sand sicher nachgewiesen. Aus Baden-Württemberg liegen nur 2 unglaubwürdige Angaben vor. 7513/2 (?): Offenburg, BREINIG in ANONYMUS (1896: 368); 6416/4: Nadelwald beim Waldhof, ZIMMERMANN (1906: 128).

3. **Cerinthe** L. 1753
Wachsblume

Ein-, zwei-, oder mehrjährige, krautige Pflanzen, meist blaugrün, ± kahl, Borstenhaare meist bis auf die weißen Höcker reduziert. Blätter sitzend, teilweise stengelumfassend. Blüten mit Hochblättern. Kelch mindestens bis zur Hälfte geteilt. Krone meist gelb, oft violett, blau oder rot getönt, röhrenförmig, höchstens bis zur Mitte in lanzettliche, nach vorn gerichtete oder an der Spitze nach außen gebogene Zipfel geteilt, ohne Schlundschuppen. Staubblätter nicht oder nur wenig aus der Krone ragend, oberhalb der Mitte der Krone eingefügt; Staubbeutel am Grunde mit fadenförmigen Anhängseln. Griffel aus der Kronröhre ragend. Je zwei Teilfrüchte miteinander verwachsen, jedes Paar eiförmig, glatt. Bestäubung meist durch Bienen.

Vom Mittelmeergebiet bis Zentralasien verbreitete Gattung mit 10 Arten.

In Europa kommen 4 (DOMAC 1972), in Baden-Württemberg eine einheimische und 2 unbeständige Arten vor.

Kleine Wachsblume *(Cerinthe minor)*
Haarberg, Feldflorareservat, 14. 5. 1978

1 Pflanze kahl (Kelchzipfel selten mit wenigen Borstenhaaren) . . . . 1. *C. glabra*
– Blattränder und Kelchzipfel mit Borstenhaaren 2
2 Krone 10–12 mm lang, bis zur Mitte geteilt; Kronzipfel allmählich zugespitzt, nach vorne gerichtet . . . . *[C. minor]*
– Krone 15–30 mm lang, nur wenig eingeschnitten; Kronzipfel stumpf, nach außen umgeschlagen . . . . *[C. major]*

Cerinthe minor L. 1753
Kleine Wachsblume

Hemikryptophyt (selten Therophyt). Stengel 15–60 cm hoch, aufrecht. Stengelblätter oval bis spatelförmig. Blattränder, Kelchzipfel und Blütenstiele mit Borstenhaaren. Krone 10–12 mm lang, bis zur Mitte geteilt; Kronzipfel allmählich zugespitzt, nach vorn gerichtet. Teilfrüchte ca. 3–3,5 mm lang, dunkelbraun, matt. – Blütezeit: Mai–Juni. Ursprünglich vermutlich südosteuropäisch-westasiatisch verbreitete Pflanze mäßig trockener, nährstoff- und basenreicher Böden.

Aus Baden-Württemberg sind nur Angaben über unbeständige Vorkommen bekannt geworden (in Bayern vielleicht ursprüngliche Vorkommen, vgl. dazu EBERLEIN & LIPPERT 1991: 233).
6916/1: Eggenstein, 1887, ? (KR); 7221/4: Krummenacker bei Esslingen, 1900, LAUFFER in SEYBOLD (1968: 249); 7525/4: Güterbahnhof Ulm, 1934, K. MÜLLER (STU); 7526/3 (?): Ulm, 1844, GMELIN (STU); 7625/2: Wiblingen, Illergehölz, 1925, V. ARAND (STU); 7912/1: Badloch, Eichelspitze, SLEUMER (1934: 151); 8016/4: Hüfingen, ?; BRUGGER (KR).

1. **Cerinthe glabra** Miller 1768
Kahle Wachsblume, Alpenwachsblume

Morphologie: Hemikryptophyt, mit dickem Rhizom und sterilen Blattrosetten. Stengel 15–60 cm hoch, dunkel- oder blaugrün. Untere Blätter keil-

Kahle Wachsblume *(Cerinthe glabra)*
Oberstdorf-Gerstruben, 3. 6. 1990

förmig, gestielt, obere eiförmig, stengelumfassend. Kelchzipfel stumpf, kahl oder selten mit wenigen Borstenhaaren. Krone 8–14 mm lang, gelb, außen z. T. blau überlaufen, innen meist mit 5 dunkelroten Flecken, nur wenig eingeschnitten; Kronzipfel stumpf, nach außen umgeschlagen. Teilfrüchte ca. 4 mm lang, dunkelbraun, glänzend. Im Gebiet nur die Typusunterart. – Blütezeit: Mai–Juli.

Ökologie: Auf frischen, meist nährstoffreichen, basen- und meist kalkreichen, häufig steinigen Lehmböden. Nach DÖRR (schriftl. Mitt.) an der Iller im sog. „Illergries", einem auwaldartigen Gelände mit Resten von Trockenwiesen. In den Alpen wächst die Pflanze in Hochstaudenfluren (bes. Lägerstellen) und zwischen *Alnus viridis*-Gebüschen. Eine synthetische Tabelle mit *Cerinthe glabra* aus dem Illertal findet sich bei MÜLLER u. GÖRS (1958, Tab. XI 2b). Die Pflanze wächst hier im Sanddornbusch auf grundwasserabgesenkten Böden. Vegetationsaufnahmen aus den Alpen liegen von OBERDORFER (1983, Tab. 183) vor.

Allgemeine Verbreitung: Europäisch-südwestasiatische Gebirgspflanze. In Europa in den Pyrenäen, im Jura, auf Korsika, in den Alpen und Abruzzen, in den Karpaten und in den Gebirgen der Balkanhalbinsel (fehlt in Griechenland).

Verbreitung in Baden-Württemberg: *Cerinthe glabra* kommt im Gebiet nur als „Alpenschwemmling" entlang der Iller bis zur Donau vor. Das Vorkommen vom Brandenberg bei Todnau im Südschwarzwald (GROZINGER in K. MÜLLER 1937: 351) geht vermutlich auf verwilderte Pflanzen zurück.

Tiefstes Vorkommen: ca. 450 m auf bayerischem Gebiet an der Donau bei Günzburg (7527/2). Höchstes Vorkommen: ca. 600 m an der Iller bei Aitrach (8026/4).

Cerinthe glabra ist vermutlich schon vor den ersten Eingriffen des Menschen im Gebiet vorhanden gewesen.

7526/3: Ulm, beim Steinhäule, 1861, ? (STU); Thalfingen, MAHLER in K. MÜLLER (1957: 159); 7526/3 (?); Herbelhölzle, 1900, RENNER in KURZ (1973: 216); 7527/2: Reisenburg, K. MÜLLER (1957: 159); Günzburg

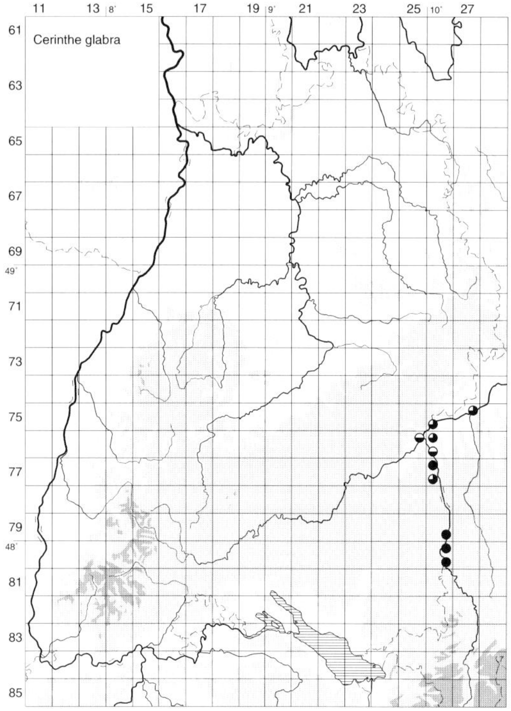

Einschleppungen, da die Iller völlig begradigt wurde und Kiesbänke als „Verbreitungssprungbretter" selten geworden sind.

Cerinthe major L. 1753
Große Wachsblume

Therophyt. Stengel 15–60 cm hoch, aufrecht. Stengelblätter spatelförmig bis oval-lanzettlich. Blattränder und Kelchzipfel mit Borstenhaaren. Krone 15–30 mm lang, nur wenig eingeschnitten; Kronzipfel stumpf, nach außen umgeschlagen. Teilfrüchte ca. 4–5 mm lang, dunkelbraun. – Blütezeit: März–Juni (im Mittelmeergebiet schon ab Dezember).

Im Mittelmeergebiet verbreitete Pflanze frischer, mäßig nährstoffreicher Böden.

Aus Baden-Württemberg liegen nur Angaben über unbeständige Vorkommen vor, die durch Verwilderungen von Zierpflanzen entstanden sind.

6524/3: Rengershausen, KIRCHNER und EICHLER (1913: 343); 7217/1 (?): Wildbad, KIRCHNER u. EICHLER (1913: 343); 7221/1 (?): Stuttgart, KIRCHNER u. EICHLER (1900: 309); 7325/1 (?): Treffelhausen, GRADMANN (1950: 291); 7325/3: Geislingen, KIRCHNER u. EICHLER (1900: 309); 7521/3: Wanne bei Reutlingen, KIRCHNER u. EICHLER (1913: 343); 7525/4: Güterbahnhof Ulm, 1932, K. MÜLLER (1957: 159); 7620/1 (?): Farrenberg, MAYER (1930: 350).

(Fund vor 1975), DOPPELBAUER in RAUNEKER (1984: 140); 7625/2: Illerauen zwischen Wiblingen und dem Donaukraftwerk, 1938, K. MÜLLER (STU); 7626/1: Neu-Ulm, MAHLER in K. MÜLLER (1957: 159), 7626/3: Oberkirchberg, Illergehölz, 1925, V. ARAND (STU); 7726/1: Vöhringen, KURZ in RAUNEKER (1984: 140); 7726/3 (?): Au bei Illertissen, K. MÜLLER (1957: 159); 7926/4: Heimertingen, DÖRR (1977); 7926/4 (8026/2?): Tannheim, BERTSCH (1933: 224); 8026/2: Volkratshofen, Brunnen, DÖRR (1977); Iller-Auwald zwischen Mooshausen und Arlach, DÖRR (1993); 8026/4: Iller bei Aitrach, VON MARTENS u. KEMMLER (1882: 24); zwischen Ferthofen und Aitrach, DÖRR (1977); Aitrach, Illerufer, 1983, LENKER (STU-K).

Die Angabe von DUCKE (in VON MARTENS u. KEMMLER 1882: 24) „Roth" läßt sich nicht zweifelsfrei lokalisieren.

Zu weiteren Angaben aus den Allgäuer Alpen, der oberen Iller und vom Lech vergl. DÖRR (1977).

Erstnachweis: Erste schriftliche Erwähnung bei LEOPOLD (1728: 36): „im Gänßhöltzlein... gegen der Donau".

Bestand und Bedrohung: *Cerinthe glabra* ist in Baden-Württemberg vom Aussterben bedroht (G 1). Nach DÖRR (schriftl. Mitt.) sind die Bestände nach 1970 stark zurückgegangen. Zum einen fallen viele Standorte Aufforstungen zum Opfer, zum anderen gibt es kaum mehr neue

4. Echium L. 1753
Natterkopf

Meist mehrjährige Kräuter oder Sträucher, mit auf Sockeln sitzenden Borsten. Blätter meist schmal-lanzettlich, die oberen sitzend. Blütenstände zylindrisch oder kegelförmig, mit Hochblättern. Kelch fast bis zum Grunde geteilt, mit schmalen Zipfeln. Krone zygomorph, am Grunde meist mit einem Ring von 10 winzigen Schuppen oder Haarbüscheln aber ohne Schuppen oder Haarbüschel in der geraden Kronröhre. Staubblätter mit langen Staubfäden, wie der Griffel meist weit aus der Kronröhre ragend (im Mittelmeergebiet auch Arten mit in der Kronröhre eingeschlossenen Staubblättern). Teilfrüchte eiförmig bis dreikantig, mit runzeliger Oberfläche. Bestäubung meist durch Bienen.

Gattung mit ca. 50 hauptsächlich im Mittelmeergebiet und in Westasien verbreiteten Arten. In Europa kommen 18 (GIBBS 1972), in Baden-Württemberg kommt eine einheimische Art vor. Daneben sind im Gebiet zwei weitere unbeständig auftretende Sippen nachgewiesen worden.

1 Grundblätter eiförmig. Krone außen auf den Nerven und am Rand behaart . . . . [*E. plantagineum*]

– Grundblätter lanzettlich. Krone außen gleichmäßig behaart oder fast kahl 2
2 Blütenstand pyramidal. Krone 7–12 mm lang, meist weiß bis rosa, außen fast kahl . . . . *[E. italicum]*
– Blütenstand zylindrisch. Krone 12–22 mm lang, meist blau, außen gleichmäßig behaart . . . . . 1. *Echium vulgare*

Echium italicum L. 1753

2jährige Pflanze mit spindelförmiger Wurzel. Stengel 40–100 cm hoch, aufrecht, dicht abstehend bis aufrecht abstehend, borstig behaart. Blätter mit angedrückten, weichen Borsten; Grundblätter lanzettlich, Stengelblätter schmal elliptisch. Blütenstand pyramidal. Kelch mit dichtstehenden Borstenhaaren, die kurzen Haare fast verdeckend. Krone 7–12 mm lang, meist weiß bis rosa, außen fast kahl. – Blütezeit: Mai–August.

In Südeuropa und im südlichen Mitteleuropa verbreitete Pflanze trockener Böden. Aus Baden-Württemberg sind bisher nur unbeständige Vorkommen bekannt geworden.

6516/2: Mannheim, Rheinhafen 1899, SCHMID u. GAMS (1927: 2197); 7420/3: Tübingen, ?, SCHÜZ (STU); 8012/2: Kiesgrube an der Baseler Straße, LIEHL in ANONYMUS (1902: 246).

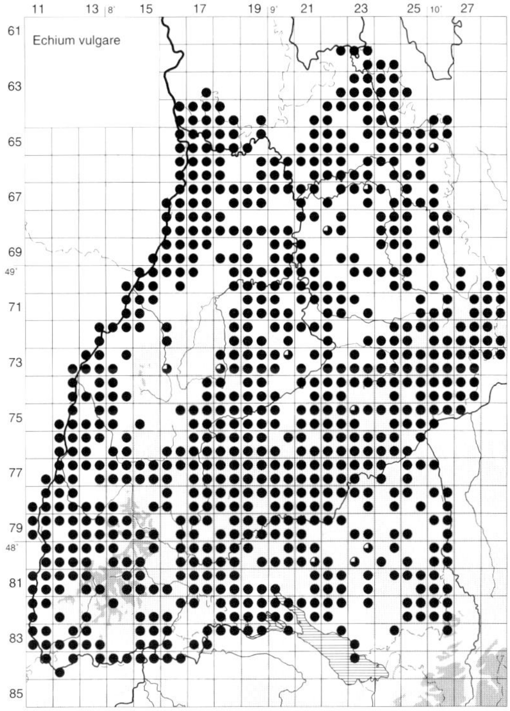

1. Echium vulgare L. 1753

Stolzer Heinrich, Gemeiner Natterkopf

Morphologie: Hemikryptophyt, mit Pfahlwurzel, mit bis 3 mm langen Borsten und kleinen, ca. 1 mm langen Haaren. Stengel 30–80(–150) cm hoch. Blätter lanzettlich, die unteren in einen geflügelten Stiel verschmälert, die oberen abgerundet und sitzend, z.T. auch stengelumfassend. Blütenstand zylindrisch, ca. 50 cm lang. Blüten sitzend. Kelch 5–7 mm lang, mit wenigen Borsten und dicht stehenden Haaren. Krone meist blau, selten weiß oder rosa, 12–22 mm lang, die oberen 3 Zipfel weiter nach vorn ragend als die 2 unteren, außen behaart. Staubblätter und Griffel weit aus der Krone ragend, gebogen. Teilfrüchte 3kantig, ca. 2–3 mm lang, auf den Kanten gezähnt, sonst runzelig und rauh. – Blütezeit: Mai–September.

Ökologie: Auf trockenen bis mäßig frischen, mäßig nährstoff- bis nährstoffreichen, meist basenreichen, steinigen bis sandigen Lehmböden. In Sandrasen, Unkraut-, Felsgrus- und Felsbandgesellschaften auf Dämmen, in Kiesgruben, Steinbrüchen und Felsfluren. Sedo-Scleranthetea-Klassencharakterart, außerdem im Echio-Melilotetum und in lückigen Festuco-Brometea-Gesellschaften. Vegetationsaufnahmen bzw. synthetische Tabellen mit *Echium vulgare* liegen von VOLK (1931), TH. MÜLLER (in MÜLLER und SEYBOLD 1972), TH. MÜLLER u. GÖRS (1974: 279), GÖRS (1974), KORNECK (1975) und PHILIPPI (1983) vor.

Allgemeine Verbreitung: Ursprünglich in Europa und Westasien verbreitete Pflanze, mittlerweile bis Ostasien, Nordamerika, Afrika und Neuseeland verschleppt. In Europa reicht das geschlossene Verbreitungsgebiet nordwärts bis Mittelskandinavien bei ca. 63° n. Br., weiter nördlich gibt es nur wenige Vorkommen bis ca. 70° n. Br.

Verbreitung in Baden-Württemberg: *Echium vulgare* ist fast im ganzen Gebiet der Flora verbreitet. Lediglich in Schwarzwald und Odenwald sowie im Alpenvorland ist die Pflanze seltener oder kann regional auch fehlen.

Tiefste Vorkommen: ca. 95 m in der nördlichen Oberrheinebene. Höchste Vorkommen: ca. 1170 m bei Muggenbrunn im Südschwarzwald (8113/1, HÜGIN, schriftl. Mitt.); auf der Schwäbischen Alb bei ca. 990 m bei Gosheim (7818/4, Angabe nach BERTSCH 1919).

Echium vulgare ist vermutlich erst nach Schaffung geeigneter Standorte durch den Menschen in das Gebiet eingewandert (Archäophyt), obwohl ZOLLER (1954: 175) in der Schweiz primäre Vorkommen in Flußschottern und Trockenrasen für möglich hält.

Erstnachweise: Nach ZIMMERMANN (1937) von H. HARDER in der Umgebung von Geislingen – Ulm gesammelt. Ältester archäologischer Nachweis: Frühes Subborreal bei Konstanz – Wallhausen (RÖSCH 1990).
Bestand und Bedrohung: *Echium vulgare* ist im Gebiet häufig und nicht bedroht.

Echium plantagineum L. 1771

Therophyt (selten 2jährig), mit spindelförmiger Wurzel. Stengel 20–60 cm hoch, aufrecht, wie die Blätter weich behaart. Grundblätter eiförmig, Stengelblätter länglich bis lanzettlich. Blütenstand unregelmäßig verzweigt. Kelch mit verschieden langen Borstenhaaren; Krone 18–30 mm lang, zuerst blau, später rosa, außen nur am Rand und auf den Nerven behaart. – Blütezeit: April–September.

In Süd- und Südwesteuropa verbreitete Pflanze trokkener Böden. Aus Baden-Württemberg sind bisher nur unbeständige Vorkommen bekannt geworden.

6516/2: Rheinhafen Mannheim, 1894, SCHMID & GAMS (1927: 2193); 6916/3 (?): Karlsruhe, Stadtgarten, 1895, KNEUCKER (KR); 7120/3 (?): Leonberg, 1934, BERTSCH (STU); 7524/2 (?): Weg vom Galgenberg zum Kuhberg, 1934, v. ARAND (STU); 7525/4: Ulm, Güterbahnhof, 1938, K. MÜLLER (STU).

Stolzer Heinrich *(Echium vulgare)*
Wertheim, 6. 7. 1994

5. **Pulmonaria** L. 1753

Lungenkraut
Bearbeiter: W. SAUER, A. KLEINSTEUBER und M. THIV

Ausdauernde, krautige Pflanzen, häufig mit kriechendem, unterirdischem Rhizom. Grundblätter in Spreite und Stiel gegliedert, obere Stengelblätter sitzend. Blütenstand mit Tragblättern. Blüten heterostyl; Kelch bis auf ½ der Länge eingeschnitten, 5teilig; Krone rot, blau oder violett, trichterförmig, mit 5, einen Ring bildenden Haarbüscheln über der Ansatzstelle der Staubblätter. Griffel und Staubblätter in der Kronröhre eingeschlossen. Teilfrüchte glatt, anfangs behaart, am Grunde mit Ringwulst. Bestäubung meist durch Bienen, Hummeln und Schwebfliegen. In den gemäßigten Zonen Eurasiens verbreitete Gattung mit etwa 18 Arten mit 8 bis 11 Unterarten (BOLLIGER 1982: 7). In Europa kommen 15, in Baden-Württemberg 5 Arten vor (vgl. auch MERXMÜLLER u. SAUER 1972).

Hinweise zur Bestimmung: Zur sicheren Bestimmung werden Pflanzen mit voll entwickelten Grundblättern, speziell Sommerblättern, benötigt. Im Gelände sollten zumindest ein eventuell vorhandener Grauschimmer der Blätter sowie die Farbe vollerblühter Kronen notiert werden.

Der Bestimmungsschlüssel und die Angaben zu den einzelnen Arten richten sich im wesentlichen nach BOLLIGER (1978, 1990), SAUER (1974, 1975), SAUER u. GRUBER (1979) sowie SAUER u. THIV (1995). In der zuletzt genannten Arbeit werden auch die kultivierten und teilweise verwilderten Sippen *(P. rubra, P. saccharata, P. longifolia* s. l., *P. dacica)* sowie die in Baden-Württemberg nachgewiesenen Bastarde verschlüsselt.

1 Spreite der Grundblätter am Grunde herzförmig, gestutzt oder abgerundet, scharf gegen den Stiel abgesetzt, oberseits dicht mit kurzen Stachelhöckern besetzt; Wurzelstock ± ausläuferartig verlängert 2
– Spreite der Grundblätter an der Basis allmählich in den Blattstiel übergehend, oberseits ohne kurze Stachelhöcker; Wurzelstock kompakt . . 3
2 Blätter meist deutlich weiß (selten hellgrün) gefleckt, gelblichgrün, häufig mit derben Herbstblättern überwinternd. Kelchbasis mit zahlreichen Stieldrüsen . . . . 2. *P. officinalis*
– Blätter meist ungefleckt, dunkelgrün, Herbstblätter den Sommerblättern weitgehend gleichend, in der Regel nicht überwinternd. Kelchbasis mit wenigen Stieldrüsen . . 1. *P. obscura*
3 Indument der Blätter und Infloreszenzachsen aus Borsten, ± zahlreichen Haaren und Stieldrüsen bestehend 4
– Indument der Blätter und Infloreszenzachsen überwiegend aus ± gleich- oder verschieden langen Borsten bestehend 5

4 Spreiten der Grundblätter breit oval-lanzettlich-spitz (meist im untersten Drittel am breitesten), oberseits neben ± gedrungenen und ± geraden Borsten mit schmalen Basalhöckern, mit Stieldrüsen und dicht mit weichen Haaren besetzt, lebend mit intensivem Grauschimmer; unterste Blütentragblätter und oberste Stengelblätter häufig mit breiter, ± herzförmiger Basis sitzend, halbstengelumfassend; Blütenstiele und Kelchgrund dicht mit Stieldrüsen, Borsten und Haaren besetzt, deutlich klebrig; Krone intensiv lila; Innenseite der Kronröhre und des Saumes relativ dicht mit kurzen, feinen Haaren besetzt . . . 3. *P. mollis* subsp. *mollis*

– Spreiten der Grundblätter länglich-elliptisch, zugespitzt (meist in der Mitte am breitesten), oberseits meist mit ± verschieden langen und starken Borsten und wenigen Haaren, grün (nur jung mit schwachem Grauschimmer); unterste Blütentragblätter und oberste Stengelblätter meist mit verschmälerter Basis sitzend. Blütenstiele und Kelchgrund mit Borsten, wenigen Haaren und Stieldrüsen besetzt. Infloreszenz kaum oder nicht klebrig; Krone voll erblüht blau-lila bis blau-violett; Innenseite der Kronröhre mit zerstreuten, feinen Haaren . . . . . . 4. *P. collina*

5 Grundblätter sehr schmal, 6- bis 12mal so lang wie breit. Oberseite der Grundblätter nur mit ± gleichlangen Borsten . . . . (*P. angustifolia*)

– Grundblätter breiter, 4- bis 8mal so lang wie breit. Oberseite der Grundblätter mit verschieden langen Borsten, Stieldrüsen spärlich (oder fehlend) . . . . 5. *P. montana*

1. **Pulmonaria obscura** Dumortier 1865
Dunkles Lungenkraut

Morphologie: Hemikryptophyt, mit ausläuferartig verlängertem Wurzelstock. Stengel 10–20 (–40) cm hoch. Stengelblätter 4–9, oval-elliptisch-lanzettlich, 1,5- bis 4mal so lang wie breit, untere mit kurz stieförmigem Grund, obere mit abgerundeter Basis sitzend. Sommerblätter dunkelgrün, ungefleckt, ei-lanzettlich, am Grunde herzförmig, seltener gestutzt. Blattoberseite dicht mit kurzen Stachelhöckern (Aculeoli) besetzt, dazwischen locker stehende, lange Borsten, Kurzdrüsen und selten Stieldrüsen. Herbstblätter den Sommerblättern meist gleichend, in der Regel nicht überwinternd. Kelch schmal-glockig, zur Blütezeit 6–14 mm lang, sich zur Fruchtzeit auf 20 mm verlängernd, aufgeblasen; Kelchbasis mit wenigen Stieldrüsen. Krone zuerst rosa, dann violett, später blau. Kronröhre innen mit Haarring, sonst kahl. Früchte ca. 4 × 3 mm, dunkel schwarz(braun). – Blütezeit: März–April(–Mai).

Ökologie: Auf sommertrockenen bis feuchten, nährstoff- und basenreichen, häufig kalkreichen, humosen Lehmböden. In krautreichen Laub- und Nadelmischwäldern, besonders in Eichen-Hainbuchen-, Eichen-Ulmen- und Erlen-Eschen-Wäldern (Fagetalia-Ordnungscharakterart). Charakteristische Begleitpflanzen sind *Anemone nemorosa, Arum maculatum* und *Aegopodium podagraria.* Vegetationsaufnahmen liegen von SEBALD (1974, 1983) vor.

Allgemeine Verbreitung: Das Verbreitungsgebiet reicht nordwärts bis England und Südskandinavien, ostwärts bis zum Ural, westwärts bis Ostbelgien und Ostfrankreich (ungefähr bis Besançon) und im Süden vom Schweizer Mittelland zum Bodensee, etwa von der Donau (und angrenzendem bayerischem Alpenvorland) über Nord-Ungarn bis Siebenbürgen. Die südlichsten Vorkommen liegen in der europäischen Türkei.

Verbreitung in Baden-Württemberg: (Anmerkung zur Verbreitungskarte: Da während der Kartierung häufig nicht zwischen *P. obscura* und *P. officinalis* unterschieden wurde und *P. obscura* steril mit anderen Pflanzen verwechselt werden kann, bestehen noch zahlreiche Verbreitungslücken, die sich bei gründlicher Nachsuche vermutlich schließen lassen könnten. Sie betreffen vor allem das südliche Oberrheingebiet und den Nordosten von Baden-Württemberg).

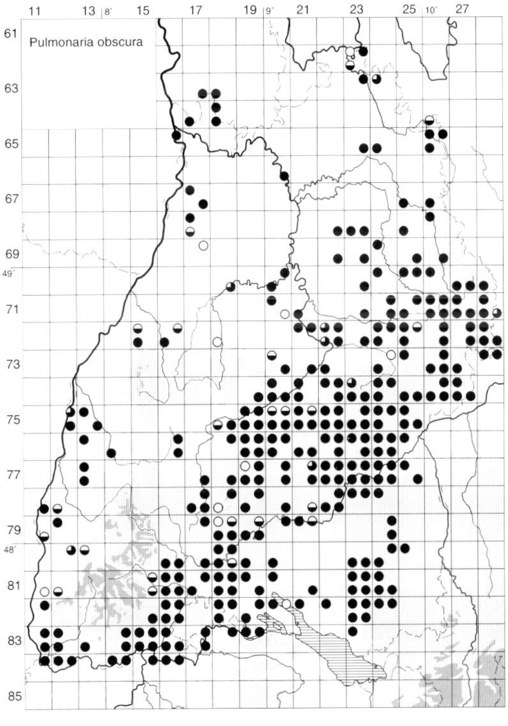

Dunkles Lungenkraut *(Pulmonaria obscura)*
Kaiserstuhl

Hauptverbreitungsgebiete von *Pulmonaria obscura* sind das südliche Oberrheingebiet, die Schwäbische Alb, die Baar sowie Klettgau und Hochrhein. Zerstreut kommt die Pflanze im nördlichen und mittleren Oberrheingebiet, im Neckarland und im Alpenvorland vor. Aus dem Schwarzwald sind nur vereinzelte Vorkommen bekannt geworden.

Tiefste Vorkommen: ca. 100 m im nördlichen Oberrheingebiet. Höchste Vorkommen: ca. 1000 m auf der Schwäbischen Alb.

Pulmonaria obscura ist schon vor den ersten Eingriffen des Menschen im Gebiet vorhanden gewesen.

Erstnachweis: Von H. HARDER ca. 1562 in der Umgebung von Geislingen – Ulm gesammelt (ZIMMERMANN 1937).

Bestand und Bedrohung: *Pulmonaria obscura* ist im Gebiet das häufigste Lungenkraut. Die Pflanze ist dennoch lokal (vor allem in Ballungsgebieten) bedroht. Auch die Forstwirtschaft hat durch die Umwandlung von Laubmischwäldern in dichtschließende Fichtenmonokulturen viele Standorte zerstört.

2. Pulmonaria officinalis L. 1753

Echtes Lungenkraut

Morphologie: Hemikryptophyt, mit ausläuferartig verlängertem Wurzelstock. Stengel 10–20 (–40) cm hoch. Stengelblätter 4–9, oval-elliptisch-lanzettlich, 1,5- bis 4mal so lang wie breit, untere mit kurz stielförmigem Grund, obere mit abgerundeter Basis sitzend. Sommerblätter dunkel- bis hellgrün, meist stark weißfleckig, ei-lanzettlich, am Grunde herzförmig, seltener gestutzt. Blattoberseite dicht mit kurzen Stachelhöckern (Aculeoli) besetzt, dazwischen locker stehende, lange Borsten, Kurzdrüsen und selten Stieldrüsen. Herbstblätter oft kleiner und derber, schmal-lanzettlich, langsam in den Stiel verschmälert. Kelch schmal trichterförmig bis glockig, gedrungener als bei *P. obscura*, zur Blütezeit 6–14 mm lang, sich zur Fruchtzeit auf 20 mm verlängernd, aufgeblasen; Kelchbasis mit zahlreichen Stieldrüsen. Krone zuerst blaß-rosa, dann violett und blau. Kronröhre innen mit Haarring, sonst kahl. Früchte ca. 4 × 3,5 mm, dunkel olivbraun bis schwarz, glänzend. – Blütezeit: März–April(–Mai).

Ökologie: Auf frischen bis mäßig feuchten, nährstoff- und basenreichen, meist kalkhaltigen, lockeren, humosen (Lehm-)Böden. In krautreichen Buchen- und Buchenmischwäldern, in feuchten Hainbuchen-Ahorn-Wäldern, in Erlen-Eschen-Auwäldern, in den Alpen auch in hochmontanen Nadelwäldern, selten an Waldrändern und auf Waldschlägen. *P. officinalis* wächst zusammen

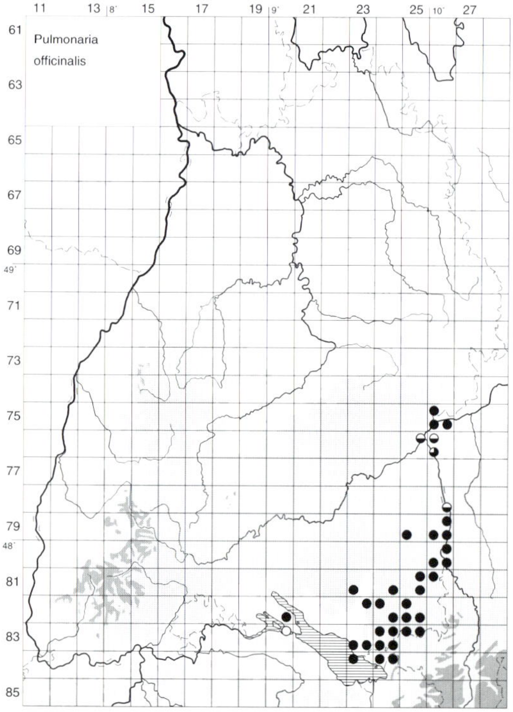

Echtes Lungenkraut (*Pulmonaria officinalis*)
Wiblingen, 23. 4. 1978

mit *Anemone ranunculoides, Euphorbia amygdaloides* u. *Lathyrus vernus.* Vegetationsaufnahmen aus Baden-Württemberg liegen nicht vor.

Allgemeine Verbreitung: Das Areal von *Pulmonaria officinalis* umfaßt die Gebirge der Balkanhalbinsel (die südlichsten Vorkommen liegen im Pindosgebirge in Nordgriechenland), Siebenbürgen, die Westkarpaten und die Ostalpen. Diese werden von Südosten her zangenförmig umfaßt und reichen im Süden bis ins Tessin, im Norden bis in die Nordschweiz (Kanton Thurgau). Die weiter westlich liegenden Vorkommen im Schweizer Mittelland (BOLLIGER 1978) sind synanthrop. Die Nordgrenze verläuft von Konstanz bis zur Schussen am Südufer des Bodensees, dann entlang von Argen und Iller bis zur Donau bei Ulm. Der Donau folgt die Verbreitungsgrenze bis Straubing und von hier über Freistett in Oberösterreich bis in das nördliche Waldviertel.

Verbreitung in Baden-Württemberg: Indigene Vorkommen von *Pulmonaria officinalis* gibt es im Gebiet vermutlich nur im Alpenvorland und auf südexponierten Hängen der Alb bei Ulm. Früher wurde die Sippe als Heilpflanze verwendet und wird auch heute noch in Gärten angepflanzt, aus denen sie immer wieder verwildert (nach SAUER u. THIV 1995 erfreut sich *P. officinalis* zunehmender Beliebtheit). Diese Vorkommen werden in der Verbreitungskarte nicht dargestellt. Zu Vorkommen in Bayern vgl. DÖRR (1977) sowie SAUER u. GRUBER (1979), in der Schweiz BOLLIGER (1978).

Tiefstes Vorkommen: ca. 400 m NW Konstanz (8220/4). Höchstes Vorkommen: ca. 600 m im Eglofstal (8325/2). In Bayern und in den Südalpen geht die Pflanze mit 800 bzw. bis zu 1400 m wesentlich höher (vgl. SAUER und THIV 1995).

Pulmonaria officinalis ist vermutlich schon vor den ersten Eingriffen des Menschen im Gebiet vorhanden gewesen.

Westliches Bodenseegebiet: 8220/4: beim NSG Mooswiesen, 1993, THIV in SAUER und THIV (1995); 8320/2: Konstanz, 1864, HARZ in SAUER und GRUBER (1979: 144).

Erstnachweis: Erste schriftliche Erwähnung von LEOPOLD (1728: 137): „Im Gämnß- und Herdbrucker Höltzlein" (bei Ulm).

Bestand und Bedrohung: *P. officinalis* ist im Gebiet selten. Die Pflanze sollte in der Roten Liste als gefährdet (G 3) eingestuft werden.

3. **Pulmonaria mollis** Wulfen ex Hornemann 1813
Weiches Lungenkraut

Morphologie: Hemikryptophyt, mit kompaktem Wurzelstock. Stengel 15–35(–50) cm hoch, mit 5–10 Stengelblättern. Untere Blütentragblätter und obere Stengelblätter breit ei-lanzettlich, zugespitzt, meist mit breiter, cordater Basis sitzend, halbstengelumfassend. Sommerblätter elliptisch bis eilanzettlich, stets ungefleckt, mit zahlreichen Haaren und Stieldrüsen sowie wenigen Borsten, von oben gesehen lebend mit Grauschimmer. Herbstblätter derber und häufig größer, mit abweichendem, lockerem, steifem Indument, meist gelbgrün, manchmal mit schwachem Grauschimmer. Blütenstand lebender Pflanzen klebrig. Kelch 10–12 mm lang, breit V-förmig, zur Fruchtzeit stark vergrößert. Krone zuerst rötlich, später lila, auf der Innenseite ± dicht und fein behaart. Im Gebiet nur die Typusunterart. – Blütezeit: April–Mai.

Ökologie: Auf wechselfrischen, mäßig nährstoff- bis nährstoffreichen, basen- und meist kalkreichen Lehmböden. In Laubmischwäldern (bes. Eichen- und Eichen-Hainbuchenwälder), an Wald-

Weiches Lungenkraut *(Pulmonaria mollis)*
Albvorland, 19. 4. 1992

rändern und auf wärmebegünstigten Wiesen. Vegetationsaufnahmen aus Baden-Württemberg sind bisher nicht veröffentlicht worden.

Allgemeine Verbreitung: Das bisher bekannte Verbreitungsgebiet der Typusunterart reicht westwärts bis in die Pfalz, nordwärts von Unterfranken über Thüringen und Sachsen bis Ostpolen, hier auch die Ostgrenze erreichend (Slowakei, West-Ungarn, Süd-Burgenland, Mittel-Steiermark). Die Südgrenze verläuft in etwa entlang der Linie Schwäbische Alb – Donau – Ostalpenrand – bis zur Save in Nord-Slowenien.

Verbreitung in Baden-Württemberg: *P. mollis* kommt im Gebiet selten im Schwäbisch-Fränkischen Wald, auf der Schwäbischen Alb und in der Baar vor. Verbreitungsschwerpunkte sind dabei der Schwäbisch-Fränkische Wald und die Zollern- und Blaubeurer Alb. Vorkommen in den angrenzenden Gebieten: Zu Vorkommen in Unterfranken vgl. MEIEROTT (1981: 160), für ganz Bayern SAUER u. GRUBER (1979).

Tiefstes Vorkommen bei ca. 160 m am Main (6223/1). Höchstes Vorkommen: ca. 880 m am Hailekopf auf der Schwäbischen Alb (7719/1), vgl. auch BERTSCH (1919: 333).

Pulmonaria mollis ist vermutlich schon vor den ersten Eingriffen des Menschen im Gebiet vorhanden gewesen. Isoliert liegende Vorkommen:

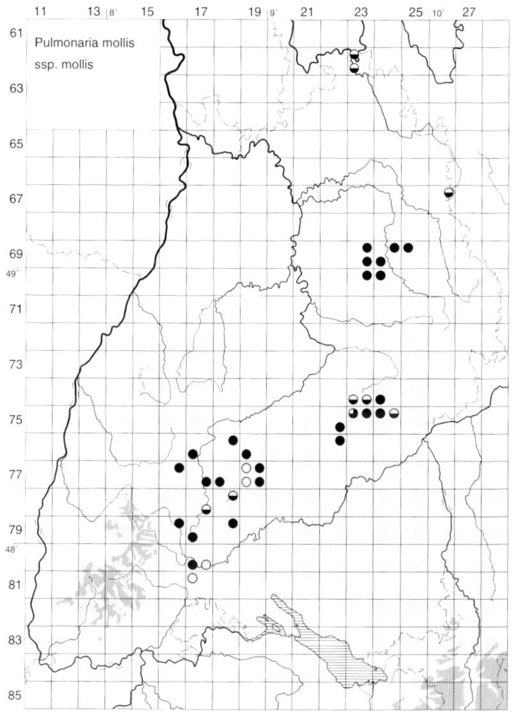

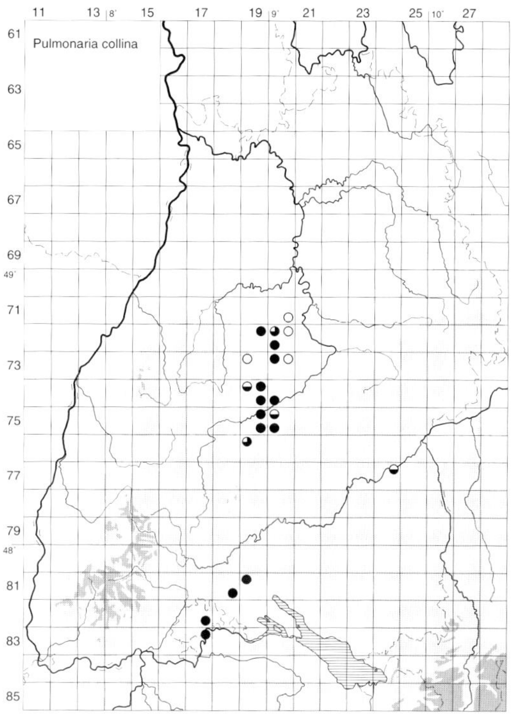

Main-Taubergebiet: 6223/1: Eichel am Main bei Wertheim, 1938, ? (KR); 6223/3: mehrfach, z. B.: Waldenhausen bei Wertheim, 1895, STOLL (KR); Leberklinge bei Wertheim, 1933, STUMPF (KR).
Schwäbisch-Fränkischer Wald bei Rot am See: 6726/2: Hirschberg bei Brettheim, 1911, HANEMAN (STU).

Erstnachweis: Nach SPETA und GRIMS (1980) von H. HARDER 1599 in der Umgebung von Geislingen – Ulm gesammelt.
Bestand und Bedrohung: *Pulmonaria mollis* ist im Gebiet insgesamt selten und an vielen Standorten besonders durch die intensive Forstwirtschaft bedroht. Die Pflanze sollte in der Roten Liste von Baden-Württemberg als stark gefährdet (G 2) eingestuft werden.

4. **Pulmonaria collina** Sauer 1974
Hügel-Lungenkraut

Vorbemerkung: *Pulmonaria collina* gleicht in ihren äußeren Merkmalen weitgehend *Pulmonaria montana* (z. T. liegen die Merkmale zwischen *P. mollis* und *P. montana*). Die Sippe besitzt aber 18 Chromosomen und gehört auch aufgrund ähnlicher Karyotypen und anderer Merkmalen in die *Pulmonaria mollis*-Gruppe (SAUER 1975). Die Verbreitung in Baden-Württemberg konnte erst kürzlich weitgehend geklärt werden (SAUER u. THIV 1995).
Morphologie: Hemikryptophyt, mit kompaktem Wurzelstock. Stengel 10–30 cm hoch, mit 5–8 Stengelblättern. Untere Blütentragblätter und obere Stengelblätter ± elliptisch-lanzettlich, zugespitzt, sitzend; untere Stengelblätter ± länglich-lanzettlich, ± gestielt. Grundblätter meist sattgrün, manchmal mit schwachem Grauschimmer, länglich-elliptisch, zugespitzt, mit flachem bis welligem Rand, allmählich in den Blattstiel verschmälert, 4,5- bis 7mal so lang wie breit. Sommerblätter relativ weich, Indument der Oberseite aus vielen Borsten, Haaren und wenigen Stieldrüsen bestehend. Herbstblätter meist größer, mit abweichender Behaarung. Kelch 10–12 mm lang, zur Fruchtzeit stark vergrößert, aufgeblasen-glockig. Krone in der Knospe purpurn bis karmin, frisch erblüht ± kräftig blau-lila bis blau-violett, auf der Innenseite abgesehen vom Haarring zerstreut behaart bis kahl. Frucht ca. 4 × 3 mm, schwarz, glänzend oder dunkel olivbraun. – Blütezeit: März–Mai.
Ökologie: Wärmeliebende Pflanze, auf mäßig trockenen bis frischen oder etwas wechselfeuchten, basenreichen Lehmböden. Im Gebiet an Wald- und Gebüschrändern, sekundär auch in

Weinbergen und auf Streuobstwiesen. Häufige Begleitpflanzen sind u.a. *Prunus spinosa, Primula veris, Prunella grandiflora* und verschiedene Orchideen-Arten (SAUER u. THIV 1995). In Bayern bevorzugt in Eichen-Hainbuchenwäldern oder entsprechenden Ersatzgesellschaften (SAUER u. GRUBER 1979). Vegetationsaufnahmen aus Baden-Württemberg sind bisher nicht veröffentlicht worden.

Allgemeine Verbreitung: Das disjunkte Areal von *Pulmonaria collina* reicht südwärts bis in die Nordschweiz und ostwärts bis München.

Verbreitung in Baden-Württemberg: *Pulmonaria collina* kommt im Gebiet im Neckarland zwischen Weilimdorf/Weil der Stadt und Mössingen, an der Donau bei Rißtissen und im Alpenvorland im Gebiet der Westlichen Rißmoräne auf Würmschottern vor.

Zu Vorkommen in Bayern vgl. SAUER u. GRUBER (1979), in der Schweiz SAUER und THIV (1995).

Tiefstes Vorkommen: 350 m am Wald gegen Weilimdorf (7120/4). Die höchste Vorkommen: 520–530 m am Rappenberg bei Rottenburg (7519/2); 550 m beim NSG Schoren südlich Engen (8118/4).

Isoliert liegende Vorkommen (alle Angaben nach SAUER u. THIV 1995):
Donautal: 7724/2: Kiesgrube bei Rißtissen, 1932, K. MÜLLER (STU); Rißtissen, 1932, BOLTER (STU).
Alpenvorland: 8118/4: Schoren bei Neuhausen S Engen, zuletzt 1971, G. u. W. SAUER; 8119/1: SW-Rand des Mehltauwaldes E Eigeltingen, 1928, Kummer; ca. 7 km ENE Aach, 1971, G. u. W. SAUER.

Erstnachweis: *P. collina* wird erstmals von Sauer (1974: 258) erwähnt: „Hegau. Südwestrand des Mehltauwaldes östl. Eigeltingen, . . . Schoren bei Neuhausen südl. Engen".

Bestand und Bedrohung: *Pulmonaria collina* ist aufgrund ihrer relativ kleinen Populationen durch die Landwirtschaft (Düngung) sowie durch forstliche Maßnahmen (z. B. Fichtenschonungen) und durch Ortsvergrößerungen an vielen Standorten gefährdet. Die Pflanze sollte in der Roten Liste von Baden-Württemberg als stark gefährdet (G 2) eingestuft werden.

5. **Pulmonaria montana** Lejeune 1811

Knolliges Lungenkraut

Morphologie: Hemikryptophyt, mit kompaktem Wurzelstock. Stengel 10–35(–50) cm hoch. Untere Blütentragblätter und obere Stengelblätter breit ei-lanzettlich, spitz, halbstengelumfassend; grundständige Sommerblätter breit elliptisch-lanzettlich, dunkelgrün, selten mit hellgrünen bis weißlichen Flecken, mit verschieden langen Borsten, zahlreichen Kurzdrüsen und wenigen Stieldrüsen; von oben gesehen lebend ohne Grauschimmer (junge Blätter aber bei Schrägaufsicht häufig silbrig glänzend!). Kelch 10–16 mm lang, U-förmig, zur Fruchtzeit stark vergrößert. Krone zuerst rötlich, später meist blauviolett, auf der Innenseite unregelmäßig und locker behaart. Früchte ca. 4–4,5 mm lang, schwarz oder dunkel olivbraun. Im Gebiet nur die Typusunterart. – Blütezeit: März–Mai.

Ökologie: Auf frischen bis wechselfrischen, mäßig nährstoff- bis nährstoffreichen, meist basenreichen und kalkarmen, humosen Lehmböden. In meist kollinen und submontanen Laubmischwäldern (besonders Eichen- und Eichen-Hainbuchenwäldern), vorzugsweise an Wald- und Wegrändern sowie auf Streuobstwiesen und schlecht gepflegten Glatthaferwiesen. Vegetationsaufnahmen mit *P. montana* aus dem Oberrheingebiet, der Bergstraße, dem Westrand des Schwarzwaldes und dem Kraichgau finden sich bei OBERDORFER (1936: 60). Die Pflanze wächst hier in trockenen Eichen-Hainbuchenwäldern mit *Dianthus superbus* und *Galium sylvaticum*. Eine

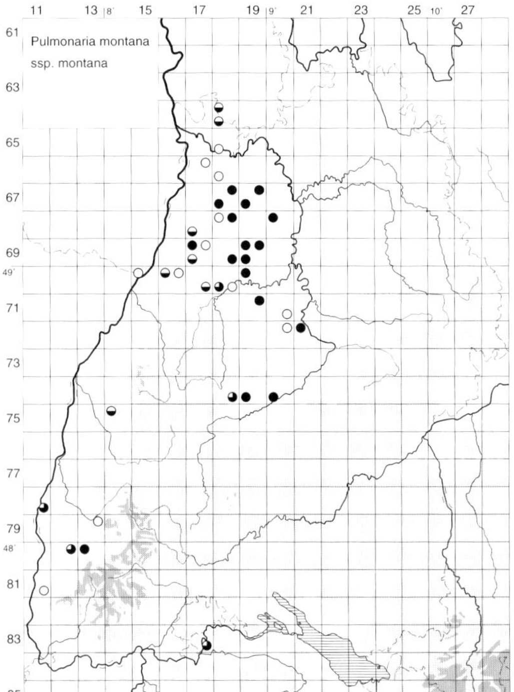

Knolliges Lungenkraut *(Pulmonaria montana)*
Donnersberg (Pfalz), 16. 4. 1994

synthetische Tabelle mit Vegetationsaufnahmen aus Westeuropa veröffentlichte BOLLIGER (1982, Tab. 2).

Allgemeine Verbreitung: Das Verbreitungsgebiet reicht soweit bisher bekannt nord- und westwärts bis Belgien und Nordostfrankreich (Ardennen), südwärts bis in die Savoyer Alpen (Dauphiné), ostwärts bis Süd-Hessen und Baden-Württemberg.

Verbreitung in Baden-Württemberg: *P. montana* kommt selten im Oberrheingebiet, am Westrand des Schwarzwaldes, an der Bergstraße, im Kraichgau, im Stromberggebiet, im Keupergebiet um Stuttgart und Tübingen sowie am Hochrhein vor.

Tiefstes Vorkommen: ca. 110 m bei Au am Rhein (7015/1, erloschen). Tiefstes aktuelles Vorkommen: ca. 150 m bei Untergrombach (6917/1). Höchstes Vorkommen: ca. 450 m bei Seebronn (7419/3). Die Vorkommen in Frankreich reichen bis 1000 m (BOLLIGER 1982: 68).

Pulmonaria montana ist vermutlich schon vor den ersten Eingriffen des Menschen im Gebiet vorhanden gewesen.

Bergstraße: 6418/1: ...in einem Wäldchen bei Närkstenbach (= Nächstenbach) unter Weinheim, 1928, WOLF in BOLLIGER (1982: 74); 6418/3: Geiersberg über Weinheim, OBERDORFER (1936: 60).

Oberrheingebiet: 6617/2: Hegenich östl. Schwetzingen, 1834, LOUDET (KR); 6518/3: Gaisberg (= Geisberg), 1889, HEFFT (KR); 6618/3: Zwischen Nußloch und Leimen, 1891, MAUS (KR); 6817/3: Büchenauer Wald bei Bruchsal, OBERDORFER (1936: 60); 7015/1: Au am Rhein, ?, RASTETTER (KR); 7016/1: Ostrand des Forchheimer Waldes, 1937, KNEUCKER (KR); 7016/2: Durlach-Aue, 1895, KNEUCKER (KR); 7811/4: Sasbach, 1959, KNAUSS (STU); 7913/2: Waldkirch, GÖTZ (KR); 8012/2: Schönberg, 1948, OBERDORFER (KR); 8111/4: Müllheim, vor 1900, LANG (KR). Zu weiteren Angaben aus dem Oberrheingebiet, die nicht in die Verbreitungskarte übernommen wurden, vgl. KLEIN (1905: 313).

Schwarzwald: 7514/1 (?): Hinterohlsbach, 1939, HENN (KR); 8013/1: Schloßberg bei Freiburg, nach 1970, OBERDORFER (KR-K).

Keupergebiet bei Tübingen: 7418/4: Bernloch SE Mötzingen, 1964, BAUR (STU); 7419/3: Seebronn bei Tübingen, SAUER (1975); 7420/3: Ursrain, Roter Rain und Steinenberg bei Tübingen, 1993, ENGELHARDT (Hb. ENGELHARDT). Zu weiteren Angaben bei Tübingen vgl. SAUER u. THIV (1995).

Hochrheingebiet: 8317/4 (?): Nackermühle u. Waldrand E Nack, 1936 u. 1940, KUMMER in SAUER u. THIV

(1995). Zu den Vorkommen im Kraichgau und im Keupergebiet um Stuttgart vgl. SAUER u. THIV (1995).

Erstnachweis: *P. montana* wird erstmals von GMELIN (1805: 425) unter dem Namen *P. angustifolia* erwähnt: „... prope Stein, et inter Stein et Bauschlott".

Bestand und Bedrohung: *Pulmonaria montana* ist besonders im Oberrheingebiet, am Westrand des Schwarzwaldes, an der Bergstraße, um Stuttgart und am Hochrhein (hier vermutlich schon immer selten) stark zurückgegangen. In diesen Gebieten ist nur noch das Vorkommen vom Schloßberg bei Freiburg nach 1970 bestätigt worden. Im Keupergebiet bei Tübingen sind die kleinen Populationen durch Bebauung und intensive Freizeitaktivitäten stark gefährdet. Im Kraichgau ist die Pflanze dagegen an zahlreichen Standorten vorhanden und noch nicht bedroht. Die Pflanze sollte in der Roten Liste von Baden-Württemberg als stark gefährdet (G 2) eingestuft werden.

Pulmonaria angustifolia L. 1753
Schmalblättriges Lungenkraut

Hemikryptophyt, mit kompaktem Rhizom. Stengel 15–30 cm hoch, mit 6–11 Stengelblättern. Grundblätter schmal-elliptisch bis lanzettlich-spitz, mit ± gleichlangen Borsten und Kurzdrüsen, oberste Stengelblätter und unterste Hochblätter schmal lanzettlich. Krone leuchtend azurblau, Innenseite bis auf den Haarring kahl. – Blütezeit: März–Mai.

Wärmeliebende, subkontinental verbreitete Pflanze lehmig-toniger Böden (in Unterfranken meist auf Keuperböden, seltener auf Muschelkalk). In Bayern in Eichen- und Eichenmischwäldern der planaren bis collinen Stufe (SAUER u. GRUBER 1979: 145).

P. angustifolia wird gelegentlich für Baden-Württemberg angegeben (vgl. z. B. HAEUPLER u. SCHÖNFELDER 1988), kommt aber nach SAUER (1975: 82) sowie SAUER u. GRUBER (1979: 147) im Gebiet nicht vor. Es konnten auch keine Herbarbelege gefunden werden. Die nächstgelegenen Vorkommen finden sich in Unterfranken nahe der württembergischen Grenze (vgl. MEIEROTT 1981: 157, hier auch eine genaue Verbreitungskarte und eine Fotografie der Pflanze).

Bastarde: Nach SAUER u. THIV (1995) sind in Baden-Württemberg (und dem direkt angrenzenden Bayern) bisher folgende Bastarde nachgewiesen worden (det.: SAUER u. THIV):
P. collina Sauer × **P. obscura** Dumortier
Pflanzen morphologisch zwischen den Eltern stehend. Zur genauen Beschreibung vgl. SAUER u. THIV (1995).
7420/3: Tübingen, 1975, MÜLLER u. GÖRS (STU).
P. collina Sauer × **P. officinalis** L.
Pflanzen morphologisch zwischen den Eltern stehend. Zur genauen Beschreibung vgl. SAUER u. THIV (1995).
7526/3: Neu-Ulm, Steinhäule, 1820, VON MARTENS (STU); 7526/3 (?): Steinheim gegen Burlafingen, im Riedwald, 1942, K. MÜLLER (STU).

6. **Nonea** Medicus 1789
Mönchskraut

Einjährige oder ausdauernde, krautige Pflanzen. Blätter lanzettlich, sitzend. Blüten mit Tragblättern, in endständigen Zymen. Kelch ⅕ bis ½ der Länge geteilt, nach der Blütezeit abwärts gerichtet oder schief abstehend. Krone mit kurzen, trichterförmig ausgebreiteten, stumpfen Zipfeln; Schlundschuppen klein, behaart oder anstelle der Schlundschuppen mit fünf Haarbüscheln oder mit Haarring. Staubblätter und Griffel in der Kronröhre eingeschlossen. Teilfrüchte ei- bis nierenförmig, behaart oder mit Borsten, glatt oder gerippt, am Grund mit Randwulst (zu Abbildungen der Früchte vgl. BAYTOP 1978: 405). Bestäubung meist durch Bienen.

Gattung mit ca. 30 hauptsächlich im östlichen Mittelmeergebiet und in Westasien verbreiteten Arten. In Europa kommen 9 Arten vor (CHATER 1972).

1 Stengel klebrig . . . . . *[Nonea rosea]*, S. 98
– Stengel nicht klebrig 2
2 Krone gelb. Teilfrüchte länger als breit. Stengel meist unverzweigt . . . . *[Nonea lutea]*, S. 98
– Krone rotbraun. Teilfrüchte breiter als lang. Stengel verzweigt . . . . 1. *Nonea pulla*

Nonea lutea (Desrousseaux) de Candolle 1805
Gelbes Mönchskraut

Winter- oder sommerannueller Therophyt, mit Pfahlwurzel, dicht mit kurzen flaumig-drüsigen und zerstreut mit langen weichen Borstenhaaren besetzt. Stengel 10–60 cm hoch, stets zu mehreren, meist unverzweigt. Blätter lanzettlich, ganzrandig oder unregelmäßig gezähnt. Kelch zur Blütezeit 6–10 mm lang, sich zur Fruchtzeit auf bis zu 20 mm verlängernd; Krone gelb, 7–12 mm lang; Schlundschuppen behaart. Teilfrüchte verlängert-elliptisch, bis 3 mm breit und 6 mm lang. – Blütezeit: April–Juni.

Ursprünglich in Südosteuropa und Westasien verbreitete Pflanze, die ihr Areal mittlerweile bis Süd- und Mitteleuropa ausgedehnt hat und stellenweise eingebürgert ist.

Aus Baden-Württemberg liegt nur eine glaubwürdige Angabe über ein unbeständiges Vorkommen vor.

6618/1 (?): Kiesgrube in Nähe der Bahnlinie bei Heidelberg, LUTZ (1910: 372). Die Angabe von ZIMMERMANN (1906: 128): „Im Hafen von Mannheim", ist wegen vieler Falschangaben des Autors anzuzweifeln.

Nonea rosea (M. von Bieberstein) Link 1821
Rosenrotes Mönchskraut

Winter- oder sommerannueller Therophyt, mit spindelförmiger Wurzel, locker mit abstehenden Borstenhaaren behaart. Stengel 20–30(–50) cm hoch. Blätter lanzettlich, geschweift bis gezähnt. Kelch sich zur Fruchtzeit stark verlängernd; Krone rosa-violett bis bräunlich, 15–18 mm lang. Teilfrüchte leicht gerippt. – Blütezeit: Juni–Juli. Im Kaukasus verbreitete Pflanze, die in West- und Mitteleuropa unbeständig auftritt.

Aus Baden-Württemberg und dem direkt angrenzenden Bayern liegen nur Angaben über unbeständige Vorkommen vor. Zur Verbreitung in Bayern vgl. WELSS (1985).

?: Mannheim, Hafen, 1908, GAMS in HEGI (1927: 2205); 7626/1: Neu-Ulm, VOLLMANN (1914: 610); ?: Lehrer Tal bei Ulm, K. MÜLLER (1957: 160).

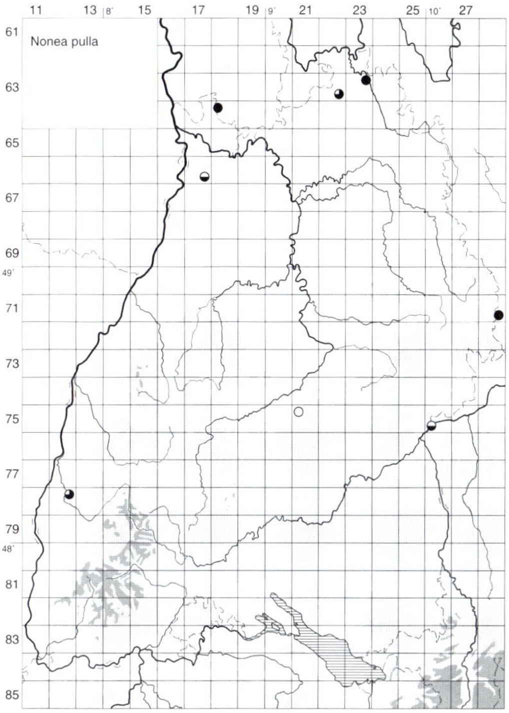

1. **Nonea pulla** de Candolle 1805

Braunes Mönchskraut

Morphologie: Hemikryptophyt, mit Pfahlwurzel. Pflanze mit weichen Borstenhaaren. Stengel 15–60 cm hoch, aufrecht, in der oberen Hälfte ästig. Blätter lanzettlich, die unteren in einen Stiel verschmälert, die oberen ± stengelumfassend, ganzrandig. Blüten kurz gestielt. Kelch glockig, zur Fruchtzeit 9–12 mm lang; Kelchzähne ⅓ so lang wie die Röhre. Krone 10–14 mm lang, rotbraun, mit weißlicher Röhre; Schlundschuppen mit Haarbüscheln. Teilfrüchte verkehrt eiförmig, bis 5 mm breit und 2,5 mm lang, gerippt. – Blütezeit: Mai–Juni.

Ökologie: Auf trockenen, meist nährstoffreichen, basen- und meist kalk- und skelettreichen, humusarmen Lehm- und Lößböden. In Getreidefeldern, Ackerbrachen, an Ackerrändern, in ehemaligen Schafweiden und auf Schuttplätzen. Bei Utzmemmingen wächst die Pflanze zusammen mit *Papaver argemone, Centaurea cyanus* und *Adonis aestivalis* (TRITTLER, ASP). Vegetationsaufnahmen aus Baden-Württemberg sind bisher nicht veröffentlicht worden.

Allgemeine Verbreitung: Ursprünglich in West- und Zentralasien verbreitete Pflanze, mittlerweile in Mittel- und Osteuropa eingebürgert. Isolierte Vorkommen sind westlich bis in die Pyrenäen bekannt. In Baden-Württemberg erreicht die Pflanze die Südwestgrenze des geschlossenen Verbreitungsgebietes.

Verbreitung in Baden-Württemberg: Aus Baden-Württemberg sind nur wenige Vorkommen aus dem Oberrheingebiet, der Bergstraße, dem Taubergebiet und dem Albvorland bekannt geworden. Zur Verbreitung in Unterfranken vgl. MEIEROTT (1981: 161).

Tiefstes Vorkommen: ca. 105 m bei Sandhausen (6617/4). Höchstes Vorkommen: ca. 500 m bei Utzmemmingen im Nördlinger Ries (7128/4).

Nonea pulla hat sich im Gebiet vermutlich erst im letzten Jahrhundert eingebürgert (Neophyt).

Braunes Mönchskraut (*Nonea pulla*)
Hecklingen

Hinweise auf frühere Vorkommen fehlen. Für Mitteleuropa vermutet LOHMEYER (in SCHNEIDER, SUKOPP und SUKOPP 1994: 240) natürliche Vorkommen in lichten Kiefern- und Kiefern-Eichenwäldern.

6322/4: Hardheimer Wurmbergsteinbruch, SACHS (1961: 13); 6323/2: „Auf der Mehle" NE Werbach, 1989, KÜBLER-THOMAS (KR-K); NSG Wormental, 1992 FLAD, vgl. TRITTLER, 1993 (ASP); 6418/1: W Schafhof, SCHWÖBEL und DEMUTH, 1982 (KR-K), 1993 noch vorhanden (KR-K); 6617/4: Sandhausen, Friedhof, OETTINGER in ANONYMUS (1903: 335); 7128/4: SE Utzmemmingen, 1991, ALEKSEJEW, vgl. TRITTLER 1992 (ASP); 7521/1: Pfullingen, 1830, SAUTERMEISTER (STU); 7526/3 (?): Auf Schutt im Örlinger Tal, 1909, HAUG (1912: 220); 7812/2: Hecklingen, NEUBERGER und OLTMANNS in ANONYMUS (1896: 368); HUBER (1908: 212); 1967, BRETTAR (in PHILIPPI und WIRTH 1970: 345).

Zu dem Vorkommen bei Hecklingen schreibt HUBER (1908): „Findet sich an dem Standort... nicht mehr in derselben Menge wie früher. Dies hat folgenden Grund: ein Mittelschullehrer führte vor einigen Jahren die Schüler einer Klasse an die Stelle und rief ihnen zu: „Reißt sie aus! Es ist ein Unkraut." welcher Aufforderung die Schüler mit größtem Vergnügen Folge leisteten."

Die Angabe von ZIMMERMANN (1906: 128): „Bei Walldorf" ist wegen der vielen Falschangaben des Autors fraglich.

Erstnachweis: Erste schriftliche Erwähnung 1896 von OLTMANNS u. NEUBERGER (in ANONYMUS 1896: 368).

Bestand und Bedrohung: Von *Nonea pulla* existieren in Baden-Württemberg nur wenige Populationen. Die Pflanze ist im Gebiet aber nicht seltener geworden, die Vorkommen haben nach den Funden der letzten Jahre eher zugenommen. *Nonea pulla* ist im Gebiet „potentiell durch Seltenheit gefährdet" (G 4).

7. **Symphytum** L. 1753
Beinwell

Ausdauernde, krautige Pflanzen, häufig mit knollig verdicktem Rhizom. Blätter eiförmig bis lanzettlich, ganzrandig, häufig am Stengel herablaufend. Blüten ohne Tragblätter. Kelch auf ¼ bis fast zum Grunde geteilt. Krone mit zylindrischer Röhre und röhren- bis glockenförmigem Saum, mit 5 schmalen, nicht behaarten Schlundschuppen. Staubblätter nicht aus der Kronröhre ragend, ungefähr in der Mitte der Kronröhre eingefügt. Griffel aus der Kronröhre ragend. Teilfrüchte eiförmig, meist warzig oder runzelig, selten glatt, am Grunde mit Randwulst. Bestäubung meist durch Bienen.

Gattung mit 17 in Eurasien verbreiteten Arten. In Europa kommen 13 (PAWLOWSKI 1972), in Baden-Württemberg 2 Arten vor.

1 Schlundschuppen die Kronzipfel überragend; Rhizom mit kugeligen Knollen 2. *S. bulbosum*
– Schlundschuppen die Kronzipfel nicht überragend; Rhizom rübenförmig 2
2 Teilfrüchte glatt, glänzend. Blattstiele meist weiter als ein Internodium herablaufend; Flügel des Blattstiels bis 4 mm breit . . . . 1. *S. officinale*
– Teilfrüchte netzig-runzelig bis fein warzig. Blattstiele nicht oder deutlich weniger als ein Internodium herablaufend. Flügel des Blattstiels weniger als 4 mm breit 3
3 Blattstiele weder herablaufend noch stengelumfassend. Stengelborsten seitlich abgeflacht. Kelchzähne vorne abgerundet; Antheren kürzer als die Filamente . . . . [*S. asperum*], S. 101
– Blattstiele der oberen Stengelblätter kurz herablaufend oder stengelumfassend. Stengelborsten drehrund. Kelchzähne ± spitz; Antheren so lang oder bis 1,5mal so lang wie die Filamente . . [*S. × uplandicum*], S. 102

1. **Symphytum officinale** L. 1753
Gewöhnlicher Beinwell

Morphologie: Geophyt oder Hemikryptophyt, mit rübenförmigem Rhizom. Stengel 50–150 cm hoch, meist verzweigt, mit anliegenden bis abstehenden, drehrunden Borstenhaaren, die auf wenigzelligen Sockeln sitzen, und zerstreuten, kurzen, flaumigen Haaren. Blätter ei-lanzettlich bis lanzettlich, lang zugespitzt, am Grunde allmählich in den meist weiter als ein Internodium herablaufenden, geflügelten Blattstiel verschmälert (Flügel bis 4 mm breit). Kelch 6–10 mm lang, Kelchzähne lanzettlich, lang zugespitzt; Krone 10–20 mm lang, weiß, gelblich, purpurrot oder rotviolett. Filamente ± so breit wie die Antheren. Teilfrüchte glatt, glänzend. – Blütezeit: Mai–August.

Variabilität: Von *Symphytum officinale* werden für das Gebiet 3 Unterarten genannt: *S. officinale* subsp. *officinale, S. officinale* subsp. *bohemicum* (F.W. SCHMIDT) CELAKOVSKY und *S. officinale* subsp. *uliginosum* (A. KERNER) NYMAN. Die letztgenannte Sippe wird von verschiedenen Floren für das Oberrheingebiet angegeben (vgl. z.B. OBERDORFER 1949, 1990). Es wurden aber keine Herbarbelege gefunden, die sich dieser Unterart zuordnen lassen. Nach PAWLOWSKI (1972) ist die Pflanze im östlichen Mitteleuropa verbreitet.

Gewöhnlicher Beinwell *(Symphytum officinale)*
Rastatt

Symphytum officinale subsp. *bohemicum* wird nicht allgemein als eigenständige Sippe anerkannt (z. B. PAWLOWSKI 1972, LAMBINON et al. 1992). Die Pflanzen unterscheiden sich morphologisch durch einen leichten Gelbton der Blüten von der rot oder weiß blühenden Typusunterart, z. T. sind die Blüten auch etwas kleiner. Die Sippe wurde bei der Kartierung kaum beachtet, eine

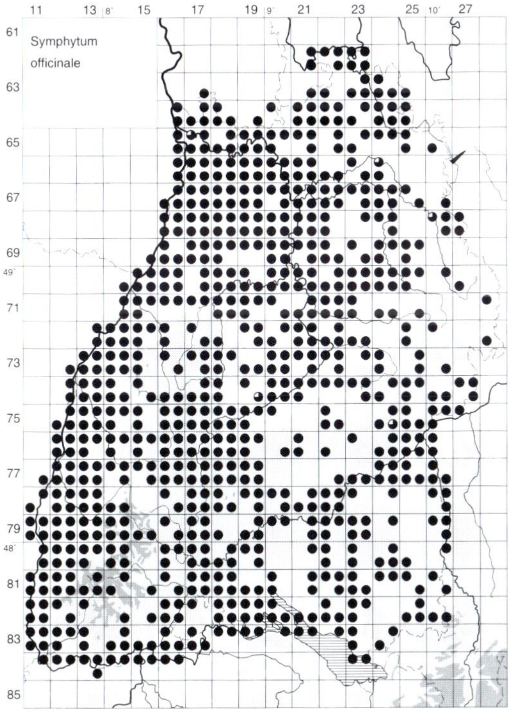

Verbreitungskarte würde kein aussagekräftiges Bild ergeben. Gebietsweise kann die Pflanze häufiger sein als die subsp. *officinale* (vgl. BUTTLER u. STIEGLITZ 1976: 33).

Ökologie: Auf feuchten bis nassen (z. T. wechselnassen), nährstoff- u. basenreichen Lehm- und Tonböden, z. T. anmoorig. In Seggenriedern, nassen Wiesen, Hochstaudenfluren, Auen- und Bruchwäldern, an Bach- und Grabenrändern, selten auch in nassen Hackfruchtäckern. Typische Begleitpflanzen sind verschiedene Großseggenarten (z. B. *Carex acuta, Carex acutiformis*) sowie Arten der Pfeifengras- und feuchten Glatthaferwiesen. Vegetationsaufnahmen bzw. synthetische Tabellen liegen u. a. von HÜGIN (1956, Hackunkrautgesellschaften!), PHILIPPI (1972, Tab. 7 u. 12; 1978, mehr Tab.), TH. MÜLLER (1974, Tab. 5) und GÖRS (1974, Tab. 1 u. 3) vor.

Allgemeine Verbreitung: Eurasien, ostwärts bis Zentralasien. In Europa verläuft die Nordgrenze des geschlossenen Areals von Großbritannien über Südskandinavien bis Rußland bei ca. 60° n. Br., weiter nördlich gibt es entlang der Küsten von Skandinavien zerstreute Vorkommen bis ca. 65° n. Br. Im Süden fehlt die Pflanze weitgehend auf der Iberischen Halbinsel, in Süditalien und Griechenland sowie auf den Mittelmeerinseln.

Verbreitung in Baden-Württemberg: *Symphytum officinale* ist fast im ganzen Gebiet verbreitet. Größere Verbreitungslücken bestehen nur im Schwarzwald, in den Keupergebieten der Hohenloher Ebene und dem Vorland der Ostalb, auf der Schwäbischen Alb und im Alpenvorland.

Tiefste Vorkommen: ca. 95 m in der nördlichen Oberrheinebene. Höchstes Vorkommen: ca. 990 m im Südschwarzwald bei Breitnau (8014/3, HÜGIN, schriftl. Mitt.).

Symphytum officinale war vermutlich schon vor den ersten menschlichen Eingriffen im Gebiet vorhanden.

Erstnachweis: Erste schriftliche Erwähnung bei L. FUCHS (1542: 695): „Tübingen".

Bestand und Bedrohung: *Symphytum officinale* ist im Gebiet häufig und nicht bedroht.

Symphytum asperum Lepechin 1805
Rauher Beinwell

Hemikryptophyt, mit rübenförmigem Rhizom. Stengel bis 180 cm hoch, verzweigt, mit hakig nach unten gebogenen, scharf stechenden, seitlich abgeflachten, auf vielzelligen, auffälligen Sockeln sitzenden Borstenhaaren. Blätter eiförmig bis ei-lanzettlich, am Grunde keilförmig oder abgerundet, nicht stengelumfassend und nicht herablaufend, obere deutlich gestielt, dicht mit Borstenhaaren besetzt. Kelch 3–6 mm lang, Kelchzähne stumpf-zipfelig. Krone 11–20 mm lang, zuerst rosa, später purpurrot oder blauviolett. Schlundschuppen nie aus der Kronröhre ragend. Filamente deutlich schmäler als die Antheren. Teilfrüchte matt, netzig-runzelig bis fein warzig. – Blütezeit: Juni–August.

Das aus dem Kaukasus stammende *S. asperum* wurde bereits um 1800 als Zierpflanze gezogen und ab der 2. Hälfte des 19. Jahrhunderts als Grünfutterpflanze angebaut. Nach LUDWIG (1955) wurde die Art im Laufe der Zeit „weghybridisiert" (d. h. Bastardbildung mit *S. officinale*) und kommt heute im Gebiet nicht mehr vor (vgl. auch BASLER 1972: 526; 1973: 7). Tatsächlich weisen alle untersuchten „*Symphytum asperum*"-Belege, wenn zum Teil auch nur in wenigen Merkmalen, auf Einkreuzung von *S. officinale* hin.

Abbildungen von *Symphytum officinale, S. asperum* und *S.* × *uplandicum* finden sich bei FAEGRI (1931), Merkmalstabellen bei BASLER (1972: 528; 1973: 8).

Symphytum × **uplandicum** Nyman 1854;
S. asperum Lepechin × **S. officinale** L.

Hemikryptophyt, mit rübenförmigem Rhizom. Stengel bis 200 cm hoch, mit stechenden, drehrunden Borstenhaaren. Blätter keilförmig oder abgerundet, die oberen sitzend, kurz herablaufend oder wenig stengelumfassend. Kelch 4–7 mm lang, Kelchzähne ± spitz. Krone 8–16 mm lang, zuerst rosa, später blau oder violett, selten weiß. Filamente kaum schmäler an die Antheren. Teilfrüchte netzig-runzelig, matt bis schwach glänzend. – Blütezeit: Juni–August.

Symphytum × *uplandicum* wächst an ähnlichen Standorten wie *S. officinale*, aber auch an Wegrändern und Schuttplätzen.

Zwischen *Symphytum asperum* und *S. officinale* können durch Rückkreuzungen alle Übergänge gefunden werden (Bastarde fertil!, vgl. auch THELLUNG 1919: 779; LUDWIG 1955, STACE 1991: 647).

2. Symphytum bulbosum Schimper 1825
Knollen-Beinwell

Morphologie: Geophyt, mit dünnem, lang kriechendem, kugeligen Knollen bildendem Rhizom. Stengel 15–50 cm hoch, einfach oder wenig verzweigt, wie die Blätter mit zerstreut stehenden, 1–2 mm langen Borstenhaaren und dicht stehenden, kurzen flaumigen Haaren. Blätter eiförmig bis ei-lanzettlich, am Grunde plötzlich verschmälert (gestutzt oder abgerundet), die unteren lang gestielt, die oberen sitzend, den Stengel wenig herablaufend. Krone 8–14 mm lang, gelblich; Schlundschuppen 5–9 mm lang, nach dem Platzen der Staubbeutel die Kronzipfel bis 4 mm überragend; Staubbeutel 2,5–4 mm lang. – Blütezeit: April–Juni.

Ökologie: Auf frischen, mäßig nährstoff- bis nährstoffreichen, meist basenreichen, humosen Lehmböden. Im Gebiet in Weinbergen, Staudenfluren und Laubmischwäldern. In Südosteuropa Assoziationscharakterart des Juglando-Platanetum (Platanen-Auenwald), außerdem in Balkaneichenwäldern (HORVATH et al. 1974). Vegetationsaufnahmen aus Baden-Württemberg sind nicht veröffentlicht worden.

Allgemeine Verbreitung: Südeuropäische Pflanze, westwärts bis Korsika und den Seealpen, nordwärts vom Alpensüdrand über Slowenien, Kroatien und Serbien bis Bulgarien. Die Vorkommen in Baden und im Elsaß (vgl. POEVERLEIN 1908) liegen weit außerhalb des geschlossenen Verbreitungsgebietes und sind vermutlich eingeschleppt (z. T. auch angepflanzt) worden.

Verbreitung in Baden-Württemberg: *Symphytum bulbosum* kommt bzw. kam im Gebiet nur bei Heidelberg, bei Schwetzingen und am Schwarzwaldrand südwestlich Ettlingen (Ettlinger – Offenburger Vorhügel) vor. Das Vorkommen bei Schwetzingen liegt bei ca. 100 m, das bei Oberweier bei ca. 200 m.

Symphytum bulbosum ist im Gebiet vermutlich als Neophyt anzusehen, obwohl das Vorkommen in den Weinbergen bei Heidelberg auch schon vor 1500 vorhanden gewesen sein könnte.

6518/3 (?): Weinberge zwischen dem Dreitröge Thal und der ehemaligen Krappfabrik bei Heidelberg, KÖNIG

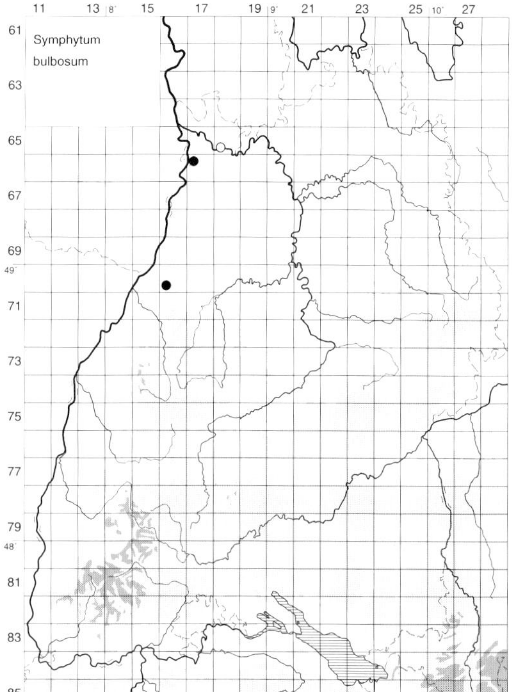

Knollen-Beinwell *(Symphytum bulbosum)*
Ettlingen

(1841: 40); Weinberge auf dem rechten Neckarufer, PERPENTE in SCHULTZ (1846: 308). Der letzte gesicherte Nachweis von Heidelberg stammt von WÜRTH aus dem Jahre 1895 (STU). 6617/1: Schwetzingen, Schloßgarten, SCHMIDT (1857: 207), 1990 noch vorhanden (KR-K). Es ist wiederholt der Verdacht geäußert worden, daß die Pflanzen von SCHIMPER hierher verpflanzt wurden (vgl. KNEUCKER 1896: 127). 7016/3: Lochmühle bei Oberweier, v. SCHILLING in KNEUCKER (1896: 127), 1993 noch vorhanden, BREUNIG (KR-K).

Die Pflanze soll früher in der Umgebung von Oberweier in Laubmischwäldern weiter verbreitet gewesen sein (KNEUCKER 1896).

Erstnachweis: Der erste schriftliche Nachweis findet sich bei C.C. GMELIN (1826: 144). „Circa Heidelberg in vineis non infrequens“.

Bestand und Bedrohung: Die Vorkommen bei Schwetzingen und Oberweier sind seit dem letzten Jahrhundert bekannt. Zumindest bei Oberweier ist die Pflanze deutlich zurückgegangen. So schreibt KNEUCKER von „einigen tausend blühenden Exemplaren“. 1993 wuchs die Pflanze auf einer Fläche von ca. 50–100 m^2 in deutlich geringerer Anzahl (BREUNIG, mdl. Mitt.).

Die Pflanze wird in der Roten Liste als potentiell durch Seltenheit gefährdet eingestuft (G 4). Bei nur zwei Fundorten ist auch eine Einstufung als vom Aussterben bedroht (G 1) zu rechtfertigen.

Brunnera Steven 1851

Ausdauernde, krautige Pflanzen. Kelch fast bis zum Grunde geteilt. Krone radförmig, mit 5 behaarten Schlundschuppen. Griffel und Staubblätter in der Kronröhre eingeschlossen. Teilfrüchte runzelig, mit Randwulst. Gattung mit 3 Arten.

Brunnera macrophylla (Adams) Johnston 1924

Hemikryptophyt. Stengel 20–50 cm hoch, behaart. Blütenstand verzweigt. Kelch 1–2 mm lang. Krone 3–4 mm lang, blau. Teilfrüchte länglich bis eiförmig, mit Randwulst.

Aus dem Kaukasus stammende Pflanze, die in Europa als Zierpflanze kultiviert wird und gelegentlich verwildert.

8123/2: Kanal nahe der Papierfabrik Mochenwangen, DÖRR (1982).

8. **Anchusa** L. 1753
Ochsenzunge

Ein-, zwei- oder mehrjährige, krautige Pflanzen (selten am Stengelgrund leicht verholzt). Blätter lanzettlich, obere meist sitzend, teilweise stengelumfassend. Blüten mit Tragblättern, in blattachsel- und endständigen Zymen. Kelch auf $\frac{1}{3}$ der Länge bis fast zum Grunde fünfteilig. Kronröhre zylindrisch, gerade oder gekrümmt; Kronzipfel mit fünf papillösen oder behaarten Schlundschuppen. Staubblätter in der Kronröhre eingeschlossen oder wenig herausragend. Griffel in der Kronröhre eingeschlossen. Teilfrüchte mit wulstigen und kantigen Rippen, dazwischen mit kleinen Warzen. Bestäubung meist durch Bienen.

Die Gattung *Anchusa* umfaßt ca. 35 Arten, die im Mittelmeergebiet, in Westasien und in Südafrika verbreitet sind. In Europa kommen 24 (CHATER 1972), in Baden-Württemberg kommen zwei Arten vor. Von drei weiteren Sippen sind bisher nur Angaben über unbeständige Vorkommen bekannt geworden.

1 Krone bleichgelb; Kelchzipfel mit häutigem Rand . . . . *[A. ochroleuca]*
– Krone andersfarbig; Kelchzipfel ohne häutigen Rand 2
2 Kelch bis fast zum Grunde geteilt 3
– Kelch auf $\frac{1}{3}$–$\frac{2}{3}$ der Länge geteilt 4
3 Krone mit gerader Röhre; Durchmesser der Krone ca. 15 mm. Blätter meist mit glattem Rand . . . . *[A. azurea]*
– Kronröhre mit doppelter Krümmung; Durchmesser der Krone ca. 4–7 mm. Blätter am Rande wellig . . . . 2. *A. arvensis*
4 Pflanze mit ± gleichlangen Haaren; Blätter flach. Kelch bis auf $\frac{1}{3}$ der Länge geteilt . . . . . 1. *A. officinalis*
– Pflanze mit kurzen und langen Haaren; Blätter am Rande meist wellig. Kelch bis auf $\frac{2}{3}$ der Länge geteilt . . . . *[A. undulata]*

Anchusa ochroleuca Marschall von Bieberstein 1808
Gelbe Ochsenzunge

Hemikryptophyt, ± dicht mit kurzen, weichen, anliegenden und teilweise mit einigen längeren, kräftigen, abstehenden Haaren besetzt. Stengel 30–80 cm hoch. Blätter lanzettlich, mit glattem Rand. Kelch bis höchstens $\frac{2}{3}$ der Länge geteilt, mit abgerundeten, häutigen Zipfeln. Krone bleichgelb; Schlundschuppen mit samtigen Haaren; Kronröhre 7–10 mm lang, Durchmesser der Krone 7–10 mm. – Blütezeit: Mai–Juli.

In Südosteuropa verbreitete Pflanze trockener Böden. Aus Baden-Württemberg liegen nur Angaben über unbeständige Vorkommen vor.

?: bei Mannheim, LUTZ (1910: 372); 6916/3: Karlsruhe, Rheinhafen, 1935, JAUCH (KR); Karlsruhe, zwischen Mühlburg und Rheinhafen, 1934, JAUCH (KR); 8012/2: Freiburg, Kiesgrube an der Baseler Straße, LIEHL in THELLUNG (1913: 226).

Anchusa undulata L. 1753
A. hybrida Tenore 1815

Hemikryptophyt, mit langen, biegsamen, am Grunde verdickten und kurzen, am Grunde nicht verdickten Haaren. Stengel 10–50 cm hoch. Blätter lanzettlich, am Rande meist wellig kraus, entfernt geschweift gezähnt. Kelch bis auf $\frac{2}{3}$ der Länge geteilt, mit spitzen und stumpfen Zipfeln; Krone blau oder violett, Schlundschuppen mit samtigen Haaren; Kronröhre 7–13 mm lang; Durchmesser der Krone ca. 3–8 mm lang. – Blütezeit: Mai–Juli.

Nach CHATER (1972) kommen in Europa zwei Unterarten vor:

1 Kronröhre 8–13 mm lang, Durchmesser der Krone 6–8 mm; Staubblätter an der Spitze der Kronröhre inseriert, die Schlundschuppen überragend . . . . . . *A. undulata* subsp. *undulata*
– Kronröhre 5–8 mm lang, Durchmesser der Krone 3–5 mm; Staubblätter in der Mitte der Kronröhre inseriert, die Schlundschuppen nicht überragend . . . . *A. undulata* subsp. *hybrida* (Tenore) Coutinho 1913

A. undulata ist im Mittelmeergebiet und in Kleinasien auf trockenen Böden weit verbreitet. Aus Baden-Württemberg sind bisher nur Angaben über unbeständige Vorkommen bekannt geworden, die als *A. hybrida* (= *A. undulata* subsp. *hybrida*) veröffentlicht wurden. Ob es sich allerdings tatsächlich um die subsp. *hybrida* handelt und nicht um die auf der Iberischen Halbinsel vorkommende Typusunterart, konnte nicht untersucht werden, da keine Herbarbelege vorlagen. Nach HESS et al. (1972: 86) ist *Anchusa undulata* (subsp. *hybrida*?) im Elsaß bei Mülhausen eingebürgert und in Ausbreitung begriffen.

?: bei Mannheim, LUTZ (1910: 372); 8012/2: Freiburg, Kiesgrube an Basler Landstraße, THELLUNG (1905: 51).

1. **Anchusa officinalis** L. 1753
Gewöhnliche Ochsenzunge

Morphologie: Hemikryptophyt, mit Pfahlwurzel. Pflanze mit auf Sockeln sitzenden, abstehenden, ± gleichlangen Borsten (vgl. auch Abschnitt Variabilität!). Stengel 20–80(–100) cm hoch, im Blütenstand verzweigt. Blätter lanzettlich, die oberen sitzend, die untersten in einen Stiel verschmälert, flach, ganzrandig oder entfernt gezähnt. Blüten in vielblütigen Blütenständen. Kelch bis auf ca. $\frac{1}{3}$ der Länge geteilt, mit spitzen Zipfeln, zur Fruchtzeit ca. 10 mm lang. Krone rot bis blauviolett, Schlundschuppen weiß, mit samtigen Haaren; Kronröhre 7–10 mm lang; Durchmesser der Krone 7–10 mm. Teilfrüchte ca. 4 mm lang und mützenförmig. – Blütezeit von Mai bis September.

Variabilität: *A. officinalis* ist eine sehr formenreiche Sippe (vgl. z. B. CHAMBERLAIN 1978: 392). Nach CHATER (1972: 107) soll auch *A. procera* BESSER EX. LINK, die von HEINE (1952: 110) für den Mannheimer Industriehafen genannt wird, zu dieser Sippe gehören. Diese Einschätzung wird nicht allgemein geteilt. Nach LAMBINON (1992: 520) unterscheidet sich *A. procera* von *A. officinalis* durch verschieden lange Borsten (*A. officinalis*: Borsten ± gleichlang) und ovale bis dreieckige Tragblätter (*A. officinalis*: Tragblätter lanzettlich).

Ökologie: Auf besonnten, meist trockenen, mäßig nährstoffreichen, meist basenreichen und kalkarmen, sandigen bis steinigen Böden. In Unkrautgesellschaften (Onopordetalia-Ordnungscharakterart) an Wegrändern, auf Schuttplätzen und Dämmen, außerhalb des Gebietes auch in Äckern, an Ackerrändern und in Weinbergen. Eine synthetische Tabelle mit *A. officinalis* veröffentlichte TH. MÜLLER (in SEYBOLD u. MÜLLER 1972, Tab. 8).

Allgemeine Verbreitung: Ursprünglich in Europa, Kleinasien und dem Kaukasus beheimatete Pflanze, mittlerweile in Nordamerika und Neuseeland eingeschleppt. Das geschlossene Verbreitungsgebiet reicht in Europa nordwärts bis Südschweden (weiter nördlich vereinzelte Vorkommen bis ca. 70° n. Br.), ostwärts bis Südrußland. Im südlichen Mittelmeergebiet fehlt die Pflanze, in England gibt es nach STACE (1991: 649) nur synanthrope Vorkommen.

Gewöhnliche Ochsenzunge (*Anchusa officinalis*) Hohenstoffeln

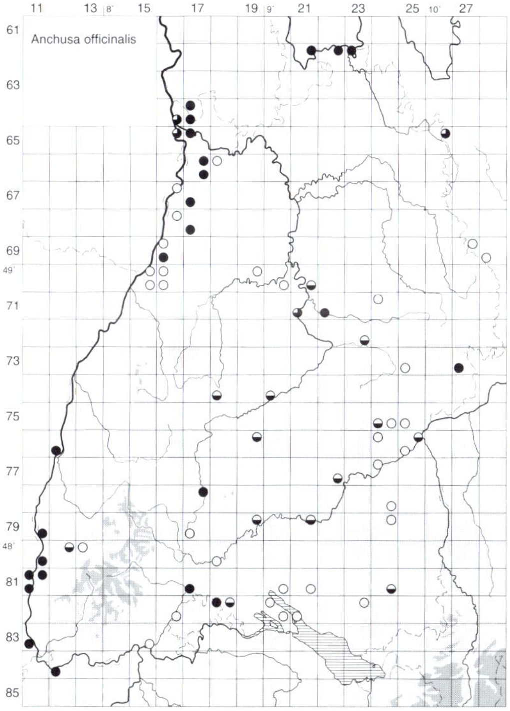

Verbreitung in Baden-Württemberg: Selten und meist unbeständig in wärmebegünstigten Landesteilen. Beständige Vorkommen gibt es nur im Oberrheingebiet und im badischen Maingebiet (auf bayerischer Seite häufiger). Nach KREH (1951: 112) und K. MÜLLER (1957: 159) wurde die Pflanze „anscheinend von Bienenzüchtern angesalbt" bzw. als „Vogelfutterpflanze" eingeschleppt und war nach K. MÜLLER (1957: 159) „früher als Ruderalpflanze" häufig.

Tiefste Vorkommen: ca. 95 m in der nördlichen Oberrheinebene. Höchste Vorkommen: ca. 600 m auf der Schwäbischen Alb.

Anchusa officinalis ist erst nach Schaffung geeigneter Standorte durch den Menschen in das Gebiet eingewandert (Archäophyt, vgl. auch LOHMEYER u. SUKOPP 1992: 62).

Erstnachweis: Erste schriftliche Erwähnung bei H. BOCK (1539: 64 B) für Tübingen.

Bestand und Bedrohung: *Anchusa officinalis* ist in Baden-Württemberg nur in wenigen Naturräumen vorhanden und dort selten. Genaue Angaben zur Gefährdung lassen sich kaum machen, da die Pflanze immer wieder unbeständig auftritt. In der Roten Liste von Baden-Württemberg wird die Gewöhnliche Ochsenzunge aufgrund ihrer wenigen beständigen Wuchsorte als potentiell gefährdet (G 4) eingestuft. Diese Bewertung sollte bis auf weiteres beibehalten werden.

Anchus azurea Miller 1768
Italienische Ochsenzunge

Hemikryptophyt, abstehend behaart. Stengel 60–100 (–150) cm hoch, im Blütenstand meist verzweigt. Blätter breit lanzettlich, meist mit glattem Rand; Kelch bis fast zum Grunde geteilt, mit allmählich fein zugespitzten Zipfeln. Krone blau, Schlundschuppen borstig behaart; Kronröhre 10–15 mm lang, Durchmesser der Krone ca. 15 mm. – Blütezeit: Mai–August.

Vom Mittelmeergebiet bis Kleinasien verbreitete Pflanze trockener und nährstoffreicher Böden. Aus Baden-Württemberg sind bisher nur unbeständige Vorkommen bekannt geworden.

?: bei Mannheim, Lutz (1910: 372); 6516/2 (?): Mannheim, Hafenanlage, 1891, Kneucker (KR); 6722/3: Kochersteinsfeld, Kirchner u. Eichler (1900: 307); 6916/3: Karlsruhe, Albhochgestade zwischen Daxlanden und Mühlburg, 1925, Jauch (KR); Karlsruhe, Rheinhafen, 1932, Jauch (KR); 7016/1: Karlsruhe, Lauterberg, 1889, Maus (KR); 7220/4: Möhringen, Seybold (1968: 249); 7314/2: Bahnhof Bühl, Huber in Anonymus (1912: 163); 7420/4: Tübingen, Bertsch (1933: 224); 7525/2: Dornstadt, 1937, K. Müller (1957: 160); 7911/2: Kirchberg zwischen Ober- und Niederrotweil, Spenner (1826: 417); 8012/2: Freiburg, Kiesgrube an der Basler Straße, Liehl (1900: 200); Freiburg, Güterbahnhof, 1924, Jauch (KR), vgl. auch Jauch (1938: 108).

2. Anchusa arvensis (L.) Marschall von Bieberstein 1808

Lycopsis arvensis L. 1753
Acker-Krummhals

Winterannueller Therophyt (seltener Hemikryptophyt), mit Pfahlwurzel. Pflanze mit auf Sockeln sitzenden, abstehenden Borstenhaaren. Stengel 15–40(–60) cm hoch, fleischig, kantig, meist schon vom Grunde an verzweigt. Blätter lanzettlich, die oberen sitzend, z. T. stengelumfassend, die unteren allmählich in einen Stiel verschmälert, am Rande wellig, meist geschweift gezähnt. Blüten in vielblütigen, dichten Blütenständen. Kelch fast bis zum Grunde in 5 schmale Zipfel geteilt, zur Blütezeit 4–6 mm lang, zur Fruchtzeit bis 15 mm lang. Krone hellblau (Schlundschuppen und Kronröhre weiß bis bläulich-violett); Schlundschuppen behaart; Kronröhre 4–8 mm lang, unterhalb oder in der Mitte mit einer doppelten Krümmung. Durchmesser der Krone 4–7 mm. Teilfrüchte 2–3 mm lang, mützenförmig. – Blütezeit: Mai–August.

Acker-Krummhals (*Anchusa arvensis*)
Hohentwiel, 5. 7. 1991

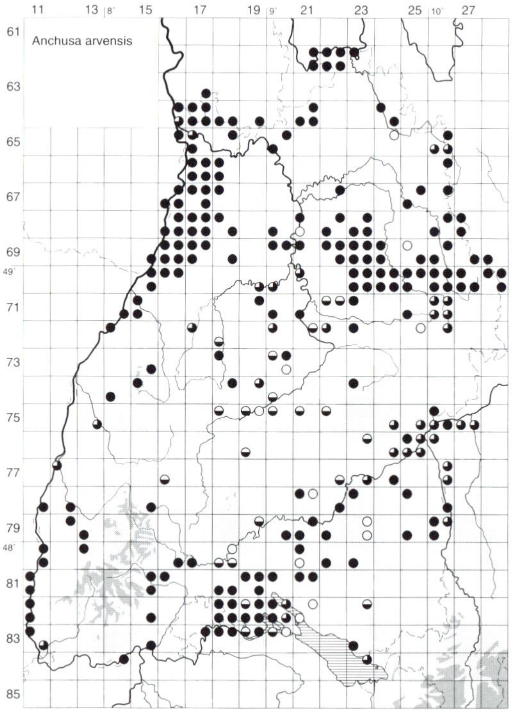

Nach CHATER (1972) lassen sich in Europa zwei Unterarten unterscheiden:

1 Blätter stark wellig, deutlich geschweift gezähnt. Kronröhre 5–8 mm lang, etwa in der Mitte mit einer doppelten Krümmung. Teilfrüchte spärlich warzig . . . . . 2a. *A. arvensis* subsp. *arvensis*
– Blätter kaum wellig, fast ganzrandig. Kronröhre 4–5 mm lang, unterhalb der Mitte mit einer doppelten Krümmung. Teilfrüchte dicht warzig [2b. *A. arvensis* subsp. *orientalis*]

2a. Anchusa arvensis subsp. arvensis

Ökologie: Auf mäßig trockenen bis frischen, mäßig nährstoff- bis nährstoffreichen, meist kalkarmen, sandigen Böden. Bevorzugte Wuchsorte sind Hackfruchtäcker, Weinberge und Ruderalstellen. Vegetationsaufnahmen aus Baden-Württemberg finden sich bei LANG (1990, Tab. 39, 42, 43 und 51), aus Nordostbayern bei NEZADAL (1975, Hackfruchtäcker).

Allgemeine Verbreitung: Europa, Kaukasus, in Nordamerika eingeschleppt. In Europa reicht das geschlossene Verbreitungsgebiet nördlich bis Mittelskandinavien bei ca. 63° n. Br., weiter nördlich gibt es nur wenige zerstreute Vorkommen bis ca. 70° n. Br. Selten ist die Pflanze im südlichen Mittelmeergebiet.

Verbreitung in Baden-Württemberg: Hauptverbreitungsgebiete sind die nördliche und südliche Oberrheinebene, der Schwäbisch-Fränkische Wald sowie das westliche Bodenseegebiet. In den übrigen Landesteilen ist die Pflanze selten oder fehlt – insbesondere in reinen Kalkgebieten – vollständig. Die Höhenverbreitung erstreckt sich von ca. 90 m in der nördlichen Oberrheinebene bis 660 m bei Hundsbach im Nordschwarzwald (7315/4, HÜGIN, KR-K). Die meisten Vorkommen liegen aber unter 450 m.

Erstnachweis: Erste schriftliche Erwähnung bei L. FUCHS (1543: CII): „um Rotenburg am Neckar".

Bestand und Bedrohung: *Anchusa arvensis* ist durch die Intensivierung der Ackernutzung fast überall im Rückgang und sollte in der Roten Liste von Baden-Württemberg als gefährdet (G 3) eingestuft werden.

2b. Anchusa arvensis subsp. orientalis (L.) Nordhagen 1940

Ursprünglich in Südosteuropa und Südwestasien beheimatete Sippe, die inzwischen auf der Iberischen Halbinsel eingebürgert ist. Aus Baden-Württemberg sind bisher nur unbeständige Vorkommen bekannt.

?: Mannheim, LUTZ (1910: 372); 8012/2: Freiburg, Kiesgrube an Basler Landstraße, THELLUNG (1905: 51).

Pentaglottis Tausch 1829
Ochsenzunge

Ausdauernde, krautige Pflanzen. Blüten in blattachsel- oder endständigen Zymen, mit Hochblättern. Kelch fast bis zum Grunde geteilt. Krone blau, mit kurzer trichterförmiger oder zylindrischer Röhre und radförmigem Saum, mit 5 behaarten Schlundschuppen, welche die Kronröhre verschließen. Staubblätter und Griffel in der Kronröhre eingeschlossen. Teilfrüchte eiförmig, mit Randwulst, am Grunde mit gestielten Anhängsel.

Pentaglottis sempervirens (L.) Tausch ex Bailey 1949
Anchusa sempervirens L. 1753
Grüne Ochsenzunge

Hemikryptophyt. Pflanze behaart. Stengel 30–100 cm hoch, meist aufsteigend, im Blütenstand meist verzweigt. Blätter lanzettlich bis eiförmig mit deutlichen Seitennerven. Teilblütenstände dichtstehend, jeder mit großem Hochblatt. Kronröhre 4–6 mm; Durchmesser der Krone 8–10 mm. – Blütezeit: April–Oktober.

In Südwesteuropa auf Dünen, an Wald- und Wiesenrändern verbreitete Pflanze, die in Mitteleuropa selten als Zierpflanze angepflanzt wird und gelegentlich verwildert.

Aus Baden-Württemberg liegen nur Angaben über Vorkommen aus Karlsruhe vor.

Schloßgarten, 1883, KNEUCKER (KR); 1938, JAUCH (KR); Fasanengarten, 1906, KNEUCKER (KR); 1953, HRUBY (KR); Stadtgarten, 1907, KNEUCKER (KR); Wildpark, 1935, KNEUCKER (KR), 1995 noch vorhanden; Hofgarten, 1926, JAUCH (KR).

Borago L. 1753
Boretsch

Einjährige oder ausdauernde, krautige Pflanzen. Blüten mit Tragblättern. Kelch fast bis zum Grunde geteilt, sich nach der Blütezeit vergrößernd. Krone rad- bis glockenförmig, mit oder ohne Röhre, mit kurzen, kahlen, ausgerandeten, aus der Krone ragenden Schlundschuppen. Staubblätter am Grunde der Krone inseriert, die Schlundschuppen weit überragend. Staubfäden an der Spitze mit nach außen gerichtetem Anhängsel. Griffel die Schlundschuppen nicht überragend. Teilfrüchte verkehrt eirund, warzig, mit Randwulst.

Gattung mit drei im Mittelmeergebiet und in Westasien verbreiteten Arten.

In Europa kommen zwei, in Baden-Württemberg nur die folgende als Zier-, Gewürz- und Bienenfutterpflanze angebaute Sippe vor.

Borago officinalis L. 1753
Echter Boretsch

Therophyt, mit Pfahlwurzel. Stengel 15–80 cm hoch, aufrecht, fleischig, dicht abstehend behaart. Blätter meist oval, z. T. unregelmäßig gezähnt, die unteren gestielt, die oberen sitzend, z. T. herablaufend. Blütenstand doldenartig. Blüten 0,8–4 cm lang gestielt. Kelchzipfel schmal-lanzettlich, zur Fruchtzeit zusammenneigend. Krone blau, radförmig, im Durchmesser ca. 2–3 cm; Schlundschuppen weiß. Anhängsel der Staubfäden ca. 2 mm lang. – Blütezeit: Juni–August.

Im Mittelmeergebiet verbreitete Pflanze mäßig trokkener, meist nährstoffreicher Böden.

Aus Baden-Württemberg sind nur unbeständige Verwilderungen aus Anpflanzungen bekannt geworden (z. B. BAUMANN 1911: 412, K. MÜLLER 1957: 161, SEYBOLD 1968: 250).

Trachystemon D. Don 1832

Monotypische Gattung

Trachystemon orientalis (L.) G. Don fil. 1838

Geophyt, mit 20–60 cm langem, aufrechtem, verzweigtem Stengel. Grundblätter eiförmig, am Grund herzförmig, lang gestielt. Stengelblätter eiförmig bis lanzettlich, sitzend. Kelch bis zur Hälfte geteilt, sich zur Fruchtzeit vergrößernd. Krone blau bis violett; Kronröhre trichterförmig, 5–7 mm lang, Kronsaum im Durchmesser 9–12 mm, Schlundschuppen behaart. Staubblätter weit aus der Kronröhre ragend, Griffel eingeschlossen. Teilfrüchte ca. 2 × 4 mm lang, runzelig, eiförmig, mit Randwulst.

Aus Osteuropa, Nord-Anatolien und dem West-Kaukasus stammende Pflanze, die in Baden-Württemberg bisher einmal verwildert nachgewiesen wurde.

7221/3: Hohenheim, Friedhof, KIRCHNER und EICHLER (1900: 307, als *Borrago orientalis*)

Amsinckia Lehmann 1831

Einjährige, krautige Pflanzen. Kelch fast bis zum Grunde geteilt. Krone gelb oder orange, ohne Schlundschuppen. Staubblätter und Griffel in der Kronröhre eingeschlossen.

Ursprünglich in Amerika heimische Gattung. Zahlreiche Arten sind in Europa eingeschleppt worden, von denen sich einige in West- und Nordwesteuropa eingebürgert haben (CHATER 1972). In Baden-Württemberg ist bisher nur eine Sippe unbeständig nachgewiesen worden.

Amsinckia calycina (Moris) Chater 1971
Amsinckia angustifolia Lehmann 1831

Therophyt. Stengel 15–50 cm hoch, aufrecht, meist verzweigt, mit langen, abstehenden und kurzen, krausen Haaren. Blätter lineal-lanzettlich, behaart. Krone 4–8 mm lang, gelb, innen kahl. Teilfrüchte 2–3 mm lang, runzelig. Aus Südamerika und dem südlichen Nordamerika stammende Pflanze, die besonders in Nord- und Westeuropa häufig unbeständig zu finden ist. In Frankreich ist die Sippe wahrscheinlich gebietsweise eingebürgert. Aus Baden-Württemberg liegt nur eine Angabe vor.

7216/1: Hörd(t)en im Murgtal, KNEUCKER (1895: 309).

9. **Asperugo** L. 1753
Scharfkraut, Schlangenäuglein

Monotypische Gattung: Gattungsmerkmale vgl. *Asperugo procumbens.*

1. **Asperugo procumbens** L. 1753
Niederliegendes Scharfkraut, Niederliegendes Schlangenäuglein

Morphologie: Therophyt, mit bis zu 1 m langem, kriechendem bis aufsteigendem, verzweigtem Stengel. Pflanze zerstreut mit hakigen Borsten besetzt. Blätter zu zweit oder mehreren eng beieinanderstehend, lanzettlich bis oval, meist ganzrandig, die unteren kurz gestielt, die oberen sitzend. Blüten meist einzeln in den Blattachseln, ± sitzend, zur Fruchtzeit bis 5 mm lang gestielt. Kelch zur Blütezeit ca. 3 mm lang und unregelmäßig 5zähnig, zur Fruchtreife bis 15 mm lang, abgeflacht, netznervig und unregelmäßig gezähnt. Krone zuerst violett, dann blau, mit weißen Schlundschuppen, ca. 2–3 mm lang, den Kelch kaum überragend. Staubblätter in der Mitte der Kronröhre eingefügt, in der Krone eingeschlossen. Teilfrüchte ca. 3 mm lang, oval, seitlich zusammengedrückt, Seitenflächen dicht

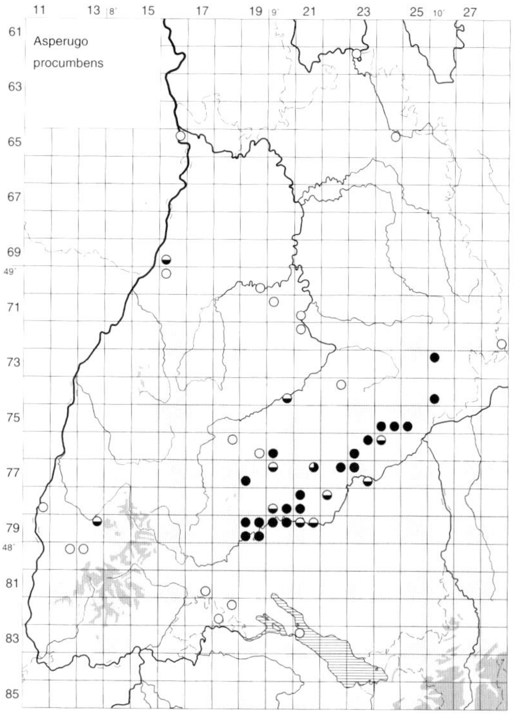

Niederliegendes Scharfkraut *(Asperugo procumbens)* Donautal

mit stumpfen Warzen besetzt. Bestäubung besonders durch Schwebfliegen. – Blütezeit: Mai–Juni.

Ökologie: Auf trockenen bis mäßig frischen, z.T. übermäßig nährstoffreichen, basenreichen, meist kalkhaltigen, häufig steinigen Lehmböden. Im Donautal vorwiegend an Lägerstellen unter überhängenden Felsen (Grotten, Balmen), sonst in Unkrautfluren entlang von Wegen und Mauern, auf Schuttplätzen usw. Vegetationsaufnahmen aus dem oberen Donautal liegen von REBHOLZ (1931) und SEBALD (1983, Tab. 11) vor. *Asperugo procumbens* wächst hier im Sisymbrio-Asperuginetum zusammen mit *Sisymbrium austriacum* und *Descuraina sophia*.

Allgemeine Verbreitung: Eurasien, Nordafrika, in Nordamerika eingeschleppt. In Europa fast überall zerstreut bis selten, in Island, Korsika und Sizilien fehlend.

Verbreitung in Baden-Württemberg: Beständige Vorkommen von *Asperugo procumbens* gibt es nur im Donautal und auf der Schwäbischen Alb. Alle anderen Vorkommen waren unbeständig. Tiefstes Vorkommen: ca. 95 m bei Mannheim-Mühlau (6516/2); tiefste beständige Vorkommen an der Donau bei ca. 500 m. Höchstes aktuelles Vorkommen: ca. 800 m, Gelber Fels bei Mühlheim an der Donau (7919/3). Am Zellerhorn (7619/4) früher bis 900 m.

Die Pflanze ist vermutlich erst mit dem Menschen in das Gebiet eingewandert (Archäophyt). Die meisten Vorkommen im Donautal befinden sich am Eingang von Grotten, die vermutlich schon während des Neolithikums unter anderem als Zuflucht- und Lagerstätten genutzt wurden (vgl. REBHOLZ 1931). Auch aus dem Altmühltal und dem Nördlinger Ries (Bayern) kam *A. procumbens* besonders dort vor, wo sich „jungpaläolithische und mesolithische Siedlungsfundplätze häufen" (OTTE 1989). Gleiche Verhältnisse gelten auch für *Lappula squarrosa*.

Oberrheingebiet: 6516/2: Mannheim-Mühlau, LUTZ (1885: 166); 6916/3: Appenmühle, 1900, KNEUCKER (KR); Grünwinkel, 1912, GÖLER (KR); 6916/3 (?): Gartenzaun einer Brauerei am linken Landgrabenufer im Sommerstrich, LEUTZ in KNEUCKER (1886: 97); 7016/1 (?): Zwischen dem Militärspitale und dem Schwimmschulweg, LEUTZ (1883: 80); 7811/4: Sasbach-Ried beim Schulhaus, WINTER (1895: 273); 7913/2: Glottertal, GNETSCH in NEUBERGER et al. (1911: 96); 8012/2: Kiesgrube bei der Basler Straße, LIEHL (1898: 79); 8013/1: Freiburg: Schwarzwaldstraße und Stühlinger, NEUBERGER (1898: 176).

Nicht lokalisieren ließ sich die Angabe von SCHILL (1887: 19): „Auf Schutt beim Fünfwundenkreuz bei Freiburg".

Neckarland: 6223/1: Wertheimer Schloß, DÖLL (1859: 789); 6524/2: Mergentheim, an der Wolfgangsbrücke, BAUER in VON MARTENS u. KEMMLER (1882: 15); 7019/4: Vaihingen an der Enz, KIRCHNER u. EICHLER (1900: 306); 7120/1 (?): Schwieberdingen, 1898, SEYBOLD (1968: 248); 7121/3 (?): Cannstatt, linkes Neckarufer, 1894, SEYBOLD (1968: 248); 7221/1: Bopser, REIHLEN in KIRCHNER (1888: 552); Silberburg, v. ENTRESS in KIRCHNER (1888: 552); 7420/4: Tübingen: gegen Wankheim, 1912–1916, MAYER (1950: 380); 7618/2: Haigerloch, 1852, FISCHER (STU).

Baar: 8117/4: Alter Turm in Tengen, DÖLL (1862: 789); 1853, SCHALCH in KUMMER (1945: 98).

Westliches Bodenseegebiet: 8218/2: Am Hohentwiel, BAUSCH in DÖLL (1859: 789); 8218/3 (?): Thayngen (Schweiz), ECKSTEIN in ANONYMUS (1896: 366), 8321/1: Kreuzlingen (Schweiz), GREMLI in JACK (1900: 98).

Schwäbische Alb und Donautal: 7228/4: Hofen, SCHNITZLEIN und FRICKHINGER (1848: 163); 7326/1: Burgstall bei Sontheim, 1975, SEBALD (STU-K); 7422/2: Teck, am Sibyllenloch, LECHLER in VON MARTENS u. KEMMLER (1882: 15); 7426/3: Eichenberg bei Bernstadt, RAUNEKER (1984: 143); 7524/3: Seißen, MECKLE in RAUNEKER (1984: 143); 7524/4: Blaubeuren, Rußenschloß, Zwickerfels u. Rucken, alles MECKLE in RAUNEKER (1984: 143); Weiler u. Bruckfels, RAUNEKER (1984: 143); Geißenklösterle, 1984, SEYBOLD (STU); 7525/3: Kleines Lautertal, RAUNEKER (1984:

143); Riedelhalde, 1969, ? (STU-K); 7619/4: Hohenzollern, SCHÜBLER in VON MARTENS u. KEMMLER (1882: 15); Zellerhorn, KIRCHNER u. EICHLER (1900: 306); 7620/3: Hangender Stein, 1890, HEGELMAIER (STU); 1975, HARMS (STU-K); 7623/2: Talsteusslingen, KIRCHNER u. EICHLER (1900: 306); Ruine Justingen, 1992, BANZHAF (STU-K); 7623/3: Hohengundelfingen, 1985, BURGHARDT (STU-K); 7624/1: Schmiechen, 1929, ARAND (STU); Schelklingen, MAHLER und BAUER in K. MÜLLER (1957: 157); 7719/3: Schafberg, 1986, BURGHARDT (STU-K); 7720/1: Onstmettingen, KIRCHNER u. EICHLER (1913: 340); 7721/2: Wilsingen, 1958, ARAND (STU); 7722/2: Gerberloch, 1981, BURGHARDT (STU-K); 7723/1: Anhausen, BERTSCH (1933: 222); nach 1980 noch mehrfach z. B. Heuscheuerle, 1983, BURGHARDT (STU-K); Gemsfels, 1981, BURGHARDT (STU-K); 7723/4: Untermarchtal, 1907, BERTSCH (STU); 7820/3 (?): Heidenfelsen (= Heidenschloß?), BERTSCH (1919: 315); 7820/4: Storzingen, MAYER (1950: 381); 1984, BURGHARDT (STU-K); Schmeienhöfe, 1989, BURGHARDT (STU-K); 7821/1: Veringenstadt, Nikolaushöhle, 1987, STADELMAIER (STU-K); 7821/3: Rappenfelsen, 1992, BURGHARDT (STU-K); 7822/1: Fridingen, 1920, MAYER (STU); 7919/1: Walterstein NW Kolbingen, 1992, BURGHARDT (STU-K); 7919/2: Hexenturm, 1977, SEBALD (STU-K); Eichfelsen, 1978, SEBALD (STU-K); 7919/3: Gelber Fels, RÖSLER in BERTSCH (1919: 315); 1981, BURGHARDT (STU-K); Felsenhalde, REBHOLZ (1926: 83); Buchhalde und Ruine Altfriedingen, 1982, BURGHARDT (STU-K); 7919/4: mehrfach z. B.: Knopfmacherfelsen, Laibfelsen, Stiegelesfels, Ziegelhöhle, zuletzt: Höhle bei Schloß Bronnen, 1990, SEYBOLD (STU); 7920/1: Werenwag, PRANTL (1880: 187); BERTSCH (1919: 315); Wildenstein, 1993, BURGHARDT (STU-K); Wagenburg, 1993, BURGHARDT (STU-K); 7920/1 (?): Hausen, BERTSCH (1919: 315); 7920/2: Tiergarten, KIRCHNER u. EICHLER (1913: 340); Dietfurt, 1913, BERTSCH (STU); Unterschmeien, 1981, BURGHARDT (STU-K); Katzenfelsen, 1983, SCHERER (STU-K); Grotte zwischen Dietfurth und Inzigkofen, 1983, BURGHARDT (STU-K); 7921/1: Sigmaringen, Felsen an der Donau, 1895, KLEMM (STU); Inzigkofen, KIRCHNER u. EICHLER (1913: 340); 7921/2: Scheer, KIRCHNER u. EICHLER (1913: 340).

Erstnachweise: Ältester archäologischer Nachweis: 3. Jahrh. n. Chr. bei Murrhardt (SCHLUMMBAUM unpubl.). Erste schriftliche Erwähnung bei WIBEL (1797: 29, 1799: 175): „in summae arcis Werth. ruderatis". Nach SCHINNERL (1912) von H. HARDER 1576–94 in der Umgebung von Geislingen – Ulm gesammelt.

Bestand und Bedrohung: *Asperugo procumbens* ist im Gebiet selten. Die meisten Vorkommen im Donautal erscheinen aber nicht bedroht. Die Gefährdung durch Trittschäden der zahlreichen Kletterer kann zur Zeit nicht eingeschätzt werden. Die Pflanze sollte in der Roten Liste als „potentiell durch Seltenheit gefährdet" (G 4) eingestuft werden.

10. **Myosotis** L. 1753

Vergißmeinnicht

Bearbeiter: M. PEINTINGER

Ein- oder mehrjährige Kräuter, mit behaarten (seltener kahlen), ganzrandigen Blättern (diese länger als breit). Blüten gewöhnlich in gepaarten Wickeln, ohne oder mit wenigen Hochblättern im Blütenstand. Kelch radiär, glocken- oder trichterförmig, mit fünf Kelchzipfeln, meist behaart, sich nach der Blüte noch vergrößernd. Kelchstiele sich nach der Blüten verlängernd. Krone radiär, blau, seltener weiß, gelb oder rosa. Kronröhre kurz (meist kürzer als Kelch), die fünf Kronzipfel trichterförmig oder flach ausgebreitet, mit 5 gelben oder weißen Schlundschuppen. Die fünf Staubblätter meist in Kronröhre verborgen. Griffel kürzer als Kelch oder aus diesem herausragend. Teilfrüchte (Klausen) im Umriß breit lanzettlich bis oval, abgeflacht und meist deutlich kantig (Kanten glatt), im reifen Zustand bräunlich oder schwarz glänzend, seltener grünlich.

Die Gattung umfaßt 80 Arten, davon rund 40 Arten in Europa (GRAU & MERXMÜLLER 1972).

1 Kelch mit geraden anliegenden Haaren (oder kahl) . . . . . . 1. Artengruppe *M. scorpioides*

– Kelch mindestens vereinzelt mit schief bis senkrecht abstehenden geraden oder auch hakigen Haaren 2

2 Kronzipfel flach ausgebreitet, Blüten im Durchmesser größer als 5 mm. . . . . 2. *M. sylvatica*

– Kronzipfel trichterförmig, Blüten kleiner und 2–5 mm im Durchmesser 3

3 Kelchstiele zur Fruchtzeit zwei- bis dreimal so lang wie der Kelch . . . . 3. *M. arvensis*

– Kelchstiele zur Fruchtzeit kürzer oder so lang wie der Kelch 4

4 Kronröhre deutlich aus dem Kelch herausragend (beim Aufblühen zweimal so lang wie der Kelch), Blütenfarbe anfänglich gelb oder weißlich, später dann blau werdend, Kelchstiele zur Fruchtzeit 1/4 bis 1/2 mal so lang wie Kelch, Kelch zur Fruchtreife sich schließend . . . . . . 4. *M. discolor*

– Blütenröhre nicht aus dem Kelch ragend, Blüten immer blau, Kelch sich zur Fruchtreife schließend oder offen 5

5 Blütenstand blattlos, Kelch offen bleibend, Blattunterseite mit geraden Haaren, Kelchstiele zur Fruchtreife einmal so lang wie der Kelch, Fruchtstiele waagrecht abstehend. . . . . 5. *M. ramosissima*

– Blütenstand beblättert, Kelch sich zur Samenreife schließend, Blätter unterseits (vor allem am Mittelnerv) mit Hakenhaaren, Kelchstiele zur Fruchtreife 1/4 bis 1/2 mal so lang wie der Kelch, Fruchtstiele schräg aufwärts gerichtet. . . . . 6. *M. stricta*.

Artengruppe Sumpf-Vergißmeinnicht (*Myosotis scorpioides* agg.)
Aidlingen, 13. 5. 1994

1. Artengruppe Myosotis scorpioides (Myosotis palustris)

Morphologie: Zwei- bis mehrjährige Arten mit oder ohne Ausläufer. Stengel am Grunde einfach oder verzweigt, an den untersten Nodien oft bewurzelt. Blätter schmal oval oder schmal lanzettlich, 4–6 mal so lang wie breit. Kelch anliegend behaart oder kahl, nur mit geraden Haaren, zu einem Drittel oder bis zur Hälfte (*M. laxa*) geteilt. Kronzipfel flach ausgebreitet, selten etwas trichterförmig (bei *M. laxa*). Innerhalb der Gruppe ist Gynodiözie nachgewiesen (FRITSCH 1900, BAUMANN 1911): Neben zwittrigen Blüten kommen auch kleinere weibliche Blüten mit verkümmerten Staubblättern vor.

Hinweis zur Systematik: Die Systematik der *Myosotis scorpioides*-Gruppe ist umstritten. Ein Art-Konzept beruht auf der Arbeit von SCHUSTER (1967). In einem darauf beruhenden Bestimmungsschlüssel für Nordwestdeutschland führt LOOS (1994) nicht weniger als 6 Arten auf (ohne *M. rehsteineri*). GRAU & MERXMÜLLER (1972) hingegen führen für Mitteleuropa lediglich vier Arten auf (mit *M. rehsteineri*). Die nachfolgende Bearbeitung stützt sich auf dieses Art-Konzept, da es der phänotypischen Variabilität der Gruppe mehr Rechnung trägt als die Arbeit von SCHUSTER (1967).

Nach GRAU & MERXMÜLLER (1972) gibt es in Mitteleuropa vier Sippen, die alle auch in Baden-Württemberg vorkommen: *M. rehsteineri* (2n = 22), *M. nemorosa* (2n = 22, 44), *M. scorpioides* s.str. (2n = 66, 64) und *M. laxa* (2n = 88). Die für *M. laxa* (= *M. caespitosa*) angegebene Zahl 2n = 22 (MERXMÜLLER & GRAU 1972) beruht auf einer Verwechslung (s. GRAU 1967). Untersuchungen zu Chromosomenzahlen erfolgten vor allem durch BERG & KAASTRA (1973), BRESINSKY & GRAU (1963), GRAU & MERXMÜLLER (1972), GRÖGER (1985), HOLUB et al. (1971), PRZYWARA (1983) und STEPANKOVA (1993). Aus Baden-

Württemberg liegen bisher nur Zählungen von *M. rehsteineri* vor (MERXMÜLLER & GRAU 1963, LANG 1962). Die Schwierigkeiten in der Systematik führten dazu, daß über die Verbreitung und Soziologie der Kleinarten mit Ausnahme von *M. rehsteineri* wenig bekannt ist. Neben der Verbreitungskarte der Sammelart werden separate Karten nur für *M. rehsteineri, M. scorpioides* und *M. laxa* wiedergegeben.

Hinweis zur Bestimmung: Der überwiegende Teil der Pflanzen läßt sich sicher bestimmen. Allerdings sind manche in den Bestimmungsschlüsseln verwendeten Merkmale vom phänologischen Zustand einer Pflanze abhängig. Am einfachsten ist die Bestimmung der Sippen im Freiland von Mai bis Juni. Exemplare aus dem Spätsommer sind nur mit Übung zu erkennen.

Stengel: Die typische Behaarung des Stengelgrunds ist nur an den untersten Internodien zu erkennen, und dies auch nur bei Pflanzen im Mai/Anfang Juni, danach verkahlt der Stengelgrund. Ähnlich verhält es sich mit der Form des Stengelquerschnittes. Die kantigen Stengel sind nur bei jungen Trieben zu erkennen.

Blattbehaarung: Ein wichtiges Merkmal zur Bestimmung von *M. nemorosa* ist die Behaarung der Blattunterseite der untersten drei bis vier Blätter. Diese sterben jedoch bereits im Juni ab (die typische Blattbehaarung ist manchmal an den vertrockneten Blättern noch zu erkennen).

Blütengröße: variiert stark bei *M. nemorosa* und *M. rehsteineri* (4–12 mm Blütendurchmesser). Die Blütengröße ist deshalb kein taugliches Bestimmungsmerkmal! Lediglich *M. laxa* weist konstant kleine Blüten auf (4–6 mm Blütendurchmesser; mehrere Pflanzen einer Population betrachten!).

Erstnachweise: Die Sammelart wurde erstmals von H. HARDER 1562 in der Umgebung von Geislingen-Ulm gesammelt (ZIMMERMANN 1936). Erster subfossiler Nachweis bei Lauchheim (6. bis 8. Jhd. n. Chr., KOKABI & RÖSCH 1991, RÖSCH unpubl.).

Schlüssel zur Bestimmung der Kleinarten

1 Kelch auf 1/3 bis 1/4 seiner Länge geteilt. Teilfrüchte bis zweimal so lang wie breit. Krone 4–12 mm im Durchmesser, bei gut entwickelten Pflanzen meist > 6 mm (mehrere Individuen eines Bestands untersuchen), Pflanzen oft mit Ausläufern 2

– Kelch bis zur Hälfte seiner Länge geteilt, Teilfrüchte maximal 1.5 mal so lang wie breit, Blüten meist kleiner, 4 bis 6 mm in Durchmesser. Pflanzen nie mit Ausläufern, aber von Grunde an verzweigt. . . . . 1d. *M. laxa*

2 Pflanzen nicht höher als 10 cm, mit kurzen Ausläufern, „rasenförmige" Bestände bildend, nur am Ufer des Bodensees . . . 1a. *M. rehsteineri*

– Pflanzen höher als 10 cm, wenn kleiner dann nicht „rasenförmig" 3

3 Blattunterseite von Blättern im untersten Stengelabschnitt mit zur Blattbasis gerichteten, schräg abstehenden Haaren, Stengel an der Basis anfänglich mit nach unten gerichteten Haaren (Neuaustriebe), später kahl, Pflanze mit kurzen meist unterirdischen Ausläufern (unter 10 cm Länge) . . . . 1b. *M. nemorosa*

– Blattunterseite von Blättern im untersten Stengelabschnitt mit anliegenden Haaren, alle zur Blattspitze gerichtet, Stengel nie mit abwärts gerichteten Haaren, Pflanzen meist mit längeren Ausläufern (über 10 cm Länge) . . . . 1c. *M. scorpioides*

1a. Myosotis rehsteineri Wartmann 1884

M. palustris subsp. *caespititia* (DC.) E. Baumann 1911
M. scorpioides subsp. *caespititia* (DC.) E. Baumann 1914
Bodensee-Vergißmeinnicht

Morphologie: Mehrjährige 2–10 cm hohe Pflanze mit kurzen Ausläufern, dichte Rasen mit einem Durchmesser bis ca. 30 cm bildend. Stengel aufsteigend, kahl oder aufwärts gerichtet behaart, mit 1–3(4) Blättern. Blätter meist kahl oder mit nach vorne gerichteten, anliegenden Haaren, 1–3 cm lang und 0.5 cm breit. Blütenstand mit 5–20 Blüten, stets ohne Blätter. Kelch zur Fruchtzeit 3–5 mm lang, bis auf ein Drittel der Länge geteilt. Kelchstiele zur Fruchtzeit selten länger als Kelche. Blüten (4) 5–12 mm im Durchmesser. Teilfrüchte bis 1.8 mm lang. Blütezeit April bis Mai.

Ökologie: An Kiesufern (Eulitoral) des Bodensees im Deschampsietum rhenanae (Kennart), selten auch im Eleocharitetum acicularis (Vegetationsaufnahmen bei LANG 1967, 1973 und THOMAS et al. 1986, PEINTINGER 1995), häufig zusammen mit *Littorella uniflora, Ranunculus reptans* und – heutzutage nur noch selten – mit *Deschampsia littoralis (D. rhenana)*. Im Sommer nach LANG (1967) 5–21 Wochen überschwemmt. Vermehrt sich über Ausläufer und durch Samen.

Allgemeine Verbreitung: Endemit der präalpinen Seen nordwestlich und südlich der Alpen (BRESINSKY 1965), vor allem am Bodensee (in Österreich, Schweiz, Bayern und Baden-Württemberg, s. THOMAS et al. 1986, DIENST & WEBER 1993) und Hochrhein; Vorkommen im Ruggeler Ried in Lichtenstein (BALTISBERGER 1981) fraglich, sicher jedoch am Starnberger See in Bayern (BRE-

Bodensee-Vergißmeinnicht *(Myosotis rehsteineri)*
Hegne, 25. 4. 1992

SINSKY & GRAU 1963). Am Genfersee und südlich der Alpen am Langen- und Luganersee erloschen (HESS et al. 1973). Aktueller Nachweis vom Fluß Ticino bei Trecate (GRAU & MERXMÜLLER 1982).

Verbreitung in Baden-Württemberg: Am baden-württembergischen Bodenseeufer befinden sich die größten Populationen der endemischen Art; hier noch 11 aktuelle Fundorte, die individuenreichsten Populationen befinden sich am Untersee: Bei Hegne werden rund 100 m^2 besiedelt, 1991 wurden rund 100.000 Blütenstände geschätzt. Zwischen Markelfingen und Allensbach werden noch rund 60 m^2 mit *M. rehsteineri* bewachsen. Hier wurden 1991 rund 80.000 Blütenstände geschätzt (alle Zählungen M. DIENST unveröff.). Das größte Vorkommen am baden-württembergischen Oberseeufer umfaßte 1991 einen Bestand mit rund 300 Blütenständen (bei Wallhausen, Überlinger See).

Obersee (incl. Überlinger See): 8120/3: 1. westl. Ludwigshafen, LANG (1967); 2. zwischen Sipplingen und Ludwigshafen, LANG (1967); 8220/1: südöstl. Bodman, SCHRÖTER u. KIRCHNER (1902); LANG (1967, 1973); 8220/4: zwischen Wallhausen und Dingelsdorf (Klausenhorn), KIRCHNER u. SCHRÖTER (1902), LANG (1967, 1973), DIENST u. WEBER (1993); 8221/1: 1. Überlingen, JACK (1901), 1922, HARZ (STU); 2. Nußdorf, KIRCHNER u. SCHRÖTER (1902); 8221/3: 1. Untermaurach, 1950 v. UNOLD (Herb. Bot. Staatssammlung München), LANG (1967, 1973), DIENST u. WEBER (1993); 2. Ufer bei Litzelstetten, LANG (1967); 3. Fließenhorn nördl. Litzelstetten, LANG (1967, 1973), DIENST u. WEBER (1993); 8321/1: 1. Ufer bei Konstanz-Egg, 1906 LINDNER (Herb. Bot. Staatssammlung München), LANG (1967); 2. Ufer südl. Konstanz-Staad, JACK (1901),

Lang (1967, 1973), Dienst u. Weber (1993). 8321/2: 1. Meersburg, Jack (1901), Kirchner u. Schröter (1902); 8322/1: 1. Kirchberg östl. Hagnau, Jack (1901), Lang (1967, 1973); 2. Immenstaad, 1897, Pechmann (Herb. Bot. Staatssammlung München), 1912, Gradmann (STU), 1919, Bertsch (STU), Dienst u. Weber (1993); 3. beim Grenzhof, 1912, Bertsch (STU); 8322/2: 1. Friedrichshafen, Kirchner u. Schröter (1902), 1912, Bertsch (STU); 2. Seemoos, 1909, Biberstein (Herb. Bot. Staatssammlung München), 1912, Bertsch (STU); 3. Fischbach, 1912, Bertsch (STU); 8323/3: Eriskircher Ried, 1912, Gradmann (STU), 1940, Bertsch (STU), Bertsch (1941), seit den 1970er Jahren verschwunden (Winterhoff 1993); 8423/1: Langenargen, Kirchner u. Schröter (1902), 1908, Lessing (STU), 1925, Bertsch (STU); 8423/2: 1. Kressbronn, Kirchner u. Schröter (1902); 2. bei Tunau östl. der Argenmündung, 1912, Bertsch (STU).

Untersee: 8219/4: 1. Gundholzen, Baumann (1911), Lang (1967); 2. zwischen Moos und Iznang, Baumann (1911); 3. Radolfzell gegen Moos, Baumann (1911); 4. Markelfinger Winkel bei Radolfzell, Baumann (1911); 8220/3: 1. Halbinsel Mettnau, Baumann (1911), Lang (1967, 1973), seit den 1980er Jahren verschwunden, Peintinger (KR-K); 2. Markelfingen, Baumann (1911), Lang (1967, 1973); 3. Zwischen Markelfingen und Allensbach, Baumann (1911), Lang (1967, 1973), Dienst u. Weber (1993); 4. Insel Reichenau: Bürglehorn, Baumann (1911), Lang (1967, 1973), Dienst u. Weber (1993); Bauershorn, Baumann (1911), Lang (1967); Genslihorn, Lang (1967); zwischen Bürglehorn und Genslihorn, Lang (1967), Dienst u. Weber (1993); nördl. Mittelzell, Baumann (1911); 8220/4: 1. Hegne, Jack (1901), Baumann (1911), Lang (1967, 1973), Dienst & Weber (1993); 2. Giehrenmoos, Baumann (1911); 8319/1: 1. Öhningen bei Stiegen und Oberstad, Baumann (1911), Lang (1967, 1973); 2. Kattenhorn, Baumann (1911), Lang (1967); Dienst u. Weber (1993). 8319/2: 1. Wangen, Baumann (1911), 1934, Bacmeister (STU); 2. Hemmenhofen, Baumann (1911), 1936 u. 1939, Bacmeister (STU), Lang (1967); 3. Gaienhofen, Baumann (1911), 1933, Bacmeister (STU), Lang (1967, 1973); 8320/1: 1. Hornstad (Höri), Baumann (1911), Lang (1967); 2. Insel Reichenau: Fehrenhorn, Baumann (1911), Lang (1967, 1973); 8320/2: 1. Wollmatinger Ried (incl. Insel Langenrain), Baumann (1911), Lang (1967), hier im Caricetum elatae, Lang (1973: 319); 2. Insel Reichenau: bei Ruine Schopflen und am Bibershof, Baumann (1911), Lang (1967, 1973), heute nur noch am Bibershof, Dienst u. Weber (1993), 1993 nur ca. 10 Pflanzen, Peintinger (unveröff.); 3. Entlang des Reichenauer Damms im Phragmitetum, Baumann (1911); 8321/1: Seerhein bei Konstanz, Baumann (1911).

Hochrhein: 8317/4: Rheinufer „Gießen" bei Lottstetten, Keller, Koch und Kummer 1929 (Kummer 1945), 1933, Lottstetten, Koch (Herbarium ETH Zürich); 8318/1: Rheinufer bei Büsingen, 1894, Meister (Herb. ETH Zürich), 1890, 1891 Appell (Herb. Bot. Staatssammlung München), 1906, Jack (KR), Jack (1901), Kummer (1945); zuletzt 1976, Isler-Huebscher (1980).

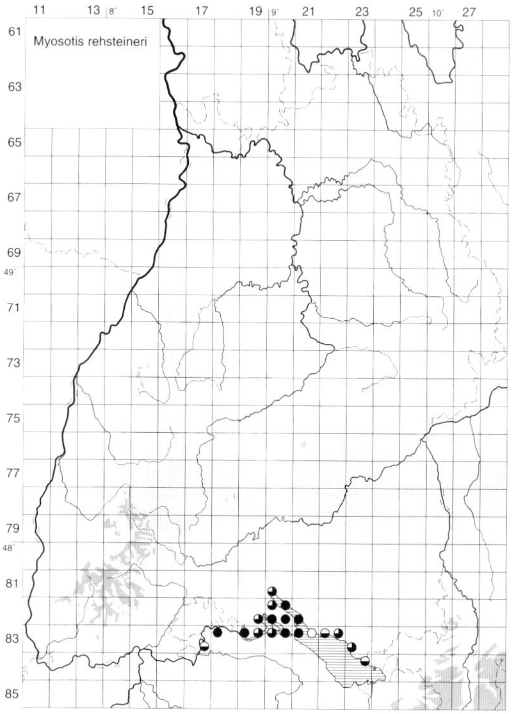

Erstnachweis: Erstmals von Sauter 1834 bei Konstanz gefunden (Höfle 1890).

Bestand und Bedrohung: In den letzten dreißig Jahren wurde ein starker Rückgang der Art am Bodensee beobachtet (Lang 1968, Thomas et al. 1983, Dienst & Weber 1993, Peintinger 1995). Die Art ist deswegen vom Aussterben bedroht (G 1). Die aktuellen Populationen besiedeln nur sehr kleine Flächen und sind empfindlich gegen geringste Störungen. Als mögliche Rückgangsursachen sind Uferverbauung, Eutrophierung des Bodensees (Algenwuchs, Förderung von Konkurrenzpflanzen) und Trittbelastung zu nennen (s. Thomas et al. 1986). In Baden-Württemberg kommen die individuenreichsten Bestände des gesamten Verbreitungsgebiets vor.

1b. Myosotis nemorosa Besser 1822

M. palustris (L.) L. subsp. *nemorosa* Berg & Kaastra 1973
M. strigulosa Reichenbach
Hain-Vergißmeinnicht

Morphologie: Stengel überwiegend kantig, an den unteren Nodien anfänglich mit nach unten gerichteten Haaren, bei älteren Exemplaren jedoch verkahlend, so daß diese nur noch Blätter

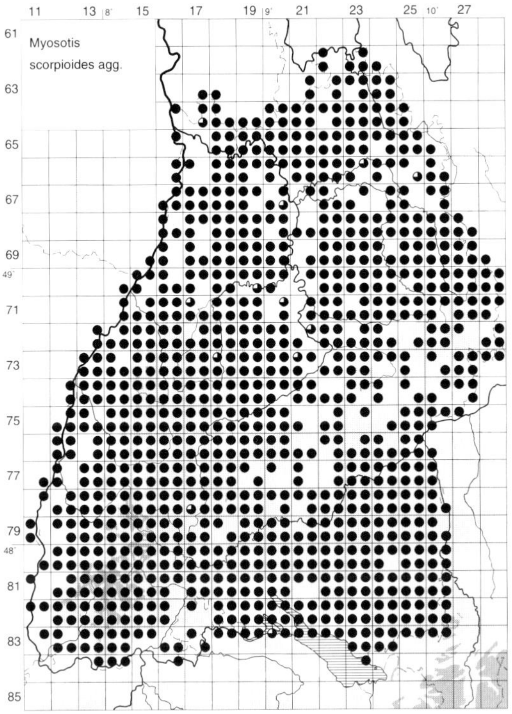

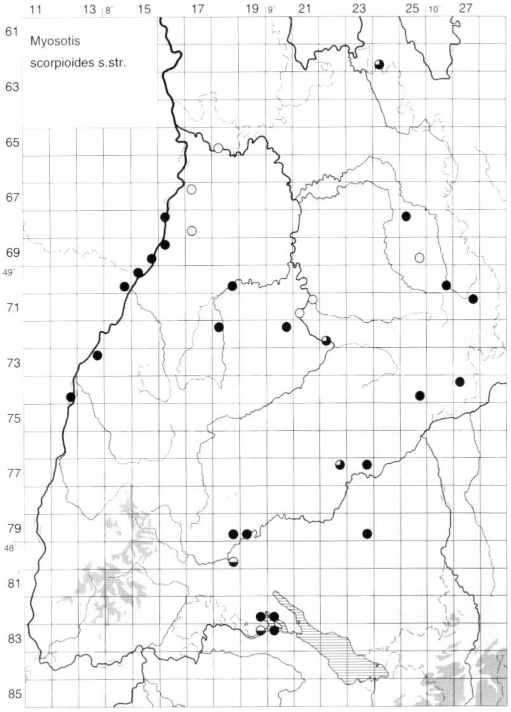

an oberen Nodien mit aufwärts gerichteten Haaren aufweisen. Ausläufer kurz, nicht länger als 10 cm, meist unterirdisch. Blätter der untersten (!) Nodien unterseits schräg abstehend, mit zur Blattbasis gerichteten Haaren; oberseits mit zur Blattspitze gerichteten Haaren. Blätter höher am Stengel überall mit zur Blattspitze gerichteten Haaren. Kelch zu einem Drittel geteilt. Blüte 5–12 mm im Durchmesser. Pollenkörner 5–6.5 µm (GRÖGER 1985), bzw. 6,8 µm (STEPANKOVA 1993) im Durchmesser. Teilfrüchte bis 1.8 mm lang, deutlich länger als breit. Blütezeit Mai bis Spätsommer.

Ökologie: Wächst in Feucht- und Naßwiesen, vor allem in Gesellschaften des Calthion oder in frischen Ausbildungen des Arrhenatherion, aber auch in Magnocaricion-Gesellschaften. Vegetationsaufnahmen, bei denen die exakte Bestimmung der Kleinart gesichert ist, sind für Baden-Württemberg nicht publiziert. *M. nemorosa* toleriert Mahd, treibt auch nach dem ersten Wiesenschnitt wieder aus und blüht ein zweites Mal.

Allgemeine Verbreitung: Europa, genaue Verbreitung unbekannt. Die Art reicht jedoch weiter nach Norden als dies in der Verbreitungskarte von SCHUSTER (1967) zu erkennen ist (vgl. BERG & KAASTRA 1973, PRZYWARA 1983). Im Süden reicht *M. nemorosa* bis nach Süditalien (GRAU & MERXMÜLLER 1982).

Verbreitung in Baden-Württemberg: Wie die hohe Zahl vorhandener Herbarbelege (KR und STU) zeigt, ist *M. nemorosa* die häufigste Sippe der Artengruppe. Sie ist in ganz Baden-Württemberg verbreitet und dürfte in keinem Naturraum fehlen. Höchstes sicher belegtes Vorkommen am Feldsee (8114/1) bei 1108 m (1987, PEINTINGER KR-K).

Bestand und Bedrohung: Durch die Intensivierung der Wiesennutzung, verbunden mit Entwässerungsmaßnahmen ist regional ein Rückgang wahrscheinlich. *M. nemorosa* ist jedoch nicht bedroht.

1c. **Myosotis scorpioides** L. 1753 (s. str.)

M. palustris (L.) Hill nom. illeg.,
M. scorpioides subsp. *palustris* F. Hermann 1912,
M. laxiflora Reichenbach 1822
Sumpf-Vergißmeinnicht

Morphologie: Pflanzen mehrjährig, ähnlich *M. nemorosa*, jedoch größer (bis 80 cm lange Triebe). Ausläufer länger (über 10 cm) und zahlreicher sowie Stengel dichter beblättert als bei *M. nemo-*

rosa. Stengelgrund im Durchmesser überwiegend rundlich, jedoch mit zwei Längsleisten, Stengelhaare entweder aufwärts gerichtet, waagrecht abstehend oder fehlend (nie abwärts gerichtet). Blätter anliegend behaart, Haare immer zur Blattspitze gerichtet. Kelch zu einem Drittel geteilt. Durchmesser der Blüte 6–12 mm. Pollenkörner 7–8.5 µm (GRÖGER 1985), bzw. 10.5 µm (STEPANKOVA 1993) im Durchmesser. Teilfrüchte bis 1.8 mm lang. Blüte von Mai bis Spätsommer.

Ökologie: Bisher wenig bekannt. Vegetationsaufnahmen, aus denen hervorgeht, daß es sich eindeutig um *M. scorpioides* s.str. handelt, liegen bisher nicht vor. Die Art scheint eher Röhrichtgesellschaften (Klasse Phragmitetea) oder Wassergräben zu besiedeln. Im Gegensatz zu *M. nemorosa* ist sie in gemähten Feuchtwiesen selten zu finden.

Allgemeine Verbreitung: Genaue Verbreitung unbekannt, die Art scheint jedoch mit Ausnahme des Südens in ganz Europa vorzukommen (s. GRAU & MERXMÜLLER 1972).

Verbreitung in Baden-Württemberg: Mit Ausnahme des Schwarzwalds in keinem Landschaftsraum fehlend, jedoch deutlich seltener als *M. nemorosa*; im Tiefland, vor allem in großen Flußniederungen, wahrscheinlich häufiger (Verbreitung aber unzureichend bekannt); tiefste Vorkommen knapp über 100 m (Oberrheingebiet), höchstes bekannte Vorkommen bei 615 m (Donautal).

Sicher nachgewiesen (überwiegend Herbarbelege) sind:
Oberrheingebiet: 6518/3: Heidelberg, o.J., DIERBACH (KR); 6717/1: Waghäusel, o.J., DIERBACH (KR); 6816/1: Westlich Dettenheim, 1988, KLEINSTEUBER (Hb. Kleinsteuber); 6817/3: Feuchte Stelle bei Bruchsal, 1895, KNEUCKER (KR); 6915/4: 1. Karlsruhe-Maxau, 1988, KLEINSTEUBER (Hb. Kleinsteuber); 2. Daxlanden, 1881, ohne Namen (KR). 6916/1: Westlich Eggenstein-Leopoldshafen, 1994, KLEINSTEUBER (Hb. Kleinsteuber); 7014/4: Schlammufer Murgwinkel, 1992, KLEINSTEUBER (Hb. Kleinsteuber); 7015/1: Ostufer des Teichs nördl. Au am Rhein, 1994, KLEINSTEUBER (Hb. Kleinsteuber); 7313/2: Altrheinarm westl. Freistett, 1993, KLEINSTEUBER (Hb. Kleinsteuber); 7412/4: Bachufer westl. Marlen, 1989, KLEINSTEUBER (Hb. Kleinsteuber).
Gäulandschaften: 6224/3: bei Wenkheim, 1945, KNEUKKER (KR); 6825/1: Ilshofen (Hohenlohe) im Wassergraben, 1982, SEBALD (STU); 7018/4: Niefern, Insel in der Enz, 1993, VOGGESBERGER (STU).
Keuper-Lias-Neckarland: 6925/4: Fleckenbachweiher bei Crailsheim, 1862, E. SCHÜZ (STU); 7026/4: Längenbach w Oberlengenfeld, 1985, VOGGESBERGER (STU); 7121/7221: Stuttgart-Cannstatt am Neckar, 1953, MARTENS (STU); 7121/2: Neckarrems, 1874, v. ENTRESS (STU); 7121/3: Stuttgart-Berg (?, STU) am Neckar, 1878, v. ENTRESS (STU); 7125/1 od. 3: Leinzell, 1908, BRAUN (STU); 7218/?: Calw im Kurpark Liebenzell, Teichröhricht, 1980, LIEBHEIT (STU); 7220/2: Pfaffensee bei Stuttgart, SEYBOLD (STU); 7222/3: Plochingen, 1967, o.N. (STU); 7220/?: Stuttgart-Büsnau, 1926, KREH (STU).
Schwäbische Alb: 7127/2: In der Eger oberhalb Aufhausen, 1984, SEBALD (STU); 7425/4: Lonetal zwischen Halzhausen und Westerstetten, 1979, SEBALD (STU); 7427/1: Sontheim: Kagstein bei Hürben, 1984, SEYBOLD (STU); 7722/2: Glastal bei Hayingen, 1965, SEBALD (STU); 7723/2: Simisgrund bei Kirchen, 1977, SEBALD (STU); 7918/4: Donautal bei Stiegelesfeld, Kiesinsel in Donau, 1979, SEBALD (STU); 7919/3: Bei Nendingen, am Kesselbach, 1979, STEIDEL (STU); 8018/3 od. 4: Immendingen, 1934, A. MAYER (STU).
Alpenvorland: 7923/4: Graben sö Wildes Ried, 580 m, 1992, KLEINSTEUBER (Herbarium Kleinsteuber); 8219/4: Radolfzeller Aachried westl. Radolfzell, 1991, PEINTINGER (KR-K); 8220/3: Halbinsel Mettnau bei Radolfzell, 1993, PEINTINGER (KR-K); 8319/2: Hemmenhofen am Bodensee, 1936, BACMEISTER (STU); 8320/1: Hornstad (Höri), Gemeinde Horn, 1989, PEINTINGER (KR-K).

Bestand und Bedrohung: Aussagen sind wegen des geringen Kenntnisstandes nicht möglich. Eine Gefährdung der Art ist aber nicht auszuschließen, da sie in potentiell gefährdeten Lebensräumen vorkommt. Ein Rückgang von *M. scorpioides* ist für die Niederlande nachgewiesen (BERG & KAASTRA 1973).

1d. Myosotis laxa Lehmann 1818

M. laxa subsp. *caespitosa* (C. F. Schultz) Nordhagen 1940,
M. scorpioides subsp. *cespitosa* (C. F. Schultz) Hermann 1912,
M. caespitosa C. F. Schultz 1819
M. lingulata Lehmann 1818
Schlaffes Vergißmeinnicht

Morphologie: Zweijährige Pflanzen, die keine Rhizome oder oberirdische Ausläufer bilden, Wurzeln daher büschelig angeordnet. Stengel in Durchmesser rund, von Grunde an verzweigt. Blätter oval oder lanzettlich, mit zur Blattspitze gerichteten anliegenden Haaren; Blütenstand mit Laubblättern. Kelch bis zur Hälfte geteilt (dies auch schon im blühenden Zustand zu erkennen), Blüten trichterförmig, 4–6 mm im Durchmesser. Pollenkörner 9.4–10 µm (GRÖGER 1985), bzw. 12 µm (STEPANKOVA (1993) im Durchmesser. Teilfrüchte 1–1.5 mm, rundlich-oval, nur 1–1.5 mal so lang wie breit. Blüte von Mai bis Spätsommer.

Variabilität: Variable Art, die nach GRAU & MERXMÜLLER (1972) in drei Unterarten eingeteilt wird. Die subsp. *laxa* wird für Nordamerika angegeben, doch ist keineswegs sicher, daß diese Sippe deutlich von der in Mitteleuropa angegebenen subsp. *caespitosa* (C. F. Schultz) Hyl. ex Nordh. getrennt ist. APELGREN (1990a und 1990b) konnte zeigen, daß die Übergänge zwischen der dritten Unterart (subsp. *baltica* (Sam.) Hyl. ex Nordh.) und *M. laxa* subsp. *caespitosa* kontinuierlich verlaufen.

Ökologie: Die Art wächst auf Schlammböden von Teichen und Seen (z. B. mit *Cyperus fuscus*) oder in Wassergräben bei meist lückiger Vegetationsbedeckung; bevorzugt offensichtlich eher kalkarme Böden. Eine Vegetationsaufnahme vom Schmiecher See befindet sich bei J. KUHN (1989).

Allgemeine Verbreitung: Verbreitet in ganz Europa (im Süden eher selten, GRAU & MERXMÜLLER 1982) und in Nordamerika (GRAU & MERXMÜLLER 1972); Ostgrenze unbekannt.

Verbreitung in Baden-Württemberg: In Baden-Württemberg nur wenige Nachweise vor allem im Alpenvorland, Keuper-Lias-Neckarland, seltener in Gäulandschaften, Oberrheingebiet und Schwäbischen Alb; Verbreitung aber nur unzureichend bekannt, da auf diese vergleichsweise leicht zu bestimmende Art bisher wenig geachtet wurde. Lediglich belegte Vorkommen werden berücksichtigt, da die Sippe früher leicht verwechselt wurde.

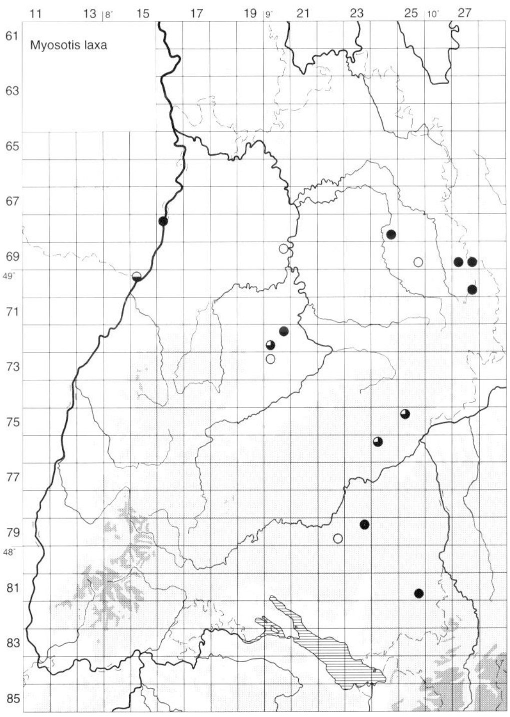

Oberrheingebiet: 6816/1: Dettenheim, Entwässerungsgraben in Torfwiese, 1991, P. THOMAS (KR); 7015/1: Sauweide bei Au am Rhein, 1934, KNEUCKER (KR).
Gäulandschaften: 6824/4: Doline ca. 2 km südl. Tüngental, Sumpf mit *Carex vulpina*, 1983, SEBALD (STU); 6920/2: Seewiesen bei Lauffen/N., 1897, BADER (STU).
Keuper-Lias-Neckarland: 6925/4: Fleckenbachweiher bei Crailsheim, 1860, 1862, KEMMLER (STU); 6927/3: Muckenweiher, 1985, VOGGESBERGER (STU); 6927/4: Holzweiher NW Brombach, 1985, VOGGESBERGER (STU); 7027/4 Graben an Straße zwischen Walxheim und Buchhausen, 1986, VOGGESBERGER (STU); 7220/2: Rotwildpark, Pfaffensee, 1927, KREH (STU), 1955, KNAUSS (STU), 1982, SEYBOLD (STU), Fischteich nördl. Bärensee, 1976, LIE (STU), Fischteich im Bernhardsbachtal, 1982, SEYBOLD (STU); 7220/3: Sindelfingen, Eisweiher, 1949, KREH (STU); 7320/1?: Böblinger See, 1840, A. MAYER (STU), 1860, STEUDEL (STU), 1896, A. MAYER (STU).
Schwäbische Alb: 7624/1: Schmiecher See, 1933 v. ARAND (STU), 1933, K. MÜLLER (STU), 1967, SEYBOLD (STU); 7525/1?: Tomderdingen bei Ulm, 1947, K. MÜLLER (STU).
Alpenvorland: 7923/2: Federsee Riedgräben bei Bad Buchau, o. J., TROLL (STU), 1992, PEINTINGER (KR-K); 7922/4: Sießener Weiher westl. Saulgau, 1899, BERTSCH (STU); 7923/2: Federsee bei Moosburg, 1912, BERTSCH (STU); 8125/4: Schlamminsel am Rötsee bei Kißlegg, 1973, DÖRR (STU) und (DÖRR 1977).
Nicht lokalisierbar: Haspelhäuser See, 1858, KEMMLER (STU).

Bestand und Bedrohung: Aufgrund des geringen Kenntnisstandes über die Artengruppe ist *M. laxa* nicht in den Roten Listen aufgeführt. Die wenigen bekannten Fundorte, die potentielle Bedrohung der Lebensräume und die Kleinheit der Populationen sprechen dafür, die Art in Baden-Württemberg als gefährdet (G2) einzustufen.

2. **Myosotis sylvatica** Hoffmann 1791
Wald-Vergißmeinnicht

Morphologie: Pflanze mehrjährig (ob auch zweijährig?), bis 40 cm hoch. Stengel kantig, krause behaart. Blätter oval bis elliptisch, bis zweimal so lang wie breit, abstehend behaart, teilweise auch verkahlend. Blätter plötzlich in einen langen Stiel verschmälert. Blütenstände ohne Blätter. Kelch mit Hakenhaaren, zur Fruchtreife abfallend (Klettverbreitung), dessen Stiele bis 1.5 mal so lang wie Kelch. Teilfrüchte 1.6 mm lang, spitz, rundherum mit deutlich abstehendem Rand. Krone groß, über 5 mm im Durchmesser. Blüte: Mai bis Juli.

Wald-Vergißmeinnicht *(Myosotis sylvatica)*
Felsental bei Eybach, 26. 5. 1973

Ähnliche Arten: Morphologisch kaum von *M. alpestris* unterschieden (s. unten). Kleinblütige Pflanzen von *Myosotis sylvativa* können leicht mit *M. arvensis* verwechselt werden. Nach GRAU (1968) hat letztere Art eine dichtere Behaarung der Kelche und größere Pollenkörner (bis 10 µm) als *M. sylvatica* (6–8 µm, Pollenkörner deutlich eingeschnürt). Verbreitungsangaben sind daher vorsichtig zu interpretieren.

Ökologie: Meist in großen Beständen an Waldrändern, Kahlschlägen, Wegrändern im Halbschatten, auf frischen, lehmigen und nährstoffreichen Böden; auch in Wäldern auf schweren Böden (Vegetationsaufnahmen kaum vorhanden, z. B. SEBALD 1974, 1983: Buchenwälder; NEBEL 1986: Eichen-Hainbuchenwälder und Eschenbestände).

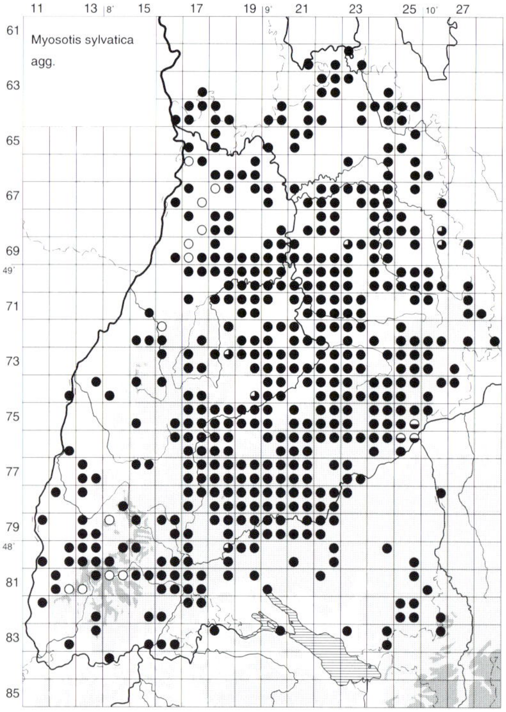

Allgemeine Verbreitung: Mit mehreren Unterarten (GRAU 1964) in ganz Europa verbreitet mit Ausnahme des extremen Nordens und des Südwestens.

Verbreitung in Baden-Württemberg: In Baden-Württemberg verbreitet in Regionen mit lehmigen Böden (z. B. Keuper). Seltener in der Oberrheinebene, im Schwarzwald und im Alpenvorland.

Erstnachweis: Erstmals von LEOPOLD (1728: 99) „Nach Bernstadt in den Wäldern"; Belege von H. HARDER (1574–76) sind fraglich (SCHORLER 1908).

Bestand und Bedrohung: Eine Bedrohung ist derzeit nicht erkennbar.

Myosotis alpestris F. W. Schmidt 1794
M. sylvativa subsp. *alpestris* (F. W. Schmidt) Gams 1927
Alpen-Vergißmeinnicht

Diese Sippe unterscheidet sich nach GRAU (1964) durch die Chromosomenzahl von *M. sylvatica*; die morphologischen Unterschiede sind gering. Von der Schwäbischen Alb liegen Angaben dieser Art vor (MARTENS & KEMMLER 1882, KIRCHNER & EICHLER 1913, K. MÜLLER 1957, RAUNEKER 1984). Die Sippe kommt nach GRAU (1964), HAEUPLER & SCHÖNFELDER (1988) in Deutschland jedoch nur im Alpengebiet vor. Da die Nachweise unsicher sind und zudem Gartenformen der *M. alpestris*-Gruppe verwildern können (BERTSCH 1935), sollte die Art, bis genauere morphologische und karyologische Untersuchungen vorliegen, nicht als in Baden-Württemberg heimische Art betrachtet werden.

3. Myosotis arvensis Hill 1764

M. intermedia Link 1821
Acker-Vergißmeinnicht

Morphologie: Einjährige, bis 60 cm hohe Pflanze. Rosettenblätter lanzettlich bis oval. Stengelblätter dicht mit geraden Haaren besetzt. Blütenstand blattlos. Kelchstiele aufwärts gerichtet, 2–3 mal so lang wie der Kelch, der unterste 1 cm lang. Kelch bis 7 mm lang, zur Fruchtreife abfallend (Ausbreitung als Klettfrucht). Kronröhre kürzer als Kelch. Kronlappen 3 mm im Durchmesser. Teilfrüchte 2.5 × 1.2 mm grün bis schwarz. Blütezeit: April bis Oktober.

Variabilität: Neben der subsp. *arvensis* wurde eine subsp. *umbrata* (Ray) O. Schwarz 1949 unterschieden (GRAU & MERXMÜLLER 1972) mit folgenden Merkmalen zur Fruchtzeit (Werte für

Acker-Vergißmeinnicht (*Myosotis arvensis*)
Achkarren, 8. 5. 1993

subsp. *arvensis* in Klammern): Kelch 7 (5) mm lang, Hakenhaare bis 0.6 mm lang (0.4), Teilfrüchte bis 2.5 (2) mm lang. Chromosomenzahl 2n = 66 (2n = 52). Über die subsp. *umbrata* ist bisher wenig bekannt. GRAU (1968) nennt eine Pflanze mit 2n = 66 aus dem benachbarten Spessart bei Rohrbrunn (Bayern). Über die Iden-

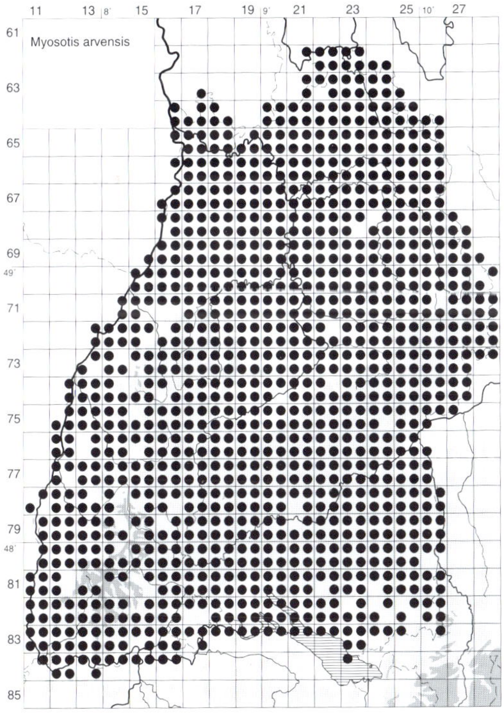

tität der var. *silvestris* Schldl., die OBERDORFER (1990) anführt, gibt GRAU (1968) keine Auskunft. Eventuell handelt es sich auch um großblütige Form von *M. sylvatica* (s. dort).

Ökologie: Häufig auf nährstoff- und basenreichen, meist lehmigen Böden auf Äckern, in Ruderalflächen, an Wegrändern und in Kahlschlägen (Vegetationsaufnahmen z.B. KUHN 1937, LANG 1973, PHILIPPI 1972, 1983); seltener in lichten Waldgesellschaften (Eichen-Hainbuchenwälder, PHILIPPI 1972), oder lückigen Halbtrokkenrasen (KUHN 1937).

Allgemeine Verbreitung: Im gesamten Europa, Nordafrika und in Nord- und Südwestasien verbreitet; in Nordamerika wohl eingeschleppt.

Verbreitung in Baden-Württemberg: Im gesamten Gebiet verbreitet und häufig, zwischen 100 m (Nordbaden) bis 1050 m (Schwarzwald, G. & H. HÜGIN 1995).

Erstnachweise: Erstmals von H. HARDER 1562 gesammelt in der Umgebung von Geislingen-Ulm (ZIMMERMANN 1936); ältester Fund bei Hochdorf ca. 4000 v. Chr. (KÜSTER 1983, 1985).

Bestand und Bedrohung: Die Art ist häufig und trotz intensiver landwirtschaftlichen Nutzung nicht bedroht.

4. Myosotis discolor Persoon 1797

M. versicolor (Persoon) J. E. Smith 1813
Buntes Vergißmeinnicht

Morphologie: Einjährige, bis 30 cm hohe, grazile Pflanze, vom Grund an verzweigt. Stengel kantig, im beblätterten Bereich abstehend behaart, Infloreszenz anliegend behaart. Grundblätter lanzettlich, bis 4 cm lang. Stengelblätter eilanzettlich, oben teilweise zugespitzt. Blätter beiderseits mit geraden Haaren. Kelch sich zur Fruchtzeit schließend, bis zur Hälfte geteilt. Kelchstiele höchstens so lang wie der Kelch. Kelchbecher mit Hakenhaaren, Kelchzipfel mit geraden nach vorne gerichteten Haaren. Kronröhre maximal 4 mm lang von Anfang an blau. Kronlappen bis 1,3 mm im Durchmesser, anfänglich gelblichweiß oder gelb später blau werdend. Teilfrüchte grün bis bräunlich ca. 1 mm lang, fast rundlich mit breitem Saum. Blüht von April bis Mai.

Ökologie: Art sandiger, kalkarmer, leicht wechselfrischer Böden, auch auf Lehm. In Äckern, Sandrasen, an Wegränder und in lückigen Wiesen. Vegetationsaufnahmen mit *M. discolor* sind aus dem Gebiet nicht bekannt.

Allgemeine Verbreitung: In fast ganz Europa vorkommend, nach Norden und Osten seltener wer-

Buntes Vergißmeinnicht (*Myosotis discolor*)
Hiltrup, Steiner See, Mai 1992

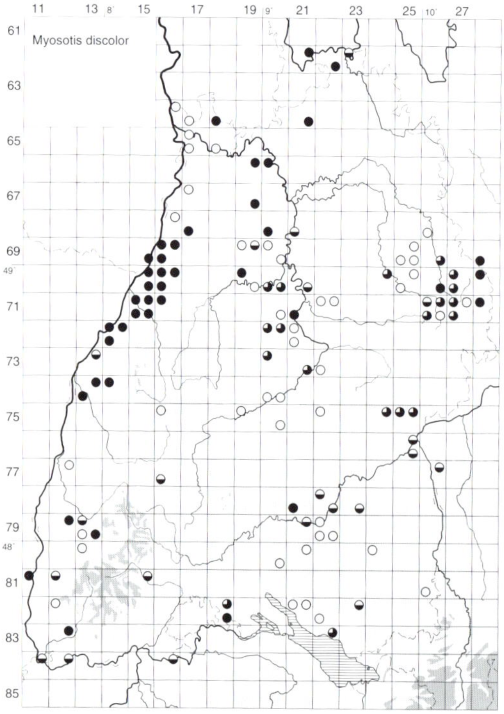

dend; Sippe mit wahrscheinlich südwesteuropäischen Ursprung (GRAU 1968).

Verbreitung in Baden-Württemberg: In Baden-Württemberg vor allem im Oberrheingebiet verbreitet (bei ca. 100 m), seltener in den übrigen Gebieten. Mit Ausnahme der höheren Lagen im Schwarzwald jedoch in allen Landschaftsräumen zu finden. Außerhalb der nordbadischen Oberrheinebene nur wenige aktuelle Nachweise. Die Verbreitungskarte ist sicher unvollständig, da die Art sehr früh im Jahr blüht und somit bei Kartierungen und Vegetationsaufnahmen häufig nicht erfaßt wird.

Erstnachweis: In der Umgebung von Ulm von LEOPOLD (1728: 99) genannt (Ort unbekannt).

Bestand und Bedrohung: Die Art gilt in Baden-Württemberg als gefährdet (HARMS et al. 1983). Trotz des geringen Kenntnisstandes zur Verbreitung ist davon auszugehen, daß *M. discolor* im Rückgang begriffen ist.

5. Myosotis ramosissima Rochel ex Schultes 1814

M. hisipida Schlechtendal 1818,
M. collina Reichenbach 1822 nom. illeg.
Hügel-Vergißmeinnicht

Morphologie: Einjährige Pflanze, meist 10–20 cm hoch, teilweise stark verzweigt. Stengel zart, abstehend behaart. Rosettenblätter zur Blütezeit meist schon abgestorben, deutlich größer als Stengelblätter. Blätter dicht mit abstehenden, geraden Haaren besetzt. Kelch zur Fruchtzeit 4 mm lang, offen bleibend. Kelchstiel so lang wie der Kelch, zur Fruchtzeit schräg (> 45 Grad) bis waagrecht abstehend. Blüten 3 mm im Durchmesser, Blütenröhre im Kelch eingeschlossen; Blütenstand unbeblättert. Teilfrüchte 1.2 mm lang und 0.7 mm breit. Blüte: (März) April bis Anfang Juni.

Ökologie: Pflanze auf kalkreichen, humusarmen Böden in Sandrasen (Vulpietum myuri, PHILIPPI 1973), sandigen Äckern, besonnten Wegrainen oder Erdanrissen (z. B. auf Löß) und auf Felsköpfen (*Hedwigia albicans-Scleranthus perennis*-Gesellschaft, v. ROCHOW 1951) sowie in lückigen Trockenrasen, häufig auch in Ruderalflächen (von hier nur wenige Vegetationsaufnahmen: PHILIPPI 1971). Zum Keimungsverhalten siehe JANSSEN (1973).

Allgemeine Verbreitung: Verbreitet in fast ganz Europa (nach Norden hin aber deutlich seltener werdend), in Nordafrika und Kleinasien bis Iran (GRAU 1968).

Hügel-Vergißmeinnicht (*Myosotis ramosissima*)
Weilderstadt, 11. 5. 1993

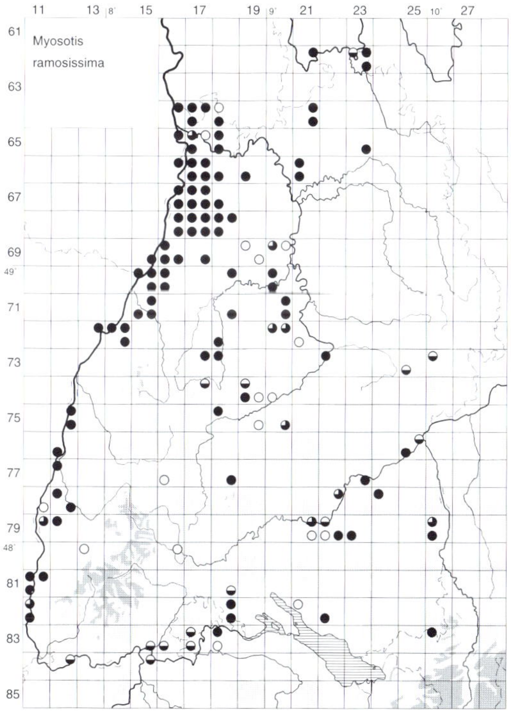

Verbreitung in Baden-Württemberg: Verbreitet in der nordbadischen Rheinebene vor allem in den Sandgebieten nördlich von Stollhofen (über 100 m Meereshöhe), im südlichen Oberrheingebiet deutlich seltener, ebenso in den Gäulandschaften. In den restlichen Regionen nur Einzelnachweise. Außerhalb des Hauptverbreitungsgebiets häufig nur an Ruderalstellen (z. B. 8326/1 Güterbahnhof Isny, 1977, DÖRR 1977). *M. ramosissima* ist häufiger als *M. stricta.*

Erstnachweis: Erstmals von DIERBACH (1829: 39) „supra Neuenheim" bei Heidelberg genannt.

Bestand und Bedrohung: *M. ramosissima* ist nach HARMS et al. (1983) als gefährdet eingestuft. Die Art ist im nördlichen Oberrheingebiet teilweise noch häufig und hier aktuell nicht bedroht, da die Art auch auf Ruderalflächen vorkommt. In den restlichen Regionen dagegen erscheint eine Bedrohung aufgrund sehr weniger Vorkommen als gegeben.

6. Myosotis stricta Link ex Roemer & Schultes 1819

M. micrantha auct.,
M. arenaria C. F. Schultz 1819
Sand-Vergißmeinnicht

Morphologie: Einjährige Pflanze, 10–20 cm hoch. Ganze Pflanzen dicht behaart, Stengel aufrecht. Blätter oval, unterseits (besonders auf dem Mittelnerv) mit hakig gebogenen Haaren. Blütenstand unterseits meist mit Blättern. Kelchstiele (zur Fruchtreife) deutlich kürzer als Kelch, Kelch zu dieser Zeit 3–4,5 mm lang und geschlossen, bis auf die Hälfte der Kelchlänge geteilt. Kronröhre kürzer als Kelch, trichterförmige Krone hellblau, 1–2 mm im Durchmesser. Teilfrüchte 0,8–1,5 mm lang, mit deutlich abgesetztem Rand.
Blütezeit: März bis Juni.

Ökologie: In Sandrasen, auf sandigen Äckern, Erdanrissen, Dämmen, auf Rohboden, in lückigen Halbtrockenrasen und Felsköpfen. Vegetationsaufnahmen von Sandrasen bei VOLK (1931: *Koeleria glauca – Jurinea cyanoides*-Assoziation), PHILIPPI (1971: vor allem *Medicago minima-Veronica arvensis*-Gesellschaft) und KRÜSS & ROHDE (1990). Auf Rohböden im Cerastium pumili (WITSCHEL 1980); Aufnahmen von Trockenrasen im benachbarten Elsaß (Rufacher Kalkhügel) bei WITSCHEL (1993).

Allgemeine Verbreitung: Verbreitet in fast ganz Europa (nach Norden jedoch seltener werdend), in Nordwestafrika und Kleinasien bis Iran und Syrien (GRAU 1968).

Sand-Vergißmeinnicht (*Myosotis stricta*)
Sandhausen, 15. 5. 1993

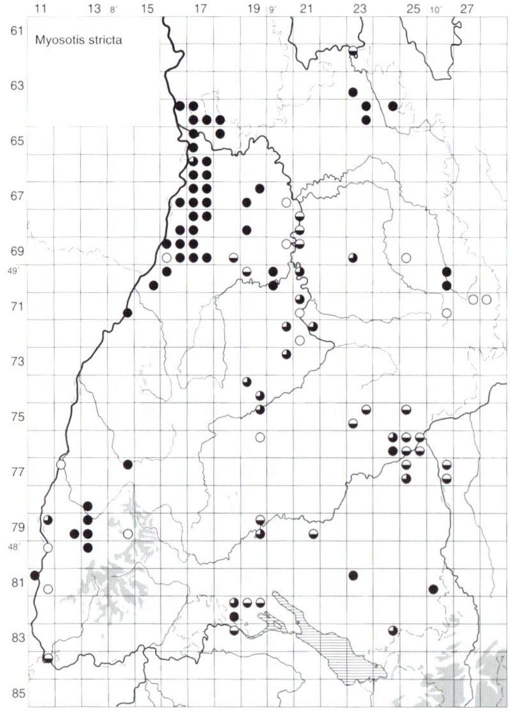

Verbreitung in Baden-Württemberg: Ähnlich *Myosotis ramosissima*, aber deutlich seltener als diese Art und in der nordbadischen Rheinebene strenger an die Sandgebiete gebunden. Im übrigen Baden-Württemberg nur zerstreut im Tauber- und Neckargebiet, auf der Schwäbischen Alb und in der Oberschwaben (hier nur an Ruderalstellen, z. B. 8324/2: Bahndamm bei Wangen, 1959, DÖRR 1977).

Erstnachweise: Literarischer Erstnachweis ohne genaue Ortsangabe (Umgebung von Ulm) bei LEOPOLD (1728: 95); subfossil erstmals für Wiesloch 11./9. Jhd. v. Chr. (Spätbronze) angegeben (RÖSCH 1993).

Bestand und Bedrohung: Die Art gilt in Baden-Württemberg als gefährdet (HARMS et al. 1983). Sie ist auf Sandrasen beschränkt und kommt kaum auf Ruderalflächen vor. Außerhalb der Oberrheinebene nur wenige aktuelle Nachweise!

11. **Lappula** Moench 1794
Igelsame

Ein- oder zweijährige, krautige Pflanzen. Blüten in verzweigten Wickeln, mit Tragblättern. Kelch fast bis zum Grund geteilt. Krone blau oder weiß, mit kurzer Röhre und trichter- bis fast radförmigem Saum; Schlundschuppen klein. Staubblätter und Griffel in der Kronröhre eingeschlossen. Narbe kopfig. Teilfrüchte eiförmig-dreikantig bis länglich und abgeflacht, seitlich mit 1–3 Reihen zylindrischer, konischer oder abgeflachter Dornen oder Widerhaken. Bestäubung meist durch Schwebfliegen.

Gattung mit ca. 50 in den warmen und trockenen Zonen der Nordhemisphäre, in Südafrika und in Australien verbreiteten Arten. In Europa kommen 6 (CHATER 1972), in Baden-Württemberg kommt eine Art vor.

1 Fruchtstiele abwärts gebogen . . . . 1. *Lappula deflexa*
– Fruchtstiele aufrecht oder schief aufrecht 2
2 Teilfrüchte länglich, auf der ganzen Länge mit dem Blütenboden verbunden. Krone 2–2,5 mm lang . . . . *[L. echinophora]*, S. 123
– Teilfrüchte eiförmig-dreikantig, nur teilweise mit dem Blütenboden verbunden. Krone ca. 4 mm lang . . . . 2. *Lappula squarrosa*

1. **Lappula deflexa** (Wahlenberg) Garcke 1863

Zurückgebogener Igelsame

Morphologie: Therophyt oder zweijährig. Pflanze weich und locker behaart. Stengel 20–100 cm hoch, in der oberen Hälfte sparrig verzweigt. Blätter schmal oval, ganzrandig, sitzend oder mit kurzem, geflügeltem Stiel. Fruchtstiele 2–4 mm lang, abwärts gebogen. Krone hellblau oder weiß, im Durchmesser 3–5 mm; Schlundschuppen gelb, warzig. Teilfrüchte braun, abgeflacht, im Umriß dreieckig; 3–5 mm lang, auf der Fläche mit feinen Haaren, am Rande mit einem Flügel, auf dem 0,5–2 mm lange, flache, an der Spitze mit Widerhaken versehene Stacheln stehen. – Blütezeit: Juni–August.

Ökologie: Auf trockenen und nährstoffreichen Böden, meist südexponiert. Im Gebiet an Felsen und in Grotten, in den Alpen gelegentlich auch auf Ruderalstandorten.

Vegetationsaufnahmen aus Baden-Württemberg liegen nicht vor.

Allgemeine Verbreitung: Eurasien, nordwärts bis Nordskandinavien (auf den Britischen Inseln fehlend), südwärts bis Nordspanien, ostwärts bis Zentralasien.

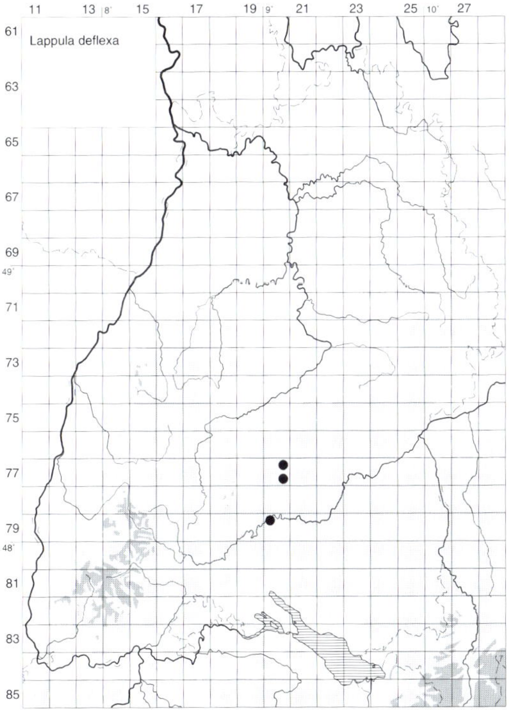

Zurückgebogener Igelsame *(Lappula deflexa)*
Schwäbische Alb

Verbreitung in Baden-Württemberg: *Lappula deflexa* ist im Gebiet bisher nur von der Schwäbischen Alb nachgewiesen worden.
Die Vorkommen liegen zwischen 650 und 850 m.

7720/2: Burladingen, 1986–1993, BURGHARDT (STU-K); 7720/4: Bitz, 1984–1993, BURGHARDT (STU-K); 7920/1: Leibertingen, 1979–1993, BURGHARDT (STU-K); 1979, WOLFSTETTER (STU-K), Erstfinder M. BURGHARDT.

Bestand und Bedrohung: *Lappula deflexa* ist im Gebiet selten. Die Pflanze sollte in der Roten Liste als vom Aussterben bedroht (G 1) eingestuft werden.

Lappula echinophora (Pallas) O. Kuntze 1887

Theophyt, mit aufrecht abstehenden Haaren. Stengel 5–50 cm hoch, oft verzweigt. Blätter lineal bis lineallanzettlich, die unteren gestielt, die oberen sitzend. Krone 2–2,5 mm lang, schwach blau oder weißlich. Teilfrüchte ungleich groß, 4–7 mm lang.
Aus Südostrußland und Westkasachstan stammende Pflanze, die in Baden-Württemberg bisher einmal nachgewiesen wurde.
6516/2 (?): Mannheim, Hühnerhof, LUTZ (1910: 372).

2. **Lappula squarrosa** (Retzius) Dumortier 1827

Stechender Igelsame

Morphologie: Einjährig (meist winterannuell) oder 2jährig, mit dünner, wenig verzweigter Wurzel. Pflanze dicht behaart, graugrün. Stengel

10–70 cm hoch, häufig verzweigt. Blätter schmal-oval bis lineal-lanzettlich, alle sitzend oder die unteren kurz gestielt. Kelch 1,5–3 mm lang, zur Fruchtzeit sich bis auf 5 mm verlängernd. Krone meist hellblau, ca. 4 mm lang; Schlundschuppen gelb, warzig. Teilfrüchte ca. 2,5–4 mm lang, auf der Fläche mit kleinen, runden Warzen, am Rande mit 2–5 Reihen von Widerhaken. Im Gebiet nur die Typusunterart. – Blütezeit: Juni–August.

Ökologie: Auf mäßig trockenen, meist nährstoffreichen, schwach sauren bis schwach basischen, häufig kalkreichen, skelettreichen oder sandigen Böden. Im Donautal vorwiegend an Lägerstellen unter überhängenden Felsen (Grotten, Balmen) mit *Asperugo procumbens*, sonst in Unkrautfluren in Äckern, Weinbergen, entlang von Wegen und Mauern und Schuttplätzen.

Vegetationsaufnahmen aus Baden-Württemberg liegen nicht vor, finden sich aber z. B. aus der Frankenalb bei OTTE (1989: 187), aus den Alpen bei BRAUN-BLANQUET (1961) und BRAUN-BLANQUET u. SUTTER (1983: 320).

Allgemeine Verbreitung: Ursprünglich eurasiatisch verbreitete Pflanze, mittlerweile in Nordamerika eingeschleppt und eingebürgert. In Europa reicht das geschlossene Verbreitungsgebiet

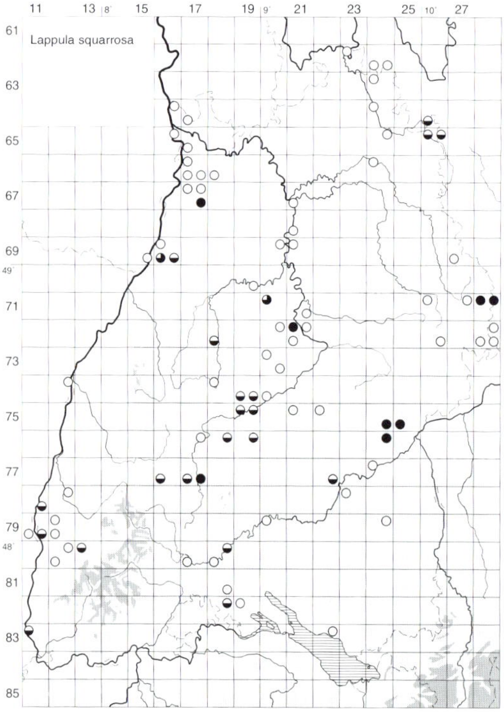

Stechender Igelsame (*Lappula squarrosa*)
Bopfingen, 4. 7. 1992

nordwärts bis Mittelskandinavien (in England und Irland nur adventiv), weiter nördlich gibt es vereinzelte Vorkommen bis ca. 70° n. Br. Im Süden fehlt die Pflanze in Portugal, Südspanien und auf den großen Mittelmeerinseln.

Verbreitung in Baden-Württemberg: *Lappula squarrosa* kommt bzw. kam im Oberrheingebiet, in den Gäulandschaften, auf der Schwäbischen Alb (besonders im Donaugebiet), im Hegau und im Alpenvorland vor. Lokal hat es früher große Populationen gegeben. So schreibt z. B. STEIN (1884: 127) für Gerlachsheim: „... eine der häufigsten Arten der Weinberge und Äcker... auf dem Herrenberg". Eine Zusammenstellung der Literaturangaben aus dem Taubergebiet findet sich bei PHILIPPI (1983: 471).

Tiefste Vorkommen: ca. 95 m in der nördlichen Oberrheinebene. Höchstes Vorkommen: ca. 680 m bei Neudingen (8017/3). Die aktuellen

Vorkommen auf der Schwäbischen Alb liegen überwiegend zwischen 500 und 600 m. Die Pflanze ist vermutlich erst mit dem Menschen in das Gebiet eingewandert (Archäophyt). Vorkommen in den „Balmen" des Donautals sind seit dem Neolithikum vorstellbar (vgl. Anmerkungen zu *Asperugo procumbens*). Beständige Vorkommen bestehen zur Zeit nur auf der Schwäbischen Alb (überwiegend in Balmen).

Funde nach 1970: 6717/4: Sandgrube bei Mingolsheim, 1991, HOLZER (KR-K); 7128/1: Kargstein NW Oberdorf, 1992, TRITTLER (ASP); 7128/2: Goldberg NW Pflaumloch, 1988, NEBEL (STU-K), 1994 noch vorhanden, BREUNIG u. NICKEL (KR-K); 7221/1: Stuttgart, Filderstraße, 1980, KUNICK (STU-K), vgl. auch KUNICK (1983); 7524/4: Weiler, Bruckfels, RAUNEKER (1984: 143), 1993 nur spärlich (MECKLE nach RAUNEKER, schriftl. Mitt.); 7525/3: Lautertal, RAUNEKER (1984: 143); 7624/2: Mähderhalde, 1979, MUHLE (STU-K); 7717/4: S Talhausen, 1983, AIGELDINGER, (STU-K).

Erstnachweis: Nach SCHINNERL (1912) von H. HARDER 1576–94 in der Umgebung von Geislingen – Ulm gesammelt.

Bestand und Bedrohung: *Lappula squarrosa* kommt im Gebiet nur in wenigen, kleinen Populationen vor. Die Bestände können durch zufällige Umstände (z. B. Tritt durch Kletterer) schnell vernichtet werden. Die Pflanze ist im Gebiet vom Aussterben bedroht (G 1).

12. **Omphalodes** Miller 1754
Nabelnüßchen

Einjährige, zweijährige oder ausdauernde krautige Pflanzen. Blüten einzeln, blattachselständig oder in meist wenigblütigen, endständigen Zymen. Kelch bis zum Grunde geteilt, sich nach der Blütezeit vergrößernd. Krone blau oder weiß, mit kurzer Kronröhre, mit 5 hervorstehenden, sackartigen Schlundschuppen, die die Staubblätter meist verdecken. Teilfrüchte glatt, mit nabelförmiger Einsenkung. Bestäubung besonders durch Schwebfliegen.

Gattung mit ca. 24 Arten, die vom Mittelmeergebiet bis Ostasien verbreitet sind.

In Europa kommen 8 Arten vor (FERGUSON 1972). In Baden-Württemberg ist *Omphalodes verna* mittlerweile eingebürgert.

1 Blüten einzeln. Schlundschuppen gelb. Blätter lanzettlich bis spatelförmig . *[O. scorpioides]*
– Blüten in Trauben. Schlundschuppen weiß mit roten Punkten. Blätter ei- bis herzförmig . . . . 1. *O. verna*

Omphalodes scorpioides (Haenke) Schrank 1812
Wald-Nabelnüßchen

Zweijährige Pflanze mit niederliegendem bis aufsteigendem, verzweigtem, kahlem bis spärlich behaartem Stengel. Blätter rauhhaarig, lanzettlich bis spatelförmig, die unteren kurz gestielt, die oberen sitzend. Krone blau mit gelben Schlundschuppen. Teilfrüchte 2–3 mm lang, behaart. – Blütezeit: April–Mai.

In Mittel- und Osteuropa verbreitete Pflanze nährstoffreicher und kalkhaltiger Böden. Bevorzugte Standorte sind feuchte Laubmischwälder.

In Baden-Württemberg wurde die Pflanze bisher nur einmal gefunden: 7128/4: „In den Eichelgärten bei der Altenbürg zufällig angesät und nun gleichsam eingebürgert", SCHNITZLEIN und FRICKHINGER (1848: 163). Die nächsten natürlichen Vorkommen liegen im Maingebiet bei Schweinfurt, im mittelfränkischen Becken und auf der Südlichen Frankenalb (vgl. SCHÖNFELDER und BRESINSKY 1990).

1. **Omphalodes verna** Moench 1794
Frühlings-Nabelnüßchen

Morphologie: Hemikryptophyt, mit bis 1 m langem Rhizom mit mehreren Blattrosetten. Stengel 5–20(–40) cm hoch. Rosettenblätter lang gestielt, ei- bis herzförmig, locker behaart. Stengelblätter kleiner, kurz gestielt oder herablaufend. Blütenstände in den Achseln der oberen Hochblätter;

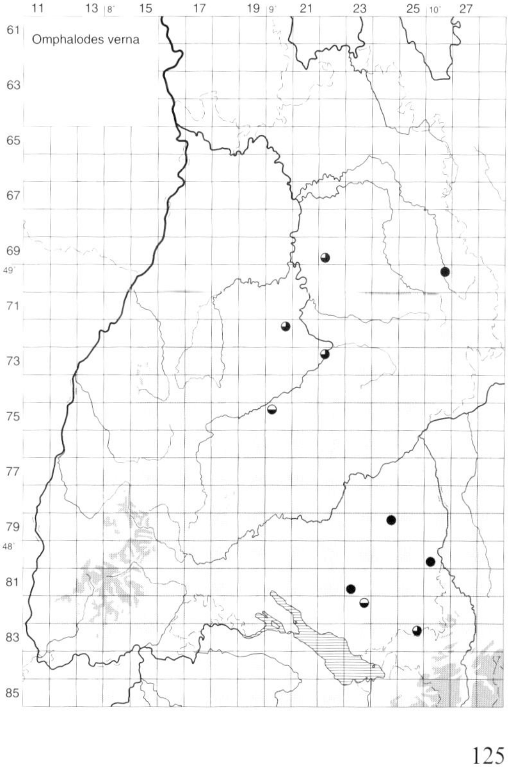

Frühlings-Nabelnüßchen *(Omphalodes verna)*

Blütenstiele nach der Blütezeit abwärts gebogen. Kelch ca. 4 mm lang, behaart; Krone 8–10 mm lang, meist blau; Schlundschuppen weiß mit roten Punkten. Teilfrüchte ca. 2 mm lang, behaart. – Blütezeit: April–Mai.

Ökologie: Auf frischen, mäßig nährstoffreichen, ± neutralen, humosen Böden. In Parkanlagen, Friedhöfen, Burgruinen, seltener auch weitab von Siedlungen in Au- und Schluchtwäldern verwildert. Im ursprünglichen Verbreitungsgebiet wächst die Pflanze in Buchenwäldern (HORVATH et al. 1974). Vegetationsaufnahmen aus Baden-Württemberg sind nicht veröffentlicht worden.

Allgemeine Verbreitung: Ursprünglich in Südosteuropa verbreitete Pflanze, mittlerweile in West-, Mittel- und Südeuropa als Zierpflanze eingeführt und stellenweise verwildert und eingebürgert.

Verbreitung in Baden-Württemberg: *Omphalodes verna* wird im Gebiet als Zierpflanze kultiviert und erfreut sich nach HÜGIN (1991) wieder zunehmender Beliebtheit. Einbürgerungen sind bisher nur aus dem Neckarland und dem Alpenvorland bekannt geworden.

Omphalodes verna ist im Gebiet als Neophyt anzusehen.

6922/3: 1 km SW Warthof bei Kleinaspach, KREH (1957: 192); 7026/2: Ellwangen, SCHULTHEISS (1976: 188); 7220/2 (?): Solitude, Laubwald beim Forsthaus II, 1968, SEYBOLD (STU); 7322/1: Wendlingen, 1960, KNAUSS (STU); 7520/1: Tübingen, Weilheimer Friedhof, 1936, MAYER (STU); 7619/4: Hechingen, am Manöverdenkmal angepflanzt, 1976, BURGHARDT (STU-K); Punkt wurde nicht in die Verbreitungskarte übernommen; 7924/2: Wald am Jordanberg bei Biberach, DÖRR (1993); 8026/3: Ruine Marstetten, GLÖGGLER in DÖRR (1977); 8123/3: Schmalegg, 1972, DÖRR (STU); 8223/2: Alter Friedhof von Ravensburg, 1933, BERTSCH (STU); 8325/2: Argenauen bei Malleichen, 1961, BRIELMAIER (STU).

Bestand und Bedrohung: *Omphalodes verna* ist im Gebiet noch in Ausbreitung begriffen und nicht bedroht.

13. **Cynoglossum** L. 1753
Hundszunge

Meist zweijährige oder ausdauernde, krautige Pflanzen (seltener Therophyten). Blüten meist in endständigen Zymen, meist ohne Tragblätter. Kelch bis oder fast bis zum Grunde geteilt, sich nach der Blütezeit vergrößernd. Krone mit zylindrischer bis trichterförmiger Röhre und radförmigem Saum; Schlundschuppen 5, die Kronröhre verschließend. Staubblätter und Griffel in der Kronröhre eingeschlossen; Staubblätter in der Mitte der Röhre oder oberhalb inseriert. Teilfrüchte ei- bis kreisförmig, auf der Dorsalseite convex, flach oder leicht konkav, z. T. mit Randwulst, mit Widerhaken. Bestäubung vorwiegend durch Schwebfliegen.

Gattung mit ca. 70, vorwiegend in den Tropen und Subtropen verbreiteten Arten. In Europa kommen 11 (KOVANDA 1972), in Baden-Württemberg kommen 2 Arten vor.

1 Teilfrüchte mit Randwulst; Staubblätter oberhalb der Mitte der Kronröhre inseriert. Stengelblätter auf beiden Seiten behaart . . . . 1. *C. officinale*

– Teilfrüchte ohne Randwulst; Staubblätter in der Mitte der Kronröhre inseriert. Stengelblätter auf der Blattoberseite ± kahl und glänzend . . . . . 2. *C. germanicum*

1. **Cynoglossum officinale** L. 1753
Gewöhnliche Hundszunge

Morphologie: Zweijähriger Hemikryptophyt, mit dicker Pfahlwurzel. Stengel aufrecht, 0,2–0,8 m hoch, kantig, rückwärts anliegend bis abstehend behaart. Blätter breit lanzettlich, ganzrandig, bei-

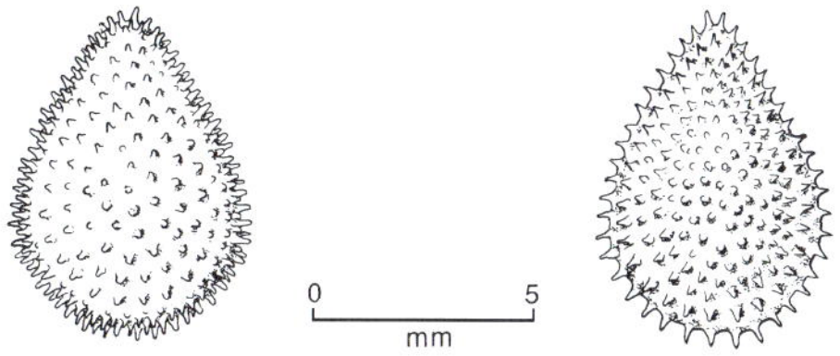

Links: Frucht der Gewöhnlichen Hundszunge *(Cynoglossum officinale)*. Rechts: Frucht der Wald-Hundszunge *(Cynoglossum germanicum)*. Zeichnungen: F. WEICK nach GUINOCHET u. VILMORIN (1975) und SUTORY (1988)

derseits behaart, die unteren gestielt, die oberen sitzend. Kelch mit zur Fruchtzeit abstehenden Zipfeln, Fruchtstiel schief abstehend. Krone 5–6 mm lang, zuerst violett, dann rotbraun. Kronröhre länger als der Kelch; Schlundschuppen aus der Kronröhre ragend. Teilfrüchte 6–8 mm lang, mit Randwulst, auf dem die ca. 0,5 mm langen Widerhaken viel dichter stehen als auf der Außenfläche. – Blütezeit: Mai–Juli.
Ökologie: Auf trockenen bis mäßig frischen, mäßig stickstoffreichen, meist basischen und kalkreichen, lockeren, sandigen bis lehmigen Böden. In Unkrautgesellschaften auf Schuttplätzen, an Wegrändern, Lägerstellen, auf intensiv genutzten

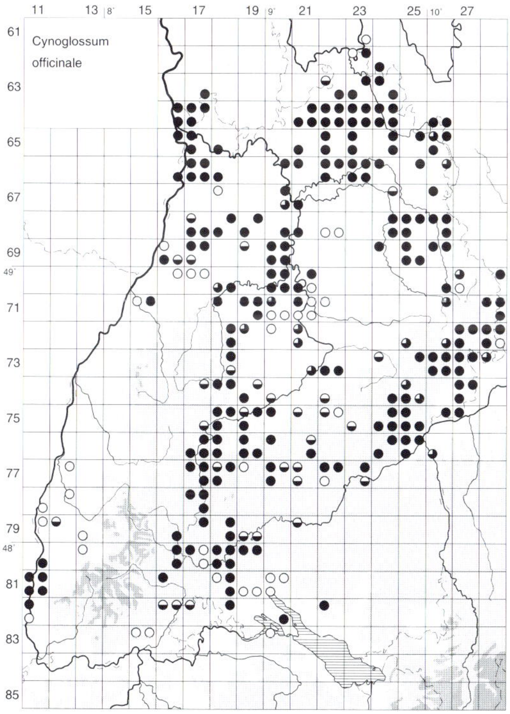

Gewöhnliche Hundszunge *(Cynoglossum officinale)*
Kaiserstuhl

Weiden und auf Waldschlägen. Die Pflanze gilt als Onopordion-Verbandscharakterart, kommt aber auch in Melilotion-Gesellschaften vor. Vegetationsaufnahmen bzw. synthetische Tabellen mit *C. officinale* liegen aus Baden-Württemberg von PHILIPPI (1971, Tab. 9 u. 11; 1983, Tab. 12), GENSER (1991, Tab. 2) und TH. MÜLLER (in SEYBOLD u. MÜLLER 1972) vor (zu Vegetationsaufnahmen aus dem Mainzer Sand vgl. KORNECK 1966: 31 und 1987, Tab. 10).
Allgemeine Verbreitung: Ursprünglich eurasiatisch verbreitete Pflanze, mittlerweile in Nordamerika eingeschleppt. In Europa reicht das geschlossene Verbreitungsareal südwärts von Mittelspanien über Süditalien und Nordgriechenland bis zum Schwarzen Meer, nordwärts von Großbritannien über Südskandinavien bis Nordrußland. Die nördlichsten, isoliert liegenden Vorkommen finden sich auf Island und in Nordschweden (Torne Lappmark) bei ca. 68° n. Br.
Verbreitung in Baden-Württemberg: Hauptverbreitungsgebiete sind die Sandgebiete des nörd-

lichen Oberrheingebiets und die Gäulandschaften. Seltener ist die Pflanze im mittleren und südlichen Oberrheingebiet, in der Baar, am Hochrhein, im Keuper-Lias-Neckarland, auf der Schwäbischen Alb, im Hegau und im westlichen Bodenseegebiet.

Tiefste Vorkommen: ca. 95 m im nördlichen Oberrheingebiet. Höchste Vorkommen: ca. 800 m in einem verwilderten Garten bei Münchingen (8116/3), vermutlich nicht aus Kultur stammend (Hügin, schriftl. Mitt.).

Cynoglossum officinale ist erst nach Schaffung geeigneter Standorte durch den Menschen in das Gebiet eingewandert (Archäophyt, vgl. Lohmeyer u. Sukopp 1992).

Erstnachweise: Ältester archäologischer Nachweis: Frühes Subboreal bei Ravensburg (Bertsch 1956). Nach Schorler (1908) von H. Harder 1574–76 in der Umgebung von Geislingen – Ulm gesammelt.

Bestand und Bedrohung: *Cynoglossum officinale* ist im Gebiet nicht bedroht.

2. Cynoglossum germanicum Jacquin 1767

Wald-Hundszunge

Morphologie: Zweijähriger Hemikryptophyt, mit dicker Pfahlwurzel. Stengel aufrecht, 0,2–0,8 m hoch, meist abstehend behaart. Blätter breit lanzettlich, ganzrandig, unterseits behaart, oberseits fast kahl und glänzend, die unteren gestielt, die oberen sitzend, herzförmig oder breit abgerundet, z. T. stengelumfassend. Kelch mit zur Fruchtzeit abstehenden Zipfeln, Fruchtstiel nickend. Krone 4–5 mm lang, rotviolett; Kronröhre länger als der Kelch; Schlundschuppen aus der Kronröhre herausragend. Teilfrüchte 6–8 mm lang, gleichmäßig mit ca. 0,5–0,8 mm langen Stacheln besetzt. – Blütezeit: Mai–Juli.

Variabilität: Von *Cynoglossum germanicum* werden neuerdings drei Unterarten unterschieden (Sutory 1988). Für die Schwäbische Alb (Lichtenstein) wird dabei die Typusunterart angegeben. In der Pfalz (Donnersberg) soll die subsp. *rotundum* vorkommen. Im Rahmen der Kartierung wurden die Unterarten nicht unterschieden.

Ökologie: Auf frischen, meist stickstoffreichen, basen- und meist auch kalkreichen, lehmigen, häufig steinigen Böden. In der Umgebung von Wildlägern, in Wäldern und Waldsäumen, auf Waldlichtungen, an Wegböschungen und auf beschattetem Felsschutt. Charakterart des Alliario-Cynoglossetum germanici, in dieser Gesellschaft u. a. mit *Chaerophyllum temulum* und *Lapsana communis*. Nach Bohn und Loymeyer (1990) in der Rhön im Tilio-Ulmetum glabrae, in wärmeliebenden Buchenwäldern und in Säumen des Epilobio-Geranietum robertiani.

Vegetationsaufnahmen aus Baden-Württemberg liegen nur in Form einer synthetischen Tabelle vor (Th. Müller in Oberdorfer, 1983 Tab. 169, Spalte 19 u. 20). Zu Vegetationsaufnahmen aus der Rhön vgl. Bohn u. Lohmeyer (1990, Tab. 1 u. S. 138), aus Rheinland-Pfalz (Donnersberggebiet) und Nordhessen (Bad Wildungen) Korneck (1974, Tab. 115).

Allgemeine Verbreitung: Die Verbreitung von *Cynoglossum germanicum* ist nur ungenau bekannt, da die Sippe häufig mit *Cynoglossum officinale* verwechselt wird. Die Verbreitungsgrenze verläuft westlich in Süd- und Mittelengland (Stace 1991), südwestlich in den Pyrenäen (Guinochet et al. 1975) und südlich von Südfrankreich über Kroatien bis zum Kaspischen Meer, hier die Ostgrenze erreichend. Die Nordgrenze verläuft vom Niedersächsischen Hügelland über Rumänien bis Südrußland. Innerhalb dieses Areals liegen die Hauptverbreitungsgebiete in Südengland sowie in Frankreich in den Gebirgen entlang von Meuse, Saône und Rhône.

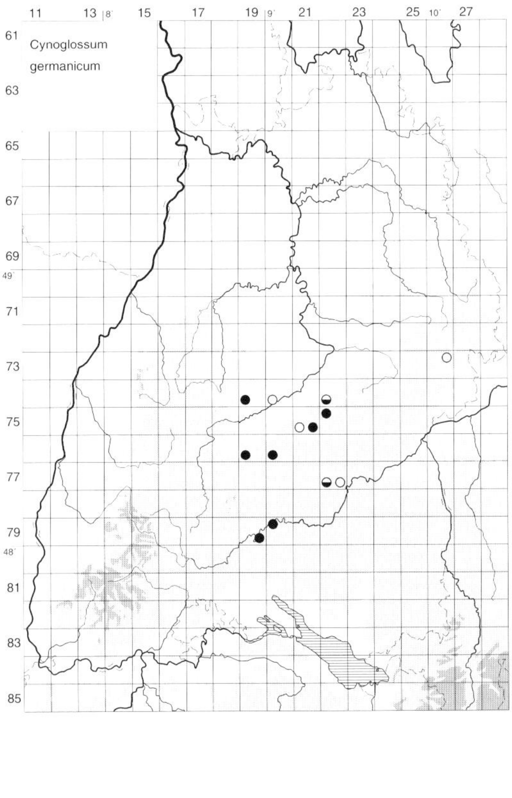

Wald-Hundszunge (*Cynoglossum germanicum*)
Onstmettingen, 13. 6. 1992

Verbreitung in Baden-Württemberg: *Cynoglossum germanicum* kommt in Baden-Württemberg nur im Keupergebiet bei Tübingen und auf der Schwäbischen Alb vor.

Tiefstes Vorkommen: ca. 440 m bei Wendelsheim (7419/3). Höchstes Vorkommen: ca. 920 m am Hangenden Stein auf der Schwäbischen Alb (7620/3).

Cynoglossum germanicum ist im Gebiet vermutlich schon vor den ersten Eingriffen des Menschen vorhanden gewesen.

Keupergebiet: 7419/3: Gewann „Härle" bei Wendelsheim, 1993, ENGELHARDT (STU-K); 7420/3 (?): Hirschauerberg, DUVERNOY (1722), nach MAYER (1930: 346) nach 1850 nicht mehr beobachtet.
Schwäbische Alb: 7326/2: Heidenheim, SCHNITZLEIN und FRICKHINGER (1848: 163); 7422/3 (?): „Hölle" bei Urach, 1930, K. MÜLLER (STU); 7521/3: Nebelhöhle, SCHÜBLER in VON MARTENS u. KEMMLER (1882: 16); 7521/4: Alter Lichtenstein, 1993, BURGHARDT (STU-K); 7521/4 (?): Honauer Talfelsen, MAYER (1950: 382); 7522/1: Urach, Wasserfall, 1826, SCHÄFFER (STU); Rutschenfelsen, 1993, BURGHARDT (STU-K); 7619/3: Owinger Bühl, 1992, ENGELHARDT (STU-K); 7620/3: Hangender Stein, 1993, BURGHARDT (STU-K); 7722/3: Geißingen, BERTSCH (1933: 222); 7722/4: Zwiefalten, SCHÄFFER in VON MARTENS u. KEMMLER (1882: 16), 7919/4: Knopfmacherfelsen, 1979, BURGHARDT (STU-K); Ziegelhöhle, 1993, BURGHARDT (STU-K); 7920/1: Fachfelsen u. Hoher Felsen, 1993, BURGHARDT (STU-K).

Die Angabe von MECKLE (in RAUNEKER 1984: 144): „Allmendingen (7624/3), unbeständig!" wurde nicht in die Verbreitungskarte übernommen. Ebenfalls nicht übernommen wurde die Angabe von RODI, WINKLER, ALEKSEJEW und WALDERICH (1983: 31) für den Rosenstein. Angeblich soll die Pflanze schon von STRAUB (1893) hier gefunden worden sein. Bei STRAUB (1893: 182) findet sich aber nur die Angabe „*Cynoglossum officinale*", die bei RODI et al. nicht erwähnt wird. Es scheint eine Verwechslung vorzuliegen.
Vorkommen in angrenzenden Gebieten:
Rheinland-Pfalz: Donnersberggebiet.
Elsaß: Süd- und mittlere Vogesen nordwärts bis ins Breuschgebiet.

Erstnachweis: Die erste schriftliche Erwähnung findet sich bei DUVERNOY (1722) für den Hirschauerberg.
Bestand und Bedrohung: *Cynoglossum germanicum* kommt im Gebiet nur an wenigen Standorten, in zumeist individuenarmen Populationen vor. Die Sippe war im Gebiet schon immer selten und einige der heute noch aktuellen Vorkommen waren schon im letzten Jahrhundert bekannt. Aus diesem Grunde wurde die Pflanze auf der Roten Liste von Baden-Württemberg als „potentiell bedroht" (G 4) eingestuft. Diese Bewertung sollte bis auf weiteres beibehalten werden.

Verbenaceae

Eisenkrautgewächse
Bearbeiter: A. KLEINSTEUBER

Kräuter und Sträucher, außerhalb Europas auch Bäume und Lianen. Blätter meist gegenständig, ganzrandig bis fiederteilig, Nebenblätter fehlend. Blüten meist zygomorph, in razemösen und zymösen Blütenständen. Kelch und Krone 4- oder 5teilig. Staubblätter meist 4 (selten 2 oder 5). Fruchtknoten oberständig, meist aus 2 (selten 4 oder 5) Fruchtblättern gebildet, mit einem Griffel auf der Spitze des Fruchtknotens und 2teiliger Narbe. Frucht meist eine Steinfrucht, seltener eine Kapsel- oder Spaltfrucht. Die Bestäubung findet zumindest bei Verbena officinalis meist durch kleine Bienen statt.

Die Verbenaceen umfassen ca. 75 Gattungen mit über 3000 Arten, die vorwiegend in den Tropen verbreitet sind. In Deutschland kommt nur die Gattung *Verbena* vor.

1. **Verbena** L. 1753

Eisenkraut

Einjährige oder ausdauernde Kräuter oder kleine Sträucher. Blätter meist gegen-, selten quirlständig. Blüten in endständigen, ährigen, rispigen oder doldigen Blütenständen. Kelch röhrenförmig, mit 4–5 ungleichen Zähnen. Krone mit Röhre und flach ausgebreitetem 5teiligem, zweilippigem Saum. Narbe ungleich zweilappig. Fruchtknoten 4fächrig, sich zur Fruchtzeit in vier Teilfrüchte trennend.

Die Gattung *Verbena* umfaßt ca. 230 Arten, die vorwiegend in den amerikanischen Tropen verbreitet sind. In Baden-Württemberg hat sich neben der archäophytischen *Verbena officinalis* neuerdings *Verbena bracteata* eingebürgert.

1 Stengel niederliegend 2
– Stengel aufrecht 3
2 Tragblätter halb so lang wie der Kelch . . . . . [*V. supina*], S. 131
– Tragblätter mindestens doppelt so lang wie der Kelch . . . . 2. *V. bracteata*
3 Blätter gezähnt, sitzend [*V. bonariensis*], S. 131
– Blätter z. T. fiederteilig, die unteren gestielt . . . 1. *V. officinalis*

1. Verbena officinalis L. 1753

Gewöhnliches Eisenkraut

Morphologie: Hemikryptophyt, seltener Therophyt. Stengel 20–60(–100) cm hoch, unten verholzt, im Blütenstand verzweigt, an den Kanten

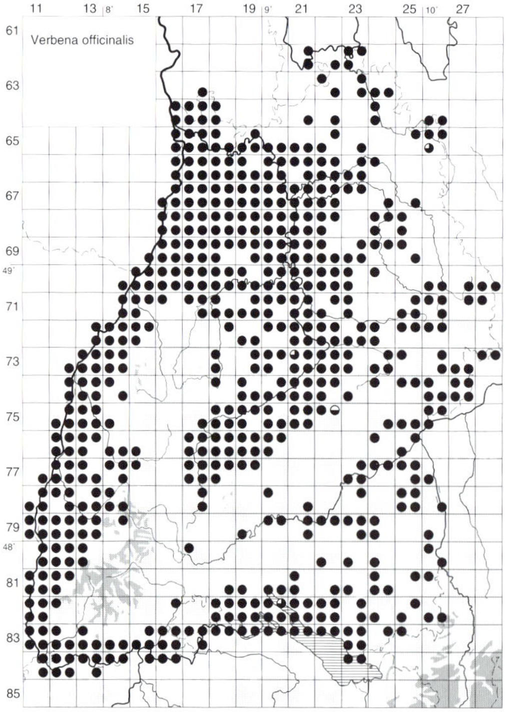

Gewöhnliches Eisenkraut (*Verbena officinalis*)
Weinheim, 30. 8. 1994

rauh, sonst kahl. Blätter oberseits fast kahl, unterseits und am Rande zerstreut behaart, die unteren gestielt, die oberen sitzend, gezähnt bis fiederteilig. Blüten in blattachsel- und endständigen, dünnen, vielblütigen Ähren; Ährenachse drüsig behaart. Kelch ca. 2 mm lang, mit Drüsenhaaren und drüsenlosen Haaren. Krone 3–5 mm lang, blaßlila (selten weiß). Teilfrüchte ca. 2 mm lang, zylindrisch bis eiförmig, auf der Innenseite warzig, außen mit vorstehenden Adern. – Blütezeit: Juli–September.

Ökologie: Auf trockenen bis frischen, meist nährstoffreichen, schwach sauren bis schwach basischen, sandigen oder lehmigen Böden. In Unkrautgesellschaften auf Schuttplätzen, Dämmen und Mauern und an Wegrändern mit *Ballota nigra* und *Malva neglecta*. Vegetationsaufnahmen bzw. synthetische Tabellen mit *Verbena officinalis* finden sich bei Oberdorfer (1971), Th. Müller (Seybold und Müller 1972) und Th. Müller u. Görs (1974).

Allgemeine Verbreitung: Ursprünglich in Europa, Nordafrika und Südwestasien beheimatet, mittlerweile fast weltweit verschleppt. In Europa kommt die Sippe nordwärts bis Mittelschweden vor.

Verbreitung in Baden-Württemberg: *Verbena officinalis* ist in den wärmebegünstigten Landesteilen mit nährstoffreichen Böden weit verbreitet. Selten ist die Pflanze im mittleren Schwarzwald, im Schwäbisch-Fränkischen Wald, in der Baar, auf der Schwäbischen Alb und im Alpenvorland. Aus dem Nord- und Südschwarzwald und aus dem Odenwald sind nur Vorkommen aus den Randgebieten bekannt.

Tiefste Vorkommen: ca. 95 m in der nördlichen Oberrheinebene. Höchstes Vorkommen ca. 740 m bei Oberwihl (8314/3, HÜGIN, schriftl. Mitt.).

Verbena officinalis ist vermutlich erst nach Schaffung geeigneter Standorte durch den Menschen in das Gebiet eingewandert (Archäophyt).

Erstnachweis: Ältester archäologischer Nachweis. 41. Jahrh. v. Chr. bei Hornstaad (RÖSCH 1985). Nach ZIMMERMANN (1937) von H. HARDER ca. 1562 in der Umgebung von Geislingen – Ulm gesammelt.

Bestand und Bedrohung: *Verbena officinalis* ist im Gebiet häufig und nicht bedroht.

Verbena supina L. 1753

Therophyt (selten Hemikryptophyt). Stengel vierkantig, kriechend, 10–40 cm lang, wie die Blätter behaart. Blätter gestielt, eingeschnitten bis gefiedert. Blütenstand in endständigen, meist ungeteilten, bis 8 cm langen Ähren. Krone lila, länger als der Kelch. Teilfrüchte ca. 2,5 mm lang, auf der Innenseite schwach warzig, außen mit hervorstehenden Adern.

Im Mittelmeergebiet verbreitete Pflanze, die in Baden-Württemberg bisher einmal nachgewiesen wurde.

6516/2: Mannheim-Neckarau, Pfingstweidestraße, FLOR (1991 ?).

Verbena bonariensis L. 1753

Therophyt. Stengel aufrecht, bis 2 m hoch, 4kantig, zerstreut behaart, z. T. drüsenhaarig. Blätter sitzend, stengelumfassend, oberseits zerstreut, unterseits dicht behaart, mit dichten Sägezähnen. Blütenstand wenig verzweigt, in köpfchenförmigen Scheindolden. Tragblätter kürzer als der Kelch. Kelch 2–3 mm lang, behaart; Kronröhre ca. 2mal so lang wie der Kelch; Krone ca. 8 mm lang; Kronröhre rötlich, Saum bläulich. Zierpflanze, die im Gebiet selten unbeständig verwildert.

2. Verbena bracteata Lagasca et Rodriguez 1801

Morphologie: Einjährige oder ausdauernde, krautige Pflanze. Stengel verzweigt, meist kriechend, 10–50 cm lang, wie die Blätter mit bis 3 mm langen Haaren. Blätter mit groben Sägezähnen, z. T. dreilappig, in einen kurzen Stiel verschmälert. Blüten in endständigen Ähren. Tragblätter mindestens doppelt so lang wie der 3–4 mm lange Kelch. Kelch besonders an den Nerven behaart. Krone bläulich, violett oder rötlich. Teilfrüchte linealisch, 2–2,5 mm lang, oberseits hervorstehend netzförmig, unterseits gestreift. – Blütezeit: Juni–Oktober.

Ökologie: Auf frischen, nährstoffreichen, sandigen Böden. Vegetationsaufnahmen aus Baden-Württemberg liegen nicht vor.

Allgemeine Verbreitung: USA, nördliches Mexiko, in Europa selten verschleppt. Aus Mitteleuropa liegt außer den Vorkommen in Baden-Württemberg nur folgende Angabe vor: Baumwollspinnerei Feldkirch, 1864, STOCKER in HEGI (1927).

Verbreitung in Baden-Württemberg: Bisher nur in der nördlichen Oberrheinebene nachgewiesen.

6516/3: Dammäcker W Rohrhof, 1980, SCHLESINGER (schriftl. Mitt.), im gleichen Jahr nach Hochwasser wieder verschwunden; 1989, Rheinhafen Mannheim-Rheinau, Bot. AG Nordbaden (KR-K); 1992 an zahlreichen Stellen im Rheinhafen zu finden und offensichtlich eingebürgert (KR-K).

Die Vorkommen liegen zwischen 90 und 95 m.

Bestand und Bedrohung: *Verbena bracteata* ist in Baden-Württemberg erst seit wenigen Jahren eingebürgert. Es ist durchaus vorstellbar, daß sich die Pflanze in den Sandgebieten des Oberrheingebietes weiter ausbreitet.

Lamiaceae, Labiatae

Lippenblütler, Lippenblütengewächse
Bearbeiter: A. KLEINSTEUBER unter Mitarbeit von TH. BREUNIG *(Calamintha)*

Einjährige oder ausdauernde Kräuter, Zwergsträucher, Sträucher, selten Bäume (*Hyptis* in Südamerika bis 12 m) oder Lianen, meist mit Drüsenhaaren oder -schuppen, die ätherische Öle enthalten. Stengel meist 4kantig, selten rund (nicht im Gebiet), dekussiert beblättert. Blätter meist einfach, selten handförmig geteilt oder fiederteilig, ohne Nebenblätter. Blüten in zymösen Teilblütenständen mit verkürzter Mittelachse (Wickel), diese meist ähren- oder traubenförmige Thyrsen bildend (Scheinquirlen). Blüten meist zygomorph. Kelch verwachsen, glocken- bis röhrenförmig, ± regelmäßig 5zähnig oder 2lippig. Krone verwachsen, meist 2lippig, selten fast radiär (Sippen, die nicht von Hymenopteren bestäubt werden meist mit weniger stark ausgeprägter Zweilippigkeit); Oberlippe meist aus 2 Kronblättern (selten stark reduziert), Unterlippe meist aus 3 Kronblättern (bei der Unterfamilie Ocimoideae besteht die Unterlippe nur aus einem Kronblatt). Blüten meist zwittrig, selten eingeschlechtig (Staubblätter reduziert, z. B. bei *Mentha*, d. h. Pflanzen gynodiözisch), häufig proterandrisch. Staubblätter 4 (2 längere und 2 kürzere), z. T. ungleich ausgebildet (d. h. Pflanzen heteranthisch, z. B. bei *Satureja* und *Galeopsis*), selten 2; Filamente selten verwachsen *(Coleus)*; Fruchtknoten oberständig, 2blättrig, durch eine falsche Scheidewand in 4 Fächer geteilt. Griffel 1, mit 2 gleichen oder ungleichen Narbenästen, zwischen den 4 Ovarteilen inseriert. Frucht in 4 einsamige Teilfrüchte (= Klausen) zerfallend.

Eine große Anzahl von Lamiaceen werden als Zierpflanzen oder Küchenkräuter kultiviert.

Die Familie ist fast kosmopolitisch verbreitet (fehlt nur der arktischen Zone und der nivalen Stufe der Hochgebirge) mit einem Verbreitungsschwerpunkt im Mittelmeergebiet. Sie umfaßt über 200 Gattungen mit ca. 3500 Arten.

1 Oberlippe der Krone sehr kurz oder der Unterlippe angeschlossen und deshalb scheinbar fehlend 2
– Krone mit deutlich ausgebildeter Oberlippe oder fast gleichmäßig 4spaltig 3
2 Oberlippe der Krone sehr kurz, 2teilig; Unterlippe 3teilig; Kronröhre innen am Grunde mit Haarring; Pflanze geruchlos . . . . . 1. *Ajuga*
– Oberlippe der Krone der Unterlippe angeschlossen, diese deshalb scheinbar 5teilig; Kronröhre innen ohne Haarring; Pflanze häufig aromatisch oder nach Knoblauch riechend . 2. *Teucrium*
3 Krone fast gleichmäßig 4spaltig (der oberste Lappen z. T. etwas breiter und ausgerandet) . . 4
– Krone 2lippig 5
4 Staubblätter 2 (die 2 anderen fehlend oder als Staminodien vorhanden); untere Stengelblätter stark eingeschnitten; Pflanze geruchlos . . . . . 21. *Lycopus*
– Staubblätter 4 (Blüten z. T. ohne Staubblätter); Stengelblätter gezähnt, selten ganzrandig; Pflanze nach Minze riechend . . . 22. *Mentha*
5 Staubblätter 2 (die beiden anderen meist als Staminodien vorhanden) 6
– Staubblätter 4 7
6 Oberlippe der Krone 2spaltig; Blätter lineal, immergrün . . . . *[Rosmarinus]*, S. 216
– Oberlippe der Krone helmförmig; Blätter nie lineal, krautig . . . . 23. *Salvia*
7 Staubblätter aus der Kronröhre herausragend . 8
– Staubblätter in der Kronröhre eingeschlossen oder unter der Oberlippe aufsteigend 12
8 Oberlippe der Krone mit 4–5 stumpfen Zähnen; Gewürzpflanze . *[Ocimum basilicum]*, S. 233
– Oberlippe der Krone ungeteilt oder 2teilig . . . 9
9 Kelch 6–8 mm lang; Krone 7–12 mm lang, meist dunkelblau . . . . . . 18. *Hyssopus officinalis*
– Kelch 1–5 mm lang; Krone 3–7 mm lang, andersfarbig 10
10 Kelch zweilippig . . . . 20. *Thymus*
– Kelch mit 5 gleichen Zähnen oder einlippig . . 11
11 Kelch mit 5 gleichen Zähnen . . 19. *Origanum*
– Kelch einlippig . . . . . . *[Majorana]*, S. 205
12 Kelch in der Mitte eingeschnürt, in der unteren Hälfte bauchig erweitert . . . . . . 15. *Acinos*
– Kelch anders gestaltet 13
13 Blütenstand mit dachziegelartig übereinanderstehenden Tragblättern . . *[Elsholtzia]*, S. 233
– Blütenstand anders gestaltet 14
14 Kelch auf der Oberlippe mit einer rundlichen, konkaven Schuppe . . . . 3. *Scutellaria*
– Kelch ohne Schuppe 15
15 Kronunterlippe mit 2 hohlen, zahnförmigen Höckern . . . . 6. *Galeopsis*
– Kronunterlippe ohne Höcker 16
16 Staubbeutel und Griffel in der Kronröhre eingeschlossen (von außen nicht sichtbar) 17
– Staubblätter unter der Oberlippe aufsteigend (häufig verdeckt) 19
17 Blätter lineal-lanzettlich; Kelch undeutlich 5zähnig . . . . *[Lavandula]*, S. 216
– Blätter eiförmig bis eiförmig-lanzettlich; Kelch 5- oder 10zähnig 18
18 Blüten meist gelb; Tragblätter fehlend . . . . . *[Sideritis]*, S. 155
– Blüten weiß; Tragblätter vorhanden . . . . 4. *Marrubium*
19 Kelch 2lippig (bei Lallemantia nur schwach) . . 20
– Kelch ± regelmäßig 5zähnig 26
20 Kronoberlippe mit zwei Längsfalten . . . . . . *[Lallemantia]*, S. 193
– Kronoberlippe ohne Längsfalten 21
21 Mittelzahn der Kelchoberlippe deutlich breiter als die restlichen Zähne; Kelch 15nervig . . . . *[Dracocephalum]*, S. 192
– Mittelzahn der Kelchoberlippe nicht breiter als die restlichen Zähne; Kelch (z. T. undeutlich) 10- bis 13nervig 22
22 Krone helmförmig . . . . 14. *Prunella*
– Krone flach oder leicht löffelförmig gewölbt . . 23
23 Kelch undeutlich 10nervig, meist mit stumpfen Lappen; Büten bis 3,5 cm lang . . . 5. *Melittis*
– Kelch 13nervig, mit spitzen Zähnen; Blüten viel kleiner 24
24 Krone weiß oder hellgelb; Kelch glockenförmig . . . . *[Melissa]*, S. 198
– Krone andersfarbig; Kelch röhrenförmig 25
25 Halbquirle 0,5–2,5 cm lang gestielt, Blüten locker angeordnet . . . . 16. *Calamintha*
– Halbquirle höchstens 0,5 cm lang gestielt, Blüten dicht kopfartig angeordnet . . . . 17. *Clinopodium*
26 Blüten in ährenartigen, hochblattlosen Blütenständen . . . . *[Physostegia]*, S. 193
– Blütenstand anders gestaltet 27
27 Kelch 15nervig; Oberlippe der Krone flach . . . 28
– Kelch 5- bis 10nervig; Oberlippe der Krone helmförmig oder fast flach 29
28 Kronunterlippe muschelförmig, hohl; Blätter eiförmig bis länglich-eiförmig . . . . 12. *Nepeta*

– Kronunterlippe nicht muschelförmig; Blätter nierenförmig . . . . 13. *Glechoma*
29 Blätter schmal lanzettlich . *[Satureja]*, S. 198
– Blätter anders gestaltet 30
30 Kelch trichterförmig, mit 10 als deutliche Rippen hervortretenden Nerven; Halbquirle gestielt . . . . 9. *Ballota*
– Kelch röhren- bis glockenförmig, Nerven nicht als Rippen hervortretend; Halbquirle ± sitzend 31
31 Kelchzähne stechend begrannt; Krone innen mit Haarring 32
– Kelchzähne nicht stechend begrannt; Krone innen mit oder ohne Haarring 33
32 Teilfrüchte an der Spitze behaart; Kelch lang stechend begrannt . . . . 8. *Leonurus*
– Teilfrüchte kahl; Kelch kurz stechend begrannt 11. *Stachys*
33 Oberlippe der Krone helmförmig; Seitenlappen der Kronunterlippe klein, zahnförmig oder größer, spitz . . . . 7. *Lamium*
– Oberlippe der Krone flach oder schwach gewölbt; Kronunterlippe mit 3 breiten, stumpfen Lappen 34
34 Pflanze mit sterilen Blattrosetten; Stiele der grundständigen Blätter ca. 4mal so lang wie die Spreite; Krone innen ohne Haarring . . . . . . 10. *Betonica*
– Pflanze ohne sterile Blattrosetten; Stiele der grundständigen Blätter kaum länger als die Spreite; Krone innen mit Haarring 11. *Stachys*

1. **Ajuga** L. 1753
Günsel

Meist ausdauernde, krautige Pflanzen, außerhalb Europas auch Halbsträucher. Kelch 10- oder vielnervig, ± regelmäßig 5zähnig. Krone nach der Blütezeit nicht abfallend. Kronröhre am Grunde innen mit Haarring; Oberlippe sehr kurz, gerade, 2teilig; Unterlippe 3teilig, mit größerem, ausgerandetem Mittelabschnitt. Staubblätter 4, aus der Kronröhre herausragend; Staubbeutel mit spreizenden Hälften. Teilfrüchte eiförmig, grubig. Bestäubung meist durch Bienen und Hummeln. Myrmekochorie.

Gattung mit etwa 45 vorwiegend im Mittelmeergebiet und in Asien verbreiteten Arten. In Europa kommen 10 (Ball 1972), in Baden-Württemberg 4 Arten vor.

1 Blüten gelb, meist einzeln in den Blattachseln. Blätter einfach, schmal oder 3teilig-schmalzipfelig . . . . 4. *A. chamaepitys*
– Blüten meist blau (selten rosa oder weiß), in 2- bis 6blütigen Zymen. Blätter meist ungeteilt, ± oval 2
2 Blätter im Blütenstand deutlich gezähnt bis schwach dreiteilig . . . . 1. *A. genevensis*
– Blätter im Blütenstand ganzrandig 3
3 Meist mit oberirdischen Ausläufern. Stengelinternodien auf den gegenüberliegenden Seiten meist abwechselnd zerstreut behaart. Blätter im Blütenstand kürzer oder nur wenig länger als die Blüten. Teilfrüchte fast kahl . . . 2. *A. reptans*
– Pflanze ohne Ausläufer. Stengel meist ringsum zerstreut behaart. Blätter im Blütenstand etwa doppelt so lang wie die Blüten. Teilfrüchte fein behaart . . . . 3. *A. pyramidalis*

1. **Ajuga genevensis** L. 1753
Genfer Günsel

Morphologie: Hemikryptophyt, 10–30 cm hoch, häufig mit aus Wurzelknospen gebildeten seitenständigen Rosetten. Stengel meist dicht behaart, außer den Stengelblättern mit grundständiger, zur Blütezeit häufig schon vertrockneter Rosette. Blätter mit 3–8 groben, stumpfen Kerbzähnen, im Blütenstand deutlich gezähnt bis schwach dreiteilig, stets deutlich länger als die Blüten. Blüten kurz gestielt, zu 2–6 in den Achseln der Stengelblätter, eine Scheinähre bildend, nur die untersten etwas abgerückt. Kelch 4–6 mm lang, mit dreieckigen Zähnen. Krone 10–18 mm lang, meist blau (seltener rosa oder weiß), außen flaumig behaart. Teilfrüchte ca. 2 mm lang. – Blütezeit: April–Juni, häufig 2. Blüte im Herbst.

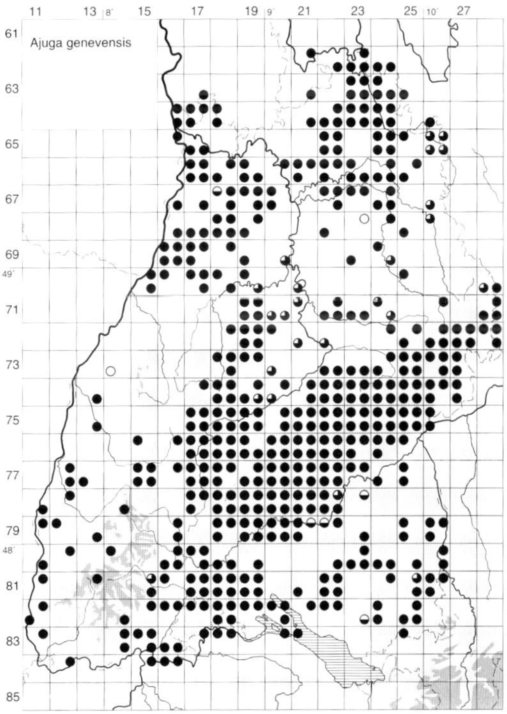

Genfer Günsel *(Ajuga genevensis)*
Kaiserstuhl, 8. 5. 1993

Ökologie: Auf meist besonnten, mäßig bis sehr trockenen, meist nährstoffarmen, meist kalkreichen Sand- oder Lehmböden. In Kalk-Magerrasen, an Böschungen, auf Sandfeldern oder selten in flachgründigen Kalkscherbenäckern. Vegetationsaufnahmen aus der nördlichen Oberrheinebene liegen von PHILIPPI (1971, Tab. 8, Sandrasen) vor. *Ajuga genevensis* ist hier mit *Asperula cynanchica, Helianthemum obscurum* und *Potentilla arenaria* vergesellschaftet. Vegetationsaufnahmen von trockenen Getreideäckern der Schwäbischen Alb finden sich bei KUHN (1937, Tab. 7). Ebenfalls von der Schwäbischen Alb liegt eine synthetische Tabelle von trockenen Hackfrucht-Äckern von TH. MÜLLER (1983 in OBERDORFER, Tab. 158, Sp. 26 Aa) vor (vgl. auch RODI 1960).

Allgemeine Verbreitung: Nordhalbkugel: Europa, Westasien, in Amerika eingeschleppt. In Europa im Südwesten bis in die Pyrenäen. Im Norden von Südbelgien über Norddeutschland bis zum Ural. In Südengland und Skandinavien nur adventive Vorkommen.

Verbreitung in Baden-Württemberg: Hauptverbreitungsgebiete sind die Schwäbische Alb, die Muschelkalkflächen der Gäulandschaften, des Wutachgebietes und des Hochrheins, der Hegau sowie die kalkreichen Flugsanddecken der nördlichen Oberrheinebene. Zerstreut kommt der Genfer Günsel auf den grundwasserabgesenkten Böden des südlichen, und an Lößböschungen des mittleren Oberrheingebietes sowie im Alpenvorland vor. In den Sandsteingebieten des Schwarzwaldes, des Odenwaldes und der Keuperlandschaften fehlt *Ajuga genevensis* oder ist auf Sonderstandorte (z. B. Mauerkronen) beschränkt.

Tiefste Vorkommen: ca. 95 m in der nördlichen Oberrheinebene. Höchste Vorkommen ca. 1000 m auf der Schwäbischen Alb.
Die Pflanze ist im Gebiet vermutlich erst nach Schaffung geeigneter Standorte durch den Menschen in das Gebiet eingewandert (Archäophyt).
Erstnachweise: Ältester archäologischer Nachweis: 2./3. Jh. n. Chr. bei Welzheim (Körber-Grohne & Piening 1983). Nach Zimmermann (1937) von H. Harder ca. 1562 in der Umgebung von Geislingen – Ulm gesammelt.
Bestand und Bedrohung: Mit dem Verschwinden der Kalk-Magerrasen und der Aufgabe extensiv bewirtschafteter Äcker hat *A. genevensis* zahlreiche Wuchsorte verloren, ist in den Hauptverbreitungsgebieten aber nicht gefährdet. In der mittleren Oberrheinebene war die Art vermutlich schon immer relativ selten und ist hier gefährdet.

2. Ajuga reptans L. 1753
Kriechender Günsel

Morphologie: Hemikryptophyt, 10–30 cm hoch, mit kurzem Wurzelstock. Stengel auf gegenüberliegenden Seiten zerstreut behaart, mit Stengelblättern, grundständiger Blattrosette und oberirdischen, beblätterten Ausläufern. Blätter zerstreut behaart oder kahl, gestielt, ganzrandig oder undeutlich stumpf gezähnt, nach oben kleiner werdend, im oberen Teil des Blütenstandes ± so lang wie die Blüten, die oberen oft rotviolett überlaufen. Blüten kurz gestielt, zu 2–6 in den Achseln der Stengelblätter, die oberen eine Scheinähre bildend. Kelch 3–5 mm lang, mit 3ekkigen Zähnen. Krone 10–15 mm lang, blau (selten rosa oder weiß), außen flaumig behaart. Teilfrüchte ca. 2 mm lang. – Blütezeit: April–August.
Ökologie: Auf meist frischen, meist nährstoffreichen, humosen Böden. In Wäldern, Gebüschen, Wiesen, Zierrasen und an Wegrändern. Als Begleiter in zahlreichen pflanzensoziologischen Tabellen enthalten, z. B. in verschiedenen Grünlandgesellschaften bei Thomas (1990), in Wäldern bei Kuhn (1937, Tab. 37), Kreh (1938: 72) und Philippi (1983, Tab. 18, Hainbuchenwälder).
Allgemeine Verbreitung: Nordhalbkugel: Amerika, Eruopa, Westasien, Nordafrika (Algerien).

Kriechender Günsel *(Ajuga reptans)*
Wasenweiler

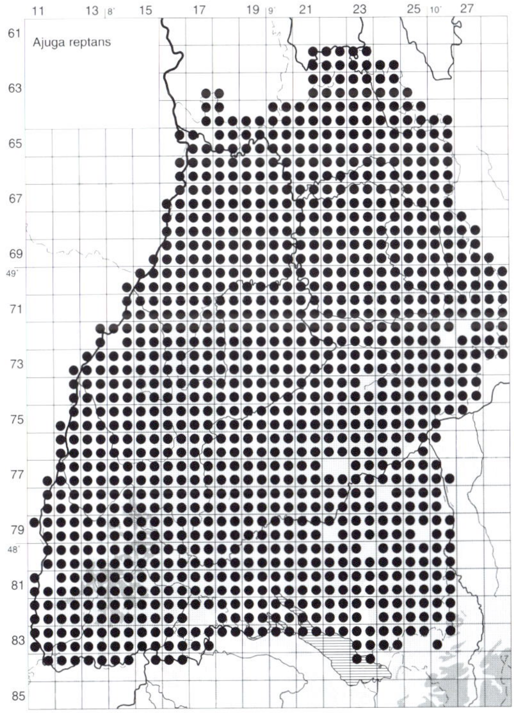

In Europa mit Ausnahme von Südspanien und Südportugal fast überall verbreitet und häufig. Die Nordgrenze verläuft in Skandinavien bei ca. 65° n. Br.

Verbreitung in Baden-Württemberg: Im Gebiet überall verbreitet und besonders in wiesenreichen Gebieten häufig.

Tiefste Vorkommen: ca. 95 m in der nördlichen Oberrheinebene. Höchstes Vorkommen: ca. 1300 m bei Ruckhütte-Brandhalden im Südschwarzwald (OBERDORFER 1982: 355).

Die Pflanze kam vermutlich schon vor den ersten Eingriffen des Menschen im Gebiet vor. Natürliche Vorkommen sind z. B. in Auenwäldern vorstellbar.

Erstnachweise: Ältester archäologischer Nachweis: 34. Jahrh. v. Chr. bei Öhningen-Wangen (RIEHL 1993). Nach ZIMMERMANN (1937) von H. HARDER ca. 1562 in der Umgebung von Geislingen – Ulm gesammelt.

Bestand und Bedrohung: *Ajuga reptans* gehört zu den verbreitetsten und häufigsten Arten unserer Flora und ist nicht bedroht.

Pyramiden-Günsel (*Ajuga pyramidalis*)

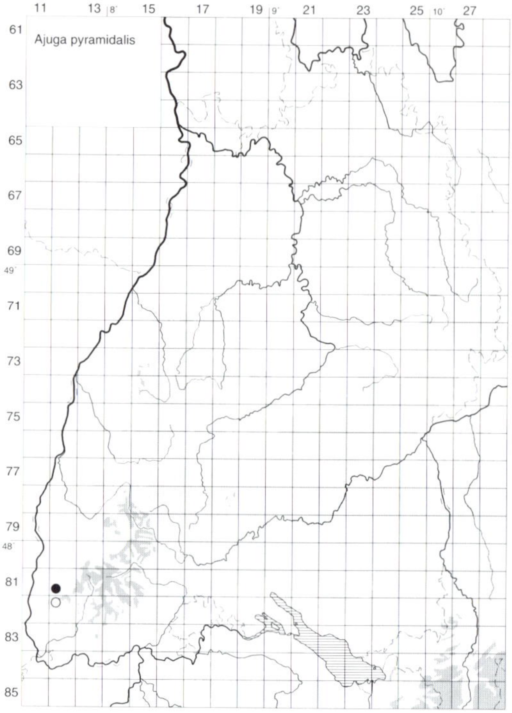

3. Ajuga pyramidalis L. 1753

Pyramiden-Günsel

Morphologie: Unterscheidet sich von *A. reptans* durch die folgenden Merkmale: Pflanze 10–20 (–30) cm hoch; Wurzelstock mit vielblättrigen Rosetten. Stengel ringsum meist zerstreut behaart. Blätter ganzrandig oder schwach gekerbt, dicht stehend, nach oben allmählich kleiner werdend, im oberen Teil des Blütenstandes etwa doppelt so lang wie die Blüten. Kelch zottig, 5–7 mm lang; Krone 10–18 mm lang, hellblau. Teilfrüchte ca. 2,5 mm lang, fein behaart. – Blütezeit: Juni–August.

Ökologie: Auf mäßig frischen bis feuchten, nährstoffarmen, sauren, lehmigen Böden. Im Gebiet auf vegetationsarmen Waldwegböschungen. In den bayerischen Alpen in Borstgrasrasen mit *Gentiana punctata* und *Deschampsia flexuosa* (vgl. LIPPERT 1966, Tab. 25). Gilt als Nardetalia-Ordnungscharakterart (OBERDORFER 1990: 794). Vegetationsaufnahmen aus Baden-Württemberg liegen nicht vor.

Allgemeine Verbreitung: Europa, in Amerika eingeschleppt. Hauptverbreitungsgebiete in Europa sind die Alpen und Skandinavien. Daneben gibt es zerstreute Vorkommen in Island, Großbritan-

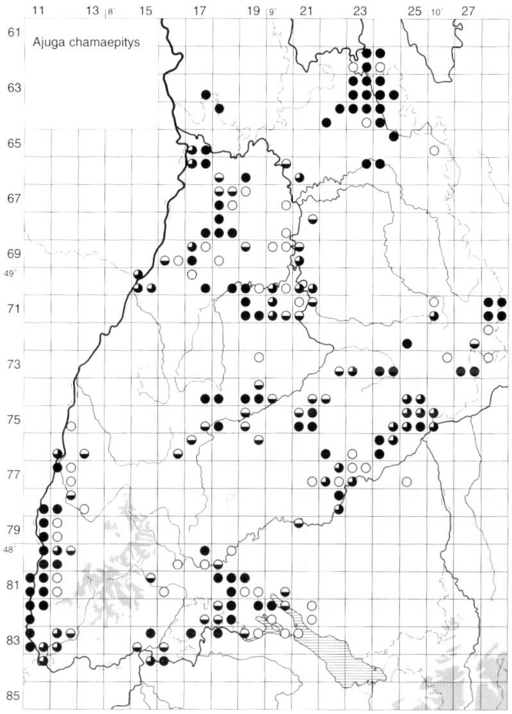

nien, im Baltikum und in den Gebirgen Mittel- und Südeuropas (südwärts bis Galicien u. Nordspanien, Abruzzen und Bulgarien). Die östliche Verbreitungsgrenze liegt bei ca. 30° ö. L.

Verbreitung in Baden-Württemberg: Die Pflanze kommt aktuell nur im Südschwarzwald bei Badenweiler (8112/3) in einem engumgrenzten Gebiet zwischen „Schwärze" und Brudermattfelsen vor. Letzter Nachweis: Lausberg N Schweighof, 1984, HARMS (Hb. HARMS).

Außerdem existieren folgende Angaben:
8112/3: Badenweiler, LANG in SCHILDKNECHT (1863: 78); Zwischen „Schwärze" und der hinteren Säge von Oberweiler, VULPIUS in LAUTERER (1874: 78); Schweighof, 1869, VULPIUS (STU); am Sommereckle bei Laufen, am Hörnle im Laufener Wald und am Oedstal-Weg bei Laufen, PETER in ANONYMUS (1882: 26); Schwärze bei Oberweiler, 1884, FROMHERZ (KR); Weg von Oberweiler zum Neuenfels, WALDNER oder WETTERHANN in SCHILL (1887: 9); Ruine Neuenfels, Brudermattfelsen, NEUBERGER (1912: 213), unterhalb des Brudermattfelsen um 1959 zerstreut zu finden, PHILIPPI (mdl. Mitt.). 8212/1: Badenweiler, oberhalb der Grube „Haus Baden", 1856, SANDBERGER in DÖLL (1859: 696). Die Angabe von NEUBERGER (1898: 181) „Neue Straße auf den Schauinsland" wird in einer späteren Auflage der Freiburger Flora (1912) nicht wiederholt.

Ajuga pyramidalis ist mit Fichtenkulturen mehrfach unbeständig verschleppt worden (z. B. Hardthof zwischen Karlsruhe und Rastatt, GMELIN 1806: 572; Schwetzinger Wald, KÖNIG 1841: 115, vgl. auch SUCCOW 1822 und EICHLER, GRADMANN, MEIGEN 1905: 83). Diese Vorkommen werden in der Verbreitungskarte nicht dargestellt!

Die Vorkommen liegen zwischen ca. 500 m und 700 m.

Die Pflanze ist erst mit dem Menschen in das Gebiet eingewandert (Archäophyt, vielleicht auch Neophyt?).

Erstnachweis: Erste schriftliche Erwähnung bei GMELIN (1806: 572): „... inter Carlsruhe et Rastadt am Hardthof..."

Bestand und Bedrohung: Der Pyramiden-Günsel ist durch sein kleines Verbreitungsgebiet potentiell bedroht (G 4). Die wenigen Bestände können durch zufällige Umstände (z. B. Waldarbeiten) vernichtet werden.

4. **Ajuga chamaepitys** (L.) von Schreber 1773

Gelber Günsel

Morphologie: Therophyt (seltener 2jährig oder ausdauernd), 5–20 cm hoch. Stengel häufig verzweigt, aufrecht oder aufsteigend, ringsum oder auf 2 gegenüberliegenden Seiten abwechselnd behaart, oberwärts oft mit drüsigen Haaren. Blätter zerstreut behaart, dicht gedrängt, 1–3 cm lang, meist in drei 1–2 mm breite Abschnitte geteilt, die unteren manchmal mit 5 Fiederlappen, die oberen ungeteilt. Blüten kurz gestielt, meist einzeln in den Blattachseln. Kelch 4–5 mm lang, mit dreieckigen, lanzettlichen Zähnen. Krone 7–15 mm lang, gelb, mit bräunlich oder rötlich gezeichneter Unterlippe. Teilfrüchte 2,5–3 mm lang. Im Gebiet nur die Typusunterart. – Blütezeit: Mai–September.

Ökologie: Auf trockenen, kalkhaltigen, oft lockeren und steinigen Ton-, Lehm- oder Lößböden. In Halmfrucht- und Stoppeläckern (Caucalidion-Verbandscharakterart), Ackerbrachen, Weinbergen, Trockenrasen, seltener auch auf Mauern. Typische Begleitpflanzen in Äckern sind *Kickxia spuria, Silene noctiflora* und *Adonis aestivalis.* In der südlichen Oberrheinebene wächst *Ajuga chamaepitys* auch auf offenen Schotterflächen, Materiallagerplätzen und an „gestörten" Wegrändern mit *Filago germanica, Filago pyramidata,*

Gelber Günsel *(Ajuga chamaepitys)*
Spitzberg bei Tübingen, 30. 4. 1993

Vulpia myuros und *Epilobium dodonaei*. Vegetationsaufnahmen liegen von BRAUN-BLANQUET et al. (1931: 75), HÜGIN (1956), G. KNAPP (1964), WITSCHEL (1977, Tab. 3) und PHILIPPI (1993: 109; 1994, Tab. 1 u. 4) vor. Synthetische Tabellen finden sich außerdem bei OBERDORFER (1983, Tab. 139 u. 141).

Allgemeine Verbreitung: Europa, Südwestasien, Nordwestafrika. In Europa im Süden verbreitet, nordwärts wenige Vorkommen bis Südengland, Belgien und Polen. Die Nordgrenze verläuft bei ca. 53° n. Br. (Sub)Mediterrane Pflanze.

Verbreitung in Baden-Württemberg: Zerstreut bis selten und vielerorts stark zurückgehend in der nördlichen und südlichen Oberrheinebene, in den Muschelkalkflächen des Taubergebietes, des Kraichgaus, der Oberen Gäue und des Oberen Neckars, in der Baar, am Hochrhein, auf der Schwäbischen Alb, im Albvorland und im westlichen Bodenseegebiet. Eine Verbreitungskarte für das Taubergebiet veröffentlichte PHILIPPI (1983: 56).

Tiefste Vorkommen: ca. 95 m in der nördlichen Oberrheinebene. Höchste Vorkommen: ca. 700 m auf der Schwäbischen Alb.

Die Pflanze ist erst nach der Schaffung geeigneter Standorte durch den Menschen in das Gebiet eingewandert (Archäophyt).

Erstnachweise: Ältester archäologischer Nachweis: 17. Jh. n. Chr. bei Heidelberg (RÖSCH 1993). Erste schriftliche Erwähnung bei L. FUCHS (1543: CCCXLI): „umb Rotenburg am Neckar mit hauffen".

Bestand und Bedrohung: *Ajuga chamaepitys* ist besonders nach 1945 durch die Intensivierung der Ackernutzung (z. B. Herbizideinsatz) stark zurückgegangen und häufig nur noch an Ackerrändern zu finden. Die Karte gibt den Rückgang nur unzureichend wieder, da die meisten Vorkommen auf Äckern mittlerweile verschollen sind (z. B. im Taubergebiet). In der südlichen Oberrheinebene kommt die Pflanze noch zerstreut auf den Grundwasserabsenkungsböden südlich Hartheim vor und scheint hier weniger bedroht. *Ajuga chamaepitys* ist in Baden-Württemberg insgesamt stark gefährdet (G 2).

Bastarde: Nach HESS et al. (1972: 91) treten Bastarde zwischen den blaublühenden Arten der Gattung überall auf, wo die Eltern zusammentreffen. Aus Baden-Württemberg liegen folgende Angaben vor:

A. genevensis L. × **A. reptans** L.;
A. × hybrida Kerner 1874

Pflanzen sehr vielgestaltig und nach Untersuchungen aus der Schweiz (LÜÖND u. LÜÖND 1980) überwiegend an „gestörten" Standorten.

7420/3: Tübingen, am Käsenbach, 1903, KRAUSS (STU); 7614/2: „Auf der Hack" bei Riersbach, WILMANNS, SCHWABE-BRAUN u. EMTER (1979: 1017); 8017/4: Geisingen, SCHATZ (1892: 407).

A. reptans L. × **A. pyramidalis** L.; **A. × hampeana**
A. Braun et Vatke 1872

Die Pflanzen besitzen sowohl Merkmale von *A. reptans* als auch von *A. pyramidalis*. Die Blätter im Blütenstand weisen auf *A. pyramidalis* (Blätter zweimal so lang wie die Blüten), die Ausläufer auf *A. reptans*. Nach STACE (1991: 673) ist der Bastard steril und bildet erst spät im Jahr Auslaufer.

8112/3: Waldwegrand zwischen der Ruine Neuenfels und dem Lausberg, 1984, HARMS (Hb. HARMS).

2. **Teucrium** L. 1753
Gamander

Ein- oder mehrjährige krautige Pflanzen, Halbsträucher oder Sträucher. Blüten gestielt. Kelch röhren- oder glockenförmig, 10nervig, 5zähnig (der oberste Zahn oft länger). Krone mit kurzer Röhre, innen ohne Haarring. Zipfel der Oberlippe der Unterlippe angeschlossen, diese deshalb 5teilig. Staubblätter 4, aus der Kronröhre ragend. Teilfrüchte eiförmig bis kugelig. Bestäubung meist durch Bienen.

Gattung mit über 100 vor allem im Mittelmeergebiet verbreiteten Arten. In Europa kommen nach TUTIN u. WOOD (1972) 49, in Baden-Württemberg 5 Arten vor.

1 Kelch 2lippig. Blüten in abgesetzten, traubenartigen Blütenständen . . . . . 1. *T. scorodonia*
– Kelch ± regelmäßig 5zähnig. Blütenstand anders gestaltet 2
2 Blätter beiderseits mit 4–8 stumpfen oder spitzen Zähnen. Teilfrüchte mit aderiger Oberfläche 3
– Blätter ganzrandig oder bis fast auf den Mittelnerv 1- bis 2fach fiederteilig. Teilfrüchte mit grubiger Oberfläche 4
3 Blätter kurz gestielt mit keilförmig verschmälertem Blattgrund. Hochblätter so lang oder kürzer als die Blüten . . . . . 4. *T. chamaedrys*
– Blätter sitzend. Hochblätter länger als die Blüten . . . . 2. *T. scordium*
4 Blätter ganzrandig, mit nach unten eingerolltem Rand. Kelch behaart, aber nicht drüsig. Krone gelblichweiß . . . . 5. *T. montanum*
– Blätter bis fast auf den Mittelnerv 1- bis 2fach fiederteilig. Kelch drüsig. Krone rosa . . . . . . 3. *T. botrys*

1. **Teucrium scorodonia** L. 1753
Salbei-Gamander

Morphologie: Hemikryptophyt, mit unterirdischen Ausläufern. Stengel 30–60(–80) cm hoch, aufrecht, verzweigt, mit kurzen, rückwärts anliegenden Haaren und (vorwiegend im unteren Stengelbereich) mit mehrzelligen, abstehenden Haaren. Blätter gestielt, oval, am Grunde herzförmig, stumpf und unregelmäßig gezähnt, runzelig, beiderseits behaart (oberseits schwächer). Blüten meist zu 2 in den Achseln kleiner Tragblätter, in abgesetzten, traubenartigen, einseitswendigen Blütenständen. Kelch 4–6 mm lang, mit einzähniger Oberlippe und vierzähniger Unterlippe, behaart. Krone 0,8–1,2 cm lang, gelblichweiß bis gelbgrün. Teilfrüchte glatt, ca. 2 mm lang. Im Gebiet nur die Typusunterart. – Blütezeit: Juli–September.

Ökologie: Auf trockenen bis frischen, meist nährstoff- und basenarmen (vgl. aber unten!), kalkarmen, sauren, meist sandigen oder steinigen Lehmböden. In lichten Wäldern, auf Schlagflächen, an Wald- und Wegrändern, in Heiden und auf Silikatfelsen mit geringer Humusauflage. In der nördlichen Oberrheinebene in Kiefernwäldern und Staudensäumen mit *Holcus mollis, Viola riviniana* und *Peucedanum oreoselinum*. Im Schwarzwald im Genisto-pilosae-Callunetum auf

Salbei-Gamander (*Teucrium scorodonia*)
Untergrombach, 22. 6. 1993

z. T. primären Wuchsorten. Im Stromberggebiet und in den Löwensteiner Bergen in einer an subatlantischen Arten reichen Ausbildung des Genisto germanicae-Callunetum. Im Nahe- und Moselgebiet kommt *T. scorodonia* im Aceri-Quercetum, auf basen-und stickstoffreichen Standorten vor. Vegetationsaufnahmen bzw. synthetische Tabellen liegen von PHILIPPI (1970, Tab. 1, 2 u. 5, Kiefern- und Buchen-Eichenwälder; 1971, Tab. 11, Saumgesellschaften; 1983, Tab. 11, Buchenwälder, Tab. 17, Hainbuchenwälder; 1989, Tab. 7, *Calamagrostis arundinacea*-Fluren, Tab. 14, Flügelginster-Weiden, außerdem Vegetationsaufnahmen von Saumgesellschaften und Schlagfluren), OBERDORFER (1978, Tab. 121, 122; 1992, Tab. 296), SCHWABE-BRAUN (1979, 1980, Saumgesellschaften) und MURMANN-KRISTEN (1987, Saumgesellschaften) vor.

Allgemeine Verbreitung: Europa, Nordafrika, Madeira, in Nordamerika eingeschleppt. Die (sub)atlantisch verbreitete Typusunterart kommt in Europa nordwärts bis zu den Shetlandinseln und Südskandinavien, südwärts von Südportugal bis Norditalien vor. Im Osten reicht das geschlossene Areal bis ca. 10° ö. L., vereinzelte Vorkommen gibt es bis nach Polen (ca. 20° ö. L.).

Verbreitung in Baden-Württemberg: *Teucrium scorodonia* kommt in Gebieten mit kalkarmen Ausgangsgesteinen oder oberflächlich entkalkten Böden vor. Hauptverbreitungsgebiete sind die Hardtplatten des nördlichen Oberrheingebietes, Schwarzwald und Odenwald, die Keupergebiete von Strom- und Heuchelberg, die Löwensteiner Berge und der Hochrhein. Zerstreut bis selten ist die Pflanze im mittleren und südlichen Oberrheingebiet und in den Gäulandschaften. Regionen mit kalten Wintern (Hohenloher Ebene, Schwäbisch-Fränkischer Wald, Baar, Schwäbische Alb, Alpenvorland) werden weitgehend gemieden.

Tiefste Vorkommen: ca. 95 m in der nördlichen Oberrheinebene. Höchste Vorkommen: ca. 1360 m am Belchen im Südschwarzwald (8113/3). Im Alpenvorland liegen die höchsten Vorkommen bei ca. 830 m (Hasenberg bei Großholzleute, s. u.).

Teucrium scorodonia war vermutlich schon vor den ersten Eingriffen des Menschen im Gebiet vorhanden.

Vorkommen außerhalb des geschlossenen Verbreitungsgebietes:

Hohenloher Ebene: 6824/1: 1 km S Beltersrot, 1975, SEBALD (STU-K).
Schönbuch: 7319/4: Hildrizhausen, MAYER (1930: 357); 7320/3: Weil im Schönbuch, MAYER (1930: 357); 7420/1: Dickenberg, Steinriegel, Birkensee, MAYER (1930: 357); 7420/2: Einsiedel, MAYER (1950: 394); 7420/3: Tübingen, Westbahnhof, MAYER (1930: 357).
Schwäbische Alb: 7226/1: Weiherwiesen, 1975, SEBALD (STU-K); 7425/3: Scharenstetten, K. MÜLLER (1957: 163); 7622/2 (?): Grafeneck, KIRCHNER u. EICHLER

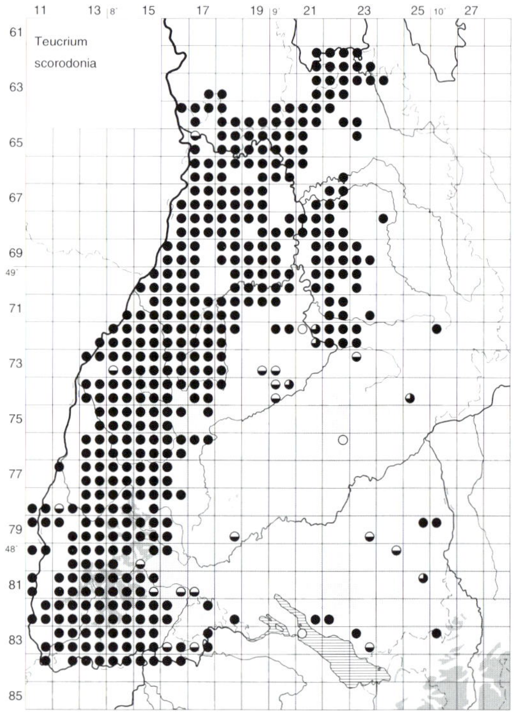

(1900: 316); 7918/4: Rietheim, 1922, KOCH und KUMMER in KUMMER (1946: 110).
Alpenvorland: 7923/4: Schussenried, BERTSCH (1933: 227); 7925/2: Fürstenwald bei Ochsenhausen, 1975, DÖRR (Hb. DÖRR); 7926/1: Reichenbachtal S Edelbeuren, 1976, DÖRR (Hb. DÖRR); Waldgebiet Reichenbach, 1993, DÖRR (Hb. DÖRR); Waldstraße S Edenbachen, 1994, DÖRR (schriftl. Mitt.); 8024/2: Oberessenried, BERTSCH (1933: 227); 8125/2: Sebastianssaul nahe Seibranz, 1957, BRIELMAIER in DÖRR (1977); 8221/4: Killenweiher, 1974, SEYBOLD (STU-K); 8222/3: Bahnhof Markdorf, 1973, SCHÖNFELDER (STU-K); 8321/1: St. Katharinawald, HIRTZ in JACK (1900: 108); 8323/1: NE-Rand des Seewaldes, 1990, KÖNIG (KR-K); 8323/4: Schleinsee, BERTSCH (1933: 227); 8326/1: Hasenberg bei Großholzleute, 1976, DÖRR (Hb. DÖRR).

Erstnachweise: Ältester archäologischer Nachweis: 1./2. Jh. n. Chr. bei Rottweil (STIKA 1993). Erste schriftliche Erwähnung bei GATTENHOF (1782: 68): „Ad margines agrorum in via versus Schlierbach". Die Angabe stammt aus dem Raum Heidelberg.
Bestand und Bedrohung: *Teucrium scorodonia* ist im westlichen Teil von Baden-Württemberg häufig. Die weiter östlich liegenden Bestände sollten geschont werden. Insgesamt ist die Pflanze im Gebiet nicht bedroht.

2. Teucrium scordium L. 1753
Knoblauch-Gamander

Morphologie: Hemikryptophyt, mit wurzelnden Ausläufern. Stengel 5–35 cm hoch, aufrecht, einfach oder verzweigt, zottig behaart. Blätter sitzend, oval (selten lineal und dann meist am Rande umgerollt), beiderseits mit 4–6 unregelmäßigen, stumpfen oder spitzen Zähnen, behaart. Blüten kurz gestielt, zu 1–4 in den Achseln der oberen Blätter, einseitswendig. Kelch 4–5 mm lang, behaart, drüsig, ± regelmäßig 5zähnig, oft rotviolett überlaufen, nach unten etwas bauchig erweitert. Krone 6–9 mm lang, rosa bis rötlich (selten weiß). Teilfrüchte mit aderiger Oberfläche, ca. 1 mm lang. Pflanze knoblauch- oder minzenartig riechend. – Blütezeit: Juni–September.
Allgemeine Verbreitung: Europa, Westasien, Marokko, Naher Osten. In Europa zerstreut in den größeren Flußtälern der Tieflagen bis ca. 60° n. Br. Größere Verbreitungslücken bestehen besonders in Spanien und Südwestfrankreich.
Variabilität: *Teucrium scordium* kommt in Europa in 2 Unterarten vor. Der Bestimmungsschlüssel richtet sich nach TUTIN & WOOD (1972).

1 Stengelblätter an der Basis verschmälert. Blätter der Seitenäste im vorderen Teil gezähnt. Ausläufer meist mit normalen Blättern . . . .
2a. *Teucrium scordium* subsp. *scordium*
– Blätter des Hauptsproß an der Basis herzförmig, halbstengelumfassend. Blätter der Seitenäste an der Basis abgerundet, rundum gezähnt. Ausläufer meist dicht mit schuppenförmigen Blättern besetzt . . . .
[2b. *Teucrium scordium* subsp. *scordioides*]

2a. Teucrium scordium subsp. scordium

Morphologie: vgl. Artbeschreibung und Bestimmungsschlüssel.
Ökologie: Auf feuchten bis (wechsel-)nassen, zeitweise überschwemmten, mäßig nährstoffreichen, meist basen- und kalkreichen, z. T. anmoorigen Ton- oder Lehmböden. Alte Arzneipflanze. Der wärmeliebende und salztolerante Knoblauch-Gamander kommt im Gebiet in lückigen Großseggenriedern und *Juncus subnodulosus*-Wiesen sowie in Verlandungsgesellschaften vor. Vegetationsaufnahmen aus Baden-Württemberg liegen aus der nördlichen Oberrheinebene (OBERDORFER 1936: 19), vom Hochrhein (THOMAS & KÜBLER-THOMAS 1989) und vom Schmiecher See bei Schelklingen (KUHN 1989) vor. Am

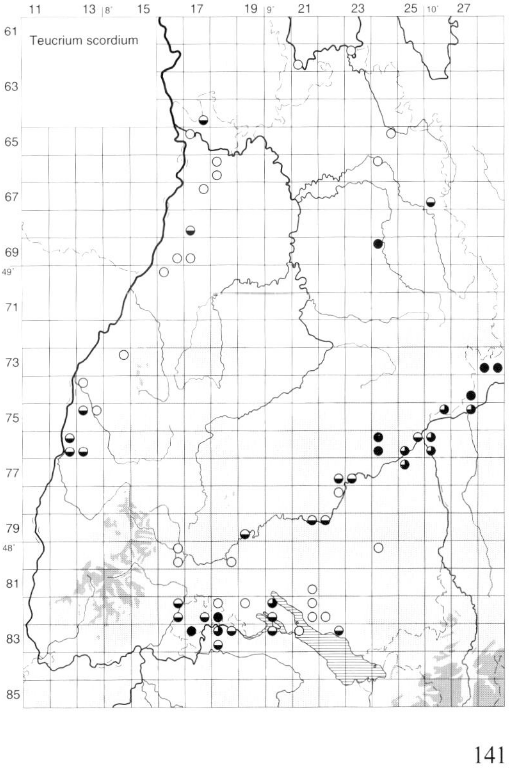

Knoblauch-Gamander *(Teucrium scordium)*
Riedhausen bei Ulm, 7. 8. 1995

Schmiecher See kommt *Teucrium scordium* vorwiegend im Caricetum distichae mit *Eleocharis palustris* und *Ranunculus repens* in regelmäßig gemähten Beständen vor. Fallen die Flächen brach, kann *Teucrium scordium* rasch durch Hochstauden überwachsen und verdrängt werden. Auf die Konkurrenzschwäche der Art weisen auch die Vegetationsaufnahmen vom Hochrhein hin. *Teucrium scordium* wächst hier im Caricetum gracilis, gelangt aber nur dort zur Dominanz, wo die Magnocaricion-Arten durch Störungen zurücktreten.

Zu Vegetationsaufnahmen aus Westfalen vgl. VOGEL u. BÜSCHER (1989).

Allgemeine Verbreitung: Die Südgrenze des geschlossenen Verbreitungsgebietes liegt in Europa bei ca. 45° n. Br. Weiter südlich kommt vorwiegend *T. scordium* subsp. *scordioides* vor.

Verbreitung in Baden-Württemberg: Selten und vielerorts verschollen an Rhein, Wutach, Main, Donau, Tauber, Kocher und Jagst, im Bodenseegebiet (einschließlich Hegau) und am Hochrhein. Eine Angabe liegt aus dem Würmmoräne-Hügelland bei Bad Waldsee vor.

T. scordium wird häufig als Stromtalpflanze angesehen (vgl. aber KRACH u. FISCHER 1979). Zu aktuellen Vorkommen aus Hessen u. Rheinland-Pfalz vgl. KORNECK (1984).

Tiefste Vorkommen: ca. 95 m in der nördlichen Oberrheinebene. Höchste Vorkommen: ca. 700 m an der oberen Donau.

Teucrium scordium ist erst nach Schaffung geeigneter Standorte durch den Menschen in das Gebiet eingewandert (Archäophyt).

Oberrheinebene: 6417/4: Heddesheim b. Mannheim, 1826, DIERBACH (KR); Viernheimer Lache, 1942, BRAUNSTEFFER (1958); 6517/1 (?): Holzhof bei Mannheim, 1827, DIERBACH (KR), der Holzhof wird bei GMELIN immer für die Pfalz genannt!; 6618/1 (?): Zwischen St. Ilgen und Kirchheim, SCHMIDT (1857: 248); 6618/3: St. Ilgen, DIERBACH (1820: 168); 6717/2: Bruch b. St. Leon, KNEUCKER (1887: 296); 6817/3: Eiergraben S Karlsdorf und Schönbornwiese, OBERDORFER (1936: 9 u. 1936: 248), Bruchsal und Ubstadt werden schon bei GMELIN (1826: 432) genannt; 6916/4: Durlach, GMELIN (1806: 579); 6917/3 (o. 6916/4): Zwischen Rintheimer Entenfang und Weingartner Moor, KNEUCKER (1888: 418); 7016/1: Scheibenhardt, KNEUCKER (1884: 103); Zwischen Bulach und Scheibenhardt, KNEUCKER (1886: 110); Zwischen dem Tiergarten und Rüppurr, BONNET (1887: 331); Schweinsweide b. Beiertheim, 1889, MAUS (KR); 7314/2: Neusatz, STOLZ in FRANK (1830: 31); 7413/1: Kork, HARTMANN in FRANK (1830: 31); DÖLL (1857: 699); 7513/1: Müllen (W Offenburg), WINTER (1884: 140); Schutterwald, 1937, HENN (KR); 7513/2: Offenburg, NEUBERGER (1898: 181); 7612/2: Allmansweier und Kürzell, 1934, HENN (KR); 7612/4: Kippenheimweiler, NEUBERGER (1912: 212); 7613/3: Mietersheim, NEUBERGER (1912: 212).

Nicht lokalisieren ließ sich die folgende Angabe: Karlsruhe, am Auacker, GMELIN (1826: 432).

Main: 6221/3: Heubach NW Miltenberg (Bayern), WIBEL in GMELIN (1826: 432); 6223/1: Wertheim, PRANTL (1880: 169). Mainaufwärts in Unterfranken früher nicht selten (vgl. SCHÖNFELDER und BRESINSKY 1990).

Tauber: 6524/2: (Bad) Mergentheim, FUCHS in VON MARTENS u. KEMMLER (1882: 83).

Jagst: 6624/1: Dörzbach, BAUER in VON MARTENS u. KEMMLER (1882: 83); 6726/3: Scheinbach (= Schainbach), SCHAAF in HANEMANN (1924: 42).

Kocher: 6924/1: Raibach, 1981, GREB (STU-K).

Donaugebiet: 7328/3: Dattenhauser Ried, 1981, KAPFER (STU-K); 7328/4: Mödinger Ried (Bayern), 1970, ENGELHARDT (STU-K); 7427/4: Grube Vollmer SSE Riedhausen, 1994, BAUMANN (STU); 7526/2 (7527/1?): (Westerried b.) Langenau, K. MÜLLER (1957: 162); 7527/2: Reisenburg (Bayern), DOPPELBAUER in RAUNEKER (1984: 162); Fund vor 1970; 7624/1+3: Schmiecher See, 1939, K. MÜLLER in HÖLZINGER, MÜLLER und SCHILHANSL (1969: 175), KUHN (1989); 7625/2: Einsingen, 1935, BERTSCH (STU); 7625/3: Erbach, K. MÜLLER (1957: 162); 7626/1: Ludwigsfeld u. Finningen (Bayern), K. MÜLLER (1957: 162); 7626/3: Gerlenhofen (Bayern), K. MÜLLER (1957: 162); 7722/4: Zwiefalten, v. ARAND-ACKERFELD in KURZ (1973: 220), Fund wahrscheinlich vor 1945!; 7723/3: Zwiefaltendorf, v. ARAND-ACKERFELD in KURZ (1973: 220), Fund wahrscheinlich vor 1945!; 7725/1: Ersingen, K. MÜLLER (1957: 162); 7822/2: Riedlingen, 1878, MAYER (STU);

7919/3: Altwasser zw. Mühlheim und Fridingen, REBHOLZ (1926: 107); 1934, MAYER (STU); 7921/2: Scheer, 1905, BERTSCH (STU); 7922/1: Blochingen, 1905, BERTSCH (STU); 8016/2: Donaueschingen beim Karlskrankenhaus, ZAHN (1889: 119); 8016/4: Wiesengräben zwischen Hüfingen und Hausen vor Wald, BRUNNER in DÖLL (1857: 699); ZAHN (1889: 119), 8018/4: Hard bei Immendingen (vermutl. Schweinlehen W Deggenhard), ZAHN (1889: 119).
Wutach: 8216/2: Grimmelshofen, PROBST in KUMMER (1946: 113); 8216/4: Stühlingen, PROBST in KUMMER (1946: 113).
Bodenseegebiet und Hochrhein (Vorkommen in der grenznahen Schweiz wurden – soweit lokalisierbar – ebenfalls berücksichtigt): 8121/4: Frickinger Ried, JACK (1892: 379); 8217/4: Hohberg bei Herblingen, LAFFON in KUMMER (1946: 113); Esilor Buchhalden, KUMMER (1946: 113); 8218/1 (?): Thayngen, BRUNNER in JACK (1900: 109); 8218/3: Gönnersbrunn (= Gennersbrunn N Büsingen), JACK (1892: 395); Seeli NE Dörflingen, KUMMER (1946: 113), 1993 noch vorhanden, KOCH (KR-K); 8219/1: Singen, KARRER in JACK (1900: 109), nach KUMMER (1946: 113) Fundstelle am Bruderhof, vgl. auch VON MARTENS u. KEMMLER (1882: 83); 8220/1: Mindelsee, 1950, HENN in HENN & SONNABEND (1983: 316); 8220/3: Mettnau, BAUMANN (1911: 419); 8221/2: Stefansfeld, JACK (1900: 109); 8221/4 (?): Zwischen Ittendorf und Ahausen, HÖFLE (1850: 123); 8222/3: Markdorf, JACK (1892: 374); 8317/1: Gewann Au N Jestetten, KÜBLER-THOMAS & THOMAS (1989); 8318/1 (?): Schaarenweiher bei Paradies, 1923, KOCH in KUMMER (1946: 113); Schaarenwiese, 1946, OTT in KUMMER (1946: 113), 8318/2: Grüt S Diessenhofen, BRUNNER et al. in KUMMER (1946: 113); 8318/3: Dickhof, 1922, NAEG. in KUMMER (1946: 113); Oerlinger Weiher, 1879, FORRER et al. in KUMMER (1946: 113); 8320/1: Egelsee bei Ermatingen, BAUMANN (1911: 419); 8321/1: Petershausen, HÖFLE (1850: 123); Lorettowald b. Konstanz, LEINER in JACK (1900: 109); 8322/2: bei Friedrichshafen, BERTSCH (1933: 227).
Würmmoräne-Hügelland: 8024/1: Weiher bei Michelwinnaden, VALET in VON MARTENS u. KEMMLER (1882: 83).

Erstnachweise: Ältester archäologischer Nachweis: 40. Jh. v. Chr. bei Hornstaad (RÖSCH unpubl.). Nach SCHINNERL (1912) von H. HARDER 1576–94 in der Umgebung von Geislingen – Ulm gesammelt.

Bestand und Bedrohung: Von *Teucrium scordium* existieren nur noch wenige Vorkommen in Baden-Württemberg. Der starke Rückgang hatte schon im vergangenen Jahrhundert u. a. durch veränderte Bewirtschaftungsformen eingesetzt (z. B. durch die Aufgabe der Schweinebeweidung).

Als Pionierpflanze benötigt der Knoblauch-Gamander vegetationsarme Standorte, die auch durch periodische Überflutung entstehen können. Die Pflanze ist im Gebiet vom Aussterben bedroht (G 1).

2b. Teucrium scordium subsp. **scordioides** (Schreber) Arcangeli 1882
Teucrium scordioides Schreber 1773

Im Mediterrangebiet verbreitete Unterart, die in Baden-Württemberg bisher nur einmal im Rheinhafen Mannheim-Mühlau (6516/2) gefunden wurde (LUTZ 1910: 371). Eine Verwechslung mit der Typusunterart ist nicht auszuschließen.

3. Teucrium botrys L. 1753
Trauben-Gamander

Morphologie: Therophyt (selten 2jährig). Stengel 10–30(–40) cm hoch, meist verzweigt, aufsteigend oder aufrecht, drüsig behaart. Blätter gestielt, im Umriß 3eckig bis oval, bis fast auf den Mittelnerv 1- bis 2fach fiederteilig, beiderseits drüsig behaart. Blütenstiel bis 5 mm lang, oben am Kelch ansetzend. Blüten zu (1)3–4(–6) in den Achseln der Blätter; Kelch 7–9 mm lang, ± regelmäßig 5zähnig, „buckelig", mit nach hinten gerichteter Aussackung, drüsig behaart. Krone 8–12 mm lang, rosa; Unterlippe weiß, mit violetter Zeichnung. Teilfrüchte mit grubiger Oberfläche, ca. 1,5–2 mm lang. – Blütezeit: Juni–September.

Ökologie: Auf trockenen und meist nährstoffarmen, meist kalkreichen Steinböden. In lückigen

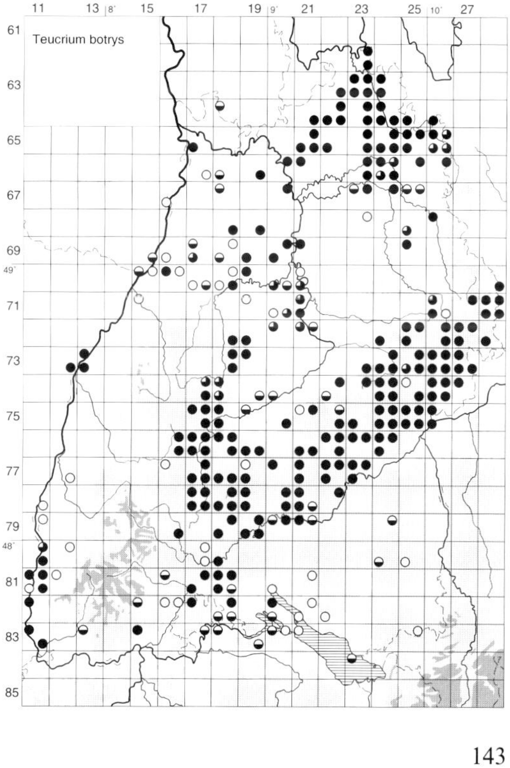

Trockenrasen, Weinbergen, Kalkschutthalden, an Kiesgruben, auf Dämmen, trockengefallenen Flußschotterflächen und zwischen Gleisschotter, früher auch in Hackfruchtäckern (s. u.). Charakterart des Teucrio-Melicetum, in dieser Assoziation mit *Melica ciliata, Galeopsis angustifolia* und *Sedum album*, selten auch in anderen Gesellschaften der Sedo-Scleranthetalia (besonders im Alysso-Sedion). Häufig findet sich *Teucrium botrys* auch in Beständen, die zu Trockenrasen- oder Ruderalgesellschaften überleiten.

Vegetationsaufnahmen bzw. synthetische Tabellen liegen von HÜGIN (1956, Hackfruchtäkker!), TH. MÜLLER (1961: 117), BAUR (1965, Tab. 9) und PHILIPPI (1983, Tab. 14; 1984, Tab. 6) vor.

Allgemeine Verbreitung: Europa, in Nordafrika und Nordamerika eingebürgert. In Europa nordwärts vereinzelt bis Südengland, Niedersachsen und zur Weichsel, südlich von Granada über Mittelitalien bis Albanien. Die Ostgrenze der Verbreitung ist nur ungenügend bekannt. Vereinzelte Vorkommen werden bis ca. 27° ö. L. angegeben.

Verbreitung in Baden-Württemberg: Hauptverbreitungsgebiete sind die Gäulandschaften und die Schwäbische Alb. Selten ist der Trauben-Gamander im Oberrheingebiet, in den Keupergebieten (zumeist unbeständige Vorkommen), in der Baar, am Hochrhein und im Alpenvorland (Hauptvorkommen im westlichen Bodenseegebiet).

Tiefstes Vorkommen: ca. 105 m auf dem Hirschacker in der nördlichen Oberrheinebene (6517/3). Höchstes Vorkommen: ca. 960 m am Lochenstein auf der Schwäbischen Alb (7219/3).

Teucrium botrys ist vermutlich schon vor den ersten Eingriffen des Menschen im Gebiet vorhanden gewesen (vgl. auch SCHÖNFELDER 1970/71: 57). Primäre Vorkommen sind im Gebiet in trockengefallenen Flußschotterflächen und in Kalkschutthalden vorstellbar.

Fundorte außerhalb der Hauptverbreitungsgebiete:

Trauben-Gamander (*Teucrium botrys*)

Oberrheingebiet (einschließlich westlicher Kraichgau- und Schwarzwaldrand): 6418/1: Birkenauer Tal bei Weinheim; Nächstenbach, BRAUNSTEFFER (1941); 6517/3: Hirschacker, 1988, PHILIPPI (KR-K), 1993 noch vorhanden (KR-K); 6617/4: Sandhausen, DÖLL (1857: 699); 6618/3 (?): Galmeybergwerk bei Wiesloch, SCHMIDT (1857: 248); Nussloch/Baiertal, G. KNAPP (1946); 6716/3: Reinsheim, DÖLL (1857: 699); 6718/1: Rauenberg, HUBER (1909: 300); 6915/4: Karlsruhe, Stichkanal im Rheinhafen, 1926, BISCHOFF (KR); 6916/3: Knielingen, v. STENGEL in KNEUCKER (1886: 110); 6917/1: Zwischen Weingarten und Untergrombach, 1936, BRUDER (KR); 6917/3: W Jöhlingen, um 1965, BRETTAR (KR-K); 7015/1: Damm bei Au a. Rh., KNEUCKER (1924: 292); 7015/2: Mörsch, v. STENGEL in KNEUCKER (1886: 110); 7016/1: W Rangierbahnhof Karlsruhe, 1995, KLEINSTEUBER (KR); 7016/2: Weinberge des Turmbergs, KNEUCKER (1886: 110); 7017/3: Zwischen Stupferich und Langensteinbach, BONNET (1887: 334); 7115/1 (?): Rastatt, DÖLL (1857: 699); 7312/4: Damm NW Auenheim, 1994, PHILIPPI (KR-K); 7313/1+3: Massenbestände auf dem Rheindamm zwischen Freistett und Leutesheim, 1990, K. RENNWALD (KR-K); 7712/4: Ka(h)lenberg bei Ettenheim, SCHILDKNECHT (1863: 78); 7811/4: Lützelberg, SPENNER (1826: 386); 7911/2: Eichelberg (= Eichberg), SPENNER (1826: 386); 8011/2: Zwischen Hartheim und Grezhausen, Halm- und Hackfruchtacker, 1956, G. HÜGIN sen. (KR-K); 8011/4: Bremgarten, Witschel (1977); 8012/2: Schönberg, 1876, Schill (KR); 8111/1: Rheinvorland W Grißheim, 1991, PHILIPPI (KR-K); 8111/2: Zwischen Heitersheim und dem Weinstetter Hof, 1922, JAUCH (KR); S Grißheim, Stoppelfeld, 1987, G. HÜGIN jun. (KR-K); NW Grißheim, 1994, PHILIPPI (KR-K); 8111/3: Zienken bei Müllheim, um 1830, LANG (KR); 8111/4: SE Richtbergsiedlung, Stoppelfeld, 1982, G. HÜGIN jun. (KR-K); 8112/1: Kastelberg bei Sulzburg, SCHILDKNECHT (1863: 78); 8211/1: Steinenstadt, Hackfruchtäcker, 1956, G. HÜGIN sen. (KR-K); W Steinenstadt, Weizenfeld, 1987, G. HÜGIN jun. (KR-K); Steinenstadt, 1987, KÜBLER-THOMAS (KR-K); 8311/1: Isteiner Klotz, WITSCHEL (1977); 8311/4: Haltingen, Halmfruchtacker, 1959, G. HÜGIN sen. (KR-K); Bahndamm bei Haltingen, 1986, SATTLER (LfU-Biotopkartierung); 8313/1: Fahrnau, 1902, MAHLER (1912: 139).

Die Angabe von BAUR (1886: 274) für die Umgebung von Ichenheim: „auf feuchten Wiesen überaus häufig" muß aufgrund der Standortangabe angezweifelt werden.

Grundgebirgsschwarzwald: 8215/1: Staufen, KELHOFER in KUMMER (1946: 114), vermutlich nur vorübergehendes Vorkommen.

Alpenvorland (ohne westliches Bodenseegebiet): 7924/2 (?): Biberach, BRAUN (1890: 12); Hasenkeller in Biberach, BERTSCH (1928: 140); 8024/3: Bad Waldsee, BERTSCH (1928: 140); 8025/3: Unterschwarzach, HERTER (1888); KIRCHNER u. EICHLER (1900: 316); 8325/2: Schaulings bei Eglofs, HERTER (1888); 8423/1: Bodenseeufer bei Tunau, 1912, BERTSCH (STU). Die Vorkommen im Alpenvorland sind nach BERTSCH (1928: 140) alle synanthrop.

Erstnachweis: Nach ZIMMERMANN (1937) von H. HARDER ca. 1562 in der Umgebung von Geislingen – Ulm gesammelt.

Bestand und Bedrohung: Der Trauben-Gamander ist regional sehr unterschiedlich gefährdet. Im nördlichen und mittleren Oberrheingebiet war die Pflanze vermutlich schon immer relativ selten und ist hier bis auf das Vorkommen nördlich Schwetzingen und auf dem Rheindamm zwischen Freistett und Leutesheim fast verschwunden. Der Standort zwischen Freistett und Leutesheim ist erst beim Bau der Staustufe in den 70er Jahren durch Dammerhöhung entstanden. Im südlichen Oberrheingebiet wurde die Art früher als häufig für die Vorhügelzone des Schwarzwaldes bezeichnet (SPENNER 1826, NEUBERGER 1912), ist aber auch hier weitgehend verschwunden. Größere Populationen finden sich in Südbaden dagegen noch auf den Grundwasserabsenkungsböden südlich Hartheim. Die Pflanze kam hier früher auch in Äckern vor, ist auf diesen Standorten jedoch nur noch selten nachzuweisen (vgl. Fundortzusammenstellung). Auf der Schwäbischen Alb und im Taubergebiet ist die Pflanze noch weit verbreitet und nicht gefährdet.

Teucrium botrys ist im Gebiet insgesamt gefährdet (G 3).

4. Teucrium chamaedrys L. 1753
Edel-Gamander

Morphologie: Zwergstrauch, mit Ausläufern. Stengel 10–30(–35) cm hoch, aufsteigend, im unteren Teil verholzt, unten verzweigt, ringsum oder auf den gegenüberliegenden Seiten kurz anliegend und lang abstehend behaart. Blätter kurz gestielt oder fast sitzend, oval, meist mit keilförmig verschmälertem Blattgrund, auf jeder Blattseite mit 4–8 stumpfen oder spitzen Zähnen, meist beiderseits behaart. Blüten ca. 3 mm lang gestielt, zu 1–6 in den Achseln der oberen Blätter, einseitswendig. Kelch 6–8 mm lang, ± regelmäßig 5zähnig, behaart, oft rotviolett überlaufen. Krone 1–1,5 cm lang, rosa (selten weiß). Teilfrüchte mit feinaderiger Oberfläche, ca. 1,5–2 mm lang. Pflanze angenehm aromatisch riechend. – Blütezeit: Juni–August.

Variabilität: RECHINGER (1941) unterscheidet 15 Unterarten, von denen in Deutschland 2 vorkommen sollen. Für Baden-Württemberg wird die westlich verbreitete Sippe *T. chamaedrys* subsp. *germanicum* (Hermann) Rechinger fil. angegeben. Zur Unterscheidung von der Typusunterart gibt Rechinger Kelch- und Blattmerkmale an, wobei die abgebildeten Kelche keine Unterschiede erkennen lassen (RECHINGER 1941: 419). Im Rahmen der Kartierung wurde auf die Unterarten nicht geachtet. Eine Durchsicht der Herbarien der Staatlichen Museen in Karlsruhe und Stuttgart ergab kein eindeutiges Ergebnis. Mit den von RECHINGER angegeben Unterscheidungsmerkmalen der Blätter lassen sich beide Unterarten mit allen Übergängen bestimmen. Übergangsformen kommen auch in anderen Bundesländern vor (KLEIN 1955: 2). Dennoch soll der folgende Bestimmungsschlüssel (nach ROTHMALER 1982, verändert) zu weiteren Beobachtungen anregen:

1 Blätter krautig, eiförmig, sitzend oder ± undeutlich gestielt. Blattrand grob gekerbt-gezähnt oder lang breitlappig. Nerven kaum hervortretend . . . . *T. chamaedrys* subsp. *chamaedrys*

– Blätter fleischig, am Rande verdickt, schmallanzettlich und ± eingerollt. Blattgrund deutlich in einen kurzen Stiel zusammengezogen. Blattrand schmal und tief gekerbt. Nerven auf der Blattunterseite stark hervortretend, auf der Oberseite tief eingesenkt . . . . *T. chamaedrys* subsp. *germanicum*

Ökologie: Auf trockenen, nährstoffarmen, basenreichen, meist kalkhaltigen, lockeren, flachgründigen, lehmigen Böden. In lichten Eichen- und Kiefernwäldern (z.B. im Lithospermo-Quercetum und im Cytiso-Pinetum), in Säumen und Kalkmagerrasen, seltener auf Felsen und Felsgrus. In zahlreichen Vegetationsaufnahmen zu finden (vgl. SLEUMER 1934; KUHN 1937; WITSCHEL 1980 und PHILIPPI 1989).

Allgemeine Verbreitung: Im Mittelmeergebiet verbreitete Sippe: Europa, Nordwestafrika, Kaukasus, Iran, Kleinasien, Syrien. In Europa nordwärts mit Ausnahme von Portugal und Nordwestspanien bis ca. 53° n.Br. weit verbreitet, in Großbritannien eingeschleppt.

Edel-Gamander *(Teucrium chamaedrys)*
Niederhaus im Ries, 15. 7. 1990

Verbreitung in Baden-Württemberg: Verbreitet in kalkreichen und zumindest sommerwarmen Gebieten: Kaiserstuhl, Vorhügelzone des Schwarzwaldes, Lößgebiet des Bergsträßer Odenwaldes, Gäulandschaften, Baar, Klettgau und Hochrhein, auf der Schwäbischen Alb und im westlichen Bodenseegebiet. Selten in der nördlichen Oberrheinebene, im Nordschwarzwald (bei Staufenberg auf Rotliegendem), im Keuper-Lias Nekkarland und im Alpenvorland außerhalb des westlichen Bodenseegebietes.

Tiefste Vorkommen: ca. 105 m in der nördlichen Oberrheinebene. Höchstes Vorkommen: ca. 980 m am Schafberg auf der Schwäbischen Alb.

Teucrium chamaedrys ist vermutlich schon vor den ersten Eingriffen des Menschen im Gebiet vorhanden gewesen.

Isoliert liegende Vorkommen:

Nördliche Oberrheinebene: 7015/2: „Ententeich" bei Rappenwört, 1975, PHILIPPI (KR-K).
Nordschwarzwald: 7215/2: Staufenberg, FRANK (1830: 61); ?: Murgtal bei Gernsbach, ?, FIRLE (Hb. Berlin-Dahlem) in RECHINGER (1941: 381). Die beiden Fundorte könnten identisch sein!
Mittleres Oberrheingebiet nördlich der Kinzig (da *T. chamaedrys* kaum zu verwechseln ist, wurden die Angaben von FRANK übernommen, sind aber nie bestätigt worden): 7314/2: Aspich, FRANK (1830: 61); 7414/1: Renchen, FRANK (1830: 61); 7414/4: Oberkirch, FRANK (1830: 61).

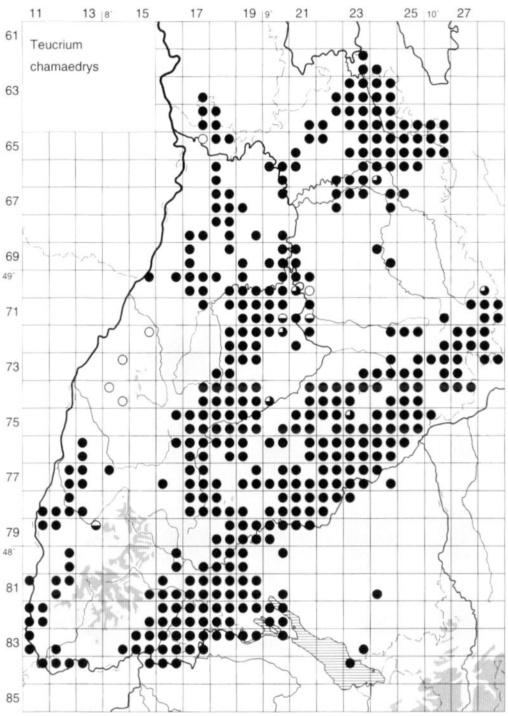

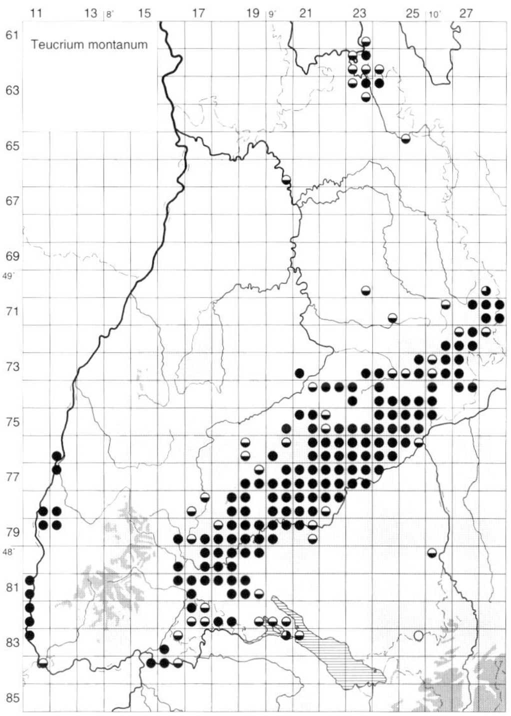

Kocher bei Gaildorf (Schwäbisch-Fränkischer Wald): 6924/1: Steilhang an der Kocher S Tullau, 1976, SCHWEGLER (STU-K); 6924/4: Kocherufer bei Gaildorf, 1985, SCHWEGLER (STU-K).
Würmmoräne-Hügelland: 8124/3: Hengstmoos-Wald bei Baienfurt, DÖRR (1978).
Östliches Bodenseegebiet: 8323/4: mehrfach, z. B. Drakenstein bei Laimnau, 1977, DÖRR (STU-K); 8423/1: Argenmündung, KORNECK u. DÖRR in DÖRR (1979).

Erstnachweis: Erste schriftliche Erwähnung bei L. FUCHS (1542: 869, 1543: CCCXXXV): „Umb Rotenburg am Neckar auff dem alten Schloßberg, unnd an den rheynen neben den Necker, do es mit hauffen gefunden würdt".
Bestand und Bedrohung: *Teucrium chamaedrys* ist in den Kalkgebieten von Baden-Württemberg häufig und nicht bedroht.

5. Teucrium montanum L. 1753
Berg-Gamander

Morphologie: Zwergstrauch, 5–20 cm hoch, am Grunde schwach verholzt. Sproßachse bis 20 cm lang kriechend, verzweigt, kraus (teilweise filzig) behaart (Abb. des Sproß- und Wurzelsystems bei E. u. M. LITZELMANN 1959: 159). Blätter kurz gestielt oder mit verschmälertem Grund sitzend, schmal lanzettlich, ganzrandig, mit nach unten eingerolltem Rand, oberseits zerstreut, unterseits dicht weißfilzig behaart, ledrig, immergrün. Blüten kurz gestielt, am Ende der Zweige in kopfig übereinanderstehenden 2- bis 6blütigen, quirlartigen Teilblütenständen. Kelch 6–9 mm lang, ± regelmäßig 5zähnig, behaart. Krone 8–13 mm lang, gelblichweiß. Teilfrüchte mit grubiger Oberfläche, ca. 2 mm lang. Im Gebiet nur die Typusunterart. – Blütezeit: Juni–August.
Ökologie: Auf trockenen, nährstoffarmen, kalkreichen, meist steinigen, flachgründigen Lehmböden. In Kalk-Magerrasen, auf Felsen und in Steinschuttfluren mit *Globularia elongata, Teucrium chamaedrys* und *Helianthemum nummularium.* Xerobrometum-Verbandscharakterart, seltener in lückigen Mesobrometen- und Sedo-Scleranthetalia-Gesellschaften. Vegetationsaufnahmen bzw. synthetische Tabellen liegen von v. ROCHOW (1951, Tab. 14 u. 15 b), GÖRS (1974, Tab. 2), KORNECK (1975), WITSCHEL (1977, 1980) und PHILIPPI (1984, Tab. 2, 3) vor.
Allgemeine Verbreitung: Europa, Südosttürkei, Kleinasien, Nordwestafrika (DAVIS 1982). In Europa südwärts bis in die Pyrenäen, nordwärts vereinzelt bis Südbelgien, Hessen und in die Ukraine, hier auch die Ostgrenze des geschlossenen Verbreitungsgebietes erreichend.

Berg-Gamander (*Teucrium montanum*)
Kaiserstuhl, 28. 6. 1993

Verbreitung in Baden-Württemberg: Hauptverbreitungsgebiete sind das südliche Oberrheingebiet (vgl. z. B. LAUTERBORN 1941: 292), das Taubergebiet (Karte bei PHILIPPI 1984: 552) und die Schwäbische Alb. Zerstreute Vorkommen finden sich am Oberen Neckar, im Albvorland, in der Baar, in Klettgau und Hochrhein, sowie im westlichen Bodenseegebiet (einschließlich Hegau). Daneben gibt es isolierte, vermutlich zumindest teilweise angesalbte Wuchsorte. So schreibt GRADMANN (EICHLER, GRADMANN u. MEIGEN 1914: 388) zu dem Fundpunkt bei Vordersteinenberg (7124/4): „... ohne daß sich für dieses ganz perverse Vorkommen mitten im Welzheimer Wald irgend ein Anhaltspunkt in der Beschaffenheit des Bodens finden ließe... Ich vermute absichtliche Fälschung der Flora durch Aussaat oder Anpflanzung." Ähnliches kann für die Angaben bei Kaisersbach (7023/4), Tannheim (8026/1) und Eyb bei Eglofs (8325/2, nach HERTER 1888) gelten. Dagegen sind die Vorkommen im Muschelkalkgebiet bei Mosbach (6620/4) und Weikersheim (6525/1) auch ohne Ansalbung erklärbar. (Zu genauen Fundortsangaben vgl. EICHLER, GRADMANN & MEIGEN 1905–27: 362 u. Karte 19.) Die Angabe von FRANK (1830: 61): „Durlach" ist unglaubwürdig und wurde nicht in die Verbreitungskarte übernommen.

Tiefste Vorkommen: ca. 160 m im Taubergießen (7612/4). Höchstes Vorkommen: ca. 1000 m an der Klingelhalde auf der Schwäbischen Alb (BERTSCH 1919).

Teucrium montanum ist vermutlich schon vor den ersten Eingriffen des Menschen im Gebiet vorhanden gewesen.

Erstnachweise: Ältester archäologischer Nachweis: 8./10. Jh. n. Chr. bei Mühleim-Stetten (RÖSCH unpubl.). Nach ZIMMERMANN (1937) von H. HARDER ca. 1562 in der Umgebung von Geislingen – Ulm gesammelt.

Bestand und Bedrohung: *Teucrium montanum* ist in seinem Hauptverbreitungsgebiet auf der Schwäbischen Alb noch weit verbreitet und nicht gefährdet. Vergleicht man aber die aktuellen Angaben mit denen von EICHLER, GRADMANN u. MEIGEN so ist dennoch besonders in den Randgebieten ein Rückgang unübersehbar, der sich u.a. mit der Aufgabe wirtschaftlich unrentabler Trockenrasen erklären läßt. Da die Pflanze auch auf von Natur aus waldfreien Standorten vorkommt, besteht nicht die Gefahr, daß sie vollkommen verschwindet. *Teucrium montanum* ist im Gebiet insgesamt (schwach) gefährdet (G 3).

3. **Scutellaria** L. 1753
Helmkraut

Ausdauernde krautige Pflanzen, außerhalb des Gebietes auch Therophyten, Halbsträucher und Sträucher. Blüten paarweise. Kelch glockenförmig, mit nach der Blüte bis zur Fruchtreife geschlossenen Lippen, bei Fruchtreife die obere Lippe abfallend, auf der Oberseite mit einer rundlichen Schuppe. Krone mit langer, meist aufwärts gebogener, innen kahler Röhre; Oberlippe 3teilig, mit helmförmigem Mittelabschnitt, stark behaart. Staubblätter 4, unter der Oberlippe aufsteigend. Teilfrüchte gestielt, eiförmig bis kugelig, meist warzig und behaart. Bestäubung meist durch Bienen.

Gattung mit ca. 300 weltweit verbreiteten Arten (in Afrika selten). In Europa kommen 13, in Baden-Württemberg kommen 3 Arten vor.

1 Tragblätter von den Stengelblättern in Form und Größe deutlich unterschieden. Kelchschuppe über 1,5 mm lang 2
– Tragblätter stengelblattähnlich. Kelchschuppe ca. 1 mm lang 3
2 Stengel nur im oberen Teil mit Drüsenhaaren. Kelchschuppe 3–5 mm lang . . 1. *S. altissima*
– Stengel dicht drüsenhaarig. Kelchschuppe 1,5–3 mm lang . . . . [*S. columnae*]
3 Krone 5–8 mm lang; Kronröhre fast gerade . . 3. *S. minor*
– Krone 1–2,2 cm lang; Kronröhre nach oben gebogen 4
4 Blätter spießförmig, meist ganzrandig. Kelch drüsig . . . . [*S. hastifolia*], S. 151
– Blätter nicht spießförmig, ± gezähnt. Kelch meist drüsenlos . . . . 2. *S. galericulata*

Scutellaria columnae Allioni 1785

Hemikryptophyt. Stengel aufrecht, 20–50(–100) cm hoch, behaart, z.T. mit Drüsenhaaren. Blätter oval, am Grunde herzförmig, grob gezähnt, behaart. Krone ca. 18–24 mm lang, Oberlippe rötlich, Unterlippe weißlich; Kronröhre stark gekrümmt. – Blütezeit: Mai–Juli.

Südosteuropäische Sippe, nach DÖLL (1859: 692) 1841 in einem Exemplar zwischen Leimen und Sandhausen am Rande eines Baches. Herbarbelege fehlen.

Hohes Helmkraut (*Scutellaria altissima*)
Totenkopf im Kaiserstuhl

1. **Scutellaria altissima** L. 1753
Hohes Helmkraut

Morphologie: Hemikryptophyt. Unterer Stengelabschnitt unterirdisch kriechend, verholzt, oberer aufrecht, 40–100 cm hoch, krautig, verzweigt, behaart, oberwärts zusätzlich mit Drüsenhaaren. Blätter bis 4 cm lang gestielt, eiförmig, am Grunde gestutzt oder herzförmig, stumpf gezähnt, meist fast kahl. Blüten kurz gestielt, in endständigen, locker übereinanderstehenden, einseitswendigen Paaren. Tragblätter eiförmig, ganzrandig. Kelch 3,5–4,5 mm lang, drüsig behaart, häufig violett überlaufen, mit 3–5 mm langer Schuppe. Krone 1,4–1,9 cm lang, meist blauviolett (Unterlippe heller), drüsig behaart. Teilfrüchte dicht warzig, auf jeder Warze ein 3- bis 5strahliges Sternhaar. – Blütezeit: Juni–Juli.
Ökologie: Auf mäßig trockenen bis feuchten, mä-

ßig nährstoffarmen bis mäßig nährstoffreichen, ± neutralen, humosen Böden. In Südosteuropa in Buchenwäldern warmtrockener Standorte, Hopfenbuchen-Mischwäldern, planaren und collinen Balkaneichen-Zerreichenwäldern, in montanen Traubeneichenwäldern sowie in Eschen-Ahornwäldern. Vegetationsaufnahmen aus Baden-Württemberg liegen nicht vor.

Allgemeine Verbreitung: Eine Südosteuropäische Pflanze (im Süden westlich bis Italien). Außerhalb des natürlichen Verbreitungsgebietes verwildert *Scutellaria altissima* aus Gärten (Zierpflanze) und hat sich in einigen Ländern mittlerweile eingebürgert (z. B. Deutschland, Österreich, Schweiz, Frankreich, Belgien, England).

Verbreitung in Baden-Württemberg: Im Gebiet selten angepflanzt und stellenweise verwildert und eingebürgert.

6916/4: Böschung am Bahnhof Durlach, vermutlich eingebürgert, 1993, GRIESE (KR-K); 7221/3: Hohenheim, Arboretum, KREH (1951: 112), SEYBOLD (1968: 251); 7324/3: Fuchseck bei Göppingen, Wald am Röttelstein, 740 m, 1994, PHILIPPI (KR); 7619/4: Zellerhorn, MAYER (1950: 394); 1980, DITTRICH (STU); Manöver-Denkmal, angepflanzt, 1976, BURGHARDT (STU-K); 7912/1: Neunlindenturm, BERGER-LANDEFELDT in MÜLLER (1937: 354); Gagenhardt bei Wasenweiler, 1959, KNAUSS (STU).

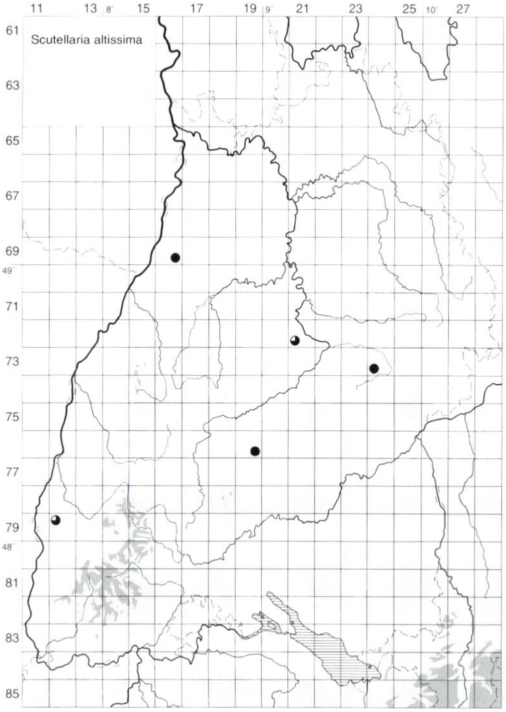

Sumpf-Helmkraut (*Scutellaria galericulata*)
Böblingen, 15. 8. 1994

Zu Angaben aus dem Nördlinger Ries vgl. FISCHER (1982), aus dem angrenzenden bayerischen Allgäu DÖRR (1977).

Bestand und Bedrohung: In Baden-Württemberg sind nur wenige eingebürgerte Vorkommen bekannt. In der Roten Liste wird *S. altissima* nicht erwähnt. Die Pflanze sollte in der Liste der gefährdeten Neophyten als gefährdet (G 3) eingestuft werden.

2. Scutellaria galericulata L. 1753

Sumpf-Helmkraut, Gemeines Helmkraut

Morphologie: Hemikryptophyt, mit unterirdisch kriechenden Ausläufern. Pflanze häufig violett überlaufen. Stengel 10–40(–60) cm hoch, aufsteigend oder aufrecht, meist verzweigt, an den Kanten zerstreut behaart. Blätter nach oben allmählich kleiner werdend, kurz gestielt, eiförmig bis lanzettlich, am Grunde herzförmig oder gestutzt, mit meist wenigen nach vorne gerichteten Zähnen, zerstreut behaart. Blüten gestielt, locker übereinanderstehend, einseitswendig; Kelch 3–5 mm lang, behaart, mit bis 1 mm langer Schuppe. Krone 1–1,7 cm lang, meist blau (Unterlippe mit weißem Fleck und violetten Strichen). Teilfrüchte ca. 1 mm lang, eiförmig, dicht warzig. – Blütezeit: Juni–September.

Ökologie: Auf nassen, zeitweise überschwemmten, nährstoff- und meist basenreichen Lehm- oder Torfböden. In nassen Wiesen, in Seggenriedern (Magnocaricion-Verbandscharakterart), an

Ufern und Gräben, seltener in Erlen- und Moorbirken-Bruchwäldern (besonders im Carici-Alnetum). Vegetationsaufnahmen liegen von GÖRS (1968, 1969, Tab. 8), LANG (1973), SEBALD (1974) und GRÜTTNER (1990, Tab. 14) vor.

Allgemeine Verbreitung: Nordhalbkugel. In Europa nur in den südlichsten Gebieten fehlend (Südspanien, Sizilien, Peleponnes).

Verbreitung in Baden-Württemberg: Verbreitet in der Rheinebene, im Keuper-Lias-Neckarland und im Alpenvorland. Selten oder gebietsweise fehlend in Schwarzwald und Odenwald (zu nährstoffarme Böden) und auf der Schwäbischen Alb (zu trocken).

Tiefste Vorkommen: ca. 95 m in der nördlichen Oberrheinebene. Höchste Vorkommen: 1030 m am Turner im Südschwarzwald (8014/2).

Die Pflanze ist im Gebiet wohl schon vor den ersten Eingriffen des Menschen vorhanden gewesen.

Erstnachweise: Ältester archäologischer Nachweis: Alleröd im Reichermoos (BERTSCH 1924). Nach SCHINNERL (1912) von H. HARDER 1576–94 in der Umgebung von Geislingen – Ulm gesammelt.

Bestand und Bedrohung: *Scutellaria galericulata* ist in Baden-Württemberg nicht bedroht.

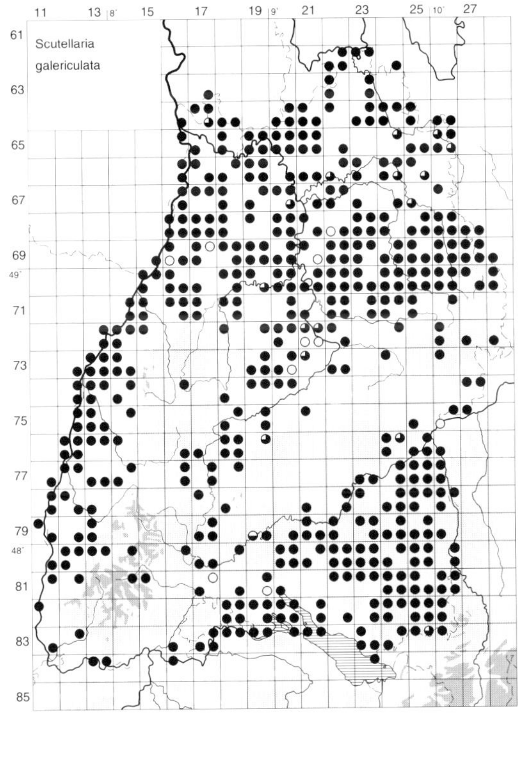

Scutellaria hastifolia L. 1753
Spießblättriges Helmkraut

Hemikryptophyt, mit unterirdisch kriechenden Ausläufern. Stengel 10–40 cm hoch, fast kahl oder spärlich behaart. Blätter kurz gestielt, spießförmig, meist ganzrandig. Blüten in endständigen, einseitswendigen Paaren. Krone 1,5–2,2 cm lang, blau, wie der Kelch drüsig behaart. Teilfrüchte grob warzig. – Blütezeit: Juni–August.

Osteuropäisch-westasiatische Pflanze mit wenigen Vorposten in West-, Mittel- und Südeuropa. Im nördlichen Oberrheingebiet zwischen Schifferstadt und Bingen (teilweise verschollen) auf basenreichen Lehmböden in nassen bis feuchten Pfeifengraswiesen (Violo-Cnidietum). Vegetationsaufnahmen liegen von KORNECK (1962, Tab. 14) vor (vgl. außerdem WALTHER 1955). Eine Zusammenstellung seiner Funde aus dem Rhein-Main-Gebiet veröffentlichte KORNECK (1984: 38).

Aus Baden-Württemberg liegen zwei fragliche Fundmeldungen der Sippe vor: 6916/3 (?): Zwischen Daxlanden und Knielingen, GMELIN (1826: 446); 7314/4: Lauf, STOLZ in FRANK (1830: 23). Die Angabe von GMELIN wurde schon von DÖLL (1859: 692) angezweifelt.

3. Scutellaria minor Hudson 1762
Kleines Helmkraut

Morphologie: Hemikryptophyt. Unterer Stengelabschnitt unterirdisch kriechend, oberer aufsteigend oder aufrecht, 5–25(–40) cm hoch, meist verzweigt, an den Kanten zerstreut behaart. Blätter nach oben allmählich kleiner werdend, kurz gestielt, oval bis lanzettlich, am Grunde abgerundet oder gestutzt, meist ganzrandig oder mit wenigen Zähnen, zerstreut behaart. Blüten gestielt. Kelch 2–3 mm lang, behaart, mit bis 1 mm langer Schuppe. Krone 5–8 mm lang, hellviolett, rosa oder weißlich (Unterlippe mit karminroter Zeichnung), behaart; Kronröhre fast gerade. Teilfrüchte ca. 1 mm lang, fast kugelig, dicht warzig. – Blütezeit: Juni–September.

Ökologie: Auf nassen, nahrstoffarmen bis mäßig nährstoffreichen, kalkarmen, sauren, anmoorigen bis mineralischen Böden. In lückigen Feuchtwiesen oder Feuchtwiesenbrachen (Juncetum acutiflori und *Juncus acutiflorus*-reichen *Molinia*-Wiesen), an regelmäßig ausgeputzten Wiesengräben, in feuchten Waldmulden, in Fahrspuren und an Waldwegrändern (Stellario-Scirpetum) sowie an Ufern meso- bis oligotropher Gewässer, im atlantischen Hauptverbreitungsgebiet auch in Erlenbruchwäldern. Vegetationsaufnahmen liegen von OBERDORFER (1938, Tab. 13), SCHEERER (1956), PHILIPPI (1963), TH. MÜLLER (1966: 389) und MAY (1985) vor (vgl. außerdem OBERDORFER 1983, Tab. 220).

Kleines Helmkraut *(Scutellaria minor)*
Hotzenwald

Allgemeine Verbreitung: Westeuropäische Pflanze mit wenigen Vorposten in Mitteleuropa. Das geschlossene Verbreitungsgebiet erstreckt sich nordwärts von Großbritannien nach Belgien, ostwärts von der Isère über den Jura bis zur Weser. Isolierte mitteleuropäische Vorkommen außerhalb Baden-Württembergs finden sich in der Poebene, im Aostatal, am fränkischen Main, im Aischgebiet, im Bayerischen Wald, an der Elbe und in der Niederlausitz. In Nordeuropa existiert ein isoliertes Vorkommen in Südschweden (Skane). Angaben über adventive Vorkommen liegen aus Oberösterreich und Polen vor.

Verbreitung in Baden-Württemberg: Selten und teilweise verschollen am Westrand des mittleren Schwarzwaldes, im südlichen Hotzenwald, in der Umgebung von Tübingen und im Schwäbisch-Fränkischen Wald.

Die Fundstellen im Hotzenwald liegen zwischen 310 und 820 m, im Schwäbisch-Fränkischen Wald und bei Tübingen zwischen 450 und 500 m. Die verschollenen Vorkommen am Westrand des Schwarzwaldes lagen vermutlich z.T. unter 300 m.

Die Vorkommen in Baden-Württemberg liegen bereits außerhalb des geschlossenen Verbreitungsgebietes. Die nächsten noch aktuellen linksrheinischen Fundstellen finden sich im Bienwald (Pfalz) und im Hagenauer Forst (Elsaß). Zu Vorkommen in Hessen vgl. SEIBIG (1976).

Vorkommen in natürlichen Pflanzengesellschaften (z.B. Erlenbruchwälder) sind im Gebiet vorstellbar, aber nicht bekannt. Vermutlich ist *Scutellaria minor* erst nach Schaffung geeigneter Standorte eingewandert (Archäophyt).

Westrand des Schwarzwaldes bei Achern und Lahr: 7314/2: Neusatz bei Bühl, vor 1900, FRANK (KR); 7314/4: Lauf, STOLZ in FRANK (1830: 23); Lochwald bei Lauf, ZIMMERMANN (1926: 31), zuletzt OBERDORFER (1938: 182); Sasbachwalden, ROTH in FRANK (1830: 23); Brigittenberg bei Sasbachwalden, GMELIN (1826: 447); Brigittenschloß bei Sasbachwalden, 1888, NEUBERGER (KR); Sasbach und Obersasbach, WINTER (1884: 140); 7613/4: Omersbach, an dem Wege von Langenhard nach dem Litschenthale, MOHR (1898: 46); Langenhard, NEUBERGER (1898: 182).

Südschwarzwald: 8312/3: Steinen im Wiesental, BINZ (1911: 230). Die Angabe ist unsicher und wurde nicht in die Verbreitungskarte übernommen.

Alle folgenden Angaben wurden – soweit nicht anders vermerkt – von MAY (1985) bestätigt.

Hotzenwald zwischen Wehra- und Albtal (vgl. auch PHILIPPI 1961): 8313/4: mehrfach in der Umgebung von Rickenbach, LINDER (1905: 50), zuletzt S Willaringen, 1989, PHILIPPI (KR-K); 8314/3: zahlreiche Vorkommen, die Nordgrenze verläuft bei Hogschür und Görwihl,

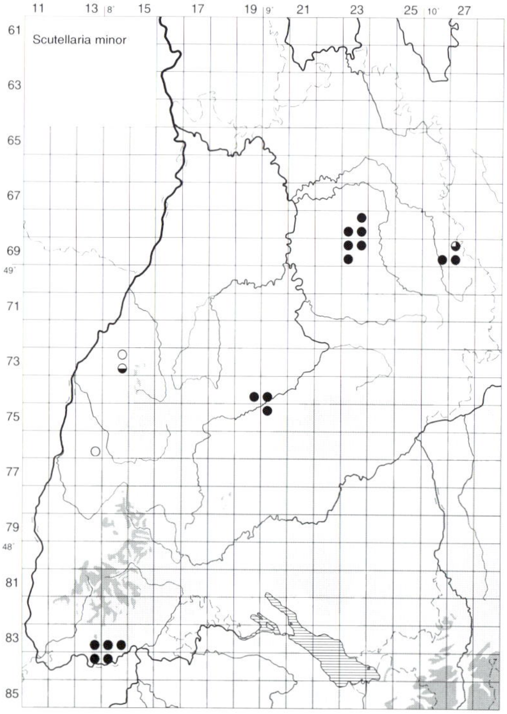

LINDER (1905: 43 u. 50); 8314/4: SW Schachen, MAY (1985); 8413/2: mehrfach in der Umgebung von Schweikhof, Egg und Wieladingen, LINDER (1905: 50); 8414/1: mehrfach in der Umgebung von Hänner und Sood, LINDER (1905: 43).

Außerdem liegen von GMELIN (1806: 660; 1826: 447) noch folgende Angaben aus dem Nordschwarzwald vor: 7216/4: Kaltenbronn; 7315/2: Herrenwies; 7415/1: Hornisgrinde am Mummelsee. Die Angaben wurden später nie mehr bestätigt und sind zu Recht angezweifelt worden (z.B. von DÖLL 1859: 692), da *S. minor* an den genannten Fundorten aus klimatischen Gründen kaum vorstellbar ist. Sie wurden deshalb nicht in die Verbreitungskarte übernommen.

Tübingen und Umgebung (vgl. auch MÜLLER 1966: 387): 7419/4: „Hirschauer Berg" N Hirschau zwischen Burgstall und Spitzberg, 1994, BAUMANN (STU-K); 7420/3: Spitzberg, Weg zur Wurmlinger Kapelle, HOPFER u. SCHÜBLER in SCHÜBLER und VON MARTENS (1843: 379); 7520/1: Derendinger Wald, VALET in SCHÜBLER und VON MARTENS (1843: 379), 1985 mehrfach (MAY, s.o.).

Schwäbisch-Fränkischer Wald: 6823/2: NSG Entlesboden E Obersteinbach, SCHEERER (1956), nicht bestätigt von MAY (s.o.); NSG Viehweide SW Waldenburg, SCHEERER (1956), SEBALD & SEYBOLD (1969: 234); 6823/3: Kibitzensee W Dürrnast, 1967, SEBALD in SEBALD & SEYBOLD (1969: 234); 6823/4: E Lachweiler, 1969, SEBALD (STU-K); 6923/1: W Ammertsweiler, 1981, SEBALD (STU-K); 6923/2: mehrfach, z.B. Goldmahd zwischen Mainhardt und Bubenorbis, 1967, SEBALD in SEBALD & SEYBOLD (1969: 234); 6923/3: „Schanze" N Trauzenbach, 1969, SEBALD (STU-K); 6926/4: Laubbuck E Dankoltsweiler, 1991, BALTERS (STU-K); 6927/1: Unterdeufstetten, 1925, HANEMANN (1927: 46); „Diebsteig" NE Matzenbach, 1926, HANEMANN (STU); Wäldershub, SCHEERER (1956), nicht bestätigt von MAY (s.o.); 6927/3: „Eulenbuck" SW Matzenbach, 1971, SEBALD in SEBALD & SEYBOLD (1973).

Erstnachweis: Der erste glaubwürdige schriftliche Nachweis findet sich bei GMELIN (1826: 447): „... prope Sasbachwalden; versus dem Brigittenberg...".

Bestand und Bedrohung: Im Hotzenwald durch die veränderte Wiesenbewirtschaftung zurückgegangen, aber noch nicht akut bedroht. MAY (1987) konnte die Pflanze noch an 42 Stellen nachweisen. Er betont, daß *S. minor* durch das Brachfallen der Wiesen zunächst gefördert wird, langfristig aber vermutlich von konkurrenzkräftigeren Arten überwachsen wird. Durch die Schaffung offener Standorte könnten die Bestände erhalten werden.

Im Schwäbisch-Fränkischen Wald und der Tübinger Umgebung ist *Scutellaria minor* potentiell durch die Intensivierung der Waldwirtschaft bedroht (v.a. Asphaltierung und zu häufiges Befahren der Waldwege). Die Sippe ist im Gebiet stark gefährdet (G 2, Tendenz zu G 1).

4. Marrubium L. 1753
Andorn

Ausdauernde, krautige Pflanzen. Tragblätter vorhanden. Kelch meist 10nervig, mit 5–10 starren, stacheligen oder hakigen Zähnen; Kelchröhre an der Mündung innen dicht behaart. Krone 2lippig; Oberlippe 2-, Unterlippe 3teilig; Kronröhre innen mit oder ohne Haarring. Staubblätter und Griffel in der Kronröhre eingeschlossen. Teilfrüchte glatt, an der Spitze gestutzt oder abgerundet. Bestäubung meist durch Bienen.

Die Gattung *Marrubium* umfaßt ca. 30 Arten, die ihren Verbreitungsschwerpunkt im Mittelmeergebiet besitzen. In Europa kommen 12 (CULLEN 1972), in Baden-Württemberg kommt eine Art vor.

Abbildungen von *M. vulgare, M. peregrinum, M. leonuroides* und *M. incanum* finden sich bei SCHNEDLER 1977, Kelchabbildungen zahlreicher weiterer Arten bei CULLEN 1982: 167.

1 Kelch mit 5 immer aufrecht stehenden Zähnen . . . [*M. peregrinum*]
– Kelch mit 10 zur Fruchtzeit hakig gekrümmten Zähnen . . . . 1. *M. vulgare*

Marrubium peregrinum L. 1753
Ungarischer Andorn, Wander-Andorn

Hemikryptophyt, mit holzigem Rhizom. Stengel 30–60 cm hoch, stark verzweigt, weiß- oder gelbfilzig behaart. Blätter lanzettlich bis eiförmig, die unteren grob gesägt, die oberen ± ganzrandig, unterseits mit stark hervortretenden Nerven. Kelch mit 5 aufrecht stehenden Zähnen. Krone 8–9 mm lang, weiß. – Blütezeit: Juli–September.

In Südwestasien und Südosteuropa verbreitete Pflanze trockener, kalkreicher Böden. Aus Baden-Württemberg liegen nur Angaben von unbeständigen Vorkommen vor.

6516/2: Mannheim-Mühlau, LUTZ (1910: 371); 6916/3: Karlsruhe, Albwehr oberhalb der Appenmühle, O. MÜLLER in KNEUCKER (1924: 294); 7121/1: Ludwigsburg, 1862, SCHÖPFER in VON MARTENS u. KEMMLER (1882: 80).

1. Marrubium vulgare L. 1753
Gewöhnlicher Andorn

Morphologie: Ein Chamaephyt oder Hemikryptophyt, mit Pfahlwurzel. Stengel aufrecht, 20–60 cm hoch, besonders im unteren Teil weißfilzig behaart. Blätter gestielt, breit eiförmig bis fast rund, grob unregelmäßig gezähnt, mit Sternhaaren, besonders unterseits filzig behaart. Teilblütenstände kugelig, entfernt stehend. Tragblätter pfriemlich, so lang oder länger wie die Kelchröhre. Kelch 3–6 mm lang, dicht behaart, mit 10 zur Fruchtzeit an der Spitze hakig gekrümmten Zähnen. Krone 6–7 mm lang, meist weiß, außen dicht sternhaarig. Teilfrüchte ca. 2 mm lang. Giftpflanze. – Blütezeit: Juni–September.

Ökologie: Auf trockenen bis mäßig frischen, nährstoff- (besonders stickstoff-) und basenreichen, sandigen bis steinigen Lehmböden. In sommerwarmen Gebieten an Wegrändern, Schutt- und Verladeplätzen, an Viehlägerstellen und in Schweineweiden (KNEUCKER 1886: 109). Aus Baden-Württemberg liegt nur eine synthetische Tabelle mit *Marrubium vulgare* vor (TH. MÜLLER in SEYBOLD und MÜLLER 1972, Tab. 6).

Allgemeine Verbreitung: Europa, Nordafrika, Südwestasien (ostwärts isolierte Vorkommen bis Zentralasien), in Nordamerika eingeschleppt. In Europa ist die Pflanze im ganzen Mittelmeergebiet verbreitet. Die Nordgrenze verläuft von Südengland über Südskandinavien und Polen bis zum Kaspischen Meer, weiter nördlich nur unbeständige Vorkommen.

Verbreitung in Baden-Württemberg: *Marrubium vulgare* wurde früher besonders in den wärmeren Landesteilen gefunden (Oberrheingebiet, Gäulandschaften). Die Pflanze konnte sich hier vermutlich auch längere Zeit halten. In klimatisch ungünstigen Gebieten handelt es sich wahrscheinlich nur um kurzlebige Vorkommen.

Gewöhnlicher Andorn *(Marrubium vulgare)*
Eimeldingen

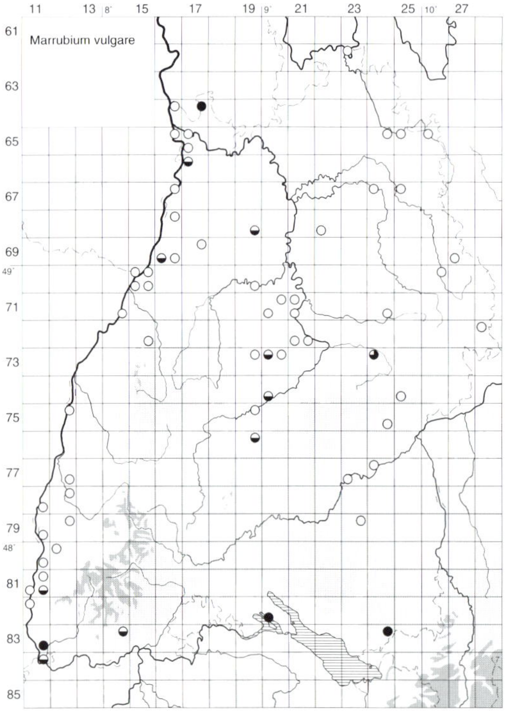

Tiefste Vorkommen: ca. 95 m in der nördlichen Oberrheinebene. Höchstes Vorkommen: ca. 620 m im Hotzenwald bei Immeneich (8314/2).

Marrubium vulgare ist erst nach Schaffung geeigneter Standorte durch den Menschen in das Gebiet eingewandert (Archäophyt).

Angaben nach 1970: 6417/2: E Sulzbach, Weinbergböschung, 1987 von SCHLESINGER (schriftl. Mitt.); 8220/3: Reichenau, Mittelzell, 1991, SEYBOLD (STU-K); 8311/4: Hundeplatz NW Eimeldingen, um 1984, SCHREMPP (KR-K); 8324/2: Wangen, Müllplatz bei Obermoosweiler, DÖRR (1977).

Erstnachweise: Ältester archäologischer Nachweis: 40. Jh. v. Chr. bei Hornstaad (RÖSCH 1985). Erste schriftliche Erwähnung bei LEOPOLD (1728: 102): „Nach Lutzhausen am Weg“. Ältere Aufsammlungen sind nicht sicher der Wildflora entnommen.

Bestand und Bedrohung: *Marrubium vulgare* wurde früher als Heilpflanze kultiviert. Nachdem der „Samennachschub“ ausblieb, ist die Pflanze zunehmend seltener geworden (vgl. auch KREH 1951: 87). Die Pflanze ist im Gebiet vom Aussterben bedroht (G 1, Tendenz zu G 0).

Sideritis L. 1753
Gliedkraut

Therophyten oder ausdauernde, krautige Pflanzen. Tragblätter fehlend. Kelch röhren- bis glockenförmig, 5- bis 10nervig, 5zähnig. Krone 2lippig, meist gelb; Oberlippe 2teilig, fast flach, ganzrandig; Unterlippe 3teilig; Staubblätter und Griffel in der Kronröhre eingeschlossen. Teilfrüchte länglich oder eiförmig, fast glatt oder deutlich warzig.

Gattung mit ca. 100 schwerpunktmäßig im Mittelmeergebiet und den gemäßigten Zonen Asiens verbreiteten Arten. In Europa kommen nach HEYWOOD (1972) 28 Arten vor.

Sideritis montana L. 1753
Berg-Gliedkraut

Therophyt, mit dünner Pfahlwurzel. Stengel 10–35 cm hoch, zerstreut bis dicht vollig behaart. Blätter länglich bis lanzettlich, ganzrandig oder gezähnt, behaart. Blüten kurz gestielt, in locker übereinanderstehenden, meist 6blütigen, quirlartigen Teilblütenständen. Kelch 6–10 mm lang, behaart. Krone 5–7 mm lang, hellgelb oder schwarz mit gelber Unterlippe. – Blütezeit: Juli–August.

Ursprünglich im östlichen Mittelmeergebiet verbreitete Pflanze (westwärts bis Südostfrankreich) trockener, sandiger und nährstoffreicher Böden, mittlerweile in West- und Mitteleuropa stellenweise eingebürgert. Aus Baden-Württemberg liegen nur wenige Angaben über unbeständige Vorkommen von Bahnanlagen, Schuttplätzen, Dämmen und Wegrändern vor (MAUS 1889: 182; MAYER 1950: 407; KREH 1957: 192; SEYBOLD 1968: 251).

5. **Melittis** L. 1753
Immenblatt

Ausdauernde, krautige Pflanzen. Teilblütenstände Ein- bis 6blütig, entfernt stehend. Kelch 2lippig; Oberlippe unregelmäßig gezähnt oder ganzrandig, länger als die meist 2teilige Unterlippe. Krone 2lippig; Oberlippe flach oder schwach helmförmig, Unterlippe 3teilig. Teilfrüchte eiförmig, etwas 3kantig, fast glatt, mit wenigen Haaren. Bestäubung meist durch Hummeln oder Nachtfalter.

Die Gattung Melittis besteht je nach Artauffassung aus einer (KLOKOV 1957, BALL 1972) bzw. 2 Arten (SOÓ und BORSOS 1962).

1. **Melittis melissophyllum** L. 1753
Immenblatt

Morphologie: Hemikryptophyt, mit kriechendem Rhizom. Stengel meist aufrecht, 20–40(–60) cm hoch, abstehend behaart. Blätter gestielt, oval, am Grunde meist abgerundet, regelmäßig grob gezähnt, zerstreut behaart (unterseits nur auf den Nerven). Blüten gestielt, zu 1–3(–6) in den Achseln der oberen Blätter, oft einseitswendig. Kelch breit glockenförmig, 10nervig, am Rand und auf den Nerven kurz (meist drüsig) behaart. Krone 3–4,5 cm lang, rosa oder weiß, mit rotvioletten Flecken auf der Unterlippe; Oberlippe ganzrandig, fein und drüsig behaart. Staubblätter 4, unter der Oberlippe aufsteigend. Teilfrüchte 3,5–4 mm lang. Im Gebiet nur die Typusunterart. – Blütezeit: Mai–Juli.

Immenblatt *(Melittis melissophyllum)*
Engen, 8. 6. 1991

Ökologie: Wärmeliebende Pflanze, auf mäßig frischen, meist stickstoffarmen, meist basischen und kalkreichen, meist lockeren, humosen Lehmböden, vor allem in lichten Laubmischwäldern, an Wald- und Gebüschrändern. *Melittis melissophyllum* gilt als Quercetalia pubescenti-petreae-Ordnungscharakterart, kommt aber auch in wärmeliebenden Fagetalia-Gesellschaften zusammen mit *Campanula ranunculoides, Lithospermum purpurocaeruleum* und *Vicia dumetorum* vor.

Vegetationsaufnahmen liegen von OBERDORFER (1936: 66; 1948/49, Tab. 10, Aceri-Tilietum; Tab. 11, Cytiso-Pinetum, Lithospermo-Quercetum), HÜGIN (1956), WITSCHEL (1980) und SEBALD (1983, Buchenwälder) vor.

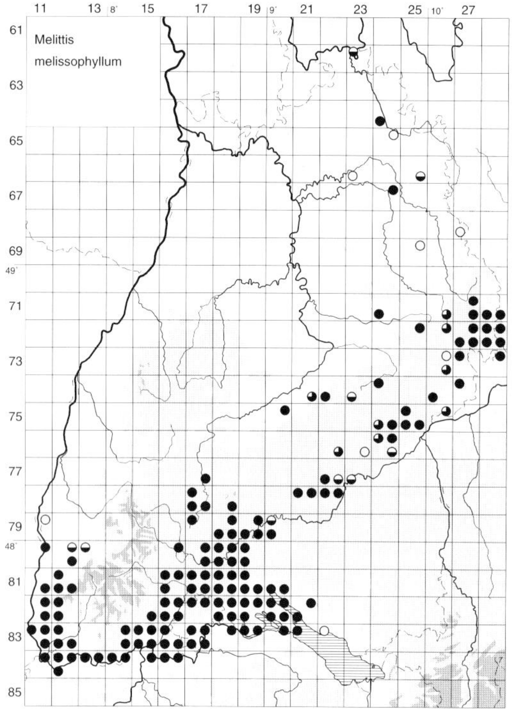

Allgemeine Verbreitung: Submediterran verbreitete, europäische Pflanze. Das Verbreitungsgebiet erstreckt sich nordwärts (mit teilweise großen Verbreitungslücken) von Südengland über Norddeutschland (vgl. RANDIG 1992) bis nach Weißrußland ostwärts bis zum Schwarzen Meer. In Südeuropa ist die Pflanze nur in den südlichsten Gebieten selten oder fehlt ganz (Mittel- und Südspanien, Sardinien, Kreta).

Verbreitung in Baden-Württemberg: Hauptverbreitungsgebiete sind die Vorhügelzone des südlichen Schwarzwaldes, Baar, Klettgau und Hochrhein und das westliche Bodenseegebiet (einschließlich Hegau). Selten ist die Pflanze im Kaiserstuhl, am Westrand des Südschwarzwaldes, am Oberen Neckar, in Hohenlohe und Taubergebiet (synanthrop?), im Schwäbisch-Fränkischen Wald, im Vorland der mittleren Alb und auf der Schwäbischen Alb.

Ein vermutlich angesalbtes Vorkommen von *Melittis melissophyllum* von der Nieferner Heide (7018/4, BREUNIG, KR-K) wurde nicht in die Verbreitungskarte übernommen.

Tiefste Vorkommen: ca. 200 m bei Wertheim (6223/1). Höchstes Vorkommen: ca. 875 m bei der Ruine Fürstenstein (7918/4, HÜGIN, schriftl. Mitt.).

Melittis melissophyllum ist vermutlich schon vor den ersten Eingriffen des Menschen im Gebiet vorhanden gewesen.

Vorkommen außerhalb der Hauptverbreitungsgebiete:

Kaiserstuhl: 7911/2: ?...buck bei Ihringen, 1883, MEEHS (KR).

Neckarland: 6223/1: Wertheim, 1905, STOLL (KR); 6424/3: Schmierhüttensteige – Theobaldskapelle W Unterbalbach, 1980, BAYERLE (STU-K); 6524/2: Mergentheim, VON MARTENS u. KEMMLER (1882: 72); 6623/3: Schleierhof, 1892, GRADMANN (STU); 6625/4: Schrozberg, ?, HANEMANN (STU-K); 1925, HANEMANN (1927: 37); 6724/2: Sommerberg, 1990, Nebel (STU); 6827/3: Bergbronn, VON MARTENS u. KEMMLER (1882: 72); 6925/2: bei Schneckenweiler im Hackenberg, VON MARTENS u. KEMMLER (1882: 72); 7124/3: Lorch, 1991, ALEKSEJEW (STU-K).

Schwäbische Alb: 7225/2: Beuron, 1989, ENDER (STU-K); 7421/4: Roßberg, 1957, KNAUSS (STU); 7422/3: Calver Bühl, 1984, SEBALD (STU-K); 7423/3: Donnstetten, VON MARTENS u. KEMMLER (1882: 72), MAYER (1930: 360); 7424/1: Leimberg, 1978, SEYBOLD (STU-K); 7520/2: Alteburg, 1979, BUSCH u. KRAMER (STU-K).

Erstnachweise: Ältester archäologischer Nachweis: 40. Jh. v. Chr. bei Hornstaad (RÖSCH 1985). Nach SCHORLER (1908) von H. HARDER 1574–76 in der Umgebung von Geislingen – Ulm gesammelt.

Bestand und Bedrohung: *Melittis melissophyllum* ist im Gebiet insgesamt selten, aber nicht bedroht.

6. **Galeopsis** L. 1753

Hohlzahn

Einjährige, krautige Pflanzen. Tragblätter stechend. Blüten ± sitzend, in quirlartigen Teilblütenständen. Kelch röhren- bis glockenförmig, 5- bis 10nervig, mit 5 ± gleichlangen, stachelig begrannten Zähnen. Kronröhre erweitert, innen mit Haarring; Oberlippe helmförmig, meist ganzrandig, außen behaart; Unterlippe dreiteilig, mit größerem Mittelabschnitt, am Grunde mit 2 kleinen, hohlen Zähnen. Staubblätter 4, unter der Oberlippe aufsteigend; Staubbeutelhälften nach der Bestäubung spreizend. Teilfrüchte eiförmig, etwas kantig, glatt. Bestäubung meist durch Bienen oder Hummeln.

Gattung mit ca. 15 eurasiatisch verbreiteten Arten. In Europa kommen 9 (TOWNSEND 1972), in Baden-Württemberg 7 Arten vor.

Eine Bestimmungshilfe für vegetative Pflanzen bieten LÜPPING & SCHRÖDER (1972).

1 Blätter 1–4 cm lang. Stengel unter den Blattansatzstellen nicht verdickt, mit rückwärts anliegenden, weichen Haaren. Teilblütenstände meist locker übereinander stehend 2
– Blätter 3–12 cm lang. Stengel unter den Blattansatzstellen meist deutlich verdickt, meist abstehend borstig behaart (z.T. auch mit rückwärts anliegenden Haaren). Teiblütenstände meist kopfig gehäuft 4
2 Krone bis 3,5 cm lang, weißlichgelb (selten rötlich). Blätter unterseits dicht samtig behaart . 1. *G. segetum*
– Krone bis 2,5 cm lang, hellpurpurn. Blätter unterseits behaart, aber nicht samtig 3
3 Blätter meist schmal-lanzettlich (selten eiförmig-lanzettlich), ganzrandig oder beiderseits mit 1–4 kleinen Zähnen. Kelchpaare papillös (125 ×!) . 3. *G. angustifolia*
– Blätter breit-eiförmig bis eiförmig-lanzettlich, beiderseits mit 3–7 groben Zähnen. Kelchhaare glatt oder fein punktiert . . . . 2. *G. ladanum*
4 Krone bis 3,5 cm lang, gelb. Unterlippe mit violetter Zeichnung. Blätter meist mit Drüsen. . . 4. *G. speciosa*
– Krone bis 2,8 cm lang, andersfarbig. Blätter meist drüsenlos (bei G. pubescens mit Drüsen) . 5
5 Stengel anliegend weich behaart (zusätzlich meist mit Borstenhaaren). Kronröhre meist weit aus dem Kelch ragend . . . . . 5. *G. pubescens*
– Stengel mit rückwärts abstehenden Borstenhaaren (selten mit anliegenden, weichen Haaren). Kronröhre selten weit aus dem Kelch ragend . . 6
6 Krone 15–22(–28) mm lang, weiß bis purpurn. Kronunterlippe ungefähr so lang wie breit. Mittelabschnitt der Unterlippe vorn gestutzt oder leicht eingekerbt, mit meist gelbvioletter Zeichnung, die vorne einen hellen Rand offenläßt. Kelch oft rötlich. Blattränder meist mit mindestens 10 Paar Zähnen . . . . 6. *G. tetrahit*
– Krone 12–15 mm lang (selten länger), meist purpurn. Kronunterlippe länger als breit. Mittelabschnitt der Unterlippe vorne deutlich ausgerandet, die Ränder häufig nach hinten gerollt, mit purpurvioletter bis fast an den Rand reichenden Zeichnung. Kelch am Grunde meist verdickt, immer grün. Blattränder meist mit höchstens 10 Paar Zähnen . . . . 7. *G. bifida*

1. **Galeopsis segetum** Necker 1770
Saat-Hohlzahn, Gelber Hohlzahn

Morphologie: Therophyt. Stengel 10–40(–50) cm hoch, aufrecht, verzweigt, flaumig behaart, besonders im oberen Stengelabschnitt mit Drüsenhaaren. Blätter bis 1,5 cm lang gestielt, eiförmig bis lanzettlich, beiderseits mit je 3–9 groben Zähnen, dicht behaart (Unterseite samtig). Hochblätter kürzer als der Kelch. Kelch bis ca. 12 mm lang, dicht abstehend behaart, mit meist hellköpfigen Drüsenhaaren. Krone bis 3,5 cm lang,

Saat-Hohlzahn *(Galeopsis segetum)*
Schauinsland

weißlichgelb (seltener rötlich); Unterlippe meist mit großem gelben Fleck und kleinen violetten Flecken auf der Innenseite der Hohlzähne. Teilfrüchte 2–3 mm lang. – Blütezeit: Juli–September.

Ökologie: Auf mäßig frischen bis frischen, nährstoffarmen bis mäßig nährstoffreichen, meist kalk- und humusarmen, meist steinigen Böden, seltener auf Sand. Auf Felsbändern, in Steinschuttfluren (Galiopsietum segetum), an Waldund Wegrändern, in extensiv genutzten Äckern (Scleranthо-Arnoseridetum) und Ackerbrachen, selten zwischen Gleisschotter. Im Südschwarzwald und in den Südwestvogesen im Galeopsietum segetum über reicheren Gesteinsschichten auf flachgründigen Felsvorsprüngen. Charakteristische Begleitpflanzen sind hier *Epilobium lanceolatum* und *Silene rupestris.* Vegetationsaufnahmen von Felsspalten finden sich bei K. Müller (1948, Tab. 1), Usinger & Wigger (1961), Wirth (1975) und Philippi (1989). Aus Äckern liegen Vegetationsaufnahmen von Oberdorfer (1938, Tab. 10) vor (vgl. außerdem Oesau 1973).

Allgemeine Verbreitung: Westeuropa und westlicher Teil von Mitteleuropa; nordwärts bis England und Dänemark, ostwärts bis Mecklenburg

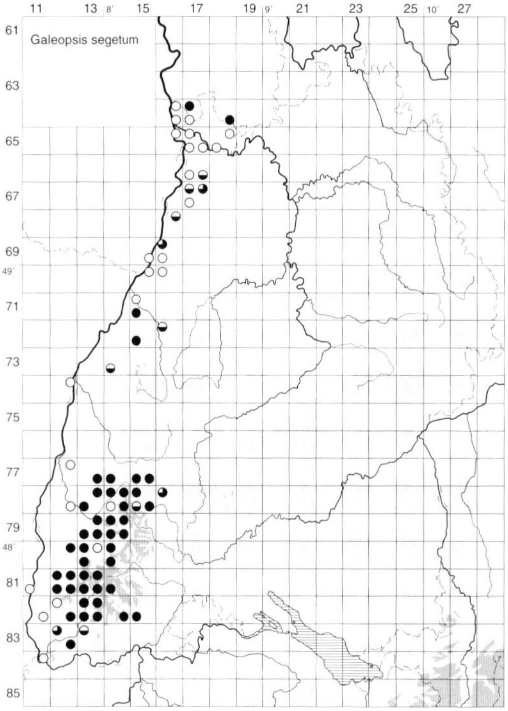

und Brandenburg, südwärts bis in die Pyrenäen. – Atlantische Art.

Verbreitung in Baden-Württemberg: Zerstreut im mittleren und südlichen Schwarzwald; selten und vielerorts verschollen im Oberrheingebiet, im Odenwald und im nördlichen Schwarzwald. Im Gebiet an einer lokalen Ostgrenze der Verbreitung.

Tiefste Vorkommen: ca. 95 m in der nördlichen Oberrheinebene. Höchste Vorkommen: ca. 1100 m auf der Belchensüdseite (8112/4, vgl. Philippi 1989: 821).

Galeopsis segetum ist im Südschwarzwald vermutlich schon vor den Eingriffen des Menschen an Felsvorsprüngen und in Steinschuttfluren vorhanden gewesen. Von diesen primären Wuchsorten aus konnte sich die Pflanze durch Klettverbreitung in Äckern ausbreiten.

Anmerkung zur Verbreitungskarte: Unbeständige Vorkommen auf Güterbahnhöfen östlich des geschlossenen Verbreitungsgebietes blieben unberücksichtigt (z. B. Stuttgart, Metzingen, Ellwangen).

Fundorte (ohne mittleren und südlichen Schwarzwald, Vorhügelzone und Dinkelberg):

Oberrheinebene und Odenwald: 6416/2: Sandtorf, König (1841: 113), Schmidt (1857: 244); 6416/4: Schönau, Schmidt (1857: 244); 6417/1: Heide SE Lampertsheim, Buttler u. Stieglitz (1976: 17); 6417/3: Viernheim und Käfertal, Schmidt (1857: 244); 6418/4: Zwischen Wünschmichelbach u. Bärsbach, 1987, Demuth (KR-K); 6516/2: Neckarau, Schmidt (1857: 244); 6517/1: Seckenheim, Schmidt (1857: 244); 6517/3: Rohrhof, Schmidt (1857: 244); 6517/4: Wieblingen, König (1841: 113); 6518/2: Wilhelmsfeld b. Heidelberg, ?, Dierbach (KR); 6518/3: Königsstuhl b. Heidelberg, Döll (1859: 678); 6617/3: Hockenheim, Schmidt (1857: 244); 6617/4: Walldorf, Huber (1909: 300); 6717/1: Zwischen Neulußheim und Waghäusel, Bonnet (1887: 334); Reilingen, Huber (1909: 300); 6717/2: E Reilingen, Philippi (1971: 42), Fund vor 1970; 6717/3: Wiesental bei Bruchsal, 1888, Kneucker (KR); 6816/2: Neudorf, 1901, Gutbrod (STU); 6915/4: Daxlanden, Döll (1859: 678); 6916/1 (3?): Neureut, 1968, Brettar in Philippi (1971: 42); 6916/3: Karlsruhe, Rosenhof, 1886, Kneucker (KR); 6916(?): Hardtwald, 1950, Hruby (KR); 7015/2: Forchheimer Schweinsweide, Kneucker (1886: 108); 7016/1: Scheibenhardt, Döll (1859: 678); 7115/1: Rastatt, ?, Klihr (KR); 7115/3: N Sandweier, Philippi (1971: 42); 7314/3: bei Achern, 1921, Bolter (STU); 7412/2: Kehl, 1835, Sautermeister (STU); 7712/2: Orschweier, Schildknecht (1863: 75); 7812/4: T(h)eningen, Leutz in Schildknecht (1863: 75); 8012/2: Freiburg, Güterbahnhof, 1992, Koch (KR-K); 8111/3: Neuenburger Rheininsel, vor 1900, Lang (KR); 8411/2: Weil am Rhein, Fund vermutlich vor 1900, Binz (1911: 232).

Nordschwarzwald: 7215/3: an der Straße von Liehenbach nach Geroldsau, 1994, Breunig (KR-K); 7216/1: Gernsbach, ?, Rastetter (KR), Golder (1922: 221).

Nicht lokalisieren ließ sich die Angabe von Zachmann (1887: 387): „Auf Äckern auf dem Hachel bei Pforzheim". Außerdem liegt eine fragliche Angabe von Schnitzlein und Frickhinger (1848: 173) für Ostwürttemberg vor: 7328/1: „auf Feldern hart südlich neben und im Thale zwischen Dischingen und Ballmertshofen (Krembs)".

Erstnachweise: Ältester archäologischer Nachweis: ca. 40. Jh. v. Chr. bei Hochdorf (Küster 1985). Erste schriftliche Erwähnung bei Hagenbach (1834: 94–95): „in agris supra sylvulam Wylensem versus vicim jacentubis abunde". Die ältere Angabe bei von Martens (1823: 242) ist falsch.

Bestand und Bedrohung: *Galeopsis segetum* ist in der Oberrheinebene weitgehend verschwunden. Der Rückgang setzte vermutlich schon im letzten Jahrhundert ein. So konnte Kneucker (1886) zahlreiche Angaben von Döll (1859) aus dem Karlsruher Raum nicht mehr bestätigen. Die Hauptursache für das Verschwinden der Pflanze dürfte in der Intensivierung der Ackernutzung zu suchen sein. So sind die Vorkommen von *Galeopsis segetum* im Scleranthо-Arnoseridetum mit dem starken Rückgang der Gesellschaft weitgehend erloschen. Im mittleren und südlichen

Schwarzwald kommt *G. segetum* dagegen besonders an Felsen noch an zahlreichen Standorten vor und ist nicht bedroht. Insgesamt ist die Pflanze im Gebiet gefährdet (G 3).

2. Galeopsis ladanum L. 1753

Breitblättriger Hohlzahn, Acker-Hohlzahn

Morphologie: Therophyt. Stengel 10–40 cm hoch, aufrecht, verzweigt, mit rückwärts anliegenden Haaren, oberwärts mit dunkelköpfigen Drüsenhaaren. Blätter bis 1,5 cm lang gestielt, breiteiförmig bis eiförmig-lanzettlich, beiderseits mit 3–7 groben Zähnen, zerstreut anliegend behaart. Hochblätter meist so lang oder kürzer als der Kelch. Kelch bis ca. 10 mm lang, abstehend behaart, mit einzelnen dunkelköpfigen Drüsenhaaren. Kelchhaare glatt oder fein punktiert (125 ×). Krone ca. 2 cm lang, 2- bis 3mal so lang wie der Kelch (Krone sonst wie bei *G. angustifolia*). Teilfrüchte 2,5–3 mm lang. – Blütezeit: Juni–Oktober.

Ökologie: Auf trockenen bis mäßig frischen, nährstoffarmen, basenreichen, meist kalkreichen, flachgründigen, tonig-lehmigen Böden, häufig auch auf Kies-, Schotter- oder Steinschuttböden. Auf skelettreichen Äckern, seltener in Steinbrüchen, im Bahnschotter und auf zumeist konsolidierten Geröll- und Schutthalden. Auf der Schwäbischen Alb in einer besonderen Ausbildung des Caucalido-Adonidetum mit *Silene vulgaris* und *Centaurea scabiosa* (TH. MÜLLER in OBERDORFER 1983, Tab. 141). Zu Vegetationsaufnahmen von Steinschutthalden der Schwäbischen Alb vgl. KUHN (1937, Tab. 11). Es ist allerdings nicht sicher, ob KUHN tatsächlich *G. ladanum* meint, da in Schutthalden normalerweise *G. angustifolia* wächst (SEBALD, mdl. Mitt.).

Breitblättriger Hohlzahn *(Galeopsis ladanum)*
Ramstein, 2. 8. 1992

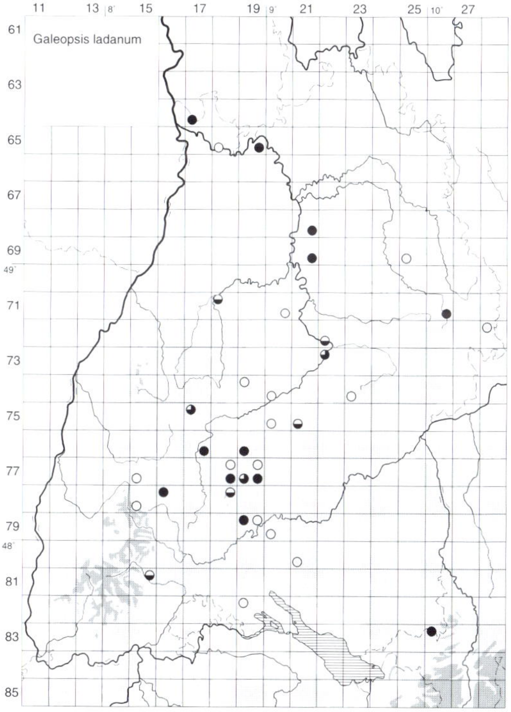

Allgemeine Verbreitung: Westliches Eurasien, in Nordamerika eingeschleppt. In Europa Nordgrenze des geschlossenen Areals in Südskandinavien bei ca. 62° n. Br., einzelne Vorkommen bis ca. 68° n. Br.; südwärts von den Pyrenäen (isolierte Vorkommen bis Südspanien) über Süditalien bis Bulgarien. Auf den Britischen Inseln eingeschleppt.

Verbreitung in Baden-Württemberg: Selten in den kalkreichen Gebieten der Gäulandschaften, dem Keuper-Lias-Neckarland und der Schwäbischen Alb. Isolierte und zumeist verschollene Vorkommen finden sich auch im nördlichen Oberrheingebiet, im Odenwald, im mittleren Schwarzwald, in der Baar und im Alpenvorland.

Tiefste Vorkommen: ca. 95 m in der nördlichen Oberrheinebene. Höchstes Vorkommen bei ca. 950 m am Hörnle auf der Schwäbischen Alb, (7719/3). Nach BERTSCH (1919) kommt *G. ladanum* noch bei 980 m auf dem Plettenberg vor, die Angabe könnte sich jedoch auch auf *G. angustifolia* beziehen.

Galeopsis ladanum könnte schon vor den ersten Eingriffen des Menschen in Steinschutthalden auf der Schwäbischen Alb vorgekommen sein.

In die Verbreitungskarte wurden – von wenigen Ausnahmen abgesehen – nur durch Herbarbelege gesicherte Angaben übernommen.

Nördliches Oberrheingebiet und Odenwald: 6417/3: Viernheim, Westrand, BUTTLER und STIEGLITZ (1976: 17); 6518/3 (?): Heidelberg, ?; EICHLER (STU); 6519/4: Moosbrunn b. Hirschhorn, 1987, DEMUTH (KR).
Mittlerer Schwarzwald: 7715/3: Hornberg, 1844, A. BRAUN (KR); 7815/3: Triberg, vor 1900, A. BRAUN (KR).
Neckarland und Schwäbische Alb: 6821/4: Donnbronn, 1990, SCHWEGLER (STU); 6921/4: Kochersberg N Großbottwar, 1971, BAUMANN (STU); 6925/3: Mittelfischbach, 1860, KEMMLER (STU); 7118/1: Rosenfeld, 1906, Mayer (STU); 7120/4: Korntal, 1862, W. GMELIN (STU); 7126/4: „Steige“ SE Esslingen, 1986, VOGGESBERGER (STU); 7222/3: Plochingen, 1950, LEIDOLF (STU); 7228/1: Neresheim, ?, TROLL (STU); 7322/1: Wendlingen, 1957, KNAUSS (STU); 7419/1: Bahnhof Herrenberg, 1855, KELLER (STU); 7420/3: Tübingen, 1890, MAYER (STU); 7423/3: Dornstetten, 1866, KEMMLER (STU); 7517/1: Schopfloch, 1951, LEIDOLF (STU); 7520/3: Nehren, 1869, HEGELMAIER, (STU); 7521/3: Albplateau zwischen Wackerstein und Lichtenstein, 1866, SAUTERMEISTER (STU); Lippentaler Hochberg, 1900, KLEMM (STU); 7617/4: Wittershausen, 1980, ADE (STU); 7619/3: Bisingen, 1979, HARMS (Hb. HARMS); 1986, SEYBOLD (STU); 7718/2: Geißlingen, 1838, KEMMLER (STU); 7718/4: Geislingen/Riedbach, 1982, ADE (STU); 7719/2: Hundsrücken, 1877, HEGELMAIER (STU); 7719/3: Lochenhörnle, 1955, WREDE (STU); 7719/4: Böllat N Laufen, 1984, SEYBOLD (STU); 7816/1: Ramstein, 1992, BAUMANN (STU-K); 7818/2: Delkhofen, 1923, K. MÜLLER (STU); 7919/1: Renquishausen, 1981, SEBALD (STU); 7919/2 (4?): Beuron, 1889, SAUTERMEISTER (STU).
Baar: 8115/2: Zwischen Rötenbach und Löffingen, 1941, JAUCH (KR).
Alpenvorland: 7920/3: Leibertingen, 1855, SAUTERMEISTER (STU); 8021/3: Klosterwald, 1866, SAUTERMEISTER (STU); 8219/1: bei Singen, vor 1900, LANG (KR); 8326/1: Güterbahnhof Isny, DÖRR (1977).

Erstnachweise: Ältester archäologischer Nachweis: 2./3. Jh. n. Chr. bei Rainau-Buch (STIKA 1993). Erste schriftliche Erwähnung bei J. BAUHIN (1598: 188) für die Umgebung von Bad Boll. In beiden Fällen kann aber auch *G. angustifolia* gemeint sein.

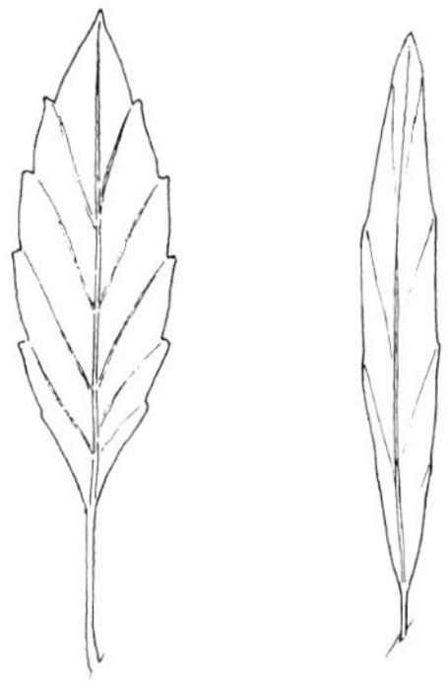

Mittleres Stengelblatt von *Galeopsis ladanum* (links) und *Galeopsis angustifolia* (rechts). Zeichnung: F. WEICK

Bestand und Bedrohung: *Galeopsis ladanum* ist in diesem Jahrhundert durch die Intensivierung der Ackernutzung stark zurückgegangen. Die Pflanze fehlt der Roten Liste von Baden-Württemberg, sollte aber zumindest als gefährdet (G 3, Tendenz zu G 2) eingestuft werden.

3. Galeopsis angustifolia Hoffmann 1804
Schmalblättriger Hohlzahn

Morphologie: Therophyt. Stengel 10–40 cm hoch, aufrecht, verzweigt, mit rückwärts anliegenden Haaren, z. T. auch mit Drüsenhaaren. Blätter gestielt, meist schmal-lanzettlich, 4- bis 15mal so lang wie breit, ganzrandig oder beiderseits mit 1–4 kleinen Zähnen, zerstreut anliegend behaart. Hochblätter meist so lang oder länger wie der Kelch. Kelch bis 8 mm lang, meist anliegend behaart, selten mit einzelnen dunkelköpfigen Drüsenhaaren. Kelchhaare papillös (125 ×!). Krone bis 2,5 cm lang, ca. 3mal so lang wie der Kelch, hellpurpurn. Unterlippe mit gelber bis weißer und dunkelpurpurner Zeichnung. Teilfrüchte 2–3 mm lang. – Bütezeit: Juni–Oktober.

Anmerkungen zur Variabilität: Eine Durchsicht der Herbarbelege der Naturkundemuseen in Stuttgart und Karlsruhe ergab eine große Variabilität der Blätter von *G. angustifolia*. So fanden sich zahlreiche Pflanzen mit eiförmig-lanzettlichen (seltener eiförmigen) Blättern, die zum Teil als *G. ladanum* bestimmt waren. Den Blättern fehlt aber immer die typische Zähnung von *G. ladanum* und die Kelchhaare sind durchweg papillös.

Ökologie: Auf trockenen, basenreichen (meist kalkreichen), meist feinerdearmen Steinschutt- u. Kiesböden, seltener auf flachgründigen, skelettreichen, lehmigen Böden. Auf Geröll- und Stein-

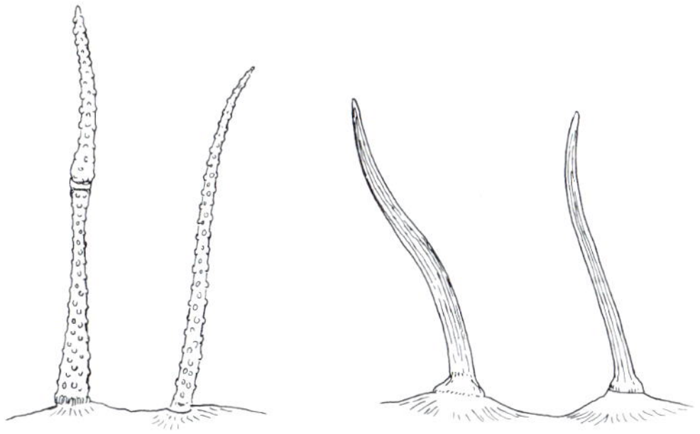

Kelchhaare von *Galeopsis ladanum* (links) und *Galeopsis angustifolia* (rechts). Zeichnungen: F. WEICK

schutthalden, Dämmen, zwischen Bahngleisen, in Kiesgruben, seltener in Äckern (besonders Stoppeläckern). In Pioniergesellschaften (Galiopsietum angustifoliae, Teucrio-Melicetum) zusammen mit *Teucrium botrys, Chaenorhinum minus* und *Melica ciliata*, in Äckern mit *Adonis aestivalis, Consolida regalis* und *Kickxia spuria*. Vegetationsaufnahmen bzw. synthetische Tabellen liegen von G. KNAPP (1964), SCHÖNFELDER (1967, Bayern), TH. MÜLLER (in SEYBOLD & MÜLLER 1972), OBERDORFER (1978, Tab. 91; 1983, Tab. 141) und PHILIPPI (1983: 456; 1994, Tab. 1 u. 4) vor.

Schmalblättriger Hohlzahn *(Galeopsis angustifolia)* Ederheim, 15. 7. 1990

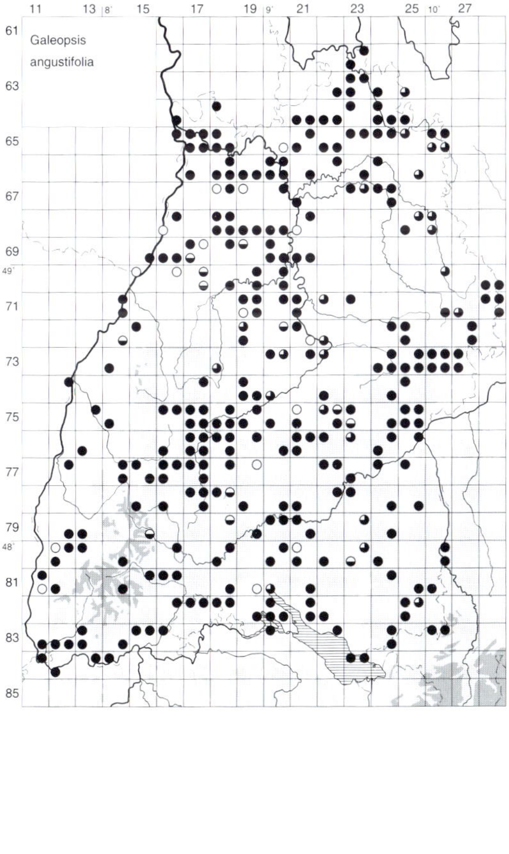

Allgemeine Verbreitung: Europäische Pflanze. Geschlossenes Areal nordwärts bis ca. 55° n. Br. (Großbritannien und Norddeutschland), weiter nördlich zumeist nur unbeständig, ostwärts bis zum Schwarzen Meer, südwärts bis Nordspanien und Süditalien.

Verbreitung in Baden-Württemberg: Verbreitet in Wärmegebieten mit basenreichen Böden: Nördliche Oberrheinebene, Taubergebiet, Bauland, Obere Gäue, am Oberen Neckar und entlang der Donau. Selten in der mittleren und südlichen Oberrheinebene, am Hochrhein, auf der Schwäbischen Alb und im Alpenvorland.

Tiefste Vorkommen: ca. 95 m in der nördlichen Oberrheinebene. Höchstes Vorkommen: ca. 940 m am Bahnhof Aha (8114/4, HÜGIN, schriftl. Mitt.), vgl. hierzu auch die Angabe von BERTSCH (1919) bei *G. ladanum*. Die meisten Vorkommen befinden sich auf von Natur aus bewaldeten Standorten. Primäre Wuchsorte in Steinschutthalden auf der Schwäbischen Alb sind aber grundsätzlich vorstellbar.

Erstnachweis: Nach ZIMMERMANN (1937) von H. HARDER ca. 1562 in der Umgebung von Geislingen – Ulm gesammelt.

Bestand und Bedrohung: Durch die Schaffung offener Flächen (Bahngelände, Kiesgruben) vom Menschen geförderte Art. Ein Rückgang ist nur in den Äckern der Schwäbischen Alb zu vermuten. Pflanze ist im Gebiet nicht gefährdet.

4. **Galeopsis speciosa** Miller 1768

Bunter Hohlzahn

Morphologie: Therophyt. Stengel 20–80 cm hoch, aufrecht, meist verzweigt, mit Borsten- und meist hellköpfigen Drüsenhaaren, seltener mit weichen Haaren. Blätter 3–12 cm lang, bis 4 cm gestielt, eiförmig bis lanzettlich, grob gezähnt, kahl oder behaart, meist mit Drüsen. Kelch bis ca. 20 mm lang (Kelchzähne bis 9 mm lang ausgezogen), am Rand und auf den Nerven zumeist behaart, Krone bis 3,5 cm lang, gelb; Seitenlappen der Unterlippe und Kronröhre z. T. weiß; Unterlippe meist mit violetter Zeichnung; Kronröhre aus dem Kelch ragend. Teilfrüchte ca. 3,5 mm lang. – Blütezeit: Juli–September.

Ökologie: Auf frischen bis feuchten, nährstoff- (besonders stickstoff)reichen, lehmigen und tonigen Böden. In Äckern, lichten Wäldern, Waldschlägen, an Wegrändern und an Ufern von Bächen und Flüssen. Im Alpenvorland auch an Baustellen entlang von Straßenneubauten (DÖRR, schriftl. Mitt.). In montanen Ausbildungen des Chenopodio-Oxalidetum zusammen mit *Galeopsis tetrahit, Lapsana communis* und *Spergula arvensis*, nach OBERDORFER (1991) auch im Epilobietea angustifolii. Zu Vegetationsaufnahmen von Äckern in Bayern vgl. VOLLRATH (1966). Außerdem liegt eine synthetische Tabelle von OBERDORFER (1983, Tab. 153) vor.

Bunter Hohlzahn (*Galeopsis speciosa*)
Sulzbach am Kocher, 1. 9. 1990

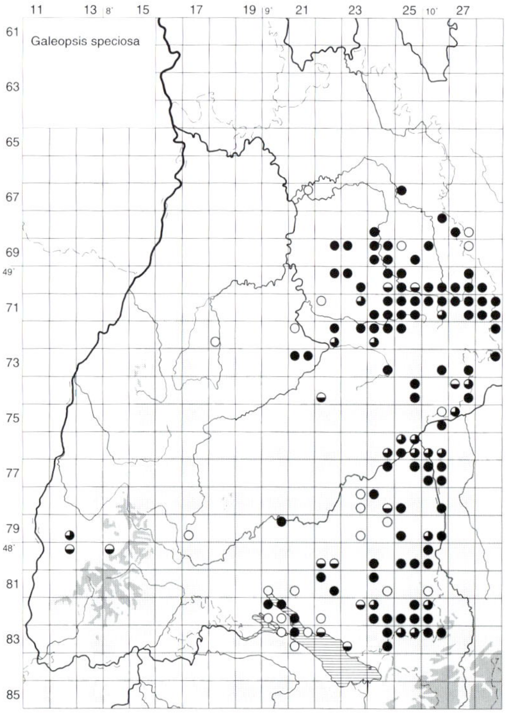

Allgemeine Verbreitung: Europa, Westasien, in Nordamerika eingeschleppt. In Europa weit verbreitet in Nord- und Osteuropa; nordwestlich bis zu den Britischen Inseln, südlich und südöstlich von Mittelitalien bis zum Schwarzen Meer. Die Westgrenze des geschlossenen Areals verläuft durch Süddeutschland (weiter westlich vereinzelt bis zum Atlantik).

Verbreitung in Baden-Württemberg: Zerstreut im Schwäbisch-Fränkischen Wald, im Vorland von Ost- und Mittlerer Alb und im Alpenvorland. Selten auch auf der Schwäbischen Alb. Isolierte (synanthrope?) Vorkommen im Freiburger Raum, im Schwarzwald und in der Baar. Eine oft angezweifelte, später nie mehr bestätigte Angabe existiert von DIERBACH (1820: 174): „Auf dem Heiligen Berge“ bei Heidelberg. Das Vorkommen wurde in der Verbreitungskarte nicht berücksichtigt. Die Angabe von SPENNER (1826: 394): „Zwischen Nieder-Rimsingen und Rothaus“ (8011/2) ist ebenfalls unsicher. Die Sippe wird bei SPENNER als *G. versicolor* CURT. geführt. Nach BUTTLER u. SCHIPPMANN (1993: 211) ist *G. versicolor* W. CURTIS synonym zu *G. speciosa*. Die Angabe von SPENNER wurde von DÖLL (1859) und SCHILDKNECHT (1863: 75) als *Galeopsis pubescens* interpretiert. Die Sippendiagnose von SPENNER ist nicht eindeutig, weist aber eher auf *G. pubescens*.

Tiefstes Vorkommen: ca. 225 m am Weiher SW des Rieselgutes bei Freiburg (7912/4). Höchste Vorkommen: ca. 1000 m am Adelegg (8326/2).

Die Pflanze ist in das Gebiet vermutlich erst nach Schaffung geeigneter Standorte durch den Menschen eingewandert (Archäophyt). Natürliche Vorkommen in den Wäldern Ostwürttembergs lassen sich aber nicht ausschließen (vgl. auch LOHMEYER in SCHNEIDER, SUKOPP und SUKOPP 1994: 240).

Isoliert liegende Vorkommen:
Freiburg und Umgebung: 7912/4: Weiher SW des Rieselgutes bei Freiburg, 1959, PHILIPPI (KR-K); 8012/2: Kiesgrube an der „Basler Straße“, LIEHL in ANONYMUS (1902: 246).
Schwarzwald und Baar: 7218/3: Zwischen Calw und Hirsau, VON MARTENS u. KEMMLER (1882: 75); 7917/3: Schwenningen, Getreidefelder beim Torfmoor, 1858, LECHLER (STU); 8014/1: Spirzen, NEUBERGER (1912: 215).
Kocher-Jagst-Gebiet: 6721/2: Züttlingen, VON MARTENS u. KEMMLER (1882: 75); 6725/1: o. O., 1981, NEBEL (STU-K).
Obere Donau: 7920/2: Vilsingen, 1979, MARQUART (STU-K).

Zu Angaben aus dem Alpenvorland vgl. DÖRR (1977).

Erstnachweise: Ältester archäologischer Nachweis: 20. Jh. v. Chr. bei Bodman (FRANK 1989). Erste schriftliche Erwähnung bei LEOPOLD (1728: 64): „Im Herdbrucker Höltzlein“. Die Angabe stammt aus der Umgebung von Ulm.

Bestand und Bedrohung: *Galeopsis speciosa* ist in seinen Hauptverbreitungsgebieten nicht bedroht.

5. Galeopsis pubescens Besser 1809
Weichhaariger Hohlzahn

Morphologie: Therophyt. Stengel aufrecht, meist verzweigt, unter den Blattansatzstellen schwach bis stark verdickt, mit kurzen anliegenden, weichen Haaren, einzelnen dunkelköpfigen Drüsenhaaren sowie (häufig nur wenigen) abstehenden Borstenhaaren. Internodien meist anliegend weich behaart, z. T. zusätzlich mit abstehenden Borstenhaaren. Blätter bis 4 cm lang gestielt, eiförmig (seltener lanzettlich), grob gezähnt, beiderseits behaart. Kelch bis ca. 11 mm lang, behaart. Krone bis ca. 2,8 cm lang, 2- bis 3mal so lang wie der Kelch, purpurn; Mittellappen der Unterlippe mit gelbweißer Zeichnung; Kronröhre meist weit aus dem Kelch herausragend. Teilfrüchte 2,5–3 mm lang (die Teilfrüchte von *G. pubescens, G. tetrahit* und *G. bifida* lassen sich zumindest makroskopisch nicht unterscheiden). Im Gebiet nur die Typusunterart. – Blütezeit: Juli–Oktober.

Anmerkungen zur Variabilität: Obwohl F. W. SCHULTZ (1846: 361) schreibt: „Diese Art bietet gar keine Übergangsformen zu den verwandten Arten dar“, läßt sich *G. pubescens* nicht immer leicht von *G. tetrahit* unterscheiden. Im Hardtwald bei Karlsruhe findet man Pflanzen, die sich als Bastarde zwischen beiden Arten deuten lassen. Möglicherweise liegen diese Formen aber auch in der morphologischen Variationsbreite der beiden Arten.

Ökologie: Auf frischen bis feuchten, nährstoff- (meist stickstoff-)reichen Sand- und Lehmböden. In Waldschlägen, Gebüschsäumen, an Wegrändern und Mauerfüßen, entlang von Zäunen und Hecken, seltener an Bachrändern, auf Äckern und an Ackerrändern. In ruderalen Staudenfluren mit *Ballota nigra, Arctium tomentosum* und

Weichhaariger Hohlzahn *(Galeopsis pubescens)*

Lamium album. Synthetische Tabellen aus Baden-Württemberg mit *Galeopsis pubescens* liegen von TH. MÜLLER (in SEYBOLD & MÜLLER 1972) vor. (Zu Vegetationsaufnahmen aus Bayern vgl. z. B. OTTE u. LUDWIG 1987, Tab. 7).

Allgemeine Verbreitung: Weit verbreitet in Mittel- und Osteuropa. Nördlich und nordöstlich bis Nordostdeutschland und Weißrußland, östlich bis in die Ukraine, südlich von Mittelitalien bis Serbien. Die Westgrenze verläuft (mit großen Verbreitungslücken) von der Eder bei Arfeld den Rhein entlang bis nach Südostfrankreich. Weiter nördlich und westlich liegende Vorkommen sind mit Ausnahme weniger isoliert liegender Fundpunkte aus den Niederlanden zumeist fraglich (vgl. LUDWIG 1986, VAN DER PLOEG 1964, 1989). Angaben aus der Pfalz sind bisher nicht bestätigt worden (P. WOLFF, mdl. Mitt.).

Verbreitung in Baden-Württemberg: (Anmerkungen zur Verbreitungskarte: Wegen der großen Verwechlsungsgefahr mit *Galeopsis tetrahit* wurden in der Verbreitungskarte nur durch Herbarbelege gesicherte Vorkommen berücksichtigt.)

Zerstreut bis selten im Oberrheingebiet bei Karlsruhe (nach SCHULTZ schon A. BRAUN bekannt), im Neckarland (Schwerpunkt im Schwäbisch-Fränkischen Wald und im Vorland der Ostalb) und auf der Schwäbischen Alb. Angaben aus dem Oberrheingebiet bei Freiburg, dem Bodenseegebiet und dem württembergischen Alpenvorland sind nicht belegt. Nach DÖLL (1859: 679) selten zwischen Karlsruhe und der Rheinhessischen Grenze. Aktuelle Angaben zwischen dem Hardtwald bei Karlsruhe und Mannheim fehlen, obwohl Vorkommen an Wegrändern, z. B. in der Lußhard, denkbar wären.

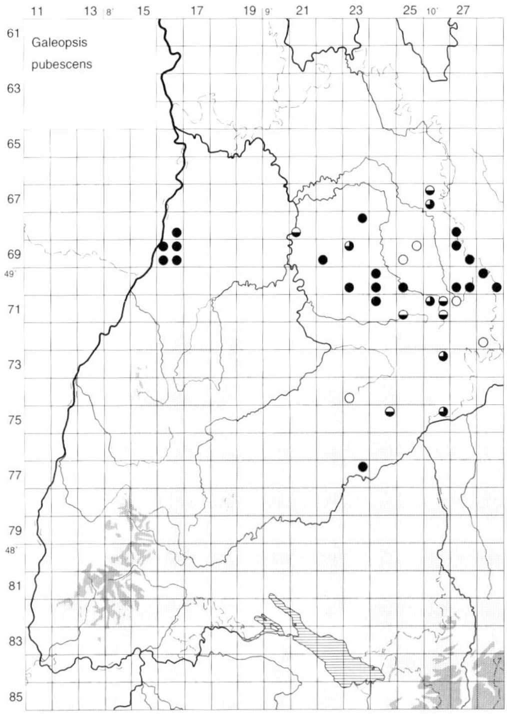

Tiefste Vorkommen: ca. 110 m im Hardtwald bei Karlsruhe. Höchstes Vorkommen: ca. 800 m bei Donnstetten (7423/3).

Die Pflanze ist vermutlich erst mit dem Menschen eingewandert (Archäophyt). Vorkommen in naturnahen Wäldern sind im Gebiet nicht bekannt.

Unbestätigte Vorkommen im Oberrhein- und im Bodenseegebiet:

6416/2: Sandtorf bei Mannheim, DÖLL (1843: 368); 6617/3: Hockenheim, KÖNIG (1841: 113); 7016/1 (?): Ettlinger Wäldchen, DÖLL (1859: 679); (?): lichte Waldstellen zwischen Rastatt und Graben, DÖLL (1859: 679). Zu Angaben aus dem südlichen Oberrheingebiet vgl. die Anmerkung bei *G. speciosa*, außerdem wird die Sippe ohne Fundortsangaben bei NEUBERGER (1912: 189) ewähnt. 8021/3: Klosterwald: im Walde unter der Bur(r)aumühle, SAUTERMEISTER in JACK (1900: 107).

Erstnachweis: Erste glaubwürdige schriftliche Erwähnung bei SCHÜBLER und VON MARTENS (1834: 387): „Bei Dischingen". Ältere Angaben (WIBEL 1797: 26, C. C. GMELIN 1806: 623) sind unsicher.

Bestand und Bedrohung: In nur wenigen Landesteilen vorkommend, dort aber in z. T. großen Populationen und nicht bedroht.

6. Galeopsis tetrahit L. 1753
Stechender Hohlzahn

Morphologie: Therophyt. Stengel 10–80 cm hoch, aufrecht, meist verzweigt, mit abstehenden Borstenhaaren und dunkelköpfigen Drüsenhaaren, selten mit wenigen anliegenden Haaren; Internodien mit rückwärts abstehenden Borstenhaaren. Drüsensekrete rot. Blätter bis 4 cm lang gestielt, meist eiförmig bis eiförmig-lanzettlich, grob gezähnt (meist mit mindestens 10 Paar Zähnen), kahl oder zerstreut behaart. Kelch bis 14 mm lang, schwarzdrüsig, oft rötlich. Krone ca. 16–22 mm lang, rosa bis purpurn (seltener weiß), mit meist weißem Schlund; Mittelabschnitt der Unterlippe vorn gestutzt oder seicht eingekerbt, ± quadratisch (selten wenig länger als breit), mit meist gelbvioletter Zeichnung, die vorne einen hellen Rand offenläßt. Kronröhre selten weit aus dem Kelch herausragend (Verwechslung mit *G. pubescens*!). – Blütezeit: Juli–Oktober.

Ökologie: Auf trockenen bis feuchten, meist nährstoff- und humusreichen, häufig sandigen oder steinigen Lehmböden. Auf Äckern (besonders in montanen Lagen), in Waldschlägen, an Wald- und Wegrändern, auf Schuttplätzen usw. Häufige Begleitpflanzen sind auf Äckern *Galium aparine, Lapsana communis* und *Viola arvensis*, auf Waldschlägen *Epilobium angustifolium* und *Rubus idaeus*. *G. tetrahit* ist in zahlreichen Vegetationstabellen enthalten (z. B. GÖRS 1968, MURMANN-KRISTEN 1987).

Allgemeine Verbreitung: Europa, in Nordamerika eingeschleppt. In Europa nordwärts bis zum Nordkap, südwärts von Mittelspanien über Süditalien bis zum Schwarzen Meer. Im Osten bis zum Ural, dabei zunehmend durch *G. bifida* ersetzt.

Verbreitung in Baden-Württemberg: In allen Landesteilen verbreitet.

Tiefste Vorkommen bei ca. 95 m in der nördlichen Oberrheinebene. Höchstes Vorkommen: ca. 1375 m am Feldberg (HÜGIN, schriftl. Mitt.).

G. tetrahit ist im Gebiet vermutlich schon vor den ersten Eingriffen des Menschen vorhanden gewesen (vgl. auch LOHMEYER in SCHNEIDER, SUKOPP und SUKOPP 1994: 249).

Stechender Hohlzahn (*Galeopsis tetrahit*)
Hohenneuffen, 5. 8. 1993

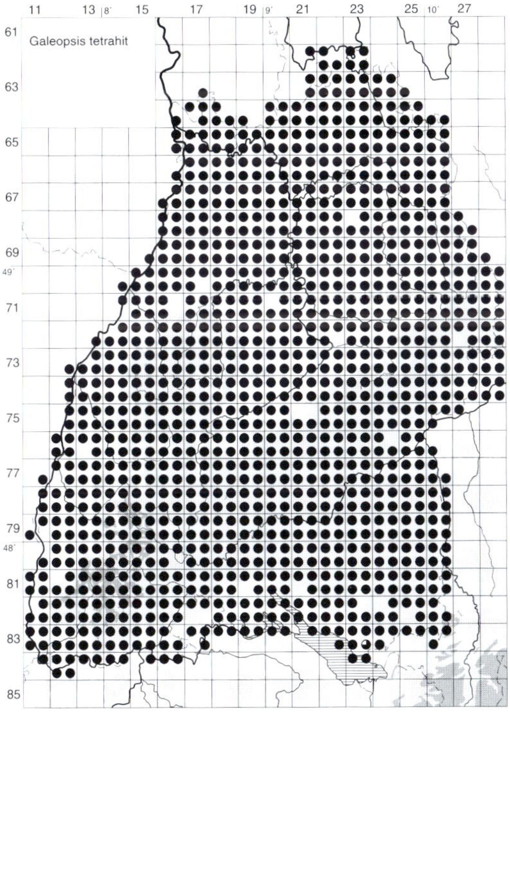

Erstnachweis: Nach ZIMMERMANN (1937) von H. HARDER ca. 1562 in der Umgebung von Geislingen – Ulm gesammelt.

Bestand und Bedrohung: *Galeopsis tetrahit* ist im Gebiet häufig und nicht bedroht.

7. **Galeopsis bifida** von Boenninghausen 1824

Kleinblütiger Hohlzahn

Morphologie: Im folgenden werden nur die Unterscheidungsmerkmale gegenüber *G. tetrahit* aufgeführt (vgl. auch Bestimmungsschlüssel): Im Gebiet Blattansatzstellen meist nur mit abstehenden Borstenhaaren, seltener mit dunkelköpfigen Drüsenhaaren u. anliegenden Haaren (in Skandinavien sind Pflanzen mit anliegenden, weichen Haaren ähnlich wie bei *G. pubescens* nicht selten). Drüsensekrete hellrot oder gelblichgrün. Blätter am Rand meist mit höchstens 10 Paar Blattzähnen. Kelch am Grunde verdickt, meist helldrüsig. Krone ca. 12–14 mm lang, meist purpurn. Mittelabschnitt der Unterlippe vorn deutlich ausgerandet, meist deutlich länger als breit, die Ränder häufig nach hinten gerollt, mit meist purpurvioletter bis meist fast an den vorderen Rand reichender Zeichnung.

Kleinblütiger Hohlzahn *(Galeopsis bifida)*
Auweiher bei Wört, 11. 8. 1994

Abbildungen der Kronen von *Galeopsis bifida* und *G. tetrahit* finden sich bei PORSCH (1903) und PRESS (in RICH et al. 1988: 89, zur Unterscheidung der Nektarien vgl. SLAVIKOVA 1963).

Anmerkungen zur Variabilität: Nach SLAVIKOVA (1963) besitzen Pflanzen trockener Standorte mehr Borstenhaare und die Drüsensekrete sind rötlichgelb.

Ökologie: Auf frischen bis feuchten, meist nährstoffreichen, meist kalkarmen, z. T. stark sandigen Lehmböden, im Alpenvorland auch auf torfigen Böden. In lichten Wäldern, auf Waldschlägen, an Waldrändern und an Ufern, seltener auf Schuttplätzen, Äckern und an Ackerrändern. *Galeopsis bifida* ist insgesamt feuchtigkeitsliebender als *G. tetrahit* und wächst im kontinentalen Hauptverbreitungsgebiet bevorzugt in naturnahen Bach- und Flußsäumen. Vegetationsaufnahmen aus Baden-Württemberg liegen von PHILIPPI (in GÖRS 1974: 335) vor.
Vegetationsaufnahmen aus den Elb- und Oderauen finden sich bei PASSARGE (1993: 353).

Allgemeine Verbreitung: Eurasien, in Nordamerika eingeschleppt. In Europa nordwärts bis zum Nordkap, südwärts von Südwestfrankreich über Mittelitalien und Griechenland bis Rumänien. Im Osten am Ural an das westasiatische Areal anschließend.

Verbreitung in Baden-Württemberg: (Vorbemerkung zur Verbreitungskarte: *G. bifida* wird häufig mit *G. tetrahit* verwechselt. Da sich die beiden Sippen als Herbarbelege nur schwer auseinanderhalten lassen, wurden die meisten Kartierangaben in die Karte übernommen. Dadurch muß mit Fehlangaben gerechnet werden.)

Die Pflanze kommt selten im Oberrheingebiet, im Südschwarzwald, im Keuper-Lias-Neckarland, auf der Schwäbischen Alb und im Alpenvorland vor.

Die Angabe von KNEUCKER (1931: 118): „Hardtwald bei Karlsruhe“ konnte wegen der räumlichen Unschärfe nicht in die Verbreitungskarte übernommen werden.

Tiefste Vorkommen: ca. 100 m im nördlichen Oberrheingebiet. Höchstes Vorkommen: 950 m am Schluchsee im Südschwarzwald (THOMMA, schriftl. Mitt.)

Die Pflanze ist vermutlich erst mit dem Menschen eingewandert (Archäophyt). Nach LOHMEYER (in SCHNEIDER, SUKOPP und SUKOPP 1994: 240) sind aber auch natürliche Vorkommen in nährstoffreichen Laubwäldern und entlang von Flußufern vorstellbar.

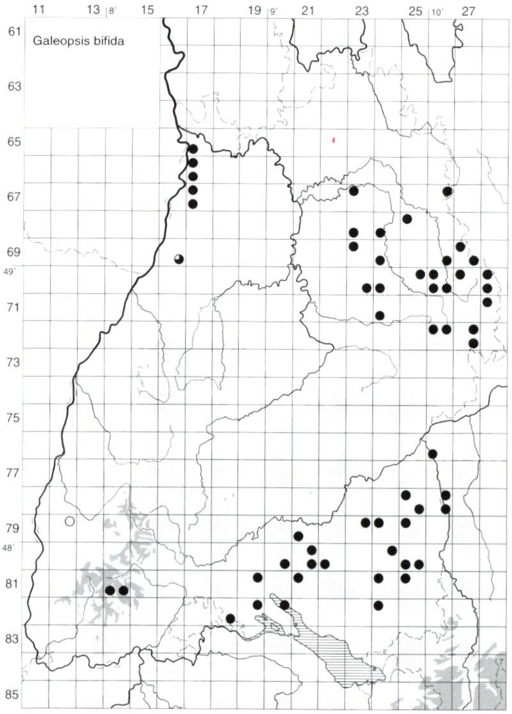

Erstnachweis: Erster schriftlicher Nachweis von De Bary (1865: 23): „Hugstetten, A. Braun".
Bestand und Bedrohung: Die Gefährdung von *Galeopsis bifida* läßt sich kaum beurteilen, da die Art leicht mit *A. tetrahit* verwechselt und dadurch öfters übersehen wird. In der Roten Liste von Baden-Württemberg wird die Pflanze nicht aufgeführt.

Bastarde: Über Bastarde ist aus dem Gebiet bisher relativ wenig bekannt geworden. Der Bastard zwischen *G. tetrahit* und *G. bifida* soll nach Hess et al. (1972) überall auftreten, wo die beiden Arten aufeinandertreffen. Bedenkt man aber die Schwierigkeiten, die bei der Unterscheidung der beiden Elternarten bestehen, ist es nicht verwunderlich, daß der Bastard aus Baden-Württemberg bisher nicht gemeldet wurde.

Galeopsis pubescens Besser × **G. speciosa** Miller; **G. × polychroma** G. Beck 1891

6827/3: Gaisbühl, 1973, Seybold (STU).

Galeopsis angustifolia Hoffmann × **G. segetum** Necker; **G. × wirtgenii** Ludwig

8012/2: Kiesgrube an der „Basler Straße", 1939, Jauch (KR); Güterbahnhof Freiburg, 1993, Koch (Hb. Koch).

Galeopsis ladanum L. × **Galeopsis segetum** Necker; **G. × ochrerythra** E. H. L. Krause

7816/1: Bernecktal bei Schramberg, Bertsch (1948: 358).
Da Bertsch *G. ladanum* als *G. ladanum* subsp. *latifolia* führt und er bei dem oben angegebenen Bastard keine weiteren Angaben macht, bleiben Zweifel bestehen ob nicht *G. angustifolia* und damit der Bastard *G. × wirtgenii* gemeint ist. Die Verbreitungsangaben der Eltern lassen aber eher auf *G. ladanum* × *G. segetum* schließen.

7. **Lamium** L. 1753
Taubnessel, Bienensaug

Ein- bis 2jährige, seltener ausdauernde, krautige Pflanzen. Blätter behaart, stumpf gekerbt bis grob gezähnt. Kelch 5nervig, mit 5 ± gleichlangen Zähnen. Kronröhre vorn bauchig erweitert; Oberlippe helmförmig, ganzrandig oder ausgerandet, außen meist behaart; Unterlippe 3teilig, mit meist größerem, ausgerandetem Mittelabschnitt. Staubblätter 4, unter der Oberlippe aufsteigend, mit spreizenden, oft behaarten Staubbeutelhälften. Teilfrüchte scharf 3kantig, vorn gestutzt. Pflanzen häufig unangenehm riechend. Bestäubung meist durch Bienen oder Hummeln.

Ursprünglich holarktisch verbreitete Gattung mit temperat-eurasiatischem Areal. Einige Arten haben sich mittlerweile auch auf der Südhalbkugel eingebürgert. Nach Mennema (1989) werden 162 Arten für die Gattung genannt, von denen seiner Ansicht nach der größte Teil ausgegliedert werden müßte. In Baden-Württemberg kommen 5 Arten vor.

1 Krone gelb. Seitenlappen der Unterlippe nur wenig schmäler als der Mittellappen. Staubbeutel kahl . . . . 5. *L. galeobdolon*
– Krone weiß, rosa oder rot. Seitenlappen der Unterlippe lanzettlich. Staubbeutel behaart . . . 2
2 Krone weiß, 1,8–3 cm lang; Kelch am Grunde meist mit violetten Flecken . . . . 2. *L. album*
– Krone meist rosa oder rot (wenn Krone weiß, diese meist kleiner und Kelch am Grunde ohne violette Flecken) 3
3 Krone 2–3 cm lang. Kronröhre am Grunde mit ringförmiger Einschnürung, darüber deutlich gekrümmt. Pflanze ausdauernd . . . . 1. *L. maculatum*
– Krone bis 1,5 cm lang. Kronröhre am Grunde ohne ringförmige Einschnürung, ± gerade. Pflanze meist einjährig 4
4 Hochblätter stengelumfassend, kürzer als die Stengelinternodien . . . . . 4. *L. amplexicaule*
– Hochblätter nicht stengelumfassend, länger als die Stengelinternodien . . . . 3. *L. purpureum*

1. **Lamium maculatum** L. 1753
Gefleckte Taubnessel

Morphologie: Hemikryptophyt, mit kurzen (selten auch langen), sich bewurzelnden, meist unterirdischen Ausläufern. Stengel 15–60 cm hoch, zerstreut behaart. Blätter gestielt, meist eiförmig. Blüten sitzend, in 6- bis 16blütigen Scheinquirlen. Kelch 8–12 mm lang, mit lanzettlichen, sternförmig ausgebreiteten Zähnen. Krone 2–3 cm lang, karminrot; Kronröhre am Grunde mit ringförmiger Einschnürung. Staubbeutel violettbraun mit rotem bis orangefarbigem Pollen. Teilfrüchte 3–3,5 mm lang. – Blütezeit: März–Juni (teilweise bis in den Herbst oder Winter).
Ökologie: Auf frischen bis feuchten, nährstoffreichen, schwach sauren bis schwach basischen, häufig kalkreichen Lehmböden. In Auwäldern und feuchten Eichen-Hainbuchenwäldern, selten auch in Buchenwäldern, an Weg-, Wald- und Heckenrändern, an Mauern, Gräben und auf Schuttplätzen. Häufige Begleitpflanzen sind *Aegopodium podagraria, Galium aparine* und *Calystegia sepium*. Gilt als Arction-Verbandscharakterart, kommt aber auch in verschiedenen Galio-Urticenea-Gesellschaften vor. Vegetationsaufnah-

men bzw. synthetische Tabellen liegen von GÖRS und TH. MÜLLER (1969), SEBALD (1983, Wälder) und PHILIPPI (1983) vor.

Allgemeine Verbreitung: Europa, Westasien; in Nordamerika, Nordafrika und Neuseeland eingeschleppt. In Europa nordwärts von Holland über Norddeutschland bis Mittelrußland, südwärts von Nordspanien über Süditalien bis Griechenland. In Großbritannien ist *Lamium maculatum* als Gartenpflanze eingeführt worden (mit weißfleckigen Blättern) und mittlerweile eingebürgert (STACE 1991: 667).

Verbreitung in Baden-Württemberg: In den meisten Landesteilen mit Ausnahme des Buntsandsteinschwarzwaldes und des Würmmoräne-Hügellandes verbreitet.

Tiefste Vorkommen: ca. 95 m in der nördlichen Oberrheinebene. Höchstes Vorkommen: ca. 1435 m am Seebuck im Südschwarzwald (8114/1, HÜGIN, schriftl. Mitt.).

Lamium maculatum ist vermutlich schon vor den ersten Eingriffen des Menschen in verschiedenen Waldgesellschaften (z. B. Auenwälder, Eichen-Hainbuchenwälder, Buchenwälder) vorhanden gewesen.

Erstnachweise: Ältester archäologischer Nachweis: 4. Jh. v. Chr. bei Stuttgart-Mühlhausen (PIENING 1988). Nach ZIMMERMANN (1937) von H. HARDER ca. 1562 in der Umgebung von Geislingen – Ulm gesammelt.

Bestand und Bedrohung: *Lamium maculatum* ist im Gebiet häufig und nicht bedroht.

Gefleckte Taubnessel *(Lamium maculatum)*
Schönaich, 9. 4. 1993

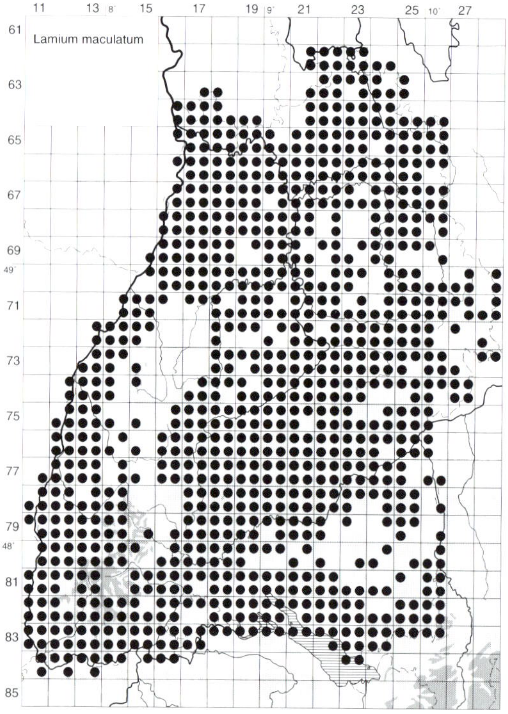

2. Lamium album L. 1753

Weiße Taubnessel

Morphologie: Hemikryptophyt, mit kurzen sich bewurzelnden, meist unterirdischen Ausläufern. Stengel 20–50 cm hoch, zerstreut behaart. Blätter gestielt, meist eiförmig. Blüten sitzend, in 6- bis 16blütigen Scheinquirlen. Kelch 5–15 mm lang, mit lanzettlichen, sternförmig ausgebreiteten Zähnen, am Grunde meist mit violetten Flecken. Krone 1,8–3 cm lang, weiß; Kronröhre am Grunde deutlich verengt. Staubbeutel schwarz mit hellgelbem Pollen. Teilfrüchte 3–3,5 mm lang. – Blütezeit: April–Oktober.

Variabilität: Nach MENNEMA (1989) kommen in Asien neben der Typusunterart noch zwei weitere Unterarten vor *(L. album* subsp. *barbatum, L. album* subsp. *crinitum)*.

Ökologie: Auf frischen, nährstoffreichen (insbesondere stickstoffreichen) Lehmböden. An Weg-, Hecken- und Waldrändern, Mauern, Gräben, in dörflichen Bereichen auch an sehr stark eutrophierten Standorten wie Mist- und Abfallhaufen oder Jaucheüberläufen. Häufige Begleitpflanzen sind *Arctium lappa, Arctium minus, Aegopodium podagraria* und *Urtica dioica*. Gilt als Arction-Verbandscharakterart, kommt aber auch in verschiedenen Galio-Urticenea-Gesellschaften und hier insbesondere im Aegopodion vor. Vegetationsaufnahmen bzw. synthetische Tabellen liegen u.a. von GÖRS und TH. MÜLLER (1969), TH. MÜLLER (in SEYBOLD u. MÜLLER 1972) und PHILIPPI (1983) vor.

Allgemeine Verbreitung: Eurasien, in Nordamerika eingeschleppt. In Europa reicht das geschlossene Areal nordwärts bis Südskandinavien (vereinzelt bis ca. 70° n. Br.), südwärts bis Nordspanien, Süditalien und Bulgarien.

Verbreitung in Baden-Württemberg: In fast allen Landesteilen verbreitet und häufig. Tritt nur in den höheren Lagen des Schwarzwaldes etwas zurück.

Tiefste Vorkommen: ca. 95 m in der nördlichen Oberrheinebene. Höchstes Vorkommen: ca. 1280 m am Feldberger Hof (8114/1) im Südschwarzwald (HÜGIN, schriftl. Mitt.).

Die Art ist im Gebiet vermutlich schon vor den ersten Eingriffen des Menschen vorhanden gewesen. OBERDORFER (1983) vermutet ursprüngliche Wuchsorte in Saumgesellschaften stickstoffreicher und frisch-feuchter Waldränder.

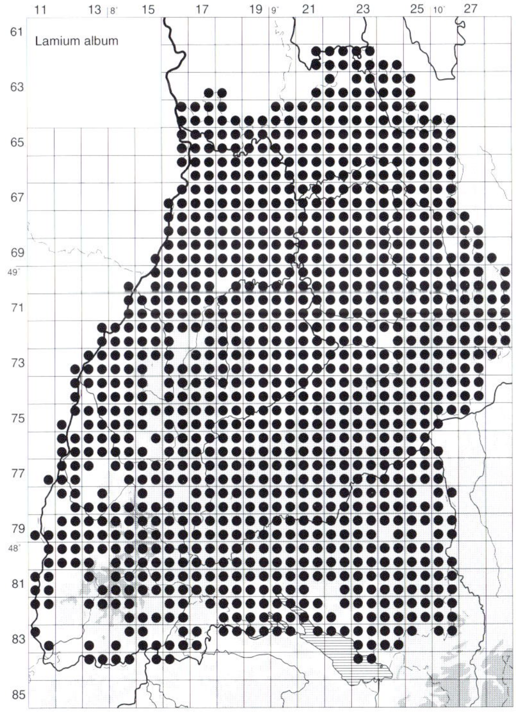

Weiße Taubnessel *(Lamium album)*
Schönaich, 4. 5. 1993

Erstnachweise: Ältester archäologischer Nachweis: 2. Jh. n. Chr. bei Walheim (PÜHLER 1990). Nach ZIMMERMANN (1937) von H. HARDER ca. 1562 in der Umgebung von Geislingen – Ulm gesammelt.

Bestand und Bedrohung: *Lamium album* ist im Gebiet häufig und nicht bedroht.

3. Lamium purpureum L. 1753

Rote Taubnessel, Acker-Taubnessel

Morphologie: Meist sommer- oder winterannueller Therophyt, seltener Hemikryptophyt. Stengel 10–30 cm hoch, häufig am Grunde verzweigt, zerstreut behaart. Untere Blätter gestielt, rundlich, stumpf gezähnt, Hochblätter kurz gestielt bis sitzend, länger als die Stengelinternodien. Blüten sitzend, in 6- bis 16blütigen Scheinquirlen. Kelch 5–8 mm lang, weiß behaart, mit lanzettlichen Zähnen. Krone 0,8–1,7 cm lang, purpurn (selten weiß). Teilfrüchte 2–3 mm lang. – Blütezeit: März–Oktober (manchmal auch im Winter).

Variabilität: Nach MENNEMA (1989) läßt sich *Lamium purpureum* in 5 Varietäten gliedern, die z. T. auch als Arten aufgefaßt werden. Dazu gehört auch *Lamium purpureum* var. *incisum* (WILLD.) PERS., die in den meisten europäischen Floren als eigene Art angesehen wird. Die Sippe wird von MENNEMA (1989: 125) für Süddeutschland angegeben, obwohl sich in seiner Fundortzusammenstellung keine Daten für dieses Gebiet finden lassen.

Angaben aus Baden-Württemberg: 6820/4: Nordheim, 1993, PLIENINGER (Hb. PLIENINGER); 8013/2: W Buchenbach, 1982, G. HÜGIN jun. (Hb. G. HÜGIN, det. MENNEMA); 8320/2 (?): Konstanz: in einem Weinberg bei Emmishofen (Schweiz), JACK (1900: 106); 8221/2: Salem: in einem Gemüsegarten, JACK (1900: 106). Außerdem liegt noch eine Angabe vom MTB 7512 (HAEUPLER und SCHÖNFELDER 1988: 426) für *Lamium hybridum* agg. vor, deren Herkunft nicht geklärt werden konnte.

Ökologie: Auf frischen, nährstoffreichen, meist neutralen, humusarmen, lockeren, meist lehmigen Böden. In Äckern, Gärten, Weinbergen, an Wegrändern und auf Schuttplätzen usw. Häufige Begleitpflanzen sind *Stellaria media, Galinsoga parviflora* und *Chenopodium album*. Nach OBERDORFER (1983, 1990) Polygono-Chenopodietalia-Ordnungscharakterart, seltener im Sisymbrion. Vegetationsaufnahmen liegen von G. KNAPP (1964), SEBALD (1974) und PHILIPPI (1978, 1983, 1989) vor.

Rote Taubnessel *(Lamium purpureum)*
Sasbach, 28. 3. 1994

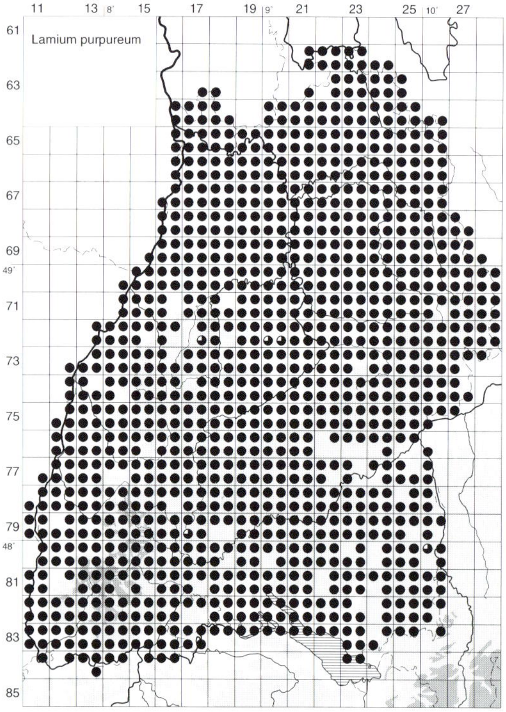

Lamium purpureum kann 3 bis 4 Generationen pro Jahr bilden. Die Samen keimen nie gleichzeitig aus, so daß bei den verschiedenen Arbeiten in Weinbergen und Äckern nie alle Jungpflanzen auf einmal vernichtet werden können (vgl. WILMANNS 1989: 96).

Allgemeine Verbreitung: Europa, Westasien, selten in Nordafrika, in Nordamerika eingeschleppt. In Europa reicht das geschlossene Areal nordwärts bis Mittelschweden, zerstreute Vorkommen reichen bis zum Polarkreis.

Verbreitung in Baden-Württemberg: In allen Landesteilen verbreitet.

Tiefste Vorkommen: ca. 95 m in der nördlichen Oberrheinebene. Höchstes Vorkommen: ca. 1240 m am Feldberg im Südschwarzwald (8114/1, HÜGIN, schriftl. Mitt.).

Lamium purpureum ist erst nach Schaffung geeigneter Standorte durch den Menschen in das Gebiet eingewandert (Archäophyt).

Erstnachweise: Ältester archäologischer Nachweis: 40. Jh. v. Chr. bei Hornstaad (RÖSCH unpubl.). Erste schriftliche Erwähnung bei J. BAUHIN (1598: 187, 1602: 200); „auf dem Berge Teck“.

Bestand und Bedrohung: *Lamium purpureum* ist im Gebiet häufig und nicht bedroht.

4. **Lamium amplexicaule** L. 1753
Stengelumfassende Taubnessel

Morphologie: Sommer- und winterannueller Therophyt. Stengel 10–30 cm hoch, meist am Grunde verzweigt, zerstreut behaart. Untere Blätter gestielt, rundlich, stumpf gezähnt; Hochblätter meist sitzend, stengelumfassend, rundlich bis nierenförmig, meist tief grob gezähnt, kürzer als die Stengelinternodien. Blüten sitzend, in 8- bis 16blütigen Scheinquirlen. Kelch 5–8 mm lang, weiß behaart, mit schmal-lanzettlichen Zähnen. Krone 1–1,5(–2) cm lang, hellpurpurn (selten weiß), entweder knospenartig geschlossen bleibend (kleistogam) oder mit meist aus dem Kelch ragender Kronröhre, innen ohne Haarring. Teilfrüchte 2–3 mm lang. – Blütezeit: März–Mai (Juli), häufig noch einmal im Herbst (in tieferen Lagen vereinzelt auch im Winter).
Ökologie: Auf mäßig frischen, meist nährstoffreichen, vorzugsweise kalkarmen, ± neutralen, meist humusarmen, lehmigen Böden. In Weinbergen, Gärten, Äckern und auf Schuttplätzen. Vegetationsaufnahmen liegen von PHILIPPI (1972, Tab. 13, 14; 1978, Tab. 51; 1983, Tab. 30 u. 31) vor.
Allgemeine Verbreitung: Ursprünglich Nordhalbkugel: Europa, Asien, Nordafrika. In Nordamerika und auf der Südhalbkugel eingeschleppt und noch in Ausbreitung begriffen.
Verbreitung in Baden-Württemberg: *Lamium amplexicaule* bevorzugt sommerwarme Gebiete: Oberrheingebiet, Gäulandschaften, Teile der Schwäbischen Alb. In den übrigen Landesteilen fehlt die Pflanze oder ist selten.

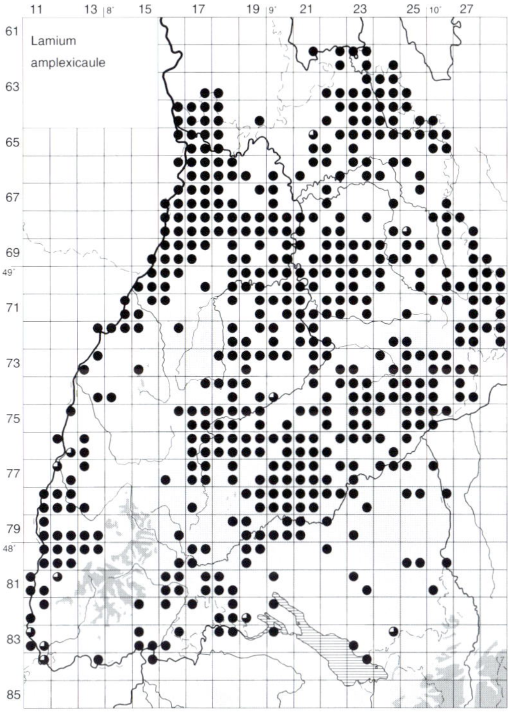

Stengelumfassende Taubnessel
(Lamium amplexicaule)
Forchheim, 25. 4. 1992

Tiefste Vorkommen: ca. 95 m in der nördlichen Oberrheinebene. Höchste Vorkommen: ca. 940 m bei der Gosheimer Kapelle auf der Schwäbischen Alb (BERTSCH 1919). Im Schwarzwald liegen die höchsten Vorkommen bei ca. 930 m (Unterstmatt, 7315/3).

Lamium amplexicaule ist erst nach Schaffung geeigneter Standorte durch den Menschen in das Gebiet eingewandert (Archäophyt).
Erstnachweise: Ältester archäologischer Nachweis: ca. 40. Jh. v. Chr. bei Hochdorf (KÜSTER 1985). Nach SCHORLER (1908) von H. HARDER 1574–76 in der Umgebung von Geislingen – Ulm gesammelt.
Bestand und Bedrohung: Die Pflanze ist im Gebiet nicht bedroht.

5. **Lamium galeobdolon** (L.) L. 1759
Goldnessel

Vorbemerkung: Die Nomenklatur des Gattungsnamens von *L. galeobdolon* ist nach wie vor umstritten (POLATSCHEK 1966, WITTMANN u. STROBL 1986, MENNEMA 1989). Möglich wäre die Abtrennung einer eigenen Gattung, für die zahlreiche morphologische und chemische Merkmale sprechen (POLATSCHEK 1966, GUTERMANN et al. 1986). Nach WITTMANN und STROBL (1986) sollen sich *Lamium galeobdolon* und die anderen mitteleuropäischen Vertreter der Gattung *Lamium* auch im Geruch unterscheiden. Dennoch soll hier der Auffassung von MENNEMA gefolgt werden, der *Lamium galeobdolon* zusammen mit der nicht in Deutschland vorkommenden *Lamium flexuosum* innerhalb der Gattung *Lamium* in einen eigenen Subgenus Galeobdolon stellt.

Auch bei der Einstufung der Sippen selbst besteht keine Einigkeit. So werden diese je nach Autor als Unterarten (MENNEMA 1989), Kleinarten (SCHÖNFELDER & WEGMÜLLER 1974) oder Arten (WITTMANN & STROBL 1986) angesehen. Die folgende Zusammenstellung folgt auch hier weitgehend der Auffassung von MENNEMA mit Ausnahme von *Lamium galeobdolon* subsp. *argentatum*, die von ihm als Varietät der subsp. *galeobdolon* zugeordnet wird.

Morphologie: Krautiger Chamaephyt. Stengel 15–45(–60) cm hoch, aufrecht behaart. Blüten sitzend in 2- bis 22blütigen Scheinquirlen. Krone 1,2–2,5 cm lang, gelb; Unterlippe mit rötlicher Zeichnung. Teilfrüchte 3,5–4 mm lang. – Blütezeit: Mai–Juli (weitere Angaben s. Bestimmungsschlüssel und Beschreibung der Unterarten).

Von *Lamium galeobdolon* lassen sich vier Unterarten unterscheiden, von denen im Gebiet drei vorkommen

1 Die meisten Blätter das gesamte Jahr über mit deutlichen, großen, silberweißen Flecken. Kelch zur Fruchtzeit mindestens (11,5) 12 mm lang. Oberlippe der Krone über (7,5)8 mm breit . . 1c. *L. galeobdolon* subsp. *argentatum*

– Blätter ohne oder zeitweise wenige mit silberweißen Flecken. Kelch zur Fruchtzeit höchstens 12(12,5) mm lang. Oberlippe der Krone höchstens 8(8,5) mm breit 2

2 Krone blaßgelb, 14–18 mm lang. Stengel meist verzweigt. Pflanze immer ohne Ausläufer . . . . *[1d. L. glaeobdolon* subsp. *flavidum]*, S. 174

– Krone goldgelb, 17–25 mm lang. Stengel unverzweigt mit (teilweise wintergrünen) Ausläufern (diesjährige Ausläufer z. T. erst nach der Blütezeit entwickelt) 3

3 Stengel an der Basis hauptsächlich auf den Kanten behaart. Obere Tragblätter rundlich bis eiförmig . 1b. *L. galeobdolon* subsp. *galeobdolon*

– Stengel an der Basis ringsum behaart. Obere Tragblätter breit- bis schmal-lanzettlich . . . . . 1a. *L. galeobdolon* subsp. *montanum*

1a. **Lamium galeobdolon** subsp. **montanum**

(Persoon) Hayek 1929

Lamium montanum (Persoon) Kabath 1846

Morphologie: Stengel 20–60 cm hoch, normalerweise kräftiger als L. galeobdolon s. str. Ausläuferbildung am Ende oder kurz nach der Blütezeit. Meist 5–7 Blüten je Halbquirl. 2n = 36. – Blütezeit: Mai–Juli (ca. 14 Tage nach der Typusunterart).

Ökologie: In Laubmischwäldern und Hochstaudenfluren auf frischen bis mäßig feuchten, meist nährstoff- und basenreichen, humosen Lehmböden, insgesamt reichere und frischere Standorte wie die Typusunterart besiedelnd. Nach DERSCH (1963: 365) vorzugsweise an Hängen in Nord- und Ostlagen mit hoher Luftfeuchtigkeit. Von *L. galeobdolon* subsp. *montanum* liegen zahlreiche Tabellen und Vegetationsaufnahmen vor (z. B. PHILIPPI 1982, 1983).

Allgemeine Verbreitung: Hauptverbreitungsgebiet ist West- und Mitteleuropa. Daneben gibt es zerstreute Vorkommen in Süditalien, auf dem Balkan, in der Türkei, im Iran und in der Ukraine.

Verbreitung in Baden-Württemberg: In allen Landesteilen verbreitet.

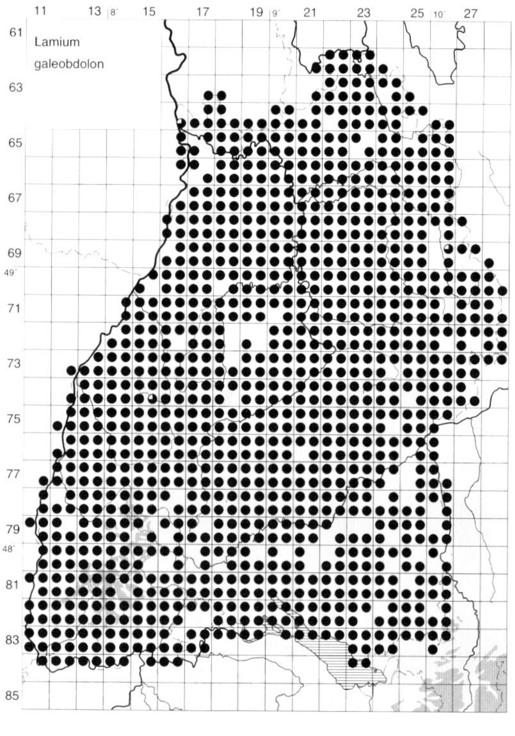

Goldnessel (*Lamium galeobdolon* ssp. *montanum*)
Merklingen, 21. 5. 1993

Goldnessel (*Lamium galeobdolon* ssp. *galeobdolon*)
Naabtal (Bayern), 1. 9. 1990

Tiefste Vorkommen: ca. 95 m im nördlichen Oberrheingebiet. Höchstes Vorkommen: nach BARTSCH (1940) bei ca. 1380 m im Südschwarzwald am Südhang des Seebuck (8114/1).

Lamium galeobdolon subsp. *montanum* ist vermutlich schon vor den ersten Eingriffen des Menschen im Gebiet vorhanden gewesen.

Erstnachweise: Ältester archäologischer Nachweis von *Lamium galeobdolon* s.l.: 34. Jh. v. Chr. bei Öhningen-Wangen (RIEHL 1993). Erste schriftliche Erwähnung der Unterart bei OBERDORFER (1970: 755). Nach ZIMMERMANN (1937) wurde *L. galeobdolon* s.l. ca. 1562 in der Umgebung von Geislingen – Ulm gesammelt. Damit ist mit größter Wahrscheinlichkeit *Lamium galeobdolon* subsp. *montanum* gemeint.

Bestand und Bedrohung: In ganz Baden-Württemberg die vorherrschende Unterart und nicht gefährdet.

1b. Lamium galeobdolon subsp. galeobdolon

Morphologie: Stengel 15–45 cm hoch. Ausläufer zur Blütezeit normalerweise schon entwickelt. Meist 3 Blüten je Halbquirl. 2n = 18. – Blütezeit: Mai–Juni.

Ökologie: In Laubwäldern auf frischen, mäßig nährstoff- bis nährstoffreichen, basenreichen, humosen Lehmböden (zu ökologischen Angaben vgl. auch PHILIPPI 1983: 48).

Vegetationsaufnahmen aus Baden-Württemberg liegen nicht vor.

Allgemeine Verbreitung: Hauptverbreitungsgebiet ist das nördliche Mitteleuropa. Das Gesamtareal reicht nördlich von Ostengland nach Südskandinavien, östlich vereinzelt bis zum Ural, südöstlich bis zum Bosporus und südwestlich bis Baden-Württemberg.

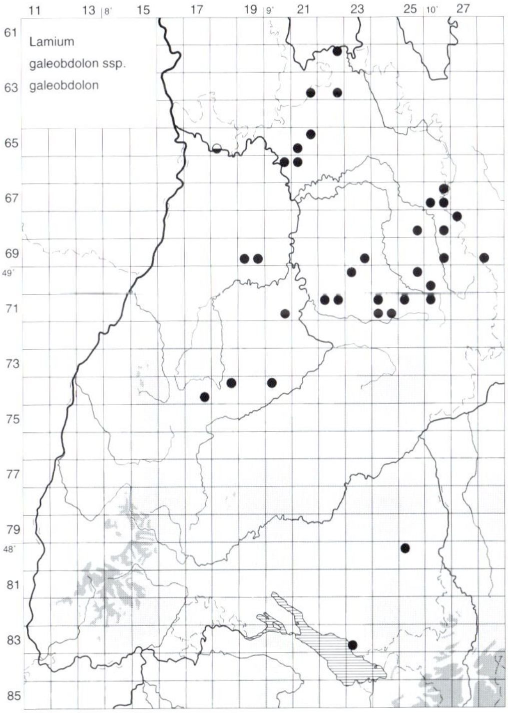

Verbreitung in Baden-Württemberg: Die Typusunterart ist im Gebiet selten und wurde bisher im Odenwald, in den Gäulandschaften, im Keuper-Lias-Neckarland und im Alpenvorland nachgewiesen. Eine Verbreitungskarte für das Taubergebiet und den an das Taubergebiet angrenzenden Odenwald veröffentlichte PHILIPPI (1983: 51).

Tiefstes Vorkommen: ca. 200 m im Trienztal bei Dallau (6621/1): Höchstes Vorkommen: ca. 670 m bei Füramoos (8025/1).

Lamium galeobdolon s. str. ist vermutlich schon vor den ersten Eingriffen des Menschen im Gebiet vorhanden gewesen.

Odenwald: 6222/2: Tälchen oberhalb Grünenwert bei Wertheim, 1974, PHILIPPI (KR); 6321/4: Rippberg, Finsterklinge, 1984, PHILIPPI (KR-K); 6322/4: Höpfingen bei Hardheim (an der Grenze zum Muschelkalk), 1974, PHILIPPI (KR-K); 6518/3 (?): Heidelberg, 1922, DE WEVER in MENNEMA (1989); 6521/2: Waldgraben N Waldhausen, 1983, PHILIPPI (KR-K); 6521/3: Schloßwald W Rittersbach und Heidersbacher Mühle (hier mit *Lamium galeobdolon* subsp. *montanum*), 1983, PHILIPPI (KR-K); 6620/2: Mosbach, Färbersacker, 1986, BREUNIG (KR-K).
Neckarland: 6621/1: Dallau, Trienztal, 1984, PHILIPPI (KR-K); Wolfersfelden, 1979, SEYBOLD (STU); 6726/2: „Fichtholz" SE Brettheim, 1990, SEBALD (STU); 6726/3: Zwischen Rot u. Wallhausen an der Kreuzung mit der Bahn, 1973, SCHÖNFELDER (STU-K); 6726/4: Wälder S Triftshausen, 1992, SEYBOLD (STU-K); 6825/4: Burgberg u. Umgebung, 1976, SEYBOLD (STU-K); 6826/4: Schönebürg N Goldbach, 1987, SEYBOLD (STU-K); 6827/1: Wald bei Unterampfrach (bayr.), 1973, SEYBOLD (STU-K); Haselhof, 1991, SEYBOLD (STU-K); 6919/3: N Diefenbach bei Vaihingen, 1979, PHILIPPI (KR-K); 6919/4: Ochsenbach, Aschbach, 1989, PHILIPPI (KR-K); S Zaberfeld, Sauerberg, 1981, SEYBOLD (STU-K); 6923/4: Seebach bei Wolfenbrück, 1981, SEYBOLD (STU-K); 6926/4: Rotbachtal E Jagstzell, 1984, SEYBOLD (STU-K); 6928/3: Bärlach bei Wittenbach, 1973, SEYBOLD (STU); 7023/1: Hofberg N Murrhardt, 1974, SEYBOLD (STU); 7025/2: Senzenberg, 1980, SEYBOLD (STU-K); 7026/3: Blinde Rot bei Burghardsmühle, 1980, SEYBOLD (STU-K); 7120/4: Feuerbach, Hohe Warte, 1982, SEYBOLD (STU-K); 7122/1: Hanweiler Sattel, 1973, SEYBOLD (STU-K); 7122/2: Buchental bei Königsbronnhof, 1977, SEYBOLD (STU); 7124/1: Pfahlbronn-Höldis, 1980, SEYBOLD (STU-K); 7124/3: Bruck, Sappich SW Großdeinbach, 1989, SEYBOLD (STU-K); 7124/4: Taubental, 1979, SCHNEDLER (STU-K); 7125/1: Utzstetten, 1980, SEYBOLD (STU-K); 7126/1: Zanken bei Abstgmünd, 1981, SEYBOLD (STU-K); 7417/4: Wald N Altnuifra; Vörbach, 1984, SEYBOLD (STU-K); 7418/2: Oberjettingen, Fleckenwäldle, 1981, SEYBOLD (STU-K); 7420/1: Goldersbachtal bei Tübingen, 1994, PHILIPPI (KR).
Alpenvorland: 8025/1: Holzweiher bei Füramoos, 1978, DÖRR (STU); 8323/3: Zwischen Gmünd und Schlatt bei Eriskirch, DÖRR (1982); E Mariabrunn, 1991, DÖRR (STU).

Erstnachweis: Die Typusunterart wurde erstmalig von OBERDORFER (1970: 755) für den Schwäbisch-Fränkischen Wald erwähnt.
Bestand und Bedrohung: Die Sippe ist im Gebiet insgesamt selten aber nicht bedroht.

1c. Lamium galeobdolon subsp. argentatum
(Smejkal) Duvigneaud 1987
Lamium montanum var. *florentinum* (Silva Tarouca) Buttler & Schippmann 1993

Morphologie: Pflanze mit Ausläufern. Stengel an der Basis hauptsächlich an den Kanten behaart. Oberlippe des Blüten- und Fruchtstiels querrunzelig gerippt. 2n = 36. – Blütezeit: April–Juli.

Die Sippe gleicht in einigen Merkmalen (z. B. Behaarung) der Typusunterart, was MENNEMA wohl veranlaßt hat, sie als *L. galeobdolon* f. *argentatum* zu bezeichnen und bei *Lamium galeobdolon* s. str. zu führen (MENNEMA 1989: 46). Nach der Chromosomenzahl ist die Pflanze aber eher mit der subsp. *montanum* verwandt (vgl. BUTTLER u. SCHIPPMANN 1993: 6).
Ökologie: In gestörten Wäldern, an Weg- und Waldrändern und an Böschungen, vorzugsweise auf sandigen Böden. Vegetationsaufnahmen aus Baden-Württemberg liegen nicht vor.
Allgemeine Verbreitung: Die genaue Verbreitung ist noch ungeklärt. Meldungen liegen aus Großbritannien, Holland, Belgien, Frankreich, Luxemburg, Deutschland und der ehemaligen Tschechoslowakei vor.
Verbreitung in Baden-Württemberg: Eine Verbreitungskarte wurde nicht erstellt, da die Sippe bei der Kartierung nur selten notiert wurde.

Tiefste Vorkommen: ca. 95 m in der nördlichen Oberrheinebene. Höchste Vorkommen: Im Gebiet nicht bekannt. Nach LOHMEYER und SUKOPP (1992: 83) wurde die Sippe in Mitteleuropa erstmalig 1873 nachgewiesen (Neophyt).
Bestand und Bedrohung: *Lamium galeobdolon* subsp. *argentatum* ist im Gebiet in Ausbreitung begriffen und nicht bedroht.

1d. Lamium galeobdolon subsp. flavidum (Hermann) Löve & Löve 1961
Lamium flavidum F. Hermann 1958

Stengel 30–70 cm hoch, ohne Ausläufer. Meist 5–8 Blüten je Halbquirl. 2n = 18. – Blütezeit: Juni–Juli.
Vorwiegend im Südosten Europas verbreitete Sippe, in Mitteleuropa nur in den Alpen und dem Alpenvorland. In Deutschland kommt die Pflanze nur in den bayerischen Alpen und dem bayerischen Alpenvorland vor. Nach WITTMANN und STROBL (1986) vorwiegend in hochmontanen bis subalpinen Kalk- und Silikatschutt-

fluren, kann jedoch an geeigneten Standorten in verschiedenen Waldgesellschaften auch wesentlich tiefer vorkommen.

Bastarde: Bastarde innerhalb der Gattung *Lamium* kommen nach MENNEMA (1989: 136) sehr selten vor. Aus Baden-Württemberg liegt nur eine Angabe vor.

L. album L. × **L. maculatum** L.; **Lamium × holsaticum** E. Krause 1890

Pflanzen morphologisch ± zwischen den Eltern stehend. Zur genauen Beschreibung vgl. MENNEMA (1989: 136). 7115/1 (?): Benfert bei Rastatt, KRAUSE (1921: 132).

8. **Leonurus** L. 1753

Löwenschwanz

Ein- oder mehrjährige krautige Pflanze. Kelch 5- oder 10nervig, 5zähnig (Zähne stechend begrannt). Kronröhre kurz, vorne kaum erweitert. Oberlippe helmförmig oder leicht gewölbt, ganzrandig, außen behaart; Unterlippe dreiteilig, mit größerem Mittelabschnitt. Staubblätter 4, unter der Oberlippe aufsteigend mit spreizenden Staubbeutelhälften. Teilfrüchte vorne gestutzt und behaart. Bestäubung meist durch Bienen.

Gattung mit ca. 10 in Eurasien verbreiteten Arten. In Europa kommen 2 Arten vor.

1 Blätter eiförmig bis lanzettlich, grob gezähnt. Krone 5–8 mm lang, kürzer als der Kelch; Kelch undeutlich 10nervig . . . . *[Leonurus marrubiastrum]*, S. 177

– Zumindest die unteren Blätter ahornblattartig in 3–7 grob und spitz gezähnte Abschnitte geteilt. Krone 9–12 mm lang, länger als der Kelch; Kelch deutlich 5nervig . 1. *Leonurus cardiaca*

1. **Leonurus cardiaca** L. 1753

Echter Löwenschwanz, Herzgespann

Morphologie: Hemikryptophyt. Stengel 30–100 cm hoch; unterer Stengelabschnitt meist unterirdisch, stark wurzelnd, oberer aufrecht, meist verzweigt. Blätter gestielt. Blüten in quirlartigen Teilblütenständen, am Ende der Zweige oft ährenähnlich genähert. Kelch mit stachlig begrannten, z. T. nach außen umgeschlagenen Zähnen. Krone 8–12 mm lang, rosa, außen stark behaart; Oberlippe schwach helmförmig; Seitenzipfel der Unterlippe meist unter den Mittellappen geschlagen. Teilfrüchte ca. 2 mm lang. – Blütezeit: Juli–September.

Allgemeine Verbreitung: Eurasien, Nordafrika (Algerien), in Nordamerika eingeschleppt. In Europa geschlossenes Areal nordwärts bis Südskandinavien, weiter nördlich nur wenige isolierte Fundstellen; im Süden verbreitet, nur in Portugal, Mittel- und Südspanien sowie in Süditalien fehlend.

Variabilität: *Leonurus cardiaca* kommt im Gebiet in 2 Unterarten vor, die in verschiedenen Floren auch als eigene Arten aufgefaßt werden (vgl. LUDWIG 1987: 25). Zwischen den beiden Sippen vermitteln Pflanzen mit intermediärer Merkmalskombination (BALL 1972). Diese wurden von HOLUB (1993) als eigene Art beschrieben (*Leonurus intermedius* Holub). Der Bestimmungsschlüssel richtet sich im wesentlichen nach MILL (1982), vgl. auch BUTTLER (1989: 62) und LOOS (1995).

1 Blätter dreilappig (die oberen häufig nur gezähnt). Stengel fast kahl bis schwach behaart, besonders an den Kanten mit bis 0,5 mm langen, rückwärts gerichteten Haaren; Blätter ebenfalls schwach behaart (Haare kürzer als 0,5 mm). Kelch 5–7 mm lang, am Rand gewimpert, sonst fast kahl; Krone 9–10,5 mm lang . . 1a. *Leonurus cardiaca* subsp. *cardiaca*

– Wenigstens einige Blätter fünflappig. Stengel dicht behaart mit 1–2 mm langen, abstehenden Haaren. Blätter meist dicht behaart, mit 0,5–0,7 mm langen Haaren. Kelch 6–9 mm lang, dicht behaart; Krone 10,5–12 mm lang . . . . . 1b. *Leonurus cardiaca* subsp. *villosus*

1a. **Leonurus cardiaca** subsp. **cardiaca**

Ökologie: Auf frischen, nährstoff- (besonders stickstoff)reichen, meist basen- und kalkreichen Lehmböden, vorzugsweise in wärmeren Lagen (vgl. dazu aber LUDWIG 1987: 23!). An Wegrändern, Mauerfüßen, entlang von Zäunen und Hecken, in Hühnerhöfen, an Gebüschrändern, in Gärten und Rebbergen, seltener auf Schuttplätzen. Kennzeichnende Art des besonders im östlichen Teil von Baden-Württemberg verbreiteten Lamio-Ballotetum nigrae. Charakteristische Begleitpflanzen sind *Ballota nigra, Arctium tomentosum, Galeopsis pubescens* und *Artemisia absinthium*. Vegetationsaufnahmen bzw. synthetische Tabellen liegen von TH. MÜLLER (in SEYBOLD und MÜLLER 1972, Tab. 4) und PHILIPPI (1983) vor.

Allgemeine Verbreitung: Im Gesamtverbreitungsgebiet der Art mit Ausnahme der Krim-Halbinsel und des Kaukasus (MILL 1982: 154).

Leonurus cardiaca ist in Westeuropa vermutlich nicht ursprünglich, sondern wurde als Heilpflanze kultiviert und hat sich teilweise eingebürgert (Archäophyt).

Echter Löwenschwanz *(Leonurus cardiaca)*
Böttigheim (Bayern), 28. 6. 1992

Verbreitung in Baden-Württemberg: Vorwiegend in den wärmeren Landesteilen (z. B. Oberrheingebiet, Gäulandschaften) zerstreut bis selten vorkommende Pflanze.

Tiefste Vorkommen: ca. 95 m im nördlichen Oberrheingebiet. Höchstes Vorkommen bei ca. 910 m bei Gersbach im Südschwarzwald (8313/2, HÜGIN, schriftl. Mitt.).

Erstnachweise: Ältester archäologischer Nachweis: 13. Jh. n. Chr. bei Tübingen (RÖSCH 1991). Erster schriftlicher Nachweis bei J. BAUHIN (1598: 187; 1602: 201): „auffm Eichelberge".

Bestand und Bedrohung: Durch die „Verstädterung" vieler Dörfer stark zurückgegangen. Es entstehen auch kaum mehr neue Vorkommen durch Verwilderung, da *Leonurus cardiaca* nur noch selten angepflanzt wird (vgl. HÜGIN 1991: 101). Die Pflanze ist im Gebiet stark gefährdet (G 2).

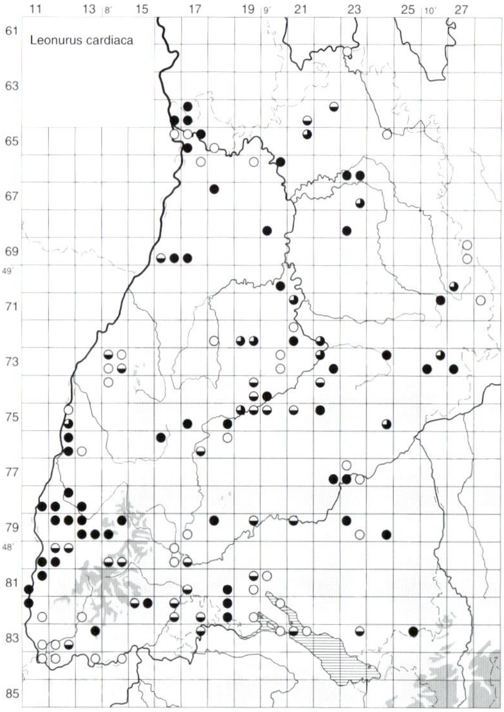

1b. **Leonurus cardiaca** subsp. **villosus**

(Desfontaines ex Dumont d'Urville) Hylander 1945

Leonurus quinquelobatus Gilibert 1785

Ökologie: Angaben zur Ökologie liegen nur wenige vor. Nach LUDWIG (1987) ist die Sippe im Gegensatz zur Typusunterart nicht an dörfliche Siedlungen gebunden, sondern wird von Imkern in der Nähe ihrer Bienenstände auf Brachflächen und an Wegrändern angepflanzt (vgl. auch MEIEROTT 1991: 101). Aus Baden-Württemberg gibt es bisher einen Nachweis über eine Ausbringung durch Imker (BREUNIG und ROHDE, s. u.).

Allgemeine Verbreitung: Nord- und Mitteleuropa, Krim, Zentral- und Südrußland, Kaukasus (MILL 1982).

Verbreitung in Baden-Württemberg: Auf die Sippe wurde im Rahmen der Kartierung nur wenig geachtet.

Von folgenden Fundorten liegen Angaben vor: 6516/2 (?): Mannheim, 1931, JAUCH (KR); 6718/1: Mühlhausen, Altenbachtal, auf großer Fläche von Imkern ausgebracht, 1986, BREUNIG und ROHDE (KR-K); 6916/3 (?): Karlsruhe, 1906, KNEUCKER (KR); 7326/2: Heidenheim, 1960, KOCH (STU); 7518/4: Mühringen, 1975, WREDE (STU); 7912/1: Badloch bei Oberbergen, 1933, HENN (KR); 7918/1: Spaichingen, 1979, AIGELDINGER (STU); 8325/2: Argental W Malleichen, 1989, WÖRZ (STU).

Die Durchsicht der Herbarbelege aus Stuttgart und Karlsruhe ergab, daß *Leonurus cardiaca* subsp. *villosus* schon lange in botanischen Gärten angepflanzt wird. Der älteste, allerdings undatierte Beleg stammt von GMELIN (KR).

Angaben aus den Nachbargebieten:
Hessen: Eine Zusammenstellung seiner Funde in Hessen veröffentlichte LUDWIG (1987).
Elsässische Rheinebene: Nach E. H. L. Krause (1917: 185) wurde *Leonurus cardiaca* subsp. *villosus* im Straßburger Hafen nach 1907 mehrmals nachgewiesen.

Bestand und Bedrohung: Über die Gefährdung von *Leonurus cardiaca* subsp. *villosus* lassen sich zur Zeit keine genauen Angaben machen. Vielleicht ist die Sippe ähnlich wie in Hessen durch Anpflanzungen von Imkern in Ausbreitung begriffen.

Leonurus marrubiastrum L. 1753
Andorn-Löwenschwanz, Falscher Andorn

Ein- bis zweijährig, mit kurzer Pfahlwurzel. Stengel 50–120 cm hoch. Blätter kurz gestielt, wie der Stengel kurz behaart. Blüten in quirlartigen, fast kugeligen Teilblütenständen. – Blütezeit: Juli–August.
Osteuropäisch-asiatisch verbreitete Pflanze. Aus Baden-Württemberg liegen folgende Angaben vor: 6517/2: Am Romgraben bei Ladenburg in Richtung gegen Handschuhsheim, SCHIMPER in SCHULTZ (1863: 111); 6416/2: Scharrhof zwischen Sandhof und Sandtorf, SCHMIDT (1857: 245). Außerdem liegt ein Beleg (KR) ohne Orts- und Zeitangabe von DIERBACH vor, der vermutlich zu Beginn des letzten Jahrhunderts im Raum Heidelberg gesammelt wurde.

Nach GMELIN (1826: 442), E.H.L. KRAUSE (1917: 184) und ISSLER et al. (1982: 323) selten und zumeist unbeständig in der elsässischen Rheinebene von Colmar bis Sélestat (nach KOCH 1857: 494 bei Ostheim) und in Straßburg an Wegrändern, auf Schuttplätzen und in Tierparks.

Zu Vegetationsaufnahmen aus den Elb- und Oderauen vgl. PASSARGE (1993).

9. **Ballota** L. 1753
Schwarznessel, Gottvergeß

Ausdauernde krautige Pflanzen oder Zwergsträucher. Blüten mit Tragblättern. Kelch 10nervig, Saum gewellt oder mit 5–16 Einkerbungen oder Zähnen. Kronröhre innen mit Haarring; Staubblätter 4, das äußere Paar länger als das Innere; Staubbeutelhälften spreizend. Teilfrüchte länglich, an der Spitze gerundet. Bestäubung meist durch Bienen.

Gattung mit ca. 30 überwiegend im Mittelmeergebiet verbreiteten Arten. In Europa kommen 7 (PATZAK 1972), in Baden-Württemberg kommt eine Art vor.

1. **Ballota nigra** L. 1753
Schwarznessel

Schwarznessel (*Ballota nigra*)
Neresheim, 15. 9. 1990

Morphologie: Hemikryptophyt oder Chamaephyt mit kurzem, kriechendem Wurzelstock. Stengel 50–100(–130) cm hoch, verzweigt, rückwärts abstehend behaart. Blätter gestielt, rundlich bis breit lanzettlich, am Grunde gestutzt oder herzförmig, unregelmäßig grob gezähnt, runzelig, behaart, unterseits mit stark hervortretendem Adernetz. Blüten kurz gestielt, in 4- bis 10blütigen, gestielten Teilblütenständen, über den Stengel verteilt und am Stengelende kopfig gehäuft. Kelch behaart, 5zähnig, 7–13 mm lang. Krone 10–14 mm lang, violett, rosa oder weiß; Oberlippe fast flach, oberseits behaart, Unterlippe mit großem Mittellappen und kleineren Seitenlappen; Staubblätter unter der Oberlippe aufsteigend. Teilfrüchte glatt, 2–2,5 mm lang. Pflanze schwach aromatisch riechend. – Blütezeit: Juni–Oktober.

Anmerkungen zur Variabilität: *Ballota nigra* kommt im Gebiet in zwei Unterarten vor, die sich in der Länge und Form der Kelchzähne unterscheiden. SEYBOLD (in SEYBOLD und MÜLLER 1972) trennt die beiden Sippen folgendermaßen (vgl. auch PATZAK 1958):

1 Kelchzähne mit Granne, 2,5–6,5 mm lang, dreieckig-lanzettlich oder pfriemlich-lanzettlich, allmählich in die (1)1,5–3 mm lange Granne auslaufend . . . . . . *Ballota nigra* subsp. *nigra*
– Kelchzähne mit Spitze 1–2,5 mm lang, gestutzt oder breit eiförmig oder dreieckig eiförmig, plötzlich zugespitzt, Spitze 0,2–0,6 mm lang, selten fast grannenartig und bis 1 mm lang . . . . *Ballota nigra* subsp. *foetida*

Beide Unterarten sind im Gebiet durch Übergänge von Kelchform und -länge kontinuierlich miteinander verbunden.

Ökologie: Auf frischen, z. T. übermäßig stickstoffreichen, mäßig sauren bis basischen, häufig sandigen Lehmböden. In Unkrautgesellschaften auf Schuttplätzen, an Mauerfüßen, entlang von Zäunen und Hecken, an Flußufern, Straßen- und Wegrändern, auf Mistplätzen und Abfallhaufen. Im Gebiet im Lamio-Ballotetum nigrae bzw. albae, die beide dem Arction zugeordnet werden. Vegetationsaufnahmen bzw. synthetische Tabellen liegen von v. ROCHOW (1951, Tab. 8), TH. MÜLLER (in SEYBOLD und MÜLLER 1972) und PHILIPPI (1983, Tab. 9+16) vor. (Zu Vegetationsaufnahmen aus Bayern vgl. außerdem OTTE und LUDWIG 1987, Tab. 7, aus den Elb- und Oderauen PASSARGE 1993, Tab. 12 u. 13).

Allgemeine Verbreitung: Ursprünglich in Europa, Westasien und Nordafrika verbreitete Pflanze, mittlerweile in Nordamerika eingeschleppt. In Europa reicht das geschlossene Verbreitungsgebiet nordwärts bis ca. 60° n. Br., weiter nördlich vereinzelt bis zum Polarkreis.

Verbreitung in Baden-Württemberg: Hauptverbreitungsgebiete sind das Oberrheingebiet, die Gäulandschaften, die Randgebiete der Schwäbischen Alb, der Hegau und das westliche Bodenseegebiet (hier schon deutlich seltener). Selten ist *Ballota nigra* in der Baar, im Klettgau, im Hochrheingebiet und auf der Schwäbischen Alb, hier besonders auf der klimatisch begünstigten Lone-Egau-Alb und auf der Nördlichen Alb. In Schwarzwald und Odenwald, den Keupergebieten und im Alpenvorland fehlt die Pflanze fast vollständig. Die Ursachen dürften zum einen in den nährstoffarmen Böden, zum anderen in den für die Sippe in diesen Gebieten ungünstigen klimatischen Bedingungen zu suchen sein.

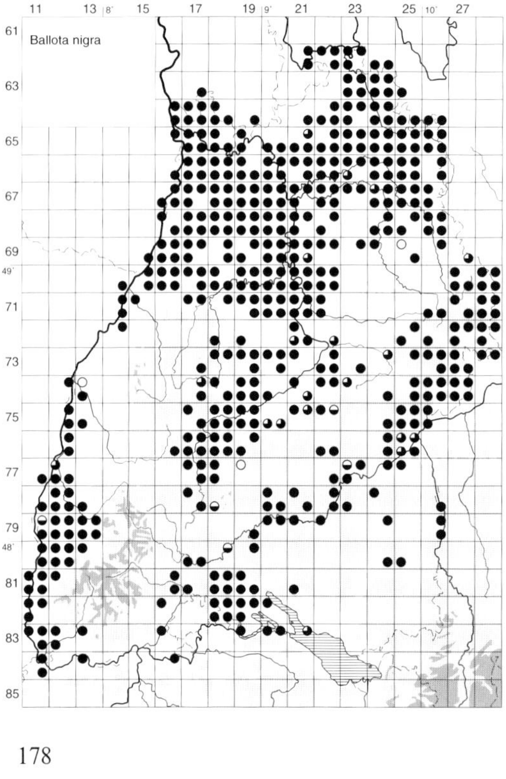

Die beiden Unterarten sind nicht gleichmäßig im Gebiet verbreitet. *Ballota nigra* subsp. *foetida* (DE VISIANI) VON HAYEK 1929 kommt vorwiegend in den westlichen Landesteilen vor. Im Osten von Baden-Württemberg, für den im allgemeinen *Ballota nigra* s. str. angegeben wird, kommen, wie Vergleiche mit Material aus Bayern ergaben, überwiegend Übergangsformen zwischen den beiden Sippen vor. Auf getrennte Verbreitungskarten, wie sie z. B. für Westfalen von JAGEL (1994: 152) veröffentlicht wurden, wurde deshalb verzichtet.

Tiefste Vorkommen: ca. 95 m in der nördlichen Oberrheinebene. Höchstes Vorkommen: ca. 770 m auf der Teck (SEYBOLD 1972). Nach HÜGIN (1992) im Schwarzwald bis über 700 m.

Ballota nigra ist vermutlich erst mit dem Menschen in das Gebiet eingewandert (Archäophyt, vgl. auch LOHMEYER u. SUKOPP 1992). Wie bei anderen Pflanzen, die in den Balmen des oberen Donautals vorkommen, besteht aber auch die Möglichkeit, daß *Ballota nigra* schon vor den ersten menschlichen Eingriffen im Gebiet vorkam (vgl. *Asperugo procumbens* und *Lappula squarrosa*).

Erstnachweise: Ältester archäologischer Nachweis: 40. Jh. v. Chr. bei Hornstaad (RÖSCH 1985). Nach SCHORLER (1908) von H. HARDER 1574–76 in der Umgebung von Geislingen – Ulm gesammelt.

Bestand und Bedrohung: *Ballota nigra* kommt im Gebiet in zumeist kleinen Populationen vor und ist durch die „Verstädterung" vieler Dörfer insgesamt zurückgegangen. Andererseits entstehen durch die zahlreichen Bautätigkeiten immer wieder neue Standorte, auf denen sich die Pflanze – zumindest vorübergehend – ausbreiten kann. Der Roten Liste von Baden-Württemberg fehlt *Ballota nigra*, wird aber als schonungsbedürftig (G 5) angesehen.

10. **Betonica** L. 1753

Betonie

Mehrjährige krautige Pflanzen mit sterilen Blattrosetten. Stiel der grundständigen Blätter 4mal so lang wie die Spreite. Kronröhre innen ohne

Haarring. Kronoberlippe fast flach. Staubblätter gerade, nach vorn gestreckt; Staubbeutel mit getrennten, fast parallelen Hälften. Bestäubung meist durch Bienen. Zu weiteren Merkmalen vgl. *Stachys.*

Gattung mit 12 vorwiegend in Südeuropa verbreiteten Arten. In Europa kommen 5, in Baden-Württemberg kommt eine Art vor.

1. **Betonica officinalis** L. 1753

Stachys officinalis (L.)
Trevisan de Saint-Léon 1842
Echte Betonie, Heil-Ziest

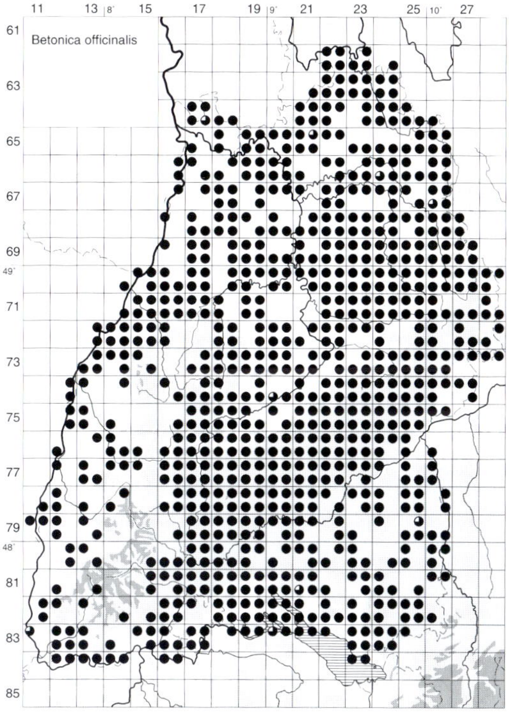

Morphologie: Hemikryptophyt, mit knotigem Rhizom. Stengel 30–80 cm hoch, aufrecht, fast kahl oder mit bis zu 1,5 mm langen Haaren. Blätter gestielt (die unteren bis 15 cm), schmaloval, am Grunde herzförmig, beiderseits ± zerstreut behaart. Blüten in ca. 10blütigen, quirlartigen Teilblütenständen, zu einem meist kompakten Blütenstand vereinigt (Scheinähre). Kelch 5–7 mm lang, behaart. Krone 8–15 mm lang, meist rot bis dunkelrosa (selten weiß). Im Gebiet nur die Typusunterart. – Blütezeit: Juni–September.

Ökologie: Auf wechseltrockenen bis wechselfeuchten, überwiegend nährstoffarmen, meist kalkfreien, lehmigen oder torfigen Böden. In mageren Wiesen, Halbtrockenrasen und Säumen, seltener in lichten Laubmischwäldern. Vegetationsaufnahmen von Pfeifengraswiesen der Oberrheinebene liegen von PHILIPPI (1960) und GÖRS (1974, Tab. 5) vor. Häufige Begleitpflanzen sind hier *Galium boreale* und *Cirsium tuberosum.* Aus submediterranen Flaumeichen- und subkontinentalen Eichen-Steppenwäldern liegt eine synthetische Tabelle von TH. MÜLLER vor (in OBERDORFER 1992). Zu weiteren Vegetationsaufnahmen vgl. z. B. SCHEERER (1956), SCHWABE u. KRATOCHWILL (1986) und PHILIPPI (1983).

Echte Betonie *(Betonica officinalis)*
Schönaich, 11. 8. 1993

Allgemeine Verbreitung: Europa, außerdem wenige Vorkommen in Westasien und Nordafrika. In Europa reicht das geschlossene Verbreitungsareal nordwärts bis ca. 58° n. Br., weiter nördlich gibt es zumeist nur unbeständige Vorkommen.

Verbreitung in Baden-Württemberg: *Betonica officinalis* ist in den meisten Landesteilen weit verbreitet. Größere Verbreitungslücken bestehen nur auf den sandigen, nährstoffarmen Böden des Schwarzwaldes.

Tiefste Vorkommen: ca. 95 m in der nördlichen Oberrheinebene. Höchste Vorkommen: ca. 990 m bei der Gosheimer Kapelle auf der Schwäbischen Alb (BERTSCH 1919).

Betonica officinalis ist vermutlich schon vor den ersten Eingriffen des Menschen im Gebiet in lichten Wäldern vorhanden gewesen.

Erstnachweise: Ältester archäologischer Nachweis: 40. Jh. v. Chr. bei Hornstaad (RÖSCH unpubl.). Von WALAHFRID STRABO im Jahr 827 in der Umgebung der Insel Reichenau genannt (vgl. STOFFLER 1978).

Bestand und Bedrohung: Durch die Intensivierung und Extensivierung von Wiesen in einigen Gebieten zurückgegangen (z. B. nördliches Oberrheingebiet). Insgesamt ist die Pflanze in Baden-Württemberg aber nicht bedroht.

11. **Stachys** L. 1753

Ziest

Einjährige, zweijährige oder ausdauernde, meist krautige Pflanzen, außerhalb des Gebietes auch kleine Sträucher. Blattstiele der grundständigen Blätter kaum länger als die Spreite. Blüten in endständigen, quirlartigen Teilblütenständen. Kelch röhren- oder glockenförmig, ± regelmäßig 5zähnig, 5- bis 10nervig. Krone mit gerader oder schwach gebogener Röhre. Oberlippe flach oder schwach helmförmig, ganzrandig; Unterlippe 3teilig, mit größerem Mittelabschnitt. Staubblätter 4, unter der Oberlippe aufsteigend, zur Blütezeit seitwärts nach außen gebogen, Staubbeutel mit spreizenden Hälften. Teilfrüchte länglich bis eiförmig, 3kantig, an der Spitze abgerundet. Bestäubung meist durch Bienen.

In den gemäßigten Zonen und den Bergregionen der Tropen verbreitete Gattung mit ca. 300 Arten. Verbreitungsschwerpunkte liegen im Mittelmeergebiet und in Südwestasien. In Europa kommen ca. 53, in Baden-Württemberg kommen 7 Arten vor.

1 Blätter und Stengel weiß zottig behaart; Stengel ohne Drüsenhaare 2
– Blätter und Stengel kahl oder behaart, aber nicht zottig; Stengel mit oder ohne Drüsenhaare 3
2 Blätter stumpf gezähnt, am Grunde abgerundet oder herzförmig . . . . 2. *S. germanica*
– Blätter meist ganzrandig, am Grunde in den Stiel verschmälert . . . [*S. byzantina*], S. 182
3 Deckblätter etwa so lang wie der Kelch; Krone außen zottig behaart . . . . 1. *S. alpina*
– Deckblätter fehlend oder kürzer als die halbe Kelchlänge. Krone behaart, aber nicht zottig . . 4
4 Blüten hellgelb bis weißlich oder blaßrosa. Pflanzen ohne Ausläufer 5
– Blüten purpurn oder braunrot. Pflanzen mit unterirdischen Ausläufern 7
5 Krone blaßrosa (selten weißlich), kleiner als 10 mm; Teilfrüchte mit kleinen Warzen (Lupe!). Blätter am Grunde meist herzförmig . . . . . . 7. *S. arvensis*
– Krone hellgelb bis weißlich, größer als 10 mm; Teilfrüchte ohne Warzen. Blätter in den Stiel verschmälert 6
6 Pflanze meist einjährig. Grannen der Kelchzähne bis zur Spitze behaart. Blattstiel der untersten Blätter fast so lang wie die Spreite . . . 6. *S. annua*
– Pflanze ausdauernd. Granne der Kelchzähne kahl. Blattstiel der untersten Blätter höchstens $\frac{1}{2}$ so lang wie die Spreite . . . . 5. *S. recta*
7 Blätter lanzettlich, mittlere sitzend, obere sitzend oder höchstens 10 mm lang gestielt . . . . 4. *S. palustris*
– Alle Blätter außerhalb des Blütenstandes gestielt 8
8 Blattstiele der mittleren und oberen Stengelblätter $\frac{1}{5}$ bis $\frac{1}{10}$ so lang wie das gesamte Blatt. Pflanze meist ohne Früchte [*S.* ×*ambigua*], S. 188
– Blattstiele der mittleren und oberen Stengelblätter $\frac{1}{4}$ bis $\frac{1}{2}$ so lang wie das gesamte Blatt. Pflanze mit Früchten . . . . . . 3. *S. sylvatica*

1. **Stachys alpina** L. 1753

Alpen-Ziest

Morphologie: Hemikryptophyt, mit kriechendem, knotigem Rhizom. Stengel 0,4–1 m hoch, meist aufrecht, einfach oder wenig verzweigt, mit langen abstehenden und kurzen anliegenden Haaren, oberwärts zusätzlich mit Drüsenhaaren. Untere Blätter gestielt, die oberen sitzend, am Grund abgerundet oder herzförmig, breit lanzettlich bis oval, grob gezähnt, beiderseits zerstreut behaart. Blüten ± sitzend, in endständigen, locker oder dicht stehenden, 6- bis 18blütigen Teilblütenständen. Deckblätter etwa so lang wie der 9–14 mm lange Kelch, dieser mit langen drüsenlosen und kurzen Drüsenhaaren, kurz begrannt. Krone 12–18 mm lang, braun bis purpurn, außen zottig behaart. Teilfrüchte fein grubig, ca. 2,5 mm lang. Im Gebiet nur die Typusunterart. – Blütezeit: Juni–September.

Ökologie: Auf frischen bis feuchten, stickstoffreichen, meist kalkreichen, meist locker und humosen Lehmböden. In lichten Wäldern, auf Schlagflächen, an Waldrändern, auf Weiden (Lägerstellen) und in Geröllhalden. Vegetationsaufnahmen bzw. synthetische Tabellen liegen von OBERDORFER (1943/49, Tab. 9; 1957: 103), SEBALD (1966, Tab. 6 b), BAUR (1967, Tab. 6), BAUR u. K. MÜLLER (1972, Tab. 7) sowie von HAUFF und SEBALD (1972, Tab. 1) vor.

Allgemeine Verbreitung: Europäische Pflanze, außerhalb der Alpen vorwiegend in den Gebirgen

Alpen-Ziest *(Stachys alpina)*
Adelegg, 15. 7. 1992

verbreitet. Nordwärts von Wales über Mitteldeutschland bis Polen, südwärts von Katalonien über Süditalien und Bulgarien bis in den Kaukasus.

Verbreitung in Baden-Württemberg: Die Hauptverbreitungsgebiete des Alpen-Ziest sind der Obere Neckar, die Baar, Hegau und Klettgau (den Hochrhein gerade noch erreichend), die Schwäbische Alb und der südöstliche Teil des baden-württembergischen Alpenvorlandes (Südöstliche Rißmoräne, Westallgäuer Hügelland, Adelegg). Selten und teilweise verschollen ist die Pflanze im Oberen Gäu, im mittleren Schwarzwald, im Vorland der Mittleren Alb und der Ostalb und im restlichen Alpenvorland.

Tiefste Vorkommen: ca. 400 m im Oberen Gäu. Höchste Vorkommen: ca. 1000 m am Adelegg (8326/2). *Stachys alpina* ist vermutlich schon vor den ersten Eingriffen des Menschen im Gebiet vorhanden gewesen.

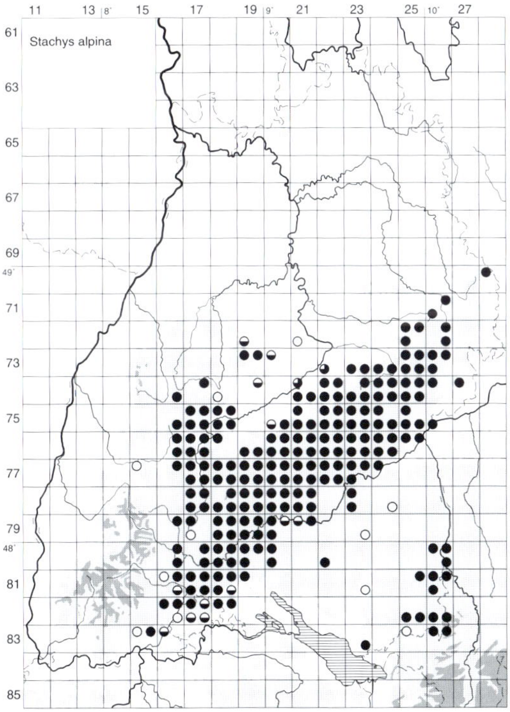

Isoliert liegende Vorkommen:
Mittlerer Schwarzwald: 7715/1: Farrenberg b. Gutach, 1895, Mahler (1912: 139).
Alpenvorland: (außerhalb des geschlossenen, südöstlichen Verbreitungsgebietes): 7824/4: Warthausen, Braun (1890: 12); 7923/4: Schussenried, Kirchner u. Eichler (1900: 321); 8022/3: Burg-„Tisch" E Burgweiler, 1989, Voggesberger (STU-K); 8123/4: Weingarten, Kirchner u. Eichler (1900: 321), 8323/4: Laimnau, 1979, Dörr (STU-K).

Erstnachweis: Nach Schinnerl (1912) von H. Harder 1576–94 in der Umgebung von Geislingen – Ulm gesammelt.

Bestand und Bedrohung: In den natürlichen Verbreitungsgebieten weit verbreitet und nicht bedroht.

2. Stachys germanica L. 1753
Deutscher Ziest

Morphologie: Hemikryptophyt, mit dickem, behaartem Rhizom. Blütenstengel 30–100(–150) cm hoch, aufrecht, einfach oder verzweigt, wie die Blätter weiß zottig behaart. Blätter gestielt, am Grunde abgerundet oder herzförmig, oval bis lanzettlich, stumpf gezähnt, runzelig. Blüten ± sitzend, in endständigen, locker oder dicht stehenden, 12- bis 20blütigen Teilblütenständen. Kelch 8–14 mm lang, weiß-zottig behaart, mit kurz begrannten Zähnen. Krone 12–18 mm lang, rosa oder purpurn, außen zottig behaart. Teilfrüchte glatt, 2–2,5 mm lang. Im Gebiet nur die Typusunterart. – Blütezeit: Juni–August.

Ökologie: Auf trockenen bis mäßig frischen, mäßig nährstoffreichen bis nährstoffreichen, meist kalkreichen, meist locker und humosen Lehm- oder Lößböden, seltener auf Steinschutt. Auf trockenen Wiesen und Weiden, an Lägerstellen, an Wald- und Wegrändern und auf Schuttplätzen. Vegetationsaufnahmen mit *Stachys germa-*

Deutscher Ziest *(Stachys germanica)*
Sulz am Neckar, 27. 7. 1994

nica liegen von BAUR (1965, Tab. 9, Schafweiden) vor.

Allgemeine Verbreitung: Europa, Kanarische Inseln. In Europa vorwiegend in den südlichen Gebieten, nordwärts vereinzelt und meist nur unbeständig bis Südengland, Norddeutschland und Mittelpolen, ostwärts bis zur Krim und in den Kaukasus.

Verbreitung in Baden-Württemberg: In Wärme- und Kalkgebieten meist nur unbeständig verwildernde Zierpflanze. Dauerhaft eingebürgerte Vorkommen gibt es in den Gäulandschaften, in der Baar und auf der Schwäbischen Alb.

Tiefste Vorkommen: ca. 95 m in der nördlichen Oberrheinebene. Höchste Vorkommen: ca. 700 m auf der Schwäbischen Alb.

Stachys germanica ist erst nach Schaffung geeigneter Standorte durch den Menschen in das Gebiet eingewandert (Archäophyt).

Erstnachweis: Erste schriftliche Erwähnung bei L. FUCHS (ca. 1565: 3(2): 352): „Tübingen".

Bestand und Bedrohung: *Stachys germanica* wird heute seltener kultiviert als früher. In vielen Gebieten fehlt deshalb der „Samennachschub" und die Pflanze ist dort sehr selten geworden. Dies trifft besonders auf das Oberrheingebiet zu, in dem der Deutsche Ziest fast überall verschollen ist. Eine ähnliche Entwicklung ist bei vielen früher weit verbreiteten Heil- und Zierpflanzen zu verzeichnen (vgl. HÜGIN 1992). In Baden-Württemberg ist *Stachys germanica* gefährdet (G 3, Tendenz zu G 2).

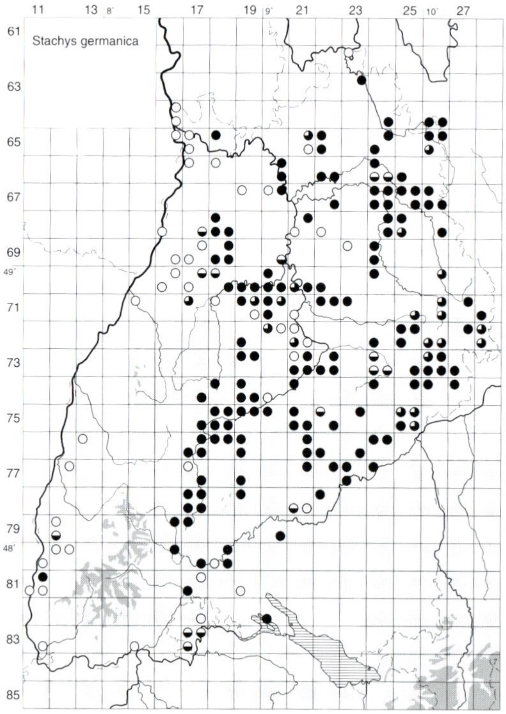

Stachys byzantina Koch 1848
Stachys lanata von Jacquin 1781, n. ill.
Woll-Ziest

Hemikryptophyt. Stengel 15–100 cm hoch, aufrecht, wie die Blätter weiß zottig behaart. Blätter meist ganzrandig, am Grunde in den Stiel verschmälert. Kelch 8–12 mm lang; Krone 12–25 mm lang, rosa. – Blütezeit: Juli–August.

Aus Südwestasien und der Türkei stammende Pflanze, die selten als Zierpflanze kultiviert wird und unbeständig in Ruderalgesellschaften verwildert.

6720/2: Böttingen, HECKEL (1929: 121); 7221/1: Stuttgart, am Römerweg, KREH (1951: 117); 7322/3: Oberbohingen, LEIDOLF in KREH (1954: 79); 7419/4: Wurmlinger Kapelle, VOLLRATH in GÖRS (1966: 579); 7525/3: Wippingen, K. MÜLLER (1957: 166); 8017/3: Neudingen, 1885, SCHATZ (KR).

3. Stachys sylvatica L. 1753
Wald-Ziest

Morphologie: Hemikryptophyt, mit langen unterirdischen und selten mit oberirdischen Ausläufern. Stengel 30–100 cm hoch, meist aufrecht, einfach oder verzweigt, zerstreut bis dicht abstehend behaart, oberwärts z. T. mit Drüsenhaaren. Blätter gestielt, herzförmig, grob und spitz gezähnt, beiderseits behaart. Blüten kurz gestielt, in endständigen, locker oder dicht stehenden (4)6(–10)blütigen Teilblütenständen. Kelch 4–9 mm lang, dicht behaart (meist auch mit kurzen Drüsenhaaren), kurz begrannt. Krone 12–16 mm lang, dunkel braunrot, außen kurz behaart. Teilfrüchte glatt, ca. 1,5 mm lang. – Blütezeit: Juni–September.

Ökologie: Auf feuchten, nährstoff- (besonders stickstoff)reichen, schwach sauren bis schwach basischen, meist locker und humosen Ton- und Lehmböden. In feuchten Wäldern u. Gebüschen, an Waldquellen und Waldwegen, seltener in Uferstaudenfluren, v.a. in feuchten Fagetalia-Gesellschaften, seltener im Alliarion, Aegopodietum und Atropion. *Stachys sylvatica* ist in zahlreichen Vegetationsaufnahmen enthalten (z.B. KUHN 1937; OBERDORFER 1943/49; PHILIPPI 1978 und 1983).

Allgemeine Verbreitung: Europa, selten in Westasien. In Europa nordwärts bis ca. 70° n.Br., im Mittlmeergebiet vorwiegend in den Gebirgen.

Verbreitung in Baden-Württemberg: In allen Landesteilen verbreitet.

Tiefste Vorkommen: ca. 95 m im nördlichen Oberrheingebiet. Höchste Vorkommen: in den Voralpen bei ca. 1100 m am Adelegg (8326/2); im Südschwarzwald bei ca. 1315 m bei der Baldenweger Hütte am Feldberg (8114/1, K. MÜLLER 1948: 332).

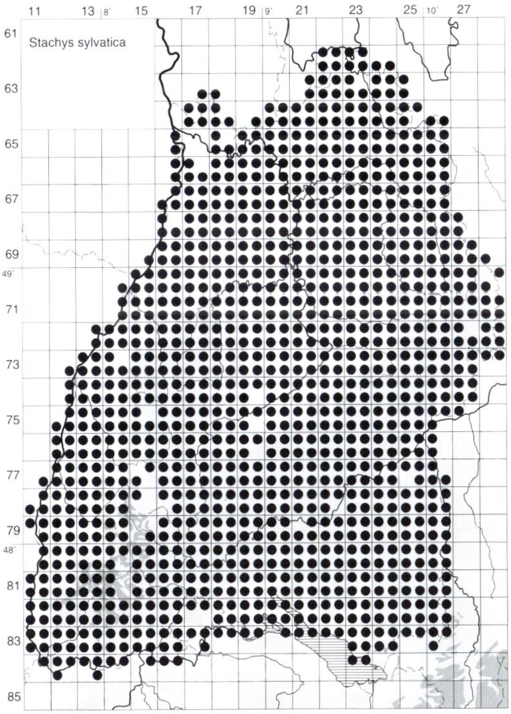

Wald-Ziest (*Stachys sylvatica*)
Raum Freiburg

Stachys sylvatica ist vermutlich schon vor den ersten Eingriffen des Menschen im Gebiet vorhanden gewesen.

Erstnachweise: Ältester archäologischer Nachweis: ca. 43. Jh. v.Chr. bei Aichbühl (BLANKENHORN & HOPF 1982). Nach ZIMMERMANN (1937) von H. HARDER ca. 1562 in der Umgebung von Geislingen – Ulm gesammelt.

Bestand und Bedrohung: *Stachys sylvatica* ist im Gebiet häufig und nicht bedroht.

4. Stachys palustris L. 1753
Sumpf-Ziest

Morphologie: Geophyt, mit langen, besonders im Herbst zwischen den Knoten anschwellenden, unterirdischen Ausläufern. Stengel 30–100 cm hoch, meist aufrecht, einfach oder verzweigt, zerstreut behaart; Haare an den Kanten 2–3 mm lang, auf den Seitenflächen 0,3–0,8 mm lang. Obere und mittlere Stengelblätter herzförmig sitzend, die unteren kurz gestielt, lanzettlich, spitz oder stumpf gezähnt, beiderseits behaart (unterseits samtig). Blüten ± sitzend, in endständigen, meist dicht stehenden, 4- bis 6blütigen Teilblütenständen. Kelch 6–10 mm lang, dicht kurzhaarig (selten mit einzelnen Drüsenhaaren), kurz begrannt. Krone 11–17 mm lang, purpurn, außen kurz behaart. Teilfrüchte fein gestreift, ca. 2 mm lang. Im Gebiet nur die Typusunterart. – Blütezeit: Juni–September.

Ökologie: Auf feuchten oder wechselnassen, meist nährstoff- und basenreichen, kalkarmen, torfigen oder tonigen Böden. Nach HOFMEISTER und GARVE (1986) Staufeuchtezeiger. In Staudenfluren an Ufern und Gräben, in Naßwiesen, auf Äckern und an Wegrändern. *Stachys palustris* ist in zahlreichen Vegetationsaufnahmen enthalten (z. B. SEBALD 1974; PHILIPPI 1978).

Allgemeine Verbreitung: Nordhalbkugel. In Europa nur im Mittelmeergebiet selten oder fehlend.

Verbreitung in Baden-Württemberg: Im Schwarzwald (zu nährstoffarme Böden) und auf der Albhochfläche (zu trocken) meist fehlend. In den übrigen Landesteilen weit verbreitet.

Tiefste Vorkommen: ca. 95 m in der nördlichen Oberrheinebene. Höchstes Vorkommen bei ca. 945 m bei Schwarzenbach im mittleren Schwarzwald (7815/3, HÜGIN, schriftl. Mitt.).

Stachys palustris ist vermutlich schon vor den ersten Eingriffen des Menschen im Gebiet vor-

Sumpf-Ziest *(Stachys palustris)*
Burkheim

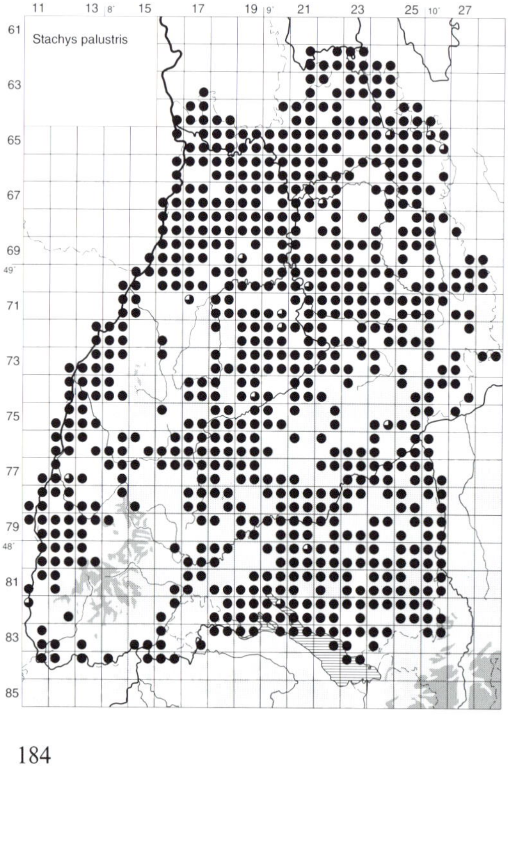

handen gewesen (z. B. in der Überflutungsaue des Rheins).

Erstnachweise: Ältester archäologischer Nachweis: 1./3. Jh. n. Chr. bei Rottweil (STIKA 1993). Nach ZIMMERMANN (1937) von H. HARDER ca. 1562 in der Umgebung von Geislingen – Ulm gesammelt.

Bestand und Bedrohung: *Stachys palustris* ist im Gebiet häufig und nicht bedroht.

5. Stachys recta L. 1767

Aufrechter Ziest

Morphologie: Hemikryptophyt, mit dünnem Rhizom und langer Pfahlwurzel. Stengel 20–60 cm hoch, aufrecht oder aufsteigend, einfach oder verzweigt, wie die Blätter ± stark behaart (Haare bis 3 mm lang). Blätter kurz gestielt oder sitzend, oval bis lanzettlich, in den Stiel verschmälert, stumpf oder spitz gezähnt. Blüten kurz gestielt, in endständigen, locker übereinanderstehenden und (4)6–10blütigen Teilblütenständen. Kelch 5–10 mm lang, behaart, mit stechend begrannten Zähnen, Grannen nicht behaart. Krone 10–20 mm lang, hellgelb bis weißlich, außen kurz behaart. Teilfrüchte fein punktiert, ca. 2 mm lang. Im Gebiet nur die Typusunterart. – Blütezeit: Juni–Oktober.

Ökologie: Auf vorwiegend sonnigen, trockenen bis mäßig frischen, basenreichen (meist kalkreichen), nährstoffarmen Sand-, Lehm- oder Lößböden. *Stachys recta* wächst in Trocken- und Halbtrockenrasen (Festuca-Brometea-Gesellschaften), in Staudenhalden, im Saum von Büschen und Waldrändern (Geranion sanguinei-Gesellschaften) sowie in lichten Flaumeichen- und Kiefernwäldern (Quercetum pubescenti-petraeae, Coronillo-Pinetum und Cytiso-Pinetum). Vegetationsaufnahmen mit *Stachys recta* liegen von Kuhn (1937), Th. Müller (1966), Görs (1974, Tab. 2), Witschel (1980), Sebald (1983) und Philippi (1984) vor.

Allgemeine Verbreitung: Europa, Westasien. In Europa nordwärts zerstreut von Belgien über Norddeutschland und Polen bis in den Ural, hier bei ca. 55° n. Br., die absolute Nordgrenze erreichend, südwärts von Nordspanien über Süditalien bis zum Balkan.

Verbreitung in Baden-Württemberg: In sommerwarmen Gebieten mit kalkreichen Substraten. Nördliches und südliches Oberrheingebiet, Gäulandschaften, Baar, Klettgau und Hochrhein,

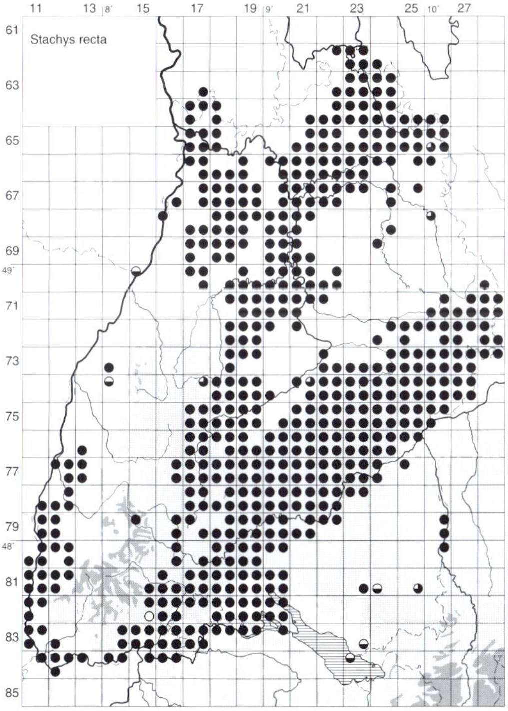

Aufrechter Ziest *(Stachys recta)*
Rosenstein bei Heubach, 12. 6. 1992

Schwäbische Alb, westliches Bodenseegebiet (einschließlich Hegau). Selten ist die Pflanze im mittleren Oberrheingebiet und im Alpenvorland außerhalb des westlichen Bodenseegebietes.

Tiefste Vorkommen: ca. 100 m in der nördlichen Oberrheinebene. Höchstes Vorkommen: ca. 1010 m am Lemberg in der Schwäbischen Alb (Bertsch 1919).

Stachys recta ist vermutlich schon vor den ersten Eingriffen des Menschen in lichten Trockenwäldern und an Waldrändern vorhanden gewesen.

Isoliert liegende Vorkommen (Angaben nach 1970):
Mittleres Oberrheingebiet: Lößvorland SW Achern, ca. 1980, Philippi (KR-K).
Mittlerer Schwarzwald: 7915/1: NW Furtwangen (synanthropes, vermutlich unbeständiges Vorkommen), 1988, Demuth (KR-K).
Alpenvorland: 7926/2: N Heimertingen (bayr.), Dörr (1977); 7926/4: Oberopfingen, Dörr (1977); 8026/2: N Mooshausen, 1984, Lenker (schriftl. Mitt.); 8123/4: Kiesgrube Annaberg bei Baindt, 1985, Miller (STU-K).

Erstnachweise: Ältester archäologischer Nachweis: 40. Jh. v. Chr. bei Hornstaad (Rösch unpubl.). Nach Zimmermann (1937) von H. Har-

DER ca. 1562 in der Umgebung von Geislingen – Ulm gesammelt.

Bestand und Bedrohung: *Stachys recta* ist in den Kalkgebieten häufig und nicht bedroht.

6. Stachys annua (L.) L. 1763

Einjähriger Ziest

Morphologie: Therophyt (selten zwei- oder mehrjährig) mit einer dünnen Pfahlwurzel. Stengel 10–30 cm hoch, niederliegend bis aufrecht, verzweigt, wie die Blätter zerstreut behaart bis fast kahl (Haare meist kürzer als 0,5 mm). Blätter gestielt, oval bis lanzettlich, in den Stiel verschmälert, stumpf oder spitz gezähnt. Blüten kurz gestielt, in endständigen, locker übereinanderstehenden (2)4–6blütigen Teilblütenständen. Kelch 5–10 mm lang, kurz behaart, mit kaum stechenden, begrannten Zähnen; Grannen bis zur Spitze behaart; Krone 10–20 mm lang, hellgelb bis gelblich, außen kurz behaart. Teilfrüchte fein punktiert, ca. 1,2–1,3 mm lang. Im Gebiet nur die Typusunterart. – Blütezeit: Juni–Oktober.

Ökologie: Auf trockenen bis mäßig frischen, meist kalkreichen, mäßig nährstoffreichen, oft sandigen oder steinigen Lehmböden. *Stachys annua* wächst auf Äckern, in Ackerbrachen, in Weinbergen und auf Schuttplätzen. Vegetationsaufnahmen mit *Stachys annua* liegen von HÜGIN (1956), KNAPP (1964) und PHILIPPI (1993; 1994, Tab. 1 u. 4) vor.

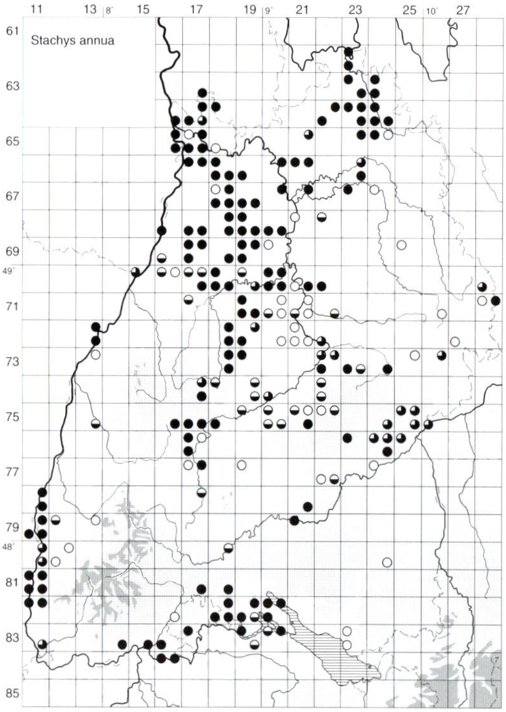

Einjähriger Ziest *(Stachys annua)*
Mönsheim, 10. 8. 1991

Allgemeine Verbreitung: Europa, Kleinasien, in Nordamerika eingeschleppt. In Europa ursprünglich nur im östlichen Mittelmeergebiet verbreitet, mittlerweile reicht das geschlossene Verbreitungsgebiet nordwärts bis ca. 57° n. Br. (unbeständige Vorkommen bis Südskandinavien). Im westlichen Mittelmeergebiet ist die Pflanze bis Nordspanien eingebürgert.

Verbreitung in Baden-Württemberg: Selten bis zerstreut in sommerwarmen Gebieten: Oberrheingebiet, Gäulandschaften, Klettgau und Hochrhein, Schwäbische Alb, westliches Bodenseegebiet (einschließlich Hegau).

Tiefste Vorkommen: ca. 95 m im nördlichen Oberrheingebiet. Höchstes Vorkommen: 650 m bei Tuttlingen (8018/2).

Stachys annua ist vermutlich erst nach Schaffung geeigneter Standorte durch den Menschen in das Gebiet eingewandert (Archäophyt).

Erstnachweise: Ältester archäologischer Nachweis: ca. 41. Jh. v. Chr. bei Riedschachen (BLANKENHORN & HOPF 1982). Nach SCHORLER (1908) von H. HARDER 1574–76 in der Umgebung von Geislingen – Ulm gesammelt.

Bestand und Bedrohung: *Stachys annua* ist durch die Intensivierung der Landwirtschaft überall zurückgegangen. Viele Vorkommen bestehen nur aus wenigen Pflanzen. Die Pflanze ist in Baden-Württemberg gefährdet (G 3, Tendenz zu G 2).

Acker-Ziest (*Stachys arvensis*)
Freudental, 28. 11. 1992

7. **Stachys arvensis** (L.) L. 1763
Acker-Ziest

Morphologie: Therophyt, mit dünner Pfahlwurzel. Stengel 10–20(–30) cm hoch, meist sparrig verzweigt, zerstreut bis dicht abstehend behaart. Blätter gestielt, oval, am Grunde meist herzförmig, stumpf gezähnt, zerstreut behaart. Blüten kurz gestielt, in endständigen, locker übereinanderstehenden, 2- bis 6blütigen Teilblütenständen. Kelch 6–8 mm lang, häufig rot(violett) überlaufen, abstehend behaart, Kelchzähne kurz begrannt. Krone 6–9 mm lang, blaßrosa (selten weißlich), außen kurz behaart. Teilfrüchte mit kleinen Warzen (Lupe!), ca. 1,8–2 mm lang. – Blütezeit: Juli–November.

Ökologie: Auf frischen bis feuchten, mäßig nährstoffreichen, meist kalkarmen und sauren, sandigen Lehmböden, im Tiefgestade des Rheins selten auch auf kalkreichen Aueböden. Auf extensiv genutzten Äckern, an Ackerrändern, in Ackerbrachen und in Gärten im Setario-Stachyetum (seltener auch in der planaren und collinen Ausbildung des Digitarietum). Charakteristische Begleitpflanzen sind im Westen des Gebietes wärmeliebende Arten wie *Setaria viridis, S. glauca* und *Echinochloa crus-galli*, die der Gesellschaft im Schwäbisch-Fränkischen Wald und im östlichen Vorland der Schwäbischen Alb fehlen.

Vegetationsaufnahmen bzw. synthetische Tabellen mit *Stachys arvensis* liegen von G. Knapp (1946, mittlerer Odenwald), Hügin (1956), Rodi (1960) und Oberdorfer (1938, 1957, 1983) vor.

Allgemeine Verbreitung: Westeuropa, Nordwestafrika, Madeira, Kanaren, Azoren, in Nordamerika und vereinzelt auf der Südhalbkugel eingeschleppt. In Europa geschlossenes Verbreitungsgebiet bis ca. 60° n. Br., ostwärts bis ca. 20° ö. L., vereinzelt auch darüber hinaus (Polen, Bulgarien, Kreta). (Sub-)atlantisch verbreitete Pflanze.

Verbreitung in Baden-Württemberg: Selten im Oberrheingebiet, in der Vorbergzone des Schwarzwaldes (im Schwarzwald selten und Tallagen bevorzugend), im Odenwald, im Neckarland (besonders Keupergebiete) und am Hochrhein (8315/4: Glockenhof bei Tiengen, WELZ 1885: 205). Im Gebiet an einer Ostgrenze des geschlossenen Verbreitungsgebietes.

Tiefste Vorkommen: ca. 100 m in der nördlichen Oberrheinebene. Höchste Vorkommen: ca. 990 m an der Vogesenkapelle zwischen Hochritti und Diescheneck (HÜGIN, KR-K), wobei ab 600 m eine deutliche Häufigkeitsabnahme festzustellen ist (HÜGIN 1992).

Stachys arvensis ist vermutlich erst nach Schaffung geeigneter Standorte durch den Menschen in das Gebiet eingewandert (Archäophyt).

Erstnachweise: Ältester archäologischer Nachweis: ca. 40. Jh. v. Chr. bei Hochdorf (KÜSTER 1985). Erste schriftliche Erwähnung bei C. C. GMELIN (1806: 633). „Baden".

Bestand und Bedrohung: *Stachys arvensis* ist in seinem baden-württembergischen Teilareal durch die Intensivierung der Landwirtschaft und durch die veränderte Gartennutzung überall im Rückgang begriffen. Bei den meisten aktuellen Vorkommen handelt es sich um Populationen mit nur wenigen Pflanzen.

Im Oberrheingebiet war die Pflanze vermutlich nie häufig, konnte aber besonders im mittleren und südlichen Abschnitt regelmäßig gefunden werden. So bezeichnen z. B. SCHILDKNECHT (1863: 76) und NEUBERGER (1912: 217) den Akker-Ziest als verbreitet für den Freiburger Raum.

Stachys arvensis ist in Baden-Württemberg insgesamt stark gefährdet (G 2), im nördlichen Oberrheingebiet und im Neckarland sogar vom Aussterben bedroht (G 1).

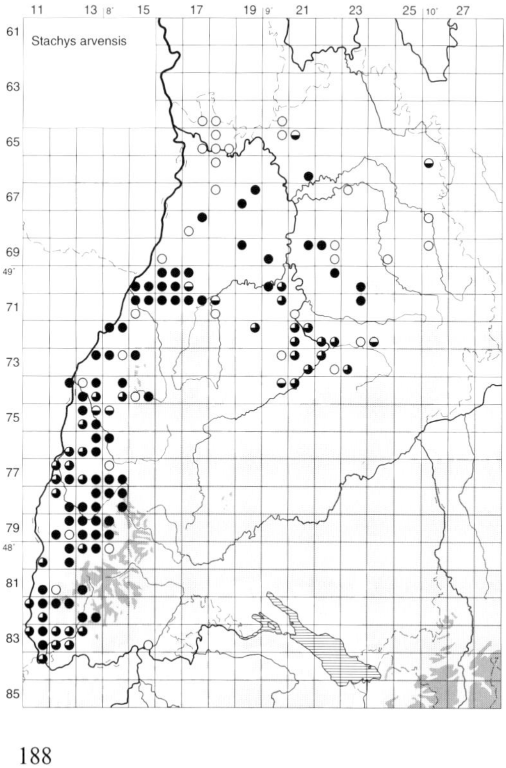

Bastarde:

Stachys palustris L. × **S. sylvatica** L.; **S. × ambigua** Smith 1809

Die meisten morphologischen Merkmale vermitteln zwischen den Elternarten (vgl. Bestimmungsschlüssel). Nach STACE (1991: 664) verbreitet sich die Pflanze durch Rhizomstücke.

6517/4: Wieblingen, ?, DIERBACH (KR); ?: Heidelberg, SCHIMPER in KÖNIG (1841: 116); 6920/1: Haberschlacht, 1993, PLIENINGER (Hb. PLIENINGER); 6927/3: Zwischen Aumühle und Ellenberg, SCHNITZLEIN und FRICKHINGER (1848: 174); 7016/2: Grünwettersbach, 1893, GUYOT in ZAHN (1895: 287); Zwischen Wolfartsweier und Grünwettersbach, 1900, KNEUCKER (KR); 7314/4: Berneck, 1982, SEYBOLD (STU); 7420/3 (?): Tübingen, Steinlachtal, HEGELMAIER (STU); 7522/2: Seeburg, DIETERICH (1904: 138); 7813/4: Siegelau bei Waldkirch, 1889, GÖTZ (KR); ?: Freiburg, NEUBERGER (1912: 217); 8013/1: Lorettoberg, HATZ in SCHILL (1887: 9); 8017/4: Gutmadingen, 1891, HIRT (KR); 8111/3: Zienken, NEUBERGER (1912: 217); 8111/4: Müllheim, ?, LANG (KR), vgl. auch WEVER (1843: 162); NEUBERGER (1912: 217); Hügelheim, NEUBERGER (1912: 217); 8116/2: Mundelfingen, ?, ? (KR).

12. **Nepeta** L. 1753

Katzenminze

Meist ausdauernde, krautige Pflanzen (selten Therophyten). Teilblütenstände ährenartig angeordnet. Kelch röhrenförmig, 5zähnig, 15nervig. Krone zweilippig, außen behaart, mit schmaler, innen kahler Röhre. Oberlippe meist flach, vorne ausgerandet; Unterlippe 3teilig, mit größerem, vorne ausgerandetem Mittelabschnitt. Staubblätter unter der Oberlippe aufsteigend, mit spreizenden Staubbeutelhälften. Teilfrüchte eiförmig, dreikantig, glatt, runzelig oder warzig. Bestäubung meist durch Hummeln oder Bienen.

Gattung mit ca. 150 hauptsächlich in Zentralasien verbreiteten Arten. In Europa kommen 24

(TURNER 1972), in Baden-Württemberg kommen 2 Arten vor.

1 Blätter unterseits grauhaarig. Kelch (5)6–8 mm lang, schwach zurückgekrümmt . 1. *N. cataria*
– Blätter fast kahl. Kelch 3–5(–6) mm lang, gerade . . . . 2. *N. pannonica*

1. Nepeta cataria L. 1753
Gewöhnliche Katzenminze, Echte Katzenminze

Morphologie: Hemikryptophyt, mit Pfahlwurzel. Stengel 40–120 cm hoch, aufrecht, verzweigt, kurz behaart. Blätter gestielt, im Umriß dreieckig, am Grunde herzförmig, grob gezähnt, unterseits grauhaarig, oberseits deutlich schwächer behaart. Blüten kurz gestielt. Kelch (5)6–8 mm lang, mit lang zugespitzten Zähnen, schwach gekrümmt, dicht behaart. Krone 7–10 mm lang, gelblich oder rötlich. Teilfrüchte ca. 2 mm lang, glatt (bei 50facher Vergrößerung schwach warzig). – Blütezeit: Juni–September.
Ökologie: Auf trockenen bis mäßig trockenen, meist nährstoffreichen, schwach sauren bis schwach basischen, meist sandigen oder steinigen Lehmböden. An Wegrändern und Hecken, entlang von Mauern und Zäunen und auf Schuttplätzen. Onopordion-Verbandscharakterart, nach OBERDORFER (1990) gelegentlich auch im Arction. Eine synthetische Tabelle mit *Nepeta cataria* findet sich bei TH. MÜLLER (in OBERDORFER 1983, Tab. 189).

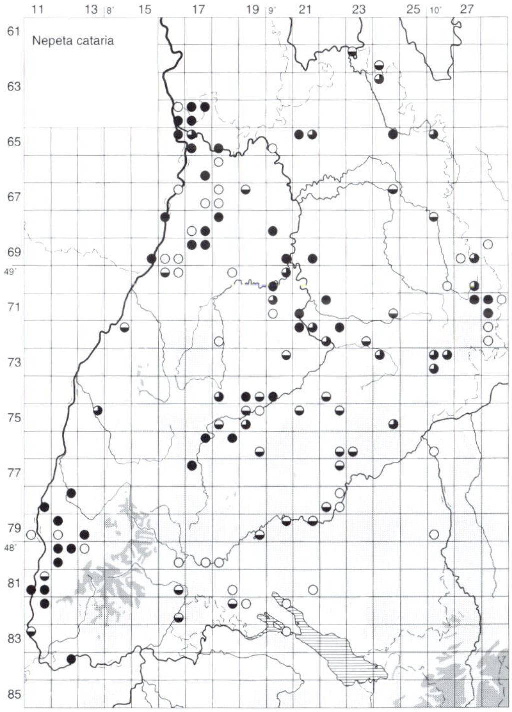

Gewöhnliche Katzenminze (*Nepeta cataria*)
Gundelfingen bei Freiburg

Allgemeine Verbreitung: Ursprünglich im östlichen Mittelmeergebiet und Südwestasien verbreitete Pflanze, mittlerweile in fast ganz Europa, in Zentralasien und Nordamerika eingebürgert, auch auf der Südhalbkugel in Ausbreitung begriffen. In Europa bestehen größere Verbreitungslücken nur auf der Iberischen Halbinsel, in Nordengland und Irland, in Mittel- und Nordskandinavien und in Nordrußland.
Verbreitung in Baden-Württemberg: Vorwiegend in sommerwarmen Gebieten verbreitete Pflanze: Oberrheingebiet, Gäulandschaften, Neckarbekken, Donaugebiet, westliches Bodenseegebiet.

Tiefste Vorkommen: ca. 95 m im nördlichen Oberrheingebiet. Höchste Vorkommen: ca. 700 m auf der Schwäbischen Alb.

Nepeta cataria ist im Gebiet vermutlich als Archäophyt anzusehen (nach LOHMEYER u. SUKOPP 1991 Neophyt!).
Erstnachweise: Ältester archäologischer Nachweis: ca. 55. Jh. v. Chr. bei Stuttgart-Mühlhausen. Nach HAUG (1915) von H. HARDER 1594 in der Umgebung von Geislingen – Ulm gesammelt.

Bestand und Bedrohung: *Nepeta cataria* teilt das Schicksal vieler früher in Dörfern weit verbreiteter Pflanzen (z. B. *Leonurus cardiaca, Ballota nigra*) und ist durch die „Dorfverstädterung" stark zurückgegangen. Größere Vorkommen findet man noch im Raum Mannheim (DEMUTH, mdl. Mitt.). In einigen Landesteilen ist die Pflanze dagegen schon lange nicht mehr bestätigt worden (z. B. westliches Bodenseegebiet). Am ehesten findet man die Sippe heute noch im Bereich von Hafen- oder Bahnanlagen. *Nepeta cataria* ist in Baden-Württemberg insgesamt stark gefährdet (G 2).

2. Nepeta pannonica L. 1753
Kahle Katzenminze

Morphologie: Hemikryptophyt, mit knotigem Rhizom. Stengel 50–100 cm hoch, aufrecht, stark verzweigt, fast kahl. Blätter sitzend (nur die untersten kurz gestielt), oval, herzförmig, gezähnt, fast kahl. Blüten kurz gestielt. Kelch 3–5(–6) mm lang, mit schmalen, spitzen Zähnen, gerade, auf den Nerven behaart. Krone 7–9 mm lang, hellviolett (selten weiß). Teilfrüchte ca. 1,8 mm lang, oben mit deutlich hervorstehenden Warzen. – Blütezeit: Juli–August.

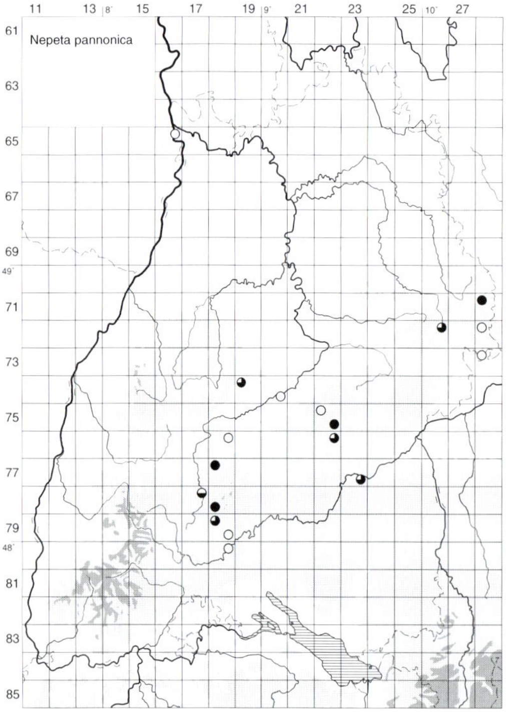

Kahle Katzenminze *(Nepeta pannonica)*
Karkstein bei Bopfingen, 5. 8. 1995

Ökologie: Auf trockenen, mäßig nährstoffarmen bis mäßig nährstoffreichen, schwach sauren bis basischen, häufig kalkreichen, meist sandigen oder steinigen Böden. In Trockenrasen, lichten Wäldern, an Weg- und Gebüschrändern und auf Schuttplätzen. Festucion vallesiacae-Verbandscharakter, in Südosteuropa auch in Flaumeichen-Steppenwäldern und in Hochgebirgs-Magerrasen auf basenarmen Substraten (vgl. HORVAT et al. 1974, Tab. 56 u. 152). Vegetationsaufnahmen aus Baden-Württemberg liegen nicht vor.

Allgemeine Verbreitung: (Süd-)Osteuropäisch-westasiatisch verbreitete Pflanze. In Europa reicht das geschlossene Verbreitungsgebiet nordwärts vom Wiener Becken über Südwestpolen bis Mittelrußland, westwärts bis in die Ostalpen (weiter westlich wenige Vorkommen bis in die Westalpen und Mittelitalien). In Deutschland ist die Pflanze – vielleicht mit Ausnahme der bayerischen Donauvorkommen (MERXMÜLLER 1973) – als Neophyt anzusehen.

Verbreitung in Baden-Württemberg: Selten und zumeist unbeständig in der nördlichen Oberrheinebene, im Neckar- und Donaugebiet, in den Keuperlandschaften und auf der Schwäbischen Alb.

Tiefstes Vorkommen: ca. 95 m im Rheinhafen Mannheim-Mühlau in der nördlichen Oberrheinebene (6516/2). Höchstes Vorkommen: ca. 700 m bei Münsingen auf der Schwäbischen Alb (7522/4).

Oberrheinebene: 6516/2: Mannheim, Mühlau, LUTZ (1885: 167 und 1910: 371).
Neckargebiet und Keuperlandschaften: 7419/1: Westrand des Ammertals zwischen Altingen und Reusten, 1969, DÜLL (STU-K); 7420/4 (?): Lustnau, 1890, MAYER (STU); 7618/2: Stetten, 1873, FISCHER (STU); 7718/1: Erlenbachtal bei Rosenfeld-Leidringen, 1978, HARMS (KR); 7817/2: Rottweil, Bahnanlagen, 1942, MAYER (STU).
Schwäbische Alb: 7128/1: Oberdorf, am Ipf, 1992, WOLF (STU); 7226/2 (?): Oberkochen, Im Wolferstal, 1907, BRAUN (STU); Oberkochen, 1960, E. KOCH (STU); 7228/1 (?): Neresheim, ?, TROLL (STU); 7328/1: Dischingen, von TROLL in VON MARTENS u. KEMMLER (1882: 71); 7522/1: Urach, Güterstein, FINKH in LECHLER (1844: 40); 7522/4: Münsingen, 1974, SCHILL u. SEILER (STU-K); 7622/2: N Grafeneck, 1958, KNAUSS (STU); 7818/3: Bahndamm zwischen Neufra und Aldingen, 1979, AIGELDINGER (STU-K); 7918/1: Aldingen, 1870, SCHEUERLE (STU); 1951, MAYER (STU); 7918/4 (?): Zwischen Aldingen und Tuttlingen, RÖSLER in VON MARTENS u. KEMMLER (1882: 71).
Donaugebiet: 7723/4: Neuburg an der Donau, FUCHS in VON MARTENS u. KEMMLER (1882: 71); 1947, SCHUPP (STU); 8018/2: Tuttlingen, ?, ROESLER (STU).

Erstnachweis: Erste schriftliche Erwähnung bei VON MARTENS (1828: 310): „Tuttlingen".

Bestand und Bedrohung: *Nepeta pannonica* sollte in der Liste der gefährdeten Neophyten als stark gefährdet (G 2) eingestuft werden.

13. **Glechoma** L. 1753
Gundermann, Gundelrebe

Ausdauernde Kräuter. Kelch 2lippig, glockenförmig, 15nervig, Kelchoberlippe drei-, Kelchunterlippe zweizähnig. Krone 2lippig; Kronröhre gerade, vorn mit erweiterter Röhre; Oberlippe flach ausgerandet, kurz behaart; Unterlippe dreiteilig, mit größerem, ausgerandetem, behaartem Mittelabschnitt. Staubblätter unter der Oberlippe aufsteigend, mit spreizenden Staubbeutelhälften, die sich paarweise einander nähern und ein Kreuz bilden. Teilfrüchte eiförmig, 3kantig, glatt. Bestäubung meist durch Hummeln.

Gattung mit ca. 10 eurasiatisch verbreiteten Arten. In Baden-Württemberg kommt nur eine Art vor.

1. **Glechoma hederacea** L. 1753
Efeublättriger Gundermann, Efeublättrige Gundelrebe

Morphologie: Hemikryptophyt (selten Geophyt), mit weit kriechendem, an den Knoten wurzelndem Stengel, 5–20 cm hoch, fast kahl bis dicht behaart, nach der Blütezeit über 1 m lange Ausläufer treibend. Blätter gestielt, nieren- bis herzförmig, grob und stumpf gezähnt. Blüten kurz gestielt, in 2- bis 3blütigen Teilblütenständen. Kelch kurz behaart, 4–11 mm lang, oft violett überlaufen. Krone 10–22 mm lang, blauviolett, selten lila, rötlich oder weiß. Teilfrüchte ca. 2 mm lang. Pflanze für Tiere (bes. Pferde) giftig – Blütezeit: März–Mai.

Variabilität: *Glechoma hederacea* kommt im Gebiet vermutlich nur in der Typusunterart vor. Die Angabe der in der Literatur häufig erwähnten subsp. *hirsuta* geht nach GAMS (1927: 2375) auf E.H.L. KRAUSE zurück und konnte im Rahmen der Untersuchungen nicht bestätigt werden (vgl. BRETSCHNEIDER 1962).

Ökologie: Auf frischen bis nassen, meist nährstoffreichen, lockeren, tonigen oder lehmigen Böden. In Auen- und Erlenwäldern, an Wald- und Gebüschrändern (Glechometalia-Ordnungscharakterart) sowie auf schattigen Wiesen. Vegetationsaufnahmen liegen von PHILIPPI (1972, Tab. 5; 1982, mehr. Tab.) und TH. MÜLLER (1966, Tab. 16; 1975, Tab. 5) vor.

Allgemeine Verbreitung: Eurasien, in Nordamerika, Hong Kong, Tonkin und Neuseeland eingeschleppt. In Europa bestehen größere Verbrei-

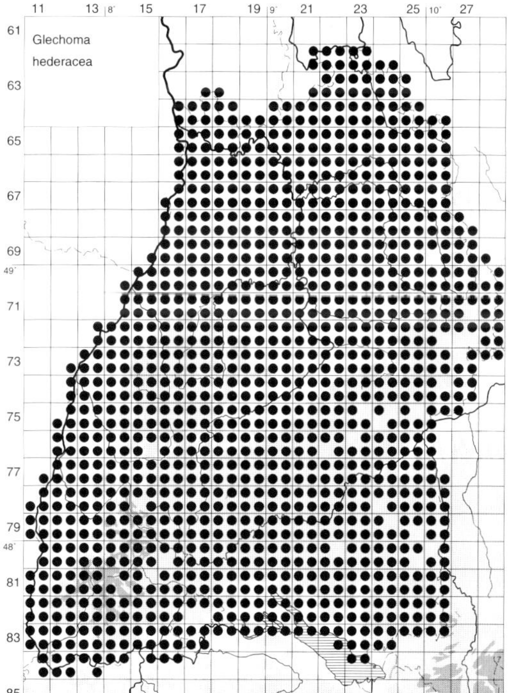

Efeublättriger Gundermann *(Glechoma hederacea)*
Wiesental

tungslücken nur in Nordskandinavien und in Südeuropa.

Verbreitung in Baden-Württemberg: *Glechoma hederacea* ist in ganz Baden-Württemberg mit Ausnahme der höchsten Lagen des Südschwarzwaldes verbreitet.

Tiefste Vorkommen: ca. 95 m in der nördlichen Oberrheinebene. Höchstes Vorkommen: 1260 m auf dem Stübenwasen im Südschwarzwald (8113/2).

Glechoma hederacea ist vermutlich schon vor den ersten Eingriffen des Menschen im Gebiet vorhanden gewesen. Natürliche Vorkommen sind z. B. in der Hartholzaue vorstellbar.

Erstnachweise: Ältester archäologischer Nachweis: ca. 40. Jh. v. Chr. bei Hornstaad (RÖSCH 1985). Nach ZIMMERMANN (1937) von H. HARDER ca. 1562 in der Umgebung von Geislingen – Ulm gesammelt.

Bestand und Bedrohung: Die Pflanze ist im Gebiet häufig und nicht bedroht.

Dracocephalum L. 1753
Drachenkopf

Ein- oder mehrjährige krautige Pflanzen oder Zwergsträucher. Blüten in ährenförmigen Blütenständen. Kelch 15nervig, ± zweilippig; Krone zweilippig. Staubblätter unter der Oberlippe aufsteigend, genauso lang oder wenig länger als die Krone.

Gattung mit ca. 40 vorwiegend in Asien verbreiteten Arten. In Europa kommen 5 Arten vor. In Baden-Württemberg sind bisher drei Arten unbeständig nachgewiesen worden.

Abbildungen aller unten aufgeführten Arten finden sich bei LID (1974: 592), eine zusätzliche Abbildung von *D. moldavica* bei SCHNEDLER (1977: 53).

1 Krone länger als 15 mm . . . *[D. moldavica]*
– Krone kürzer als 15 mm 2
2 Hochblätter gesägt . . . . . *[D. parviflorum]*
– Hochblätter ganzrandig . . . . *[D. triflorum]*

Dracocephalum triflorum L. 1753

Therophyt. Stengel 10–60 cm hoch, aufrecht, schwach behaart. Blätter lanzettlich-oval bis oval, die unteren grob gesägt, die oberen ganzrandig, kahl. Scheinquirlen 6- bis 12blütig. Krone 7–9 mm lang, den Kelch nur wenig überragend, lila bis hellblau (Pflanze erinnert im Habitus an *Acinos arvensis*). – Blütezeit: Mai–Juni. 6516/2: Mannheim-Mühlau, LUTZ (1910); 7412/2: Kehl, GAMS (1927).

Dracocephalum moldavica L. 1753

Therophyt. Stengel 30–60 cm hoch, aufrecht, wie die Blätter kahl oder schwach behaart. Untere Blätter kurz gestielt, obere sitzend, eilänglich bis lanzettlich, grob sägezähnig bis eingeschnitten. Krone 20–25 mm lang, violett (selten hellblau oder weiß). – Blütezeit Mai–Juli. 6517/1: Ilvesheim, GAMS (1927).

Dracocephalum parviflorum Nuttall 1818

Therophyt. Stengel 20–50 cm hoch, schwach behaart. Blätter lanzettlich bis eiförmig, grob gesägt, unterseits behaart, oberseits fast kahl, untere ca. 1 cm lang gestielt, obere sitzend. Krone 8–10 mm lang, den Kelch nur wenig überragend, hellblau. – Blütezeit: Mai–Juli. 7811/4: Leiselheim-Bühl, 1977, FISCHER (STU), vgl. auch FISCHER (1978) und SEBALD u. SEYBOLD (1978).

Lallemantia Fischer & C. A. Meyer 1840

Ein- oder zweijährige krautige Pflanzen (am Grunde z. T. verholzt). Kelch röhrenförmig, 15nervig, schwach zweilippig. Krone zweilippig, mit schmaler Röhre; Oberlippe mit 2 Längsfalten. Staubblätter 4. Teilfrüchte länglich, glatt oder fein punktiert.

Abbildungen verschiedener *Lallemantia*-Sippen finden sich bei SCHNEDLER (1977 u. 1979)

Lallemantia iberica (Bieberstein) Fischer & C. A. Meyer 1840

Therophyt. Stengel 15–40 cm hoch. Obere Blätter lanzettlich bis linealisch, untere Blätter eiförmig, gekerbt. Blütentragblätter eiförmig, am Grunde keilförmig, mit langen Haaren. Krone violett bis blau (Unterlippe manchmal weiß), 11–15(–18) mm lang. Blütezeit: April–Juni.

Aus Kaukasien stammende Pflanze trockener Böden, die in Osteuropa und im östlichen Mitteleuropa eingebürgert ist. Aus Baden-Württemberg liegen zwei Angaben über unbeständige Vorkommen vor.
6916/3: Grünwinkel, KNEUCKER (1924: 297); 8012/2: Kiesgrube an der Basler Straße, THELLUNG (1903: 295, als *Lallemantia canescens*; THELLUNG 1908: 186).

Physostegia Bentham 1829

Stengel und Blätter kahl. Blätter sitzend, gezähnt. Blüten in ährenähnlichen Blütenständen. Oberlippe helmförmig, Unterlippe dreilappig. Staubblätter nicht aus der Krone ragend.

Physostegia virginiana (L.) Bentham 1829
Gelenkblume

Stengel bis 60 cm hoch. Blätter schmal lanzettlich, scharf gezähnt. Krone rosa bis rötlich, 1,5–2,5 cm lang. Eine Photographie der Pflanze findet sich bei STEERE (1967: 381).

Aus Nordamerika stammende Pflanze feuchter Böden, die in Baden-Württemberg bisher zweimal verwildert nachgewiesen wurde. Die Sippe wird auch als Zierpflanze kultiviert (vgl. HÜGIN 1991: 86).

7021/3 (?): Marbach, trockengelegte Neckarschlinge, KREH (1950: 117); 8325/1: Schuttplatz im Argental bei Bad Briel, 1959, BRIELMAIER (in DÖRR 1977: 56).

14. **Prunella** L. 1753
Brunelle, Braunelle

Ausdauernde, krautige Pflanzen. Blüten meist zu 6 in ährenförmig übereinanderstehenden, endständigen Teilblütenständen. Kelch 2lippig, glokkenförmig, unregelmäßig 10nervig; Oberlippe drei-, Unterlippe zweizähnig. Krone mit knieförmig gebogener Röhre, innen mit Haarring; Oberlippe helmförmig, nur auf dem Mittelnerv mit einzelnen Haaren, sonst kahl; Unterlippe dreiteilig, mit größerem, gezähntem Mittelabschnitt. Staubblätter 4, unter der Oberlippe aufsteigend; Staubfäden über die Staubbeutel hinaus in einen Zahn verlängert. Teilfrüchte eiförmig, etwas dreikantig, glatt. Bestäubung meist durch Bienen.

Gattung mit 6 schwerpunktmäßig in Südeuropa verbreiteten Arten. In Europa kommen 4, in Baden-Württemberg kommen 3 Arten vor.

1 Krone 2–2,5 cm lang. Oberstes Stengelblattpaar vom Blütenstand abgerückt . 2. *P. grandiflora*
– Krone 0,7–1,8 cm lang. Blütenstand vom obersten Stengelblattpaar umgeben 2
2 Krone meist gelblichweiß. Stengel und Blätter ± kraus weiß behaart. Stengelblätter mit schmalen Zähnen oder fiederteilig . . . . 1. *P. laciniata*
– Krone meist blau- oder purpurviolett. Stengel und Blätter zerstreut behaart. Stengelblätter ganzrandig oder mit unregelmäßig breiten Zähnen . . . . 3. *P. vulgaris*.

1. **Prunella laciniata** (L.) L. 1763
Weiße Brunelle

Morphologie: Hemikryptophyt, mit kurzem Rhizom. Stengel 5–20(–30) cm hoch, aufsteigend oder aufrecht, oft verzweigt, wie die Blätter ± kraus weiß behaart. Stengelblätter mit Ausnahme des obersten Paares deutlich gestielt. Grundständige Blätter ganzrandig oder buchtig gezähnt;

Stengelblätter mit schmalen Zähnen oder fiederteilig; Tragblätter kreis-nierenförmig, stachelspitzig. Gesamtblütenstand vom obersten Stengelblattpaar umgeben. Kelch 8–11 mm lang. Krone 1,5–1,8 cm lang, meist gelblichweiß (selten rosa). Teilfrüchte ca. 2,5 mm lang. – Blütezeit: Juni–August.

Ökologie: Auf trockenen (häufig wechseltrockenen) bis mäßig frischen, vorwiegend nährstoffarmen, meist kalkreichen, häufig steinigen, lehmigen oder tonigen Böden. In Trocken- und Halbtrockenrasen, Schafweiden sowie an sonnigen Weg- und Waldrändern.

Vegetationsaufnahmen bzw. synthetische Tabellen liegen von TH. MÜLLER (1966, Tab. 20, Gentiano-Koelerietum) und SEBALD (1966, Tab. 11, Teucrio-Brachypodietum auf Tonmergeln des Gipskeupers) vor. Typische Begleitpflanzen sind *Ononis spinosa* und *Trifolium ochroleucon*.

Allgemeine Verbreitung: Europa, Kleinasien, Kaukasus, Iran, Nordafrika. Geschlossenes Verbreitungsareal nordwärts bis ca. 50° n. Br., weiter nördlich isolierte Vorkommen von Südengland über Belgien und Mitteldeutschland bis Polen.

Verbreitung in Baden-Württemberg: Selten und vielerorts verschollen in meist sommerwarmen, kalkreichen Gebieten: Oberrheingebiet, Gäulandschaften, südliches Keuper-Lias-Neckarland, Hochrhein. Lokalklimatisch begünstigte Vorkommen finden sich außerdem in der Baar (nur Bastarde nachgewiesen!), bei Ellwangen und auf der Schwäbischen Alb.

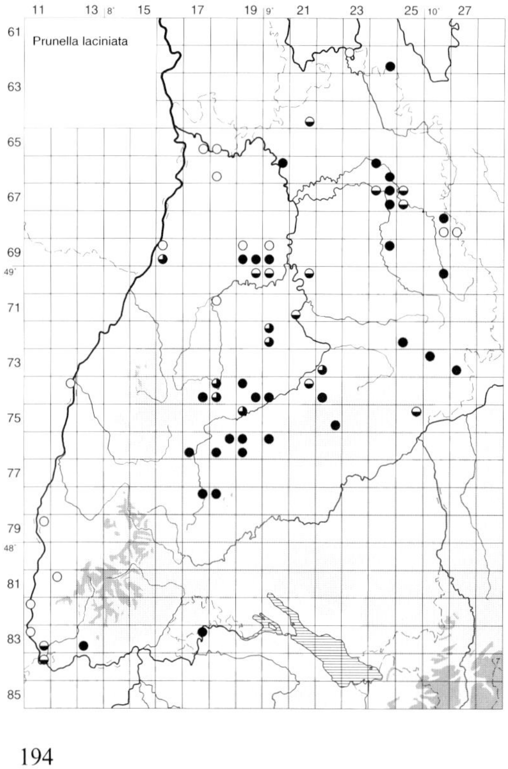

Tiefste Vorkommen: ca. 100 m im nördlichen Oberrheingebiet. Höchstes Vorkommen: ca. 700 m S Farrenberg auf der Schwäbischen Alb (7620/1).

Prunella laciniata ist vermutlich erst nach Schaffung geeigneter Standorte durch den Menschen in das Gebiet eingewandert (Archäophyt).

Oberrheingebiet: 6517/4 (?): Friedrichsfeld, NEUBERGER (1889: 82); 6518/3: Neuenheim, SCHMIDT (1857: 246); 6916/1: Auf dem Waidwerk von Eggenstein, v. KETTNER in DÖLL (1859: 694); 6916/3: Zwischen Mühlburg und Daxlanden, GMELIN (1806: 663); Grünwinkel, 1965, BRETTAR in PHILIPPI (1971: 41); (?): Am Hardthof, GMELIN (1806: 664). Die Angabe konnte nicht in die Verbreitungskarte übernommen werden. 7412/2 (?): Bei Kehl, GMELIN (1806: 664); (?): Kaiserstuhl, ?; FRANK (KR). Die Angabe konnte wegen der großen räumlichen Unschärfe nicht in der Karte übernommen werden. 7911/2: Zwischen Achkarren und Ihringen, SPENNER (1826: 409); 8112/1: Kastelberg bei Sulzburg, SPENNER (1826: 410), WEVER (1843: 162); 8211/1 (?): Auf der Riese zwischen Neuenburg und Steinenstadt, VULPIUS in SCHILL (1887: 9); 8311/1: Isteiner Klotz, 1874, BAREISS (KR); Istein, STERK in BAUMGARTNER (1882: 14); 8311/4: Lörrach, NEUBERGER (1912: 214); 8313/3: Wald E Dossenbach, 1990, SEYBOLD (STU-K); 8411/2: Grenzach bei Lörrach, ?, ? (KR); Friedlingen, NEUBERGER (1912: 214).

Gäulandschaften: 6223/1: Kreuzwertheim, Zinkenschlag, 1890, STOLL (KR); Wertheim, 1896, STOLL (KR); 6224/4: Waldrand NW Oberalterheim, 1987, RATHAUSKY (STU-K); 6421/4: Wolfsgrund b. Buchen, BRENZINGER (1904: 411); 6618/3: Zwischen Nußloch und dem Maischbacher Hof, SCHMIDT (1857: 246); 6620/2: NE Mosbach, 1986, im darauffolgenden Jahr verschwunden, MESZMER (schriftl. Mitt.); 6624/1: Bilzen, am Grenzstein, 1990, GENSER (KR-K); 6624/4: Geißbiegel, 1989, GENSER (STU-K); Rosengärtle N Mulfingen, 1989, GENSER (STU-K); 6724/1: Künzelsau, 1914, SCHAAF (STU); 6724/2: Gewann Notnagel, 1989, GENSER (STU-K); 6724/4: Sommerberg, Totensteigle, 1981, NEBEL (STU-K); 6725/1: Unter-Regenbach, HANEMANN (1927: 38); 6725/3: Hürden u. Bächlingen, HANEMANN (1927: 38); 6920/1: Stockheim, 1896, ALLMENDINGER (STU); Brackenheim, 1889, MAYER (STU); 7020/1: Rechentshofen, 1937, GSCHEIDLE (STU); 7021/2: Murr beim Floßhaus, 1925, HERMANN (STU); 7118/1: Bahnhof Pforzheim, ZACHMANN in BAUMGARTNER (1882: 26); 7121/3: Schnarrenberg beim Burgholzhof, 1941, VOGELMANN (STU); 7417/4: Kapf S Oberschwandorf, 1984, SEYBOLD (STU-K); 7418/1: Kühlenberg N Emmingen, 1962, WREDE (STU-K); 7418/3: Waldachtal, Lemberg, 1955, WREDE (STU-K); 7519/1: SE Remmingsheim, 1953, K. MÜLLER (STU); 7617/3:

Weiße Brunelle *(Prunella laciniata)*
Einkorn, 17. 7. 1993

Aistaig, ADE (1989: 571); 7618/2: Haigerloch, 1981, ADE (STU); 7817/2 (?): Wacholderheide Dissenhorn, 1988, SATTLER (KR-K).
Keuper-Lias-Neckarland: 6826/2: Birkelbach, 1977, KRIEGELSTEINER (STU-K); 6826/4: Goldbach, BLEZINGER in VON MARTENS u. KEMMLER (1882: 70); Krekelberg, KIRCHNER u. EICHLER (1900: 318); 6827/3: Waldthann, KIRCHNER u. EICHLER (1900: 318); 6919/1: Leonbronn, ?, SCHLENKER (STU); 6919/3: NW Zaisersweier, Streuobstgebiet beim Reutsee, 1994, BREUNIG (KR-K); 6919/4: Häfnerhaslach, Magerrasen beim Heiligenbergsee, 1994, BREUNIG (KR-K); 6920/3: Pfefferberg bei Hohenasbach, 1975, SEYBOLD (STU-K); 6924/2: Einkorn u. Umgebung, 1993, BAUMANN (STU-K); 7019/2: Eselsburg bei Ensingen, 1928, UHL (STU); 7026/2: Schloßberg bei Ellwangen, LECHLER (1844: 40); Schönenberg oberhalb Ellwangen, 1991, VOGGESBERGER (STU-K); 7220/1: Gerlinger Heide, KREH (1951: 94); 7220/3 (?): Schilfsandsteinheide W Hölzersee, KREH (1951: 94); 7322/3: Lindorf, Reutern, MAYER (1950: 395); 7419/1: Mönchberg, 1993, BAUMANN (STU-K); 7419/4: Hirschauerberg b. Wurmlingen, 1965, GÖRS (STU); 7420/3: Tübingen, Galgenberg, 1990, CAMMISAR (STU-K); Steinenberg, 1991, Engelhardt (STU-K); 7421/2: Florian, MAYER (1930: 359); 7618/3: Keltertal b. Vöhringen, 1981, ADE (STU-K); 7619/1: 1,5 km NNE Rangendingen, 1986, HARMS (Hb. HARMS); 7619/3: S Weilheim, 1975, DITTRICH (STU-K); 7818/1: E Göllsdorf, 1991, SEBALD (STU-K).
Hochrhein: 8317/2: Altenburg, mehrfach, KUMMER (1945: 116), zuletzt noch Bahneinschnitt N Bahnhof Altenburg, 1973, THOMMA (schriftl. Mitt.).

Schwäbische Alb: 7225/3: Heldenberg, 1977 MÜNSTER (STU-K); 7326/1: Hirschhalde, 1987, GENSER (STU-K); 7327/3: Mühltal, 1988, GENSER (STU-K); 7422/3: Dettingen, Sonnenberg, 1984, SCHEDLER (STU-K); 7522/4: Kälberberg bei Dottingen, 1991, SCHILL (STU-K); 7525/2: Dornstadt, 1937, K. MÜLLER (STU), nach K. MÜLLER (1957: 163) vermutlich mit Saatgut eingeschleppt; 7620/1: S Farrenberg, 1973, HARMS (STU-K).

Erstnachweis: Die ersten schriftlichen Angaben für Baden-Württemberg finden sich bei GMELIN (1806: 603 u. 604). Ältere Angaben bei LEOPOLD (1728) oder C. BAUHIN (1622) beziehen sich nicht sicher auf unser Gebiet.

Bestand und Bedrohung: Seltene und gebietsweise bereits ausgestorbene Pflanze. In der Roten Liste von Baden-Württemberg wird die Art als gefährdet (G 3) eingestuft, muß aber zumindest als stark gefährdet (G 2), vermutlich sogar als vom Aussterben bedroht (G 1) eingestuft werden.

2. **Prunella grandiflora** (L.) Scholler 1775

Großblütige Brunelle

Morphologie: Hemikryptophyt, 5–30 cm hoch, mit kurzem Rhizom. Stengel aufsteigend oder aufrecht, meist unverzweigt, wie die Blätter zerstreut behaart. Stengelblätter mit Ausnahme des

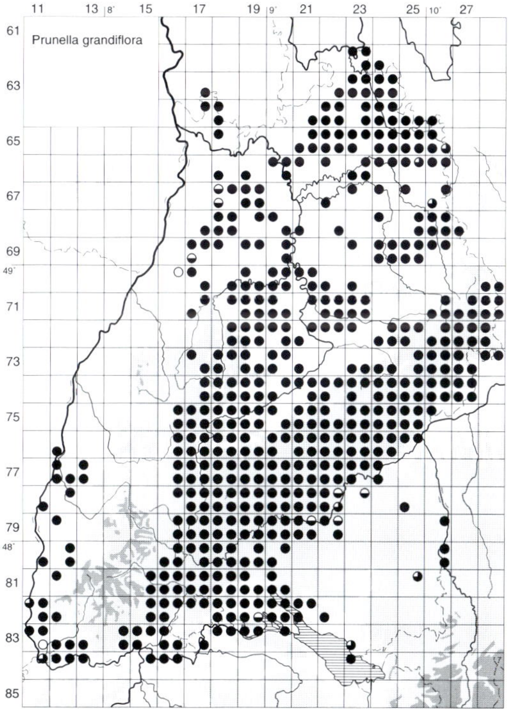

Großbütige Brunelle *(Prunella grandiflora)*
Wanne bei Pfullingen, 14. 6. 1993

obersten Paares deutlich gestielt, schmal-oval bis oval, ganzrandig oder buchtig gezähnt. Tragblätter kreis-nierenförmig, stachelspitzig. Oberstes Stengelblattpaar vom Blütenstand abgerückt. Kelch 10–12 mm lang. Krone 2–2,5 cm lang, blauviolett (selten weiß). Teilfrüchte ca. 2 mm lang. Im Gebiet nur die Typusunterart. – Blütezeit: Juni–September.

Ökologie: Auf trockenen bis frischen, meist nährstoffarmen, basen- und kalkreichen Böden. In trockenen Wiesen, Trocken- und Halbtrockenrasen (Festuco-Brometea-Klassencharakterart), Waldsäumen und lichten Wäldern. Nach SCHIEFER (1981) konkurrenzschwache Art, die nach Nutzungsaufgabe der Wiesen durch die starke Beschattung hochwüchsiger Arten zurückgeht.

Prunella grandiflora ist in zahlreichen Vegetationstabellen enthalten, z. B. KUHN (1937), BAUR (1965), WITSCHEL (1980) und SCHIEFER (1981).

Allgemeine Verbreitung: Europa, Westasien. In Europa geschlossenes Verbreitungsareal nordwärts bis Belgien, Polen und Mittelrußland, weiter nördlich isolierte Vorkommen bis Südschweden, südwärts bis Nordspanien, Norditalien und Bulgarien.

Verbreitung in Baden-Württemberg: Verbreitet in kalkreichen Gebieten: Nördliches Oberrheingebiet im Bereich der Lößbedeckung des Bergsträßer Odenwaldes, südliches Oberrheingebiet, Nekkarland (in den reinen Keupergebieten weitgehend fehlend), Baar, Klettgau und Hochrhein, Schwäbische Alb. Im Alpenvorland mit Ausnahme des westlichen Bodenseegebietes selten oder fehlend.

Tiefste Vorkommen: ca. 150 m im Kraichgau bei Berghausen (6917/3); ca. 160 m im Taubergießen (7612/3). Höchste Vorkommen: ca. 1000 m auf der Schwäbischen Alb.

Prunella grandiflora ist vermutlich schon vor den ersten menschlichen Eingriffen im Gebiet vorhanden gewesen. Natürliche Vorkommen sind in Säumen z. B. auf der Schwäbischen Alb vorstellbar.

Vorkommen im Alpenvorland (nur Angaben nach 1970):
7825/3: W Maselheim, 1989, VOGGESBERGER (STU-K); 7926/2: Zwischen der Autobahn und der Iller bei Kirchdorf, 1993, SEBALD (STU-K); 8026/2: NW Marstetten, 1982, LENKER (schriftl. Mitt.); 8026/4: Aitrach, 1982, LENKER (schriftl. Mitt.); 8423/1: Argenauen bei der Bahnlinie, 1982, SCHEDLER (STU-K).

Erstnachweise: Ältester archäologischer Nachweis: 39. Jh. v. Chr. bei Hornstaad (RÖSCH unpubl.). Nach ZIMMERMANN (1937) von H. HARDER ca. 1562 in der Umgebung von Geislingen – Ulm gesammelt.

Bestand und Bedrohung: *Prunella grandiflora* ist durch die Intensivierung bzw. Extensivierung der Landwirtschaft (z. B. Aufgabe der Bewirtschaftung von Halbtrockenrasen, Aufforstungen) insgesamt zurückgegangen, aber landesweit nicht gefährdet.

3. **Prunella vulgaris** L. 1753
Gemeine Brunelle

Morphologie: Hemikryptophyt, 5–30(–40) cm hoch, mit oberirdisch kriechenden Ausläufern. Stengel aufsteigend oder aufrecht, selten verzweigt, wie die Blätter zerstreut behaart. Stengelblätter mit Ausnahme des obersten Paares deutlich gestielt, schmal-oval bis oval, ganzrandig oder mit unregelmäßigen breiten Zähnen. Tragblätter kreis-nierenförmig, stachelspitzig. Gesamtblütenstand vom obersten Stengelblattpaar umgeben. Kelch 6–8 mm lang. Krone 0,7–1,6 cm lang, blau- oder purpurviolett (selten weiß). Teilfrüchte ca. 2 mm lang. Im Gebiet nur die Typusunterart. – Blütezeit: Juni–September.

Ökologie: Auf frischen bis feuchten, meist nährstoffreichen, schwach sauren bis schwach basischen, tonigen und lehmigen Böden. In Wiesen und Weiden, auf feuchten Äckern, auf Waldwegen und in lichten Wäldern. Die Pflanze ist empfindlich gegenüber starker Beschattung (vgl. *P. grandiflora*).

Prunella vulgaris ist in zahlreichen Vegetationsaufnahmen enthalten, z. B. BAUR (1965), SCHIEFER (1981) und THOMAS (1990).

Allgemeine Verbreitung: Ursprünglich eurasiatisch verbreitete Pflanze, mittlerweile in fast allen gemäßigten Gebieten der Erde eingeschleppt.

Verbreitung in Baden-Württemberg: In allen Landesteilen verbreitet.

Tiefste Vorkommen: ca. 95 m in der nördlichen Oberrheinebene. Höchste Vorkommen: ca. 1400 m im Südschwarzwald.

Prunella vulgaris ist vermutlich schon vor den ersten Eingriffen des Menschen im Gebiet vorhanden gewesen. Natürliche Vorkommen sind z. B. in Auenwäldern vorstellbar.

Erstnachweise: Ältester archäologischer Nachweis: 36. Jh. v. Chr. (RÖSCH unpubl.). Nach ZIMMERMANN (1937) von H. HARDER ca. 1562 in der Umgebung von Geislingen – Ulm gesammelt.

Bestand und Bedrohung: Häufige, nicht bedrohte Pflanze.

Bastarde: In älteren Floren (z. B. DÖLL 1859: 695, VON MARTENS u. KEMMLER 1882: 69, JACK 1900: 108, HEKKEL 1929: 113) werden Bastarde zwischen den *Prunella*-Arten nicht erwähnt. Statt dessen werden von *P. grandiflora* und *P. vulgaris* Formen mit fiedrigen Blättern („pinnatifida") beschrieben, die bei *P. grandiflora* auch noch kleinere Blüten besitzen. Von *P. laciniata* soll es demgegenüber Formen mit ungeteilten Blättern geben. Nach SMITH (1972: 162) gibt es zwischen allen europäischen Arten Bastarde, die zumindest teilweise fertil sind (HESS et al. 1972: 112). Vermutlich sind bei den oben erwähnten Formen solche Bastarde beschrieben worden.

Gemeine Brunelle *(Prunella vulgaris)*
Onstmettingen, 12. 7. 1994

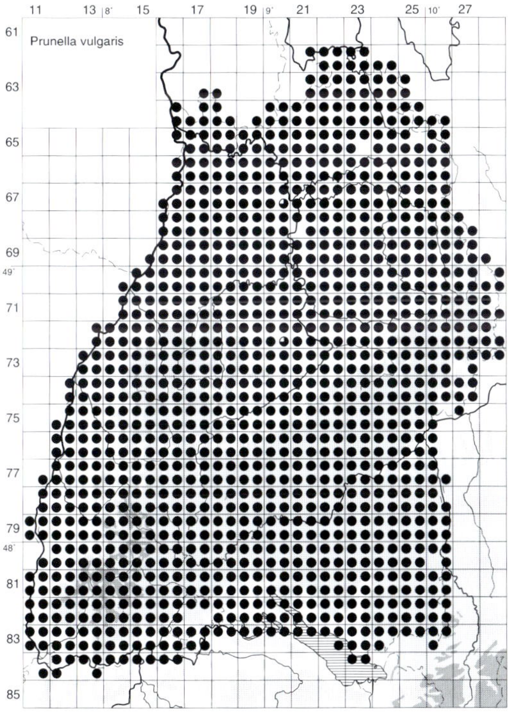

Aus Baden-Württemberg liegen folgende Angaben und Belege vor:

P. lacinata (L.) L. × **P. vulgaris** L.; **P. × intermedia** Link 1791

Der Bastard ist nach GENSER (mdl. Mitt.) im Kocher Jagst-Gebiet nicht selten z. B. 6724/4: Sommerberg, Totensteigle, 1981, NEBEL (STU-K). Weitere Fundorte: 6920/1: Haberschlacht, 1890, ALLMENDINGER (STU); 7419/4: Hirschauerberg, 1965, GÖRS (STU); 7521/4: Unterhausen, Weg zum Gießstein, 1929, PLANKENHORN (STU); 7525/2: „Hahnenweide" NW Beimerstetten, 1926, K. MÜLLER (STU); Beimerstetten, K. MÜLLER (1957: 163); 8111/3: Rheininsel b. Neuenburg, vor 1900, LANG (KR), von WEVER (1843: 162) als *P. alba* (= *P. laciniata*) publiziert. Bei NEUBERGER (1912: 214) findet sich für diesen Fundort die Angabe *P. laciniata*, die vermutlich auf LANG zurückgeht (vgl. SCHILDKNECHT 1863: 77); Ötlingen bei Lörrach, vor 1900, LANG (KR); 8116/2: Mundelfingen b. Donaueschingen, 1929, HENN (KR); 8317/2: Bahneinschnitt E Bahnhof Altenburg, KUMMER (1945: 116).

P. lacinata (L.) L. × **P. grandiflora** (L.) Scholler;
P. × dissecta Wenderoth 1831

6224/3: Wenkheim bei Tauberbischofsheim, 1945, KNEUCKER (KR); 6826/4: Westgarthausen, 1935, PLANKENHORN (STU); 7419/2: Schönbuchrand E Herrenberg, 1966, SEBALD (STU); 7419/3: Hirschauerberg, HARMS & MÜLLER in GÖRS (1966); 7422/3: Dettingen, 1928, PLANKENHORN (STU); 7519/1: Dolomitsandgruben SE Remmingsheim, 1953, K. MÜLLER (STU); 7522/4: Kälberberg bei Dottingen, 1991, SCHILL (STU); 8016/2: Zwischen Donaueschingen und dem Jägerhaus, 1944, KNEUCKER (KR); 8218/4: Gailinger Berg, 1993, E. KOCH (KR).

P. vulgaris L. × **P. grandiflora** (L.) Scholler;
P. × spuria Stapf 1886

7524/2: Blauberg bei Blaubeuren, 1937, K. MÜLLER (STU); 7525/1: S Tomerdingen, 1926, K. MÜLLER (STU); 7624/2: Sotzenhausen, K. MÜLLER (STU).

Melissa L. 1753
Melisse

Ausdauernde, krautige Pflanzen. Kelch 2lippig, glokkenförmig, 13nervig; Kelchröhre innen fast kahl. Krone 2lippig, mit bauchig erweiterter, aufwärts gebogener Röhre, innen kahl; Oberlippe meist flach, ausgerandet; Unterlippe 3teilig; Staubblätter 4, zusammenneigend; Staubbeutelhälften spreizend; Griffeläste fast gleich lang. Teilfrüchte eiförmig, glatt.

Gattung mit 3 Arten, davon sind 2 in Südostasien verbreitet.

Melissa officinalis L. 1753
Zitronen-Melisse

Geophyt, mit Rhizom und kurzen Ausläufern. Stengel 20–90(–150) cm hoch, aufrecht oder aufsteigend, verzweigt, mit abstehenden, 1–2 mm langen Haaren und mit wenigen bis 0,5 mm langen Drüsenhaaren. Blätter kurz gestielt, meist breit eiförmig, grob gezähnt, zerstreut behaart. Blüten kurz gestielt, in 4- bis 12blütigen, quirlartigen Teilblütenständen. Kelch 7–9 mm lang, behaart. Krone 8–15 mm lang, weiß oder hellgelb. Teilfrüchte 1,5–2 mm lang. Im Gebiet wird nur die Typusunterart kultiviert (FERNANDES 1972). – Blütezeit: Juli–August.

Ursprünglich ostmediterran verbreitete Pflanze, mittlerweile durch Kultur in ganz Europa (mit Ausnahme weniger Gebiete im Norden), Nordafrika und Amerika eingeführt und in wärmeren Gebieten vielerorts verwildert und eingebürgert.

In Baden- Württemberg ist die Pflanze zumindest im Oberrheingebiet eingebürgert. Nach JACOMET (1988) konnte die Pflanze in ca. 4000 Jahren alten neolithischen Siedlungen im Schweizer Mittelland gefunden werden.

Satureja L. 1753
Bohnenkraut

Einjährige oder ausdauernde, krautige Pflanzen oder Zwergsträucher. Kelch röhren- oder glockenförmig, mit 5 fast gleichen Zähnen, im Schlund meist behaart. Krone zweilippig, Oberlippe 2teilig, Unterlippe 3teilig, Kronröhre gerade. Staubblätter der Oberlippe ± anliegend und gebogen. Griffeläste fast gleich lang. Teilfrüchte eiförmig, meist leicht behaart (Lupe!).

Gattung mit 30, in Europa vorwiegend im Mittelmeergebiet verbreiteten Arten. In Europa kommen 12 Arten vor (BALL und GETLIFFE 1972).

1 Pflanze einjährig. Kelchröhre innen kahl. Krone 4–6(–7) mm lang . . . . [*Satureja hortensis*]
– Pflanze ausdauernd. Kelchröhre innen lang behaart. Krone 6–10 mm lang . . . . [*Satureja montana*]

Satureja hortensis L. 1753
Echtes Bohnenkraut

Therophyt. Stengel 10–30 cm hoch, kurz und rückwärts anliegend behaart. Blätter kurz gestielt, schmal lanzettlich, ganzrandig, zerstreut behaart oder kahl. Blüten kurz gestielt, zu 1–3 halbquirlartig in den Achseln der oberen Blätter, meist einseitswendig. Kelch glockenförmig, 3–5 mm lang; Krone weißlich, rosa oder lila. – Blütezeit: Juli–September.

Ursprünglich im östlichen Mittelmeergebiet verbreitete Pflanze, mittlerweile durch Kultur (Gewürz- und Heilpflanze) in den wärmeren Gebieten Europas weit verbreitet und selten unbeständig verwildert.

8324/2: Wangen, DÖRR (1977).

Satureja montana L. 1753
Winter-Bohnenkraut

Zwergstrauch. Stengel 10–50 cm hoch, im oberen Teil kurz und rückwärts anliegend behaart. Blätter fast sitzend, schmal lanzettlich, ganzrandig, ledrig, am Rande behaart, sonst kahl. Blüten kurz gestielt, zu 1–7 in doldenartigen, gestielten Teilblütenständen in den Achseln der oberen Blätter, einseitswendig. Kelch glockenförmig, 2,5–6 mm lang. Krone weiß, rosa oder violett. – Blütezeit: Juli–Oktober.

Aus Südeuropa stammende Pflanze, die als Gewürzpflanze kultiviert wird und selten verwildert.

7124/4 (?): Schwäbisch Gmünd, 1985, PREZLER in FAKLER (1988: 41).

15. Acinos Miller 1754
Steinquendel

Ein- oder mehrjährige Kräuter oder Zwergsträucher. Blüten immer in Scheinquirlen. Kelch röhrenförmig, 13nervig, in der Mitte eingeschnürt, in der unteren Hälfte bauchig erweitert; Zähne der Unterlippe länger als die der Oberlippe. Krone 2lippig mit gerader Röhre. Griffeläste ungleich.

Früchte länglich bis verkehrt eiförmig, kahl. Bestäubung meist durch Bienen.

Kleine vorwiegend im Mittelmeergebiet verbreitete Gattung. In Europa kommen 5 (BALL & GETLIFFE 1972), in Baden-Württemberg kommt eine Art vor.

1. **Acinos arvensis** (Monnet de la Marck) Dandy 1946

Calamintha acinos (L.) Clairville 1811
Gemeiner Steinquendel

Morphologie: Meist sommer- oder winterannueller Therophyt, seltener ausdauernd. Stengel 10–35 cm hoch, meist aufrecht, meist vom Grunde an verzweigt, anliegend oder abstehend behaart. Blätter kurz gestielt, oval bis lanzettlich, jederseits mit 1–4 kurzen Zähnen, am Rande oft nach unten eingerollt, zerstreut behaart bis kahl. Blüten kurz gestielt, meist zu dreien halbquirlartig in den Achseln der oberen Blätter. Blütenstand meist einseitswendig. Kelch röhrig, 13nervig, 5–7 mm lang, dicht und abstehend behaart, bis auf ca. ⅔ zweilippig geteilt, nach der Blüte geschlossen; Kelchröhre innen behaart. Krone 0,7–1 cm lang, blauviolett. Teilfrüchte ca. 1,3 mm lang, glatt. – Blütezeit: Juni–September.

Gemeiner Steinquendel (*Acinos arvensis*)
Tuttlingen

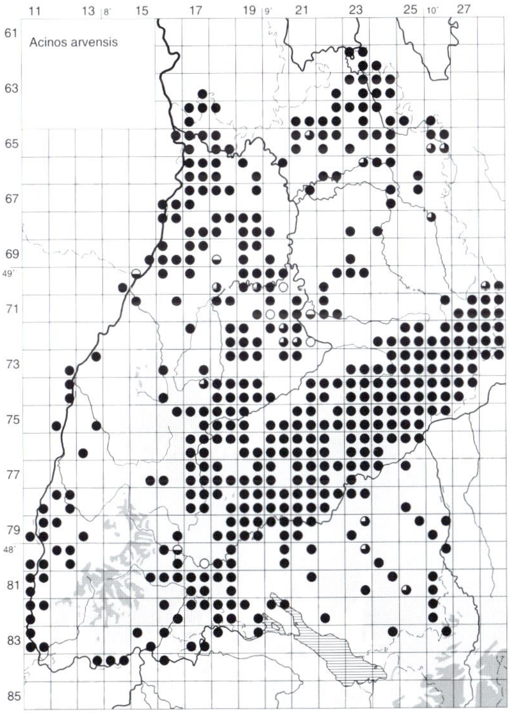

Ökologie: Auf meist trockenen, nährstoffarmen, meist basenreichen, humusarmen, meist sandigen und steinigen Böden in sonniger Lage. In lückigen Trockenrasen, auf Dünen, Dämmen und Mauern, auf Bahnhöfen, an Kiesgruben und an Wegrändern. Gilt als Sedo-Scleranthetea-Klassencharakterart, kommt seltener auch in lückigen Festuco-Brometea-Gesellschaften vor. Vegetationsaufnahmen liegen von VOLK (1931), BRAUN-BLANQUET (1931), TH. MÜLLER (1966) und PHILIPPI (1971, 1973) vor.

Allgemeine Verbreitung: Europa, Kleinasien, Kaukasus, Nordwestafrika, in Nordamerika eingeschleppt. In Europa ursprünglich im Mittelmeergebiet verbreitete Pflanzen, mittlerweile nordwärts bis Skandinavien eingebürgert.

Verbreitung in Baden-Württemberg: Weit verbreitet in sommerwarmen Gebieten auf basenreichen Substraten: Nördliches und südliches Oberrheingebiet, Gäulandschaften, Baar, Schwäbische Alb. In den übrigen Landesteilen ist die Pflanze selten oder fehlt.

Tiefste Vorkommen: ca. 95 m in der nördlichen Oberrheinebene. Höchste Vorkommen: ca. 900 m auf der Schwäbischen Alb.

Die Pflanze ist vermutlich erst mit dem Menschen in das Gebiet eingewandert (Archäophyt), obwohl primäre Vorkommen auf Felsköpfen der Schwäbischen Alb vorstellbar sind.

Erstnachweise: Ältester archäologischer Nachweis: 12./9. Jh. v. Chr. bei Hagnau (RÖSCH 1994). Erste schriftliche Erwähnung bei L. FUCHS (1542: 896): „Am Neckar und bei Rottenburg", siehe auch CORDUS in GESNER (1561: 221:A), vgl. auch SEYBOLD (1987: 149–150).

Bestand und Bedrohung: *Acinos arvensis* ist in den Hauptverbreitungsgebieten häufig und nicht bedroht.

16. **Calamintha** P. Mille 1754

Bergminze

Bearbeiter: TH. BREUNIG

Stauden oder Halbsträucher. Blätter eiförmig mit gesägtem Blattrand. Blüten in deutlich gestielten Halbquirlen. Neben zwittrigen Blüten meist auch wesentlich kleinere weibliche Blüten. Krone und Kelch zweilippig. Kelch röhrig, 11- oder 13nervig, innen behaart. Form des Kelches die einzelnen Arten gut charakterisierend.

1 Untere Kelchzähne deutlich länger als die oberen, Kelch 7–9 mm lang, die unteren Teilblütenstände 8–15(–25) mm lang und gestielt und mit (1–)3–7(–9)zwittrigen Blüten, diese mit 14–19 mm langer Krone . . . 1. *C. menthifolia*

– Untere Kelchzähne nicht oder nur unwesentlich länger als die oberen, Kelch 5–7 mm lang, die unteren Teilblütenstände 15–25 mm lang gestielt und mit 7–20 zwittrigen Blüten, diese mit 10–15 mm langer Krone . . . . 2. *C. nepeta* subsp. *nepeta*

1. **Calamintha menthifolia** Host 1831

Calamintha sylvatica Bromfield 1845,
Calamintha officinalis auct.,
Satureja calamintha auct.
Wald-Bergminze

Morphologie: Staude mit aufsteigenden bis aufrechten, 40–80 cm hohen, wenig verzweigten, mäßig bis stark behaarten Stengeln. Laubblätter behaart, eiförmig mit gesägtem Rand, Blattspreite 35–65 mm lang und 22–40 mm breit, Blattstiel 8–20 mm lang. Blüten in 8–15(–25) mm langen gestielten Halbquirlen mit meist 3–7 zwittrigen, 4–10 mm lang gestielten Blüten. Die unteren Tragblätter laubblattartig. Blüten mit 14–19 mm langer violetter Krone und 7–9 mm langem Kelch. Kelch röhrig, 13nervig. Die beiden unteren Kelchzähne (22–)2,5–4 mm lang, deutlich länger als die oberen, aufwärts gebogen. Pflanze mit aromatischem Geruch. – Blütezeit: Juli–Oktober. Art anhand der charakteristischen Form des Kelches auch im Winter bestimmbar.

Variabilität: Die in allen Teilen kleinere und wegen kürzerer Blüten- und Teilblütenstandstiele gedrungener wirkende subsp. *ascendens* (Jordan) Samp. wurde aus Baden-Württemberg einmal als Adventivpflanze für den Hafen von Mannheim angegeben (ZIMMERMANN 1907).

Ökologie: Auf mäßig frischen bis mäßig trockenen, seltener auf frischen oder trockenen Standorten in wärmebegünstigten Naturräumen. In Baden-Württemberg nur auf kalkhaltigem Substrat wachsend, deshalb vor allem in Gebieten mit Kalkstein, Löß oder Flugsand, aber auch auf anthropogen aufgekalkten Standorten, beispielsweise an Wegrändern und in der Umgebung von Burgen. Vor allem in Saumvegetation der Verbände Trifolion medii und Geranion sanguinei am Rand von Trockenwäldern, Gebüschen und Hecken sowie entlang von Waldwegen. An Waldwegrändern auch auf frischen Standorten im Bereich des Stellario-Carpinetum. In Trockenwäldern des Verbandes Quercion pubescenti-petraeae und der Ordnung Fagetalia sylvaticae vor

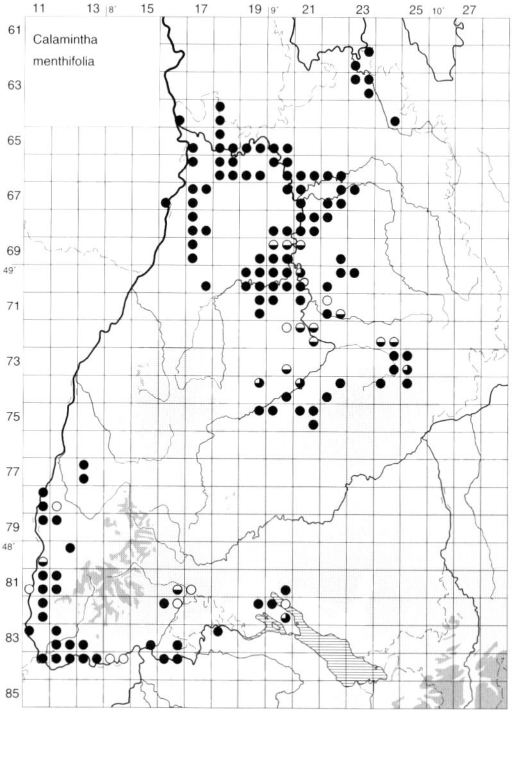

Wald-Bergminze *(Calamintha menthifolia)*

allem auf Lichtungen. Auch in nitrophytischer Saumvegetation und Ruderalvegetation auf nur selten gemähten oder brachliegenden Flächen an Wegrändern, Bahndämmen und auf Böschungen, gerne im Schatten von Obstbäumen. Selten in nitrophytischer Saumvegetation an Fließgewässern. Häufig vergesellschaftet mit *Clematis vitalba, Euphorbia cyparissias, Acer campestre, Brachypodium pinnatum, Origanum vulgare* und *Campanula trachelium*. Aus Baden-Württemberg Vegetationsaufnahmen mit *Calamintha menthifolia* aus dem Flaumeichen-Wald bei WITSCHEL (1979: 158) und HÜGIN (1956). Aus Frankreich als Kennart des Calamintho-Brachypodietum sylvatici (ROYER u. RAMEAU 1983) beschrieben.

Allgemeine Verbreitung: Mittel- und Südeuropa. Im Süden vor allem in den Gebirgen und an eher feuchten Standorten, in Miteleuropa vor allem in wärmebegünstigten Lagen mit subatlantischem Klima. Nördliche Verbreitungsgrenze von Süd-England über Belgien zum Siebengebirge, entlang des Mittelrheins zum Rhein-Main-Gebiet, den Main aufwärts Nordbayern erreichend. In Thüringen sehr selten im Werratal bei Eisenach und bei Jena. Arealrand von Würzburg über Tauber-, Jagst- und Kochertal durch Baden-Württemberg zur Schwäbischen Alb und zum Bodensee verlaufend, von dort weiter über Österreich, Tschechei und Slowakei bis zu den Karpaten.

Verbreitung in Baden-Württemberg: Nur in Wärmegebieten mit basenreichen Standorten, in keinem Naturraum häufig. Zerstreut an der Bergstraße, im Kraichgau und im Neckarbecken, hier vor allem am westlichen Kraichgaurand sowie in den Tälern des Neckars und seiner größeren Nebenflüsse. Den Neckar aufwärts bis Tübingen. Über das Filstal die Mittlere Alb zwischen Geislingen und Reutlingen erreichend und hier an Südhängen bis in 700 m aufsteigend. An der Enz aufwärts bis Mühlacker und im Glemstal bis zur Nippenburg. An der Kocher aufwärts bis Forchtenberg und an der Jagst bis Olnhausen. Im Odenwald nur im Neckartal. Im Taubertal von Bad Mergentheim abwärts bis zum Main und im Maintal angrenzend auf bayerischem Gebiet. Sehr zerstreut im Stromberg, im Schönbuch, in der nördlichen und in der südlichen Oberrheinebene. In der mittleren Oberrheinebene fehlend. Zerstreut im Kaiserstuhl, im Markgräfler Hügelland und entlang des Hochrheins. Selten in der Vorhügelzone des mittleren Schwarzwaldes, im Wutachgebiet und im westlichen Bodenseegebiet. Tiefstes Vorkommen an der Neckarmündung bei 91 m (6416/4), höchstes Vorkommen am Galgenberg bei Bad Ditzenbach bei 700 m (7424/1).

Erstnachweise: Archäologischer Erstnachweis: 40. Jh. v. Chr. bei Hornstaad (RÖSCH 1985). Erste schriftliche Erwähnung bei J. BAUHIN (1598: 185): „in monte Teck“.

Bestand und Bedrohung: *Calamintha menthifolia* ist nicht gefährdet. Der größereTeil der aktuell nicht mehr nachgewiesenen Vorkommen dürfte noch existieren, lediglich im Verdichtungsraum Stuttgart sind eine Reihe von Wuchsorten durch Überbauung verlorengegangen. Sie ist aber wegen ihrer Bindung an nur wenig gestörte Saumstandorte, ihrer Seltenheit in den meisten Naturräumen und den, abgesehen vom Kraichgaurand zwischen Karlsruhe und Bruchsal, meist kleinen Populationen schonungsbedürftig.

2. **Calamintha nepeta** (L.) Savi subsp. **nepeta**
Kleinblütige Bergminze

Submediterran-präalpine Art, die in Baden-Württemberg wohl nur unbeständig auftrat. Nur ein Nachweis aus dem Jahre 1910 durch H. KNEUCKER (KR): „Straßenrand zw. Hedwigshof u. Ettlingen“ (7016).
Nächste beständige Vorkommen in Vorarlberg, bei Regensburg und im südlichen Teil des Schweizer und Französischen Jura.

17. **Clinopodium** L. 1753

Calamintha clinopodium Spenner 1835
Wirbeldost

Die Gattung *Clinopodium* unterscheidet sich von der Gattung *Calamintha* durch folgende Merkmale: Teiblütenstände kurz gestielt, dicht quirl- oder kopfartig angeordnet. Bestäubung meist durch Bienen. Gattung mit je nach Auffassung 3 oder 4 in Europa, Asien und Nordamerika verbreiteten Arten. In Baden-Württemberg kommt nur die folgende Sippe vor.

1. **Clinopodium vulgare** L. 1753

Gemeiner Wirbeldost

Morphologie: Hemikryptophyt, mit dünnem Rhizom und dünnen unterirdischen Ausläufern. Stengel 20–60 cm hoch, aufsteigend oder aufrecht, meist rückwärts abstehend behaart. Blätter bis 1 cm lang gestielt, eiförmig, ganzrandig oder stumpf gezähnt, meist beidseitig anliegend behaart. Blüten kurz gestielt, in reichblütigen, am Ende des Stengels gehäuften Teilblütenständen. Kelch zweilippig, 8–10 mm lang, mit grannenartigen Zähnen, behaart. Krone 1–1,4 cm lang, meist hellpurpurn. Teilfrüchte fast kugelig, ca. 1 mm lang, glatt. Pflanze mit schwach aromatischem Geruch. Im Gebiet nur die Typusunterart. – Blütezeit: Juli–Oktober.

Gemeiner Wirbeldost *(Clinopodium vulgare)*
Neuenburg

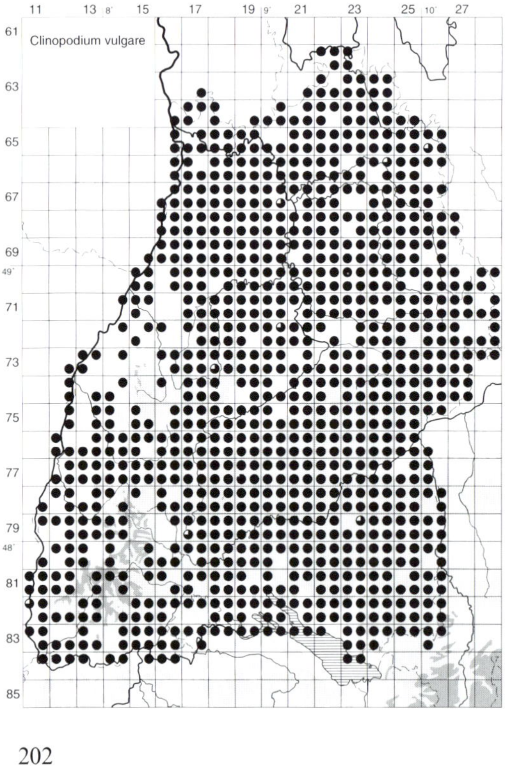

Ökologie: Auf trockenen bis mäßig frischen, mäßig nährstoff- bis nährstoffreichen, schwach sauren bis basischen Lehmböden. An Wald- und Wegrändern (Origanetalia-Ordnungscharakterart), in lichten Laubmisch- und Kiefernwäldern, selten auch in lückigen Wiesen.

Clinopodium vulgare ist in zahlreichen Vegetationstabellen zu finden (z. B. Witschel 1980).

Allgemeine Verbreitung: Europa, Asien, Nordafrika (nur Atlasländer), Nordamerika. In Europa reicht das geschlossene Verbreitungsgebiet nordwärts bis ca. 63° n. Br. in Südskandinavien und Rußland, weiter nördlich gibt es vereinzelte Vorkommen bis ca. 68° n. Br.

Verbreitung in Baden-Württemberg: *Clinopodium vulgare* ist im ganzen Gebiet der Flora verbreitet. Größere Verbreitungslücken bestehen nur im Nord- und im Südschwarzwald.

Tiefste Vorkommen: ca. 90 m im nördlichen Oberrheingebiet. Höchste Vorkommen: ca. 1000 m an der Adelegg (8326/2).

Clinopodium vulgare ist vermutlich schon vor den ersten Eingriffen des Menschen im Gebiet vorhanden gewesen.

Erstnachweis: Ältester archäologischer Nachweis: ca. 40. Jh. v. Chr. bei Ehrenstein (Hopf

1968). Nach ZIMMERMANN (1937) von H. HARDER ca. 1562 in der Umgebung von Geislingen – Ulm gesammelt.
Bestand und Bedrohung: *Clinopodium vulgare* ist im Gebiet häufig und nicht bedroht.

18. **Hyssopus** L. 1753
Ysop

Ausdauernde Kräuter oder Zwergsträucher. Blüten in endständigen, ährenähnlichen Blütenständen. Kelch röhrenförmig, 15nervig, gleichmäßig 5zähnig. Krone 2lippig, außen behaart, die Oberlippe fast flach, ausgerandet; Unterlippe 3teilig, länger als die Oberlippe, mit breitem, ausgerandetem Mittelabschnitt. Staubblätter 4, wie der Griffel aus der Kronröhre ragend, spreizend, Staubbeutelhälften gespreizt. Teilfrüchte 3kantig, eiförmig. Gattung mit wenigen im Mittelmeergebiet und in Westasien verbreiteten Arten. Bestäubung meist durch Bienen.

In Europa kommt nur *Hyssopus officinalis* vor, der nach DE FILIPPS (1972) in 4 Unterarten aufgetrennt wird.

1. **Hyssopus officinalis** L. 1753
Ysop

Morphologie: Zwergstrauch (nur im unteren Teil verholzt), mit zahlreichen meist aufsteigenden Ästen. Stengel 20–60 cm hoch, behaart. Blätter linealisch bis lanzettlich, ganzrandig, an den Rändern häufig nach unten eingerollt, fast kahl bis dicht kurzhaarig, ± sitzend. Blüten kurz gestielt, zu 3–7 in den Achseln der Blätter. Kelch 4–8 mm lang, Krone 7–12 mm lang, blau. Teilfrüchte 1,5–2 mm lang. Im Gebiet nur die Typusunterart. – Blütezeit: Juli–Oktober.
Ökologie: Auf sommerwarmen, trockenen, meist basen- und kalkreichen, meist nährstoffarmen, flachgründigen Steinböden. Ursprünglich in Weinbergen und Gärten (besonders Burggärten) kultiviert (nach SCHNITZLEIN und FRICKHINGER [1848: 258] als Beeteinfassung verwendet), mittlerweile in Trockenrasen, Felsband- und Mauergesellschaften eingebürgert. Am Hohentwiel besonders in den Anfangsphasen des Xerobrometum. Die Pflanze hält sich auch an Steilhängen, die Schaftritt und Verschwemmung am stärksten ausgesetzt sind.

Vegetationsaufnahmen liegen vor von BRAUN-BLANQUET (1931: 235), BRAUN-BLANQUET et al. (1931: 61, 63 u. 74) und TH. MÜLLER (1966).

Ysop *(Hyssopus officinalis)*
Hegau

Allgemeine Verbreitung: Europa, Westasien, in Nordafrika eingeschleppt. In Europa nur im Süden ursprünglich (nordwärts bis zu den Südalpen), weiter nördlich seit dem Mittelalter als Gewürz-, Heil- und Zierpflanze angebaut und in wärmeren Gebieten z. T. eingebürgert.

Verbreitung in Baden-Württemberg:
6526/1: Creglingen, KIRCHNER u. EICHLER (1900: 326); 7020/4: Hohenasperg, 1954, SIEB in KREH (1955: 201); 7121/2: Neustadt, Müllplatz, 1942, KREH (STU); 7126/4: Unterkochen, BERTSCH (1933: 232); 7216/2: Dobel, 1949, MAHLER (STU); 7220/2: Stuttgart, Herdweg, 1870, ? (STU); 7221/3: Hohenheim, 1866, ? (STU); 7326/2: Heidenheim, BERTSCH (1933: 232); 7418/1: Standortübungsplatz Nagold, 1990, BREUNIG u. KÖNIG (STU-K); 7419/4: Wurmlinger Kapelle, MAYER (1930: 369); 7422/1: Hohenneuffen, MAYER (1930: 369); 1992, STADELMAIER (KR-K); 7517/4: Dettingen, 1905, A. BRAUN (STU); 7519/1 (?): Bieringen, VON MARTENS und KEMMLER (1882: 65); MAYER (1930: 369); 7622/4: Hundersingen, MAYER (1930: 369); Hohenhundersingen, nach 1970, SEYBOLD (STU-K); 7623/4: Briel, BERTSCH (1933: 232); 7719/1: Balingen, VON MARTENS und KEMMLER (1882: 341); 7821/1: Veringenstadt, HERTER in VON MARTENS u. KEMMLER (1882: 341); MAYER (1950: 404); 8111/1: „Oberes Langgrien" zwischen Zienken und Grißheim, 1992, PLIENIGER (KR-K); 8116/1: Bachheim, NEUBERGER (1912: 218); 8119/4 (?): Nellenburg bei Stockach, 1874, SCHATZ (KR); 8218/2: Hohentwiel, SCHÜBLER und VON MARTENS (1834: 393), 1994 noch vorhanden (KR-K); 8314/2: Immeneich, SLEUMER (1935: 183).

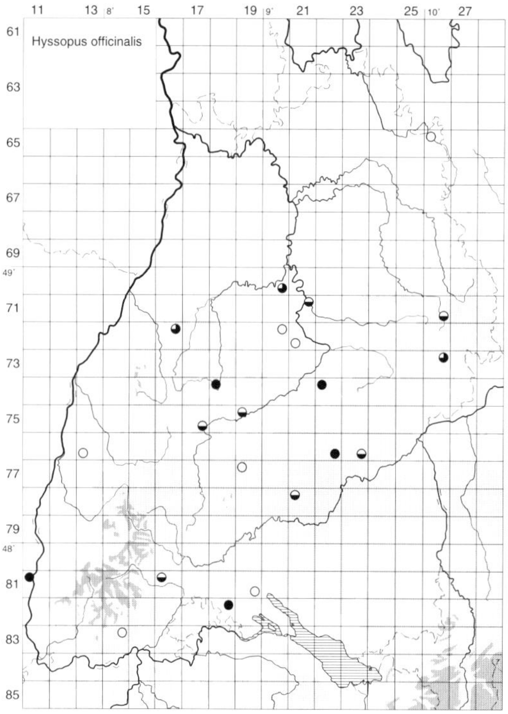

Hyssopus officinalis ist in Mitteleuropa erstmals 1594 nachgewiesen worden (LOHMEYER und SUKOPP 1991). Nach RÖSCH (s. u.) ist die Pflanze jedoch schon wesentlich früher im Gebiet vorhanden gewesen und wäre danach als Archäophyt anzusehen.

Erstnachweise: Ältester archäologischer Nachweis: 13. Jh. n. Chr. bei Tübingen (RÖSCH 1991). Erste schriftliche Erwähnung bei SCHÜBLER und VON MARTENS (1834: 393): „An sonnigen Stellen auf Hohentwiel zwischen der obern und untern Festung in grosser Menge (RÖSLER)“.

Bestand und Bedrohung: *Hyssopus officinalis* wird heute nur selten kultiviert, ist aber an wenigen Standorten eingebürgert und zumindest am Hohentwiel derzeit nicht bedroht. In der Roten Liste als „Potentiell durch Seltenheit gefährdet“ (G 4) eingestuft. Diese Bewertung sollte bis auf weiteres beibehalten werden.

19. **Origanum** L. 1753
Dost

Einjährige, zweijährige oder ausdauernde, krautige Pflanzen oder Zwergsträucher. Teilblütenstände in kurzen, end- oder seitenständigen Köpfchen. Tragblätter 2–5 mm lang, grün oder rötlich. Kelch meist glockenförmig, mit 5 ± gleich langen Zähnen; Schlund bärtig. Krone 2lippig, behaart; Oberlippe fast flach, meist ausgerandet; Unterlippe 3teilig. Staubblätter 4, in der Kronröhre eingeschlossen oder herausragend; Staubbeutelhälften spreizend. Teilfrüchte kugelig bis eiförmig. Bestäubung häufig durch Dipteren.

Gattung mit ca. 8 Arten, die vorwiegend im Mittelmeergebiet verbreitet sind. In Europa kommen 3, in Baden-Württemberg kommt 1 Art vor.

1. **Origanum vulgare** L. 1753
Gewöhnlicher Dost, Wilder Majoran

Morphologie: Hemikryptophyt oder Chamaephyt, mit kurzen Ausläufern. Stengel 20–50 (–90) cm hoch, aufrecht, im oberen Teil verzweigt, meist gleichmäßig oder auf 2 gegenüberliegenden Seiten dichter behaart, selten kahl. Blätter kurz gestielt, oval bis lanzettlich, ganzrandig oder undeutlich stumpf gezähnt, behaart oder fast kahl, drüsig punktiert. Tragblätter 4–5 mm lang, meist purpurn. Blüten kurz gestielt, in Scheinähren, einen rispenartigen Gesamtblütenstand bildend. Kelch 2–4 mm lang,

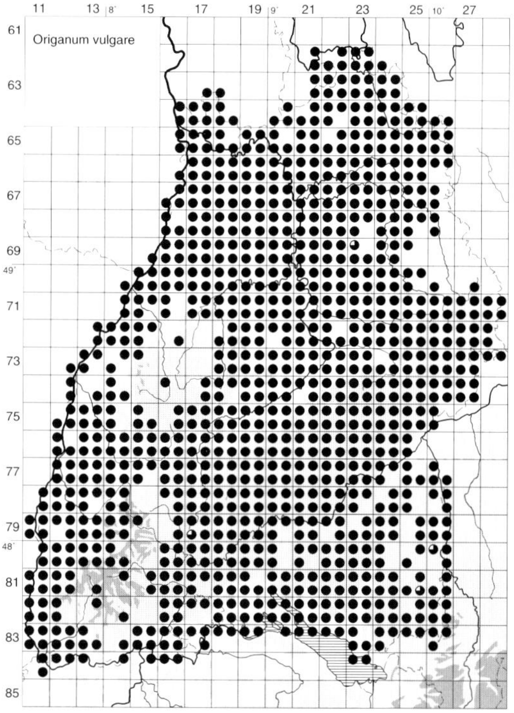

Gewöhnlicher Dost *(Origanum vulgare)*
Kaiserstuhl

behaart oder kahl, mit sitzenden, gelben Drüsen. Krone 4–7 mm lang, rosa, rötlich oder weiß. Teilfrüchte glatt, ca. 0,7–0,8 mm lang. – Blütezeit: Juli–Oktober.

Variabilität: Von der formenreichen Sippe *Origanum vulgare* werden für das Gebiet zwei Unterarten genannt: *O. vulgare* subsp. *vulgare* und *O. vulgare* subsp. *prismaticum* GAUDIN. *Origanum vulgare* subsp. *prismaticum*, die auch als Gewürzpflanze kultiviert wird, ist kenntlich durch verlängerte, prismatische Scheinähren. FERNANDES u. HEYWOOD (1972: 171) billigen der Sippe lediglich Varietätenrang zu.

Aus Baden-Württemberg liegen von der Sippe von folgenden Fundorten Herbarbelege vor (alle KR):

6916/1: Zwischen dem kleinen Bodensee und Eggenstein, 1942, JAUCH; 6916/3 (?): Karlsruhe, Rheinhafen, 1942, JAUCH; (?): Karlsruhe, Hochgestade, 1947, JAUCH.

Ökologie: Auf trockenen, nährstoffarmen bis mäßig nährstoffreichen, basenreichen Lehm- und Lößböden. In trockenen Wiesen (besonders Mesobromion-Gesellschaften), im Saum von Wald- und Gebüschrändern (Origanetalia- und Prunetalia-Gesellschaften), in lichten Kiefern- und Eichenmischwäldern (Erico-Pinion- u. Quercetalia pubescenti-petraeae-Gesellschaften). *Origanum vulgare* ist in zahlreichen pflanzensoziologischen Tabellen enthalten (z. B. TH. MÜLLER 1966 u. 1974, HÖLZER 1978 u. WITSCHEL 1980).

Allgemeine Verbreitung: Europa, Asien, Sinai-Halbinsel. In Europa reicht das geschlossene Verbreitungsgebiet nordwärts bis Südskandinavien, weiter nördlich gibt es vereinzelte Vorkommen bis zum Polarkreis (besonders entlang der wintermilden norwegischen Westküste, Golfstrom!). In Südeuropa fehlt die Pflanze nur in großen Teilen der Iberischen Halbinsel, in Sardinien und in Kreta.

Verbreitung in Baden-Württemberg: *Origanum vulgare* kommt im Gebiet in allen Naturräumen vor. Verbreitungslücken bestehen nur im Bereich der nährstoffarmen Böden des Nord- und Südschwarzwaldes.

Tiefste Vorkommen: ca. 95 m in der nördlichen Oberrheinebene. Höchste Vorkommen: ca. 1000 m am Adelegg (8326/2).

Origanum vulgare ist im Gebiet vermutlich schon vor den ersten Eingriffen des Menschen vorhanden gewesen.

Erstnachweis: Nach ZIMMERMANN (1937) von H. HARDER ca. 1562 in der Umgebung von Geislingen – Ulm gesammelt.

Bestand und Bedrohung: *Origanum vulgare* ist in Baden-Württemberg häufig und nicht bedroht.

Majorana Moench 1794
Majoran

Die Gattungen *Majorana* und *Amaracus* werden häufig der Gattung *Origanum* angeschlossen. Sie unterscheiden sich von dieser folgendermaßen: Kelch entweder auf eine Oberlippe reduziert, diese ganzrandig oder 3zähnig oder Kelch 2lippig. Tragblätter grün.

Die Gattung *Majorana* umfaßt ca. 10 vorwiegend im östlichen Mittelmeergebiet verbreitete Arten. In Europa kommen 3 Arten vor.

Majorana hortensis Moench 1794
Majoran

Pflanze ein- bis zweijährig, seltener ausdauernd. Stengel 20–60 cm hoch, aufrecht oder aufsteigend, verzweigt, meist behaart. Blätter kurz gestielt, oval bis lanzettlich, meist ganzrandig, beiderseits kurz behaart. Blüten in endständigen, kopfartigen Blütenständen. Kelch ca. 2,5 mm lang, einlippig, auf einer Seite mit einer tiefen Einbuchtung. Krone ca. 4 mm lang, weiß, rosa oder schwach lila. Teilfrüchte 0,7–1 mm lang, hellbraun. – Blütezeit: Juli–Oktober.

Aus Nordafrika und Westasien stammende Pflanze, die in Europa als Gewürzpflanze kultiviert wird und sich in Südeuropa an einigen Stellen eingebürgert hat. Aus Baden-Württemberg liegen keine Angaben über beständige Vorkommen vor.

20. **Thymus** L. 1753
Thymian

(Für die Revision von Herbarbelegen sowie einige kritische Anmerkungen möchte ich mich bei Herrn Prof. SCHMIDT, Dresden, herzlich bedanken. Herrn Dr. HARMS und Herrn Dr. WITSCHEL danke ich für das Überlassen zahlreicher Herbarbelege, Herrn Dr. G. HÜGIN jun. für die Ausleihe der Thymusbelege seines Vaters.)

Ausdauernde krautige Pflanzen oder Halbsträucher mit kräftiger Hauptwurzel und sproßbürtiger Bewurzelung. Zweige kriechend oder bogig aufsteigend. Blätter meist kurz gestielt, ganzrandig, meist mit flachem oder nur wenig nach unten gebogenem Blattrand. Kelch deutlich zweilippig; Oberlippe mit kurzen dreieckigen Zähnen; Unterlippe mit zwei langen ausgezogenen Zähnen. Kelchröhre innen behaart. Krone zweilippig, meist hell- bis dunkelpurpurn. Staubbeutel mit fast parallelen Pollensäcken. Narbe gespalten. Nüßchen länglich oder eiförmig, glatt.

Die Gattung *Thymus* ist mit über 100 Arten im eurasiatisch-nordafrikanischen Florengebiet verbreitet. Das Hauptverbreitungsgebiet liegt in der mediterranen Region. Nach JALAS (1972) gehören der Gattung in Europa 66 Arten an. In Baden-Württemberg kommen 5 Arten vor (davon 2 adventiv).

Die Nomenklatur und Systematik der Gattung *Thymus* war in Mitteleuropa lange Zeit unübersichtlich. Durch die Herausarbeitung einiger „Hauptarten" gelang es zunächst RONNIGER (1944) eine erste überzeugende Gliederung vorzulegen. Da die Einteilung aber lediglich auf makroskopisch erkennbaren Merkmalen von Blatt und Sproß beruhte, also Standortsmodifikationen nicht berücksichtigte, blieb die Anzahl der von ihm genannten Taxa unverhältnismäßig hoch. Erst SIHLER (1959), JALAS & KALEVA (1970) und SCHMIDT (1968, 1971) sowie SCHMIDT und KNAPP (1977) wiesen u. a. durch Kulturversuche die große morphologische Variationsbreite einiger Arten nach. Daß insbesondere die Behaarung zu einer künstlichen Aufteilung mancher Sippen führen konnte, wußte schon GOLL (1887: 304). Er kultivierte drei Jahre lang einen als *Thymus lanuginosus* bezeichneten Thymian. Die starke Behaarung blieb während dieser Zeit konstant. Die Samen lieferten jedoch eine unbehaarte Form!

Der folgende Bestimmungsschlüssel folgt der Artaufassung von SCHMIDT (s. o.), die sich im wesentlichen mit der von JALAS (1971, 1972) deckt. Zur Beurteilung der Verzweigung sind ganze Pflanzen oder wenigstens mehrjährige Zweige notwendig. Die Behaarung des Stengels ist am 2.–3. Internodium unterhalb des Blütenstandes festzustellen. Angaben zur Nervatur der Blattunterseite beziehen sich auf getrocknete Pflanzen.

1 Blätter unterseits kurzfilzig am Rand meist umgerollt, unbewimpert. Stengel aufsteigend bis aufrecht, stark verholzt . . . . . *[Th. vulgaris]*
– Blätter unterseits kahl oder behaart, jedoch nicht kurzfilzig, meist flach, zumindest am Grunde bewimpert. Stengel niederliegend oder aufsteigend, nur ältere Triebe verholzt 2
2 Sproßachse meist lang kriechend, meist mit vegetativem Ende, wenn dieses abgestorben, dann liegende vegetative Seitentriebe vorhanden, blühende Seitentriebe aufrecht, kurz. Blätter meist derb 3
– Sproßachse kurz oder länger niederliegend, stets mit einem Blütenstand abschließend, zur Blütezeit ohne liegende vegetative Seitentriebe, blühende Seitentriebe niederliegend bis aufrecht, lang. Blätter dünn 4
3 Obere Kelchzähne etwa so lang wie am Grunde breit. Blätter lineal bis verkehrt-eiförmig; oberstes Seitennervenpaar keinen Randnerv in der Blattspitze bildend . . . . . . 4. *Th. serpyllum*
– Obere Kelchzähne länger wie am Grund breit. Blätter meist eiförmig oder rundlich-spatelig; oberstes Seitennervenpaar meist einen deutlichen Randnerv bildend . . . . . 2. *Th. praecox*
4 Stengel scharf vierkantig, meist nur an den 4 Kanten behaart . . . . . . 3. *Th. pulegioides*
– Stengel stumpf vierkantig bis scheinbar rundlich, ringsum behaart . . . . 1. *Th. pannonicus*

Thymus vulgaris L. 1753
Echter Thymian

Zwergstrauch, 20–30 cm hoch, im unteren Teil stark verholzt. Sproßachse ± aufrecht, reich verzweigt. Stengel schwach vierkantig, ringsum behaart. Blätter 5–10 mm lang, am Rande umgerollt, nicht bewimpert; Blattunterseite dicht weißfilzig. Blütenstand kopfig oder verlängert. – Blütezeit: Mai–Oktober.

Im westmediterranen Gebiet häufig in Garriguen und Trockenrasen. In Baden-Württemberg selten als Gewürzpflanze kultiviert. Früher wurde *Thymus vulgaris* auch als Arzneipflanze genutzt. Die Pflanze verwildert selten unbeständig, z. B.: 6921/1: Lauffen a. N., Neckarufer, 1993, PLIENINGER (Hb. PLIENINGER); 7121/3: Cannstatt, Güterbahnhof KREH (1951: 118).

1. **Thymus pannonicus** Allioni 1773

Thymus marschallianus auct., non Willdenow
Steppen-Thymian

Morphologie: Zwergstrauch, 5–30(–40) cm hoch, am Grund schwach verholzt. Sproßsystem sympodial verzweigt. Pflanze meist von buschigem Wuchs. Stengel stumpf vierkantig bis scheinbar rundlich (Querschnitt ± quadratisch), ringsum behaart. Blätter schmal-oval bis lineal, bis 20 mm lang (selten länger), Nerven unterseits schwach hervortretend, Blattstiel fehlend. Blütenstand kopfig oder verlängert-unterbrochen. Obere Kelchzähne schmal dreieckig. – Blütezeit: Juni–August.

Ökologie: Im natürlichen Verbreitungsgebiet (s. u.) auf tiefgründigen Schwarzerden und feinerdereichen Felsverwitterungsböden. In Südost- und Osteuropa in verschiedenen Steppenformationen, im östlichen Mitteleuropa in physiognomisch vergleichbaren Trockenrasen der Festucetalia valesiacae. Am einzigen (adventiven) baden-württembergischen Standort auf einer Eisenbahnböschung über kalkreichem Substrat. Der Steppen-Thymian wächst hier in einem dichtschließendem, mit zahlreichen Ruderalarten durchsetztem Halbtrockenrasen mit *Salvia verticillata, Centaurea stoebe, Stachys recta* und *Dianthus carthusianorum.*

Vegetationsaufnahmen aus Baden-Württemberg liegen nicht vor.

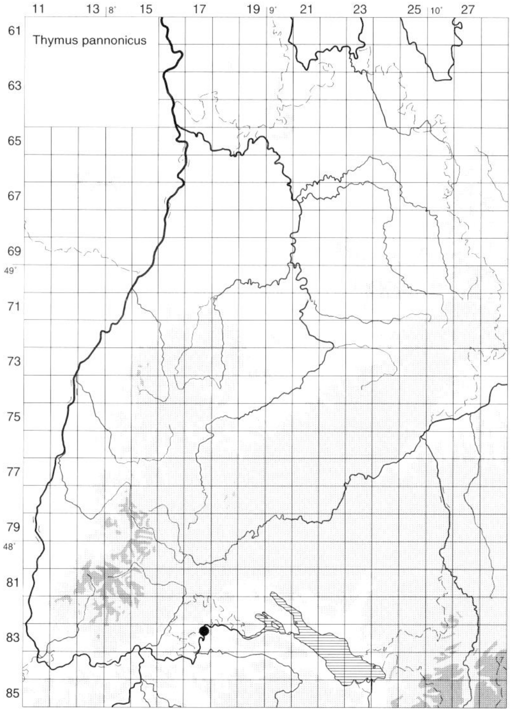

Allgemeine Verbreitung: Europa, West- und Zentralasien. Im kontinentalen Teil Europas geschlossenes Areal im südöstlichen Zentral-, in Südost- und in Osteuropa (in Rußland bis ca. 57° n. Br.). In Mitteleuropa isolierte Teilareale in trockenwarmen Gebieten (Kleinpolnisches Plateau, Böhmen). Außerhalb des natürlichen Areals tritt die Art nicht selten synanthrop auf (SCHMIDT 1971, SCHMIDT & KNAPP 1977).

Verbreitung in Baden-Württemberg: Im Gebiet existiert lediglich ein synanthropes aber beständiges Vorkommen im Klettgau nahe Jestetten.

Das Vorkommen befindet sich in einer Höhenlage von ca. 420 m.

8317/2: Bahneinschnitt NE Bahnhof Altenburg, KUMMER (1945: 131), 1992 noch vorhanden (KR).
Nach ZIMMERMANN (1906: 126) von 1900–1905 auch in Nordbaden bei Oftersheim (6617/1), nach E. & M. LITZELMANN (1963: 474) im Wutachtal unterhalb von Eberfingen (8216/4). Da beide Angaben fraglich und nicht belegt sind, wurden sie nicht in die Verbreitungskarte übernommen.

Bestand und Bedrohung: *Thymus pannonicus* wächst an der einzigen Fundstelle des Gebietes in mehreren hundert Exemplaren. Die Pflanze hat sich seit der Entdeckung von KUMMER vor über 50 Jahren gehalten und scheint zur Zeit nicht bedroht. Da der Standort durch zufällige Umstände vernichtet werden könnte, ist die Art potentiell durch Seltenheit gefährdet (G 4).

2. **Thymus praecox** Opiz 1824

Frühblühender Thymian

Morphologie: Zwergstrauch, 2–10(–15) cm hoch, am Grund schwach verholzt. Sproßsystem meist monopodial verzweigt, Sproßachse lang kriechend, meist mit einem sterilen Blattbüschel abschließend, blühende Seitentriebe aufrecht, kurz. Stengel stumpf vierkantig bis scheinbar rundlich (Querschnitt ± quadratisch). Blätter meist nach oben an Größe zunehmend (besonders deutlich bei frühblühenden Pflanzen), bis 12 mm lang; Nerven unterseits stark hervortretend, das vorderste Seitennervenpaar meist einen deutlichen Randnerv bildend. Blütenstand meist kopfig. Obere Kelchzähne schmal 3eckig. – Blütezeit: Mai–August.

Variabilität: Formenreiche Sippe mit mehreren nahe verwandten Arten. Der Verwandtschafts-

Frühblühender Thymian *(Thymus praecox)*
Stiegelesfels, 30. 5. 1993

kreis konzentriert sich mit Ausnahme von *Thymus drucei* auf die submediterranen und südlichen mitteleuropäischen Gebirge.

Nach SCHMIDT und KNAPP (1977) läßt sich *Thymus praecox* in 3 Unterarten gliedern, von denen im Gebiet die Typusunterart und die subsp. *polytrichus* vorkommen. Zwischen beiden Sippen sind mehrfach Übergangsformen gefunden worden (s. u.).

Bei der in zahlreichen Floren aufgeführten *Th. praecox* subsp. *hesperites* handelt es sich nach SCHMIDT & KNAPP (1977) um die Typusunterart, bei der die Kriechtriebe an der Spitze abgestorben sind. Diese Auffassung wird nicht allgemein geteilt, da sich die Sippen nicht nur morphologisch sondern auch ökologisch unterscheiden lassen (vgl. KORNECK, LANG u. REICHERT 1981). So kommt *Th. praecox* subsp. *hesperites* in Rheinland-Pfalz auf silikatischen Gesteinen, in den Nordvogesen sogar auf Buntsandstein vor (P. WOLFF, mündl. Mitt.). Aus Baden-Württemberg konnten keine Belege gefunden werden, die sich dieser Sippe zuordnen lassen.

1 Stengel ringsum behaart, manchmal an zwei Seiten etwas schwächer . . 2a. *Th. praecox* s. str.
– Stengel meist nur auf zwei gegenüberliegenden Seitenflächen behaart . . . . 2b. *Th. praecox* subsp. *polytrichus*

2a. Thymus praecox subsp. praecox

Morphologie: vgl. Artbeschreibung und Bestimmungsschlüssel.

Ökologie: Auf trockenen bis wechseltrockenen, meist kalkreichen, nährstoff- und feinerdearmen, meist flachgründigen, lockeren, sandigen, steinigen oder felsigen Böden. Auf Felsbändern und steilen Mergelrutschhängen in verschiedenen meist den Festuco-Brometea oder Erico-Pinion angehörenden Gesellschaften mit *Carduus defloratus*, *Sesleria varia* und *Teucrium montanum*, seltener im Diantho-Festucetum. Vegetationsaufnahmen liegen von WITSCHEL (1980, mehrere Tab.), SEBALD (1983, Tab. 9) und PHILIPPI (1984, Tab. 2) vor.

Allgemeine Verbreitung: (Süd-)Mitteleuropäische Pflanze meist colliner und montaner Lagen. Die genaue Verbreitung von *Thymus praecox* s. str. ist nur ungenügend bekannt. Schwierigkeiten ergeben sich zum einen durch die Abgrenzung der Sippe gegenüber *Thymus drucei* in Frankreich, zum anderen gegenüber *Thymus praecox* subsp. *polytrichus* in den Alpen. Nach SCHMIDT und KNAPP (1977) verläuft die Nordgrenze des Areals nördlich des Harzes bei ca. 52° n. Br., die Ostgrenze in den Karpaten. In den Alpen ist die Sippe selten und zumeist auf die Ost-West-verlaufenden Trockentäler beschränkt. Die Südwest- bzw. Westgrenze des Areals verläuft nach ROUX (1975) in den montanen Bereichen der Südwest- bzw. Westalpen.

Verbreitung in Baden-Württemberg: Selten im südlichen Oberrheingebiet, im Baar-Wutachgebiet und im südwestlichen und mittleren Teil der Schwäbischen Alb. Isolierte Vorkommen gibt es im Schwäbisch-Fränkischen Wald und bei Tübingen. Das Vorkommen am Adelegg schließt an das bayerische Voralpen- und Alpenvorlandsareal an. Die Vorkommen am Main und in den Donauauen liegen auf bayerischem Gebiet.

Tiefste Vorkommen: ca. 210 m im südlichen Oberrheingebiet. Höchste Vorkommen: Auf der Schwäbischen Alb und in den Voralpen bei ca. 1000 m.

Thymus praecox s. str. ist vermutlich schon vor den ersten Eingriffen des Menschen im Gebiet vorhanden gewesen.

Südliches Oberrheingebiet: 8111/3: Zienken, ?, LANG (KR); 8211/1: Steinenstadt, nach 1960 mehrfach, HÜGIN sen. (Hb. HÜGIN), 1994 noch vorhanden, WITSCHEL (KR).
Maingebiet (Bayern): 6123/4: Kallmuth bei Homburg, PHILIPPI (1984); 6223/2: Homburg, RONNIGER (1932: 130), vgl. auch SCHÖNFELDER & BRESINSKY (1990).
Schwäbisch-Fränkischer Wald: 6926/2: N Weipertshofen, 1973, HARMS (STU).
Tübingen: 7420/3 (?): Steinlachdamm, 1937, MAYER (STU). Das Vorkommen am Steinlachdamm ist bemerkenswert, da es keine weiteren Hinweise für ein Übergreifen von *Thymus praecox* s. str. auf anthropogene Standorte gibt.
Schwäbische Alb: 7620/3: Schlatt E Hechingen, RONNIGER (1932: 131); 7621/3: Flachsberg b. Trochtelfingen, 1992, WITSCHEL (KR); 7621/4: Mehrfach, z. B. Stöckberg N Trochtelfingen, 1977, SEBALD (STU); Hasental N Trochtelfingen, 1990, WITSCHEL (KR-K); 7718/4: Plettenberg, 1982, HARMS (Hb. HARMS); 7719/3: Mehrfach, z. B. Schafberg S Balingen, KUHN (1937); 1992, WITSCHEL (KR-K); Lochenstein S Balingen, 1992, WITSCHEL (KR); 7719/4: Schalksburg N Laufen, 1860, ENTRESS-FÜRSTENECK (STU); Böllat W Burgfelden, 1982, HARMS (Hb. HARMS); Gräbelsberg, 1989, WITSCHEL (KR-K); 7818/4: Mehrfach, z. B. Melchiorshalde SE Gosheim, 1973, SEBALD (STU); Klippeneck, 1987, WITSCHEL (KR-K); 7820/4: S Storzingen, 1971, SEBALD (STU); 7918/2: Dreifaltigkeitsberg E Spaichingen, RONNIGER (1932: 131); Katzensteigle am Dreifaltigkeitsberg, 1987, WITSCHEL (KR-K); 7919/2: Kalkfelsen E Beuron, 1981, HARMS (Hb. HARMS); 7919/3: Gelber Fels NE Mühlheim, 1984, WITSCHEL (KR-K); 7919/4: Mehrfach auf den Felsen über der Donau, z. B. Burgstall, 1981, SEYBOLD (STU); 7920/1: Mehrfach, z. B. S Talhof, 1977, SEBALD (STU); 7920/2: Unteres Schmeietal, 1977, SEBALD (STU).
Baar-Wutachgebiet: 8117/1+3: Eichberg-Westhang, 1992, WITSCHEL (KR); 8117/3: Buchberg, WITSCHEL (1980); Fützen, WITSCHEL (1980); 8216/2: Wutachflühen bei Grimmelshofen, WITSCHEL (1980).
Donauauen (Bayern): 7526/3: Kiesholz bei Pfuhl, 1938, K. MÜLLER (STU).
Alpenvorland: 8121/4: 800 m NNW von Schloß Heiligenberg, 1983, HARMS (Hb. HARMS); 8220/2: Brünnensbach, Bammert (1985: 372). Beim letztgenannten Vorkommen ist nicht sicher, ob es sich tatsächlich um die Typusunterart handelt, da auf dem gleichen Quadranten auch *Thymus praecox* subsp. *polytrichus* gefunden wurde (s. u.). Die Angabe wurde deshalb nicht in die Verbreitungskarte übernommen.
Adelegg: 8226/4: Schleifertobel SE Rohrdorf, 1977, HARMS (STU).

Erstnachweis: Die erste schriftliche Erwähnung findet sich bei RONNIGER (1932: 131).

Bestand und Bedrohung: *Thymus praecox* s. str. kommt in Baden-Württemberg nur selten vor, ist aber dennoch nicht gefährdet. Die meisten Vor-

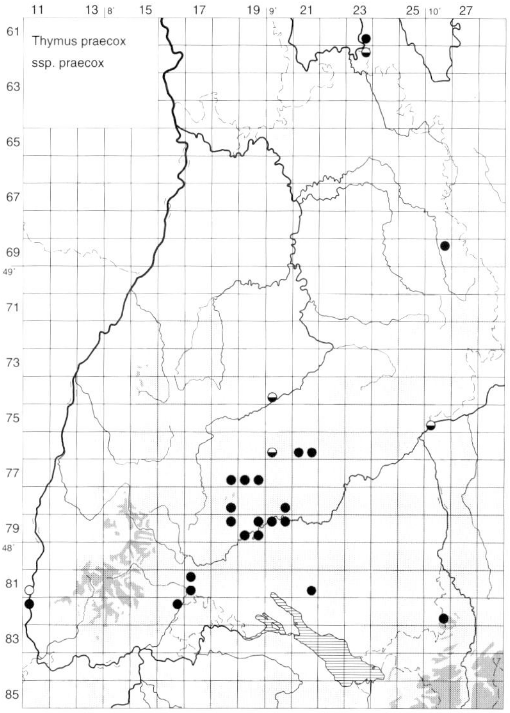

kommen befinden sich auf von Natur aus waldfreien Standorten (teilweise sekundär entstanden) und können kaum überwachsen werden. Pflegemaßnahmen zur Erhaltung der Bestände sind deshalb nicht notwendig.

2b. Thymus praecox subsp. polytrichus (Borbas) Jalas 1970

Morphologie: vgl. Artbeschreibung und Bestimmungsschlüssel.
Ökologie: Auf meist kalkreichen, mäßig trockenen Lehmböden, häufig auch auf Schutt- und Felsstandorten. In den Alpen in Blaugrashalden, im Alpenvorland in blaugrasreichen Halbtrokkenrasen.
Allgemeine Verbreitung: Alpen (bis ca. 3000 m), hier meist die Typusunterart ersetzend, auf Flußschottern weit ins Alpenvorland vordringend.
Verbreitung in Baden-Württemberg: Die Unterart wurde im Gebiet bisher nur einmal nachgewiesen (det. P. SCHMIDT).

8220/2: Kiefernwald bei der Hödinger Gletschermühle, 1982, HARMS (Hb. HARMS).

Vorkommen in den angrenzenden Gebieten: Selten im bayerischen Alpenvorland, verbreitet in den bayerischen Alpen (vgl. SCHÖNFELDER u. BRESINSKY 1990). Einige Vorkommen liegen nahe der baden-württembergischen Landesgrenzen.

7526/3: Kiesholz b. Pfuhl, 1938, K. MÜLLER (STU); 7625/2: Illerauen bei Ulm-Wiblingen, 1935, K. MÜLLER (STU); 7926/2: Illeraue bei Kirchdorf, 1981, HARMS (Hb. HARMS); Illertal bei Fellheim, 1983, HARMS (Hb. HARMS).

Bestand und Bedrohung: Die Bedrohung läßt sich nach dem derzeitigen Kenntnisstand nicht einschätzen. Vielleicht kommt die Pflanze im Alpenvorland häufiger vor und ist bisher lediglich übersehen worden.

Nachweise über Übergangsformen zwischen *Thymus praecox* s. str. und *Th. praecox* subsp. *polytrichus* (det.: P. SCHMIDT):

7625/2: Illerauen bei Ulm-Wiblingen, 1935, K. MÜLLER (STU); 7926/3: Illertal bei Kirchberg-Oberopfingen, 1983, HARMS (Hb. HARMS). Im bayerischen Alpengebiet und im bayerischen Alpenvorland sind Übergangsformen zwischen den beiden Sippen nach eigenen Beobachtungen nicht selten.

3. Thymus pulegioides L. 1753
Gemeiner Thymian

Morphologie: Zwergstrauch, 5–25 cm hoch, am Grund nur schwach verholzt. Sproßsystem sympodial verzweigt, Sproßachse kurz kriechend. Stengel scharf vierkantig (Querschnitt rechteckig), 2 Seiten eingesenkt, daher gefurcht erscheinend, meist nur an den 4 Kanten behaart. Blätter meist gleich groß, bis 20 mm lang und 11 mm breit. Nerven unterseits im allgemeinen kaum hervortretend. Blütenstand verlängert oder kopfig. Obere Kelchzähne schmal dreieckig. – Blütezeit: Juni–September.
Ökologie: siehe Unterarten
Allgemeine Verbreitung: In fast ganz Europa mit Schwerpunkt im temperaten subozeanischen Bereich. Im südlichen Europa ist die Art zumeist auf die Gebirge beschränkt. Die Vorkommen in Nordengland, Irland, Finnland und die nördlichen Fundorte in Rußland sind synanthrop. Die Ostgrenze des Areals ist nur ungenau bekannt und verläuft nach derzeitigem Kenntnisstand bei etwa 38° ö. L.
Verbreitung in Baden-Württemberg: siehe Unterarten.
Bestand und Bedrohung: siehe Unterarten.
Nach SCHMIDT und KNAPP (1977) läßt sich *Thymus pulegioides* in vier Unterarten gliedern, von denen im Gebiet zwei vorkommen:

1 Stengel ausschließlich an den Kanten behaart; Haare deutlich kürzer als der Stengeldurchmesser. Blattrand nur am Grund bewimpert. Blattflächen kahl. . . . .
3a. *Th. pulegioides* subsp. *chamaedrys*

– Stengel außer an den Kanten selten auch auf den schmalen Seitenflächen behaart; Haare so lang oder länger als der Stengeldurchmesser. Blattrand bis über die Mitte bewimpert. Blattflächen meist dicht behaart. . . . .
3b. *Th. pulegioides* subsp. *carniolicus*

3a. Thymus pulegioides subsp. chamaedrys (Fries) Gusuleac 1961

Ökologie: Auf trockenen bis frischen, meist kalkarmen, basenreichen, humosen, sandigen oder steinigen Böden, häufig auch auf Felsen. Als licht- und etwas wärmeliebende Art in Halbtrockenrasen, Magerrasen, Heiden, trockenen Glatthaferwiesen, Weiden und Felsfluren oder ähnlichen Standorten wie Steinbrüchen, Mauerkronen und Dächern. In zahlreichen Vegetationsaufnahmen enthalten (z. B. SCHWABE-BRAUN 1983, PHILIPPI 1983, Tab. 21).
Allgemeine Verbreitung: *Thymus pulegioides* subsp. *chamaedrys* ist die am weitesten verbreitete Unterart. Sie nimmt als mitteleuropäische Sippe den temperaten Bereich des Artareals ein.
Verbreitung in Baden-Württemberg: In allen Landesteilen verbreitet.

Tiefste Vorkommen: ca. 95 m im nördlichen Oberrheingebiet. Höchste Vorkommen bei ca. 1400 m im Feldberggebiet im Südschwarzwald (8114/1).

Thymus pulegioides subsp. *chamaedrys* ist vermutlich schon vor den ersten Eingriffen des Menschen im Gebiet vorhanden gewesen.

Erstnachweis: Erste schriftliche Erwähnung von L. FUCHS (1542: 251, 1543: XCIII): „umb Tübingen im Bebenhaußener Tal".

Bestand und Bedrohung: *Thymus pulegioides* subsp. *chamaedrys* ist im Gebiet der Flora häufig und nicht bedroht.

Variabilität: Innerhalb der vielgestaltigen Sippe lassen sich 2 Varietäten ausscheiden:

I.) var. **parvifolius** (Borbas) Pawl. ex Schmidt
Die Sippe wird durch folgende Merkmale gekennzeichnet: Pflanze gedrungen, Blätter 4–10 mm lang, derb, Nerven auf der Blattunterseite stärker hervortretend. Blütenstand vorwiegend kopfig. Wie Kulturversuche ergaben beruhen die angegebenen Merkmale nicht auf einer Standortmodifikation (SCHMIDT & KNAPP 1977: 78). Die Varietät wird als xerophytischer Ökotyp angesehen und soll vor allem in Festuco-Brometea-Gesellschaften vorkommen (OBERDORFER 1990). Nach RONNIGER (1932) kommt die Sippe in Baden-Württemberg am oberen Neckar und in der Schwäbischen Alb vor, ist aber vermutlich weiter verbreitet.

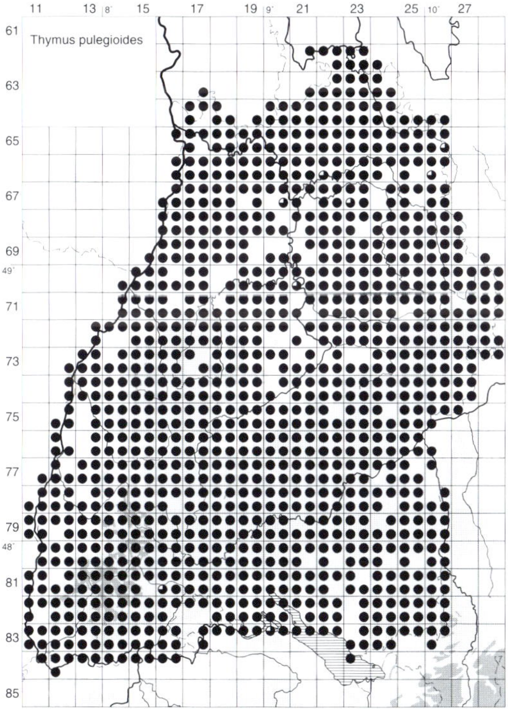

Gemeiner Thymian *(Thymus pulegioides)*
Sasbach, 28. 6. 1993

II.) var. **praeflorens** (Ronniger) P. Schmidt
Die Sippe erinnert durch die von unten nach oben an Größe zunehmenden Stengelblätter habituell an *Thymus alpestris* TAUSCH ex KERNER (im Gebiet fehlend) und wurde infolgedessen häufig mit dieser Art verwechselt. Sie ist aber stets sympodial verzweigt und gehört damit sicher zu *Thymus pulegioides.* Sie kommt in den silikatischen Mittelgebirgen auf mageren Wiesen und in tieferen Lagen in Mooren und feuchten Wiesen vor. Zur Verbreitung in Baden-Württemberg vgl. RONNIGER (1932).

3b. Thymus pulegioides subsp. carniolicus (Borbas) P. Schmidt 1973

Thymus froelichianus Opiz 1831

Ökologie: Auf meist kalkarmen, seltener mäßig sauren, basenreichen, trockenen Lehm-, Kies- oder Steinböden. In beweideten oder brachliegenden Trocken- und Halbtrockenrasen mit *Koeleria pyramidata, Gentiana ciliata* und *Cirsium acaule,* seltener in aus Halbtrockenrasen hervor-

Gemeiner Thymian (*Thymus pulegioides* subsp. *carniolicus*)
Kargstein bei Bopfingen, 31.7. 1993

gegangenen Säumen und naturnahen Kiefernwäldern. Im Südschwarzwald auf Porphyrfelsen in einer als *Thymus froelichianus-Festuca heteropachys*-Trockenrasen beschriebenen Gesellschaft, die den Sedo-Scleranthetea zugeordnet wird.

Vegetationsaufnahmen auf dem Taubergebiet liegen von PHILIPPI (1984, Tab. 4), vom Hohentwiel von BRAUN-BLANQUET (1931: 234) und TH. MÜLLER (1966, Tab. 4), aus dem Baar-Wutachgebiet von WITSCHEL (1980, mehrere Tab.), aus dem Südostschwarzwald von KERSTING (1986, Tab. 11) und von der Schwäbischen Alb von SEBALD (1983, Tab. 12) und GENSER (1991) vor.

Allgemeine Verbreitung: Besonders in Wärmegebieten des südlichen Mitteleuropas oder an lokalklimatisch wärmebegünstigten Standorten vorkommend. Die Nordgrenze des Areals verläuft bei ca. 51° n. Br.

Verbreitung in Baden-Württemberg: Die Hauptverbreitungsgebiete liegen in der Baar und auf der Schwäbischen Alb. Zerstreute Vorkommen gibt es in den Gäulandschaften, in Klettgau und Hegau sowie am Abfall des Südostschwarzwaldes zum Hochrhein. Selten und zumeist verschollen ist die Sippe im Oberrheingebiet, am Dinkelberg und im Vorland der Ostalb.

Tiefste Vorkommen: ca. 100 m bei Daxlanden bei Karlsruhe. Höchste Vorkommen: ca. 1000 m am Schafberg auf der Schwäbischen Alb (7719/3).

Thymus pulegioides subsp. *carniolicus* ist vermutlich schon vor den ersten Eingriffen des Menschen im Gebiet vorhanden gewesen.

Isoliert liegende Vorkommen:
Oberrheingebiet: 7015/2 (?): Rheinauen bei Daxlanden, 1955, HRUBY (KR); 7812/3 (?): Riegel, 1955, HRUBY (KR); 7911/2: Oberbergen, 1955, HRUBY (KR); 7912/1: Badberg, 1973, OBERDORFER (KR); 8012/2: Schönberg, 1874, SCHILL (KR).
Dinkelberg: 8312/4: W Mittel-Minseln, 1993, BREUNIG (KR-K).
Vorland der Ostalb: 7026/2 (?): Ellwangen, RONNIGER (1932: 132).

Erstnachweise: Erste schriftliche Erwähnung bei LEOPOLD (1728: 158): „Serpillum vulgari simile rigidum hirsutum inodorum... am Felsen wo man von Lehr nach Mehringen vorbey gehet".

Bestand und Bedrohung: *Thymus pulegioides* subsp. *carniolicus* wurde im Rahmen der Kartierung nur unvollständig erfaßt. Wie Stichproben ergaben, kommt die Sippe z. B. auf der Schwäbischen Alb häufiger vor, als es die Verbreitungskarte wiedergibt. Da die Gattung insgesamt in den alten Landesfloren taxonomisch sehr unterschiedlich abgehandelt wurde, lassen sich über einen Rückgang nur Vermutungen anstellen. Mit dem allgemeinen Rückgang der Halbtrockenra-

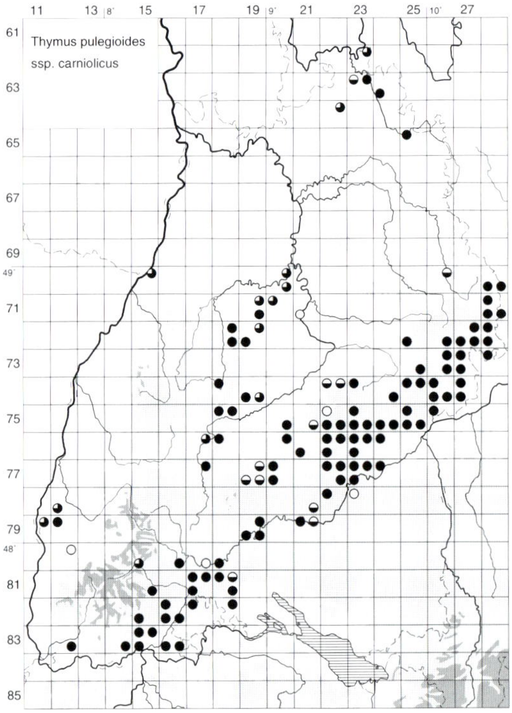

Sand-Thymian *(Thymus serpyllum)*
Botanischer Garten Regensburg, 13. 7. 1991

sen sind sicherlich viele Wuchsorte der Art verlorengegangen. Demgegenüber existieren auf den Felsköpfen der Schwäbischen Alb zahlreiche nicht gefährdete Vorkommen.

4. Thymus serpyllum L. 1753

Thymus angustifolius Persoon non Salisbury 1806
Sand-Thymian

Morphologie: Zwergstrauch, 2–7(–10) cm hoch, am Grund schwach verholzt. Sproßsystem monopodial verzweigt. Sproßachse lang kriechend, meist mit sterilem Ende abschließend, blühende Seitentriebe aufrecht, kurz. Stengel schwach 4kantig, ringsum behaart, Stengelhaare meist kürzer als der Stengeldurchmesser. Blätter derb, schmal, (3)5–8(–10) mm lang, (1)2–3(–4) mm breit, in der oberen Hälfte am breitesten, Nerven unterseits stark hervortretend, Blattrand meist nur im unteren Drittel bewimpert. Blütenstand kopfig. Kelch 3–5 mm lang, obere Kelchzähne breit dreieckig. – Blütezeit: Juni–September.

Ökologie: Auf meist kalkarmen, meist basenreichen, selten sauren, trockenen, meist feinerdearmen, lockeren Sandböden. In Sand-Pionierfluren, lückigen Sandtrockenrasen und sandig-trokkenen, lichten Kiefernwäldern, im östlichen und nördlichen Harzvorland selten auf Porphyr (var. porphyrogenitus) und Sandstein (SCHMIDT 1969; 1974: 55), in Skandinavien auch auf Alvarböden und Kalkgestein (JALAS 1950).

In der nördlichen Oberrheinebene wächst der Sand-Thymian in verschiedenen Corynephoretalia-Gesellschaften mit *Corynephorus canescens* und *Medicago minima*, kann aber auch fast reine Bestände bilden. In den Kalksand-Kiefernwäldern (Pyrolo-Pinetum) kommt die Pflanze mit *Carex ericetorum, Viola rupestris* und *Asperula cynanchica* vor.

Vegetationsaufnahmen aus der oberrheinischen Tiefebene liegen von VOLK (1931, hier auch eine Abbildung des Wurzelsystems), GALL (1969) und PHILIPPI (1970, Tab. 3; 1971, Tab. 1–6; 1971: 114, 116) vor.

Vegetationsaufnahmen aus dem Mainzer Sand (Rheinland-Pfalz) veröffentlichte KORNECK (1987, Tab. 3). Zur Vergesellschaftung außerhalb von Baden-Württemberg vergleiche außerdem SCHMIDT (1975, 1977).

Allgemeine Verbreitung: Der Verbreitungsschwerpunkt von *Thymus serpyllum* liegt im nördlichen Mittel- und Osteuropa. Die Nordgrenze verläuft in Rußland bei etwa 65° n. Br., östlich reichen wenige Vorposten bis zum Ural-Gebirge. Die Südgrenze des Hauptareals verläuft bei ca. 50° n. Br. und reicht im Westen bis in die Niederlande und Dänemark. Außerhalb des geschlossenen Areals gibt es wenige Vorkommen in Südostengland, Frankreich (Pariser Becken, Nordelsaß), Süddeutschland, im Gebiet des ehemaligen Jugoslawien und in Ungarn. Ein großer Teil des Areals liegt im subozeanischen Bereich. Mit der Zunahme der Ozeanität ist eine Konzentrierung auf kontinentalere Gebiete festzustellen.

Verbreitung in Baden-Württemberg: Der Sand-Thymian kommt nur in den kalkreichen Flugsandgebieten des nördlichen Oberrheingebietes vor. Sein Hauptverbreitungsgebiet besitzt er auf den Hardtplatten zwischen Mannheim und Walldorf. Die Vorkommen liegen außerhalb des geschlossenen Hauptareals der Art und sind deshalb von besonderer pflanzengeographischer Bedeutung.

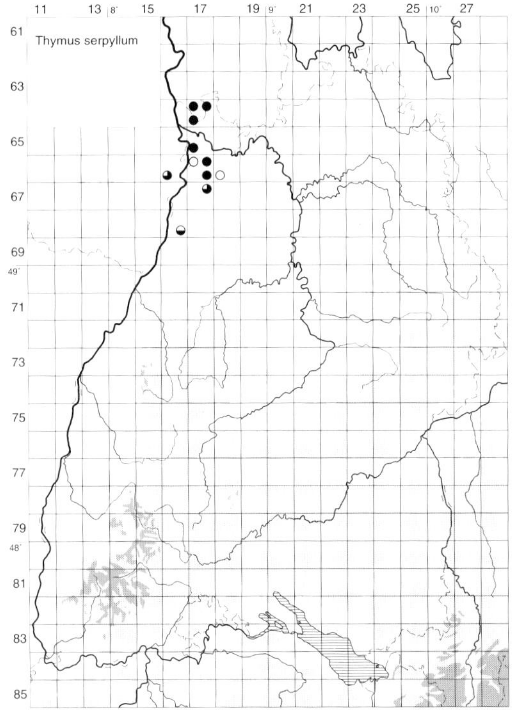

Die Vorkommen liegen zwischen ca. 100 und 110 m.

Thymus serpyllum ist vermutlich schon vor den ersten Eingriffen des Menschen im Gebiet vorhanden gewesen.

6417/3: Zwischen Käfertal und Viernheim, PHILIPPI (1971: 42); Autobahn-Anschlußstelle Mannheim-Nordost/Viernheim, BUTTLER u. STIEGLITZ (1976: 20); „Schmales Jagen" nördl. Mannheim-Käfertal, BREUNIG u. KÖNIG (1988); Mannheim-Sonnenschein, BUTTLER u. STIEGLITZ (1976: 20); 6517/3: Zerstreut zwischen Friedrichsfeld–Schwetzingen–Brühl–Rohrhof und Rheinau, PHILIPPI (1971: 42); BREUNIG u. KÖNIG (1988), z. B. Ostseite der Autobahnböschung (A 6) SE Rheinau und „Lange Sandäcker" NE Rohrhof, 1992, DEMUTH (Hb. DEMUTH); 6617/1: Schwetzingen, SCHULTZ (1846: 355); 6617/2+4: Zerstreut zwischen Oftersheim–Sandhausen–Walldorf und Hockenheim, PHILIPPI (1971: 42); BREUNIG u. KÖNIG (1988); 6617/4: N Walldorf, KNEUCKER (1887: 296); 6618/3: St. Ilgen, SCHULTZ (1846: 355); 6717/2: Geißheck östl. Reilingen 1968, PHILIPPI (KR-K); 6816/4: Dünenzug bei Friedrichstal, OBERDORFER (1936: 248).

Vorkommen in den angrenzenden Gebieten:

Hessen: 6417/1: Nordende des Militärgeländes W Viernheim, BUTTLER u. STIEGLITZ (1976: 20); 6417/2: Baggersee N Viernheim, BUTTLER u. STIEGLITZ (1976: 20).

Pfalz: 6616/3: Truppenübungsplatz N Dudenhöfen, GALL (1969: 113).

Erstnachweis: Erste schriftliche Erwähnung bei SUCCOW (1822: 16): „In siccissimis prope dem Kaeferthaler Wald et Relaishaus".

Bestand und Bedrohung: *Thymus serpyllum* ist in der nördlichen Oberrheinebene in diesem Jahrhundert stark zurückgegangen. SCHMIDT (1857: 239) schreibt: „auf den Sandflächen des Gebietes häufig", F. ZIMMERMANN (1906: 126) hält die Art gar für „gemein". Mit dem Verschwinden des Pyrolo-Pinetum sind zahlreiche Wuchsorte von *Thymus serpyllum* verlorengegangen, und auch auf den unbewaldeten Sandflächen sind die zumeist kleinen Bestände durch Überbauung, Zuwachsen, Eutrophierung und Trittschäden bedroht. Die Pflanze ist im Gebiet gefährdet (G 3, Tendenz zu G 2).

Bastarde:

Thymus pulegioides L. × **Th. serpyllum** L.;
Thymus × oblongifolius Opiz 1825

Nach PHILIPPI (1971: 42) wird „in kalkarmen Gebieten gegen Hockenheim *Thymus serpyllum* zunehmend durch Bastarde mit *Thymus pulegioides* ersetzt". Herbarbelege liegen nicht vor.

Thymus pannonicus Allioni × **Th. pulegioides** L.;
Thymus × porcii Borbas 1890

8317/2: Bahneinschnitt NE Bahnhof Altenburg, KUMMER (1945: 130).

Thymus pulegioides L. × **Th. praecox** Opiz;
Thymus × braunii Borbas 1887

Der Bastard wurde in Baden-Württemberg bisher nicht nachgewiesen, ist im Verbreitungsgebiet von *Thymus praecox* aber zu erwarten. Angaben aus Nordhessen liegen von A. u. CH. NIESCHALK (1978) vor.

Ufer-Wolfstrapp *(Lycopus europaeus)*
Böblingen, 3. 8. 1993

21. **Lycopus** L. 1753
Wolfstrapp

Ausdauernde, krautige Pflanzen mit kriechenden Rhizomen. Blätter gezähnt bis fiederteilig. Kelch glockenförmig, gleichmäßig 4- oder 5zähnig (meist stechend), innen kahl. Krone weißlich, behaart, mit kurzer Röhre und 4 ± gleichen Lappen. Fertile Staubblätter 2, aus der Krone herausragend und spreizend, die beiden oberen Staubblätter zu Staminodien verkümmert oder fehlend. Teilfrüchte abgeflacht, tetraedisch, auf der äußeren Seite mit verdickten Kanten. Bestäubung häufig durch Dipteren.

Gattung mit 14 vorwiegend auf der Nordhalbkugel verbreiteten Arten (*L. australis* in Australien, Angaben nach HENDERSON 1962). In Europa kommen 2 Arten vor, die nahe verwandt sind (BALL 1972).

1 Hochblätter gezähnt oder höchstens bis zur Blattmitte geteilt; Blütentragblätter 2–5 mm lang. Kelchzähne stechend, bis doppelt so lang wie die Kelchröhre . . . . 1. *L. europaeus*
– Alle Stengelblätter fiederteilig; Blütentragblätter 6–9 mm lang. Kelchzähne nicht stechend, etwa so lang wie die Kelchröhre *[L. exaltatus]*, S. 216

1. **Lycopus europaeus** L. 1753
Ufer-Wolfstrapp

Morphologie: Hemikryptophyt, Hydrophyt, mit bis über 1 m langen, unterirdischen, Schuppen tragenden Ausläufern. Stengel 20–80(–100) cm hoch, aufrecht, einfach oder verzweigt, kahl oder vorwiegend an den Kanten anliegend behaart. Blätter sitzend oder kurz gestielt, meist lanzettlich, grob gezähnt oder (besonders bei Pflanzen nasser Standorte) bis über die Mitte fiederteilig. Hochblätter höchstens bis zur Mitte der Blatthälfte geteilt, meist aber nur gezähnt. Blütentragblätter 2–5 mm lang. Blüten sitzend, in vielblütigen Scheinquirlen. Kelch 2,5–4 mm lang, mit 5 lang und steif bespitzten, 1–2,5 mm langen Zähnen, diese bis doppelt so lang wie die Kelchröhre. Krone 4–6 mm lang, weiß, die unteren 3 Kronzipfel mit roten Punkten. Staminodien winzig oder fehlend. Teilfrüchte 1–2 mm lang, z.T. drüsig punktiert. Im Gebiet nur die Typusunterart. – Blütezeit: Juli–September.

Ökologie: Auf nassen, zeitweise überschwemmten, nährstoff- und basenreichen Lehm-, Ton- oder Torfböden. An Ufern und Gräben in Röhrichten und Seggenbeständen, seltener im Erlenbruch. Typische Begleitpflanzen sind *Phragmites communis, Galium palustre* und verschiedene Großseggen.

Vegetationsaufnahmen liegen von GÖRS (1968; 1969, Tab. 8), PHILIPPI (1973; 1978, Tab. 30; 1983) und TH. MÜLLER (1974, Tab. 4) vor.

Allgemeine Verbreitung: Eurasien, Nordafrika, in Nordamerika und Australien eingeschleppt. In Europa vom Mittelmeergebiet nordwärts bis Südskandinavien verbreitet.

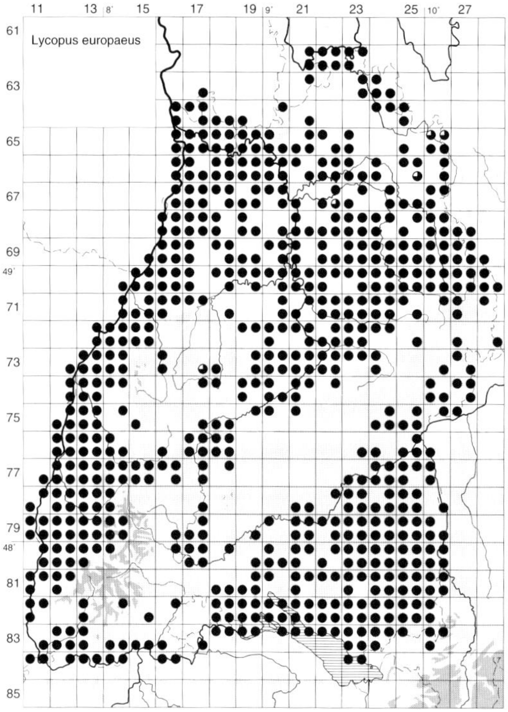

Verbreitung in Baden-Württemberg: Im Schwarzwald (zu nährstoffarme Böden) und auf der Schwäbischen Alb (zu trocken) meist fehlend; Verbreitungslücken bestehen auch im gewässerarmen Taubergebiet. In den übrigen Landesteilen weit verbreitet.

Tiefste Vorkommen: ca. 90 m in der nördlichen Oberrheinebene. Höchste Vorkommen: ca. 800 m bei der Glashofsäge an der Alb im Südschwarzwald (8214/2).

Lycopus europaeus war vermutlich schon vor den ersten Eingriffen des Menschen im Gebiet vorhanden.

Erstnachweise: Ältester archäologischer Nachweis: Präboreal aus dem Federseegebiet, LANG 1952). Nach ZIMMERMANN (1937) von H. HARDER ca. 1562 in der Umgebung von Geislingen – Ulm gesammelt.

Bestand und Bedrohung: *Lycopus europaeus* ist in Baden-Württemberg insgesamt häufig und nicht bedroht.

Lycopus exaltatus Erhart 1782
Hoher Wolfstrapp

Hemikryptophyt, Hydrophyt. Stengel 60-160 cm hoch. Blätter alle fiederteilig. Tragblätter 6–9 mm lang. Kelchzähne 1,3–2 mm lang, etwa so lang wie die Kelchröhre, nicht stechend. Krone 3–4 mm lang, weiß. Staminodien nach GAMS (1927: 2388) kopfig oder fehlend, nach BALL (1972: 183) immer vorhanden. – Blütezeit: Juli–September.

Lycopus exaltatus wird von verschiedenen Floren für das Bodenseegebiet angegeben (vgl. z. B. OBERDORFER 1949: 316; 1990: 816, in letzterer Auflage mit [?] versehen), HESS et al. (1972: 152). Woher die Angabe stammt, konnte nicht geklärt werden. Herbarbelege aus Baden-Württemberg liegen nicht vor.

Nach ZIMMERMANN (1906: 125) kam die Pflanze von 1881–1892 adventiv im Hafen von Mannheim vor.

Bastarde:
Der Bastard von *L. europaeux* × *L. exaltatus (L.* × *intercedens)* wurde von RECHINGER (1913: 168) aus Österreich beschrieben.

Rosmarinus L. 1753
Rosmarin

Sträucher. Kelch glockenförmig, zweilippig; Oberlippe ganzrandig; Unterlippe zweilappig. Krone zweilippig; Staubblätter 2, unterhalb der Mitte des Staubfadens mit einem Zahn. Teilfrüchte eiförmig, glatt. Gattung mit zwei mediterran verbreiteten Arten. Im Gebiet kommt nur die folgende, kultivierte Sippe vor.

Rosmarinus officinalis L. 1753

Strauch, 0,5–2(–2,5) m hoch. Blätter immergrün, schmal lanzettlich, ganzrandig, mit nach unten eingerolltem Rand, unterseits wie der Stengel dicht mit weißen Sternhaaren besetzt. Blüten gestielt, zu 5–10 in rispenähnlichen Blütenständen. Krone meist blau, 8–12 mm lang, zweilippig; Oberlippe tief ausgerandet; Unterlippe 3teilig. – Blütezeit: (Dezember) März–April.

Im Mittelmeergebiet verbreitet in Garriguen und Macchien. In Baden-Württemberg als Gewürzpflanze kultiviert und in Wärmegebieten unbeständig verwildert.

Lavandula L. 1753
Lavendel

Sträucher, Zwergsträucher oder ausdauernde krautige Pflanzen. Blütenstände in gestielten Ähren. Hochblätter und Stengelblätter deutlich verschieden. Kelch 2lippig, 8- bis 15nervig, meist mit einzähniger Ober- und 4zähniger Unterlippe. Krone 2lippig; Oberlippe 2-, Unterlippe 3teilig. Staubblätter vorne gebogen, wie der Griffel in der Kronröhre eingeschlossen. Teilfrüchte eiförmig, kahl, glatt. Gattung mit ca. 30 meist mediterranen Arten. In Europa kommen 7 Arten vor (GUINEA 1972).

Lavandula angustifolia Miller 1768
Schmalblättriger Lavendel

Strauch, 20–60(–200) cm hoch. Zweige aufrecht, behaart. Blätter schmal lanzettlich, ganzrandig, mit nach unten eingerolltem Rand, besonders unterseits von kleinen Sternhaaren dicht graufilzig. Kelch 4,5–6 mm lang, violett. Krone 10–12 mm lang, violett. Teilfrüchte ca. 2 mm lang. – Blütezeit: Juli–August.

Westmediterrane Pflanze trockener Standorte, die häufig als Zier- und Nutzpflanze kultiviert wird. In Baden-Württemberg ist die Pflanze vermutlich lokal bei Nußloch eingebürgert (DEMUTH, mdl. Mitt.).

6618/3: Steinbruch bei Nußloch, 1991, DEMUTH (KR-K); 7221/2: Weinbergmauer bei Untertürkheim, 1930, KREH in SEYBOLD (1968:251); ?: Tübingen: Eßlingsloh, MAYER (1950: 410); ?: Rottenburg: Dölle, MAYER (1950: 410).

22. **Mentha** L. 1753

Minze

(Für zahlreiche Hinweise insbesondere zum Bestimmungsschlüssel und zu *Mentha spicata* subsp. *spicata* danke ich Herrn P. WOLFF, Dudweiler.)

Meist ausdauernde (selten einjährige), krautige Pflanzen, mit Ausläufern und öldrüsenreichen, stark duftenden Blättern. Blüten in dichten, vielblütigen Teilblütenständen. Kelch glocken- oder röhrenförmig, 10- bis 13nervig, gleichmäßig 5zähnig oder 2lippig. Krone schwach 2lippig, mit 4 fast gleichen Lappen, der oberste wenig breiter und ausgerandet. Staubblätter und Griffel aus der Krone ragend. Teilfrüchte eiförmig. Bestäubung meist durch Fliegen.

Gattung mit 14 europäischen Arten (HARLEY 1972). In Baden-Württemberg kommen 6 Arten und zahlreiche Bastarde vor.

Die Gattung *Mentha* ist taxonomisch schwierig, weil die meisten Arten morphologisch sehr variabel sind und außerdem leicht bastardieren. Die Bastarde sind oft steril, vermehren sich aber durch Rhizome und sind oft konkurrenzkräftiger als die Arten, aus denen sie hervorgegangen sind.

Viele Sippen können am für sie typischen Geruch erkannt werden. Dieser läßt sich aber nur schwer beschreiben. Der Bestimmungsschlüssel richtet sich weitgehend nach LEBEAU (1986, 1992), z. T. auch nach HARLEY (1972) und STACE (1991).

1 Kelch ± zweilippig, mit ungleichen Zähnen. Kelchröhre zur Fruchtzeit durch einen Haarkranz verschlossen. Pflanze niederliegend-aufsteigend . . . . 1. *Mentha pulegium*
– Kelch ± gleichmäßig 5zähnig. Kelchröhre zur Fruchtzeit nicht verschlossen. Pflanze aufsteigend oder aufrecht 2
2 Blütenstände ährenförmig 3
– Blütenstände köpfchenförmig oder blattachselständig 10
3 Blätter sitzend oder Blattstiel unten 2 mm lang 4
– Blätter mindestens 2 mm lang gestielt 7
4 Pflanze steril, mit Gabelhaaren . . . . [*M. × villosa*], S. 225
– Klausen zumindest teilweise gut entwickelt. Pflanzen mit oder ohne Gabelhaaren 5
5 Blätter höchstens 2mal so lang wie breit, meist stumpf. Haare wollig-kraus, z. T. gegabelt . . . . 4. *M. suaveolens*
– Blätter mindestens 2mal so lang wie breit, spitz 6
6 Pflanze nur mit einfachen, kurzen, anliegenden Haaren. Mittlere Stengelblätter in der Blattmitte oder etwas oberhalb am breitesten . . . . 5. *M. longifolia*
– Pflanze entweder kahl oder grau behaart; wenn behaart mit einfachen Haaren, die in den Blattachseln viel länger sind, und häufig mit welligkrausen z. T. gegabelten Haaren. Mittlere Stengelblätter meist im unteren Drittel am breitesten . . 6. *M. spicata*, (vgl. auch *M. × rotundifolia*)
7 Pflanze verkahlend; Kelchstiel und Kelch an der Basis (fast) kahl . . . . [*M. × piperita*], S. 225
– Pflanze behaart; Kelchstiel und Kelch an der Basis behaart 8
8 Pflanze mit meist kurzen, einfachen Haaren . . [*M. × dumetorum*], S. 225
– Pflanze mit einfachen, abstehenden und meist auch mit wollig-krausen, teilweise gegabelten Haaren 9
9 Blätter länglich-eiförmig bis eiförmig-elliptisch, ± grau (besonders im oberen Stengelabschnitt), Geruch der Pflanzen an den von *M. longifolia* oder *M. spicata* subsp. *spicata* erinnernd . . . . [*M. × piperita*], S. 225
– Blätter eiförmig, am Grunde häufig ± herzförmig, auf beiden Seiten grün. Geruch der Pflanzen an den von *M. aquatica* erinnernd . . . . . [*M. × maximilianea*], S. 225
10 Stengel mit zahlreichen, blattachselständigen Scheinquirlen, meist mit einem Blattschopf endend 11
– Stengel mit einem Blütenköpfchen endend, das meist ein bis 2 (selten 3) blattachselständige Blütenquirle überragt 15
11 Kronröhre innen mit Haarring 12
– Kronröhre innen ohne Haarring 13
12 Kelch glockenförmig, innen fast kahl, Kelchzähne meist kürzer als 0,5 mm, dreieckig, kurz, nicht oder kaum länger als breit 2. *M. arvensis*
– Kelch röhrenförmig, innen behaart; Kelchzähne meist länger als 1 mm, lanzettlich, deutlich länger als breit. Geruch der Pflanze an den von *M. aquatica* erinnernd [*M. × verticillata*], S. 225
13 Kelch völlig behaart [*M. × mulleriana*], S.225
– Kelch zumindest am Grund kahl 14
14 Kelch glockenförmig, mit meist nur 5 deutlich hervortretenden Nerven. Kelchzähne dreieckig, spitz bis lang zugespitzt. Blätter oft etwas behaart, matt. Tragblätter im Blütenstand ± sitzend, etwas kleiner als die Stengelblätter . . . . [*M. × gentilis*], S. 225
– Kelch röhrig bis glockenförmig, alle 10 Nerven meist deutlich hervortretend. Kelchzähne stachelspitzig bis pfriemlich. Blätter oft fast kahl,

etwas glänzend. Tragblätter kurz gestielt, von den Stengelblättern in der Form verschieden oder zumindest deutlich kleiner . . . .
[M. × smithiana]

15 Kronröhre innen mit Haarring 3. *M. aquatica*

– Kronröhre innen ohne Haarring 7

1. **Mentha pulegium** L. 1753
Polei-Minze

Morphologie: Hemikryptophyt mit unterirdischen, Schuppen tragenden und oberirdischen, beblätterten Ausläufern. Pflanze häufig rot überlaufen. Stengel 10–50 cm hoch, niederliegend-aufsteigend, verzweigt, wie die Blätter fast kahl bis zerstreut behaart. Blätter kurz gestielt, oval, meist grob gezähnt. Blüten kurz gestielt, in vielblütigen, entfernt stehenden Scheinquirlen in den Achseln der oberen Blattpaare. Kelch ± zweilippig, kurz behaart; Kelchröhre innen behaart, zur Fruchtzeit durch einen Haarkranz verschlossen. Krone 5–7 mm lang, rosa (selten weiß); Kronröhre innen behaart. Teilfrüchte 0,7–0,8 mm lang, meist glatt. Giftpflanze. – Blütezeit: Juli–Oktober.

Ökologie: Auf feuchten, nährstoff- und basenreichen, meist kalkarmen Tonböden, in meist wintermilder Lage. Lichtliebende und salzertragende Pflanze. An Ufern von meist stehenden Gewässern, in Flutmulden, früher auch in Schweine-, Gänse- oder Fohlenweiden.

Synthetische Tabellen liegen von OBERDORFER (1957: 94; 1973, Tab. 21 b) und OESAU (1972) vor.

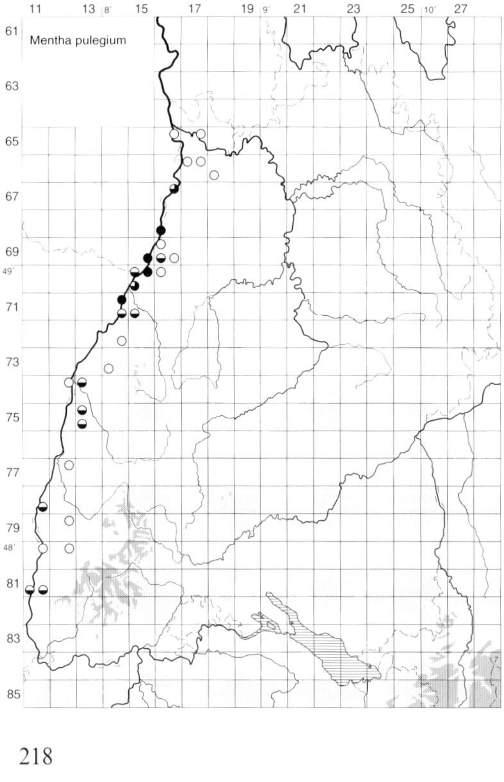

Allgemeine Verbreitung: Europa, Südwestasien, Nordafrika, in Nordamerika eingeschleppt. In Europa ursprünglich nur im Mittelmeergebiet verbreitet, mittlerweile nordwärts von Irland über Norddeutschland bis zum Ural.

Verbreitung in Baden-Württemberg: Beständige Vorkommen von *Mentha pulegium* existieren nur im Oberrheingebiet. Daneben ist die Pflanze früher nicht selten als Südfruchtbegleiter vorübergehend in Güterbahnhöfen eingeschleppt worden (JAUCH 1938: 108; K. MÜLLER 1957: 168; SEYBOLD 1968: 256). Diese Vorkommen werden in der Verbreitungskarte nicht berücksichtigt.

Tiefste Vorkommen: ca. 95 m bei Mannheim-Neckarau (6516/2). Höchste Vorkommen: ca. 200–250 m im südlichen Oberrheingebiet bei Müllheim (8111/4).

Die Pflanze ist vermutlich erst nach Schaffung geeigneter Standorte durch den Menschen in das Gebiet eingewandert (Archäophyt).

6516/2: Neckarau, SCHULTZ (1846: 352); 6517/2: Zwischen Schwabenheimer Hof und Ladenburg, SCHMIDT (1857: 237); 6617/1: Ketsch, Schwetzingen, SCHMIDT (1857: 237); 6617/2 (?): Kirchheimer See, SCHMIDT (1857: 237); Bruchhausen, SCHULTZ (1846: 352); 6618/3: St. Ilgen, SCHMIDT (1857: 237); 6716/2: S Rheinhausen, 1958, KORNECK in PHILIPPI (1971: 42); 6716/2 (?): Lussheim, SCHULTZ (1846: 352); 6816/3: Linkenheim, PHILIPPI (1971: 42), mittlerweile erloschen (PHILIPPI, mdl. Mitt.); W Leopoldshafen, 1992, KLEINSTEUBER (KR-K), nach Hochwasser wieder verschwunden; 6915/2: Wörth (linksrheinisch), OESAU (1972); 6915/4 (auch auf 7015/2): Rheinstrandbad Rappenwört (vorübergehend auch in nördlich gelegener Überflutungsaue), nach 1983, PHILIPPI (KR-K), 1993 noch vorhanden; 6916/1: Eggenstein, 1884, BONNET (KR); 6916/3: Albniederung bei Daxlanden, 1915, KNEUCKER (KR); 6916/4: nahe Rintheim und Durlach, GMELIN (1806: 608); 7015/1: Au am Rhein, 1915, KNEUCKER (KR); 7015/2: Schweinsweide bei Forchheim, KNEUCKER (1886: 110); 7015/3: Schweineweide bei Illingen, 1910, KNEUCKER (KR); Illingen, BRETTAR in PHILIPPI (1971: 42), mittlerweile erloschen (PHILIPPI, mdl. Mitt.); 7016/1: Wiesen zwischen Beiertheim und Scheibenhardt, KNEUCKER (1886: 106); Schweinsweide bei Beiertheim, KNEUCKER (1886: 110); 7114/2: Wintersdorf, Plittersdorf, Ottersdorf (letztgenanntes Vorkommen durch Zuschütten des Standortes erloschen), KORNECK in PHILIPPI (1971: 42), am Weiher NW Wintersdorf 1990 noch vorhanden, WOLFF (KR-K); 7114/4: Schweinsweide von Iffezheim, 1921, KNEUCKER (KR); 7115/3: Niederbühl, WINTER (1884: 137); W Kuppen-

Polei-Minze *(Mentha pulegium)*
Cernay, Ochsenfeld, 21. 7. 1993

heim, 1921, KNEUCKER (KR); 7214/4: Wischtung (= Witstung), WINTER (1884: 137); 7314/3 (?): Oberachern, WINTER in ANONYMUS (1883: 87); 7412/2: Kehl, ?, WOLF (STU); 7413/1: Kork, 1908, KNEUCKER (KR); 7513/1: Müllen, WINTER (1884: 137); Schutterwald, 1933, HENN (KR), vgl. auch HÜGIN (1993); 7513/3: Schweinsweide Höfen, 1933, HENN (KR); 7712/2: Ringsheimer Lehmlöcher, SCHILDKNECHT (1863: 73); 7811/4: bei der Limburg, SPENNER (1826: 383); Sasbach, 1925, MÜLLER (STU); 7912/2: Schweinsweide bei Reuthe, LEUTZ in SCHILDKNECHT (1863: 73); 8011/2: Zwischen N.Rimsingen und Rothhaus, SPENNER (1826: 383); 8012/2: Haslach bei Freiburg, 1871, ERNST (KR); 8111/3 (?): Zinken, WEVER (1843: 162), LANG in SCHILDKNECHT (1863: 72), BINZ (1911: 237); 8111/4 (?): Müllheim-Neuenburg, BINZ (1911: 237).

Außerdem liegen noch folgende Angaben vor, die sich nicht genau lokalisieren lassen: Schiesswiese bei Karlsruhe, GMELIN (1806: 608, s. u.); Gänseweide bei Daxlanden, KNEUCKER (1883: 87); Schweinsweide bei Daxlanden, KNEUCKER (1886: 110); 1889, MAUS (KR); Kaiserstuhl, 1876, SCHATZ (KR); 8111/3 (?): Wässerweiher, WEVER (1843: 161), Angabe vermutlich auf LANG zurückgehend.

Vorkommen in angrenzenden Gebieten:
Elsässische Rheinebene: Benachbart im Unterelsaß an der Modermündung in Auenheim (7114/3, ob noch?) und an der Sauermündung bei Münchhausen (7014/4). Beide Angaben nach PHILIPPI (mdl. Mitt.).
Bayern: Von SCHNITZLEIN und FRICKHINGER (1848: 172) für die Umgebung von Dinkelsbühl angegeben.

Erstnachweis: Der erste schriftliche Nachweis findet sich bei C.C. GMELIN (1806: 608): „Circa Carlsruhe auf der Schiesswiese et alibi... prope Rintheim et Durlach".

Bestand und Bedrohung: In der nördlichen und mittleren Oberrheinebene sind nur noch wenige, teilweise aber sehr individuenreiche Vorkommen bekannt. Die Pflanze ist konkurrenzschwach und benötigt vegetationsarme Standorte, wie sie früher in Schweine-, Gänse- oder Fohlenweiden vorhanden waren. Mit der Aufgabe dieser Bewirtschaftungformen ist *Mentha pulegium* selten geworden und findet sich fast nur noch in periodisch vom Rhein überfluteten, hochgelegenen Schlammfluren. Die Pflanze ist im Gebiet vom Aussterben bedroht (G 1).

2. Mentha arvensis L. 1753

Acker-Minze

Morphologie: Hemikryptophyt (seltener Therophyt oder Geophyt), mit kurzen, Schuppen tragenden, unterirdischen, selten auch mit beblätterten, oberirdischen Ausläufern. Stengel 5–30(–40) cm hoch, niederliegend, aufsteigend oder aufrecht, meist verzweigt, abstehend behaart. Blätter kurz gestielt, oval bis lanzettlich, mit wenigen, groben, nach vorne gerichteten Zähnen. Blüten kurz gestielt, in vielblütigen, entfernt stehenden Scheinquirlen. Kelch glockenförmig und 1,5–2,5 mm lang (einschließlich der etwa 0,5 mm langen Kelchzähne), gleichmäßig 5zähnig, dicht und abstehend behaart. Krone 4–6 mm lang, rosa bis violett; Kronröhre innen behaart. Teilfrüchte glatt. – Blütezeit: Juli–September.

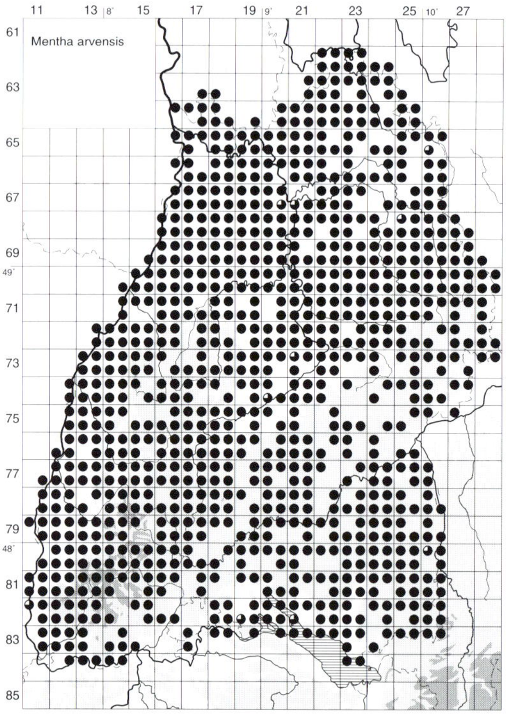

Acker-Minze *(Mentha arvensis)*
Burkheim

Variabilität: Von *Mentha arvensis* werden für Baden-Württemberg 3 Unterarten genannt, die im Rahmen der Kartierung nicht unterschieden wurden: *M. arvensis subsp. arvensis, M. arvensis* subsp. *austriaca* (JACQUIN) BRIQUET 1891 und *M. arvensis* subsp. *parietariifolia* (BECKER) BRIQUET 1889. Stichproben und die Literaturdurchsicht lassen vermuten, daß die subsp. *austriaca* die im Gebiet häufigste Sippe ist. Der Bestimmungsschlüssel richtet sich nach SCHUBERT und VENT (1986: 508) und LEBEAU (1992: 531 u. 540, hier auch Abbildungen der Blätter).

1 Blätter am Grund herzförmig, breit abgerundet oder kurz gestutzt, eiförmig bis breit-lanzettlich. Stengel und Blätter beiderseits ± dicht behaart . . . *M. arvensis* subsp. *arvensis*

– Blätter am Grund in den Stiel verschmälert, elliptisch-lanzettlich 2

2 Pflanze ± stark behaart. Blattstiele so lang oder kürzer als die Scheinquirle . . . . *M. arvensis* subsp. *austriaca*

– Pflanze schwach behaart. Blätter groß, dünn, ihre Stiele länger als die Scheinquirle, die unteren fast doppelt so lang . . . . *M. arvensis* subsp. *parietariifolia*

Ökologie: auf staufeuchten (auch wechselfeuchten bis wechselnassen), nährstoffreichen, meist schwach sauren, lehmigen Böden. In Äckern, Feucht- und Naßwiesen und auf Schuttplätzen. Häufige Begleitpflanzen sind *Ranunculus repens* und *Potentilla anserina*.

Vegetationsaufnahmen liegen von G. Knapp (1964), Philippi (1978, Tab. 44 u. 50) und Lang (1990, mehr. Tab.) vor.

Allgemeine Verbreitung: Nordhalbkugel, auf der Südhalbkugel eingeschleppt. In Europa nordwärts bis ca. 68° n. Br., im Mittelmeergebiet gebietsweise selten (Iberische Halbinsel, Italien, Griechenland).

Verbreitung in Baden-Württemberg: *Mentha arvensis* ist in allen Landesteilen verbreitet.

Tiefste Vorkommen bei ca. 95 m im nördlichen Oberrheingebiet. Höchste Vorkommen: ca. 1100 m im Südschwarzwald (Hügin 1992).

Mentha arvensis ist vermutlich erst nach Schaffung geeigneter Standorte durch den Menschen in das Gebiet eingewandert (Archäophyt), obwohl nach Lohmeyer (in Schneider, Sukopp und Sukopp 1994: 240) natürliche Vorkommen in Sumpfwäldern und Quellsümpfen vorstellbar sind.

Erstnachweis: Ältester archäologischer Nachweis: 40. Jh. v. Chr. (Rösch 1985). Nach Zimmermann (1937) von H. Harder ca. 1562 in der Umgebung von Geislingen – Ulm gesammelt.

Bestand und Bedrohung: Häufige, nicht bedrohte Pflanze.

3. Mentha aquatica L. 1753
Wasser-Minze

Morphologie: Hemikryptophyt (auch Hydrophyt), mit langen, Schuppen tragenden, unterirdischen und teilweise beblätterten, oberirdischen Ausläufern. Stengel 20–50(–80) cm hoch, aufrecht, meist verzweigt, mit meist abwärts gerichteten, abstehenden Haaren. Blätter gestielt, meist oval, mit groben, nach vorne gerichteten Zähnen, anliegend behaart. Blüten kurz gestielt, mit endständigem, kopfigem Blütenstand, darunter zumeist noch wenige, vielblütige, blattachselständige Scheinquirle. Kelch röhrenförmig, 2,5–4,5 mm lang; Kelchzähne pfriemlich bis fast dreieckig. Krone 5–7 mm lang, rosa oder lila; Kronröhre innen behaart. Teilfrüchte ± glatt und (0,7)0,8–0,9 mm lang. Blütezeit von Juli–September.

Variabilität: Von *Mentha aquatica* werden zwei durch Übergänge verbundene Unterarten unterschieden. Die taxonomische Bewertung der beiden Sippen ist allerdings umstritten.

1 Blätter am Grund abgerundet oder herzförmig *M. aquatica* subsp. *aquatica*
– Blätter am Grund verschmälert . . . . *M. aquatica* subsp. *ortmanniana*

Im Herbarium des Staatlichen Museums für Naturkunde in Karlsruhe befindet sich nur ein Beleg aus Baden-Württemberg von der subsp. *ortmanniana*:

8220/3: Markelfingen, 1952, Hruby (KR).

Ökologie: Auf nassen, zeitweise überschwemmten, basenreichen, mäßig stickstoff- bis stickstoffreichen, meist tonigen oder torfigen Böden. An Ufern von Seen, Bächen und Gräben, in nassen Wiesen, Röhrichten und Großseggenriedern, in Bruchwäldern und zwischen Weidengebüsch.

Vegetationsaufnahmen liegen von Görs (1969, Tab. 9), Lang (1990) und Peintinger (1993) vor.

Allgemeine Verbreitung: Europa, Westasien, Afrika, in Nordamerika, Australien und Neuseeland eingeschleppt. In Europa reicht das geschlossene Verbreitungsgebiet nordwärts bis ca. 60° n. Br. (weiter nördlich entlang der ostschwedischen Küste vereinzelt bis ca. 65° n. Br.).

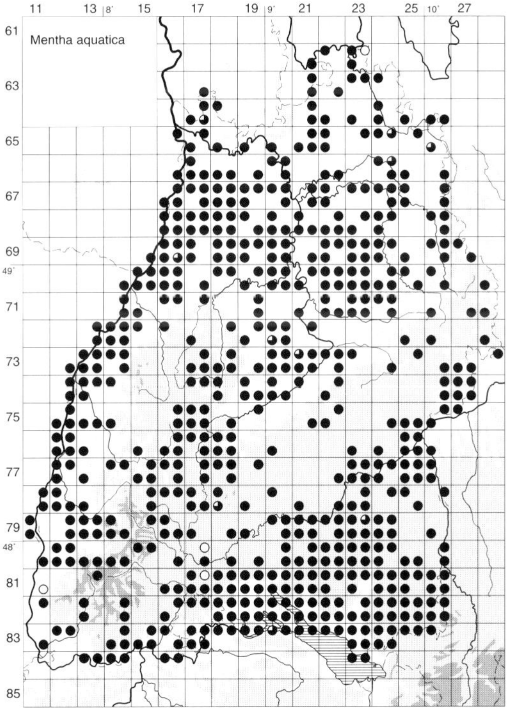

Wasser-Minze (*Mentha aquatica*)
Riedhausen (Bayern), 1. 8. 1994

Verbreitung in Baden-Württemberg: Im ganzen Gebiet mit Ausnahme des Schwarzwaldes (zu nährstoffarme Böden) und der Schwäbischen Alb (zu trocken) verbreitet. Größere Verbreitungslücken bestehen auch in den z.T. gewässerarmen nordöstlichen Gäulandschaften.

Tiefste Vorkommen: ca. 95 m im nördlichen Oberrheingebiet. Höchste Vorkommen bei ca. 1000 m im Südschwarzwald bei Schwärzenbach (8015/1).

Mentha aquatica ist vermutlich schon vor den ersten Eingriffen des Menschen im Gebiet vorhanden gewesen.

Erstnachweis: Nach ZIMMERMANN (1937) von H. HARDER ca. 1562 in der Umgebung von Geislingen – Ulm gesammelt.

Bestand und Bedrohung: *Mentha aquatica* ist im Gebiet häufig und nicht bedroht.

4. Mentha suaveolens Ehrhart 1792
Rundblättrige Minze

Morphologie: Hemikryptophyt, mit überwiegend oberirdischen Ausläufern. Pflanze mit charakteristischem, unangenehm süßlichem Geruch. Stengel 30–60(–100) cm hoch, aufrecht, im Blütenstand verzweigt, ± wollig behaart, Haare z.T. gegabelt. Blätter ± sitzend, rundlich-eiförmig, meist stumpf, meist seicht gezähnt, meist runzelig, stark netznervig; Blattoberseite meist nur zerstreut behaart, Blattunterseite wollig behaart, z.T. gegabelt. Blüten in endständigen, ährenförmigen Blütenständen. Kelch ca. 1,5 mm lang, außen behaart; Kelchzähne lang zugespitzt. Krone 3,5–4,0 mm lang, meist weißlich, außen zerstreut behaart; Kronröhre innen kahl. Teilfrüchte 0,5–0,6(–0,7) mm lang, mit wabenartiger Oberflächenstruktur. – Blütezeit: Juli–September.

Ökologie: Wärmeliebende Pflanze auf nassen, häufig zeitweise überschwemmten, mäßig nährstoffreichen bis nährstoffreichen, basenreichen, lehmigen oder tonigen Böden. An gestörten Graben- und Bachrändern, in zeitweise überfluteten Wiesenmulden und an Wegrändern. Kennzeichnende Art des Potentillo-Menthetum rotundifolii, in dieser Gesellschaft mit *Potentilla reptans, Juncus inflexus* und *Ranunculus repens.* Eine synthetische Tabelle liegt von OBERDORFER (1957: 94) aus dem Oberrheingebiet vor.

Allgemeine Verbreitung: Europa, in Nordamerika eingeschleppt. In Süd- und Westeuropa weit verbreitete Pflanze. Die Vorkommen reichen nordwärts bis Großbritannien und in die Nieder-

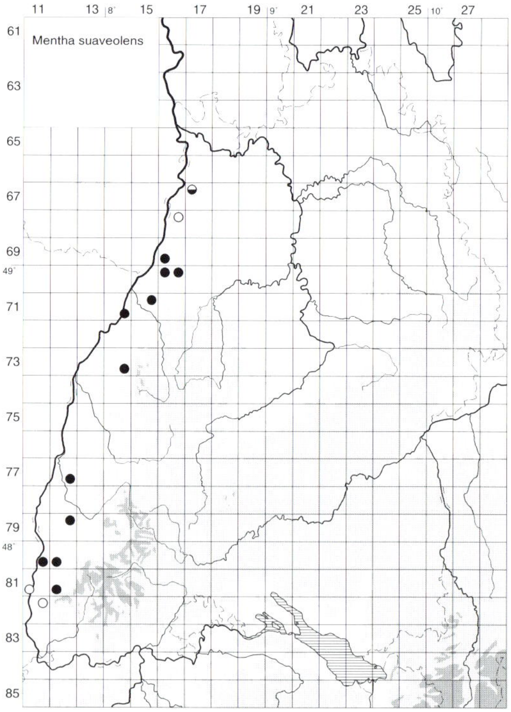

Rundblättrige Minze *(Mentha suaveolens)*
Denzlingen

lande. Die Ostgrenze ist wegen der zahlreichen Verwechslung mit anderen Sippen nicht genau bekannt, östlich von Baden-Württemberg kommen vermutlich überwiegend synanthrope Vorkommen vor (vgl. z. B. MERXMÜLLER 1973).

Verbreitung in Baden-Württemberg: (Anmerkung zur Verbreitungskarte: In die Karte wurden nur durch Herbarbelege gesicherte Angaben übernommen.)

Aus Baden-Württemberg liegen nur Belege aus dem Oberrheingebiet vor. Angaben aus dem Neckar- und Enzgebiet konnten nicht bestätigt werden. Zumeist wurde die Pflanze mit *Mentha × villosa* verwechselt. Die Vorkommen liegen zwischen 100 und 210 m.

Mentha suaveolens ist vermutlich erst nach Schaffung geeigneter Standorte durch den Menschen in das Gebiet eingewandert (Archäophyt).

Überprüfte Belege: 6717/1: Waghäusel, 1928, KREH (STU); 6816/2: Graben, 1887, KNEUCKER (KR); Gräben am Hochufer des Graben-Neudorfer Moores, 1887, BONNET (KR); 6916/3: Karlsruhe, Unterfeld bei Neureut-Heide, 1989, VOGGESBERGER (STU); Alb am Rheinhafen, 1995, Kleinsteuber (KR-K); 7016/1: Alb bei Weiherfeld, 1989, KLEINSTEUBER (Hb. KLEINSTEUBER); 7016/2: Wolfartsweier, 1994, SCHACH (Hb. SCHACH); 7114/4: Sandbach bei Iffezheim, 1994, GRIESE (Hb. GRIESE); 7115/2: Malsch, Bruch SW des Ortes, 1987, BREUNIG (Hb. BREUNIG); 7314/4: Oberachern, 1993, G. HÜGIN jun. (Hb. G. HÜGIN); 7712/4: W Bahnhof Herbolzheim, 1992, G. HÜGIN jun. (Hb. G. HÜGIN); 7912/2: Oberreute, 1991, G. HÜGIN jun. (Hb. G. HÜGIN); 8011/4: Maria-Hilf-Kapelle W Tunsel, 1992, G. HÜGIN jun. (Hb. G. HÜGIN); 8012/3: Schlatt, 1992, G. HÜGIN jun. (Hb. G. HÜGIN); 8111/3: Neuenburg, ?, LANG (KR); 8112/3: Zwischen St. Ilgen und Laufen, Straßenrand, 1993, PLIENINGER (Hb. PLIENINGER); 8211/2 (?): Zwischen Müllheim und Vögisheim, ?, LANG (KR).

Nicht lokalisieren ließ sich die Angabe von KNEUCKER (1895, KR): „Schweinsweide bei Daxlanden".

Bestand und Bedrohung: Die Bedrohung von *Mentha suaveolens* läßt sich nach den vorliegenden Daten nur schwer abschätzen. In der Roten Liste von Baden-Württemberg wird die Pflanze als gefährdet (G 3) eingestuft. Diese Bewertung sollte bis auf weiteres beibehalten werden.

5. Mentha longifolia (L.) Hudson 1762

Roß-Minze

Morphologie: Hemikryptophyt, mit überwiegend unterirdischen Ausläufern. Stengel 40–120 cm hoch, aufrecht, verzweigt, grau oder weiß be-

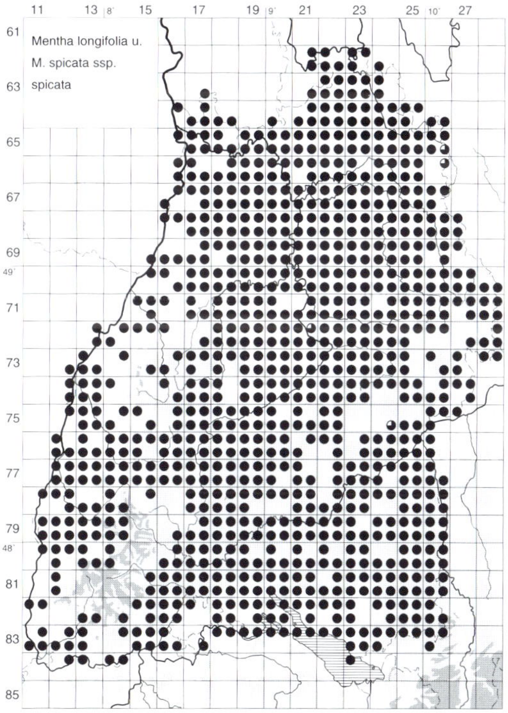

Artengruppe Roßminze
(Mentha longifolia/Mentha spicata)
Glottertal

haart. Blätter ± sitzend, länglich-elliptisch bis länglich-lanzettlich, meist in oder oberhalb der Mitte am breitesten, scharf gezähnt, meist zugespitzt. Blattoberseite spärlich bis wollig behaart, Blattunterseite meist mit einfachen kurzen, anliegenden Haaren (keine Gabelhaare!). Blüten in endständigen, ährenförmigen Blütenständen. Kelch 1–3 mm lang, außen behaart. Krone 3–4 mm lang, hell lila oder weiß, außen zerstreut behaart. Kronröhre innen kahl. – Blütezeit: Juli–September.

Ökologie: Auf nassen, häufig zeitweise überschwemmten, nährstoff- und basenreichen, meist kalkhaltigen, tonigen Böden. Auf die Wiedergabe von veröffentlichten Vegetationsaufnahmen wird verzichtet, da mit zahlreichen Verwechslungen mit *Mentha spicata s. str.* zu rechnen ist.

Allgemeine Verbreitung: In fast ganz Europa verbreitet. Die Nordgrenze verläuft nach dem derzeitigen Kenntnisstand bei ca. 60° n. Br. Es ist aber auch hier mit zahlreichen Verwechslungen von *Mentha longifolia* mit *Mentha spicata* subsp. *spicta* zu rechnen.

Verbreitung in Baden-Württemberg: (Anmerkungen zur Verbreitungskarte: *Mentha longifolia* und *Mentha spicata* subsp. *spicata* wurden im Rahmen der Kartierung nicht unterschieden. Beide Sippen werden deshalb in einer Karte – *Mentha longifoia* u. *M. spicata* subsp. *spicata* – zusammengefaßt.)

Die Verbreitung von *Mentha longifolia* in Baden-Württemberg ist weitgehend unbekannt. Es gibt die Pflanze sicher am Rhein (vgl. auch Lang und Wolf 1992). Zu erwarten sind Vorkommen außerdem zumindest im Alpenvorland und auf der Schwäbischen Alb.

Bestand und Bedrohung: *Mentha longifolia* ist im Gebiet vermutlich selten. Der Grad der Gefährdung kann zur Zeit nicht beurteilt werden.

6. Mentha spicata L. 1753

Grüne Minze, Ähren-Minze

Morphologie: Hemikryptophyt, mit meist unterirdischen Ausläufern. Stengel 30–100 cm hoch, meist verzweigt. Blätter ± sitzend, länglich-eiförmig bis lanzettlich, meist unterhalb der Mitte am breitesten, gezähnt, stumpf oder zugespitzt, am Grund abgerundet bis herzförmig. Blattunterseite kahl oder mit einfachen, wellig-krausen und gegabelten Haaren. Blüten in endständigen, ährenförmigen Blütenständen. Krone weiß, rosa oder lila. Teilfrüchte 0,7–1,0 mm lang, kahl oder zerstreut behaart. – Blütezeit: Juli–September.

Variabilität: Von *Mentha spicata* kommen im Gebiet 2 Unterarten vor:

1 Pflanzen fast kahl . . . *M. spicata* subsp. *glabrata*
– Pflanzen grau behaart . . . . *M. spicata* subsp. *spicata*

Die Typusunterart wird in den deutschen Floren bisher nur in der Flora der Pfalz erwähnt (vgl. Lang und Wolff 1993). Die Bestimmung solcher Pflanzen führt deshalb zum falschen Ergebnis „*Mentha longifolia*".

Ökologie: Auf trockenen bis nassen, nährstoff- und basenreichen Böden. *Mentha spicata* subsp. *spicata* findet sich auf naturnahen und ruderalen Standorten, *M. spicta* subsp. *glabrata* fehlt naturnahen Standorten. Vegetationsaufnahmen der Typusunterart sind vermutlich zahlreich unter *M. longifolia* veröffentlicht worden.

Allgemeine Verbreitung: Nordhalbkugel, Südafrika, Neuseeland, Südaustralien. Harley (1972) vermutet, daß *M. spicata* durch Bastardierung von *M. suaveolens* und *M. longifolia* und anschließender Chromosomenverdopplung in Kultur entstanden ist. Die Pflanze ist als Gewürzpflanze weit verbreitet worden und mittlerweile in fast ganz Europa eingebürgert.

Verbreitung in Baden-Württemberg: Über die Verbreitung der Pflanze im Gebiet lassen sich nur wenige Aussagen machen. Erste Herbaruntersuchungen zeigen, daß die Sippe wahrscheinlich in allen Naturräumen vorkommt, in denen *Mentha longifolia* angegeben wird. Die Vorkommen sind in die Karte von *Mentha longifolia* und *M. spicata* subsp. *spicata* eingegangen.

Bestand und Bedrohung: *Mentha spicata* subsp. *glabrata* verwildert immer wieder aus Anpflanzungen, ist aber nirgends eingebürgert. *Mentha spicata* subsp. *spicata* ist im Gebiet vermutlich häufig und nicht bedroht.

Bastarde:

Da die Bastarde im Rahmen der Kartierung kaum erfaßt wurden, lassen sich über die Verbreitung der einzelnen Sippen keine Aussagen treffen. Um weitere Untersuchungen anzuregen, werden im folgenden die wichtigsten Bastarde kurz beschrieben (vgl. auch den Bestimmungsschlüssel sowie HARLEY [in STACE 1975: 383]). Es ist dabei zu beachten, daß die Bastarde meist sehr variabel sind und sich durch Rückkreuzungen (bei fertilen Bastarden) mehr dem einen oder anderen Elternteil annähern können.

M. spicata × M. suaveolens; M. × villosa Hudson 1762

Pflanze steril, mit Gabelhaaren. Blätter behaart bis (selten) kahl, lanzettlich bis fast rund; Blattrand kräftig gezähnt. Der Bastard wird häufig mit *M. suaveolens, M. × rotundifolia* oder *M. spicata* verwechselt. Eine Abbildung der Pflanze findet sich bei STACE (1991: 684), die Abbildung eines mittleren Stengelblattes bei LEBEAU (1992: 531).

Kartierungen aus der angrenzenden Pfalz (LANG und WOLFF 1993) lassen vermuten, daß die Sippe auch in Baden-Württemberg weit verbreitet ist.

M. longifolia × M. suaveolens; M. × rotundifolia (L.) Hudson 1762

Blätter länglich, am Blattgrund breit abgerundet, runzelig, deutlich gezähnt; Blattränder fast parallel. Der Bastard wird häufig mit *M. × villosa* verwechselt, ist aber immer behaart und fertil! Eine Abbildung der Pflanze findet sich bei STACE (1991: 684).

M. aquatica × M. spicata; M. × piperita L. 1753

Pflanze kahl bis behaart, häufig rötlich und nach Pfefferminze riechend. Blätter gestielt, eiförmig bis breit lanzettlich, meist gezähnt. Eine Abbildung der Pflanze findet sich bei STACE (1991: 684), die Abbildung eines mittleren Stengelblattes bei LEBEAU (1992: 531).

M. aquatica × M. longifolia; M. × dumetorum Schultes 1809

Die Pflanze wird häufig mit behaarten Formen von *Mentha × piperita* verwechselt, besitzt jedoch keine Gabelhaare. Nach HARLEY (1972: 185) kommt die Sippe häufig in der Umgebung der Eltern vor.

M. arvensis × M. aquatica; M. × verticillata L. 1759

Kelch 2,5–4 mm lang (einschließlich der über 1 mm langen Kelchzähne). Pflanze gleicht ansonsten weitgehend *M. arvensis*, ist nach HARLEY (1972: 184) aber meist robuster und stärker behaart.

M. aquatica × M. suaveolens; M. × maximilianea F. W. Schultz 1854

Blätter runzelig, am Grunde herzförmig. Die Abbildung eines mittleren Stengelblattes findet sich bei LEBEAU (1992: 531).

M. arvensis × M. suaveolens; M. × muelleriana F. W. Schultz 1854

Pflanze ähnlich *M. arvensis*, aber Kronröhre innen kahl und Blätter meist deutlich größer, außerdem tiefer und schärfer gezähnt. Der Bastard ist steril.

M. arvensis × M. spicata subsp. **glabrata; M. × gentilis** L. 1753

Pflanze meist nach Pfefferminze riechend. Der Bastard gleicht weitgehend *M. arvensis*, die Krone ist innen aber kahl, der Kelch ist am Grunde kahl und mehr oder weniger drüsig, die Kelchzähne sind länglich und sehr spitz.

M. arvensis × M. aquatica × M. spicata; M. × smithiana R. A. Graham 1949

Pflanze fast kahl, meist rötlich überlaufen, nach Pfefferminze riechend. Stengel bis 1,5 m hoch. Blätter eiförmig, gestielt, mit scharfen, vorwärts gerichteten Zähnen, am Grunde abgerundet oder keilförmig.

Die Abbildung eines mittleren Stengelblattes findet sich bei LEBEAU (1992: 531). *M. × smithiana* und *M. × gentilis* sind selten klar zu trennen (LEBEAU 1986: 71 u. P. WOLFF, schriftl. Mitt.).

23. **Salvia** L. 1753
Salbei

Ein-, zweijährige oder ausdauernde krautige Pflanzen (außerhalb des Gebietes häufig auch Halbsträucher oder Sträucher). Pflanzen häufig mit aromatischem Geruch. Scheinquirlen zu Scheintrauben oder Scheinähren vereinigt. Kelch 2lippig, mit ungleichen Zähnen, 10- bis 15nervig, im Innern kahl oder zerstreut behaart. Krone 2lippig; Oberlippe meist helmförmig, ganzrandig oder 2teilig; Unterlippe 3teilig, mit größerem, oft ausgerandetem Mittelabschnitt; Kronröhre mit oder ohne Haarring. Staubblätter 2 (die beiden anderen immer als kleine Staminodien vorhanden); Narbe 2spaltig. Teilfrüchte eiförmig, meist 3kantig, glatt. Zahlreiche Arten sind gynodiözisch (vgl. Familienbeschreibung). Die Bestäubung erfolgt häufig durch Hummeln oder Bienen.

Salvia ist die artenreichste Gattung der Lamiaceen mit weltweit ca. 600–800 Arten (in Europa ca. 36), die vorwiegend in den wärmeren Erdteilen verbreitet sind. In Baden-Württemberg sind 4 Arten einheimisch bzw. eingebürgert, daneben kommen noch mehrere, unbeständig auftretende Sippen vor.

Bei zahlreichen *Salvia*-Arten (s. u.) sind die Staubblätter zu einem beweglichen Hebelapparat umgebildet. Jeweils eine Staubbeutelhälfte der beiden Staubblätter liegt in der Kronoberlippe, die andere im Schlund. Sie werden durch das lang ausgezogene Konnektiv verbunden. Die im Schlund liegenden Staubbeutelhälften sind zu einer Platte umgebildet. Die Filamente sind meist kurz und mit den Konnektiven beweglich verbunden. Durch einen in die Blüte eindringenden Insektenkopf wird die Platte nach oben und hinten gedrängt. Die fertilen Staubbeutelhälften senken sich dadurch auf den Rücken des Tieres. Beim Besuch einer älteren Blüte streift das Insekt den Pollen an den vor dem Blüteneingang stehenden Narbenflächen ab. Diese entwickeln sich erst, wenn die Antheren bereits verstäubt haben.

Die artenreiche Gattung läßt sich nach der Form der Staubblätter in 3 Hauptgruppen einteilen. Diese Einteilung soll lediglich die Gliederung der Gattung erleichtern und steht in keinem Zusammenhang zur tatsächlichen Verwandtschaft der einzelnen Sippen untereinander.

1. Konnektive kürzer oder genauso lang wie die Filamente; beide Staubbeutelhälften fertil (die untere allerdings nur kümmerlich entwickelt und mit stark reduzierter Pollenproduktion)
   Bsp.: *S. officinalis.*
2. Konnektive deutlich länger als die Filamente; die unteren Staubbeutelhälften sind zu einer sterilen, axt- oder löffelförmigen Gewebsplatte reduziert. Bei dieser Gruppe, der die meisten europäischen Arten angehören, funktioniert die Bestäubung nach dem oben beschriebenen Mechanismus.
   Bsp.: *S. sclarea, S. aethiopis, S. verbenaca, S. glutinosa, S. nemorosa, S. pratensis, S. viridis.*
3. Konnektive länger als die Filamente; die untere Staubbeutelhälfte pfriemlich, steril. Filament und Konnektiv fest miteinander verbunden, nicht beweglich.
   Bsp.: *S. verticillata.*

Außer den unten besprochen Arten werden zahlreiche Sippen in Gärten als Zierpflanzen kultiviert (z. B. *Salvia patens, S. splendens, S.* × *superba*). Außerdem können noch weitere Arten vorübergehend eingeschleppt werden, z. B. *S. austriaca* (KREH 1951: 118).

1 Blüten hellgelb. Stengel im oberen Teil drüsig-klebrig behaart . . . . 1. *S. glutinosa*
– Blüten andersfarbig. Stengel im oberen Teil drüsenlos oder mit Drüsen (aber nicht klebrig) . . . 2
2 Stengel am Grunde verholzt. Konnektive kürzer oder genauso lang wie die Filamente . . . . . . [*S. officinalis*]
– Stengel krautig. Konnektive deutlich länger als die Filamente 3
3 Blütenquirle (8)16- bis 30blütig. Oberlippe der Krone fast gerade; Filament und Konnektiv fest miteinander verbunden. Pflanze fast geruchlos 4. *S. verticillata*
– Blütenquirle 2- bis 12blütig. Oberlippe der Krone sichelförmig gebogen; Staubblätter mit Hebelmechanismus. Pflanze ± aromatisch riechend 4
4 Kelchzähne borstig begrannt (Granne länger als 1 mm); Stengel dicht kraus oder zottig behaart 5
– Kelchzähne spitz, nicht begrannt (Spitze kürzer als 1 mm); Stengel behaart, aber nicht kraus oder zottig 6
5 Stengel im oberen Teil mit Drüsenhaaren. Krone 2–2,8 cm lang, hellblau bis rosa . . . . . [*S. sclarea*], S. 227
– Stengel drüsenlos. Krone 1,4–2 cm lang, weiß . [*S. aethiopis*], S. 227
6 Hochblätter groß, den Kelch verdeckend . . . . [*S. viridis*], S. 231
– Hochblätter den Kelch nicht verdeckend 7
7 Blätter z. T. fast fiederspaltig, doppelt gezähnt [*S. verbenaca*], S. 231
– Blätter lanzettlich oder oval (z. T. leicht gelappt); Blätter einer Pflanze entweder alle einfach gezähnt oder Pflanze mit einfach und doppelt gezähnten Blättern 8
8 Stengel mit grundständiger Blattrosette; Blätter grob unregelmäßig gezähnt, kahl oder zerstreut behaart. Hochblätter grün. Kelch mit bis ca. 1 mm langen Haaren, meist mit zahlreichen Drüsenhaaren und mit sitzenden Drüsen . . . . 2. *S. pratensis*
– Stengel ohne grundständige Blattrosette (zur Blütezeit vertrocknet); Blätter fein ± regelmäßig gezähnt, besonders unterseits kurz behaart (Lupe!). Hochblätter violett. Kelch mit bis ca. 0,3 mm langen Haaren, nur mit sitzenden Drüsen. . . . . 3. *S. nemorosa*
vgl. auch: Stengel meist ohne grundständige Blattrosette; Blätter ± unregelmäßig gezähnt, Behaarung meist intermediär. Brakteen meist grün. Kelch mit kurzen und langen Haaren, mit zahlreichen sitzenden Drüsen und meist wenigen Drüsenhaaren . . . . . . *S.* × *sylvestris*, S. 233

Salvia officinalis L. 1753
Echter Salbei, Garten-Salbei

Holziger Chamaephyt. Stengel 20–80 cm hoch, aufsteigend oder aufrecht, verzweigt, behaart. Blätter oval bis breit lanzettlich, z. T. mit 2 Zipfeln, fein stumpf gezähnt oder fast ganzrandig, runzelig, unterseits dicht behaart. Blüten in endständigen, 4- bis 8blütigen, quirlartigen

Teilblütenständen. Hochblätter oval bis lanzettlich, grün oder violett. Krone 1,7–2,5 cm lang, violett (selten rosa oder weiß). – Blütezeit: Juni–Juli.

Mediterrane Pflanze. Im Mittelmeergebiet in trockenen Wiesen und Felsfluren. In Mitteleuropa selten aus Kulturen verwildert und in wärmeren Regionen stellenweise eingebürgert (z. B. im Wallis).

Salvia sclarea L. 1753
Muskateller-Salbei

Zweijährig, mit dicker Pfahlwurzel. Stengel 30–100 cm hoch, aufrecht, meist verzweigt, dicht behaart, im oberen Teil mit Drüsenhaaren. Blätter gestielt, oval oder breit lanzettlich, unregelmäßig stumpf gezähnt, runzelig, behaart. Blüten in endständigen, 4- bis 6blütigen, quirlartigen Teilblütenständen. Hochblätter breit herzförmig, lila, weinrot oder weiß. Krone 2–2,8 cm lang, hellblau bis rosa, Unterlippe gelblich. – Blütezeit: Juni–Juli.

Mediterrane Pflanze. Im natürlichen Verbreitungsgebiet in Wäldern, Weinbergen und an Wegrändern. In Mitteleuropa selten als Gewürz- und Heilpflanze aus Kulturen verwildert und stellenweise eingebürgert. Aus Baden-Württemberg sind bisher nur unbeständige Vorkommen von Wegrändern und in Weinbergen bekannt geworden:

6517/3: Dossenwald bei Friedrichsfeld, 1935, KUGLER (KR); ?: Neckarhalde (bei Tübingen?), um 1900, MAYER (1950: 402); 6920/4: Kirchheim am Neckar, Bönnigheim, VON MARTENS u. KEMMLER (1882: 67); 7121/4: Waiblingen, 1876, ? (STU); 7419/4: Wurmlinger Kapelle, TH. MÜLLER in GÖRS (1966: 579) 7912/1: Kaiserstuhl, Vogelsangpaß, SLEUMER (1934: 152).

Salvia aethiopis L. 1753
Ungarischer Salbei

Zweijährig, mit dicker Pfahlwurzel. Stengel 20–100 cm hoch, aufrecht, verzweigt, zottig, kraus behaart. Blätter gestielt, oval oder breit lanzettlich, am Grunde meist herzförmig, grob und unregelmäßig stumpf gezähnt, runzelig, zottig, kraus behaart. Blätter in endständigen, 6- bis 10blütigen, quirlartigen Teilblütenständen. Hochblätter breit herzförmig, in eine lange Spitze ausgezogen, grün oder violett. Krone 1,4–2 cm lang, weiß. – Blütezeit: Mai–Juli.

(Ost-)Mediterrane Pflanze. Im natürlichen Verbreitungsgebiet in Trockenrasen, trockenen Wiesen und an Wegrändern. In West- und Mitteleuropa meist nur eingeschleppt oder aus Gewürz- und Heilpflanzungen verwildert und stellenweise eingebürgert (z. B. in einigen Trockentälern der Alpen: Aostatal, Durancetal). Adventive Vorkommen in Baden-Württemberg: 6516/2: Rheinhafen Mannheim-Mühlau, LUTZ (1885: 167); 6915/4: Rheinhafen Karlsruhe, 1906, H. KNEUCKER (KR); 8012/2: Freiburg, Kiesgrube an der Basler Straße, LIEHL in ANONYMUS (1902: 246).

Klebriger Salbei *(Salvia glutinosa)*
Südbaden

1. Salvia glutinosa L. 1753
Klebriger Salbei

Morphologie: Hemikryptophyt, mit kurzem, dikkem Rhizom. Stengel 30–120 cm hoch, meist aufrecht, dicht behaart (besonders im oberen Teil drüsig-klebrig). Blätter gestielt, lang zugespitzt und am Grunde pfeilförmig, grob und unregelmäßig gezähnt, zerstreut behaart. Blüten gestielt, in endständigen, locker übereinanderstehenden, meist 4- bis 6blütigen, quirlartigen Teilblütenständen. Hochblätter lanzettlich, drüsig behaart, grün. Kelch glockenförmig, 12–14 mm lang, klebrig-drüsig behaart; Oberlippe ganzrandig. Krone 3–4,5 cm lang, hellgelb, innen braunviolett gestreift, drüsig behaart, mit sichelförmiger Oberlippe. Teilfrüchte ca. 4 mm lang. – Blütezeit: Juni–August.

Ökologie: In meist schattiger Lage auf frischen bis (sicker-)feuchten, meist basen- und nährstoffreichen, lockeren, meist steinigen Ton- oder Lehmböden; Mullbodenzeiger. In Schlucht- und

Auenwäldern, an Waldrändern und an schattigen Böschungen. Fagetalia-Ordnungscharakterart mit Schwerpunkt in den Gesellschaften des Tilio-Acerion, seltener im Alno-Ulmion und im Fagion.

Vegetationsaufnahmen liegen von Th. Müller u. Görs (1958), Baur (1967, Tab. 1), K. Müller (in Baur 1968, Aufn. 26), Lang (1972, Tab. 116) und Demuth (1992, Tab. 3 u. 4) vor.

Allgemeine Verbreitung: Mittel- und süd(ost)europäisch-asiatische Pflanze, die vorwiegend die Gebirge besiedelt. In Europa westwärts bis in die Pyrenäen, nordwärts von Süddeutschland über Mittelpolen bis in die Ukraine.

Verbreitung in Baden-Württemberg: Südliches Oberrheingebiet, Baar, Klettgau und Hochrhein, Donautal und Alpenvorland. Bei den Funden nördlich der Donau (z.T. auch im Donautal) handelt es sich vermutlich um adventive Vorkommen. In Baden-Württemberg an einer Nordgrenze des europäischen Verbreitungsgebietes.

Tiefste Vorkommen: ca. 200 m im Kaiserstuhl. Höchste Vorkommen: ca. 1020 m an der Adelegg (8326/2).

Salvia glutinosa ist im Gebiet vermutlich schon vor den ersten Eingriffen des Menschen vorhanden gewesen.

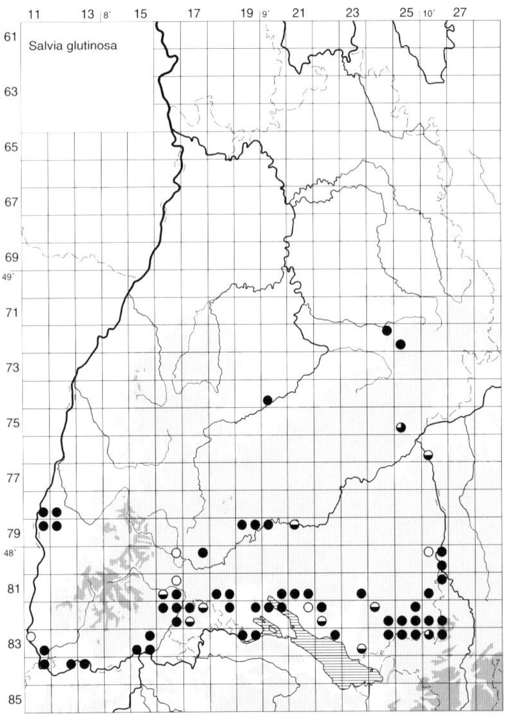

Isoliert liegende Vorkommen:
Südliches Oberrheingebiet und Hochrhein: 7811/4: Oberbergen-Kiechlinsberger Eck, nach 1970, Wilmanns (schriftl. Mitt.); 7812/3: Straßenböschung zwischen Bahlinger Eck und Schelingen, nach 1970, Wilmanns (KR-K); 7911/2: Fahrstraße zum Totenkopf, 1987, Schlesinger (KR-K); Kunzenbuck-Umlegungen am Waldeckparkplatz, nach 1970, Wilmanns (schriftl. Mitt.); 7912/1: Waldwegböschung NE der Eichelspitze, Totenkopf (N-Hang), 1987, Schlesinger (KR-K); 8311/1: Istein, Neuberger (1898: 185); Kleinkems, Neuberger (1912: 217); 8311/4: Käferholz, 1994, Griese (KR-K); 8315/2: Detzeln: Ziegelhalde S Dorf; Tiengen: Oberes Tal, 1970 bzw. 1992, Thomma (KR-K); 8315/3: Waldshut-Schmitzingen, 1987, Demuth (KR-K); 8315/4: Gurtweil: Langergeten, 1972, Thomma (KR-K); 8411/2: Grenzach: Unterberg, 1973, Thomma (KR-K); 8412/2: Riesberg W Nollingen, 1986, Quinger (KR-K); Degerfelden, Wolfsgraben u. Wald N Nollingen, 1994, Philippi (KR-K); 8413/1: Auf dem Humbel, 1992, Philippi (KR-K).
Vorkommen nördlich der Schwäbischen Alb: 7224/2: Rechberg, 1981, Sauerbeck (STU-K); 7225/3: Kaltes Feld, 1991, Aleksejew (STU-K); 7420/3: Spitzberg/Bismarckturm, 1986, Aleksejew (STU-K).
Donaugebiet östlich Tuttlingen: 7525/3: Kiesental, 1965, Buck in Rauneker (1984: 167); 7626/3: Oberkirchberg, 1908, Kleinfelder in Haug (1912: 220); 7919/1: Glatter Fels N Mahlstetten, 1981, Burghardt (STU-K); 7919/2: Finstertal, 1978, Sebald (STU-K); 7920/1: „Im Fall“ NW Neidingen, 1991, Burghardt (STU-K); Felsen zwischen Hausen und Neidingen, 1993, Burghardt (STU-K); 7921/1: Nickhof bei Sigmaringen, Kirchner u. Eichler (1900: 358); Inzigkofen, Bertsch (1933: 231).

Erstnachweise: Ältester archäologischer Nachweis: Frühes Subboreal bei Ravensburg (Bertsch 1956). Nach Schinnerl (1912) von H. Harder 1576–94 in der Umgebung von Geislingen – Ulm gesammelt.

Bestand und Bedrohung: *Salvia glutinosa* ist in Baden-Württemberg insgesamt selten. Die meisten Vorkommen sind derzeit aber nicht gefährdet. Die Vorkommen an der Adelegg sollten auch wegen *Orobanche salviae* geschont werden (vgl. Demuth 1992: 65).

2. Salvia pratensis L. 1753
Wiesen-Salbei

Morphologie: Hemikryptophyt, mit kurzem Rhizom und dicker Pfahlwurzel. Stengel 30–60 cm hoch, meist aufrecht, im Blütenstand oft verzweigt, unten zerstreut, oben dicht behaart. Laubblätter mit Ausnahme von 1–3 Paaren in grundständiger Rosette, gestielt, meist oval, am Grunde ± herzförmig, grob und meist stumpf gezähnt, runzelig, kahl oder zerstreut behaart.

Wiesen-Salbei *(Salvia pratensis)*
Wanne bei Pfullingen, 14. 6. 1993

Blüten kurz gestielt, in endständigen, locker übereinanderstehenden, 4- bis 8blütigen, quirlartigen Teilblütenständen. Hochblätter herzförmig, grün. Kelch glockenförmig, 8–11 mm lang, mit ca. 1 mm langen Haaren, mit Drüsenhaaren und mit sitzenden Drüsen. Oberlippe mit 3 kleinen, zusammenneigenden, unbegrannten Zähnen. Krone ca. 1,5–2,7 cm lang, dunkelblau bis dunkelviolett (seltener rötlich oder weiß), zerstreut (oft drüsig) behaart. Teilfrüchte ca, 2,5–2,7 mm lang. – Blütezeit: April–August (manchmal noch einmal im Herbst).

Ökologie: Auf trockenen bis mäßig frischen, mageren bis mäßig nährstoffreichen, meist kalk- und basenreichen, meist lockeren, lehmigen Böden. In Trocken- und Halbtrockenrasen (Festuco-Brometea-Klassencharakterart), trockenen Glatthaferwiesen (Arrhenantheretum brometosum bzw. salvietosum), auf Dämmen, Böschungen und an Wegrändern, selten auch in vernachlässigten Äckern. Vegetationsaufnahmen liegen von Görs (1974, Tab. 3 u. 8), Bock (1986, Tab. 3) und Thomas (1990, Tab. 3) vor.

Allgemeine Verbreitung: Europa, Kleinasien (selten), Kaukasus, in Nordamerika eingeschleppt. In Europa ursprünglich nur im Mittelmeergebiet verbreitet, mittlerweile reicht das geschlossene Verbreitungsgebiet nördlich bis ca. 58° n. Br., weiter nördlich gibt es vereinzelte und zumeist nur unbeständige Vorkommen bis Mittelschweden.

Verbreitung in Baden-Württemberg: In den meisten Naturräumen verbreitet. Seltener und regional ganz fehlend nur auf den armen Böden des Schwarzwaldes und der Riß- und Würmmoränengebiete des Alpenvorlandes. Fast identische Verbreitungsbilder zeigen z. B. *Geranium pratense* und *Acer campestre*.

Tiefste Vorkommen: ca. 95 m in der nördlichen Oberrheinebene. Höchste Vorkommen: ca. 1000 m bei der Gosheimer Kapelle auf der Schwabischen Alb.

Salvia pratensis ist erst nach Schaffung geeigneter Standorte durch den Menschen in das Gebiet eingewandert (Archäophyt).

Erstnachweise: Ältester archäologischer Nachweis: 40. Jh. v. Chr. bei Hornstaad (Rösch 1985). Nach Zimmermann (1937) von H. Harder ca. 1562 in der Umgebung von Geislingen – Ulm gesammelt.

Bestand und Bedrohung: *Salvia pratensis* ist im Gebiet durch den Schwund trockener Glatthaferwiesen besonders im Oberrheingebiet zurückgegangen. Da die Pflanze aber auch häufig an Weg- und Straßenrändern vorkommt, ist sie insgesamt nicht bedroht.

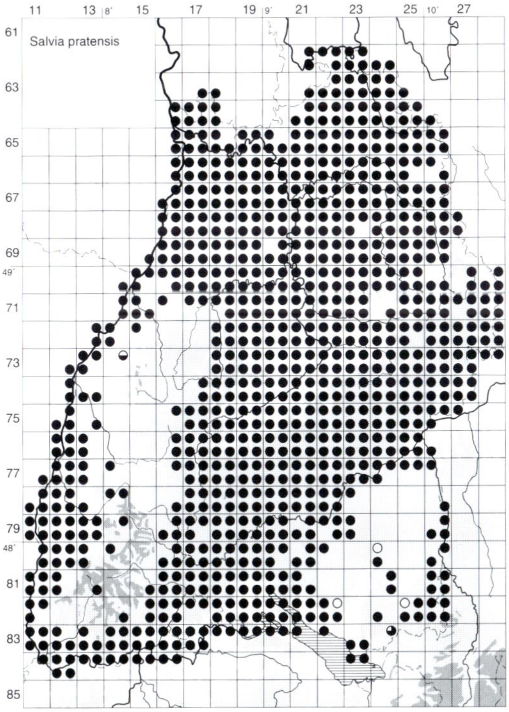

3. **Salvia nemorosa** L. 1762

Hain-Salbei, Steppen-Salbei

Morphologie: Hemikrpytophyt, mit kurzem Rhizom und dicker Pfahlwurzel. Stengel 20–60 cm hoch, meist aufrecht, im Blütenstand oft verzweigt, kurz behaart. Blätter breit lanzettlich, die unteren gestielt, am Grunde herzförmig, fein ± regelmäßig und stumpf gezähnt, besonders unterseits kurz behaart (Lupe!). Blüten kurz gestielt, in endständigen, dicht übereinanderstehenden, 2- bis 4blütigen, quirlartigen Teilblütenständen. Hochblätter breit herzförmig, violett. Kelch glockenförmig, 6–7 mm lang, mit bis ca. 0,3 mm langen Haaren und sitzenden Drüsen; Oberlippe mit 3 kurzen spitzen Zähnen. Krone 7–15 mm lang, blaulila (selten rosa oder weiß), zerstreut kurzhaarig, mit sichelförmiger, vorn ausgerandeter Oberlippe. Teilfrüchte ca. 1,8 mm lang. Im Gebiet nur die Typusunterart. – Blütezeit: Juni–Juli.

Ökologie: Wärmeliebende Art auf meist trockenen, basenreichen (meist kalkhaltigen), mäßig nährstoffreichen, sandigen oder steinigen Lehmböden. In Trockenrasen, auf Böschungen und Dämmen, an Straßenrändern und Feldwegen, auf Mauern und auf Schuttplätzen in Onopordion- oder Festuco-Brometea-Gesellschaften, seltener auch in Sedo-Scleranthetea-Gesellschaften.

Vegetationsaufnahmen aus Baden-Württemberg liegen nicht vor, wurden aber von Brandes (1985) aus Niedersachsen und dem nordöstlichen Österreich veröffentlicht.

Allgemeine Verbreitung: Europa, Westasien, in Nordafrika und Nordamerika eingeschleppt. In Europa ursprünglich nur in Ost- und Südosteuropa einheimisch, mittlerweile nord- und westwärts bis Dänemark, Südwales (wieder erloschen), Belgien, Südfrankreich und Mittelitalien verschleppt und stellenweise eingebürgert.

Verbreitung in Baden-Württemberg: Selten und zumeist unbeständig vorwiegend in den sommerwarmen Landesteilen verbreitet, z. B. Oberrheinebene und Gäulandschaften.

Tiefste Vorkommen: ca. 95 m in der nördlichen Oberrheinebene. Höchste Vorkommen: ca. 700 m in der Baar bei Schwenningen.

Salvia nemorosa galt ursprünglich als Neophyt, muß aber nach den Angaben von Rösch (s. u.) als Archäophyt angesehen werden.

Anmerkungen zur Verbreitungskarte: Bei den Literatur- und Karteiangaben ist nicht sicher, ob es sich in allen Fällen tatsächlich um *Salvia nemorosa* oder um den Bastard mit *S. pratensis* handelt (s. u.). Die Herbarbelege wurden überprüft.

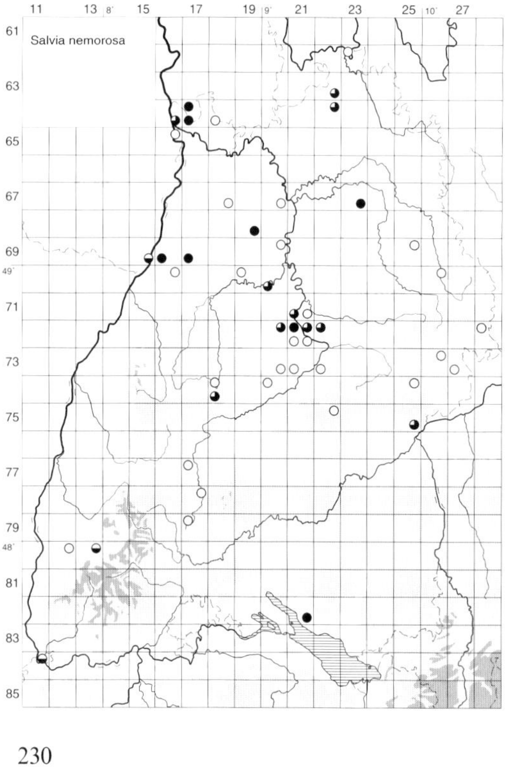

Oberrheingebiet: 6416/4: Industriehafen Mannheim, Heine (1952: 111); 6417/1: Viernheimer Heide, Buttler u. Stieglitz (1976: 19); 6417/3: Alte Schießanlage im Käfertaler Wald, 1993, Demuth (KR); 6418/3: Windeck bei Weinheim, Zahn (1895: 287); 6516/2: Mannheim-Mühlau, Lutz (1885: 167), vgl. auch *S.* × *sylvestris*!; 6718/4: Bocksberg bei Eichtersheim, Lutz in Anonymus (1883: 87); 6915/4: Maxau, Gilg in Kneukker (1884: 102); Rheinhafen, 1938, Jauch (KR); 6916/3: Appenmühle, 1900, Kneucker (KR); Rheinhafen, am rechten Albufer, 1925, Kneucker (KR); Karlsruhe, Hirschbrücke, 1993, Neubehler und Schach (KR-K); 6917/3: Bahnhof Jöhlingen, 1993, Plieninger (Hb. Plieninger), vgl. auch S. × *sylvestris*!; 7016/2: Am Rande des Durlacher Waldes in der Nähe des Wasserwerkes, Maus (1890: 189); 8012/2: Bahndamm zwichen Freiburg und Uffhausen, Neuberger (1898: 186); 8013/2: Kirchzarten, Neuberger (1912: 218); 8411/2: Zwischen Leopoldshöhe und Weil, 1905, Binz (1911: 235), vgl. auch *S.* × *sylvestris*!

Neckarland: 6223/1: Wertheim, 1879, Stoll (KR); 6322/4 (?): Zwischen Hardheim und Schweinberg, Sachs (1961: 13); 6422/2: LSG „Brücklein", Sachs (1961: 13); 6718/4: Eichtersheim, 1899, Frick (KR); 6720/4: Rappenau, Döll (1857: 663); 6723/4: Löschenhirschbach, 1986, Nebel (STU); 6819/4: Eppingen, 1992, Plieninger (KR-K); 6920/2: Lauffen am Neckar, 1898, Bader (STU); 6925/2: Markertshofen, 1861, Kemmler (STU); 7019/1: Zwischen Illingen und Mühl-

Hain-Salbei *(Salvia nemorosa)*
Sachsen-Anhalt, 16. 6. 1991

acker, VON MARTENS u. KEMMLER (1882: 67); 7020/3: Zwischen Pulverdingen und Aichholzhof, SIEB in KREH (1955: 201); 7026/2 (?): Ellwangen, VON MARTENS u. KEMMLER (1882: 67); 7121/3: Killesberg, 1949, KREH (STU); Güterbahnhof Cannstatt, 1950, KREH (STU); 7121/4: Fellbach, KIRCHNER u. EICHLER (1900: 358); 7220/2: Stuttgart, Bottnanger Weg, 1862, GMELIN (STU); Westbahnhof, 1963, KNAUSS (STU); 7221/1 (?): Stuttgart, 1862, ? (STU); 7221/1: Gäubahn beim Pragfriedhof, SCHAAF und KREH (1931: 141); Rosensteinpark, beim Torhaus, 1987, SEYBOLD (STU); 7221/2: Gehrenhalde, 1952, MACHULE (KR); Stetten, Weinberg gegen Kernen, SEYBOLD (1968: 255); 7221/3: Hohenheim VON MARTENS u. KEMMLER (1882: 67); 7221/4: Esslingen, KIRCHNER u. EICHLER (1900: 358); 7222/1: Straße von Waiblingen nach Winnenden, 1874, v. ENTRESS-FÜRST., (STU); Stetten (Remstal), PUTZLER in KREH (1954: 80); 7320/4: Dettenhausen, 1860, MAYER (STU); 7321/3 (?): Zwischen Waldenbuch und Neuenhaus, VON MARTENS u. KEMMLER (1882: 67); 7322/3: Nürtingen, VON MARTENS u. KEMMLER (1882: 67); 7418/1 (?): Nagold, VON MARTENS u. KEMMLER (1882: 67); 7418/3: Gündringen, WREDE (STU-K); 7420/1: Zwischen Bebenhausen und Dettenhausen, VON MARTENS u. KEMMLER (1882: 67); 7717/1: Oberndorf, VON MARTENS u. KEMMLER (1882: 67); 7817/2: Rottweil, VON MARTENS u. KEMMLER (1882: 67).
Baar: 7917/1: Schwenningen, VON MARTENS u. KEMMLER (1882: 67).
Schwäbische Alb: 7228/1 (?): Neresheim, VON MARTENS u. KEMMLER (1882: 67); 7326/2: Heidenheim, vor 1900, HAIST (STU); 7327/3: Giengen, KIRCHNER u. EICHLER (1900: 358); 7425/2: Ettenschieß, 1898, GRADMANN in K. MÜLLER (1957: 167); 7522/2: Zittelstatt-Tal bei Urach, 1860, SIGWART (STU); 7525/4: Verschiebebahnhof Ulm-Söflingen, 1945, K. MÜLLER (STU).
Alpenvorland: 8221/4: Gebhardsweiler, 1974, SEYBOLD (STU).

Erstnachweise: Ältester archäologischer Nachweis: 11./12. Jh. n. Chr. bei Gerlingen (RÖSCH u. GROSS 1994). Erste schriftliche Erwähnung bei ROTH VON SCHRECKENSTEIN (1798: 85): „um Hechingen, bei Donaueschingen auf dem Buchberge".

Bestand und Bedrohung: Zumeist unbeständig auftretende Pflanze, die in der Roten Liste von Baden-Württemberg als stark gefährdet (G 2) eingestuft wird. Diese Bewertung sollte bis auf weiteres beibehalten werden.

Salvia verbenaca L. 1753
Eisenkraut-Salbei

Hemikryptophyt, mit kurzem Rhizom. Stengel 20–50 cm hoch, aufrecht, behaart. Blätter oval, z. T. fast fiedspaltig, grob und doppelt gezähnt. Blüten in endständigen, 6- bis 10blütigen, quirlartigen Teilblütenständen. Hochblätter herzförmig, grün. Krone 8–15 mm lang, blau, lila oder violett. – Blütezeit: April–August.

Süd- und westeuropäische Pflanze (nordwärts bis Schottland). Im natürlichen Verbreitungsgebiet in trokkenen Wiesen, auf Dünen und an Wegrändern. In Mitteleuropa selten und zumeist unbeständig an Verladeplätzen in Güterbahnhöfen und Hafenanlagen, entlang von Bahnlinien, seltener an Wegrändern.
Adventive Vorkommen in Baden-Württemberg:

6717/1: Waghäusel, 1899 und 1923! „Pflanze schon über einen längeren Zeitraum beobachtet", KNEUCKER (KR), vgl. auch KNEUCKER (1931: 119); 6916/3 (?): Karlsruhe, Stadtgarten, 1899, KNEUCKER (KR); 7018/3 (?): Tunnelstraße in Pforzheim, KNEUCKER (1931: 119); 8012/2: Freiburg, Güterbahnhof, 1923, JAUCH (KR), vgl. auch JAUCH (1938: 108); 8221/1: Bahnhof Überlingen, FRICK in KNEUCKER (1931: 119).

Salvia viridis L. 1753

Therophyt (selten 2jährig). Stengel 10–50 cm hoch, aufrecht, behaart. Blätter meist oval, regelmäßig gezähnt, behaart. Blüten in endständigen, 4- bis 8blütigen, quirlartigen Teilblütenständen. Hochblätter eiförmig, grün, blau, rosa oder weiß. Krone 12–18 mm lang, rötlichlila bis weiß. – Blütezeit: Mai–Juni.

Mediterrane Pflanze. Im natürlichen Verbreitungsgebiet in Macchien, auf Feldern und auf Sanddünen. In Mitteleuropa als Zier- und Bienenfutterpflanze angepflanzt (KUMMER 1945: 125; HÜGIN 1991: 104) und selten unbeständig verwildert.

7418/1 (?): Nagold, 1937, KAUFMANN (STU); 7522/4: Münsingen, 1982, SCHILL (STU); 7921/2: Sigmaringendorf, MAYER (1950: 403).

4. **Salvia verticillata** L. 1753

Quirl-Salbei

Morphologie: Hemikryptophyt, mit dünnem Rhizom. Stengel 30–60(–80) cm hoch, aufrecht, verzweigt, 0,5–1 mm lang behaart. Blätter breit lanzettlich bis oval, die unteren gestielt, am Grunde meist herzförmig und mit 2 abstehenden Zipfeln, unregelmäßig gezähnt, beiderseits zerstreut behaart (Grundblätter zur Blütezeit vertrocknet). Blüten gestielt, in endständigen, locker übereinanderstehenden, (8)16- bis 24blütigen, quirlartigen Teilblütenständen. Hochblätter lanzettlich, braun oder violett überlaufen. Kelch glockenförmig, 4–7 mm lang, behaart; Oberlippe mit kurzem Mittelzahn und zwei schmalen zugespitzten Seitenzähnen. Krone 1–1,5 cm lang, violett (selten weiß), mit verschmälerter, vorn ausgerandeter Oberlippe. Griffel auf die Unterlippe herabgebogen. Teilfrüchte ca. 1,6 mm lang. – Blütezeit: Juni–September.

Ökologie: Licht- und etwas wärmeliebende Art auf trockenen bis mäßig frischen, basenreichen (meist kalkhaltigen), mäßig nährstoffreichen, häufig sandigen Böden. *Salvia verticillata* wächst auf trockenen Wiesen, auf Böschungen und Dämmen, an Wegen und auf Schuttplätzen.

Quirl-Salbei (*Salvia verticillata*)
Hohenkrähen, 29. 8. 1993

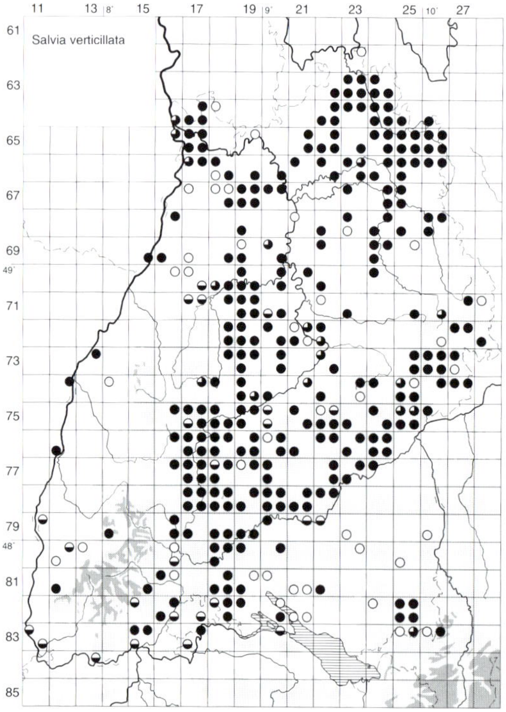

Vegetationsaufnahmen bzw. synthetische Tabellen liegen von RODI (1960, Tab. I_5) und BAUR (1965, Tab. 7) vor.

Allgemeine Verbreitung: Ursprünglich ostmediterran verbreitete Pflanze, die in Europa west- und nordwärts mittlerweile bis Frankreich, England und Skandinavien vorkommt und fast überall eingebürgert ist.

Verbreitung in Baden-Württemberg: Verbreitet in sommerwarmen Gebieten mit kalkreichen Böden: Gäulandschaften, Baar, Klettgau, Schwäbische Alb, westliches Bodenseegebiet. Selten ist die Pflanze im Oberrheingebiet, in den Keupergebieten, am Hochrhein und im Alpenvorland außerhalb des westlichen Bodenseegebietes.

Tiefste Vorkommen: ca. 95 m im nördlichen Oberrheingebiet. Höchste Vorkommen ca. 800 m an der Adelegg (8326/2).

Salvia verticillata ist erst nach Schaffung geeigneter Standorte durch den Menschen in das Gebiet eingewandert (Archäophyt).

Erstnachweis: Erste schriftliche Erwähnung bei ROTH VON SCHRECKENSTEIN (1804: 83, 379): „Trochtelfingen, DR. VOGEL; Rottweil, MAYER".

Bestand und Bedrohung: *Salvia verticillata* ist in Baden-Württemberg wahrscheinlich noch in Ausbreitung begriffen und nicht bedroht.

Bastarde:

Salvia pratensis L. × **S. nemorosa** L.;
Salvia × **sylvestris** L. 1753

Morphologie vgl. Bestimmungsschlüssel.
Selten auftretender Bastard, der leicht mit *Salvia nemorosa* verwechselt werden kann, obwohl sich die beiden Sippen meist auch habituell deutlich unterscheiden (vgl. GAMS 1927: Abb. 3349). In manchen Gebieten soll *S.* × *sylvestris* häufiger sein als *Salvia nemorosa*, was sich mit der teilweisen Fertilität des Bastards erklären läßt (LANGHE et al. 1983: 505). Kelchabbildungen von *S. pratensis, S. nemorosa* und *S.* × *sylvestris* sowie eine Beschreibung des Bastards finden sich bei ADEMA (1968: 73).

Aus Baden-Württemberg liegen von folgenden Vorkommen Herbarbelege vor:

6516/2: Mannheim-Mühlau, 1889, KNEUCKER (KR); 6915/4: Zwischen Maxau und Knielingen, 1885, KNEUCKER (KR); 6917/3: Bahnhof Jöhlingen, 1992, KLEINSTEUBER (KR, auf Hinweis von B. HAISCH); 7020/3: Wolfställen N Oberriexingen, PLIENINGER (Hb. PLIENINGER); 8411/2: Weil am Rhein, 1938, AELLEN (KR).

Elsholtzia Willdenow 1790

Kamminze

Kräuter oder Halbsträucher. Hochblätter von den Stengelblättern deutlich verschieden. Kelch glockig oder eiförmig, mit 5 fast gleichlangen Zähnen. Krone 2lippig, Röhre gerade; Oberlippe ungeteilt, Unterlippe 3teilig, Pollensäcke spreizend. Teilfrüchte runzelig, glatt oder warzig.

Gattung mit ca. 20 vorwiegend in Asien verbreiteten Arten.

Elsholtzia ciliata (Thunberg) N. Hylander 1941

Therophyt. Stengel 30–70 cm hoch, aufrecht, meist stark verzweigt, fast kahl. Blätter eiförmig bis elliptisch, scharf zugespitzt, regelmäßig gekerbt bis gesägt. Tragblätter dachziegelig übereinanderstehend. Blütenstände in endständigen, einseitswendigen Scheinähren. Kelch behaart. Krone 3–4 mm lang, lila. – Blütezeit: Juli–September.

In Europa als Zier-, Gewürz- und Heilpflanze kultivierte und gelegentlich verwilderte Sippe. Aus Baden-Württemberg liegen keine Angaben über Verwilderungen vor.

Ocimum L. 1753

Einjährige, krautige Pflanzen oder Zwergsträucher. Teilblütenstände in endständigen Trauben. Kelch glokkenförmig, zweilippig, ohne Haarring; Oberlippe größer als die Unterlippe, ungeteilt, mit herablaufenden Rändern; Unterlippe 4zähnig, Krone 2lippig; Oberlippe 4- bis 5teilig; Unterlippe ganzrandig oder gekerbt. Staubblätter 4, auf die Unterlippe herabgebogen. Teilfrüchte eiförmig bis kugelig.

Gattung mit ca. 60 überwiegend in den Tropen verbreiteten Arten.

Ocimum basilicum L. 1753
Basilienkraut, Basilikum

Therophyt. Stengel 15–50(–80) cm hoch, aufrecht, verzweigt, fast kahl. Blätter gestielt, eiförmig bis lanzettlich, ganzrandig oder gezähnt, meist kahl. Blüten kurz gestielt. Kelch zur Blütezeit 3–4 mm lang, zur Fruchtzeit 7–8 mm lang, zerstreut behaart; Krone 7–15 mm lang, weiß, gelblich oder pink. Teilfrüchte fast glatt. – Blütezeit: Juni–September.

Aus Südostasien und Nordostafrika stammende Pflanze, die fast weltweit als Zier-, Gewürz- und Heilpflanze kultiviert wird. Aus Baden-Württemberg liegen keine Angaben über Verwilderungen vor.

Callitrichaceae

Wassersterngewächse
Bearbeiterin: M. VOGGESBERGER

Ausdauernde oder einjährige, im Wasser untergetaucht lebende, mit Schwimmblättern auf der Wasseroberfläche schwimmende oder im Schlamm kriechende Kräuter. Stengel fadenförmig, meist verzweigt, Pflanzen (im Gebiet) mit Drüsenschuppen in den Blattachseln und schildförmigen Haaren auf Stengel und Blättern, sonst kahl. Blätter gegenständig, ganzrandig, ungeteilt, sitzend, an der Stengelspitze oft eine Rosette aus Schwimmblättern bildend; Nebenblätter fehlen. Pflanzen einhäusig. Büten eingeschlechtig, unscheinbar, in der Regel einzeln in den Blattachseln, ohne Blütenhülle, meist mit 2 sichelförmigen, weißhäutigen Vorblättern. Männliche Blüten aus 1 Staubblatt bestehend. Weibliche Blüten mit 1 Fruchtknoten, dieser mit 2 Fruchtblättern und 4 Samenanlagen; Narben 2, fadenförmig. Steinfrucht mehr oder weniger lang gestielt, rundlich, seitlich abgeflacht, in 4 einsamige Teilfrüchte zerfallend; Teilfrüchte an der Rückenkante abgerundet, gekielt oder geflügelt. Diese Kiele oder Flügel bestehen aus 2 Zellreihen, dem Exokarp und dem Mesokarp. Letzteres besteht aus 2 Zellschichten, die eine artspezifische Dicke und charakteristische Versteifungen an den radialen Zellwänden besitzen (Kielzellen bei HEGELMAIER 1864:48). Selbstbestäubung scheint die überwiegende Fortpflanzungsart innerhalb der Familie zu sein. Sie erfolgt auf zweierlei Weise: Bei der externen Geitonogamie fällt Pollen auf die Narbe der benachbarten weiblichen Blüte, während bei der sog. internen Geitonogamie die Pollenschläuche durch vegetatives Gewebe hindurch bis zur Samenanlage wachsen (PHILBRICK u. ANDERSON 1992).

Die Verwandtschaftsbeziehungen zu anderen Familien sind schwierig zu beurteilen, da die vegetativen und generativen Organe stark reduziert sind. Heute weden die Callitrichaceae meist in die Nachbarschaft der Lamiales gestellt (CRONQUIST 1981), so z. B. im Anschluß an die Verbenaceae. Die Familie umfaßt nur die Gattung *Callitriche.*

1. **Callitriche** L. 1753

Wasserstern

Zur Gattung gehören etwa 17 (oder 40?) Arten, die fast weltweit, aber vorwiegend außerhalb der Tropen verbreitet sind. 13 Arten kommen in Europa, 6 in Baden-Württemberg vor.

Seit HEGELMAIER (1864) wird die Gattung in 2 Sektionen geteilt: Die Sektion *Callitriche* umfaßt amphibische Arten, die sowohl im Wasser als auch auf Schlamm wachsen können, Spaltöffnungen und Schildhaare besitzen, deren Blätter vielgestaltig sind und deren Blüten Vorblätter haben oder nicht. Zu dieser Sektion gehören alle Arten des Gebiets (häufig auch als „*C. palustris*-Aggregat" zusammengefaßt). Die Sektion *Pseudocallitriche* enthält nur untergetaucht lebende Arten ohne schwimmende Blattrosetten, mit linealen, durchsichtig grünen Blättern; sie besitzen weder Spaltöffnungen und Schildhaare noch Vorblätter. Dieser Sektion gehört *C. hermaphroditica* L. (= *C. autumnalis* L.) an. Letztere wurde und wird zwar immer wieder aus dem Gebiet gemeldet, ist aber nie sicher nachgewiesen worden. Dies beruht zum einen auf Verwechslungen mit der habituell ähnlichen *C. hamulata*, zum anderen auf der irreführenden KÜTZINGschen Erstbeschreibung von *C. hamulata* Kütz. als *C. autumnalis* Kütz. *C. hermaphroditica* kommt schwerpunktmäßig in Amerika vor und ist in Mitteleuropa boreal verbreitet (z. B. in der Norddeutschen Tiefebene).

SCHOTSMAN (1967: 29 ff.) teilt die europäischen *Callitriche*-Arten in 5 gut unterscheidbare, aber taxonomisch nicht näher definierte Gruppen. Von ihnen ist Gruppe 3 (amphibische Arten mit Schwimmblattrosetten, Blüten mit Vorblättern, Pollen gelb, Bestäubung über Wasser, n = 5) im Gebiet mit den 5 Arten *C. stagnalis, C. obtusangula, C. cophocarpa, C. platycarpa* und *C. palustris* vertreten. Zu Gruppe 4 (amphibische Arten mit Schwimmblattrosetten, Vorblätter schwach entwickelt oder hinfällig, Pollen farblos, Bestäubung unter Wasser, n = 14, 19) gehört bei uns nur *C. hamulata.*

Nach SAVIDGE (1960: 129) ist die Neigung zur Bastardbildung zwischen den Arten gering. Nur *C. platycarpa* und *C. cophocarpa* können gelegentlich bastardieren (s. u.).

Callitriche palustris-Aggregat

Die oft schwierige und unbefriedigende Bestimmungsarbeit hat zu einer Vernachlässigung der Wassersterne bei Kartierungsarbeiten geführt. So wird häufig entweder nur *Callitriche* spec. oder bestenfalls *C. palustris* als Aggregat angegeben.

Besondere Schwierigkeiten macht im Gebiet die Trennung der drei nahe verwandten Arten *C. stagnalis, C. cophocarpa* und *C. platycarpa.* Diese stifteten auch in der Vergangenheit größte Verwirrung, was u. a. darin zum Ausdruck kommt, daß HEGELMAIER in seiner Monographie (1864) *C. stagnalis* und *C. platycarpa* als synonym betrachtet und *C. cophocarpa* zwar erwähnt, jedoch nicht näher beschreibt – ja z. T. auch mit *C. palustris* verwechselt. In den badischen und württembergischen Floren wurden bis in unser Jahrhundert hinein im wesentlichen die 3 Arten *C. stagnalis, C. verna* und *C. hamulata* unterschieden – oft in verschiedenen, an Blattmerkmalen orientierten Formen –, ohne daß diese Angaben sich auf die Arten in ihrer heutigen Auffassung übertragen ließen. Während *C. platycarpa* bereits bei SCHÜBLER u. MARTENS (1834) als Unterart von *C. stagnalis* Erwähnung findet, wird auf das Taxon *C. cophocarpa* erst mit der Veröffentlichung von K. u. F. BERTSCH (1937) aufmerksam gemacht. Ihre dortige Beschreibung läßt allerdings keine eindeutige Abgrenzung von *C. platycarpa* zu. Dies ändert sich erst mit den grundlegenden, auf zytotaxonomischen Methoden beruhenden Arbeiten von SCHOTSMAN (1954, 1958, 1967) und DERSCH (1965, 1986).

Die Aggregatskarte auf Seite 235 zeigt das verbreitete Vorkommen der Wassersterne im Untersuchungsgebiet. Als Verbreitungsschwerpunkte zeichnen sich deutlich das Oberrheingebiet, der Odenwald, der Schwarzwald hauptsächlich in

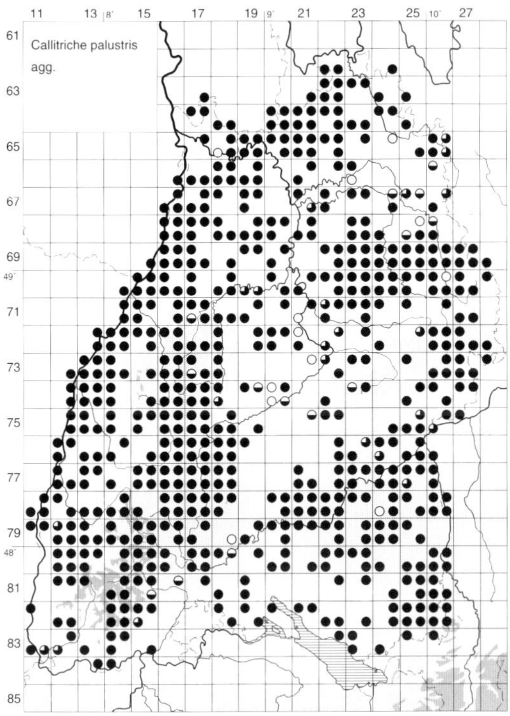

seinen Randlagen, der Obere Neckar, der Schwäbisch-Fränkische Wald, die Donaualb und das Alpenvorland ab.

Verbreitung, Häufigkeit, Bestandesentwicklung und Gefährdung der einzelnen Arten sind in Baden-Württemberg noch unzureichend bekannt und bedürfen weiterer, gründlicher Erforschung. Dies nicht zuletzt deshalb, weil befürchtete Rückgänge beim jetzigen Stand der Erhebungen noch nicht zum Ausdruck kommen. So schätzt HÜGIN (1982: 82) den Rückgang im südlichen Oberrheintal von 1960–1979 auf rund 20%. Eigene stichprobenhafte Überprüfungen älterer Fundangaben ergaben eine „Erfolgsquote" von nur 10%, d.h. bei 90% der aufgesuchten Wuchsorte wurde kein Wasserstern mehr gefunden. Dies ist sicherlich nicht für das gesamte Gebiet repräsentativ, doch muß mit starken Rückgängen gerechnet weden. In vielen Fällen war der Verlust auf den Abgang der Wohngewässer, deren bauliche Veränderung oder Austrocknung zurückzuführen, in anderen Fällen war der Grund nicht ohne weiteres ersichtlich.

Die Verbreitungskarten für die einzelnen Arten basieren auf Herbarmaterial sowie wenigen Fundortmitteilungen und Literaturangaben aus zuverlässigen Quellen.

Zum Bestimmen sind frische Pflanzen mit Blüten und reifen Früchten am besten geeignet. Am wenigsten variabel und daher für die Bestimmung gut brauchbar sind die Größe der Teilfrüchte, Breite des Flügels und der Pollendurchmesser (SAVIDGE 1960: 128). Die Kielzellen (s.o.) können mit Phloroglucin-HCl gut sichtbar gemacht werden. Auch die Pollenform und die Schildhaare können hilfreiche Hinweise liefern. Blätter sind zum Bestimmen ungeeignet, da sie phänotypisch extrem variabel sind (SAVIDGE 1960: 128). Am besten werden gleich im Gelände Länge und Richtung der Narben, Länge der Staubfäden (beim Aufreißen der Staubbeutel) und Breite sowie Farbe der Staubbeutel notiert. Leider bleiben etliche Populationen über mehrere Jahre hinweg steril (v.a. in schnellfließenden Bächen und in tiefen Quelltöpfen). Bei vegetativen Pflanzen können nur Chromosomenuntersuchungen Aufschluß über die Artzugehörigkeit geben. Es empfiehlt sich, mehrere Pflanzen und Früchte zu untersuchen. An einem einzigen Standort können übrigens mehrere *Callitriche*-Arten miteinander vergesellschaftet sein (so z.B. bis zu 4 Arten bei HÜGIN 1982: 72)!

Wasserformen:

1 Schwimmblattrosetten (falls vorhanden) blütenlos, Blüten nur in den Achseln von Unterwasserblättern; Narben herabgekrümmt, dem Fruchtknoten seitlich anliegend; Staubbeutel farblos; Stiele der Rosettenblätter etwa so lang wie die Spreite, Unterwasserblätter an der Spitze schmal schraubenschlüsselförmig ausgerandet . . . . . 6. *C. hamulata*

– Schwimmblattrosetten mit Blüten, diejenigen in den Achseln von Unterwasserblättern bereits verblüht; Narben aufrecht oder herabgebogen; Staubbeutel gelb; Stiele der Rosettenblätter kürzer als die Spreite, Unterwasserblätter nie so geformt 2

2 Rücken der Teilfrüchte sind abgerundet oder schwach gekielt 3

– Teilfrüchte zumindest an der Spitze geflügelt . . 4

3 Früchte rundlich, bis 1,2 mm lang, Teilfrüchte auf dem Rücken kantig (selten abgerundet) oder schwach gekielt; Pollenkörner rundlich, elliptisch oder abgerundet dreieckig; Rosetten groß, mit schmal rhombenförmigen Blättern oder klein, mit elliptischen Blättern . . . . 3. *C. cophocarpa*

– Früchte länger als breit, ca. 1,5 × 1,2 mm, Teilfrüchte auf dem Rücken abgerundet; Pollenkörner länglich elliptisch oder bohnenförmig, meist doppelt so lang wie breit; Rosetten groß, vielblättrig, mit breit rhombenförmigen Blättern, durch die 3rippigen Blätter oft von welligem Aussehen . . . . 2. *C. obtusangula*

4 Früchte verkehrt eiförmig, nur an der Spitze geflügelt, < 1 mm lang, reif schwarzbraun . . . 5. *C. palustris*

– Früchte rundlich, ringsum geflügelt, > 1 mm, reif hell- oder dunkelbraun 5

5 Staubfäden < 3 mm, Staubbeutel etwa 0,5 mm breit, blaßgelb, Pollen regelmäßig rundlich; Nar-

Merkmalstabelle zur Unterscheidung von *C. stagnalis*, *C. platycarpa* und *C. cophocarpa*.

Merkmal	*C. stagnalis*	*C. platycarpa*	*C. cophocarpa*
Fruchtgröße (mm)	1,2–1,4	1,1–1,3	1,0–1,1
Fruchtkante*	breit geflügelt	schmal geflügelt	gekielt
Narbenreste an der jungen Frucht	meist herabgebogen	meist aufrecht	meist aufrecht
Narbenlänge (mm)	bis 3	2–5	3–4 (–6)
Form der Pollenkörner	überwiegend rundlich	kurz elliptisch, abgerundet dreieckig, unregelmäßig viereckig	kurz elliptisch, rundlich, abgerundet dreieckig
Pollendurchmesser in µm (nach Dersch 1965)	(16–)18–24(–26)	(25–)28–34 (–38)	(22–)26–37(–39)
Pollenvitalität	100%	70–85%	–
Staubfadenlänge beim Öffnen der Staubbeutel (mm)	0,5–2	(2–)3–4(–6)	bis 7
Staubbeutelbreite (mm)	ca. 0,5	ca. 1	ca. 1
Vorblätter	vorhanden, aber früh abfallend	groß und deutlich	oft auffällig
Lineale Blätter im unteren Stengelbereich	fehlen	vorhanden	vorhanden
Chromosomenzahl	2n = 10	2n = 20	2n = 10

* anatomische Fruchtmerkmale zur Unterscheidung von *C. platycarpa* und *C. cophocarpa* s. unter dem Kapitel „Morphologie“ bei *C. cophocarpa*.

ben etwa 2 mm lang, meist aufrecht, selten herabgebogen; Früchte 1,1–1,5 mm im Durchmesser, Teilfrüchte breit geflügelt; Rosettenblätter rundlich bis breit elliptisch, Unterwasserblätter meist länglich, elliptisch, hellgrün . . . . 1. *C. stagnalis*

– Staubfäden > 3 mm lang, Staubbeutel etwa 1 mm breit, kräftig gelb, Pollen unregelmäßig geformt; Narben bis 5 mm lang, meist aufrecht; Früchte 1,1–1,3 mm lang, Teilfrüchte schmal geflügelt; Rosettenblätter elliptisch, Unterwasserblätter lineal, dunkelgrün . . 4. *C. platycarpa*

Landformen:

1 Rücken der Teilfrüchte sind abgerundet oder schwach gekielt 2

– Teilfrüchte am Rücken geflügelt 3

2 Frucht bis 1,5 mm lang, elliptisch; mindestens $^{2}/_{3}$ der Pollenkörner länglich elliptisch oder bohnenförmig, doppelt so lang wie breit . . . . . . 2. *C. obtusangula*

– Frucht bis 1,2 mm lang, rundlich; Pollenkörner rundlich, elliptisch oder abgerundet dreieckig 3. *C. cophocarpa*

3 Frucht verkehrt eiförmig, Teilfrüchte nur an der Spitze geflügelt; Narben und Staubgefäße verkümmert . . . . 5. *C. palustris*

– Frucht rundlich, Teilfrüchte ringsum geflügelt; Blüten normal entwickelt 4

4 Narben herabgekrümmt und dem Fruchtknoten seitlich anliegend, Staubfäden 1–2 mm lang . . 6. *C. hamulata*

– Narben aufrecht oder herabgebogen, dem Fruchtknoten seitlich nicht anliegend, Staubfäden 2–3 mm lang 5

5 Narben oft herabgebogen; Pollenkörner regelmäßig geformt, rundlich, alle vital; Teilfrüchte breit geflügelt, hellbraun; Blätter rundlich bis schmal elliptisch . . . . 1. *C. stagnalis*

– Narben aufrecht oder waagrecht abstehend; Pollen unregelmäßig geformt, teilweise steril (bis $^{1}/_{3}$); Teilfrüchte schmal geflügelt, braun; Blätter elliptisch . . . . 4. *C. platycarpa*

Die 3 Arten *C. hamulata*, *C. palustris* und *C. obtusangula* lassen sich meist ohne große Schwierigkeiten bestimmen. Probleme bereitet dagegen immer wieder die Unterscheidung *C. platycarpa* von *C. stagnalis* bzw. von *C. cophocarpa*.

1. **Callitriche stagnalis** Scop. 1772
Teich-Wasserstern

Morphologie: Ausdauernde oder einjährige, meist stark verzweigte Pflanze. Schildhaare 8–10 (–15)zellig. Rosettenblätter 6–8, rundlich elliptisch, kurz gestielt, hellgrün; Unterwasserblätter schmal elliptisch, lineale Blätter im Gebiet bisher nicht beobachtet; Blätter der Landformen rundlich bis schmal elliptisch; einzige Wassersternart mit erstaunlich konstanter Blattform. Vorblätter oft früh abfallend. Staubfäden 0,5–2 mm lang, Staubbeutel blaßgelb, etwa 0,5 mm breit, Pollenkörner kugelig; Narben aufrecht, ca. 2 mm lang, bei Landpflanzen herabgebogen und etwas länger. Frucht hell fahlbraun, kreisrund, 1,2–1,4 mm im Durchmesser, Narbenreste an der Frucht kurz, aufrecht oder herabgebogen, Teilfrüchte > 0,1 mm breit geflügelt; Landpflanzen reichlich fruchtend, Früchte oft kurz gestielt. 2n = 10. – Blütezeit: Juni–Oktober.

Ökologie: *C. stagnalis* wächst häufig in kleinen ephemeren Gewässern wie Holzschleifrinnen, Fahrspuren und Pfützen auf Waldwegen, in Wiesengräben, an Teichufern sowie in Quelltöpfen und -bächen. Sie bevorzugt kalkarme Böden bzw. weiches Wasser und mäßige Fließgeschwindigkeiten, ist gut schattenverträglich und überlebt in tiefem Wasser nicht. In Fließgewässern im Veronico beccabungae-Callitrichetum stagnalis (Aufnahmen bei OBERDORFER 1957: 123, TH. MÜLLER 1962, GÖRS 1968: 259), einer Gesellschaft, die das Callitrichetum hamulatae in höheren Lagen (z. B. des Südschwarzwaldes) ablösen soll. Außerdem in den verschiedensten Verlandungsgesellschaften an Fließ- und Stillgewässern, so im Sparganietum neglecti, Butometum umbellati, Glycerietum fluitantis (PHILIPPI 1973: Tab. 2, 9, 10), Glycerietum plicatae (GÖRS 1968: 260) und Caricetum gracilis (VOGGESBERGER, n. p.). Als

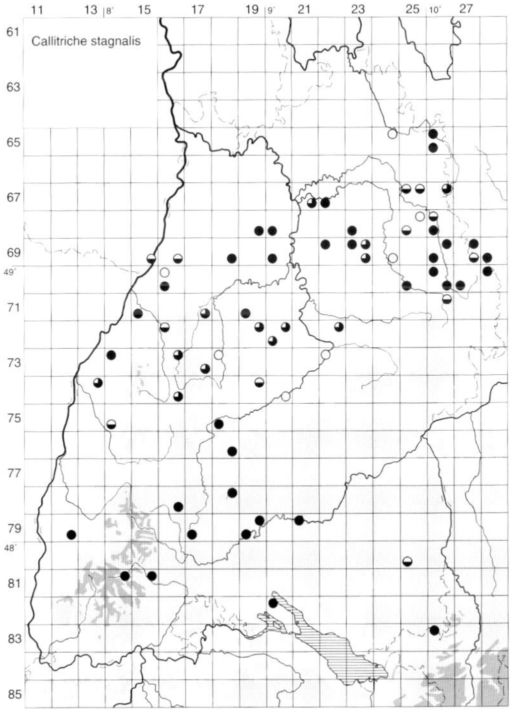

Landform auf Teichböden und in Wagenspuren mit *Eleocharis ovata, Peplis portula, Lindernia procumbens, Alopecurus aequalis, Stellaria alsine, Juncus bulbosus* in Zwergbinsen- und Strandlingsgesellschaften (PHILIPPI 1969: Tab. 4, 1977: Tab. 2; VOGGESBERGER n. p.). Gelegentlich mit *Callitriche palustris* und *C. platycarpa*, seltener mit *C. hamulata* vergesellschaftet; in Fließgewässern mit *Groenlandia densa* und *Ranunculus trichophyllus*.

Allgemeine Verbreitung: Westliches und mittleres Europa: Im Westen von Portugal über Frankreich bis Großbritannien, nördlich bis Island und Skandinavien; im Osten von Estland über die Westukraine bis Rumänien und Griechenland. Azoren, Nordafrika, tropische Gebirge.

Verbreitung in Baden-Württemberg: Zerstreut, vermutlich jedoch häufiger und weiter verbreitet als die Karte angibt. Die Pflanze wächst vorwiegend in den waldreichen Landschaften über basenarmem Ausgangsmaterial, so in den Keupergebieten und im Schwarzwald, wurde allerdings auch im Bereich der Donau bei Mühlheim und Sigmaringen nachgewiesen. In Oberschwaben scheint die Art selten zu sein.

Die meisten Fundstellen des Teich-Wassersterns liegen im Gebiet 400–500 m ü. NN, sein tiefster Fundort bei 100 m bzw. aktuell bei 130 m in der Rheinebene (6915 bzw. 7314), der höchstgelegene bei 900 m im Schwarzwald (8114, ROWECK 1986: 487).

Erstnachweis: Von DÖLL 1854 im Wald bei Rüppur gesammelt (DÖLL 1862: 1065; Beleg in KR). Die Art ist im Gebiet urwüchsig.

Bestand und Bedrohung: Über die Ansprüche des Teich-Wassersterns an die Wasserqualität ist kaum etwas bekannt. Im Gebiet kommt er häufig auf feuchten Waldwegen, seltener an Seeufern, öfter in klaren, unverschmutzten Quelltöpfen und -bächen vor. Während die Weghabitate in Wäldern allenfalls durch Düngung und Kalkung gefährdet sind, muß mit stärkeren Rückgängen durch Eutrophierung an den zuletzt genannten Standorten gerechnet werden. Ein Gefährdungsgrad kann für die Art beim jetzigen Kenntnisstand nicht vergeben werden.

2. **Callitriche obtusangula** Le Gall 1852

Nußfrüchtiger Wasserstern

Morphologie: Ausdauernde Pflanze mit 8- bis 10zelligen Schildhaaren. Eine Art mit besonders charakteristischen Schwimmblattrosetten: sie bestehen aus 12–20 Blättern und haben bis 3 cm

Nußfrüchtiger Wasserstern *(Callitriche obtusangula)*
Auwald bei Breisach

Durchmesser. Rosettenblätter fleischig, rhombenförmig mit fast farblosem Stiel; Unterwasserblätter lineal, an der Spitze ausgebuchtet; Blätter von Landpflanzen schmal elliptisch, etwas dicklich. Vorblätter oft auffällig, bleibend, bis 1,5 mm lang. Staubfaden 5–9 mm lang, Staubbeutel groß (ca. 1 mm breit), cremefarben, Pollenkörner elliptisch, manchmal bohnenförmig, in der Mehrzahl 2mal länger als breit (im Gebiet nur bei dieser Art so). Narben aufrecht oder waagrecht abstehend, 4–8 mm lang. Frucht braun, höher als breit (1,5 × 1,2 mm), zwischen den Teilfrüchten sehr flach eingebuchtet, Teilfrüchte parallel, am Rücken abgerundet; Früchte sind nur sehr vereinzelt im Spätsommer zu finden. 2n = 10. – Blütezeit: Juni–September.

Pflanzen aus dem Oberrheingebiet und aus Bayern gehören zum Karyotyp II, der durch starkes vegetatives Wachstum und geringen Blüten- bzw. Fruchtansatz auffällt (SCHOTSMAN 1967: 57, DERSCH 1986: 83). Kann leicht mit *C. cophocarpa* verwechselt werden!

Ökologie: In Nebenbächen und Zuflüssen großer Flußläufe, in Quelltöpfen, Altarmen, Gräben und Kanälen, meist in nährstoff- und kalkhaltigem, schwach fließendem, bis 2 m tiefem Wasser, auch auf trockengefallenen Schlammflächen. Über sandig-kiesigem Grund, Geröll, Moder oder Schlick. Die Art benötigt relativ hohe Wintertemperaturen (KRAUSE 1971: 425) und erträgt Sonne gut. Im Callitrichetum obtusangulae (Aufnahmen bei KRAUSE 1971: 409, PHILIPPI 1978: 145, WOLFF u. SCHWARZER 1991: Tab. 2, aus Bayern bei KOHLER et al. 1972: Tab. 2). Auch in Lemnetalia-Gesellschaften (WOLFF u. ORSCHIEDT 1993: Tab. 2), im Ranunculo-Sietum erecti (KRAUSE 1971: Tab. 1), Myriophyllo-Nupharetum und anderen Wasserpflanzengesellschaften (PHILIPPI 1978: Tab. 2, 7) sowie in zahlreichen Röhrichtgesellschaften, z. B. dem Sagittario-Sparganietum emersi (PHILIPPI 1973: Tab. 8, 1978: Tab. 14). Auf trockengefallenen Schlammflächen in verschiedenen Gesellschaften (PHILIPPI 1978: 181 ff.). Gern zusammen mit *Berula erecta, Elodea canadensis, Ranunculus fluitans, R. trichophyllus, R. rionii, Potamogeton pectinatus, Zannichellia palustris.*

Allgemeine Verbreitung: Westmediterran-atlantische Pflanze. Im Westen von Portugal, Nordostspanien, Süd-, West- und Nordfrankreich bis Großbritannien, von dort über Holland und Niedersachsen bis Schleswig-Holstein, östlich bis zum Maingebiet (Arnstein) und Passau (ZIELONKOWSKI 1968). Schweiz, Österreich, Griechenland (?). In Deutschland erstmalig am Niederrhein (Hüls bei Krefeld, 1869, BECKER u. SAMUELSSON bei LUDWIG 1970: 40) gefunden. Aus der elsässischen Rheinebene seit 1932 bekannt (ISSLER zit. in LUDWIG 1970).

Verbreitung in Baden-Württemberg: Verbreitet und häufig in den Rheinnebengewässern. Aus dem Einzugsgebiet der Donau bisher nur vom Brenzsystem bekannt, wo sie aspektbestimmend auftritt (KAHNT 1990). 1905 wurde von GRADMANN in der Brenz (7427/2) noch *C. cophocarpa* gesammelt! Die Art ist möglicherweise von Süden her in das Oberrheingebiet eingewandert (ZIELONKOWSKI 1968: 64); ob sie von dort aus auch die Donau mit ihren Nebenflüssen besiedelt hat, wie ZIELONKOWSKI vermutet, erscheint fraglich, da bisher aus der Region zwischen Oberrhein und Ostwürttemberg keine Funde gemeldet wurden. Die Art breitet sich im Gebiet eher donauaufwärts aus.

Oberrheingebiet: Verbreitet und häufig. Für die Übermittlung zahlreicher Fundorte aus dieser Region danken wir besonders Herrn P. WOLFF.
Ostwürttemberg: 7226/4: Pfefferquelle, 1987, KAHNT (1990: 103); Brenzquelltopf, SCHÜTZ (1992: 55ff.).

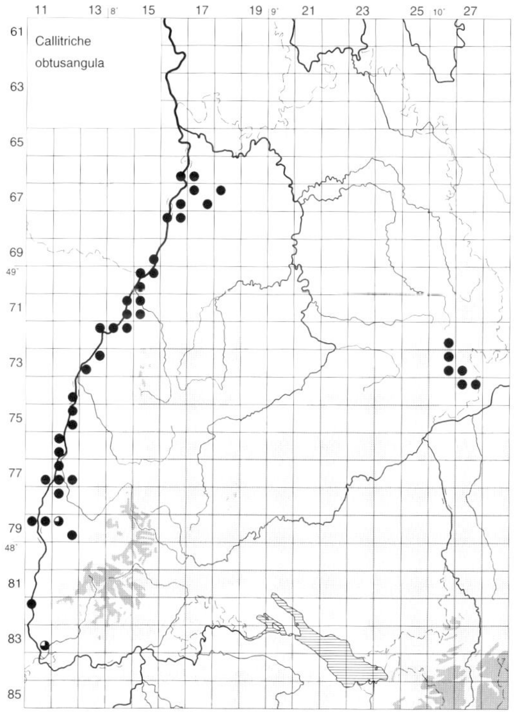

7326/2, 4: Brenz unterhalb Aufhausen bis zur Mündung, 1987, KAHNT (1990), SCHÜTZ (1992: 55ff.). 7327/3: Brenz beim BAB-Viadukt, 1994, SEBALD (STU). 7427/1: Im Mündungsbereich der Lone und in der Hürbe (unterhalb der Lonemündung), 1987, KAHNT (1990: 103); SCHÜTZ (1992: 55ff). 7427/2: In der Hürbe nahe der Mündung, 1984, SEBALD (STU).

Die Höhenverbreitung erstreckt sich von 95 m in der Rheinebene (6616) bis 500 m in Ostwürttemberg (7226, Brenzquellen).

Erstnachweise: Rechtsrheinisch aus einem Bach bei Haltingen (8311/4) erstmalig 1954 von KUNZ genannt (1956: 54). Bei einer von TEUFEL 1934 bei Rappenwört gesammelten Pflanze soll es sich nach NEUMANN um *C. obtusangula* handeln (KR-K). An der Ostgrenze Württembergs (7527/2, Bayern) wurde die Art erstmals 1965 gesammelt (DOPPELBAUER in RAUNEKER 1984: 170): *C. obtusangula* ist vermutlich ein Neophyt.

Bestand und Bedrohung: *C. obtusangula* taucht bevorzugt in ursprünglich oligotrophen, kalkreichen Fließgewässern auf, sobald Verschmutzung (Ammoniumbelastung) eintritt. Nach Untersuchungen von KOHLER et al. (1973: 545) konzentriert sie sich auf die ammonium- und phosphateutrophierten Gewässerabschnitte. Bei Umpflanzversuchen nahm sie in den oligotrophen Bereichen Schaden (KOHLER 1975: 154).

Eine Arealerweiterung der Art in Zentraleuropa ist nach LUDWIG (1970: 42) nicht erwiesen. Sie ist früher möglicherweise nur übersehen worden. KRAUSE (1971) glaubt – wie KOHLER et al. (1972: 345f.; 1973: 545) für das Moosachsystem, daß die Pflanze früher in geringerem Umfang vorkam, ihre Wuchsorte infolge veränderter ökologischer Bedingungen jedoch wesentlich erweitert und vermehrt hat. Sie kam vor dem Ausbau wahrscheinlich nur in den südlichen Altrheinen vor und drang innerhalb weniger Jahrzehnte in die Quellabflüsse ein (KRAUSE 1971: 409). Als Ausbreitungsursache nimmt er neben der zunehmenden Eutrophierung die flächenmäßige Zunahme von winterwarmem Wasser nach der Rheinkorrektion an (1971: 433). In der nordbadischen Rheinebene hat der Bau zahlreicher langer Entwässerungskanäle mit langsam fließendem Wasser wesentlich zur Ausbreitung der Art beigetragen (PHILIPPI 1978: 114, 117). *C. obtusangula* ist im Gebiet nicht gefährdet. Sie befindet sich im Gegenteil in einer Ausbreitungsphase und nimmt bis jetzt nur einen kleinen Teil ihrer potentiellen Siedlungsgewässer ein (SCHÜTZ 1992: 89, WOLFF briefl. 1993). Auf ihre weitere Verbreitung, auch im Maingebiet, ist zu achten.

3. Callitriche cophocarpa Sendtner 1854
C. polymorpha Lönnr. 1854; *C. platycarpa* f. *polyphora* Kütz. 1832
Stumpfkantiger Wasserstern

Morphologie: Als Wasserform vermutlich ausdauernd, Landformen einjährig. In Fließgewässern oft in dichten Horsten flutend, Stengel reichverzweigt. Stengelhaare mit 8- bis 15zelligem Schild, zuweilen etwas unregelmäßig. Schwimmblattrosette 6–10(–16)blättrig, Schwimmblätter schmal rhombisch oder elliptisch; Unterwasserblätter lineal, abgeschnitten bis ausgerandet; Blätter von Landpflanzen länglich elliptisch. Fruchtende Blattpaare an der Stengelspitze oft in einer Ebene angeordnet. Vorblätter auffallend groß (1,5 mm lang, an Landpflanzen kürzer). Staubfäden bis 7 mm lang, Staubbeutel etwa 1 mm breit, Pollenkörner rundlich, elliptisch oder abgerundet dreieckig (einzelne manchmal obtusangula-förmig, jedoch nie überwiegend); Narben aufrecht, 3–4 mm lang, lange bleibend. Früchte klein (1 × 1,1 mm), rundlich; Teilfrüchte stumpfkantig, bisweilen gekielt, aber stets ungeflügelt; Landformen reichlich fruchtend. 2n = 10. – Blütezeit: Mai–September (Oktober).

Verwechslungsgefahr besteht mit *C. obtusangula*, von der sie an der Pollenform zu unterscheiden ist, und mit *C. platycarpa*. Zur Unterscheidung von letzterer vgl. obige Tabelle und folgende morphologische und anatomische Fruchtmerkmale (nach SCHOTSMAN u. HALDIMANN 1981): Die Früchte von *C. cophocarpa* sind meist kleiner, mit weniger tiefen Einbuchtungen zwischen den Teilfrüchten und stärker abgerundetem Rücken. Eine zusätzliche Parenchymschicht zwischen Exo- und Mesokarp fehlt oder ist nur lokal ausgebildet; *C. platycarpa* besitzt mindestens 1 zusätzliche, durchgängige Parenchymschicht. Das Exokarp ist bei *C. cophocarpa* wesentlich breiter als das Mesokarp (einschließlich evtl. vorhandener Parenchymzellen), während bei *C. platycarpa* das Exokarp schmäler ist als Mesokarp und Parenchymschicht zusammen. Das Mesokarp ist an den Rückenkanten von *C. cophocarpa* kaum dicker als an den Seiten, bei *C. platycarpa* dagegen in Radiärrichtung erheblich verlängert, so daß es an der reifen Frucht einen gut sichtbaren Flügel mit mächtigen Verstärkungsleisten bildet (Abb. bei SCHOTSMAN u. HALDIMANN 1981: 140). Allerdings bleiben beide Arten in Fließgewässern häufig steril und sind dann nur an der Chromosomenzahl sicher zu unterscheiden.

Ökologie: In Quelltöpfen, Bächen und Flüssen, Altarmen, Gräben, Teichen und Tümpeln. In hartem und weichem (KOHLER u. ZELTNER 1974: 183), im Gebiet jedoch meist in kalkhaltigem Wasser. In Fließgewässern mäßige Fließgeschwindigkeiten und ufernahe Bereiche bis 0,8 m Tiefe bevorzugend. Kennart des Ranunculo-Sietum (Ranunculion fluitantis, Aufnahmen bei TH. MÜLLER 1962). In kleinen Stillgewässern kann *C. cophocarpa* eigene, eventuell zum Nymphaeion zu stellende Bestände bilden (*C. cophocarpa*-Gesellschaft, VOGGESBERGER 1991: Tab. 4). Die Art wächst gern zusammen mit *Berula erecta, Elodea canadensis, Groenlandia densa, Ranunculus trichophyllus* und *R. penicillatus*, gelgentlich auch mit *C. stagnalis*.

Allgemeine Verbreitung: Mitteleuropäisch-westsibirische Pflanze. Die Westgrenze verläuft von Jütland bis in den Französischen Jura (SCHOTSMAN u. HALDIMANN 1981), die westliche Schweiz und Norditalien (DERSCH 1986). Ihr Vorkommen in Großbritannien ist nicht gesichert (STACE 1991). Im Norden bis Dänemark und Skandinavien, Mittelrußland, östlich bis Zentralasien. Im Süden von Spanien, Italien und Jugoslawien bis Bulgarien.

Verbreitung in Baden-Württemberg: Verbreitet in den Karstflüssen und -bächen der Schwäbischen Alb, wo sie in den Ober- und Mittelläufen siedelt (SCHÜTZ 1992: 123) und im Jungmoränengebiet Oberschwabens. Letztere sind phytogen bedingt teilweise härter als die der Alb. Selten im Schwäbisch-Fränkischen Wald und im Bereich des Mittleren Neckars. Aus dem Oberrheingebiet und der Baar ist bisher jeweils nur ein Vorkommen bekannt. Möglicherweise kommt sie auch in Hohenlohe vor, doch liegen von dort bislang keine gesicherten Belege vor. *C. cophocarpa* ist auf der Schwäbischen Alb und in Oberschwaben die vorherrschende Wasserstern-Art, während *C. platycarpa* hier weitgehend fehlt. Nach SCHÜTZ (1992: 139) verhalten sich die beiden wie vikariierende Arten.

Fundorte (ohne Schwäbische Alb):
Oberrheingebiet: Freiburger Bucht, genauer Fundort unbekannt, 1960, 1979 erloschen, HÜGIN (1982: 72).
Schwäbisch-Fränkischer Wald und Albvorland: 6925/2: Markertshofen, im Wald, 1857, KEMMLER (STU). 6926/4: Altwasser der Jagst bei Kalkhöfe, 1976, SEYBOLD (STU). 7028/1: Hundsrucken zw. Tannhausen und Enslingen, tiefrinniger Waldweg, mit *C. stagnalis*, FISCHER (1982: 310).
Mittleres Neckargebiet: 7220/2: Teich im Bernhardsbachtal, Rotwildpark, 1967, SEYBOLD (STU). 7322/1: Wendlingen, 1959, KNAUSS (STU). 7420/1: Tübingen,

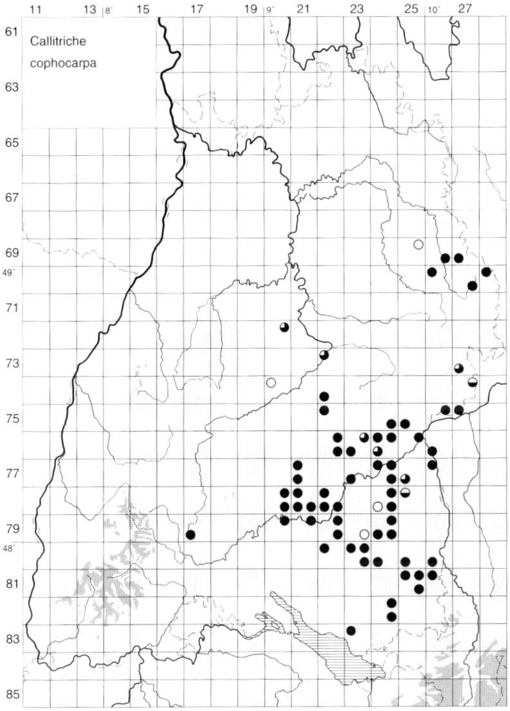

im Goldersbachtal hinter Bebenhausen, 1864, HEGELMAIER (STU).
Baar: 7917/3: Schwenninger Moos, im Neckar beidseitig Fußbrücke, 1993, VOGGESBERGER (STU).

Die Art ist im Gebiet collin bis submontan verbreitet, von ca. 300 m bei Wendlingen (7322) bis 700 m in der Baar (7917).

Erstnachweis: Von KEMMLER 1857 bei Markertshofen (6925) gesammelt. Die Art ist im Gebiet urwüchsig.

Bestand und Bedrohung: *C. cophocarpa* besitzt hinsichtlich der Gewässerqualität eine weite ökologische Amplitude. Sie wächst hauptsächlich in mäßig belasteten, weniger in oligo- bis mesotrophen Gewässern. So gelangt die Pflanze beispielsweise in der Schelklinger Ach erst nach der Einleitung von Abwässern zur Dominanz (SCHÜTZ 1992). Auf der Schwäbischen Alb und in Oberschwaben gehört sie heute mit *Ranunculus trichophyllus* und *Elodea canadensis* zu den weit verbreiteten, vorherrschenden Wasserpflanzen (SCHÜTZ 1992: 164). Obwohl ihr einziger bekannter Wuchsort im Oberrheingebiet bei einer Straßenbaumaßnahme vernichtet wurde (HÜGIN 1982: 72), ist ihr Bestand im Gebiet nicht bedroht. In Hessen gilt die Art als „gefährdet" (G 3; KALHEBER et al. 1980).

C. cophocarpa × C. platycarpa

C. cophocarpa bildet mit *C. platycarpa* Bastarde. Diese können nur an der Chromosomenzahl (n = 15) zuverlässig erkannt werden (SCHOTSMAN u. HALDIMANN 1981: 139). Dieser Bastard wird von DERSCH (1986: 97) auch aus Baden-Württemberg angegeben: 8215/2: Schlüchtsee bei Grafenhausen, 1981.

4. Callitriche platycarpa Kütz. 1831

C. stagnalis var. *platycarpa* (Kütz.) Asch. et Gr.
Flachfrüchtiger Wasserstern,
Verschiedenblättriger Wasserstern

Morphologie: Ausdauernde oder einjährige Pflanze. Schildhaare sind 8- bis 10zellig, manchmal asymmetrisch. Rosetten mit elliptischen Schwimmblättern; Unterwasserblätter breit elliptisch (die oberen) bis lineal (die unteren); Blätter an Landformen elliptisch. Vorblätter groß (1,5 mm), gewöhnlich bleibend. Staubfäden 3–4 mm lang, Staubbeutel 0,5–1 mm breit, Pollen gelb, unregelmäßig geformt, teilweise steril; Narben aufrecht, um 4 mm lang. Frucht 1,1–1,3 mm breit, kreisrund, dunkel fahlbraun, an Landpflanzen auch heller; Teilfrucht schmal geflügelt, Flügel < 0,1 mm breit; meist spärlich fruchtend, Populationen in tiefem oder schnellfließendem Wasser scheinen häufig steril zu bleiben. 2n = 20. – Blütezeit: Mai–Oktober.

Verwechslungsgefahr besteht mit *C. stagnalis* und *C. cophocarpa* (vgl. o. a. Tabelle und die unter *C. cophocarpa* angegebenen anatomischen Fruchtmerkmale).

C. platycarpa vermittelt zwischen *stagnalis* u. *cophocarpa*. Die genaue Untersuchung einer Hybridpopulation zw. *C. platycarpa* und *C. cophocarpa* veranlaßte SAVIDGE (1960: 130) zu der Vermutung, daß *C. platycarpa* allotetraploid aus *C. stagnalis* und *C. cophocarpa* hervorgegangen sei. Demgegenüber vertritt SCHOTSMAN (1967: 73) die Ansicht, daß *C. platycarpa* eher durch Autopolyploidie entstanden sein könnte, da *C. stagnalis* von den beiden – offenbar näher verwandten – Arten *C. cophocarpa* und *C. platycarpa* genetisch stärker getrennt ist. So sind Hybride zwischen *C. cophocarpa* und *stagnalis* einerseits und *platycarpa* und *stagnalis* andererseits nicht beobachtet worden.

Ökologie: *C. platycarpa* siedelt in Bächen und Gräben, in Weihern und Pfützen, auf Teichböden und feuchten Waldwegen in Fichtenforsten, in meso- bis eutrophem, hartem und weichem Wasser. Nach WIEGLEB (1978) ist *C. platycarpa* deutlich nitrophil, anspruchsvoll gegenüber Kalium und Kohlendioxid und gegenüber Hydrogenkarbonat völlig indifferent. In Fließgewässern kommt die Art in der *Zannichellia palustris*- und *Ranunculus trichophyllus*-Gesellschaft vor (PHILIPPI 1981: Tab. 2); sie kann auch mit *Veronica beccabunga* vergesellschaftet sein (SCHWABE 1987: 55). In Niedersachsen wurde sie im Sparganio-Elodeetum (WEBER-OLDECOP 1977) angetroffen. Sie wächst zusammen mit *Elodea canadensis, Ranunculus trichophyllus* und *Zannichellia palustris*.

Allgemeine Verbreitung: Subatlantisch-zentraleuropäische Pflanze: Nordspanien, Frankreich, Großbritannien, Belgien, Niederlande, Dänemark, Skandinavien, Deutschland, Schweiz, Österreich, Polen, Tschechoslowakei, Bosnien, Ungarn. Die Verbreitungsgrenze ist im Osten und Süden nicht genau bekannt.

Verbreitung in Baden-Württemberg: *C. platycarpa* ist oft verkannt worden, so daß ihre Verbreitung noch ungenügend geklärt ist. Bis jetzt ist sie überwiegend aus Kleingewässern nachgewiesen: Waldtümpel, feuchte Waldwege, Gräben, kleine Teiche, selten aus Bächen und aus größeren Fließgewässern bisher gar nicht. Oberrheingebiet (hier sicherlich häufiger, besonders im nördlichen Teil), im Odenwald nach SCHOTSMAN (1967: 74), Schwarzwald, Taubergebiet, im Keupergebiet zerstreut, auf der Schwäbischen Alb und im Alpenvorland sehr selten.

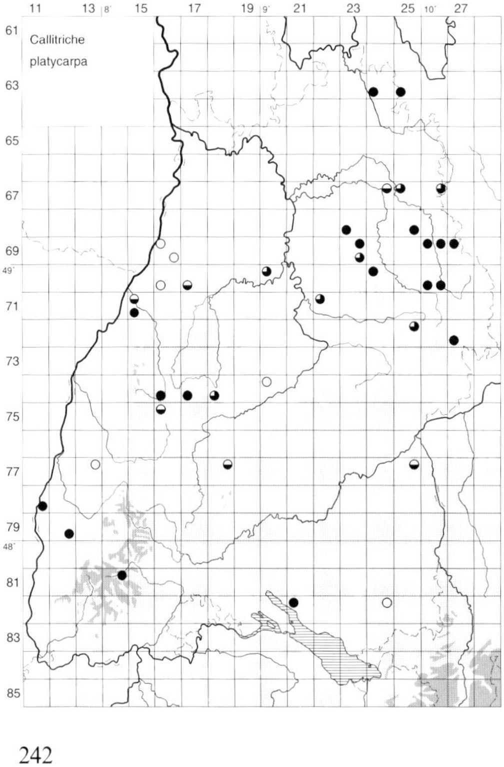

Oberrheingebiet: 6916/1: Bei Gottesaue, 1879, o. F. (KR). 6916/4: Bei Durlach, 1883, o. F. (KR). 7016/3: Ettlingen, 1849, DÖLL (KR). 7017/3: Bei Langensteinbach, 1916, KNEUCKER (KR). 7115/4: Woogsee E Rastatt, 1933, KNEUCKER (KR). 7115/3: Riedkanal bei Rastatt, 1994, GRIESE (KR). 7713/2 ?: Schutter, um 1850, SCHILDKNECHT (KR). 7811/4: NW Burkheim, Teich im Auwald, 1991, P. WOLFF (STU-K). 7912/4: Dorfbach-Mühlbach SW Hochdorf, HÜGIN (1982: 72).
Schwarzwald: 7416/3: Murg bei Baiersbronn, SCHWABE (1987: 55). 7417/3: Weilerwald W Herzogsweiler, 1975, WREDE (STU). 7418/3: Zw. Iselshausen und Unterschwandorf, 1953, WREDE (STU). 7516/1: Bei Christophstal, 1832, ROESLER (STU); beim Langenwaldsee bei Freudenstadt, 1930, KNEUCKER (KR). 8114/2: nach 1965, DERSCH (1986: 91).
Tauberland: 6324/3: Grünsfeld, Wittigbach und Grünbach, PHILIPPI (1981: Tab. 2). 6325/3: E Unterwittighausen E der Neumühle, PHILIPPI (1981: Tab. 2).
Keuperland: 6724/2: Bühlschlag W Unterregenbach, 1926, MÜRDEL (1926: 2). 6725/1: Kaltenbrunnen bei Langenburg, 1969, SEYBOLD (STU). 6726/2: Weiher bei Kühnhardt, 1969, SEYBOLD (STU). 6823/3: Frohnfallser Ebene, 1977, SEBALD (STU). 6825/4: S Maulach, 1982, SEBALD (STU). 6923/2: W Bubenorbis, 1970, SEBALD (STU). 6923/4: Teich bei Hinterbüchelberg, 1967, SEBALD (STU). 6926/1: SSE Mainkling, 1994, SEBALD (STU). 6926/2: Rotbachtal W Matzenbach, 1986, VOGGESBERGER (STU). 6927/1: Rohrweiher bei Wäldershub, 1985, VOGGESBERGER (STU). 7020/1: Sersheim, in der Metter, 1961, KNAUSS (STU). 7024/1: N Kirchenkirnberg, 1975, SEBALD (STU). 7026/3: Teich N Sägweiher, 1986, VOGGESBERGER (STU); SW Burkhardsmühle, 1994, SEBALD (STU). 7026/4: Grünholz W Espachweiler, 1986, VOGGESBERGER (STU). 7122/2: Oberstes Buchenbachtal beim Königsbronnhof, 1967, SEYBOLD (STU). 7420/1: Bromberg, 1896, SCHNEIDER (STU); 1896, A. MAYER (STU).
Schwäbische Alb: 7225/2: Möhnhof bei Bartholomä, 1961, KNAUSS (STU). 7227/3: Hülbe im Adamhäule SW Rotensohl, 1994, SEBALD (STU). 7718/2: Bronnhaupter Hardt, 1862, V. ENTRESS-FÜRSTENECK (STU); Dormettingen, o. J., BERTSCH (STU).
Alpenvorland: 7725/2: Wald SE Bihlafingen, 1935, K. MÜLLER (STU). 8221/1: S Deisendorf, 1988, SEBALD (STU). 8224/2: Zwischen Waldburg und Karsee, 1864, VALET (STU).

Die Funde liegen zwischen 200 m im Tauberland (6324) und 700 m im Schwarzwald (7516), im Südschwarzwald sicher höher, doch liegen von dort keine Angaben vor.

Erstnachweis: 1849 von DÖLL bei Ettlingen gesammelt (1862: 1065, Beleg in KR), 1832 bereits von ROESLER bei Christophstal im Nordschwarzwald gesammelt (7516, Beleg in STU), jedoch nicht veröffentlicht. Die Art ist im Gebiet urwüchsig.

Sumpf-Wasserstern *(Callitriche palustris)*
Tiengen

Bestand und Bedrohung: *C. platycarpa* gedeiht in meso- bis eutrophen Gewässern (SCHOTSMAN 1954: 345), ja wird durch größere Nitratgehalte vermutlich sogar gefördert (WIEGLEB 1978: 471). Eine Gefährdung der Art droht am ehesten durch Zerstörung der besiedelten Kleingewässer, etwa durch Zuschütten oder Trockenfallen (Grundwasserabsenkungen u. ä.). Der bisherige Kenntnisstand läßt keine Aussagen über die Gefährdung im Gebiet zu. Gilt in Hessen als „potentiell gefährdet“ (G 4), (KALHEBER et al. 1980).

5. Callitriche palustris L. 1753

C. verna L. 1755; *C. vernalis* Koch 1835, nom. illeg.
Sumpf-Wasserstern

Morphologie: Einjährige Pflanze von zarter, zerbrechlicher Gestalt. Landpflanzen 2–6 cm hoch. Rosetten mit breit elliptischen bis fast rundlichen Schwimmblättern; Unterwasserblätter lineal; Blätter an Landpflanzen sehr klein, schmal elliptisch. Schildhaare 12- bis 16zellig. Vorblätter klein, früh abfallend. Gelegentlich 1 weibliche und 1 männliche Blüte in derselben Blattachsel, selten 2 weibliche Blüten. Staubgefäße bei Landpflanzen meist verkümmert, bei Wasserformen Staubfäden 1–5 mm lang, Staubbeutel 0,5 mm breit, Pollen rundlich; Narben aufrecht, oft ungleich lang, früh abfallend, an Landpflanzen sehr kurz. Frucht verkehrt-eiförmig, etwa 1 mm lang und 0,7 mm breit, schwarzbraun; Teilfrucht nur an der Oberkante geflügelt; Landpflanzen reichlich fruchtend. 2n = 20. – Blütezeit: Juni–Oktober.

Die Art ist als Landform am häufigsten. Bei ihnen deutet das Vorhandensein reichlicher Früchte bei zahlreichen weiblichen Blüten und gleichzeitig fehlenden männlichen auf *C. palustris.*

Ökologie: Der Sumpf-Wasserstern wächst an Seeufern, in flachen Teichen, in Gräben, auf feuchten Waldwegen und trockengefallenen Teichböden. Er bevorzugt die Randbereiche oligotropher, kalkarmer Stillgewässer (nach Kohler u. Zeltner 1974: 184 vermutlich in hartem und weichem Wasser) und wurde bis zu einer Wassertiefe von 80 cm beobachtet. Von Stillgewässern in Vegetationsaufnahmen folgender Pflanzengesellschaften dokumentiert: im Hottonietum palustris der Oberrheinebene (Oberdorfer 1957: 123, Görs in Oberdorfer 1977: Tab. 20) und in einer weiteren Nymphaeion-Gesellschaft mit *Potamogeton natans* und *P. obtusifolius* (Voggesberger 1991: Tab. 4); in den Seen des Hochschwarzwaldes in einer zum Isoëtion gehörenden *Sparganium angustifolium*-Gesellschaft (Oberdorfer 1934: 216; 1957: 117). Als Landform im Eleocharitetum ovatae und im Littorello-Eleocharitetum acicularis (Voggesberger n. p., s. a. Dersch 1965: 37) sowie in *Alopecurus aequalis*-Beständen (Philippi 1977: 28). *C. palustris* wächst gern in Mischrasen mit *C. stagnalis.*

Allgemeine Verbreitung: Zirkumboreal, hauptsächlich nördlich oder in den Gebirgen verbreitete Pflanze. Das geschlossene Verbreitungsgebiet reicht in Europa von den Pyrenäen im Südwesten über Ost- und Zentralfrankreich bis zu den Niederlanden (in Großbritannien 1 Fund von 1877), nördlich bis Grönland, Skandinavien (bis zur Eismeerküste); im Süden bis zu den See- und Südalpen, vereinzelt in Korsika, Norditalien und Griechenland (sonst nicht im Mittelmeergebiet).

Verbreitung in Baden-Württemberg: Die reale Verbreitung ist noch ungenügend geklärt, die Karte gibt hauptsächlich den derzeitigen Kartierungsstand wieder.

Es zeichnet sich folgendes ab: im Oberrheingebiet zerstreut, selten (?) im Schwarzwald, im Neckarland und in der Baar sehr selten, im Alpenvorland und im Ulmer Raum (Untere Süßwassermolasse) sehr zerstreut. Die kleine, leicht zu übersehende Pflanze kommt im Gebiet meist als Landform auf feuchten Waldwegen, an Teichrändern oder auf ähnlichen Feuchtflächen vor. Die Kalkgebiete scheint sie zu meiden.

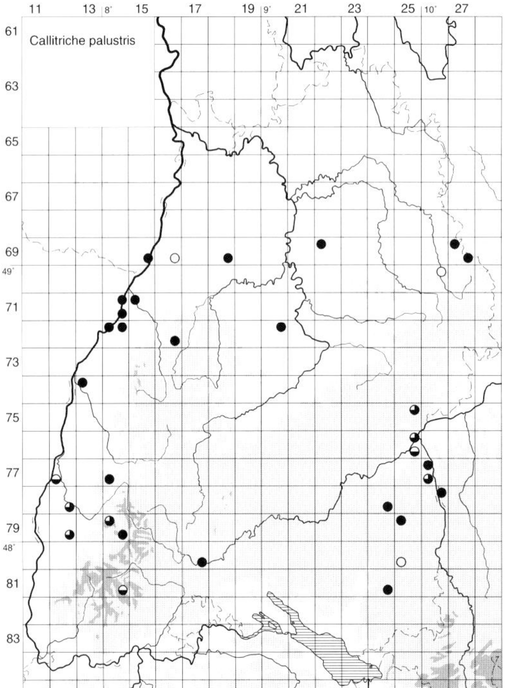

Oberrheingebiet: 6915/4: Schweinsweide bei Daxlanden, 1898, Kneucker (KR); Hedel bei Rappenwört, 1994, Kleinsteuber (KR). 6916/4: Durlacher Wald bei Karlsruhe, 1883, Bonnet (KR). 7114/2: Rheinaue W Plittersdorf, 1986, Hügin jun. (STU-K). 7114/4: Rheinaue bei Iffezheim, frühe 1980er Jahre, Hügin sen. (STU-K). 7114/2, 4: Rheinaue bei Wintersdorf, 1986, Hügin jun. (STU-K). 7115/1: Rheinniederung SW Steinmauern, 1994, Griese (KR). 7214/1: Rheinaue bei Söllingen, 1982, Hügin sen. (STU-K). 7214/2: Grabenrand E Schiftung, 1993, Kleinsteuber (KR). 7413/1: Schweinsweide von Kork bei Kehl, 1927, Kneucker (KR). 7712/3: Niederhausen, Rheinaltwasser, 1919, Kneucker (KR). 7812/4: SE Riegel, 1961, Hügin sen. (STU-K). 7912/4: Hochdorf, 1961, Hügin sen. (STU-K).

Schwarzwald: 7216/4: Kaltenbronn – Wildseemoor, 1986, Seybold (STU-K). 7714/3: Oberbiederbach, 1984, Hügin jun. (STU-K). 7914/1: Kandel, 1968, Hügin sen. (STU-K). 7914/4: N St. Märgen: S Kapfenberg, 1991, Hügin jun. (STU-K). 8114/4: Schluchsee, Mündungszone des Ahabaches, vor der Aufstauung, Oberdorfer (1934: 216).

Neckarland: 6918/4: Roßweiher, 1976, Philippi (1977: 28). 6922/1: Annasee bei Gagernberg, 1976, Seybold (STU). 6927/1: Wildenstein, Stockweiher, 1971, Seybold (STU). 6927/4: Holzweiher, 1985 bis 1991, Voggesberger (STU); Breitweiher, 1991, Balters (STU-K).

7026/2: Ellwangen, 1841 ?, Rathgeb (STU); sumpfige Stellen bei Ellwangen, 1840–50, Mohl (STU). 7220/2: Pfaffensee, 1967, Seybold (STU); Büsnau, Schattengrund, 1982/83, Seybold (STU-K).

Baar: 8017/4: Pfohrener Weiher, 1991, Philippi (KR).

Alpenvorland (einschl. Ulmer Gebiet): 7525/2: Tomerdingen, Spitalwald, 1946, K. Müller (STU); Dornstadt, im unteren Forst, 1949, K. Müller (STU). 7625/2: Wiblingen, Kurz in Rauneker (1984: 169). 7625/4: Unterweiler, Waldwege bei Fischbach, 1935, K. Müller (STU). 7726/1: Wochenau, nach 1975, Kurz in Rauneker (1984: 169). 7726/3: Regglisweiler,

KURZ in RAUNEKER (1984: 169). 7824/4: Schlegelsberg NW Birkenhard, 1972, SEYBOLD (STU). 7826/2 (Bayern): Fischweiher S Dattenhausen, 1994, LIPPERT (M nach BREITFELD, briefl.). 7925/1: Neuweiher, SE Ringschnait, 1992, SEYBOLD (STU). 8025/3: Stadtweiher bei Wurzach, 1861, GESSLER (STU).

Die Art ist von 100 m in der Rheinebene (6915) bis 1025 m im Südschwarzwald (7914, HÜGIN briefl.) verbreitet.

Erstnachweis: In den 1840er Jahren bei Ellwangen (7026) von RATHGEB und MOHL gesammelt (Elvaci, in piscinis exsiccatis, 1841?, RATHGEB (STU), 1840–50, MOHL (STU). Die Art ist im Gebiet urwüchsig.

Bestand und Bedrohung: Über die Ansprüche des Sumpf-Wassersterns an seine Wohngewässer herrscht keine Einigkeit: Nach WIEGLEB (1978: 465) fehlt die Art in Niedersachsen in phosphatbelasteten Gewässern und fällt bei hohen Ammoniumkonzentrationen aus. KOHLER u ZELTNER (1974: 185) fanden *C. palustris* in der Oberpfalz dagegen in einem kritisch belasteten Bereich. In der überwiegenden Mehrzahl ihrer Vorkommen handelt es sich bei dieser Pflanze allerdings um die Landform, die sich wie eine konkurrenzschwache Nanocyperion-Art verhält. Die entsprechenden Wuchsorte sind durch Entwässerung, veränderte Teichwirtschaft (Wegfall des Ablassens), Ausbau der Flüsse (Wegfall von Überschwemmungsflächen, gleichbleibende Wasserstände), Waldwegebau sowie Düngung und Kalkung von Wäldern gefährdet. So muß nach HÜGIN (1982: 72) *C. palustris* in der Freiburger Bucht als verschollen gelten, nachdem die Biotope der beiden letzten, 1960 noch vorhandenen Vorkommen entwässert wurden. Trotz des unzureichenden Kenntnisstandes sollte die Art als „gefährdet“ (G 3) eingestuft werden. Nach DERSCH (1986: 92) muß sie auch in Südniedersachsen zu den gefährdeten Arten gerechnet werden.

6. **Callitriche hamulata** Kütz. ex Koch 1835

C. autumnalis Kütz. 1831
Haken-Wasserstern

Morphologie: Meist ausdauernd, Schildhaare der Stengel (10–)12- bis 18zellig (hilfreich beim Bestimmen steriler Pflanzen). Schwimmblattrosetten nicht immer vorhanden, ihre Blätter spatelförmig (Stiel mindestens so lang wie Spreite); Unterwasserblätter lineal, in tiefem oder schnell fließendem Wasser an der Spitze oft schraubenschlüsselförmig; Blätter an Landpflanzen elliptisch. Vorblätter schwach entwickelt, hinfällig. Blüten in den Achseln von Unterwasserblättern; Staubfäden kurz (< 2 mm), Staubbeutel elfenbeinfarben, Pollenkörner fast farblos, kugelig; Narben an der Basis zurückgeschlagen und zur gegenüberliegenden Blattachsel gerichtet. Frucht kreisrund, 1,2–1,5 mm breit, mit fest haftenden Narbenresten an den Seiten; Teilfrucht geflügelt, Kielzellen breit u-förmig; Landpflanzen reichlich fruchtend, ihre Früchte manchmal gestielt. 2n = 38. – Blütezeit: Juni–September.

Ökologie: In Quelltöpfen und -bächen, Flüssen, Altarmen und Teichen, oft bei stark schwankenden Wasserständen. Die Art scheint kühle, oligobis mesotrophe, oft schnell fließende Gewässer zu bevorzugen. Sie wird vielfach als kalkmeidend eingestuft (z. B. SCHOTSMAN 1967), gedeiht im Gebiet jedoch auch in kalkhaltigem Wasser. *C. hamulata* stellt geringe Lichtansprüche und erträgt unter den Wassersternen des Gebiets die höchsten Fließgeschwindigkeiten (SCHWABE 1987: 54). In Fließgewässern im Callitrichetum hamulatae (Aufnahmen bei OBERDORFER 1957: 123, TH. MÜLLER 1962, MONSCHAU-DUDENHAUSEN 1982: Tab. 7, 8) und in der *Callitriche hamulata–Veronica beccabunga*-Gesellschaft (SCHWABE 1987: 56); oft auch nur in einartigen Beständen vorkommend. In periodisch austrocknenden Gewässern mit *Ranunculus peltatus* eine amphibische Gesellschaft bildend (Aufnahmen bei VOGGESBERGER 1991: Tab. 4); auf nassem Schlamm in Bidention- und Nanocyperion-Gesellschaften (PHLIPPI 1980: 83). Begleitarten in Fließgewässern sind *Myriophyllum alterniflorum, Ranunculus peltatus, R. trichophyllus* und *R. penicillatus*, seltener *R. fluitans*, sowie *Fontinalis antipyretica, F. squamosa* u. a. Laubmoose; in Stillgewässern auch mit *Sparganium emersum* (ROWECK 1986: 487); auf nassem Schlamm mit *Ludwigia palustris, Veronica catenata* und *Rorippa amphibia*, gelegentlich in Mischrasen mit *C. stagnalis, C. cophocarpa* und *C. platycarpa*.

Allgemeine Verbreitung: Atlantisch-zentraleuropäisch verbreitete Art: Im Westen von Frankreich bis Großbritannien, nördlich bis Grönland, Island, Skandinavien und Finnland, im Osten bis Lettland, Westpolen, Tschechoslowakei und Ungarn; südlich bis zur Schweiz und Italien, nicht im Mittelmeergebiet.

Verbreitung in Baden-Württemberg: Vor allem im Westen in den weichen Gewässern über basenarmem Ausgangsmaterial zerstreut vorkommend, sonst selten und wenig beobachtet. Im Odenwald für Hainmieren-Bacherlenwald-Vegetationskomplexe im Sandsteinbereich kennzeichnend (WEISSKIRCH, schriftl.). Verbreitungsschwerpunkte im Schwarzwald sind die Buntsandsteingebiete mit geringerem Gefälle (obere Nagold, Enz, Alb, obere Murg, Schutter), die breiten Sohlentäler des westlichen Schwarzwaldes (Kinzig, Elz, Dreisam) und die Gebiete des Ostschwarzwaldes (Breg-Brigach, obere Elz, obere Gutach bei Schönwald, Neustädter Gutach und Nebenflüsse, Hauensteiner Alb, obere Schwarza, obere Mettma). Karte für den Schwarzwald bei SCHWABE (1987: Karte 16; s. a. MONSCHAU-DUDENHAUSEN 1982 für den Nordschwarzwald). *C. hamulata* kommt im Gebiet auch, jedoch wesentlich seltener, in basen- und sogar kalkreichen Gewässern vor (vgl. DERSCH 1965: 37): In Rheinnebengewässern (Altarm, Baggersee), im Neckarland sehr selten in Teichen, Quelltöpfen und Altwassern, vereinzelt im Bereich der Donau.

Oberrheingebiet: (ohne Schwarzwaldzuflüsse): 6916/1: Kleiner Bodensee, NW-Teil, 1972, PHILIPPI (1980: 83). 7313/4: N Wagshurst, 1990, P. WOLFF (STU-K). 7912/4: Dorfbach-Mühlbach SW Hochdorf, HÜGIN (1982: 72). Odenwald und Schwarzwald: Zahlreiche Fundstellen. Neckarland: 6918/4: Roßweiher bei Maulbronn, 1972, SEYBOLD (STU). 7121/3: Cannstatt, Sulzerbäche, 1850?, (STU). 7126/2: Goldshöfe, Tümpel und Dorfteich, 1986, VOGGESBERGER (STU-K). 7220/2: Fischteiche im Bernhardsbachtal, 1967, SEYBOLD (STU). 7420/3: Tübingen, Neckar-Altwasser, HEGELMAIER (STU). 7420/4: Blaulache, Tübingen, 1890, A. MAYER (STU); Blaulach, 1902, GRADMANN (STU).
Donaugebiet: 7226/4: Brenztopf bei Königsbronn, 1975, SEBALD (STU). 7526/3: Ulm, Friedrichsau, KURZ in RAUNEKER (1984: 170). 7625/2: Altwasser der Donau, KURZ in RAUNEKER (1984: 170). 7722/4: Zwiefalter Ach, nach 1965, DERSCH (1986: 95), 1987, SCHÜTZ (1992: 43). 7723/3: Zwiefalter Ach, 1987, SCHÜTZ (1992: 43); Braunsel E Emeringen, 1993, VOGGESBERGER (STU). 7922/4: Saulgau, vor 1945, K. BERTSCH (STU). 8018/2: Donau oberhalb Tuttlingen, 1921, BOLTER (STU). 8119/3: Aachtopf, nach 1965, DERSCH (1986:95).

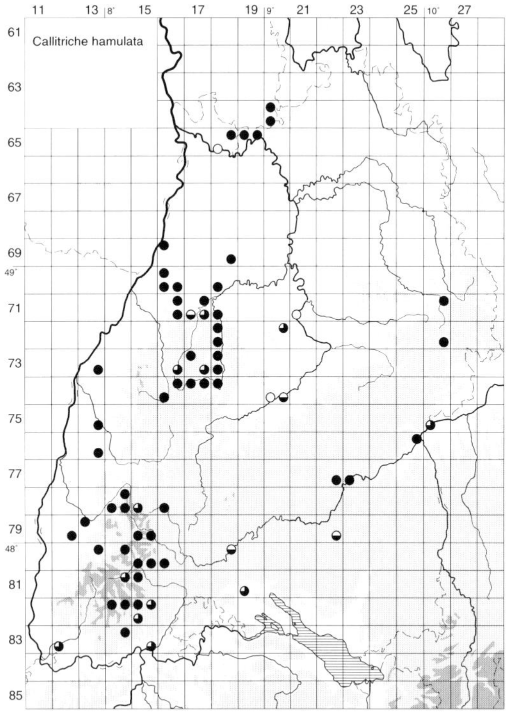

Die Art ist im Gebiet von ca. 100 m in der Rheinebene (6916) bis 900 m ü. NN im Schwarzwald (ROWECK 1986: 487) verbreitet.

Erstnachweis: Bereits von CASPARY 1867 im Ursee (8115/1) gefunden „nach HEGELMAIERS Bestimmung" (1870: 228). Die Art ist im Gebiet urwüchsig.

Bestand und Bedrohung: MONSCHAU-DUDENHAUSEN (1982) führt das Fehlen von *C. hamulata* in einigen Gewässerabschnitten der Nagold auf zu hohe Nitrat- und Ammonium-Belastung zurück. Sie soll massenhaft nur in schwach bis mäßig belasteten Gewässern vorkommen, während vereinzeltes Vorkommen eine stärkere Abwasserbelastung andeutet. In Niedersachsen erweist sich die Art zwar als phosphatempfindlich, fehlt aber in nitratarmen Gewässern (WIEGLEB 1992: 465). Nach SCHÜTZ (1992: 129) soll sie gerade in stark eutrophierten Fließstrecken höhere Deckungsgrade erreichen. Offensichtlich ist ihr Aussagewert für die Beurteilung der Gewässerqualität gering (KOHLER u. ZELTNER 1974: 185). Zur Bedrohung der Art läßt sich vorläufig nur wenig aussagen. Nach Beobachtungen von HÜGIN (1982: 72) sind 11 ihm bekannte Vorkommen in der Freiburger Bucht innerhalb von 20 Jahren auf 6 geschrumpft. Es muß daher auch bei dieser Wasserstern-Art mit Rückgängen im gesamten Gebiet gerechnet werden. Aufgrund des geringen Kenntnisstandes wird derzeit von einer Einstufung in eine Gefährdungskategorie abgesehen. In Hessen ist *C. hamulata* als „gefährdet" (G 3) eingestuft (KALHEBER et al. 1980).

Plantaginaceae

Wegerichgewächse
Bearbeiter: M. PEINTINGER und G. PHILIPPI

Blätter meist in grundständiger Rosette, Nebenblätter fehlen. Blüten unscheinbar, meist zwittrig. Kelch und Krone meist vierzipflig. Krone mit kurzer Röhre. 4 Staubblätter, Fruchtknoten oberständig, meist zweifächrig. Frucht eine Kapsel, die oft mit einem Deckel aufspringt. – Ausdauernde Arten, selten einjährige Arten oder Halbsträucher. Isoliert stehende Familie, die Beziehungen zu den Polemoniaceae und zu den Scrophulariaceae aufweist, teilweise in einer eigenen Ordnung geführt wird. – Familie mit 3 Gattungen und ca. 260 Arten, weltweit vertreten (in den Tropen v. a. in den Gebirgen).

1 Blüten in vielblütigen Ähren, Frucht eine Dekkelkapsel, Landpflanze . . . . 1. *Plantago*
– Blüten zu 3 bis 4, eingeschlechtig, Frucht eine einsamige Nuß; Wasserpflanze bzw. Pflanze kiesiger Ufer . . . . 2. *Littorella*

1. Plantago L. 1753

Wegerich
Bearbeiter: G. PHILIPPI

Blätter meist in grundständigen Rosetten, in den Achseln zwischen den Blättern mehrzellige Haare. Blüten in länglichen bis kugeligen Ähren, in Achseln kleiner Tragblätter. Krone trockenhäutig, die Kronzipfel verschieden groß. Staubblätter aus der Kronröhre herausragend.

Frucht eine mehrsamige Kapsel, die sich durch abfallenden Deckel öffnet.

Gattung mit ca. 260 Arten, von denen in Europa 35 vorkommen.

1 Blätter am Stengel, gegenständig, Pflanze verzweigt, mit zahlreichen kugeligen Blütenständen . . . . 4. *P. arenaria*
– Blätter in grundständiger Rosette, Stengel blattlos, unverzweigt 2
2 Blätter fiederspaltig oder grob gezähnt . . . . . *P. coronopus*
– Blätter ganzrandig oder fein gezähnt 3
3 Blätter lineal bis lanzettlich, etwa 3- bis 20mal so lang wie breit 4
– Blätter eiförmig, etwa 1- bis 3mal so lang wie breit 5
4 Blätter 3- bis 7nervig, Ährenstiel gefurcht, Krone kahl . . . . 3. *P. lanceolata*
– Blätter 3nervig (die beiden seitlichen Nerven undeutlich), Ährenstiel nicht gefurcht, Krone außen in der unteren Hälfte fein behaart *P. alpina*
5 Blätter in einen sehr kurzen Stiel verschmälert, anfangs dicht behaart, Stiel der Blütenähre mehrfach länger als die Blätter . . 2. *P. media*
– Blätter mit deutlichem Blattstiel, dieser fast so lang wie die Blattspreite, fast kahl, Stiel der Blütenähre kürzer als die Blätter . 1. *P. major*

1. Plantago major L. 1753

Großer Wegerich

Morphologie: Hemikryptophyt (auch Therophyt). Blätter rosettig, meist aufgerichtet, breit elliptisch, meist abgerundet, v. a. unterseits zerstreut behaart, mit 5–9 Nerven. Ähre kräftig, bis 20 cm lang, Kronröhre 2 mm lang, Staubfäden weißlich, so lang wie die Narbe, nur kurz aus der Kronröhre ragend. – Blütezeit: Juni–Oktober.
Variabilität: *Plantago major* ist eine sehr formenreiche Sippe, von der zahlreiche Unterarten unterschieden werden.

Subsp. major, verbreitete Sippe: Fruchtkapsel mit (4)6–10(13) Samen, diese 1,3–1,6 mm lang, Ähre reichblütig, Blattspreite vom Blattstiel deutlich abgesetzt, 5- bis 9nervig. Pflanze kräftig, bis 50 cm hoch.
Ökologie: An frischen, bis mäßig trockenen, mäßig nährstoffreichen bis nährstoffreichen, kalkreichen, basischen bis kalkarmen, schwach sau-

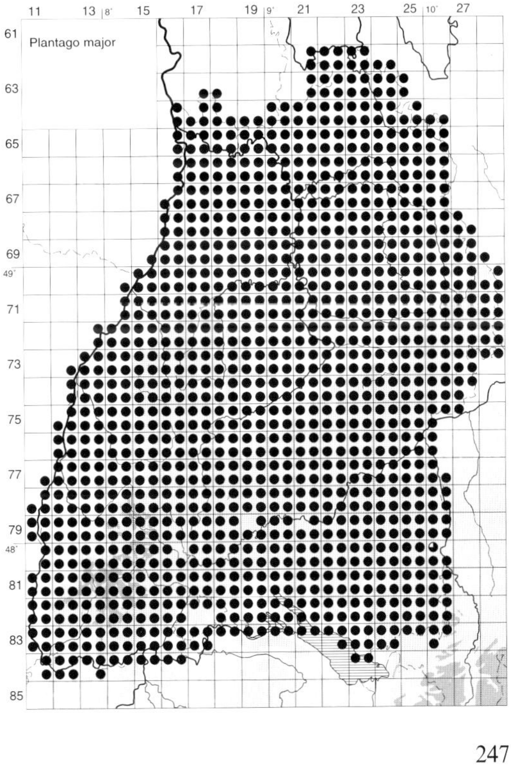

Großer Wegerich (*Plantago major* subsp. *major*)
Gültlingen, 25. 7. 1993

Großer Wegerich (*Plantago major* subsp. *intermedia*)
Neipperg, 8. 9. 1992

ren, lehmigen bis sandig-lehmigen Böden. An betretenen Stellen der Wege, in Intensivweiden, auch in lückigen Ruderalgesellschaften. Schwerpunkt in Plantaginetalia-Gesellschaften, in zahlreichen Vegetationsaufnahmen dieser Gesellschaften enthalten, vgl. OBERDORFER (1971).

Allgemeine Verbreitung: Europa, Asien, weltweit verschleppt (bis Afrika, Südamerika, Australien und Neuseeland). In Europa nordwärts bis 70° n. Br. (im Ostseegebiet bis etwa zum Polarkreis). In Deutschland verbreitet.

Verbreitung in Baden-Württemberg: Im ganzen Gebiet verbreitet. – Tiefste Fundstellen ca. 95 m, höchste im Südschwarzwald bis über 1450 m (Feldberg, OBERDORFER 1971: 108). Die Pflanze ist wohl mit dem Menschen in das Gebiet eingewandert (Archäophyt).

Erstnachweise: Der älteste Nachweis stammt aus dem 40. Jh. v. Chr. (z. B. Hochdorf, KÜSTER 1985). *Plantago major* s. str. wurde schon von H. HARDER 1574–76 in der Umgebung von Geislingen – Ulm gesammelt (SCHORLER 1908).

Bestand und Gefährdung: In reichen Beständen vorhanden, auch im Bereich der Siedlungen, nicht gefährdet.

Subsp. intermedia (Gilib.) Lange 1859 (*Plantago intermedia* Gilib. 1806): Kapsel mit 12–40(30) Samen, diese zur Reife 1–1,3 mm lang; Ähre wenigblütig, Stengel des Blütenstandes deutlich bogig aufsteigend, meist kürzer als die Blätter. Blätter 3- bis 5nervig, Blattspreite allmählich in den Blattstiel verschmälert. Meist unter 10 cm groß.

Ökologie: An feuchten (bis nassen), oft zeitweise überfluteten, meist kalkhaltigen (seltener kalkarmen-sauren), nährstoffreichen Lehm- und Schluffböden. V. a. in Zwergbinsengesellschaften (Juncion bufonii), auch in Flutrasen und feuchten Ackerrinnen. – Vegetationsaufnahmen vgl. HAUFF (1936, Schwäbische Alb), SEBALD (1974, Ackerunkrautgesellschaften des Schwäbisch-Fränkischen Waldes), PEINTINGER (1988, Zwergbinsengesellschaften des Bodenseegebietes).

Allgemeine Verbreitung: Wohl ähnlich wie subsp. *major*, doch insgesamt wenig bekannt.

Verbreitung in Baden-Württemberg: In wasserreichen Tieflagen zerstreut, so z. B. Oberrheinebene, Maingebiet, Neckargebiet, Donaugebiet, Bodenseegebiet. Vereinzelt auch in den Keuper-Lias-Gebieten, z. B. Stromberg, Glemswald bei Stuttgart (Weiher bei Stuttgart). Schwäbische Alb v. a. auf den Hochflächen der Ostalb. Fehlend im Schwarzwald und Odenwald. Tiefste Fundstellen ca. 95 m, höchste in der Baar (8016/3: Unterbränder Weiher, 780 m). Ähnlich wie subsp. *major* dürfte subsp. *intermedia* ebenfalls erst mit dem Menschen in das Gebiet eingewandert sein (Archäophyt). Fossilfund: Welzheim, 3. Jh. n. Chr., KÖRBER-GROHNE und PIENING (1983).

Erstmals wird diese Sippe von BECHERER u. KOCH (1923: 264) von Äckern bei Albbruck (8414/2) erwähnt. Fundortszusammenstellungen bei BERTSCH (1933, 1948), weiter für kleinere Gebiete K. MÜLLER (1957, Ulm) und SEYBOLD (1968, Stuttgart).

Plantago major subsp. *intermedia* wurde bei der Kartierung kaum erfaßt. Eine sichere Bestimmung ist nur über die Zahl der Samen möglich, die relativ zeitaufwendig ist. In der Literatur wird auch auf Zwischenformen hingewiesen. Hierüber ist aus dem Gebiet nichts bekannt.

Bestand und Bedrohung: Deutlich seltener als *P. major* subsp. *major*, oft nur in Einzelpflanzen anzutreffen, insgesamt jedoch nicht bedroht. Pionierfreudige Art, die sich an frisch geschaffenen Stellen rasch einfinden kann.

Subsp. winteri (Wirtg.) W. Ludwig 1956: Kapsel mit 8–12 Samen, Blätter 3nervig, etwas fleischig. – Diese Unterart wird von Salzstellen der Wetterau angegeben; in Baden-Württemberg bisher nicht nachgewiesen.

2. Plantago media L. 1753

Mittlerer Wegerich

Mittlerer Wegerich *(Plantago media)*
Spitzberg bei Tübingen, 29. 8. 1993

Morphologie: Hemikryptophyt, Blätter rosettig, meist dem Boden anliegend, breit-elliptisch, behaart, unterseits mindestens auf den Nerven zottig behaart. Ährenstiel bis 50 cm, spärlich anliegend behaart (v. a. im oberen Teil), Ähre sich bei der Fruchtreife verlängernd, bis 15 cm lang. Kronröhre 2 mm lang, Staubfäden lila, die Kronröhre weit überragend, 8–13 mm lang, Blüten wohlriechend. Fruchtkapsel 3–4 mm groß, mit 2–4 Samen. – Blütezeit: Mai–September. Insektenbestäubung, auch Selbstbestäubung.

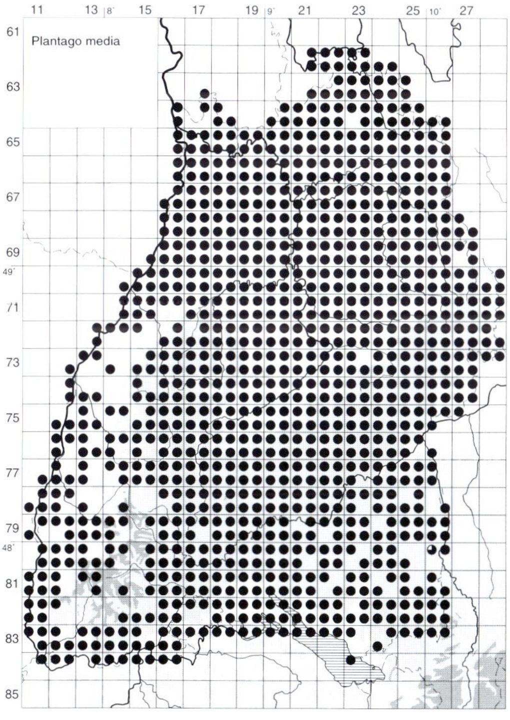

Ökologie: Einzelne Pflanzen an lichtreichen bis sonnigen, mäßig trockenen bis (mäßig) frischen, basenreichen, meist kalkhaltigen, basischen bis höchstens mäßig sauren, mäßig nährstoffreichen Stellen. Konkurrenzschwache Art; in Magerrasen (z. B. Gesellschaften der Brometalia, zu trockene Standorte meidend), auch in trocken-mageren Ausbildungen der Glatthaferwiese (Arrhenatheretum) oder der Pfeifengraswiese (Cirsio tuberosi-Molinietum), in mageren Weiden (Cynosurion), gern an Straßenbanketten oder in den Zierrasen der Städte. – In zahlreichen Vegetationsaufnahmen besonders von Halbtrockenrasen enthalten, so z. B. KUHN (1937: 150, 169), LANG (1973) oder TH. MÜLLER (1966: 462).

Allgemeine Verbreitung: Europa, Asien (bis Kamtschatka). In Europa nordwärts bis England (südlicher und mittlerer Teil, in Irland und Schottland fast fehlend) und Skandinavien (geschlossene Verbreitung etwa bis 64° n. Br.). In Deutschland verbreitet, nur in Nordwestdeutschland seltener.

Verbreitung in Baden-Württemberg: Verbreitet und meist häufig. Nur im Schwarzwald und in Teilen des Alpenvorlandes seltener oder gebietsweise fehlend. Auch in den stark ackerbaulich genutzten Teilen der Rheinebene kleinere Verbreitungslücken. Im Schwarzwald wenige Vorkommen an halbnatürlichen Stellen (z. B. Weiderasen über Devonschiefern, z. B. 8113/4: oberh.

Geschwend bis ca. 650 m), häufiger an Banketten der Straßen, hier bedingt durch die Verwendung kalkreichen Materials.

Tiefste Fundorte ca. 95 m, höchste im Nordschwarzwald bei 1040 m (7415/3: Schliffkopf) und im Südschwarzwald bei 1118 m (8113/1: Notschrei), beidesmal an Wegrändern. – Da die Wuchsorte von *Plantago media* von Natur aus überwiegend bewaldet wären, dürfte die Pflanze erst mit dem Menschen in das Gebiet eingewandert sein (Archäophyt).

Erstnachweise: Die ältesten Nachweise stammen aus dem 40. Jh. v. Chr. (Hornstaad, Rösch 1985). H. Harder sammelte die Pflanze ca. 1562 in der Umgebung von Geislingen – Ulm (Zimmermann 1937).

Bestand und Bedrohung: *P. media* ist durch die Intensivierung der Wiesennutzung wie auch durch das Brachfallen der Wiesen in den letzten Jahren sicher zurückgegangen. Doch ist die Pflanze noch immer häufig und nicht gefährdet.

3. Plantago lanceolata L. 1753

Spitz-Wegerich

Spitz-Wegerich *(Plantago lanceolata)*
Burkheim

Morphologie: Hemikryptophyt, Blätter bis 30 cm, meist steif aufrecht, lanzettlich. Ährenstiel bis 50 cm lang, angedrückt behaart, deutlich kantig, Ähre kurz, rundlich bis lang eiförmig-walzlich. Blüten bräunlich, Kronröhre 2–3 mm lang, kahl, Staubblätter lang herausragend, weißlich, Fruchtkapsel 3–4 mm lang, mit 2 Samen. – Blütezeit: Mai–September.

Ökologie: Auf mäßig trockenen bis mäßig frischen, höchstens mäßig nährstoffreichen, kalkreichen bis kalkarmen (doch nur schwach sauren) Sand- und Lehmböden. In Wirtschaftswiesen (Arrhenatherion-Gesellschaften), vorzugsweise in mageren Ausbildungen, auch in Parkrasen oder in Ruderalgesellschaften (auf skelettreichen Böden). In zahlreichen Tabellen von Wiesengesellschaften enthalten.

Allgemeine Verbreitung: Europa, Asien (gemäßigte Gebiete), in Skandinavien im Ostseegebiet geschlossene Verbreitung bis etwa 61° n. Br., an der Westküste bis etwa zum Polarkreis.

Verbreitung in Baden-Württemberg: Im ganzen Gebiet verbreitet und meist häufig. Tiefste Vorkommen ca. 95 m, höchste im Schwarzwald 1320 m (Feldberg, Todtnauer Hütte, K. Müller (1948: 335)). – Die Pflanze ist mit dem Menschen in das Gebiet eingewandert (Archäophyt).

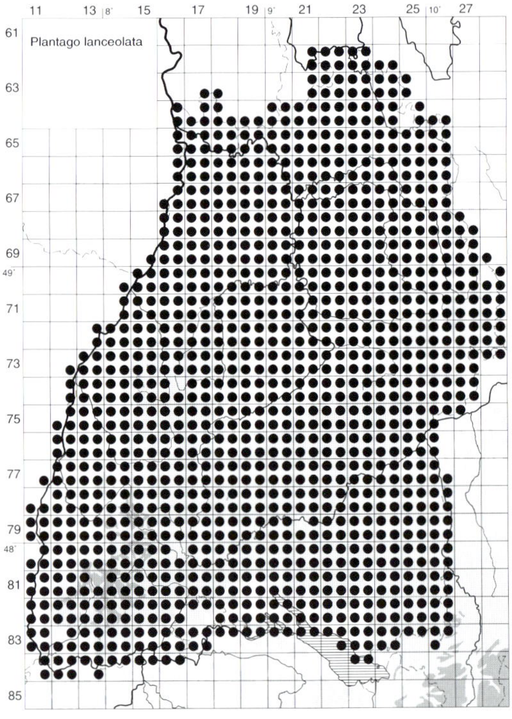

Erstnachweise: Der gut kenntliche Pollen wurde bereits für die Späte Wärmezeit nachgewiesen

(LANG 1954); die geschlossene Pollenkurve beginnt meist erst im Älteren Subatlantikum (Abschn. IX). Pollen von *Plantago lanceolata* in postglazialen Sedimenten werden als Siedlungszeiger interpretiert. Frühester nacheiszeitlicher Nachweis durch Samen: Hornstaad, Spätes Atlantikum, RÖSCH (1985). – Im Eem-Interglazial von Biberach wurde die Pflanze durch Pollen nachgewiesen (FRENZEL 1978). – H. HARDER hat um 1574–76 die Pflanze im Gebiet Geislingen – Ulm gesammelt (SCHORLER 1908).

Bestand und Bedrohung: Verbreitete und häufige Pflanze, die nicht bedroht ist, auch im Siedlungsbereich häufig anzutreffen.

Variabilität: Neben der weit verbreiteten subsp. *lanceolata* als weitere Sippe subsp. *sphaerostachya* (Wimm. et Grab.) Hayek, Ähre kugelig bis kurz-eiförmig, Blätter stark behaart. Pflanze an Trockenstandorten, z. B. in Sedo-Scleranthetalia-Gesellschaften auf Sand, z. B. im Oberrheingebiet. Verbreitung unzureichend bekannt.

4. Plantago arenaria Waldst. et Kit. 1801

P. indica L. 1759, nom. ill., *Psyllium indicum* (L.) Dum.-Cours. 1811
Sand-Wegerich

Morphologie: Therophyt, bis 50 cm hoch, Pflanze ohne grundständige Rosette, verzweigt, abstehend behaart. Blätter gegenständig, lineal, bis 4 mm breit, 3nervig, behaart, v. a. am Grund flaumig-wollig. Blütenstände zahlreich, oft doldig angeordnet, mit kurz-elliptischen, dichten Ähren. Samen 2 pro Kapsel. – Blütezeit: Juli–September.

Ökologie: Lockere Bestände an sonnigen bis lichtreichen, mäßig trockenen, meist kalkhaltigen, basischen, höchstens mäßig nährstoffreichen, lockeren Sandböden, auch an skelettreichen konsolidierten Stellen im Gleisschotter, oft zusammen mit *Salsola kali*, kennzeichnend für eine eigene *Plantago indica*-Gesellschaft. Vegetationsaufnahmen vgl. PHILIPPI (1971).

Allgemeine Verbreitung: Europa, v. a. im südlichen und östlichen Teil, in Mitteleuropa die Westgrenze der Verbreitung erreichend; Nordafrika, Kleinasien, westliches Sibirien. In Deutschland v. a. im östlichen Teil, an der unteren Elbe, Ober- und Niederrhein (Sandgebiete). Daneben gelegentlich verschleppt.

Verbreitung in Baden-Württemberg: Sandgebiete der nördlichen Oberrheinebene zwischen Mannheim und Rastatt, hier stellenweise häufig. Neben Vorkommen auf den Flugsanddünen vielfach im

Sand-Wegerich *(Plantago arenaria)*
Sandhausen, 1. 8. 1993

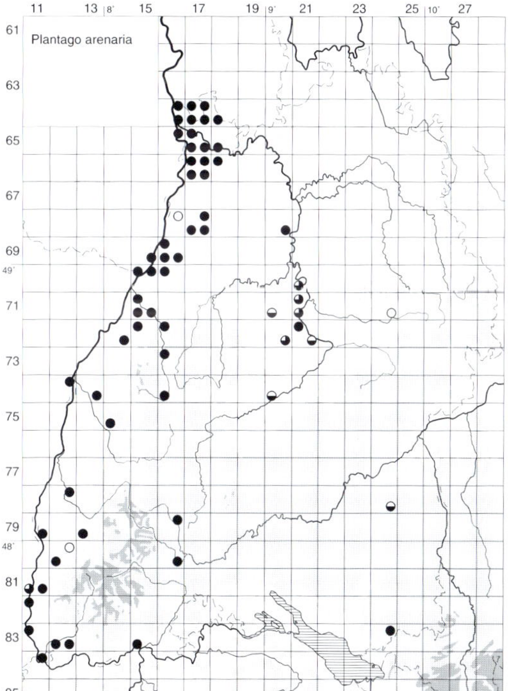

Gleisschotter der Bahnanlagen (beständige Vorkommen) und in großer Menge an Sandstellen des Mittelstreifens der Autobahn südwärts bis Bühl. Mittleres und südliches Oberrheingebiet, Hochrheingebiet. – Neckargebiet: Unbeständige Vorkommen. – Alpenvorland: Wenige Beobachtungen.

Mittlere und südliche Oberrheinebene, Hochrheingebiet: In Bahnhöfen vielfach, Beobachtungen meist von G. HÜGIN jun., nach 1990, offensichtlich jüngere Ausbreitung. Wenige Beobachtungen vor 1990. 7812/2: Riegel, 1986, HÜGIN (KR-K); 8411/2: Weil, 1983, HÜGIN (KR-K), 8315/3: Waldshut, um 1980, SCHUHWERK. Vereinzelt auch an Bahnhöfen der Murgtalbahn sowie der Schwarzwaldbahn: 7916/2: Villingen, 704 m, 1994; 8016/4: Donaueschingen, 675 m, 1991, G. HÜGIN (KR-K). Eine Verschleppung mit Sandtransporten ist zu vermuten.
Frühere Beobachtungen: 8012/2: Freiburg, Kiesgrube an der Basler Straße; 8111/4: Müllheim, Kiesgrube, Angaben nach NEUBERGER (1912).
Neckargebiet: Zahlreiche Beobachtungen aus Gleisanlagen um Stuttgart aus den Jahren nach 1945, vgl. die Zusammenstellung von SEYBOLD (1968). Neuere Beobachtungen: 6820/4: Nordheim, 1990, PLIENINGER; 7221/1: zw. Berg und Wangen, 1987, VOGGESBERGER (STU-K). Aus Nachbargebieten liegen einige ältere Angaben vor: 7124/4: Schwäbisch Gmünd, 1899; 7420/3: Tübingen, 1912, Daten nach BERTSCH (1948).
Alpenvorland: 7525/4: Ulm, 1946/47, K. MÜLLER; 7824/4: Biberach, 1901, BERTSCH (1948). 8324/2: Wangen, Güterbahnhof, in größerer Zahl, 1972, DÖRR, BRIELMAIER, vgl. DÖRR (1978: 242). (Im benachbarten bayerischen Gebiet bei Memmingen, 1954, K. MÜLLER, BRIELMAIER, 8027/1, vgl. DÖRR 1978.)

Meiste Vorkommen in Höhen um 100–120 m, in Bahnhöfen bis ca. 700 m (beständige Vorkommen?) – Die Pflanze ist erst mit dem Menschen in das Gebiet eingewandert (Archäophyt), vielleicht sogar erst in jüngster Zeit (die Pflanze wäre dann als Neophyt einzustufen).

Erstnachweise: Die erste Erwähnung findet sich bei DIERBACH (1818: 43): „inter Schwezingen et Mannheim prope dem Relaishaus". GMELIN führt die Pflanze erst in seinem Ergänzungsband auf (1826: 120): „Circa Carlsruhe retro Beiertheim versus dem Pulverthurm in agris sterilibus apricis frequens... prope Grosgerau et alibi vidi 1813". – SCHMIDT (1857) bezeichnet die Pflanze für das Schwetzinger Gebiet als häufig. In der Flora von POLLICH fehlt ein Hinweis auf die heute in den Sandgebieten häufige Art. Auch KNEUCKER (1886) kannte die Pflanze um Karlsruhe nur von einer Stelle. Ganz offensichtlich hat sich *Plantago arenaria* in den nordbadischen Sandgebieten in den vergangenen 200 Jahren ausbreiten können, auch noch in jüngerer Zeit durch die Zerstörung und Ruderalisierung der Dünenstandorte.

Bestand und Bedrohung: In den nordbadischen Flugsandgebieten häufige Pflanze, die sich in jüngster Zeit offensichtlich stark ausbreiten konnte; nicht bedroht. Die übrigen Vorkommen sollten weiter beobachtet werden. Vielfach dürfte es sich nur um ein vorübergehendes Auftreten handeln, zumal viele Bestände in Bahnhöfen sehr eng begrenzt sind (oft auf wenigen m^2 Fläche).

Plantago alpina L. 1753
Alpen-Wegerich

Pflanze bis 15 cm hoch, mit linealen, bis 10 cm langen und bis 5 mm breiten Blättern, 3nervig, die beiden Seitennerven dem Rand genähert. – Pflanze der europäischen Gebirge: Pyrenäen, Massiv Central, Schweizer Jura, Alpen, Balkan-Gebirge, meist in Weiderasen wachsend.
Südschwarzwald: 8114/1: Grüblesattel am Feldberg, in einer Pflanze, ca. 1420 m, 1990, BOGENRIEDER (1991: 470), noch 1995, Leontodo-Nardetum in einem niederwüchsigen, wegnahen Bestand. – Wohl junge Einschleppung.

Alpen-Wegerich *(Plantago alpina)*
Feldberg, 1995

Plantago coronopus L. 1753
Krähenfuß-Wegerich

Blätter fiederspaltig, Ähre etwa so lange wie der Schaft. – Salzliebende Pflanze der Küsten, im Gebiet nur vorübergehend auftretend: Stuttgart, 1904, THELLUNG (vergl. SEYBOLD 1968); 7016/1: Karlsruhe, 1994, KLEINSTEUBER (KR-K).

2. Littorella Bergius 1768

Bearbeiter: M. PEINTINGER

Die disjunkt verbreitete Gattung umfaßt weltweit drei Arten (DIETRICH 1971): *L. australis* Griseb. (Südamerika), *L. uniflora* (Europa) und *L. americana* Fern. (Nordamerika), wobei letztere auch nur als *L. uniflora* var. *americana* (Fern.) Gl. betrachtet wird.

Einblütiger Strandling *(Littorella uniflora)*
Hegne, 16. 5. 1992

1. Littorella uniflora (L.) Ascherson 1864

L. lacustris L. 1771, *Plantago uniflora* L. 1753
Strandling

Morphologie: Ausdauernde Rosettenpflanze mit maximal 30 Blättern und einem 4–5 mm dicken Rhizom, Land- und Wasserformen bildend (GLÜCK 1936, HOSTRUP & WIEGLEB 1991). Laubblätter rundlich bis oval im Querschnitt, kahl oder schwach behaart, 2–10(15) cm lang und ca. 3 mm im Durchmesser. Ausläufer teilweise vorhanden, maximal bis 10(15) cm lang. Pflanzen einhäusig, Blüten unscheinbar, getrenntgeschlechtlich, 4–6 mm lang, röhrenförmig, weißlichgrün. Männliche Blüten einzeln, lang gestielt, mit vierteiligem Kelch und Krone. Staubblatt mit 20 mm langen Staubfäden und 3 mm langen gelben Staubbeuteln. Die ungestielten weiblichen Blüten mit kurzer 2- bis 3zähniger Krone, zu 2 (seltener zu 3) am Grunde des Stiels der männlichen Blüte in den Achseln von Rosettenblättern. Frucht eine ca. 2,5 mm lange Nuß. Blüht meist April–Mai. Pflanzen protogyn, nur als Landform blühend.

Verwechslungsmöglichkeit: *L. uniflora* ist im sterilen Zustand leicht mit anderen amphibischen Wasserpflanzen zu verwechseln. *Ranunculus reptans* (Bodensee) besitzt dünnere Blätter, die im Gegensatz zu *L. uniflora* weniger dicht am Boden anliegen. Die für *Ranunculus reptans* charakteristischen lanzettlichen Blätter treten nur bei ausgeprägten Landformen auf, sonst sind pfriemliche Blätter ausgebildet, die jedoch im Vergleich zu *L. uniflora* nie rinnig sind. Sicher ist *R. reptans* an den bogig aufsteigenden Internodien der Ausläufer zu erkennen. Zur Unterscheidung von *Isoëtes* spp. (Südschwarzwald) s. Bd. 1, S. 75.

Ökologie: *L. uniflora* besiedelt in dichten Beständen sandig-kiesige Sedimente oligo- bis mesotropher Gewässer. Im Südschwarzwald wächst die Art zusammen mit *Isoëtes* spp. in saueren,

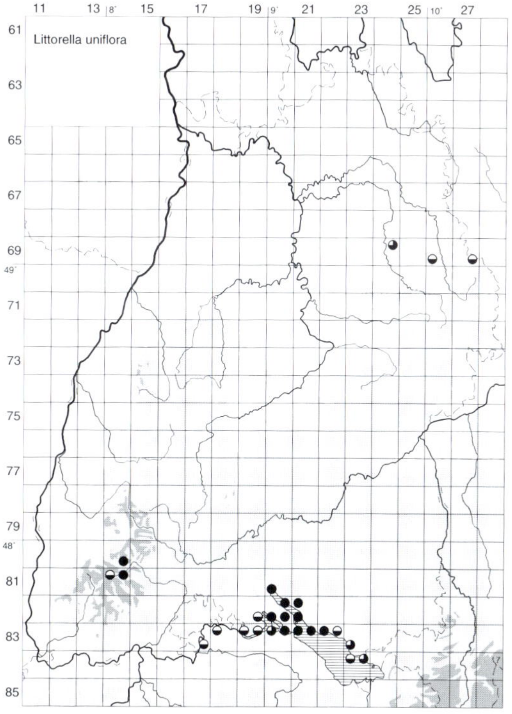

Einblütiger Strandling (*Littorella uniflora*)
Hegne, 16. 5. 1992

kalkfreien Klarwasserseen. Die Bestände des Titisees auf sandigem Substrat sind offensichtlich die meiste Zeit des Jahres überschwemmt und kommen bis in 3 m Wassertiefe vor (hier zusammen mit *Myriophyllum alterniflorum*). In tieferen Uferbereichen stehen diese Bestände im Kontakt zu den Armleuchteralgen *Nitella opaca* und *N. flexilis* (ROWECK 1986, vgl. auch MÜLLER 1948, OBERDORFER 1957). Am Bodensee besiedelt die Art überwiegend kalkreiche Kiesufer (pleistozäne Schotter, Seekreide). Im unteren Eulitoral wächst *L. uniflora* im Eleocharitetum acicularis, im oberen im Deschampsietum rhenanae (Vegetationsaufnahmen bei LANG 1967, 1973, THOMAS et al. 1987 und PEINTINGER 1995). Zur Physiologie s. z. B. BOSTON & ADAMS (1987) und ROBE & GRIFFITHS (1990).

Allgemeine Verbreitung: Subatlantische Art in West- und Mitteleuropa (und Azoren), südlich bis Norditalien (vereinzelt), nördlich bis Island (ARTS & DEN HARTOG 1990).

Verbreitung in Baden-Württemberg: *L. uniflora* kommt am Bodensee, im Südschwarzwald und im Raum Ellwangen vor (dort nur in künstlich geschaffenen Gewässern, heute erloschen). Die meisten Populationen befinden sich am Bodensee (dort vor allem am Untersee).

Angaben zur Verbreitung finden sich bei THOMAS et al. (1986), ROWECK (1986), ROWECK & RAAB (1989) und DIENST & WEBER (1993). Aktuelle Vorkommen zwischen 400 m (Bodensee) und 845 m (Titisee). Früher im Feldsee bis 1107 m Meereshöhe.

Südschwarzwald: 8114/4: Feldsee, A. BRAUN (DÖLL 1859), MÜLLER 1948, trotz intensiver Nachsuche wurde die Art 1979 und 1980 von ROWECK (1986) nicht mehr gefunden. 8014/4 + 8114/2: Titisee, 1846, A. BRAUN (KR), BRAUN in DÖLL (1859), 1903, A. MAYER (STU)

1933, PLANKENHORN (STU), MÜLLER 1948, 1983, SEYBOLD (STU), ROWECK (1986: dort Feinkartierung).
Schwäbisch-Fränkischer Wald: um Ellwangen: nicht mehr bestätigt (ROWECK & RAAB 1989): 6927/4: Oberer Berlesweiher, 1928, PLANKENHORN (STU); 6926/3: Rosenberger Weiher, 1920, HANEMANN (STU); 6924/2: Umgebung v. Einkorn, ca. 1960, H. BAUMANN (STU-K).
Bodensee-Oberseeufer (inkl. Überlinger See): 8120/3: 1. westlich Ludwigshafen, DIENST & WEBER (1993), 2. östl. Ludwigshafen und bei Sipplingen, JACK (1901), 1923, KNEUCKER (KR), DIENST u. WEBER (1993). 8220/4 östlich Wallhausen bis Klausenhorn nw Dingelsdorf, LANG (1973), DIENST u. WEBER (1993); 8221/1: 1. Überlingen, SCHRÖTER u. KIRCHNER (1902), 2. Nußdorf, DIENST u. WEBER (1993); 8221/3: 1. Nußdorf, DIENST u. WEBER (1993); 2. Untermaurach, JACK (1901), LANG (1973), DIENST u. WEBER (1993), 3. Unteruhldingen, DIENST u. WEBER (1993); 4. Fließenhorn nördl. Litzelstetten, LANG (1973), DIENST u. WEBER (1993); 5. bei Insel Mainau, JACK (1901); 8321/1: Ufer südl. Konstanz-Staad, 1883, LÖSCH (KR), 1894, FRICK (KR), SCHRÖTER u. KIRCHNER (1902), LANG (1973); DIENST u. WEBER (1993); 8321/2: 1. Badeanstalt bei Meersburg, JACK (1901), SCHRÖTER u. KIRCHNER (1902); 2. Ufer bei Hagnau, DIENST u. WEBER (1993); 8322/1: 1. Kirchberg, DIENST u. WEBER (1993), 2. Kippenhorn westl. Immenstad, DIENST u. WEBER (1993); 3. Immenstad, 1929, A. MAYER (STU), DIENST u. WEBER (1993); 8322/2: 1. Friedrichshafen, 1849, LECHLER & BILFINGER (STU), 1882, GMELIN (STU), 1919, 1921, BERTSCH (STU), SCHRÖTER u. KIRCHNER (1902); 2. Manzell und Fischbach 1912, BERTSCH (STU); 8323/3: Eriskircher Ried, FINCKH (1850), 1918, 1921, BERTSCH (STU), BERTSCH (1941), zuletzt 1967 nachgewiesen von KOCH (WINTERHOFF 1993); 8423/1: Langenargen, SCHRÖTER u. KIRCHNER (1902), Vorkommen nach SIESSEGGER erloschen (ROWECK & RAAB 1989); 8423/2: Kreßbronn, 1962, L. MÜLLER & DÖRR nach DÖRR (1978).
Bodensee-Unterseeufer: 8219/4: 1. Zwischen Iznang und Moos, JACK (1901), BAUMANN (1911); 2. Markelfinger Winkel bei Radolfzell, BAUMANN (1911); 8220/3: 1. Halbinsel Mettnau bei Radolfzell, BAUMANN (1911), 1959–61 LANG (1973), DIENST & WEBER (1993); 2. Markelfingen, DIENST & WEBER (1993); 3. Zwischen Markelfingen und Allensbach, BAUMANN (1911), LANG (1973), DIENST & WEBER (1993); 4. Insel Reichenau: Bürglehorn, BAUMANN (1911), LANG (1973), DIENST u. WEBER (1993); Bauernhorn, BAUMANN (1911), LANG (1973); Zwischen Bürglehorn und Genslihorn, DIENST & WEBER (1993); 8220/4 Hegne, BAUMANN (1911); 1933, BERTSCH (STU), 1941, K. MÜLLER (STU), LANG (1973), DIENST & WEBER (1993); 8319/1: 1. Öhningen oberhalb Stiegen und Oberstad, BAUMANN (1911); 2. Kattenhorn, BAUMANN (1911);
8319/2: 1. Wangen, BAUMANN (1911), 1933 BACMEISTER (STU); 2. Schloß Marbach, BAUMANN (1911); 3. Hemmenhofen, BAUMANN (1911), 1934 BACMEISTER (STU), LANG (1973); 4. Gaienhofen, BAUMANN (1911), DIENST & WEBER (1993); 8320/1: Insel Reichenau: 1. Ufer nahe Oberzell, BAUMANN (1911); 2. Mittelzell, BAUMANN (1911); Mauershorn, BAUMANN (1911); 3. Fehrenhorn, JACK (1901), BAUMANN (1911), LANG (1973); 8320/2: 1. Giehrenmoos, BAUMANN (1911); 2. Wollmatinger Ried im engeren Sinne (inkl. Insel Langenrain und Bohl), JACK (1901), BAUMANN (1911); 3. Insel Reichenau-Schopflen, BAUMANN (1911); 4. Insel Reichenau-Bibershof, BAUMANN (1911), LANG (1973), DIENST & WEBER (1993); 8321/1: Rheinufer beim Paradies und Strohmeyersdorf, BAUMANN (1911).
Hochrhein: 8317/4: Gießen bei Lottstetten gegenüber Ellikon, 1933, KOCH und KUMMER, KUMMER (1945); 8318/1: Unterhalb Büsingen, 1923, KOCH n. KUMMER (1945).

Erstnachweise: Erste historische Erwähnung „prope Constanz et Mainau, vidi 1814“ (GMELIN 1826: 668); subfossile Nachweise bei Hornstaad (ebenfalls Bodensee, RÖSCH 1985 b, RÖSCH, unveröff.).

Bestand und Bedrohung: Die Art wird in Baden-Württemberg als „stark gefährdet“ eingestuft. Auch dort, wo die Art heute noch am häufigsten ist (Untersee), ist sie seit Anfang des Jahrhunderts stark zurückgegangen (s. ROWECK 1989, Abb. 2). Eine Zuordnung als „vom Aussterben bedroht“ würde die Gefährdungssituation daher besser beschreiben.

Als Rückgangsursachen werden die Uferverbauung, die Eutrophierung der Gewässer (z. B. dichter Algenbewuchs, Förderung von Konkurrenzpflanzen), Bade- und Bootsbetrieb (bzw. Trittbelastung) genannt (zur Diskussion der Rückgangsursachen am Feld- und Titisee s. ROWECK 1986, am Bodensee THOMAS et al. 1986 und ROWECK 1989).

Scrophulariaceae

Braunwurzgewächse
Bearbeiter: G. PHILIPPI

Kräuter, selten kleine Sträucher, *Paulownia* als einzige Gattung auch baumförmig. Stengel rund oder vierkantig, Blätter gegenständig oder wechselständig, Nebenblätter fehlen. Blüten zwittrig, zygomorph, 4- oder 5zählig. Kelch 4- oder 5teilig, manchmal auch zweilippig; Krone mit 5 am Grunde verwachsenen Kronblättern (bei *Veronica* durch Verwachsen von 2 Kronzipfeln 4teilig), teilweise mit Sporn. Meist 4 Staubblätter (davon 2 lang, 2 kurz), bei *Verbascum* 5, bei *Veronica* 2 Staubblätter. Fruchtknoten oberständig, aus 2 Fruchtblättern gebildet. Frucht eine Kapsel oder Beere.

Familie mit 160 Gattungen und ca. 3000 Arten, Schwerpunkt in den gemäßigten Gebieten der Nordhalbkugel. Die größten Gattungen sind *Pedicularis* mit ca. 500 Arten und *Verbascum* mit ca. 360 Arten. Mehrere Gattungen (wie *Rhinanthus*) sind Halbschmarotzer, *Lathraea* ist ein Vollschmarotzer.

1 Pflanze ohne grüne Blätter, bleich bis hellrosa/hellviolett, Blüten in einseitswendiger Traube . . 20. *Lathraea*
– Pflanze mit grünen Blättern 2
2 Blätter in grundständiger Rosette, Stengel blattlos, kleine Schlammpflanze mit weißen Blüten 10. *Limosella*
– Stengel beblättert 3
3 Krone radförmig, Staubblätter 5 oder 2 4
– Krone röhrig-glockig, Staubblätter 4 (oder 2) . 5
4 Staubblätter 5, oft weiß- oder violett-wollig, Blüten gelb oder weiß (selten violett) . . . . . . 1. *Verbascum*
– Staubblätter 2, Blüten weiß oder blau . . . . . . 12. *Veronica*
5 Kelch 5zählig, Blätter gegenständig oder wechselständig 6
– Kelch (durch Unterdrückung eines Zipfels) 4zipflig, Blätter gegenständig 16
6 Krone röhrig-glockig, Blüten einseitswendig . . 13. *Digitalis*
– Krone zweilippig 7
7 Blüten mit Sporn oder sackartiger Ausstülpung 8
– Blüten ohne Sporn oder sackartiger Ausstülpung 12
8 Krone nur mit stumpfer, sackartiger Ausstülpung . . . . 6. *Antirrhinum*
– Krone mit spitzem Dorn 9
9 Blätter rundlich oder pfeilförmig, z.T. gekerbt bis gelappt, Pflanze niederliegend 10
– Blätter lineal bis eiförmig-lanzettlich, ganzrandig 11
10 Blüten violett, Blätter rundlich, gekerbt bis gelappt, kahl . . . . 3. *Cymbalaria*
– Blüten gelb bis weißlich, Blätter rund oder spießförmig, behaart . . . . 2. *Kickxia*
11 Schlund der Krone geschlossen, Blüten gelb oder violett, meist in ± dichtem Blütenstand, Pflanze kahl . . . . 5. *Linaria*
– Schlund der Krone offen, Blütenstand locker, Pflanze drüsig behaart . . . 4. *Chaenorhinum*
12 Blüten einzeln in den Achseln von Laubblättern 13
– Blüten in deutlich abgesetzten Blütenständen . . 14
13 Krone kaum länger als der Kelch, Pflanze niederliegend, Blätter ganzrandig . . 11. *Lindernia*
– Krone deutlich länger als der Kelch, Pflanze aufrecht, Blätter (zum. gegen die Blattspitze) gesägt . . . . 9. *Gratiola*
14 Blüten klein, fast kugelig, braun oder grün, in deutlich abgesetztem rispenartigen Blütenstand 7. *Scrophularia*
– Blüten groß, gelb oder rot, in traubenartigem Blütenstand 15
15 Blüten groß, gelb, Blätter eiförmig, am Rand gesägt (selten ganzrandig) . . . . . 8. *Mimulus*
– Blüten gelb oder purpurrot, Blätter fiederteilig 14. *Pedicularis*
16 Kelch seitlich zusammengedrückt, aufgeblasen 15. *Rhinanthus*
– Kelch nicht seitlich zusammengedrückt, nicht aufgeblasen 17
17 Untere Blätter ganzrandig (oder höchstens am Grund mit 2 Zähnen), Oberlippe seitlich zusammengedrückt, Unterlippe im Schlund mit 2 Höckern . . . . 16. *Melampyrum*
– Alle Blätter kerbig gesägt, Oberlippe helmförmig oder flach, Unterlippe im Schlund ohne Höcker 18
18 Oberlippe helmförmig, Blüten dunkelviolett, Hochblätter dunkelviolett . . . . . 17. *Bartsia*
– Oberlippe flach, Blüten weiß, gelb oder fleischrot 19
19 Oberlippe zweilappig, an den Rändern umgeschlagen, weiß oder hellviolett (selten gelb) . . . 18. *Euphrasia*
– Oberlippe kaum ausgerandet, an den seitlichen Rändern nicht umgeschlagen, Blüten gelb oder fleischrot . . . . 19. *Odontites*

Zur Familie der Scrophulariaceae gehören weiter:
Calceolaria pinnata L., Pantoffelblume, beliebte Zierpflanze, Heimat Chile;
Paulownia tomentosa (Thunb.) Steud., Paulownie, Baum mit großen herzförmigen Blättern und blauvioletten Blüten; Heimat Nordamerika.

1. **Verbascum** L.1753
Königskerze

Pflanzen zweijährig bis ausdauernd, selten auch kleine Sträucher. Blätter ungeteilt, oft filzig behaart. Pflanze mit grundständiger Rosette und meist dicht beblättertem Stengel. Krone mit sehr kurzer Röhre, flach trichterig bis radförmig, 5teilig, mit etwa gleichgroßen Kronzipfeln. Staubblätter 4 oder 5, mindestens die oberen wollig behaart, Frucht mit einer Kapsel, mit zwei Klappen aufspringend. Samen 0,8–1 mm groß.

Insektenbestäubung, Selbstbestäubung, Windverbreitung (Schüttelfrüchtler). – Zahlreiche Bastarde.

Gattung mit ca. 360 Arten, diese v.a. in Südwest- und Zentralasien, in Europa fast 90 Arten (Schwerpunkt auf dem Balkan).

Verbascum-Arten neigen stark zur Bastardierung. SCHMIDT (1857) und DÖLL (1859) haben diese Bastarde ausführlich dargestellt. In späteren Floren wurden sie kurz aufgelistet (z.T. mit Fundorten), für das badische Gebiet vgl. SEUBERT u. KLEIN (1905), für das württembergische Gebiet v. MARTENS u. KEMMLER (1882), KIRCHNER u. EICHLER (1900) oder BERTSCH (1948). Auf diese Bastarde wird hier nicht eingegangen.

1 Krone violett, am Grund gelblich . . . . *V. phoeniceum* S. 265
– Krone gelb oder weiß 2

2 Pflanze im oberen Teil mit Drüsenhaaren, sonst kahl, Blütentraube locker, Blüten lang gestielt . . . 7. *V. blattaria*
– Pflanze filzig behaart (*V. nigrum* fast nur auf der Blattunterseite behaart), Blütenstand dicht, Blüten kurz gestielt 3
3 Staubblätter violett-wollig, Blätter oberseits fast kahl . . . . 6. *V. nigrum*
– Staubblätter weiß-wollig 4
4 Alle Staubblätter wollig behaart, Blätter am Stengel nicht herablaufend, Blütenstand etwas aufgelockert, meist stark verzweigt 5
– Die beiden unteren Staubblätter kahl, Blätter am Stengel herablaufend oder nicht herablaufend, Blütenstand dicht, nur am Grund verzweigt oder unverzweigt 6
5 Stengel oben kantig, Blüten weiß oder hellgelb, Seitenäste spitzwinklig abgehend, Blätter oberseits verkahlend . . . . 5. *V. lychnitis*
– Stengel oben rund, Blüten hellgelb, Blütenstand ausladend beastet, mit fast rechtwinklig abgehenden, bogig aufgerichteten Seitenästen, Blätter mit flockigem, abwischbarem Filz . . . . . . 4. *V. pulverulentum*
6 Obere Blätter nicht (oder nur kurz) herablaufend, grundständige Blätter deutlich gestielt . . 3. *V. phlomoides*
– Obere Blätter deutlich herablaufend, grundständige Blätter sehr kurz und undeutlich gestielt . 7
7 Blütenkrone, 1,3–3 cm im Durchmesser, etwas trichterig vertieft, Staubbeutel 1–2 mm lang . . 2. *V. thapsus*
– Blütenkrone 3,5–5 cm im Durchmesser, ± radförmig ausgebreitet, Staubbeutel 3,5–5,5 cm lang . . . . 1. *V. densiflorum*

1. Verbascum densiflorum Bertol. 1810

V. thapsiforme Schrad. 1813
Großblütige Königskerze

Morphologie: Hemikryptophyt, zweijährig, bis 2 m hoch, wenig oder nicht verzweigt, gelblich-weiß filzig behart. Grundständige Blätter undeutlich und sehr kurz gestielt, stengelständige deutlich herablaufend. Blütenstand dicht (doch etwas lockerer als bei *Verbascum thapsus*). Blütenkrone 3,5–5 cm im Durchmesser, längere Staubblätter mit 3,5–5,5 mm langen Staubbeuteln, Narbe keulenförmig-spatelig, am Griffel herablaufend. – Blütezeit: Juli–August.

Ökologie: Einzelne Pflanzen an lichtreichen bis sonnigen, frischen bis mäßig trockenen, meist kalkreichen, basischen, mäßig nährstoffreichen, lehmigen bis kiesigen Rohböden. – In offenen, meist niederwüchsigen Ruderalgesellschaften an Bahndämmen, Wegen, jungen Schüttungen, auch in Steinbrüchen oder Waldschlägen. – Vegetationsaufnahmen vgl. GÖRS u. MÜLLER (1974: 266).

Allgemeine Verbreitung: Europa bis Kaukasus, in anderen Gebieten der Erde (warm-gemäßigter Zonen) eingebürgert. In Europa nordwärts bis Dänemark und Südschweden (60° n. Br.), in England fehlend. In Deutschland verbreitet, nur in den Gebirgen und in der norddeutschen Tiefebene seltener oder fehlend.

Verbreitung in Baden-Württemberg: Schwerpunkt in warm-trockenen Kalkgebieten, so v. a. in der Oberrheinebene, Hochrheingebiet, Neckargebiet (Neckarbecken nördlich Stuttgart und Kraichgau bis Oberer Neckar). Zerstreut in der Schwäbischen Alb, selten im Alpenvorland (nur westliches Bodenseegebiet etwas häufiger). Sehr selten im Schwarzwald und im Schwäbisch-Fränkischen Wald.

Die vorliegende Verbreitungskarte stellt quasi eine „Momentaufnahme" dar. Viele der Vorkommen dürften unbeständig sein, teilweise auch auf vorübergehende Verwilderungen zurückzuführen sein. *V. densiflorum* wird (ähnlich wie *V. thapsus*) häufig in Gärten als „Wollblume" angebaut und kann immer wieder verwildern. Eine Grenze zwischen vorübergehenden Verwilderungen und beständigen Vorkommen läßt sich kaum ziehen. – Archäophyt.

Tiefste Fundstellen in der Rheinebene, ca. 95 m, höchste in der Schwäbischen Alb bei 850 m (BERTSCH 1948).

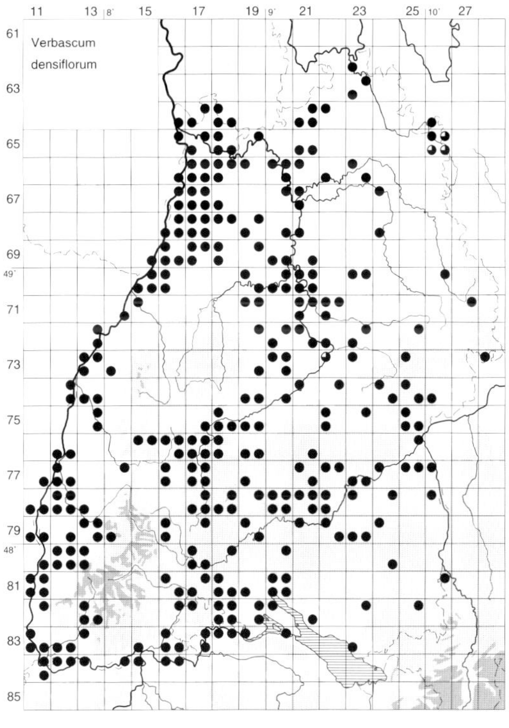

Großblütige Königskerze *(Verbascum densiflorum)*

Erstnachweise: Der älteste Nachweis von *V.* cf. *densiflorum* stammt aus dem 34. Jh. v. Chr. (RIEHL 1993, Öhningen-Wangen). Die erste Erwähnung findet sich bei G. v. MARTENS (1828: 310) für Württemberg.

Bestand und Bedrohung: Meist in einzelnen Pflanzen, kaum einmal in größeren Beständen, nicht bedroht.

2. Verbascum thapsus L. 1753

Kleinblütige Königskerze

Morphologie: Hemikryptophyt, zweijährig, bis 1,5(2) m hoch, nicht oder nur wenig verzweigt, gelblichweiß filzig behaart. Grundständige Blätter kurz gestielt, stengelständige sitzend, herablaufend. Blütenstand dicht, Blütenkrone 1,3–3 cm im Durchmesser, etwas trichterig. Längere Staubblätter mit 1–2 mm langen Staubbeuteln, Narbe nierenförmig-kugelig, am Griffel nicht herablaufend. – Blütezeit: Juli–August. Formenreiche Sippe, im Gebiet nur subsp. *thapsus.*

Ökologie: Ähnlich *V. densiflorum*; Pflanze offensichtlich weniger wärmeliebend. – Vegetationsaufnahme vgl. GÖRS u. MÜLLER (1974: 266).

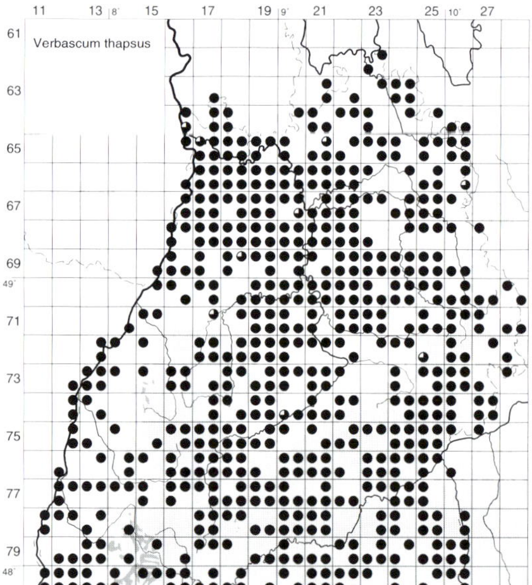

Allgemeine Verbreitung: Europa, Asien (bis Yünnan und Tibet), eingeschleppt in Nordamerika. In Europa v. a. im südlichen und mittleren Teil, im Ostseegebiet bis ca. 63° n. Br. – In Deutschland verbreitet, nur in Nordwestdeutschland seltener.

Verbreitung in Baden-Württemberg: Weit verbreitet (deutlich weiter verbeitet als *V. densiflorum*), von der Rheinebene (hier seltener als *V. densiflorum*) bis Schwäbische Alb und Alpenvorland; im Schwarzwald zerstreut. – Auch für *V. thapsus* gilt das für *V. densiflorum* Gesagte: Häufig kultiviert und z. T. nur unbeständig verwildert.

Für das Alpenvorland nimmt BERTSCH (1948) nur eine „Verschleppung" an. – Archäophyt.

Tiefste Fundstellen in der Rheinebene bei ca. 95 m, höchste ca. 960 m (8115/3: Schluchsee, DEMUTH, KR-K).

Erstnachweise: Der älteste Nachweis stammt aus dem 2./3. Jh. n. Chr. (RÖSCH 1991 a, Sontheim/Brenz). *V. thapsus* wurde von HARDER 1574–76 in der Umgebung von Geislingen – Ulm gesammelt (SCHORLER 1907).

Bestand und Bedrohung: Meist häufiger als *V. densiflorum*, nicht gefährdet.

Kleinblütige Königskerze *(Verbascum thapsus)*
Herrenbachtal bei Uhingen, 21. 7. 1974

Windblumen-Königskerze *(Verbascum phlomoides)*
Botanischer Garten Regensburg, 24. 6. 1979

3. Verbascum phlomoides L. 1753
Windblumen-Königskerze

Morphologie: Hemikryptophyt, zweijährig, bis 2 m hoch, wenig oder nicht verzweigt, gelblichweiß behaart. Grundständige Blätter deutlich gestielt, stengelständige sitzend, nicht (oder nur wenig) herablaufend. Blütenstand etwas aufgelokkert (lockerer als bei vorigen Arten). Krone 20–55 mm im Durchmesser. – Blütezeit: Juli–August.

Ökologie: In einzelnen Pflanzen, ähnlich stehend wie *V. densiflorum*, gern auf sandigen bis sandiglehmigen Böden, in warmer Klimalage. – Vegetationsaufnahmen mit *V. phlomoides* aus dem Gebiet fehlen.

Allgemeine Verbreitung: Europa, Asien (bis Zentralasien). In Europa v. a. im mittleren und südlichen Teil, in Deutschland nordwärts bis in das niedersächsische Tiefland und in die Mark Brandenburg, Schwerpunkt des Vorkommens in warm-trockenen Gebieten.

Verbreitung in Baden-Württemberg: Oberrheinebene, Schwerpunkt in den Flugsandgebieten der nordbadischen Rheinebene, im südlichen Oberrheingebiet nur vereinzelt. Unterer Neckar und Kraichgau. Sehr vereinzelt im mittleren Neckargebiet. Alpenvorland: Umgebung des Bodensees.

Neckargebiet: Ältere Beobachtungen vgl. MAYER (1950): Unbeständig um Tübingen (1944, 45), SEYBOLD (1967: 258): Unbeständige Vorkommen um Stuttgart. Neuere Beobachtungen: z B. 7320/2: zw. Leinfelden und Musberg, 1986, REINÖHL (STU-K); 7417/2: Egenhäuser Kapf, 1974, WREDE (STU-K); 7420/3: Tübingen, 1969, WINTERHOFF (STU-K).

Fundstellen in Höhen zwischen 95 und 400 (450) m. – Die Pflanze ist mit dem Menschen in das Gebiet eingewandert (Archäophyt).
Erstnachweis: Die erste Erwähnung findet sich bei J. F. GMELIN (1772: 61), nach einem Fund aus dem Zabergäu, HILLER.
Bestand und Bedrohung: In der nördlichen Oberrheinebene kommt *V. phlomoides* regelmäßig vor, wenn auch nirgends in größerer Menge. Eine Gefährdung ist hier nicht zu erkennen. Die Vorkommen in den übrigen Gebieten Südwestdeutschlands sollten sorgsam verfolgt werden. Hier ist eine (schwache) Gefährdung der Vorkommen zu vermuten.

4. Verbascum pulverulentum Vill. 1779
Flockige Königskerze

Morphologie: Hemikryptophyt, zweijährig, bis 1,3 m hoch, grauweißlich, mit abwischbarem flockigen Filz überzogen, ausladend (kandelaberartig) beastet. Grundständige Blätter kurz gestielt, mittlere und obere sitzend, nicht herablaufend. Blütenstand etwas aufgelockert, Krone hellgelb, 18–25 mm im Durchmesser. Staubfäden weißwollig behaart. – Blütezeit: Juli–August.
Ökologie: Einzelne Pflanzen an lichtreichen bis sonnigen, meist sandig-kiesigen, kalkhaltigen basischen, mäßig nährstoffreichen und mäßig trokkenen Stellen. Auf Rohböden in Ruderalgesellschaften, z. B. mit *Berteroa incana*. – Vegetationsaufnahmen mit *V. pulverulentum* fehlen aus dem Gebiet.
Allgemeine Verbreitung: Süd- und Mitteleuropa, nordwärts bis zum Mittelrhein, Belgien, selten in Südost-England. In Deutschland nur entlang des Rheins und im westlichen Bodensee-Gebiet.
Verbreitung in Baden-Württemberg: Oberrheinebene.

Fundortsangaben vgl. GMELIN (1805), DÖLL (1859), heute v. a. im Gebiet um Rastatt (7115/1–3), hier von KRAUSE (1921) als die häufigste Art bezeichnet, auch

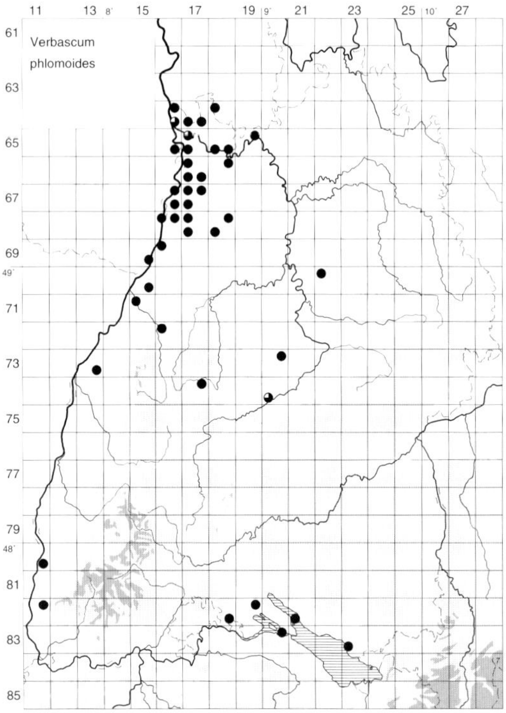

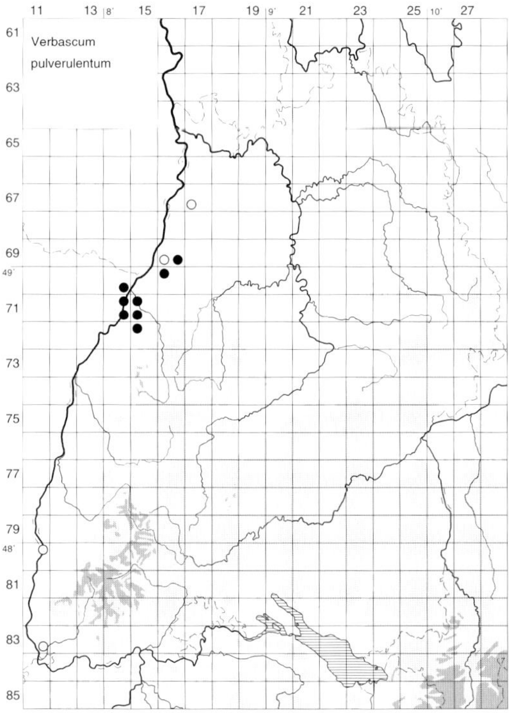

Flockige Königskerze *(Verbascum pulverulentum)*
Breisach

mit Bastarden (z. B. mit *V. nigrum*). Heute um Rastatt vielfach, ähnlich häufig wie *V. densiflorum*, meist in Einzelpflanzen, unbeständig auftretend, in den letzten Jahren sich offensichtlich entlang der Autobahn ausbreitend. – Weitere, z. T. unbestätigte Vorkommen: 6717/3: Waghäusel; 6916/3: Karlsruhe bei Mühlburg und Daxlanden, GMELIN (1805); 6916/4: Karlsruhe – Waldstadt, 1994, HAISCH; 7016/1: Oberreut bei Karlsruhe, zahlreich auf einer Brachfläche, 1992, KLEINSTEUBER (KR-K), inzwischen wieder verschwunden; 8011/2: Rimsingen gegen Breisach, DÖLL (1859); 8311/4: Lörrach, GMELIN (1805), DÖLL (1859).

Fundorte in einer Höhe zwischen 105 und 270 m, Hauptvorkommen um Rastatt bei 125 m.

Die Pflanze ist erst mit dem Menschen in das Gebiet eingewandert (Siedlungsfolger).

Erstnachweise: Die erste Erwähnung findet sich bei GMELIN (1805: 499); zahlreiche Beobachtungen um Karlsruhe und wenige Angaben aus dem Gebiet um Weil – Basel. Eine Angabe von ROTH VON SCHRECKENSTEIN (1805: 127–128), nach Funden aus dem westlichen Bodenseegebiet (Billafingen, Volkertshausen und Engen), erscheint fraglich, da in diesem Gebiet später die Pflanze nicht mehr beobachtet wurde.

Bestand und Bedrohung: Um Rastatt verbreitet, doch nicht häufig. Die Pflanze hat offensichtlich in den letzten Jahren v. a. entlang der Autobahn zugenommen. Eine Bedrohung ist nicht zu erkennen.

(In der Liste für die Bundesrepublik Deutschland wird die Art als „stark gefährdet" eingestuft!)

5. Verbascum lychnitis L. 1753

Mehlige Königskerze

Morphologie: Hemikryptophyt, zweijährig, bis 1,5 m hoch, verzweigt, weißgrün, mit mehligflockigem, kaum abwischbarem Filz. Grundständige Blätter kurz gestielt, obere sitzend, nicht am Stengel herablaufend. Blüten kurz gestielt, etwas knäuelig angeordnet. Krone 12–20 mm im Durchmesser, weiß oder hellgelb; Staubblätter gleich, alle weiß wollig behaart. – Blütezeit: Juni–August.

Ökologie: Einzelne Pflanzen an lichtreichen bis sonnigen, mäßig trockenen, höchstens mäßig nährstoffreichen, gern kalkreichen-basischen Böden. An Böschungen in Halbtrockenrasen oder in Staudenfluren (Origanetalia-Gesellschaften), auch in Ruderalgesellschaften trockener Stand-

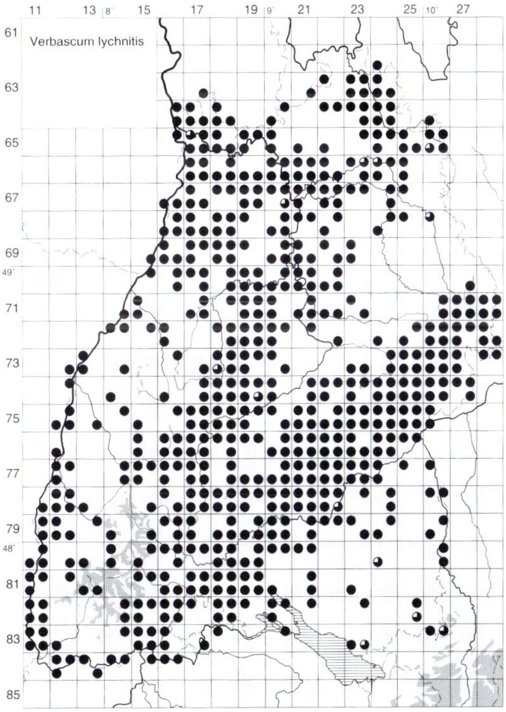

Mehlige Königskerze *(Verbascum lychnitis)* gelbblühende Form

Mehlige Königskerze *(Verbascum lychnitis)* weißblühende Form, Rheindamm

orte, im Schwarzwald in Rasenbändern auf (basenreichen) Gneisfelsen; in Trockenrasen des Kaiserstuhls offensichtlich in Zunahme (WILMANNS 1988). – Vegetationsaufnahmen z. B. MÜLLER (1966: 444), GÖRS u. MÜLLER (1974: 266) und WILMANNS (1988).

Allgemeine Verbreitung: Europa, Nordafrika, Asien bis westliches Sibirien und Kaukasus. In Europa v. a. im südlichen und mittleren Teil, nordwärts bis Südengland und Dänemark und Schleswig-Holstein. In Deutschland v. a. in Süd- und Mitteldeutschland.

Verbreitung in Baden-Württemberg: V. a. in Kalkgebieten verbreitet: Muschelkalkgebiete des Neckar- und Taubergebietes, Schwäbische Alb bis Baar und Klettgau. Oberrheingebiet, hier in Mittelbaden seltener. Schwarzwald zerstreut, v. a. in Gebieten mit reicheren Gneisen. Schwäbisch-Fränkischer Wald selten. Alpenvorland sehr zerstreut, nur im westlichen Bodenseegebiet etwas häufiger. Einzelangaben für das Westallgäuer Hügelland vgl. DÖRR (1978).

Die Pflanze kommt gelb- und weißblühend vor. Während im Oberrheingebiet (bis in den Kraichgau und den Schwarzwald) fast nur weißblühende Formen zu sehen sind, überwiegen im Donautal von Tuttlingen bis in die Gegend von Ulm deutlich gelbe Formen; weißblühende Pflanzen sind hier nur örtlich anzutreffen.

Tiefste Fundstellen in der Rheinebene, ca. 95 m, höchste in der Schwäbischen Alb bei 1000 m (BERTSCH 1948), im Schwarzwald bis 860 m (7915/4: Linachtal). – Die Pflanze ist wohl erst mit dem Menschen in das Gebiet eingewandert, auch wenn sie an relativ naturnahen und z. T. auch an von Natur aus waldfreien Stellen vorkommen kann.

Erstnachweise: BERTSCH (1932) hat die Pflanze bereits im Frühen Subboreal (ca. 2500 v. Chr.) nachgewiesen (Sipplingen). L. FUCHS (1542: 847, 1543: CCCXXVIII) nennt die Pflanze für das Neckargebiet: „umb Rotenburg am Necker wechßt es in grosser menig“. Vgl. auch POLLICH (1776: 219): „In monte Donnersberg; ut plures alios in Palatinatu locos taceam“.

Bestand und Bedrohung: Nicht bedroht, vielleicht sogar in Zunahme begriffen.

6. Verbascum nigrum L. 1753
Dunkle Königskerze

Morphologie: Hemikryptophyt, ausdauernd, bis 1 m hoch, Stengel und Blattstiele oft braunviolett überlaufen, v. a. im oberen Teil flockig behaart. Blätter lang gestielt, die unteren mit herzförmi-

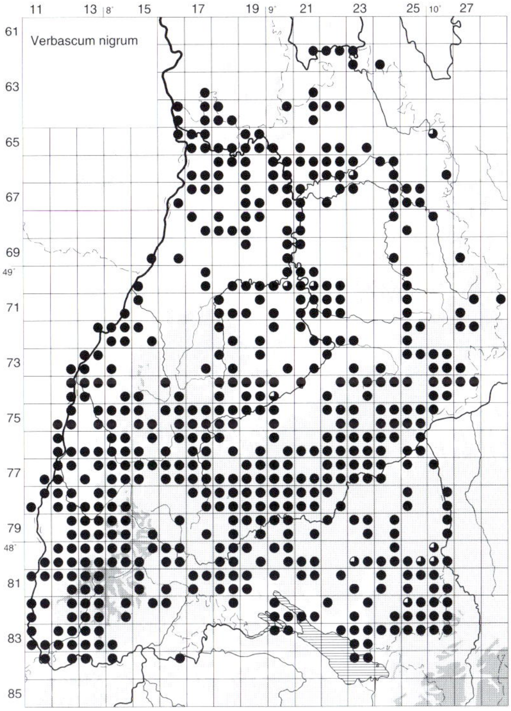

gem Grund, oberseits dunkelgrün, (fast) kahl, unterseits dicht filzig behaart. Blütenstand etwas aufgelockert, Blütenkrone 1,5–2,5 cm im Durchmesser, dunkelgelb, am Grund oft rot gefleckt, Staubfäden violett-wollig behaart. – Blütezeit: Juli–August.

Ökologie: An lichtreichen, frischen (bis mäßig trockenen), mäßig nährstoffreichen, oft kalkarmen, schwach sauren Stellen, Lehmzeiger. V. a. an Böschungen in wenig gepflegten Wiesen. – Vegetationsaufnahme vgl. GÖRS u. MÜLLER (1974: 266).

Allgemeine Verbreitung: Europa, West- und Zentralasien (bis Altai). In Europa nordwärts bis ca. 64° n. Br. (geschlossenes Areal in Skandinavien bis ca. 61° n. Br., in England v. a. in Süd- und Mittelengland, offensichtlich in Ausbreitung). Im Mittelmeergebiet weitgehend fehlend.

Verbreitung in Baden-Württemberg: Schwerpunkt in montanen Gebieten. Schwarzwald, Oberer Neckar, Schwäbische Alb, Westallgäuer Hügelland. In warmtrockenen Gebieten mit Kalkböden seltener (so z. B. in der Oberrheinebene, hier v. a. im Bereich von Alluvionen aus dem Schwarzwald, im Taubergebiet und Bauland). Auffallend selten im Schwäbisch-Fränkischen Wald und in Teilen des Alpenvorlandes, ohne daß sich hierfür Gründe angeben lassen.

Fundortskarte für das Neckargebiet um Stuttgart: SEYBOLD (1968: 259); die Pflanze ist hier weitgehend an die Flußtäler gebunden.

Tiefste Fundstellen in der Oberrheinebene, ca. 95 m, höchste im Schwarzwald bei ca. 1300 m (8113/3: Belchen). – Die Pflanze ist wohl erst mit dem Menschen in das Gebiet eingewandert (Archäophyt).

Erstnachweis: H. HARDER hat *Verbascum nigrum* um 1562 in der Umgebung von Geislingen – Ulm gesammelt (ZIMMERMANN 1937).

Bestand und Bedrohung: Nicht bedroht, eher noch in Zunahme?

Dunkle Königskerze (*Verbascum nigrum*)
Bremgarten

7. Verbascum blattaria L. 1753

Schabenkraut-Königskerze, Schabenkraut

Morphologie: Hemikryptophyt, Pflanze zweijährig, bis 1,2 m hoch, kahl, nur im oberen Teil drüsenhaarig, unverzweigt. Blätter am Rand gekerbt, grundständige gestielt, die oberen sitzend, nicht am Stengel herablaufend. Blütenstand sehr locker, Blüten lang gestielt, Krone 25–30 mm im Durchmesser, gelb. Staubfäden violett-wollig behaart, Frucht kugelig. – Blütezeit: Juli–August.

Ökologie: Einzelne Pflanzen an lichtreichen, mäßig frischen, mäßig nährstoffreichen, meist kalkhaltigen, basischen Stellen. In Rasen, auch in Ackerbrachen, an Böschungen, vielfach unbeständig (Einschleppung mit Saatgut?). – Vegetationsaufnahmen mit *Verbascum blattaria* aus dem Gebiet liegen nicht vor.

Allgemeine Verbreitung: Europa, Asien (bis Altai und Afghanistan), Nordafrika. In Europa v. a. im mittleren und südlichen Teil, nordwärts bis südliches Niedersachsen, Westfalen und Südengland.

Verbreitung in Baden-Württemberg: Schwerpunkt im Oberrheingebiet, hier zerstreut, meist unbeständig. Kraichgau, Neckarbecken N Stuttgart, Oberer Neckar. Schwäbische Alb selten, nach Bertsch (1948) 5 Fundstellen. Alpenvorland: selten im westlichen Bodenseegebiet.

Schabenkraut-Königskerze *(Verbascum blattaria)*
Ihringen

Trennung beständiger und nur vorübergehender Vorkommen ist außerordentlich schwer. Bei einem Großteil der Funde dürfte es sich um vorübergehende Vorkommen handeln. Beständige Vorkommen, die früher offensichtlich im Oberrheingebiet bestanden, sind heute nur noch entlang der Autobahn um Offenburg und Lahr bekannt, weiter am Autobahnzubringer bei Bad Krozingen und im westlichen Bodenseegebiet. Die Pflanzen stehen hier unmittelbar am Randstreifen (seltener am Mittelstreifen), können offensichtlich die frühe Mahd (Mai–Juni) gut ertragen und kommen dann im Juli bis August zur Blüte; zur Blüte- und Fruchtzeit sind die Rasen sehr niedrig. Durch den Fahrtwind vorbeifahrender Autos werden die Samen offensichtlich leicht verdriftet. Nach der ersten Beobachtung um 1982 an der Auffahrt Lahr (7612/2) konnte die Pflanze bis 1994 nordwärts bis Urloffen (7413/2) beobachtet werden, südwärts bis Ringsheim und Herbolzheim (7712/3, 4), Philippi (KR-K). Mit einer weiteren Ausbreitung ist zu rechnen. – 8012/3: Bad Krozingen, Autobahnzubringer, reichlich, 1984–93. – Ähnliches Vorkommen im westlichen Bodenseegebiet: 8213/3: Markelfingen – Allensbach, Straßenränder, 1990, Peintinger, Zohren (KR-K).

Beständiges Vorkommen im Odenwald: 6418/4: Wünschmichelbach, magere Viehweide im Haundelstal, 1993, Demuth (KR-K).

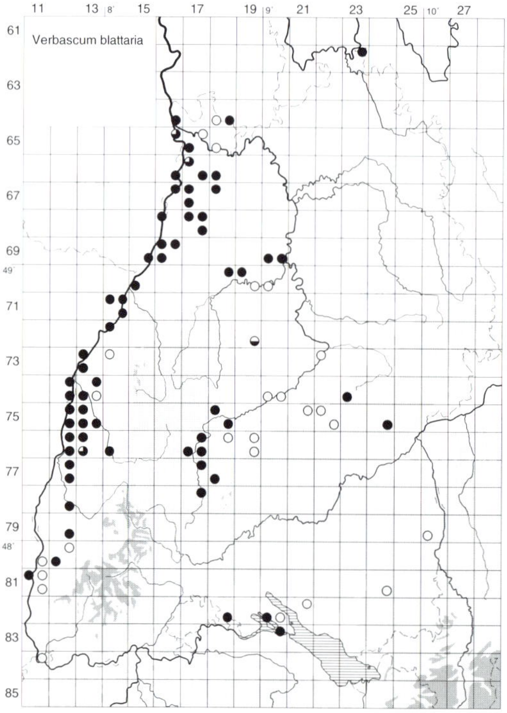

Beständige Vorkommen in Höhen von 140 bis 400 m, von Bertsch bis 800 m Höhe angegeben. – Die Pflanze ist erst mit dem Menschen gekommen (Archäophyt, vielleicht örtlich sogar Neophyt).

Erstnachweise: Die erste Erwähnung findet sich bei J. F. Gmelin (1772: 62): „pascuo Gänswasen" bei Tübingen, eine spätere bei Pollich (1776: 221): Heidelberg, „in pascuis & ad vias".

Bestand und Bedrohung: Die Bestände an der Autobahn in der Rheinebene sind individuenreich und nicht gefährdet; offensichtlich breitet sich die Pflanze hier weiter aus. Bei den übrigen Vorkommen handelt es sich oft nur um wenige Pflanzen, die bald wieder verschwinden. Insgesamt nicht gefährdet. – In der früheren Roten Liste Baden-Württembergs war *Verbascum blattaria* mit G 3 angegeben – damals waren die

Vorkommen an der Autobahn noch nicht bekannt! – In der Liste für die Bundesrepublik Deutschland ist die Pflanze als „stark gefährdet" eingestuft.

Verbascum phoeniceum L. 1753
Violette Königskerze

Hemikryptophyt, ausdauernd, bis 1,3 m hoch, im unteren Teil wollig behaart, im oberen Teil dicht drüsig behaart. Blütenstand locker, Blüten lang gestielt, Krone violett mit gelbem Grund.

Trockenrasen von Südosteuropa und Kleinasien (bis Innerasien).

Im Gebiet gelegentlich als Zierpflanze kultiviert und vorübergehend auch verwildert.

Erste Angabe von C.C. GMELIN (1826: 171): Heidelsheim – Bruchsal, LANG, Hasmersheim, am Hühnerberg, „rarius", 1813. Später wurde die Pflanze nur selten beobachtet: 1850 bei Wertheim, in einer Form b. *albiflorum*, FRIES (DÖLL 1859: 760), 1943 bei Ulm, K. MÜLLER (1957). BERTSCH (1948) nennt als weitere Vorkommen Wolfegg (Alpenvorland) und Schwaigern bei Heilbronn.

2. **Kickxia** Dumortier 1827
Tännel-Leinkraut

Pflanzen einjährig oder ausdauernd (selten auch Halbsträucher), niederliegend. Blätter wechselständig, Blüten lang gestielt, Krone zweilippig, Staubblätter nicht aus der Kronenröhre herausragend. Frucht eine kugelige Kapsel, die sich pro Fach mit einem abfallenden oder aufklappenden Deckel öffnet. – Gattung mit ca. 30 Arten in Europa, Nordafrika und Asien, in Europa nur 5 Arten – Name *Kickxia* nach dem belgischen Botaniker JEAN KICKX (1775–1831).

1 Blätter rundlich, am Grund abgerundet oder herzförmig, Blütenstiel meist zottig behaart, Sporn der Krone gebogen . . . . . 1. *K. spuria*
– Blätter pfeil- oder spießförmig, Blütenstiel meist kahl, Sporn der Krone gerade . . 2. *K. elatine*

1. **Kickxia spuria** (L.) Dum. 1827
Antirrhinum spurium L. 1753, *Linaria spuria* (L.) Miller 1768
Unechtes Tännel-Leinkraut

Morphologie: Therophyt, Pflanze niederliegend, bis 30(50) cm lang, graugrün, zottig-weichhaarig, mit vereinzelten kurzen Drüsenhaaren. Blattspreite rundlich, etwas länger als breit, abgerundet bis stumpf gespitzt, bis 2–3 cm lang, kurz gestielt. Blüten einzeln in den Blattachseln, mit zottig behaartem Blütenstiel. Krone ohne Sporn

Unechtes Tännel-Leinkraut *(Kickxia spuria)*
Böblingen, 10. 8. 1991

7–8 mm lang, weißlich bis hellgelb, Oberlippe auf der Innenseite braunviolett, Unterlippe dunkelgelb. Samen elliptisch, ca. 1 mm lang. – Blütezeit: Mitte Juni–September.

Ökologie: Einzelne Pflanzen auf kalkreichen, basischen, mäßig frischen bis mäßig trockenen Lehmböden, gern auf scherbigen Kalkverwitterungsböden. In Getreideäckern, optimale Entwicklung in Stoppeläckern, im Gebiet meist zusammen mit *Silene noctiflora, Kickxia elatine* u.a. im Papaveri-Melandrietum noctiflori (in Nordwestdeutschland auch im Kickxietum spuriae). – Vegetationsaufnahmen mit *Kickxia spuria* vgl. GÖRS (1966, Spitzberg), LANG (1973, Bodensee), PHILIPPI (1994, Taubergebiet), in synthetischen Tabellen OBERDORFER (1983).

Allgemeine Verbreitung: Europa, v.a. im südlichen und mittleren Teil, Nordafrika, Vorderasien (ostwärts bis zum Iran). In Europa nordwärts bis Südengland (53° n.Br.), Holland und Schleswig-Holstein (Fehmarn, 54°30' n.Br.). In Deutschland v.a. im südlichen und mittleren Teil, im Alpenvorland selten; nicht so weit verbreitet wie *K. elatine*.

Verbreitung in Baden-Württemberg: In Kalkgebieten vielfach, so im Oberrheingebiet (v.a. Rheinniederung), hier seltener als *K. elatine*, Kraichgau, Neckarbecken nördlich Stuttgart, Bauland bis Taubergebiet und Hohenlohe. Albvorland und Oberer Neckar, in der Schwäbischen Alb selten (oberes Donaugebiet, Mittlere Donaualb bis Ulm und nördliche Ostalb). Hochrhein bis Klettgau und Westliches Bodenseege-

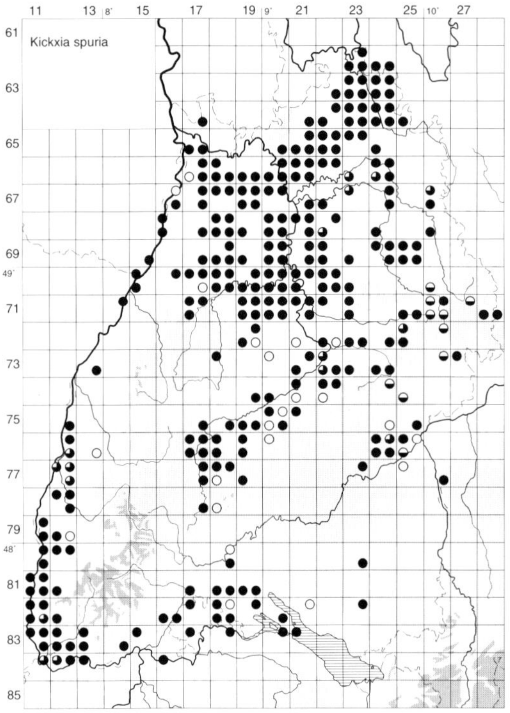

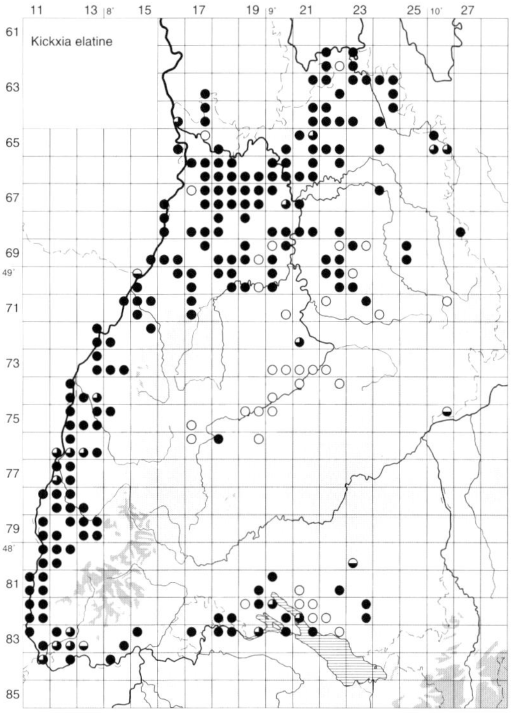

biet, im übrigen Alpenvorland sehr selten (nur vorübergehend?). – In den Keuper-Lias-Gebieten selten oder fehlend. Fehlend in der Baar und in höheren Lagen der Schwäbischen Alb (aus klimatischen Gründen), im Schwarzwald und im Odenwald (aus edaphischen Gründen).

Nördliche Ostalb: Einzelangaben vgl. MAHLER (1956: 151).
Alpenvorland: Neben zwei älteren Angaben von v. MARTENS u. KEMMLER (8023/2: Aulendorf, 8023/1: Baltshaus bei Altshausen) zwei Angaben von BERTSCH (1948): 8223/2: Ravensburg und Weißenau; jüngere Beobachtungen: 7726/4: Illerwald bei Dietenhahn, 1987, SEYBOLD (STU-K); 8223/2: Weißenau bei Ravensburg, 1977, DÖRR; 8023/4: zw. Aulendorf und Ebersbach, spärlich, 1977, DÖRR (1978).

Tiefste Fundstellen im Oberrheingebiet bei ca. 100 m, höchste um 600 bis 650 m: 8212/3: Vogelbach, 650 m, 7718: Albvorland um 600 m, 8217/1: Fützen, 640 m. – Die Pflanze ist erst mit dem Menschen in das Gebiet eingewandert (Archäophyt).
Erstnachweise: Der erste Nachweis reicht in das 6./8. Jh. n. Chr. zurück (Lauchheim, STORK u. RÖSCH 1993). H. HARDER hat die Pflanze ca. 1562 in Geislingen – Ulm gesammelt (ZIMMERMANN 1937).

Bestand und Bedrohung: Stellenweise noch in reichen Beständen vorhanden und nicht bedroht, so im Oberrheingebiet oder im Bauland und Taubergebiet. In Randgebieten wie in Teilen der Schwäbischen Alb und ihren Vorländern offensichtlich stark zurückgegangen. Doch ist auch in anderen Gebieten ein Rückgang anzunehmen: Gründe sind der frühe Umbruch der Stoppelfelder (die Pflanze hat ihre optimale Entwicklung im August) und die Ausdehnung des Maisanbaues. Hier dürfte die Pflanze im Laufe der Zeit auch in der Samenbank verschwinden, wie nach Ergebnissen von BOGENRIEDER u. BÜHLER (1991) zu vermuten ist. Die Pflanze ist insgesamt (noch) keine Art der Roten Liste.

2. Kickxia elatine (L.) Dum. 1827

Antirrhinum elatine L. 1753, *Linaria elatine* (L.) Miller 1768
Spießblättriges Tännel-Leinkraut

Morphologie: Therophyt. Pflanze niederliegend, mit dünnem Stengel, bis 30(50) cm lang, zerstreut behaart, Haare bis 2 mm lang, dazwischen einzelne Drüsenhaare. Blätter spießförmig bis pfeilförmig, deutlich länger als breit (untere gelegentlich rundich-eiförmig), bis 1,5–2 cm lang, kurz gestielt. Blüten einzeln in den Blattachseln, Blütenstiel meist kahl. Krone ohne Sporn 7–8 mm lang, weißlich bis hellgelb. Oberlippe auf der Innenseite braunviolett, Unterlippe dunkelgelb. Samen elliptisch, ca. 1 mm lang. – Blütezeit: 2. Junihälfte–September.

Ökologie: Ähnliche Standortsansprüche wie *K. spuria*, doch allzu kalkreiche Standorte meidend, gern auf kalkarmen, schwach sauren, doch basenreichen Lehmböden, wärmeliebender als *K. spuria*. Zusammen mit *K. spuria* in Getreidefeldern im Papaveri-Melandrietum bzw. an ärmeren Stellen in Ausbildungen des Alchemillo-Matricarietum chamomillae an reicheren Standorten, optimale Entfaltung in Stoppeläckern. Im Gegensatz zu *K. spuria* vereinzelt in Schuttgesellschaften, gelegentlich auch im Gleisschotter der Bahnhöfe. – Vegetationsaufnahmen mit *Kickxia elatine* vgl. LANG (1973), PHILIPPI (1978: 254, 1994), synthetische Tabellen OBERDORFER (1983).

Allgemeine Verbreitung: Europa, Nordafrika, Vorderasien (bis Iran und Taschkent). In Europa v. a. im südlichen und mittleren Teil, nordwärts bis Südirland, England (bis 54° n. Br.), Ostseegebiet (vereinzelt bis 62° n. Br.), geschlossene Verbreitung nordwärts bis Dänemark. In Deutschland v. a. im mittleren und südlichen Teil, Alpenvorland weitgehend fehlend.

Verbreitung in Baden-Württemberg: Oberrheingebiet (häufiger als *K. spuria*), Kraichgau, Neckarbecken nördlich Stuttgart, Bauland und Taubergebiet, hier oft in Grenzbereichen zum Odenwald und zu den Keupergebieten. Selten am Oberen Neckar. Zerstreut in den Keuper-Lias-Gebieten: Stromberg, Schwäbisch-Fränkischer Wald, früher auch Schönbuch. Hochrhein – Klettgau selten, häufiger im westlichen Bodenseegebiet. Schwarzwald: Wenige Fundstellen in tiefen Lagen auf reicheren Böden. – Baar und Schwäbische Alb fehlend.

Schwarzwald: 7215/2: Seelbach bei Baden-Baden; 7613/4: Schönberg bei Lahr, 360 m, Prinzbach, 8312/1: Hägelberg, 430 m; Beobachtungen G. HÜGIN u. G. PHILIPPI (KR-K).
Oberes Neckargebiet: 7618/1: N Weiherhof, ca. 500 m, 1987, SATTLER (STU-K).
Östlicher Schwäbisch-Fränkischer Wald: 6827/3: Donaugebiet: 7226/2: Fischerhöfe bei Langenau, ca. 450 m. K. MÜLLER (1957).
Alpenvorland: Häufiger im westlichen Bodensee-Gebiet, sonst um Friedrichshafen und Ravensburg in einem sehr begrenzten Bereich (vgl. BERTSCH 1948: 8 Fundorte). Neuere Beobachtungen vgl. DÖRR (1978: 210): 8023/3: Ebenweiler, ca. 600 m, K. MÜLLER; 8122/4: Horgenzell (1977); 8223/2: Oberzell (1977) 8223/4: zw. Oberhofen u. Weidenhofen (1977).
Unbeständige Vorkommen: In Bahnhöfen, vgl. JAUCH (1938): Karlsruhe, Freiburg, in der var. *villosa* Boiss.; K. MÜLLER (1957): Ulm (1937), HEINE (1952): Mannheim. Vorübergehend auch ein Vorkommen an einem Schutthaufen am Feldbergpaß (8114/1, 1230 m): 1991 in einem kümmerlichen Exemplar, PHILIPPI (KR-K) Diese Vorkommen wurden in der Karte nicht berücksichtigt.

Spießblättriges Tännel-Leinkraut *(Kickxia elatine)*
Hochstetten, August 1994

Tiefste Fundstellen in der Oberrheinebene, ca. 195 m, höchste im oberen Neckargebiet (Gebiet von Sulz) um 600–650 m, im Alpenvorland ca. 600 m.

Die Pflanze ist erst mit dem Menschen in das Gebiet eingewandert (Archäophyt).

Erstnachweise: Erstmals erwähnt wird *Kickxia elatine* von C. BAUHIN (1622: 75): „circa Haltingen“ (bei Weil, 8311).

Bestand und Bedrohung: Die Pflanze ist gebietsweise (wie im Oberrheingebiet) häufiger als *K. spuria*, greift stärker auf Schuttplätze über, ist aber deutlicher zurückgegangen als *K. spuria* (so v. a. im Neckargebiet südlich Stuttgart). Die Ursachen des Rückganges sind die gleichen, die bei *K. spuria* aufgeführt sind. *K. elatine* ist in der Samenbank von Äckern des südlichen Oberrheingebietes z. T. noch reichlich nachzuweisen (BOGENRIEDER u. BÜHLER 1991), dürfte aber bei anhaltendem großflächigem Maisanbau seltener werden. Insgesamt ist *Kickxia elatine* noch nicht gefährdet; gebietsweise wie im südlichen Neckargebiet ist eine deutliche Gefährdung anzunehmen (G 3).

3. **Cymbalaria** Hill 1756

Zimbelkraut

Einjährige bis kurzlebig-ausdauernde niederliegende Pflanzen. Blätter lang gestielt, mit rundlicher bis nierenförmiger, oft gelappter Blattspreite. Blattnervatur fingerartig.

Gattung mit ca. 10 Arten, Mittelmeergebiet bis Syrien, in Mitteleuropa nur eine Art In Europa insgesamt 7 Arten.

1. **Cymbalaria muralis** Gaertner, Meyer et Scherbius 1800

Linaria cymbalaria (L.) Miller 1768,
Antirrhinum cymbalaria L. 1753
Gemeines Zimbelkraut

Morphologie: Hemikryptophyt. Pflanze niederliegend bis hängend, bis ca. 60 cm lang, kahl, Stengel und Unterseite der Blätter oft violett überlaufen. Blätter wechselständig, Blattstiel länger als die Blattspreite, Blattspreite im Umriß rundlich 5- bis 7(9)lappig (stumpflappig). Blüten einzeln, blattachselständig, lang gestielt; Krone hellila, dunkel geadert, mit gelbem Schlund, ohne Sporn 6–8 mm groß. Frucht sich mit zwei Poren öffnend, Samen 1 mm groß. – Blütezeit: 2. Aprilhälfte–September.

Formenreiche Art, im Gebiet nur subsp. *muralis*. Zwei weitere Unterarten (mit behaarten Blättern und Stengeln) in Italien bis Dalmatien bzw. in Sizilien.

Biologie: Fruchtstiele wenden sich vom Licht ab und versuchen, die Fruchtkapsel in Spalten zu versenken (Geokarpie). Dunkelkeimer. Oft Selbstbestäubung.

Ökologie: In Mauerfugen mit mäßig frischen, meist kalkreichen basischen, mäßig nährstoffreichen Spaltenfüllungen, gern an schwach beschatteten Stellen, meist in warmer, luftfeuchter Klimalage. Vorzugsweise an Weinbergsmauern, auch in Siedlungen, hemerophil. Kennzeichnend für das Cymbalarietum muralis (Kl. Parietarietea judaicae). Vegetationsaufnahmen vgl. Görs (1966, Spitzberg), Oberdorfer (1969, 1977).

Allgemeine Verbreitung: Ursprüngliche Vorkommen im Mittelmeergebiet anzunehmen (z. B. Südalpen, Dalmatien, Apennin), als Zierpflanze verwendet. Heute vom Mittelmeergebiet (südwärts bis Algerien und Marokko) bis Irland, England und Südschweden vorkommend, ostwärts bis etwa zur Linie Weichsel – westliches Ungarn reichend. Eingeschleppt in Nordamerika, Südafrika, Australien und Neuseeland. – In Deutschland v. a. im südlichen und mittleren Teil verbreitet, in Norddeutschland stellenweise fehlend.

Verbreitung in Baden-Württemberg: In tief gelegenen, warmen Gebieten Baden-Württembergs verbreitet, v. a. im Oberrheingebiet bis Odenwald und Tallagen des Schwarzwaldes, Hochrhein, Bauland mit Main- und Taubergebiet, Unteres Neckargebiet (vgl. die Fundortskarte für den Stuttgarter Raum: Seybold 1968: 151), vereinzelt auch am Oberen Neckar, in der Schwäbischen Alb und im Alpenvorland. Einzelangaben für das Westallgäuer Hügelland vgl. Dörr (1978: 209). Fehlend in den höheren Lagen des Schwarzwaldes und der Schwäbischen Alb aus klimatischen Gründen, aber auch dort, wo im Siedlungsbereich unverfugte Natursteinmauern selten sind (z. B. in der Rheinebene). – Tiefste Fundstellen in der Rheinebene, ca. 100 m, höchste in der Baar bei Donaueschingen (8017/1, 670 m, vgl. auch Oberdorfer 1949: 700 m), auf der Schwäbischen Alb bei 765 m (7523/2: Friedhof Feldstetten, G. Hügin, KR-K) und im Alpenvorland bei 750 m (8125/2: Schloß Zeil, Dörr 1978: 209). Die Pflanze wurde vom Menschen als Zierpflanze eingeführt, ist verwildert und hat sich heute fest eingebürgert. Doch sind Vorkommen außerhalb des Siedlungsbereichs

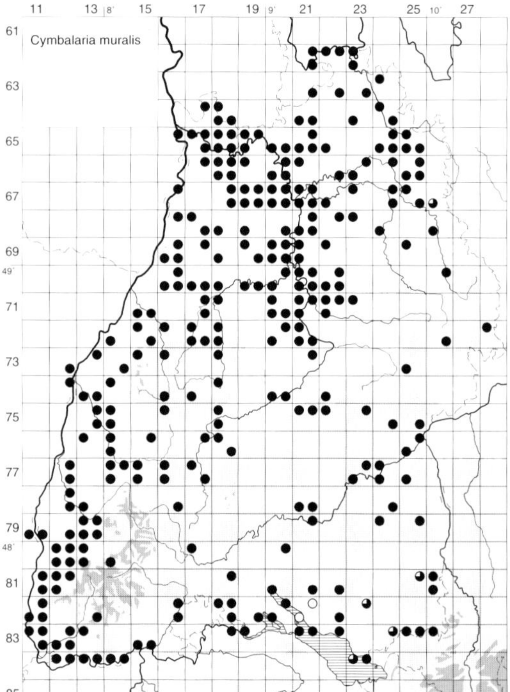

Gemeines Zimbelkraut *(Cymbalaria muralis)*
Maulbronn, 7. 8. 1994

und außerhalb der Weinberge im Gebiet nicht bekannt; sie fehlt z. B. an natürlichen Felsen oder auch an Burgruinen.

Erstnachweis: Die erste Erwähnung findet sich bei DUVERNOY (1722: 94): Mauern bei Tübingen.

Bestand und Bedrohung: Reiche Bestände, trotz der Vorkommen im Siedlungsbereich nicht gefährdet.

Cymbalaria pallida (Ten.) Wettst. 1891
Von *C. muralis* durch (flaumig) behaarte Blätter und Stengel unterschieden, einmal in Stuttgart (Römerweg) um 1958 beobachtet, KREH, vgl. SEYBOLD (1968: 260).

4. **Chaenorhinum** (DC.) Reichenb.
Orant

Einjährige oder ausdauernde Kräuter mit lockerem Blütenstand und oft kleinen Blüten. Krone zweilippig, mit zweizipfliger Ober- und dreizipfliger Unterlippe, Schlund offen; Staubblätter nicht aus der Krone herausragend. Frucht eine ungleichfächrige Kapsel, die Fächer öffnen sich mit zahnartigen Klappen.

Gattung mit ca. 20 Arten (Mittelmeergebiet, Vorderasien), in Europa 10 Arten.

1. **Chaenorhinum minus** (L.) Lange 1870
Antirrhinum minus L. 1753, *Linaria minor* (L.) Desf. 1798
Kleiner Orant, Kleines Leinkraut

Morphologie: Therophyt, bis 30(40) cm hoch, abstehend drüsig behaart, meist von unten an beastet. Blätter lineal-lanzettlich, bis 3,5 cm lang und 0,5(0,8) mm breit, stumpflich, wechselständig (untere gegenständig). Blüten einzeln in Achseln von Tragblättern, Kelch 2–5 mm lang, Krone 5–9 mm lang mit kurzem, fast geradem Sporn (etwa halb so lang wie eigentliche Krone), weißlila, mit dunkler Röhre und hellgelbem Gaumen. Samen 0,5–0,8 mm lang, länglich-walzlich. – Blütezeit: Juni–September.

Ökologie: Einzelne Pflanzen oder lockere Herden an lichten bis sonnigen, mäßig frischen bis mäßig trockenen, meist kalkhaltigen, basischen, lehmigen oder sandigen, oft steinigen Rohböden. In lückigen Ruderalgesellschaften in Steinbrüchen, Gleisanlagen oder Wegrändern, auch in Hackfrucht- oder lückigen Halmfruchtgesellschaften. In zahlreichen Vegetationsaufnahmen enthalten, wenn auch meist nur in geringer Menge und Stetigkeit, so z. B. LANG (1973, versch. Ackerunkrautgesellschaften), MÜLLER (1974: 285, Epilo-

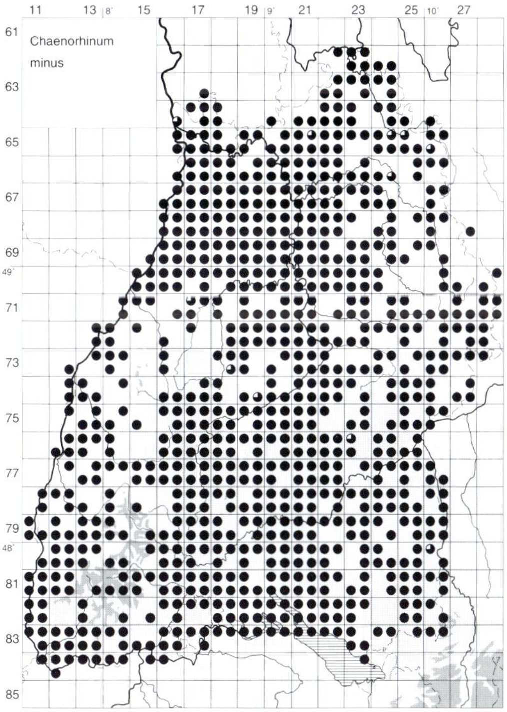

Kleiner Orant *(Chaenorhinum minus)*
Eubigheim, 14. 6. 1992

bio-Scrophularietum), PHILIPPI (1983: 452, *Anthemis tinctoria*-Gesellschaft).

Allgemeine Verbreitung: Europa, Kleinasien, Nordafrika, eingeschleppt in Nordamerika. In Europa v.a. im südlichen und mittleren Teil, nordwärts bis England und südliches Schottland, Süd- und Mittelschweden, Nordeuropa vereinzelt bis 65° n. Br.

Bei den Vorkommen im nördlichen Europa werden z. T. jüngere Verschleppungen vermutet.

Verbreitung in Baden-Württemberg: Weit verbreitet und meist häufig. Vorkommenslücken in Waldgebieten mit lehmigen und kalkarmen Böden ohne größere Industrieflächen, so im Schwarzwald, Schwäbisch-Fränkischen Wald, weiter in Teilen des Alpenvorlandes und des Odenwaldes. Auch die Lücken im östlichen Teil der Schwäbischen Alb könnten durch das Fehlen von Industrie- oder Bahnanlagen erklärt werden. Die Lücken in der südlichen Oberrheinebene lassen sich bei einer Nachkartierung sicher leicht schließen.

Tiefste Fundstellen in der Oberrheinebene, ca. 95 m, höchste im Schwarzwald ca. 1100 m (HÜGIN 1992).

Die Pflanze hat sich in Bahnlagen und mit dem Bau von Straßen im Gebiet ausbreiten können. Die meisten Vorkommen im Gebiet finden sich an Stellen, die erst vom Menschen geschaffen wurden. Primäre Wuchsorte sind an hoch gelegenen Stellen von Kiesbänken entlang der größeren Flüsse anzunehmen; die Pflanze könnte so Bestandteil der ursprünglichen Flora gewesen sei, bevor der Mensch in die Landschaft eingegriffen hat. An anderen Stellen ist die Pflanze als Archäo- oder gar Neophyt anzusehen.

Erstnachweise: Älteste Nachweise: Hagnau (Bodensee), 12./9. Jh. v. Chr., RÖSCH (1994). *Chaenorhinum minus* wurde im Gebiet bereits von H. HARDER 1574–76 in der Umgebung von Geislingen – Ulm gesammelt (SCHORLER 1908).

Bestand und Bedrohung: Nicht bedroht, auch in Gleisanlagen der Bahn nicht gefährdet.

5. **Linaria** Miller 1768

Leinkraut

Einjährig oder ausdauernde Kräuter, auch Halbsträucher. Blätter ungeteilt, sitzend (oder kurz gestielt), oft etwas blaugrün. Blütenstände dicht, Blüten mit langem Sporn, Oberlippe zweizipflig, Unterlippe dreizipflig, Schlund geschlossen, Staubblätter nicht aus der Krone herausragend. Fruchtkapsel mit zwei gleichen Fächern, von der Spitze her in drei bis fünf Zähnen aufreißend.

Gattung mit ca. 120 Arten, Schwerpunkt im Mittelmeergebiet, einige Arten auch in Asien, Nord- und Südamerika. In Europa 70 Arten, in Deutschland 6 Arten (von denen jedoch einige in jüngerer Zeit eingeschleppt wurden).

1 Blüten gelb, mit Sporn meist größer als 25 mm 2
– Blüten blau bis weißblau, kleiner als 20 mm . . 4
2 Blätter schmal lanzettlich, Samen breit geflügelt 3
– Blätter breit lanzettlich, Samen ungeflügelt . . . *L. genistifolia*, S. 276
3 Pflanze aufrecht, Blüte über 25 mm lang, Fruchtkapsel verlängert-eiförmig, 5–11 mm lang . . . . 1. *L. vulgaris*
– Pflanze niederliegend bis aufsteigend, Krone 13–20 mm lang, Fruchtkapsel kugelig, 3–7 mm lang . . . . *L. supina* S. 276
4 Sporn höchstens halb so lang wie die Krone, Blüten weißblau, mit dunkel gestreifter Oberlippe . . . . 2. *L. repens*
– Sporn mindestens ⅔ so lang wie die Krone . . . 5
5 Stengel niederliegend-aufsteigend, Krone tief blauviolett, mit orangfarbenem Gaumen . . . . 4. *L. alpina*
– Stengel aufrecht, Krone hellblau . 3. *L. arvensis*

1. Linaria vulgaris Miller 1768
Antirrhinum linaria L. 1753
Gewöhnliches Leinkraut

Morphologie: Geophyt, bis 60 cm hoch, schlank, meist nur am Grund verzweigt, bläulichgrün, im unteren Teil kahl, im oberen zerstreut drüsig. Blätter schmal lanzettlich, ungestielt, unterseits etwas wachsartig bereift. Blütenstand dicht, Blütenkrone mit Sporn 16–30 mm lang, hellgelb mit orangefarbigem Gaumen.

Samen rundlich, scheibenartig, bis 2 mm im Durchmesser und 0,5 mm dick, mit breitem Flügelsaum. Vegetative Vermehrung durch Wurzelsprosse. – Blütezeit: Juni–September.

Ökologie: In kleinen Trupps an mäßig trockenen (bis mäßig frischen), oft kalkarmen, schwach sauren, bis kalkhaltigen, basischen, mäßig nährstoffreichen Stellen, gern auf skelettreichen Böden, auch an humosen Stellen (in gestörten Niedermooren). – An Weg- und Straßenrändern, an Waldschlägen, auch am Fuß von Schutthalden (auch über Gneis oder Porphyr). – Diese im Gebiet häufige Pflanze ist nur selten in Vegetationsaufnahmen enthalten, so z. B. LANG (1973, Conyzo-Lactucetum), KNAPP (1970, Linario-Brometum tectori), GÖRS (1968: 252), OBERDORFER (1971: 278), GÖRS u. MÜLLER (1974: 266), meist nur in geringer Menge.

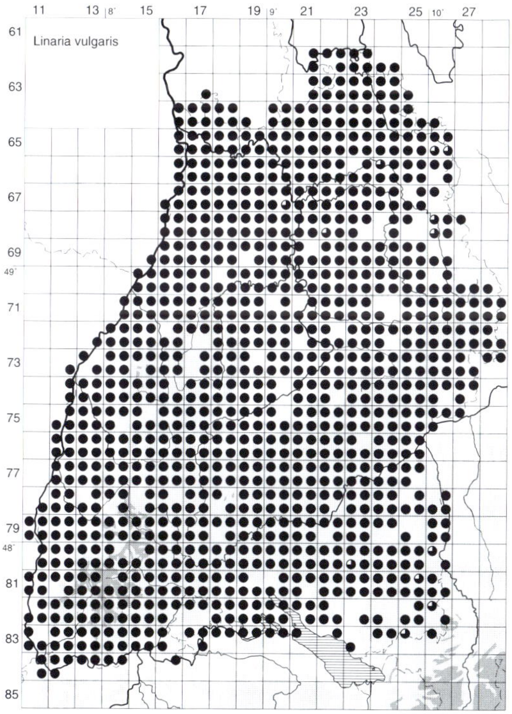

Gewöhnliches Leinkraut *(Linaria vulgaris)*
Ortenau

Allgemeine Verbreitung: Europa und westliches Asien (ostwärts bis Altai und West-Sibirien), eingeschleppt in Nordamerika, stellenweise auch in Südamerika. In Europa südwärts bis Nordspanien, Mittelitalien und nördliches Griechenland, in Skandinavien nordwärts bis ca. 66° n. Br. geschlossene Verbreitung, Einzelvorkommen bis 70° n. Br.

Verbreitung in Baden-Württemberg: Verbreitet, meist häufig. Lückige Verbreitung lediglich im Schwarzwald und v. a. in den östlichen Teilen des Alpenvorlandes (vgl. hierzu die Einzelangaben von DÖRR (1978: 208, „zerstreut"), ferner in Teilen des Schwäbisch-Fränkischen Waldes. Die Lücken im Oberrheingebiet dürften sich bei entsprechender Kartierung schließen lassen.

Tiefste Fundstellen ca. 95 m, höchste im Südschwarzwald 1250–1300 m: 8114/3: Grafenmatte, 1250 m, 8113/3: Belchenstraße, 1300 m, in der Schwäbischen Alb bis 990 m (BERTSCH).

Von *Linaria vulgaris* sind in Baden-Württemberg Vorkommen in einer Naturlandschaft schwer vorstellbar (allenfalls am Fuß von Schutthalden, vieleicht auch an hoch gelegenen Stellen der Flußauen). Wahrscheinlich ist die Pflanze erst mit dem Menschen in das Gebiet eingewandert (Archäophyt).

Erstnachweise: Die ältesten Nachweise stammen aus dem 12./9. Jh. v.Chr., RÖSCH (1994). Die Pflanze wurde bereits von H. HARDER um 1562 in der Umgebung von Geislingen – Ulm gesammelt (ZIMMERMANN 1937).
Bestand und Bedrohung: In reichen Beständen vorhanden, nicht bedroht, eher in Ausbreitung (vgl. die Vorkommen an Straßenrändern).

2. Linaria repens (L.) Miller 1768

L. striata DC. in Lam. et DC. 1815
Gestreiftes Leinkraut

Morphologie: Geophyt, ausdauernd, bis 75 cm hoch, kahl, etwas blaugrün, schwach bereift. Blätter bis 4 cm lang, lanzettlich bis lineal, untere in 4- bis 5zähligen Quirlen, obere wechselständig. Blütenstand sehr locker, Blüten lilaweiß (bis weiß), violett längsgestreift, mit gelblichem (bis weißlichem) Schlund, Krone bis 15 mm groß. Fruchtkapsel fast kugelig, Samen eiförmig, ungeflügelt, scharf dreikantig. – Blütezeit: Juli–September.
Ökologie: An schwach beschatteten bis sonnigen, mäßig frischen bis mäßig trockenen, kalkarmen, mäßig sauren, nur mäßig nährstoffreichen, meist lehmigen Stellen. An jungen, offenen Böschungen von Waldwegen in Pioniergesellschaften, häufiger im Schotter von Bahnanlagen. – Vegetationsaufnahmen mit *L. repens* fehlen aus dem Gebiet.

Gestreiftes Leinkraut *(Linaria repens)*
Reichental

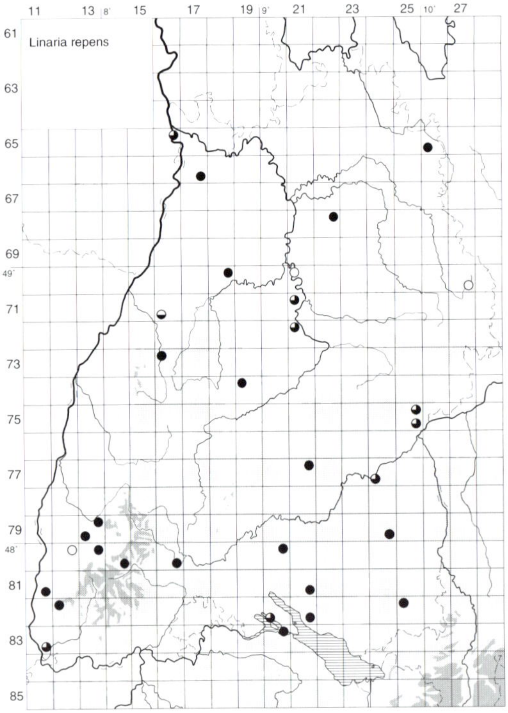

Allgemeine Verbreitung: V.a. in Südwesteuropa, von Nordspanien und Nordwest-Italien bis Westdeutschland und Belgien, durch Verschleppung Ausweitung des Areals bis England und Schottland, Mittelschweden und südliches Finnland, ostwärts bis Polen, Tschechien. Ostgrenze natürlicher Vorkommen in den Vogesen und im Pfälzer Wald?
Verbreitung in Baden-Württemberg: Oberrheingebiet und Schwarzwald, vereinzelt am Neckar, an der Donau und am Bodensee, vielfach unbeständig.

Hauptvorkommen in Bahnhöfen, hier erstmals von JAUCH 1920–30 im Freiburger Güterbahnhof und von K. MÜLLER 1932 bei Rottenacker beobachtet. Diese Vorkommen sind vielfach unbeständig. – Gebiet um Freiburg: 7913/3: Freiburg, Güterbahnhof, 1920–30, JAUCH (1938), HÜGIN u. KOCH (1993: „mehrfach"). Weitere Fundstellen von HÜGIN u. KOCH (1993): 8013/2: Himmelreich, 8014/4: Hinterzarten; 8016/4: Donaueschingen; 8111/4: Müllheim; Beobachtungen in den Jahren 1982 bis 1991, bei Freiburg und Himmelreich auch zusammen mit Bastarden mit *L. vulgaris (L. × sepium)*; 8311/4: Haltingen, LITZELMANN (1951). – Neckargebiet: 7121/1: Kornwestheim, 1964, 7221/1: Stuttgart, 1967, Bad Cannstatt, 1954, Beobachtungen von KREH und SEYBOLD in SEYBOLD (1968: 260). – Donaugebiet: 7525/2: Beimerstetten, 1945, K. MÜLLER; 7525/4: Söflingen, 1948, K. MÜLLER; 7724/3: Rottenacker, 1932, K. MÜLLER, zuletzt 1967 (vgl. RAUNEKER 1984). – Alpenvorland: 8220/3. Markelfingen, 1959, PHILIPPI (1961); 8221/4: Uhldingen, DAMBACH (STU-K); 8320/2: Wollmatingen, 1993, SASS (STU-K).

Neben Vorkommen auf Bahnhöfen und in Gleisanlagen vereinzelt an Wegböschungen, hier erstmals von G. NÄGELE 1865 zwischen Freiburg und St. Georgen (8012/2, DÖLL 1866: 35) und von MAENNING um 1930 am Mahlberg im Nordschwarzwald beobachtet (7116/3, KNEUCKER 1936: 230). Neuere Beobachtungen an derartigen Stellen im Oberrheingebiet: 6617/4: NW Walldorf, 1992, KLEINSTEUBER (KR-K); 7316/1: Sasbachtal, KLEINSTEUBER (KR-K); 7913/2: Suggental bei Waldkirch, im Saum einer Hecke, 1989, HÜGIN u. KOCH (1993); 8212/1: Grüneck bei Badenweiler, um 1980, PHILIPPI (KR-K), Blauen, Westseite, 810 m, 1988, DEMUTH (KR-K). – Neckar- und Taubergebiet; 6526/3: Eppichstal, 1986, NEBEL (STU-K); 6822/2: Hälden, 1981, SEYBOLD (STU-K); 7018/2: o. O. 1981, SEYBOLD (STU-K); 7419/1: o. O., 1986, ZEUNER. – Schwäbische Alb: 7721/2: NW Wilsingen, 1986, KARL (STU-K). – Alpenvorland: 7924/4: Scharben, 1982, SEYBOLD (STU-K); 8225/1: W Kißlegg, 1982, SEBALD (STU-K).

Daneben finden sich noch Angaben offensichtlich unbeständiger Vorkommen an Schuttplätzen (vgl. JAUCH 1938, MÜLLER 1957, SEYBOLD 1968), weiter Angaben von KIRCHNER u. EICHLER von Ludwigsburg (7121/1), Höpfigheim (7021/1) und Baldern bei Neresheim (7027/4), ohne nähere Angaben des Wuchsortes.

Manche Beobachtungen liegen schon über 50 Jahre zurück. Doch hat sich die Pflanze offensichtlich in den letzten Jahren verstärkt ausbreiten können. Vielleicht hat die Verwendung von Saatgut aus Frankreich diese Ausbreitung begünstigt. Eine langsame Einwanderung ist nicht auszuschließen. (In den Vogesen ist *Linaria repens* verbreitet.)

3. **Linaria arvensis** (L.) Desfont. 1800

Antirrhinum arvense L. 1753
Acker-Leinkraut

Morphologie: Therophyt, bis 30 cm hoch, bläulichgrün, meist am Grund verzweigt, im unteren Teil kahl, im oberen mit Drüsenhaaren. Blätter bis 16 mm lang, lineal-lanzettlich, kahl, schwach bereift, untere in Quirlen zu 4, obere wechselständig. Blüten in kurzen, dichten Blütenständen mit 3–15 Blüten, diese hellblau (auch gelblich), Blüten 4–8 mm lang, mit ca. 2 mm langen Blütenstielen (diese kürzer als der Kelch). Blütenstand bei der Fruchtreife verlängert. Frucht fast kugelig, Samen scheibenförmig, ca. 1 mm groß. – Blütezeit: Juli–September.

Acker-Leinkraut *(Linaria arvensis)*
Südfrankreich

Ökologie. In Hackfruchtgesellschaften auf lockeren, sandigen, meist kalkarmen, doch basenreichen, schwach sauren Böden. Vegetationsaufnahmen mit *Linaria arvensis* liegen aus dem Bergischen Land (BERGMEIER 1986, im Papaveretum argemone) und aus dem Mittelrheingebiet (KORNECK 1992, Ruderalgesellschaften) vor.

Allgemeine Verbreitung: Europa, Nordafrika, westliches Asien. In Europa v. a. im südlichen Teil, nordwärts bis Nordfrankrich und Belgien, Niedersachsen (bis 53° n. Br.), Brandenburg und Polen. In Deutschland v. a. in den wärmeren Gebieten: Oberrhein, Mittel- und Niederrhein, Maingebiet, vielerorts verschollen.

Verbreitung in Baden-Württemberg: Oberrheingebiet, auch einmal im Main- und Taubergebiet beobachtet.

Oberrheinebene: Um Mannheim an zahlreichen Stellen (SCHMIDT 1857: „hie und da"): 6416/2: Sandtorf; 6417/3: Käfertal; 6517/3: Rohrhof; 6717/1: Neulußheim; 6717/3: Wiesental. Nach DÖLL (1859) weiter: 6517/3: Friedrichsfeld; 6617/4: Sandhausen. Belege in KR: 6617/3: zw. Hockenheim und Walldorf; 6817/1: zw. Graben und Neudorf, 1890. Im Gebiet um Karlsruhe erstmals von GMELIN (1806) von Beiertheim bei Karlsruhe (7016/1) genannt („rarius"), später von DÖLL (1859) von zahlreichen Fundstellen: 6916/1: Eggenstein; 6916/3: Neureut; 7015/2: Mörsch (v. STENGEL); 7015/4: Durmersheim; 7016/1: Grünwinkel; Daxlanden; 7114/4: Iffezheim; 7115/3: Rastatt. In diesem Gebiet konnte KNEUCKER (1886) nur noch ein Vorkommen bestätigen: 6916/3: Hochrain zw. Mühlburg und Knielingen. – In der südbadischen Rheinebene wurde *Linaria arvensis* auf der Niederterrasse nahe dem Hochgestade von zahlreichen Stellen beobachtet. Ein erster Hinweis findet sich bei SPENNER (1826: 346): 8011/2: zw. Rothaus und Niederrimsingen, „inter segetes", „abunde c. Gnaphalio gallico, Galio parisiensi et Herniaria hirsuta"; 8111/4: Zienken, LANG. Weitere Beobachtungen vgl. SCHILDKNECHT (1863): 8011/4: bei Bremgarten und Hartheim (VULPIUS) und Weinstetter Hof. Letzte Beobachtung um 1900 bei Bremgarten (8011/4), GÖTZ (KR).

Bergstraße/Odenwald: 6418/3: Rittenweier (östlich Großsachsen), 1888, NEUBERGER (KR).

Linksrheinisches Gebiet: 6616/3: Speyer, SCHULTZ (1846); zahlreiche Angaben aus dem Pfälzer Wald (v. a. um Annweiler). Im Elsaß aus dem Hagenauer Gebiet bekannt, weiter von wenigen Stellen um Colmar (z. B. 7910/4: Hettenschlag – Neubreisach), vgl. ISSLER, LOYSON u. WALTER (1965). Neuere Beobachtungen sind nicht bekannt.

Maingebiet: 6222/2: Sporkert bei Wertheim, WIBEL, vgl. DÖLL (1859), hier von STOLL um 1880 mehrfach beobachtet; 6223/1: Bestenheid bei Wertheim, Sandäcker, 1884, STOLL (KR). Spätere Beobachtungen fehlen. – Benachbart im Taubergebiet: 6526/4: Weiler bei Creglingen, 1910, HANEMANN (STU-K), vgl. BERTSCH (1933), ca. 450 m, über Keuper. Weitere Beobachtungen fehlen; das Vorkommen schließt an die unbestätigten Fundstellen in Mittel- und Unterfranken (v. a. im Gebiet zw. Kitzingen und Bamberg) an.

Fragliche Angabe: Baar: 7917/1: Felder gegen Schwenningen, selten, 1879, WINTER in ZAHN (1889), über 700 m. Schon wegen der Höhenlage fraglich. Vielleicht handelte es sich um ein nur vorübergehendes Vorkommen. (Der Punkt wurde nicht in die Karte übernommen.)

Tiefste Fundstellen ca. 100 m, höchste im Oberrheingebiet 220 m, im Taubergebiet ca. 450 m. Die Pflanze ist erst mit dem Menschen in das Gebiet eingewandert (Archäophyt).

Erstnachweise: Ein Erstnachweis von Osterburken (2./3. Jh. n. Chr., KIEFER 1984) erscheint unwahrscheinlich, da die Pflanze in diesem Gebiet (mit lehmigen Böden) nie gefunden wurde. Erstmals schriftlich erwähnt wird *Linaria arvensis* bei GMELIN (1826: 692, als *Antirrhinum arvense*). POLLICH (1777) nennt die Pflanze von Sandäckern um Kaiserslautern („non rarius").

Bestand und Bedrohung: *Linaria arvensis* ist im Gebiet ausgestorben. Die meisten Beobachtungen stammen aus der Zeit vor 1880, letzte Beobachtung aus dem Jahr 1910. Im vergangenen Jahrhundert kam die Pflanze gebietsweise anscheinend nicht selten vor. Ursache des Ver-

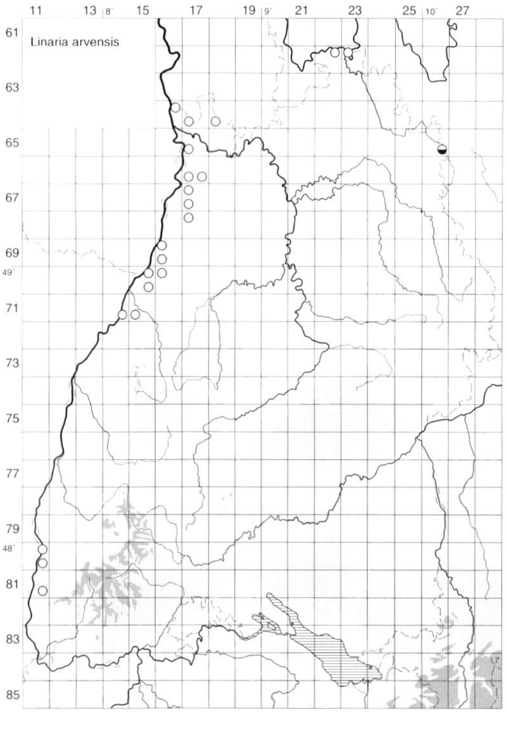

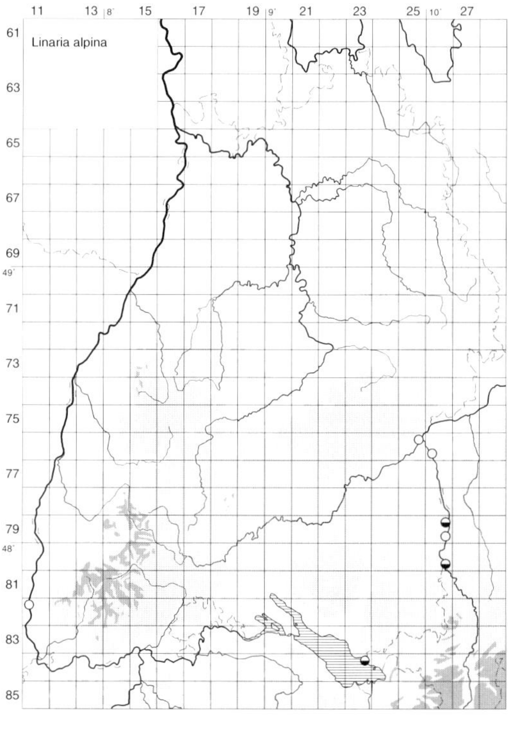

Alpen-Leinkraut *(Linaria alpina)*
Alpen

schwindens war die intensivere Landnutzung, v.a. wohl das Verschwinden von Brachflächen und die verstärkte Düngung. In der Bundesrepublik sind heute nur noch ganz wenige aktuelle Vorkommen bekannt (vgl. BERGMAIER 1986, KORNECK 1992).

4. **Linaria alpina** (L.) Miller 1768

Antirrhinum alpinum L. 1753
Alpen-Leinkraut

Morphologie: Hemikryptophyt (auch Therophyt), bis 10 cm hoch, niederliegend-aufsteigend. Pflanze bläulichgrün, kahl. Blätter im unteren Teil zu 3–4 quirlständig, im oberen wechselständig, schmal lanzettlich, bis 1 cm lang. Blütenstand wenigblütig, Blüten (mit Sporn) 12–19 mm lang, violett mit orangegelbem Gaumen. Frucht eiförmig, bis 7 mm lang, Samen oval, abgeflacht, bis 2 mm im Durchmesser, bis 0,5 mm dick, mit schmalem Flügelrand. – Blütezeit: Juni–August.
Ökologie: In Steinschuttgesellschaften der alpinen Stufe, meist auf kalkhaltigen, basischen, rohen Rohböden, gern in Schotterfluren der Flüsse. – Vegetationsaufnahmen aus dem benachbarten Allgäu vgl. OBERDORFER (1950: 86).

Allgemeine Verbreitung: Süd- und mitteleuropäische Gebirge: Nordspanische Gebirge und Pyrenäen, Alpen (bis 4100 m hochsteigend), Apennin, Karpaten, Gebirge der Balkan-Halbinsel, mit den Flüssen oft in die Vorländer herabsteigend.
Verbreitung in Baden-Württemberg: Oberrhein, Alpenvorland (an der Iller bis Ulm reichend, Bodensee), benachbart in der Schweiz an der unteren Aare und am Hochrhein. – Verbreitungskarte vgl. BRESKINSY (1965)).

Oberrhein: 8211/1: „zuweilen auf dem Kies der Rheininsel bei Steinenstadt, VULPIUS" (SCHILDKNECHT in KR-K), Beobachtung vor 1863 (also vor oder kurz nach der Rheinkorrektion), ca. 220 m. Spätere Beobachtungen fehlen.
Alpenvorland: Im Bodenseegebiet benachbart am Bodenseeufer bei Wasserburg (8423/2), VOLLMANN (1914). An der Iller entlang, hier schon von HARDER um 1576–94 gesammelt, später von VALET (1847) für das Ulmer Gebiet als nicht selten bezeichnet, nach MAHLER (1898): 7625/2: Wiblingen; 7626/3: Oberkirchberg, ca. 470 m. 7926/4: Egelsee, 1843 (STU-K); 8026/4: Aitrach, 1822, LINGG (STU-K), MARTENS, GESSLER in v. MARTENS u. KEMMLER (1882), an der Iller nach BERTSCH (1933) mehrfach zwischen Aitrach und Unteropfingen („5 Standorte"), von ihm selbst an 2 Stellen beobachtet: 7926/2 (?): Unteropfingen, 8026/4 (?): Marstetten. Heute an der Iller nur noch auf bayerischem Gebiet

bekannt (DÖRR 1978: 8327/2: bei Martinszell – Rauns bei Waltenhofen, 1958).

Linaria alpina hatte im Gebiet beständige Vorkommen an der Iller, während das am Oberrhein offensichtlich nur vorübergehend bestand. Auch am Bodensee existierte *Linaria alpina* anscheinend nur kurze Zeit. Fundstellen in Höhen von 220 bis 590 m.

Erstnachweis: Der erste Hinweis findet sich bei H. HARDER um 1576–94: „es wext allain auff den griesern an den waßern als bey der Tonaw Iler und andern waßern" (SCHINNERL 1912: 232).

Bestand und Bedrohung: In Baden-Württemberg ausgestorben. Ursachen sind die Regulierung der Flüsse und das damit verbundene Verschwinden der Kiesbänke.

Linaria genistifolia (L.) Miller 1768
Ginsterblättriges Leinkraut

Geophyt, Pflanze ausdauernd, kahl, etwas bereift, bis 1 m hoch, v.a. im oberen Teil verzweigt. Blätter eiförmig-lanzettlich, bis 3–6 cm lang und 4 cm breit. Krone 13–20 mm lang, zitronengelb, Samen 1,2 mm groß.

Pflanze auf mäßig trockenen, sandig-kiesigen, kalkhaltigen basischen, mäßig nährstoffreichen Böden, im Gebiet zusammen mit *Echium vulgare, Berteroa incana* und *Bromus squarrosus.*

Pflanze Südosteuropas (bis Italien, Slowakei und Tschechien). Im Gebiet eingeschleppt: 6516/2 (?): Mannheim, Hafen, 1897–1903, ZIMMERMANN (1907); 6916/3: Karlsruhe, Rheinhafen, hier 1937 von JAUCH entdeckt (KR, vgl. OBERDORFER 1951: 189). Der Bestand hat sich auf kleiner Fläche bis heute gehalten, ohne Tendenzen zu einer weiteren Ausbreitung. – Vorkommen in den Nachbargebieten vgl. BUTTLER (1981): Vorkommen bei Groß-Auheim im unteren Maingebiet, das sich über 30 Jahre gehalten hat, ebenfalls ohne besondere Tendenz einer weiteren Ausbreitung.

Linaria supina (L.) Desf. 1790
Niedriges Leinkraut

Pflanze einjährig bis ausdauernd, bis 20 cm hoch, niederliegend-aufsteigend, am Grund stark verzweigt, etwas blaugrün bereift, im Blütenstandsbereich zerstreut drüsig behaart. Blätter lineal-lanzettlich, meist 1(–3) cm lang. Blütenstand wenigblütig, Krone gelb, 10–20 (25) mm lang. Samen 2–3 mm groß, scheibenförmig, mit breitem Hautrand.

Westliches Mittelmeergebiet bis Südengland, Nordfrankreich und Westalpen. Im Gebiet wenige synanthrope Vorkommen, sich einbürgernd? Wuchsorte sind offene Ruderalgesellschaften auf mäßig trockenen, kalkreichen, basischen, meist kiesigen Böden in warmer Klimalage. Im Gebiet zusammen mit *Petrorhagia prolifera* und *Scrophularia canina.*

7121/1: Güterbahnhöfe von Kornwestheim und Ludwigsburg, 1968 von GLOCKER entdeckt, vgl. SEBALD u. SEYBOLD (1969: 234); 7412/2: Rheinhafen von Kehl, auf kleiner Fläche zahlreich, 1989, GRIESE und KLEINSTEUBER, 1994 noch vorhanden (KR-K). Frühere Beobachtungen im Hafen von Mannheim (1896, 99) und bei Straßburg (1830). – Die Art scheint sich langsam einzubürgern.

6. **Antirrhinum** L. 1753
Löwenmaul

Einjährige oder mehrjährige Arten, auch Halbsträucher. Blätter ungeteilt, untere gegenständig, obere wechselständig. Krone außen flaumig drüsig, Oberlippe zweizipflig, Unterlippe dreizipflig, Krone ohne eigentlichen Sporn, am Grund nur mit einer sackartigen Erweiterung. Staubblätter nicht aus der Krone herausragend, Schlund verschlossen. Fruchtkapsel mit zwei ungleichen Fächern, sich mit einer bzw. zwei Poren öffnend.

Gattung mit ca. 40 Arten im Mittelmeergebiet und 10 Arten im südwestlichen Nordamerika. In Europa 19 Arten, in Deutschland 2.

1 Blüten bis 1,4 cm lang, fleischrosa, Kelchzipfel fast so lang wie Kronröhre, Blütenstand locker
1. *A. orontium*

– Blüten bis 4 cm lang, weiß oder rot, Kelchzipfel kürzer als Kronröhre, Blütenstand dicht . . . .
A. majus, S. 278

1. **Antirrhinum orontium** L. 1753
Misopates orontium (L.) Rafin. 1840
Acker-Löwenmaul

Morphologie: Therophyt, bis 40 cm hoch, schlank, graugrün, meist dicht abstehend drüsig behaart. Blätter lineal, untere gegenständig, obere wechselständig. Blütenstand sehr locker, Blüten einzeln, kurz gestielt, in Achseln von Tragblättern. Krone 1–1,4 cm lang, fleischrosa, mit dunklen Streifen. Fruchtkapsel eiförmig, 8–10 mm groß, dicht behaart, Samen eiförmig, etwas abgeflacht, 1 mm groß. – Blütezeit: Juni–September.

Ökologie: Einzelne Pflanzen an lichtreichen, mäßig trockenen bis mäßig frischen, mäßig nährstoffreichen, meist kalkarmen, mäßig sauren, oft sandigen oder grusigen Lehmböden, in wintermilder Klimalage. – In Hackfruchtgesellschaften, v.a. in Weinbergen (meist Randbereiche!) mit skelettreichen Böden, auch in Gärten, seltener in Halmfruchtgesellschaften, an Weinbergsmauern (beständige Vorkommen), vielfach in Gleisanlagen (unbeständige Vorkommen) oder an ruderalen Wegrändern. Zusammen mit *Stachys arvensis* lokale Kennart des Setario-Stachyetum, auch im Panico-Chenopodietum (Chenopodio-Oxalidetum), zusammen mit *Kickxia elatine* in Stoppelfeldern. – Vegetationsaufnahmen vgl. PHLIPPI (1994: 51), in synthetischen Tabellen vgl. KNAPP (1963: 138, Raphanetum) und OBERDORFER (1957: Setario-Stachyetum, Panico-Chenopodietum). – Zur Ökologie vgl. SCHNEIDER u. Mitarb. (1994).

Allgemeine Verbreitung: In Europa, Asien (bis China), Nordafrika, eingeschleppt in Nordamerika und Südafrika. In Europa Schwerpunkt des Vorkommens im Mittelmeergebiet, nordwärts bis Südengland, Dänemark und Südschweden reichend. In Deutschland v. a. in Mittelgebirgslandschaften mit kalkarmen Böden verbreitet, nordwärts bis Schleswig-Holstein, im niedersächsischen Tiefland und im Alpenvorland seltener oder fehlend.

Verbreitung in Baden-Württemberg: Im Oberrheingebiet (bis Hochrheingebiet), Odenwald, Schwarzwald. Vereinzelt im Bauland (Keuper), Stromberg und Heuchelberg, Neckargebiet, selten auch im Alpenvorland. Daneben vorübergehendes Auftreten in Ulm (Bahnhof, vgl. MÜLLER 1957).

Gebietsweise wurde die Pflanze früher als häufig bezeichnet, so z. B. im Freiburger Gebiet oder in der Umgebung von Buchen (Grenzgebiet Bauland – Odenwald); genauere Fundangaben fehlen vielfach. Ein Großteil der aktuellen Angaben bezieht sich auf Vorkommen in Gleisanlagen, wo *Antirrhinum or.* sich meist nur kurze Zeit halten dürfte; aus Äckern und Gärten liegen relativ wenige jüngere Beobachtungen vor.

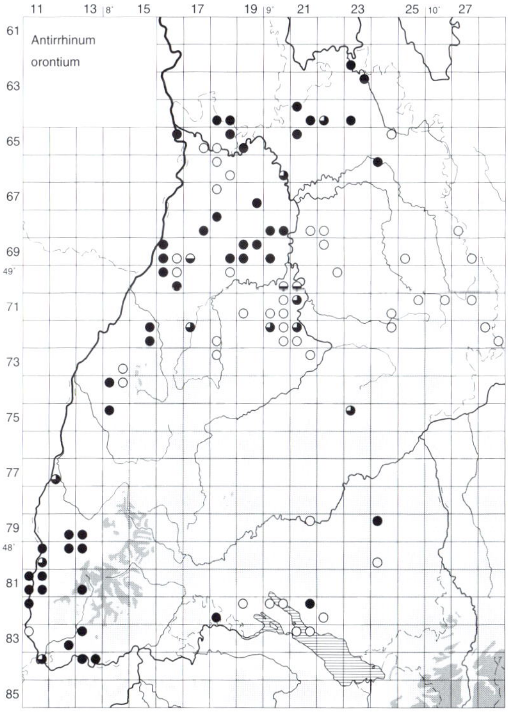

Acker-Löwenmaul *(Antirrhinum orontium)*
Freudental, 27. 9. 1992

Tiefste Fundstellen im Oberrheingebiet, ca. 100 m, höchste im Schwarzwald 735 m (8113/3: Oberböllen, Garten). – Die Pflanze ist erst mit dem Menschen in das Gebiet eingewandert (Archäophyt).

Erstnachweis: H. HARDER hat um 1576–94 die Pflanze in der Umgebung von Geislingen – Ulm gesammelt.

Bestand und Bedrohung: Die Pflanze ist stark zurückgegangen, stärker zurückgegangen, als es die Karte erkennen läßt. Bei den Vorkommen in Äckern handelt es sich in der Regel um kleine (bis sehr kleine) Populationen (meist weniger als 20 Pflanzen), die Vorkommen in Gleisanlagen (oft auf wenige m^2 beschränkt) sind individuenreicher, aber meist kurzlebig. Beständige (wenig gefährdete) Populationen kennen wir von (wenigen) Weinbergsmauern. – Ursachen des Rückganges sind Intensivierung der Nutzung und verstärkte Düngung. – Die Pflanze ist als stark gefährdet einzustufen (G 2) (im Gebiet der alten Bundesrepublik als gefährdet G 3).

Antirrhinum majus L. 1753
Großes Löwenmaul

Chamaephyt, ausdauernd, bis 70 cm hoch, untere Stengelabschnitte verholzend, dunkelgrün, mindestens oberwärts drüsig behaart. Blätter eiförmig-lanzettlich, untere gegenständig, obere wechselständig. Blüten 3–4 cm groß, rot oder weiß. Samen kurz-walzlich, 1 mm groß. – Blütezeit: Juni–September.

An sonnigen Mauern mit meist mäßig stickstoffreichen, kalkhaltigen Spaltfüllungen in warmer Klimalage. Als Zierpflanze häufig angebaut, nicht selten verwildernd. Dauerhafte Vorkommen sind offensichtlich nur aus dem Neckargebiet bekannt (vgl. KIRCHNER 1888, SEYBOLD 1968): 6920/4: Besigheim, Stadtmauer, 7020/4: Hohenasperg, Festungsmauern. – Erste Erwähnung bei C. C. GMELIN (1806: 695–696): „circa Durlach et Ettlingen in muris antiquis".

Heimat: Westliches Mittelmeergebiet, in Mitteleuropa seit dem 15. Jahrhundert kultiviert.

7. **Scrophularia** L. 1753
Braunwurz

Kräftige (z. T. verholzte) Pflanzen. Blätter gegenständig, ungeteilt bis fiederschnittig. Kronröhre kurz, dadurch Blüte fast kugelförmig, Kelch fünfteilig, 4 Staubblätter, ein fünftes zu einer Honigschuppe (auf der Oberlippe) umgewandelt. Samen zahlreich, klein.

Eine Gattung mit ca. 250 Arten, vor allem auf der Nordhalbkugel vertreten. In Europa ca. 30 Arten (meist im Mittelmeergebiet und Südosteuropa).

1 Blätter fiederteilig . . . . 4. *S. canina*
– Blätter ungeteilt 2
2 Stengel wollig behaart, Blüten in doldenartigen Teilblütenständen in Achseln der Blätter, Blüten gelb . . . . *S. vernalis* S. 281
– Stengel nicht wollig behaart, Blüten in verlängerten Blütenständen, braun bis rotbraun . . . 3
3 Stengel nicht geflügelt (scharfkantig), Kelchzipfel schmal hautrandig. Pflanze dunkelgrün, unangenehm riechend . . . . 1. *S. nodosa*
– Stengel geflügelt, Kelchzipfel deutlich hautrandig, Pflanze frischgrün, nicht unangenehm riechend 4
4 Blätter stumpf, am Grund herzförmig, hier oft mit zwei ovalen, von der übrigen Blattspreite abgesetzten Abschnitten. Flügel des Stengels höchstens ¼ so breit wie der übrige Stengel. Honigschuppe der Blüte kaum breiter als lang, vorn nicht ausgerandet. . . . 3. *S. auriculata*
– Blätter spitz, am Grund meist verschmälert, ohne besondere Abschnitte am Grund. Flügel des Stengels etwa ⅓ bis ½ so breit wie der übrige Stengel. Honigschuppe der Blüte 1,5- bis 3mal so lang wie breit, vorn ausgerandet . . . . 2. *S. umbrosa*

1. **Scrophularia nodosa** L. 1753
Knotige Braunwurz

Morphologie: Hemikryptophyt, Pflanze bis 1 m hoch, aufrecht, wenig verzweigt, unangehm riechend, kahl, nur im Blütenstandsbereich drüsig. Rhizom knollig verdickt (Name!). Untere Blätter herzförmig, zugespitzt, scharf gesägt, obere sich keilförmig in den Blattstiel verschmälernd. Krone braun bis schmutzigbraun, Kelchzipfel mit nur schmalem Hautrand. Kapsel kugelig-eiförmig. – Blütezeit: Juni–September. Insektenbestäubung (Wespen), Selbstbestäubung.

Ökologie: In einzelnen Pflanzen an halbschattigen bis schattigen, frischen, mäßig nährstoffreichen Stellen, gern an kalkarmen (neutralen bis schwach sauren) Lehmböden. – An Wegrändern in nitrophytischen Staudengesellschaften, in Buchen- und Buchenmischwäldern, in Auenwäldern. – In zahlreichen Vegetationsaufnahmen dieser Stellen enthalten, doch meist nur in geringer Menge.

Allgemeine Verbreitung: Europa, Asien bis China und Japan, eingebürgert in Nordamerika. In Europa im Ostseegebiet nordwärts bis ca. 65° n. Br.,

Knotige Braunwurz (*Scrophularia nodosa*)

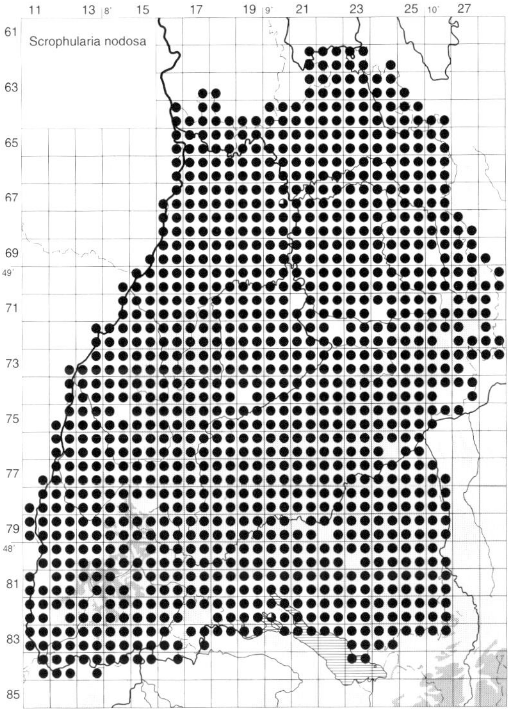

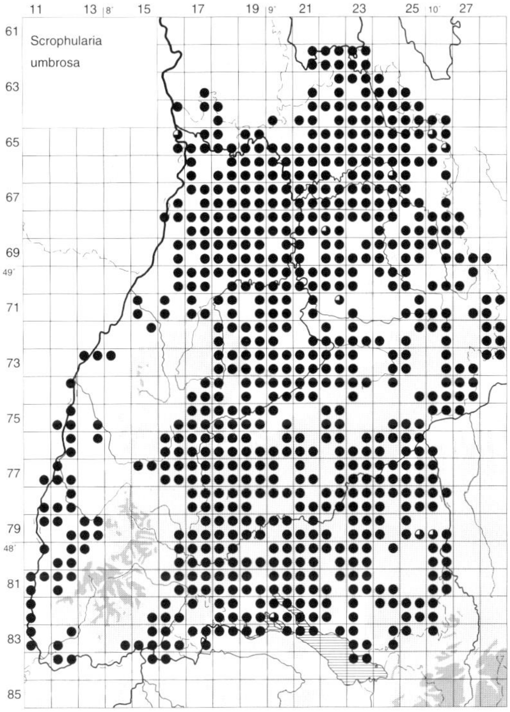

in Norwegen bis 70° n. Br. Im Mittelmeergebiet seltener und gebietsweise fehlend. – In Deutschland verbreitet und meist häufig.

Verbreitung in Baden-Württemberg: Im ganzen Gebiet verbreitet, meist häufig, wenn auch nicht in großer Menge. – Tiefste Fundstellen in der Oberrheinebene, ca. 95 m, höchste im Schwarzwald bis über 1000 m (8114/1: Feldsee, 1100 m). Wenn auch die meisten Vorkommen durch den Menschen gefördert wurden, dürfte die Pflanze doch vor dem Eingriff des Menschen im Gebiet vorhanden gewesen sein.

Erstnachweise: Der älteste Nachweis stammt aus dem 29. Jh. v. Chr. (Allensbach, KARG 1990). H. HARDER hat ca. 1562 die Pflanze in der Umgebung von Geislingen – Ulm gesammelt (ZIMMERMANN 1937).

Bestand und Bedrohung: Nicht bedroht, eher Zunahme infolge der Eutrophierung zu erwarten.

2. Scrophularia umbrosa Dum. 1827

S. alata Gilib. 1781, *S. neesii* Wirtg. 1844
Geflügelte Braunwurz

Morphologie: Hemikryptophyt, bis 1,2 m hoch, aufsteigend, ausladend beastet, Pflanze kahl, nur oberster Teil des Stengels und Blütenstiele drüsig. Untere Blätter herzförmig, obere mit keilförmigem Grund, gesägt bis gekerbt. Blüten rostbraun; Honigschuppe (an der Oberlippe) 1,5- bis 3mal so breit wie lang, vorn ausgerandet. Kapsel kugelig. – Blütezeit: Juni–September; Wespenblume.

Ökologie: Einzelne Pflanzen an feuchten bis nassen, gern etwas quelligen Stellen mit bewegtem Wasser, auf mäßig nährstoffreichen, kalkhaltigen, basischen Lehm- und Schlammböden. – Gern an Gräben, an Quellstellen, an Gewässerrändern, meist an Stellen mit nicht zu hoher Vegetation, in Staudengesellschaften mit *Epilobium hirsutum* (Convolvulion-Gesellschaften). Vegetationsaufnahmen vgl. z. B. KUHN (1937: 88), LANG (1973, z. T. in Röhrichtgesellschaften) oder PHILIPPI (1981: 576, eigene *Scrophularia umbrosa*-Gesellschaft).

Variabilität: Formenreiche Sippe. Neben der typischen Form wurde subsp. *neesii* (Wirtg.) E. Mayer unterschieden: Basalblätter gekerbt, Blüten rot. Nach BERTSCH (1948) im Neckargebiet und engeren Bodenseegebiet zerstreut. Der systematische Wert dieser Sippe ist umstritten.

Allgemeine Verbreitung: Europa, Asien bis zum Altai und Tibet. In Europa v. a. im südlichen und mittleren Teil, nordwärts im Ostseegebiet bis Dänemark und bis zum Baltikum, sehr selten auch

Geflügelte Braunwurz *(Scrophularia umbrosa)*
Burkheim

im südlichen Schweden. In Deutschland v.a. im südlichen und mittleren Teil, in kalkarmen Gebieten seltener oder fehlend.

Verbreitung in Baden-Württemberg: In Kalkgebieten mit Gewässern verbreitet, im Schwarzwald und Odenwald wegen zu armer Substrate fehlend, in Teilen der Schwäbischen Alb wegen des Fehlens von Gewässern größere Verbreitungslücken. Weiter in Teilen des Alpenvorlandes, des Schwäbisch-Fränkischen Waldes oder auch der Oberrheinebene selten oder fehlend.

Tiefste Fundstellen in der Oberrheinebene, ca. 95 m, höchste in der Schwäbischen Alb ca. 900 m (Bertsch 1948). – *Scrophularia umbrosa* ist in einer Naturlandschaft gut vorstellbar (z.B. in Abflüssen von Kalkquellen) und dürfte somit im Gebiet urwüchsig sein.

Erstnachweise: Die ältesten Funde reichen in das 2./3. Jh. n.Chr. zurück (Sontheim/Brenz, Rösch 1991a). H. Harder hat die Pflanze um 1574–76 in der Umgebung von Geislingen – Ulm gesammelt (Schorler 1908).

Bestand und Bedrohung: Reiche Bestände, die nicht bedroht erscheinen. *Scrophularia umbrosa* kann eine gewisse Eutrophierung der Gewässer relativ gut ertragen.

3. Scrophularia auriculata L. 1753

S. aquatica auct., non L., *S. balbisii* Hornemann
Wasser-Braunwurz

Morphologie: Hemikryptophyt, bis 1,25 m hoch, ähnlich *S. umbrosa*, doch Pflanze weniger beastet und dunkler grün (*S. umbrosa* lichtgrün). Blätter stumpf, kerbig gesägt, am Grund meist mit zwei eiförmigen, von der Blattspreite abgesetzten Öhrchen. Krone 8–10 mm, rotbraun. – Blütezeit: 2. Junihälfte–September.

Ökologie: Einzelne Pflanzen an feuchten bis nassen Uferstellen auf meist kalkreichen, basischen, meist (mäßig) nährstoffreichen Lehmböden, v.a. an Stellen mit nicht zu hoher Vegetation. – Vegetationsaufnahmen aus dem Gebiet fehlen.

Allgemeine Verbreitung: Atlantische Pflanze, v.a. im westlichen und südwestlichen Europa, nordwärts bis Belgien, Schottland und Irland, ostwärts bis zum Oberrhein und Genfer See, Italien, Kreta, Nordafrika, Azoren.

Verbreitung in Baden-Württemberg: Oberrheinebene, hier an wenigen Stellen um Karlsruhe und in der Freiburger Bucht beobachtet.

Oberrheinebene: 6916/1: Eggenstein, Kneucker (1886); 6916/3: Neureut, 1892, Kneucker (KR); 6916/3: Knielingen, 1840 von A. Braun entdeckt (Döll 1843: 326);

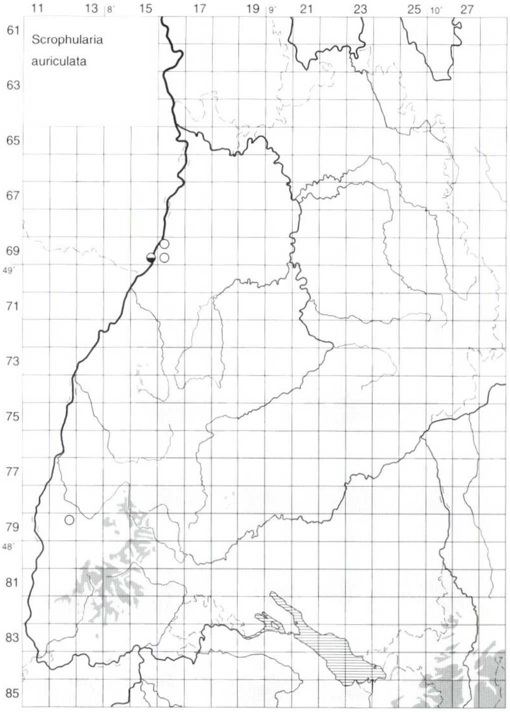

Wasser-Braunwurz (*Scrophularia auriculata*)
Norditalien

6915/4: Federbach bei Daxlanden, GILG in KNEUCKER (1886), von hier zahlreiche Belege (v.a. nördlich des Hafenkanals), zuletzt 1925 KNEUCKER und 1935 JAUCH (KR), vgl. auch KNEUCKER (1935: 213): „früher am einstigen unteren Lauf des Federbaches ziemlich häufig", „nur noch wenige kümmerliche Reste vorhanden". Spätere Beobachtungen fehlen. – 7912/2 (?): Hochdorf, 7912/2: Neuershausen, NEUBERGER (1912), bei Hochdorf von NEUBERGER selbst beobachtet, wohl vor 1900. Von diesen Fundstellen fehlen Belege. – Fundstellen in einer Höhenlage zwischen 100 und 200 m.

Vorkommen in den Nachbargebieten: Pfalz an wenigen Stellen (Kandel, Wörth, vgl. SCHULTZ, VOLLMANN); Elsaß von zahlreichen Stellen des Illgebietes bis Straßburg und des Sauer-Gebietes im Unterelsaß angegeben, weiter aus der Umgebung von Bitsch. Jüngere Bestätigungen fehlen. – Nächste in jüngerer Zeit bestätigte Vorkommen im Saarland.

Die Pflanze, die Gewässerränder ohne Beschattung verlangt, ist sicher erst mit dem Menschen in das Gebiet eingewandert (Archäophyt).
Erstnachweis: Die erste Erwähnung findet sich bei DÖLL (1843).
Bestand und Bedrohung: Die Pflanze ist in Baden-Württemberg seit etwa 1935–40 ausgestorben. Ursachen des Verschwindens waren wohl Eutrophierung der Gewässer und ihr Ausbau (v.a. Verlust offener Uferstellen). Sicher hat beim Verschwinden der Pflanze die Lage an der östlichen Verbreitungsgrenze eine Rolle gespielt.

Scrophularia vernalis L. 1753
Frühlings-Braunwurz

Morphologie: Hemikryptophyt, bis 60 cm hoch. Pflanze wollig (bis zottig) behaart, Blätter herzförmig. Blüten in langgestielten Teilblütenständen in den Blattachseln. Krone 6–8 mm lang, gelbgrün. – Blütezeit: Mai–Juni.
Ökologie: In Parkanlagen, an Wegrändern, an aufgelichteten Stellen von Wäldern, meist zusammen mit *Alliaria petiolata* an nährstoffreichen, mäßig frischen Lehmböden. – Vegetationsaufnahmen mit *Scrophularia vernalis* liegen aus dem Gebiet nicht vor.
Allgemeine Verbreitung: West- und Mitteleuropa, südwärts bis Pyrenäen, Sizilien, Jugoslawien und Südrußland, nordwärts bis Frankreich. Als Bienenfutterpflanze teilweise angebaut und dadurch verschleppt, so z.B. vielfach in England und Schottland eingebürgert.
Vorkommen in Baden-Württemberg: Oberrheingebiet: 6916/3: Karlsruhe, als Unkraut im großherzoglichen Forstgarten, nach den Belegen in KR zwischen 1885–1906 beobachtet; Vorkommen inzwischen erloschen. Wohl nur vorübergehendes Auftreten. – Offensichtlich beständige Vorkommen in den Südvogesen (Umgebung von Steinbach bei Thann), in den Nordvogesen (bei Bitsch) und in der Südpfalz.

4. Scrophularia canina L. 1753
Hunds-Braunwurz

Morphologie: Hemikryptophyt, bis 70 cm hoch, meist bogig aufsteigend, Pflanze unangenehm riechend. Stengel am Grund verholzt, wie ganze Pflanze dunkelgrün, obere Teile oft violettbraun überlaufen, kahl, nur im Blütenstandsbereich drüsig. Blätter tief fiederschnittig, mit entfernt stehenden, schmalen, eiförmig-lanzettlichen bis lineal-lanzettlichen Abschnitten. Krone weiß berandet, Samen ca. 2 mm lang. – Blütezeit: Juni–September.

Formenreiche Sippe, die in mehrere Unterarten aufgeteilt wird. Im Gebiet nur die subsp. *canina*: Oberlippe ca. ⅓ so lang wie die Kronröhre. Die subsp. *hoppii* (Koch 1833) Fournier 1937 (Oberlippe ½ bis ⅔ so lang wie die Kronröhre) in höheren Lagen, z.B. im Schweizer Jura.
Biologie: Fruchtkapseln im Gebiet sehr oft mit Gallen, die von der Gallmücke *Asphondylia* spec. verursacht werden (HARTL in HEGI 1965).
Ökologie: Einzelne Pflanzen an lichtreichen bis sonnigen, trockenen bis mäßig trockenen, kiesigen bis schuttreichen, kalkreichen, basischen Rohböden, meist in trocken-warmer Klimalage (in den Alpen bis 800 m). – In lückigen Pioniergesellschaften mit *Epilobium dodonaei* und

Echium vulgare, Kennart des Epilobio-Scrophularietum caninae, in Kiesgruben, an Dämmen, auch an Halden von Steinbrüchen oder in Gleisanlagen. – Vegetationsaufnahmen vgl. TH. MÜLLER (1974: 285), v. ROCHOW (1951: 30), OBERDORFER (1957).

Allgemeine Verbreitung: Mittelmeergebiet bis zur Krim und bis Armenien, nordwärts bis Mittelfrankreich, Schweiz, Oberrheingebiet, im Gebiet die Nordgrenze der Verbreitung erreichend.

Verbreitung in Baden-Württemberg: Oberrheingebiet, Schwerpunkt v. a. zwischen Basel und Breisach, nordwärts bis Karlsruhe zerstreut, zwischen Karlsruhe und Mannheim nur an wenigen Stellen. Unteres Hochrheingebiet. Gelegentliche Verschleppungen in Steinbrüche der Vorbergzone des Schwarzwaldes und der Bergstraße, weiter auch in das Neckargebiet.

Rheinniederung: 6516/2: Mannheim, Hafen, hier erstmals von LUTZ (1885) erwähnt, weitere Beobachtungen vgl. HEINE (1952). Zwischen Mannheim und Karlsruhe nur wenige (z. T. nur vorübergehende) Vorkommen bekannt. Zwischen Rastatt und Breisach hat die Pflanze durch den Bau der Kanalschlingen nach 1960 deutlich zugenommen.
Übriges Oberrheingebiet: Verschleppungen durch Rheinkies u. ä. vielfach, bereits SCHILDKNECHT (1863) waren derartige Vorkommen im Freiburger Gebiet be-

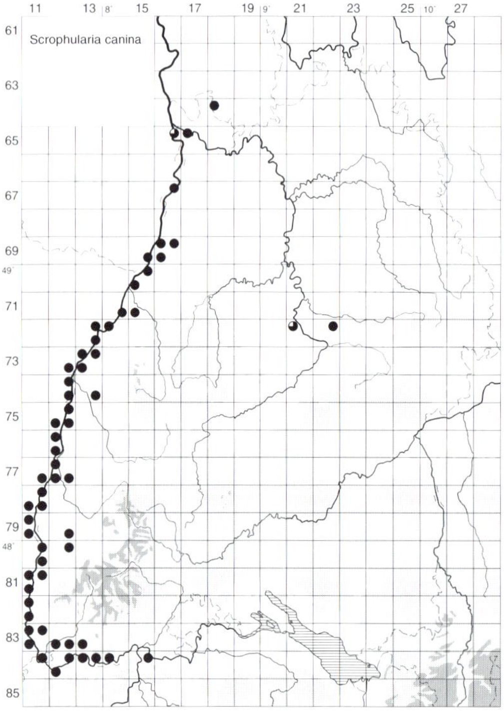

Hunds-Braunwurz (*Scrophularia canina*)
Südlich Breisach

kannt. 6418/1: Weinheim, Porphyrbruch, 1987, DEMUTH (KR-K); 7413/4: Appenweier, Bahnhof, 1985, PHILIPPI (KR-K); 7912/4, 8012/2: Freiburg, Güterbahnhof, KOCH (KR-K), um Freiburg an den Dreisamdämmen bereits SCHILDKNECHT bekannt. Bahnhöfe der Wiesentalbahn: 8312/3: Haagen, 1990, DEMUTH (KR-K), 8312/4: Schopfheim, sehr zahlreich, 1994, BREUNIG (KR-K). Frühere Beobachtung: 8213/1: Schönau, 600 m, 1967, WIRTH. – Isolierte Fundstelle am Hochrhein: 8415/2: Dangstetten QUINGER (KR-K); nach KUMMER rheinaufwärts bis Nohl bei Schaffhausen (8317/2).

Daneben im Rheingebiet mehrere kleine Vorkommen mit 1–2 Stöcken, die nicht in die Karte aufgenommen wurden!
Neckargebiet: Güterbahnhöfe um Stuttgart mehrfach, z. T. als Irrgast angesehen, z. T. dauerhafte Vorkommen, vgl. KREH (1950: 118, 1953: 79, „ein Dutzend Pflanzen" auf dem Hauptgüterbahnhof in Stuttgart, 7221/1, 1959: 148), SEYBOLD (1968: 260). Neuere Beobachtung: 7222/2: Nonnenberg bei Manolzweiler, 1984, SEYBOLD (STU-K).

Fundstellen in Höhen zwischen 95 m (bei Mannheim) und 350 m (Dangstetten bei Waldshut).

Ob *Scrophularia canina* vor den großen Eingriffen des Menschen im Gebiet vorhanden war, erscheint unsicher. Vorkommen auf hoch gelegenen Stellen der Kiesbänke am Oberrhein sind denkbar. Eine Einstufung als Archäophyt erscheint besser.

Erstnachweise: Die erste Erwähnung der Pflanze findet sich bei BAUHIN (1622: 68) „ad ripam Rheni versus Crentzachum" (Grenzach bei Basel). ROTH VON SCHRECKENSTEIN (1798: 108) nennt die Pflanze für Müllheim.

Bestand und Bedrohung: In reichen Beständen (v.a. am südlichen Oberrhein) vorhanden, als (leicht) hemerophile Art z.T. noch in Ausbreitung. Nicht gefährdet.

8. **Mimulus** L. 1753

Gauklerblume

Einjährige oder ausdauernde Kräuter mit gegenständigen Blättern, Blüten einzeln, Kelch glokkig, Krone mit zylindrischer bis trichteriger Kronröhre, Oberlippe zweizipflig, Unterlippe dreizipflig. Fruchtkapsel zweiklappig aufspringend.

Gattung mit ca. 80 Arten, v.a. im westlichen Nordamerika, weiter in Südamerika, Australien, Neuseeland, Afrika und Asien. In Europa 3 aus Nordamerika eingeschleppte Arten.

1 Pflanze kahl oder oben etwas drüsig, obere Blätter sitzend bis halbstengelumfassend, Krone 25–45 mm lang . . . . 1. *M. guttatus*
– Pflanze klebrig-drüsenhaarig, oft stark nach Moschus duftend, alle Blätter kurz gestielt, Krone 10–20 mm lang . . . . 2. *M. moschatus*

Mimulus luteus L. 1753 wird mehrfach aus dem Gebiet genannt. Diese Angaben beziehen sich auf *M. guttatus*. *M. luteus* hat einen drüsenlosen Blütenstand, die Tragblätter der Blüten sind länger (25–70 mm lang). *M. luteus* (Heimat Chile) ist in Europa in Schottland eingebürgert.

1. **Mimulus guttatus** DC. 1813

Mimulus luteus auct., non L.
Gelbe Gauklerblume

Morphologie: Hemikryptophyt, bis 60(90) cm hoch, aufrecht oder aufsteigend, ausladend beastet, im unteren Teil kahl, im oberen zerstreut drüsenhaarig. Blätter im unteren Teil gestielt, im oberen sitzend, teilweise stengelumfassend, unregelmäßig grob gesägt. Kelch drüsig behaart, zur Fruchtzeit etwas aufgeblasen. Krone 25–45 mm lang, dottergelb, Unterlippe oft rot gepunktet. Samen bis 0,5 mm lang, eiförmig, etwas abgeflacht. – Blütezeit: Juni–September.

Ökologie: Meist an feuchten bis nassen Stellen, gern mit quellig bewegtem Wasser, auf kalkarmen, basenreichen, (schwach) sauren mäßig nährstoffreichen, kiesigen bis sandig-lehmigen Böden, seltener auch auf kalkreichen, basischen Standorten. In Einzelpflanzen auf Kiesbänken (z.B. im Rorippo-Agrostidetum), in lückigen Röhrichten, in Staudenfluren mit *Epilobium hirsutum*, in quelligen Wiesengräben, diese infolge des sparrigen Wuchses oft ganz auskleidend. Die Pflanze hat sich als Neophyt in die bestehende Vegetation eingepaßt, ohne andere Arten zu verdrängen. – Vegetationsaufnahmen vgl. OBERDORFER (1971: 263), GÖRS u. MÜLLER (1974: 266), SCHWABE (1987: 84, 85: Karte).

Allgemeine Verbreitung: Aus dem westlichen Nordamerika stammend (von Alaska bis Neu-Mexiko reichend), eingeschleppt im östlichen Nordamerika, in Südamerika, Europa und Neuseeland. In Europa im temperaten Bereich von England und Irland bis Polen und Rußland reichend, in Nordeuropa vereinzelt bis 62° n.Br. Erste Beobachtungen in Europa 1815 (Schottland), in Deutschland 1824 (Hunte bei Oldenburg).

Verbreitung in Baden-Württemberg: Schwarzwald, hier v.a. an der Murg, Rench, Kinzig, Breg, Wutach und Alb bei St. Blasien eingebürgert,

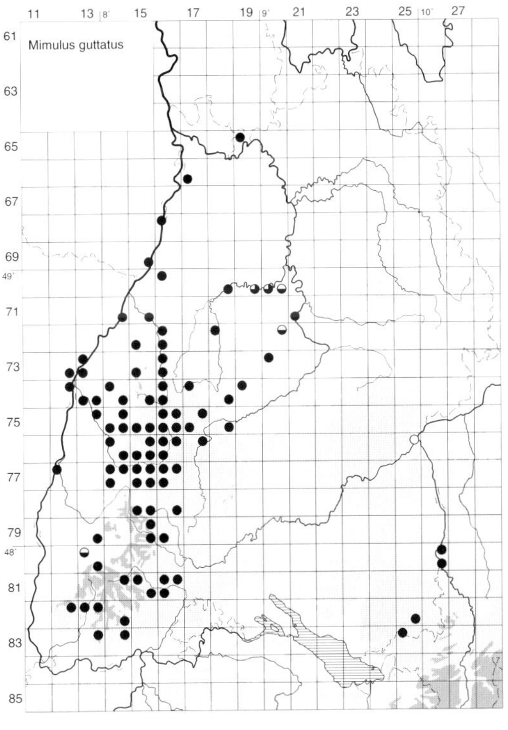

Gelbe Gauklerblume *(Mimulus guttatus)*
Wutach, 29. 8. 1994

meist in größerer Menge vorkommend. Dreisamgebiet selten, an der Elz fehlend. Mit den Flüssen bis in das Vorland des Schwarzwaldes, so vereinzelt in der Rheinebene bis hin zum Rhein (hier unbeständig, meist nur in geringer Menge). Selten am Oberen Neckar und an der Enz, um Stuttgart nur vorübergehend (vgl. die Zusammenstellung von SEYBOLD 1968: 261). Odenwald selten.

Alpenvorland: Früher an der Schwarzach (BERTSCH 1948), heute selten im Westallgäuer Hügelland und an der Iller.

Alpenvorland: Einzelangaben vgl. DÖRR (1978: 204): 8225/4: Stausee bei Gottrazhofen; Argenstausee E Christazhofen; 8325/1: Argental bei Bad Briel. Illergebiet z. B. bei Lautrach und Illerbeuren (8026/4). 1898 auch einmal bei Ulm (7625/2) beobachtet, HAUG in K. MÜLLER (1957), weiter 1927 „in 19 blüh. Pflanzen" zw. Moosheim und Marbach bei Saulgau (7922/4 (?), STU-K).

Tiefste Fundstellen am Rhein, ca. 100 m, höchste im Südschwarzwald: 8114/2: Altglashütten, ca. 1000 m.

Erstnachweise: Erste Beobachtung im Gebiet um 1862, vgl. DÖLL 1862: 1363, „zwischen Rippolsau und Schappach auf einer Strecke von drei Stunden am Ufer des Baches" und „erregt dort durch seine großen gelben Blüten selbst die Aufmerksamkeit des Laien". In der Rheinebene wurde die Pflanze erstmals um 1895 beobachtet (WINTER 1895: 273, Renchen, KNEUCKER 1895: 310, zwischen Daxlanden und Maxau). Die zeitweilige Verwendung als Zierpflanze hat zu einer weiteren Ausbreitung beigetragen. So gehen die Vorkommen in der Wutach vermutlich auf eine Aussetzung bei Grünwald im Jahr 1927 zurück (SCHURHAMMER 1954).

Bestand und Bedrohung: Reiche Bestände, die nicht bedroht sind. Von ihnen geht keine Gefährdung der heimischen Pflanzenwelt aus.

2. Mimulus moschatus Dougl. ex Lindl. 1828

Moschus-Gauklerblume

Pflanze bis 35 cm, niederliegend, bis aufsteigend, drüsig-klebrig, Blüten hellgelb. – Heimat westliches Nordamerika, gelegentlich als Zierpflanze angebaut, selten verwildert. Vorkommen an Feuchtstellen in Wiesen über kalkarmem Untergrund, z. B. zusammen mit *Juncus acutiflorus* (zur Soziologie vgl. GARVE u. WEBER (1987, Niedersachsen)).

Von *Mimulus moschatus* liegen aus dem Gebiet nur wenige Angaben aus dem Schwarzwald vor. Die Angaben häufen sich aus dem Gebiet der Elz und der Gutach im mittleren Schwarzwald. Ob beständige Vorkommen?

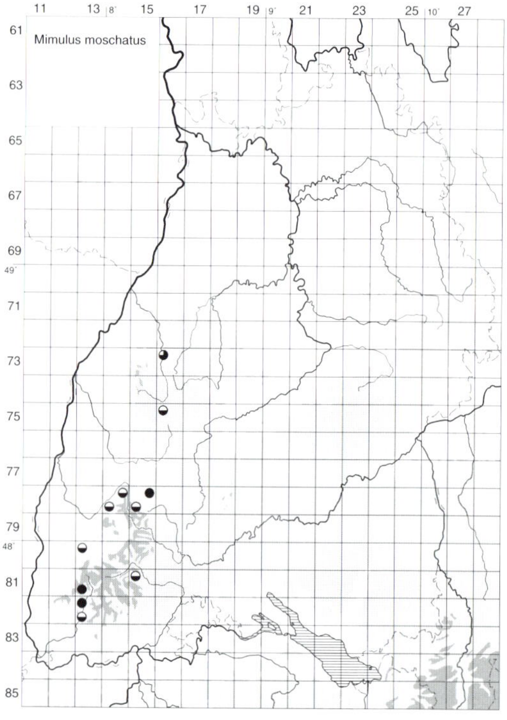

7316/1: Murg S Forbach, „zwischen Floßholz", 1953, GREBE (KR); 7516/1: (?): Freudenstadt, MAYER (1950); 7814/2: Elzach, an einem Bächlein, 1926, KNEUCKER (1936); 7814/3: Simonswald, 1919, 1921, JAUCH (KR); 7815/2: Gremmelsbach, Obertal, Feuchtwiese, 690 m, 1986, SEYBOLD (STU); 7815/3: Schonach gegen Triberg, 1930, KNEUCKER (1936); 8013/1: Günterstal bei Freiburg, 1902, THELLUNG (1907); 8113/3: Oberböllen, *Juncus acutiflorus* – Wiese, 1000 m, 1982, PHILIPPI (KR-K), als Bienenpflanze angesät?; 8115/1: Lenzkirch, 1918, NEUBERGER (SCHLATTERER 1920: 112), 8213/1: zw. Wembach und Haidflüh, 1983, H. HÜGIN in HÜGIN u. KOCH (1993), Vorkommen inzwischen zerstört; 8213/3 (?): zw. Happach und Todtmoos, BINZ (1911).

9. **Gratiola** L. 1753
Gnadenkraut

Blätter gegenständig, Kelch mit zwei Vorblättern, fünfzählig. Krone mittelgroß bis groß, mit weiter Röhre, zweilippig, mit einzipfliger Oberlippe und dreizipfliger Unterlippe. Frucht vierklappig aufspringend.

Gattung mit ca. 20–30 Arten, vorwiegend im gemäßigten Bereich der nördlichen Halbkugel, weiter auf der Südhalbkugel und in tropischen Gebirgen. In Europa 3 Arten, davon 1 adventiv.

1. **Gratiola officinalis** L. 1753
Gottes-Gnadenkraut

Morphologie: Hemikryptophyt, mit unterirdischen Ausläufern. Pflanze bis 40 cm hoch, hellgrün, kahl. Blätter kreuzgegenständig, eiförmig-lanzettlich (bis lanzettlich), bis 5 cm lang, am Rand entfernt gesägt (bis ganzrandig). Blütenstiel kürzer als das zugehörige Tragblatt, Krone 1,2–1,8 cm lang, mit weiter hellgelber, innen bärtiger Röhre und weißem (selten rosafarbigem) Schlund. Frucht 5 mm lang, kugelig spitz zulaufend. Samen 6–8 mm lang, länglich. – Blütezeit Juni–August. – Pflanze giftig, früher als Arzneipflanze genutzt (Hauptwirkstoff ist das Glykosid Gratiosid, zu 0,15% im Trockengewicht enthalten).

Ökologie: An feuchten bis nassen, periodisch längere Zeit überfluteten, kalkhaltigen, basischen, seltener kalkarmen, schwach sauren, doch basenreichen, nur mäßig nährstoffreichen Lehm- und Schluffböden, auch auf mild-humosen Standorten, wärmeliebend. – In lückigen, durch Tritt gestörten Seggenriedern, in niederwüchsigen Pfeifengraswiesen, auch in Flutrasen. – Ausführliche Darstellung der Ökologie vgl. PEINTINGER (1994, Vegetationsaufnahmen vom Bodensee-Ufer), ferner RIJPERT (1977: Niederlande). Weitere Vegetationsaufnahmen vgl. LANG (1973), in synthetischen Tabellen OBERDORFER (1957: 215, Violo-Cnidietum), PHILIPPI (1960: 158, *Allium angulosum-Viola stagnina*-Gesellschaft, Mittelelsaß) und KORNECK (1973: 179, *Cnidium venosum-Viola pumila*-Gesellschaft der nördlichen Oberrheinebene).

Allgemeine Verbreitung: Europa, Asien bis Altai, Persien und Anatolien. In Europa bis Südeuropa bis Mitteleuropa (Holland, Norddeutschland bis untere Elbe, früher auch Schleswig-Holstein), selten im Baltikum. In Deutschland v. a. entlang der großen Flüsse: Rhein, Donau, Weser und Aller, Elbe, früher auch am Main, insgesamt stark zurückgegangen.

Verbreitung in Baden-Württemberg: Oberrheinebene, Donaugebiet in der Umgebung von Ulm. Alpenvorland: Bodensee, nur im unmittelbaren Uferbereich und am angrenzenden Hochrhein.

Oberrheingebiet: Zahlreiche Fundstellen in der nordbadischen Rheinniederung nach GMELIN (1805), SCHMIDT (1857) und DÖLL (1859): 6517/3: Rohrhof – Neckarau; 6617/1: Ketsch; 6816/3: Linkenheim – Leopoldshafen; 6916/3: zw. Mühlburg u. Daxlanden; 7114/2: Rieddörfer bei Rastatt (Plittersdorf, Ottersdorf, Wintersdorf). Beobachtung nach 1950: 6716/2: S Rhein-

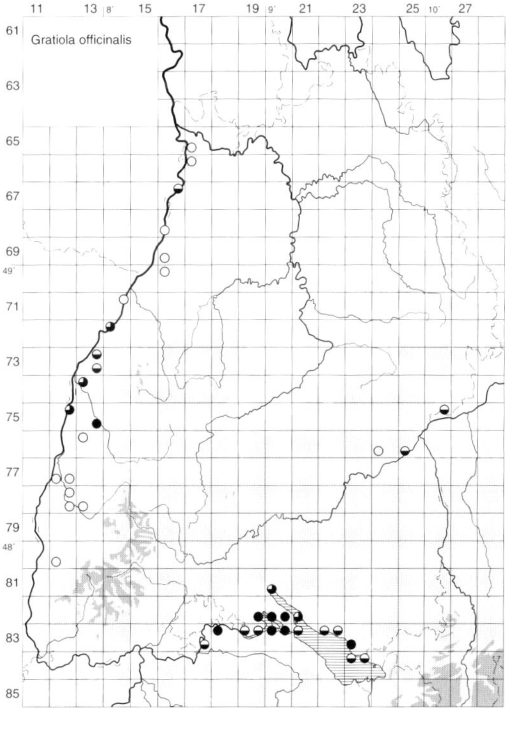

Gottes-Gnadenkraut *(Gratiola officinalis)*
Bodensee

hausen, 1959, 1960, KORNECK (PHILIPPI 1961, KORNECK 1984). Daneben Vorkommen auf der Niederterrasse: 7016/1: in Wassergräben zw. Scheibenhardt und Beiertheim (KNEUCKER 1886); damals reichlich, nach 1900 nicht mehr beobachtet.

Mittelbadische Rheinebene: 7214/1: SW Greffern, 1964, sehr spärlich, PHILIPPI (1971); 7313/2: Memprechtshofen, WINTER (1884), ZIMMERMANN (1926); 7313/4: zw. Rheinbischofsheim u. Waghurst, ZIMMERMANN (1926); 7413/1: Kork, PHILIPPI (1971); 7512/2: NE Altenheim, HÜGIN, um 1960 (PHILIPPI 1961). 7513/4: Kiesgrube bei Berghaupten, in reichen Beständen in lückigen Seggenriedern, 1992, K. RENNWALD (KR).

Südbadische Rheinebene: Zahlreiche Angaben im Gebiet zwischen Lahr und Bad Krozingen, offensichtlich in Gräben der Wässerwiesen, vgl. SCHILDKNECHT (1863) und NEUBERGER (1912); von NEUBERGER nur an wenigen Stellen beobachtet. Sichere Nachweise nach 1900 fehlen. 7613/1: Dinglingen; 7712/3: Oberhausen, Weisweil; 7712/4: Herbolzheim, Bleichheim; 7812/2: Kenzingen, Hecklingen; 7812/4: Riegel; 7813/3: Wasser, Kollmarsreute; 8012/3: Unterarmbringen bei Bad Krozingen.

Donaugebiet: Angaben nach K. MÜLLER (1957), Vorkommen später nicht mehr bestätigt (RAUNEKER 1984); 7624/3: Schmiecher See, vor 1854, BUZORINI, später nicht mehr beobachtet; 7625/3: Erbach; 7526/2: Langenau, Westerried, zuletzt K. MÜLLER (1957). Benachbart: 7626/1: Finningen, K. MÜLLER (1957).

Hochrhein: 8317/4: Rheinufer bei Lottstetten, 1935, HÜBSCHER (nach Kummer 1945); 8318/1: Laagwiese östlich Büsingen, zuletzt 1970, ISLER-HÜBSCHER (1980); am Seerhein mehrere Angaben von BAUMANN (1911): 8319/1: Stiegen und Oberstaad bei Öhningen; 8319/2: Wangen, Hemmenhofen und Gaienhofen. Vgl. PEINTINGER (1994).

Bodensee-Gebiet: Hier früher an zahlreichen Stellen beobachtet, vgl. dazu PEINTINGER (1994), der für das baden-württembergische Ufer 40 Fundstellen nennt. Nach 1970 nur noch an wenigen Stellen bestätigt, nach 1980 nur noch an 6 Stellen (genauere Angaben vgl. dazu PEINTINGER 1994). Letzte Beobachtungen 8219/4: Unterseeufer N Moos, 1987, PEINTINGER; 8220/4: Unterseeufer bei Hegne, 1987, DIENST u. PEINTINGER, zwei sehr kleine Bestände; 8220/3: Halbinsel Mettnau, ab 1985 mehrfach, 1992 u. 1993 nicht mehr bestätigt, PEINTINGER; Bodenseeufer Markelfingen, 1979 noch ca. 20 Ex., HENN, heute erloschen; 8320/1: Hornstaad bei Horn, großes Vorkommen, 1982, PEINTINGER u. SCHUSTER; 8320/2. Giehrenmoos (Teil des NSG Wollmatinger Ried), kleine Vorkommen, 1983, DIENST, 1987, PEINTINGER; 8323/3: Eriskircher Ried, zuletzt WINTERHOFF (1993), nach Beobachtungen von DIENST, KNÖTSCH u. PEINTINGER an 8 verschiedenen Stellen (1988, 1993).

Fragliche Vorkommen: Daneben werden von KIRCHNER u. EICHLER (1900) einige Fundstellen genannt, die fraglich erscheinen: 7123/2: Welzheim; 7817/2: Rottweil; 7917/1: Schwenningen. Besonders die Vorkommen in der Baar und am oberen Neckar sind wegen der Höhenlage um 600–700 m sehr zweifelhaft. BERTSCH (1948) führt nur die Fundstelle von Welzheim auf, allerdings in Klammern. Diese Vorkommen wurden auf der Karte nicht berücksichtigt.

Vorkommen in den Nachbargebieten: Elsässische Rheinebene um 1960 noch vielfach (v.a. im mittelelsässischen Ried um Benfeld), inzwischen stark zurückgegangen. Pfälzische Rheinebene: Wenige aktuelle Vorkommen um Speyer. Bayern: Entlang der Donau zahlreiche erloschene Vorkommen, aktuell noch an der Donau im Isarmündungsbereich.

Fundstellen in Höhen zwischen 95 m in der Oberrheinebene und 530 m am Schmiecher See; die am Bodensee liegen in einer Höhe von ca. 400 m. – Die Pflanze ist sicher erst mit dem Menschen eingewandert (Archäophyt); Vorkommen in einer vom Menschen unberührten Riedlandschaft (wie sie am Bodensee denkbar ist) sind nach den Untersuchungen von PEINTINGER (1994) nicht vorstellbar.

Erstnachweise: Der älteste Nachweis von *Gratiola officinalis* reicht in das 40. Jh. v. Chr. zurück (Hornstaad, Bodensee, RÖSCH 1985). Die erste Erwähnung von *Gratiola officinalis* aus dem Gebiet findet sich bei RAY (1673: 107): „at Constance, *Gratiola vulgaris* very plentifully".

Bestand und Bedrohung: *Gratiola officinalis* kommt in Baden-Württemberg nur noch in sehr kleinen Beständen vor und ist vom Aussterben bedroht (G 1). Grund des Rückganges in der Oberrheinebene ist die Aufgabe der Wiesenbewässerung und die verstärkte Düngung, in den geschützten und bestens gepflegten Riedwiesen am Bodensee das Fehlen von Störungen, wie sie bei einer gelegentlichen Beweidung oder Befahren mit Pferdegespannen (ohne Gummibereifung) entstehen (vgl. dazu PEINTINGER 1994).

10. **Limosella** L. 1753
Schlammkraut

Kleine, oft einjährige Pflanzen mit einfachen, rosettig stehenden Blättern. Kelch glockenförmig mit 5 kurzen Zipfeln, Krone klein, fünfzipfelig, (fast) radiär, Staubblätter 4. Frucht eine rundliche Kapsel. Gattung mit 10 bis 15 Arten, weltweit vertreten. In Europa 3 Arten, im Gebiet wie im übrigen Deutschland eine Art.

1. **Limosella aquatica** L. 1753
Wasser-Schlammkraut

Morphologie: Therophyt, meist unter 10 cm hoch. Blätter lang gestielt, mit löffelförmiger, stumpflicher Spreite, diese bis 1,5 cm lang und 0,5 cm breit, kahl (doch mit winzigen Drüsen). Junge Blätter oft pfriemlich. Blüten kurz gestielt, weißlich, Kelch oft mit roten Streifen. Frucht bis 4 mm groß, ca. 100 Samen enthaltend, diese eiförmig, bis 0,7 mm lang und 0,3 mm breit. – Starke vegetative Vermehrung durch oberirdische Ausläufer; Tochterpflanzen bilden meist Blüten aus, bevor sie sich bewurzelt haben. – Blütezeit: v. a. Juni–September (vereinzelt im Mai blühend!).

Ökologie: Einzelpflanzen, durch Ausläuferbildung rasch lockere Herden bildend, auf trockengefallenen Schlammböden mit sandig-schlickigem bis schluffig-schlickigem, nur mäßig nährstoffreichem, meist kalkreichem (seltener auch kalkarmem, schwach saurem) Grund, gelegentlich auch im flachen Wasser. Meist an lange Zeit

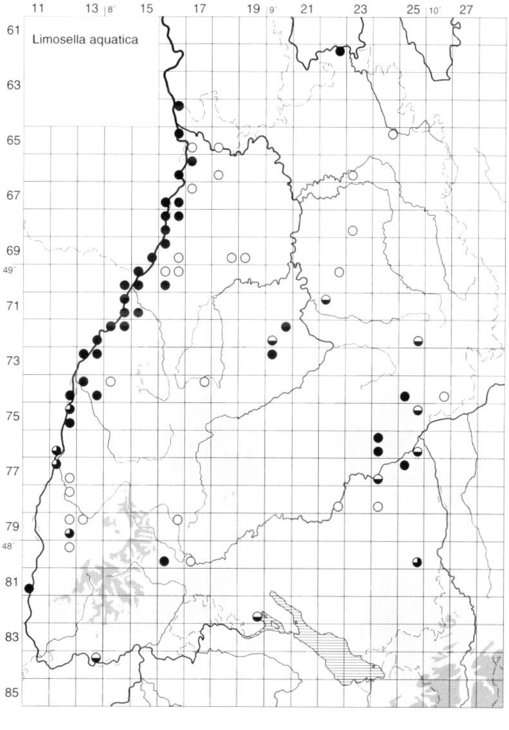

Wasser-Schlammkraut (*Limosella aquatica*)
Böblinger Panzerplatz, 23. 8. 1990

überschwemmten Flußufern, ausnahmsweise auch an Teichufern, auch in Pfützen von Wegspuren. – Zusammen mit *Cyperus fuscus* und *Riccia cavernosa* kennzeichnend für das Cypero-Limoselletum (Riccio-Limoselletum), selten auch zusammen mit *Peplis portula* (Peplido-Limoselletum). – Vegetationsaufnahmen aus Baden-Württemberg vgl. KORNECK (1960), GÖRS u. MÜLLER (1974: 267), PHILIPPI (1978: 181, 1980: 78). Ausführliche Darstellung der Ökologie vgl. OESAU (1972).

Allgemeine Verbreitung: Europa, Asien, Nordamerika, vereinzelt auch Nordafrika (Libyen, Ägypten). – In Europa im Mittelmeergebiet seltener, teilweise fehlend, in Nordeuropa etwa bis zum Polarkreis, Einzelvorkommen bis 70° n. Br. In Deutschland v. a. entlang der großen Flüsse: Rhein, Donau, Elbe.

Verbreitung in Baden-Württemberg: Oberrheingebiet, hier Schwerpunkt des Vorkommens, Keuper-Lias-Gebiete (v. a. um Stuttgart), Main, Baar, Donau, auch Schwäbische Alb, Alpenvorland, selten im Südschwarzwald.

Oberrheingebiet: Schwerpunkt in der Rheinniederung nördlich Rastatt, zwischen Rastatt und Breisach an den Rheinaltwassern nach dem Staustufenbau verschwunden, heute nur noch (unbeständige) Vorkommen an Kiesgrubenrändern. 8111/3: Altwasser bei Neuenburg, beständiges, seit 1952 beobachtetes Vorkommen.

Maingebiet: 6222/2: Übungsplatz oberhalb Wertheim, 1994, SCHÄFER (KR-K); Kiesgrube E Mondfeld, 1991, PHILIPPI (KR-K).

Keuper-Lias-Gebiet: Um Stuttgart an zahlreichen Weihern, Fundzusammenstellung vgl. SEYBOLD (1968), in den letzten Jahren unbestätigt. 7311/1: Böblingen, Panzerplatz, BAUMANN (STU-K).

Südschwarzwald: 8413/3: Säckinger Bergsee, zuletzt 1928 (BINZ 1935).

Baar: 8016/3: Bränder Weiher, 1983, PHILIPPI (KR-K), weitere Angaben um Hüfingen, Pfohren und Villingen, ZAHN (1889).

Donau, Schwäbische Alb: 7425/3: Urspring bei Lonsee, 1981, WALDERICH in RAUNEKER (1984); 7624/1, 3: Schmiecher See; 7725/1: o.O., 1991, RAUNEKER u. BANZHAF (STU-K). Zahlreiche weitere Angaben (meist von feuchten Wegstellen und Lehmäckern) vgl. MÜLLER (1957).

Alpenvorland: Neben wenigen älteren Funden jüngere Beobachtung: 8025/4: Wurzach, Waldweiher, BRIELMAIER, zuletzt 1968, vgl. DÖRR (1978).

Im westlichen Bodenseegebiet bei Iznang und Moos (8219/4, BAUMANN 1911), unbestätigt.

Hochrheingebiet: Wenige Fundangaben von der schweizerischen Seite, Pflanze offensichtlich nur vorübergehend aufgetreten, vgl. KUMMER (1946).

Tiefste Fundstellen in der Rheinniederung, ca. 95 m, höchste in der Baar am Bränder Weiher (8016/3), 785 m, und in Oberschwaben am Waldweiher bei Wurzach, (8025/4), 735 m.

Die Pflanze ist in einer Naturlandschaft am Rhein gut als Bestandteil der natürlichen Vegetation vorstellbar und dürfte somit urwüchsig sein.

Erstnachweis: Die erste schriftliche Erwähnung findet sich bei J. F. GMELIN (1772: 194), nach Funden von HILLER im Zabergäu.

Bestand und Bedrohung: *Limosella aquatica* kommt heute am nördlichen Oberrhein (in Niederwasserjahren) in schönen Beständen vor, die (soweit kein weiterer Rheinausbau erfolgt) nicht gefährdet sind. Im Rheingebiet zwischen Breisach und Rastatt sind die meisten Vorkommen nach dem Rheinausbau heute erloschen (z. T. waren sie um 1970 noch vorhanden!). Wo die Karte unbestätigte Vorkommen zeigt, handelt es sich meist um vorübergehendes Auftreten in Kiesgruben oder Wegspuren. Die wenigen Bestände an Weihern scheinen konstant zu sein; ein Rückgang der Pflanze ist hier nicht zu erkennen. So ist insgesamt eine ganz schwache Gefährdung der Pflanze im Gebiet anzunehmen (G 3), verursacht durch das Zuschütten der Gewässer oder feuchter Wegstellen, weiter durch Zuwachsen der Standorte oder (in geringem Maße) durch eine Eutrophierung. (In der Roten Liste für das Gebiet der Bundesrepublik Deutschland ist *Limosella aquatica* nicht enthalten.)

11. **Lindernia** All. 1755

Büchsenkraut

Blätter gegenständig, Kelch 5teilig, Krone mit kurzer bauchiger Röhre, 2lippig, 4 Staubblätter.

Gattung mit ca. 20 Arten, weltweit verbreitet mit Schwerpunkt in Südost-Asien. – In Europa von Natur aus 1 Art, eine weitere aus Nordamerika stellenweise eingebürgert.

1. **Lindernia procumbens** (Krocker) Philcox 1965

L. pyxidaria L. 1771 p. p.
Gewöhnliches Büchsenkraut

Morphologie: Therophyt, Pflanze niederliegend, meist violettrötlich überlaufen. Blätter länglich eiförmig bis 2 cm lang und 0,8 cm breit, ganzrandig bis undeutlich gesägt. Blüten einzeln in den Blattachseln, langgestielt, mit 2–6 mm langer lilarötlicher Krone. Staubblätter 4, alle mit Staubbeuteln. Blüten sich selten öffnend (kleistogam). – Blütezeit: Juli–September.

Ökologie: Einzelne Pflanzen an feuchten bis nassen, längere Zeit überfluteten, meist kalkarmen, schwach sauren, basenreichen, höchstens mäßig nährstoffreichen Lehmböden. Auf dem Boden trockengefallener Teiche, an Flußufern, in Gräben, zusammen mit *Peplis portula* und (selten) *Eleocharis ovata* in Zwergbinsengesellschaften. – Vegetationsaufnahmen aus Baden-Württemberg vgl. PHILIPPI (1969: 161, 1971: 43, 1977: 18).

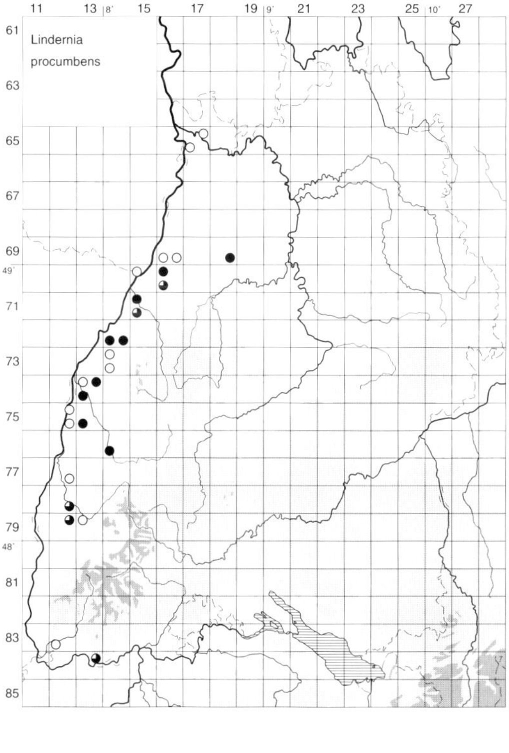

Allgemeine Verbreitung: Europa, Asien (bist Ost- und Südostasien und Indien). In Europa in Frankreich, Mitteleuropa (v. a. südlicher Teil), Osteuropa (Dnjepr, Don, Wolga), südwärts bis zu den Pyrenäen, Mittelitalien und Balkanhalbinsel, in Mitteleuropa nordwärts bis zum Sauerland, zur Elbe und Oder.

Verbreitung in Baden-Wüttemberg: In der Oberrheinebene, hier vor allem auf der Niederterrasse, kaum einmal in der kalkreichen Rheinniederung. Im Keuper-Lias-Neckarland und im Südschwarzwald.

Oberrheinebene: Zusammenstellung der Fundorte und erste Verbreitungskarte PHILIPPI (1969: 167), weitere Beobachtungen PHILIPPI (1971: 43).

Beobachtungen vor 1950: 6517/2: Ladenburg, Romgraben, Riegel in DÖLL (1868: 70), zahlreich, doch infolge Bebauung bald verschwunden; 6517/3: N Schwetzingen, am Roten Loch, „in manchen Jahren z. B. 1856 in großer Menge", außerdem „hie und da im Friedrichsfelder Wald", SCHMIDT (1857); letzte Beobachtung nach F. ZIMMERMANN (1907) 1883. Im Karlsruher Gebiet von GMELIN (1806, 1826) von zahlreichen Stellen genannt, z. T. als „copiose" bezeichnet, so: 6916/4: Rintheim, 6916/3: Daxlanden, 7016/1: Beiertheim, Scheibenhardt. Hier in periodisch ausgeräumten Gräben bei Scheibenhardt regelmäßig, nach Herbarbelegen in größerer Menge, letzte Beobachtungen um 1895. 7015/1: Au a. Rh., FRANK in DÖLL (1859). Fundstellen in der mittelbadischen Rheinebene (nach BAUR, DÖLL, WINTER u. a.): 7314/3: Renchen, Oberachern; 7413/1: Kehl, Kork, Willstätt; 7512/2: Altenheim; 7512/4: Ichenheim, Dundenheim; 7513/3: Höfen, um 1935, HENN; 7712/4: Ringsheim. Freiburger Bucht früher an zahlreichen Stellen beobachtet, vgl. SPENNER, SCHILDKNECHT: 7812/4: Riegel, Teningen; 7912/2: Reute, Neuershausen, zw. Hugstetten und Gottenheim. 7913/1: Denzlingen.

Beobachtungen nach 1950 (Angaben nach PHILIPPI 1969: 167, 1971: 43 und KR-K): 7016/1: Äcker W Rüppurr, 1994, zahlreich, BREUNIG; 7016/3: S Bruchhausen, 1 Pflanze, 1964; 7115/1: SW Steinmauern, 1994, 1 Pfl., GRIESE; 7115/3: Ottersdorf, 1968, Standort durch Zuschütten zerstört. Zahlreiche Beobachtungen aus dem mittelbadischen Gebiet um Bühl: 7214/3: SW Hildmannsfeld, 1968; E Scherzheim, 1987, BREUNIG; 7214/4: N Vimbuch, zahlreich, 1983, 1987, PHILIPPI; 7314/1: zw. Unzhurst und Michelbuch, PHILIPPI; 7413/2: N und NW Urloffen mehrfach, zuletzt 1970; 7413/3: S Hesselhurst, 1967, HÜGIN, zuletzt 1977 in wenigen Pflanzen. 7513/3: Höfen, wenige Pflanzen, 1970. In der Freiburger Bucht beim Bau der Autobahn 1960 an zahlreichen Stellen aufgetreten: 7812/4: zw. Teningen und Riegel, HÜGIN; 7912/2: Reute, Benzhausen, jeweils in wenigen Pflanzen; später nicht mehr erschienen.

Gewöhnliches Büchsenkraut *(Lindernia procumbens)*, Sundgau (Elsaß)

Gelegentlich in den Seitentälern: 7614/3: Kinzigtal bei Steinach, 1981, 1 Pfl. in einer Ausschachtung, PHILIPPI; 8312/3: Wiesental bei Steinen, BINZ (1911).
Keuper-Lias-Gebiete: 6918/4: Maulbronn, am Einfluß der Salzach in den Tiefen See, 1865, E. LECHLER, v. MARTENS u. KEMMLER (1882), Wuchsort später offensichtlich zerstört; später am Roßweiher (290 m) gefunden, hier zuletzt 1972–73 in ca. 100 Pflanzen aufgetreten (SEBALD u. SEYBOLD 1973, PHILIPPI 1977), seitdem nicht mehr beobachtet.
Südschwarzwald: 8413/2: Bergsee bei Säckingen, RICKLI (1899), zuletzt 1962 (1 Pfl.) beobachtet, PHILIPPI (1969).
Vorkommen in den Nachbargebieten: In der Pfalz ausgestorben, in Hessen (Offenbach) seit Jahrzehnten nicht mehr beobachtet. Im Oberelsaß existiert ein kleines Vorkommen im Sundgau bei Friesen, im Unterelsaß, wo Jahrzehnte keine Vorkommen bestätigt werden konnten, bei Forstfeld nahe Soufflenheim (SIMON u. GEISSERT 1984).

Tiefste Fundstellen ca. 100 m, höchst gelegene im Wiesental bei Steinen (325 m) und am Bergsee bei Säckingen (380 m). Die Pflanze ist wohl erst mit dem Menschen in das Gebiet eingewandert (Archäophyt); Vorkommen an von Natur aus waldfreien Stellen (etwa Flußufern) sind im Gebiet nicht bekannt.

Erstnachweis: Die erste Erwähnung findet sich bei C. C. GMELIN (1806: 709, nach zahlreichen Beobachtungen um Karlsruhe, so „inter Carlsruhe et Rintheim in locis sabulosis excavatis aquosis cum Centunculo minimo copiose". Der erste Fund der Pflanze im Oberrheingebiet geht auf F. B. VON LINDERN zurück, der die Pflanze 1725 bei Straßburg entdeckt und 1728 als *„Pyxidaria repens annua"* beschrieb und abbildete. (... flosculis monopetalis unilabiatis... Sumpff Gauchheil in lettichten feuchten Boden). Die Fundstelle der Pflanze hat v. LINDERN (1747) genauer angegeben: „auf der Insul, wo die Breusch in die Ill fällt". Später konnte er offensichtlich die Pflanze an der Stelle nicht mehr wiederfinden. Vgl. hier die ausführliche Darstellung von SIMON u. GEISSERT (1984).

Bestand und Bedrohung: *Lindernia procumbens* war in Baden-Württemberg immer selten, wenn auch die Pflanze zu Beginn des letzten Jahrhunderts vielleicht etwas häufiger war. In den vergangenen Jahren konnten im Gebiet keine beständigen Vorkommen mehr beobachtet werden (sieht man von dem jetzt über 20 Jahre unbestätigten Vorkommen am Roßweiher bei Maulbronn ab). Vor 1900 bestanden derartige Vorkommen an Hanfrösten, kleinen Lehmgruben oder in periodisch ausgeräumten Gräben, die der Wiesenwässerung dienten. Die Karte verzeichnet 7 Vorkommen, die nach 1970 bestätigt werden konnten. In den 10 Jahren zwischen 1985 und 1994 (in denen allerdings nur zwei Naßjahre zu verzeichnen waren) wurde *Lindernia procumbens* nur an 4 Stellen beobachtet (jeweils nur in einem Jahr). Keimfähige Samen dürften sich noch vielfach im Boden finden, die Voraussetzungen für Keimung und Entwicklung der Pflanze werden aber offensichtlich immer seltener geschaffen. So ist bei der heutigen Landnutzung mit einem sehr langsamen weiteren Rückgang zu rechnen, der sich über Jahrzehnte (wenn nicht über 100 Jahre) hinziehen kann. Eine wirksame Sicherung eines Bestandes könnte erreicht werden, wenn der Roßweiher endlich einen vernünftigen Schutz erhalten würde. Gesamtgefährdung 2. In der Roten Liste für die Bundesrepublik Deutschland ebenfalls als stark gefährdet eingestuft.

12. **Veronica** L. 1753
Ehrenpreis

Pflanzen klein bis mittelgroß, oft einjährige Arten, wenige Arten auch mit am Grund verholzten Stengeln. Krone radförmig flach (bis leicht trichterig), mit 4 ungleichen Kronzipfeln, Staubblätter 2. Frucht meist abgeflacht, an der Spitze oft herzförmig ausgerandet, 2- bis 4klappig aufspringend. – Bestäubung meist durch Bienen und Schwebfliegen; bei zahlreichen Arten erfolgt Selbstbestäubung.

Gattung mit ca. 250(–270) Arten, v.a. in außertropischen Gebieten (Europa bis Nordafrika, Asien), wenige Arten auch in Amerika, Ostafrika und in Australien. In Europa 62 Arten, von denen in Baden-Württemberg ca. 28 vorkommen.

1 Blüten in traubigen Blütenständen in den Achseln von Stengelblättern, Sproß mit einem Blattpaar endend 2
– Blüten in endständigen Blütentrauben oder einzeln in Blattachseln 14
2 Pflanze kahl (gelegentlich Blütenstand drüsig behaart), Frucht kugelig bis eiförmig, kaum ausgerandet (Ausnahme *V. scutellata*), Sumpf- und Wasserpflanzen 3
– Pflanze behaart, Frucht deutlich abgeflacht . . 7
3 Blätter lineal bis lanzettlich, Fruchtkapsel abgeflacht . . . . vgl. 11. *V. scutellata*
– Blätter eiförmig bis eiförmig-lanzettlich, Fruchtkapsel nicht abgeflacht 4
4 Blätter gestielt, elliptisch-eiförmig, stumpf, frischgrün (bis dunkelgrün) 24. *V. beccabunga*
– Blätter mit breitem Grund sitzend, spitz, Pflanze oft lila überlaufen 5
5 Fruchtkapsel 2–3,2 mm lang und 1,6–2,3 mm breit, länger als breit, Stengel meist markig . . . *V. anagalloides* S. 322
– Fruchtkapsel 2,5–4 mm lang, etwa so lang wie breit, Stengel meist hohl 6
6 Fruchtstiele schräg aufwärts gerichtet (spitzwinklig abgehend), Kelchblätter länger als die Frucht, Blüten hellblau (bis violettblau) . . . . 25. *V. anagallis-aquatica*
– Fruchtstiele waagrecht abgehend, Kelchblätter meist kürzer als die Frucht, Blüten hell-lila bis fast weiß, Pflanze oft lila bis braun überlaufen 26. *V. catenata*
7 Kelch fünfzipfelig (der obere Zipfel sehr klein) Pflanze trockener Standorte 8
– Kelch vierzipfelig 10
8 Blätter höchstens 3(–4)mal so lang wie breit, mit breitem Grund sitzend, Krone 10–13 mm breit 5. *V. teucrium*
– Blätter 3- bis 10mal so lang wie breit, die oberen fast ganzrandig, Blätter am Grund keilig, z.T. kurz gestielt 9
9 Stengel niederliegend-aufsteigend, alle Blätter lineal-lanzettlich, kaum gesägt, Kelch kahl . . . 7. *V. prostrata*
– Stengel aufsteigend, untere Blätter eiförmig-lanzettlich, meist scharf gesägt, Kelch kahl oder behaart . . . . 6. *V. austriaca*
10 Stengel fast kahl, Blätter lineal bis lanzettlich, Blütenstand sehr locker . . . 11. *V. scutellata*
– Stengel deutlich behaart, Blätter breiter (eiförmig) 11
11 Stengel zweizeilig behaart, Blätter sitzend oder kurz gestielt . . . . 9. *V. chamaedrys*
– Stengel ringsum behaart 12
12 Blätter deutlich gestielt, breit eiförmig, am Rand kerbig gesägt, Frucht brillenartig . . . . 10. *V. montana* (vgl. *V. argute-serrata*, S. 302)
– Blätter kurz gestielt oder sitzend 13
13 Pflanze niederliegend-aufsteigend, Blätter eiförmig, stumpflich, am Rand stumpf gekerbt, Blütentraube dicht . . . . 8. *V. officinalis*
– Pflanze aufrecht, Blätter spitz, scharf gesägt, Blütentraube locker . . . . 4. *V. urticifolia*
14 Blütentraube endständig 15
– Blüten einzeln in den Achseln von Blättern, diese so groß wie die übrigen Blätter, Pflanze niederliegend 26
15 Blütentraube scharf abgesetzt, dicht 16
– Blütentraube nicht scharf abgesetzt, locker . . . 17
16 Blätter oft quirlständig (zu 3–4), spitz und scharf gesägt, 4- bis 8mal so lang wie breit, Kelch ohne Drüsenhaare, Kapsel kahl . . . . . 28. *V. longifolia*

– Blätter gegenständig, stumpf gesägt, 2- bis 3mal so lang wie breit, Kelch drüsenhaarig, Fruchtkapsel zerstreut behaart . . . . . 27. *V. spicata*
Wenn Blätter gegenständig, scharf gesägt und spitz zulaufend, Blütenstände locker vgl. *V. urticifolia*
17 Obere Blätter tief eingeschnitten (bis fast zum Grund), Pflanze einjährig, ohne nichtblühende Triebe 18
– Obere Blätter nur kerbig eingeschnitten oder ganzrandig, Pflanzen einjährig oder ausdauernd (mit nichtblühenden Trieben) 20
18 Blütenstiel länger als Kelch, Blüten dunkelblau, Stengel stark drüsig behaart . 14. *V. triphyllos*
– Blütenstiel kürzer als der Kelch 19
19 Griffel 0,5 mm lang, die Ausrandung der Frucht nicht überragend, Krone 3–4 mm lang, blau . . 15. *V. verna*
– Griffel 1–1,5 mm lang, die Ausrandung der Fruchtkapsel deutlich überragend, Krone 4–7 mm groß . . . . . . *V. dillenii* vgl. S. 310
20 Stengel am Grund verholzt, Griffel so lang oder fast so lang wie die Frucht, Felspflanze mit fast ganzrandigen Blättern 21
– Stengel am Grund nicht verholzt, Griffel kürzer als die Frucht 22
21 Blütenstiele drüsenlos, flaumig behaart, Blüten tiefblau mit rotem Schlund . . . 2. *V. fruticans*
– Blütenstiele drüsig, flaumig behaart, Krone rosa, dunkel geadert . . . . . 3. *V. fruticulosa*
22 Pflanze am Grund mit nichtblühenden Trieben, Blüten 5–6 mm groß, hellblau bis weiß, dunkel geadert . . . . 1. *V. serpyllifolia*
– Pflanze am Grund ohne nichtblühende Triebe, einjährig 23
23 Fruchtstiele 2- bis 3mal so lang wie der Kelch 12. *V. acinifolia*
– Fruchtstiele wenig länger oder kürzer als der Kelch 24
24 Fruchtstiele so lang wie der Kelch, vom Tragblatt kaum überragt . . . . . . 13. *V. praecox*
– Fruchtstiele kürzer als der Kelch, vom Tragblatt überragt 25
25 Blätter gekerbt, Pflanze (fein drüsig behaart), Blüten blau . . . . 17. *V. arvensis*
– Blätter ganzrandig, Pflanze kahl (oder spärlich drüsig behaart), Blüten weißlich . . . . 16. *V. peregrina*
26 Blätter 3- bis 7lappig, im Umriß rundlich, Kelchzipfel breit herz- bis eiförmig, bewimpert, Frucht fast kugelig . . . . . . 23. *V. hederifolia*
– Blätter gekerbt, eiförmig, Kelchzipfel länglich eiförmig 27
27 Fruchtstiel deutlich länger als das Tragblatt, Blüten groß, Krone 8–12(15) mm, hellblau, Fruchtkapsel stark zusammengedrückt 28
– Fruchtstiel etwa so lang wie das Tragblatt, Krone 5–7 mm groß 29
28 Stengel kräftig, Blätter 1–3 cm lang, Fruchtkapsel 8–10 mm breit . . . . 21. *V. persica*
– Stengel fadenförmig, Blätter bis 1 cm groß, rundlich, Fruchtkapsel bis 5 mm breit, Pflanze meist steril . . . . 22. *V. filiformis*
29 Kelchblätter breit eiförmig, sich am Grund überlappend, Kelchblätter am Grund ohne auffallende Behaarung, Fruchtkapsel rundrückig 19. *V. polita*
– Kelchblätter eilänglich, bis 2- bis 3mal so lang wie breit, z. T. am Grund mit auffallender Behaarung 30
30 Kelchblätter am Grund dicht und lang behaart, Krone blau, Kapsel dicht mit kurzen drüsenlosen Haaren, dazwischen wenige längere Drüsenhaare . . . . 20. *V. opaca*
– Krone weißblau (bis weiß), Fruchtkapsel mit langen Drüsenhaaren . . . . . . 18. *V. agrestis*

1. Veronica serpyllifolia L. 1753
Quendelblättriger Ehrenpreis

Morphologie: Hemikryptophyt. Pflanze bis 25 cm, aufsteigend bis aufrecht, mit zahlreichen nichtblühenden Trieben. Stengel zerstreut flaumig behaart (bis kahl). Blätter eiförmig, bis 2,5 cm lang, kurz gestielt bis sitzend, ganzrandig oder stumpf gesägt. Krone im Durchmesser 5–6 mm, weiß bis hellblau, dunkelblau geadert. Blütenstiel etwa so lang wie der Kelch, bei der

Quendel-Ehrenpreis (*Veronica serpyllifolia*)
Adelegg, 28. 5. 1992

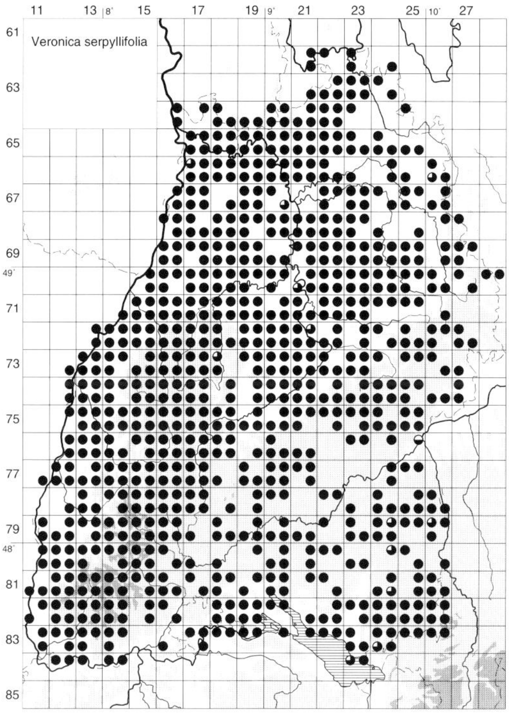

Fruchtreife sich verlängernd. Krone im Durchmesser 5–6 mm, weiß bis hellblau, dunkelblau geadert. Frucht abgeflacht, bis 4 mm lang und 6 mm breit, am Rand locker drüsig behaart. – Blütezeit: Mai–September. Kleb- und Verdauungsverbreitung.

Zytologische Untersuchungen von Pflanzen in der Umgebung von Tübingen ergaben die Chromosomenzahl n = 7 (HOFELICH 1935).

Formenreiche Sippe. Im Gebiet subsp. *serpyllifolia*. Subsp. *humifusa* (Dicks.) Syme (*V. tenella* All. 1785, *V. borealis* Kirschleger), unterschieden durch niederliegenden Stengel, Blütenstand mit höchstens 15 Blüten, Krone blau, Kelch und Blütenstiele drüsenhaarig. Diese Sippe von feuchteren Stellen der Hochlagen angegeben: Bayerische Alpen (zunächst Allgäu), benachbart in den Vogesen und im Schweizer Jura. Karpaten, Nordeuropa.

Ökologie: Einzelne Pflanzen an offenen, frischen, meist lehmigen, kalkarmen (mäßig) sauren wie kalkreichen, basischen, meist (mäßig) nährstoffreichen Böden. In Trittgesellschaften auf Wegen, in Weiderasen, in Parkrasen, gelegentlich auch in Acker-Unkraut-Gesellschaften. – Obwohl weit verbreitet, bisher nur wenig in Vegetationsaufnahmen enthalten, so in Einzelaufnahmen bei OBERDORFER (1971: 108) und LANG (1973), in synthetischen Tabellen von Flut- und Weiderasen: OBERDORFER (1983) oder in Weiderasen des Schwarzwaldes: PHILIPPI (1989: 874).

Allgemeine Verbreitung: Ursprünglich nur in Europa und im kühlen und gemäßigten Asien vorhanden, heute durch Verschleppung weltweit vorkommend (bis Feuerland und Neuseeland). In Europa im Ostseegebiet etwa bis zum Polarkreis, in Norwegen vereinzelt bis zum Nordkap.

Verbreitung in Baden-Württemberg: Weit verbreitet und keinem Naturraum fehlend, vielfach häufig.

Lückiges Verbreitungsbild lediglich in (trockenen) Kalkgebieten, so Taubergebiet – Bauland und Schwäbische Alb. Viele dieser Lücken dürften bei entsprechender Kartierung geschlossen werden. – Tiefste Fundstellen in der Oberrheinebene, ca. 95 m, höchste im Südschwarzwald (8114/1: Feldberg, Seebuck, 1450 m).

Da keine Vorkommen an naturnahen Standorten bekannt sind, dürfte die Pflanze erst mit dem Menschen in das Gebiet eingewandert sein (Archäophyt).

Erstnachweise: Der älteste Nachweis stammt aus dem 34. Jh. v. Chr. (Konstanz-Wallhausen, RÖSCH 1990). H. HARDER sammelte um 1574–76 die Pflanze in der Umgebung von Geislingen – Ulm (SCHORLER 1908).

Bestand und Bedrohung: In reichen Beständen vorhanden, nicht bedroht.

2. Veronica fruticans Jacq. 1762

Veronica saxatilis Scop. 1772
Felsen-Ehrenpreis

Morphologie: Hemikryptophyt bzw. Hemiphanerophyt, bis 15 cm hoch, mit aufsteigendem, am Grund oft verholztem Stengel, dieser kurz kraus behaart, Blätter eiförmig, breit abgerundet, am Grund keilig verschmälert (bis kurz gestielt), unter 2 cm lang. Blütenstand locker, wenigblütig; Blütenstiele und Kelch dicht kraus behaart, doch ohne Drüsenhaare. Krone 10–15 mm im Durchmesser, blau, mit weißem Schlund und rotem Schlundring. Griffel fast so lang wie die Frucht, Frucht 6–9 mm lang, abgeflacht. – Blütezeit: Juni–August.

Ökologie: An basenreichen, oft kalkführenden Felsen in sonniger Lage, in Felsspaltengesellschaften, auf Felssimsen mit grusigen Böden, hier z. B. zusammen mit *Silene rupestris*, gelegentlich auch epiphytisch im Moospolster der Bergahorne. – Vegetationsaufnahmen vgl. OBERDOR-

FER (1934), K. MÜLLER (1948: 216), PHILIPPI (1989: 818).

Allgemeine Verbreitung: Europa, Grönland, Island. In Europa nordwärts bis 71° n. Br., südwärts bis Spanien, Korsika, Apennin und Balkan. In Deutschland in den Alpen und im Südschwarzwald; benachbart im Schweizer Jura und in den Hochvogesen.

Verbreitung in Baden-Württemberg: Südschwarzwald, ca. 900–1350 m. – Die Pflanze ist einheimisch; das Vorkommen im Gebiet kann als Glazialrelikt gedeutet werden.

Südschwarzwald: 8014/3: Posthaldefels, K. MÜLLER (1948), Kaiserwachtfels, OBERDORFER (1934), um 1955 noch vorhanden (KR-K), 1994 nicht mehr bestätigt, infolge Felsabbruch verschwunden? 8112/4, 8113/3: Felsen auf der Südseite des Belchens vielfach, bis zum Hohkelch, schon von GMELIN (1805) als „non infrequens" bezeichnet, gelegentlich epiphytisch auf *Acer pseudoplatanus* (PHILIPPI u. WIRTH 1970); 8113/2: St. Wilhelmer Tal, am Rappenfelsen, ca. 900 m, LANGE u. WAGNER (KR-K); 8114/1: Feldberg, hier im oberen Zastler gegen den Osterrain entdeckt, REBER in SPENNER (1826), schon damals später vergeblich gesucht, Vorkommen offensichtlich erloschen, Seebuck am Weg gegen den Feldsee sowie am Feldsee, SCHILDKNECHT (1863), hier heute noch im Gebiet Feldsee – Seewand vielfach; 8114/3: Spießhorn bei Bernau, 1290 m, WIRTH (PHILIPPI u. WIRTH 1970).

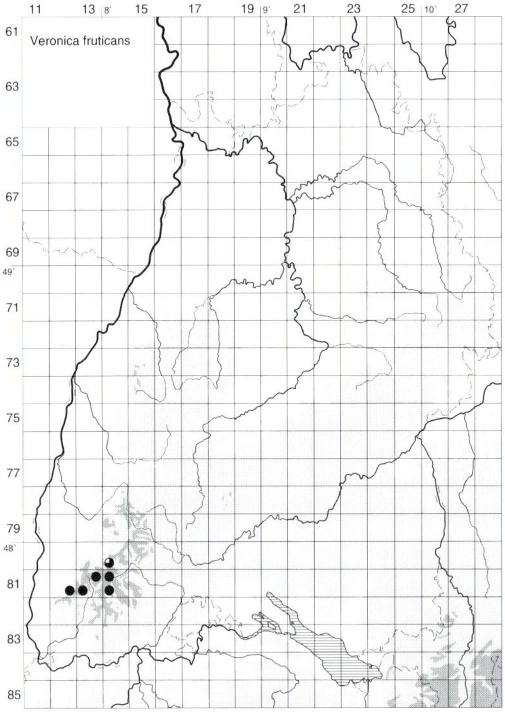

Felsen-Ehrenpreis (*Veronica fruticans*)
Feldberg

Erstnachweise: Eine erste Erwähnung von ROTH v. SCHRECKENSTEIN (1798: 84) vom Hohenblauen bei Badenweiler, nach einem Fund von VULPIUS ist unsicher. Weder am Blauen bei Badenweiler noch am Hochblauen bei Zell wurde die Pflanze jemals gefunden. Verwechslung mit dem Belchen? – GMELIN (1805) führt die Pflanze vom Belchen auf.

Bestand und Bedrohung: *Veronica fruticans* kommt heute noch in reichen Beständen vor (v. a. am Belchen). Ein Rückgang ist nicht erkennbar. Auch kann die Pflanze bedingt frisch geschaffene Standorte besiedeln. Eine Gefährdung besteht einmal aufgrund der Seltenheit, zum anderen aufgrund des verstärkten Tourismus (inkl. der Kletterei). Schwache potentielle Gefährdung.

3. Veronica fruticulosa L. 1753
Halbstrauchiger Ehrenpreis

Morphologie: Ähnlich *V. fruticans*, unterschieden durch dichten (5- bis 20blütigen) Blütenstand; Kelch und Blütenstiele drüsig behaart. Krone blaßrosa (selten weiß), Fruchtstiel nur wenig länger als der Kelch.

Nesselblättriger Ehrenpreis *(Veronica urticifolia)*

Ökologie: Im Kalkschutt und in Felsspaltgesellschaften über Kalk.

Allgemeine Verbreitung: Alpen, Gebirge des südlichen Mitteleuropas, Schweizer Jura. – In Deutschland an wenigen Stellen der bayerischen Alpen (zunächst im Allgäu).

In Baden-Württemberg Vorkommen in der Schwäbischen Alb am Fuchseck bei Schlat (7324/3), das auf eine Anpflanzung im letzten Jahrhundert zurückgeht (vgl. BERTSCH 1993), ca. 770 m. Nach Kartei BERTSCH (STU-K) 1896–1933 in Menge, heute nur noch wenige Pflanzen am Rottelstein (1994, KR-K).

4. **Veronica urticifolia** Jacq. 1773

V. latifolia auct., non L. 1753

Nesselblättriger Ehrenpreis

Morphologie: Chamaephyt, Pflanze aufrecht, bis 50(70) cm hoch, frischgrün. Stengel kurzflaumig behaart (bis fast kahl). Blätter breit eiförmig, bis 10 cm lang und 5 cm breit, sitzend, am Rand scharf gesägt. Blüten in lockeren, reichblütigen Trauben, Krone 6–8 mm groß, lilablau bis rötlich, dunkel geadert. Frucht wenig abgeflacht, etwa so lang wie breit, 5 mm groß, kurz behaart. – Blütezeit: Juni–August.

Ökologie: Einzelne Pflanzen oder kleine lockere Trupps an beschatteten, frischen (oft sickerfrischen), meist kalkhaltigen, basischen bis neutralen, mäßig nährstoffreichen Stellen in luftfeuchter Klimalage, seltener auf kalkarmen, mäßig sauren, doch basenreichen Böden. In Schluchtwäldern (Fraxino-Aceretum pseudopl.), auch in Buchenwäldern mittlerer Standorte (Galio-Fagetum), in Auenwäldern und in Staudenfluren. – Vegetationsaufnahmen aus Baden-Württemberg vgl. BAUR (1941, Grauerlenwald), LANG (1973, Schluchtwald), aus dem benachbarten Allgäu OBERDORFER (1950).

Allgemeine Verbreitung: Alpen, Jura, Pyrenäen, Apennin, Karpaten, in einer verwandten Sippe auch im Ural.

Verbreitung in Baden-Württemberg: Alpenvorland, v. a. im Westallgäuer Hügelland, vereinzelt im westlichen Bodenseegebiet und im Hochrheingebiet (bis Rand des Schwarzwaldes).

Westallgäuer Hügelland: V. a. am Schwarzen Grat und an der Adelegg nicht selten, entlang der Argen bis zur Mündung in den Bodensee. Fundzusammenstellung siehe DÖRR (1978: 213). An der Iller nach BERTSCH (1948) bis Marstetten (8026); vorübergehend auch 7626/3: Oberkirchberg, 1944, K. MÜLLER (1957). Schussengebiet – Westliches Bodenseegebiet: 8121/3: Bruckfelder Tobel bei Hohenbodman, JACK (1900);

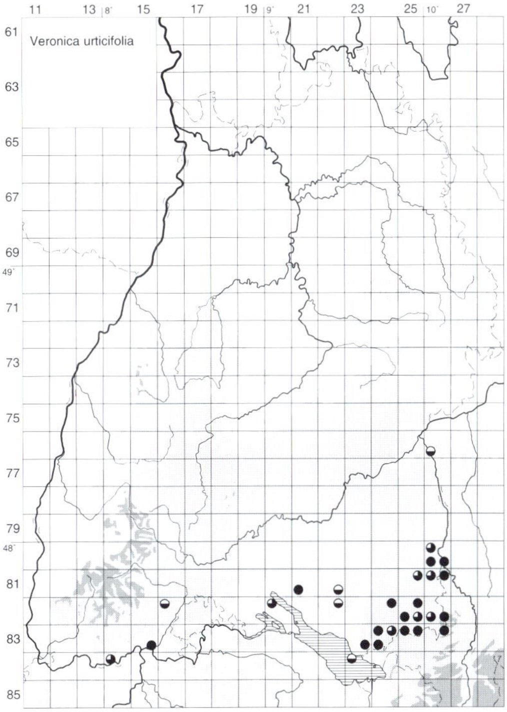

8220/1: Bodman, Steckenloch, BARTSCH (1924), LANG (1973); 8222/2: Jonistobel (Rotachtal), BERTSCH (1948). Hochrheingebiet: 8315/4: Tiengen, Bürgerwald, SEUBERT u. KLEIN, THOMMA (1972), 1994 noch spärlich vorhanden, 330 m; 8414/1: Laufenburg, Andelsbachtal, Über Gneis(?), LINDER (1905), THOMMA (1972), ob noch?; 8216/1: N Mauchen, Untere Alp, 1926, KUMMER u. HÜBSCHER (KUMMER 1946). – Entlang des Hochrheins auf der badischen Seite selten, auf der schweizerischen Seite deutlich häufiger, z. B. 8315/4: Zurzach. Vgl. die ausführliche Fundzusammenstellung bei KUMMER (1946) für das Gebiet um Schaffhausen.

Tiefste Fundstellen am Hochrhein, ca. 330 m, höchste am Schwarzen Grat bis nahe 1000 m. *Veronica urticifolia* ist im Gebiet urwüchsig.
Erstnachweis: Die erste Erwähnung findet sich bei LINGG (1832: 28), nach einem Fund bei Wangen im Allgäu.
Bestand und Bedrohung: Im Westallgäuer Hügelland ist die Pflanze stellenweise häufig und kaum bedroht. Dagegen sind die tief gelegenen Hochrhein-Vorkommen (mindestens auf der deutschen Seite) sehr beschränkt und offensichtlich individuenarm; sie sollten sorgfältig beobachtet werden (eine potentielle Gefährdung ist anzunehmen).

5. Veronica teucrium L. 1762
Großer Ehrenpreis

Morphologie: Chamaephyt, bis 50(80) cm hoch, meist bogig aufsteigend, Stengel und Blätter kraus behaart. Blätter eiförmig, am Rand grob gesägt, mit breitem Grund sitzend. Blüten in dichten Trauben, Tragblätter etwas kürzer als die Blütenstiele. Kelchblätter lineal, Kelch 5zipfelig. Krone blau (bis tiefblau, selten hellblau), 10–13 mm breit. Frucht abgeflacht, Kapsel 3–3,5 mm lang. – Blütezeit: Juni–Juli.
Ökologie: Einzelne Pflanzen an sonnigen bis lichtreichen, mäßig trockenen, meist kalkreichen, basischen Stellen, auf humosen wie rohen, z. T. auch skelettreichen Böden. V. a. in wenig gepflegten Halbtrockenrasen, auch in Staudensäumen (Geranion sanguinei), selten auch in aufgelichteten Wäldern. Vegetationsaufnahmen mit *Veronica teucrium* vgl. KUHN (1937: 98, 151), LANG (1973), TH. MÜLLER (1966: 438, 453), SEBALD (1983, Tab. 12).
Allgemeine Verbreitung: Europa, in Asien bis Sibirien und Kaukasus. In Europa v. a. im südlichen und mittleren Teil, auf den britischen Inseln fehlend, nordwärts im Ostseegebiet bis Estland und das angrenzende Rußland. In Deutschland vor allem im südlichen Teil, nördlich der Mainlinie im Rhein- und Moselgebiet, in Nordhessen und im südlichen Niedersachsen; norddeutsche Tiefebene selten oder fehlend.
Verbreitung in Baden-Württemberg: V. a. in den Kalkgebieten verbreitet: Muschelkalkgebiete, so Tauber, Bauland, Hohenlohe und entlang des Neckars, Baar, Wutach, Klettgau. Schwäbische Alb. In den Keuper-Lias-Gebieten seltener: Stromberg, Schönbuch, Randgebiete des Schwäbisch-Fränkischen Waldes. Zerstreut im Oberrheingebiet (v. a. Kaiserstuhl, Vorhügelzone des Schwarzwaldes), selten auch Rheinebene, hier früher nach Angaben von SCHMIDT (1857) wesentlich häufiger. Alpenvorland sehr zerstreut: Täler der Argen, Schussen und Iller, im westlichen Bodensee-Gebiet häufiger. Einzelangaben für das Alpenvorland vgl. DÖRR (1978). Fehlend im Schwarzwald und Odenwald.

Tiefste Fundstellen im Oberrheingebiet ca. 100 m, höchste in der Schwäbischen Alb, ca. 1010 m (BERTSCH 1948). Die Pflanze kommt vereinzelt an von Natur aus waldfreien Stellen vor und könnte somit im Gebiet urwüchsig sein (die meisten Vorkommen verdanken ihre Existenz dem Menschen).
Erstnachweise: Der älteste Nachweis stammt aus dem 40. Jh. v. Chr. (Hochdorf, KÜSTER 1985).

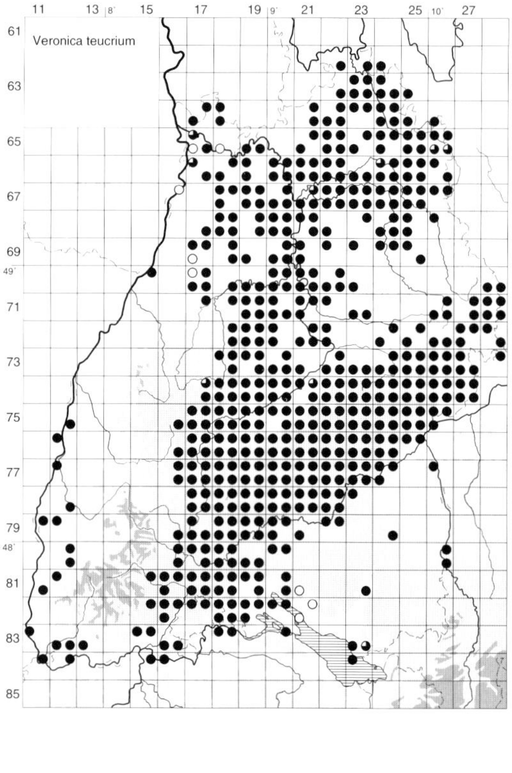

Großer Ehrenpreis (*Veronica teucrium*)
Aidlingen-Ehningen, 20. 5. 1992

H. Harder sammelte *Veronica teucrium* um 1562 in der Umgebung von Geislingen – Ulm.

Variabilität: Die meisten Pflanzen des Gebietes lassen sich der subsp. *pseudochamaedrys* (Jacq.) Nym. zuordnen. Im Kaiserstuhl wurde subsp. *orsiniana* (Ten.) Watzl angegeben: Übergangsform zu *V. austriaca*, unterschieden durch niederliegend-aufsteigenden Wuchs, Blätter klein, bis 28 mm lang, Krone 11–15 mm groß. Nach Fischer (in Wisskirchen 1995) sind die Formen des Kaiserstuhles als „Kaiserstuhl-Sippe" von *Veronica austriaca* anzusprechen und nicht *V. orsiniana* Ten. zuzurechnen. – Ähnliche Formen sind auch aus anderen Gebieten Süddeutschlands bekannt, ohne mit den Kaiserstuhl-Populationen genau übereinzustimmen. 7812/3: Mondhalde, Sleumer (1934: 154), um 1960 von Korneck im Gebiet um Schelingen beobachtet.

Bestand und Bedrohung: In Kalkgebieten mit Magerstandorten noch in großen Beständen vorhanden, so v. a. in der Schwäbischen Alb. In anderen Gebieten wie am Oberrhein zurückgehend, wenn auch nicht gefährdet.

6. **Veronica austriaca** L. 1759

V. dentata F. W. Schmidt 1794
Österreichischer Ehrenpreis

Morphologie: Chamaephyt, bis 50 cm hoch, meist aufsteigend. Ähnlich *V. teucrium*, unterschieden durch die länglichen Blätter, diese am Grund keilförmig, zum Teil kurz gestielt, 3- bis 7(10)mal so lang wie breit, v. a. die unteren grob gesägt (mit lang ausgezogenen Spitzen), obere Blätter meist lineal, undeutlich entfernt gesägt, am Rand oft umgerollt. Tragblätter der Blüten etwa so lang wie die Blütenstiele. Krone 11–15(18) mm breit, meist dunkelblau, Fruchtkapsel 4–5 mm lang. – Blütezeit: Mai–Juni.

Die Unterscheidung von Formen von *V. teucrium* kann Schwierigkeiten bereiten; offensichtlich gibt es intermediäre Formen. Die Pflanzen des Gebietes haben kaum einmal die lang ausgezogenen Blattzähne wie die des östlichen Süddeutschlands.

Ökologie: Ähnlich wie *V. teucrium*, doch trockener stehend, v. a. in offenen Trockenrasen, z. B. im Xerobrometum. – Vegetationsaufnahmen vgl. SLEUMER (1934: 58), OBERDORFER (1936: 99).

Allgemeine Verbreitung: Schwerpunkt in Osteuropa, in Mitteleuropa bis in das Oberrheingebiet reichend (Westgrenze der Verbreitung).

Verbreitung in Baden-Württemberg: Oberrheingebiet (v. a. Kaiserstuhl), vereinzelt im Oberen Gäu, Baar und Oberes Donautal, Alpenvorland; häufiger in der Schwäbischen Alb bei Ulm, Grenzgebiet Ostalb/Ries.

Oberrheingebiet: 6917/1: Michaelsberg bei Untergrombach, OBERDORFER (1936); Kaiserstuhl an zahlreichen Stellen, vgl. SLEUMER (1934: 154), so 7912/1: Badberg, zuletzt 1950, OBERDORFER (KR), BRANDT (1961: 78, Chromosomenbestimmung 2n = 64), Haselschacher Buck; 7911/2: Bickensohl, 1954, K. MÜLLER (STU). Bitzenberg; 7812/3: Mondhalde, Kirchenbuck bei Schelingen. Weiter gibt SLEUMER eine f. *praeterita* (Beck) Watzl von Bitzenberg und aus dem Schelinger Gebiet an. 8311/1: Isteiner Klotz, VULPIUS, 1886, BAUMGARTNER (KR), 1887, LÖSCH (KR). Vermutlich gehören die von NEUBERGER (1912) genannten Vorkommen von der Sponeck (7811/4) und von Merdingen – Rimsingen am

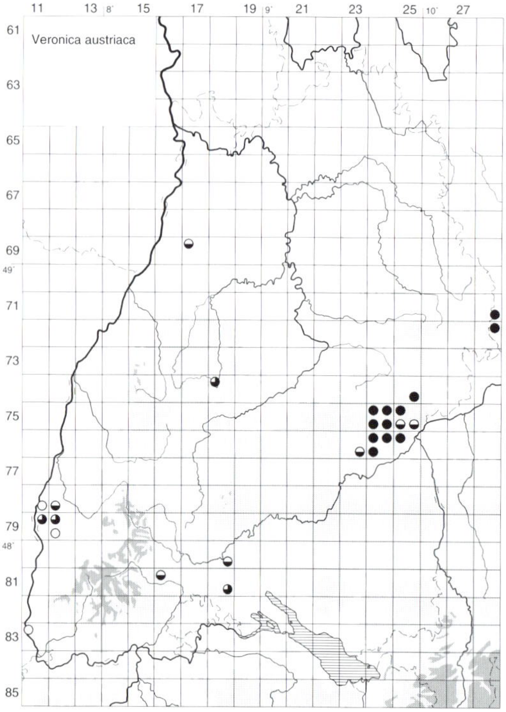

Österreichischer Ehrenpreis *(Veronica austriaca)*
Garching (Bayern), 13. 6. 1994

Tuniberg (7912/3) zu *V. austriaca* (vgl. SLEUMER 1934). Das Vorkommen von „Höhningen bei Achkarren" (7911/2, REESS in SCHILDKNECHT) ist nach SCHILDKNECHT (KR-K) zu streichen.

Oberes Gäu: 7418/1: Emmingen bei Nagold, 1953, WREDE (STU).

Baar – Obere Donau: 8116/1: Zw. Rötenbach u. Löffingen, 1934, JAUCH (KR); 8018/4: Hattingen, 1925, JAUCH (KR).

Westliches Bodenseegebiet: 8118/4: Schoren bei Engen, 1960, KNAUSS (STU). Zahlreiche ältere Angaben um Engen vgl. KUMMER (1946), Beobachtungen von 1930.

Schwäbische Alb: In der Donaualb westlich Ulm sehr verbreitet; Einzelangaben vgl. K. MÜLLER (1957) und RAUNEKER (1984). Isolierte Vorkommen im Randgebiet zum Ries: 7128/4: Utzmemmingen, 1979, SEYBOLD (STU-K); 7228/2: zw. Schweindorf und Kösingen, benachbart auf bayerischem Gebiet W Niederhaus, 1993, ENGELHARDT (STU-K).

Die Verbreitungskarte ist sicher sehr lückenhaft. Die Vorkommen im Kaiserstuhl (zuletzt 1950, OBERDORFER, KR, K. MÜLLER 1954, BRANDT um 1960) dürften noch existieren. Auch in der Schwäbischen Alb wurde die Pflanze wohl nur unvollständig erfaßt. BERTSCH (1948) nennt die Pflanze „zerstreut". (Unter den historischen, nicht belegten Vorkommen könnten sich auch hin und wieder Formen von *V. teucrium* verbergen!)

Tiefste Fundstellen im Oberrheingebiet bei ca. 200 m, höchste im Donaugebiet der Schwäbischen Alb nach BERTSCH (1948) 786 m. *Veronica austriaca* dürfte im Gebiet urwüchsig sein.

Erstnachweise: Die Pflanze wurde vermutlich erstmals von LEOPOLD (1728: 173) aus dem Gebiet um Ulm erwähnt („um das Schießhaus"). DÖLL (1843) erwähnt eine Sippe *V. teucrium* b)

media, die vielleicht zu *austriaca* zu stellen ist (ohne Fundortsangaben). In badischen Floren (bis zu SEUBERT u. KLEIN 1905) werden die Vorkommen von *V. austriaca* offensichtlich unter *V. prostrata* geführt, während in den württembergischen Floren *V. austriaca* seit V. MARTENS u. KEMMLER (1882) enthalten ist, dafür aber *V. prostrata* fehlt.

Bestand und Bedrohung: Im Gebiet seltene Pflanze, die nur in kleinen Beständen vorkommt. Ein Rückgang ist zu vermuten. Gefährdung G 3.

7. Veronica prostrata L. 1762
Niederliegender Ehrenpreis

Morphologie: Chamaephyt, Pflanze niederliegend, die blühenden Triebe aufsteigend, bis 25 cm hoch. Blätter lanzettlich, am Grund keilförmig bis kurz gestielt, fast ganzrandig, am Rand oft eingerollt, kurz und dicht behaart (auch unterseits). Krone 7–14 mm breit, blau (so im Gebiet) oder blaßlila, Kelch und Fruchtkapsel kahl. Blütezeit Mai (von Anfang Mai an) bis Juni. Im Gebiet nur die subsp. *scheereri* J.P. Brandt 1961: Krone 7–14 mm groß, blau. Chromosomenzählung von Pflanzen bei Beuron ergab n = 16 (BRANDT 1961: 42).

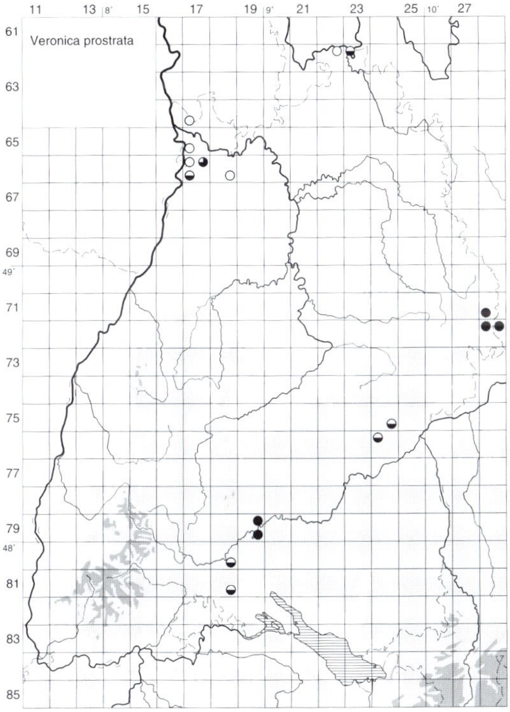

Niederliegender Ehrenpreis *(Veronica prostrata)*
Utzmemmingen, 10. 6. 1993

Subsp. *prostrata*, Krone 4–11 mm groß, hell-lila, in osteuropäischen Steppenrasen, im Gebiet fehlend.

Ökologie: Auf (z. T. nur mäßig) kalkreichen, basischen, mäßig trockenen Böden, auf Kalksteinböden, nicht selten auf Sand. In Trockenrasengesellschaften (Xerobrometum, Mesobrometum), in Sandrasen mit *Stipa capillata* (Allio-Stipetum cap.) u. a. – Vegetationsaufnahmen mit *V. prostrata* aus dem Gebiet vgl. SEBALD (1983, Tab. 12), aus Nachbargebieten vgl. z. B. KORNECK (1974, Tab. 76).

Allgemeine Verbreitung: Subsp. *scheereri*: Mittleres Europa westwärts bis Frankreich und Pyrenäen. Ostgrenze Rhone, Bodensee bis südliches Niedersachsen. Östlich davon schließt das Areal der subsp. *prostrata* an: Westwärts bis Oberitalien und Apennin, Inntal, Elbegebiet, Hauptverbreitung in Osteuropa, bis Westasien reichend.

Verbreitung in Baden-Württemberg: Nördliches Oberrheingebiet (Sandgebiete), Main (selten), Schwäbische Alb, Alpenvorland (Westliches Bodenseegebiet). – Benachbart in der oberelsässischen Rheinebene (Hardt).

Nördliche Oberrheinebene: Zahlreiche Angaben von DÖLL (1843, 1859), SCHMIDT (1857) um Mannheim und Schwetzingen. Nach 1900 nur noch wenige Beobachtungen: 6617/3: Talhaus bei Hockenheim, 1924, KNEUCKER (KR); 6617/2: SE Oftersheim, 1965, wenige Pflanzen, PHILIPPI (1971), wohl erloschen. – Benachbart im Kraichgau: 6618/4: Schatthausen SCHMIDT.
Südliches Oberrheingebiet: Zahlreiche Angaben aus

dem Kaiserstuhl, die wohl zu *V. austriaca* zu stellen sind, vgl. SLEUMER (1934: 154). – Elsässische Hardt S Neu-Breisach mehrfach.
Maingebiet: Zahlreiche Belege von STOLL aus dem Gebiet um Wertheim (KR), z. T. wurde die Pflanze als häufig bezeichnet. 6222/2: Grünenwört, 1886, STOLL (KR); 6223/1: Wertheim, Sporkert, zuletzt 1913, STOLL (KR). Häufiger auf der bayerischen Mainseite: 6223/1: Tännig bei Kreuzwertheim, Remberg, hier zuletzt 1941, KNEUCKER (KR). Heute erloschen.
Schwäbische Alb: 7919/2: Bäratal; 7919/4: Stiegelesfelsen, zuletzt 1978, 1981, SEBALD (STU-K). – 7524/4: Blaubeuren, 7624/1: Schelklingen, nach K. MÜLLER (1957), unbestätigt. – Im Grenzgebiet zum Ries: 7228/1: Neresheim, 1974, ENGELHARDT (STU); 7228/2: zw. Schweindorf und Kösingen, ENGELHARDT (STU-K) und 7128/3: zw. Härtsfeldhausen u. Rohrbachmühle, 1973, ENGELHARDT (STU).
Alpenvorland: Im Westlichen Bodenseegebiet mehrfach, vgl. die Zusammenstellung von KUMMER (1946, Belege von RONNIGER revidiert, Beobachtungen 1929–31): 8018/4: Biesendorf; 8118/4. W Ehingen, Schoren bei Engen. Dazu kommen ältere (unsichere) Angaben: 8018/3: Immendingen, Marienbühl, ZAHN; 8118/2: zw. Talmühle und Höwenegg, MERKLEIN. (Diese Punkte fehlen der Karte.)

Tiefste Fundstellen in der Oberrheinebene, ca. 100 m, höchste in der Schwäbischen Alb, ca. 700 m. Die Pflanze könnte urwüchsig sein; von Natur aus waldfreie Wuchsorte sind aus dem Donautal bekannt.
Erstnachweise: Die erste Erwähnung findet sich bei GMELIN (1805: 30), von den zahlreichen Angaben könnten sich die bei Überlingen („non infrequens cum Cytiso nigricanti et Arbuto uva-ursi") auf *V. prostrata* beziehen. Sieht man von den schon von POLLICH erwähnten Vorkommen aus dem Gebiet um Mainz ab, dürfte sich hinter den Angaben GMELINs vielfach eine andere Sippe verbergen. DÖLL (1843) führt zahlreiche Fundstellen aus den Sandgebieten der nördlichen Oberrheinebene auf (vgl. auch SCHMIDT 1857).
Bestand und Bedrohung: Im badischen Oberrheingebiet erloschen, ebenso das Vorkommen bei Wertheim. In der Schwäbischen Alb kleine Vorkommen, die potentiell bedroht (v. a. durch Touristen und Kletterer), G. 4.

8. Veronica officinalis L. 1753
Echter Ehrenpreis

Morphologie: Chamaephyt, Pflanze niederliegend-aufsteigend, bis 20 cm hoch, etwas graugrün, dicht weich behaart, v. a. im oberen Teil drüsig. Blätter eiförmig, kurz gestielt, am Rand fein gesägt. Blütenstand dichtblütig, Blüten kurz gestielt, länger als die eiförmig-lanzettlichen Kelchblätter, Krone etwas trichterig, bis 6–7 mm im Durchmesser, blaßlila, Frucht 3–4 mm lang, im Umriß dreieckig, abgeflacht, an der Spitze kaum ausgerandet. – Blütezeit: Juni–August.
Ökologie: Kleine Teppiche an sonnigen bis schwach beschatteten, mäßig frischen bis mäßig trockenen, kalkarmen, sauren, nährstoffarmen Stellen. Auf Sand, Lehm oder auch humosen Böden, gern in Pionierfluren an Wegböschungen, an laubfreien Stellen von Buchenwäldern (v. a. Luzulo-Fagetum), seltener in Hainbuchenwäldern, auch in lichten Nadelholzbeständen. Häufig weiter in Zwergstrauchgesellschaften. – Vegetationsaufnahmen mit *Veronica officinalis* vgl. z. B. BARTSCH (1940: z. B. Zwergstrauchheiden), TH. MÜLLER (1966: 303, 376, verschied. Waldgesellschaften).
Allgemeine Verbreitung: Europa, westliches Asien (bis Persien, Kleinasien), eingeschleppt in Nordamerika und Neuseeland. In Europa vom Mittelmeergebiet bis Nordeuropa verbreitet, an der Westküste Norwegens bis 70° n. Br., im Ostseegebiet bis etwa zum Polarkreis. Schwerpunkt in borealen, schwach subozeanischen Gebieten.
Verbreitung in Baden-Württemberg: Verbreitet und meist häufig. Schwerpunkt in den kalkarmen Gebieten des Odenwaldes, des Schwarzwaldes

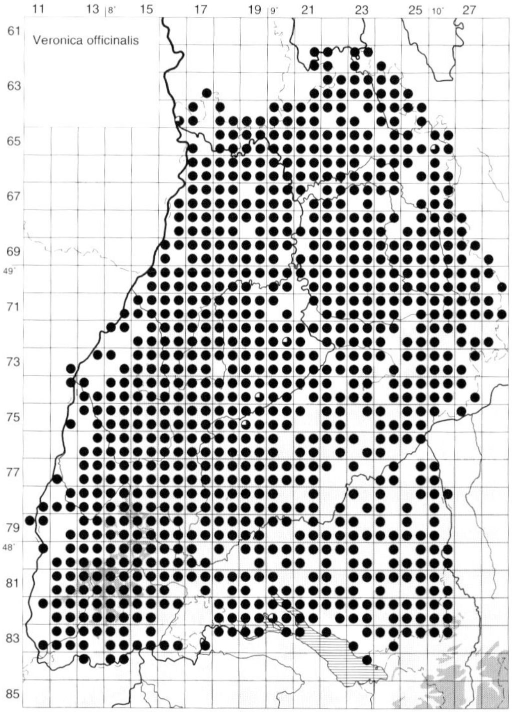

Echter Ehrenpreis (*Veronica officinalis*)
Belchen

Gamander-Ehrenpreis (*Veronica chamaedrys*)
Gauchach

und des Keuper-Lias-Neckarlandes, im Oberrheingebiet v.a. in den Flugsandgebieten. Übrige Oberrheinebene stellenweise fehlend. Auch in den Muschelkalkgebieten (Neckarbecken N Stuttgart, Hohenlohe), auf der Schwäbischen Alb und im Alpenvorland zeigt die Karte immer wieder Vorkommenslücken.

Tiefste Fundstellen in der Rheinebene, ca. 100 m, höchste im Südschwarzwald 1450 m (K. Müller 1948: 309). – *Veronica officinalis* dürfte im Gebiet urwüchsig sein, wenn auch die meisten Vorkommen synanthropen Charakter haben.

Erstnachweise: Der älteste Nachweis stammt aus dem 39. Jh. v. Chr.: Hornstaad, Rösch (unpubl.). H. Harder sammelte um 1562 die Pflanze in der Umgebung von Geislingen – Ulm (Zimmermann 1937).

Bestand und Bedrohung: Nicht bedroht.

9. Veronica chamaedrys L. 1753
Gamander-Ehrenpreis

Morphologie: Chamaephyt, bis 25 cm hoch, etwas bogig aufsteigend. Stengel v.a. im unteren Teil mit zwei deutlichen Haarleisten, übrige Teile abstehend behaart. Blätter sitzend (bis kurz gestielt). Krone ca. 10 mm im Durchmesser, azurblau mit weißem Schlund, dunkel geadert. Frucht bis 4 mm lang, deutlich abgeflacht, von eiförmig-lanzettlichen Kelchzipfeln überragt. – Blütezeit: Mai–Juni; Kronen fallen bei Erschütterung rasch ab. – Formenreiche Sippe, im Gebiet nur die subsp. *chamaedrys*. Subsp. *vindibonensis* Fischer 1970 (Blätter beiderseits mit 3–6 auffallend langen Zähnen), Fränkische Alb, in trocken-warmer Lage.

Ökologie: Einzelne Pflanzen an frischen, leicht beschatteten, mäßig nährstoffreichen Stellen, auf kalkarmem wie kalkreichem Untergrund. Gern im Saum von Hecken und Wäldern, auch in Wiesen, zusammen mit *Trifolium medium* an trockeneren Stellen, an frischeren Stellen zusammen mit *Glechoma hederacea*. – In Vegetationsaufnahmen zahlreicher Gesellschaften enthalten, jeweils in geringer Menge, z. B. Kuhn (1937: 216, Glatthaferwiesen) oder Th. Müller (1966: 440, Staudengesellschaften mit *Trifolium medium*).

Allgemeine Verbreitung: Europa, nordwärts etwa bis zum Polarkreis, Sibirien, Kanarische Inseln. Eingebürgert in Nordamerika. In Deutschland häufig und keiner Landschaft fehlend.

Verbreitung in Baden-Württemberg: In allen Landesteilen verbreitet, tiefste Fundstellen um 95 m, höchste 1450 m (8114/1: Seebuck). – Die Pflanze ist wohl einheimisch, wenn auch die meisten Vorkommen synanthrop anzusehen sind. Ursprüngliche Vorkommen wohl in Auengesellschaften entlang der Flüsse oder größerer Bäche.
Erstnachweise: Fossilfunde von Oedenahlen/Federsee ca. 37. Jh. v. Chr., MAIER (1988). H. HARDER hat die Pflanze 1562 in der Umgebung von Geislingen – Ulm gesammelt (ZIMMERMANN 1937). Die Abbildung der Pflanze bei L. FUCHS (1542, 1543) wurde wohl von H. FÜLLMAURER nach einer Vorlage aus der Umgebung von Tübingen gezeichnet (SEYBOLD 1990).
Bestand und Bedrohung: Nicht bedroht.

Veronica argute-serrata Reg. et Schmalh.
Scharfgesägter Ehrenpreis

Therophyt, bis 30 cm hoch, Blätter kurz gestielt, eiförmig, gegenständig, scharf gesägt; Stengel mit zwei lockeren Blütentrauben, Blüten in den Achseln von Hochblättern, blau Kelchzipfel länglich eiförmig, die Fruchtkapsel überragend. Heimat Kleinasien bis Zentralasien. Im Gebiet eingeschleppt: 6821/3: Heilbronn, Neckarufer beim Götzenturm, 1988 von R. GRAMLICH entdeckt, von S. SEYBOLD bestimmt (STU), Vorkommen bis 1991 beobachtet; 7721/2: Stuttgart-Untertürkheim, Rotenberg – Mönchsberg, 15. Ex. in einem Weinberg zusammen mit anderen Neophyten, 1990, PLIENINGER. – Vgl. GRAMLICH (1991). Pflanze könnte durch Gastarbeiter aus der Türkei eingeschleppt sein; auf weitere Vorkommen ist zu achten.

10. Veronica montana L. 1755
Berg-Ehrenpreis

Morphologie: Chamaephyt, Pflanze niederliegend – aufsteigend, bis 25 cm hoch, (v. a. jung) lichtgrün. Pflanze weichhaarig, mit abstehenden Haaren, im oberen Teil auch vereinzelt drüsenhaarig. Blätter deutlich gestielt, Blattstiele länger als halbe Blattspreite. Blüten in wenigblütigen Trauben, Krone bis 10 mm im Durchmesser, meist hell bläulich(–lila). Frucht 5–8 mm lang, stark abgeflacht, brillenartig, deutlich länger als die eiförmigen Kelchblätter. – Blütezeit: Mai–Juni.
Ökologie: Leicht beschattete, feuchte bis frische, gern kalkarme, schwach saure, mäßig nährstoffreiche Stellen, seltener auch auf Kalkböden, auf kiesig-grusigen wie lehmigen Böden, auch auf armen Buntsandsteinböden vorkommend. – An offenen Stellen am Rand von Waldwegen, hier optimal, an Quellstellen mit *Chrysosplenium oppositifolium*, in Quell-Erlenwäldern (Carici remo-

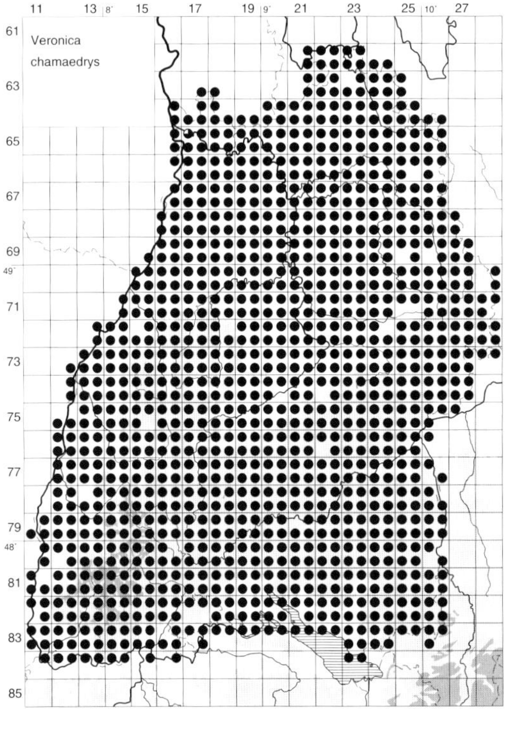

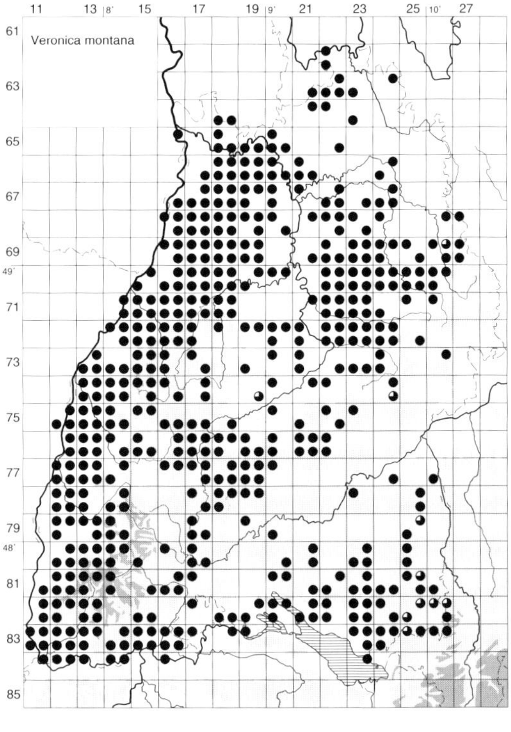

Berg-Ehrenpreis (*Veronica montana*)
Sindelfingen, 16. 5. 1992

tae – Fraxinetum), auch in feuchten Hainbuchen- oder Buchenwäldern. – Vegetationsaufnahmen mit *V. montana* aus Wäldern vgl. z. B. OBERDORFER (1938: 234, Nordschwarzwald), aus Quellfluren z. B. SEBALD (1975) PHILIPPI (1989: 824). Publizierte Vegetationsaufnahmen mit reichlichen Vorkommen von *V. montana* von Wegrändern liegen nicht vor.

Allgemeine Verbreitung: Temperates Europa, Gebirge Nordafrikas. In Europa nordwärts bis südliches Schottland, nördliches Dänemark und Südspitze von Schweden, Ostgrenze etwa entlang der Linie Köngisberg – Karpaten. Schwach subatlantische Art, die v. a. im Buchengebiet vorkommt.

Verbreitung in Baden-Württemberg: Schwerpunkt der Verbreitung in den westlichen Landesteilen und in Gebieten mit kalkarmen Böden, nach Osten deutlich seltener werdend. Oberrheinebene (auch auf kalkhaltigen Böden der Rheinniederung), Odenwald (in östlichen Teilen seltener), Kraichgau, Schwarzwald, hier auf der Ostseite und in Gebieten mit Buntsandstein und armem Granit deutlich seltener. Stromberg und Schwäbisch-Fränkischer Wald, vereinzelt auch Bauland und Hohenlohe. Schönbuch, Glemswald. Oberer Neckar, Schwäbische Alb v. a. am Nordrand, Baar und Wutach. Alpenvorland v. a. im Bereich der Jungmoräne und im Westallgäuer Hügelland. Einzelangaben für das Westallgäuer Hügelland vgl. DÖRR (1978); diese mit einem Dreiviertel-Kreis eingetragenen Vorkommen dürften alle noch aktuell sein.

Tiefste Fundstellen in der Rheinebene, ca. 100 m, höchste am Spießhorn (8114/3, 1300 m, OBERDORFER (1982: 352)). – Die Pflanze ist einheimisch.

Erstnachweise: Fossilfunde fehlen. Die erste Erwähnung findet sich bei J. F. G. GMELIN (1772/4): „in sylva Bebenhusana“ bei Tübingen.

Bestand und Bedrohung: In reichen Beständen vorhanden und nicht bedroht. Die Vorkommen der Pflanze wurden durch den Forstwegebau deutlich gefördert.

11. Veronica scutellata L. 1753

Schild-Ehrenpreis

Morphologie: Hemikryptophyt, bis 45 cm hoch, niederliegend bis aufsteigend. Pflanze kahl, oft etwas braun überlaufen, Blätter sitzend, schmallanzettlich, ganzrandig bis undeutlich gesägt (mit nach rückwärts gerichteten Zähnen), bis 5 cm lang, meist unter 5(7) mm breit. Blütentrauben wechselständig, locker, bis 15blütig. Blüten lang gestielt, Krone bis 5–6 mm im Durchmesser, hell-lila bis fast weiß. Frucht abgeflacht, 2–4 mm lang und 4–6 mm breit. – Blütezeit: Juni–September.

Ökologie: In einzelnen Pflanzen an frischen bis feuchten, zeitweise überfluteten, meist kalkarmen, schwach sauren, höchstens mäßig nährstoffreichen (mesotrophen) Stellen, auf lehmigen

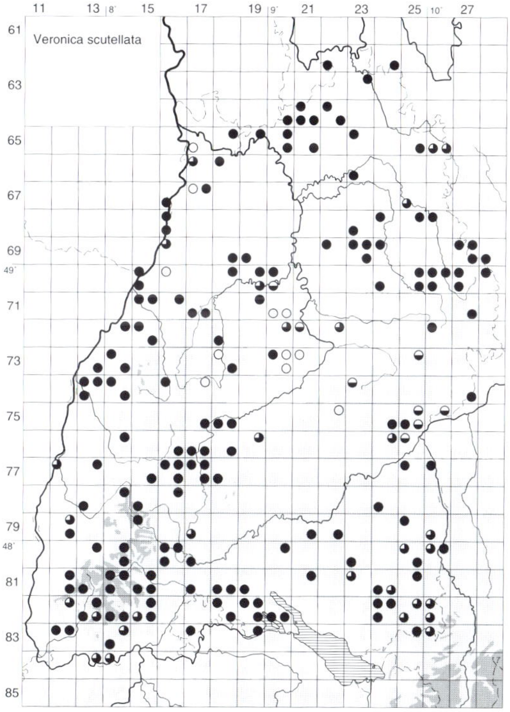

Schild-Ehrenpreis (*Veronica scutellata*)
Böblingen, 20. 8. 1995

bis humosen (anmoorigen) Böden. – In Lücken von Seggen-Röhrichten (z. B. im Caricetum elatae), in periodisch ausgeräumten Wiesengräben zusammen mit *Agrostis canina* (hier spreizklimmerartig wachsend), auch in niederwüchsigen Pioniergesellschaften (z. B. Zwergbinsen-Gesellschaften). – In Vegetationsaufnahmen meist nur in geringer Menge und in den Tabellen auch nur mit geringer Stetigkeit enthalten, so z. B. LANG (1973: S. 364), GÖRS (1968: 227), GRÜTTNER 1990, Tab. 9 + 14), PHILIPPI (1977: 20, 1978: 183).

Allgemeine Verbreitung: Nordhalbkugel, Europa, Asien (bis Kamtschatka und Sachalin), Nordamerika, Nordafrika (Algerien). In Europa von Südeuropa (im Mittelmeergebiet selten) bis Nordeuropa (vereinzelt bis 70° n. Br., Schwerpunkt des Vorkommens südlich 64° n. Br.). Schwerpunkt im kühl-gemäßigten Bereich (temperat – boreal).

Verbreitung in Baden-Württemberg: Schwerpunkt in den kalkarmen Gebieten: Odenwald, Schwarzwald, Schwäbisch-Fränkischer Wald. Oberrheingebiet v. a. im Bereich der Alluvionen der Schwarzwaldflüsse, vereinzelt jedoch auch auf kalkhaltigen Rheinalluvionen. – Stromberg, Oberes Neckargebiet. Baar. Alpenvorland: V. a. im westlichen Bodenseegebiet und im Westallgäuer Hügelland. Selten in der Schwäbischen Alb (z. B. Schopflocher Torfgrube, Rauhe Wiese).

Tiefste Fundstellen in der Rheinebene, ca. 100 m, höchste im Südschwarzwald: 8114/1: Feldberg, Häuslebauer, 1080 m, Feldsee, 1108 m.

Die Verbreitungskarte dürfte gebietsweise sehr unvollständig sein. In vielen Floren wurde die Art als häufig bezeichnet; Fundstellen werden nicht genannt. Die Pflanze tritt offensichtlich unbeständig auf, meist nur in kleinen Populationen und kann so leicht übersehen werden.

Veronica scutellata ist wohl Bestandteil der ursprünglichen Flora. Natürliche Wuchsorte sind an Störstellen in Großseggenrieden gut vorstellbar. An den meisten Fundorten ist die Pflanze an Sekundärstellen anzutreffen (hier zudem oft unbeständig auftretend). Sie ist leicht hemerophil.

Erstnachweise: Fossilfunde sind aus dem 2. nachchristlichen Jahrhundert bekannt (Walheim bei Ludwigsburg, PÜHLER 1990). – Erste schriftliche Erwähnung, bei A. v. HALLER (1768: 231), nach einer Beobachtung von LACHENAL bei Friedlingen (bei Weil a. Rh.).

Bestand und Bedrohung: In manchen Landschaften wie Schwarzwald und Odenwald erscheint die Pflanze zwar im Rückgang, aber insgesamt wenig gefährdet zu sein. In allen andern Landschaften geht sie stärker zurück und ist hier als gefährdet anzusehen. Ursachen des Rückganges sind Aufgabe der Wiesenbewässerung (und damit Zuwachsen der Gräben), Aufforstungen und schließlich die allgemeine Eutrophierung der Landschaft. Gesamtgefährdung: G 3.

Variabilität: Unterschieden wird eine var. *pubescens* Koch, die durch drüsige Behaarung von Stengel, Blütenstielen, Kelch und Kapselrand gekennzeichnet ist. Nach DÖLL (1859: 745) „auf der Rheinfläche nicht selten an Stellen, wo das Wasser zurückgetreten ist".

12. **Veronica acinifolia** L. 1762

Steinquendelblättriger Ehrenpreis, Drüsiger Ehrenpreis

Morphologie: Therophyt, bis 15–20(25) cm hoch. Pflanze am Grund verzweigt, drüsig behaart. Blätter eiförmig, bis 1 cm lang und 0,6 cm breit, ungeteilt bis undeutlich kerbig gesägt. Blütenstand verlängert, locker. Blüten dunkelblau mit weißem Grund (auch weißblau und dunkel geadert). Fruchtstiel länger als Tragblätter, Frucht bis 4–5 mm breit und 2–3 mm lang, bis fast zur Hälfte (mindestens zu einem Drittel) eingeschnitten, Narbe die Ausrandung nicht oder kaum überragend. – Blütezeit: Mitte April–Mitte Mai.

Ökologie: Einzelne Pflanzen auf zeitweise (im Winter) überschwemmten, kalkarmen-sauren, mäßig basenreichen und mäßig nährstoffreichen, sandig-lehmigen Böden. Früher in Getreidefeldern (v. a. in feuchten Mulden), heute nur noch in Ackerbrachen (Maisäckern) oder in Baumschulen, zusammen mit *Montia chondrosperma* und *Myosurus minimus* in Zwergbinsengesellschaften (Frühjahrsausbildung des Centunculo-Anthocerotetum). Vegetationsaufnahmen aus Baden-Württemberg fehlen, aus Nachbargebieten: Elsaß (Sundgau), MOOR (1936).

Allgemeine Verbreitung: Südeuropa, nordwärts bis Mitteleuropa: Nordfrankreich, Belgien, Oberrheingebiet und Wetterau, Tschechien und Rumänien. – Gesamtverbreitung mediterran-submediterran, (schwach) subatlantisch.

Verbreitung in Baden-Württemberg: Oberrheingebiet, hier v. a. im Bereich der Schwarzwaldalluvionen (kalkarme Böden).

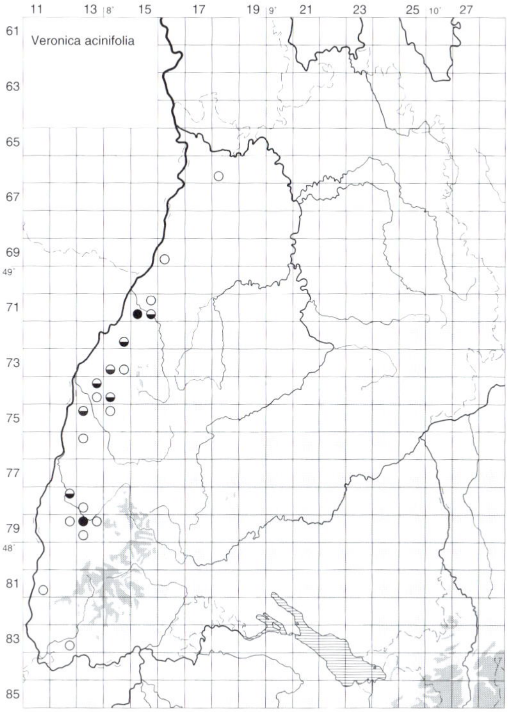

Steinquendelblättriger Ehrenpreis *(Veronica acinifolia)* Oberrheingebiet

Oberrheingebiet: In der Literatur werden zahlreiche Vorkommen genannt. Offensichtlich liegen jedoch zahlreiche Fehlbestimmungen vor (vgl. z. B. BINZ); Belege fehlen in den Herbarien. So werden hier die Vorkommen aufgelistet, wo nach dem Substrat ein Vorkommen wahrscheinlich ist: 6618/3: Leimen, SCHMIDT (1857), DÖLL u. METTENIUS (DÖLL 1859); 6916/3: Daxlanden, A. BRAUN in DÖLL (1859); 7115/2: Muggensturm, DÖLL (1859); 7115/3: Haueneberstein, BAUSCH in DÖLL (1859), zwischen Kuppenheim und Haueneberstein, wenige Pflanzen, 1987, CASPARI (KR), hier 1995 reichlich, weiter S Haueneberstein, PHILIPPI (KR); 7115/4: Äcker beim Gaswerk Gaggenau, „ziemlich häufig", 1921, MAENNING in KNEUCKER (1936); 7214/4: Bühl gegen Weitenung, Vimbuch und Station Steinbach, 1912, HUBER in Anonymus (1912: 163); 7314/3: Achern, „unter Getreide häufig", WINTER (1884). Schollenhof bei Waghurst, ZIMMERMANN (1926: 32); 7314/4 (?): Illenau bei Achern, BRAUN in DÖLL (1859); 7413/2: zw. Urloffen und Legelshurst, ZIMMERMANN (1929: 61); 7413/4: Appenweier, SEUBERT u. KLEIN (1905); 7414/3: Oberkirch, ZIMMERMANN (1926); 7513/1: Waltersweierer Schloß, 1934, HENN (KR); 7514/1: Durbach, SEUBERT u. KLEIN (1905); 7613/1: Hugsweier, MOHR (1898); 7812/2: Hecklingen, 1918, NEUBERGER in SCHLATTERER (1920). Zahlreiche Fundstellen in der Freiburger Bucht: 7813/3 Hochburg, THIRY in SCHILDKNECHT (1863); 7912/2: Hanflöcher bei Neuershausen, Buchheim, DE BARY in SCHILDKNECHT (1863); 7913/1: Denzlinger Bergle, LEUTZ in SCHILDKNECHT (1863); 7913/2: „Eingang des Elztales", GÖTZ (1902: 240), 7913/3. Wildtal gegen Gundelfingen, „copiose", SPENNER (1826). In

diesem Gebiet neuerdings von HÜGIN wieder bestätigt: 7913/1: Baumschulfelder westlich Denzlingen und Gundelfingen, 1985 (vgl. HÜGIN u. KOCH 1993). 8111/4: Müllheim, VULPIUS in GMELIN (1805), LANG, BAUSCH in SCHILDKNECHT (1863); 8312/4: Eichsel, BINZ (1911).
Nicht in diese Zusammenstellung übernommen wurden die Angaben von Burkheim (7911/2, NEUBERGER 1912: fraglich wegen zu kalkhaltiger Böden), die von Weil/Leopoldshöhe (Pflanzen wurden von BINZ als *V. arvensis* revidiert, vgl. BINZ 1922) und die Angaben von GMELIN (1805) von Durlach und Grötzingen, die in der späteren Literatur nicht mehr wiederholt werden (Fehlbestimmungen?). Überaus fraglich ist die Angabe von ROTH VON SCHRECKENSTEIN (1798: 85) von Immendingen im oberen Donautal (Höhenlage ca. 660 m.).

Fundstellen in Höhen zwischen 120 und ca. 300 m. – Die Pflanze ist erst mit dem Menschen in das Gebiet eingewandert (Archäophyt).
Erstnachweise: Erstmals erwähnt wird *Veronica acinifolia* von ROTH VON SCHRECKENSTEIN (1798: 85), nach Beobachtungen bei Müllheim und Immendingen, später von GMELIN (1805: 44, fragliche Angaben) und von SPENNER (1826: 359/60): „in agris limosis inter segetes e valle Willdthal versus Gundelfingen... copiose". – POLLICH (1776) nennt Vorkommen aus der benachbarten Pfalz (z. B. Frankenthal, Edenkoben); „in arvis Rheno vicinis vulgatissima".
Bestand und Bedrohung: *Veronica acinifolia* war im Gebiet offensichtlich schon um 1900 selten, die Pflanze ist seither weiter zurückgegangen. Ursachen des Rückganges sind die intensive Nutzung und Düngung der Äcker und das Fehlen von Brachen. In den letzten Jahren wurde die Pflanze nur noch an zwei Stellen der Freiburger Bucht und bei Rastatt beobachtet. – Die Pflanze ist im Gebiet vom Aussterben bedroht (G 1). Auch in den Nachbargebieten ist *Veronica acinifolia* sehr selten geworden, so im Elsaß (Oberelsaß im Sundgau) und in der Pfalz, wo zwei aktuelle Vorkommen bekannt sind.

13. Veronica praecox All. 1789
Früher Ehrenpreis

Morphologie: Therophyt, Pflanze bis 20 cm hoch, am Grund verzweigt, oben kraus behaart, dazwischen einzelne Drüsenhaare. Blätter eiförmig, bis 1,5 cm lang, grob kerbig gesägt. Blüten gestielt, Blütenstiel kürzer als das Tragblatt, etwas länger als der Kelch, bei der Fruchtreife sich verlängernd; Krone 3–6 mm, dunkelblau. Fruchtkapsel 5 mm lang und 4 mm breit, die Narbe die Ausrandung der Fruchtkapsel deutlich überragend. – Blütezeit: März–Mai.

Ökologie: In einzelnen Pflanzen an lichtreichen bis sonnigen, (mäßig) trockenen, kalkreichen, meist humus- und nährstoffarmen Stellen, gern auf lockeren oder skelettreichen Böden. Schwerpunkt in Therophyten-Gesellschaften mit *Cerastium*-Arten, an gestörten Stellen von Kalkmagerrasen, an leicht gestörten Stellen (kleinerer) Bahnhöfe, früher auch in lückigen Getreidefeldern (meist scherbiger Böden). Vegetationsaufnahmen vgl. TH. MÜLLER (1966: 455, Cerastietum pumili), WITSCHEL (1980), PHILIPPI (1971: 91). Aufnahmen mit *Veronica praecox* aus Bahnhöfen wurden bisher nicht publiziert; ebenso fehlen solche aus Äckern.
Allgemeine Verbreitung: Europa, Nordwestafrika, Kleinasien bis Kaukasus. In Europa v. a. im südlichen und mittleren Teil, nordwärts vereinzelt bis Südostengland, Dänemark, Öland und Gotland, ostwärts bis zur Ukraine. In Deutschland v. a. im südlichen und mittleren Gebiet, norddeutsche Tiefebene fehlend.
Verbreitung in Baden-Württemberg: V. a. in sommerwarmen Kalkgebieten: Oberrheingebiet und angrenzende Gebiete (Bergstraße, Rand des Kraichgaues, Hochrhein), im Neckargebiet, Schwäbische Alb und Ries, selten auch im Alpenvorland. Heute nur noch im Oberrheingebiet et-

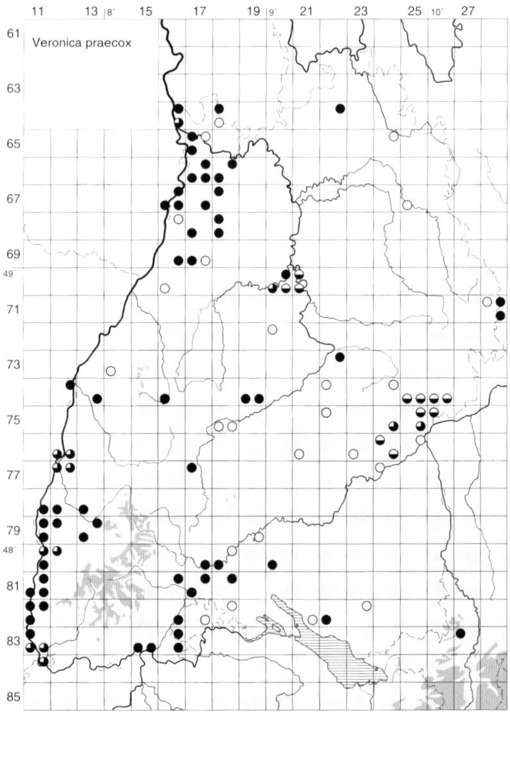

Früher Ehrenpreis *(Veronica praecox)*
Reusten, 7. 4. 1994

was häufiger, hier einmal in den Kalksandgebieten der nördlichen Oberrheinebene, zum anderen im südlichen Oberrheingebiet (Kaiserstuhl, Rheinebene zwischen Basel und Breisach). Tiefste Fundstellen in der Rheinebene, ca. 100 m, höchste in der Baar (8117/2: Döggingen, 748 m, vgl. HÜGIN u. KOCH 1993: 625). Zusammenstellung von Vorkommen in Bahnhöfen vgl. HÜGIN u. KOCH (1993).

Veronica praecox kann zwar gelegentlich an von Natur aus waldfreien Stellen vorkommen, dürfte aber doch erst unter Einfluß des Menschen in das Gebiet eingewandert sein (Archäophyt). Für eine Einstufung als Archäophyt deutet auch das früher relativ häufige Vorkommen in Äckern.

Erstnachweise: Der älteste Nachweis der Pflanze datiert aus dem 2. Jh. n. Chr. (Walheim, PÜHLER 1990). Die erste Erwähnung der Pflanze findet sich bei SUCCOW (1821: 10): „In agris circa dem Hemshof nec non circa Seckenheim" (Rheinebene zwischen Heidelberg und Mannheim).

Bestand und Bedrohung: *Veronica praecox* war früher offensichtlich stellenweise nicht selten. So nennt KIRCHNER (1888) die Pflanze als im Neckartal „von Cannstatt abwärts häufig". MÜLLER (1957) führt eine Vielzahl von Fundstellen aus der Schwäbischen Alb an. In beiden Gebieten konnte die Pflanze in den letzten Jahrzehnten kaum noch bestätigt werden. Der Rückgang ist auf die Intensivierung der Ackernutzung zurückzuführen, wohl auch auf den Rückgang von wärmeliebenden Therophytenfluren. Größere Vorkommen sind heute fast nur noch in Bahnhöfen anzutreffen. Wird das Gelände intensiv genutzt, verschwindet die Pflanze; wird es aufgelassen, hat die Pflanze keine Überlebenschance. Gefährdungsstufe 3 (mit Tendenz zu 2?).

14. **Veronica triphyllos** L. 1753
Fingerblättriger Ehrenpreis

Morphologie: Therophyt, bis 20 cm hoch, meist verzweigt, v. a. im oberen Teil dicht behaart, zwischen kürzeren Haaren zerstreut längere Drüsenhaare, oft rot überlaufen. Blätter im Umriß rundlich, kurz gestielt, bis 1(1,5) cm lang, die unteren kerbig eingeschnitten, die oberen tief geteilt mit 3–5 eiförmig-lanzettlichen Abschnitten, etwas fleischig. Blütenstand locker, Blütenstiel so lang wie das Deckblatt und doppelt so lang wie der Kelch. Krone 6–9 mm tiefblau, Frucht oft rötlich überlaufen, bis 7 mm lang. – Blütezeit: März–Mai.

Zytologische Untersuchungen von Pflanzen aus der Umgebung von Heidelberg ergaben die Chromosomenzahl n = 7 (HOFELICH 1935).

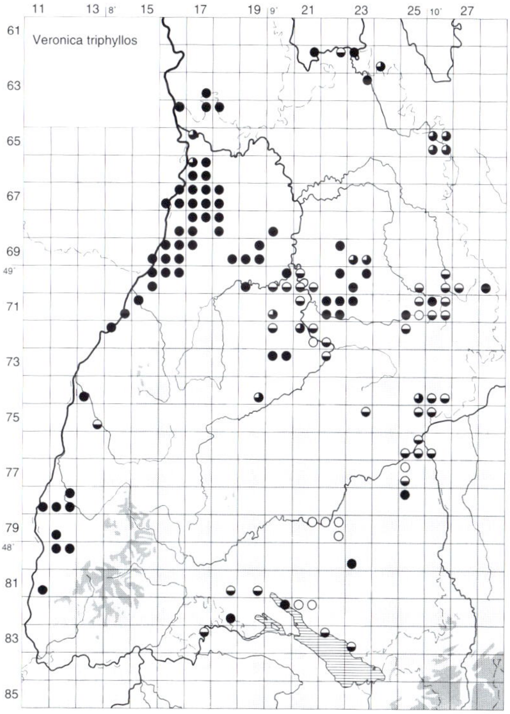

Ökologie: Einzelne Pflanzen an lichtreichen bis sonnigen, mäßig trockenen, mäßig nährstoffreichen, oft basenreichen, vorzugsweise auf kalkarmen, schwach sauren Böden, seltener auf kalkhaltigen basischen Stellen. Kennzeichnend für Lockerböden wie Sand oder sandiger Löss. In Getreideunkrautgesellschaften, Schwerpunkt im Papaveretum argemone, doch auch in Caucalidion-Gesellschaften. – Vegetationsaufnahmen vgl. OBERDORFER (1957, Papaveretum argemone), GÖRS (1966: 485, Caucalidion-Gesellschaft), KÜBLER-THOMAS (1994).

Allgemeine Verbreitung: Europa, v. a. im südlichen und mittleren Teil, Nordafrika, Vorderasien, eingebürgert in Nordamerika. In Deutschland vorwiegend in kalkarmen Gebieten, nordwärts bis Schleswig-Holstein.

Verbreitung in Baden-Württemberg: V. a. in Gebieten mit z. T. kalkarmen, lockeren Böden, so Sandgebiete, Lößgebiete, über Keuper. Kalkgebiete wie Gebiete mit zu kalkarmen Böden (Schwarzwald, Odenwald) meidend. Oberrheingebiet, Maingebiet (auf der bayerischen Seite häufiger), Taubergebiet (Buntsandstein, Keuper). Stromberg und Schwäbisch-Fränkischer Wald, Schönbuch. Neckarbecken nördlich Stuttgart. Selten in der Schwäbischen Alb (Hochfläche um Ulm). Alpenvorland sehr zerstreut.

Einzelangaben für das Stuttgarter Gebiet SEYBOLD (1968), für den östlichen Schwäbisch-Fränkischen Wald MAHLER (1958) (hier v. a. im Bereich der Goldshöfer Sande), für das Gebiet um Ulm K. MÜLLER (1957). In den meisten Floren finden sich keine genaueren Angaben, so daß in der Karte frühere Vorkommen nur sehr unvollständig enthalten sind. Auch die aktuellen Vorkommen dürften nur sehr unvollständig erfaßt sein: Die Pflanze blüht sehr früh und ist bald nach dem Herbizideinsatz Anfang Mai verschwunden.

Tiefste Fundstellen in der Rheinebene, ca. 100 m, höchste um Ulm, ca. 550 m. Die Pflanze ist erst mit dem Menschen in das Gebiet eingewandert (Archäophyt).

Erstnachweise: Fossilfunde sind keine bekannt. Die ersten Beobachtungen gehen auf H. HARDER zurück, der die Pflanze um 1562 in der Umgebung von Geislingen – Ulm sammelte (ZIMMERMANN 1937).

Bestand und Bedrohung: Als Getreideunkraut zurückgehend; die Pflanze hat zur Zeit des Herbizideinsatzes im Frühsommer noch keine reifen Samen ausgebildet. Heute sind schöne Bestände der Pflanze v. a. in den Sandgebieten der nord-

Dreiblättriger Ehrenpreis *(Veronica triphyllos)*
Musberg bei Stuttgart, 25. 4. 1992

badischen Rheinebene zu finden, wo die Pflanze noch wenig gefährdet ist. In anderen Naturräumen – bereits in der Rheinebene zwischen Karlsruhe und Bühl – ist die Pflanze gefährdet (G 3) (bis stark gefährdet, G 2). In vielen anderen Gebieten ist die Pflanze noch stärker zurückgegangen, so etwa um Ulm. Hier bezeichnet K. MÜLLER (1957) die Pflanze als verbreitet – von den zahlreichen Vorkommen konnte RAUNEKER (1984) nur noch eines bestätigen. Gesamtgefährdung: Gefährdet, G 3. Zu Schutzmaßnahmen im Rahmen des Ackerrandstreifenprogramms vgl. KÜBLER-THOMAS (1994).

15. Veronica verna L. 1753
Frühlings-Ehrenpreis

Morphologie: Therophyt, bis 15 cm hoch, meist unverzweigt (seltener vom Grund an beastet), oft rot überlaufen, v. a. im oberen Teil kraus behaart mit einzelnen Drüsenhaaren. Untere Blätter rundlich eiförmig, kerbig eingeschnitten, obere fingerartig geteilt mit 3 bis 5 länglich-eiförmigen Abschnitten. Blütenstiele kürzer als Kelch und Deckblatt, Krone 3 mm groß, (hell)blau, Frucht 3–4 mm lang und bis 4–5 mm breit, drüsig behaart, abgeflacht. Griffel bis 0,6 mm lang, die Einbuchtung der Kapsel kaum überragend. – Blütezeit: März–Mai.

Zytologische Untersuchungen von Pflanzen aus der Umgebung von Sandhausen (6617) ergaben die Chromosomenzahl n = 8 (HOFELICH 1935). – Zur Morphologie und Unterscheidung von *V. dillenii* vgl. KORNECK (1995).

Ökologie: Einzelne Pflanzen an sonnigen, trockenen, (mäßig) kalkhaltigen, basischen bis kalkarmen, doch basenreichen, mäßig sauren Stellen, oft auf lockeren, sandigen bis sandig-kiesigen, oder grusigen Böden. In Therophytengesellschaften zusammen mit *Cerastium semidecandrum* und *Medicago minima*, z. B. im Allio montani – Veronicetum vernae, auch in Lücken von Felsrasen. – Vegetationsaufnahmen aus Baden-Württemberg vgl. OBERDORFER (1936: 94), SLEUMER (1933, Tab. 1), PHILIPPI (1971: 90), Artenlisten vgl. v. ROCHOW (1951).

Allgemeine Verbreitung: Europa, Asien (bis Zentralasien), Nordafrika (Marokko). In Europa von Südeuropa bis Mitteleuropa, selten in Südostengland, im Ostseegebiet bis 65° n. Br. In Deutschland v. a. in Süddeutschland: Donaugebiet, Oberrhein bis Mittelrhein, insgesamt stark im Rückgang. Schwach kontinentale Art.

Verbreitung in Baden-Württemberg: Oberrheingebiet, v. a. in den Sandgebieten der nördlichen Oberrheinebene zwischen Karlsruhe und Mannheim sowie an der angrenzenden Bergstraße. Kaiserstuhl, wenige Fundstellen weiter am Fuß des Schwarzwaldes. Sehr selten im Schwäbisch-Fränkischen Wald und in der Schwäbischen Alb.

Frühlings-Ehrenpreis (*Veronica verna*)
Achkarren

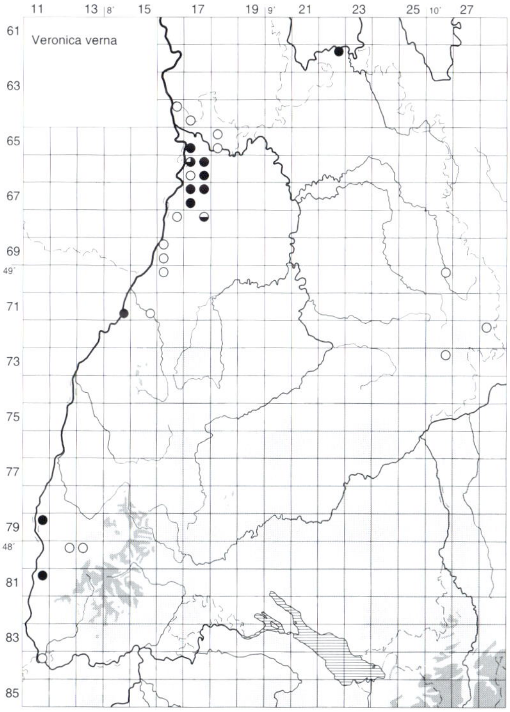

Oberrheingebiet: Vorkommen am Fuß des Schwarzwaldes vgl. DÖLL (1859: 738): 7115/4: Rotenfels, Murg; 8013/1: Merzhausen, Freiburg, zw. Gasth. Schiff u. Kartause; 8411/2: Wiese zw. Lörrach u. Basel. – Kaiserstuhl: 7911/2: Schneckenberg b. Achkarren, Bitzenberg zuletzt 1977, KORNECK (1995), Badberg, vgl. SLEUMER (1933). – 8111/2: Grißheim, 1978, KORNECK (1995).
Maingebiet: 6222/2: Zw. Bestenhaid und Grünenwört bei Wertheim, 1982, HARMS (KR).
Schwäbisch-Fränkischer Wald: 7026/2: Sandgebiete um Ellwangen, auf Äckern (RÖSLER, RATHGEB in v. MARTENS u. KEMMLER (1882)).
Schwäbische Alb: 7228/1: Neresheim, auf Sand, FRICKHINGER in v. MARTENS u. KEMMLER (1882); 7326/2: Heidenheimer Schloßberg, RÖSLER in v. MARTENS u. KEMMLER (1882).

Tiefste Fundstellen ca. 100 m, höchste in der Schwäbischen Alb ca. 550(–600) m. Die Pflanze ist sicher erst mit dem Menschen in das Gebiet eingewandert (Archäophyt).

Erstnachweise: Ein Fossilfund von Walheim (2. Jh. n. Chr., PÜHLER 1990) ist angesichts der beschränkten Verbreitung der Pflanze wenig wahrscheinlich. Erste schriftliche Erwähnung bei GMELIN (1805: 42, aus dem Gebiet um Karlsruhe): „inter Mühlburg et Grünwinkel, inter Mühlburg et Knielingen etc."

Bestand und Gefährdung: In den Sandgebieten der nordbadischen Rheinebene z. T. noch in reicheren Beständen, doch auch hier stark zurückgegangen. In allen anderen Gebieten kleine Populationen bzw. schon verschwunden. Ursache des Rückganges: Fehlen von Störungen, dadurch bedingt Zuwachsen der Therophytenstandorte. Gesamtgefährdung: Stark gefährdet (G 2). (In der Roten Liste für die Bundesrepublik Deutschland nicht enthalten!)

Veronica dillenii Crantz 1769
Dillenius-Ehrenpreis

Ähnlich *V. verna*, doch Pflanze größer (bis 40 cm), Krone 4–5 mm, dunkelblau, Griffel 1–1,5 mm lang, die Kapselbucht weit überragend. An trockenen, kalkarmen, schwach sauren, doch basenreichen, humusarmen Stellen, gern über Porphyr, Melaphyr oder Schiefer, zusammen mit *Gagea saxatilis*, kennzeichnend für das Gageo-Veronicetum dillenii. – Vegetationsaufnahmen vgl. KORNECK (1974, Rheinhessen, Rheinpfalz).

Europa, Westasien (bis zum Altai). In Europa von den Cevennen und der Auvergne bis Rheinhessen, Nahe und Mittelrheingebiet, Altmühl und untere Donau, Elbegebiet; Hauptverbreitung im östlichen Mitteleuropa und Osteuropa.

Im Gebiet wohl fehlend. Die Angabe aus dem Taubergebiet bei Creglingen (1912, HANEMANN 1927: 43) ist fraglich (Belege fehlen), die aus dem Kaiserstuhl bei Achkarren (PHILIPPI 1961: 185) ist irrig (Verwechslung mit *V. verna*). Der Fund bei Sandtorf bei Mannheim (auf Flugsand, ZIMMERMANN 1907) ist unwahrscheinlich. Auch zahlreiche Arten im Mitteleuropa-Atlas sind falsch (KORNECK 1995). Die nächsten sicheren Vorkommen sind am Ostrand der Vogesen (Steinbach bei Thann, Staufen bei Colmar) und im Donnersberggebiet (Pfalz).

16. Veronica peregrina L. 1753
Fremder Ehrenpreis

Morphologie: Therophyt, bis 25 cm hoch. Pflanze kahl, meist von Grund an verzweigt, Blätter ungeteilt, bis 2 cm lang, länglich-eiförmig, stumpflich, mit keilförmigem Grund, ganzrandig oder undeutlich gesägt, meist etwas fleischig. Untere Blätter kurz gestielt, obere sitzend, Hochblätter Blüten und Früchte überragend, Blüten weiß (bis hellblau), 2–4 mm im Durchmesser. Fruchtkapsel wenig abgeflacht, bis 4 mm lang und 6 mm breit. – Blütezeit: 2. Aprilhälfte–September.

Ökologie: Einzelne Pflanzen an offenen, vegetationsarmen Stellen mit nährstoff- und kalkreichen, basischen, frischen (bis feuchten) Lehm- und Schlickböden. An Schlickufern der Altwasser, zusammen mit *Limosella aquatica, Cyperus fuscus* oder *Veronica catenata*, auch an Kiesufern der Fließgewässer und Seen, in den letzten Jahren verstärkt in Gärtnereien und Baumschulen, in Gärten, auf Friedhöfen an vegetationsarmen, offenen Stellen. – Vegetationsaufnahmen mit *V. peregrina* liegen v. a. von Gewässerrändern vor, vgl. KORNECK (1960), benachbarte hessische Rheinaue, PHILIPPI (1978: 186, 1980: 81, in Beständen von *V. catenata*), in synthetischen Tabellen vgl. PHILIPPI (1968: 74). Vegetationsaufnahmen mit *V. peregrina* von Friedhöfen, Gärtnereien usw. wurden bisher nicht publiziert.

Allgemeine Verbreitung: Ursprüngliches Areal Nord- und Südamerika (v. a. gemäßigte Zonen), von Alaska bis Feuerland. Eingeschleppt in Europa (in England seit 1680), Ostasien und Australien.

Verbreitung in Baden-Württemberg: Oberrheinebene, Schwarzwald, Neckargebiet, Donaugebiet, Alpenvorland (Bodenseegebiet, auch Westallgäuer Hügelland), offensichtlich noch in Ausbreitung. – Tiefste Fundstellen in der Oberrheinebene, höchste im Südschwarzwald ca. 1100 m (Todtnauberg, vgl. HÜGIN 1992).

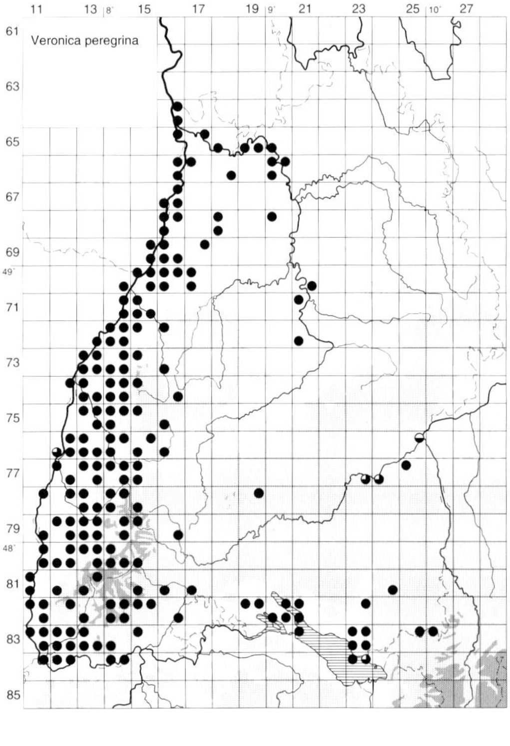

Fremder Ehrenpreis *(Veronica peregrina)*

Die Verbreitungskarte dürfte noch unvollständig sein. Die zahlreichen Angaben im Schwarzwald gehen auf systematische Untersuchungen von Gärten und Friedhöfen durch G. Hügin jun. zurück; entsprechende Untersuchungen aus anderen Landesteilen fehlen.

Erstnachweise: Erste Beobachtungen in Baden-Württemberg 1858: 7221/4: Hohenheim, Unkraut in der Exoten-Baumschule, v. Martens u. Kemmler (1882); 6915/4: Daxlanden, am Rheinufer, Döll (1859), hier in den Folgejahren nicht mehr beobachtet, vgl. Döll (1862). Am Oberrhein konnte sich die Pflanze rasch ausbreiten; Kneucker (1886) nennt um Karlsruhe eine Reihe von Vorkommen. Seubert u. Klein (1905) führen Vorkommen aus dem mittelbadischen Rheingebiet an und bezeichnen die Pflanze für den Karlsruher Raum als häufig. Im Neckargebiet breitete sie sich zunächst nicht aus. Neben dem Vorkommen bei Hohenheim führt Kreh (1959) nur ein weiteres am Waldfriedhof in Stuttgart an; Seybold (1968) bezeichnet *Veronica peregrina* noch als sehr selten.

Bestand und Bedrohung: Gebietsweise häufige Art, die sich in unserer Flora fest etabliert hat, offensichtlich, ohne andere Pflanzenarten zu verdrängen. Bemerkenswert ist, daß sich die Pflanze an Ufern in natürlichen bzw. naturnahen Pflanzengesellschaften eingestellt hat.

17. Veronica arvensis L. 1753

Feld-Ehrenpreis

Morphologie: Therophyt, bis 30 cm hoch. Stengel v. a. im oberen Teil behaart, dazwischen einzelne Drüsenhaare. Blätter breit eiförmig, bis 2 cm lang und 1 cm breit, kurz gestielt bis sitzend, grob gesägt. Blütenstiel 1–2 mm lang, kürzer als Deckblatt und Kelch; Blütenkrone klein, hellblau bis dunkelblau, mit weißem Schlund, 3–4 mm groß. Frucht stark abgeflacht, etwa so lang wie breit, 3 mm groß, mit einzelnen Drüsenhaaren. – Blütezeit: April–Juni.

Zytologische Untersuchungen von Pflanzen aus der Umgebung von Tübingen und Heidelberg ergaben die Chromosomenzahl n = 8 (Hofelich 1935).

Ökologie: Einzelne Pflanzen an lichtreichen (bis schwach beschatteten), frischen bis mäßig trockenen, meist kalkhaltigen, basischen, mäßig nährstoffreichen bis nährstoffreichen, sandigen bis lehmigen Standorten. In Therophytengesellschaften, z. B. auf Mauerkronen oder offenen Sandstellen, in Lücken von Halbtrockenrasen, auch in Lücken von Wirtschaftswiesen (bis zu Feuchtwiesen), häufig in Ackerunkrautgesellschaften der Halmfrucht und der Hackfrucht, auch in

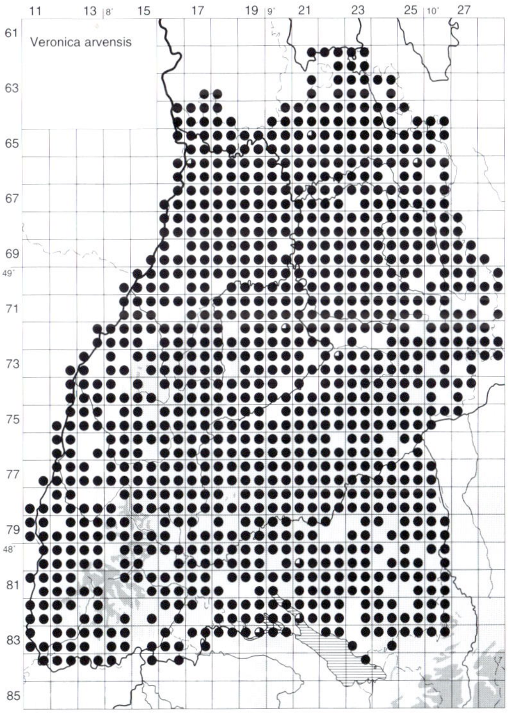

Feld-Ehrenpreis (*Veronica arvensis*)
Kaiserstuhl

Siedlungen (Parkrasen, Bahnhöfe). – In zahlreichen Vegetationsaufnahmen enthalten, in Therophytengesellschaften z. B. WITSCHEL (1980), in Wirtschaftswiesen z. B. LANG (1973), PHILIPPI (1983: 142, 147), in Äckern z. B. SEBALD (1974).

Allgemeine Verbreitung: Europa, Nordafrika, Kleinasien, eingebürgert in Amerika, Japan und Neuseeland. In Europa nordwärts geschlossenes Areal bis 61° n. Br. (Einzelvorkommen bis etwa 65° n. Br.). In Deutschland verbreitet und nur örtlich fehlend.

Verbreitung in Baden-Württemberg: Verbreitet, meist nicht selten. Die Verbreitungskarte zeigt nur wenige Lücken im Schwarzwald und im Alpenvorland. Sie könnten wohl bei gründlicher Kartierung leicht geschlossen werden.

Tiefste Fundstellen bei ca. 100 m, höchste im Schwarzwald nach HÜGIN (1992) ca. 1200 m (Einzelfunde bis 1250 m, Obergrenze kulturbedingt). Die Pflanze ist sicher erst mit dem Menschen eingewandert (Archäophyt).

Erstnachweise: Der älteste Fund stammt aus dem 40. Jh. v. Chr. (Hochdorf, KÜSTER 1985). *Veronica arvensis* wurde bereits 1594 von H. HARDER in der Umgebung von Geislingen – Ulm gesammelt. (HAUG 1915).

Bestand und Bedrohung: In reichen Beständen vorkommend und nicht gefährdet.

18. Veronica agrestis L. 1753
Acker-Ehrenpreis

Morphologie: Therophyt, niederliegend, bis 25 cm lang, meist locker beblättert, frischgrün bis dunkelgrün. Stengel und Blattstiele kraus abstehend behaart, Blätter eiförmig, bis 1,5(2) cm lang, kurz gestielt. Fruchtstiele bis 1,5mal so lang wie die Blätter. Kelchzipfel doppelt so lang wie breit, sich am Grund kaum überlappend. Blüten mit 3–7 mm großer, weißer bis weißblauer Krone, Fruchtkapsel deutlich abgeflacht, am Rücken deutlich gekielt, mit langen Drüsenhaaren. Samen 1,5–2 mm lang. – Blütezeit: Mai–Oktober.

Ökologie: An nährstoffreichen, meist kalkarmen, doch basenreichen, nur schwach sauren, seltener auch kalkreichen (skelettreichen), Stellen, mäßig frisch bis mäßig trocken stehend, vorzugsweise in humiden Klimalagen. In Hackfruchtgesellschaften der Äcker, in Kalkgebieten oder in Tieflagen weitgehend auf Gärten beschränkt. Polygono-Chenopodietalia-Art. – Vegetationsaufnahmen vgl. z. B. LANG (1973), SEBALD (1974, Tab. H), HÜGIN (1991), PHILIPPI (1983: 186).

Allgemeine Verbreitung: Europa, Nordafrika, Kleinasien, eingeschleppt in Nordamerika. In Europa nordwärts bis England, Irland und Mit-

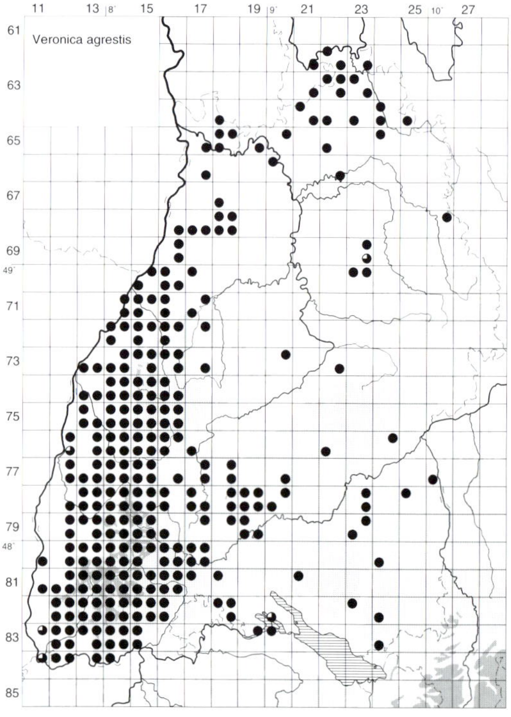

Veronica polita *Veronica opaca* *Veronica agrestis*

Veronica polita, V. opaca und *V. agrestis.* Früchte mit Kelch und Querschnitt der Frucht, nach HÜGIN u. HÜGIN (1994).

telschweden (im Ostseegebiet bis 63° n. Br.), in Deutschland verbreitet.

Verbreitung in Baden-Württemberg: Schwerpunkt des Vorkommens im Schwarzwald und Odenwald, seltener im Oberrheingebiet, Kraichgau, Taubergebiet und Alpenvorland. Selten im Schwäbisch-Fränkischen Wald und auf der Schwäbischen Alb. Da die Pflanze oft nur in Gärten vorkommt, wurde sie unvollständig erfaßt! – Tiefste Fundstellen im Rheingebiet ca. 100 m, höchste im Schwarzwald über 1100 m (HÜGIN 1992).

Die Pflanze ist erst mit dem Menschen in das Gebiet eingewandert (Archäophyt).

Erstnachweis: Fossilfunde fehlen. Erstmals wurde die Pflanze von H. HARDER 1576–94 in der Umgebung von Geislingen – Ulm gesammelt (SCHINNERL 1912).

Bestand und Bedrohung: Außerhalb des Schwarzwaldes seltene Art. Durch die Bindung an Gärten nicht gefährdet.

Acker-Ehrenpreis (*Veronica agrestis*)
Telgte, 30. 8. 1994

19. Veronica polita Fries 1818

V. didyma auct., non Tenore
Glänzender Ehrenpreis

Morphologie: Therophyt, Pflanze niederliegend, bis 20 cm lang, dicht beblättert, frischgrün. Stengel und Blattstiele (anliegend) behaart, die Blätter v. a. unterseits. Blätter kurz gestielt, (rundlich) eiförmig, bis 1,2 cm lang. Fruchtstiele höchstens so lang wie die Blätter. Kelchzipfel am Grund sich überlappend, 1,5- bis 2mal so lang wie breit, Krone tiefblau, 5–8 m groß. Frucht rundlich, fast kugelig, nur wenig angeflacht, mit rundem Rükken, behaart: neben vielen kurzen Drüsenhaaren wenige längere Drüsenhaare. Samen 1–1,5 mm. – Blütezeit: Mai–September.

Ökologie: An (mäßig) nährstoffreichen, meist kalkreichen, basischen, mäßig frischen bis mäßig trockenen Stellen, auf (z. T. skelettreichen) Lehmböden. In Hackfruchtgesellschaften der Äcker und Gärten, nicht selten auch in Stoppelfeldern, in Pioniergesellschaften von Schuttstellen. Kennart des Fumario-Euphorbion-Verbandes. – Vegetationsaufnahmen vgl. LANG (1973), HÜGIN (1991), PHILIPPI (1983).

Allgemeine Verbreitung: Europa, Nordafrika, Asien bis Japan, eingeschleppt in Nordamerika. Ursprüngliche Heimat vielleicht Vorderer Orient. In Europa nordwärts bis England und Irland, Süd- und Mittelschweden geschlossene Verbreitung bis 60° n. Br. In Deutschland v. a. im mittleren und südlichen Teil, Norddeutschland selten.

Verbreitung in Baden-Württemberg: Schwerpunkt in sommerwarmen Gebieten mit Kalkbö-

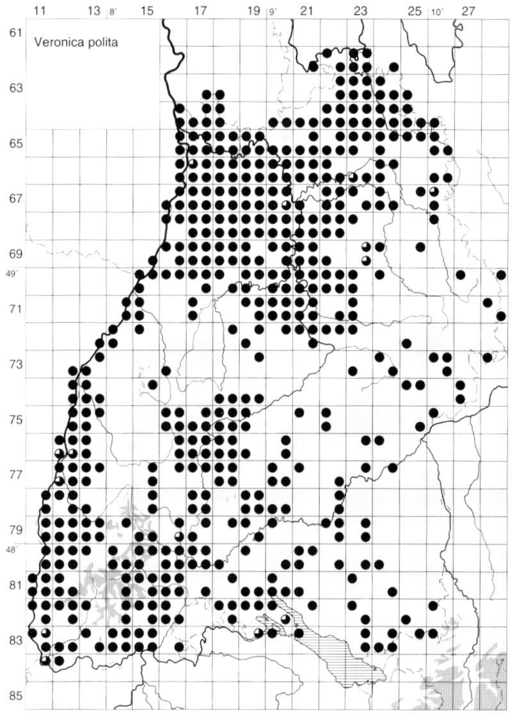

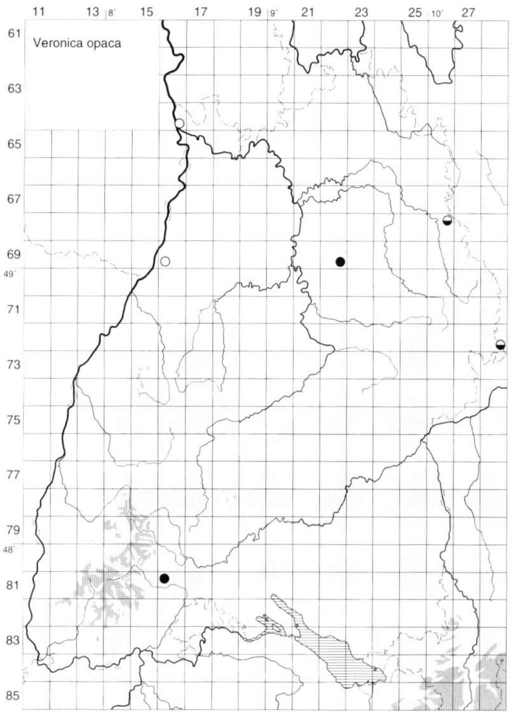

den: Oberrheingebiet, Kraichgau, Bauland, Taubergebiet, Neckargebiet nördlich Stuttgart, Oberer Neckar, Baar, Klettgau. Zerstreut in der Schwäbischen Alb und im Alpenvorland, selten im Schwarzwald (hier in Gärten oder ruderal).

Tiefste Fundstellen bei ca. 100 m, höchste im Schwarzwald nach G. HÜGIN (1992) ca. 1000 m.

Die Pflanze ist erst mit dem Menschen in das Gebiet eingewandert (Archäophyt).

Erstnachweise: Der älteste Nachweis stammt aus dem 11./9. Jh. v. Chr. (Wiesloch, RÖSCH 1993d). H. HARDER sammelte um 1562 die Pflanze in der Umgebung von Geislingen – Ulm (ZIMMERMANN 1937).

Bestand und Bedrohung: Verbreitete, doch in vielen Gebieten nicht häufige Art. Durch den frühen Umbruch der Stoppelfelder wohl zurückgehend, doch nicht gefährdet.

20. **Veronica opaca** Fries 1819
Dunkler Ehrenpreis

Morphologie: Therophyt, Pflanze niederliegend, bis 25 cm lang, locker beblättert, abstehend behaart. Fruchtstiele etwa so lang wie die Blätter. Kelchblätter eilänglich, mehr als 2mal so lang wie breit, am Grund dicht und lang behaart. Krone 3–6 mm, dunkelblau. Fruchtkapsel dicht behaart, neben kurzen drüsenlosen Haaren einzelne längere Drüsenhaare, deutlich abgeflacht mit scharfkieligem Rücken. Vergl. Abb. S. 313. – Blütezeit: Mai–September.

Ökologie: In Hackfruchtgesellschaften, v. a. in Gärten, hier mittlere Standorte einnehmend, frischere und kalkärmere Stellen als *V. polita* einnehmend, doch im Gegensatz zu *V. agrestis* zu arme Stellen meidend. Vegetationsaufnahmen vgl. H. HÜGIN u. G. HÜGIN (1994), dort auch ausführliche Darstellung der Ökologie.

Allgemeine Verbreitung: Mitteleuropäische Art, die nordwärts bis Mittelschweden, Baltikum und angrenzendes Rußland reicht, südwärts bis zu den Alpen. In Deutschland Schwerpunkt der Verbreitung im Mittelgebirgsraum, zu atlantische Gebiete offensichtlich meidend. Verbreitung insgesamt nicht ausreichend bekannt (Verbreitungskarte: H. HÜGIN u. G. HÜGIN 1994).

Verbreitung in Baden-Württemberg: Wenige gesicherte Vorkommen, vgl. H. HÜGIN u. G. HÜGIN (1994): Oberrheingebiet, Baar und Schwäbisch-Fränkischer Wald. – Höhenlage der Fundstellen von ca. 100 m in der Oberrheinebene bis 725 m (Baar bei Bachheim). Die Pflanze ist mit dem Menschen eingewandert (Archäophyt).

Nach der Zusammenstellung von HÜGIN u. HÜGIN sind folgende Vorkommen durch Herbarbelege gesichert: 6416/4: Friesenheim, Mannheim, vor 1900; 6826/2: Ellrichshausen, 1915, HANEMANN (STU); 6916/3 (?): Karlsruhe, vor 1900; 6922/4: W Kleinhöchberg, 1970, SEBALD (STU); 7228/4: Aufhausen (wohl auf bayerischem Gebiet), 1901; 8116/1: Bachheim, 1961 von SEITTER u. SULGER BÜEL entdeckt, 1987 in wenigen Pflanzen wiedergefunden, HÜGIN (in HÜGIN u. KOCH 1993). – Wegen häufiger Fehlbestimmungen wurden Literaturangaben nicht berücksichtigt.

Bestand und Bedrohung: Seltene Art, die wegen der Kleinheit der Populationen im Gebiet potentiell gefährdet ist.

21. Veronica persica Poiret 1808

V. tournefortii C.C. Gmelin 1805, *V. buxbaumii* Tenor. 1811
Persischer Ehrenpreis

Morphologie: Therophyt, z.T. überwinternd. Pflanze niederliegend, bis 50 cm lang, sich nicht bewurzelnd, kraus behaart, mit 1–2 mm langen abstehenden Haaren. Blätter rundlich-eiförmig, wechselständig, deutlich länger als breit, bis 2,5(3) cm lang, am Rand gekerbt. Fruchtstiel die Blätter deutlich überragend, bis 2mal so lang wie das zugehörige Blatt. Blütenkrone 8–13 mm groß, lichtblau mit weißem Schlund, dunkel geadert. Kelchblätter doppelt so lang wie breit, sich am Grund nicht überlappend. Frucht stark abgeflacht, mit nur wenigen Drüsenhaaren. – Fast ganzjährig blühend.

Ökologie: An nährstoffreichen, kalkreichen, basischen bis kalkarmen, doch basenreichen, schwach sauren, mäßig frischen bis mäßig trockenen Standorten, v.a. auf Lehmböden, auf Sanden seltener. In Hackfruchtgesellschaften der Äcker und Gärten, Polygono-Chenopodietalia-Art. Art mit weiter ökologischer Amplitude, in zahlreichen Vegetationstabellen von Äckern und Gärten meist in hoher Stetigkeit enthalten, z.B. GÖRS (1966), SEBALD (1974), WILMANNS (1975), HÜGIN (1991).

Allgemeine Verbreitung: Heimat in Asien (Südwestasien bis Himalaja), seit etwa 1800 in Europa bekannt (wohl über botanische Gärten eingeschleppt), heute weltweit in landwirtschaftlich genutzten Gebieten. In Nordeuropa geschlossene Verbreitung bis etwa 60° n.Br.; in Deutschland verbreitet. Lediglich in Nordwestdeutschland größere Verbreitungslücken.

Verbreitung in Baden-Württemberg: Verbreitet, vielfach eines der ganz häufigen Ackerunkräuter, keinem Naturraum fehlend. Neophyt.

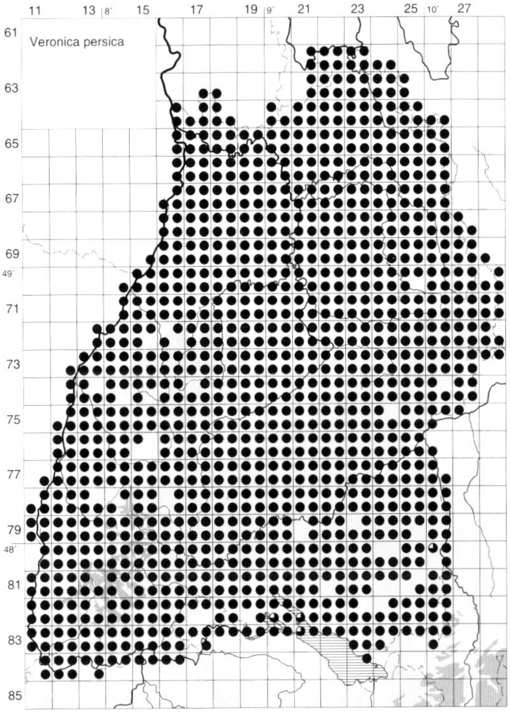

Tiefste Fundstellen ca. 95 m in der Rheinebene, höchste im Schwarzwald ca. 1200 m (geschlossene Verbreitung bis 1100 m), vgl. HÜGIN (1992). (Die Vorkommenslücken im Schwarzwald dürften sich bei entsprechender Nachsuche schließen lassen. Bei den Quadranten ohne aktuelle Nachweise handelt es sich vielfach um Gebiete, die kaum Siedlungen enthalten!)

Erstnachweise: Die erste Erwähnung findet sich bei GMELIN (1805: 39): „prope Carlsruhe in agris am Holzhof ante aliquot annos ex horto botanico emigrata et nunc quasi spontanea". Offensichtlich war der Botanische Garten in Karlsruhe der oder einer der Ausgangspunkte für die weitere Verbreitung der Pflanze, die offensichtlich sehr rasch erfolgte. SPENNER (1826: 357) bezeichnet *V. persica* (unter *V. hospita*) als „frequens", ohne Fundorte zu nennen. DÖLL (1843) und SCHMIDT (1857) führten zahlreiche Fundorte auf; bei DÖLL (1859) findet sich die Angabe „ziemlich verbreitet"; er schreibt, vor 30 Jahren sei die Pflanze seltener als heute gewesen! In Württemberg wurde die Pflanze erstmals 1821 beobachtet, 1847 bezeichnet sie VALET für das Ulmer Gebiet als ziemlich häufig (K. MÜLLER 1957). Die Ausbreitung in Südwestdeutschland war wohl um 1900 (oder früher) abgeschlossen.

Persischer Ehrenpreis *(Veronica persica)*
Riegelberg bei Utzmemmingen, 21. 5. 1993

Faden-Ehrenpreis *(Veronica filiformis)*
Schwäbisch Hall, 23. 4. 1994

Bestand und Bedrohung: Eines der häufigsten Akkerunkräuter des Gebietes, das nicht bedroht ist. Eine Bedrohung der heimischen Pflanzenwelt durch *Veronica persica* ist nicht zu erkennen.

22. **Veronica filiformis** Smith 1791
Faden-Ehrenpreis

Morphologie: Hemikryptophyt, Pflanze niederliegend, mit sehr dünnem Stengel, sich in den Blattachseln bewurzelnd. Blätter im Umriß eiförmig bis rundlich, am Rand grob gekerbt, deutlich gestielt, locker behaart. In den Blattachseln kleine Bulbillen, die der Vermehrung dienen. Blüten- und Fruchtstiele mehrfach länger als die Blätter, Krone 8–13 mm im Durchmesser, hellblau. Frucht abgeflacht, 4–7 mm lang und 3–6 mm breit. Pflanze selbststeril, so daß nicht immer Samen gebildet werden. – Blütezeit: April–Juni.
Ökologie: Auf nährstoffreichen, meist kalkreichen, basischen Böden in luftfeuchter Klimalage, in Parkrasen, auf Friedhöfen, auch an Schwemmstellen der Bäche. In kalten, schneearmen Wintern zurückgehend (Kreh 1955: 209).
Allgemeine Verbreitung: Ursprüngliches Vorkommen in regenreichen Gebieten des Kaukasus und Armeniens. Erste Beobachtungen in Mittel- und Westeuropa nach 1893 (Südfrankreich). Heute in Europa in kühlen und luftfeuchten Gebieten verbreitet (nordwärts bis Lappland, im Mittelmeergebiet offensichtlich noch fehlend). Eingeschleppt weiter in Nordamerika.
Verbreitung in Baden-Württemberg: Erste Beobachtungen um 1930 bei Tübingen (Lustnau, angeblich aus dem Botanischen Garten verwildert, A. Mayer 1929: 390, Bertsch 1933), seit 1936 in Stuttgart beobachtet (Kreh, vgl. Seybold 1968), um Ulm seit 1937 (Müller 1957). Inzwischen vielfach ein lästiges Rasen-„Unkraut" geworden. Die Ausbreitung ist jedoch noch nicht abgeschlossen. Eine Gefährdung der heimischen Vegetation durch *V. filiformis* ist nicht erkennbar.

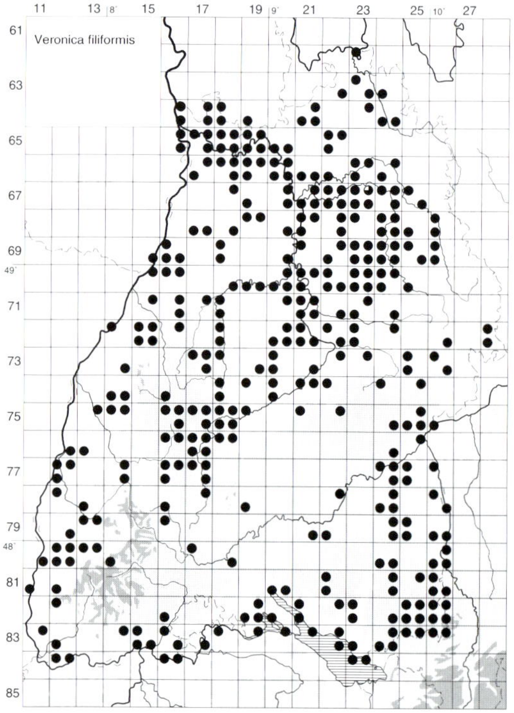

Veronica filiformis ist heute in ganz Baden-Württemberg verbreitet. Die Karte läßt kaum Schwerpunkte des Vorkommens erkennen. Eine gewisse Häufung der Fundstellen ist im Westallgäuer Hügelland. Für den Allgäuer Raum bezeichnete DÖRR (1978) die Pflanze als „nahezu gemein“. Im Bereich des Neckars und seiner Zuflüsse ist *Veronica filiformis* häufig. Verbreitungslücken sind im Bereich der Schwäbischen Alb (wohl zu trocken), im Schwarzwald (zu arme Böden) und im Oberrheingebiet erkennbar.

Tiefste Fundstellen im Oberrheingebiet, ca. 100 m, höchste im Schwarzwald, ca. 800 m.

Bestand und Bedrohung: Reiche Bestände, in Ausbreitung.

23. Veronica hederifolia L. 1753

Efeublättriger Ehrenpreis

Morphologie: Therophyt, Pflanze niederliegend, bis 50 cm lang. Stengel zerstreut behaart, ohne Drüsenhaare, Haare oft in einer Haarleiste. Blätter Efeu-artig gelappt, mit breiterem Endlappen, im Umriß rundlich. Blüten lang gestielt, Kelchblätter breit-eiförmig bis herzförmig, etwa 1- bis 1,5mal so lang wie breit, Krone trichterig, bis 6 mm groß, hell-lila bis weiß-lila. Fruchtkapsel kugelig, bis 6 mm groß, breiter als lang, kahl. – Blütezeit: März–Mai.

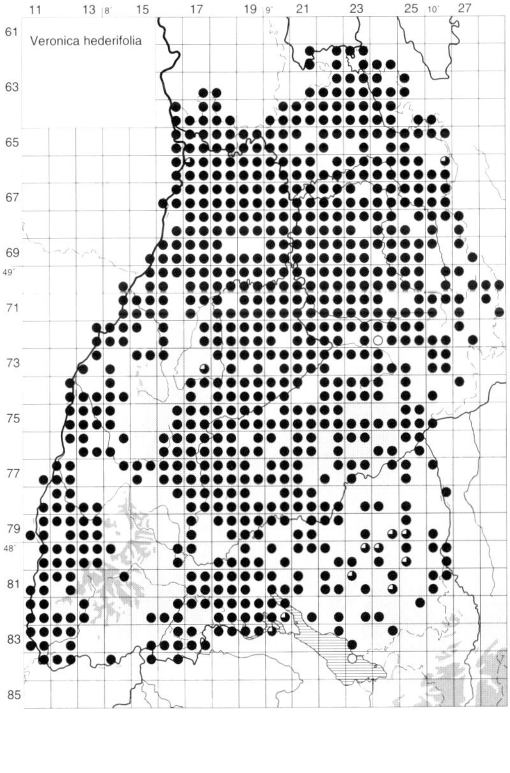

Allgemeine Verbreitung: Europa, Nordafrika, westliches Asien (bis Kaschmir), eingeschleppt in Nordamerika und Südafrika. In Europa v.a. im mittleren und südlichen Teil, nordwärts bis England, in Irland und Schottland selten, Dänemark, Süd- und Mittelschweden, hier Nordgrenze der geschlossenen Verbreitung etwa bei 61° n. Br.

Variabilität: Formenreiche Art, von der in Mitteleuropa drei Unterarten bekannt sind:

1 Blätter dreilappig, Kelchblätter auf der Fläche kurzhaarig; Laubblätter dunkelgrün, etwas fleischig; Griffel 0,7–1,1 mm lang . subsp. *triloba*

– Blätter drei- bis fünflappig (selten siebenlappig), Kelchblätter auf der Fläche kahl (höchstens manchmal mit sehr wenigen Haaren) 2

2 Blätter dunkelgrün, etwas fleischig, meist 3- bis 5lappig, Mittellappen der oberen Blätter etwas breiter als lang, Blütenstiel nach der Blütezeit etwa 2- bis 4mal so lang wie der Kelch, Griffel 0,7–1,1 mm lang . . . . . . subsp. *hederifolia*

– Blätter hellgrün (bis gelbgrün), meist 5lappig (selten 7lappig), Mittelabschnitt der oberen Blätter so lang oder etwas länger als breit, Blütenstiel nach der Blütezeit 3,5- bis 7mal so lang wie der Kelch, Griffel 0,3–0,7 mm . . . . subsp. *lucorum*

Ökologie: Die Unterarten unterscheiden sich ökologisch deutlich.

Subsp. *hederifolia*: Auf mäßig frischen bis mäßig trockenen, meist kalkarmen, doch basenreichen, schwach sauren nährstoffreichen Böden, Lehmzeiger. Schwerpunkt in Halmfruchtgesellschaften, zusammen mit *Aphanes arvensis* u.a. kennzeichnend für reichere Ausbildungen des Aperion spica-venti-Verbandes, auch in Hackfruchtgesellschaften. – In zahlreichen Vegetationsaufnahmen aus Baden-Württemberg enthalten, so im Aphano-Matricarietum, z.B. LANG (1973), SEBALD (1974), in Weinbergen vgl. WILMANNS (1975).

Subsp. *lucorum* (Klett et Richter) Hartl 1968 (*V. hederifolia* var. *lucorum* Klett et Richter 1830, *V. sublobata* M.A. Fischer 1967): Auf mäßig frischen bis mäßig trockenen, nährstoffreichen, kalkarmen wie (mäßig) kalkreichen, oft etwas beschatteten Stellen. In Gebüschen und Parkanlagen, z.T. auch zusammen mit *V. hederifolia* s. str., v.a. in Gesellschaften des Alliarion-Verbandes. Vegetationsaufnahmen aus dem Gebiet fehlen.

Subsp. *triloba* (Opiz) Čelak. 1871: Auf Lockerböden in warmer Klimalage, zusammen mit *V. hederifolia* subsp. *hed.*, auf kalkhaltigen Flug-

Efeublättriger Ehrenpreis (*Veronica hederifolia* ssp. *hederifolia*)

sanden, auf Löss, in Getreidefeldern im Papaveretum argemone, weiter (in geringer Menge) in Therophytengesellschaften auf kalkarmen, schwach sauren Böden zusammen mit *Erophila verna* und *Veronica praecox* in Lücken von Trokkenrasen (über Rotliegendem oder Quarzporphyr). – Vegetationsaufnahmen aus Rheinhessen vgl. OESAU (1981).

Verbreitung in Baden-Württemberg: Gesamtverbreitung: Im Gebiet verbreitet, nur im Schwarzwald und im Alpenvorland seltener oder gebietsweise nicht nachgewiesen; lückige Verbreitung

Efeublättriger Ehrenpreis (*Veronica hederifolia* ssp. *lucorum*)
Taubergießen, 10. 4. 1990

auch im östlichen Schwäbisch-Fränkischen Wald und in Teilen der Schwäbischen Alb.

Tiefste Fundstellen ca. 100 m, höchste in der Schwäbischen Alb nach BERTSCH (1948) 882 m, im Schwarzwald ca. 1200 m (HÜGIN 1992). – Die Pflanze ist wohl erst mit dem Menschen in das Gebiet eingewandert (Archäophyt), auch wenn subsp. *lucorum* heute in Auenwäldern teilweise als Bestandteil der natürlichen Vegetation anzusehen ist.

Die genauere Verbreitung der Unterarten ist nicht bekannt. Subsp. *triloba* wurde im Gebiet bisher selten nachgewiesen: 6223/1: Maingebiet bei Bettingen, 1982, HARMS (KR). Benachbart in der Pfalz im Gebiet von Bad Dürkheim – Worms vielfach, vgl. auch OESAU 1981. Subsp. *hederifolia* ist die weit verbreitete Ackerform; die meisten Angaben der Karte dürften sich auf diese Unterart beziehen. – Subsp. *lucorum* ist in warmen Gebieten wie der Oberrheinebene oder Neckargebiet sehr häufig (z. T. häufiger als subsp. *hederifolia*); stellenweise kann diese Sippe auch in die Schwarzwaldtäler reichen. Fundortsangaben für das Alpenvorland: DÖRR (1978), hier bis 660 m reichend.

Erstnachweise: Die ältesten Fossilfunde stammen aus dem 55. Jh. v. Chr. (Ulm-Eggingen, GREGG 1984). H. HARDER hat um 1574–76 die Pflanze in der Umgebung von Geislingen – Ulm gesammelt (SCHORLER 1908).

Bestand und Bedrohung: Insgesamt nicht bedroht. Subsp. *lucorum* könnte durch die Eutrophierung der Landschaft eher noch in Zunahme sein. Subsp. *hederifolia* geht als Getreideunkraut sicher zurück (frühe Herbizidbehandlung verhindert vielfach Ausbildung reifer Samen), ist aber noch nicht gefährdet, da immer noch ausreichende Vorkommen in Hackäckern oder Gärten existieren.

24. **Veronica beccabunga** L. 1753
Bachbunge, Wasser-Ehrenpreis

Morphologie: Hemikryptophyt, bis 50 cm hoch. Pflanze niederliegend-aufsteigend, kahl; Blätter und Stengel etwas fleischig. Blätter eiförmig, stumpflich, am Rand kerbig gesägt, deutlich gestielt. Blüten (weiß-)blau, Fruchtstiel spitzwinklig abgehend. Frucht kugelig, kaum abgeflacht, 2,5–4 mm im Durchmesser. – Blütezeit: Mai–September.

Ökologie: Lockere Herden an offenen, lichtreichen bis schwach beschatteten, feuchten bis nassen, oft sandig-kiesigen, auch schlammigen, kalk-

Bachbunge (*Veronica beccabunga*)
Böblingen, 1. 8. 1994

armen, sauren wie kalkreichen, basischen Stellen, an nährstoffarmen wie (mäßig) nährstoffreicheren Gewässern. – Am Rand schwach fließender Gewässer (v. a. an kleinen Kies- und Sandbänken), in Röhrichtlücken oder an feuchten Stellen von Waldwegen. – Optimal in einer eigenen Gesellschaft (*Veronica beccabunga*-Gesellschaft),

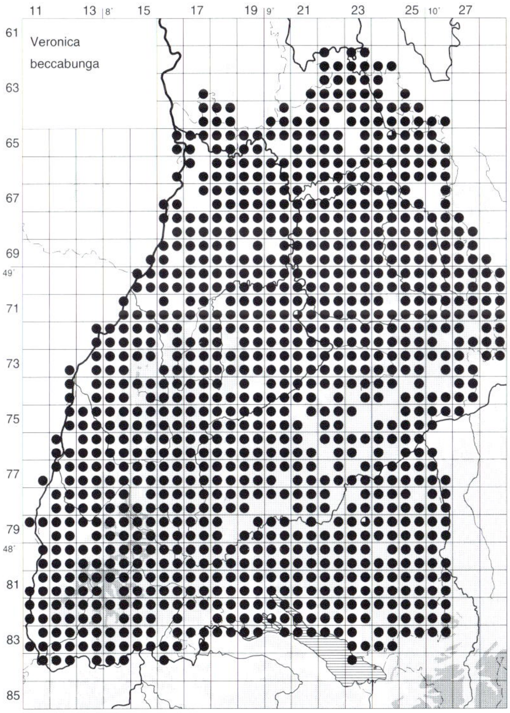

vgl. PHILIPPI (1973); weitere Vegetationsaufnahmen mit *Veronica beccabunga* vgl. z. B. KUHN (1937), LANG (1973), SEBALD (1975).

Allgemeine Verbreitung: Europa, nördliches Asien, Nordafrika. In Europa vom Mittelmeergebiet nordwärts bis Mittelschweden und südliches Norwegen, Nordgrenze der geschlossenen Verbreitung etwa 61° n. Br. In Deutschland verbreitet und kaum einem größeren Naturraum fehlend.

Verbreitung in Baden-Württemberg: Verbreitet, gerade in den gewässerreichen Gebieten häufig.

Tiefste Fundstellen in der Rheinebene, ca. 95 m, höchste im Südschwarzwald (Feldberg bis 1450 m, K. MÜLLER (1948: 223)). – Die Pflanze ist einheimisch; Wuchsorte in einer Naturlandschaft sind an Waldbächen und mittelgroßen Flüssen anzunehmen.

Erstnachweise: Der älteste Nachweis stammt aus dem 20. Jh. v. Chr. (Bodman, FRANK 1989). Von H. HARDER wurde die Pflanze ca. 1562 in der Umgebung von Geislingen – Ulm gesammelt (ZIMMERMANN 1937).

Bestand und Bedrohung: Nicht bedroht. Die Pflanze kann frisch entstandene Wuchsorte rasch besiedeln.

25. Veronica anagallis-aquatica L. 1753

V. anagallis auct.
Gauchheil-Ehrenpreis

Morphologie: Hemikryptophyt, bis 70 cm hoch. Pflanze grün (bis dunkelgrün), nicht violett überlaufen. Stengel undeutlich vierkantig, hohl. Blätter sitzend (untere kurz gestielt), breit eiförmig bis eiförmig-lanzettlich, bis 12 cm lang und 4 cm breit; größte Breite in der Blattmitte. Blütenstand reichblütig, kahl (selten mit Drüsenhaaren), Krone hellblau bis hell violettblau. Fruchtstiele spitzwinklig abgehend, Frucht fast kugelig, 2,5–4 mm im Durchmesser. – Blütezeit: Juni–September.

Ökologie: Lockere Herden (oder Einzelpflanzen) an nassen, flach überschwemmten, schlammigen bis sandig-kiesigen kalkreichen, basischen Uferstellen. Meist in schwach bewegten, mäßig nährstoffreichen bis nährstoffreichen Gewässern. In Gräben und Dorfbächen in offenen, niederwüchsigen Röhrichtgesellschaften, z. B. mit *Glyceria plicata* oder auch *Catabrosa aquatica*, submers in Quellabflüssen (hier meist steril bleibend). Vegetationsaufnahmen vgl. z. B. KUHN (1937: 70), LANG (1973), PHILIPPI (1980: 81, in Pioniergesellschaften).

Allgemeine Verbreitung: Über die ganze Erde verbreitet, nur in kühlen und tropischen Gebieten seltener oder fehlend, vielfach verschleppt. Ursprüngliche Vorkommen wohl nur in Europa, Nordamerika und Asien. In Europa vom Mittelmeergebiet bis Island, Schottland und Skandinavien (nordwärts bis 61° n. Br., nördlich davon nur wenige Einzelfunde). In Deutschland verbreitet, nur in kalkarmen Gebieten fehlend; in Nordwestdeutschland seltener.
Verbreitung in Baden-Württemberg: Schwerpunkt des Vorkommens in den Muschelkalkgebieten: Kraichgau, Bauland, Hohenlohe, Taubergebiet, Neckarbecken nördlich Stuttgart, Oberer Neckar, Baar. Oberrheingebiet (in der Aue seltener als *V. catenata*), Schwäbische Alb zerstreut (v. a. in den Karstgewässern zur Donau), Alpenvorland. Fehlend im Schwarzwald und Odenwald, selten im Keuper-Lias-Neckarland.

Tiefste Fundstellen in der Rheinebene, ca. 100 m, höchste in der Baar, ca. 700 m.

Die Pflanze dürfte im Gebiet urwüchsig sein. Vorkommen an natürlichen Standorten sind z. B. in den Quellabflüssen der Karstgewässer der Schwäbischen Alb denkbar, weiter an quelligen Gewässerrändern der größeren Flüsse wie Rhein oder Donau.

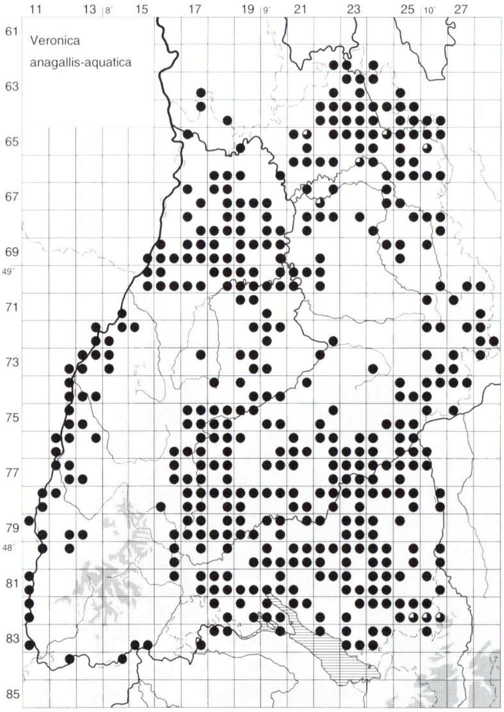

Gauchheil-Ehrenpreis *(Veronica anagallis-aquatica)*
Oberhausen

Erstnachweise: Fossilfunde von *Veronica anagallis-aquatica* (s. l.) sind aus dem 40. Jh. v. Chr. von Hornstaad (Rösch 1985) bekannt. H. Harder sammelte um 1576–94 die Pflanze in der Umgebung von Geislingen – Ulm (Schinnerl 1912).
Bestand und Bedrohung: In reichen Beständen vorkommend, in den Dorfbächen auch eine gewisse Verschmutzung ertragend, an frisch geschaffenen Standorten sich rasch einstellend und so insgesamt nicht bedroht.

26. **Veronica catenata** Pennell 1921

V. aquatica Bernh. 1834, non S. F. Gray 1821,
V. anagallis-aquatica L. subsp. *aquatica* (Bernh.), *V. comosa* auct.
Bleicher Gauchheil-Ehrenpreis

Morphologie: Thero- bzw. Hemikryptophyt, Pflanze oft aufsteigend, bis 60 cm hoch, dunkelgrün, oft braunviolett überlaufen. Stengel undeutlich vierkantig bis fast rund, meist hohl, kahl. Blätter sitzend, eiförmig-lanzettlich, bis 9 cm lang, unterhalb der Mitte am breitesten. Blütenstand kahl (selten kurzdrüsig), Blüten weißlila. Fruchtstiele rechtwinklig abstehend, Frucht annähernd kugelig, 2–3 mm lang und 2,5–3,5 mm breit. – Blütezeit: Juni–September.

Veronica catenata ist formenreich. Formen mit drüsig behaarten Blütenständen finden sich neben solchen ohne Drüsenhaare, ohne daß standörtliche Unterschiede erkennbar sind (vgl. BAUMANN 1911: 425, PHILIPPI 1980: 80). – Die Unterscheidung von *V. anagallis-aquatica* kann gelegentlich Schwierigkeiten bereiten; gute Merkmale zur Trennung sind die violettbraune Farbe und die lang ausgezogenen Blätter bei *V. catenata*. Wo beide Arten nebeneinander vorkommen (z. B. Altrhein Kleiner Bodensee bei Karlsruhe), lassen sie sich gut trennen. SCHLENKER (1936) nennt einen Bastard zwischen beiden Sippen, der in Württemberg „an mehreren Stellen" beobachtet wurde.

Ökologie: Einzelne Pflanzen bis lockere Herden an lange überschwemmten, feuchten bis nassen, schlammigen, seltener sandig-kiesigen, kalkreichen, basischen, nährstoffreichen Fluß- und Altwasserrändern, kennzeichnend für den Wechselwasserbereich, selten auch submers in Kiesgruben (meist steril bleibend). – Vegetationsaufnahmen v. a. aus der nördlichen Oberrheinebene bekannt (PHILIPPI 1978: 182, 186, 1980: 81), hier im Oenantho-Rorippetum amphibiae bzw. zusammen mit *Veronica peregrina* in eigener Gesellschaft, aus anderen Gebieten vgl. KUHN (1989: 113, Donaugebiet).

Allgemeine Verbreitung: Europa, westliches Asien (Westsibirien, Baikalsee), Nordamerika. In

Bleicher-Gauchheil-Ehrenpreis (*Veronica catenata*)
Faule Waag

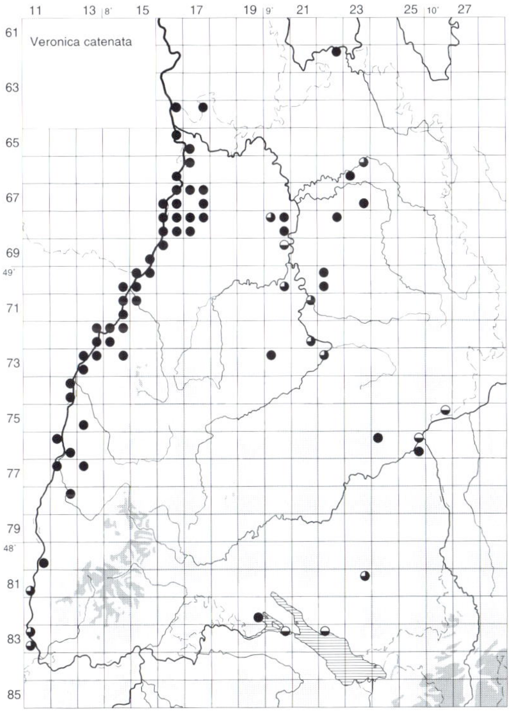

Europa vom Mittelmeergebiet bis Irland, Südost-England, Dänemark, Südschweden und Ostseeinseln (nordwärts bis 58° n. Br.). Verbreitung in Deutschland noch unzureichend bekannt; in Süddeutschland v. a. entlang der großen Flüsse: Rhein, Donau mit Seitenflüssen, selten auch Main.

Verbreitung in Baden-Württemberg: Oberrheingebiet, Neckarbecken nördlich Stuttgart bis Hohenlohe, selten im Maingebiet, Donaugebiet um Ulm, Alpenvorland (selten).

Oberrheingebiet: V. a. in der Rheinniederung verbreitet, in Kiesgruben der Niederterrasse, insgesamt häufiger als *V. anagallis-aquatica*, z. T. unbeständig auftretend.

Neckarbecken nördlich Stuttgart: Zerstreut: ältere Angaben vgl. SEYBOLD (1968). Weitere Beobachtungen: 6623/2: Marlach, 1969, SEYBOLD (STU); 6723/4: Rebbigshof, 1985, NEBEL (STU); 6820/1: Stockach bei Massenbachhausen, 1969, SEYBOLD (STU); 7022/3: Backnang, 1983, SCHWEGLER (STU).

Benachbart am Rand des Schönbuchs: 7320/1: Böblingen, Oberer und Unterer See, 1994, BAUMANN (STU-K).

Main- und Taubergebiet: 6222/2: Sandgrube östlich Mondfeld, 1990, PHILIPPI (KR-K). Von der Tauber liegen keine gesicherten Angaben vor.

Donaugebiet: Mehrfach um Ulm, vgl. K. MÜLLER (1957); neuere Bestätigung: 7624/1: Schmiecher See, KUHN (1989).

Alpenvorland: Bodenseegebiet bereits von BAUMANN (1911) von zahlreichen Stellen im Untersee-Gebiet genannt, weiter: 8322/1: Fischbach, BERTSCH (STU).

Jüngere Beobachtungen: 8123/2: Wolpertswende, BRIELMAIER, DÖRR (1978); 8219/4: Mettnau, 1993, PEINTINGER u. PHILIPPI (KR-K).

Tiefste Fundstellen im Oberrheingebiet bei ca. 100 m, höchste im Alpenvorland, bei 580 m (8123/2: Wolpertswende). – Die Pflanze ist wohl urwüchsig; Vorkommen in einer Naturlandschaft sind am Oberrhein gut vorstellbar.

Erstnachweise: *Veronica catenata* wurde im Gebiet spät erkannt. Die erste Nennung (als *V. aquatica* bzw. *V. anagallis* var. *aquatica*) findet sich bei SEUBERT u. KLEIN (1891) sowie bei KIRCHNER u. EICHLER (1900), beidemale ohne Fundortsangabe. POEVERLEIN (1907) führt die Pflanze (als *V. anagalloides*) von zwei Fundorten in der Pfalz auf (Lauterniederung bei St. Remig östl. Weissenburg, Otterstadt bei Speyer). Erste Fundortsangaben finden sich bei GLÜCK (1911: XXXIII/IV, zahlreiche Stellen der mittleren und nördlichen Oberrheinebene) sowie bei BAUMANN (1911, westliches Bodenseegebiet).

Bestand und Bedrohung: Mindestens in der Oberrheinebene reiche Bestände, die nicht bedroht sind. In den übrigen Gebieten schwache Gefährdung zu vermuten.

Veronica anagalloides Gussone 1826
Schlamm-Ehrenpreis

Ähnlich *V. catenata* und *V. anagallis-aquatica*, unterschieden durch 2–3,2 mm lange und 1,6–2,3 mm breite Fruchtkapseln, diese länger als breit, Fruchtstiele spitzwinklig (bis waagrecht) abgehend. – Therophytische, bis 30 cm hohe Pflanze an offenen, schlammigen Uferstellen, ähnliche Stellen wie *V. catenata* besiedelnd. Verbreitung ungenügend bekannt: Nordafrika, Süd- und Mitteleuropa, hier die Nordgrenze der Verbreitung erreichend, westliches Asien. Im Gebiet für das Taubertal angegeben (HARTL in HEGI 1968), aus benachbarten Gebieten von der Remiger Mühle bei Weissenburg (Grenzgebiet Elsaß – Pfalz, VOLLMANN 1914). – Nachgeprüfte Belege fehlen offensichtlich. Es könnte sich auch um Verwechslungen mit *V. catenata* handeln, die zuvor von POEVERLEIN (1906) als *V. anagalloides* aus dem Gebiet genannt wurde.

27. Veronica spicata L. 1753

Pseudolysimachion spicatum (L.) Opiz 1852
Ähriger Ehrenpreis

Morphologie: Hemikryptophyt, bis 50 cm hoch, kurzhaarig oder kahl, oberwärts drüsig. Blätter bis 9 cm lang und 3 cm breit, mit verschmälertem Grund sitzend, meist gesägt. Blütenstand dicht, mit schmal lanzettlichen Tragblättern, Blüten fast sitzend. Krone tiefblau, selten blaulila, mit ca. 3 mm langer Kronröhre, Fruchtkapsel 2–4 mm lang. – Im Gebiet nur subsp. *spicata*. (Subsp. *orchidea* (Crantz) Hayek, Pflanze schwach behaart, Blätter glänzend, Südosteuropa bis Österreich.) – Blütezeit: Juli–September.

Ökologie: An trockenen (bis mäßig trockenen), sonnigen, kalkreichen, basischen bis kalkarmen, schwach sauren, lehmigen bis sandigen oder kiesigen Böden, v. a. Steppenrasen-Gesellschaften (Festucetalia valesiacae), in Trockenrasen des Bromion, z. B. im Xerobrometum. – Vegetationsaufnahmen vgl. PHILIPPI (1971: 108).

Allgemeine Verbreitung: Europa, Asien, ostwärts bis Altai und Tien Schan. In Europa v. a. im östlichen Teil, westwärts bis Nordostspanien und England, nordwärts im nördlichen Rußland bis 62° n. Br., im Ostseegebiet bis 60° n. Br.

Verbreitung in Baden-Württemberg: Oberrheingebiet, Alpenvorland bis Hochrhein, wenige Fundstellen auch im Neckargebiet und an der Donau, einmal in der Schwäbischen Alb.

Nördliches Oberrheingebiet: Sandgebiete um Schwetzingen mehrfach, früher z. T. häufig (vgl. SCHMIDT 1857, DÖLL 1859, z. B. 6517/3: „Relaishaus in Menge", südwärts bis Wiesental – Waghäusel (6717/3). Benach-

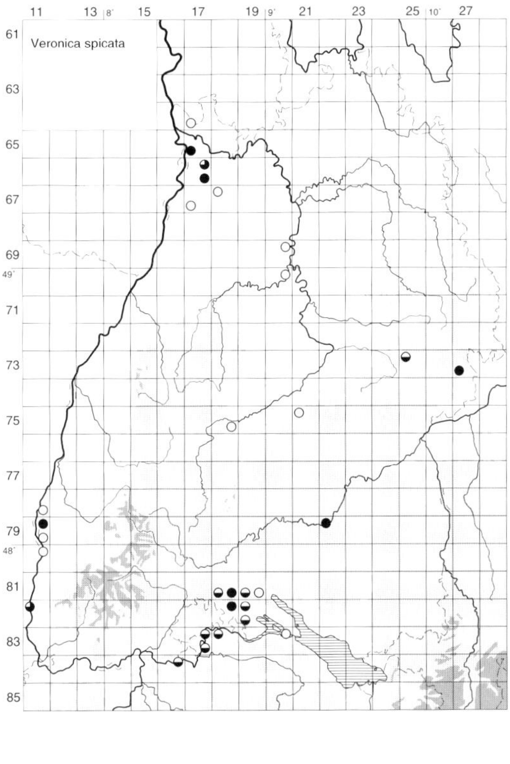

Ähriger Ehrenpreis *(Veronica spicata)*
Raum Freiburg

bart im Kraichgau bei Wiesloch (6718/1). Heute nur noch: 6517/3: Zw. Schwetzingen und Friedrichsfeld, offensichtlich im Rückgang; 6617/4: Sandhausen, synanthrop?
Südliches Oberrheingebiet: Kaiserstuhl, auf der Westseite mehrfach, vgl. SCHILDKNECHT (1863). Von diesen Vorkommen dürften die meisten erloschen sein; 7911/2: Schneckenberg bei Achkarren, zuletzt 1994, GÖRGER, S Oberrotweil, WITSCHEL, KR-K. In der Rheinniederung zwischen Breisach (Faule Waag bei der Krebsmühle) und Steinenstadt bei Neuenburg früher vielfach, z. B. Rothaus, Grezhausen, Hartheim, später nur noch bei Steinenstadt (8211/1, um 1953, ob noch?). (Hardtgebiete der elsässischen Seite zwischen Neubreisach und Ensisheim verbreitet, früher auch bis Straßburg, z. B. bei Eschau; Unterelsaß bei Sessenheim.)
Neckargebiet: 6920/2: Lauffen; 7020/2: Bietigheim, nach v. MARTENS u. KEMMLER (1882); 7518/4: Imnau, v. KOLB; 7521/1: Reutlingen, Galgenberg (1900, MAYER, nur vorübergehend?).
Schwäbische Alb: 7325/1: Treffelhausen, BERTSCH (1948); 7327/3: W Giengen, 1993, KLOTZ (STU-K).
Donaugebiet: 7922/1: Fußweg zw. Scheer und Hundersingen; v. MARTENS u. KEMMLER (1882), 1978, Hundersingen, SEBALD (STU-K).
Alpenvorland: Im westlichen Bodenseegebiet an zahlreichen Stellen, vgl. die Fundortszusammenstellung von JACK (1900), Ergänzungen und neue Beobachtungen von BARTSCH (1924) und KUMMER (1946), v. a. im Gebiet um Engen – Stockach – Singen. Vereinzelt bei Konstanz: 8320/2: Fürstenberg, Reichenau: Schopflen, Wollmatinger Ried, bereits von BAUMANN (1911) nicht mehr bestätigt. Von diesen Vorkommen existieren offensichtlich nur noch das am Hohentwiel (8218/2), WITSCHEL (KR-K) und das bei Ehingen-Mühlhausen (8118/4), GENSER.
Im angrenzenden Hochrheingebiet: 8318/1: Büsingen; 8317/3, 4: Um Altenburg; 8416/2: Hohentengen, letzte Beobachtungen um 1930, vgl. KUMMER (1946: 152).
Ruderale Vorkommen: MAYER (1950) berichtet von einem ruderalen Auftreten in Bahnanlagen bei Dusslingen nahe Tübingen (7520/1, 1916).

Tiefste Fundstellen im Gebiet ca. 100 m, höchste im Donautal, ca. 550–600 m. Die Pflanze kommt im Gebiet weitgehend an Sekundärstandorten vor und dürfte somit erst mit dem Menschen in das Gebiet eingewandert sein (Archäophyt).
Erstnachweis: Die erste Erwähnung findet sich bei J. BAUHIN et al. (1651: 283), Beobachtungen zwischen Heidelberg und Speyer.
Bestand und Bedrohung: In kleinen Beständen vorkommend, stark zurückgegangen. Die Pflanze kommt offensichtlich gern an Sekundärstandorten wie Böschungen oder Schürfstellen vor; diese Standorte, die eine sehr extensive Nutzung verlangen, wachsen offensichtlich leicht zu und verschwinden zunehmend. *Veronica spicata* gehört zu den stark gefährdeten Arten unserer Flora (G 2 mit Tendenz zu G 1).

28. Veronica longifolia L. 1753

Pseudolysimachion longifolium (L.) Opiz 1852
Langblättriger Ehrenpreis

Morphologie: Hemikryptophyt, Pflanze bis 1 m hoch, kurzhaarig oder kahl, Blätter 3–16 cm lang, bis 4 cm breit, zugespitzt, scharf gesägt, deutlich gestielt, oft in Quirlen zu 3 oder 4. Blütenstand bis 30 cm lang, dichtblütig. Hochblätter lineal, länger als die oft nur 2–3 mm langen Blütenstiele. Krone tiefblau. Frucht 3–4 mm lang, kaum abgeflacht. – Blütezeit: Juni–August.
Ökologie: Einzeln oder in lockeren Herden an feuchten bis nassen, periodisch überfluteten, kalkhaltigen, basischen, mäßig nährstoffreichen Lehm- und Schluffböden, z. T. auch auf anmoorigen Böden. Pflanze gegenüber häufiger Mahd empfindlich. – In Staudengesellschaften, zusammen mit *Euphorbia palustris* und *Filipendula ulmaria*, Kennart des Veronico-Euphorbietum palustris (Filipendulion). – Vegetationsaufnahmen mit *Veronica longifolia* aus Baden-Württemberg fehlen, aus Nachbargebieten (Hessen, Rheinland-

Pfalz), vgl. DISTER (1980, Tab. A 11), KORNECK (1963, synthet. Tab.).

Allgemeine Verbreitung: Europa, Asien (bis Korea, eine nah verwandte Art in Japan). In Europa v. a. im östlichen Teil; Westgrenze des Areals etwa Dänemark – Unterelbe – Nieder- und Oberrhein, im Gebiet die Westgrenze der Verbreitung erreichend. Nordwärts im Ostseegebiet bis Lappland und vereinzelt zum Nordkap (im westlichen Teil Skandinaviens fehlend); Südgrenze etwa Venetien – Serbien – Türkei – Kaukasus.

Verbreitung in Baden-Württemberg: Nördliche Oberrheinebene, Donaugebiet, Bodensee-Gebiet. Fundstellen in Höhen zwischen 95 m und 490 m. *Veronica longifolia* kommt im Gebiet nur an Stellen vor, die von Natur aus bewaldet wären. So ist die Pflanze vermutlich erst mit dem Menschen in unser Gebiet gekommen (Archäophyt). *Veronica longifolia* wird auch gelegentlich als Zierpflanze kultiviert und kann auch relativ leicht verwildern. Bei isolierten Vorkommen besteht immer der Verdacht auf eine derartige Verwilderung!

Oberrheingebiet: Entlang des Rheines von zahlreichen Stellen zwischen Mannheim – Kehl genannt: 6516/2: Neckarau, SCHIMPER in DÖLL (1859); 6517/3: Rohrhof – Relaishaus, SCHIMPER in SCHMIDT (1857), hier bei Rheinau noch 1886, LUTZ (KR); 6617/1: Ketsch,

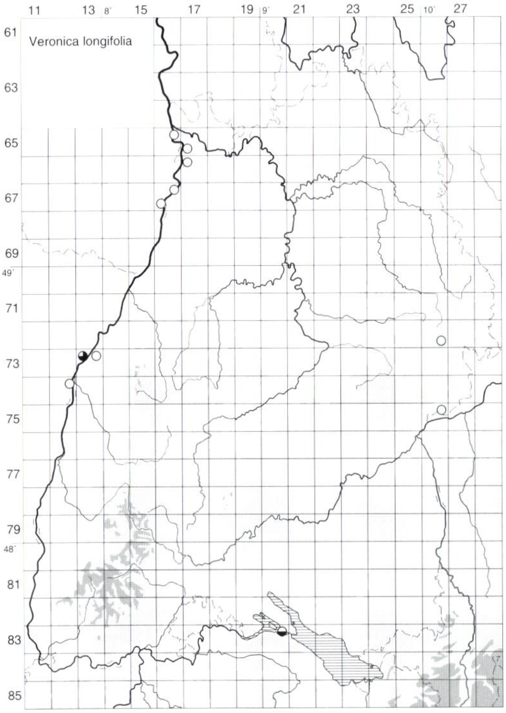

Langblättriger Ehrenpreis *(Veronica longifolia)*

SCHMIDT (1857); 6716/2 (?): Zwischen Neulussheim und Rheinhausen, SCHMIDT (1857); 6716/3: Rheinsheim, SCHMIDT in DÖLL (1859); 7313/2: Memprechtshofen, SEUBERT u. KLEIN (1891); 7313/1: Diersheim, SCHLÖRER, um 1955, vgl. PHILIPPI (1961); 7412/2: Kehl, GMELIN (1805). – Linksrheinisch, wo schon im vergangenen Jahrhundert die Pflanze häufiger war, jüngere Bestätigungen zwischen Speyer und Ludwigshafen. Im Unterelsaß bei Sessenheim (7213/2, vgl. GEISSERT, isoliertes Vorkommen, jedoch in Nähe entsprechender Fundstellen auf der badischen Seite).

Abgesehen von dem Vorkommen bei Diersheim liegen von der badischen Rheinseite nach 1900 keine Beobachtungen mehr vor; die Pflanze dürfte so verschwunden sein. In der benachbarten hessischen Rheinebene bei Lampertheim (6316/4) in jüngerer Zeit noch beobachtet.

Bodenseegebiet: 8320/2: Wollmatinger Ried, 1953, KORNECK in PHILIPPI (1961: 185). Nur vorübergehendes Vorkommen (aus einer Verwilderung hervorgegangen?); die Pflanze fehlt in den früheren Florenlisten des Gebietes und wurde auch später nicht mehr beobachtet.

Donaugebiet: 7526/2: Langenauer Ried, MILLER, VALET, LECHLER in v. MARTENS u. KEMMLER (1882), von MÜLLER (1957) als verschollen bezeichnet. Im benachbarten bayerischen Teil bei Günzburg (7427/4, 7527/2). – Brenzgebiet: 7226/4: Itzelberger See bei Königsbronn, RÖSLER in v. MARTENS u. KEMMLER (1882).

Synanthrope Vorkommen: Daneben vielfach Verwilderungen (wobei die Grenze zu natürlichen Vorkommen schwer zu ziehen ist). Derartige Vorkommen wurden in der Karte nicht berücksichtigt. Angaben in der Literatur aus dem Neckargebiet, so bei v. MARTENS u.

KEMMLER; Rottweil, Schorndorf, Beobachtungen von KREH um Stuttgart: Untertürkheim, Vaihingen/Enz, vgl. SEYBOLD (1968), Schelklingen bei Ulm, RAUNEKER (1984). Auch das von BUTTLER u. STIEGLITZ (1976) genannte Vorkommen SW Weinheim (6417/4) könnte auf eine derartige Verwilderung zurückgehen (Vorkommen um 1990 von S. DEMUTH nicht mehr bestätigt).

Erstnachweise: Erste schriftliche Erwähnung bei C.C. GMELIN (1805: 18): „ad rhenum prope Kehl". – *Veronica* cf. *longifolia* wurde aus dem 34. Jh. v. Chr. im Bodenseegebiet nachgewiesen (Öhningen – Wangen, RIEHL 1993).

Bestand und Bedrohung: Die Pflanze ist in Baden-Württemberg offensichtlich ausgestorben. Ursachen des Verschwindens sind Entwässerungen und Intensivierung der landwirtschaftlichen Nutzung. Offensichtlich ist die Pflanze, die im Gebiet immer selten war und hier an ihrer Verbreitungsgrenze vorkam, vielfach schon vor 1900 verschwunden.

13. **Digitalis** L. 1753
Fingerhut

Blätter in grundständiger Rosette, am Stengel wechselständig. Blüten meist einseitswendig, mit bauchiger Kronröhre, diese den Kelch weit überragend, Unterlippe länger als die Oberlippe. 4 bzw. 5 Staubblätter, die unteren länger als die oberen. Frucht sich zweiklappig öffnend.

Gattung mit 21 Arten, Schwerpunkt im Mittelmeergebiet (bis Kleinasien und Persien reichend). In Deutschland 3 Arten.

Digitalis-Arten sind stark giftig. Giftwirkung wird durch Digitalis-Glykoside verursacht (z. B. Digitonin, Digitoxin, γ-Strophantin); Verwendung als Herzmittel. Sammeln von *Digitalis*-Pflanzen für medizinische Zwecke ist bzw. war aus den Vogesen bekannt (vgl. DUQUENOIS 1950).

1 Blätter unterseits graufilzig, mit flach gebuckelten Feldern auf der Oberseite, Blüten rot oder weiß . . . . 1. *D. purpurea*
– Blätter unterseits nicht filzig, ohne gebuckelte Felder auf der Oberseite, Blüten gelb 2
2 Krone 2–2,5 cm lang, engröhrig, auf der Innenseite ohne Zeichnung, Stengel und Blätter kahl 3. *D. lutea*
– Krone 3–4 cm lang, glockig, innen braunnetzig gezeichnet, Stengel und Blattunterseite (auf den Nerven) behaart . . . . 2. *D. grandiflora*

Digitalis lanata Ehrh. 1792, Wolliger Fingerhut
Pflanze mit gelbbraunen Blüten, kurzer Kronröhre, Mittelzipfel der Unterlippe fast so lang wie die Kronröhre. – Heimat Südosteuropa, für pharmazeutische Zwecke angebaut (Blätter mit wesentlich mehr Inhaltsstoffen als *D. purpurea*), auch Zierpflanze, selten verwildert. BERTSCH (1948) nennt die Pflanze für Schussenried; um 1970 bei Sandhausen bei Heidelberg (6617) noch gebaut, BUTTLER (KR-K).

1. **Digitalis purpurea** L. 1753
Roter Fingerhut

Morphologie: Zweijährig, nach dem Blühen absterbend. Pflanze bis 1,2 m hoch, etwas graufilzig, mit einfachen Haaren. Untere Blätter lang gestielt, mit keilig verschmälertem Grund, obere sitzend, oberseits dunkelgrün, unterseits grauweiß, am Rand kerbig gesägt. Blütenkrone bis 6 cm lang, lilarot, innen mit dunkelroten, weiß umrandeten Flecken. Samen länglich, 0,7–0,9 mm lang. – Blütezeit: Juni–August.

Ökologie: In lockeren Beständen auf frischen bis mäßig trockenen, sandig-lehmigen, oft skelettreichen, kalkarmen, sauren, nur mäßig nährstoffreichen Böden. In Waldschlägen, an Wegböschungen, auch in aufgelichteten Wäldern, wird als kennzeichnend für das Epilobio-Digitalietum purpureae angegeben. – In zahlreichen Vegetationsaufnahmen von Waldschlägen enthalten, z. B. OBERDORFER (1938: 172, 1957, 1974), PHILIPPI (1989: 812), vgl. auch BARTSCH (1940: 172).

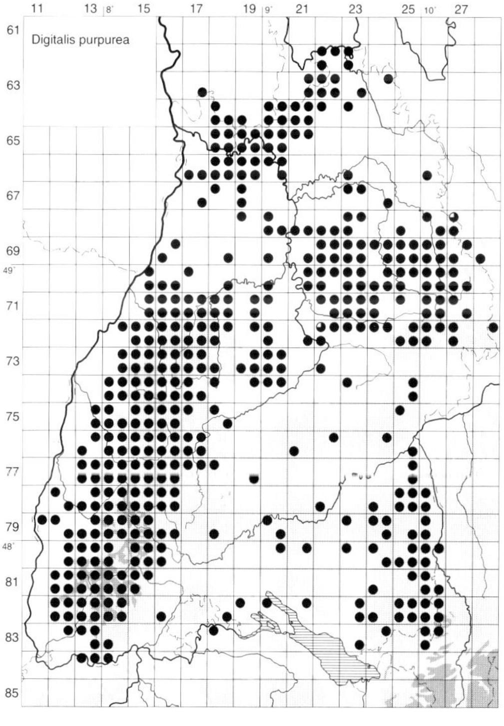

Roter Fingerhut *(Digitalis purpurea)*
Belchen, 1. 8. 1995

Allgemeine Verbreitung: West-Europa, nördliches Marokko, Madeira, eingeschleppt in Nord- und Südamerika. In Europa nordwärts im westlichen Norwegen bis ca. 64° n. Br., selten an der Westküste Südschwedens, England und Irland. Südwärts bis Spanien und Portugal, Korsika und Sardinien. Westalpen. In Mitteleuropa ostwärts bis Harz, Thüringer Wald, Frankenwald, Fichtelgebirge, Erzgebirge, Riesengebirge, selten im Bayerischen Wald. In Süddeutschland Hauptvorkommen im Odenwald und Spessart, Pfälzer Wald, Schwarzwald, Schwäbisch-Fränkischer Wald. Fränkisches Keuper-Lias-Land, vereinzelt im Bayerischen Alpenvorland. – Subatlantische Art, im Gebiet an der Ostgrenze der Massenverbreitung.

Verbreitung in Baden-Württemberg: Schwerpunkt in den kalkarmen Gebirgen: Odenwald, Schwarzwald, Glemswald, Schönbuch, Schwäbisch-Fränkischer Wald, im Alpenvorland v. a. im Westallgäuer Hügelland und in der Südöstlichen Rißmoräne. Daneben Einzelvorkommen in der Rheinebene (v. a. Flugsandgebiete der nördlichen Oberrheinebene), in der Schwäbischen Alb (Fichtenforste der Hochfläche), selten auch in lössbedeckten Muschelkalkgebieten (Kraichgau, Taubergebiet). – Im Südschwarzwald scharfe Verbreitungsgrenze auf der Südostseite, wo *D. purpurea* zunehmend durch *D. grandiflora* ersetzt wird (vgl. Rehder 1964, Karte).

Digitalis purpurea dürfte sich im Schwarzwald in den letzten 150 Jahren ausgebreitet haben. Gmelin (1806) und Spenner (1826) haben einzelne Fundorte aufgeführt, an denen allerdings die Pflanze nicht selten war. Spenner weist auf einen Schwerpunkt des Vorkommens in den oberen Lagen hin. Die Verbreitungskarte von Eichler, Gradmann u. Meigen (1912) zeigt Vorkommenslücken im mittleren Schwarzwald, die um 1950 jedoch nicht mehr den realen Verhältnissen entsprachen (vgl. Bartsch 1951). Aus dem Baarschwarzwald nennt Zahn (1886) nur ein Vorkommen der Pflanze. – Ursachen dieser Ausbreitung waren der verstärkte Anbau von Nadelholz und die Schaffung größerer Schlagflächen, vielleicht auch ein verstärkter Stickstoffeintrag. Örtlich hat auch der Mensch zur Ausbreitung durch bewußtes Aussäen (zur „Verschönerung") beigetragen, z. B. im Schwäbisch-Fränkischen Wald bei Ellwangen oder in den nördlichen Vogesen, (v. Martens u. Kemmler 1882, Jaeger et al. 1958). – Im Odenwald war die Pflanze bereits um 1850 nicht selten (vgl. Schmidt 1857).

Im Alpenvorland, wo Bertsch (1948) keine Vorkommen aufführt, spricht Dörr (1978) von einer sprunghaften Ausbreitung (wobei er bewußte Aussaaten nicht ausschließt).

In den Vogesen nördlich Zabern (also außerhalb natürlicher Nadelholzvorkommen) und im Pfälzer Wald war *Digitalis purpurea* um 1850 selten (Schultz 1846, Jaeger et al. 1958); zwischenzeitlich hat sich die Pflanze hier ausbreiten können (z. T. auch durch Ansaat begünstigt) und gehört zu den häufigen Arten dieser Gebiete (Lang u. Wolff 1993).

Digitalis purpurea könnte im Schwarzwald schon vor den Eingriffen des Menschen vorhanden gewesen sein (Wuchsorte an Felsabbrüchen oder in Waldlichtungen). In anderen Gebieten Südwestdeutschlands ist die Pflanze wohl erst mit dem Menschen eingewandert bzw. eingebracht worden (Archäophyt, örtlich auch Neophyt). – Tiefste Fundstellen in der Rheinebene, ca. 100 m, höchste im Südschwarzwald bei 1220 m (8013/4, Hochfahrn), K. Müller (1948: 265).

Erstnachweis: Fossile Nachweise von *Digitalis purpurea* sind aus Baden-Württemberg nicht bekannt. Die erste Erwähnung findet sich bei Bock (1546: 335 B), nach Beobachtungen im Schwarzwald „an den orten da man Kolen brent, als umb die eisenschmitten".

Bestand und Bedrohung: In reichen Beständen vorhanden, nicht gefährdet, noch immer in Ausbreitung.

2. Digitalis grandiflora Miller 1768
Großblütiger Fingerhut

Morphologie: Hemikryptophyt, ausdauernd, bis 1 m hoch, Pflanze unten kahl, oben drüsig-rauhhaarig. Blätter unten kurz gestielt, obere sitzend,

am Rand unregelmäßig gesägt, unterseits auf den Nerven behaart. Blüten in lockerer Traube. Kelchzähne lanzettlich, Krone glockig, bis 35(40) mm lang, gelb, innen braunnetzig gezeichnet. Samen 1 mm lang. – Blütezeit: Juni–August.
Ökologie: Kleine, lockere Trupps an lichtreichen, meist warm-trockenen, kalkreichen, basischen, auch an kalkarmen, jedoch basenreichen, (schwach) sauren Stellen, gern auf skelettreichen Böden. V. a. in Staudengesellschaften und Grasfluren, im Schwarzwald oft mit *Calamagrostis arundinacea*. – Vegetationsaufnahmen aus dem Schwarzwald: K. Müller (1948: 257, 274), Oberdorfer (1971: 278), Philippi (1989: 796).
Allgemeine Verbreitung: Europa, westliches Asien (Ural bis Vorberge des Altai). In Europa v. a. im südlichen und mittleren Teil, in Westeuropa selten oder fehlend (England, Dänemark, Spanien, Skandinavien fehlend, Frankreich selten). In Osteuropa nordwärts bis 58° n. Br.; Balkanhalbinsel, Kaukasus. – In Deutschland v. a. in den süddeutschen Gebirgen, zerstreut im Alpenvorland. Nördlich des Mains seltener, im norddeutschen Tiefland fehlend. – Gesamtverbreitung: Schwach kontinental.
Verbreitung in Baden-Württemberg: Oberrheinebene (selten), Odenwald: Bergstraße, östlicher

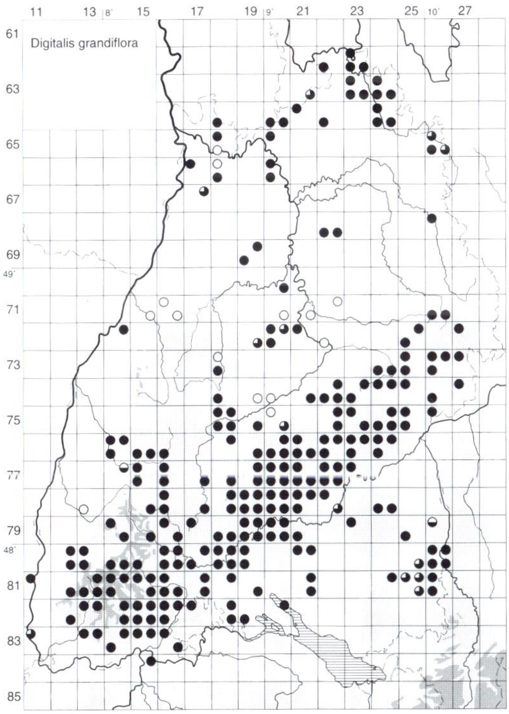

Großblütiger Fingerhut *(Digitalis grandiflora)*

Odenwald, Nordschwarzwald, mittlerer Schwarzwald (Kinziggebiet), Südschwarzwald (v. a. auf der Ostseite, Fundortskarte vgl. Rehder (1964)). Taubergebiet (Muschelkalk), Keuper-Lias-Gebiete vereinzelt, v. a. Glemswald und Schönbuch. Schwäbische Alb bis Oberer Neckar, Baar, Wutach und Klettgau. Alpenvorland: Vereinzelt im westlichen Bodenseegebiet, etwas häufiger im Bereich der Riß-Moräne.

Oberrheinebene: Schon Döll (1843) bekannt, weitere Beobachtungen Lauterborn (1927). 6617/1: Oftersheim bei Schwetzingen; 6717/3: S St. Leon, 1968, nach Autobahnverbreiterung verschwunden; 7214/2: E Hügelsheim; 8111/1: Grißheim, Rheinvorland; 8311/1: Istein, Rheinvorland, Litzelmann (1966).
Nordschwarzwald: Mehrere Beobachtungen am Gebirgsrand um Waldprechtsweier und Kuppenheim bei Karlsruhe (Döll 1859, Kneucker 1886); Vorkommen unbestätigt. – Nagold-Gebiet.
Keuper-Lias-Neckarland: V. a. aus dem Glemswald zahlreiche alte Angaben, ferner aus dem Schönbuch. Zusammenstellung der Funde vgl. Kirchner (1888), Seybold (1968: 262) und Mayer (1950). In diesen Gebieten stark zurückgegangen, für den Kreis Böblingen von Baumann (1990) als ausgestorben bezeichnet; letzte Beobachtungen: 7220/3: Mönchsbrunnen bei Böblingen, um 1980, Baumann; 7220/1: Gerlingen, Krummbachtal, 1993, Plieninger (KR-K).
Alpenvorland: Fundzusammenstellung für den östlichen Teil: Dörr (1978: 211).

Tiefste Fundstellen in der Oberrheinebene, ca. 100 m, höchste im Feldberggebiet: 8114/1: Seebuck, 1400 m, 8114/3: Herzogenhorn, 1350 m, vgl. K. MÜLLER (1948: 258). – *Digitalis grandiflora* könnte im Gebiet urwüchsig sein; Vorkommen an von Natur aus waldfreien Stellen sind in den Hochlagen des Südschwarzwaldes und der Schwäbischen Alb bekannt. In die meisten Gebiete dürfte die Pflanze erst im Gefolge des Menschen eingewandert sein (Archäophyt). *Digitalis grandiflora* kann sich offensichtlich rasch ausbreiten. So ist auch im Südschwarzwald und in der Schwäbischen Alb eine jüngere Einwanderung nicht auszuschließen!

Erstnachweis: H. HARDER hat um 1562 die Pflanze in der Umgebung von Geislingen – Ulm gesammelt (ZIMMERMANN 1937).

Bestand und Bedrohung: Im Schwarzwald und in der Schwäbischen Alb in reichen Beständen vorkommend und nicht gefährdet, bei den Vorkommen in den übrigen Gebieten, die oft nur wenige Pflanzen umfassen, ist eine Gefährdung anzunehmen (G 3). Ursache des Rückganges in diesen Gebieten ist wohl in erster Linie Zuwachsen der Wuchsorte. Durch entsprechende Pflege (nicht alljährliche Mahd, diese nach der Samenreife von *Digitalis grandiflora*) dürften sich die Bestände leicht erhalten lassen. Gesamtgefährdung G 3. – *Digitalis grandiflora* ist nach der Bundesartenschutzverordnung besonders geschützt.

3. Digitalis lutea L. 1753

Gelber Fingerhut

Morphologie: Hemikryptophyt, ausdauernd. Pflanze bis 1 m hoch, meist kahl. Untere Blätter kurz gestielt, obere sitzend, am Rand scharf gesägt. Blütenstand dicht. Kelchzipfel eiförmig-lanzettlich, Krone engröhrig, bis 25 mm lang, weißgelb, außen kahl bis feindrüsig, innen bärtig, ohne Zeichnung. Samen bis 1 mm lang. – Blütezeit: Juni–Juli.

Ökologie: Kleine, lockere Trupps an lichtreichen, meist kalkarmen, doch basenreichen, (schwach) sauren, mäßig trockenen Stellen, oft auf skelettreichen Böden. – V. a. an Wegböschungen in Staudengesellschaften mit *Teucrium scorodonia*, auch in Schlaggesellschaften mit *Atropa belladonna* oder *Eupatorium cannabinum*, an aufgelichteten Stellen von Eichenwäldern. – Vegetationsaufnahmen: Schlagfluren: Digitali luteae-Atropetum, OBERDORFER (1957), Staudengesellschaften der Wegränder: K. MÜLLER (1948: 274), PHILIPPI (1989: 809).

Allgemeine Verbreitung: Frankreich bis Pyrenäen und Nordspanien, Korsika, Italien, Westalpen, Westdeutschland, hier nordwärts bis 51° n. Br.: Schwerpunkt im Südschwarzwald und in der Pfalz, Einzelvorkommen in der Schwäbischen Alb, im Schwäbisch-Fränkischen Wald, im Moselgebiet und Rheinischem Schiefergebirge. (Daneben einzelne synanthrope Vorkommen.) Subatlantische Art, die im Gebiet die Ostgrenze der Verbreitung erreicht.

Verbreitung in Baden-Württemberg: Schwerpunkt des Vorkommens im Südschwarzwald, einzelne Fundpunkte im Kochergebiet und im östlichen Schwäbisch-Fränkischen Wald, am Oberen Neckar, in der Schwäbischen Alb, auch im Oberrheingebiet und im Nordschwarzwald.

Oberrheingebiet: Kaiserstuhl: 7912/1: Eichelspitze, Vogelsangpaß, Badloch (hier synanthrop?), SLEUMER (1934); 8311/1: Isteiner Klotz, DÖLL (1859), LITZELMANN (1966: 189).

Nordschwarzwald: 7415/1: N Kurhaus Ruhstein, Straßenböschung, ca. 900 m, wohl aus Ansaat hervorgegangene Population, erste Beobachtung 1977, HÖLZER (KR-K), 1994 in zwei großen Gruppen noch vorhanden.

Südschwarzwald: Am Westrand des Südschwarzwaldes: Glottertal, Dreisamgebiet (Eschbach, Höllental, Zastler) vielfach, Münstertal (am Scharfenstein bis 750 m),

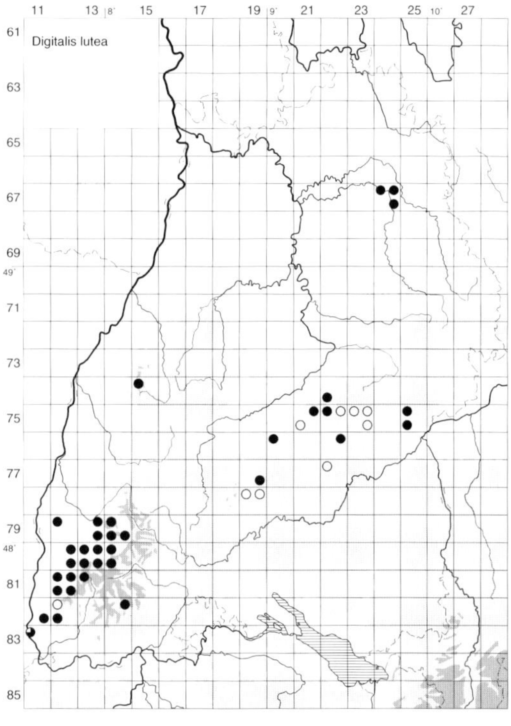

Gelber Fingerhut *(Digitalis lutea)*
Südschwarzwald

Klemmbachtal, auch in der Vorhügelzone am Schönberg und Ölberg, um Badenweiler und Sitzenkirch. Einzelangaben vgl. v. a. SCHILDKNECHT (1863).
Isolierte Fundstelle: 8214/2: St. Blasien, THOMMA (1972), nach SCHUHWERK (STU-K) junges Sekundärvorkommen.
Kochergebiet: 6724/1: „auf den Bergen um Künzelsau häufig", Teufelsklinge bei Belsenberg, v. BIBERSTEIN in v. MARTENS und KEMMLER (1882); 6724/2: Kern- u. Hirschberg S Kocherstetten, 1987, NEBEL (STU-K); 6724/4: Steinkirchen, Braunsbach, 1977, 79, NEBEL, SEYBOLD (STU-K).
Schwäbische Alb: „Bei Urach auf allen Bergen häufig", v. MARTENS u. KEMMLER (1882), nach BERTSCH (1948) „von Gönningen bis Urach zerstreut (18 Standorte)". Einzelangaben vgl. MAYER (1950), DIETERICH (1904). Neuere Bestätigungen: 7422/3: S Dettingen, KIRCHNER (KR-K), NSG Hörnle S Dettingen, 1994, STADELMAIER (KR-K); 7521/2: Hügelberg – Urselhochberg, 1991, DEMUTH (KR-K); 7522/1: W Urach, 1976, SEYBOLD (STU-K); 7622/2: S Buttenhausen, wenige Pflanzen, 1983, STADELMAIER (KR-K); 7719/4: Ochsenberg NE Lautlingen, 1980, STADELMAIER (KR-K). – Im Gebiet von Ulm an zwei Stellen beobachtet, offensichtlich junges Vorkommen: 7525/1: Bermaringen, RAUNEKER (1984): „seit 1981", weiter 7525/3: o. O., RAUNEKER (STU-K).

Tiefste Fundorte im Oberrheingebiet bei ca. 300–350 m, höchste Funde im Südschwarzwald bei 950 m (8014/3: Zastler: Hauseck, oberhalb Posthalde, vgl. auch K. MÜLLER 1948: 274).

Nach dem sehr disjunkten Vorkommen ist eine Einwanderung im Gefolge des Menschen oder an eine Einschleppung zu denken; *Digitalis lutea* wäre demnach ein Archäophyt. Dafür sprechen auch das Fehlen von Natur aus waldfreier Wuchsorte, die deutliche Vorliebe für Straßenböschungen oder Waldschläge und eine weitere Ausbreitung in jüngster Zeit.
Erstnachweise: Die erste Erwähnung findet sich bei ROESLER (1790: 126, 236), nach Funden von S. KERNER bei Pfullingen, dazu an der Glemsertsteig und bei Urach gegen St. Johann.
Bestand und Bedrohung: Im Südschwarzwald handelt es sich um reiche, nicht gefährdete Bestände. Die Vorkommen zeigen einen deutlich hemerophilen und synanthropen Charakter. Vorkommen in übrigen Gebieten sollten sorgsam beobachtet werden. Insgesamt ist *Digitalis lutea* noch keine Art der Roten Listen, auch wenn sie in der Schwäbischen Alb offensichtlich zurückgegangen ist. In der entsprechenden Liste für die frühere Bundesrepublik als nicht gefährdet eingestuft. – *Digitalis lutea* ist nach der Bundesartenschutzverordnung besonders geschützt.
Bastard: *Digitalis lutea* und *D. grandiflora* können gelegentlich bastardieren (*D.* × *media* Roth). Der Bastard ist aus dem Südschwarzwald (Höllental, SCHILDKNECHT) und aus der Schwäbischen Alb (Urach, Dettinger Roßberg, KIRCHNER u. EICHLER, BERTSCH) bekannt.

14. **Pedicularis** L. 1753
Läusekraut

Pflanzen meist ausdauernd (selten ein- oder zweijährig), Halbschmarotzer (ohne Bindung an bestimmte Wirtspflanzen), Wurzelhaare nur spärlich vorhanden, an ihre Stelle treten Haustorialknöpfe. Blätter in grundständiger Rosette, am Stengel wechselständig, einfach bis doppelt fiederschnittig. Blüten in endständigen Trauben oder Ähren. Kelch 5zählig (auch 2lippig); Krone mit langer Röhre, Oberlippe helmartig aufgebogen, Unterlippe flach, dreizipflig. Frucht eine eiförmige, nicht oder nur mäßig zusammengedrückte Kapsel, mit schief aufgesetzter Spitze, vom Grund an zur Spitze (beiderseits oder nur einseitig) aufreißend. Samen zahlreich. – Insektenbestäubung (Hummeln).

Artenreichste Gattung der Rachenblütler, v. a. auf der Nordhalbkugel (einzelne Arten auch in den Anden Südamerikas), ca. 600 Arten, Schwerpunkt in mittel- und ostasiatischen Gebirgen. In

Europa 54 Arten; Schwerpunkt neben Pyrenäen und Alpen v.a. südosteuropäische Gebirge, wenige Arten auch in Nordeuropa.

1 Blüten gelb 2
– Blüten rot (selten weiß) 4
2 Krone 32–38 mm lang, mit glockig erweitertem Schlund, durch die der Oberlippe anliegende Unterlippe verschlossen. Spitze der Unterlippe blutrot gerandet . . . 1. *P. sceptrum-carolinum*
– Krone 12–30 mm lang, ohne glockig erweiterten Schlund, Blüten rein gelb 3
3 Tragblätter der Blüten deutlich länger als diese, Oberlippe der Blüte ohne oder mit 1 mm langem Schnabel . . . . 2. *P. foliosa*
– Tragblätter der Blüten deutlich kürzer als diese, Oberlippe der Blüte in einen 3,5–4,5 mm langen Schnabel auslaufend . . . . *P. elongata* S. 336
4 Unterlippe so lang wie die Oberlippe, bewimpert, Oberlippe ohne seitliche Zähne, Kelch zweispaltig, Stengel einzeln, aufrecht, ästig; Pflanze meist über 20 cm hoch 3. *P. palustris*
– Unterlippe viel kürzer als Oberlippe, kahl, Oberlippe seitlich mit je 1 Zahn, Kelch 5zähnig, Stengel einfach, zu mehreren, die seitenständigen liegend bis bogig aufsteigend; Pflanze meist kleiner als 15 cm . . . . 4. *P. sylvatica*

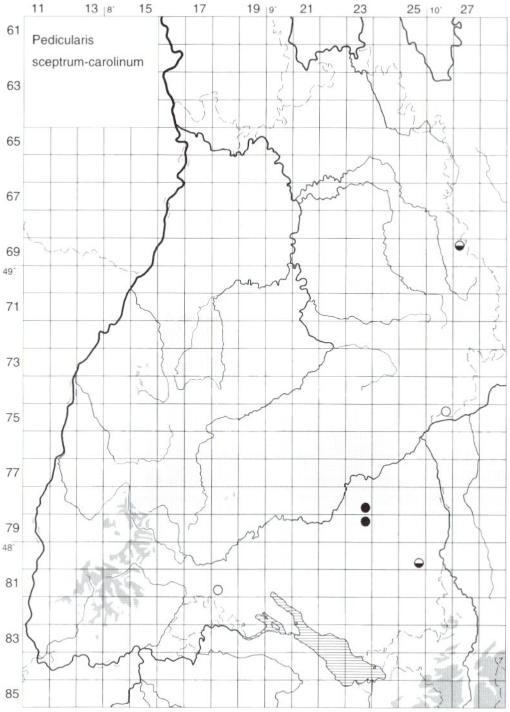

1. Pedicularis sceptrum-carolinum L. 1753
Karlsszepter

Morphologie: Hemikryptophyt, Pflanze bis 100(150) cm hoch, oft rot überlaufen. Grundblätter bis 20(30) cm lang, im Umriß länglich-eiförmig, mit stumpflich eiförmigen fein gesägten Fiederabschnitten; Blattstiel und z.T. auch Blattränder bzw. Unterseite der Blätter fein behaart, Pflanze sonst kahl. Stengel wenigblättrig, Blütenstand locker, bis 18blütig. Tragblätter der Blüten gekerbt-gesägt. Samen 3–3,5 mm lang, abgeflacht, mit hellem Flügelsaum. – Bützeit: Juni–August.

Karlsszepter (*Pedicularis sceptrum-carolinum*)
Federsee, 8. 7. 1989

Der Name Karlsszepter (auf den schwedischen Botaniker O. Rudbeck (d.J.) zurückgehend) bezieht sich auf König Karl XII. von Schweden.

Ökologie: In lockeren Herden oder Gruppen auf feuchten (bis nassen), kalkreichen, basischen, humosen, höchstens mäßig nährstoffreichen Standorten. Im Gebiet in Flachmoorwiesen (Caricetum davallianae, Primulo-Schoenetum ferruginei, selten auch im Caricetum lasiocarpae), Schwerpunkt in feuchten (flachmoornahen) Pfeifengraswiesen mit *Molinia caerulea, Dianthus superbus* und *Selinum carvifolia*. Vegetationsaufnahmen vgl. Kuhn (1961, Tab. 8, ferner Tab. 5 u. 7).

Allgemeine Verbreitung: Boreale Zonen von Europa und Asien. In Europa v.a. Nordeuropa (Norwegen nordwärts bis 71° n.Br.). In Mitteleuropa in Norddeutschland östlich der Elbe (oft verschollen) und angrenzende Gebiete Polens. Süddeutschland im Bayerischen Wald, Donaugebiet und Alpenvorland. Gesamtverbreitung nordisch-kontinental.

Karlsszepter *(Pedicularis sceptrum-carolinum)*
Federsee, 8. 7. 1989

Verbreitung in Baden-Württemberg: Wenige Fundstellen im Alpenvorland (bis westliches Bodenseegebiet und Donau), eine isolierte Fundstelle im Schwäbisch-Fränkischen Wald. Die Pflanze erreicht im Gebiet die Südwestgrenze ihrer Verbreitung. – Höhenlage der Fundstellen ca. 450 bis 650 m. – Die Pflanze ist einheimisch. Die Vorkommen können als Glazialrelikte gedeutet werden. Nach dem verstärkten Auftreten in Pfeifengraswiesen, deren Standorte von Natur aus bewaldet wären, läßt sich die Pflanze als „progressives Glazialrelikt" einstufen.

Schwäbisch-Fränkischer Wald: 6927/1: Neustädtlein bei Ellwangen, auf einer „mit lichtem Phragmitetum bestandenen moorigen Wiese", zusammen mit *Eriophorum polystachyum, Juncus acutiflorus* und *Pedicularis palustris*, ca. 490 m, um 1922 von BLEZINGER entdeckt, von MÜRDEL bestätigt, vgl. HANEMANN (1924: 32), wohl erloschen; Belege in STU. – Benachbart im bayerischen Gebiet: 7129/2: Deiningen, ebenfalls verschollen.
Alpenvorland: 7526/2: Langenauer Ried, v. MARTENS u. KEMMLER (1872), von VALET und W. GMELIN entdeckt. Bei v. MARTENS u. KEMMLER (1982) nicht mehr erwähnt; Vorkommen vielleicht auf bayerischem Gebiet. – Benachbart 7527/3: Gebiet W Günzburg, jüngere Bestätigung (vgl. SCHÖNFELDER u. BRESINSKY 1990).

Reichblättriges Läusekraut (*Pedicularis foliosa*)
Hundsrücken, 21. 5. 1989

Federsee-Gebiet: 7823/4: Seekirch, SEYBOLD; 7923/2: zw. Buchau und Moosburg, von TROLL, LECHLER u. VALET entdeckt (v. MARTENS u. KEMMLER 1882), noch immer zahlreich.

8025/4: Wurzacher Ried bei Dietmanns, 1837 von DUCKE und BEZZENDÖRFER entdeckt, „in Menge", bei späteren Besuchen nicht mehr beobachtet, vgl. LECHLER (1844). Letzte Beobachtung 1906 durch HILDEBRAND (K. u. F. BERTSCH 1938).

8118/3: Binninger Ried bei Engen, um 1850 von LANG entdeckt, damals nicht selten, doch bald darauf infolge Melioration der Wiesen zurückgegangen; letzte Beobachtung 1864, SCHALCH, seitdem verschollen (vgl. dazu JACK 1900, KUMMER 1946).

Erstnachweis: Die erste Erwähnung findet sich bei LECHLER (1844: 41), Wurzacher Torfmoor in der Nähe von Dietmanns, DUCKE und BEZZENDÖRFER 1837; Federsee gegenüber Adleshausen, TROLL.

Bestand und Bedrohung: Wenn im Federseegebiet auch heute noch schöne Bestände der Pflanze vorhanden (und relativ wenig gefährdet) sind, ist sie wegen des beschränkten Vorkommens (und angesichts des starken Rückganges) als potentiell gefährdet einzustufen.

P. sceptrum-carolinum ist nach der Bundesartenschutzverordnung geschützt.

2. Pedicularis foliosa L. 1767

Reichblättriges Läusekraut

Morphologie: Hemikryptophyt, bis 50(70) cm hoch, unverzweigt, kahl bis zerstreut behaart. Größere Blätter bis 25 cm lang und 8 cm breit, doppelt fiederteilig. Tragblätter deutlich länger als Blüten mit Stiel, die untersten fast so lang wie die Stengelblätter. Blüten in dichter Ähre, Krone hellgelb, 20–28 mm lang, Oberlippe meist stark zottig behaart, vorn abgerundet. Samen 2–3 mm lang, eiförmig. – Blütezeit: Juni.

Formenreich, im Gebiet v. a. in einer var. *glabriuscula* Steinegger mit kahler Oberlippe vertreten.

Ökologie: Lockere Herden auf meist kalkreichen, basischen, gern etwas wechselfrischen, skelettreichen, humusarmen Standorten, im Gebiet vorzugsweise an Steilhängen in nordexponierter Lage, oft zusammen mit *Anemone narcissiflora*. In der Schwäbischen Alb meist zusammen mit *Calamagrostis varia* oder *Brachyodium pinnatum* in grasarmen, staudenreichen Beständen an von Natur aus waldfreien Stellen, in den Alpen gern im Caricetum ferruginei, in den Vogesen in *Calamagrostis arundinacea*-Hochgrasfluren. – Vegetationsaufnahmen: KUHN (1937: S. 185), ferner BEITER (1991: 63).

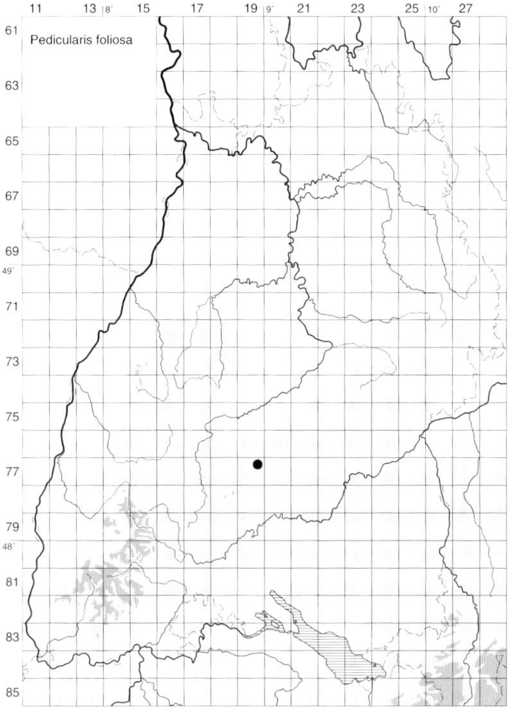

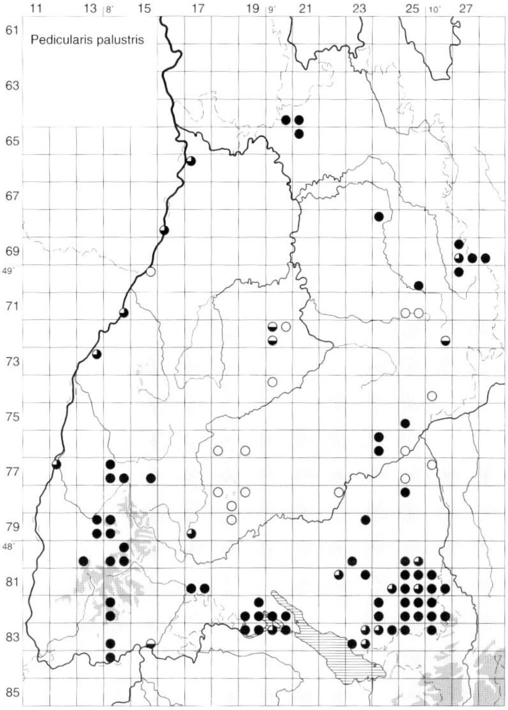

Allgemeine Verbreitung: Süd- und mitteleuropäische Gebirge, v. a. Alpen, südwärts bis Pyrenäen und nordspanische Gebirge, Apennin (bis Neapel) und Bosnien-Herzegowina. Isolierte Vorkommen in der Schwäbischen Alb, benachbart in den Vogesen (Hohneck bis Rotenbacher Kopf) und Jura (Einzelvorkommen im Chasseral-Gebiet; Waadtland und angrenzender französischer Jura).

Vorkommen in Baden-Württemberg: Isolierte Vorkommen in der Schwäbischen Alb, ca. 900 m. Die Vorkommen können als Glazialrelikte gedeutet werden; die Pflanze ist hier wohl ursprünglich.

Schwäbische Alb: 7719/2: Hundsrücken oberhalb Thanheim, 1852 von LECHLER u. VAYHINGER entdeckt. Vorkommen nach Abrutsch 1911 zurückgegangen, doch noch an kleiner Stelle vorhanden, Standorte von Natur aus wohl waldfrei. 7719/2: Blasenberg oberhalb Thanheim, Reuschleswiesen, v. KIRCHNER u. EICHLER (1913), bis etwa 1920 beobachtet; Vorkommen durch Aufforstung erloschen (MAYER 1950). – 7619/4: Zeller Horn, Nordseite, ca. 880–900 m. Beschränktes Vorkommen mit zahlreichen Pflanzen an von Natur aus wohl bewaldeter Stelle. Da in der Literatur das Vorkommen nicht erwähnt wird (vgl. v. a. MAYER 1950), dürfte es sich um eine Ansalbung in den letzten Jahrzehnten handeln. Die Pflanze hat sich hier eingebürgert!
Schwäbisch-Fränkischer Wald: 7122/2: NSG Sommerrain bei Königsbronnhof, ca. 450 m, ein kleiner Bestand im lichten Kiefernwald, um 1980 entdeckt, SCHEERER et al. (1984: 100). Das Vorkommen (in niederer Lage) geht auf eine Anpflanzung zurück.

Die auf Anpflanzung zurückgehenden Vorkommen wurden in der Karte nicht berücksichtigt.

Erstnachweis: Erste Nennung bei W. GMELIN (1853: 75), v. MARTENS u. KEMMLER (1865: 408): „auf dem Hundsrück bei Streichen 1852 (E. LECHLER, VAYHINGER)".

Bestand und Bedrohung: Der kleine Bestand der Pflanze am Hundsrücken ist potentiell gefährdet. Auch geglückte Ansalbungen wie am Zeller Horn ändern nichts an der Bedrohung, zumal die Herkunft des Samenmaterials der Population am Zeller Horn unbekannt ist. – *Pedicularis foliosa* ist durch die Bundesartenschutzverordnung geschützt.

3. Pedicularis palustris L. 1753
Sumpf-Läusekraut

Morphologie: Hemikryptophyt, bis 70 cm hoch, meist etwas verzweigt, kahl. Blätter fiederspaltig, Blütenstand locker, Tragblätter meist Blüten überragend. Kelch 10–12 mm lang, Krone 13–22 mm lang, hellpurpur, Unterlippe so lang

Sumpf-Läusekraut (*Pedicularis palustris*)
Ellwangen, 21. 5. 1993

wie die Oberlippe, bewimpert. Frucht länger als der Kelch. Samen 2–2,4 mm lang, schwarzbraun, schief eiförmig. – Blütezeit: Juni–August.

Ökologie: Einzelne Pflanzen an lichtreichen, feuchten bis nassen, basenreichen, kalkarmen, schwach sauren bis kalkreichen, basischen, humosen Standorten. In Flachmoorwiesen, auch in lückigen Großseggengesellschaften. Vegetationsaufnahmen vgl. KUHN (1961: 24, Caricetum limosae, 28, Caricetum lasiocarpae), GÖRS (1960: 22, Caricetum lasiocarpae), LANG (1973, z. B. Caricetum lasiocarpae), DIERSSEN (1984, Caricetum lasiocarpae, Eleocharitetum quinqueflorae), TH. MÜLLER (1966: 360, Kiefernwälder).

Allgemeine Verbreitung: Europa, Asien (bis China), Alaska, östliches Nordamerika. In Europa südwärts bis Nordspanien, Südfrankreich, Südalpen, Bosnien, Bulgarien bis zur unteren Wolga, nordwärts geschlossene Verbreitung bis 70° n. Br. In Deutschland v. a. im Alpenvorland und in der norddeutschen Tiefebene verbreitet.

Verbreitung in Baden-Württemberg: Oberrheinebene sehr zerstreut, stark zurückgegangen. Östlicher Odenwald. Südlicher und mittlerer Schwarzwald zerstreut. Keuper-Lias-Gebiete: Glemswald selten, inzwischen erloschen, Schwäbisch-Fränkischer Wald, v. a. im östlichen Teil. Baar, Donaugebiet um Ulm. Alpenvorland: Westliches Bodenseegebiet, Westallgäuer Hügelland.

Einzelfundorte für das Stuttgarter Gebiet vgl. SEYBOLD (1968), für das östliche Alpenvorland DÖRR (1978). – Die Karte ist sehr lückig. Im letzten Jahrhundert war *Pedicularis palustris* nicht selten, offensichtlich auch in der Rheinebene nicht (vgl. SCHMIDT 1857), so daß vielfach keine genaueren Funde aufgeführt werden (vgl. z. B. SCHILDKNECHT (1863) für das Freiburger Gebiet oder JACK (1900) für den westlichen Bodensee).

Tiefste Fundstellen in der Rheinebene, ca. 100 m, höchste im Südschwarzwald um 880 m (8014/4: Hinterzartener Moor).

Die Pflanze ist einheimisch; Vorkommen an von Natur aus waldfreien Stellen sind in den Mooren des Alpenvorlandes oder des Schwarzwaldes gut denkbar.

Erstnachweis: Der älteste Nachweis stammt von Oedenahlen/Federsee etwa aus dem 37. Jh. v. Chr. (MAIER 1988). H. HARDER sammelte um 1576–94 die Pflanze in der Umgebung von Geislingen – Ulm (SCHINNERL 1912).

Bestand und Bedrohung: *Pedicularis palustris* kommt in kleinen Beständen vor und ist im Gebiet im Rückgang. Ursachen des Rückganges sind Entwässerungen und Eutrophierung der Landschaft. Die Pflanze ist in der Roten Liste als „gefährdet" eingestuft, wobei sie in Landschaften wie dem Oberrheingebiet als „stark gefährdet" anzusehen ist. Um Stuttgart ist sie ausgestorben. Gesamtgefährdung G 3 (mit Tendenz zu G 2). – *Pedicularis palustris* gehört nach der Bundesartenschutzverordnung zu den besonders geschützten Arten.

4. Pedicularis sylvatica L. 1753

Wald-Läusekraut

Morphologie: Hemkryptophyt, bis 20 cm hoch, Haupttrieb aufrecht, mit bogig aufsteigenden Seitentrieben. Stengel zweireihig kurz behaart, sonst kahl. Blätter fiederspaltig, oft dunkelviolett überlaufen, Blüten z. T. schon am Grund des Stengels, Blütenstand dicht, Tragblätter kürzer als die Blüten, Kelch bis 15 mm lang, etwas aufgeblasen, Krone 15–25 mm lang, hell purpur, Unterlippe viel kürzer als die Oberlippe, kahl. Samen 1,5–2 mm lang, eiförmig, hellbraun. – Blütezeit: Mai–August.

Ökologie: Einzelne Pflanzen an lichtreichen, feuchten bis nassen, oft durchsickerten, kalkarmen, sauren, oft basenreichen, humosen Stellen. In Flachmoorwiesen mit *Carex nigra* u. a., Verbandskennart des Caricion fuscae. Vegetationsaufnahmen vgl. z. B. BARTSCH (1940), DIERSSEN (1984): Flachmoorwiesen, RODI (1960): Nardo-Juncetum squarrosi des Schwäbisch-Fränkischen Waldes.

Allgemeine Verbreitung: Europa, isoliert in Nordamerika (Neufundland). In Europa südwärts bis nördliches Spanien, Oberitalien, Alpen und Karpaten, ostwärts bis Polen, nordwärts bis Südschweden und Norwegen, hier an der Westküste bis 64° n. Br. In Deutschland in kalkarmen Mittelgebirgen, im Alpenvorland und im norddeutschen Tiefland weit verbreitet.

Verbreitung in Baden-Württemberg: In kalkarmen Gebirgen z. T. verbreitet. Odenwald zerstreut. Schwarzwald verbreitet, v. a. im Südschwarzwald. Keuper-Lias-Gebiete: Zerstreut im Schwäbisch-Fränkischen Wald, früher auch im Glemswald (letzte Beobachtung 1961, Fundzusammenstellung vgl. SEYBOLD 1968), Spitzberg bei Tübingen. Baar. Schwäbische Alb: Selten auf der Hochfläche, so 7225/4: S Bartholomä. Alpenvorland v. a. im Westallgäuer Hügelland, Fundortsangaben vgl. DÖRR (1978). Früher auch in der Oberrheinebene mehrfach, offensichtlich nicht so selten.

Tiefste Fundstellen in der Rheinebene, ca. 100 m, höchste im Südschwarzwald am Feldberg, ca. 1350 m. – Die Pflanze ist wohl urwüchsig; Vorkommen an von Natur aus waldfreien Stellen sind im Südschwarzwald und im Alpenvorland bekannt. In anderen Gebieten Südwestdeutsch-

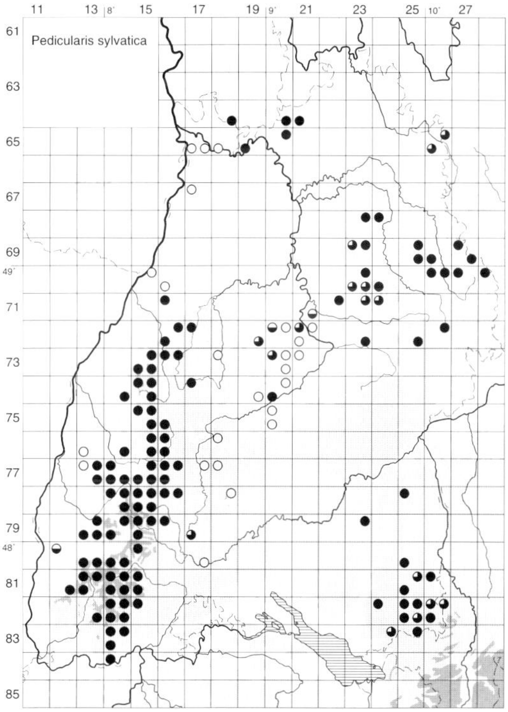

Wald-Läusekraut *(Pedicularis sylvatica)*
Königsroter See bei Wört, 21. 5. 1993

lands ist *P. sylvatica* wohl erst mit dem Menschen in das Gebiet eingewandert (Archäophyt).

Erstnachweis: Erstmals erwähnt wird die Pflanze von J. Bauhin et al. (1651: 437–38): „in valle Griesbach" (7515, Mittlerer Schwarzwald).

Bestand und Bedrohung: Im Schwarzwald kommt die Pflanze noch in reichen Beständen vor, ist aber sicher zurückgegangen. Der Rückgang läßt sich nur dort erkennen, wo ausreichende floristische Daten vorliegen, z. B. aus dem Gebiet um Ettenheim (Schildknecht 1855). Ursachen des Rückganges sind in Hochlagen die fehlende, sehr extensive Beweidung der Flachmoorwiesen, Entwässerungen und oft Aufforstungen, in tieferen Lagen in erster Linie die Eutrophierung der Standorte. Die Pflanze läßt sich als „gefährdet" einstufen, wobei die Gefährdung im Schwarzwald relativ gering ist, in anderen Gebieten Südwestdeutschlands ist sie als „stark gefährdet" anzusehen. – *Pedicularis sylvatica* ist nach der Bundesartenschutzverordnung geschützt.

Pedicularis elongata A. Kerner 1870
Langähriges Läusekraut

Pflanze bis 30 cm, kahl, Blütenstand verlängert, Krone blaßgelb, 12–16 mm lang. – Kalkmagerrasen der Südostalpen, im Gebiet einmal beobachtet. 7425/4: Bernstadt an der Lone (Albuch), Halbtrockenrasen, 560 m, 3 Pfl., 1973, Künkele, vgl. Sebald u. Seybold (1973).

15. **Rhinanthus** L. 1753

Alectorolophus Haller 1768
Klappertopf

Pflanzen einjährig (z.T. winterannuell), Blätter gegenständig, meist gesägt. Blüten endständig, traubig oder ährig, gelb, Kelch, Krone und Frucht seitlich zusammengedrückt. Kelch vierzähnig, sich nach der Fruchtreife vergrößernd, etwas aufgeblasen. Staubblätter 4, Frucht eine zweifächrige, wenigsamige Kapsel. Samen 3–5 mm lang, länglich linsenförmig. – Halbschmarotzer, v.a. auf Gräsern und Sauergräsern schmarotzend; Wurzeln daher mit nur wenigen Wurzelhaaren, doch zahlreichen Haustorialknöpfen. – Insektenbestäubung (Hummeln), Selbstbestäubung.

Gattung mit 23 Arten in Süd- und Mitteleuropa; Schwerpunkt auf dem Balkan. In Deutschland 6 Arten. Die Gattung ist formenreich. Wenig beasteten Frühsommerformen stehen ausladend beastete Spätsommerformen (mit kurzen Internodien) gegenüber (Saisondimorphismus). Dazu kommen Gebirgssippen mit z.T. intermediären Merkmalen. Diese Sippen werden teilweise als eigene Unterarten geführt. Auf sie soll hier nicht weiter eingegangen werden.

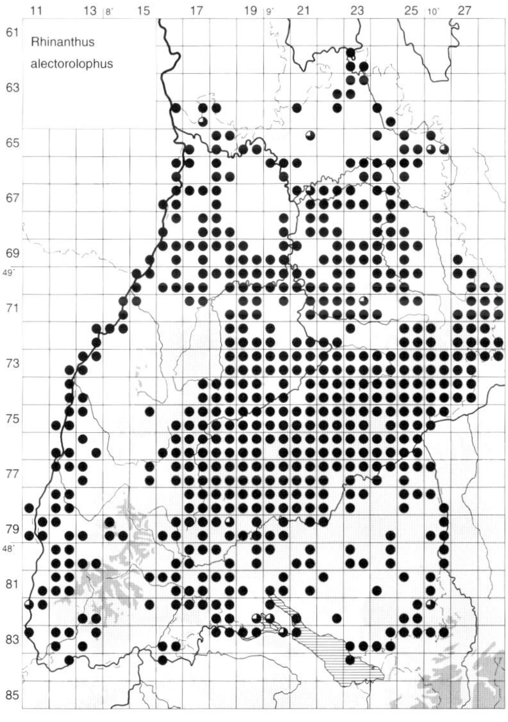

1 Kelch lang zottig behaart, Zähne der Tragblätter fast gleichlang . . . . 1. *Rh. alectorolophus*
– Kelch kahl, untere Zähne der Tragblätter mehr als doppelt so lang wie die oberen 2
2 Rückenlinie der Kronröhre gerade, Zahn der Oberlippe 0,2–0,7 mm lang, Hochblätter ohne grannenartige Zähne . . . . 4. *Rh. minor*
– Rückenlinie der Kronröhre aufwärts gebogen, Oberlippe mit einem 1–2 mm großen Zahn, Hochblätter mit deutlich zugespitzten oder grannenartigen Zähnen 3
3 Tragblätter der Blüten mit grannenartig verlängerten Zähnen, Grannenspitzen 1–5 mm lang, Kronröhre stark aufwärts gebogen mit offenem Schlund . . . . 3. *Rh. glacialis*
– Tragblätter der Blüten ohne grannenartig verlängerte Zähne, Kronröhre schwach aufwärts gebogen, mit geschlossenem Schlund . . . . . 2. *Rh. serotinus*

1. **Rhinanthus alectorolophus** (Scop.) Pollich 1777

Mimulus alectorolophus Scop. 1772, *Alectorolophus hirsutus* All. 1785, *Rhinanthus hirsutus* (All.) Lam. 1778
Zottiger Klappertopf

Morphologie: Pflanze bis 60(80) cm hoch, meist einfach (seltener verzweigt), Stengel im oberen Teil dicht, ± anliegend (bis aufrecht abstehend) behaart. Blätter v.a. auf den Nerven der Blattunterseite dicht flaumig behaart. Blätter kerbig gesägt. Tragblätter am Grund mit 1–3 mm langen Zähnen, diese ohne Grannenspitze. Kelch anliegend kraus behaart, Haare bis 4 mm lang, bei der Fruchtreife verkahlend. Krone 18–23 mm lang, flaumig behaart, schwach aufwärts gebogen, mit geschlossenem Schlund. Oberlippe mit blauem, ± rechtwinklig abstehendem Zahn. – Blütezeit: Mai–August (September). – Zu Ökotypen vgl. Zopfi (1993).

Ökologie: Lockere Herden in mageren, wenig gedüngten Wiesen auf meist kalkreichen, basischen, seltener auch kalkarmen, doch basenreichen, schwach sauren, mäßig frischen bis mäßig trockenen, nur mäßig nährstoffreichen Lehmböden. Z.B. in trockenen Ausbildungen von Glatthaferwiesen (Salbei-Glatthaferwiesen), in Halbtrockenrasen (Mesobrometum) oder in trockenen Ausbildungen von Pfeifengraswiesen (Cirsio tuberosi-Molinietum). – In zahlreichen Vegetationsaufnahmen von Wirtschaftswiesen enthalten, so z.B. Görs (1974: 380, 389).

Rhinanthus alectorolophus wird auch als Getreideunkraut angegeben, vgl. dazu Dieterich (1904: 137): „der schlimmste Schädling des Getreides, besonders des Dinkels".

Zottiger Klappertopf *(Rhinanthus alectorolophus)*
Weilderstadt, 15. 5. 1993

Allgemeine Verbreitung: Europa, auf den temperaten Klimabereich beschränkt. Südwärts bis Pyrenäen, Norditalien und Kroatien, ostwärts bis Polen und Ungarn, nordwärts bis Südholland und Belgien, Mitteldeutschland. In Deutschland v.a. in Süddeutschland, selten in Mitteldeutschland, Nordgrenze der Verbreitung am Niederrhein, im südlichen Niedersachsen und in Nordhessen.

Verbreitung in Baden-Württemberg: Weit verbreitet in wiesenreichen Landschaften mit kalkreichen Böden, so z. B. Oberrheingebiet, Kraichgau, Neckargebiet bis Schwäbische Alb. Seltener im Alpenvorland (vgl. DÖRR 1978: zerstreut, dort Einzelangaben); auch im Bauland nur zerstreut. Schwarzwald nur in den Tieflagen (reiche Böden). Tiefste Fundstellen ca. 95 m, höchste in der Schwäbischen Alb nahe 1000 m, im Schwarzwald nur bis ca. 500 m reichend.

Die Pflanze ist sicher erst mit dem Menschen in das Gebiet eingewandert (Archäophyt).

Erstnachweis: Der älteste Nachweis stammt aus dem 13./15. Jh. n. Chr. (KÖRBER-GROHNE 1978). H. HARDER sammelte um 1576–94 die Pflanze in der Umgebung von Geislingen – Ulm (SCHINNERL 1912).

Bestand und Bedrohung: In reichen Beständen vorkommend, örtlich sicher durch Düngung der Wiesen zurückgegangen, doch nicht bedroht. Die Pflanze kann sich auch in jung angelegten Wiesen rasch einstellen. In Getreideäckern offensichtlich weitgehend verschwunden.

2. Rhinanthus serotinus (Schönherr) Oborny

Alectorolophus serotinus Schönherr 1850,
Rhinanthus glaber Lamarck
Später Klappertopf

Morphologie: Pflanze bis 50 cm hoch, einfach oder verzweigt, Blätter kerbig gesägt, kahl, (breit) eiförmig, Tragblätter aus breitem Grund dreieckig zugespitzt, Zähne spitz, höchstens mit 1 mm langer Granne. Krone 17–20 mm lang, nach aufwärts gebogen, mit geschlossenem Schlund, Oberlippe mit 1–2 mm langem Zahn, dieser rechtwinklig abstehend. – Pflanze von der kräftigen Gestalt her an *Rh. alectorolophus* erinnernd, doch Kelch kahl.

Ökologie: In Pfeifengras-Wiesen auf kalkreichen, basischen, meist humosen, feuchten, z. T. periodisch überfluteten Standorten. – Vegetationsaufnahmen vgl. LANG (1973, z. B. Gentiano-Molinietum). WINTERHOFF (1993) nennt die Art für die Kantenlauch-Pfeifengraswiese.

Allgemeine Verbreitung: Europa (v. a. Mitteleuropa), Kleinasien, Sibirien.

Verbreitung in Baden-Württemberg: Sichere Nachweise aus dem Alpenvorland (Bodensee, Donaugebiet) und vom Oberen Neckar.

Oberer Neckar: 7616/2: Betzweiler, Feuchtwiese, 1979, ADE (STU); 7717: Oberndorf, 1994, ADE (STU).
Donaugebiet: Um Ulm zahlreiche Angaben von K. MÜLLER (1957), die nach Belegen in STU hierher gehören. Von RAUNEKER (1984) nicht mehr bestätigt. Im Grenzgebiet gegen Bayern: 7427/4: Riedhausen, 1972, SEYBOLD (STU).
Bodenseegebiet: In den Seerieden am Untersee zerstreut; erste Beobachtung von BAUMANN (1911), zahlreiche Fundortsangaben, „stellenweise massenhaft“, doch im Wollmatinger Ried fehlend. Jüngere Bestätigungen: 8218/1: Binninger Ried, 1983, SEBALD (STU-K); 8323/3: Eriskirch, WINTERHOFF (1993). Was DÖRR (1978) als *Rh. angustifolius* bezeichnet, gehört ebenfalls ganz offensichtlich hierher: 8226/3: Ratzenhofen, Argenbrücke; 8325/2: Heuberg bei Eglofs. – Nach DÖRR (1978) nur in den wärmeren Teilen des Alpenvorlandes.
Belege aus dem übrigen Alpenvorland: 7923/2: Federseeried bei Buchau, 1912 (STU); 7824/3: NE Waldhofen, 1992, WÖRZ (STU), ca. 580 m.

Aus übrigen Gebieten Südwestdeutschlands nicht nachgewiesen. Was BERTSCH (1914) als *Rh. serotinus* aus der Schwäbischen Alb nannte, könnte auch *Rh. glacialis* sein! Die Angabe von *Rh. angustifolius* von den Rheinwiesen bei Rust (7712/2, SCHILDKNECHT) könnte sich auf *Rh. serotinus* beziehen.

Bestand und Bedrohung: Offensichtlich seltene und zurückgehende Art (vgl. auch DÖRR 1978: 228), die wohl als „stark gefährdet“ eingestuft werden muß (G 2). Ursache des Rückganges sind

Später Klappertopf *(Rhinanthus serotinus)*
Allmendinger Ried, leg. K. MÜLLER, 15. 6. 1933 (STU)

Entwässerungen und Düngung von Riedwiesen. (In der Roten Liste für die Bundesrepublik Deutschland bisher nicht enthalten.)

Bemerkung: *Rhinanthus serotinus* wird heute vielfach mit *Rh. angustifolius* synonymisiert. Die insgesamt mageren Angaben von *Rh. angustifolius* bei GMELIN beziehen sich sicher nicht auf die vorliegende Sippe. Einmal spricht GMELIN von „foliis linearibus angustis", zum anderen nennt er trockene Kalkstandorte als Wuchsort, was eher für *Rh. glacialis* spricht (wenn auch heute an den „klassischen" Fundorten diese Sippe nur schwer vorstellbar ist).

3. **Rhinanthus glacialis** Personn. 1863

Rh. angustifolius auct., non Gmelin 1806,
Rh. aristatus Čelak. 1870
Grannen-Klappertopf

Morphologie: Pflanze bis 50 cm hoch, meist ausladend beastet, mit oft violettbraun überlaufenem bis violettbraun geflecktem Stengel, zerstreut anliegend behaart. Blätter lanzettlich, bis 7 mm breit, kerbig gesägt. Hochblätter breit dreieckig, mit grannenartigen zugespitzten Zähnen, Grannen 1–5 mm lang. Krone dunkelgelb, 12 mm lang, Oberlippe mit ca. 1 mm langem blauen Zahn. – Blütezeit: Juni–August.

Ökologie: Lockere Herden an lichtreichen bis sonnigen, mäßig trockenen bis trockenen, kalkarmen, doch basenreichen, sauren bis kalkhaltigen, basischen Standorten, auch auf skelettreichen, scherbigen Böden. Pflanze gegen frühe Mahd empfindlich. In niederwüchsigen Halbtrockenrasen, z. B. im Gentiano-Koelerietum auf rohen Kalkböden, im Mesobrometum, auch an wechselfrischen Stellen im Molinietum, im Schwarzwald zusammen mit *Festuca nigrescens* und *Nardus stricta* vorwiegend in brachliegenden Magerwiesen (Flügelginsterheiden, meist an Wegböschungen, kaum in typischen Ausbildungen der Gesellschaft, ebenso in Mähwiesen fehlend). – Vegetationsaufnahmen vgl. KRETZSCHMAR (1992, Tab. 11: *Holcus mollis*-Wegrandgesellschaft), WITSCHEL (1980, v. a. Tab. 11: *Sesleria*-reiches Mesobrometum).

Die großen ökologischen Unterschiede der Vorkommen lassen vermuten, daß es sich hier um eigene Sippen handelt, die sich morphologisch offensichtlich nicht unterscheiden lassen. OBER-

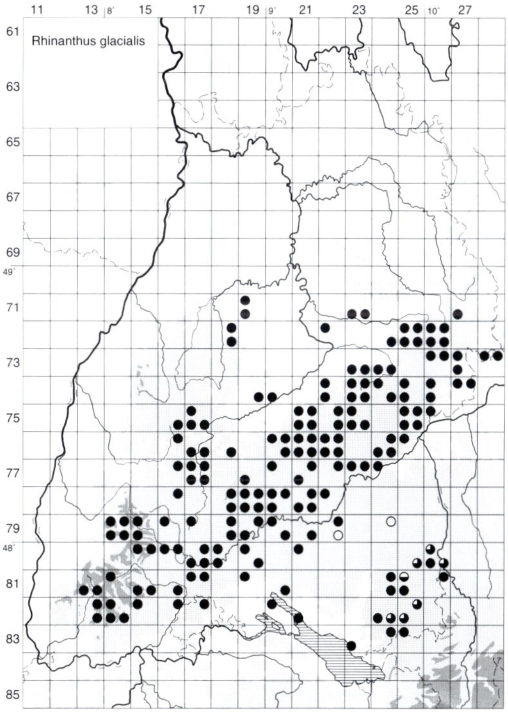

Grannen-Klappertopf *(Rhinanthus glacialis)*
Eningen, 19. 6. 1993

DORFER (1990) unterscheidet zwei Unterarten: subsp. *glacialis*, mit 2–8 mm breiten Blättern, kennzeichnend für kalkarme Standorte des Schwarzwaldes; subsp. *subalpinus* (Sterneck) Rauschert, mit 5–12 mm breiten Blättern, kennzeichnend für Kalkstandorte im Jura. Eine derartige Trennung scheint nicht sinnvoll zu sein.

Allgemeine Verbreitung: Alpen und Alpenvorland, Jurazug bis Schwäbische Alb und Fränkische Schweiz, Vogesen, Schwarzwald, Rhön und Harz.

Verbreitung in Baden-Württemberg: Südlicher und mittlerer Schwarzwald, v. a. auf der Ostseite (Fundortskarte KRETZSCHMAR 1992: 131), Baar, Schwäbische Alb, vereinzelt auch im Neckargebiet: Untere Gäue, Oberer Neckar. – Alpenvorland: V. a. im Westallgäuer Hügelland, Einzelangaben vgl. DÖRR (1978: 228, „nicht häufig").

Oberrheingebiet: Alte Angaben von GMELIN, SCHILDKNECHT, NEUBERGER, so: 7016/2: Turmberg bei Durlach; 7912/1: Kaiserstuhl bei Neunlinden; 8013/1: Schloßberg bei Freiburg; 8411/2: Grenzacher Horn; auch für die Rheinwiesen bei Rust angegeben (7712/1). Diese Vorkommen sind heute kaum vorstellbar, so daß gewisse Zweifel bleiben.

Tiefste Fundstellen ca. 430 m (7119/1: Bühl S Mönsheim) (am Bodensee noch tiefer gelegene Vorkommen?), höchste im Schwarzwald (8114/1: Feldberg, Raimartihof, 1120 m, 7914/2: Brend 1140 m). – Die Pflanze kommt im Gebiet ganz überwiegend an von Natur aus bewaldeten Stellen vor; allenfalls an Steilabbrüchen der Schwäbischen Alb könnten von Natur aus waldfreie Standorte existieren (wo?). Vermutlich ist sie erst mit dem Menschen in das Gebiet eingewandert (Archäophyt); die Heimat wären Rasen der Seslerietalia in den Alpen.

Erstnachweise: Eine erste Erwähnung bei Gmelin (1806: 669–679), „Prope Durlach in Monte Thurnberg cum *Euphrasia lutea* frequens", „Crenzacher Horn", unter *Rhinanthus angustifolia*) bezieht sich nicht eindeutig auf *Rh. glacialis.* Auch frühere Angaben bei BAUHIN (Prodr., 86) als „Crista galli angustifolia montana" und bei MAPPUS (Flora Als.: 232, als *Pedicularis angustifolia montana*", vgl. dazu GMELIN 1806) erlauben keine klare Zuordnung. Sichere Angaben finden sich erst in der Flora von v. MARTENS (1834, unter *Rhinanthus angustifolius*), während die Angaben in den badischen Floren durchweg unsicher sind (NEUBERGER hat aber offensichtlich diese Sippe gekannt, wie nach seinen Fundangaben zu vermuten ist).

Bestand und Bedrohung: Heute kommt *Rhinanthus glacialis* im Gebiet in großen Beständen vor. Die Vorkommen in der Schwäbischen Alb sind kaum bedroht. Eher ist im Schwarzwald eine Gefährdung anzunehmen, da die Pflanzen fast ausschließlich an Wegböschungen und in brachgefallenen Flügelginsterheiden vorkommen. Bleibt hier eine Pflege aus, dürfte die Pflanze im Laufe der Zeit verschwinden; wird die Nutzung intensiviert, verschwindet die Pflanze rasch. Der Rückgang ist sicher stärker als in der Karte erkennbar. Trotzdem gehört sie nicht zu den gefährdeten Arten, zumal *Rhinanthus*-Arten offensichtlich rasch neue Populationen aufbauen können.

4. Rhinanthus minor L. 1756
Kleiner Klappertopf

Morphologie: Pflanze bis 50 cm hoch, meist einfach (selten verzweigt), im oberen Teil zerstreut behaart, sonst kahl. Stengel oft dunkel gestreift. Blätter bis 1,5 cm breit, kerbig gesägt, Zähne ohne Grannenspitze, kahl bzw. am Grund etwas behaart. Kelchblätter kahl, Krone gerade, dunkelgelb, 13–15 mm lang, flaumig behaart, mit offenem Schlund; Zahn der Oberlippe kaum abgesetzt, 0,2–0,7 mm lang. – Blütezeit: Mai–August (September).

Ökologie: Einzelpflanzen oder sehr lockere Gruppen in mageren Wiesen, gern an kalkarmen, doch basenreichen, schwach sauren Stellen, auch kalkreich, basisch stehend. Insgesamt ähnlich wie *Rh. alectorolophus* (und oft auch mit dieser Art zusammen), doch etwas kalkärmere und frischere, oft auch humosere Standorte bevorzugend. – In mageren Ausbildungen von Glatthaferwiesen (Salbei-Glatthaferwiese und ähnliche Ausbildungen), in Pfeifengraswiesen (z. B. im Cirsio tuberosi-Molinietum). In zahlreichen Vegetationsaufnahmen von Wiesen enthalten, wenn auch immer nur in geringer Menge, z. B. GÖRS (1974: 380, 387), LANG (1973), KRETZSCHMAR (1992, Tab. 5).

Allgemeine Verbreitung: Europa, Asien (Westsibirien), eingeschleppt in Nordamerika. In Europa nordwärts bis nördliches Norwegen, Island und südlicher Teil Grönlands, im Süden nur im Mittelmeergebiet und in den südlichen Teilen der Ukraine und Rußlands fehlend. – In Deutschland weit verbreitet.

Verbreitung in Baden-Württemberg: Weit verbreitet, in kalkreichen Gebieten wie auch in kalkarmen Gebieten. Die Karte läßt undeutlich eine gewisse Häufung der Fundpunkte in Gebieten mit Magerrasen erkennen: Odenwald, südlicher und mittlerer Schwarzwald und Schwäbisch-Fränkischer Wald, Schwäbische Alb. Nur in Gebieten mit wenig Grünland seltener oder gebietsweise auch fehlend (z. B. in Teilen des Nordschwarzwaldes). – Tiefste Fundstellen in der Oberrheinebene, ca. 100 m, höchste im Schwarzwald bei 1300 m (8114/1: Seebuck, K. MÜLLER 1948: 336).

Kleiner Klappertopf *(Rhinanthus minor)*
Merdingen

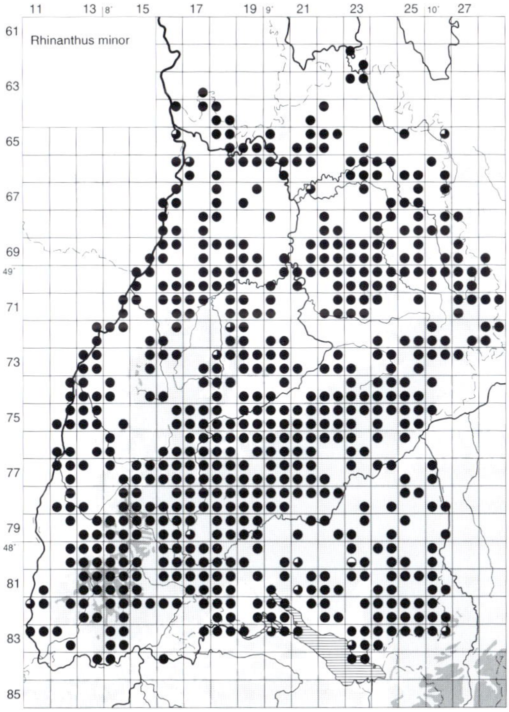

Die Pflanze ist sicher erst mit dem Menschen in das Gebiet eingewandert (Archäophyt).

Erstnachweise: Die ältesten Nachweise reichen in das 40. Jh. v. Chr. zurück (Hochdorf, KÜSTER 1985). H. HARDER hat um 1574–76 die Pflanze in Geislingen – Ulm gesammelt.

Bestand und Bedrohung: Verbreitet, mit der Düngung der Wiesen örtlich zurückgegangen, doch nicht bedroht.

16. **Melampyrum** L. 1753

Wachtelweizen

Pflanzen einjährig, Blätter gegenständig, obere am Grund oft gezähnt. Blüten in endständigen Ähren bzw. Trauben. Kelch vierteilig, Krone zweilippig, Unterlippe mit zwei nach oben gewölbten Höckern (Gaumen). Staubblätter 4, in der Krone eingeschlossen. Frucht eine Kapsel mit 1–4 Samen. Halbschmarotzer (ohne besondere Wirtsbindung). Insektenbestäubung (v. a. Hummeln und andere große Hautflügler).

Gattung mit ca. 30 Arten auf der Nordhalbkugel) (Europa, Asien bis Japan, Nordamerika); nach Flora Europaea werden in Europa 24 Arten (mit zahlreichen Unterarten) unterschieden.

Melampyrum bildet ähnlich wie *Euphrasia* und *Rhinanthus* saisondimorphe Formen aus: Frühsommerpflanzen sind wenig beastet, Herbstformen weisen zahlreiche Seitenäste auf. Dazu kommen montane Sippen mit nur wenigen Ästen und kurzen Internodien.

1 Blüten in allseitswendiger, dichter Ähre 2
– Blüten in einseitswendigen, meist lockeren Ähren 3
2 Blütenähre auffallend vierkantig, dicht, Blüten gelblichweiß, etwas rot überlaufen, Deckblätter rinnig gefalzt, hell . . . . . . 1. *M. cristatum*
– Blütenähre walzlich, nicht vierkantig, ± locker, Deckblätter nicht rinnig gefalzt, purpurrot überlaufen . . . . 2. *M. arvense*
3 Hochblätter blauviolett überlaufen, am Grund herz- bis spießförmig, Kelch wollig behaart . . *M. nemorosum*, S. 347
– Hochblätter grün, Kelch kahl 4
4 Krone 10–20 mm lang, Kelch etwa ¼ bis ⅓ der Krone . . . . 3. *M. pratense*
– Krone 6–10 mm lang, Kelch ½ bis ¾ der Krone . 4. *M. sylvaticum*

1. Melampyrum cristatum L. 1753
Kamm-Wachtelweizen

Morphologie: Pflanze bis 40 cm hoch, Stengel mit kurzen, nach rückwärts gerichteten Haaren. Untere Blätter ganzrandig, obere (v. a. im Blütenstandsbereich) am Rand fein kammartig gezähnt, gefaltet, Ähren dadurch vierkantig. Blütenkrone 12–16 mm lang, bleichgelb, mit dunklem Gaumen. Fruchtkapsel 8 mm lang, mit bis zu 4 Samen, diese 4–5 mm lang. – Blütezeit: Mai–Juli.

Formenreiche Sippe, von der im Gebiet zwei Unterarten unterschieden werden: Subsp. *cristatum*, reich verzweigt, mit bogig aufgerichteten Ästen, 2–3 Blattpaare zwischen oberstem Astpaar und dem Blütenstand. Subsp. *ronnigeri* (Poev.) Ronn., Äste kurz, steil nach oben gerichtet, 1 Blattpaar zwischen oberstem Astpaar und dem Blütenstand. – Subsp. *cristatum* offensichtlich die im Gebiet hauptsächlich vertretene Sippe, subsp. *ronnigeri* nur von wenigen Stellen genannt.

Ökologie: In kleinen Trupps an sonnigen bis lichtreichen, mäßig frischen bis mäßig trockenen, meist kalkreichen, basischen, lehmigen (selten skelettreichen) Stellen, auch auf relativ kalkarmen, doch basenreichen Stellen (z. T. über Buntsandstein), in warmer Klimalage. – In nicht zu hochwüchsigen Staudengesellschaften der Waldränder, zusammen mit *Geranium sanguineum*, z. B. im Geranio-Peucedanetum, auch im Geranio-Trifolietum alpestris, auch in etwas aufgelichteten Waldbeständen des Galio-Carpinetum und des Lithospermo-Quercetum pubescentis. – Vegetationsaufnahmen vgl. SLEUMER (1933: 225), LANG (1973: 380), WITSCHEL (1980), PHILIPPI (1984: 585, 592, 600), in synthetischen Tabellen TH. MÜLLER (1962).

Allgemeine Verbreitung: Europa, Asien (bis Sibirien und Altai). Im Mittelmeergebiet fehlend, südwärts bis Nordost-Spanien, Toskana und Mazedonien, nordwärts im Ostseegebiet bis 61° n. Br., Südnorwegen und Mittelengland. In Deutschland v. a. in den Kalkgebieten Süd- und Mitteldeutschlands, selten im unteren Elbe- und Ostsee-Gebiet. – Schwach kontinentale Art.

Verbreitung in Baden-Württemberg: Oberrheingebiet, v. a. Kaiserstuhl und Vorberge des Schwarzwaldes, selten auch in der nordbadischen Rheinebene (z. T. auf Flugsand). Neckargebiet nördlich Stuttgart (bis Kocher, Jagst und Rems), um Stuttgart selbst ausgestorben. Schönbuch. Schwäbische Alb, v. a. im Gebiet um Ulm. Alpenvorland: Westliches Bodenseegebiet, nach BERTSCH (1933) auch am württembergischen Bodensee-Ufer und an der Donau. Klettgau.

Bodensee-Ufer: Nach Kartei BERTSCH (STU-K) 8322/2: Fischbach, Manzell und Friedrichshafen (bei Manzell und Fischbach von BERTSCH selbst beobachtet), unbestätigt.
Donau: 7725/1: Rißtissen, BERTSCH (STU-K).

Tiefste Fundstellen um 100 m, höchste in der Schwäbischen Alb um 700 m. *Melampyrum cri-*

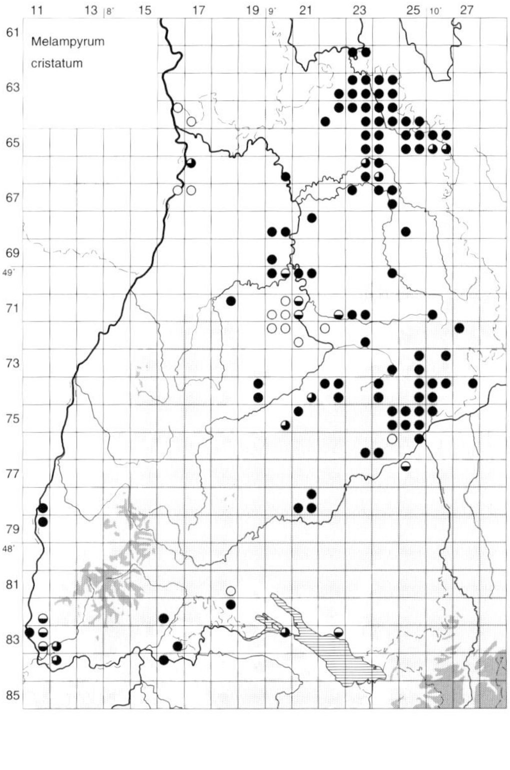

Kamm-Wachtelweizen *(Melampyrum cristatum)*
Crispenhofen, 15. 6. 1995

statum könnte im Gebiet urwüchsig sein; Vorkommen an von Natur aus waldfreien Stellen sind bekannt (wenn auch selten).

Erstnachweis: H. HARDER hat um 1562 die Pflanze in der Umgebung von Geislingen – Ulm gesammelt (ZIMMERMANN 1937).

Bestand und Bedrohung: Reiche Vorkommen sind heute nur noch im Taubertal und um Ulm bekannt; in den meisten anderen Gebieten ist ein mehr oder weniger deutlicher Rückgang zu verzeichnen. Der Grund des Rückganges ist wohl das Zuwachsen der Staudensäume infolge zu geringer Nutzung oder zu starker Beschattung. Insgesamt gefährdete Art (G 3), gebietsweise wie am Oberrhein stark gefährdet. Im Taubergebiet (noch) nicht gefährdet.

2. Melampyrum arvense L. 1753
Acker-Wachtelweizen

Morphologie: Pflanze bis 40 cm hoch, meist stark verzweigt. Stengel mit nach rückwärts gerichteten Haaren. Untere Blätter ganzrandig, obere Blätter, v. a. die des Blütenstandes am Grund mit grannenartigen Zähnen, mindestens die oberen rotviolett überlaufen. Blütenstand verlängert, walzlich; Krone über 16 mm lang, violettrot, im mittleren Teil gelb bis weißgelb. Fruchtkapsel 8–11 mm lang, Samen 5–7 mm lang. – Blütezeit: Juni–August.

Ökologie: Einzelpflanzen oder lockere Trupps an lichtreichen, oft sonnigen Stellen mit kalkhaltigen, basischen, meist skelettreichen, mäßig trockenen Lehmböden. – Am Rand von Getreideäckern in Caucalidion-Gesellschaften, in lückigen Halbtrockenrasen (Gentiano-Koelerietum) oder in wärmeliebenden Staudengesellschaften (Geranion sanguinei), gern an Böschungen oder am Rand von Lesesteinriegeln. – Vegetationsaufnahmen aus Getreidefeldern vgl. KUHN (1937: 39), GÖRS (1966: 464), aus Halbtrockenrasen und Staudensäumen (jeweils in geringer Menge) vgl. PHILIPPI (1984: 546, 558, 587).

Allgemeine Verbreitung: Europa, Asien (Kleinasien bis Westsibirien). In Europa Schwerpunkt des Vorkommens im südlichen Osteuropa, nordwärts im Ostseegebiet vereinzelt bis 60° n. Br., in England nur im Süden und Südosten, im Mittelmeergebiet südwärts bis Katalonien, Mittelitalien und der Balkanhalbinsel. In Deutschland in den Kalkgebieten Süd- und Mitteldeutschlands, in der norddeutschen Tiefebene fehlend.

Verbreitung in Baden-Württemberg: In Gebieten mit scherbigen Kalkböden (v. a. Muschelkalk und Malm) verbreitet und vielfach häufig, so Taubergebiet, Bauland, Hohenlohe, Neckarbekken nördlich Stuttgart, Heckengäu und Oberes Gäu, Oberer Neckar. Schwäbische Alb zerstreut, ebenso Baar, Wutach und Klettgau. Selten im

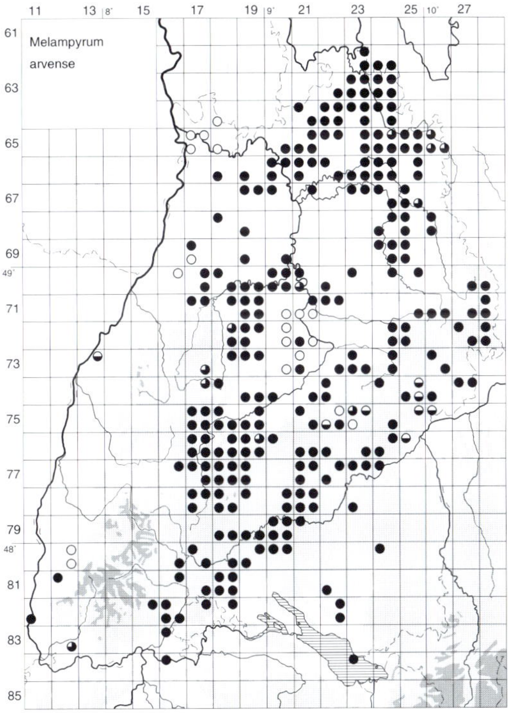

Acker-Wachtelweizen *(Melampyrum arvense)*
Weißach, 9. 6. 1993

Alpenvorland. Oberrheinebene und westlicher Kraichgau sehr vereinzelt. Schwarzwald und Odenwald fehlend.

Tiefste Fundstellen in der Rheinebene, ca. 100 m, höchste in der Schwäbischen Alb ca. 990 m (Bertsch 1948). *Melampyrum arvense* ist mit dem Menschen in das Gebiet eingewandert (Archäophyt).

Erstnachweise: Der älteste Nachweis (mit Vorbehalt) stammt von Hornstaad aus dem 40. Jh. v. Chr. (Rösch 1985). H. Harder sammelte um 1574–76 in der Umgebung von Geislingen – Ulm (Schorler 1908).

Bestand und Bedrohung: In vielen Gegenden Baden-Württembergs ist *Melampyrum arvense* häufig und in reichen Beständen zu finden. Doch ist die Art deutlich zurückgegangen. Der Rückgang ist auf der Karte nur dort ablesbar, wo genauere floristische Angaben vorlagen, so im Heidelberger Gebiet (Beobachtungen von Schmidt 1857), um Stuttgart (Beobachtungen von Kirchner 1888) oder auch um Ulm (Beobachtungen von K. Müller 1957). In vielen anderen Gebieten wird die Pflanze als verbreitet bezeichnet (so z. B. im Freiburger Gebiet oder im westlichen Bodenseegebiet). Der Rückgang ist stärker, als er in der Karte ablesbar ist. Gründe des Rückganges sind Intensivierung der Landwirtschaft (die Pflanze ist aus Getreideäckern weitgehend verschwunden) und das Zuwachsen der Böschungen. In Staudensäumen an von Natur aus waldfreien Stellen fehlt *Melampyrum arvense* weitgehend, in denen der Kulturlandschaft ist die Pflanze offensichtlich auf gelegentliche Störungen angewiesen, wodurch offene Stellen geschaffen werden. Insgesamt ist *Melampyrum arvense* noch keine Art der Roten Liste, gebietsweise wie im Oberrheingebiet, im Neckarraum um Stuttgart oder im Alpenvorland muß sie als gefährdet (bis stark gefährdet) eingestuft werden.

3. Melampyrum pratense L. 1753

Wiesen-Wachtelweizen, Gewöhnlicher Wachtelweizen

Morphologie: Pflanze bis 60 cm hoch. Stengel auf den beiden gegenüberliegenden Seiten behaart. Untere Blätter ganzrandig, mindestens die des Blütenstandes am Grund mit einzelnen Zähnen. Krone 10–20 mm lang, goldgelb bis weißgelb, Kronröhre gegen den Grund mit Haarring. Fruchtkapsel 7–10 mm lang, 4samig, Samen 4–6 mm lang. – Blütezeit: Juni–September.

Formenreiche Sippe, von der zahlreiche Unterarten unterschieden werden. Für Baden-Württemberg werden genannt: Subsp. *pratense*, mit goldgelben Blüten, in Eichen- und Buchen-Eichenwäldern (z. B. Schwarzwald-Westseite, über 800 m fehlend). – Subsp. *commutatum* (Tausch) Britt., mit hellgelben Blüten und lang abstehenden Ästen, in Eichen- und Buchen-Eichenwäldern. – Subsp. *oligocladum* (Beauv.) Soó, Keimblätter zur Blütezeit meist noch vorhanden, Pflanze mit höchstens 2 Seitenästen (diese ohne Blüten), in zwergstrauchreichen Tannen-Fichtenwäldern und in Hochgebirgsheiden. – Subsp. *paludosum* (Gaud.-B.) Ronn., Blüten weißgelb, Blätter unter 2 mm breit, in Moorwäldern des Schwarzwaldes und des Alpenvorlandes. – Vgl. dazu OBERDORFER (1994).

Wiesen-Wachtelweizen *(Melampyrum pratense)*
Kaiserstuhl

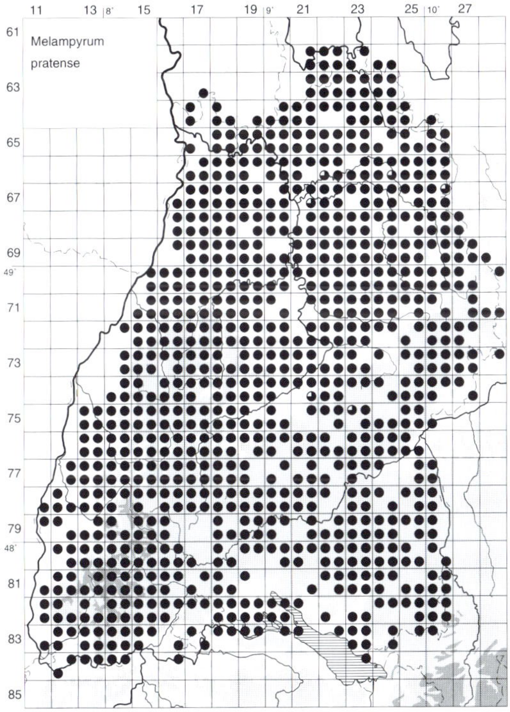

Ökologie: An lichtreichen, kalkarm-sauren, meist mäßig trockenen Stellen mit modrig-humosen Sand- und Lehmböden. Flachwurzler. Gern in lichten Eichen- und Buchen-Eichenbeständen und ihren Waldsäumen, in Nadelholzbeständen mit *Picea abies* und *Abies alba*, in Hochgebirgsheiden mit *Leontodon helveticus*. – Vegetationsaufnahmen aus Laubmischwäldern z. B. OBERDORFER (1957, Melampyro-Fagetum), TH. MÜLLER (1966: 354), aus Nadelwäldern OBERDORFER (1949/50), aus Zwergstrauchheiden des Schwarzwaldes SCHWABE-BRAUN (1980).

Allgemeine Verbreitung: Europa, Asien bis Altai. In Europa dem eigentlichen Mediterrangebiet fehlend, sonst verbreitet, bis Nordeuropa (Nordnorwegen) reichend. In Deutschland weit verbreitet, auch in Kalkgebieten.

Verbreitung in Baden-Württemberg: Verbreitet und meist häufig, nur örtlich in zu kalkreichen Gebieten seltener oder fehlend (z. B. Rheinniederung oder Schwäbische Alb). Lückenhafte Verbreitung im Alpenvorland.

Tiefste Fundstellen bei ca. 100 m, höchste im Schwarzwald ca. 1350 m. Die Pflanze ist wohl urwüchsig.

Erstnachweise: Fossilfunde fehlen. Doch könnte sich der Fund von *M.* „cf. *sylvaticum*" von Hornstaad aus dem 40. Jh. v. Chr. (Rösch 1985) eher auf *M. pratense* als auf *M. sylvaticum* beziehen. *Melampyrum pratense* wurde von H. Harder ca. 1562 in der Umgebung von Geislingen – Ulm gesammelt (Zimmermann 1937).

Bestand und Bedrohung: Im Gebiet reichlich vorhanden und insgesamt nicht bedroht. Eine gewisse Gefährdung könnte bei den Beständen der subsp. *paludosum* anzunehmen sein.

Wald-Wachtelweizen *(Melampyrum sylvaticum)*
Feldberg, 1995

4. Melampyrum sylvaticum L. 1753
Wald-Wachtelweizen

Morphologie: Pflanze bis 25 cm hoch (kleiner als M. pratense), Stengel mit schütteren Haarleisten, auch Hochblätter am Grund ohne Zähne. Kelch so lang oder länger als die Kronröhre, diese innen ohne Haarring, mit offenem Schlund. Blüten meist gelb bis goldgelb; Frucht ca. 10 mm lang, Fruchtkapsel mit 2 Samen, diese 6 mm lang. – Blütezeit: Juni–August.

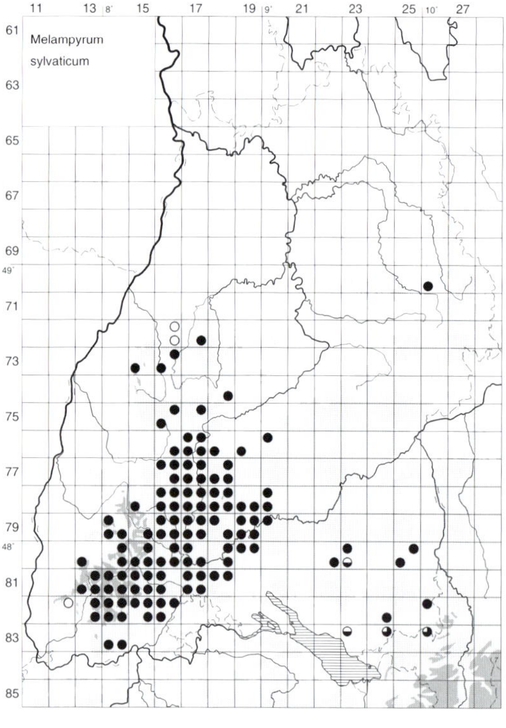

Ökologie: Lockere (bis dichte) Herden an lichtreichen bis mäßig beschatteten, frischen (bis mäßig feuchten), humosen Stellen. Über Kalk an basenreichen, mäßig sauren Standorten, auf kalkarmen Böden an basenarmen, sauren Stellen. Flachwurzler, auf *Picea abies* oder *Vaccinium myrtillus* schmarotzend. Gern in etwas aufgelichteten Nadelholzbeständen, v. a. im Pyrolo-Abietetum und Galio-Abietetum, seltener in echten Fichtenwäldern (Bazzanio-Piceetum), auch gern an Waldsäumen. – Vegetationsaufnahmen vgl. Oberdorfer (1949/50, 1971: 304).

Allgemeine Verbreitung: Mittel- und Nordeuropa (bis Nord-Norwgen), südwärts bis Pyrenäen, Südalpen, Dalmatien und Bulgarien. In Deutschland v. a. in den Gebirgen mit natürlichen Nadelholzvorkommen: Alpen und Alpenvorland, Schwarzwald, Bayerischer Wald bis Fichtelgebirge, Thüringer Wald und Erzgebirge, Harz. Daneben auch in ursprünglichen Laubmischwaldgebieten wie Sauerland, Vogelsberg und Rhön. – Boreal.

Verbreitung in Baden-Württemberg: Schwarzwald, v. a. auf der Ostseite; im Nordschwarzwald nur sehr vereinzelt. Baar und Wutach bis Obere Donau und Oberer Neckar. Vorland der Schwäbischen Alb. Schwäbisch-Fränkischer Wald selten. Alpenvorland vereinzelt.

Südschwarzwald: Fundortskarte für den südöstlichen Teil vgl. REHDER (1964).
Schwäbisch-Fränkischer Wald: 7026/3: Rottal bei Adelsmannfelden, 1973, HARMS, vgl. SEBALD u. SEYBOLD (1982); ältere Angaben von KIRCHNER u. EICHLER (1900) und MÜRDEL (1926): Adelmannsfelden, Herrenwald.
Alpenvorland: Zusammenstellung der Fundorte bei DÖRR (1978); ältere Angaben BERTSCH (1948).

Tiefste Fundorte im Schwäbisch-Fränkischen Wald bei ca. 400 m, höchste am Feldberg, ca. 1470 m, K. MÜLLER (1948: 308). Auf der Westseite des Schwarzwaldes tiefste Fundstelle im St. Wilhelmer Tal, ca. 730 m, in den Tälern des Nordschwarzwaldes (Schönmünzach, 7316/3) ca. 480 m. Nach ISSLER, LOYSON u. WALTER in den Vogesen bis 300 m herabsteigend.

Die Pflanze dürfte in Nadelholzgebieten des Schwarzwaldes und der Baar urwüchsig sein; in anderen Gebieten dürfte sie erst mit der Fichtenkultur eingewandert sein, vielleicht sogar erst in jüngerer Zeit.

Erstnachweise: Sichere Fossilfunde fehlen (vgl. unter *M. pratense*). Die erste Erwähnung der Pflanze findet sich bei GMELIN (1806: 680) nach Beobachtungen im Schwarzwald („in silvis subalpinis seu montosis alteriobus auf dem Kaltenbrunn", weiter Funde vom Belchen und der Sirnitz). G. v. MARTENS (1823: 242) erwähnt die Pflanze erstmals für den württembergischen Landesteil. Ältere Angaben von ROTH v. SCHREKKENSTEIN (1799: 33) sind unsicher.

Bestand und Bedrohung: In reichen Beständen vorkommend und nicht bedroht. Noch in Ausbreitung?

Melampyrum nemorosum L. 1753
Hain-Wachtelweizen

Pflanze bis 40 cm hoch, meist stark verzweigt. Stengel gleichmäßig oder auf beiden gegenüberliegenden Seiten behaart. Blätter aus breitem Grund gleichmäßig zugespitzt, untere ganzrandig, obere (v. a. die des Blütenstandes) stark gesägt, breit dreieckig, blauviolett. Blüten goldgelb, Krone 17–20 mm, Samen 6 mm lang.

Ökologie: An lichtreichen bis schwach beschatteten, mäßig frischen bis mäßig trockenen meist kalkarmen, schwach sauren (seltener an kalkreichen, schwach basischen) Stellen, meist auf Lehmböden. In Staudengesellschaften, zusammen mit *Trifolium medium*, kennzeichnend für das Trifolio-Melampyretum nemorosi (vgl. DIERSCHKE 1974), auch in Hainbuchen-Wäldern (Galio-Carpinetum).

Allgemeine Verbreitung: Osteuropa (bis Ural), südlich der Alpen westwärts bis Spanien, nordwärts im Ostseegebiet bis 62° n. Br. In Mitteleuropa scharfe Westgrenze des Areals, etwa der Linie Dänemark – Hamburg – Weser – mittlerer und oberer Main – Donau folgend.

Im Gebiet aus dem östlichen Schwäbisch-Fränkischen Wald genannt: 6927/3: Ellenberg (bei Ellwangen), ca. 570 m. FRICKHINGER in v. MARTENS u. KEMMLER (1882), SCHNIZLEIN. Benachbart Fundstelle auf MTB 6929/3: Oettinger Forst, ebenfalls auf SCHNIZLEIN zurückgehend. Beide Vorkommen sind isoliert; spätere Bestätigungen fehlen (vgl. SCHÖNFELDER u. BRESINSKY 1990, FISCHER 1982). Nächste Fundstellen bei Würzburg (6125/1) und westlich Windsheim (6427/4). Es ist fraglich, ob *Melampyrum nemorosum* je in Baden-Württemberg vorgekommen ist!

17. **Bartsia** L. 1753
Bartschie

Ausdauernde Halbschmarotzer mit gegenständigen, am Rand gesägten Blättern. Krone meist blau oder violett, mit langer Kronröhre, Oberlippe helmförmig, ungeteilt, länger als Unterlippe, Frucht eine spitze Kapsel, die zweiklappig aufspringt. – Gattung mit ca. 30 Arten, v. a. in den südamerikanischen Gebirgen, wenige Arten in Gebirgen des tropischen Afrikas. In Europa 3 Arten (eine in den Pyrenäen, eine weitere in Portugal).

1. **Bartsia alpina** L. 1753
Alpenhelm, Alpen-Bartschie

Morphologie: Geophyt, bis 25 cm hoch, unverzweigt, unten zerstreut behaart, oben drüsig-zottig, dunkelgrün, oberer Teil wie Blüte tief dunkelviolett. Blätter eiförmig, stumpf gesägt, Tragblätter den Kelch überragend. Kelch vierteilig, 6–8 mm, bei der Fruchtreife bis 10 mm lang. Krone 1,5–2 cm groß, Samen breit eiförmig, 2 mm groß. – Blütezeit: Juni–August.

Ökologie: In lockeren Beständen an lichtreichen, feuchten bis nassen, meist etwas durchsickerten, kalkarmen, doch basenreichen, schwach sauren, oft humosen Stellen, in den Alpen auch an kalkreichen, basischen Standorten. In Flachmoorwiesen zusammen mit *Carex fusca, Trichophorum* *cespitosum* subsp. *austriacum* und *Parnassia palustris* im Bartsio-Caricetum fuscae, auch zusammen mit *Carex frigida* in Sickerfluren und in feuchten Ausbildungen von Borstgrasrasen (Leontodo-Nardetum). – Vegetationsaufnahmen vgl. z. B. BARTSCH (1940), K. MÜLLER (1948) und DIERSSEN (1984).

Allgemeine Verbreitung: Nordhalbkugel, Nordost-Kanada, Grönland, Island, Schottland und nördliches England, Skandinavien, nördliches Sibirien bis zum Jenissei, in Europa weiter: Alpen, Pyrenäen, Massiv Central, Schweizer Jura, Vogesen, Schwarzwald, Riesengebirge, Karpaten, Balkan.

Verbreitung in Baden-Württemberg: Südschwarzwald am Feldberg. Vorkommen in einer Höhe von 900 bis 1450 m.

Am Feldberg reichlich v. a. in den Karmulden (Zastler, hier bis 1050 m herab, Baldenweger Buck und Grüblemulde, 8114/1), bis Hebelhof und Grafenmatte, westwärts unterhalb der St. Wilhelmer Hütte und westlicher Stübenwasen (8113/2), im Bärental bis zur Waldhofwiese (1050 m) und unterhalb des Häuslebauern reichend. Isoliertes Vorkommen: 8014/1: Kar an den Bistenhöfen bei Hinterzarten, 920 m. Angaben nach NEUBERGER (1912), K. MÜLLER (1948); ausführliche Darstellung der Verbreitung: BOGENRIEDER u. WILMANNS (1968, mit genauer Fundortskarte); STEINER u. BUCHWALD (1991, Vorkommen bei den Bistenhöfen). Die Pflanze ist am Feldberg als Eiszeitrelikt anzusehen, nach zahlreichen Vorkommen an von Natur aus bewaldeten Stellen ist sie als „progressives Eiszeitrelikt“ einzustufen.

Vorkommen in Nachbargebieten: Alpenvorland im Benninger Ried bei Memmingen (8027/1, vgl. DÖRR 1978).

Alpenhelm *(Bartsia alpina)*
Feldberg, 1995

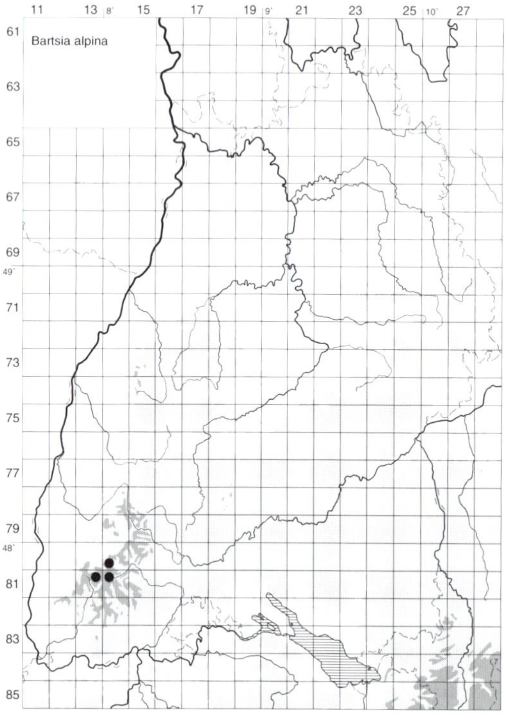

Erstnachweis: Die erste Erwähnung findet sich bei ROTH V. SCHRECKENSTEIN (1798: 108): „um den Feldberg“.

Bestand und Bedrohung: Die Pflanze kommt am Feldberg in reichen Beständen vor und ist hier im Kernbereich nicht bedroht. Pflegemaßnahmen an diesen Stellen sind nicht notwendig; eine Beweidung dieser Standorte verbietet sich wegen der anmoorigen Böden und der zahlreichen weiteren Glazialrelikte. Bei den randlichen Vorkommen im Bärental und Bistenkar ist eine gelegentliche Mahd bzw. sehr extensive (nicht andauernde) Beweidung notwendig, um die Vorkommen zu erhalten.

18. **Euphrasia** L. 1753
Augentrost

Meist einjährige Pflanzen. Mindestens die unteren Blätter gegenständig, breit eiförmig, kürzer als die Internodien, am Rand scharf gesägt. Krone röhrenartig, weiß, selten gelb oder purpurn, zweilippig, mit helmförmiger, zweizipfliger Oberlippe und dreilappiger Unterlippe. Unterlippe mit gelbem Fleck, länger als Oberlippe. Frucht eine abgeflachte, zweiklappig aufspringende Kapsel mit zahlreichen Samen. – Halbschmarotzer, Insektenbestäubung, bei kleinblütigen Arten auch Selbstbestäubung. Gattung mit über 100 Arten, v. a. auf der Nordhalbkugel. Wenige Arten auch in Australien und Neuseeland sowie im südlichen Südamerika. – In Europa nach Flora europaea 46 Arten.

1 Mittlere Stengelblätter 2- bis 5mal so lang wie breit, auf jeder Seite mit 2–3 grannenartigen Zähnen, obere Stengelblätter oft ohne Zähne, Fruchtkapsel kahl . . . . 5. *E. salisburgensis*
– Mittlere Stengelblätter 1- bis 2mal so lang wie breit, Fruchtkapsel meist am Rande behaart . . 2
2 Mittlere und obere Blätter mit Drüsenhaaren 1. *E. rostkoviana*
– Mittlere und obere Blätter ohne Drüsenhaare . 3
3 Rücken der Krone 10–15 mm lang, gegen Ende der Blütezeit verlängert und aus dem Kelch ragend, Pflanze büschelig verzweigt 2. *E. kerneri*
– Rücken der Krone 4–10 mm lang, beim Ende der Blütezeit nicht verlängert 4
4 Krone 7–10 mm lang, Zähne der mittleren Blätter z. T. begrannt 5
– Krone 4–7 mm lang, Zähne der mittleren Blätter nicht begrannt 6
5 Kelch und z. T. auch Blätter borstlich behaart, Fruchtkapsel 3- bis 5mal so lang wie breit . . . *E. pectinata*, S. 353
– Kelch kahl, Fruchtkapsel 2- bis 3mal so lang wie breit . . . . 3. *E. stricta*
6 Stengel ästig, Blätter kahl oder wenig kurzborstig, Blüten weißlich bis blaßviolett . . . . 4. *E. nemorosa*
– Stengel meist unverzweigt, Blätter am Rande oder unterseits borstig behaart, Krone 5–7 mm lang, mit gelber Unterlippe *E. minima*, S. 353

1. **Euphrasia rostkoviana** Hayne 1825
Euphrasia officinalis L. 1753 s. l.
Gewöhnlicher Augentrost

Morphologie: Pflanze bis 30 cm hoch, dunkelgrün, stark verzweigt, ± borstig behaart, v. a. im oberen Teil auch drüsig. Blätter grob gezähnt, beiderseits mit 3–6 spitzen, nicht grannenartigen Zähnen. Krone 7–14 mm lang, weiß, mit gelber Kronröhre und gelber Unterlippe, violett geadert. Frucht 4–6,5 mm lang, Fruchtkapsel kürzer als der Kelch, Samen 1,4–1,7 mm groß. – Blütezeit: Juni–September.

Ökologie: Einzelne Pflanzen oft in lockeren Herden an frischen bis mäßig-trockenen, meist kalkarmen, doch basenreichen, seltener kalkhaltigen, basischen, mäßig nährstoffreichen Lehmböden. In mageren Ausbildungen von Wirtschaftswiesen wie Arrhenatheretum oder Molinietum, bezeichnende Herbstaspekte nach der Mahd bildend, auch in Halbtrockenrasen u. a., gern an Böschungen. – In zahlreichen Vegetationsaufnahmen enthalten, jeweils in geringer Menge und Stetigkeit, so z. B. GÖRS (1974: 380, Molinietum), LANG (1973), SEBALD (1983, Tab. 12), SCHWABE-BRAUN (1980, Tab. I a), GRÜTTNER (1987).

Allgemeine Verbreitung: In Europa in den temperaten Gebirgen weit verbreitet, nordwärts bis England und Irland, im Ostseegebiet vereinzelt bis 63° n. Br., südwärts bis Pyrenäen, Mittelitalien, Rumänien und Bulgarien.

Verbreitung in Baden-Württemberg: In Gebieten mit mageren Wiesen verbreitet, so v. a. Schwarzwald, Odenwald, Keuper-Lias-Gebiete wie Schwäbisch-Fränkischer Wald und Schönbuch. Schwäbische Alb bis Oberer Neckar und Baar.

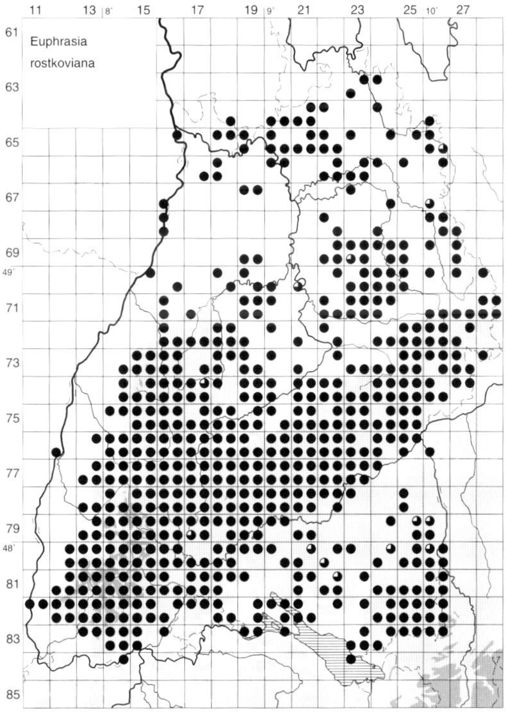

Gewöhnlicher Augentrost *(Euphrasia rostkoviana)*
Hondingen, 29. 8. 1993

Zerstreut im Alpenvorland (v.a. Westallgäuer Hügelland). Sehr zerstreut im Taubergebiet und in Hohenlohe, selten in der Oberrheinebene und im Kraichgau.

Tiefste Fundstellen in der Rheinebene, ca. 100 m, höchste im Schwarzwald, bei ca. 1280 m (SCHWABE-BRAUN 1980, Tab. I a, wohl auch noch höher anzutreffen). Die Pflanze ist im Gebiet an Wirtschaftswiesen gebunden und somit wohl als Archäophyt anzusehen.

Erstnachweis: Ein Fossilfund von *Euphrasia* spec. von Murrhardt (3. Jh. n. Chr.) könnte sich auf *E. rostkoviana* beziehen (SCHLUMBAUM, unpubl.). H. HARDER hat um 1574–76 die Pflanze in der Umgebung von Geislingen – Ulm gesammelt (SCHORLER 1908).

Bestand und Bedrohung: Die Pflanze kommt in reichen Beständen vor, ist als Magerzeiger im Gebiet sicher im Rückgang, doch noch in keiner Weise bedroht. Zum Rückgang hat auch das Brachfallen der Wiesen beigetragen. Als einjährige Art vermag *Euphrasia rostkoviana* offensichtlich neu geschaffene Wuchsorte rasch besiedeln zu können, wodurch ein örtlicher Rückgang oft ausgeglichen werden kann.

Variabilität: Frühsommerformen von *E. rostkoviana* wurden als *E. rostkoviana* subsp. *montana* (Jord.) Wettst. aufgeführt; vgl. dazu BAUMANN (1911), BERTSCH (1933) und DÖRR (1978). Sie unterscheiden sich von der typischen Sippe durch einfache Stengel oder solche mit nur 1–2 Astpaaren. Derartige Formen werden aus dem Schwarzwald (Schramberg) und von den Seeriedern am Bodensee (Untersee) und aus dem Westallgäuer Hügelland angegeben.

2. Euphrasia kerneri Wettst. 1893

Euphrasia picta Wimm. subsp. *kerneri* (Wettst.) Yeo 1971
Großblütiger Augentrost

Morphologie: Pflanze bis 30 cm hoch, vom Grund an stark beastet, so daß die Pflanze ein buschiges Aussehen hat, drüsenlos; obere Blätter mit stachelspitzigen Zähnen. Krone 10–15 mm lang.

Ökologie: Auf feuchten, periodisch auch überfluteten, kalkreichen, basischen, mäßig humosen und höchstens mäßig nährstoffreichen Standorten, in Pfeifengraswiesen (Molinion-Verband). Da Vegetationsaufnahmen fehlen, lassen sich keine genaueren Angaben machen.

Allgemeine Verbreitung: Alpen (westwärts bis Berner Oberland), Alpenvorland.

Verbreitung in Baden-Württemberg: Bodensee-Gebiet, hier am Untersee an zahlreichen Stellen beobachtet (BAUMANN 1911: 432), ca. 400 m. Wuchsorte waren „trockenere Stellen der Seerieder". Die Pflanzen wurden der var. *turfosa* Vollm. zugerechnet. Donauried um Ulm, ca. 450 m, K. MÜLLER (1957).

8220/3: Mettnau; 8320/2: Wollmatinger Ried mehrfach gegen die Reichenauer Straße, Felblirain, Diechselrain usw.; „überall in Menge", BAUMANN.

7526/2: Langenau, an den Fischerhöfen, „sehr selten und spärlich unter *Eu. rostkoviana*"; benachbart (wohl) auf bayerischem Gebiet: 7527/1: Nau bei Riedheim, an beiden Stellen auch in Bastarden mit *Eu. rostkoviana* (*Eu.* × *rechingeri* Wettst.); Angaben nach K. MÜLLER (1957).

Die Pflanze wurde erstmals von E. WILCZEK im „Wollmatinger Ried vis-a-vis Gottlieben" 1890 gesammelt und von WETTSTEIN als *E. kerneri* bestimmt. – Neuere Bestätigungen aus Baden-Württemberg fehlen. Während bei Ulm *Euphrasia kerneri* auch früher schon sehr selten war, wurde sie am Bodensee offensichtlich in größerer Menge beobachtet. Hier wäre am ehesten an einen erneuten Nachweis zu denken!

3. Euphrasia stricta D. Wolff ex Lehm. 1809

Steifer Augentrost

Morphologie: Bis 30 cm hoch, von Grund auf stark verzweigt, oft braunviolett überlaufen, ohne oder mit nur sehr kurzen Drüsenhaaren. Blätter kahl, oberseits etwas glänzend, mit bis zu 6 spitzen, oft kurz begrannten Zähnen. Krone 7,5–10 mm lang, hellviolett bis weiß, Fruchtkapsel 5–8 mm lang, so lang oder fast länger als der Kelch, Samen 1,1–1,5 mm lang. – Blütezeit: Juli–September.

Ökologie: Ähnlich *E. rostkoviana*, doch kalkreiche Stellen meidend, v.a. in Magerrasen kalkarmer Böden (Violion caninae-, Nardion-Verband), gern an Böschungen und Straßen- und Wegrändern. – Nur selten in Vegetationsaufnahmen enthalten: GRÜTTNER (1987: 174).

Allgemeine Verbreitung: Europa, Asien (Sibirien). In Europa im mittleren und südlichen Teil, nordwärts bis 66° n. Br., in Deutschland weit verbreitet.

Verbreitung in Baden-Württemberg: In Gebieten mit Magerrasen zerstreut, so im Odenwald, Schwarzwald, Schwäbisch-Fränkischer Wald, Schwäbische Alb bis Oberer Neckar und Baar, vereinzelt Alpenvorland, selten im Oberrheingebiet. Überall deutlich seltener als *E. rostkoviana*. Viele Vorkommenslücken v.a. im Schwarzwald dürften sich bei entsprechender Nachsuche schließen lassen!

Tiefste Fundstellen ca. 100 m, höchste im Südschwarzwald ca. 1400 m (Feldberg, K. MÜLLER 1948: 328, als *E. nemorosa*). Die Pflanze kommt nur an von Natur aus bewaldeten Stellen vor und ist so als Archäophyt einzustufen.

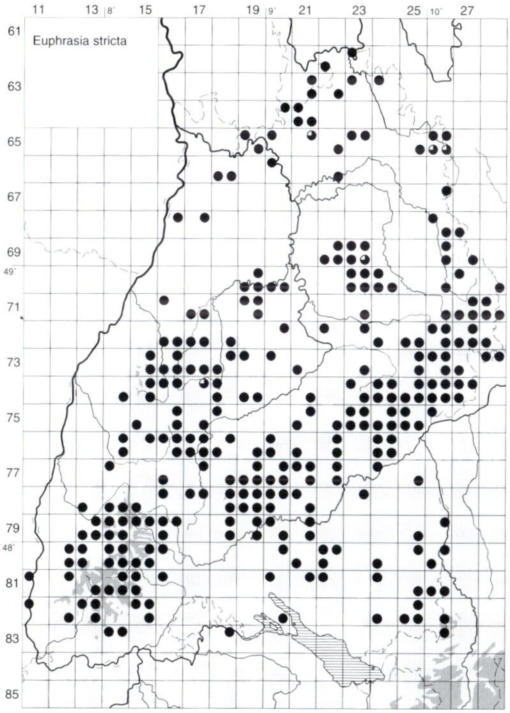

Steifer Augentrost *(Euphrasia stricta)*

Erstnachweise: Die ersten Erwähnungen finden sich bei KIRCHNER u. EICHLER (1900: 345) für Württemberg und bei SEUBERT u. KLEIN (1905: 348) für Baden.

Bestand und Bedrohung: Die Pflanze kommt in reichen Beständen vor und ist sicher nicht bedroht, zumal viele Vorkommen nicht in den Magerrasen selbst, sondern an Wegrändern zu finden sind.

4. Euphrasia nemorosa (Perss.) Wallr. 1815
Hain-Augentrost

Morphologie: Bis 25 cm hoch, ähnlich *E. stricta*, unterschieden durch die Zähne der mittleren Stengelblätter, die kaum begrannt sind. Kelch 3–5 m lang, bei der Fruchtreife 5–6 mm, Krone 5–6 mm lang. – Blütezeit: Juli–September.

Ökologie: Ähnlich wie *E. stricta* in Magerrasen auf kalkarmen Böden, gern an Wegrändern, offensichtlich stärker als *E. stricta* an kalkarme Stellen gebunden. – Vegetationsaufnahmen mit *Euphrasia nemorosa* fehlen offensichtlich aus Baden-Württemberg.

Allgemeine Verbreitung: Westliches Europa von Irland und England ostwärts bis Rußland, südwärts bis Frankreich und bis zu den Alpen, nordwärts im Ostseegebiet bis 64° n. Br. In Deutschland nach HAEUPLER u. SCHÖNFELDER (1989) zerstreut.

Verbreitung in Baden-Württemberg: Angaben liegen aus dem Schwarzwald, aus der Schwäbischen Alb und aus dem Alpenvorland vor. K. u. F. BERTSCH (1937) nennen die Pflanze für das Illertal aufwärts bis Aitrach. Sicher oft übersehen. Von einer Karte wurde abgesehen, da kaum jüngere Beobachtungen vorliegen.

Schwarzwald: 8015/3: Hölzlebruck bei Neustadt, *Genista sagittalis*-Gesellschaft, (ca. 850–900 m), 1948, OBERDORFER (1951: 190), rev. SLEUMER.
Schwäbische Alb: Um Ulm, „wahrscheinlich verbreitet", für feuchte Waldwege, Weiden und Wegränder, angegeben und als azidophytisch bezeichnet, K. MÜLLER (1957: 176): 7425/4: Luizhausen, Sinabronn, 7524/2: Asch; 7524/4: Blaubeuren; 7525/2: Dornstadt, Beimerstetten, Tomerdingen; 7624/4: Altheim a. A., 7625/2: Weidach; 7726/1: Illerrieden. RAUNEKER (1984) konnte mehrere Vorkommen bestätigen.
Alpenvorland: Nach DÖRR (1978: 224) an folgenden Stellen beobachtet: 8023/3: Ebenweiler, K. MÜLLER, 1977, DÖRR; 8326/1: Großholzleute, Hengelesweiher, BAUR; 8326/2: Adelegg südlich Dürrenbach, BAUR.

Bestand und Bedrohung: Hierüber lassen sich z. Z. keine Angaben machen!
Variabilität: Übergangsformen von *E. nemorosa* und *E. stricta* wurden von K. und F. BERTSCH (1937) als *E. petrii* Sagorski erwähnt (8026: Illertal bei Aitrach, rev. GERSTLAUER).

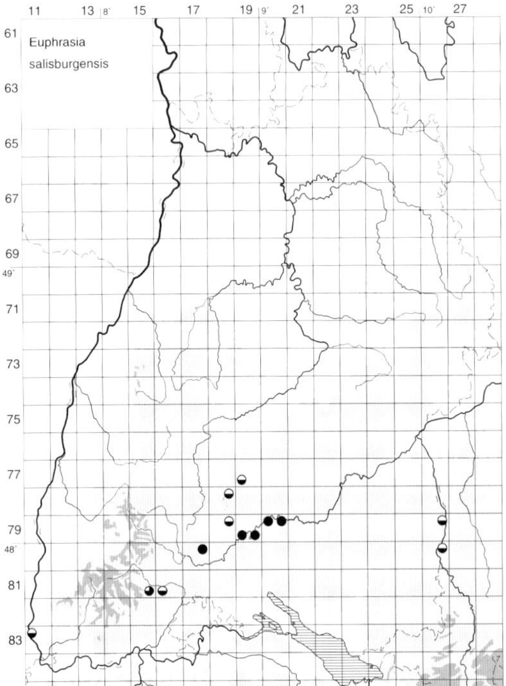

5. Euphrasia salisburgensis Funck ex Hoppe 1794
Salzburger Augentrost

Morphologie: Bis 20 cm hoch, am Grund beastet, ohne Drüsenhaare, Blätter verlängert-eilänglich, am Grund bis 5 mm breit, die oberen Blätter verlängert-eilänglich, am Grund bis 5 mm breit, die oberen beidseitig mit 2–5 begrannten Zähnen. Kelch 4–6 mm lang, Krone 5–7,5 mm lang, mit weißer Unterlippe und meist hellblauer Oberlippe. Frucht 2,5- bis 4mal solang wie breit, 3–7 mm lang, kahl. – Blütezeit: Juli–September.
Ökologie: An trockenen bis mäßig trockenen, kalkhaltigen, basischen Böden, gern auf Kalkrohböden, zusammen mit *Sesleria albicans* in lückigen Rasen. – Vegetationsaufnahmen aus Baden-Württemberg liegen nicht vor.
Allgemeine Verbreitung: Süd- bis mitteleuropäische Gebirge, Kleinasien, Kreta. In Europa neben Vorkommen in Irland und Gotland v. a. Alpen und Jurazug, südwärts bis nordspanische Gebirge, Apennin und Balkanhalbinsel.
Verbreitung in Baden-Württemberg: Schwäbische Alb, wenige Fundstellen auch im Oberrheingebiet (Istein), in der Baar und an der Iller.

Oberrheingebiet: 8311/1: Hardberg südlich Istein, 1926 von BRAUN-BLANQUET und W. KOCH entdeckt, der var. *cuspidatissima* (Saint-Lager) zugerechnet; vgl. BRAUN-BLANQUET u. KOCH (1928). Fundstelle durch Steinburch zerstört. – Vgl. linksrheinisches Vorkommen bei Osenbach unweit Rufach und im Sundgau bei Illfurt und Tagolsheim, ISSLER (1937).
Schwäbische Alb: V. a. im Donautal an zahlreichen Stellen beobachtet, v. a. um Fridingen – Beuron – Gutenstein (7919/3+4, 7920/1+2), hier erstmals von 1910 von BERTSCH beobachtet (BERTSCH 1911). In übrigen Teilen der Schwäbischen Alb im Balinger Gebiet: 7818/2: Oberhohenberg, BERTSCH (1911), Deilingen; 7719/3: Reichenbach; 7918/2: Böttingen, Kreuzenberg; Daten nach KIRCHNER u. EICHLER (1913) und MAYER (1950); neuere Beobachtungen an diesen Stellen fehlen. 8017/2: Amtenhauser Tal, an der Heusteige, *Carex sempervirens*-Rasen, 790–820 m, 1988, WITSCHEL (KR-K).
Baar: 8115/4: Bonndorf, am Galgenbuck, ISSLER (1937), noch 1957 vorhanden, LANG (KR-K); 8116/3: Bonndorf, am Lindenberg, ISSLER (1937). Beide Vorkommen sind offensichtlich erloschen.
Iller-Gebiet: 7926/2: Kirchdorf, Oberopfingen; 8026/2: Mooshausen, vgl. BERTSCH (1911, 1933). Hier handelt es sich nach den Belegen in STU um eine sehr breitblättrige Form (Grannenspitzen sind stark ausgeprägt). Jüngere Bestätigungen fehlen.

Tiefste Fundstellen bei Istein, ca. 320 m, höchste in der Schwäbischen Alb (7918/2: Böttingen) und in der Baar (8116/3: Lindenbuck), ca. 900 m. Die Fundstellen an der Iller liegen in einer Höhe von

Salzburger Augentrost (*Euphrasia salisburgensis*)
Gutenstein, 24. 7. 1993

ca. 590 m, die im Donautal bei ca. 650 m. – Die Pflanze ist wohl einheimisch; die Vorkommen können als Glazialrelikte gedeutet werden.

Erstnachweise: Die erste Erwähnung findet sich bei ROTH VON SCHRECKENSTEIN (1798: 109): „um Imendingen". Diese Angabe erscheint (wie viele alte *Euphrasia*-Angaben) etwas unsicher, zumal die Art erst vier Jahre früher beschrieben wurde. Durch den neuen Fund im Gebiet von Immendingen von M. WITSCHEL gewinnt sie an Wahrscheinlichkeit! In späterer Zeit wird die Art erst wieder von BERTSCH (1911) und KIRCHNER u. EICHLER (1913) aufgeführt.

Bestand und Bedrohung: *Euphrasia salisburgensis* kam im Gebiet offensichtlich immer in kleinen Beständen vor (BERTSCH 1911) und war anscheinend immer selten. Nach Aussage der Karte ist die Pflanze stark zurückgegangen. Grund des Rückganges könnte in erster Linie das Fehlen offener Stellen sein (Zuwachsen der Wuchsorte infolge mangelnder Pflege oder einer Eutrophierung). Gefährdungsstufe 2 (stark gefährdet).

Euphrasia minima Jacq. ex DC. 1805
Zwerg-Augentrost

Kleine bis 10 cm hohe Pflanze, meist unverzweigt. Krone 5–7 mm lang, gelbe Unterlippe und bläuliche oder rötliche Oberlippe. – Pflanze der Magerrasen über kalkarmem Grund der alpinen Stufe (Alpen und andere höhere Gebirge Europas, Skandinavien). – Aus dem Schwarzwald vom Feldbergerhof (1350 m) angegeben (BARTSCH 1940: 53), wohl Fehlbestimmung. – Benachbart in den Vogesen am Batteriekopf im Hohneck-Gebiet, durch Saatgut eingeschleppt.

Euphrasia pectinata Tenore 1811
Kamm-Augentrost

Art aus der Verwandtschaft von *Euphrasia stricta*, unterschieden durch 5–7 mm lange Fruchtkapsel, die 3- bis 5mal so lang wie breit und fast so lang wie der Kelch ist; Pflanze ohne Violettfärbung. – Pflanze des südlichen Europas, nordwärts zum Rhonegebiet (Dép. Ain, Wallis), Tessin und Niederösterreich. Aus dem Kaiserstuhl angegeben (OBERDORFER 1949: 331, ohne nähere Angabe, Belege sind nicht bekannt). Die Angabe für das Elsaß (Rodern, Hochvogesen) geht auf E. L. KRAUSE zurück. ISSLER rechnet die Pflanzen eher zu *E. stricta* (vgl. ISSLER, LOYSON u. WALTER 1966). Somit sind die Angaben der Pflanze für das Oberrheingebiet überaus fraglich!

19. **Odontites** Ludwig
Zahntrost

Einjährige Halbparasiten, ähnlich *Euphrasia*, doch Blätter länger (meist 1,5–5 cm lang) und schmäler. Blüten einseitswendig, Oberlippe länger als die Unterlippe, Staubblätter aus der Blüte herausragend. Gattung mit ca. 20 Arten in Europa und Asien, v. a. im mediterranen Gebieten. Nach Flora europaea in Europa 15 Arten: die taxonomische Bewertung einzelner Sippen bei den einzelnen Autoren abweichend.

1 Blüten gelb, Krone an den Rändern locker behaart . . . . 1. *O. luteus*
– Blüten rötlich bis trübpurpur, filzig behaart
2 Stengel reichverzweigt, Äste in Winkeln größer als 30° vom Stengel abgehend, Hochblätter kürzer als Blüten . . . . 2. *O. vulgaris*
– Stengel nur mit kurzen, aufrecht abstehenden Ästen in der oberen Hälfte, Hochblätter länger als Blüten . . . . 3 *O. vernus*

1. **Odontites luteus** (L.) Clairv. 1811
Euphrasia lutea L. 1753, *Orthantha lutea* (L.) A. Kerner ex Wettstein 1896
Gelber Zahntrost

Morphologie: Therophyt, bis 50 cm hoch, oft rotviolett überlaufen, v. a. im oberen Teil mit langen (meist unverzweigten) Seitenästen. Pflanze mit zurückgebogenen Haaren, nicht drüsig. Blätter lineal-lanzettlich, untere während der Blütezeit abgefallen, meist 10–25 mm lang, im unteren Teil kreuz-gegenständig, im Blütenstandsbereich wechselständig. Krone bis 7 mm lang, goldgelb, Samen 1,3–1,6 mm lang. – Blütezeit: Juli–September.

Ökologie: Lockere Herden an sonnigen, trockenen, kalkreichen basischen Stellen, auf scherbi-

Gelber Zahntrost *(Odontites luteus)*
Spitzberg bei Tübingen, 25. 8. 1993

gen Kalkverwitterungsböden wie auf Lockermaterial (Löss, kalkhaltige Sande). – In lückigen Halbtrockenrasen, seltener auch in echten Trokkenrasen, an leicht ruderalisierten Stellen von Böschungen, in Sandrasen. – Im Gebiet v.a. im Gentiano-Koelerietum, seltener im Mesobrometum, auf Sand im Jurineo-Koelerietum glaucae. Vegetationsaufnahmen mit *Odontites luteus*: im Mesobrometum OBERDORFER (1936), HÖLZER (1978), im Gentiano-Koelerietum: PHILIPPI (1984: 556), im Jurineo-Koelerietum: VOLK (1937), PHILIPPI (1971: 90).

Allgemeine Verbreitung: Mediterrangebiet bis Nordafrika und Kaukasus. In Europa nordwärts bis zum nördlichen Harzvorland (erloschen) und Odergebiet. Schwerpunkt des Vorkommens in Deutschland in den Kalkgebieten Süddeutschlands, doch Vorkommen vielfach erloschen.

Verbreitung in Baden-Württemberg: Oberrheingebiet, Tauber-Gebiet, selten auch Kocher-Jagst-Gebiet. Neckarbecken nördlich Stuttgart und Obere Gäue, Keuper-Lias-Neckarland: Stromberg, Schönbuch. Selten in der Schwäbischen Alb (bis Ries). Alpenvorland: Westliches Bodensee-Gebiet.

Oberrheingebiet: Flugsandgebiete der nördlichen Oberrheinebene um Schwetzingen früher vielfach (vgl. die Zusammenstellung der Fundstellen von SCHMIDT (1857)), heute nur noch 6617/4: Dünen bei Sandhausen, reichlich. Vereinzelt am Abfall des Hochgestades: 6617/3: Ö Altlußheim, PHILIPPI (1971), wohl erloschen, 6716/4: Ö Philippsburg, ob noch?; 6916/1: S Leopoldshafen, auf kleiner Fläche noch immer reichlich.
Bergstraße: 6417/2: Sulzbach bei Weinheim, BUTTLER u. STIEGLITZ (1976); 1987, DEMUTH (KR-K). Rand des Kraichgaus früher mehrfach um Wiesloch und Karlsruhe, heute nur noch 6818/1: Zeutern, DEMUTH (KR-K); 6917/1: Untergrombach, Kaiserberg 6917/3: N Grötzingen, zuletzt 1952 (OBERDORFER, KR-K). Schwarzwaldvorberge zwischen Kuppenheim bei Rastatt und Offenburg mehrere (nicht genau lokalisierbare) Fundortsangaben, vgl. DÖLL (1859). – Kaiserstuhl und südbadische Vorbergzone: Zahlreiche Fundmeldungen, v.a. aus dem Markgräflerland. Letzte Beobachtungen: 7911/2: Kreuzbuck bei Ihringen, 1921, JAUCH (KR); 8012/2: Schönberg N Ebringen, 1952, PHILIPPI (KR-K).
Taubergebiet: Auf Muschelkalk vielfach, v.a. um Werbach und Hochhausen, meist in reichen bis sehr reichen Beständen; Fundortskarte vgl. PHILIPPI (1984: 555); isolierte Vorkommen 6422/2, 6422/3; o.O.; SCHÖLCH
Kocher-Jagst-Gebiet: Mehrere ältere Angaben, z.B. 6623/4: Ingelfingen, 6721/3: Jagstfeld. Jüngere Beobachtung: 6624/1: Dörzbach, Rengerstal, in einem kleinen Bestand, 1979–81, NEBEL (STU-K).
Stromberg-Gebiet: 6913/3: Diefenbach, spärlich, 1983, SEITZ (KR-K), reichlich am Spiegel bei Schützingen, 1983, SEITZ (KR-K). Alte Angaben von Knittlingen (6918/4).
Neckargebiet nördlich Stuttgart: Früher an zahlreichen Stellen beobachtet, vgl. KIRCHNER (1888), SEYBOLD (1968), doch nur an wenigen Stellen in jüngerer Zeit bestätigt: z.B. 7221/2: Kappelberg bei Fellbach; 7020/2: Besigheim.
Schönbuch und Obere Gäu: Noch an zahlreichen Stellen auf Muschelkalk wie auf Keuper, Verbreitungskarte vgl. BAUMANN (1990: 154).

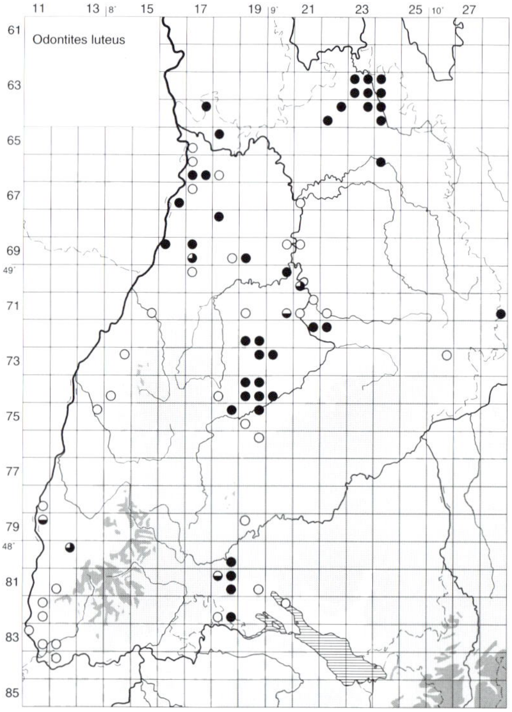

Schwäbische Alb: Nur an wenigen Stellen beobachtet, so 7327/1: Heidenheim; 7919/1: Lipbachtal bei Mühlheim, seit langem unbestätigt. Beobachtung im Grenzgebiet zum Ries: 7128/4: Riegelberg bei Utzmemmingen, 1989, VOGGESBERGER (STU-K).
Bodensee-Gebiet: Zu alten Angaben vgl. JACK (1900), BARTSCH (1924), ferner im Grenzgebiet zur Schwäbischen Alb: REBHOLZ (1928), heute noch an mehreren Stellen, z.T. zahlreich, bis 8018/4: Biesendorf, Ob. Mühletal, HENN (STU-K).

Tiefste Fundstellen in der Oberrheinebene, ca. 100 m, höchste in der Schwäbischen Alb und ihren Randgebieten: 7919: Lipbachtal, ca. 700 m, 8118: Umgebung von Zimmerholz, ca. 640 m. – Die Pflanze könnte theoretisch im Gebiet urwüchsig sein. Doch spricht der starke Rückgang infolge Zuwachsens und das seltene Vorkommen an von Natur aus waldfreien Stellen eher für eine Einwanderung im Gefolge des Menschen (Archäophyt).

Erstnachweis: Die erste Erwähnung der Pflanze findet sich bei LEOPOLD (1728: 127–128): „wird um Türkheim gefunden" (Gebiet um Ulm).

Bestand und Gefährdung: *Odontites luteus* ist im Gebiet stark zurückgegangen, so v.a. im südbadischen Oberrheingebiet (hier hat der Rückgang bereits vor 1900 eingesetzt; die meisten Vorkommen wurden nach 1900 nicht mehr bestätigt). Ursachen des Rückganges dürften Intensivierung der Nutzung (Erweiterung der Rebflächen) wie Extensivierung der Nutzung sein (Umwandlung der Halbtrockenrasen in Staudenfluren oder deren Verbuschung). Die Pflanze ist als einjährige Art auf offene Stellen angewiesen und reagiert auf Störungen durch den Menschen positiv. Auf längere Zeit gesehen dürfte sich die Art im Gebiet nur dann halten lassen, wenn immer wieder durch Pflegemaßnahmen offene Stellen geschaffen werden. – Reiche Bestände, die wenig bedroht sind, finden sich im Taubergebiet, z.T. auch am Rand des Stromberges.
Gesamtgefährdung in Baden-Württemberg: Gefährdet (mit Tendenz zu Stark gefährdet), Oberrheingebiet und westliches Bodenseegebiet: Stark gefährdet.

2. Odontites vulgaris Moench 1794

O. ruber Gilib. 1781, nom. ill., *O. serotinus* Dum., *O. vernus* (Bell.) Dum. subsp. *serotinus* (Dum.) Corb. 1894, *Euphrasia serotina, E. rubra*
Später Zahntrost

Morphologie: Therophyt, bis 50 cm hoch, Pflanze von Grund an beastet, Äste im Winkel größer als 30° abgehend. Pflanze kurz behaart, Stengel und Blätter (v.a. im oberen Teil) rotbraun überlaufen, Blätter eiförmig-lanzettlich, am Rand undeutlich gesägt. Blüten länger als die Hochblätter, Krone fleischrot, 8–12 mm lang, Frucht 5–6 mm lang, so lang wie der Kelch. – Blütezeit: Juli–September.

Ökologie: Kleine Trupps an frischen, zeitweise überschwemmten und anschließend stark austrocknenden, mäßig nährstoffreichen, kalkhaltigen, basischen Lehm- und Tonböden, gern an durch Tritt verdichteten Stellen. V.a. an Wegrändern, seltener in Flutrasen oder Intensivweiden, Verbandskennart des Cynosurion. – Vegetationsaufnahmen vgl. GÖRS u. MÜLLER (1974: 268) und MÜLLER (1974: 299).

Allgemeine Verbreitung: Europa, Asien (bis Zentralasien), eingeschleppt in Nordamerika. In Europa weit verbreitet, im Ostseegebiet nordwärts bis 62° n.Br. (Einzelfunde bis 65° n.Br.).

Verbreitung in Baden-Württemberg: V.a. in Kalkgebieten verbreitet, so Kraichgau, Bauland, Nekkarbecken nördlich Stuttgart und Hohenlohe. Schwäbische Alb bis Oberer Neckar und Baar, nur auf der Hochfläche der Schwäbischen Alb seltener und gebietsweise fehlend. Alpenvorland zerstreut, v.a. im Bodenseegebiet, im Bereich der Südöstlichen Rißmoräne und des nördlichen

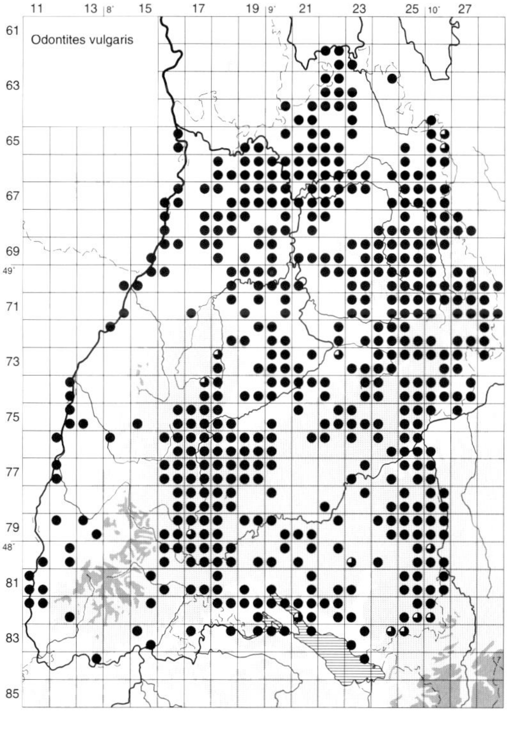

Später Zahntrost *(Odontites vulgaris)*
Böblinger Panzerplatz, 15. 9. 1993

Oberschwabens etwas häufiger. Keuper-Lias-Neckarland zerstreut. Oberrheingebiet v. a. in der Rheinniederung. Schwarzwald und Odenwald (weitgehend) fehlend.

Tiefste Fundstellen in der Oberrheinebene, ca. 100 m, höchste in der Baar und im Ostschwarzwald ca. 900 m (7916/3: Herzogenweiler). Die Pflanze ist wohl erst mit dem Menschen in das Gebiet eingewandert (Archäophyt).

Erstnachweise: Der älteste Nachweis (von *Odontites ruber* agg.) stammt aus dem 12./9. Jh. v. Chr. (Rösch 1994, Fund von Hagnau). H. Harder sammelte um 1574–76 die Pflanze in der Umgebung von Geislingen – Ulm (Schorler 1908):

Bestand und Bedrohung: Überall in ± reichen Beständen vorkommend; eine Bedrohung oder gar ein Rückgang sind nicht zu erkennen.

3. Odontites vernus (Bell.) Dum. 1827

Euphrasia verna Bellardi 1788, *Odontites ruber* subsp. *vernus* (Bell.) Wettst. 1901
Früher Zahntrost

Morphologie: Theropohyt, bis 30 cm hoch, ähnlich *O. vulgaris*, doch mit wenigen Seitenästen, die im Winkel kleiner als 30° abstehen. Kelch 5–7 mm lang, zur Fruchtzeit bis 9 mm, Krone 8–10 mm lang, kürzer als die Hochblätter, fleischrot. Blütezeit: 2. Maihälfte–Juni.

Ökologie: Auf kalkreichen, basischen, mäßig frischen bis mäßig trockenen, nährstoffreichen Böden, v. a. auf Lehmen. In Getreideunkrautgesellschaften des Caucalidion-Verbandes, auch in reicheren Ausbildungen des Aphanion-Verbandes (Alchemillo-Matricarietum chamomillae). Vegetationsaufnahmen vgl. Lang (1973), Kübler-Thomas (1994).

Allgemeine Verbreitung: Europa, vom Mittelmeergebiet (Mittelitalien, nördliches Portugal) nordwärts bis Skandinavien. In Deutschland zerstreut, deutlich seltener als *O. vulgaris.*

Verbreitung in Baden-Württemberg: In Kalkgebieten sehr zerstreut, Schwerpunkt am Oberen Neckar und Vorland des Schwäbisch-Fränkischen Waldes. Zerstreut in der Schwäbischen Alb und an der Donau, selten im Alpenvorland und im Oberrheingebiet. Aus dem Taubergebiet und Bauland liegen kaum Nachweise vor (wegen zu kalkreicher Böden?). Im Schwarzwald und Odenwald fehlend.

Die Verbreitung ist sicher sehr unvollständig erfaßt! In vielen Floren wurde die Art nicht aufgeführt. Bertsch (1933) nennt drei Fundstellen; in der Auflage von 1948 sind es vier. Erst bei K. Müller (1957) finden sich zahlreiche Fundangaben (Gebiet von Ulm), später bei Seybold (1968, Umgebung von Stuttgart).

In den Floren von Seubert u. Klein (1905), Kirchner u. Eichler (1911) und Binz (1911) wird *O. vernus* als die verbreitete Sippe angegeben, *O. vulgaris* als die seltenere (wobei einzelne Fundstellen genannt werden).

Tiefste Fundstellen im Oberrheingebiet, bei ca. 250 m, höchste in der Schwäbischen Alb bei

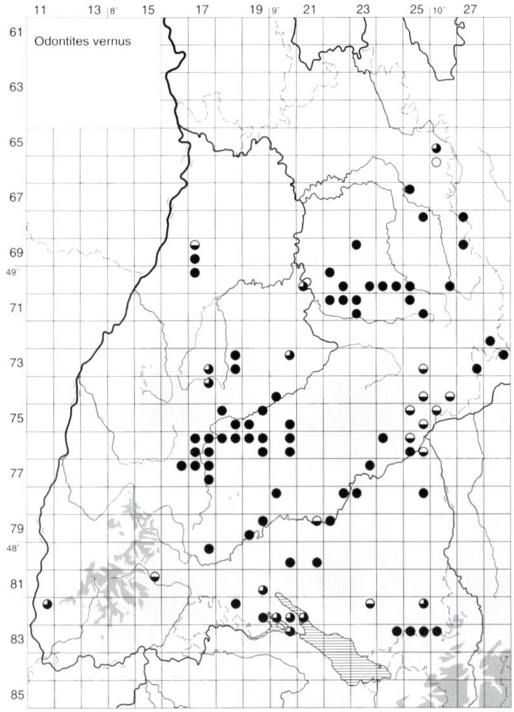

Früher Zahntrost *(Odontites vernus)*
Rheine, Juni 1990

ca. 700 m und in der Baar (8115/1: Rötenbach, ca. 850 m). – Die Pflanze ist erst mit dem Menschen eingewandert (Archäophyt).

Erstnachweise: Erste Nachweise vgl. *Odontites vulgaris.* Die erste schriftliche Erwähnung findet sich bei J.F. GMELIN (1779: 34): „wächst auf einigen Aeckern bei Waldhausen und blüht vom Heu- bis zum Herbstmonat" (Umgebung von Tübingen).

Bestand und Bedrohung: Wie bei den meisten Arten der Halmfruchtäcker ist ein Rückgang und eine Gefährdung anzunehmen (wohl G 3). DÖRR (1978) spricht von einem deutlichen Rückgang der Pflanze im Alpenvorland; RAUNEKER (1984) konnte die zahlreichen von MÜLLER aufgeführten Fundstellen nicht mehr bestätigen.

20. **Lathraea** L. 1753
Schuppenwurz

Schmarotzer mit schuppenartig beblättertem Rhizom. Blätter fleischig, scheibenartig. Blüten in einseitswendigen Trauben. Frucht eine einfächrige Kapsel.

Lathraea vermittelt durch ihre Lebensweise zu den Orobanchaceae. Morphologisch und entwicklungsgeschichtlich bestehen enge Beziehungen zu *Euphrasia* und *Rhinanthus.* – Im Gegensatz zu *Orobanche*-Arten wird von *Lathraea* nur das Xylem der Wirtspflanze angezapft (das nur im Frühjahr Assimilate führt). Aus diesem Grund verschwinden die Pflanzen von *Lathraea* auch zeitig im Jahr.

Die Gattung *Lathraea* umfaßt 5 Arten in Europa und Asien; in Europa sind es 3 Arten (die z. T. auch in einer eigenen Gattung *Clandestina* geführt werden).

1. **Lathraea squamaria** L. 1753
Gewöhnliche Schuppenwurz

Morphologie: Geophyt, Pflanze bis 20 cm hoch, bleich, oft rosaviolett überlaufen. Stengel locker mit schuppenartigen Blättern besetzt (an den unterirdischen Teilen dicht stehend). Blütenstiele und Kelch locker lang-drüsig behaart, Blüten kurz gestielt in Achseln von Hochblättern. Kelch ca. 1 cm lang, Krone hellviolett, den Kelch nur wenig überragend. Frucht bis 11 mm lang, Kapsel dünnwandig, an der schwächsten Stelle aufreißend, Samen 1,5–2 mm lang. – Blütezeit: Ende

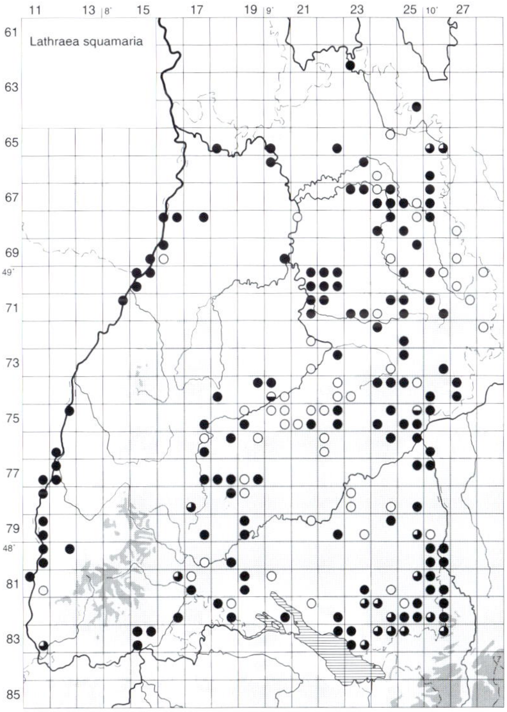

Gewöhnliche Schuppenwurz *(Lathraea squamaria)* Südbaden

März–Anfang Mai, auch unterirdisch blühend (kleistogam); Pflanze bereits Mitte (bis Ende) Mai verschwindend.

Ökologie: In kleinen Trupps, im Gebiet meist auf Wirtschaftspappel *(Populus × canadensis)* und Hasel *(Corylus avellana)* schmarotzend, selten auch auf Schwarzerle *(Alnus glutinosa)*. An frischen (bis feuchten), kalkreichen, basischen Lehmböden an hoch gelegenen, kaum überfluteten Stellen von Auenwäldern (Alno-Ulmion) oder in Hainbuchenwäldern frischer Standorte (Carpinion), auch in Schluchtwäldern (Aceri-Tilietum, Fraxino-Aceretum). – Vegetationsaufnahmen aus Schluchtwäldern OBERDORFER (1949: 44, 50), aus Auenwäldern LOHMEYER u. TRAUTMANN (1974: 432).

Allgemeine Verbreitung: Europa, Asien (vom Kaukasus und von der Türkei bis Iran und Afghanistan, Himalaja). In Europa im temperaten Bereich nordwärts in Skandinavien bis 61° n. Br., in Schottland bis 56°30' n. Br. Mittelmeergebiet selten und teilweise fehlend. In Deutschland zerstreut, nur im nordwestlichen Teil seltener.

Verbreitung in Baden-Württemberg: Zerstreut in der Oberrheinebene (v. a. in der Rheinniederung), unterer Neckar, Neckarbecken N Stuttgart und Hohenloher Ebene. Oberer Neckar. Schwäbische Alb selten, nur um Ulm etwas häufiger. Wutach bis Hochrhein. Alpenvorland zahlreiche Angaben aus dem Westallgäuer Hügelland, wenige auch aus dem westlichen Bodenseegebiet. Selten im Taubergebiet, im Odenwald (abgesehen von Randvorkommen am Neckar) und im Schwarzwald fehlend.

Einzelangaben für das Neckargebiet vergl. KIRCHNER (1888), MAYER (1950) und SEYBOLD (1968); eine umfangreiche Fundliste aus dem Westallgäuer Hügelland liegt von DÖRR (1978) vor (für diese Vorkommen wurde eine Beobachtungszeit vor 1970 angenommen).

Von Verwilderungen berichtet KREH (1950: 122): Vom Botanischen Garten der Universität Hohenheim ausgehend haben sich schwache Siedlungen von *Lathraea squamaria* im Häslachtal bei Plieningen (7221/3) und bei Sillenbuch (7221/1) eingestellt. Ob noch? Punkte wurden nicht in die Karte übernommen.

Tiefste Fundstellen in der Oberrheinebene, ca. 100 m, höchste in der Baar und in der Schwäbischen Alb ca. 800 m (8117, Länge oberh. Neudingen, ZAHN 1889). Die Pflanze ist wohl urwüchsig.

Erstnachweis: H. HARDER hat *Lathraea squamaria* 1576–94 in der Umgebung von Geislingen – Ulm gesammelt (SCHINNERL 1912).

Bestand und Bedrohung: Zumeist kommt die Pflanze in kleinen Beständen vor, die aber offensichtlich konstant sind. Die Karte zeigt zahlreiche, nicht mehr bestätigte Vorkommen. Ob *Lathraea squamaria* derart zurückgegangen ist, bleibt offen. Einmal läßt sich die Pflanze nur bei Frühjahrsbegehungen (bis Mai) erfassen, zum anderen ist sie insgesamt selten. *Corylus avellana* als wichtige Wirtspflanze mag in den Wäldern durch die Hochwaldwirtschaft zurückgegangen sein; ob das Einfluß auf *Lathraea*-Populationen hatte, bleibt offen. In der Rheinaue, wo *Populus × canadensis* die wichtige Wirtspflanze ist, müßte die Pflanze dann zugenommen haben! *Lathraea squamaria* ist nicht bedroht.

Globulariaceae

Kugelblumengewächse
Bearbeiter: A. WÖRZ

Perennierende Kräuter oder Zwergsträucher, Blüten in Köpfchen, diese von einer Hülle umgeben, zweilippig, mit 2zipfeliger Ober- und 3zipfeliger Unterlippe, Früchte 2samige Nüsse, vom bleibenden Kelch umgeben.

Diese kleine Familie umfaßt 2 Gattungen *(Globularia, Poskea)* mit insgesamt etwa 30 Arten, die im Mediterrangebiet, den Alpen, Mitteleuropa, Nordafrika und Somalia (wo *Poskea* endemisch ist) verbeitet sind. Die Globulariaceae stehen den Scrophulariaceae nahe und können als Endpunkt der Entwicklung dieser Familie interpretiert werden.

1. **Globularia** L. 1753

Kugelblume

Von dieser Gattung kommt im Gebiet nur eine Art vor:

Globularia punctata Lapeyr. 1813

G. aphyllanthes auct., *G. elongata* Hegetschw. 1839, *G. willkommii* Nym. 1854
Rundblättrige Kugelblume

Anmerkung: Die Art wurde häufig mit *G. vulgaris* verwechselt, so daß hier die Nomenklaturverhältnisse besonders verwirrend sind. Nach SCHWARZ (1938: 336) ist der 1766 erstmals genannte Name *G. aphyllanthes* Crantz gültig, obwohl keine eindeutige Beschreibung der Art und lediglich ein Verweis auf eine Abbildung bei CAMMERARIUS von 1588 vorliegt. M.E. ist dies keine solide Grundlage für eine Benennung. In neuerer Zeit wird auch der LINNÉsche Name *G. bisnagarica* für die Sippe verwendet. Dies ist nun vollkommen abwegig, da sich 1. die Beschrei-

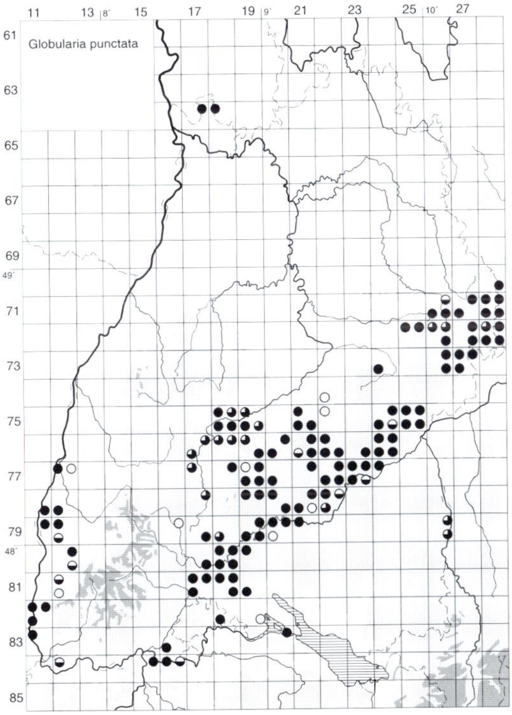

Rundblättrige Kugelblume *(Globularia punctata)*

bung auf eine Art mit holzigem Stengel („caule fruticoso" siehe LINNÉ 1753: 96) bezieht und 2. der Fundort der von LINNÉ beschriebenen Pflanze („Habitat in Bisnagariae sylvis" LINNÉ l.c.) in Südindien liegt, wo *G. punctata* überhaupt nicht vorkommt.

Morphologie: Hemikryptophyt mit holzigem Wurzelschopf und 8–20 cm langem Stengel. Rosettenblätter verkehrt-eiförmig mit stumpfer oder ausgerandeter Spitze, in einen langen Stiel zusammengezogen, oberseits mit deutlichem Adernetz, ganzrandig, Stengelblätter lanzettlich, klein, ca. 10–20 am Stengel verteilt, sitzend. Blüten blau, in dichten kugeligen Köpfchen, diese einzeln am Ende eines Stengels, 1,5–2,5 cm im Durchmesser, Kelch verwachsen, borstig, zweilippig, 6–12 mm, Fruchtknoten oberständig. – Blütezeit: April–Juni.

Ökologie: *Globularia punctata* ist eine ausgesprochene Trocken- und Magerrasen-Art (nach OBERDORFER (1994) Xerobromion-Verbandscharakterart), die an typischen, lückigen Rasen sonniger süd- oder westexponierter Hänge, in Wärmegebieten auch in der Ebene, vorkommt. Auch lückige Halbtrockenrasen und Sesleria-Halden sowie Felsbereiche mit geringer Feinerdeanreicherung werden besiedelt. Sobald die Vegetation jedoch dichter und geschlossener wird, tritt die Art zurück. Der Untergrund besteht aus

Sand (z. B. im Taubergießen), Kies, Kalkfels, Geröll oder Löß. Wichtige Begleitarten sind *Festuca ovina* agg., *Hippocrepis comosa, Pulsatilla vulgaris, Eupherbia cyparissias, Orchis mascula* u. a. Soziologische Aufnahmen finden sich bei KUHN (1937: Tab. 16), HÜGIN (1956: Tab. 1), LANG (1983: Tab. 87), MÜLLER und GÖRS (1958: Tab. XI), GÖRS (1974: Tab. 2), MÜLLER (1980), WITSCHEL (1980: Tab. 7, 10), SEBALD (1983: Tab. 9), GENSER (1991: Tab. 2), v. ROCHOW (1951: Tab. 14a, 15b). Die Art ist schnittempfindlich bis mäßig schnittverträglich (nach BRIEMLE und ELLENBERG 1994).

Allgemeine Verbreitung: Südliches West- und Mitteleuropa, Italien, Alpen, Balkan (außer Griechenland), disjunkt Kaukasus-Vorland und Wolgaknie. *G. punctata* ist submediterran-mediterranes Florenelement.

Verbreitung in Baden-Württemberg: Im Oberrheingebiet sowie auf kalkreichem Substrat der Schwäbischen Alb und in ihrem Umland regional zerstreut bis häufig.

Oberrheingebiet: Selten im nördlichen Teil um Weinheim, zerstreut im südlichen:
6517/2: Felswände des ehem. Steinbruchs Sulzbach, 1987, DEMUTH (STU-K); 6418/1: E Leutershausen, 1982, DEMUTH, Herbarangabe (STU-K); 7712/1: Im G'schleder (Taubergießengebiet), GÖRS (1974); 7712/2: Ettenheim, DÖLL (1859); 7811/4: o. O., 1971/72, WILMANNS (KA-K); 7812/3: Schelinger Orchideenwiese, 1980, SEYBOLD (STU), Ohrberg, 1994, WÖRZ (STU-K); 7911/2: Westspitze des Badberges/Kaiserstuhl, 1992, WÖRZ (STU-K); 7912/1: Badberg und gegenüber, 1985, BUSSMANN (STU-K); 7912/3:Tuniberg, SEUBERT & KLEIN (1905); 8012/2: Schönberg, SEUBERT & KLEIN (1905), Liste U. KOCH, nach 1970 (STU-K); 8012/4: Ölberg, SEUBERT & KLEIN (1905); 8112/1: Ballrechten, SEUBERT & KLEIN (1905); 8112/3: Krummrütteberg bei Sulzburg, DÖLL (1859); 8211/1: Rheinwärterhaus – Steinenstadt, 1985, SEBALD (STU-K); 8211/2: Liste U. KOCH, nach 1970 (STU-K); 8211/3: Rhein bei Bad Bellingen, 1984, SEYBOLD (STU-K); 8311/1: Isteiner Klotz, 1927, KREH (STU), Kleinkems, WITSCHEL (1993: 32–34); 8412/1: Grenzacher Berg, NEUBERGER (1912).
Neckarland: 7518/1: NO-Kante der Schießstandschlucht w Pkt. 494, 5, 1954, WREDE (STU-K); 7518/2: Ergenzingen, KIRCHNER u. EICHLER (1900), MAYER (1950); 7518/3: Auf der Schütte bei Horb, MAYER (1950), 1992, WÖRZ (STU-K); 7518/4: Imnau, MARTENS und KEMMLER (1882), MAYER (1950), Liste ADE, nach 1970 (STU-K); 7519/1: Nellingsheim, Obernau, MAYER (1950); 7519/3: Hirrlingen, Frommenhausen, MAYER (1950), Starzeltal bei Sulzau, 1980, GOTTSCHLICH (STU-K), Tiefstein bei Frommenhausen, 1986, NEBEL u. SEYBOLD (STU-K); 7519/4: Ihlingen, MAYER (1950), 7617/2: Sulz, MAYER (1950); 7617/3: Aistaig, MAYER (1950); 7618/1: Fischingen, MAYER (1950); 7618/2: Haigerloch, MAYER (1950); 7619/1: bei Weilheim, 1954, DITTRICH (STU-K); 7717/1: Oberndorf, MAYER (1950); 7817/2: Rottweil, MAYER (1950).
Baar: 7916/2: Osterberg bei Villingen, DÖLL (1859).
Klettgau: 8316/3: Küssaburg, Südwestseite, BECHERER u. KOCH (1932), 1992, WÖRZ (STU-K); 8415/2: Eichenberg, BECHERER u. KOCH (1923), NSG SE Dangstetten, 1992, WÖRZ (STU-K); 8416/1: Waldparkplatz Rekkingen zwischen Reckingen und Lienheim, BECHERER u. KOCH (1923), 1992, WÖRZ (STU-K); 8416/2: Felsenheide bei Hohenthengen, BECHERER (1921).
Schwäbische Alb: Verbreitet im südlichen Teil (Donauraum) sowie auf der Ostalb, zerstreut auf der Hochfläche im südwestlichen Abschnitt.
Alpenvorland: Selten: 7926/2: Illertal bei Unteropfingen, 1961, DÖRR in Herb. BRIELMAIER (STU); 7926/4: Illertal bei Oberopfingen, MÜLLER und GÖRS (1958); 8119/3: oberhalb des Aachtopfes, 1989, HELLMANN (STU-K); 8218/3: Bibertal bei Bietingen, 1991, E. KOCH (STU-K); 8219/4: Zwischen Radolfzell und Rickelshausen, JACK (1900); 8320/2: NSG Wollmatinger Ried, 1969–1993 mehrfach beobachtet, DIENST und STRAND (STU-K), seit SEUBERT & KLEIN (1905) bekannt.

Der tiefste Punkt liegt im NSG Sulzbach (6417/2) auf ca. 140 m ü. M., der höchste am Schafberg westlich des Lochenpaß bei Balingen (7718/3) in 930 m ü. M.

Erstnachweise: Die Art ist im Gebiet urwüchsig. Die erste Aufsammlung erfolgte durch H. HARDER ca. 1594 in der Umgebung Geislingen – Ulm (HAUG 1915).

Bestand und Bedrohung: Die Art läßt insbesondere in Randgebieten ihrer Verbreitung, vor allem im oberen Neckarraum, einen nicht unerheblichen Rückgang erkennen. Die Ursache hierfür liegt in der zunehmenden Überwachsung lückiger Trocken- und Halbtrockenrasen als Folge der Eutrophierung aus kontaktierenden landwirtschaftlich genutzten Flächen. Sobald die Rasenflächen geschlossen werden, tritt die Art seltener und nur noch als Sukzessionsrelikt auf. Außerdem scheint eine Beweidung kaum ertragen zu werden. Auf Felsflächen besteht häufig eine nicht unerhebliche Trittbelastung, die ebenfalls zur Gefährdung der Art beiträgt. Zur langfristigen Bestandssicherung sind neben einer Unterschutzstellung genügend große Pufferflächen um die entsprechenden Gebiete zu empfehlen sowie eine Einzäunung an den Stellen, wo eine Trittbelastung oder Beweidung (ggf. Wildverbiß) vorliegt. Die Art steht in der Bundesrepublik unter Naturschutz und muß im Gebiet als gefährdet (Gefährdungsstufe 3) eingestuft werden. Dies entspricht auch der Bewertung für ganz Deutschland, in Rheinland-Pfalz ist sie stark gefährdet und in Hessen sogar ausgestorben, während *G. punctata* in Bayern (noch) häufig ist.

Folgende Gebiete werden im Randbereich des Areals zur Unterschutzstellung empfohlen: 6417/2: ehem. Steinbruch bei Sulzbach, 7518/3: Schütte bei Horb, Südhang nahe Aussichtsturm, 7324/3: Haarberg bei Unterböhringen.

Orobanchaceae

Sommerwurzgewächse
Bearbeiter: S. DEMUTH

Ein- bis mehrjährige terrestrische Sproß- und Wurzelparasiten (Definition nach WEBER 1993) ohne Chlorophyll, Pflanzen daher meist bräunlich-gelblich. Sproßachsen unverzweigt oder verzweigt mit schuppenförmigen Blättern. Blütenstand eine endständige Ähre oder Traube, selten eine einzelne endständige Blüte. Blüten mit Tragblättern, bei einigen Gattungen außerdem 2 Vorblätter, die am Blütenstiel oder am Grund der Kelchblätter sitzen. Blüten meist zygomorph, 5zählig, Kelch mit 2–5 Kelchblättern, diese alle oder teilweise verwachsen. Kronblätter verwachsen, mit einer Kronröhre und einem 2- bis 5lappigen Saum. 4 Staubgefäße, das fünfte stark reduziert (Staminodium) oder fehlend. Staubgefäße meist im unteren Teil der Kronröhre angewachsen, Staubfäden untereinander frei. Fruchtknoten oberständig, meist aus 2 verwachsenen Fruchtblättern bestehend, einfächrig mit 1–2 randständigen Placenten pro Fruchtblatt; Samenanlagen zahlreich. 1 Griffel mit 2- bis 4lappiger Narbe. Frucht eine sich loculicid öffnende Kapsel. Samen staubfein mit Endosperm, Embryo unvollständig ausgebildet, ohne Keimblätter, diese sich erst nach der Keimung rudimentär entwickelnd. Pro Kapsel etwa 1500, pro Pflanze bis etwa 40 000 Samen.

Hauptverbreitungsgebiet ist die temperate Zone Eurasiens, wenige Arten in Nordamerika, Australien und in der tropischen und subtropischen Zone. Nach WEBER (1993) weltweit 16 Gattungen mit 100–200 Arten, davon in Europa 4 Gattungen mit etwa 50 Arten (nach CHATER u. WEBB 1972).

1. **Orobanche** L. 1753

Sommerwurz

Eine bis mehrere Sproßachsen pro Pflanze (Knolle), diese meist einfach, selten verzweigt. Blütenstand eine Ähre, selten eine Traube. Kronensaum 2lippig mit ungeteilter oder 2lappiger Oberlippe und 3lappiger Unterlippe; 4 Staubgefäße; Fruchtknoten einfächrig, aus 2 Fruchtblättern bestehend; Narbe 2lappig.

Alle Arten der Gattung parasitieren ausschließlich auf zweikeimblättrigen Blütenpflanzen.

Nach BECK-MANNAGETTA (1930) gliedert sich die Gattung in die 4 Sektionen Myzorrhiza, Gymnocaulis, Trionychon und Osproleon. Die Arten der ersten beiden Sektionen kommen ausschließlich in Amerika und Australien vor. Die Gattung umfaßt weltweit etwa 100 Arten, davon etwa 45 in Europa und 20 in Baden-Württemberg. Verbreitungsschwerpunkte sind die warmtemperaten Zonen Eurasiens und Nordamerikas. In den Tropen und Subtropen sowie in der borealen Zone kommen nur wenige, in der arktischen Zone keine Arten vor.

Zur Verbreitung und Morphologie der Arten der Gattung *Orobanche* in den östlichen Bundesländern Deutschlands siehe PUSCH u. BARTHEL (1992).

Entwicklung: Die Samenkeimung erfolgt nur in unmittelbarer Nähe einer Wirtspflanzenwurzel. Nach KADRY und TEWFIC (1956, zitiert nach ATTAWI 1977) reicht der von der Wirtswurzel ausgehende Reiz höchstens 3 mm weit. Die Wirtspflanze gibt über die Wurzeln keimungsauslösende Substanzen ab, die bei der Gattung *Orobanche* noch nicht identifiziert sind (BERGMANN et al. 1993). Aus dem Samen entwickelt sich ein Keimling mit 2 Keimblattrudimenten. Das Hypokotyl entwickelt sich zu einer Knolle, dem Primärhaustorium. Schon bald nach dem Kontakt zwischen Keimling (Knolle) und Wirtswurzel dringt ein Teil des Primärhaustoriums (intrusiver Abschnitt) bis zum Zentralzylinder vor und stellt den Kontakt zum Xylem her; Phloemkontakte sind bisher nicht sicher nachgewiesen (WEBER 1993). Aus der sich vergrößernden Knolle wachsen meist 1, seltener mehrere blütentragende Sprosse hervor. Seitlich an der Hypokotylknolle entstehen sproßbürtige Adventivwurzeln mit Seitenwurzeln. An diesen bilden sich Sekundärhaustorien, die weitere Wirtswurzeln attackieren. Gelegentlich kommt es auch zum Selbstparasitismus zwischen verschiedenen *Orobanche*-Pflanzen oder an ein und derselben Pflanze. Die Keimfähigkeit der Samen beträgt unter Laborbedingungen bei *Orobanche ramosa* bis zu 13 Jahren, bei anderen getesteten Arten *(O. aegyptica, O. cernua)* bis 8 Jahre (LINKE u. SAXENA 1991).

Bestäubung und Befruchtung: Nach Beobachtungen an *Orobanche*-Arten in Großbritannien (JONAS 1991) kommen als Bestäuber vorwiegend Hummeln (*Bombus* spec.), Wespen (*Vespula* spec.) und pollenfressende Glanzkäfer (Nitidulidae, *Meligethes* spec.) in Frage. Der Insektenbesuch bei *Orobanche*-Arten ist allerdings spärlich, da nur wenig Nektar und Duftstoffe produziert werden. Nach dieser Untersuchung kommt es bei vielen *Orobanche*-Arten auch häufig zu erfolgreicher Selbstbestäubung bei älteren, noch nicht fremdbestäubten Blüten.

Im mediterranen Raum sind einige *Orobanche*-Arten bedeutende Kulturpflanzenschädlinge (z. B. auf Bohne, Tomate, Tabak). Bezüglich dieser Arten gibt es zahlreiche Untersuchungen zur Biologie und zu Bekämpfungsmaßnahmen (siehe WEGMANN u. MUSSELMANN 1991, LINKE, SAUERBORN u. SAXENA 1989).

Anmerkungen: Es kommt gelegentlich vor, daß die beiden adaxialen (der Sproßachse zugewandten, oberen) Staubgefäße etwas höher an der Kronröhre ansitzend sind als die beiden abaxialen (der Sproßachse abgewandten, unteren). Die hier angegebenen, an baden-württembergischen Pflanzen gemessenen Werte beziehen sich auf die beiden adaxialen, im folgenden Text „obere" genannten Staubgefäße. Davon abweichende Literaturangaben werden erwähnt.

Ein weiteres Bestimmungsmerkmal, das häufig in der Literatur herangezogen wird, ist die Wirtspflanze. Der sichere Nachweis für diese kann nur durch Freilegen des Kontaktbereiches zwischen Wirtspflanze und Parasit erbracht werden. Dies ist äußerst schwierig; trotz mehrfacher Versuche ist dies dem Autor nur in wenigen Fällen geglückt. Nach BECK-MANNAGETTA (1930: 9–11) und ATTAWI (1977) gibt es nur wenige *Orobanche*-Arten, bei denen eine enge Wirtsbindung an eine oder wenige Arten nachgewiesen ist, z. B. bei *O. hederae* und *O. teucrii*. Viele Arten kommen auf mehreren Wirtspflanzen vor, wobei jedoch viele Literaturangaben nicht durch Freilegen der Kontaktstelle geprüft wurden. Bei der Wirtsspezifität besteht großer Klärungsbedarf. Nur experimentelle Kulturversuche können hier Klarheit verschaffen.

Auf die Angabe des ältesten literarischen Nachweises wurde bei den meisten Arten verzichtet, da gerade in den älteren Floren Baden-Württembergs noch nicht alle 20 *Orobanche*-Arten unterschieden wurden und so Verwechslungen wahrscheinlich sind. Nur bei den nicht zu verwechselnden Arten wurden Angaben gemacht.

Um eine möglichst korrekte Kartendarstellung zu erhalten, wurden von den folgenden leicht zu verwechselnden Arten nur geprüfte Quellen verwendet (Herbarmaterial, vom Autor vor Ort selbst gesehene Pflanzen, Angaben von Gewährsleuten): *O. alba, O. alsatica, O. amethystea, O. caryophyllacea, O. elatior, O. lutea, O. minor, O. reticulata, O. teucrii.* Für die Kartendarstellung der übrigen Arten wurden weitgehend alle Quellen herangezogen.

1 Blüte mit 2 seitlich an der Basis der Kelchröhre sitzenden Vorblättern; Kelchblätter verwachsen, 4- bis 5zähnig; Blüte gestielt (Sektion Trionychon) 2
– Blüte ohne Vorblätter; Kelch aus 2 getrenntten oder nur unten verbundenen, 2- oder 1zähnigen Hälften bestehend; Blüte sitzend (Sektion Osproleon) 4
2 Sproßachse meist mehrfach verzweigt; Krone 10–15 mm lang; Griffel zerstreut behaart . . . . 1. *O. ramosa*
– Sproßachse unverzweigt; Krone 18–35 mm lang; Griffel zerstreut bis dicht behaart 3
3 Staubbeutel lang zottig behaart; Unterlippe meist mit abgerundeten Lappen; Krone 25–35 mm lang . . . . 2. *O. arenaria*
– Staubbeutel kahl oder spärlich kurzhaarig; Unterlippe mit zugespitzten Lappen; Krone 18–26 mm lang . . . . 3. *O. purpurea*
4 Narbe vollständig gelb oder gelb mit rotbraunem Rand 5
– Narbe purpurn, violett oder dunkelrot 14
5 Obere Staubfäden am oder 1–2 mm über dem Grund der Kronröhre ansitzend 6
– Obere Staubfäden 2–6 mm über dem Grund der Kronröhre ansitzend 7
6 Narben gelb, mit rotbraunem Rand; Krone innen blutrot, 10–20 mm lang . . 11. *O. gracilis*
– Narbe gelb, ohne rotbraunen Rand; Krone innen nicht glänzend blutrot, 20–25 mm lang . . . 9. *O. rapum-genistae*
7 Krone zwischen Röhre und Saum deutlich verengt; Staubfaden ohne Drüsen . 10. *O. hederae*
– Krone zwischen Röhre und Saum nicht verengt, Staubfaden meist mit Drüsen 8
8 Staubfaden nur oben mit wenigen Stieldrüsen, selten ohne 9
– Staubfaden oben und in der Mitte mit ± zahlreichen Stieldrüsen 11
9 Blütenstand frühzeitig verlängert, dann lockerblütig; Kelchhälften meist 1zähnig, frei 10
– Blütenstand stets dichtblütig; Kelchhälften 2zähnig, unten ganz oder teilweise verwachsen 7. *O. bartlingii*

10 Lappen der Oberlippe zurückgebogen; obere Staubfäden (2)3–5 mm über dem Grund der Kronröhre ansitzend . . . . 12. *O. salviae*
– Lappen der Oberlippe gerade vorgestreckt; obere Staubfäden 2–3 mm über dem Grund der Kronröhre ansitzend . . . . . . 13. *O. lucorum*
11 Rückenlinie der Kronröhre von unten bis kurz vor dem Saum gleichmäßig schwach gebogen, hier mit deutlichem Knick abwärts gebogen; Oberlippe deutlich ausgerandet bis zweilappig 4. *O. lutea*
– Rückenlinie der Kronröhre von unten bis zur Spitze ± gleichmäßig gebogen; Oberlippe schwach ausgerandet 12
12 Staubfaden unten und in der Mitte stark, oben schwach behaart; Blütentragblatt 15–31 mm lang, so lang wie oder länger als die Krone; Blattschuppen meist gleichmäßig am Stengel verteilt . . . . 5. *O. elatior*
– Staubfaden nur unten und in der Mitte mit Haaren; Blütentragblatt 10–21 mm lang, etwas kürzer als oder so lang wie die Krone; Blattschuppen im unteren Stengelabschnitt gehäuft . 13
13 Oberer Teil des Fruchtknotens und ganzer Griffel zerstreut drüsig, unter der Narbe Drüsen meist dichter abstehend . . . . . 6. *O. alsatica*
– Oberer Teil des Fruchtknotens und unterer Griffelabschnitt mit wenigen, unter der Narbe meist ohne Drüsen oder ganzer Griffel ohne Drüsen . . . . 8. *O. mayeri*
14 Obere Staubfäden 1–3 m über dem Grund der Kronröhre ansitzend 15
– Obere Staubfäden 3–5 mm über dem Grund der Kronröhre ansitzend 19
15 Krone 12–16 mm lang, mit gerade nach vorne gestreckter Oberlippe . . . . 15. *O. minor*
– Krone 16–30 mm lang, mit nach außen gebogener Oberlippe 16
16 Krone mit dunkelroten oder violetten Stieldrüsen; Kelchhälften meist 1zähnig 17
– Krone mit hellgelben oder weißlichen Stieldrüsen; Kelchhälften 2zähnig 18
17 Mittellappen der Unterlippe deutlich länger als die beiden seitlichen; Staubfäden nur im oberen Drittel mit Drüsen und im unteren mit Haaren, in der Mitte fast kahl; Blütenstand meist lockerblütig . . . . 20. *O. alba*
– Mittellappen der Unterlippe etwa so lang wie die beiden seitlichen; Staubfaden oben und in der Mitte mit Drüsen, in der Mitte und unten mit Haaren; Blütenstand meist dichtblütig . . . 19. *O. reticulata*
18 Blüte 16–18 mm lang; Staubfaden im oberen Drittel mit wenigen Drüsen und im unteren behaart, in der Mitte fast kahl; Krone spärlich stieldrüsig, nicht duftend . . . . 16. *O. picridis*
– Blüte 22–30 mm lang; Staubfaden oben und in der Mitte mit zahlreichen Drüsen, in der Mitte und unten stark, oben schwach behaart; Krone mit zahlreichen Stieldrüsen, meist nach Nelken duftend . . . . 17. *O. caryophyllacea*
19 Krone 16–18 mm lang, meist spärlich stieldrüsig . . . . 16. *O. picridis*
– Krone 18–27 mm lang, meist dicht stieldrüsig . 20
20 Krone mit zahlreichen dunkelroten oder violetten Stieldrüsen; Kelchhälften meist 1zähnig . . 19. *O. reticulata*
– Krone mit ± zahlreichen hellgelben oder weißlichen Stieldrüsen Kelchhälften 2zähnig 21
21 Blütentragblatt bräunlich, kürzer als die Krone; Kelchzähne dreieckig, etwa so breit wie hoch . 18. *O. teucrii*
– Blütentragblatt violett überlaufen, länger als die Krone; Kelchzähne lang zugespitzt . . . . 14. *O. amethystea*

1. **Orobanche ramosa** L. 1753
Ästige Sommerwurz

Morphologie: Einjährig. Knolle häufig mit mehreren Sproßachsen, diese unten meist mit mehreren Seitenästen, (3)10–40 cm hoch; wenige Blattschuppen, schmal-oval, bis 1 cm lang. Blütenstand lockerblütig, bis ⅔ oder mehr der Sproßachse einnehmend. Blütentragblatt schmal, kürzer als der Kelch. Kelch mit 2 seitlichen, tief ansitzenden, schmal-linealen Vorblättern und 4 Kelchzähnen. Krone 10–15 mm lang, unten gelblichweiß, oben hellblau. Obere Staubfäden etwa 2–4 mm über dem Röhrengrund ansitzend, unten schwach behaart, in der Mitte und oben kahl. Narbe weißlich oder hellblau. Ganze Pflanze mit zahlreichen Stieldrüsen.
Biologie: Wirtspflanzen: *Nicotiana tabacum, Canabis sativa, Datura stramonium*, nach HAFFNER um 1970 am Hammelsberg bei Perl, Saarland, WOLFF (1990, briefl.) und nach Literaturangaben (BECK-MANNAGETTA 1930) u. a. *Lycopersicon esculentum, Xanthium* spec., *Solanum tuberosum.*

In früherer Zeit und auch heute noch gilt *O. ramosa* als Tabak- und Hanfschädling, der bedeutende Ernteverluste hervorrufen kann (siehe Gutachten von C. C. GMELIN von 1791 (in DEMUTH 1992) und KOCH 1887). – Blütezeit: Juli–Ende September.
Allgemeine Verbreitung: Als Parasit auf einer der ältesten Kulturpflanzen – Hanf *(Cannabis sativa)* – ist das ursprüngliche Verbreitungsgebiet nur ungenügend zu ermitteln. Dieses liegt wahrscheinlich in Zentralasien, dem möglichen Ursprung der Hanfpflanze. Von den Chinesen wurde der Hanf bereits im Neolithikum kultiviert (ZEVEN et DE WET 1982). Nach Mitteleuropa ist die Ästige Sommerwurz wahrscheinlich mit Beginn des Hanfanbaus um 500 v. Chr. eingewandert (KÖRBER-GROHNE 1987: 385). Heute ist die Art in Zentral- und Südeuropa, Nordafrika, West- und Zentralasien verbreitet. Vor allem in Zentraleuropa ist die Art jedoch mit dem Rück-

gang des Hanf- und Tabakanbaus stark zurückgegangen und in einigen Ländern bereits verschollen. Die baden-württembergischen Vorkommen gehören neben wenigen in Rheinland-Pfalz und Südhessen zu den letzten in Deutschland.

Verbreitung in Baden-Württemberg: Bis vor etwa 100 Jahren in den Gebieten mit Hanf- und Tabakanbau verbreitet: Oberrheingebiet, Kraichgau, Keuper-Lias-Neckarland und Bodenseegebiet; in anderen Naturräumen seltener. Mit der Einstellung des Hanfanbaus und dem Rückgang des Anbaus von Tabak nach 1945 in vielen Naturräumen verschollen. Heute kommt die Ästige Sommerwurz fast ausschließlich im Oberrheingebiet vor.

Vorkommen nach 1970 (Tpfl. = Briefl. Angaben der Tabakpflanzer, siehe Demuth 1992).

Nördliches Oberrheingebiet: 6417/2: Weinheim-Sulzbach, 1989, Demuth (KR-K, STU); 6417/4: Großsachsen, 1986, Demuth (KR-K); zw. 1980 und 1990, Flösser (Tpfl.) (auf der gesamten Gemarkung Großsachsen); 6517/2: Neckarhausen, nach 1980, Bühler (Tpfl.); 6517/3: Mannheim-Rheinau, Untere Hall, 1992, Demuth (KR-K); 6517/4: Neu-Edingen, ohne Datum, Schlegel (STU-K); 6617/1: W Oftersheim, 1991, Seitz (Tpfl.); 6617/2: NE Oftersheim, 1990, Demuth; W Kirchheim, nach 1980, Rehm (Tpfl.); bei Oftersheim, 1991, Seitz (Tpfl.); 6617/3: S Hockenheim, nach 1980, Riedel (Tpfl.); 6618/1: S Kirchheim, 1985, Breunig,

Ästige Sommerwurz *(Orobanche ramosa)*
Ichenheim

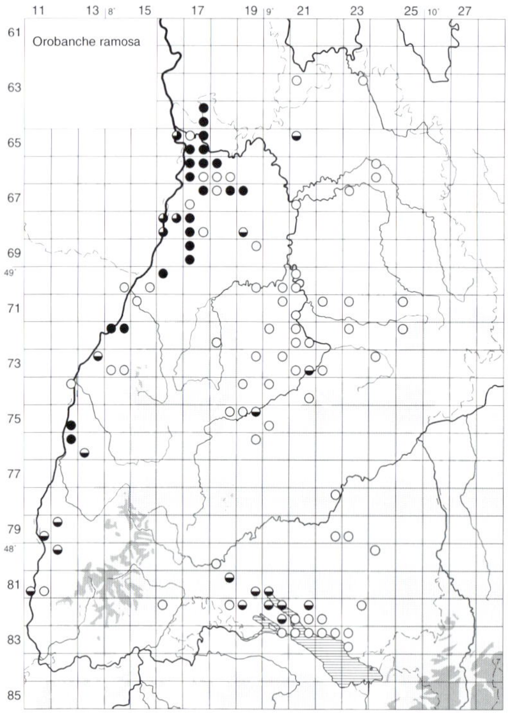

(KR-K); nach 1980, Rehm (Tpfl.); 6717/2: Rot, 1977, Korneck (1989, schriftl.); 6718/2: W Hoffenheim, 1990/91, Engelhardt (Tpfl.); 6817/3: S Karlsdorf, noch um 1980, Riffel, (Tpfl.); 6917/1: N Weingarten, Siegrist (Tpfl.); 6917/3: S Weingarten, Siegrist (Tpfl.); 7016/1: Neu-Forchheim, Gelände des staatl. Tabakforschungsinstituts, 1990, Demuth (KR-K); 7214/1: Stollhofen, nach 1980, Leonhard (Tpfl.); 7214/2: Hügelsheim, nach 1980, Leonhard (Tpfl.); 7512/4: N Ichenheim, 1986, Korneck (1989, schriftlich); 7612/2: Allmansweier, 1994, Demuth (KR-K).

Kraichgau: 6817/1: Hambrücken, noch um 1980, Riffel (Tpfl.); 6719/1: NE Hoffenheim, 1990/91 Engelhardt (Tpfl.).

Außerdem nicht näher lokalisierbare Vorkommen zwischen Kehl und dem Kaiserstuhl (7413, 7513, 7613, 7712) nach Angaben von Herrn Ziegler, Landwirtschaftsamt Bühl (1991, telephonisch). Danach überall in den Tabaksfeldern, Menge von Jahr zu Jahr schwankend, in manchen Jahren sehr zahlreich.

Bestand und Bedrohung: Fast überall, wo heute noch Tabak angebaut wird, kommt *O. ramosa* noch vor, wenn auch von Jahr zu Jahr sehr unregelmäßig und in schwankenden Populationsgrößen. Solange der Tabakanbau Bestand hat, ist zu erwarten, daß *O. ramosa* auch weiterhin vorkommt. Die Art ist in der Roten Liste Baden-Württemberg als vom Aussterben bedroht (G 1) eingestuft, was jedoch nach den vorliegenden Daten nicht zu rechtfertigen ist. Aufgrund des in Baden-Württemberg zurückgehenden Tabakanbaus ist allerdings mit einem weiteren Rückgang der *O. ramosa*-Bestände zu rechnen. Es wird daher die Gefährdungskategorie „gefährdet" (G 3) vorgeschlagen.

2. **Orobanche arenaria** Borckhausen 1794
Orobanche laevis L. 1753?
Sand-Sommerwurz

Morphologie: Mehrjährig, wahrscheinlich nur einmal blühend. Knolle meist mit 1 Sproßachse, diese 15–60 cm hoch, gelblichweiß oder blaßlila mit zahlreichen Schuppenblättern. Blütenstand häufig mit zahlreichen Blüten, mäßig dicht- oder lockerblütig. Blüte mit Tragblatt und 2 schmallinealen Vorblättern seitlich an der Basis der Kelchröhre. Kelch aus einer Röhre und einem Saum mit 4–5 freien Zähnen bestehend. Blütenkrone 25–35 mm lang, Kronenröhre im oberen Teil, etwa an der Staubfadenansatzstelle, verengt; Kronensaum trichterförmig erweitert. Oberlippe mit 2 etwas spitz zulaufenden, meist zurückgeschlagenen, Unterlippe mit 3 etwa gleich großen, halbkreisförmigen oder zugespitzten Lappen; Rückenlinie der Krone fast gerade. Kronensaum blauviolett, zur Röhre hin weißlich-gelblich. Rand der Ober- und Unterlippe sowie Innenseite der Krone mit langen, weißlichen Haaren, Außenseite der Krone und des Kelchs dicht helldrüsig. Obere Staubfäden 5–7 mm über dem Röhrengrund ansitzend, unten behaart, in der Mitte und oben meist kahl. Oberseite der Antheren, vor allem im Bereich der Öffnungsnähte, mit langen (zottigen), weißen Haaren. Griffel mit Stieldrüsen; Narbe weißlich.

Biologie: Wirtspflanzen: In Baden-Württemberg nur auf *Artemisia campestris*; weitere nach BECK-MANNAGETTA (1930): *Artemisia absinthium, A. vulgaris, A. crithmifolia* (= *A. campestris* subsp. *maritima*). – Blütezeit: Anfang Mai–Mitte August.

Ökologie: Meist auf basenreichen (kalkreichen), trockenen und mageren, sandigen oder schluffigen Böden; auch auf Flugsand der Binnendünen des Nördlichen Oberrheingebietes. In Sand- und Trockenrasen-Gesellschaften. Vegetationsaufnahmen bei VOLK (1931: Tab. 10, *Koeleria glauca-Jurinea cyanoides*-Assoziation).

Allgemeine Verbreitung. Areal submeridional-kontinental, europäisch (westasiatisch), stark disjunkt. Im Westen bis zur Atlantikküste Portugals

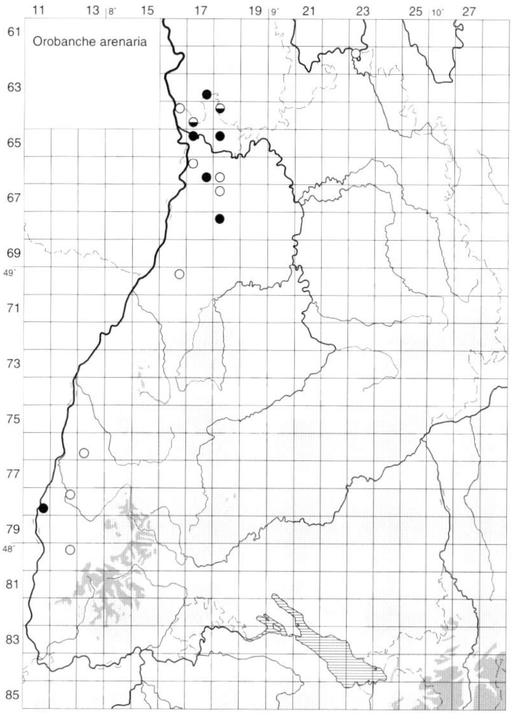

und Südspaniens, im Norden bis etwa 54° n. Br.; in Mitteleuropa bis zum Schweriner See in Mecklenburg-Vorpommern (PUSCH u. BARTHEL 1992), im Osten bis etwa zum Ural und zum Aralsee, im Süden von Nordafrika bis Vorderasien (Iran, Irak); im mittleren und östlichen Mittelmeergebiet fehlend. Größere Teilareale nur in Osteuropa, sonst nur kleine, isolierte Vorkommen.

Verbreitung in Baden-Württemberg: Schwerpunkte der Verbreitung sind die Sandgebiete des Nördlichen und die Lößgebiete des Mittleren und Südlichen Oberrheingebietes, wesentlich seltener dagegen ist die Art im Kraichgau und auf den Terrassensanden im Maintal (Odenwald).

Tiefstes Vorkommen: Nördliches Oberrheingebiet, 100 m, Mannheim-Feudenheim (6517/1). Höchstes Vorkommen: Badische Bergstraße, 250 m, Laudenbach (6317/4).

Odenwald (Maintal): 6223/1: Bestenheider Sand westlich Wertheim, 1873, 1897, H. STOLL (KR), Wertheim, SEUBERT und PRANTL (1885), Tännig bei Wertheim (Bayern), 1871, H. STOLL (KR).
Badische Bergstraße: 6317/4: Ehrenberg östlich Laudenbach, 1993, P. WOLF, S. SCHÖLCH, S. DEMUTH (KR-K); 6418/1: NSG Wüstnächstenbach nördlich Weinheim, BRAUNSTEFFER (1941); 6518/1: „Branich", Schriesheim, 1993, V. SCHAFFERT, S. DEMUTH (KR-K, STU).

Sand-Sommerwurz *(Orobanche arenaria)*

Nördliches Oberrheingebiet: 6416/2: Käfertal-Sandtorf, DÖLL (1859); 6417/3: Mannheim-Wallstadt, DÖLL (1859), Mannheim-Wallstadt, am Schultheißenbuckel, VOLK (1931); 6517/1: Mannheim-Feudenheim, DÖLL (1859), 1960, 1970, D. KORNECK, G. PHILIPPI (PHILIPPI 1971), „In der Bell" (Wingertsbuckel) nördlich Mannheim-Feudenheim, 1989, BREUNIG und KÖNIG (1989), 1992, S. DEMUTH (KR-K); 6617/1: Schwetzingen, DÖLL (1859); 6617/4: Sandhausen, 19. Jh., DIERBACH (KR), Hockenheim-Sandhausen, DÖLL (1859), NSG Pferdstriebdüne bei Sandhausen, BREUNIG (1990, KR-K); 7016/2: Turmberg bei Durlach, 1843, 1882, MOZER (KR), DÖLL (1859), LEUTZ (KNEUCKER 1886), 1889, MAUS (KR).
Kraichgau: 6618/3: Wiesloch-Baiertal, ZAHN (1891); 6718/1: Zwischen Wiesloch und Beiertal, ohne Datum, ZAHN (1891); 6818/1: NSG Beim Roten Kreuz bei Zeutern, 1988, SCHULDES, 1993, J. SCHACH (KR-K, STU).
Mittleres und Südliches Oberrheingebiet: 7613/3: Lahr, NEUBERGER (1898); 7811/4: Limberg, Sponeck, Burkheim, NEUBERGER (1898), NSG Rheinhalde Burkheim, 1950, OBERDORFER (KR), 1991, PUSCH, WEIKERT, WILMANNS (KR-K), 1993, DEMUTH (KR-K), Pulverbuck, Oberbergen, 1979, FISCHER (1982); 7812/2: Hecklingen, Heimbach, Malterdingen, NEUBERGER (1898); 8012/2: Schönberg bei Freiburg, NEUBERGER (1898).

Bestand und Bedrohung: Die Art ist in der Roten Liste als stark gefährdet (G 2) eingestuft, was wahrscheinlich für das gesamte westeuropäische Areal zutrifft. Seit über 100 Jahren gehen die Populationen kontinuierlich zurück, was überwiegend auf Vernichtung der Biotope durch Überbauung zurückzuführen ist. Die noch verbliebenen 6 Populationen bestehen, soweit bekannt, zusammen aus weniger als 100 Individuen. Zwischen 1990 und 1993 wurden beobachtet: 6317/4 (Laudenbach) 1 Exemplar, 6517/1 (Feudenheim) 16 Exemplare, 6518/1 (Schriesheim) 2 Exemplare, 6617/4 (Sandhausen) ca. 50 Exemplare, 6818/1 (Zeutern) 18 Exemplare, 7811/4 (Burkheim) 5 Exemplare. Im 19. Jh. muß die Art zumindest in den Sandgebieten der Nördlichen Oberrheinebene noch häufig gewesen sein. Bei SCHMIDT (1857) heißt es zum Beispiel: „Häufig zwischen Walldorf, Sandhausen und St. Ilgen. . ., zwischen Virnheim, Käferthal und Sandhofen", ohne nähere Ortsangaben.

Die Sand-Sommerwurz ist aufgrund des starken Rückganges und der sehr kleinen, isolierten Populationen, von denen nur 3 in Naturschutzgebieten liegen, stark gefährdet. Im Südlichen Oberrheingebiet ist die Art inzwischen vom Aussterben bedroht (G 1), im Odenwald (Maintal) ist sie bereits erloschen (G 0).

3. **Orobanche purpurea** Jacquin 1762
Purpur-Sommerwurz

Morphologie: Mehrjährig, wahrscheinlich nur einmal blühend (siehe RUMSEY und JURY 1991, S. 262). Sproßachse meist einfach, selten an der Basis verzweigt (zum Beispiel nach Verletzung), 15–45 cm (80 cm nach GILLI 1974) hoch, flaumig-drüsig, weißhaarig, vor allem unterhalb des Blütenstandes mehlig bestäubt, violett bis bleigrau, selten gelblich. Blütenstand mäßig dicht- oder lockerblütig. Blütentragblatt schmal-lanzettlich, meist kürzer als der Kelch, dieser mit 2 seitlichen, tief ansitzenden schmallinealen Vorblättern; die 4 (selten 5) Kelchzähne schmallineal, zugespitzt, etwa so lang wie die glockige, gelbliche Kelchröhre. Krone 18–26(32) mm lang, Unterlippe mit 2 etwa gleich großen, dreieckig zugespitzten Lappen; Ober- und Unterlippe mit langen weißlichen Haaren; Kronenröhre gelblichweiß, Kronensaum violett überlaufen; Kelch und Krone ± dichtdrüsig. Obere Staubfäden 5–8 mm über dem Röhrengrund ansitzend, unten behaart, in der Mitte und oben meist kahl; Oberseite der Antheren kahl oder mit spärlichen, kurzen weißen Haaren. Griffel mit Stieldrüsen; Narbe weiß oder hellblau.

Biologie: Wirtspflanzen: In Baden-Württemberg nur auf *Achillea millefolium* und *A. nobilis* (Tuniberg) bekannt. Weitere nach BECK-MANNAGETTA (1930, nur die von ihm geprüften): *Achillea setacea, A. crithmifolia, Artemisia vulgaris, Cirsium acaule.* In Thüringen auch auf *Artemisia campestris* beobachtet (z.B. bei Roßleben, J. PUSCH 1995, briefl.). – Blütezeit: Ende Mai–Anfang August.

Ökologie: Auf mäßig trockenen bis mäßig frischen, mäßig nährstoffreichen, schluffigen oder lehmigen Böden mit unterschiedlichem Basengehalt. Oft auf Böschungen, an Wegrändern, in Weinbergsbrachen; in ruderal geprägten, mageren Beständen der Glatthaferwiese, in Beständen der ruderalen Pionier-Trockenrasen (Agropyretea intermedii-repentis) und Magerrasen (Festuco-Brometea).

Allgemeine Verbreitung: Von den Kanarischen Inseln im Westen durch Mitteleuropa bis zum Kaukasus im Osten. Im Norden bis England, Südschweden und Mittelrußland. Im Süden von Portugal und Spanien im Westen durch die Mittelmeerländer bis Vorderasien im Osten; eventuell in Nordafrika (Marokko) und Ost-Indien (Gangestal).

Verbreitung in Baden-Württemberg: Die Verbreitungsschwerpunkte sind Bergstraße, Schwäbische Alb und Bodenseegebiet; seltener im übrigen Alpenvorland, im Südlichen Oberrheingebiet, in den Oberen Gäuen und im Keuper-Lias-Neckarland. Im Odenwald bisher nur aus Hessen bekannt (nahe der Landesgrenze).

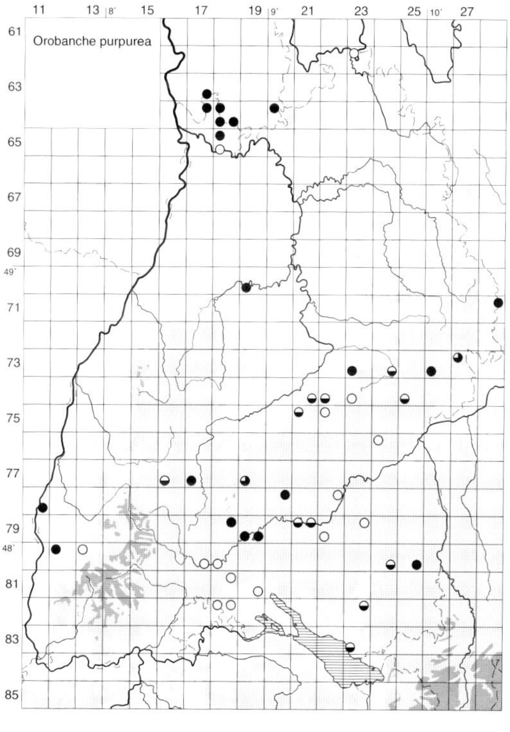

Purpur-Sommerwurz *(Orobanche purpurea)*
Weinheim, 5. 6. 1993

Bergstraße: 6317/4: Ehrenberg östlich Laudenbach, 1993, Demuth (KR-K, STU); 6417/2: Sulzbach, Alteberg bei Hemsbach, 1987 bis 1993, Demuth, Röhner (KR-K); 6418/1: Weinheim, Forstweg; 1987, Demuth (KR-K), Nächstenbach, Schmidt (1857); 6418/3: Leutershausen, 1988, Stephan (KR-K), Ruine Windeck, Schmidt (1857); 6518/1: Schriesheim, „Branich", 1994, Schaffert, Demuth (KR-K); 6518/3: Heidelberg – Hirschgasse, Philosophenweg, Schmidt (1857).
Odenwald: 6223/1: Wertheim, vor 1900, Axmann (Döll 1859); 6418/4 (Hessen): Trösel, 1992, Schaffert (KR-K); 6420/1 (Hessen): Hetzbach, 1981, Happel (1984).
Kraichgau: 7019/3: Mühlhausen an der Enz, 1994, R. Treiber (KR-K).
Südliches Oberrheingebiet: 7811/4: o. O., 1971–73, Wilmanns, Harms (KR-K); 8012/1: Tuniberg, 1992, Bogenschütz (KR-K), Munzingen, Neuberger (1898); 8013/1: Freiburg – Schloßberg, Neuberger (1898).
Schwarzwald: 7716/3: Schloßberg bei Schramberg, 1904, K. Bertsch (STU).
Obere Gäue: 7717/3: Dunningen, 1981 Ade (STU-K).
Vorland der mittleren Alb: 7323/3: Engelsberg bei Weilheim/Teck, 1994, R. Treiber (STU-K).
Schwäbische Alb: 7324/4: Michelsberg bei Geislingen, 1940, K. Müller (STU); 7326/3: Gerstetten, 1984, Sebald (STU); 7327/1: Heidenheim – Erisberg, 1959, Koch (STU-K); 7421/4: Metzingen, 1912, A. Mayer (STU); 7422/3: Dettingen-Erms, Gaisbuckel, 1928, Plankenhorn (STU); 7423/3: Donnstetten, 19. Jh., Kemmler (STU); 7425/3: Denkental, Tomerdingen, 1941, K. Müller (STU); 7521/1: Achalm-Gipfel, 1890, A. Mayer (STU), Pfullingen-Georgenberg, 1928, A. Mayer (STU); 7522/1: Urach, 1853, W. Gmelin (STU); 7624/1: Zwischen Weiler und Schelklingen, 1897, T. Bauer (STU); 7719/3: Wenzelstein am Schafberg, 1955, Wrede (STU); 7820/2: Schelmenwasen N Benzingen, 1993, R. Banzhaf (KR-K); 7822/2: Riedlingen, Steinbruch, 1825, Balluf (STU); 7918/2: Kreusen östl. Böttingen, 1974, E. Beck (STU); 7919/3: Stetten, 1978, B. R. Hündorf (STU-K), NSG Buchhalde, 1994, Kretzschmar (KR-K); 7919/4: Laibfelswiesen bei Bidingen, 1986, Seybold (STU-K); Friedlingen, Weg am Stiegelesfels, 1986, Seybold (STU); 7921/1: Sigmaringen, vor 1900, Sautermeister (Jack 1900); 8017/4: Geisingen, 1883, Schatz (KR); 8018/3: Immendingen, Zahn (1889); 8118/2: Kriegertal, vor 1900, Hübsch (Zahn 1889, Jack 1900).
Nördlinger Ries: 7128/2: Goldberg nördlich Riesbürg, 1994, Seybold (STU-K).
Alpenvorland: 7921/2: Mengen, 1910, K. Bertsch (STU); 7922/3: Missionsberg bei Mengen, vor 1900, Bretzler (STU); 7923/2: Buchau, vor 1900, Troll (STU); 8024/4: Osterhofen, 1923, K. Bertsch (STU); 8025/4: Nahe dem Waldweiher bei Bad Wurzach, 1975, Dörr (STU); 8119/4: Stockach, Nellenburg, vor 1900, Brunner, Leiner (Jack 1900); 8218/1: Hohenstoffeln, Blumenfeld, Döll (1859); 8218/2: Hohentwiel, vor 1900, Dieffenbach (Döll 1859, Zahn 1889), Hohenstoffeln, vor 1900, Münch (Döll 1859), 1821, Anonymus (KR); 8223/2: Schornreuter Tal bei Ravensburg, 1924, K. Bertsch (STU); 8323/3: Bodenseeufer bei Eriskirch, 1931, K. Bertsch (STU).
Unsichere Quellen (nicht in die Karte übernommen): 6923/3: Bei Kieselhof, 1984, Anonymus (STU-K); 7125/1: Büttenbachtal westlich Göggingen, 1986, Payerl (STU-K); 7820/4: Fürstenhöhe, 1978, Marquart (STU-K); 7821/1: Hagenberg – Veringenstadt, 1987, Stachelmeier (STU-K); 8218/2: Westseite des Ploren, 1992, Sass (STU-K); 8225/3: Kreuzberg bei Valleray, Ratzenried, 1989, Bussmann (STU-K).

Bestand und Bedrohung: Die Art ist in der Roten Liste als stark gefährdet (G 2) eingestuft. Insbesondere die Bestände auf der Schwäbischen Alb und im Alpenvorland sind in diesem Jahrhundert stark zurückgegangen. An der Bergstraße kommt *O. purpurea* noch zerstreut vor. Hier, wie bei den meisten der nach 1970 bekannten Vorkommen, bestehen die Populationen jedoch nur aus wenigen Pflanzen. Insgesamt ist der Bestand stark rückläufig, so daß die Art auch weiterhin als stark gefährdet eingestuft werden muß. Die Rückgangsursachen sind möglicherweise die Zunahme der intensiven Pflege und die Eutrophierung von Wegrändern, das Verbuschen von Lößböschungen (Bergstraße), die Rebflurbereinigungen sowie das Verschwinden von kurzzeitigen Brachflächen, insbesondere in Weinbaugebieten.

4. **Orobanche lutea** Baumgarten 1816

Orobanche rubens Wallroth 1822
Gelbe Sommerwurz

Morphologie: Mehrjährig (?). Knolle mit einer oder wenigen, unverzweigten Sproßachsen, diese 10–50(61) cm hoch. 10–18 Blattschuppen, ± gleichmäßig locker verteilt. Blütenstand locker bis dicht, ¼ bis über ½ der Sproßachse einnehmend. Blütentragblatt so lang wie oder länger als die Krone. Blüten ohne Vorblätter. Kelchhälften zweispaltig. Krone 20–30 mm lang, gelb, vorne oft rotbraun, mit zahlreichen hellen Stieldrüsen. Rückenkante der Krone hinten gerade oder schwach gebogen, vorne mit deutlichem Knick, fast winklig abfallend; über der Staubfadenansatzstelle bauchförmig erweitert, auf der Innenseite um die Ansatzstelle mit gelbem, halbmondförmigem Nektarium. Obere Staubfäden 2,5–6 mm über dem Röhrengrund ansitzend, oben und in der Mitte ± dichtdrüsig, in der Mitte und unten ± dichthaarig. Fruchtknoten und Griffel meist drüsig, ohne Haare; Narbe gelb.

Biologie: Wirtspflanzen: Auf verschiedenen Arten der Fabaceae. Aus Baden-Württemberg bisher bekannt: *Medicago lupulina, M. falcata, M. sativa, Lotus corniculatus, Trifolium pratense.* Weitere nach Literatur (BECK-MANNAGETTA 1930, OBERDORFER 1990, ADLER et al. 1994): *Trifolium alpestre, T. medium, Dorycnium*-Arten sowie weitere *Medicago*-Arten, daneben einige nach BECK-MANNAGETTA (1930) unsichere Angaben von Arten anderer Familien. – Blütezeit: Mitte Mai–Ende Juni (Anfang Juli). Nach langjährigen Beobachtungen an der Badischen Bergstraße am selben Wuchsort etwa 1–2 Wochen vor *O. elatior* blühend, wobei einige Pflanzen sich in der Blütezeit überschneiden.

Ökologie: In Magerrasen (Festuco-Brometea-Gesellschaften), mageren Glatthaferwiesen, Saumvegetation trockenwarmer Standorte (Geranion sanguinei-Gesellschaften) und (früher) auf Luzerne-Feldern. Auf mäßig frischen bis mäßig trockenen, basenreichen Schluff- und Lehmböden.

Allgemeine Verbreitung: Mittel-, Süd- und Osteuropa, Westasien. Im Westen und Süden von Frankreich, Spanien über Italien, Griechenland nach Osten bis zum Kaukasus (Georgien) und nach Südrußland. Im Norden bis Belgien, den Niederlanden, Norddeutschland (hier sehr selten), Nordspanien; fehlt in Großbritannien und Skandinavien. In Nord- und Westdeutschland sehr selten, in Süddeutschland zerstreut.

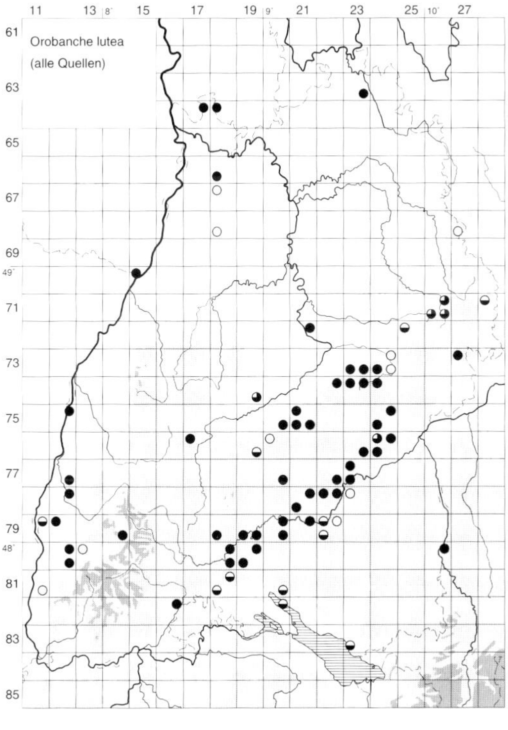

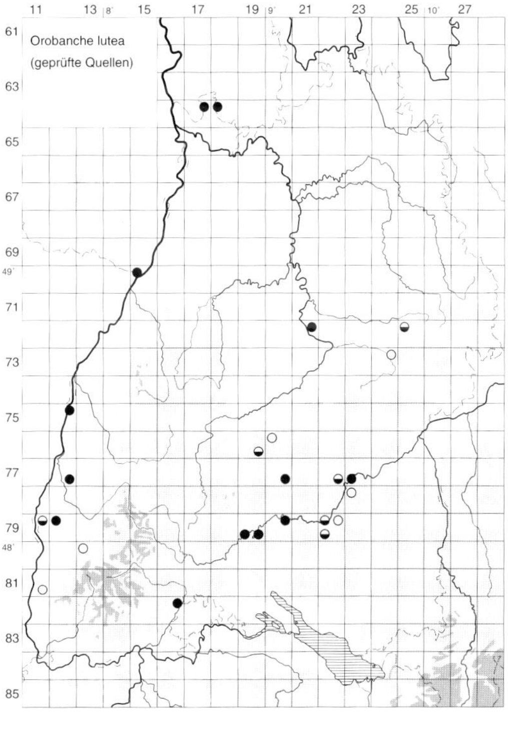

Gelbe Sommerwurz (*Orobanche lutea*)
Fridingen, 9. 6. 1994

Verbreitung in Baden-Württemberg: Zerstreut in Naturräumen mit Vorkommen von Magerrasen basenreicher Standorte. Verbreitungsschwerpunkt ist die Schwäbische Alb und das Südliche Oberrheingebiet, hier insbesondere der Kaiserstuhl und die Lahr-Emmendinger Vorbergzone. Wesentlich seltener ist die Art im Wutach-, Bodenseegebiet, im nördlichen Oberschwaben, im Nördlichen Oberrheingebiet, an der Bergstraße und im westlichen Kraichgau. Angaben vom Taubergebiet (6323/4), aus dem Schwäbisch-Fränkischen Wald (6827/3), von den Oberen Gäuen (7617/1) und von der Südöstlichen Rißmoräne/Illertal (8026/2) konnten nicht geprüft werden, daher ist ein Vorkommen in diesen Naturräumen nicht gesichert.

Tiefstes gesichertes Vorkommen: Au a. Rh. (7015/1), 111 m. Höchstes gesichertes Vorkommen: Harthausen (7720/4), 752 m.

Geprüfte Quellen:
Bergstraße: 6417/2: NSG Steinbruch Sulzbach, Weinheim, 1989, DEMUTH (KR-K); 6418/1: NSG Wüstnächstenbach, Weinheim, 1986–1992, DEMUTH (KR-K, STU).
Oberrheingebiet: 7015/1: NW Au a. Rh., 1993, DEMUTH (KR-K, STU); 7512/2: N Altenheim, 1987, K. RENNWALD (KR-K); 7712/4: NSG Kahlenberg, 1990, DEMUTH (KR-K); 7911/2: Kaiserstuhl, Oberbergen, 1925, A. MAYER (STU); 7912/1: NSG Badberg, 1967, LEWEJOHANN (Herbarium Univ. Göttingen), SEBALD (STU), 1993, DEMUTH (KR-K); 8013/1: Freiburger Schloßberg, 1863, OERTEL (Herbarium Univ. Göttingen); 8111/4: Müllheim, vor 1900, LANG (KR).
Schurwald: 7221/2: Kappelberg bei Fellbach, 1992, S. SEYBOLD (STU).
Östliche Voralb: 7225/1: Zwischen Beuren und Weiler, 1918, HANEMANN (STU).
Schwäbische Alb: 7324/2: Weg zur Buchalb, vor 1900, KLEMM (STU); 7619/4: Am Hohenzollern, 1921, K. MÜLLER (STU); 7620/1: Farrenberg, 1891, A. MAYER (STU); 7720/4: „Bierendorf" N Harthausen, 1994, R. BANZHAF, DEMUTH (KR-K); 7722/4: Zwiefalten, Südosthang beim Aussichtsturm, 1905, GRADMANN (STU); 7723/3: Schelmental NE Emeringen, 1992, VOGGESBERGER (STU); 7823/1: Feldraine auf dem Bussen, 19. Jh., TROLL (STU); 7919/3: Wirtenbühl bei Bergsteig, 1985, SEBALD (STU); 7919/4: Schelmenhalde östlich Fridingen, 1994, DEMUTH (KR-K); 7920/2: NE Tiergarten, 1978, SEBALD (STU); 7922/1: Beuren bei Mengen, 1905, K. BERTSCH (STU); 7922/2: Marbach, 19. Jh., TROLL (STU); 7922/3: Mengen, Missionsberg, 1905, K. BERTSCH (STU).
Wutachgebiet: 8216/2: NE Schwaningen, 1994, DEMUTH (KR-K).

Bestand und Bedrohung: *O. lutea* ist in fast allen Naturräumen stark zurückgegangen. Im Hauptverbreitungsgebiet, der Schwäbischen Alb, scheinen sich die Bestände weniger stark verändert zu haben, hier kommen auch noch größere Populationen mit über 100 Pflanzen vor. Bei den wenigen sicher nachgewiesenen Beständen in den anderen Naturräumen handelt es sich meist um sehr kleine Populationen, meist weniger als 10 Pflanzen. Die Art ist in der Roten Liste als gefährdet (G 3) eingestuft, außerhalb der Schwäbischen Alb ist die Art als stark gefährdet (G 2) einzuschätzen.

5. Orobanche elatior Sutton 1798
Orobanche major L. 1753
Große Sommerwurz

Morphologie: Mehrjährig; oft finden sich direkt neben abgestorbenen vorjährigen mehrere neue Sprosse, die sehr wahrscheinlich auf der gleichen Wirtspflanze sitzen. Sproßachse unverzweigt, 20–70 cm hoch. Pflanze meist gelblichbraun, selten vollständig gelb (siehe PUSCH 1989). Meist mehr als 15 Blattschuppen, diese ± gleichmäßig verteilt. Blütenstand etwa ⅓ der Sproßachse einnehmend, mit zahlreichen Blüten (bis 45 gezählt), dicht (bei kleinen Exemplaren auch weniger dicht bis fast locker). Blütentragblatt 15–31 mm lang (nach eigenen Messungen am gleichen Wuchsort wie *O. alsatica* (6418/1) 26–31 mm, durchschnittlich länger wie bei dieser), so lang oder länger als die Krone. Kelchhälften zweispaltig. Krone 18–25(27) mm lang, rötlichgelb mit rotbraunen Adern, mit zahlreichen hellen Stieldrüsen. Rükkenkante der Krone auf ganzer Länge gleichmäßig gebogen, selten vorne mit schwach ausgebildetem Knick abfallend; Kronröhre über Staubfadenansatzstelle nur wenig trichterförmig erweitert, auf der Innenseite um die Ansatzstelle mit gelbem, halbmondförmigem Nektarium. Obere Staubfäden 3–5(6) mm über dem Röhrengrund ansitzend, Staubfäden oben und in der Mitte mit wenigen, unten ohne Drüsen, oben mit wenigen Haaren, diese nach unten zahlreicher und dichter werdend. Fruchtknoten und Griffel meist zerstreut drüsig, ohne Haare; Narbe gelb.

Biologie: Wirtspflanzen: In Baden-Württemberg ist bisher nur *Centaurea scabiosa* als Wirt bekannt. Nach Beck-Mannagetta (1930) schmarotzt *O. elatior* noch auf zahlreichen anderen Arten der Gattung *Centaurea* sowie auf *Echinops*-Arten und auf *Hypochoeris radicata*. – Blütezeit: Ende Mai–Ende Juni. Nach langjährigen Beobachtungen an der Badischen Bergstraße am selben Wuchsort etwa 1–2 Wochen nach *O. lutea* blühend, aber Blütezeit einiger Pflanzen sich überschneidend.

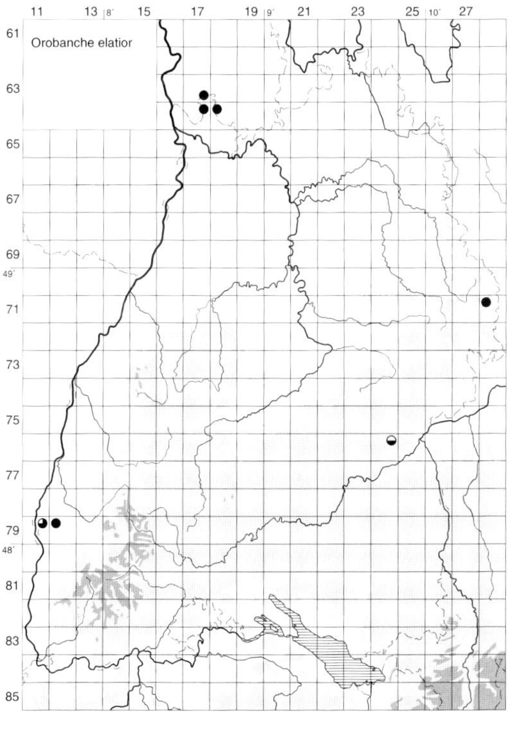

Ökologie: Auf schluffigen und lehmigen, kalkhaltigen, trockenen bis mäßig frischen Böden; in Baden-Württemberg hauptsächlich auf Löß vorkommend. In Trespen-Halbtrockenrasen (Mesobromion-Gesellschaften), magerer Glatthafer-Wiese und Saumgesellschaften trockenwarmer Standorte (Geranion sanguinei-Gesellschaften). Vegetationsaufnahmen aus Baden-Württemberg bei Demuth (1992: Tab. 2, Mesobromion-Gesellschaft), aus der Eifel bei Schumacher (1977: Tabelle mit Gentiano-Koelerietum).

Allgemeine Verbreitung: Europa, Westasien. Im Westen bis England, im Osten bis zum Ural und zum Aral-See; weiter östlich schließt die verwandte *O. krylovii* an. Im Norden bis Dänemark, Südschweden, Nordostdeutschland (Insel Rügen), Nordpolen und Baltikum (Ostseeküste); im Süden von Nordostspanien über Südfrankreich, Norditalien bis in die Südtürkei, vereinzelt im Kaukasus und Nordiran; fehlt im südlichen Mittelmeergebiet. Zur Verbreitung in Rheinhessen siehe Korneck (1972).

Verbreitung in Baden-Württemberg: Fast ausschließlich in wärmebegünstigten Lößgebieten: Bergstraße, Kaiserstuhl, Nördlinger Ries. Nur ein gesichertes, inzwischen erloschenes Vorkommen auf der Schwäbischen Alb bekannt.

Geprüfte Quellen:

Bergstraße: 6317/4: Taubenberg NE Laudenbach, 1985–1990, Demuth (KR-K); 6417/2: NSG Steinbruch Sulzbach bei Weinheim, 1984, Held, Seybold (STU-K), 1982–1994, Demuth (KR-K), Alteberg bei Hemsbach, 1989–1993, Röhner, Demuth (KR-K, STU); 6418/1: Umgebung des NSG Wüst-Nächstenbach bei Weinheim, 1984, Held, Seybold (STU-K), 1987–1992, Demuth (KR-K, STU).

Kaiserstuhl: 7911/2: NW Oberbergen, 1954, K. Müller (STU); 7912/1: NSG Badberg, 1909, A. Mayer (STU), 1954, K. Müller (STU), 1961, G. Knauss (STU), 1993, Demuth (KR-K).

Schwäbische Alb: 7624/2: Pappelau, 1934, A. von Arand-Ackerfeld (STU).

Nördlinger Ries: 7128/1: Bei der Weihermühle N Kirchheim, 1994, H. Wolf (STU).

Unsichere Quellen (nicht in Karte übernommen):

Bergstraße: 6518–6618: Heidelberg, 1828, Dierbach (KR).

Kraichgau: 6718/1: Wiesloch, 19. Jh., Dierbach (KR).

Kaiserstuhl: 7812/3: Schelinger Wiesen nach Vogtsburg hinab, Schildknecht (1863), 1864, Rees (KR), Schelinger Wiesen, 1889, Leutz (KR); 7911/2: Wiesen NW Oberbergen, 1954, K. Müller (STU).

Nördlinger Ries: 7127/2: Egerquelle bei Aufhausen, Frickhinger (1911); 7128/2: Zwischen Benzenzim-

Große Sommerwurz *(Orobanche elatior)*
Weinheim, 7. 6. 1994

Elsässer Sommerwurz *(Orobanche alsatica)*
Hemsbach-Alteberg, 1989

mern und Goldburghausen, FISCHER (1982); 7128/4: Utzmemmingen, FRICKHINGER (1911), BERTSCH, K. u. BERTSCH, F. (1933); 7129/2: Wenneberg bei Alerheim (Bayern), FISCHER (1982); 7129/4: Hahnenberg bei Appetshofen (Bayern), FISCHER (1982).

Bestand und Bedrohung: Im Kaiserstuhl und wahrscheinlich auch im Nördlinger Ries sind die Vorkommen von *O. elatior* zurückgegangen, soweit die wenigen gesicherten Angaben eine Einschätzung zulassen. Auf der Schwäbischen Alb ist das einzig bekannte Vorkommen erloschen. Die Bestände an der Badischen Bergstraße sind erst nach 1970 bekannt geworden, so daß hier keine Aussage über die frühere Verbreitung und somit die Bestandsentwicklung gemacht werden kann (bei SCHMIDT (1857) fehlt *O. elatior*). Die beiden Belege von Heidelberg (6518–6618) und Wiesloch (6718/1) sind nicht eindeutig zu bestimmen, so daß frühere Vorkommen nicht sicher angenommen werden können. *O. elatior* war sehr wahrscheinlich immer schon selten und kam in anderen als den heute bekannten Naturräumen nicht vor. Ein Rückgang der Vorkommen in Baden-Württemberg ist anzunehmen, auch wenn bei genauerer Nachsuche einige alte Fundortangaben bestätigt werden sollten. Über eine Veränderung der Populationsgrößen läßt sich keine Aussage machen. Die Art ist nach der Roten Liste gefährdet (G 3).

6. **Orobanche alsatica** Kirschleger 1836
Elsässer Sommerwurz

Morphologie: Mehrjährig (ob nur einmal blühend?); oft finden sich direkt neben abgestorbenen vorjährigen mehrere neue Sprosse, die sehr wahrscheinlich auf der gleichen Wirtspflanze sitzen. Sproßachse unverzweigt, 20–60(70) cm hoch. 10–25 Blattschuppen, im unteren Sproßabschnitt meist etwas dichter stehend. Blütenstand mit zahlreichen Blüten (bis 32 gezählt), dichtblütig (bei kleineren Exemplaren auch weniger dicht bis locker). Blütentragblatt 10–21 mm lang (nach eigenen Messungen am gleichen Wuchsort wie *O. elatior* (6418/1) 11–21 mm, durchschnittlich kürzer als bei dieser), etwa so lang wie die Krone.

Kelchhälften zweispaltig, vorne untereinander frei, selten im unteren Teil verwachsen. Krone 16–22(25) mm lang, gelblichrosa, oft mit rosa oder rotbraunen Adern, mit zahlreichen hellen Stieldrüsen. Rückenkante der Krone auf ganzer Länge gleichmäßig gebogen. Kronröhre über der Staubfadenansatzstelle etwas bauchig erweitert. Obere Staubfäden (2)4–5(7) mm über dem Röhrengrund ansitzend, oben mit ± zahlreichen Drüsen, in der Mitte weniger zahlreich, Haare oben meist fehlend, nach unten zahlreich und dicht werdend. Fruchtknoten und unterer Griffelabschnitt meist zerstreut drüsig, ohne Haare; Narbe gelb.
Anmerkung zur Taxonomie: siehe bei *Orobanche mayeri.*

Biologie: Wirtspflanze: aus Baden-Württemberg nur *Peucedanum cervaria* bekannt. Nach BECK-MANNAGETTA (1930) auch auf *Peucedanum alsatica.* – Blütezeit: Ende Mai–Ende Juni.

Ökologie: Auf mäßig trockenen, kalkhaltigen Schluff- und Lehmböden. In brachliegenden Beständen von Mesobromion-Gesellschaften, in Saumvegetation trockenwarmer Standorte (Geranion sanguinei-Gesellschaften). Vegetationsaufnahmen aus Baden-Württemberg bei DEMUTH (1992, Tab. 2: Geranio-Peucedanetum cervariae); weitere aus dem Mittleren Maingebiet und dem Taubergrund bei OBERDORFER (1978, Tab. 99: Gentiano-Koelerietum, Tab. 125: Geranio-Dictamnetum).

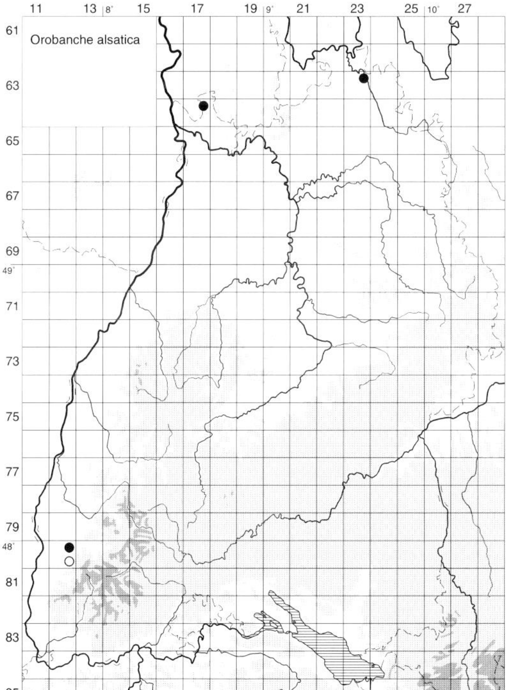

Allgemeine Verbreitung: Bei Abtrennung von *O. bartlingii* als eigene Art liegt der Verbreitungsschwerpunkt nach BECK-MANNAGETTA (1930) in Mitteleuropa. Im Westen reicht die Verbreitung bis Ostfrankreich (Elsaß, Lothringen) und der Nordschweiz (Kanton Schaffhausen). In Deutschland wurde die Art bisher in Baden-Württemberg, Bayern, Thüringen, Sachsen-Anhalt, Brandenburg und Mecklenburg-Vorpommern nachgewiesen. Die Grenze nach Osten läßt sich nicht angeben, da in den großen Florenwerken („Flora Europaea", CHATER u. WEBB 1972 und „Vergleichende Chorologie der Zentraleuropäischen Flora", MEUSEL et al. 1978) *O. bartlingii* und *O. alsatica* nicht getrennt werden.

Verbreitung in Baden-Württemberg: Taubergebiet, Badische Bergstraße und Markgräfler Hügelland.

Geprüfte Quellen:
Taubergebiet: 6323/2: NSG Apfelberg N Gamburg, 1994, DEMUTH (KR-K).
Bergstraße: 6417/2: Alteberg bei Hemsbach, 1989–1994, RÖHNER, DEMUTH (KR-K, STU).
Südliches Oberrheingebiet: 8012/2: Kienberg SW Freiburg, 1991–1992, DEMUTH (KR-K), Schönberg bei Freiburg (ob gleiche Stelle wie vorige?), 1889, FROMHERZ (KR), 19. Jh., SCHATZ (KR), Jennetal bei Ebringen, 1926, JAUCH (KR); 1952/53, PHILIPPI (KR-K: sehr zahlreich, später nicht mehr beobachtet); 8012/4: Ölberg bei Kirchhofen, 1864, HATZ (KR), 1953, PHILIPPI (KR-K: sehr spärlich, Wuchsstelle später zerstört).

Unsichere Quellen (nicht in Karte übernommen):
Hegau: 8218/2: Hohentwiel auf Molasse, DÖLL (1859).
Bodenseegebiet: Rielasingen in Reben, DÖLL (1859), JACK (1900).

Bestand und Bedrohung: An den drei Fundorten wurden vom Autor zusammen nicht mehr als 80 Exemplare gezählt. Selbst wenn die Art Populationsschwankungen besitzt, und an den anderen Stellen, an denen sie in den letzten Jahren nicht mehr beobachtet wurde, noch vorhanden sein sollte, dürfte die Gesamtzahl nicht viel mehr als 100 Exemplare betragen. Nur eines der Vorkommen befindet sich zur Zeit in einem Naturschutzgebiet (Apfelberg 6323/2), für die Fläche bei Hemsbach (6417/2) läuft ein Unterschutzstellungsverfahren. Um alle Populationen dauerhaft zu erhalten, müßte auch die Fläche am Kienberg sichergestellt werden. Eine regelmäßige Kontrolle und gelegentliche Pflegearbeiten – Entfernen von aufkommenden Gehölzen, gelegentlich Mahd (wird im NSG Apfelberg und bei

Hemsbach durchgeführt) – sind notwendig. Die Art ist in der Roten Liste als stark gefährdet (G 2) eingestuft, was aufgrund der Situation auch weiterhin gerechtfertigt ist.

Da die Art wahrscheinlich ein kleines Areal besitzt, das sich auf Mitteleuropa beschränkt, und die Populationen auch in den Nachbarländern nicht zahlreich und klein sein dürften, ist *O. alsatica* möglicherweise in ihrem gesamten Verbreitungsgebiet gefährdet.

Sie sollte daher in die Berner Konvention zum Schutze der europäischen Arten aufgenommen werden (Council of Europe 1979).

7. **Orobanche bartlingii** Grisebach 1844

Orobanche alsatica var. *libanotidis* (Ruprecht) G. Beck 1890, *Orobanche libanotidis* Ruprecht 1845
Bartlings Sommerwurz

Morphologie: Mehrjährig (ob nur einmal blühend?), Sproßachse unverzweigt, 20–40(50) cm hoch. Blütenstand ± dicht, mit 20–40 Blüten (gezählt). Kelchhälften zweizähnig, vorne meist bis zur Mitte oder bis zum Ansatz der Zähne miteinander verwachsen. Krone (12)17–20(22) mm lang, Rückenkante in der Mitte mit geradem Abschnitt, sonst gleichmäßig gekrümmt. Obere Staubfäden 1–3(4) mm über dem Röhrengrund ansitzend. In der Mitte und oben nicht oder spärlich, unten dichter behaart, meist ohne Drüsen. Fruchtknoten und Griffel ohne oder mit wenigen Drüsen, ohne Haare; Narbe gelb.

Anmerkung zur Taxonomie: siehe bei *Orobanche mayeri*. Anm. zur Population in Baden-Württemberg bei Fridingen: Die Pflanzen unterscheiden sich in einigen Merkmalen von solchen aus Bayern (z. B. Machtilshausen, siehe auch NIESCHALK u. NIESCHALK 1968, 1974): Kelchhälften nur im unteren Teil miteinander verbunden (eher wie *alsatica*), Blütenlänge 20–27 mm (wie *alsatica*), mittlerer Abschnitt des Kronenrückens undeutlich gerade oder gebogen (im Übergangsbereich *alsatica – bartlingii*), Staubfadenansatz 3 mm über Röhrengrund (im Übergangsbereich *alsatica – bartlingii*). Die Staubfäden haben allerdings keine Drüsen (wie *bartlingii*), Griffel und Narbe haben viel weniger Drüsen als *O. alsatica*. In der näheren Umgebung der Pflanzen fand sich nur *Seseli libanotis* als potentielle Wirtspflanze (Wirtskontakt durch Ausgraben von AIGELDINGER 1984 festgestellt, STU-K).

Auch hier bleibt zu überprüfen, ob *O. alsatica* und *O. bartlingii* wirtsspezifisch sind. Auch wenn die Pflanzen bei Fridingen nicht in allen Merkmalen mit denen aus Bayern übereinstimmen, werden sie hier zu dieser Art gestellt. An diesem Beispiel zeigt sich die Problematik eines rein morphologischen Artkonzeptes bei der Gattung *Orobanche.*

Biologie: Wirtspflanze: *Seseli libanotis,* nach BECK-MANNAGETTA (1930) auch auf anderen Doldenblütlern. – Blütezeit: Anfang Juni–Anfang Juli.

Ökologie: Auf kalkreichen, humosen, mäßig trockenen, skelettreichen Lehmböden, in Mager- und Trockenrasen-Gesellschaften. Begleitpflanzen an der Fundstelle bei Fridingen (7919/4; 674 m ü. NN): *Seseli libanotis, Bromus erectus, Solidago virgaurea, Potentilla neumanniana, Euphorbia cyparissias, Arenaria serpyllifolia, Salvia pratensis, Bupleurum falcatum, Sanguisorba minor, Silene nutans, Thymus pulegioides, Sedum album, Melampyrum arvense, Arabis hirsuta, Rhytidium rugosum.*

Die *O. bartlingii*-Pflanzen stehen direkt neben *Seseli libanotis.*

Allgemeine Verbreitung: Mittel- und Osteuropa, baltische Staaten, Rußland; im Westen bis Frankreich. In Deutschland in Ostwestfalen, Hessen, Bayern, Thüringen und Baden-Württemberg

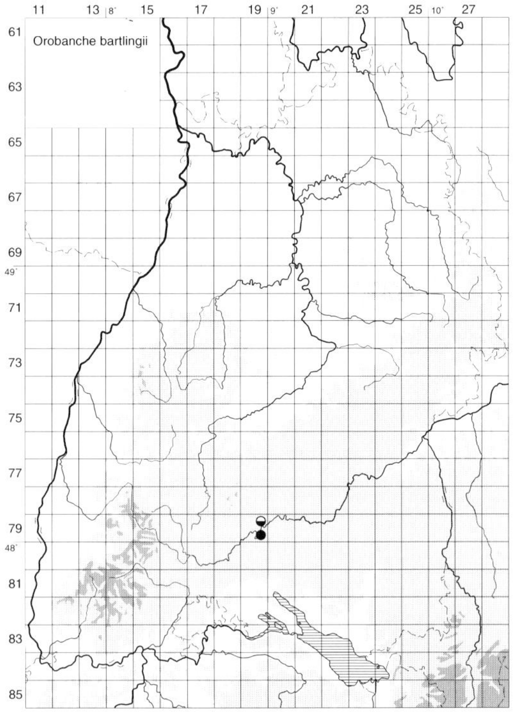

Bartlings Sommerwurz *(Orobanche bartlingii)*
Fridingen, 26. 6. 1994

Mayers Sommerwurz *(Orobanche mayeri)*
Zellerhorn, 12. 7. 1994

(siehe NIESCHALK u. NIESCHALK, 1968, 1974); siehe auch bei *O. alsatica*.

Verbreitung in Baden-Württemberg: Erstmals wurde *O. bartlingii* von K. MÜLLER am 22. 7. 1923 auf der Schwäbischen Alb bei „Beuren, unterhalb des Eichfelsens" (STU) nahe der heute bekannten Fundstelle gesammelt. Dem Herbarbeleg liegt ein Exemplar der Wirtspflanze *Seseli libanotis* bei. Bestimmt worden war die *Orobanche* allerdings als *O. alsatica*.

Der einzige, heute bekannte Fundort „Lugen" südlich Fridingen wurde von AIGELDINGER 1984 entdeckt. In STU-K findet sich von ihm der Hinweis „auf *Libanotis sibirica*, durch Ausgraben festgestellt". Diese Entdeckung einer für Baden-Württemberg neuen Art wurde jedoch nie veröffentlicht.

Schwäbische Alb: 7919/2: Donautal bei Beuron, 22. 7. 1923, K. MÜLLER (STU); 7919/4: Fridingen, 1984, AIGELDINGER (STU-K), „Lugen" südlich Fridingen, 26. 6. 1994, DEMUTH (STU).

Bestand und Bedrohung: Am Fundort bei Fridingen wurden vom Autor am 26. 6. 1994 etwa 50 zum größten Teil blühende Exemplare gezählt, die in einem Bereich von etwa 2 ha in Magerrasen-Beständen vorkommen. Die Fläche grenzt an das Naturschutzgebiet „Stiegelesfels" an. Um den Bestand langfristig zu sichern, ist eine Erweiterung des Schutzgebietes um diese Fläche sinnvoll.

8. **Orobanche mayeri** (Suessenguth u. Ronniger) K. Bertsch u. F. B. Bertsch 1948

Orobanche alsatica var. *mayeri* Suessenguth u. Ronniger 1942
Mayers Sommerwurz

Morphologie: Mehrjährig (ob nur einmal blühend?). Sproßachse unverzweigt (20)30–50(60) cm hoch, Pflanze gelblichbraun oder gelb (von 11 am 9. 7. 1993 auf dem Zeller Horn gesehenen Pflanzen war nur 1 einschließlich der Blüten gelb). 10–25 Blattschuppen, diese gleichmäßig verteilt. Blütenstand reich- und dichtblütig. Kelchhälften ungleich zweizähnig oder einfach. Krone nach SUESSENGUTH u. RONNIGER (1942) 12–15 mm lang, nach eigenen Messungen von Pflanzen am gleichen Wuchsort (1993) 19–22 mm lang, gelblichhellrosa, selten gelb; Rückenkante gleichmäßig gebogen. Obere Staubfäden 2–4 mm über dem Röhrengrund ansitzend, oben mit zahlreichen Drüsen, nach unten weniger, Haare oben fehlend, nach unten zahlreich werdend. Fruchtknoten im oberen, Griffel im unteren Teil mit wenigen Drüsen, sonst ohne Drüsen und Haare; Narbe gelb.

Anmerkung zur Taxonomie: Die 3 Sippen *O. alsatica, O. bartlingii* und *O. mayeri* sind sich in ihrer Morphologie und Wirtswahl (alle auf Doldenblütlern) ähnlich und damit wahrscheinlich nahe miteinander verwandt. Solange aber die Wirtsspezifität und das Fortpflanzungsverhalten nicht geklärt sind, ist der taxonomische Rang der Sippen unklar. Alle drei werden hier als Arten behandelt. Es besteht ein großer Klärungsbedarf bei der Systematik dieser Artengruppe.

Die Pflanzen einer kleinen Population auf dem Plettenberg – 7718/4: 1994/95, BAUMANN, DEMUTH (STU) – stehen nach morphologischen Merkmalen (Staubfaden, Griffel) zwischen *O. bartlingii* und *O. mayeri*. Zudem sind beide potentielle Wirtspflanzen, *Seseli libanotis* und *Laserpitium latifolium*, in unmittelbarer Nähe vorhanden. Eine eindeutige Zuordnung ist nicht möglich, was die Problematik unterstreicht.

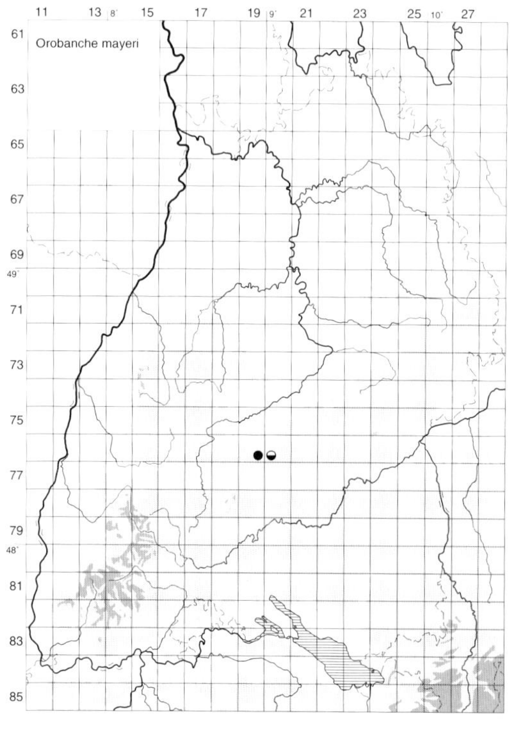

Biologie: Wirtspflanze: *Laserpitium latifolium*. – Blütezeit: Ende Juni–Anfang August.

Ökologie: Auf kalkhaltigem, humosem, mäßig frischem Lehmboden, in einem Bestand des Bupleuro longifolii-Laserpitierum latifolii.

Allgemeine Verbreitung: *O. mayeri* ist eine endemische Sippe Baden-Württembergs. Bisher sind nur zwei Stellen auf der Schwäbischen Alb bekannt.

Verbreitung in Baden-Württemberg: Entdeckt wurde *Orobanche mayeri* von ADOLF MAYER (Tübingen) im Juli 1940 am Zeller Horn (nach MAYER (1950) der „locus classicus") und am Hangenden Stein bei Onstmettingen auf der Schwäbischen Alb. Er hielt die Pflanzen jedoch für *O. elatior*. Exemplare, die er K. SUESSENGUTH und K. RONNIGER schickte, wurden von diesen als eine der *Orobanche alsatica* ähnlichen, bisher aber noch nicht bekannten Sippe angesehen und als *Orobanche alsatica* var. *mayeri* beschrieben (SUESSENGUTH u. RONNIGER 1942).

Heute ist nur noch die Population im Naturschutzgebiet „Zeller Horn" vorhanden. Vom Hangenden Stein bei Onstmettingen liegen aus der Zeit nach 1940 keine Angaben vor. 1993 wurden hier vom Autor bei der Suche keine Pflanzen gefunden.

Schwäbische Alb: 7619/4: Zeller Horn, 1940, A. MAYER (SUESSENGUTH u. RONNIGER 1942, A. MAYER 1950), 1960, G. KNAUSS (STU), 1972, LEWEJOHANN (Herbarium Univ. Göttingen; LEWEJOHANN 1971), 1984, SEYBOLD (STU), 1993, DEMUTH (KR-K); 7620/3: Hangender Stein bei Onstmettingen, 1940, A. MAYER (STU).

Bestand und Bedrohung: Die Populationsgröße des Bestandes am Zeller Horn schwankt nach 1970 zwischen 7 (SEYBOLD, STU-K) und 30 Exemplaren (BAUMANN 1995, briefl.). Der Autor zählte am 9. 7. 1993 11 Pflanzen. Diese sehr geringe Populationsgröße hat sich seit langer Zeit als erstaunlich konstant erwiesen. Eine akute Gefährdung ist daher zur Zeit nicht erkennbar. Das Vorkommen liegt in einem Naturschutzgebiet, in dem Pflegemaßnahmen (Mahd) durchgeführt werden. Daher ist die Einstufung in der Roten Liste Baden-Württembergs als „potentiell gefährdet" (G 4) weiterhin gerechtfertigt.

9. **Orobanche rapum-genistae** Thuillier 1799

Ginster-Sommerwurz

Morphologie: Mehrjährig. Sproßachse unverzweigt, bis 110 cm hoch, an der Basis stark verdickt (bis 4 cm). Blattschuppen oval bis ovallänglich, 1,5–3 cm lang, zahlreich. Blütenstand oft mehr als ½ so hoch wie die ganze Pflanze, oben dicht-, unten mehr lockerblütig, Blüten zahlreich (bis 90 gezählt). Kelchhälften zweizähnig. Krone 20–25 mm lang, Rückenkante gleichmäßig gebogen, Kronröhre oberhalb der Staubfadenansatzstelle ungleichförmig verdickt, zum Saum hin glockenförmig erweitert; Mittellappen der Unterlippe größer als die beiden äußeren, Oberlippe ganzrandig, helmförmig; Krone außen hellgelb, rötlichgelb oder rötlichbraun, innen mehr rötlich, vor allem zum Saum hin dicht stieldrüsig; Rand der Unterlippe kahl oder schwach stieldrüsig. Staubfäden etwa 2 mm über dem Röhrengrund ansitzend, ohne Haare, nur unterhalb der Antheren schwach drüsig; Antheren in getrocknetem Zustand weiß (im Gegensatz zu allen anderen Arten der Sektion Osproleon). Griffel stieldrüsig; Narbe gelb.

Biologie: Wirtspflanzen: In Baden-Württemberg nur *Cytisus scoparius*. Nach BECK-MANNAGETTA (1930) auch auf anderen Arten der Gattung *Cytisus* und auf Arten der Gattung *Genista*. – Blütezeit: Mai–Juli (August).

Ökologie: Auf kalkfreien, nährstoffarmen, mäßig frischen, sandigen oder reinen Lehmböden. In Beständen der Besenginster-Heide, von Waldmantel-Gesellschaften und des Birken-Traubeneichen-Waldes. Im Schwarzwald insbesondere in den Gebieten mit Reutweidewirtschaft, einer Landnutzung, die heute erloschen ist. Nach der Beweidungsphase wurde die Grasnarbe abgezogen („geschorft“) oder abgebrannt, dann folgten einige Jahre Ackerbau. Anschließend wurde die Fläche wieder beweidet. Insbesondere das Abbrennen fördert *Cytisus scoparius* und damit auch dessen Parasiten, die Ginster-Sommerwurz. Eine Vegetationsaufnahme vom Nordschwarzwald („Brenneschrofen“, 7415/1) bei SCHWABE-BRAUN (1980, Tab. 6: Sarothamno-Nardetum).

Ginster-Sommerwurz *(Orobanche rapum-genistae)*

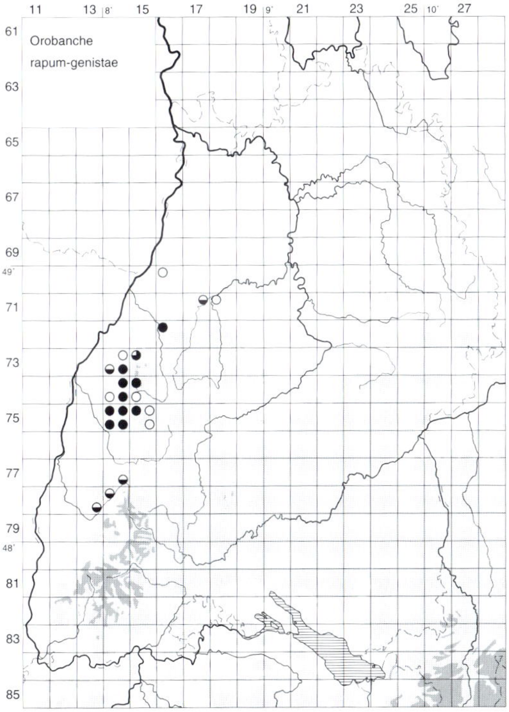

Allgemeine Verbreitung: Westeuropa. Im Norden bis zur Linie Nordengland, Schottland – Niederlande – Norddeutschland (Niedersachsen), bis etwa 55° n. Br. Im Süden bis Westspanien, Portugal und Nordalgerien, im Osten bis Südwestdeutschland (westlicher Schwarzwald), Italien (einschließlich Sardinien und Sizilien).

Verbreitung in Baden-Württemberg: Aktuell im Nordschwarzwald, erloschen im Mittleren Schwarzwald und im Nördlichen Oberrheingebiet.

Nördliches Oberrheingebiet: 7016/1: Zwischen Ettlingen und Scheibenhardt, vor 1900, VON STENGEL (DÖLL 1859).
Nordschwarzwald: 7117/2: Büchenbronn, ohne Datum, EICHLER, GRADMANN u. MEIGEN (1912); 7118/1: Pforheim, KLEIN (1905); 7216/1: Galbenberg bei Gaggenau, 1993, E. u. K. RENNWALD, Scheibenberg bei Gaggenau, 1993, E. u. K. RENNWALD (KR-K), 1994, R. RIEDINGER (KR-K); 7314/2: Bühl, KLEIN (1905); 7314/3: Achern, ohne Datum, (EICHLER, GRADMANN u. MEIGEN (1912); 7314/4: Brigittenschloß östlich Sasbachwalden, 1994, M. u. K. RENNWALD (KR-K); 7315/1: Oberbühlertal, 1951, OBERDORFER (1951); 7414/2: Waldulm, Furschenbach, Ottenhöfen, 1883, WINTER (BAUMGARTNER 1883), Schwend, 1951, OBERDORFER (1951), westlich Lauenbach, 1995, C. KROPP (KR-K); 7414/3: Oberkirch, KLEIN (1905); 7414/4: Zwischen Waldulm, Eselsritt und Oppenau, vor 1900, DÖLL (KR), Sasbachwalden, ohne Datum, EICHLER, GRADMANN u. MEIGEN (1912), Brandmatt, Oedsbach, Sohlberg, 1951, OBERDORFER (1951), Lautenbach, südwestlich Sohlberg, 1993, E. u. K. RENNWALD (KR-K), Sohlberg, 1994, K. RENNWALD (KR-K); 7415/1: Brennteschrofen, vor 1980, SCHWABE-BRAUN (1980), Seebach-Tannenteich, 1990, E. u. K. RENNWALD (KR-K), 7415/3: Allerheiligen-Oppenau, 1897, A. MAYER (STU); 7514/1: Brandeck, 1951, OBERDORFER (1951), Otschenfeld, 1990, E. u. K. RENNWALD (KR-K), Brand südöstlich Durbach, 1995, K. u. E. RENNWALD (KR-K); 7514/2: Ramsbach-Höfle, gegen die Bärenburg, 1975, PHILIPPI (KR-K); 7514/3: Nordrach – „Maiers Grund", 1990, E. u. K. RENNWALD (KR-K); 7514/4: „Vor Ernsbach" westlich Nordrach, 7. 7. 1994, K. RENNWALD, DEMUTH (KR-K); 7515/1: Maisach – am Wilfeneck, Bägoldsbach, Hüttimatt, 1990, E. u. K. RENNWALD (KR-K); 7515/2: Kniebis unweit Alexanderschanze, vor 1859, ZEYHER (DÖLL 1859); 7515/4: Breitenberg, zwischen Wirtshaus „Zur Zuflucht" und Peterstal, 1837, DÖLL (1859).
Mittlerer Schwarzwald: 7714/4: Schulersberg-Mühlebach gegen Elzach, vor 1900, NEUBERGER (1898); 7813/4: Siegelau, ohne Datum, EICHLER, GRADMANN u. MEIGEN (1912); 7814/1: Elzach, ohne Datum, EICHLER, GRADMANN u. MEIGEN (1912) – eventuell identisch mit Fundstelle auf 7714/4.

Bestand und Bedrohung: Durch den drastischen Rückgang der extensiv beweideten Heideflächen sowie dem Erlöschen der Reutweidewirtschaft im Schwarzwald in diesem Jahrhundert sind die Bestände von *O. rapum-genistae* stark zurückgegangen. Eine weitere Gefährdungsursache ist die Aufforstung brachgefallener Magerweiden und Besenginster-Heiden, wie ein aktuelles Beispiel bei Nordrach (7514/4) zeigt: Hier wurde vor wenigen Jahren eine Besenginster-Heide mit Wald-Kiefer aufgeforstet. Für den noch vorkommenden Bestand der Ginster-Sommerwurz ist es nur eine Frage der Zeit, bis er aufgrund der zunehmenden Beschattung und dem damit verbundenen Verschwinden des Besen-Ginsters erlischt. Die größte bekannte Population findet sich bei Durbach (7514/1) mit über 1000 Expl., weitere am Galgenberg bei Gaggenau (7216/1), auf dem Sohlberg (7414/4) und bei Nordrach (7514/4) mit jeweils weit über 100 Exemplaren. Neben dem Vorkommen auf Weidfeldern oder in Beständen des Birken-Traubeneichen-Waldes, gibt es auch solche auf Straßenböschungen, z. B. bei Seebach-Tannenteich (7415/1) und Otschenfeld (7514/1). Hierbei handelt es sich jedoch um kleine Populationen mit wenigen Exemplaren (E. u. K. RENNWALD, 1994 mündl.). Wichtig für die Erhaltung und Förderung der Art sind Pflegemaßnahmen, die die Flächen offen halten und zur Verjüngung der Besenginster-Bestände beitragen. Die Art ist in der Roten Liste Baden-Württemberg als „stark gefährdet" (G 2) eingestuft.

10. **Orobanche hederae** Duby 1828

Efeu-Sommerwurz

Morphologie: Mehrjährig. Sproßachse einfach, 10–60 cm hoch, unten stark verdickt, rötlich überlaufen, selten gelblich, drüsig, mit wenigen Blattschuppen. Blütenstand sehr lang, einzelne Blüten bis fast zur Sproßbasis reichend, oben dicht-, unten lockerblütig, an der Spitze mit dicht stehenden, bleibenden Blütenknospen. Kelchhälften einfach oder ungleich zweizähnig; Kelchzähne lang zugespitzt. Krone 10–20(23) mm lang, röhrenförmig, oberhalb der Staubfadenansatzstelle bauchig erweitert, unterhalb des Saums verengt; kahl oder mit wenigen Stieldrüsen; Oberlippe ganzrandig oder ausgerandet, nach vorne gestreckt; Mittellappen der Unterlippe größer als die seitlichen, Rand der Lappen gekräuselt und gezähnt. Krone weißlich, gelb überlaufen, Oberseite und Oberlippe meist rötlich, diese oft mit violetten Nerven. Staubfäden 3–4 mm über dem Röhrengrund ansitzend, gelb. Oberer Teil des Fruchtknotens und ganzer Griffel drüsig oder kahl; Narbe gelb bis orange, oft rötlich umrandet.
Biologie: Wirtspflanzen: *Hedera helix*. Nach BECK-MANNAGETTA (1930) auch auf anderen Arten der Araliaceae parasitierend. – Blütezeit: Mai–Juli (August).
Ökologie: In Hecken und Gebüschen in gepflanzten, oft beschatteten Efeu-Beständen. Am Isteiner Klotz (8311/1) auch im Bestand des Weißseggen-Eichen-Linden-Waldes (Carici albae-Tilietum cordatae); Vegetationsaufnahmen von solchen Vorkommen bei OBERDORFER (1992, Tab. 315). Die Art ist in der Lage, relativ rasch

Efeu-Sommerwurz *(Orobanche hederae)*
Freiburg

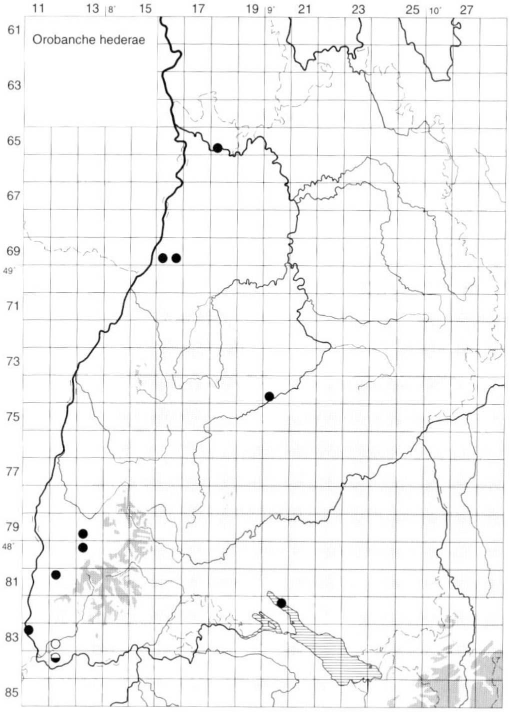

neu angelegte Efeu-Pflanzungen zu besiedeln, wie ein Beispiel aus Karlsruhe zeigt: Beim Geographischen Institut der Univ. wurde ein neu angelegter Efeu-Bestand nach nur wenigen Jahren von zahlreichen Pflanzen der Efeu-Sommerwurz parasitiert (BREUNIG, 1995 mündl.).

Allgemeine Verbreitung: West- und Südwesteuropa sowie Kaukasus. In Mitteleuropa nur vereinzelte Vorkommen. Im europäischen Teilareal im Norden bis Großbritannien, im Süden bis Südspanien und Italien; im Osten bis Westdeutschland (Rhein- und Saartal), Österreich, Slowenien und Kroatien. Die Art ist außerhalb des westeuropäischen geschlossenen Teilareals (Großbritannien, Frankreich, Portugal, Spanien, Italien) vielfach eingeschleppt oder eingeführt worden, vor allem in Park- und Gartenanlagen.

Verbreitung in Baden-Württemberg: Im Oberrheingebiet, Bodenseegebiet und im Neckartal bei Tübingen. Die meisten Vorkommen befinden sich in Park- und Gartenanlagen und wurden hier eingeschleppt oder eingeführt. Nur im Gebiet des Isteiner Klotzes (8311/1) und bei Staufen (8112/1) wächst *O. hederae* in naturnahen Vegetationsbeständen, wie dem Gebüsch trockenwarmer Standorte und dem Weißseggen-Eichen-Linden-Wald.

Zum erstenmal wird die Art von DÖLL (1843) vom Rötteler Schloß (Ruine Rötteln nördlich Lörrach, 8312/3) erwähnt. Daß *O. hederae* in älteren Florenwerken nicht genannt ist, auch nicht vom damals schon gut erforschten Gebiet des Isteiner Klotzes, legt den Schluß nahe, daß die kaum zu verwechselnde Art erst Anfang des 19. Jh. im Südlichen Oberrheingebiet eingeschleppt oder eingeführt und von hier aus mit Efeu-Pflanzen verbreitet wurde. Daher handelt es sich bei der Efeu-Sommerwurz wohl um einen Neophyten.

Oberrheingebiet: 6518/3: Heidelberg, altes Klinikum in der Bergheimer Straße, 1993, NEES, HIMMLER (KR-K), Heidelberger Schloß, 1992, SCHLESINGER, WAGENKNECHT (STU-K); 6916/3: Karlsruhe, Botanischer Garten, 1926, KNEUCKER (KR), Schloßpark, 1991–1994, DEMUTH (KR-K), alter jüdischer Friedhof/Kriegsstraße, 1991, BREUNIG (KR-K); 6916/4: Univ. Karlsruhe – beim Geographischen Institut, 1994, BREUNIG (KR-K); 7913/3: Freiburg, Alter Friedhof, 1968, WIRTH (PHILIPPI u. WIRTH 1970), Hauptfriedhof, 1991, DEMUTH u. KOCH (KR-K); 8013/1: Freiburg, Wallstraße, 1968, WIRTH (PHILIPPI u. WIRTH 1970), 1994, DEMUTH (KR-K), Ebnet bei Freiburg, vor 1900?, FRICK (KR); 8112/1: Messerschmiedfelsen bei Staufen, 1990, KOCH (KR-K); 8311/1: St. Anna-Kapelle beim Isteiner Klotz, SCHILDKNECHT (1863), WINTER (1889), Isteiner Klotz, 1899, A. MAYER (STU), 1990, VOGGESBERGER, DEMUTH (STU-K); 8312/3: Rötteln, DÖLL (1843), NEUBERGER (1898); 8412/1: Herteln, ohne Datum, EICHLER, GRADMANN u. MEIGEN (1912).

Neckargebiet: 7420/3: Tübingen, Österberg, 1934, A. MAYER (STU), Tübingen Stadtfriedhof, 1978, GOTTSCHLICH, 1983, CAMMISAR (STU-K, GOTTSCHLICH 1979).

Bodenseegebiet: 8220/2: Zwischen Wallhausen und Bodman – zwischen Uferweg und See, 1994, VON HELLMANN (STU).

Bestand und Bedrohung: Die größte Population befindet sich am Isteiner Klotz (8311/1) mit weit über 100 Pflanzen. Von den anderen Vorkommen sind jeweils weniger als 100 Exemplare bekannt. Da die wenigen Bestände im Gebiet zu den östlichsten Vorposten des europäischen Teilareals gehören und aktuell nicht gefährdet sind, ist die Art in der Roten Liste Baden-Württembergs als „potentiell gefährdet“ (G 4) eingestuft.

11. **Orobanche gracilis** Smith 1798

Zierliche Sommerwurz, Blutrote Sommerwurz

Morphologie: Wahrscheinlich mehrjährig (ob nur einmal blühend?). Sproßachse einfach, 10–60 cm hoch, bräunlichgelb oder rötlich. Blütenstand meist dicht- und reichblütig. Kelchhälften meist etwas ungleich zweizähnig, selten einfach. Krone

Zierliche Sommerwurz (*Orobanche gracilis*)
Kissinger Heide/Lech, 12. 6. 1994

10–20(25) mm lang, röhrig, zum Saum hin glokkenförmig erweitert, Rückenkante gleichmäßig schwach gebogen, wachsgelb, zum Saum hin rötlich oder purpurn, Kroneninnenseite dunkelblutrot, glänzend, getrocknet rötlich dunkelbraun, Krone selten vollständig wachsgelb; Oberlippe ausgerandet oder ganzrandig, vorgestreckt, wie die Unterlippe mit faltigen, am Rand ungleich gezähnten, drüsigen Lappen. Staubfäden 0–1 mm über dem Röhrengrund ansitzend, unter ± dicht behaart, in der Mitte und oben ohne Haare, unterhalb der Antheren mit Stieldrüsen. Fruchtknoten rötlichbraun, an der Basis mit 3 Höckern, wie der Griffel zerstreut stieldrüsig; Narbe gelb mit deutlichem dunkelrotem oder rötlichbraunen Rand.

Biologie: Wirtspflanzen: Verschiedene Arten der Leguminosen, zum Beispiel Arten der Gattungen *Lotus, Hippocrepis* und *Dorycnium*. In Baden-Württemberg wahrscheinlich auf *Genista tinctoria*. – Blütezeit: Mitte Mai–August (Oktober).

Ökologie: Auf kalkhaltigen, mäßig trockenen, schluffigen oder lehmigen Böden. In Magerrasen- und Schneeheide-Kiefern-Wald-Beständen.

Allgemeine Verbreitung: Europa, Vorderasien. Nach Norden bis etwa 50°, fehlt also in Großbritannien, Belgien, den Niederlanden und Nordeuropa.

Verbreitungsschwerpunkte in Deutschland sind die Alpen, hier bis etwa 1800 m ü. NN, und das Alpenvorland. Außerhalb dieses Gebietes ist die Art sehr selten und stellenweise nur eingebürgert.

Verbreitung in Baden-Württemberg: Im Kaiserstuhl, auf der Schwäbischen Alb und im Nördlinger Ries verschollen, aktuell nur noch in der

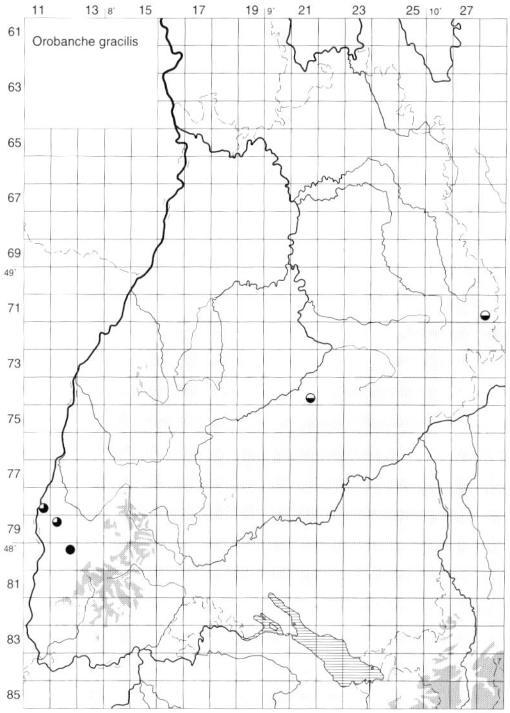

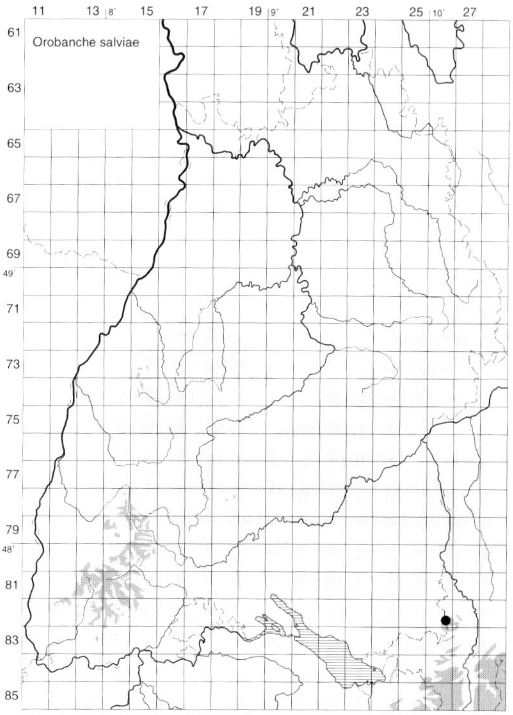

Freiburger Bucht. Die Art wurde zum erstenmal für Baden-Württemberg in der Flora des Rieses von FRICKHINGER (1911) für Trochtelfingen erwähnt. Auf der Schwäbischen Alb wurde sie 1924 von A. MAYER bei Eningen entdeckt, am Kienberg bei Ebringen südlich Freiburg 1923 von K. MÜLLER und am Kaiserstuhl fand sie erstmals A. MAYER 1948 am Badberg und G. KNAUSS 1961 am Lützelberg.

Nördlinger Ries: 7128/3: Esperhölzle bei Trochtelfingen, FRICKHINGER (1911).
Schwäbische Alb: 7421/4: Eningen, Glems – Bergwiesen am Waldtrauf, 1924, A. MAYER (STU).
Kaiserstuhl: 7811/4: Lützelberg bei Sasbach, 1961, KNAUSS (STU); 7912/1: Badberg, 1948, A. MAYER (STU).
Freiburger Bucht: 8012/2: Kienberg bei Ebringen, 1923, K. MÜLLER (STU), 1991 und 1993, DEMUTH (KR-K, STU).

Bestand und Bedrohung: Von den 5 bekannten Fundorten ist nur noch der am Kienberg aktuell. Die Zierliche Sommerwurz galt für Baden-Württemberg als ausgestorben (G 0), bis sie vom Autor 1991 am Kienberg, wahrscheinlich an derselben Stelle, wo sie 1923 K. MÜLLER entdeckte, wiedergefunden wurde. Die Population besteht aus wenigen Exemplaren. Die Pflanzen wachsen in einem brachliegenden Magerrasen-Bestand und parasitieren wahrscheinlich auf *Genista tinctoria*. Auf Ausgraben und Überprüfen der Kontaktstelle wurde aufgrund der kleinen Population verzichtet.

Als Gefährdungskategorie für die Rote Liste Baden-Württembergs wird „vom Aussterben bedroht (G 1)" vorgeschlagen.

12. Orobanche salviae W. D. J. Koch 1833
Salbei-Sommerwurz

Morphologie: Wahrscheinlich mehrjährig (ob nur einmal blühend?). Sproßachse einfach, 12–55 cm hoch. Blütenstand zu Blühbeginn oben ± dichtblütig, unten lockerblütig, später sich streckend und ganz lockerblütig. Kelchhälften einfach oder ungleich zweizähnig. Krone 12–23 mm lang, röhrig, über der Staubfadenansatzstelle etwas erweitert, Rückenkante gleichmäßig gebogen; Oberlippe meist schwach ausgerandet, selten ungeteilt oder zweilappig; Unterlippe mit 3 etwa gleichgroßen Lappen; Rand des Kronensaums gezähnt und drüsig bewimpert. Staubfäden (2)3–5 mm über dem Röhrengrund ansitzend, von unten bis zur Mitte dicht behaart, oben ohne Haare, oben mit wenigen Stieldrüsen oder kahl. Oberer Teil des Fruchtknotens und Griffels mit zahlreichen

Stieldrüsen; Narbe zu Blühbeginn gelb, bald orange bis bräunlich werdend.

Biologie: Wirtspflanze: *Salvia glutinosa.* – Blütezeit: Juli–August.

Ökologie: Auf basen- und nährstoffreichen, frischen Lehmböden. In Au- und Schluchtwäldern, in montanen Buchenmischwäldern und montanen bis subalpinen Hochstauden-Gesellschaften. Vegetationsaufnahmen von den beiden Beständen im Schleifertobel (Adelegg) bei DEMUTH (1992, Tab. 3 und 4). Der eine Bestand wächst hier in einem Fichten-Forst, die Krautschicht entspricht der einer Aceri-Fagenion-Gesellschaft, der andere in einer Staudengesellschaft mit *Atropa belladonna, Stachys sylvatica* und *Aegopodium podagraria.*

Allgemeine Verbreitung: Alpen (Frankreich, Schweiz, Italien, Österreich und Deutschland), Dinarisches Gebirge (Slowenien, Kroatien, Bosnien) und Südwestkarpaten.

Verbreitung in Baden-Württemberg: Nur auf der Adelegg an 2 Stellen im Schleifertobel. Die Art wurde am 4. 8. 1989 von Frau E. KRAMER (Weinheim) zusammen mit dem Autor an einer Stelle entdeckt, ein Neufund für Baden-Württemberg. 1990 entdeckte der Autor mit H. HIMMLER (Landau) eine weitere Wuchsstelle im Schleifertobel. Eine Suche in den anderen Tobeln der westlichen Adelegg blieb erfolglos (DEMUTH 1992). Das Vorkommen gehört zu den nördlichsten des Areals und ist stark isoliert. Der nächste Fundort liegt in den Allgäuer Alpen (Bayern) etwa 40 km Luftlinie entfernt (DÖRR 1978).

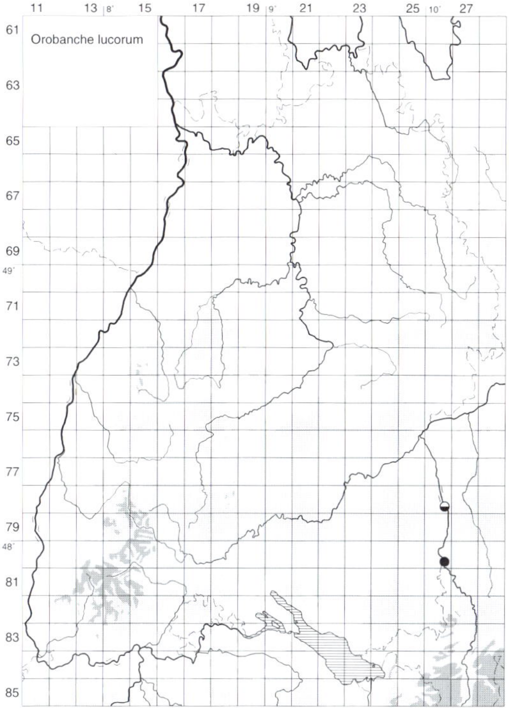

Salbei-Sommerwurz *(Orobanche salviae)*
Schleifertobel, 4. 8. 1989

Adelegg: 8226/4: Schleifertobel, 1989, KRAMER (KR-K), 1990, DEMUTH, HIMMLER (KR-K).

Bestand und Bedrohung: 1990 wurden an beiden Stellen zusammen 8 Pflanzen gezählt. Die Population liegt im Landschaftsschutzgebiet „Adelegg". Eine Gefährdung war 1990 nicht auszumachen, jedoch sollte bei Forstarbeiten auf die Bestände geachtet werden. Holzablagerungen und andere Störungen der Wuchsstellen müssen unterbleiben. Aufgrund der isolierten Randlage innerhalb des Areals wird die Gefährdungskategorie „potentiell gefährdet (G 4)" für die Rote Liste Baden-Württembergs vorgeschlagen.

13. **Orobanche lucorum** A. Braun 1833

Hain-Sommerwurz

Morphologie: Wahrscheinlich mehrjährig (ob nur einmal blühend?). Sproßachse einfach und (10)18–50 cm hoch, an der Basis schwach ver-

Hain-Sommerwurz *(Orobanche lucorum)*

dickt. Blattschuppen im unteren Sproßabschnitt gehäuft, oben locker sitzend. Blütenstand zu Blühbeginn dichtblütig, später verlängert und lockerblütig. Kelchhälften einfach oder ungleich zweizähnig; Kelchzähne lang zugespitzt bis fadenförmig ausgezogen. Krone 12–20 mm lang, über der Staubfadenansatzstelle bauchig verdickt, zum Saum hin glockenförmig erweitert, Rückenkante gleichmäßig gebogen; Oberlippe ausgerandet bis zweilappig, Lappen gerade vorgestreckt; Rand des Kronensaums gekräuselt, ungleich gezähnt und dichtdrüsig; Krone rötlichgelb oder gelblichbraun, mit zahlreichen hellen Stieldrüsen. Staubfäden 2–3 mm über dem Röhrengrund ansitzend, unten dicht kurzhaarig, oben ohne Haare, mit wenigen Stieldrüsen oder völlig kahl. Fruchtknoten schwefelgelb, am Grunde orange, Griffel kahl oder spärlich drüsig, selten mit vielen Drüsen; Narbe gelb oder rötlichgelb.

Biologie: Wirtspflanzen: *Berberis vulgaris, Rubus* spec., *Crataegus* spec. – Blütezeit: Juni–August.

Ökologie: Auf basenreichen, frischen, oft steinigen oder kiesigen Lehmböden. In Gebüschen und lichten Wäldern.

Allgemeine Verbreitung: Nur Alpen und Alpenvorland. Von den Rätischen Alpen im Westen, bis zu den Hohen Tauern im Osten, in den Nördlichen und Südlichen Kalkalpen (hier nur im Bereich des Etschtales). Im Alpenvorland nur sehr vereinzelt. Verbreitungskarte für dieses Gebiet bei BRESINSKY (1965).

Verbreitung in Baden-Württemberg: Nur im Unteren Illertal. Die Hain-Sommerwurz wurde zum erstenmal für Baden-Württemberg im Jahr 1913 an der Fundstelle bei Dettingen (7826/4) von K. BERTSCH festgestellt (BECK-MANNAGETTA 1930).

Unteres Illertal: 7826/4: Illerauen bei Dettingen, 1913, K. BERTSCH (STU, STU-K: „auf frisch abgeholzten Gebüschen der Illerauen"); 8026/4: Aitrach, 1984, K. LENKER, E. DÖRR (DÖRR 1985: „linksseitige Illerauen").

Bestand und Bedrohung: Die Art gilt nach der Roten Liste Baden-Württemberg (HARMS, PHILIPPI u. SEYBOLD 1983) als erloschen (G 0). 1984 wurde jedoch ein Vorkommen von *O. lucorum* von K. LENKER bei Aitrach (8026/4) entdeckt und von E. DÖRR bestätigt (DÖRR 1985). Von den beiden Fundstellen ist nur dieses aktuell, das Vorkommen bei Dettingen ist erloschen. Die Gefährdungssituation ist nicht einschätzbar. Ähnlich wie bei *Orobanche salviae* gehört die Population im Unteren Illertal zu den nördlichsten des Areals. Es wird die Gefährdungskategorie „potentiell gefährdet" (G 4) vorgeschlagen.

14. **Orobanche amethystea** Thuillier 1799

Amethyst-Sommerwurz

Morphologie: Mehrjährig (ob nur einmal blühend?). Sproßachse (10)20–45 cm hoch, wie Blattschuppen violett oder purpurn überlaufen. Blütenstand locker- bis dichtblütig. Blütentragblätter violett überlaufen, meist länger als die Blüten, Spitze des Blütenstandes dadurch schopfig. Kelchhälften zweizähnig, Zähne lang zugespitzt. Krone (15)18–21 mm lang, weißlich mit violetten Adern oder violett überlaufen, außen mit meist wenigen hellen Stieldrüsen; auf der Innenseite um die Staubfadenansatzstelle mit gelbem, halbmondförmigem Nektarium. Obere Staubfäden 3–4,5 mm über dem Röhrengrund ansitzend. Fruchtknoten und Griffel zerstreut drüsig; Narbe violett oder rotbraun.

Biologie: Wirtspflanze: In Baden-Württemberg auf *Eryngium campestre*, nach BECK-MANNAGETTA (1930) auch auf anderen Doldenblütlern sowie auf Vertretern anderer Pflanzenfamilien. – Blütezeit: Juni–Juli.

Ökologie: Auf kalkreichen, nährstoffarmen, trockenen, schluffigen oder lehmigen Böden; in Trokkenrasen-Gesellschaften (in Baden-Württemberg in Xerobrometum-Beständen). Vegetationsaufnahmen bei SLEUMER (1934, Tab. 2: Xerobrometum).

Allgemeine Verbreitung: Verbreitungsschwerpunkt ist Südwesteuropa. Im Westen von Westfrankreich bis Portugal, im Süden bis Nordafrika, im Nordosten bis Westdeutschland (Oberrheingebiet und Rheinhessisches Hügelland), im Südosten bis zum Schwarzen Meer.

Verbreitung in Baden-Württemberg: Nur im Südlichen Oberrheingebiet: Kaiserstuhl und Markgräfler Hügelland (?).

Geprüfte Quellen:
Kaiserstuhl: 7811/4: Sasbach, 1864, REES (KR), Limburg, 1889, NEUBERGER (KR), Lützelberg, 1992, DEMUTH (KR-K), NSG Rheinhalde Burkheim (Burgberg), 1950, OBERDORFER (KR), 1991, PUSCH, WEIKERT, WILMANNS (KR-K), 1993, DEMUTH (KR-K); 7911/2: Achkarren, 1875, SCHATZ (KR), NSG Bitzenberg nordöstlich Achkarren, 1955, 1994, PHILIPPI (KR-K).

Unsichere Quellen (nicht in Karte übernommen):
Kaiserstuhl: 7811/4: Zwischen Rotweil und Sponeck, NEUBERGER (1898); 7812/3: Schelinger Wiesen, NEUBERGER (1898); 7911/2: Büchsenberg westlich Achkarren, SPENNER (1826), WALCHNER (DÖLL 1859); 7912/1: Zwischen Neunlinden und dem Silberbrünnle: DÖLL (1859), Badberg u. Haselschacher Buck bei Vogtsburg, SLEUMER (1934), Badberg, 11. 6. 1985, QUINGER (KR-K); 7912/3: Merdinger Fichtenwald, 1908, G. ZIMMERMANN (Anonymus 1911).

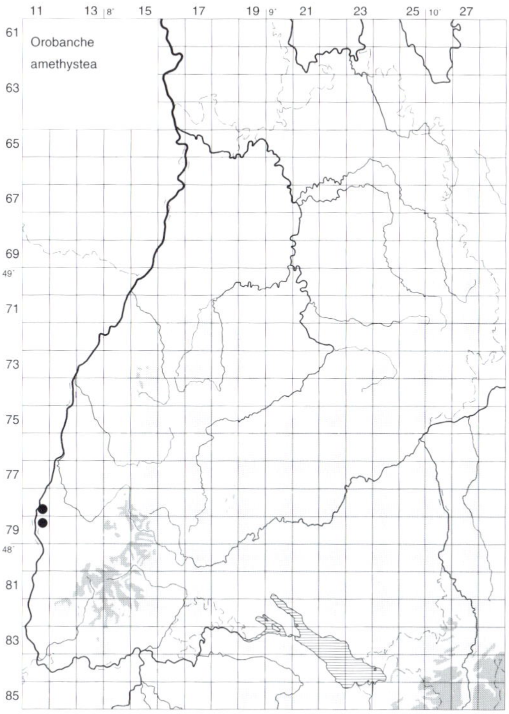

Markgräfler Hügelland: 8012/4: Ehrenstetten, SPENNER (1826); 8112/1: Staufen, NEUBERGER (1898); 8311/1: Isteiner Klotz, NEUBERGER (1898).

Amethyst-Sommerwurz *(Orobanche amethystea)*
Lützelberg bei Sasbach, 26. 5. 1994

Bestand und Bedrohung: Aktuell gibt es 3 bekannte Vorkommen von *O. amethystea*, die alle im Kaiserstuhl liegen. Die Vorkommen im Markgräfler Hügelland sind wahrscheinlich bereits im 19. Jh. erloschen. Alle aktuellen Vorkommen befinden sich in Naturschutzgebieten. Es handelt sich um kleine Populationen. Über die Entwicklung dieser Bestände ist nicht viel bekannt. Nach Aussage von G. PHILIPPI (1994 mündl.) hat die Population am Bitzenberg (7911/2) seit den 50er Jahren stark abgenommen. Die Art ist in der Roten Liste Baden-Württemberg als „stark gefährdet" (G 2) eingestuft.

15. Orobanche minor J. E. Smith 1797
Kleine Sommerwurz

Morphologie: Ein- oder mehrjährig; Knolle mit einer oder mehreren Sproßachsen, diese meist unverzweigt, selten an der Basis verzweigt (eventuell nach Verletzung), 10–50(60) cm hoch, rötlichbraun, purpurn überlaufen, selten gelb. Blattschuppen bis 1,5 cm lang, meist wenige oder mäßig zahlreich, unten gehäuft. Blütenstand oft bis weit unter die Mitte des Sprosses herabreichend, lockerblütig, seltener dichtblütig. Kelchhälften ein- oder zweizähnig. Krone (10)12–16(18) mm lang (nach Messungen an baden-württembergischen Pflanzen); Rückenkante gebogen, manchmal mit geradem Mittelabschnitt; Oberlippe ausgerandet oder zweilappig, mit gerade nach vorne gestreckten Lappen; Krone gelblichweiß und besonders im Bereich der Oberlippe mit rötlichen oder violetten Nerven oder rötlich, purpurn, mit wenigen Stieldrüsen oder kahl. Staubfäden 2–3 mm über dem Röhrengrund ansitzend, unten mit wenigen, selten zahlreichen Haaren oder kahl, oben mit wenigen Stieldrüsen oder kahl. Griffel mit wenigen Stieldrüsen oder kahl; Narbe purpurn, rötlich, bräunlichlila oder gelb.

Variabilität: *O. minor* gehört zu den variabelsten Arten der Gattung. Dies betrifft insbesondere Farbe und Größe verschiedener Merkmale sowie die Wirtswahl.

RUMSEY u. JURY (1991) unterscheiden für Großbritannien 4 Varietäten:

1. var. *flava* E. Regel 1842: Pflanze gelb, bis 25 cm hoch, mit gelber Narbe; bevorzugt auf *Hypochoeris radicata*. So eine Pflanze wurde von K. BERTSCH 1923 bei Hittelskofen (8024/4) gefunden (STU), jedoch wird als Wirt *Trifolium pratense* angegeben, und daß diese Pflanze eine unter zahlreichen „Normalformen“ war.
2. var. *compositarum* Pugsley 1940: Pflanze rötlich, purpurn, bis 60 cm hoch, Blüten aufrecht-abstehend, Blüten blaß rötlichbraun; bevorzugt auf *Crepis* und anderen Kompositen.
3. var. *maritima* (Pugsley) Rumsey and Jury 1989: Pflanze purpurn, Blüten kräftig purpurn, Sproßbasis knollig verdickt, bis 35 cm hoch; bevorzugt auf *Daucus carota* subsp. *gummifer*.
4. var. *minor*: Pflanze rötlichbraun, purpurn überlaufen, bis 60 cm hoch, ohne verdickte Sproßbasis; auf verschiedenen Wirtsarten.

Die Variabilität von *O. minor* in Deutschland bleibt noch zu untersuchen.

Biologie: Wirtspflanzen: Bisher sind weit über hundert Wirtsarten von den Ranunculaceae bis zu den Compositae bekannt (ob auch Poaceae und andere Monocotyledonae? – siehe BECK-MANNAGETTA 1930: 207). Bevorzugt werden jedoch Arten der Fabaceae und Compositae parasitiert. In Baden-Württemberg wurden bisher *Trifolium pratense* (mit Abstand am häufigsten), *T. repens, T. medium, Medicago sativa* und *Tara-*

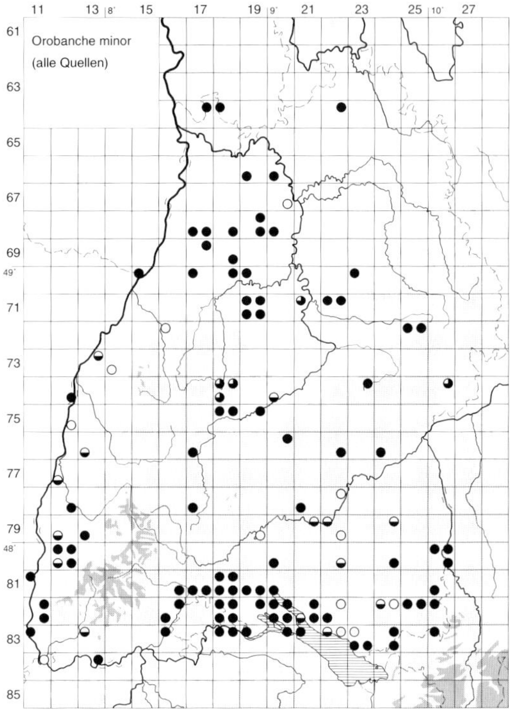

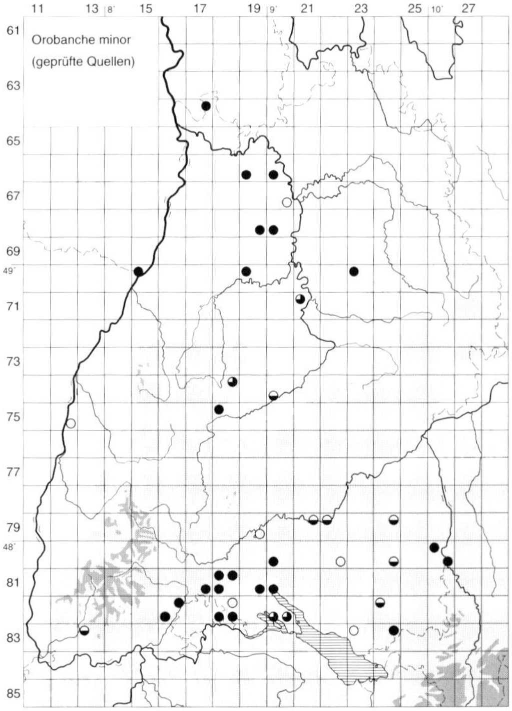

xacum spec. als Wirte angegeben. – Blütezeit: Mai–Juli (September).

Ökologie: Auf basenreichen, mäßig trockenen bis mäßig frischen Lehmböden. In Baden-Württemberg kommt *O. minor* in Magerrasen-Beständen relativ nährstoffreicher und mäßig trockener Standorte, in Beständen von Wirtschaftswiesen mittlerer Standorte und in Klee- und Luzernenfeldern vor. Im 19. Jh. und zu Beginn dieses Jahrhunderts stellte *O. minor* in Süddeutschland einen landwirtschaftlichen Schädling in Klee- und Luzernenfeldern dar, der bei massenhaftem Auftreten zu erheblichen Ertragseinbußen bei den parasitierten Kulturpflanzen führte. In jüngerer Zeit ist die Art dagegen kaum noch in solchen Kulturen zu finden. Von den Beständen in Wiesen ist nicht bekannt, daß sie zu ökonomischen Schäden führen. In Nordamerika, Neuseeland und Westaustralien, wo die Art eingeschleppt wurde, stellt sie dagegen ein erhebliches Problem für die Landwirtschaft dar (WEBER 1993, LINKE, SAUERBORN u. SAXENA 1989).

Allgemeine Verbreitung: Nach BECK-MANNAGETTA (1930) ursprünglich im Mittelmeergebiet und in Vorderasien heimisch. Nach Mittel-, Nord- und Osteuropa sowie nach Zentral- und Ostafrika, Nordamerika, Australien und Neuseeland eingeschleppt. Heute fast weltweit in den wärmeren Klimazonen verbreitet.

Verbreitung in Baden-Württemberg: Verbreitungsschwerpunkte sind das Bodenseegebiet und der Hegau. In anderen Naturräumen ist die Art selten, sie fehlt weitgehend im Schwarzwald, Odenwald, auf der Hohenloher Ebene, im Bauland, Taubergebiet sowie in weiten Teilen des Keuper-Lias-Neckarlandes. Wie aus den Florenwerken und anderen Quellen zu entnehmen ist, erfolgte eine Zunahme der Bestände von *O. minor* ab Mitte des 19. Jh. Mit dem Wachstum der Bevölkerung nahm auch die Viehhaltung in Baden-Württemberg zu. Insbesondere in den Realteilungsgebieten ermöglichte der Anbau von Futterpflanzen wie Klee, Luzerne und Esparsette eine erhebliche Steigerung der Futtermittelproduktion. Im Zuge dieser Ausweitung des Futterpflanzenbaus wurden sehr wahrscheinlich über die Einfuhr von Kleesaat Samen der Kleinen Sommerwurz eingeschleppt, die sich dann in den Klee- und Luzernenfeldern entwickeln und ausbreiten konnten. Mit dem Rückgang des Futterpflanzenbaus nach 1950 und wahrscheinlich auch durch eine verbesserte Saatgutreinigung und -ernte gingen die Bestände von *O. minor* wieder zurück.

Kleine Sommerwurz *(Orobanche minor)*
Bahlingen

Geprüfte Quellen:
6417/2: Weinheim-Sulzbach, 1982, HELD (Herbarium Held); 6619/3: Eschelbronn, Südhang des Koppenberges, 1994, BREUNIG, RIEDINGER (KR-K); 6620/3: Obrigheim-Ansbach, 1988, BREUNIG (KR-K); 6720/4: Bonfeld-Biberach, 1897, FEUCHT (STU); 6819/4: Zw. Gemmingen u. Stetten, östlich Niederhofen, 1995, PLIENINGER (KR-K); 6820/3: „Hinterer Berg“ südlich Schwaigern, 1995, PLIENINGER (KR-K); 7015/1: Au a. Rh., 1991, DEMUTH (KR-K); 7019/1: Mühlacker, 1994, R. TREIBER (KR-K); 7023/1: Siebenknie bei Murrhardt, 1977, SCHWEGLER (STU); 7121/1: Kornwestheim – Güterbahnhof, 1968, SEYBOLD (STU); 7418/2: Ober- und Unterjettingen, 1955, WREDE (STU); 7420/3: Tübingen, am Sandweg beim Gutleuthaus, 1936, A. MAYER (STU); 7512/4: Ichenheim, 1895, KNEUCKER (KR); 7518/1: Horb am Neckar, Untertalheim, 1979, ASSMANN (STU); 7919/4: Fridingen, 1891, A. MAYER (STU); 7921/2: Mengen, 1906, K. BERTSCH (STU); 7922/1: Blochingen bei Mengen, 1906, K. BERTSCH (STU); 7924/2: Laurahöhe bei Wolfental, 1916, A. MAYER (STU); 8020/3: Aachtal südlich Mühlingen, 1974, SEYBOLD (STU); 8022/4: Hoßkirch, vor 1900, A. KLEMM (STU); 8024/4: Hittelkofen, 1906, K. BERTSCH (STU); 8026/1: Zwischen Moosbeuren und Tannheim, 1972, SEYBOLD (STU); 8026/4: Aitrach, Gütergleis, 1987, DÖRR (STU); 8117/4: Spießenrain nörd-

lich Tengen, 1993, DEMUTH (KR-K, STU), Wannenberg, Uttenhofen, „Hillergrube", „Ob der Bleichmühle", 1994, H. SCHÄFER (KR-K); 8118/1: NSG Bitzental/Kirnerberg, 1994, KRETZSCHMAR (KR-K); 8118/2: Engen – Bietzental-Kirnerberg, 1994, H. SCHÄFER (KR-K); 8118/3: Blumenfeld, 1994, DEMUTH (KR-K), Watterdingen, 1994, H. SCHÄFER (KR-K); 8119/4: Nenzingen, 1994, H. SCHÄFER (KR-K); 8120/3: NSG Bodenseeufer bei Bodman (in Kleeansaat), 1993, STICH (KR-K), Espasingen, 1994, H. SCHÄFER (KR-K); 8216/2: NSG Auäcker, 1994, KRETZSCHMAR (KR-K); 8216/3: Mauchen westlich Stühlingen, 1987, WÖRZ (STU); 8218/2: Hohentwiel, 1863, GMELIN (STU); 8218/3: Haldig Häule bei Gailingen, 1989, SEYBOLD (STU); 8218/4: Spies östlich Gottmadingen, 1974, SEYBOLD (STU); 8220/3: Markelfingen, 1955, HRUBY (KR); 8220/4: Hegne, 1960, KNAUSS (STU); 8224/1: Wetzisreute, 1915, K. BERTSCH (STU); 8313/1: Schweigmatt bei Schopfheim, 1910, KNEUCKER (KR); 8323/1: Kehlen bei Meckenbeuren, vor 1900, VON ARAND-AKKERFELD (STU); 8324/2: Wangen – Güterbahnhof, 1974, DÖRR (STU).

Bestand und Bedrohung: *O. minor* kommt heute im Bereich des westlichen Bodenseegebietes und des Hegaus zerstreut vor. In den übrigen Naturräumen des Verbreitungsgebietes ist die Art seltener. Meist handelt es sich bei den Vorkommen um kleine Populationen. Für die rückläufige Bestandsentwicklung sind nicht nur die Veränderungen im Feldfutterbau verantwortlich. Die intensivere Bewirtschaftung der Kleeäcker und Wiesen durch Düngung und die damit verbundenen Standortveränderungen gehören wahrscheinlich ebenfalls zu den Gefährdungsursachen. Die Kleine Sommerwurz ist nicht nur in Baden-Württemberg gefährdet (G 3 der Roten Liste), sondern in fast allen europäischen Ländern nördlich der Alpen.

16. Orobanche picridis F. W. Schultz 1830
Bitterkraut-Sommerwurz

Morphologie: Ein- bis mehrjährig (ob nur einmal blühend?, siehe DEMUTH 1992). Knolle mit einer oder wenigen Sproßachsen, diese unverzweigt, 10–50(60) cm hoch, an der Basis nur wenig verdickt; Sproßachse gelblichbraun, meist violett überlaufen. Meist wenige, bis 2,5 cm lange Blattschuppen. Blütenstand schmal-zylindrisch, reich- und dichtblütig, bei kleinen Exemplaren auch wenig- und lockerblütig. Kelchhälften zweizähnig, etwa bis zur Mitte eingeschnitten, Kelchzähne lang zugespitzt. Krone 16–18 mm lang (an Pflanzen aus Hemsbach, (6418/1), gemessen, nach Literatur 14–23 mm lang). Rückenkante schwach gebogen, mit geradem Mittelabschnitt; Krone gelblichweiß und besonders im Bereich der Oberlippe mit rötlichvioletten Nerven, mit wenigen hellen Stieldrüsen. Oberlippe ausgerandet oder zweilappig mit zur Seite stehenden Lappen; Rand der Lappen gekräuselt und schwach gezähnt. Obere Staubfäden 2,5–3,5 mm über dem Röhrengrund ansitzend (an Pflanzen aus Hemsbach gemessen, nach Literatur 3–5 mm),

Bitterkraut-Sommerwurz *(Orobanche picridis)*
Hemsbach-Alteberg, 7. 7. 1989

Bitterkraut-Sommerwurz *(Orobanche picridis)*
Hemsbach-Alteberg, 7. 7. 1989

unten mit wenigen Haaren, oben mit wenigen Drüsen oder völlig kahl. Griffel mit wenigen oder mäßig zahlreichen Stieldrüsen oder kahl; Narbe rötlichviolett oder purpurn.

Biologie: Wirtspflanzen: Nachgewiesen für Baden-Württemberg sind *Picris hieracioides, Crepis capillaris*; möglicherweise auch auf *Daucus carota* (siehe SCHLESINGER 1991, DEMUTH 1992). Nach BECK-MANNAGETTA (1930) auch auf verschiedenen anderen Arten der Compositae und Apiaceae parasitierend. Blütezeit: Juni–Juli (September).

Ökologie: Auf kalkhaltigen, mäßig trockenen, schluffigen oder lehmigen Böden. In grasreicher Ruderalvegetation trockenwarmer Standorte und in ruderal geprägten Beständen magerer Wirtschaftswiesen. Vegetationsaufnahmen bei DEMUTH (1992, Tab. 2: Ruderal geprägtes Arrhenatheretum elatioris).

Allgemeine Verbreitung: Europa, Vorderasien, Kaukasus. Nördlich bis Südengland, Dänemark und Südschweden. Da nicht alle europäischen Florenwerke, einschließlich der Flora Europaea, zwischen *O. picridis* und *O. artemisiae-campestris* (= *O. loricata*) unterscheiden, ist eine genaue Abgrenzung der Areale schwierig. Zur Verbreitung und Gefährdung der Art in den östlichen Bundesländern Deutschlands siehe PUSCH u. BARTHEL (1992), für die westlichen siehe DEMUTH (1992).

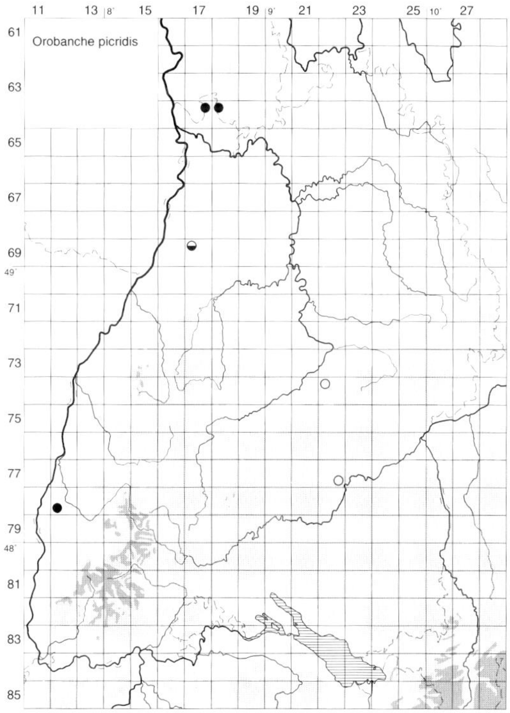

Verbreitung in Baden-Württemberg: Kraichgau, Südliches Oberrheingebiet, Schwäbische Alb.

Erstmals wurde *Orobanche picridis* wahrscheinlich um 1830 im ehemaligen württembergischen Landesteil von CALWER (MARTENS u. KEMMLER 1865: 773, Nachträge und MAYER 1930) am Teutschbuch bei Zwiefalten (7722/4) entdeckt. Ein zweiter Fund stammt von G. ZELLER vom Juni 1839 vom Hohenneuffen (7422/1). Er wurde allerdings erst in der dritten Auflage der Flora von MARTENS u. KEMMLER (1882) veröffentlicht.

Beide Vorkommen konnten nach 1900 nicht mehr bestätigt werden (MAYER 1930, BERTSCH u. BERTSCH 1933).

Am 25. 6. 1932 entdeckte W. GRAMLICH am westlichen Kraichgaurand zwischen Weingarten und Untergrombach (6917/1) etwa 12 Pflanzen von *O. picridis* auf *Picris hieracioides* (KNEUKKER 1935). Seither wurde die Art dort nicht mehr nachgewiesen. Wie lange sie dort existierte, kann nicht gesagt werden.

Wiederentdeckung in Baden-Württemberg: Ende Juni 1989 entdeckte Herr F. HERGENHAHN *Orobanche picridis* in seinem Garten am Alteberg bei Hemsbach (6417/2) auf einem ehemaligen Weinbergsgelände, das seit einigen Jahren als Wiese bewirtschaftet wird, zahlreiche Pflanzen dieser Art. Auch in den Nachbargrundstücken war sie zu finden. Es waren insgesamt etwa 300 Exemplare. Die Pflanzen wachsen hier in einer mageren, ruderal geprägten Glatthaferwiese über Löß.

Zwischen 1990 und 1994 wurden noch an weiteren Stellen in der Umgebung des ersten Fundortes Pflanzen gefunden. Unter anderen etwa 2 km nordöstlich am Schafhof bei Hemsbach und etwa 500 m südlich im NSG Steinbruch-Sulzbach bei Weinheim.

Herr S. SCHLESINGER fand 1991 etwa 50 Exemplare in einer biologisch bewirtschafteten Apfelanlage östlich Königschaffhausen (7812/3) auf *Crepis capillaris* parasitierend (SCHLESINGER 1992).

Badische Bergstraße: 6417/2: Alteberg E Hemsbach, 1989, HERGENHAHN (KR-K, STU). 6418/1, Schafhof E Hemsbach, 1990, HERGENHAHN u. RÖHNER (KR-K), NSG Steinbruch-Sulzbach, 1993, 1994, DEMUTH (KR-K).

Kraichgau: 6917/1: „Hohfirst" zwischen Weingarten und Untergrombach, 1932, Gramlich (KNEUCKER 1935).

Schwäbische Alb: 7422/1: Hohenneuffen, 1839, ZELLER (MARTENS u. KEMMLER 1882); 7722/4: Zwiefalten, um 1830, CALWER (MARTENS u. KEMMLER 1865, MAYER 1930).
Südliches Oberrheingebiet: 7812/3: Östlich Königschaffhausen, 1991, SCHLESINGER (SCHLESINGER 1992).

Bestand und Bedrohung: Die Art galt lange Zeit als erloschen für Baden-Württemberg (G 0). Nach der Wiederentdeckung 1989 bei Hemsbach sind einige weitere neue Fundorte hinzugekommen. Bis auf die Stelle bei Königschaffhausen liegen alle in der Nähe des Entdeckungsortes. Die Population der Badischen Bergstraße scheint sich zu vergrößern und auszubreiten. So wurden bei Hemsbach seit der Entdeckung jedes Jahr weitere Bestände entdeckt. Im NSG Steinbruch-Sulzbach wurden zum erstenmal 1993 von *O. picridis* 3 Pflanzen gefunden, 1994 waren es bereits 50 Exemplare.

Der Gesamtbestand in Baden-Württemberg besteht nach Schätzung des Autors aus mehreren hundert Pflanzen.

Die meisten Flächen mit Vorkommen der Bitterkraut-Sommerwurz werden regelmäßig gemäht und nicht gedüngt. Eine aktuelle Gefährdung ist zur Zeit nicht erkennbar. Bei einer Aufgabe oder Änderung der derzeitigen Nutzung auf einer oder wenigen dieser Flächen könnte jedoch sehr schnell ein großer Teil des Gesamtbestandes vernichtet werden, so daß eine gewisse Gefährdung besteht.

Daher wird für die Rote Liste Baden-Württemberg die Gefährdungskategorie „gefährdet" (G 3) vorgeschlagen.

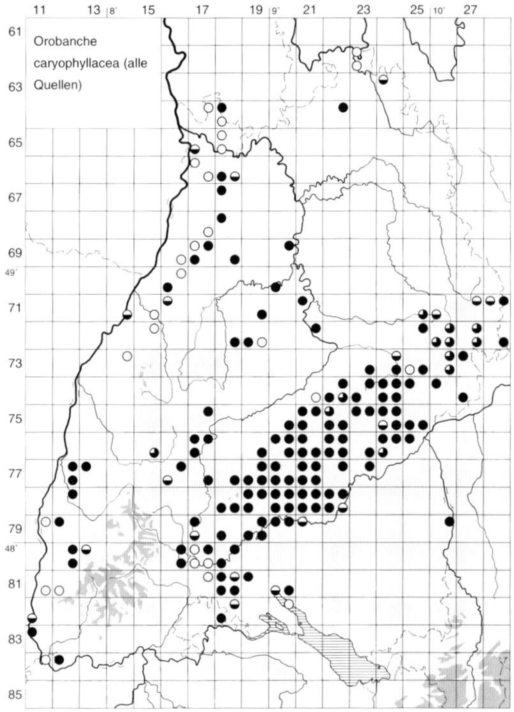

17. Orobanche caryophyllacea Smith 1798

Orobanche vulgaris Poiret 1798

Labkraut-Sommerwurz, Nelken-Sommerwurz

Morphologie: Ein- oder mehrjährig. Sproßachse unverzweigt, 15–60 cm hoch, an der Basis ± stark verdickt, manchmal mehrfach hin und her gebogen. Meist wenige, unten gehäufte Blattschuppen. Blütenstand locker bis mäßig dichtblütig. Blütentragblatt meist etwas kürzer als die Blüte. Kelchhälften zweizähnig mit gleichen oder ungleichen Zähnen, selten einfach. Krone (19)22–30(33) mm lang mit weiter Röhre, zum Saum hin weit glockenförmig; Rückenkante vom Grund her zuerst gleichmäßig gebogen, im vorderen Viertel stark nach unten gebogen, zum Saum hin wieder etwas aufwärts gerichtet; Oberlippe breit, ausgerandet, Unterlippe mit 3 etwa gleichgroßen Lappen, längsfaltig, am Rand ge-

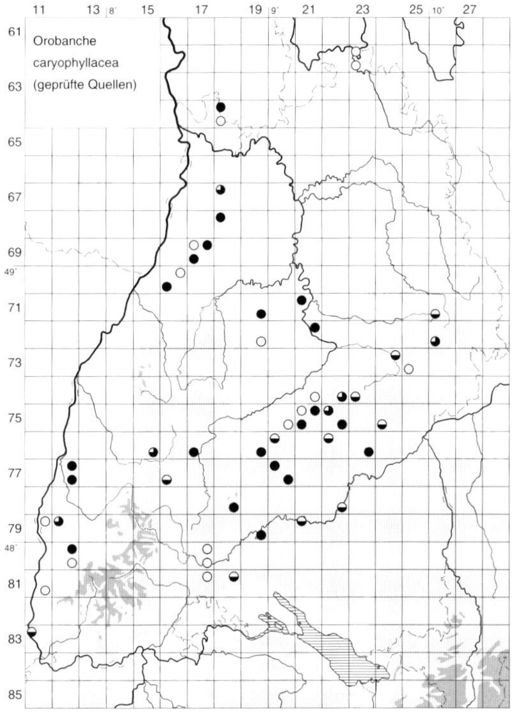

zähnt; Krone hellbraun-violett oder hellgelb und rötlich überlaufen mit meist zahlreichen hellen Stieldrüsen, bei sonnigem, warmem Wetter nach Nelken duftend. Obere Staubfäden nach eigenen Messungen (1)1,5–3(4) mm über dem Röhrengrund ansitzend (nach Literatur 3–5 mm (BECK-MANNAGETTA 1930), 1–3 mm (RUMSEY u. JURY 1991), 0–1 (OBERDORFER 1990), „fast am Grund" (PUSCH 1989)), unten bis etwa zur Mitte mit zahlreichen langen Haaren, oben mit wenigen oder ohne Haare; von der Mitte bis oben mit zahlreichen Stieldrüsen. Griffel mit ± zahlreichen, langen Stieldrüsen; Narbe rotbraun, dunkelpurpurn oder rötlichgelb.

Biologie: Wirtspflanzen: Arten der Familien Rubiaceae. Nach RUMSEY u. JURY (1991) wächst *O. caryophyllacea* in Kultur auf verschiedenen Gattungen der Rubiaceae. In Baden-Württemberg beobachtet auf *Galium album, G. verum, G. glaucum, G. boreale, G. odoratum* und *G. sylvaticum*. – Blütezeit: Ende April–Juli (August).

Ökologie: Auf basenreichen, mäßig trockenen bis mäßig feuchten, schluffigen oder lehmigen Böden. In Magerrasen und Saumvegetation trockenwarmer Standorte, in Weinbergen und lichten, trockenen Laubwäldern. Vegetationsaufnahmen bei KUHN (1937, Tab. 17: *Sesleria*-Mesobrometum, Tab. 18: *Tetragonolobus*-Mesobrometum).

Allgemeine Verbreitung: Verbreitungsschwerpunkt ist Mittel- und Osteuropa. Von Frankreich im Westen (in England sehr selten, nur im äußersten Südosten) bis zur Ukraine im Osten sowie im Kaukasus. Im Norden bis zur Ostsee (Rügen, Hiddensee). In den Mittelmeerländern und in Vorderasien nur sehr vereinzelt.

Verbreitung in Baden-Württemberg: Hauptverbreitungsgebiete sind Schwäbische Alb, Baar und Hegau. Seltener im Nördlichen und Südlichen Oberrheingebiet, in den Oberen Gäuen, im westlichen Kraichgau, im Taubergebiet, im westlichen Bodenseegebiet, im Neckarbecken und im Nördlinger Ries. In den übrigen Naturräumen weitgehend fehlend.

Geprüfte Quellen:
Oberrheingebiet: 6418/1: Weinheim-Sulzbach, 1984, DEMUTH (KR-K); 6418/3: „Wagenberg (= Wachenberg) bei Weinheim", 1828, DIERBACH (KR); 6718/1: Wiesloch, vor 1900, DIERBACH (KR), Wiesloch, gegen Malsch, 1954, HRUBY (KR); 6818/1: NSG „Beim Roten Kreuz" N Zeutern, 1994, SCHACH (KR-K); 6917/1: Weingarten, vor 1900, SCHRICKEL (KR); 6917/2: Standort-Übungsplatz Eichelberg-Kaserne, 1994, C. BRAUN, DEMUTH (KR-K); 6917/3: Hummelberg nordöstlich Grötzingen, 1994, DEMUTH, BREUNIG (KR-K); 7016/2: Turmberg bei Durlach, 1844, MOZER (KR); 7016/3: Nördlich Sulzbach, 1993, BREUNIG, KROPP (KR-K); 7712/2: Rittenbruch und Langengrund nordöstlich Altdorf, Selberg östlich Kippenheim, 1990, DEMUTH (KR-K, STU); 7712/4: Hammberg nördlich Wagenstadt, NSG Kahlenberg, 1990, DEMUTH (KR-K); 7911/2: Oberbergen, 1899, A. MAYER (STU); 7912/1: NSG Badberg, 1967, LEWEJOHANN (Herbarium Univ. Göttingen), 1993, DEMUTH (STU); 8012/2: Ebringen, 1923, K. MÜLLER (STU), NSG Jennetal nördlich Ebringen, 1993, DEMUTH (KR-K); 8012/4: Ölberg, 1866, HATZ (KR); 8111/4: Müllheim, vor 1900, LANG (KR); 8311/1: Isteiner Klotz, 1897, ROTH (Herbarium Univ. Göttingen), 1902, RÖSSING (Herbarium Univ. Göttingen).

Labkraut-Sommerwurz *(Orobanche caryophyllacea)*
Gottenheim

Odenwald: 6223/1: Bestenheider Heide bei Wertheim, 1879, STOLL (KR); 6223/3: Eichler Höhwiese bei Wertheim, 1896, STOLL (KR).
Keuper-Lias-Neckarland: 7119/4: Remmelshalden östlich Flacht, 1988, WALZ (STU-K); 7121/1: Nordöstlich Oberweil?, 1987, MANDEL (STU-K, STU); 7219/4: Ostelsheim östlich Calw, 1888, LAIBLE (STU); 7221/2: Kappelberg bei Fellbach, 1989, 1992, SEYBOLD (STU).
Schwarzwald: 7615/4: Rosenstein bei Heubach, 1959, K. BAUER (STU); 7716/3: Schloßberg von Schramberg, 1904, K. BERTSCH (STU).

Obere Gäue: 7617/3: Südöstlich Dornhan, 1993, NEUBEHLER, DEMUTH (KR-K);
Schwäbische Alb: 7126/3 (oder /4): Aalen, 1913, A. BRAUN (STU); 7226/3 (oder /4): Markung Zang, 1960, E. KOCH (STU); 7324/2: Donzdorf, 1918, A. MAYER (STU); 7325/3: Eybach bei Geislingen, 1877, DEGENFELD (STU); 7421/4: „Grüner Felsen bei Metzingen", 1837, LECHLER? (STU), Roßfelsen bei Urach, 1850, LECHLER (STU), Glemser Wiesen, 1874, KELLER? (STU); 7422/4: Schlattstall, 1961, KNAUSS (STU); 7423/3: Gutenberg, am Waldrand auf der Höhle, 1900, MOHN (STU); 7520/4: Roßberg bei Gönningen, 1890, SCHNEIDER, PLANKENHORN (STU); 7521/1: Pfullingen, auf der Bleiche, 1894, KLEMM (STU); 7521/2: Drackenberg, Eninger Weide, 1991, DEMUTH (KR-K); 7521/2 (oder /4): Ursulaberg, 1919, A. MAYER (STU); 1927, KREH (STU); 7521/3: „Maustäle" südlich Pfullingen, 1990, VOGGESBERGER (STU-K); 7522/1: Urach, auf dem Eckis, 1907, GRADMANN (STU), „am Weg zum Uracher Wasserfall", 1968, SEYBOLD (STU); 7522/4: Trailfingen, 1970, KÜNKELE (STU); 7524/3: Eingang ins Tiefental bei Blaubeuren, 1910, K. BERTSCH (STU); 7619/4: NSG „Zeller Horn", 1972, LEWEJOHANN (Herbarium Univ. Göttingen), 1993, DEMUTH (KR-K), „Im Zollernwald gegen das Zeller Horn", 1943, A. MAYER (STU); am Hohenzollern, 1921, K. MÜLLER (STU); 7620/1 (oder /2): Farrenberg, 1907, HERMANN (STU); 7622/1 (oder /2): Marbach, 1909, GRADMANN (STU); 7623/4: Südlich Grötzingen, 1970, KÜNKELE (STU); 7720/1: Hohberg bei Ebingen, 1990, SEBALD (STU); 7720/4: „Bierendorf" nördlich Harthausen, 1993, R. BANZHAF, DEMUTH (KR-K); 7818/4: Böttingen, 1973, SEBALD (STU); 7822/4: Erisdorf bei Riedlingen, 1906, K. BERTSCH (STU); 7919/4: NSG Stiegelesfels, 1981, SEBALD (STU); 7921/1: Sigmaringen, 1906, K. BERTSCH (STU); 8017/2: Unterbaldingen, 1872, SCHATZ (KR); 8017/4: Geisingen, Gutmadingen, 1891, SCHATZ (KR); 8117/2: Aulfingen, 1887, 1890, SCHATZ (KR); 8118/2: Kriegertal bei Engen, 1927, A. MAYER (STU).

Gamander-Sommerwurz *(Orobanche teucrii)*
Schelingen, 28. 6. 1993

Bestand und Bedrohung: In großen Teilen der Schwäbischen Alb, auf der Baar und im Hegau noch verbreitet und stellenweise mit großen Populationen vorkommend. Eine Gefährdung ist in diesen Naturräumen nicht zu erkennen. Stark zurückgegangen dagegen ist *O. caryophyllacea* in allen anderen Naturräumen des Verbreitungsgebietes, im Taubergebiet ist die Art erloschen. Meist sind in diesen Naturräumen nur kleine Populationen vorhanden, von denen viele gefährdet sind. Die Erhaltung extensiv bewirtschafteter Magerrasen und Weinbergsböschungen mit Magerrasen- oder Saumvegetation ist die Voraussetzung für den Schutz der Labkraut-Sommerwurz. Nach der Roten Liste Baden-Württemberg ist die Art gefährdet (G 3).

18. Orobanche teucrii Holandre 1829
Gamander-Sommerwurz

Morphologie: Mehrjährig (ob nur einmal blühend?). Sproßachse einfach, 10–40 cm hoch. Blattschuppen wenige bis mäßig zahlreich, oft unten etwas dichter stehend. Blütenstand meist wenigblütig (5–20 Blüten), locker bis mäßig dicht. Blütentragblatt kürzer als die Blüte. Kelchhälften zweizähnig mit etwa gleichgroßen, dreieckigen Zähnen. Krone (18)20–27(30) mm lang; Unterhalb der Staubfadenansatzstelle röhrenförmig, zum Saum hin erweitert, Rückenkante gebogen, im mittleren Abschnitt fast gerade, vorne stärker nach unten gebogen; Oberlippe schwach ausgerandet mit zur Seite abstehenden Lappen, mittlerer Lappen der Unterlippe etwas größer als die beiden seitlichen, alle ± rechteckig. Krone hellbraun-violett, zum Röhrengrund hin weißlich, mit hellen Stieldrüsen. Obere Staubfäden nach eigenen Messungen (2,1)3,5–5(6,7) mm über dem Röhrengrund ansitzend (nach Literatur 3–5 mm (BECK-MANNAGETTA 1930), wenigstens 1–2 mm (OBERDORFER 1990)), von unten bis etwa zur Mitte behaart, oben mit Stieldrüsen. Griffel stieldrüsig; Narbe purpurn oder purpurbraun.

Anmerkung: *O. teucrii* ist leicht mit *O. alba* zu verwechseln, siehe dort.

Biologie: Wirtspflanzen: In Baden-Württemberg *Teucrium chamaedrys* und *Teucrium montanum*.

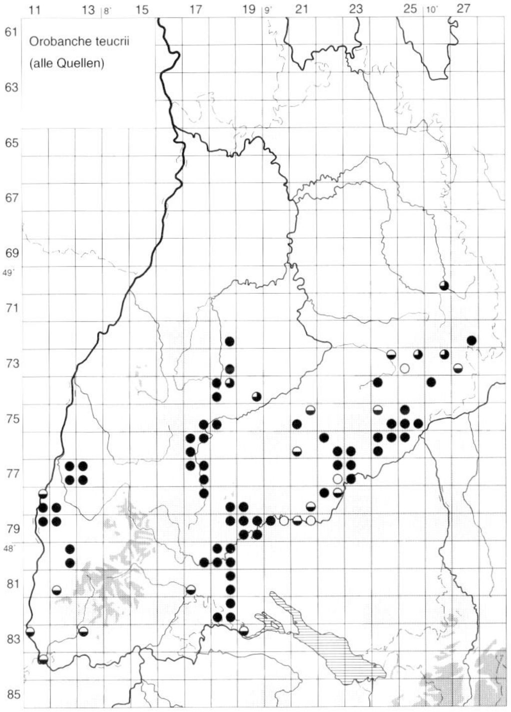

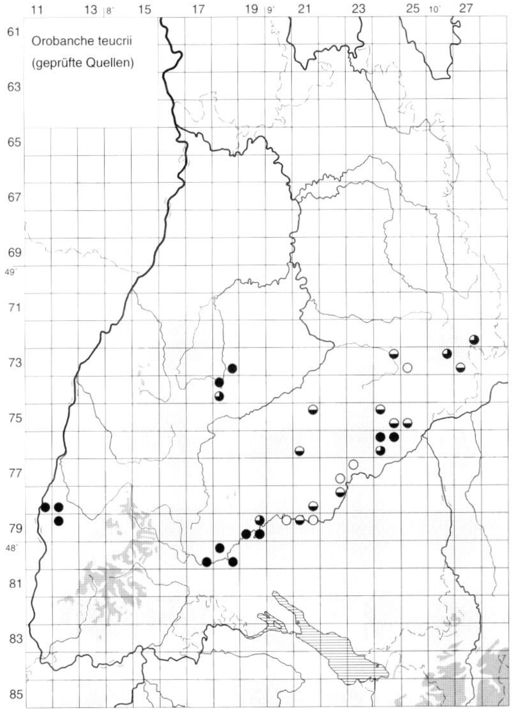

Nach BECK-MANNAGETTA (1930) sind Literaturangaben anderer Wirtsarten unsicher. Blütezeit: Juni–Juli.

Ökologie: Auf kalkhaltigen, nährstoffarmen, trockenen, oft steinigen, schluffigen oder lehmigen Böden. In Trocken- und Magerrasen-Gesellschaften (Verbände Xerobromion und Mesobromion). Vegetationsaufnahmen bei KUHN (1937, Tab. 19: *Gentiana verna*-Mesobrometum), FISCHER (1982, Tab. 4: Xerobromion-Fragment-Gesellschaften), v. ROCHOW (1951, Tab. 14a: Xerobrometum erecti, Tab. 15b: Mesobrometum erecti).

Allgemeine Verbreitung: Hauptverbreitungsgebiete sind das Zentral-Massiv (Frankreich), die Alpen, der Französische und Schweizer Jura und die Schwäbische Alb. Außerhalb dieses geschlossenen Areals gibt es nur wenige, sehr zerstreute Vorkommen, die nach Osten bis nach Rumänien und der Ukraine reichen, nach Norden bis etwa zum 50. Breitengrad. Die nördlichsten Vorkommen liegen in der Eifel.

Verbreitung in Baden-Württemberg: Verbreitungsschwerpunkte sind die Schwäbische Alb – insbesondere die Mittlere und die Südwestliche Donaualb, der Hegau, die Oberen Gäue und das Südliche Oberrheingebiet – insbesondere der Kaiserstuhl.

Geprüfte Quellen:
Obere Gäue: 7318/4: Sulz am Eck, an der Straße nach Kuppingen, 1974, WREDE (STU); 7418/1: Nagolder Eisberg, Westhang, 1977, WREDE (STU); 7418/3: „Dürrenhardt" westlich Iselshausen, 1963, BAUER (STU).
Schwäbische Alb: 7227/4: Fleinheim, 1949, KOCH (STU);7324/2: Lautertal bei Hohenstein, 1938, MÜLLER-DORNSTADT (STU); 7325/3: Längental bei Geisingen, vor 1900, KLEMM (STU); 7326/2: Heidenheim, 1947, K. BERTSCH (STU), 1949, KOCH (STU); 7327/3: Bauernhau bei Herbrechtingen, 1942, KOCH (STU); 7521/2 (oder /4): Ursulaberg bei Pfullingen, 1898, BOSSLER (STU), 1921, A. MAYER (STU); 7524/1 (oder /4): Schelklingen bei Blaubeuren, 1932, A. MAYER (STU); 7524/4: Blaubeuren, 1910, K. BERTSCH (STU); 7525/3: Arnegger Tal, 1939, K. MÜLLER (STU); 7621/3 (oder /4): Trochtelfingen, 1900, A. MAYER (STU); 7624/1: Nonnenhalde bei Teuringshofen, 1992, SEBALD (STU); 7624/2: Beiningen, 1929, ARAND-ACKERFELD (STU), Zementwerk Stotzenhausen, 1989, VOGGESBERGER (STU); 7624/3: Ammenhart südöstlich Ermelau, 1954, K. MÜLLER (STU); 7722/4: Mörsingen bei Zwiefalten, vor 1900, CALWER (STU); 7723/1: Zwischen Erbstetten und Schülzburg, 1851, W. GMELIN (STU); 7821/4: Bingen (Hohenzollern im Lauchertstal), vor 1900, BRETZLER (STU), Hitzkofen am Lauchert, 1907, K. BERTSCH (STU); 7822/2: Riedlingen, 1929, BALLUF (STU), Österberg bei Riedlingen, 1907, K. BERTSCH (STU), Teutschbuch bei Griengen, 1907, K. BERTSCH (STU); 7919/2: Donautal bei Beuren, 1923, K. MÜLLER (STU), Beu-

ron, „Rauher Stein", 1968, SEYBOLD (STU); 7919/3: Nördlich Nendingen, 1980, SEBALD (STU); 7919/4: Felsen östlich Fridingen, 1978, SEBALD (STU); 7920/2: Tiergarten (Hohenzollern), 1899, K. BERTSCH (STU); 7921/1: Sigmaringen, am Mühlbergle, vor 1900, BRETZLER (STU), 1933, Plankenhorn (STU), Inzighofen und Laiz bei Sigmaringen, 1909, K. BERTSCH (STU); 7921/2: Scheer-Hitzkofen, an der Steige im Wald, vor 1900, LUIB (STU); 8017/4: Pfaffental, 1987, NEBEL (STU); 8018/1: Nördlich Eßlingen, 1992, HEMMANN, DEMUTH (KR-K); 8018/4: Rabental südlich Tuttlingen, 1993, HEMMANN, DEMUTH (KR-K).
Kaiserstuhl: 7811/4: NSG Rheinhalde Burkheim, 1993, DEMUTH (KR-K); 7812/3: NSG Ohrberg östlich Schelingen, 1993, DEMUTH (KR-K); 7912/1: Badberg, 1921, JAUCH (KR), 1993 DEMUTH (KR-K).

Bestand und Bedrohung: Im Bereich der Mittleren und Südwestlichen Donaualb ist die Art verbreitet und es gibt noch zahlreiche und individuenstarke Vorkommen, die nicht aktuell gefährdet sind. In den anderen Naturräumen des Verbreitungsgebietes zeigt die Art jedoch starke Rückgänge. Im Südlichen Oberrheingebiet und auf der östlichen Schwäbischen Alb ist *O. teucrii* stark gefährdet. Nach der Roten Liste Baden-Württemberg ist die Art als gefährdet (G 3) eingestuft.

Distel-Sommerwurz *(Orobanche reticulata)*

19. Orobanche reticulata Wallroth 1825
Distel-Sommerwurz

Morphologie: Mehrjährig. Knolle mit einer oder wenigen unverzweigten Sproßachsen, (10)25–70 (90) cm hoch, gelblichbraun, rot überlaufen oder gelblichpurpurn, stieldrüsig, an der Basis etwas verdickt. Blattschuppen bis 3 cm lang, wenige bis zahlreich, ± gleichmäßig verteilt. Blütenstand ± dicht, oft bis über die Mitte der Sproßachse herabreichend, unten mit abgesetzten Blüten. Blütentragblatt etwa so lang oder etwas länger als die Blüte. Kelchhälften meist einfach, selten ungleich zweizähnig. Krone (14)20–25 mm lang; Rückenkante gebogen mit fast geradem Mittelabschnitt, vorne stärker nach unten gebogen; Oberlippe mit 2 breiten, aufrecht abstehenden Lappen, Unterlippe mit 3 etwa gleichgroßen Lappen; Kronensaum am Rand gezähnt, mit wenigen Drüsen; Krone gelblichweiß, rötlich oder purpurn überlaufen, mit wenigen bis zahlreichen dunkelvioletten oder purpurnen Stieldrüsen (oft ist nur der Höcker, auf der die Drüse sitzt, dunkelrot gefärbt). Staubfäden 2–4 mm über dem Röhrengrund ansitzend, von unten bis zur Mitte mit ± zahlreichen oder ohne Haare, in der oberen Hälfte mit wenigen bis zahlreichen Stieldrüsen, selten ganz kahl. Griffel mit Drüsenhaaren; Narbe dunkelrot oder purpurn.
Variabilität: Einige Autoren (OBERDORFER 1990, ROTHMALER 1990, GILLI 1974, BECK-MANNAGETTA 1930 u.a.) unterscheiden 2 Unterarten bzw. Varietäten:

1. subsp. **pallidifolia** (Wimmer und Grabowsky) Hayek 1914
   O. pallidiflora Wimmer und Grabowsky 1829
   var. *pallidiflora* (Wimmer und Grabowsky) Beck 1890

Blüten mit wenigen Stieldrüsen, Krone weißlichgelb, vorne hell-lila; Staubfäden mit wenigen oder ohne Haare, oben mit wenigen Stieldrüsen.

2. subsp. **reticulata**
   O. procera W. D. J. Koch 1833
   var. *procera* (W. D. J. Koch) Beck 1890

Blüten mit zahlreichen Stieldrüsen, Krone purpurn oder violett, Staubfäden unten mit zahlreichen Haaren, oben mit ± zahlreichen Stieldrüsen

Am durchgesehenen Herbarmaterial aus Baden-Württemberg ließ sich diese Unterscheidung nicht belegen. Zwar ist eine breite Streuung bezüglich Anzahl und Dichte der Stieldrüsen und

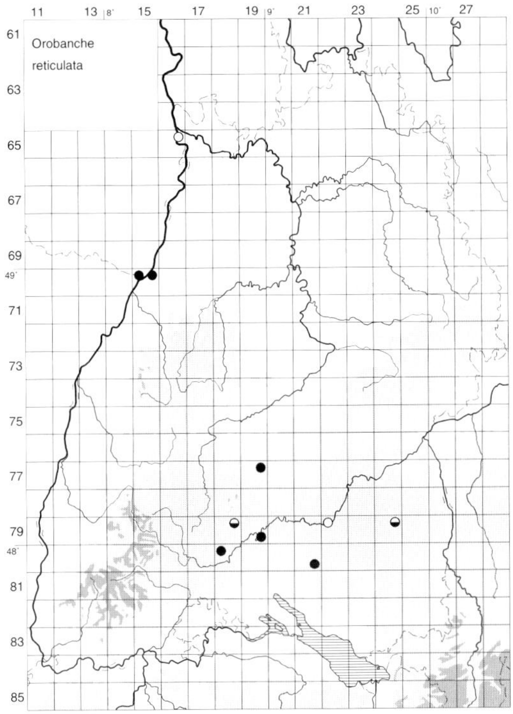

Haare auf Krone und Staubfaden vorhanden, eine Korrelation zwischen der jeweiligen Ausbildung dieser beiden Merkmale konnte jedoch nicht festgestellt werden.

Leider konnten nur wenige Pflanzen lebend am Standort untersucht werden. Bei den gesehenen Pflanzen von Kolbingen (7919/4, auf *Cirsium palustre* und/oder *Carduus defloratus*) und von Au a. Rh. (7015/1, auf *Cirsium arvense*) sind jedoch deutliche Unterschiede vorhanden: Die Pflanzen von Kolbingen haben mehr Stieldrüsen auf der Krone und am Staubfaden als die von Au a. Rh. Außerdem haben erstere zahlreiche Haare im unteren Teil des Staubfadens, die von Au a. Rh. haben hier keine Haare. Ein Unterschied in der Blütenfarbe besteht nicht. Diese wenigen Beobachtungen reichen nach Ansicht des Autors aber nicht aus, um eine Trennung dieser beiden Sippen vorzunehmen. Auch ist unklar, ob eine Trennung nach Wirtsspezifität und Höhenverbreitung möglich ist (subsp. *pallidiflora* planar bis collin, hauptsächlich auf *Cirsium*-Arten, subsp. *reticulata* montan bis alpin, hauptsächlich auf *Carduus*-Arten). Dies könnte nur durch Kulturversuche festgestellt werden.

Biologie: Wirtspflanzen: In Baden-Württemberg auf *Cirsium arvense, Cirsium palustre, Cirsium oleraceum* und *Carduus defloratus* parasitierend. Weitere nach BECK-MANNAGETTA (1930): verschiedene andere Arten der Gattungen *Cirsium* und *Carduus*, außerdem weitere Gattungen der Compositae und Dipsacaceae. – Blütezeit: Juni–Juli.

Ökologie: Auf basenreichen, mäßig trockenen bis frischen, nährstoffreichen Lehmböden. In Beständen ausdauernder Unkrautgesellschaften, an Störstellen in Pfeifengraswiesen (Oberrheingebiet), in Naßwiesen, Magerrasen und Saumgesellschaften.

Allgemeine Verbreitung: Hauptverbreitungsgebiet sind die Alpen. Außerhalb zahlreiche, sehr zerstreute Einzelvorkommen. Diese reichen im Westen bis England und zu den Pyrenäen, im Süden bis Süditalien (Kalabrien) und Griechenland (Peleponnes) – ob in Nordafrika?, im Norden bis Südschweden und St. Petersburg (Rußland). Im Osten gibt es sehr isolierte Einzelvorkommen im Kaukasus, Ural und am Rand des Altai- und Sajan-Gebirges in Zentralasien.

Verbreitung in Baden-Württemberg: Verbreitungsschwerpunkt ist die Zollern- und Heuberg-alb sowie die Südwestliche Donaualb. Weitere Vorkommen liegen im Alpenvorland, auf der Baar-Alb und im Nördlichen Oberrheingebiet.

Geprüfte Quellen:
Nördliches Oberrheingebiet: 6516/2: Neckarau bei Mannheim, 1835, SAUERBECK (KR), 1846, E. SCHIMPER u. E. MOEHLER (KR), 1887, K. MÜLLER (KR), Mannheim-Galgenbuckel (beim Krankenhaus), 1886, Anonymus (KR); 7015/1: Au a. Rh., 1984, SEYBOLD (STU), 1991, DEMUTH (KR-K, STU), zwischen Berg und Neuburg (Rheinland-Pfalz), HIMMLER, HÖLLGÄRTNER (KR-K); 7015/2: Federbachniederung westlich Karlsruhe, nach 1970, HARMS (KR-K).
Schwäbische Alb: 7719/2: Böllat bei Burgfelden, 1980, ZIEGLER (STU); 7918/2: Dreifaltigkeitsberg, 1924, MÜLLER (STU); 7919/4: Donautal, Fridingen-Beuren, 1924, A. MAYER (STU), „Hamburg" südöstlich Kolbingen, Waldwegrand, 1989, DEMUTH, VOGGESBERGER (KR-K, STU).
Alpenvorland: 7922/1: Kiesgrube zwischen Mengen und Herbertingen, vor 1900, BRETZLER (STU); 7924/2: Biberach, im Wolfental, 1917, 1929, A. MAYER (STU); 8018/1: Tiefenbachtal südöstlich Eßlingen, 1994, R. BANZHAF (KR-K, STU); 8021/4: Taubenried bei Pfullendorf, 1976, SEYBOLD (STU).

Unsichere Quellen (nicht in Karte übernommen):
6617: Zwischen Schwetzingen und Plankstadt, SCHIMPER (SCHMIDT 1857); 7919/2: Benediktushöhle, 1979, BURGHARDT (STU-K); 7919/3: Langenfels, 1979, BURGHARDT (STU-K); 7919/4: Mühlefels, beim Stiegelesfels, Weiblesteich, Liebfrauental, 1979, BURGHARDT (STU-K), Bettelmannsfels, Rampspel, 1980, BURGHARDT (STU-K); 7920/1: Beuron, an der Straße nach Leibertingen, vor 1900, SAUTERMEISTER (JACK

1900); 7921/1: bei Sigmaringen, vor 1900, Sautermeister (Jack 1900), 8017/4: Klausnertal bei Geisingen, „Auf der Länge“ oberhalb Gutmadingen, 1892, Schatz (1892); 8025/3: An den Quellen der Haidgauder Aache bei Wurzach, 1979, Dörr (STU-K); 8216/2: Schinderwald bei Stühlingen, Preuss (1885).

Bestand und Bedrohung: Die Distel-Sommerwurz war in Baden-Württemberg schon immer relativ selten. Bis heute ist ein großer Teil der Vorkommen erloschen, die Populationen sind alle klein und bestehen meist aus weniger als 10 Pflanzen. Die größte dem Autor bekannte Population besteht aus etwa 30 Exemplaren und liegt südöstlich Kolbingen (7919/4). Die Art ist in der Roten Liste Baden-Württemberg als vom Aussterben bedroht (G 1) eingestuft. Da in den letzten Jahren einige wenige ältere Vorkommen bestätigt und einige neu entdeckt worden sind, erscheint die Einstufung zu pessimistisch. Es wird daher die Gefährdungskategorie „stark gefährdet“ (G 2) vorgeschlagen.

20. Orobanche alba Willdenow 1800
Weiße Sommerwurz

Morphologie: Mehrjährig (ob nur einmal blühend?). Sproßachse unverzweigt, (10)15–30(70) cm hoch. Blattschuppen unten dichter stehend. Blütenstand locker. Blütentragblatt kürzer als die Blüte. Kelchhälften meist einzähnig, selten zweizähnig, Kelchzähne lang ausgezogen und zugespitzt. Krone (10)17–24(30) mm lang, gelblich oder schmutzig-weiß, vorne rötlich überlaufen oder mit rötlichen oder violetten Adern, mit zahlreichen dunkelroten oder purpurnen Stieldrüsen (oft ist nur der Höcker, auf der die Drüse sitzt, dunkelrot gefärbt); Mittellappen der Unterlippe deutlich länger als die beiden seitlichen. Obere Staubfäden am oder 1–3 mm über dem Röhrengrund ansitzend; Staubfäden nur unten behaart und nur oben mit wenigen Stieldrüsen oder vollständig kahl. Fruchtknoten und Griffel mit wenigen oder ohne Stieldrüsen, Narbe dunkelrot oder purpurn. Die Blüten können ähnlich wie *O. caryophyllacea* duften.

Anmerkung: *O. alba* wird leicht mit der sehr ähnlichen *O. teucrii* verwechselt, zumal wenn die Wirtsarten beider Sommerwurz-Arten dicht beisammen wachsen, was nicht selten vorkommt. Die besten Unterscheidungsmerkmale sind die meist einzähnigen, lang zugespitzten Kelchhälften bei *O. alba* (bei *O. teucrii* zweizähnig und Zähne dreieckig) und die dunkelroten Drüsen auf der Krone (bei *O. teucrii* hell).

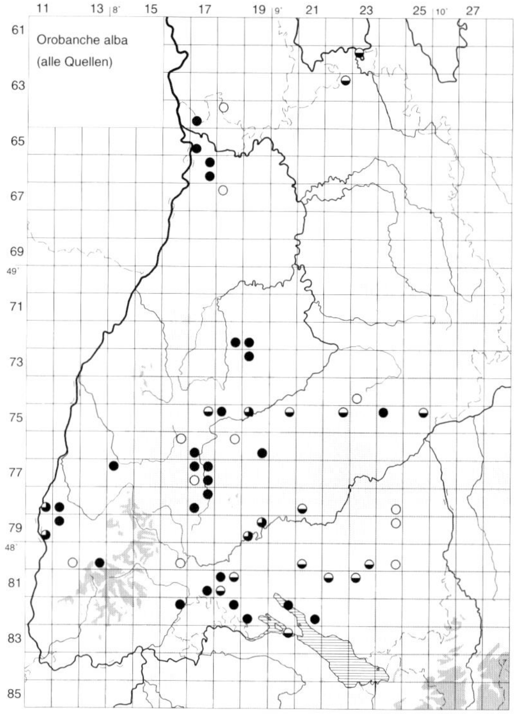

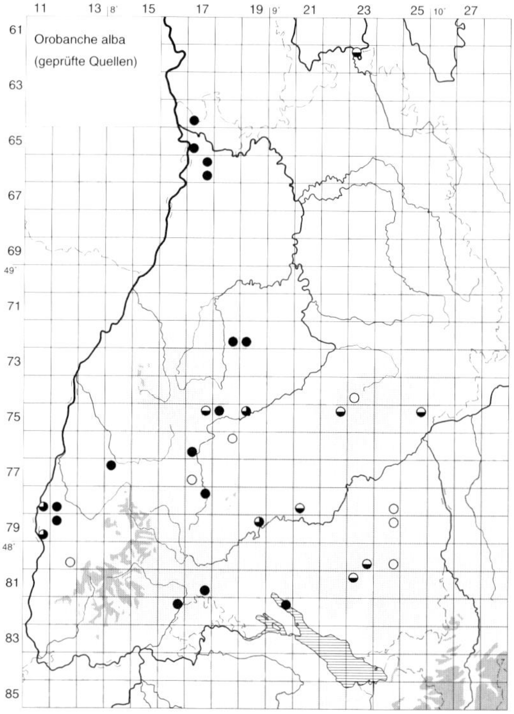

Weiße Sommerwurz *(Orobanche alba)*
Sandhausen, 5. 6. 1993

Biologie: Wirtspflanzen: In Baden-Württemberg auf *Thymus pulegioides* und *Th. serpyllum* parasitierend. Nach BECK-MANNAGETTA (1930) auch auf zahlreichen anderen Arten der Gattung *Thymus* und anderer Gattungen der Lamiaceae.

Ökologie: Auf kalkhaltigen oder kalkfreien aber meist basenreichen, nährstoffarmen, trockenen sandigen, schluffigen oder lehmigen Böden; auch auf Flugsand der Binnendünen des Nördlichen Oberrheingebietes. In Mager- und Sandrasen-Gesellschaften. Vegetationsaufnahmen vom Flugsandgebiet der Schwetzinger Hardt bei PHILIPPI (1971, Tab. 3: *Festuca lemani*-Bestände, *Helianthemum obscurum-Asperula cynanchica*-Gesellschaft).

Allgemeine Verbreitung: Europa und Westasien. Nach Osten bis zum Himalaja, im Norden bis Gotland (Schweden). Fehlt in Nordafrika.

Verbreitung in Baden-Württemberg: Hauptverbreitungsgebiete sind das Alpenvorland, der Hegau, die Oberen Gäue, der Kaiserstuhl und die Flugsandgebiete des Nördlichen Oberrheingebietes. In den anderen Naturräumen ist die *O. alba* sehr selten oder fehlt vollständig.

Geprüfte Quellen:
Odenwald (Maintal): 6223/1: Bestenheider Sandäcker bei Wertheim, 1913, STOLL (KR).
Nördliches Oberrheingebiet: 6417/3: Straßenheimer Hof bei Mannheim, 1891, LUTZ (KR), NSG „Viernheimer Düne" (Hessen), 1989, BREUNIG u. KÖNIG

(KR-K), 1994, DEMUTH (KR-K); 6517/3: Düne zwischen Rheinauer See und Brühl, 1989, BREUNIG u. KÖNIG (KR-K), 1994, DEMUTH (KR-K); 6617/2: Oftersheim, am Golfplatz, 1989, BREUNIG u. KÖNIG (KR-K); 6617/4: Zwischen Bruchhausen und Sandhausen, 1828, DIERBACH (KR), Sandhausen, 1961, KNAUSS (STU), Sandhausen am Brühlweg, 1989, BREUNIG u. KÖNIG (KR-K), NSG „Sandhausener Düne – Pferdstrieb", 1993, BREUNIG, DEMUTH (KR-K).
Schwäbische Alb: 7423/3: Donnstetten, 1869, KEMMLER (STU); 7522/2: Urach, Waldrand auf Ulmer-Eberstetten, 1907, GRADMANN (STU); 7525/2: Halmenweide bei Beimerstetten, 1926, K. MÜLLER (STU); 7821/3 (oder /4): Hornstein/Lauchert, 1907, K. BERTSCH (STU); 7919/2: Bärental bei Beuren, 1946, K. BERTSCH (STU).
Obere Gäue: 7218/4: Standort-Übungsplatz Calw, 1994, BREUNIG (KR-K); 7219/3: Ostelsheim, 1994, R. TREIBER (KR-K); 7517/2 (oder /4): Rexingen, 1905, A. BRAUN (STU); 7518/1 (oder /3): „Schütte" süwestlich Horb am Neckar, 1977, WREDE (STU); 7519/1: Talhang östlich Remmingsheim, 1953, K. MÜLLER (STU); 7617/3: Südöstlich Dornhan, 1993, NEUBEHLER, DEMUTH (KR-K); 7618/2: Haigerloch, 1850, FISCHER (STU); 7717/3: Ependorf, 1897, K. BERTSCH (STU); 7817/2: NSG „Neckarburg", 1993, KRETZSCHMAR (KR-K).
Mittlerer Schwarzwald: 7714/1: Mühlbach-Fixenhof, 1991, KRETZSCHMAR, 1993, DEMUTH (KR-K, STU).
Südliches Oberrheingebiet: 7811/4: Lützelberg bei Sasbach, 1961, KNAUSS (STU); 7812/3: NSG Ohrberg bei Schelingen, 1993, DEMUTH (KR-K); 7911/4: Burgberg bei Burkheim, 1959, OBERDORFER (KR); 7912/1: NSG Badberg, 1993, DEMUTH (KR-K); 8012/4: Ölberg bei Ehrenstetten, 1866, HATZ (KR).
Baar-Wutach-Gebiet: 8117/4: Uttenhofen „Reckholdern", 1994, H. SCHÄFER (KR-K); 8216/2: Nordöstlich Schwaningen, 1994, DEMUTH, SCHWANDER (KR-K, STU).
Alpenvorland: 7824/4: Warthausen, am Schloßberg, 1873, KÖNIG-WARTH (STU); 7924/2: Biberach, Lindenberg, 1860, KIFER (STU); 8023/4: Ebenweiler, Wolfsgrube, 1925, K. MÜLLER (STU); 8024/4: an der Straße nach Waldsee, um 1850, LECHLER (STU); 8123/1: An der Kiesgrube bei Malmishaus, 1927, K. MÜLLER (STU); 8220/2: Überlingen, 1994, GREGOR u. HAND (KR-K).

Bestand und Bedrohung: Von der Weißen Sommerwurz ist im ganzen Verbreitungsgebiet Baden-Württembergs, wie auch in ganz Deutschland, ein starker Rückgang zu verzeichnen. Die Populationen im Alpenvorland und auf der Schwäbischen Alb sind weitgehend erloschen, im Bereich der Oberen Gäue, im Kaiserstuhl und in den Flugsandgebieten des Nördlichen Oberrheingebietes sind noch mehrere Vorkommen vorhanden, jedoch ist auch hier ein deutlicher Rückgang festzustellen. Meist handelt es sich um kleine Populationen mit wenigen Exemplaren. Die weitgehende Aufgabe der extensiven Bewirtschaftung (Mahd, Beweidung) gerade der Mager- und Sandrasen-Bestände auf besonders trockenen und nährstoffarmen Standorten ist Hauptursache für den starken Rückgang der Weißen Sommerwurz. Im Nördlichen Oberrheingebiet sind einige Wuchsorte durch Überbauung vernichtet worden. Nach der Roten Liste Baden-Württembergs ist *O. alba* „stark gefährdet" (G 2), was für die Oberen Gäue, den Kaiserstuhl und die Flugsandgebiete des Nördlichen Oberrheingebietes zutrifft. In den anderen Naturräumen, in denen die Art noch aktuelle Fundorte besitzt, ist sie bereits vom Aussterben bedroht (G 1).

Lentibulariaceae

Fettkrautgewächse, Wasserschlauchgewächse
Bearbeiter: A. KLEINSTEUBER

Ausdauernde, seltener einjährige, im allgemeinen niedrige, terrestrische oder aquatische, außerhalb Europas auch epiphytische Pflanzen. Echte Wurzeln nur bei *Pinguicula*, sonst fehlend. Blätter wechselständig, quirlig oder rosettig angeordnet, sehr vielgestaltig. Blüten zygomorph, einzeln oder in traubigen Blütenständen. Kelch und Krone meist zweilippig; Krone gespornt oder seltener am Grund ausgesackt; Oberlippe meist zwei-, Unterlippe dreilappig; Schlund durch einen Gaumen verschlossen. Staubblätter 2, Griffel 1; Fruchtknoten oberständig, aus 2 Fruchtblättern gebildet. Frucht eine vielsamige Kapsel. Insektivorie (vgl. Gattungsbeschreibungen).

Die Lentibulariaceen umfassen 5 Gattungen mit etwa 275 Arten, die weltweit in allen Klimazonen verbreitet sind. Der Verbreitungsschwerpunkt liegt in der tropisch-subtropischen Klimazone der Südhemisphäre. In Europa kommen die Gattungen *Pinguicula* und *Utricularia* vor.

1 Landpflanzen. Blätter in grundständiger Rosette, ungeteilt. Blüten einzeln, blau oder weiß mit gelben Flecken (sehr selten rein weiß) . . 1. *Pinguicula*
– Wasserpflanzen. Blätter seitenständig, in viele lineale Endzipfel geteilt. Blüten in lockeren Trauben, gelb . . . . 2. *Utricularia*

1. Pinguicula L. 1753

Fettkraut

Ausdauernde, krautige Pflanzen. Blätter in grundständiger Rosette, ungeteilt, ganzrandig, mit lang- und ungestielten Drüsen besetzt. Blütenstiele aufrecht, einblütig. Kelch fünfteilig, leicht zweilippig. Krone zweilippig, am Schlunde offen, mit oder ohne Gaumen. Staubblätter mit abgeflachten Staubfäden. Fruchtknoten einfächrig, behaart. Griffel kurz und dick. Fruchtkapsel aufrecht.

Abbildungen der einheimischen und der Schweizer Arten finden sich bei STEIGER (1970).

Carnivorie: Die Fettkräuter sind Kelbfallenfänger. Die langgestielten Drüsen sondern einen klebrigen Schleim ab, in den kleinere Tiere völlig eingehüllt werden. Ob diese danach von pflanzeneigenen Enzymen oder durch Bakterienflüssigkeit aufgeschlossen werden, ist noch nicht endgültig geklärt. Sicher ist, daß die ungestielten Drüsen in der Lage sind, stickstoffhaltige Substanzen aufzunehmen.

Die Gattung *Pinguicula* umfaßt etwa 50 Arten, die hauptsächlich in der Holarktis verbreitet sind. In Europa kommen 12, in Baden-Württemberg 2 Arten vor. (Eine Monographie der Gattung *Pinguicula* liegt von CASPER 1966 vor.)

1 Krone weiß mit 1–3 gelben Schlundflecken. Sporn kegelförmig, etwa $\frac{1}{4}$–$\frac{1}{5}$ so lang wie die übrige Krone. Blätter ohne glänzende Drüsenköpfchen auf der Blatt-Hauptader. Wurzeln weißlichgelb, fleischig, ausdauernd. 1. *P. alpina*

– Krone blauviolett mit weißem Schlundfleck (Blüte sehr selten rein weiß). Sporn walzlich-pfriemlich, etwa $\frac{1}{3}$ so lang wie die übrige Krone. Blätter mit glänzenden Drüsenköpfchen auf der Blatt-Hauptader. Wurzeln weiß, fein, im Herbst absterbend. . . . . 2. *P. vulgaris*

Alpen-Fettkraut *(Pinguicula alpina)*
Furkapaß

1. Pinguicula alpina L. 1753
Alpen-Fettkraut

Morphologie: Hemikryptophyt. Zahlreiche kräftige, ausdauernde Adventivwurzeln an langem Rhizom. Blätter 5–8, dick, ganzrandig, in grundständiger Rosette. Winterknospen mit Blütenköpfchen. Brutzwiebeln zeitlebens mit dem Wurzelstock der Mutterpflanze in Verbindung bleibend. Rosette mit 1–8 aufrechten, 5–13 cm hohen, einblütigen, wenigdrüsigen Blütenstielen. Blüten mit Sporn 10–16(–20) mm lang. Kelch zweilippig; Oberlippe drei-, Unterlippe zweizipfelig. Krone zweilippig, weiß mit 1–3 gelben Schlundflecken; Oberlippe zweilappig, viel kleiner als die dreilappige Unterlippe; Mittellappen der Unterlippe deutlich größer als die Seitenlappen. Kronröhre konisch, kaum länger als breit; Sporn kegelförmig, eingebogen, etwa so lang wie $\frac{1}{4}$–$\frac{1}{5}$ der übrigen Krone. Kapsel eilänglich, doppelt so lang wie der Kelch. Die Bestäubung erfolgt durch kleinere Fliegen. – Blütezeit: April–Mai (in den Alpen bis Juli).

Ökologie: Auf sickerfeuchten oder nassen, seltener wechselfeuchten, überrieselten, nährstoffarmen, basenreichen, meist kalkhaltigen Anmoor-, Torf- oder Steinböden. In lückigen Kalkflachmooren, in Quellfluren, nach OBERDORFER (1978) in Hochlagen auch in blaugrasreichen Rasengesellschaften. Im württembergischen Alpenvorland im Primulo-Schoenetum u. a. mit *Schoenus ferrugineus, Carex davalliana, Primula farinosa, Cratoneuron commutatum* und *Drepanocladus intermedius.* Vegetationsaufnahmen aus Baden-Württemberg sind bisher nicht veröffentlicht worden, liegen aber aus Bayern von VOLLMAR (1947), LANGER (1958) und BRAUN (1968) vor.

Allgemeine Verbreitung: Europa, Asien. Im nördlichen Europa besonders in Skandinavien (zerstreute Vorkommen von Island bis zum Ural). Im Südwesten von den Pyrenäen über die Alpen ostwärts bis zu den Karpaten reichend; im nördlichen Alpenvorland vom westlichen Bodenseegebiet bis zum Inn und im Wiener Becken. In Asien im Ural an das nordeuropäische Areal

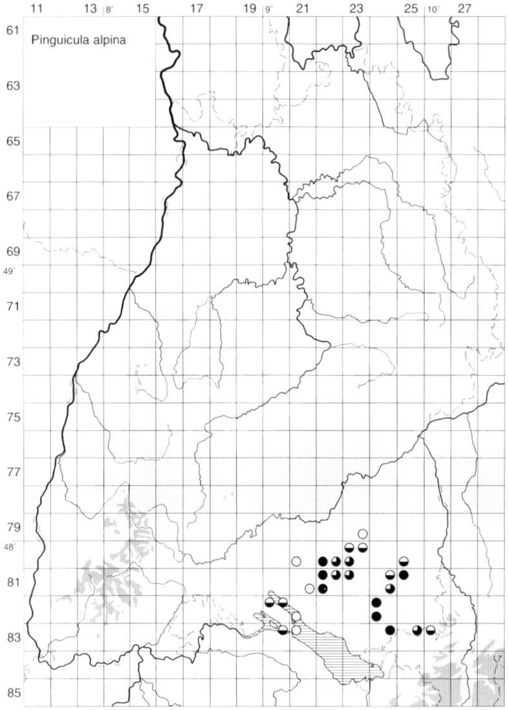

anschließend, östlich bis zum Baikalsee. Außerdem im Himalaja und den östlich davon gelegenen Gebirgen. Arktisch-alpines Florenelement.

Verbreitung in Baden-Württemberg: *Pinguicula alpina* kommt im Gebiet nur im Apenvorland vor. Die aktuellen Vorkommen liegen im Würmmoräne- und dem Westallgäuer Hügelland.

Tiefste Vorkommen: ca. 400 m im westlichen Bodenseegebiet (8320/2, Wollmatinger Ried; 8321/1, Ried W Egg, beide Vorkommen erloschen). Höchstes Vorkommen: ca. 880 m beim Weiler Simmerberg (8326/1).

Pinguicula alpina ist vermutlich schon vor den ersten Eingriffen des Menschen in Quellfluren im Gebiet vorhanden gewesen.

7923/4: Schussenried, ?, VALET (STU); 8021/3 (?): Ruhstetter Gemeinderied, SAUTERMEISTER in JACK (1900: 104); 8022/3: Laubbacher Mühle, 1991, REICHEGGER (ASP); 8022/4: „Wagenhärtle" bei Ebenweiler, 1948, K. MÜLLER nach BRIELMAIER (DÖRR, schriftl. Mitt.); 8023/1: Boos, 1905, BERTSCH (STU); 8023/2 (?): Aulendorfer See, VALET u. E. LECHLER in VON MARTENS und KEMMLER (1865: 455); 8023/2: Atzenberg, 1909, BERTSCH (STU); 8023/3: Weiher bei Ebenweiler, 1950, MÜLLER (STU); 8025/3: Wurzacher Ried, 1923, HAILER (STU); 8121/4 (auch 8221/2?): Salem, SEUBERT (1875: 87); Ried zwischen Salem und Frieckingen, JACK (1892: 379); Moorige Wiesen bei Finkenhausen und Beuren, JACK (1900: 104); 8122/1: Quelltuff „In den Fröhnhalden", 1983, LANGE-OSTEN (STU-K), 1992 noch vorhanden, KARG (STU-K); 8122/2: Guggenhauser Weiher, 1955, BRIELMAIER in DÖRR (1978); 8122/3: Deggenhauser Ach NE Wintersulgen, 1978, SCHÄFER-VERWIMP (STU-K); 8123/1: Ebenweiler, 1961, WILLBOLD (STU-K); 8124/2: Roßberg NE Bergatreute, 1920, HILLER (STU); 8124/4: Achtal bei Bainders nahe Wolfegg, 1961, HAAS nach BRIELMAIER, DÖRR (schriftl. Mitt.); 8125/1: Am Rande des Wurzacher Riedes nahe dem Ach-Ursprung bei Haidgau, 1960, BRIELMAIER in DÖRR (1978), 1993 noch vorhanden, DÖRR (schriftl. Mitt.); 8220/1: Mindelsee bei Radolfzell, 1923, KNEUKKER (KR); 8220/2: Käsberg NE Sipplingen, BARTSCH (1924: 307); 8221/3 (?): Riedwiesen gegenüber der Mainau, JACK (1900: 104); 8224/1: Röslerweiher bei Ravensburg, 1971, BRIELMAIER (STU-K); 8224/3: NSG Pfauenmoos S Waldburg, zuletzt 1992, SCHMOLL-EMPERLE (ASP); Hargartenmoor N Bodnegg, 1987, SCHMID, HARMS u. GÖRS (LfU-Biotopkartierung), anscheinend am Erlöschen, 1992, DÖRR (schriftl. Mitt.); 8320/2: Wollmatinger Ried, BAUMANN (1911: 435); 8321/1: Ried W Egg (= Riedwiesen bei der Rosenau?, vgl. JACK 1900: 104), JACK (1891: 347); Riedwiesen bei Staad, JACK (1900: 104); 8324/2: Schomburg, 1964, BRIELMAIER (STU-K); Argental bei Pflegelberg, 1960, BRIELMAIER u. ENDERLE in DÖRR (1978) = Bachholz SW Primisweiler, 1992, SCHMOLL-EMPERLE (ASP); 8325/2: Kalkquellmoore bei Malleichen, DÖRR (1978); 8326/1: Weiler Simmerberg, um 1920, BAUR (DÖRR, schriftl. Mitt.).

Zu Vorkommen in den angrenzenden bayerischen Gebieten vgl. DÖRR (1978).

Erstnachweise: Ältester literarischer Nachweis bei SCHÜBLER und VON MARTENS (1834: 14): bei Isny (Kolb), nach Zettelkatalog VON MARTENS im Juni 1837 in Menge auf dem Wurzacher Ried (DUCKE). Die Pflanze wird auch schon bei ROTH VON SCHRECKENSTEIN, allerdings ohne genaue Ortsangabe, erwähnt (1804: 76): „ist auf den Schwäbischen Alpen nicht selten...". Ob damit das heutige Gebiet von Baden-Württemberg gemeint ist, ist fraglich.

Bestand und Bedrohung: Im westlichen Bodenseegebiet verschollen und auch im übrigen Alpenvorland besonders nach 1945 stark zurückgegangen (z. B. im bayrischen Hügel- und Moränengebiet zwischen der Bodenseezone und der Iller neuerdings nicht mehr nachgewiesen, DÖRR, schriftl. Mitt.). Der Rückgang ist u. a. durch die Konkurrenzschwäche der Pflanze bedingt. Bei schlechter oder ungenügender Pflege wachsen die Bestände langsam zu (z. B. Pfaumoos S Waldburg). Auch Entwässerung und anschließende landwirtschaftliche Intensivierung haben zahlreiche Vorkommen zerstört.

Pinguicula alpina ist in Baden-Württemberg vom Aussterben bedroht (G 1).

2. **Pinguicula vulgaris** L. 1753
Gewöhnliches Fettkraut

Morphologie: Hemikryptophyt. Zahlreiche Adventivwurzeln an kurzem Rhizom. Blätter dick, länglich bis eilänglich, ganzrandig, in grundständiger Rosette, mit glänzenden Drüsenköpfchen auf der Blatt-Hauptader. Winterknospen ohne Blütenköpfchen. Brutzwiebeln sich von der Mutterpflanze trennend. Rosette mit 1–6 aufrechten, 2,5–20 cm hohen, einblütigen, dicht drüsigen Blütenstielen. Blüten mit Sporn (10)15–25 mm lang. Kelch zweilippig; Oberlippe drei-, Unterlippe zweizipfelig. Krone zweilippig, blauviolett mit weißem, behaartem Schlund (Krone sehr selten rein weiß). Oberlippe zwei-, Unterlippe dreilappig; Unterlippe viel länger als die Oberlippe. Kronröhre trichterig, deutlich länger als breit. Sporn walzlich-pfriemlich, gerade, etwa so lang wie ⅓ der übrigen Krone. Kapsel eiförmig, etwas länger als der Kelch. Die Bestäubung erfolgt meist durch Bienen. – Blütezeit: Mai–Juli. (An Standorten, an denen *P. vulgaris* und *P. alpina* gemeinsam vorkommen, blüht *P. vulgaris* 2–6 Wochen später.)

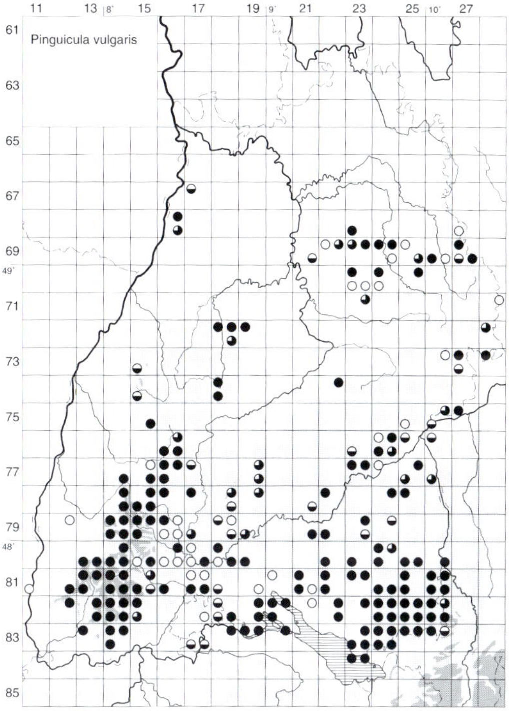

Gewöhnliches Fettkraut *(Pinguicula vulgaris)*
Feldberg, 1995

Ökologie: Auf sickerfeuchten, sickernassen oder überrieselten, relativ nährstoffarmen, basenreichen (kalkarmen o. kalkreichen), mäßig sauren Anmoor- oder Torfböden, seltener auch auf Steinböden. In Rieselfluren, moosreichen Flach- oder Quellmooren, in Quellfluren, an Grabenrändern oder auf wenig betretenen Wegen. Häufige Begleitpflanzen sind u. a. *Carex davalliana, Schoenus ferrugineus* und *Schoenus nigricans*. Vegetationsaufnahmen aus dem Schwarzwald und der angrenzenden Baar liegen von OBERDORFER (1936: 81, mit Quellflur-Vegetationsaufnahme von der Hornisgrinde, Vorkommen mittlerweile erloschen!), BARTSCH (1940), B. u. K. DIERSSEN (1984, Tab. 11, Caricetum davallianae), BOGENRIEDER (1982: 314, Caricetum frigidae, synth. Tab.) und PHILIPPI (1989: 132, 136, *Blysmus compressus*-Bestände; 1989: 832, Parnassio-Caricetum), aus dem westlichen Bodenseegebiet von LANG (1973, Tab. 63, Cratoneuretum filicino-commutati) und GRÜTTNER (1990, Tab. 6, Primulo-Schoenetum) und aus dem württembergischen Allgäu von GÖRS (1950, Tab. 1, Caricetum davallianae; 1969, Tab. 10, *Rhynchosphora alba*-Schlenken) vor.

Allgemeine Verbreitung: Nordhalbkugel. Sämtliche Vorkommen nördl. 30° n. Br. In Asien nur im Gebiet des Baikalsees, in Kamtschatka und in Japan. In Nordafrika ein isoliertes Vorkommen im Er-Rif-Gebirge. In Europa schwerpunktmäßig in Nord- und Mitteleuropa, weiter südlich vorzugsweise in den Gebirgen (z. B. Pyrenäen), östlich bis zum Ural.

Verbreitung in Baden-Württemberg: Die Hauptvorkommen liegen im mittleren und südlichen Schwarzwald, dem Baar-Wutachgebiet, dem Schwäbisch-Fränkischen Wald, dem westlichen Bodenseegebiet und dem Alpenvorland. Daneben gibt es vereinzelte und teilweise verschollene Vorkommen in der Oberrheinebene, im Nordschwarzwald, im Oberen Gäu, im Klettgau, im südwestlichen Teil der Schwäbischen Alb, in der Nördlichen Ostalb und in der Donauniederung. Zur Verbreitung im Schwarzwald und den angrenzenden Gebieten vgl. B. u. K. DIERSSEN (1984: 286), im Alpenvorland DÖRR (1978: 236).

Tiefste Vorkommen: ca. 100 m im nördlichen Oberrheingebiet. Höchstes Vorkommen: ca. 1450 m im Südschwarzwald bei der Baldenweger Hütte (8114/1).

Die Pflanze war vermutlich schon vor den ersten Eingriffen des Menschen im Gebiet z. B. in Rieselfluren vorhanden.

Bemerkenswerte und isolierte Fundorte:

Nördliche Oberrheinebene: 6717/1: Waghäusel u. Neulußheim, KÖNIG (1841: 5); Waghäusel bei Bruchsal, 1906, KNEUCKER (KR), 6816/2: „Erlich" N Graben, 1928, KNEUCKER (KR), Vorkommen gegen Ende der 70er Jahre erloschen, P. THOMAS (KR-K); 6816/4: Gradnausbruch N Hochstetten, DÜLL in PHILIPPI (1971: 44), Fund vor 1970!

Nordschwarzwald und Mittlerer Schwarzwald: 7315/3: Biberkessel, OBERDORFER (1936: 80); 7415/3: Schliffkopf, ZIMMERMANN (1929: 61); 7515/4: Seebach und Vorderer Holzwald, ZIMMERMANN (1992: 197).

Südliches Oberrheingebiet: 7912/2: Sumpfige Wiesen zwischen Mooswald und Hochdorf, KLOTZ (1887: 302); 8111/3: Rheininsel bei Neuenburg, WEVER (1843: 163), Angabe nach B. u. K. DIERSSEN auf LANG zurückgehend.

Heckengäu und Oberes Gäu: Bei den Nachweisen auf MTB 7418 handelt es sich um angepflanzte Vorkommen (STU-K).

Mittlere Kuppenalb: 7422/2: NSG Eichhalde bei Bissingen, 1990, DÖLER (STU-K).

Erstnachweis: Nach SCHORLER (1908) von H. HARDER 1574–76 in der Umgebung von Geislingen – Ulm gesammelt.

Bestand und Bedrohung: In den Randgebieten stark zurückgegangen und teilweise verschollen. Aber auch in den Gebieten, in denen die Pflanze noch häufig ist, läßt sich ein deutlicher Rückgang feststellen. Die Vorkommen in den Flachmooren sind besonders durch Düngung, Entwässerung oder Nutzungsaufgabe bedroht. In den Rieselfluren ist die Art dagegen noch nicht gefährdet. *Pinguicula vulgaris* ist in Baden-Württemberg insgesamt gefährdet (G 3).

2. **Utricularia** L. 1753
Wasserschlauch

(Für zahlreiche kritische Anmerkungen und Diskussionen sei Herrn P. WOLFF, Dudweiler, herzlich gedankt!)

Einjährige bis ausdauernde, terrestrische, halbterrestrische, aquatische, außerhalb Europas selten auch epiphytische Pflanzen, mit wurzellosem vertikalem oder horizontalem Sproß (bzw. Rhizom). Blätter vielgestaltig, meist mit Blasen (Schläuchen) zum Fangen kleiner Wassertiere. Fangblasen der einheimischen Arten auf der Innenseite mit für die einzelnen Arten charakteristischen vierarmigen Haaren („quadrifids", THOR 1979, 1987, 1988). Teilweise mit untergetauchten, vermutlich dem Gasaustausch dienenden „Luftsprossen". Basis der Blütentriebe bei einigen Arten mit extraaxillären Sprossungen (Rhizoide). Turionen (Winterknospen) kugelig bis oval. Blüten zygomorph, meist in traubigen Blütenständen, darunter wenige schuppenförmige Hochblätter. Kelch und Krone zweilippig. Staubblätter pseudomonothezisch.

Carnivorie: An einer Blasenseite befindet sich eine ventilartige elastische Klappe, die mit 4 nach außen zeigenden Borsten besetzt ist. Die Blaseninnenwände absorbieren im Ruhestadium („Fangstellung") Wasser, das durch die Blasenwand nach außen gelangt. Durch den Wasseraustritt werden die Blasenwände nach innen gezogen und geraten unter Spannung. Stößt ein Tier an die Borsten der Klappe, wird diese rein mechanisch angehoben; die Wände schnellen in die Ausgangslage zurück und erzeugen einen Wassereinstrom. Die Klappe schließt sich danach sofort wieder (vgl. SCHMUCKER & LINNEMANN 1959). Nach STRAKA (1962: 772) ist die normale Funktion der Blasen nur bis zu einem pH-Wert von 7 möglich. Nach Messungen von P. WOLFF (schriftl. Mitt.) liegen die pH-Werte aller von ihm vorgenommenen Messungen mit *U. vulgaris* und *U. australis* in der Rheinaue zwischen 7,1 und 7,9.

Die Gattung *Utricularia* umfaßt etwa 150 weltweit verbreitete Arten (TAYLOR 1989), mit Schwerpunkt in den Tropen. In Europa kommen

9, in Baden-Württemberg 7 (davon 2 verschollen) zumeist aquatisch lebende, einjährige Arten vor (in Portugal eine terrestrisch lebende Art).

Anmerkungen zur Systematik: *Utricularia ochroleuca* s. l. (einschließlich *U. stygia*) wird von einigen Autoren (z. B. TAYLOR 1972) entweder für eine Varietät von *Utricularia intermedia* oder für einen Bastard von *U. intermedia* mit *U. minor* angesehen. *U. bremii* wurde ebenfalls als Varietät oder als Unterart von *U. minor* betrachtet (TAYLOR 1972, vgl. aber TAYLOR 1989!). Dennoch werden hier, der Auffassung von CASPER (1981) und THOR (1988) folgend, die Sippen als Arten angesehen.

Auch die erst kürzlich von THOR (1988) neu beschriebene *U. stygia* wird als eigene Art aufgenommen, da die morphologischen Merkmale der Pflanzen aus Baden-Württemberg und angrenzenden Gebieten mit der Originalbeschreibung übereinstimmen und sich deutlich von *U. ochroleuca* unterscheiden.

1 Endzipfel der Blätter am Rande borstig bewimpert (einzelne Blattendzipfel von *U. ochroleuca* selten auch ohne Borsten). Turionen behaart. Stengelbasis mit oder ohne Rhizoiden 2

– Endzipfel der Blätter am Rande nicht borstig bewimpert (selten mit einer Randborste), höchstens mit einer Endborste versehen. Turionen kahl. Stengelbasis immer ohne Rhizoiden . . . 6

2 Vegetative Sprosse einheitlich, grün und frei schwimmend. Blätter reich geteilt mit 10–200 Schläuchen besetzt. „Luftsprosse" manchmal vorhanden 3

– Vegetative Sprosse in grüne Wasser- und farblose Schlammsprosse differenziert, letztere den Vegetationskörper meist im Boden verankernd. Blätter der Wassersprosse in 7–20(–30) Endzipfel geteilt, ohne oder mit vereinzelten Schläuchen. „Luftsprosse" fehlend 4

3 Der gaumenfreie Teil der Unterlippe seitlich sattelförmig umgeschlagen. Gaumen länger als hoch, eingekerbt, an der Einkerbung kurz behaart. Distaler Abschnitt d. Sporns innen nur abaxial mit Drüsen. Blütenstiel 5–12 mm, ca. 2- bis 3mal so lang wie das Deckblatt, nach dem Blühen sich kaum verlängernd. Fruchtansatz regelmäßig, Fruchtstiele bogenlampenförmig gekrümmt . . . . 1. *U. vulgaris*

– Der gaumenfreie Teil der Unterlippe fast flach ausgebreitet. Gaumen ungefähr so lang wie hoch, kahl. Distaler Abschnitt d. Sporns innen auf der gesamten Oberfläche mit Drüsen. Blütenstiel 5–18 mm lang, ca. 3- bis 5mal so lang wie das Deckblatt, nach dem Blühen sich bis auf 40 mm streckend. Fruchtansatz im Gebiet unbekannt; verblühte Blütenstiele waagrecht oder schräg aufwärts abstehend . . . 2. *U. australis*

4 Grüne Wassersprosse selten mit Schläuchen. Endzipfel der Blätter kurz zugespitzt bis abgerundet; Wimperborsten der Blattendzipfel zumeist unmittelbar ansitzend (Frühsommer- und Herbstblätter mit Sockeln!). Winkel der kürzeren Arme der „quadrifids" (0°–)6°–21°(–37°). Sporn etwa so lang wie die Kronunterlippe . . 3. *U. intermedia*

– Grüne Wassersprosse meist mit wenigen Schläuchen. Endzipfel der Blätter allmählich in eine mehr oder weniger lange Spitze ausgezogen; Ränder der Blattendzipfel mit auf Sockeln sitzenden Wimperborsten. Winkel der kürzeren Arme der „quadrifids" meist über 50°. Sporn kürzer als die Kronunterlippe 5

5 Ränder der Blattendzipfel pro Seite mit 0–2(–3) Sockeln mit Wimperborsten. Winkel der kürzeren Arme der „quadrifids" (117°–) 146°–197°(–228°). Blüten hellgelb; Kronunterlippe 8 × 9 mm. . . . . 4. *U. ochroleuca*

– Ränder der Blattendzipfel pro Seite mit 2–4(–10) Sockeln mit Wimperborsten. Winkel der kürzeren Arme der „quadrifids" (30°–) 52°–97°(–140°). Blüten gelb mit einem leichten, rötlichen Anflug; Kronunterlippe 9–11 × 12–15 mm. . . . . 5. *U. stygia*

6 Blätter bis 2 cm breit, mit 7–22 Endzipfeln. Blütentraube 2- bis 5blütig. Kronunterlippe oval bis eilänglich, die seitlichen Ränder leicht nach unten umgeschlagen. . . . . 6. *U. minor*

– Blätter bis 3 cm breit, mit 10–50 Endzipfeln. Blütentraube 2- bis 14blütig. Kronunterlippe ± kreisförmig, flach ausgebreitet. Pflanze meist in allen Teilen kräftiger als vorige . 7. *U. bremii*

1. Utricularia vulgaris L. 1753

Echter Wasserschlauch

Morphologie: Hydrophyt. Pflanze im Wasser frei schwimmend. Vegetative Sprosse einheitlich, kräftig, 30–300 cm lang, mit zweizeilig angeordneten, aber nach allen Seiten hin abstehenden, in fadenförmige Blattzipfel auslaufenden Blättern. Ränder der Blattendzipfel beidseitig mit Wimperborsten, diese zu je 1–5. Blätter mit zahlreichen Schläuchen besetzt. Winkel zwischen den kürzeren Armen der „quadrifids" ca. 90°–120°. Turionen meist oval, behaart. Blütenstände 15–50 cm hohe Trauben mit 4–25 Blüten. Blütenstiele 8–10 mm lang, 2- bis 3mal so lang wie die Deckblätter, sich nach der Blüte kaum verlängernd. Am Grunde des Blütenstandes Rhizoide. Blüten 13–20 mm lang. Kelch rötlich. Krone dottergelb; Oberlippe 9–14 mm lang, 8–13,5 mm breit, rundlich bis queroval, etwa so lang wie der Gaumen; Unterlippe queroval, der gaumenfreie Teil ziemlich schmal, seitlich sattelförmig umgeschlagen. Ober- und Unterlippe einen ± spitzen Winkel bildend; Gaumen deutlich länger als hoch, niedergedrückt, eingekerbt, an der Einkerbung kurz behaart, der Oberlippe angeschmiegt.

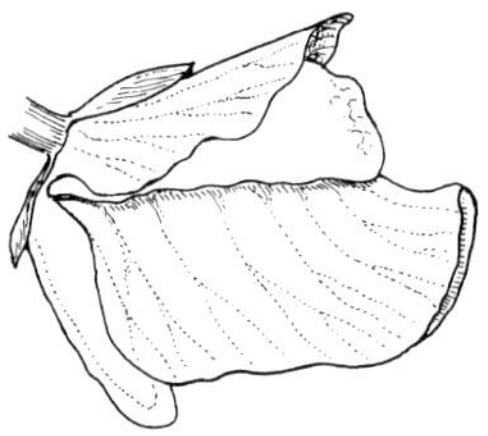

Utricularia vulgaris. Blüte von der Seite gesehen. Zeichnung: F. WEICK nach H. GLÜCK (1936: Fig. 241)

Sporn aus breitem kegelförmigem Grund walzlich-spitzlich auslaufend, distaler Abschnitt abaxial innen mit Drüsen. Fruchtkapsel kugelig, 2–5 mm dick; Fruchtstiele dick, bogenlampenförmig gekrümmt. – Blütezeit: Juni–September.

Ökologie: In stehenden, schwach sauren bis basenreichen, meso- bis eutrophen, sich im Sommer rasch erwärmenden Gewässern, besonders in den Altarmen großer Flüsse. Vorzugsweise über Humus-Gyttia-Böden in 10–50 cm Wassertiefe; Austrocknung nur schlecht ertragend. Charakterart des Lemno-Utricularietum vulgaris, auch im Kontakt mit Potamogetonion- und Nymphaeion-Beständen. Vegetationsaufnahmen liegen wegen der häufigen Verwechslung mit *U. australis* nur wenige vor (vgl. KUHN 1989).

Allgemeine Verbreitung: Nordhalbkugel: Nordamerika, Europa, Nordafrika, Asien. In Europa überall zerstreut; nördlich bis ca. 70° n. Br., sommerwarme Gebiete bevorzugend.

Verbreitung in Baden-Württemberg: *Utricularia vulgaris* kommt im Gebiet in der mittleren und nördlichen Oberrheinebene (holozäne Aue und Kinzig-Murg-Rinne) und entlang der Donau vor. Ein isoliertes (synanthropes?) Vorkommen findet sich in den Löwensteiner Bergen. Angaben über Vorkommen im Alpenvorland außerhalb der Donauniederung sind fraglich und bisher nicht belegt.

Tiefstes Vorkommen: ca. 90 m bei Sandtorf in der nördlichen Oberrheinebene (6416/2). Höchstes Vorkommen: ca. 555 m bei Scheer an der Donau (7921/1).

Utricularia vulgaris war vermutlich schon vor den ersten Eingriffen des Menschen im Gebiet vorhanden.

(Anmerkung zu der Verbreitungskarte: Es wurden nur durch Herbarbelege eindeutig bestimmbare Exemplare bzw. glaubwürdige Angaben in die Karte übernommen. Angaben, die sich eventuell auch auf *Utricularia australis* beziehen könnten, finden sich in der Karte *Utricularia australis* u. *U. vulgaris.*)

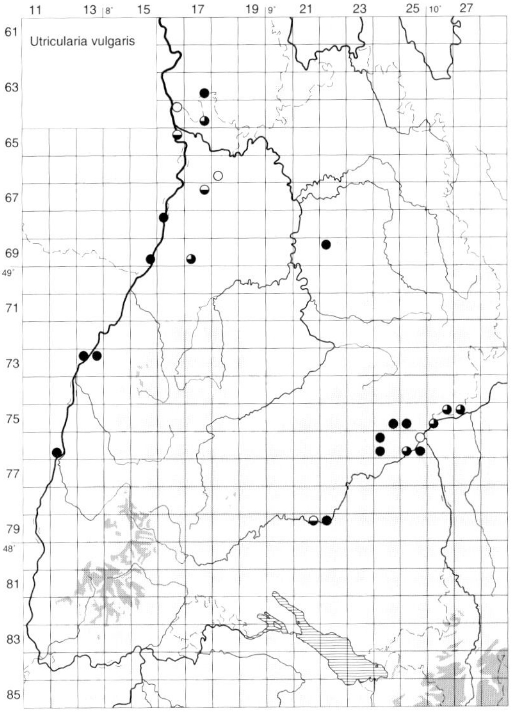

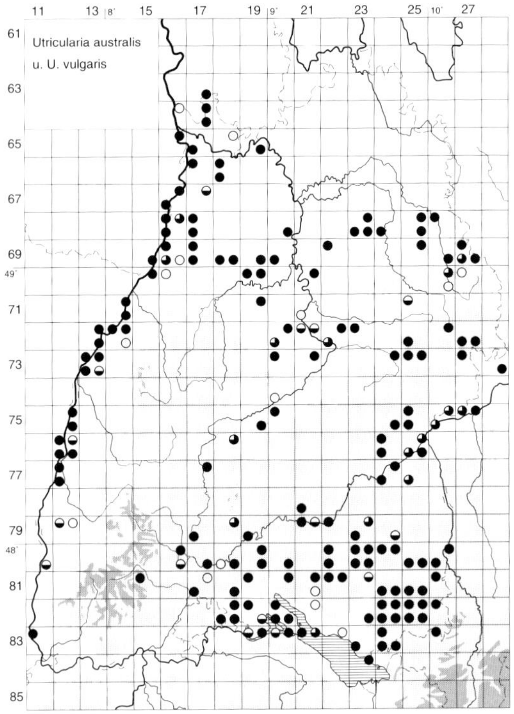

Rheinebene und Kinzig-Murg-Rinne: 6317/4: Tümpel beim Laudenbacher Bahnhof, 1989, Röhner (KR-K); 6416/2: Sandtorf b. Mannheim, ?, Döll (KR); 6417/4: Viernheimer Lache (Hessen), Dosch u. Scriba (1874: 402); Dürer (1897: 146); Torflöcher bei Mukkensturm und Weinheim (= Viernheimer Lache), Glück (1906: XII); 1942, Braunsteffer (1958: 3), Beisinger (1958: 3), 1992 vergeblich gesucht, Vorkommen vermutlich erloschen; 6516/2 (?): „Gießen" bei Neckarau, Glück (1906: XII); 6618/3: St. Ilgen b. Heidelberg, ?, Dierbach (KR); 6717/2: St. Leon, 1923, Kneucker (KR); 6816/1: NSG Königsee, Oberdorfer (1937), 1995 noch vorhanden (KR-K); 6915/4: NSG Saumseen b. Daxlanden, zusammen mit *U. australis!*, um 1980, Philippi (KR-K), 1992 u. 1993 vergeblich gesucht; 6917/3: NSG Weingartner Moor, 1947, Oberdorfer (KR); 7313/1+2: Altrhein im Auwald W Rheinau-Freistett, 1983, Harms (Hb. Harms), 1993 noch vorhanden; 7612/3: Taubergießen, Schlute südöstl. Parkplatz, 1991, Wolff (schriftl. Mitt.).
Löwensteiner Berge: 6922/1: Annasee bei Gagernberg, 1975, Sebald (STU). Das Vorkommen ist vermutlich synanthrop (vgl. dazu die Anmerkung von Seybold zu *Nymphoides peltata* in Sebald u. Seybold 1978: 131), 1994 noch vorhanden, Plieninger (KR-K).
Donaugebiet: 7524/4: „Hüle" u. „Sauhüle" bei den Hessenhöfen, 1980, Rauneker (schriftl. Mitt.); 7525/3: Arnegger Ried, 1930, Plankhorn (STU); Schäffle (1956: 313); K. Müller (1957: 179), 1981 noch vorhanden, Rauneker (schriftl. Mitt.); 7526/2: Langenau, K. Müller (1957: 179); 7526/3: Burlafingen (Bayern), K. Müller (1957: 179); 7527/1: Riedheim, K. Müller (1957: 179); 7624/1+3: Schmiecher See, 1939, K. Müller in Hölzinger, Müller und Schilhansl (1969: 174), 1969, Schlauer (STU), Kuhn (1989), 1993 noch vorhanden (KR-K); 7624/3: Allmendinger Ried, K. Müller (1957: 179); 7625/2: Altwasser der Donau bei der Wiblinger Brücke, 1849, ? (STU); 7625/3: Erbach, K. Müller (1957: 179); 7625/4: Donaualtwasser westlich Gögglingen, 1991 Rauneker (schriftl. Mitt.); 7921/2: Donaualtwasser von Scheer bis Hundersingen, Bertsch (1948: 386); 7922/1: Altwasser der Donau bei Beuren, 1913, Bertsch (STU); Altwasser der Donau bei Blochingen, 1913, Bertsch (STU), 1993 u. 1994 noch vorhanden, Kleinsteuber u. Wolff (KR).

Erstnachweis: *U. vulgaris* wurde meist mit *U. australis* verwechselt. Die erste glaubwürdige Angabe stammt von Glück (1906: XII): „Gießen bei Neckarau". Für die Vi(e)rnheimer Lache im angrenzenden Hessen wurde die Pflanze zum ersten Mal von Dosch u. Scriba (1874: 402) erwähnt.

Bestand und Bedrohung: Die Gefährdung von *U. vulgaris* wurde lange Zeit falsch eingeschätzt, da zahlreiche Populationen von *U. australis* für diese Art gehalten wurden. So wurde z. B. am Rhein in Kiesgruben, von denen *U. vulgaris* angegeben wurde, ausschließlich *U. australis* gefunden. Auch im Donaugebiet ist *U. vulgaris* selten, bei gründlicher Nachsuche ließen sich aber sicherlich noch weitere ältere Angaben bestätigen. Bedroht sind die Bestände an Rhein und Donau in erster Linie durch den Verlandungsprozeß der Gewässer. Ein weiterer Rückgang wird deswegen nicht zu vermeiden sein. In der Roten Liste Baden-Württemberg wird die Art als gefährdet geführt (G 3). Sie sollte zumindest in die Kategorie 2 (stark gefährdet) aufgenommen werden.

Echter Wasserschlauch (*Utricularia vulgaris*)
Egelsee W Blochingen, 30. 8. 1994

2. **Utricularia australis** R. Brown 1810

Utricularia neglecta Lehmann 1828
Verkannter Wasserschlauch

Morphologie: Pflanze vegetativ ähnlich *Utricularia vulgaris* und häufig mit dieser Art verwechselt. Im folgenden werden die Unterscheidungsmerkmale aufgeführt: Pflanze deutlich weniger kräftig wie *U. vulgaris*. Winkel zwischen den kürzeren Armen der „quadrifids" ca. 100°–160°. Trauben mit 3–12 Blüten. Blütenstiele 5–18 mm lang, ca. 3- bis 5mal so lang wie die Deckblätter, sich nach dem Blühen bis auf 40 mm streckend, dann waagrecht oder schräg aufwärts abstehend. Kelch im Gebiet meist rötlich. Krone dottergelb (im Gebiet nur ausnahmsweise hellgelb!); Oberlippe 7–10 mm lang, 6–9 mm breit, länglich, meist doppelt so lang wie der Gaumen. Unterlippe queroval bis fast kreisförmig, der gaumen-

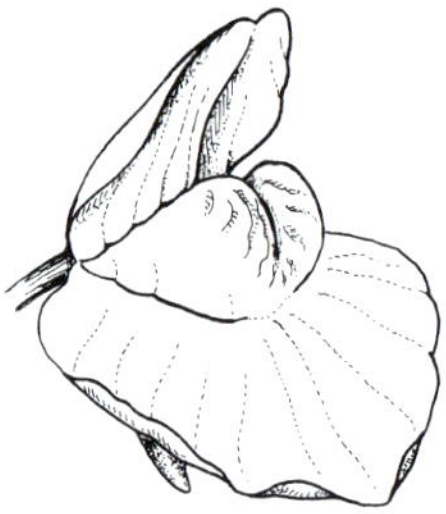

Utricularia australis. Blüte schräg von vorne.
Zeichnung: F. WEICK nach MOESLUND et al. (1990)

Verkannter Wasserschlauch *(Utricularia australis)*
Böblinger Panzerplatz, 19. 8. 1993

freie Teil ziemlich groß, annähernd flach ausgebreitet. Ober- und Unterlippe einen rechten bis stumpfen Winkel bildend; Gaumen abgerundet, wenigstens so hoch wie lang, der Oberlippe zumeist nicht angeschmiegt. Sporn stumpfkegelig, distaler Abschnitt auf der gesamten inneren Oberfläche mit Drüsen. Pflanzen häufig unter Wasser blühend (PÄTZOLD, mdl. Mitt.). Früchte kugelig, ca. 4 mm dick, nur aus Südwestfrankreich (GLÜCK 1936), China und Japan bekannt (TAYLOR 1989). – Blütezeit: Juni–September.

Bei *U. australis* schlägt ebenso wie bei *U. stygia, U. ochroleuca* und *U. bremii* die Samenbildung meist fehl. Untersuchungen von CASPER & MANITZ (1975) zeigten starke Störungen in der Androsporogenese und der Pollenreifung.

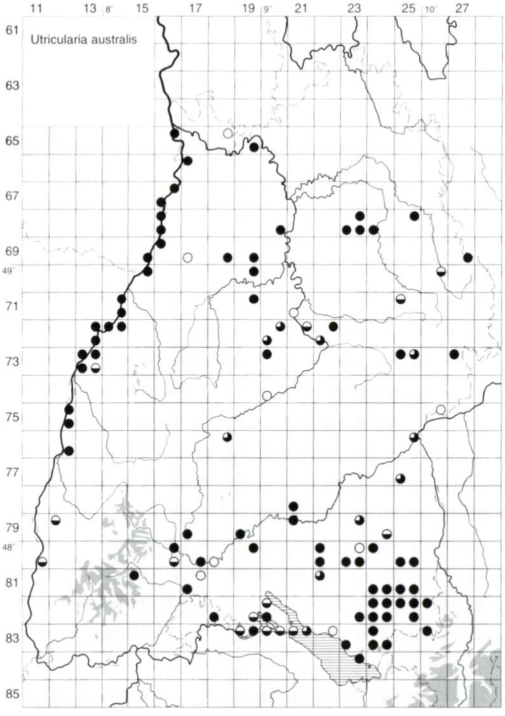

Ökologie: In Altarmen, Baggerseen, Gräben, Moortümpeln, Torfstichen usw. In stehenden oder langsam fließenden, sauren bis basenreichen, häufig calcium- und phosphatarmen, oligo- bis eutrophen Gewässern. Vorzugsweise über Gyttia-Böden oder dyartigem Torfschlamm, in 10–100(–200) cm Wassertiefe. Charakterart des Utricularietum australis, außerdem im Potamogetonion, Myriophyllo-Nupharetum, Nymphaeetum minoris, Spirodelo-Lemnetum, Riccietum rhenanae und Hydrocharitetum morsus-ranae. In diesen Gesellschaften gern zusammen mit *Lemna minor* und *Potamogeton natans.* Vegetationsaufnahmen mit *U. australis* finden sich u. a. bei GÖRS (1969, Tab. 1–5), synthetische Tabellen bei TH. MÜLLER und GÖRS (1960, Tab. 1, Sp. 12) sowie OBERDORFER (1977, Tab. 15, Sp. 8).

Allgemeine Verbreitung: Europa, selten in Asien, Afrika, Neuguinea, SO-Australien, Tasmanien und Neuseeland. In Europa vorwiegend im westlichen und südlichen Teil. Nördlich bis Südfinnland (ca. 63° n. Br.), östlich zerstreute Vorkommen bis nach Rußland (ca. 40° ö. L.).

Verbreitung in Baden-Württemberg: Hauptverbreitungsgebiete von *Utricularia australis* sind die nördliche und mittlere Oberrheinebene, das Neckarland und das Alpenvorland. Vereinzelte Vorkommen finden sich im Südschwarzwald, in der Baar und in der Nördlichen Ostalb. Vermutlich gehören auch die meisten außerhalb der Oberrheinebene und der Donauniederung angegebenen Vorkommen von *U. vulgaris* s. l. zu *Utricularia australis.*

Tiefste Vorkommen: ca. 90 m in der nördlichen Oberrheinebene. Höchstes Vorkommen: 835 m am Ursee bei Lenzkirch im Südschwarzwald (ROWECK 1983: 486). *Utricularia australis* war vermutlich schon vor den ersten Eingriffen des Menschen im Gebiet vorhanden.

Erstnachweis: Die erste schriftliche Erwähnung findet sich bei KLEIN (1891: 328): „Konstanz".

Bestand und Bedrohung: *U. australis* kommt häufig in kleinen, aber beständigen Populationen vor. Die Pflanze verbreitet sich ausschließlich vegetativ und kann neu entstandene Gewässer rasch besiedeln. Auch regelmäßiger Badebetrieb schadet ihr offensichtlich nicht. Durch die in diesem Jahrhundert zahlreichen neu entstandenen Kiesgruben hat sich der Verkannte Wasserschlauch stark ausbreiten können. Die Pflanze fehlt der Roten Liste Baden-Württemberg, wird aber als schonungsbedürftig eingestuft.

3. **Utricularia intermedia** Hayne 1800
Mittlerer Wasserschlauch

Morphologie: Hydrophyt. Sprosse in grüne Wasser- und farblose Schlammsprosse differenziert, letztere die Pflanze im Boden verankernd. Wassersprosse meist ohne Schläuche, 5–50 cm lang. Blätter 4–20 mm lang, in zahlreiche lineale Endzipfel pseudodichotom verzweigt. Enden der Blattzipfel kurz zugespitzt bis abgerundet, mit Stachelspitze. Ränder der Blattzipfel beidseitig mit je (2)4–10 meist einzeln stehenden Wimperborsten, die dem Zipfelrand meist unmittelbar ansitzen. An Frühsommer- und Herbstblättern

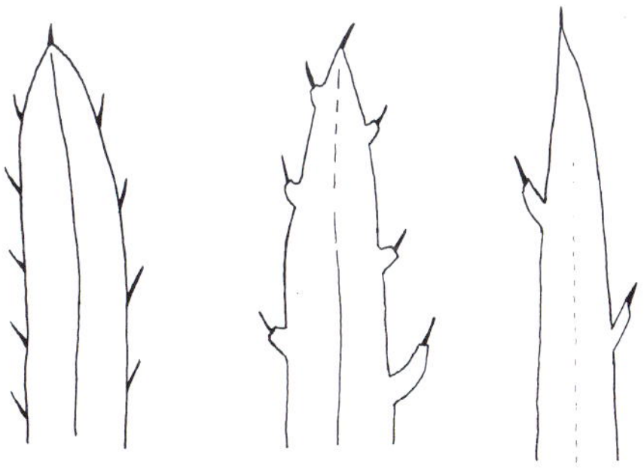

„Typischer" Blattzipfel. Links: *Utricularia intermedia*, Mitte: *Utricularia stygia*, Rechts: *Utricularia ochroleuca*. Zeichnung: A. BEER

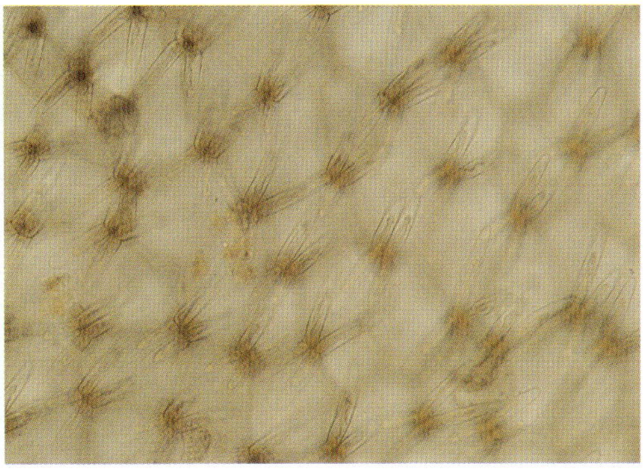

Fangblaseninnenseite von *U. intermedia*, Stockenweiler Weiher 1992

finden sich deutliche Sockel (Verwechslung mit *U. stygia*!). Schlammsprosse 3–20 cm lang, ihre Blätter auf 1–5 fädig gestielte Schläuche reduziert. Winkel zwischen den kürzeren Armen der „quadrifids" (0°–)6°–21°(–37°). Turionen eikugelig, behaart. Blütenstengel grün (bei den anderen Arten zumindest teilweise rötlich). Blütenstände 6–36 cm hohe Trauben mit 1–5 Blüten; am Grunde des Blütenstandes Rhizoide. Blüten 12–15 mm lang. Krone gelb; Oberlippe und Gaumen braun-rötlich gestreift, Oberlippe länger als der halbkugelige Gaumen; Unterlippe fast kreisförmig, flach ausgebreitet, ± wellig. Sporn walzlich, mit 8–10 mm etwa so lang wie die Unterlippe. Fruchtkapsel eikugelig. – Blütezeit: Juni–September.

Ökologie: In Moorschlenken, Moortümpeln und Torfstichen, in Gräben, im flachen Uferbereich von Seen, selten auch in langsam fließenden Bächen. In oligo- bis mäßig eutrophem, schwach saurem bis mäßig basenreichem Wasser, zumeist über Torfschlamm bis 50 cm (optimal 0–10 cm) Wassertiefe, vorübergehende Austrocknung gut ertragend. Häufig zusammen mit *Utricularia minor* im Scorpidio-Utricularietum. Die Assoziation ist zumeist nur kleinflächig ausgebildet und im Gebiet eng mit Scheuchzerietalia-Gesellschaften verzahnt. Nach GÖRS (in OBERDORFER 1977, Tab. 20) auch in der Subassoziation von *Sparganium minimum* des Nymphaeetum albae. Vegetationsaufnahmen liegen vor von LANG (1973, Tab. 60) und SCHMIDT (1993) aus dem westlichen Bodenseegebiet, GÖRS (1969, Tab. 12) aus dem Westallgäuer Hügelland und MÜLLER und GÖRS (1960, Tab. 5) aus dem Westallgäuer Hügelland und dem Gebiet der Südöstlichen Rißmoräne.

Allgemeine Verbreitung: Nordhalbkugel: Europa, Nordamerika, Asien. In Europa im Norden bis

70° n. Br. (in Island fehlend), im Süden von Frankreich (?) über Norditalien bis in den Kaukasus reichend. Die Westgrenze ist wegen zahlreicher Verwechslungen mit *U. stygia* nur ungenau bekannt.

Verbreitung in Baden-Württemberg: Der Mittlere Wasserschlauch kommt bzw. kam im Gebiet in der mittleren Oberrheinebene sowie im Alpenvorland einschließlich der Donauniederung vor. Der Verbreitungsschwerpunkt im Alpenvorland liegt dabei in der südöstlichen Rißmoräne, dem Würmmoräne-Hügelland, dem westlichen Bodenseegebiet und dem Westallgäuer Hügelland.

Tiefste Vorkommen: ca. 140 m in der mittleren Oberrheinebene. Das tiefste aktuelle Vorkommen findet sich bei ca. 450 m am Großen Egelsee (8219/1) im westlichen Bodenseegebiet. Höchste Vorkommen: ca. 800 m im Westallgäuer Hügelland.

Utricularia intermedia war vermutlich schon vor den ersten Eingriffen des Menschen im Gebiet vorhanden.

Nördliche Oberrheinebene: Die Angabe von ZIMMERMANN (1906: 129) „bei Weinheim" wurde nicht übernommen, da kein Herbarbeleg vorliegt.
Mittlere Oberrheinebene: 7412/4: Goldscheuer, 1938, HENN (KR); 7612/1 (2?): Ottenheim, 1939, HENN (KR).

Mittlerer Wasserschlauch *(Utricularia intermedia)*
Hornslandet (Schweden), 12. 7. 1993

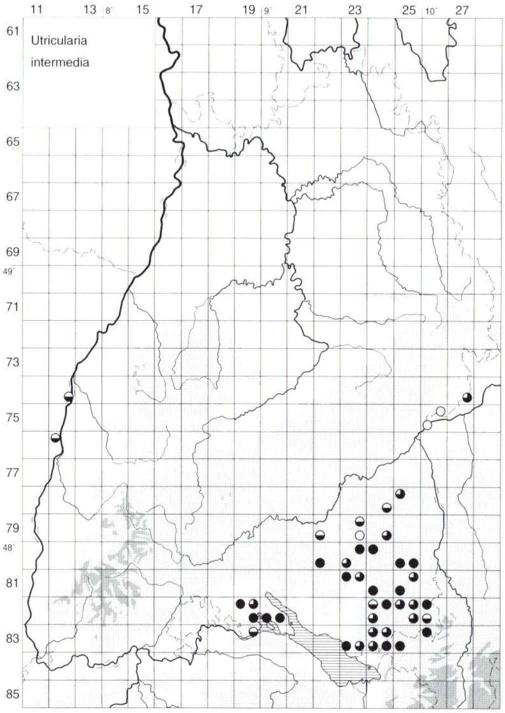

Zu linksrheinischen Vorkommen vgl. SCHULTZ (1846: 372) und GLÜCK (1936: 440).
Westliches Bodenseegebiet: 8219/1: Großer Egelsee bei Friedingen, 1962, LANG (in PHILIPPI u. WIRTH 1970), GRÜTTNER (1990); 8219/2: Buchensee N Radolfzell, MÜLLER und GÖRS (1960); 8219/4+8220/3: Halbinsel Mettnau, 1982, PEINTINGER (Hb. PEINTINGER u. schriftl. Mitt.); 8220/3: Bündlisried W Kaltenbrunn, 1963, LANG (in PHILIPPI u. WIRTH 1970); 8220/4 (?): Wollmatinger Ried, BAUMANN (1911: 435); 8220/4 (auch auf 8320/2?): Wollmatinger Ried, 1990, PEINTINGER (schriftl. Mitt.), vgl. auch SCHMIDT (1993); 8319/2: Unterhalb Schloß Marbach, BAUMANN (1911: 435); Horn am Untersee, 1937, BACMEISTER (STU).
Sonstiges Alpenvorland und Donauniederung: 7427/4: Donaumoos W Gundelfingen (Bayern), K. MÜLLER (1957: 179); 7526/2: Langenauer Ried, VALET in K. MÜLLER (1957: 179), Fund vor 1900; 7526/3?: Ulmer Ried, VALET in K. MÜLLER (1957: 179), Fund vor 1900; 7824/4: Biberach, Höfener Ried, 1917, MAYER (STU); 7825/1: Osterried nördl. Baltringen, MÜLLER und GÖRS (1960); 7922/3: Bremer Ried SE Mengen, 1929, HENN (KR); 7923/2: Federsee, 1923, BOLTER (STU); 7923/4: Schussenried, 1869, ? (STU); 7924/4: Lindenweiher N Unteressendorf, MÜLLER und GÖRS (1960); 8022/3: Burgweiler Baggersee, KONOLD (1987); Pfrungener Ried, 1977, ZIER (STU); 1991/92, WAGNER (KR-K); 8023/2: Aulendorfer See, ?, LECHLER (STU); 8023/2 (8024/1?): Schweigfurter Weiher, ROWECK u. REINÖHL (1986); 8023/3: Ebenweiler See, K. MÜLLER in DÖRR

(1978); 8024/1: Häcklerweiher, ROWECK u. REINÖHL (1986); 8025/3+4: Wurzacher Ried, MÜLLER und GÖRS (1960), BRIELMAIER und DÖRR in DÖRR (1978); 8123/1: Schreckensee, MÜLLER und GÖRS (1960); Schreckensee, Blinder See, BRIELMAIER in DÖRR (1978); Häcklerweiher, ROWECK u. REINÖHL (1986); 8123/2: Dornacher Ried, 1917, BERTSCH (STU); Vorsee, Dornacher Ried, BRIELMAIER in DÖRR (1978); 8124/3 (8224/2): Röslerweiher, ROWECK u. REINÖHL (1986); 8125/2: Hergottsried W Gospoldshofen, BRIELMAIER in DÖRR (1978); 8125/3: Gründlenried SW Immenried, MÜLLER und GÖRS (1960); 1991, THOMAS (ASP); Holzmühleweiher, 1993, SCHMIDT (KR-K); 8224/1: Reichermoos, BERTSCH (1918: 157); 8224/2: Moorgraben neben der Wolfegger Ach bei Röthenbach, HERTER (1888); Langhaldenmoos N Leupholz, 1991, HARMS u. THOMAS (ASP); Mollenweiher SE Vogt, 1993, TH. WOLF (KR-K); 8224/3: Scheibensee bei Waldburg, MÜLLER und GÖRS (1960); 8225/1: Unterhorgen bei Kißlegg, BRIELMAIER in DÖRR (1978); 8225/2: Waldsumpf bei Wolferazhofen, BERTSCH in POEVERLEIN (1913: 164); Argensee N Waltershofen, MÜLLER und GÖRS (1960), Brielmaier in DÖRR (1978); 8225/4: Christazhofen, MÜLLER und GÖRS (1960); 8226/1: Friesenhofen und Urlau, BERTSCH in POEVERLEIN (1913: 164); Fetzach-Taufach-Moos an den Urseen, BRIELMAIER und DÖRR in DÖRR (1978); Großer Ursee, ROWECK u. REINÖHL (1986); Fetzach-Moos, 1993 noch vorhanden (KR-K); 8226/3: Herbisweiler bei Neutrauchburg, BERTSCH in POEVERLEIN (1913: 164); 8323/3: Eriskircher Moor, BRIELMAIER in DÖRR (1978); Eriskircher Ried, 1970, WINTERHOFF (1993); 8323/4: Wielandssee bei Wielandsweiler, BRIELMAIER und DÖRR in DÖRR (1978); 8324/1: Hüttensee SE Neukirch, MÜLLER und GÖRS (1960); 8324/2: Oberer See und Taufelssee bei Primisweiler, BRIELMAIER in DÖRR (1978); 8324/3: Kreuzweiher SE Neukirch, GÖRS (1969); Kreuzweiher und Langensee, BRIELMAIER in DÖRR (1978); 8324/4: Neuravensburg, BRIELMAIER in DÖRR (1978); Schlenken im Bereich des ehemaligen Rothasweihers, 1978, HARMS (Hb. HARMS); 1991, THOMAS (ASP); 8325/3: Lindenberger u. Ratzenberger Moos, DÖRR (1978); 8326/1: Hengelesweiher bei Großholzleute, BAUR und DÖRR in DÖRR (1978).

Erstnachweis: Die erste schriftliche Erwähnung findet sich bei DIERBACH (1825: 7): „in paludosis inter Walldorf et St. Leon raro". Die Angabe wird später als „b. Walldorf" bei DOSCH u. SCRIBA (1874: 403) wiederholt (eventuell ist hier auch Walldorf in Hessen gemeint). Als Gewährsmann wird OHLER aus Frankfurt genannt. Es ist allerdings ungewiß, ob in beiden Fällen tatsächlich *U. intermedia* gemeint war. Es könnte auch eine Verwechslung mit *U. minor* oder *U. australis* vorliegen. Zumindest ist die Pflanze aus Nordbaden – mit Ausnahme der unglaubwürdigen Angabe von ZIMMERMANN (s. o.) – danach nie wieder gemeldet worden. Der Fundort wurde deswegen nicht in die Verbreitungskarte übernommen.

Bestand und Bedrohung: Im Gebiet in zumeist kleinen Populationen vorkommend, die durch Entwässerung und Eutrophierung bedroht sind. Durch die seit Mitte der 80er Jahre extrem trokkenen Sommer an zahlreichen Stellen durch Austrocknung der Moorschlenken (vorübergehend?) verschollen. Insgesamt erträgt die Art aber Austrocknung besser als *U. stygia* und *U. ochroleuca*. *Utricularia intermedia* ist in Baden-Württemberg stark gefährdet (G 2).

4. Utricularia ochroleuca Hartman 1857

Blaßgelber Wasserschlauch

(Vorbemerkung: *Utricularia ochroleuca* wurde 1988 von THOR in zwei Arten aufgespalten. Die neu abgetrennte Art wurde von ihm *U. stygia* (s. u.) genannt. Im folgenden wird zunächst *U. ochroleuca* s. str. behandelt.)

Morphologie: Hydrophyt. Sprosse in grüne Wasser- und farblose Schlammsprosse differenziert, letztere die Pflanze im Boden verankernd. Wassersprosse mit Schläuchen, 5–50(–70) cm lang. Blätter 4–18 mm lang und 7–25 mm breit in zahlreiche schmale Endzipfel pseudodichotom verzweigt. Enden der Blattzipfel allmählich zugespitzt, in eine Stachelspitze auslaufend. Ränder der Blattendzipfel mit je 0–2(–3) zumeist deutlich abgesetzten, sockelartigen Kerbzähnchen, jedes mit 1(–2) terminalen Wimperborsten. Blätter der Schlammsprosse auf 1- bis 3fädig gestielte Schläuche reduziert. Winkel zwischen den kürzeren Armen der „quadrifids" (117°–)146°–197°(–228°). Turionen kugelig, behaart. Blütenstände 8–19 cm hohe Trauben mit 2–3 Blüten; am Grunde des Blütenstandes Rhizoide. Blüten 10–13 mm lang. Krone hellgelb; Oberlippe oval bis eiförmig, schwach ausgerandet; Unterlippe rundlich bis queroval, zuerst fast flach, später an den Rändern nach unten gebogen, 8 × 9 mm. Gaumen halbkugelig, braunrot gestreift. Sporn kegelförmig, ca. 3 mm lang. Früchte wurden bisher nur einmal aus Schweden bekannt (THOR 1988). – Blütezeit: Juni–August.

Ökologie: In oligo- und mesotrophen Gewässern über schlammigen, torfigen oder sandigen Böden, in den Vosges Comtoises (Frankreich) in Teichen bis zu 100 cm Wassertiefe. Der optimale Bereich scheint zwischen 0 bis 10 cm zu liegen (WOLFF, schriftl. Mitt.). Aus den Vosges Comtoises liegen Vegetationsaufnahmen von SCHAEFER-GUIGNIER (1991, 1994) vor, der die Gesellschaft in Anlehnung an die Tabellen aus dem Südschwarzwald als Sphagno-Utricularietum ochro-

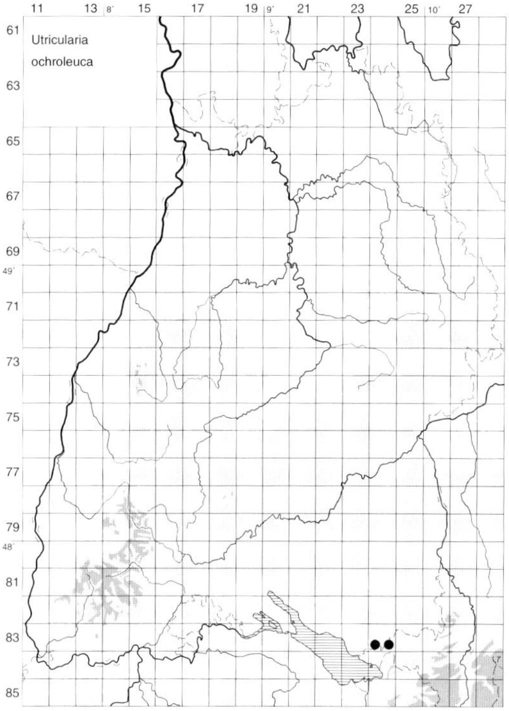

leucae bezeichnet. Da sich die Vegetationsaufnahmen aus dem Südschwarzwald aber auf *U. stygia* beziehen, sollte der Name verworfen werden. Kennzeichnend für die Gesellschaft der Vogesen sind *U. australis* und *Juncus bulbosus.* In Nordeuropa ist die Sippe nach THOR (1988) häufig mit *U. intermedia* vergesellschaftet und kann deshalb leicht übersehen werden (oder wird mit *U. minor* verwechselt).

Allgemeine Verbreitung: Nordhalbkugel: Nordamerika, Westgrönland, Europa. In Nord-, West-, Mittel- und Osteuropa sehr zerstreut. Die Nordgrenze verläuft in Skandinavien in Lappland bei ca. 68° n. Br. (THOR 1988), westlich sind Vorkommen bis Irland bekannt (STACE 1991). Die Süd- und Ostgrenze sind nach der Revision von THOR noch nicht genau bekannt. Die südlichsten zur Zeit bekannten Vorkommen liegen in den Süd- und Südwestvogesen und dem baden-württembergischen und bayerischen Alpenvorland.

Verbreitung in Baden-Württemberg: *Utricularia ochroleuca* ist bisher nur am Kreuzweiher bei Neukirch nachgewiesen worden.

Das Vorkommen liegt bei ca. 540 m.

Die Pflanze war in Süddeutschland vermutlich schon vor den ersten Eingriffen des Menschen vorhanden.

Württembergisches Alpenvorland: 8324/3: Nordrand des Kreuzweihers bei Neukirch, 1970, DÖRR (Herb. DÖRR), 1992 u. 1993 vergeblich gesucht.

Verbreitung in den angrenzenden Gebieten:

Südvogesen: bei Gerardmer (THOR 1988).

Vosges Comtoises: Bei Faucogney, z. B. Étang de Croisseniere N Beulotte-St. Laurent, Pré Rameux N Beulotte-St. Laurent (THOR 1988; SCHAEFFER-GUIGNIER 1991 u. 1994; P. WOLFF, schriftl. Mitt.)

Bayern: Staudheim an der Donau, 1908, ZINSMEISTER (Herbarium Bot. Staatsammlungen München); 8324/4: Stockenweiler Weiher NE Hergensweiler, 1970, DÖRR (Herb. DÖRR), 1993 noch vorhanden (KR-K).

Erstnachweise: Die Sippe wird zum ersten Mal von DÖRR (1978) für das Gebiet von Baden-Württemberg erwähnt. Alle früheren Angaben beziehen sich auf die mittlerweile als eigene Sippe abgetrennte *U. stygia* (s. u.)

Bestand und Bedrohung: Aktuelle Vorkommen von *U. ochroleuca* aus Baden-Württemberg sind nicht bekannt. Es ist aber durchaus möglich, daß die Pflanze am Kreuzweiher wieder nachgewiesen werden kann. In einer Neufassung der Roten Liste Baden-Württemberg sollte die Pflanze als verschollen (G 0) eingestuft werden.

5. Utricularia stygia Thor 1988
Sumpf-Wasserschlauch

Morphologie: Die Art unterscheidet sich durch folgende Merkmale von U. ochroleuca: Wassersprosse mit oder ohne Schläuche. Ränder der Blattzipfel beidseitig mit je 2–4(–10) deutlich abgesetzten sockelartigen Kerbzähnchen mit terminalen Wimperborsten. Winkel zwischen den kürzeren Armen der „quadrifids“ (30°–)52°–97° (–140°). Krone gelb, mit einem leichten rötlichen Ton. Unterlippe flach oder Ränder leicht nach unten gebogen, 9–11 × 12–15 mm. Sporn 4–5 mm lang. Früchte nach Literaturangaben unbekannt (nach B. SCHMIDT, schriftl. Mitt.) 1993 im Fetzachmoos Früchte gefunden!). *U. stygia* kommt nach THOR (1988) ebenso wie *U. ochroleuca* besonders nach kalten Wintern selten zur Blüte. – Blütezeit: Juni–August.

Ökologie: In Tümpeln, Wassergräben, Schlenken und Moorkolken sowie im flachen Uferbereich von Seen. In oligo- bis mestrophem, neutral bis mäßig saurem Wasser. Häufig über periodisch trockenfallendem Torfschlamm in 5–200 cm Wassertiefe. Nach THOR (1988) kommt die Art gewöhnlich in tieferem Wasser vor als *U. ochroleuca* und *U. intermedia.* Im Hinterzartener Moor bildet *U. stygia* in Schlenken kleinflächig artenarme, torfmoosreiche Bestände (Sphagno-

Utricularietum „ochroleucae"), die eng mit dem Caricetum limosae und dem Caricetum lasiocarpae verzahnt sind. Typische begleitende Torfmoose sind *Sphagnum auriculatum* und *Sphagnum subsecundum*, die „reichere" Standorte anzeigen. Nach OBERDORFER (GÖRS, schriftl. Mitt.) kam die Pflanze früher im Schluchsee und im Urseemoor auch im Nupharetum pumili vor. In der Westpfälzischen Moorniederung kam *U. stygia* auch an mesotrophen Standorten mit *Lemna minor, Potamogeton berchtoldii* u.a. vor (WOLFF, Manuskr.). Zu Vegetationsaufnahmen aus Moorschlenken vgl. SCHUMACHER (1937: 234), B. und K. DIERSSEN (1984, Tab. 1) und KLEINSTEUBER u. WOLF (1993).

Allgemeine Verbreitung: Da *U. stygia* erst vor wenigen Jahren als eigene Art erkannt wurde, ist die genaue Verbreitung noch nicht bekannt. Sie wurde bisher in folgenden Gebieten nachgewiesen: Nordamerika, Skandinavien, Schottland, Frankreich, Schweiz (B. SCHMIDT, mdl. Mitt.) und Deutschland. In Norditalien scheint ebenfalls *U. stygia* vorzukommen, jedenfalls gehört die Abbildung von *U. ochroleuca* in der Flora d'Italia zu dieser Sippe (PIGNATTI 1982: 626). Nach THOR (1988) verläuft die Nordgrenze in Finnland bei ca. 70° n. Br.

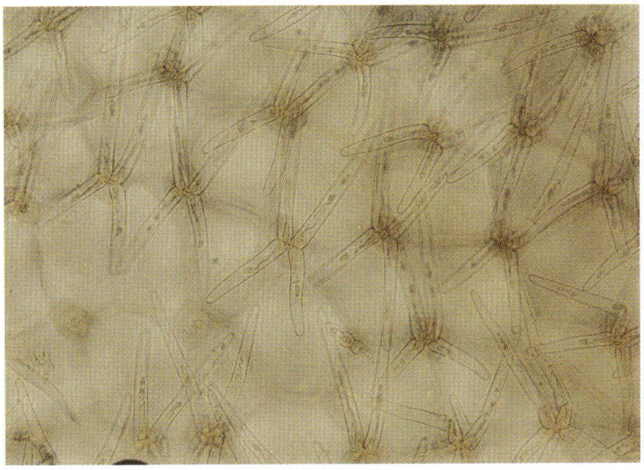

Fangblaseninnenseite von *U. stygia*, Hinterzarten 1992

Verbreitung in Baden-Württemberg: Hauptverbreitungsgebiet sind bzw. waren der südliche Schwarzwald, das Würmmoräne- und das Westallgäuer Hügelland. Daneben existiert(e) ein Vorkommen in der Baar bei Blumberg.

Tiefstes Vorkommen: ca. 610 m im Pfrunger Ried im Alpenvorland (8122/1). Höchstes Vorkommen: ca. 1000 m im Eschengrundmoos im Südschwarzwald (8114/2).

Die Pflanze war vermutlich schon vor den ersten Eingriffen des Menschen im Gebiet vorhanden.

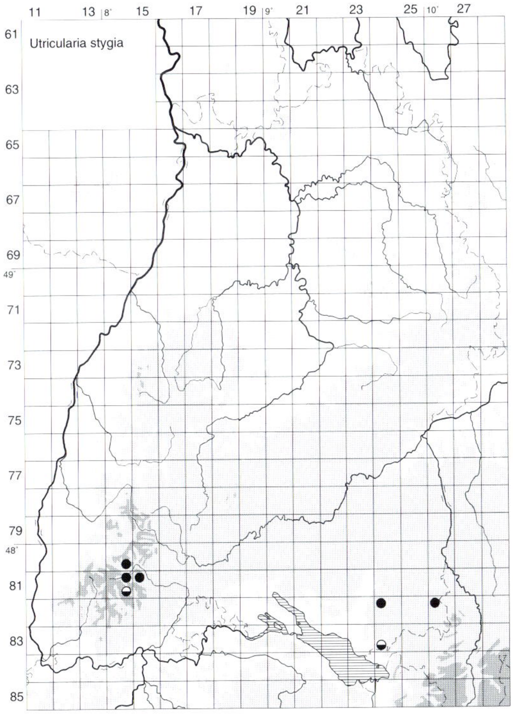

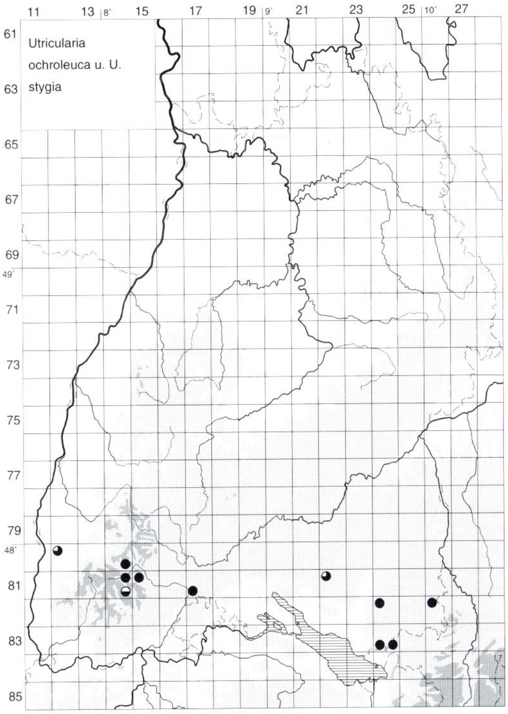

Sumpf-Wasserschlauch *(Utricularia stygia)*
Miesau (Pfalz), 21. 7. 1994

(Vorbemerkung zu den Fundpunkten und der Verbreitungskarte: Nicht zu allen Literaturangaben lagen Herbarbelege vor. Dennoch werden in der folgenden Zusammenstellung alle Vorkommen zu *U. stygia* gestellt, da in Baden-Württemberg außer am Kreuzweiher noch nirgends *U. ochroleuca* nachgewiesen werden konnte. In die Verbreitungskarte werden unter *U. stygia* allerdings nur diejenigen Vorkommen übernommen, von denen entweder Herbar- oder Lebendmaterial untersucht werden konnte. Alle anderen Angaben finden sich in der Karte *Utricularia ochroleuca* u. *U. stygia*.

Herbarbelege, an denen die Form der „Sternhaare" (quadrifids) zu erkennen war, werden mit „!!" gekennzeichnet. Herbarbelege, bei denen die Pflanzen nur anhand der Zähnung der Blattendzipfel bestimmt werden konnten, werden mit „!" kenntlich gemacht. Vom Hinterzartener Moor, vom Moor am Zartenbach und vom Blauensee wurde Lebendmaterial untersucht.)

Rheinebene: 8012/1: (Ochsenmoos bei) Opfingen, 1910, SCHLATTERER in Anonymus (1913: 96), ca. 1955 erloschen, PHILIPPI (KR-K), vgl. auch SCHNETTER u. NOLD (1955: 200).

Südschwarzwald: 8014/4: Am Teich beim Geigershof, GLÜCK (1902: 155); Teich bei Hinterzarten, GLÜCK (1902: 155); Hinterzartener Moor, B. & K. DIERSSEN (1984), 1993 noch in großen Mengen vorhanden (KR-K); 8114/2: Erlenbruck (= Kesslermoos b. Oberzarten), POEVERLEIN (1913: 183), 1959, USINGER & WIGGER (1961: 28); Eschengrundmoos („Michelsmoos") SW Oberzarten, SCHUMACHER (1937: 234), K. MÜLLER (1948: 232 u. 233, Fund vor 1945); Moor am Titisee (= Seewald), GLÜCK (1902: 155); 1913, POEVERLEIN (Hb. Senckenberg!), vgl. auch THOR (1988); Titisee-Moor (beim Einfluß), 1923, OBERDORFER (schriftl. Mitt.); Titisee-Moor, 1929, PLANKENHORN (STU!); Moor am Zartenbach SW Hinterzarten, 1995, Kleinsteuber auf Hinweis von TH. WOLF (KR-K); 8114/4: Schluchseemoor, GLÜCK (1902: 155); 1926, KOCH (Hb. Stockholm) in THOR (1988); 1930, OBERDORFER (KR-K); 8115/1: Urseemoor W Lenzkirch, 1917, POEVERLEIN (in SCHLATTERER 1920: 112), 1957, OBERDORFER (nach GÖRS, schriftl. Mitt.), 1993 noch vorhanden, KRETSCHMAR (schriftl. Mitt.!).

Baar: 8117/3: Blumberg, Zollhausried, B. & K. DIERSSEN (1984), 1992 vergeblich gesucht.

Alpenvorland: 8122/1 (?): Pfrunger Ried, BERTSCH (1948: 387); 8224/1: Reichermoos NE Waldburg, 1913, 1916, BERTSCH (STU!), 1993 vergeblich gesucht; Moorgraben beim Edensbacher See, 1915, BERTSCH (STU!!); Blauensee (= Edensbacher See?), 1918, BERTSCH (STU), 1993, WOLF (KR-K), vgl. auch KLEINSTEUBER und WOLF (1993); 8226/1: Fetzachmoos, 1993, SCHMIDT (KR-K!); 8324/3: Kreuzweiher, 1938, BERTSCH (STU!!), GÖRS (1969, Angabe bezieht sich eventuell auf *U. ochroleuca*), 1993 vergeblich gesucht; Langensee S Neukirch, 1918, BERTSCH (STU!), 1929, PLANKENHORN (STU!). Nach EICHLER (in GLÜCK 1936: 442) auch im Pfunzer Ried (wo?) im O.-Amt Saulgau.

Verbreitung in den angrenzenden Gebieten: Im bayrischen Alpenvorland offenbar weiter verbreitet als bisher angenommen. Die Sippe wurde häufig mit der habituell ähnlichen *Utricularia intermedia* verwechselt.

Zu den Vorkommen in der Pfalz vgl. LANG & WOLFF (1993: 40).

Erstnachweis: *U. stygia* wurde für Baden-Württemberg zum ersten Mal von THOR (1988) erwähnt. Unter dem Namen *U. ochroleuca* finden sich die ersten Angaben bei GLÜCK (1902: 155).

Bestand und Bedrohung: *Utricularia stygia* ist besonders nach dem 2. Weltkrieg stark zurückgegangen. Von den ursprünglich 8 in Südschwarzwald und Baar bekannten Vorkommen konnten B. & K. DIERSSEN (s. o.) nur noch das im Hinterzartener Moor und beim Zollhausried bestätigen. Bei einer erneuten Nachsuche im Rahmen der Kartierung konnte die Pflanze in dieser Region nur noch im Hinterzartener Moor im Urseemoor bei Lenzkirch (s. o.) und am Zartenbach gefunden werden.

Im württembergischen Alpenvorland sind zwei aktuelle Vorkommen bekannt. (KLEINSTEUBER u. WOLF 1993, SCHMIDT, s. o.). Auch hier ist ein deutlicher Rückgang im Vergleich mit den Angaben von Bertsch zu verzeichnen. Gefährdet sind die Bestände besonders durch Entwässerung und Eutrophierung. Das Vorkommen im Schluchseemoor wurde durch den Aufstau des Schluchsees um 1930 vernichtet. In Württemberg ist die seit Jahren anhaltende Sommertrockenheit wahrscheinlich mit für den Rückgang von *U. stygia* verantwortlich.

Utricularia stygia ist in Baden-Württemberg vom Aussterben bedroht (G 1).

6. **Utricularia minor** L. 1753
Kleiner Wasserschlauch

Morphologie: Hydrophyt. Sprosse zumeist in grüne Wasser- und farblose Schlammsprosse differenziert, letztere die Pflanze im Boden verankernd, selten in tieferem Wasser frei schwimmend. Wassersprosse 5–50 cm lang, Blätter 3–18 mm lang, in 7–22 lineale Endzipfel pseudodichotom verzweigt, mit je 1–3(–7) Schläuchen besetzt. Blattendzipfel am Rand meist ohne Wimpern, seltener mit einer Wimper. Schlammsprosse 3–13 cm lang, ihre Blätter auf 1–6 fädig gestielte Schläuche reduziert. Winkel zwischen den kürzeren Armen der „quadrifids" (180–) 240°–300°. Turionen meist kugelig, kahl. Blütenstände 2,5–17 cm hohe Trauben mit 2–5 Blüten.

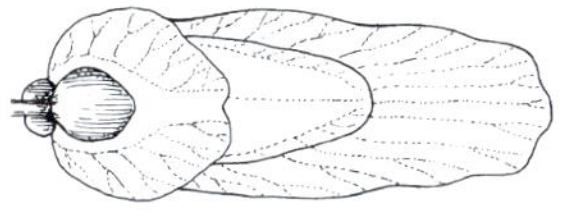

Utricularia minor. Blüte von oben gesehen.
Zeichnung: F. WEICK nach H. GLÜCK (1936: Fig. 250)

Blüten 6–8,5 mm lang, etwas länger als breit; Krone gelb; Oberlippe eirundlich, etwa so lang wie der braun bis rötlich gestreifte Gaumen; Unterlippe 6–9,5 mm lang, 5–7 mm breit, oval bis eilänglich, die seitlichen Ränder meist leicht nach unten umgeschlagen. Gaumen flach niedergedrückt, den Schlund meist nicht völlig verschließend, etwa halb so breit wie lang. Kapseln kugelig. Pflanzen häufig ohne Blüten. – Blütezeit: Juni–August.

Ökologie: In seichten Moorschlenken, Moortümpeln, Torfstichen, Kolken, sumpfigen Wiesen und Buchten von Seen und Teichen. In saurem bis

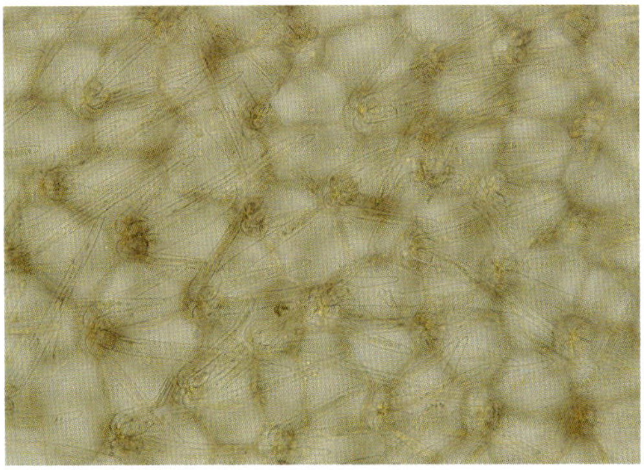

Fangblaseninnenseite von *U. minor*, Argensee 1992

basenreichem, oft kalkhaltigem, meso- bis mäßig eutrophem Wasser (vgl. KONOLD 1987: 491). Optimal in 5–10 cm Wassertiefe; im bayerischen Alpenvorland auch Vorkommen bis 2 m Tiefe (MELZER 1976: 126). Nach OBERDORFER (1977, 1990) Charakterart des Scorpidio-Utricularietum (hier u. a. zusammen mit Utricularia intermedia u. Scorpidum scorpioides), oft im Kontakt mit Scheuchzerietalia-, Caricion davallianae- u. Molinion-Gesellschaften, selten auch in verschiedenen Potamogetonetea-Gesellschaften. Vegetationsaufnahmen aus dem westlichen Bodenseege-

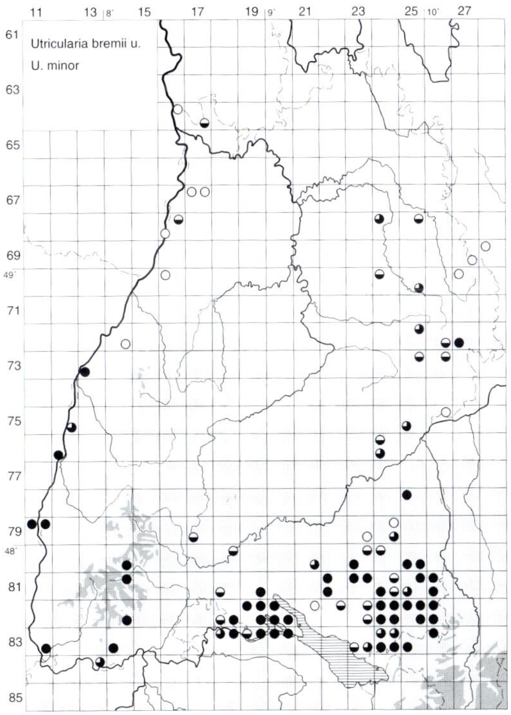

biet liegen von LANG (1973), A. GRÜTTNER (1990, mehrere Tab.), aus dem weiteren Alpenvorland von MÜLLER und GÖRS (1960, Tab. 5) vor.

Allgemeine Verbreitung: Auf der Nordhalbkugel zerstreut. In Europa von Irland bis zum Ural (Nordgrenze in Skandinavien bei ca. 70° n. Br.); südlich von Nordspanien bis in den Kaukasus.

Verbreitung in Baden-Württemberg: Im Gebiet hauptsächlich im Alpenvorland verbreitet. Daneben gibt es wenige – zum Teil erloschene – Vorkommen in der Oberrheinebene, in Südschwarzwald und Baar, in Hohenlohe, im Schwäbisch-Fränkischen Wald und auf der Schwäbischen Alb. Eine Angabe aus dem Stromberggebiet (Sersheimer Moor, Mattern 1972) bleibt zu überprüfen.

Die Pflanze war in der Oberrheinebene und im Südschwarzwald sicher weiter verbreitet, als es die Karte widerspiegelt, es wurden aber nur gesichert erscheinende Angaben aufgenommen. Es wurde keine gesonderte Karte für U. minor erstellt, d. h. alle Angaben finden sich in der Karte *Utricularia bremii* u. *U. minor*. Zum einen gehören die meisten Angaben sowieso zu dieser Sippe, zum anderen sind die meisten Belege steril und könnten exakterweise nur mit cf. zu *U. minor* gestellt werden.

Tiefste Vorkommen: ca. 100 m in der nördlichen Oberrheinebene bei Mannheim. Höchstes Vorkommen: ca. 940 m im Erlenbruck im Südschwarzwald (8114/2).

Die Pflanze war vermutlich schon vor den ersten Eingriffen des Menschen im Gebiet vorhanden.

Oberrheinebene: 6416/2: Sandtorf, SCHMIDT (1857: 250); ?, DIERBACH (KR); 6417/4: Viernheimer Lache (Hessen), 1942, BRAUNSTEFFER (1958: 3); 6717/1: bei Waghäusel, KNEUCKER (1887: 298); 1887, FÖRSTER (KR); 6717/2: Torfsumpf bei Walldorf, BONNET (1887: 334); 6816/2: Torfstiche b. Graben, OBERDORFER (1936: 249); 6816/3: bei Linkenheim, BAUSCH in KNEUCKER (1886: 298); 7016/1: Scheibenhard, KNEUCKER (1884: 103); 7214/4: Abtsmoorwiesen, WINTER (1884: 141); 7512/4: Ichenheim, 1932, HENN (KR); 7612/3: Im Breitsand N Kappel, 1978, KORNECK in DIERSSEN (1984); 1990, THOMAS (ASP); 7911/1: Entenlochwinkel SW Burkheim, 1994, PLIENINGER (KR-K); 7911/2: Wasserloch E der kleinen Kiesgrube SW Burkheim (urspr. auch in der Kiesgrube), 1991, PLIENINGER (KR-K); 8311/4: Kirchner Kopf (Elsaß), 1993, B. SCHMIDT (mdl. Mitt.).

Südschwarzwald: 8014/4: Hirschenmoor, Steig, DIERSSEN (1984); 8114/2: Erlenbruck, GLÜCK (1906: XI); 1973, OBERDORFER (schriftl. Mitt.); 8214/4: Bruggrain S Wittenschwand, DIERSSEN (1984); 8314/3: Weihermoosmatte SE Hottingen, DIERSSEN (1984), 1993 noch vorhanden, TH. WOLF (KR-K); 8413/2: Kühmoos-Jungholz, 1952, OBERDORFER (schriftl. Mitt.).

Baar: 7917/3: Schwenninger Moos, SCHLENKER (1908).

Hohenlohe: 6824/1: Kupfermoor N Gailenkirchen, 1949, SEILACHER (STU-K); 1954, ?, (STU).

Schwäbisch-Fränkischer Wald: 6927/4: In seichten Weihern: Wörth, Konradsbronn, KURTZ (1881: 7); 7025/4: Hammerschmiede Pommertsweiler, 1952, MAHLER (STU-K); 7027/1: Eigenzell, SCHNITZLEIN u. FRICKHINGER (1848).

Schwäbische Alb und Donauniederung: (Die Angaben von GRADMANN wurden in der Verbreitungskarte auf vor 1945 zurückdatiert) 7225/2: Hülbe beim Äußeren Kinzighof bei Bartholomä, ca. 1960, KNAUSS (STU); 7226/4: Itzelberger See, GRADMANN (1950: 329); 7227/3: Hülbe im Adamshäule SW Rotensohl, 1971 MATTERN (STU-K); 7325/2; Böhmenkirch, GRADMANN (1950: 329); 7326/2: Heidenheim, GRADMANN (1950: 329); 7525/3: Arnegger Ried, K. MÜLLER (1957: 179); 7526/2: Langenauer Ried, VALET in K. MÜLLER (1957: 179); 7624/1+3: Schmiecher See, GRADMANN (1950: 329); 7624/3: Allmendinger Ried, K. MÜLLER (1957: 179); 8018/2: Tuttlingen, GRADMANN (1950: 329).

Alpenvorland: Im Westallgäuer Hügelland zahlreiche Vorkommen (vgl. Fundortzusammenstellung b. DÖRR 1978). Im restlichen Alpenvorland zerstreut bis selten (vgl. die Angaben von MÜLLER und GÖRS 1960, KONOLD 1987 und A. GRÜTTNER 1990).

Kleiner Wasserschlauch *(Utricularia minor)*
Mindelsee, August 1990

Erstnachweis: Die Pflanze wird zum ersten Mal bei ROTH VON SCHRECKENSTEIN erwähnt (1804: 32, 33): „In den Gräben an der Donau bey Ziegelhütte zwischen Möhringen und Immendingen, DR. PETIF".

Bestand und Bedrohung: Der Kleine Wasserschlauch ist regional sehr unterschiedlich gefährdet. In der Oberrheinebene steht *Utricularia minor* vor dem Aussterben (G 1) – in der nördlichen Oberrheinebene ist er bereits verschollen. Auch aus Hohenlohe und dem Weihergebiet um Ellwangen (vgl. VOGGESBERGER 1991) sind keine aktuellen Meldungen bekannt. Von der Schwäbischen Alb liegt nur eine Angabe nach 1970 vor. Im Alpenvorland erscheint die Art dagegen zumindest im Westallgäuer Hügelland (noch?) nicht gefährdet. Allerdings sind zahlreiche von BERTSCH belegte Angaben (STU) lange nicht mehr bestätigt worden. Die Ursachen des Rückgangs von *U. minor* liegen in Entwässerungsmaßnahmen und der zunehmenden Eutrophierung weiter Landesteile. *U. minor* ist im Gebiet insgesamt stark gefährdet (G 2).

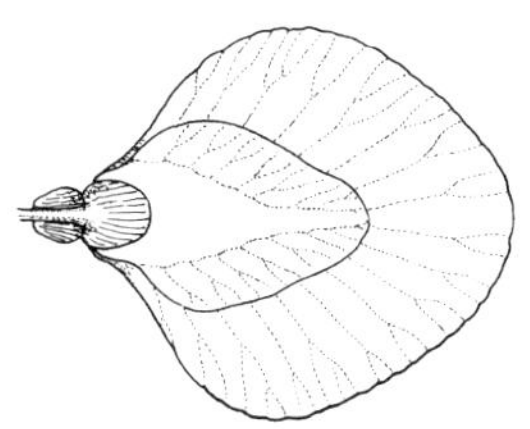

Utricularia bremii. Blüte von oben gesehen.
Zeichnung: F. WEICK nach H. GLÜCK (1936: Fig. 253)

7. **Utricularia bremii** Heer 1839

Bremis Wasserschlauch, Züricher Wasserschlauch

Morphologie: Pflanze im Habitus ähnlich *U. minor*. Im folgenden werden nur die Unterscheidungsmerkmale aufgeführt: Pflanze in allen Teilen kräftiger. Blätter der Wassersprosse in 10–50 lineale Endzipfel pseudodichotom verzweigt und mit je 1–10 Schläuchen besetzt. Schlammsprosse 2,5–6 cm lang, ihre Blätter auf 1–8 fädig gestielte Schläuche reduziert. Blütenstand eine 5–50 cm hohe Traube mit 2–14 Blüten. Blüten 8–9 mm lang, etwa so lang wie breit. Krone hell zitronengelb; Oberlippe etwas länger als der rot bis rotbraun gestreifte Gaumen; Unterlippe ca. 8–9 mm lang und breit, breit-eirundlich bis fast kreisförmig, flach ausgebreitet. Früchte unbekannt. – Blütezeit: Juli–Oktober.

Ökologie: In Tümpeln (z. B. zwischen *Carex elata*-Bulten) und Schlenken. In neutralem bis mäßig saurem, kalkarmem, mesotrophem Wasser, über Torfschlammböden und sandigem Lehm in 1–20 cm Wassertiefe. Vegetationsaufnahmen aus Baden-Württemberg liegen nicht vor. In Mittelfranken ist *U. bremii* mit *Juncus bulbosus, Sparganium* spec. und *Sphagnum subsecundum* s. l. vergesellschaft (WOLFF, schrifl. Mitt.).

Allgemeine Verbreitung: In Europa sehr zerstreut. Im Norden von Irland bis Dänemark. Im Süden von Frankreich über Norditalien und Ungarn bis zum oberen Djnestr-Gebiet, hier die Ostgrenze der Verbreitung erreichend. Früher in Deutschland nördlich bis ins Maingebiet.

Verbreitung in Baden-Württemberg: Belege von *U. bremii* liegen nur aus der Oberrheinebene vor. Ob die Pflanze früher im Alpenvorland vorkam, läßt sich zur Zeit nicht beurteilen. BERTSCH (1918: 162) gibt als Fundorte zunächst den Schweigfurtweiher und das „Bodenseeried bei Bregenz“ an. In der ersten Auflage der Flora von Württemberg und Hohenzollern (1933: 248) werden diese Angaben nicht wiederholt. Statt dessen gibt er als Fundorte Vorsee und Teufelsee an. In der zweiten Auflage der Flora (1948: 387) steht dann: „Bei uns noch nicht sicher nachgewiesen“ und in der dritten Auflage (1962: 375) werden die Angaben der ersten wiederholt! Ein Herbarbeleg von BERTSCH (STU), der 1922 am Vorsee gesammelt wurde, ist so schlecht erhalten, daß er sich nicht eindeutig bestimmen läßt. Nach DÖRR (mdl. Mitteilung) wurde die Sippe im Rahmen der Kartierung der Flora des Allgäus nicht nachgewiesen. Die Angabe von ZIMMERMANN (1906: 129): „Muggensturmer Hof bei Weinheim“ wurde nicht übernommen, da kein Herbarbeleg vorliegt.

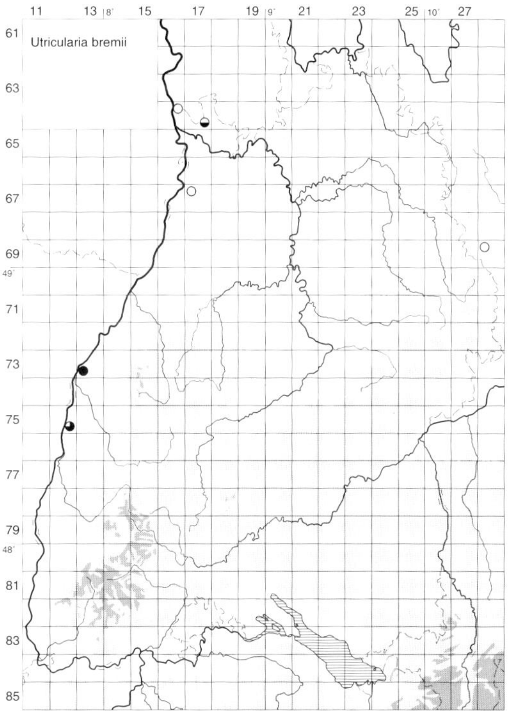

Bremis Wasserschlauch *(Utricularia bremii)*
Ichenheim

Die Vorkommen in der badischen Rheinebene lagen zwischen 90 m und 140 m.

Die Pflanze war vermutlich schon vor den ersten Eingriffen des Menschen im Gebiet vorhanden.

Oberrheinebene: 6416/2: Sanddorf (= Sandtorf), DOSCH u. SCRIBA (1873: 403), ?: Mannheim, DOSCH u. SCRIBA (1873: 403); 6717/1: Waghäusel, METZLER und SCRIBA in SCHULTZ (1873: 248); ?, ? (KR); 7313/3: Tongrube S Honau, 1976, HARMS (Hb. HARMS), 1993 vergeblich gesucht; 7512/4: Ichenheim, 1932, HENN (KR); 1958 u. 1959, KORNECK in PHILIPPI (1961: 185). Vorkommen in den angrenzenden Gebieten:
Hessen: 6417/4: Vi(e)rnheim, DOSCH u. SCRIBA (1873: 403); Neuzenhofer Ziegelei bei Viernheim, GLÜCK (1906: X), bereits 1913 erloschen (zu weiteren Vorkommen in Hessen sowie linksrheinischen Vorkommen in Rheinland-Pfalz und im Elsaß vgl. GLÜCK 1936: 446).
Wörnitzgebiet (Bayern): 6928/1 (?): Zwischen Sin(n)-bronn und Dinkelsbühl, SCHNITZLEIN und FRICKHINGER (1848: 177).
Mittelfranken (Bayern): Bei Höchstadt an der Aisch, 1993 noch vorhanden, DUNKEL (schriftl. Mitt.).

Erstnachweis: Die Pflanze wird für Baden-Württemberg zum ersten Mal für Waghäusel von METZLER und SCRIBA (in SCHULTZ 1873: 248) erwähnt. Die Angaben von DOSCH u. SCRIBA (s. o.) sind jünger, da Flora erst 1874 erschienen (vgl. DOSCH u. SCRIBA 1882: III).

Bestand und Bedrohung: *Utricularia bremii* ist in Baden-Württemberg verschollen. In der Roten Liste wird die Pflanze noch als vom Aussterben bedroht (G 1) aufgeführt. Die Angabe muß auf G 0 korrigiert werden. Der starke Rückgang hat nicht nur in Baden-Württemberg stattgefunden. In Deutschland kommt die Pflanze vermutlich nur noch in Mittelfranken bei Höchstadt vor.

Bastarde: Über *Utricularia*-Bastarde liegen bisher keine sicheren Angaben vor. Die Angabe von POEVERLEIN (1913: 149, vgl. auch BERTSCH 1918: 170) zu *U. australis*: „. . . Donau bei Blochingen! (hier mit *U. vulgaris* und Übergängen zu dieser)“ ist nicht belegt und nicht vorstellbar, da sich *U. australis* im Gebiet vegetativ vermehrt.

Campanulaceae

Glockenblumengewächse
Bearbeiterin: A. ROSENBAUER

Einjährige bis ausdauernde Kräuter, selten auch Halbsträucher, kahl oder behaart, mit gegliederten Milchsaftröhren. Blätter wechselständig, einfach, ohne Nebenblätter, gezähnt bis ganzrandig. Blüten radiär fünfzählig, zwittrig, meist blau, auch violett, weiß oder gelb. Blütenstände rispig, traubig oder in endständigen Köpfchen. Die Staubblätter werden deutlich früher reif als die Narbe (proterandrisch). Kelchblätter frei, Krone wenigstens am Grund verwachsen, trichter- oder glockenförmig oder flach ausgebreitet. Staubblätter frei oder zu einer Röhre verwachsen, oft an der Basis verbreitert. Fruchtknoten mittel- bis unterständig, 2- bis 5fächerig mit zentralwinkelständigen Samenanlagen. Griffel meist behaart mit 2 bis 5 Narben. Fruchtkapsel sich mit Poren oder Klappen öffnend. Samen zahlreich, klein; Windverbreitung.

Die auffälligen Blüten sind an die Bestäubung durch Insekten, besonders Hymenopteren, angepaßt. Die Staubbeutel bilden eine Röhre und entleeren den Pollen noch in der Blütenknospe auf den stark behaarten Griffel. Die Narbenäste sind zu diesem Zeitpunkt noch geschlossen. Der wachsende Grifel bürstet den Pollen aus der Staubblattröhre heraus, anschließend vertrocknen die Antheren. Nektarsammelnde Insekten werden so auf dem Rücken mit Pollen eingestäubt (männliches Stadium). In der darauf folgenden weiblichen Phase biegen sich die Narbenäste nach unten um, so daß die fertile Narbenfläche von den Insekten bestäubt werden kann. Selbstbestäubung kann vorkommen, wenn sich die Narbenäste so weit umrollen, daß sie mit ihrem eigenen Pollen in Berührung kommen. Jedoch wurde häufig Selbststerilität beobachtet (PODLECH 1965).

Die Familie der Glockenblumengewächse umfaßt 35 Gattungen mit rund 600 Arten. Die Hauptverbreitung liegt in der nördlichen gemäßigten Zone, nur wenige Arten kommen auch auf der Südhalbkugel vor. In Europa gibt es 13 Gattungen mit etwa 210 Arten, in Baden-Württemberg sind davon 5 Gattungen mit 22 Arten vertreten.

1 Blüten locker in Trauben oder Rispen oder in Büscheln blattachselständig, ohne gemeinsame Hülle. Blüten groß, glocken- oder radförmig mit breiten Kronblättern 2
– Blüten sitzend oder kurz gestielt, in Köpfchen oder walzlichen Ähren mit gemeinsamer Hülle. Blüten klein, tief geteilt, Kronblätter schmal, anfangs noch an der Spitze verbunden 4
2 Blüten radförmig ausgebreitet, Krone kürzer als der lange, stielförmige Fruchtknoten . . . . . . 2. *Legousia*
– Blüten glockig, Krone länger als der rundlich-ovale Fruchtknoten 3
3 Stengel niederliegend, Stengelblätter rundlich gelappt, Blüten hellblau mit dunkleren Adern, 3 bis 10 mm lang, Kapsel sich mit apikalen Klappen öffnend . . . . 4. *Wahlenbergia*
– Stengel aufrecht oder aufsteigend, Blüten ohne dunklere Adern, Stengelblätter länglich, Blüten größer als 10 mm. Kapsel sich mit 3 seitlichen Poren öffnend . . . . 1. *Campanula*
4 Pflanze kahl, Einzelblüten sitzend in Ähren oder Köpfchen, Staubblätter frei . . . 3. *Phyteuma*
– Pflanze rauh behaart, Einzelblüten kurz gestielt in Dolden, Staubblätter verwachsen . 5. *Jasione*

1. Campanula L. 1753

Glockenblume

Einjährige bis ausdauernde, selten halbstrauchige Pflanzen mit ungeteilten, wechselständigen, ganzrandigen oder gezähnten Blättern. Blüten in rispigen oder traubigen Blütenständen, zu mehreren blattachselständig oder einzeln endständig. Kelchblätter frei, mit dreieckigen bis linealen Zipfeln. Blütenkrone ansehnlich glocken- oder trichterförmig, meist blau oder violett. Staubblätter am Grund stark verbreitert. Fruchtknoten unterständig, 3- bis 5fächerig, Griffel behaart, Narbe 3- bis 5spaltig. Kapsel länglich-oval, sich mit seitlichen Poren öffnend. Die zahlreichen kleinen Samen werden durch den Wind aus der trockenen Kapsel geschüttelt.

Die Gattung ist die größte der Familie und besteht aus etwa 300 bis 400 Arten, die vor allem in den gemäßigten Zonen von Europa, Nordafrika und Asien verbreitet sind, wenige Arten kommen auch in Nordamerika und im äquatorialen Ostafrika vor. Das Hauptentwicklungszentrum der Gattung liegt in den mittel- und südosteuropäischen Gebirgen. In Europa gibt es 144 Glockenblumen-Arten, in Baden-Württemberg 14.

1 Buchten zwischen den Kelchblättern mit zurückgeschlagenen Anhängseln, Alpenpflanze (in Baden-Württemberg ausgestorben) . . . . 4. *C. barbata*
– Buchten zwischen den Kelchblättern ohne zurückgeschlagene Anhängsel 2
2 Blüten sitzend in blattachselständigen Büscheln 3

– Blüten gestielt, einzeln in Trauben oder Rispen 4
3 Grundblätter herzförmig angerundet, Pflanze weich behaart, Narbe etwa so lang wie die blauviolette Krone, Kelchblätter lang zugespitzt . . 5. *C. glomerata*
– Grundblätter in den Stiel verschmälert, Pflanze stechend-steifborstig, Narbe deutlich länger als die hellblaue Krone, Kelchblätter stumpf . . . . 6. *C. cervicaria*
4 Mittlere Stengelblätter breit-herzförmig, deutlich gekerbt oder gesägt 5
– Stengelblätter lineal-lanzettlich, mehr als dreimal so lang wie breit, ganzrandig oder schwach gekerbt 8
5 Kelchblätter lineal-pfriemlich, Stengelblätter spitz-oval, gesägt, sitzend, bis 3 cm lang. Blüten lang gestielt. Nur in Südbaden . . . . 10. *C. rhomboidalis*
– Kelchblätter lanzettlich bis breit-dreieckig, Stengelblätter größer 6
6 Stengel deutlich 4- bis 5kantig, Pflanze stechend-borstig. Kelchblätter breit-dreieckig, der Krone anliegend . . . . 8. *C. trachelium*
– Stengel rund oder stumpfkantig, Pflanze weichhaarig bis kahl. Kelchblätter lanzettlich, oft zurückgeschlagen 7
7 Stengelblätter bis 15 cm lang, Blüten 3 bis 6 cm lang, Stengelblätter allmählich in Tragblätter übergehend, Kelch und Fruchtknoten kahl . . . 7. *C. latifolia*
– Stengelblätter bis 9 cm lang, Blüten bis 3 cm lang, Tragblätter deutlich kleiner und schmaler als die Stengelblätter, Kelch und Fruchtknoten kurz behaart . . . . 9. *C. rapunculoides*
8 Blüten 2,5 bis 4 cm lang, Kelchblätter lanzettlich, Pflanze bis 80 cm hoch, armblütig, kahl . . 3. *C. persicifolia*
– Blüten höchstens 2,5 cm lang, Kelchblätter pfriemlich 9
9 Reife Kapsel nickend, Poren am Grund. Grundblätter lang gestielt, von den Stengelblättern deutlich verschieden, zur Blütezeit oft schon vertrocknet. Freie Kronzipfel breiter als lang . . 10
– Reife Kapsel aufrecht, Poren in der Mitte oder im oberen Drittel, Grundblätter kurz gestielt, von den Stengelblättern nicht deutlich verschieden. Freie Kronzipfel deutlich länger als breit . 13
10 Grundblätter zur Blütezeit immer vorhanden, eiförmig-rautenförmig, gezähnt, keilförmig in den Grund verschmälert. Pflanze niedrig, dichtrasig. Krone hellblau . . 11. *C. cochleariifolia*
– Grundblätter zur Blütezeit oft schon vertrocknet, rundlich-nierenförmig, mit deutlich herzförmigem Grund. Krone meist dunkelblau . . . 11
11 Blattunterseite, besonders auf den Nerven, und unterer Teil des Stengels dicht zottig behaart, Pflanze in Baden-Württemberg ausgestorben . . [*C. baumgartenii*]
– Stengelblätter kahl oder höchstens am Blattgrund bewimpert 12
12 Pflanze 1- bis 3(–5)blütig, Blütenknospen nikkend. Stengel kahl oder am Grund lang bewimpert. Blattgrund der mittleren und unteren Stengelblätter seitlich lang bewimpert. Im Gebiet nur in den Hochlagen des Südschwarzwaldes . . . . 12. *C. scheuchzeri*
– Blütenstand eine lockere meist vielblütige Rispe, Blütenknospen aufrecht. Stengel kahl oder dicht behaart. Blattgrund kahl oder höchstens kurz papillös, häufige Art . . . . 13. *C. rotundifolia*
13 Blütenstand locker schirmrispig, Blüten lang gestielt . . . . 1. *C. patula*
– Blütenstand lang und schmal rispig, fast traubig. Blüten kurz gestielt . . . 2. *C. rapunculus*

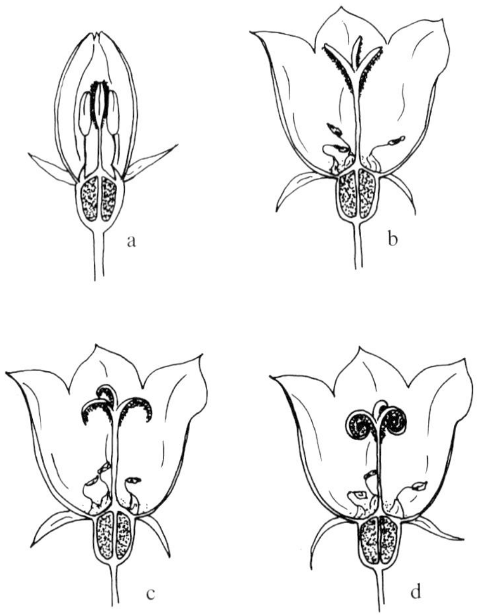

Bestäubung bei der Gattung *Campanula*, halbschematisch: a) Entleeren des Pollens bei noch geschlossener Knospe auf die Außenseite der Narbenäste; b) Männliche Phase; c) Weibliche Phase; d) Selbstbestäubung. Zeichnung: A. Rosenbauer

1. Campanula patula L. 1753

Wiesen-Glockenblume

Morphologie: Pflanze zweijährig, aufrecht, verzweigt, 50 bis 80 cm hoch. Stengel kantig, kahl, unterwärts schwach behaart. Grundblätter zur Blütezeit meist noch vorhanden, verkehrt-eiförmig, stumpf gekerbt, in den Stiel verschmälert; Stengelblätter nach oben zu schmäler werdend, lanzettlich-spitz, gekerbt. Blütenstand ausgebreitet schirmrispig; Kelchblätter lanzettlich spitz; Krone trichterig-glockig, lila, mit 5 schmalen, spitzen Zipfeln. Kapsel länglich, sich oberhalb der Mitte mit drei Poren öffnend. – Blütezeit: Juni–Juli.

Wiesen-Glockenblume *(Campanula patula)*
Schwarzwald

Ökologie: Die Wiesen-Glockenblume ist eine Lichtpflanze und kommt in mäßig nährstoffreichen Fettwiesen, an Wegen und in Brachen vor. Sie bevorzugt frische, nährstoffreiche und meist kalkarme Ton- und Lehmböden. Sie gilt als Verbandskennart der mitteleuropäischen Fettwiesen (Arrhenatherion). Häufig in Vegetationsaufnahmen vor allem von Wiesen (Arrhenathereten) enthalten, u. a. aus dem westlichen Bodenseegebiet bei LANG (1973: Tab. 82), aus dem Schwarzwald bei SCHWABE-BRAUN (1980: Tab. 16), von der Schwäbischen Alb KUHN (1937: Tab. 26) und vom Spitzberg bei GÖRS (1966: Tab. 19). Die Wiesen-Glockenblume wächst gern zusammen mit *Galium mollugo, Salvia pratensis, Ranunculus bulbosus, Holcus lanatus* und *Trisetum flavescens.*

Allgemeine Verbreitung: Europäische Pflanze: im Norden bis England, Nordschweden und zu den baltischen Staaten, im Süden bis zu den Dinarischen Alpen, von Nordspanien bis ins westliche Sibirien.

Verbreitung in Baden-Württemberg: Die Wiesenglockenblume ist im ganzen Land verbreitet und häufig, sie fehlt jedoch stellenweise in intensiv landwirtschaftlich genutzten Gebieten, im warmen Klima und auf den kalkhaltigen Böden von Hohenlohe, dem Kraichgau und im südlichen Oberrheingebiet, in den hohen Lagen des Südschwarzwalds und im Alpenvorland.

Höchstes Vorkommen um 910 m im Feldberggebiet, niedrigstes Vorkommen um 100 m bei Mannheim.

Erstnachweise: Die Art kommt heute an vom Menschen stark beeinflußten Standorten vor, sie ist wahrscheinlich im Gebiet nicht urwüchsig. Ältester literarischer Nachweis: LEOPOLD (1728: 28) für Ulm. Ältester archäologischer Nachweis: Oedenahlen, Frühes Subboreal (U. MAIER 1988).

Bestand und Bedrohung: Die Wiesenglockenblume ist in Baden-Württemberg sehr weit verbreitet. Jedoch gedeiht sie nur auf mäßig nährstoffreichen Wiesen und ist deshalb in den Regionen mit intensiv genutztem Grünland weitgehend verschwunden.

Dennoch ist die Art bislang nicht als bedroht anzusehen. Die Art ist nur mäßig schnittverträglich, sie verträgt 2 Schnitte pro Jahr. Der erste Schnitt soll nicht vor Anfang Juli liegen (BRIEMLE u. ELLENBERG 1994).

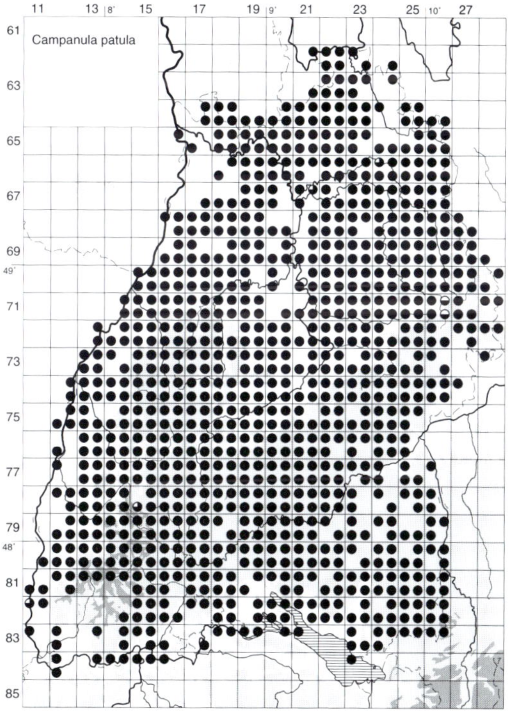

2. **Campanula rapunculus** L. 1753
Rapunzel-Glockenblume

Morphologie: Pflanze zweijährig, kahl oder zerstreut behaart, aufrecht, mit einfachem, kantigem Stengel, 30 bis 100 cm hoch. Die rübenförmige Wurzel ist eßbar. Rosettenblätter verkehrt-eiförmig, in den Stiel verschmälert, zur Blütezeit meist vertrocknet. Stengelblätter lineal-lanzettlich, ganzrandig oder schwach gezähnt, unterseits auf den Nerven behaart. Blütenstand steif aufrecht, schmal rispig, Blüten kurz gestielt. Kelchblätter pfriemlich, Krone trichterförmig, blau. Kapsel länglich, auch in reifem Zustand aufrecht, sich im oberen Drittel mit drei Poren öffnend. – Blütezeit: Mai–August.

Ökologie: Die Rapunzel-Glockenblume kommt in Halbtrockenrasen, an Böschungen und Wegrainen vor. Sie bevorzugt mäßig trockene, nährstoff- und basenreiche, humose Löß- und Lehmböden in sonniger Lage. Sie gilt als Verbandskennart der Blutstorchschnabel-Saumgesellschaften (Geranion sanguinei) und kommt in pflanzensoziologischen Aufnahmen von Kalkmagerrasen des westlichen Bodenseegebiets bei LANG (1990: Tab. 79), von Arrhenathereten des Oberrheingebiets bei GÖRS (1974: Tab. 9, Stetigkeitstabelle) und vom Geranion sanguinei Baden-Württembergs bei MÜLLER (1962: Tab. 1) vor. Sie wächst gern zusammen mit *Polygonatum odoratum, Bupleurum falcatum, Stachys recta, Viola hirta* und *Chrystanthemum corymbosum.*

Rapunzel-Glockenblume (*Campanula rapunculus*)
Katharinenberg (Kaiserstuhl), 27. 5. 1992

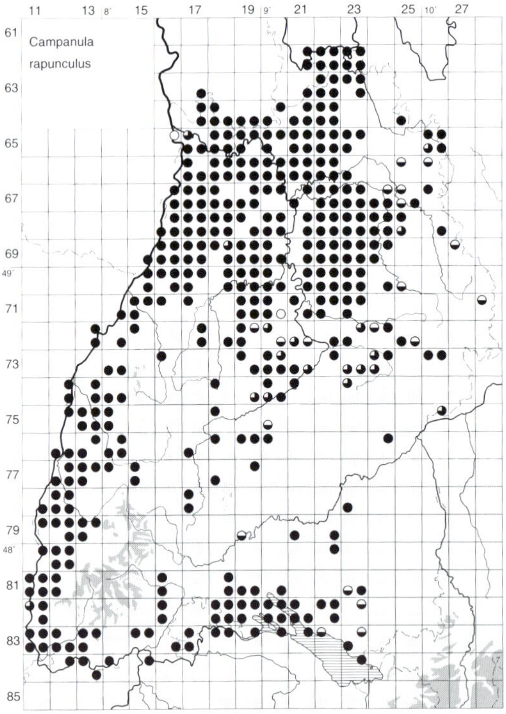

Allgemeine Verbreitung: Von den Niederlanden und Norddeutschland im Norden bis Nordwestafrika und Syrien im Süden, von Spanien im Westen bis zum Kaukasus im Osten.

Verbreitung in Baden-Württemberg: Verbreitet vor allem in den wärmeren Landesteilen mit einer mittleren Jahrestemperatur höher als 7° C (Jahresisotherme): im Oberrheingebiet, im Odenwald und den nördlichen Gäu- und Keuperlandschaften sowie im westlichen Bodenseegebiet. Selten und vereinzelt im Schwarzwald, auf der Baar, in den südlichen Gäulandschaften, auf der Schwäbischen Alb und im Alpenvorland.

Höchstes Vorkommen um 850 m am Irrenberg (7719/2), niedrigstes Vorkommen um 100 m bei Mannheim.

Erstnachweise: Die Art kommt an naturnahen Standorten vor und ist im Gebiet wahrscheinlich urwüchsig. Ältester literarischer Nachweis bei J.F. GMELIN (1772: 55) für Tübingen. Ältester archäologischer Nachweis von Kirchheim/Teck, Frühmittelalter (RÖSCH, unpubl.).

Bestand und Bedrohung: Ein Rückgang der Wuchsorte der Rapunzel-Glockenblume ist im Neckarland und auf der Schwäbischen Alb sowie in Hohenlohe und in Oberschwaben zu verzeichnen, dort sollten ihre noch verbliebenen Standorte geschont werden. Gründe für den Rückgang sind u. a. die Zerstörung und Eutrophierung von trocken-warmen Saumbiotopen. Im Oberrheingebiet, im Odenwald, in den nördlichen Keupergebieten und am westlichen Bodensee ist die Art noch nicht gefährdet. Da die Art insgesamt nicht häufig ist und in gefährdeten Biotopen vorkommt, sollte sie geschont werden (G 5).

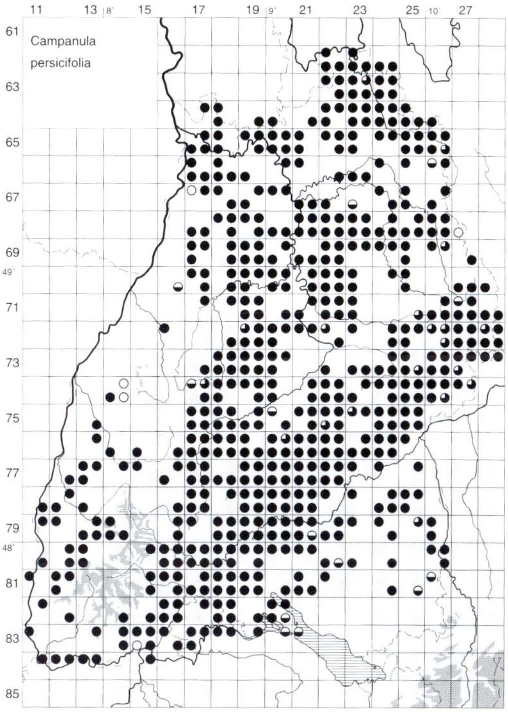

3. Campanula persicifolia L. 1753

Pfirsichblättrige Glockenblume

Morphologie: Pflanze ausdauernd, Stengel aufrecht, meist einfach, bis 80 cm hoch, kahl oder unten kurz behaart. Grundblätter in den Stiel verschmälert, schmal-länglich, stumpf, gezähnt, glänzend, oft wintergrün; Stengelblätter sitzend, lanzettlich. Blüten kurz gestielt in armblütiger Traube. Kelchblätter schmal dreieckig, spitz. Krone bis 4 cm lang, weitglockig, hellblau. Kapsel rundlich, aufrecht. – Blütezeit: Juni–August.

Pfirsichblättrige Glockenblume
(Campanula persicifolia)
Pfaffental, 20. 7. 1986

Ökologie: Die Pfirsichblättrige Glockenblume kommt in lichten Eichen-, Buchen- oder Kiefernwäldern und an sonnigen Waldsäumen vor. Sie bevorzugt sommerwarme, mäßig trockene, meist kalkhaltige Lehm- und Sandböden an halbschattigen Standorten. Pflanzensoziologische Aufnahmen von lichten Kiefern- und Buchenwäldern aus dem westlichen Bodenseegebiet bei LANG (1973: Tab. 102 u. 115), von Eichen-Hainbuchen-Wäldern des unteren Neckarlandes bei SCHWARZ (1941: Tab. 1), von Steppenheidewäldern (Lithospermo-Quercetum) der Schwäbischen Alb bei K. BAUR u. K. MÜLLER (1972: Tab. 7) und des südlichen Oberrheingebiets bei TH. MÜLLER (1962: Tab. 3). Die Pfirsichblättrige Glockenblume wächst gern zusammen mit *Vincetoxicum hirundinaria, Chrysanthemum corymbosum* und *Sorbus torminalis.*

Allgemeine Verbreitung: Fast ganz Europa, von Mittelschweden bis Süditalien und Albanien, von den Pyrenäen ostwärts bis zum Ural.

Verbreitung in Baden-Württemberg: Relativ verbreitet vor allem in den Kalkgebieten des Landes:

auf der Schwäbischen Alb und in den südlichen Gäulandschaften, im Taubergebiet; seltener in den Keupergebieten, in der Hohenloher Ebene, im Odenwald und im südlichen Schwarzwald. Sehr zerstreut im südlichen Oberrheingebiet (Kaiserstuhl, Vorbergzone) und im Alpenvorland.

Höchstes Vorkommen um 940 m am Tanneck (7818/2), niedrigstes Vorkommen um 100 m bei Mannheim.

Erstnachweise: Die Art ist im Gebiet urwüchsig. Ältester literarischer Nachweis: J. BAUHIN (1592: 190) für die Umgebung von Bad Boll (7323). Ältester archäologischer Nachweis: Hornstaad, Spätes Atlantikum (RÖSCH 1985).

Bestand und Bedrohung: Die Pfirsichblättrige Glockenblume ist zwar weit verbreitet aber nirgends häufig. Die Bestände auf der nordöstlichen Schwäbischen Alb und im südlichen Alpenvorland sind zurückgegangen. Die Art ist insgesamt noch nicht gefährdet, jedoch sollten die Bestände besonders in den Gebieten, in denen die Art selten ist, geschont werden (Oberrheingebiet, Südschwarzwald, Alpenvorland).

4. Campanula barbata L. 1753

Bärtige Glockenblume

Morphologie: Pflanze ausdauernd, 10–40 cm hoch, alle Teile behaart. Stengel aufrecht, einfach, 2- bis 3blütig. Grundblätter länglich-lanzettlich, stumpf; 1–3 längliche, sitzende Stengelblätter. Kelchblätter breit lanzettlich, mit zurückgeschlagenen Zipfeln in den Kelchbuchten. Krone kurzglockig, dunkelblau, innen lang behaart. Kapsel behaart, sich am Grund mit 3 Poren öffnend. – Blütezeit: Juni–August.

Ökologie: Die Bärtige Glockenblume kommt in Magerrasen und Zwergstrauchheiden der subalpinen und alpinen Stufe vor. Sie bevorzugt frische, basenreiche, kalkarme, modrig-humose Ton- und Lehmböden. Sie gilt als Verbandskennart der Borstgrasmatten (Nardion). Vegetationsaufnahmen aus Baden-Württemberg sind nicht vorhanden.

Allgemeine Verbreitung: Die Art ist nur in den Alpen verbreitet.

Verbreitung in Baden-Württemberg: Die Bärtige Glockenblume kam nur im Alpenvorland auf der Adelegg (8226/4) vor.

Erstnachweise: Die Art war im Gebiet urwüchsig. Ältester literarischer Nachweis: LINGG (1832: 26) für die Adelegg. Ältester Nachweis überhaupt: von der Adelegg, 1830, DUCKE (STU); danach:

Bärtige Glockenblume *(Campanula barbata)* Allgäu

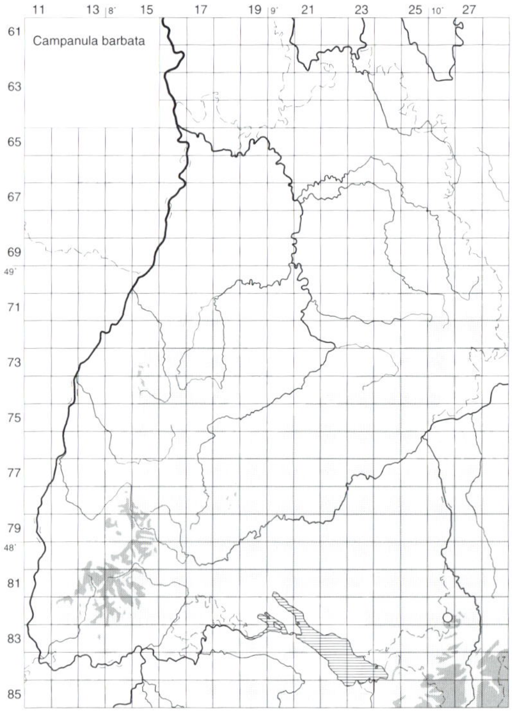

Adelegg bei Rohrdorf, OA Wangen 1834, KOLB (STU-K) und 1882, DUCKE (STU-K). An der Adelegg, KIRCHNER u. EICHLER (1900, 1913).

Bestand und Bedrohung: Die Art ist im Gebiet seit dem letzten Jahrhundert ausgestorben. In den anschließenden Allgäuer Alpen kommt sie noch verbreitet vor.

5. Campanula glomerata L. 1753

Büschel-Glockenblume, Knäuel-Glockenblume

Morphologie: Pflanze ausdauernd, weich behaart, 15–50 cm hoch. Stengel aufrecht, einfach. Grundblätter lang gestielt, länglich-oval mit herzförmigem Grund; Stengelblätter oval bis schmal-lineal, schwach gezähnt, sitzend oder kurz gestielt. Blüten zu mehreren in blattachselständigen oder endständigen Büscheln. Kelchblätter spitz-dreieckig, bewimpert. Krone trichterförmig, dunkelviolett, mit 5 zugespitzten Zipfeln. Kapsel behaart, sich am Grund mit 3 Poren öffnend. – Blütezeit: Juni–September.

Variabilität: In Form und Behaarung der Blätter sehr vielgestaltige Art. In der Flora Europaea werden 7 Unterarten unterschieden. In Baden-Württemberg kommt nach OBERDORFER (1983) die subsp. *farinosa* (Roch.) Kirschl. 1851 zerstreut vor. Sie zeichnet sich durch unterseits dicht und kurz behaarte mittlere Stengelblätter aus, die nur bis 3mal so lang wie breit und höchstens 5 cm lang sind. Die Typus-Unterart subsp. *glomerata* hat dagegen unterseits kahle bis zerstreut langhaarige mittlere Stengelblätter, die 3- bis 5mal so lang wie breit und bis 10 cm lang sind. Allerdings lassen sich die beiden Unterarten nicht immer eindeutig trennen, es gibt Übergänge, die sich nicht sicher einordnen lassen.

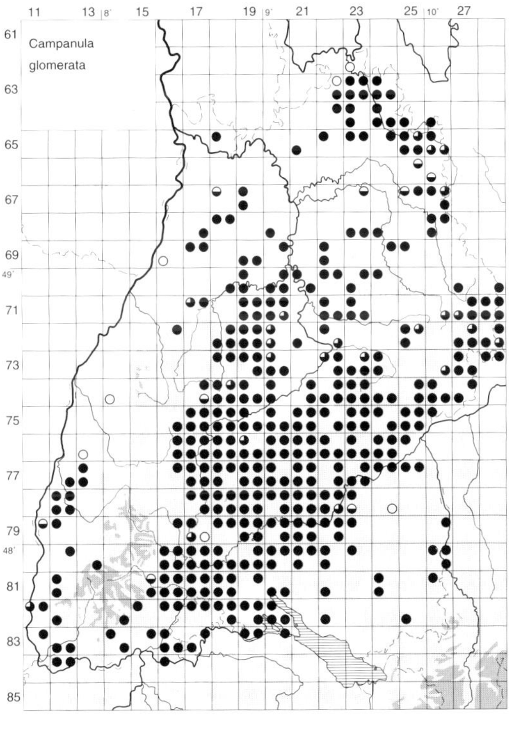

Aus der Stuttgarter Sammlung lassen sich folgende Belege eindeutig der subsp. *farinosa* zuordnen:

Taubergebiet: 6524/2: Zw. Apfelbach und Edelfingen, 1860, GMELIN (STU);
Gäu- und Keuperlandschaften: 7020/2: Deutelsthal SO Besigheim, 1968, SEYBOLD (STU); 7219/2: Schopflochberg bei Leonberg, 1982, SEYBOLD (STU); 7221/1: Riedenberg, Sillenbuch, 1873, KELLER (STU); 7221/4: Eßlingen, 1856, HOCHSTETTER (STU); 7519/1: Talhang Ö Remmingsheim, 1953, K. MÜLLER (STU);
Schwäbische Alb: 7426/4: Lonetal bei Langenau, 1935, K. MÜLLER (STU); 7427/3: Oberstotzingen, 1942, K. MÜLLER (STU); 7525/3: Kiesental bei Herrlingen, 1937, GSCHEIDLE (STU);
Donauniederung: 7526/3: Ulm, Weg nach Thalfingen, 1820, MARTENS (STU).

Aufgrund der geringen Datenmenge kann man über Ökologie und Verbreitung dieser Unterart in Baden-Württemberg noch nichts sicheres aussagen. Eine gewisse Häufung der Vorkommen im mittleren Neckarraum und auf der nördlichen Ostalb läßt sich jedoch erkennen. Die subsp. farinosa ist eine Ordnungskennart der thermophilen Saumgesellschaften (Origanetalia) mit östlichem Verbreitungsschwerpunkt, die nach OBERDORFER (1983) vereinzelt bis ins Oberrheingebiet vorkommt. Weitere Untersuchungen zur Verbreitung der Unterart sind wünschenswert.

Ökologie: Die Büschel-Glockenblume kommt auf mageren Wiesen und Weiden, auf Kalkmagerrasen, an Wald- und Wegsäumen vor. Sie ist eine Licht- bis Halbschattenpflanze und bevorzugt sommerwarme, mäßig frische, etwas nährstoff- und basenreiche, meist kalkhaltige, humose Lehm- und Lößböden.

Pflanzensoziologische Aufnahmen von Mesobrometen der Schwäbischen Alb bei KUHN (1937: Tab. 18 u. 23) und vom Spitzberg bei Tübingen bei MÜLLER (1966: Tab. 20), von Kalkmagerrasen und Saumgesellschaften aus dem Taubergebiet bei PHILIPPI (1984: Tab. 4 u. 12). Die Büschel-Glockenblume wächst gern zusammen mit *Bromus erectus, Brachypodium pinnatum, Koeleria pyramidata, Scabiosa columbaria,*

Büschel-Glockenblume *(Campanula glomerata)*
Badberg, 26. 5. 1992

Onobrychis viciifolia, Hippocrepis comosa und *Carlina vulgaris.*

Allgemeine Verbreitung: Eurasiatische Pflanze: Von Nordspanien ostwärts bis Nordchina, im Norden bis zum Polarkreis, im Süden bis Süditalien und zum nördlichen Iran.

Verbreitung in Baden-Württemberg: Verbreitet vor allem in den Kalkgebieten des Landes: in den südlichen Gäulandschaften, im Taubergebiet, auf der Schwäbischen Alb und der Baar sowie im westlichen Bodenseegebiet. Selten und zerstreut am Kaiserstuhl und am Hochrhein, in den Keupergebieten, in den nördlichen Gäulandschaften und im Alpenvorland. Sie fehlt fast ganz auf den sauren Böden des Schwarzwalds und des Odenwalds.

Höchstes Vorkommen um 950 m bei Meßstetten (7819/2), niedrigstes Vorommen um 230 m bei Obergrombach (6917/2).

Erstnachweise: Die Art kommt an naturnahen Standorten vor, sie ist wahrscheinlich im Gebiet urwüchsig. Ältester literarischer Nachweis: DUVERNOY (1722: 35) für Tübingen. Ältester archäologischer Nachweis: Hornstaad, Spätes Atlantikum (RÖSCH, unpubl.).

Bestand und Bedrohung: Die Büschel-Glockenblume gehört zu den schonungsbedürftigen Arten (G 5). Sie ist zwar in den Kalkgebieten des Landes verbreitet, aber nirgends häufig. Ein Rückgang der Bestände ist auf der nördlichen Schwäbischen Alb und im Stuttgarter Raum festzustellen. Da sie nur auf extensiv genutzten, mageren Wiesen und Weiden gedeiht, sind ihre Standorte durch Nutzungsaufgabe einerseits oder Intensivierung andererseits gefährdet. Um das Aussamen dieser spätblühenden Art zu ermöglichen, sollen die Flächen nicht zu früh gemäht werden. Die Art ist mäßig schnittverträglich, sie verträgt 2 Schnitte pro Jahr. Der erste Schnitt soll nicht vor Anfang Juli liegen (BRIEMLE u. ELLENBERG 1994).

6. Campanula cervicaria L. 1753
Borstige Glockenblume

Morphologie: Pflanze zweijährig bis ausdauernd, aufrecht, Stengel einfach, bis 90 cm hoch. Wurzel rübenförmig, ganze Pflanze steifborstig behaart. Blätter länglich-lanzettlich, die unteren in den Stiel verschmälert, die oberen sitzend. Blüten sitzend in blattachselständigen und endständigen Büscheln. Kelchblätter stumpf, halb so lang wie die hellblaue, weitglockige Büte. Griffel weit aus der Blüte herausragend. Kapsel behaart, sich unterhalb der Mitte mit 3 Poren öffnend. – Blütezeit: Juni–August.

Ökologie: Die Borstige Glockenblume kommt unbeständig in Säumen wärmeliebender Eichen- und Kiefernwälder, an sonnigen Wegrändern und auf Wald- und Moorwiesen vor, häufig an offenen, gestörten Stellen. Sie bevorzugt wechselfrische, basenreiche, neutrale bis saure, humose, dichte Lehm- und Tonböden. Pflanzensoziologische Aufnahmen aus dem Gebiet liegen nicht vor. An einer Straßenböschung in Konstanz wächst sie zusammen mit *Brachypodium pinnatum, Solidago canadensis* und *Hypericum montanum.*

Allgemeine Verbreitung: Von Südnorwegen und Karelien im Norden bis Mittelitalien und Bulgarien im Süden, vom französischen Zentralmassiv bis zum Baikalsee.

Verbreitung in Baden-Württemberg: Sehr zerstreut und selten in fast allen Naturräumen des Landes, vor allem in tieferen Lagen. Schwerpunktmäßig in den Gäu- und Keuperlandschaften und im westlichen Bodenseegebiet, selten im nördlichen Alpenvorland, im Odenwald, im Oberrheingebiet und im Schwarzwald. Auf der südwestlichen Alb und im südöstlichen Alpenvorland fehlend.

Oberrheingebiet: 6617/4: Bach zwischen Wiesloch und Walldorf, DÖLL (1859); 7512/4: Ichenheim, NEUBER-

GER (1912); 7613/3: Bombach bei Lahr, MOHR (1898); 7812/2: Waldweg im Bombach, MOHR (1898); 7812/3: NSG Scheibenbuch-Bluttenbuck, Trockengebiet NE Schelingen, nach 1970, (LfU); 7911/2: o. O., 1992, RENEKE u. RIETDORF (STU-K); 7912/1: Weinbergböschung SW Vogelsangpaß, 1990, THOMAS (STU-K); 7913/2: Elztaleingang, GÖTZ (1902); 7913/3: Eichhalde bei Herdern bei Freiburg, NEUBERGER (1912); 8013/1: Lorettoberg bei Freiburg, vor 1900, LOUDET (KR); 8211/2: Feldberg: Hellenberg, 1990, PHILIPPI (KR-K); 8211/4: Kandern, NEUBERGER (1912).

Odenwald: 6223/1: Wertheim, DÖLL (1859); 6322/4: Wälder bei Hartheim, DÖLL (1859); 6421/2: Hettigenbeuren, BRENZINGER (1904); 6421/4: Buchen, BRENZINGER (1887).

Schwarzwald: 7417/2: Egenhauser Kapf, 1987, HERRMANN (STU-K); 8214/2: Im Schwarzachtal bei St. Blasien, ECKSTEIN (1896); 8215/3: Muckenloch-Schwarzatal, 1969, PHILIPPI (1970).

Gäulandschaften: 6423/3: Buschwind S Buch, 1986, PHILIPPI (STU-K); 6424/1: Distelhausen, DÖLL (1859); 6424/4: Edelfingen, 1860, W. GMELIN (STU); 6523/2: Boxberg, DÖLL (1859); 6524/2: Mergentheim, KIRCHNER u. EICHLER (1900); 6524/3: Rengershausen, KIRCHNER u. EICHLER (1913); 6524/4: Hachtel, KIRCHNER u. EICHLER (1913); 6525/2: Laudenbach, MARTENS u. KEMMLER (1865); 6525/4: Rinderfeld, HANEMANN (1927); 6526/3: Wald südlich Streichental, 1962, BAUR (STU-K); 6526/4: Blumenweiler, o. J. HANEMANN (STU-K); 6620/4: Hasmersheim, DÖLL (1859); 6623/3: Schöntal, Muthof, KIRCHNER und EICHLER (1900);

Borstige Glockenblume *(Campanula cervicaria)*
Heidenheim, 17. 7. 1989

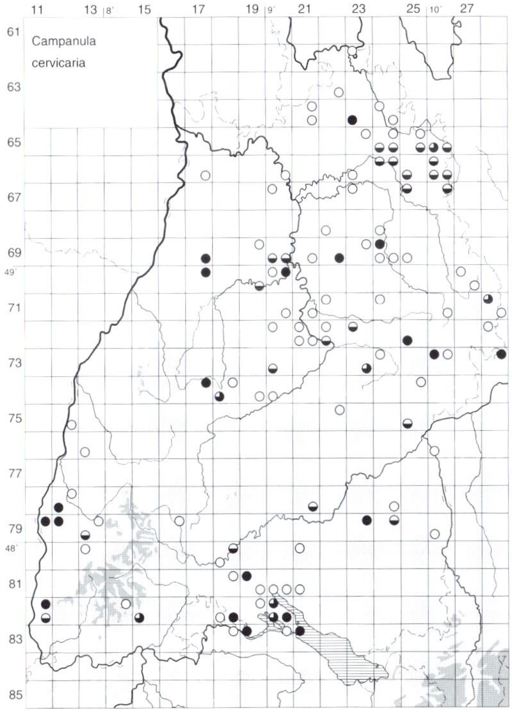

6624/1: Dörzbach, KIRCHNER und EICHLER (1913); 6624/2: Ailringen, KIRCHNER und EICHLER (1913); 6625/3: Billingsbach, o. J., HANEMANN (STU-K); 6626/1: zwischen Leuzendorf und Spielbach, 1910, HANEMANN (STU-K); 6626/3: Speckheim, o. J., HANEMANN (STU-K); 6626/4: Leuzendorf, KIRCHNER u. EICHLER (1913); 6720/1: Wagenbach bei Hüfenhardt, DÖLL (1859); 6723/1: Forchtenberg, KIRCHNER u. EICHLER (1900); 6725/1: Reubach, o. J., HANEMANN (STU-K); 6726/2: Hirschberg, Kühnhardt, HANEMANN (1927); 6824/3: Hall, KIRCHNER u. EICHLER (1900); 6917/4: o. O., o. J., PHILIPPI (KR-K); 6920/4: Löchgau, KIRCHNER u. EICHLER (1913); 6921/4: Schmiedhausen, KIRCHNER u. EICHLER (1900); 7017/2: „Birkenschlag" SÖ Wössingen, 1982, HEISCH (STU-K); 7019/4: Enzweihingen, KIRCHNER u. EICHLER (1913); 7020/1: Großsachsenheim, KIRCHNER u. EICHLER (1900); 7020/2: Bietigheimer Forst bei der Krautschüssel, 1975, WIRTH (STU-K); 7120/4: Am Tachensee bei Weilimdorf, Feuerbach, KIRCHNER u. EICHLER (1900);
7121/4: Waiblingen, 7122/1: Winnenden, 7418/2: Nagold-Oberjettingen, alles KIRCHNER u. EICHLER (1900); 7418/3: Killberg-Ebene, 1958, WREDE (STU-K); 7419/4: Unterjesingen, KIRCHNER u. EICHLER (1913).

Keupergebiete: 6822/3: Lichtenstern, KIRCHNER u. EICHLER (1900); 6919/2: Leobronn, o. J., SCHLENKER (STU-K); 6920/3: Cleebronn, KIRCHNER u. EICHLER

(1900); Freudental, Hohenhaslach, KIRCHNER u. EICHLER (1913); 6922/4: oberer Roßsteig bei Spiegelberg, 1975, SCHWEGLER (STU-K); 6923/2: Sittenhardt, KIRCHNER u. EICHLER (1900); 6924/1: Sanzenbach, KRIEGLSTEINER (1987); 6924/3: Hausen, KIRCHNER u. EICHLER (1900); 6924/4: Gaildorf, Willa, Winzenweiler, KIRCHNER u. EICHLER (1900); 6925/3: Mittelfischach, KIRCHNER und EICHLER (1900); 7018/2: Maulbronn, KIRCHNER und EICHLER (1900); 7027/1: Eigenzell, KIRCHNER und EICHLER (1900); 7027/4: Lippach, KIRCHNER u. EICHLER (1913); 7124/1: Vordersteinenberg, KIRCHNER u. EICHLER (1900); 7220/1: Gerlinger Heide, EICHLER (1930); 7221/1: Stuttgart, KIRCHNER u. EICHLER (1900); 7221/3: Degerloch, KIRCHNER u. EICHLER (1900); 7221/4: Ruit-Hedelfingen, KIRCHNER u. EICHLER (1900); 7222/1: Esslingen-Stetten i.R., KIRCHNER u. EICHLER (1900); 7222/3: N Zell, 1965, GOTTHARD (STU-K); 7223/1: Schorndorf, KIRCHNER u. EICHLER (1913); 7320/3: Schönbuch bei Breitenstein, 1928, HUBER (STU); 7420/3: Am Spitzberg, KIRCHNER u. EICHLER (1900).

Schwäbische Alb: 7126/4: Unterkochen, KIRCHNER u. EICHLER (1900); 7128/1: Vorderer Vohbühl bei Bopfingen, 60er Jahre, MATTERN (STU-K); 7128/4: Altenbürg, KIRCHNER u. EICHLER (1900); 7225/3: Degenfeld-Ochsenberg, 1991, ALEKSEJEW (STU-K); 7228/1: Neresheim, KIRCHNER u. EICHLER (1900); 7323/4: bei Bad Boll, o.J., MÖRIKE (STU-K); 7324/1: Großeislingen-Eschenbach, KIRCHNER u. EICHLER (1900); 7326/1: südlich Steinheim, 1991, BUTTER (STU-K); 7326/2: Heidenheim, KIRCHNER u. EICHLER (1900); 7328/2: NO Dörrbergle, 1993, KLOTZ (STU-K); 7425/2: Ettlenschieß, KIRCHNER u. EICHLER (1900); 7522/2: Urach, KIRCHNER u. EICHLER (1900); 7525/3: Sonderbuch-Wippingen, KIRCHNER u. EICHLER (1913); 7821/4: Hornstein an der Lauchert, 1909, K. BERTSCH (STU); 8018/2: Tuttlingen, A. MAYER (1929); 8018/3: Immendingen, ZAHN (1889).

Nördliches Alpenvorland: 7626/3: Essendorf, KIRCHNER u. EICHLER (1900); 7824/4: Warthausen, 1840, R. KÖNIG (STU); 7923/2: Federseeried, 1980, DÖRR (STU-K); 7924/2: Biberach, KIRCHNER u. EICHLER (1900); 7926/3: Ziegelberger Halde bei Mönchroth, BÜCHELE (STU-K); 8021/1: Otterswang, JACK (1891).

Baar: 7916/2: Villingen, ZAHN (1889).

Westliches Bodenseegebiet: 8118/2: Engen, ZAHN (1889); 8119/1: Laubwald Schönbühl, nach 1970, (LfU); 8119/4: Stockach-Wahlwies, JACK (1891); 8120/3: Bogental bei Stockach, DÖLL (1859); 8120/4: Haldenhof, JACK (1891); 8121/3: Bruchfelder Tobel, JACK (1891); 8218/3: Thaingen, ECKSTEIN (1896); 8218/4: Katzentaler See, JACK (1891); o.O. 1991, E. KOCH (STU-K); 8219/2: Radolfzell-Stahringen, DÖLL (1859); 8220/1: nördlich Mindelsee, 1964, KNAUSS (STU); 8220/1: Schloßhalde Bodman, LINDER (1907); 8220/3: „Friedrichshau" südlich Mindelsee, 1959, WREDE (STU); 8220/4: Waldschlag nordwestlich Mooswiese, 1981, BEYERLE (STU-K); 8318/2: Staffelwald bei Obergailingen, JACK (1891); 8319/1: o.O. 1977–78, SCHÄFER-VERWIMP (STU-K); 8320/2: Taborsüdhang bei Konstanz, DÖLL (1859); 8321/1: Riesenberg bei der Uni Konstanz, 1989, HELLMANN (STU-K).

Höchstes Vorkommen auf ca. 800 m bei St. Blasien (8214/2), niedrigstes Vorkommen um 100 m bei Walldorf (6617/4).

Erstnachweise: Die Art kommt heute an vom Menschen stark beeinflußten Standorten vor, sie ist im Gebiet wahrscheinlich nicht urwüchsig. Ältester literarischer Nachweis: DUVERNOY (1722: 35) für Tübingen.

Bestand und Bedrohung: Die Borstige Glockenblume ist akut vom Aussterben bedroht (G 1). Heute gibt es in Baden-Württemberg von ehemals etwa 120 nur noch 15 örtlich weit getrennte Fundorte. Im restlichen Bundesgebiet sieht die Situation nicht besser aus. Der größte Teil der Standorte ist schon im letzten Jahrhundert verlorengegangen, und auch in der ersten Hälfte dieses Jahrhunderts sind noch viele Standorte vor allem im Taubergebiet erloschen. Über den Grund des starken Rückgangs ist nichts bekannt; denn obwohl die Art an häufigen Biotopen wie Wegböschungen und offenen, gestörten Flächen in Waldnähe gedeiht, konnte sie sich nicht ausbreiten. Bestehende Bestände sollten deshalb vor Beschattung und zu starkem Zuwachsen geschützt werden, da die Borstige Glockenblume offene Böden und sonnige Standorte braucht.

7. Campanula latifolia L. 1753

Breitblättrige Glockenblume

Morphologie: Pflanze mit spindelförmigem Wurzelstock, ausdauernd, bis 150 cm hoch. Stengel aufrecht, einfach, stumpfkantig, Blätter länglich eiförmig, spitz, stumpf gezähnt, die unteren gestielt, die oberen sitzend. Blüten gestielt, einzeln oder zu mehreren blattachselständig, Knospen aufrecht. Kelchblätter lanzettlich, halb so lang wie die bis 6 cm lange, weitglockige blaue Krone. Kapsel rund-oval, hängend, sich am Grund mit 3 Poren öffnend. – Blütezeit: Juni–August.

Ökologie: Die Breitblättrige Glockenblume kommt in Schluchtwäldern und Hochstaudenfluren, an halbschattigen Standorten auf sickerfrischen, nährstoff- und basenreichen, lockeren, humosen, meist steinigen Lehmböden in humider Klimalage vor. Sie gilt als Verbandcharakterart des Tilio-Acerion. Vegetationsaufnahmen von Schluchtwäldern der Schwäbischen Alb bei SEBALD (1983: Tab. 4) und bei KUHN (1937: Tab. 39). Sie wächst gern zusammen mit *Campanula trachelium, Astrantia major, Chaerophyllum hirsutum* und *Centaurea montana.*

Allgemeine Verbreitung: Eurasiatische Pflanze: in den Gebirgen von der Auvergne bis zum west-

Breitblättrige Glockenblume *(Campanula latifolia)*
Finstertal, 24. 7. 1993

lichen Himalaja, im Norden bis England, an der Norwegischen Küste bis zum Polarkreis, im Süden bis Mittelitalien und zum Kaukasus.

Verbreitung in Baden-Württemberg: Die Art besitzt ein relativ geschlossenes Areal mit Schwerpunkt auf der südwestlichen Schwäbischen Alb. Im Schwarzwald kam sie nur im Feldberggebiet vor.

Südschwarzwald: 8114/1: Feldberg, SPENNER (1826); Seebuckabsturz, noch 1957, PHILIPPI (KR-K); 8214/1: Lichter Waldweg nördlich Mutterslehen, LITZELMANN (1951).
Schwäbische Alb: 7326/4: zwischen Anhausen und Bindstein, 1987, SEYBOLD (STU-K); 7423/1: o.O. 1980–85, W. GOTTHARD (STU-K); 7423/3: Tiefental Ö Donnstetten, 1984, STADELMAIER (STU-K); 7423/4: Hasental bei Wiesensteig, 1971, SEYBOLD (STU-K); 7424/1: nördlich Drackenstein, o.J., MÖRIKE (STU-K); 7520/4: Gönningen, Roßbergabhänge 1913, A. MAYER (STU); 7521/2: Burzelberg-Drackenberg, 1991, DEMUTH (KR-K); 7521/3: Ö Gönningen, Ahornbach, 1990, SEBALD (STU-K); 7522/2: Ermstal-Kanzelsberg, 1985, VENTH (STU-K); 7522/4: Kanzelsberg, 1985, VENTH (STU-K); 7524/4: Tiefental, 1978, RAUNEKER (STU-K); 7525/4: o.O., nach 1975, RAUNEKER (STU-K); 7622/1: Pfaffental, 1984, STADELMAIER (STU-K); 7622/2: Hochberg bei Buttenhausen, 1985, SEYBOLD (STU-K); 7622/4: Ehestetten, A. MAYER (1929); 7623/4: Brieltal NO Altsteußlingen, 1979, RAUNEKER (STU-K); 7719/3: Untereck, 1938, GESCHEIDLE (STU); 7720/3: Ebingen unter dem Mahlersfelsen, 1986, W. KARL (STU-K); 7720/4: Bitz, Heutal, Harthausen, 1986, W. KARL (STU-K); 7721/3: Vehlatal, 1974, SEBALD (STU-K); 7722/3: Geisinger Tal, 1987, SEBALD (STU-K); 7723/1: Bärental-Anhausen, 1983, SEBALD (STU-K); 7818/4: o.O., 1980, BECK (STU-K); 7819/3: Nusplingen Heckental, 1987, SEBALD (STU-K); 7820/1: Zerrissenes Loch bei Ebingen, 1972, BECK (STU-K); 7820/3: Reiftal, 1981, SEYBOLD (STU-K); 7918/2: Ursental, 1994, LANGE (STU-K); 7918/4: Ursental, 1971, SEBALD (STU-K); 7919/1: Schäfertal oberhalb Lipbachmühle, 1978, SEBALD (STU-K); 7919/1: Mahlstetten, 1978, SEBALD (STU-K); 7919/2: Bärentalhaus, 1978, SEBALD (STU-K); 7919/3: Saulensteige östlich Kraftstein, 1980, SEBALD (STU-K); 7919/4: Teufelsküche, 1980, SEBALD (STU-K); 7920/1: Hausen-Neidingen, 1981, SEBALD (STU-K); 7920/2: Reintal, 1988, W. KARL (STU-K); 7921/1: Inzigkofen, 1992, SEBALD (STU-K).

Höchstes Vorkommen auf 1300 m am Feldsee (8114/1), niedrigstes Vorkommen auf 560 m im Tiefental (7524/4).

Erstnachweise: Die Art ist im Gebiet urwüchsig. Ältester literarischer Nachweis: SPENNER (1826: 600–601) für den Feldberg. Ältester archäologischer Nachweis: Sontheim/Brenz, Mittleres Subatlantikum (Römische Kaiserzeit, RÖSCH 1991).

Bestand und Bedrohung: Der Bestand der Breitblättrigen Glockenblume ist in Baden-Württem-

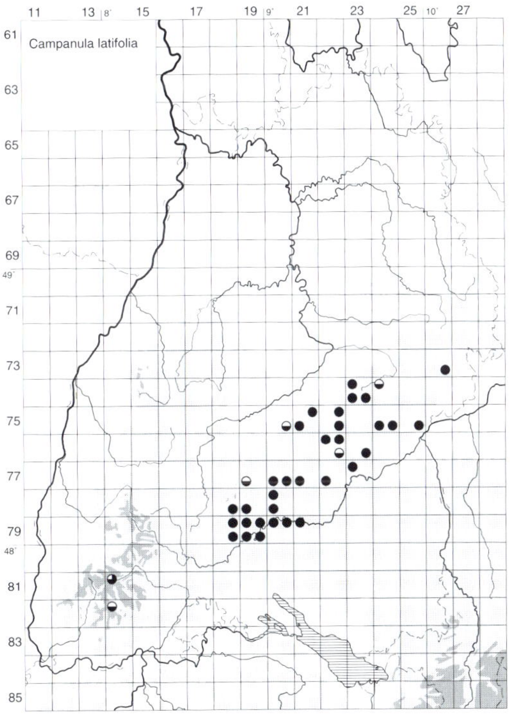

berg nicht gefährdet, die Pflanze sollte aber geschont werden (HARMS et al. 1983). Dabei sollte man besonders darauf achten, daß die Standortbedingungen an den Wuchsorten nicht durch forstliche Maßnahmen verändert werden. Eine Fichtenaufforstung wäre das Ende eines Campanula latifolia-Vorkommens. Außerdem wird die Art durch das (völlig überflüssige) Mähen von Wegrändern im Schluchtwald in ihrer Entwicklung stark beeinträchtigt und auf die Dauer vernichtet. Die Art ist nach der Bundesartenschutzverordnung vom 19. 12. 1986 gesetzlich geschützt.

8. **Campanula trachelium** L. 1753

Nesselblättrige Glockenblume

Morphologie: Pflanze ausdauernd, aufrecht, 60 bis 100 cm hoch. Stengel einfach, vierkantig, hohl, ganze Pflanze stechend-borstig behaart. Blätter herzförmig-dreieckig bis länglich, spitz, gezähnt, die unteren gestielt, die oberen sitzend. Blüten sitzend oder kurz gestielt, zu 1 bis 3 blattachselständig. Kelchblätter breit-lanzettlich, spitz. Krone bis 4 cm lang, schmal trichterförmig, blau. Kapsel rund, sich am Grund mit 3 Poren öffnend. – Blütezeit: Juli–August.

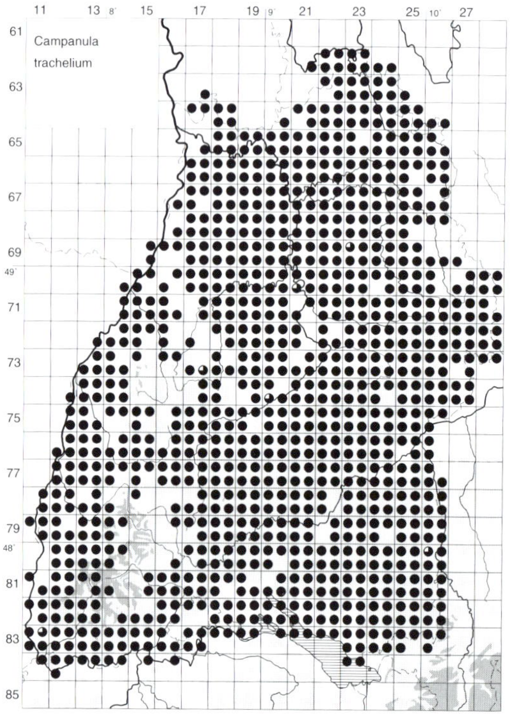

Nesselblättrige Glockenblume *(Campanula trachelium)*
Bebenhausen, 10. 7. 1994

Ökologie: *Campanula trachelium* kommt in krautreichen Laubmischwäldern, Schluchtwäldern und in Hochstaudenfluren, an Hecken, Weg- und Waldrändern vor. Sie bevorzugt schattige bis halbschattige, sickerfrische, nährstoff- und basenreiche, humose, gern steinige Lehmböden. Sie gilt als Ordnungskennart der mesophilen Laubwälder (Fagetalia).

In Baden-Württemberg ist *Campanula trachelium* reichlich durch Vegetationsaufnahmen dokumentiert, z. B. in Eichen-Hainbuchen-Wäldern vom westlichen Bodenseegebiet bei LANG (1973: Tab. 112), in Schluchtwäldern aus dem Schwarzwald bei BARTSCH (1940, S. 186) und SCHWABE (1987: Tab. 38), in Kalkbuchenwäldern der Schwäbischen Alb bei KUHN (1937: Tab. 34, 35, 36) und K. BAUR u. K. MÜLLER (1972: Tab. 9). Sie wächst gern zusammen mit *Phyteuma nigrum, Mercurialis perennis, Primula elatior* und *Arum maculatum*.

Allgemeine Verbreitung: In ganz Europa bis ins westliche Sibirien und in den Kaukasus, in Skandinavien bis zum 60. Breitengrad, im Süden bis Marokko und Süditalien. In Nordamerika eingeschleppt.

Verbreitung in Baden-Württemberg: Verbreitet und häufig in ganz Baden-Württemberg; sie fehlt jedoch auf den sauren, nährstoff- und basenarmen Böden in den Hochlagen des Schwarzwaldes sowie teilweise in waldarmen und intensiv landwirtschaftlich genutzten Regionen im Neckarbekken und in Oberschwaben.

Höchstes Vorkommen um 1000 m am Hochberg bei Deilingen (7818/2), niedrigstes Vorkommen auf ca. 100 m bei Schwetzingen.
Erstnachweis: Die Art ist im Gebiet urwüchsig. Ältester literarischer Nachweis: DUVERNOY (1722: 35) für Tübingen. Ältester archäologischer Nachweis von Hornstaad, Spätes Atlantikum (RÖSCH, unpubl.).
Bestand und Bedrohung: Die Art ist weit verbreitet und nicht bedroht.

9. **Campanula rapunculoides** L. 1753
Acker-Glockenblume

Acker-Glockenblume *(Campanula rapunculoides)*
Gutenstein, 24. 7. 1993

Morphologie: Pflanze ausdauernd, mit unterirdischen Ausläufern, aufrecht, bis 50 cm hoch, kahl oder kurz behaart. Stengelblätter gestielt, dreieckig bis oval, spitz, schwach entfernt gezähnt. Tragblätter lanzettlich, sitzend, klein. Blüten kurz gestielt in einseitswendiger Traube. Kelchblätter lineal-lanzettlich, abstehend. Krone bis 3 cm lang, trichterförmig, mit 5 schmalen Zipfeln. Kapsel rund, sich am Grund mit 3 Poren öffnend. – Blütezeit: Juni–September.
Ökologie: Die Acker-Glockenblume kommt gesellig im Saum sonniger Gebüsche, in lichten Eichen- und Kiefernwäldern, an Hecken, Wegrändern und seltener auch auf Äckern vor. Sie bevorzugt sommerwarme, mäßig trockene, nährstoff- und kalkreiche Lehm- und Lößböden. Sie gilt als Verbandskennart der Blutstorchschnabel-Saumgesellschaften (Geranion sanguinei).

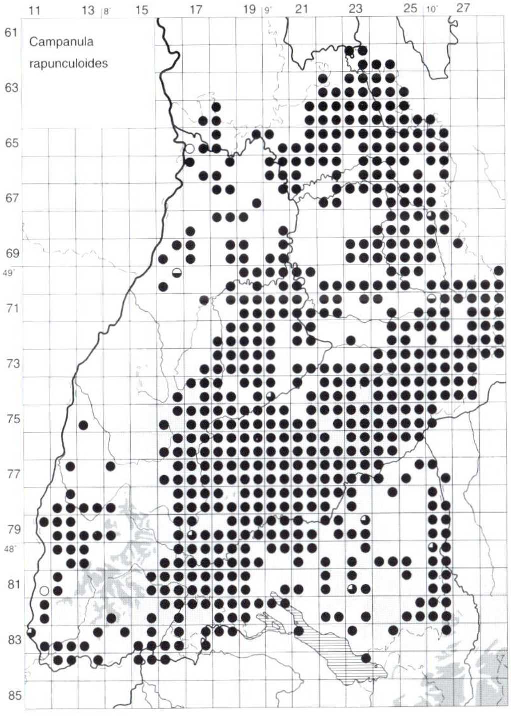

Pflanzensoziologische Aufnahmen von Flaumeichenwäldern des Alb-Wutach-Gebiets bei WITSCHEL (1980: Tab. 30), vom Cytiso-Pinetum und Seggen-Buchenwäldern des westlichen Bodenseegebiets bei LANG (1973: Tab. 102 u. 115), von Ackerunkrautgesellschaften der Schwäbischen Alb bei KUHN (1937: Tab. 7). Die Acker-Glokkenblume wächst in Säumen und lichten Wäldern gern zusammen mit *Chrysanthemum corymbosum, Origanum vulgare* und *Pimpinella saxifraga*, auf Äckern mit *Silene noctiflora, Adonis aestivalis* und *Lathyrus tuberosus.*
Allgemeine Verbreitung: Eurasiatische Pflanze: von den Pyrenäen im Westen bis zum Ural im Osten. Im Norden bis Mittelschweden und Karelien, im Süden bis Umbrien, Griechenland, Krim und Kaukasus.
Verbreitung in Baden-Württemberg: Vor allem in den Kalkgebieten des Landes verbreitet und häufig: in den Gäulandschaften, auf der Schwäbischen Alb und der Baar, sowie in der südlichen Oberrheinebene um Freiburg, am Hochrhein und im Apenvorland entlang der Iller. Seltener und zerstreut in den Keupergebieten, im Oberrheingebiet und im Alpenvorland. Auf den basenarmen Böden des Schwarzwalds fast völlig fehlend.

Höchstes Vorkommen auf 920 m bei Egesheim (7819/3), niedrigstes Vorkommen bei ca. 100 m bei Mannheim.
Erstnachweise: Die Art ist im Gebiet urwüchsig. Ältester literarischer Nachweis bei J. F. GMELIN (1772: 56–57) „in vineis Rosekensibus" bei Tübingen. Ältester archäologischer Nachweis: seit dem späten Atlantikum, z. B. Hochdorf (KÜSTER 1985).
Bestand und Bedrohung: Die Art ist nicht bedroht, auch ein Rückgang ist nicht zu verzeichnen. Mit ihren Ausläufern kann sie sich gut ausbreiten. Die Art ist schnittempfindlich, sie verträgt nur einen Herbstschnitt (BRIEMLE u. ELLENBERG 1994).

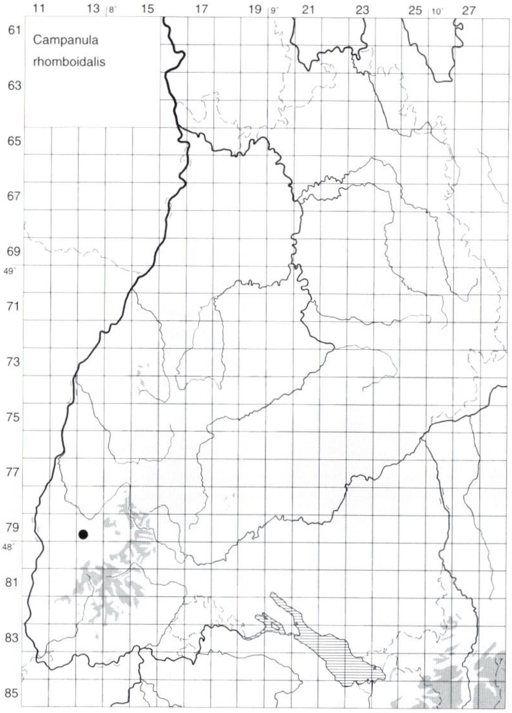

10. Campanula rhomboidalis L. 1753

Rautenblättrige Glockenblume

Morphologie: Pflanze mit einer rübenförmigen Wurzel, ausdauernd, Stengel meist einfach, dicht beblättert, aufsteigend-aufrecht, zerstreut behaart, 25–70 cm hoch. Grundblätter rundlich-nierenförmig, gestielt, entfernt gezähnt. Stengelblätter sitzend, eiförmig-spitz, gezähnt. Kelchblätter lineal-lanzettlich. Krone blau, glockig, lang gestielt in armblütiger Traube. Kapsel kahl, nickend. – Blütezeit: Juni–August.

Rautenblättrige Glockenblume
(Campanula rhomboidalis)
Freiburg-Zähringen

Ökologie: Die Rautenblättrige Glockenblume wächst in Fettwiesen, Weiden und an grasigen Böschungen auf frischen, nährstoffreichen Lehmböden. Sie gilt als Verbandskennart der Gebirgs-Goldhaferwiesen (Polygono-Trisetion), in der Schweiz ist sie charakteristisch für die subalpinen Goldhaferwiesen. Pflanzensoziologische Aufnahmen aus Baden-Württemberg liegen nicht vor. Bei Freiburg wächst sie zusammen mit *Campanula patula, Leucanthemum vulgare, Knautia arvensis, Vicia cracca, Arrhenatherum elatius, Holcus lanatus* und *Platango lanceolata.*
Allgemeine Verbreitung: Westalpine Pflanze: vom Schweizer Jura und den Westalpen bis zur Ostschweiz. Außerhalb dieses Gebietes gibt es wenige isolierte Vorkommen, die wohl auf die Verschleppung mit Saatgut zurückzuführen sind. So wurde die Art noch bei Althütte im inneren Bayrischen Wald gefunden, wo sie seit mindestens 1967 eingebürgert ist (HAUG 1986).
Verbreitung in Baden-Württemberg: Nur im Reutebacher Tal bei Freiburg (7913/3) auf ca. 380 m.
Erstnachweise: Im Gebiet nur eingeschleppt und verwildert, aber fest eingebürgert. Der älteste lite-

rarische Nachweis bei C.C. GMELIN (1826: 160) „retro Moeskirch im Donauthal supra Werrewag in pratis montosis" ist nicht belegt und zweifelhaft. Der von HILDEBRAND (1889: 237–239) angegebene Standort im Reutebacher Tal nordöstlich von Freiburg existiert noch heute.

Bestand und Bedrohung: Die Rautenblättrige Glockenblume hat sich an ihrem einzigen Standort seit gut 100 Jahren behaupten können. Sie ist potentiell durch Seltenheit gefährdet (G 4), aber wenn die Nutzung der Bergwiesen in der bisherigen Weise weitergeführt wird, kann man mit einem Fortbestand der Population rechnen. Die Wiesen dürfen daher nicht in Ackerland umgewandelt oder aufgeforstet werden, eine Intensivierung der Weidewirtschaft sollte vermieden werden.

11. **Campanula cochleariifolia** Lam. 1785
Zwerg-Glockenblume

Morphologie: Pflanze ausdauernd und 5–30 cm hoch, Stengel am Grund spärlich rückwärts abstehend behaart, oberwärts kahl. Stengel niederliegend-aufsteigend, verzweigt, rasig wachsend. Grundblätter zur Blütezeit immer vorhanden, rundlich bis breit-eiförmig, gezähnt, in den Stiel verschmälert. Stengelblätter länglich-lanzettlich, gezähnt bis ganzrandig. Blüten lang gestielt, in wenigblütigen Trauben, Knospen nickend. Kelchblätter pfriemlich, Krone bis 20 mm, weitglockig, hellblau. Kapsel rund, sich am Grund mit 3 Poren öffnend. – Blütezeit: Juni–August.

Ökologie: Die Zwerg-Glockenblume wächst an schattigen Kalkfelsen und Steinschutt der alpinen und subalpinen Stufe und in Alluvionen der Alpenflüsse. Sie bevorzugt sickerfeuchte, moosreiche, kalkhaltige Steinschutt- und Felsböden. Pflanzensoziologische Aufnahmen von Felsrasen des westlichen Bodenseegebiets bei LANG (1973: Tab. 81), von Kalkschutthalden der Schwäbischen Alb bei SEBALD (1980: Tab. 1 u. 2, 1983 Tabelle 10), von Blasenfarngesellschaften aus Blaugrasrasen aus dem Wutachgebiet bei OBERDORFER (1949: Tab. 1) und von Tobelwäldern der Adelegg bei K. BAUR (1968: Tab. 7). Sie wächst gern zwischen Moospolstern, zusammen mit *Gymnocarpium robertianum, Sesleria coerulea, Saxifraga paniculata* und *Cardaminopsis arenosa*.

Allgemeine Verbreitung: Mittel- und Südeuropäische Gebirgspflanze, in den Gebirgen von den Pyrenäen im Westen über die Alpen bis zu den Karpaten und der Balkanhalbinsel im Osten, im

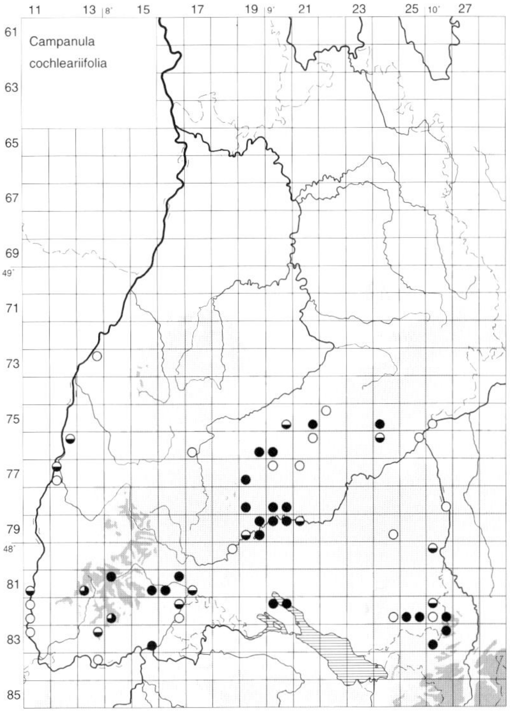

Süden bis Mittelitalien und zu den Dinarischen Alpen.

Verbreitung in Baden-Württemberg: Der Verbreitungsschwerpunkt der Zwerg-Glockenblume liegt an den Felsen der südlichen und mittleren Schwäbischen Alb. Darüber hinaus findet man sie zerstreut und selten im Südschwarzwald, im Wutachgebiet, am westlichen Bodensee und im Westallgäuer Hügelland sowie unbeständig als Alpenschwemmling in den Geschieben von Rhein und Iller.

Oberrheingebiet: 7313/2: Neufreistett-Helmlingen, DÖLL (1859); 7612/2: Rheininsel bei Ottenheim, EGM (1905); 7712/1: „von LAUTERBORN und ISSLER 1929 auf einer Kiesbank am inneren Rhein bei Rust einmal gefunden", MÜLLER u. GÖRS (1974); 7712/3: Weisweil, NEUBERGER (1912); 8111/3: Neuenburg, NEUBERGER (1912); 8211/1: Steinenstadt, NEUBERGER (1912); 8211/3: Rheinweiler, NEUBERGER (1912); 8311/1: Kleinhaus, NEUBERGER (1912).

Südschwarzwald, Wutachgebiet und Hochrhein: 8113/3: Belchengipfel, BARTSCH et al. (1951); 8114/1: Feldberg, SCHLATTERER (1921); Seebuckabsturz, BOGENRIEDER (1982); 8115/4: Lotenbachklamm und angrenzende Wutach, 1987, NEBEL (STU-K); 8115/1: Wutachschlucht, 1991, KLEINSTEUBER (KR-K); 8116/2: Gauchachschlucht unterhalb Grünberg, 1987, NEBEL (STU-K); 8116/3: Bad Boll, ZAHN (1889), 1993, SEBALD (STU-K), Wutachschlucht Döggingen-Boll, 1933, A. MAYER

Zwerg-Glockenblume *(Campanula cochleariifolia)*
Feldberg, Seewand

(STU); 8117/3: Wutachtal bei Blumberg, EGM (1905); 8214/3: Brunnen in Oberibach, LITZELMANN (1951); 8216/2: Grimmelshofen, EGM (1905); 8216/4: Stühlingen, ZAHN (1889), Wutachgeschiebe unterhalb Schleitheim, PROBST (1904); 8313/2: Wildsteingipfel im Wehrtal, LITZELMANN (1951); 8315/4: Wutachufer bei Tiengen, THOMMA (1972); 8413/2: Rheinbrücke Säckingen, LINDER (1903).
Gäulandschaften: 7617/3: Weiden OA Sulz, 1897, K. BERTSCH (STU).
Schwäbische Alb: 7520/4: Gönningen, KIRCHNER u. EICHLER (1913); 7521/4: Alter Lichtenstein, 1981, BURGHARDT (STU-K); 7522/1: Urach, KIRCHNER u. EICHLER (1900); 7524/3: Tiefental, 1978, RAUNEKER (STU-K); 7526/3: Donauinsel bei Burlafingen, 1841, DÖRR (STU); 7619/4: Backofenfelsen, 1980, BURGHARDT (STU-K); 7620/3: Hangender Stein, Kohlwinkelfelsen, Emmafelsen, 1980, BURGHARDT (STU-K); 7621/2: Reutlingen am Lichtenstein, KIRCHNER u. EICHLER (1900); 7624/1: Hausen Krs. Blaubeuren, 1905, PÖHLER (STU); 7625/2: bei Ulm, 19. Jh., o. F. (STU); 7719/3: Gespaltener Fels, Schafberg, 1954, WREDE (STU); Nägelehaus gegen Hechingen, gespaltener Fels, 1949, A. MAYER (STU); NSG Schafberg-Lochenstein, nach 1970, (LfU); 7720/1: Griesholz bei Tailfingen, 19. Jh., LAIBLE (STU); 7721/1: Bronnen, KIRCHNER u. EICHLER (1900); 7819/3: Kollwald östlich Königsheim, 1991, BURGHARDT (STU-K); 7820/3: Stetten a. k. M., 1937, A. MAYER (STU); Reiftal, 1981, SEYBOLD (STU-K); 7820/4: o. O., 1982–85, W. KARL (STU-K); 7919/2: Bärental, Finstertal, Brunnenhöhle, 1978, SEBALD (STU-K); 7919/3: Buchhalde bei Mühlheim, o. J., K. BERTSCH (STU-K); 7919/4: verbreitet an Felsen, z. B. Knopfmacherfelsen, Eichfelsen, 1980, BURGHARDT (STU-K); 7920/1: Bandfelsen, hoher Felsen, Bischofsfelsen, 1980, BURGHARDT (STU-K); 7920/2: Neumühle, 1977, SEBALD (STU-K); 7921/1: Sigmaringen, JACK in EGM (1905: S. 32); 8018/2: Tuttlingen, KIRCHNER u. EICHLER (1900).
Alpenvorland: 7826/3: Dettingen an der Iller, 1836, DUCKE (STU); 7924/3: Hochdorf OA Waldsee, KIRCHNER u. EICHLER (1900); 8026/1: Illerauen bei Mooshausen, 1909, K. BERTSCH (STU); 8224/4: Prasberg bei Wangen, 1877, DUCKE (STU); 8225/3: Argental bei Buchen, 1984, BUSSMANN (STU-K); 8225/4: Eisenacher Tobel, Blasistobel, Schuhwerkstobel, 1990, WEIN (STU-K); 8226/1: Großholzleute, 1907, K. BERTSCH (STU); 8226/3: Rohrdorf, KIRCHNER u. EICHLER (1900); 8226/4: Schleifertobel, 900 m, 1978, SEYBOLD (STU-K); 8326/2: Schwarzer Grat, ca. 1000 m, 1955, BAUR (STU-K); Michelstobel, Tiefer Tobel, 1990, WEIN (STU-K); 8326/3: Riedholzer Wasserfälle bei Isny, 1911, K. BERTSCH (STU).
Westliches Bodenseegebiet: 8220/1: o. O., 1980, BEYERLE (STU-K); 8220/2: Ruine Kargegg, 490 m, 1974, SEYBOLD (STU-K).

Höchstes Vorkommen auf dem Feldberg am Felsenweg (ca. 1400 m), niedrigstes Vorkommen auf ca. 130 m zwischen Neufreistett und Helmlingen.

Erstnachweise: Die Art ist im Gebiet urwüchsig. Ältester literarischer Nachweis bei ROTH VON SCHRECKENSTEIN (1805: 89–90): zwischen dem Kloster Beuron und Sigmaringen, gefunden von Mezler.

Ältester archäologischer Nachweis: Bodman, Mittleres Subboreal (Frühe Bronzezeit, FRANK 1989).

Bestand und Bedrohung: Die Zwerg-Glockenblume ist in Baden-Württemberg stark zurückgegangen. Die Vorkommen entlang der Alpenflüsse sind aufgrund der Flußregulierungen alle erloschen. Aber auch die Standorte im Schwarzwald, auf der Schwäbischen Alb und im Alpenvorland haben so stark abgenommen, daß die wenigen verbliebenen unbedingt geschützt und vor Störung bewahrt werden sollten. Von ehemals rund 60 Standorten sind über die Hälfte erloschen. So sollten alle Felsen, an denen die Zwerg-Glockenblume noch vorkommt, unbedingt für Kletterer gesperrt werden! Die Art ist für ganz Baden-Württemberg als gefährdet (G 3) einzustufen.

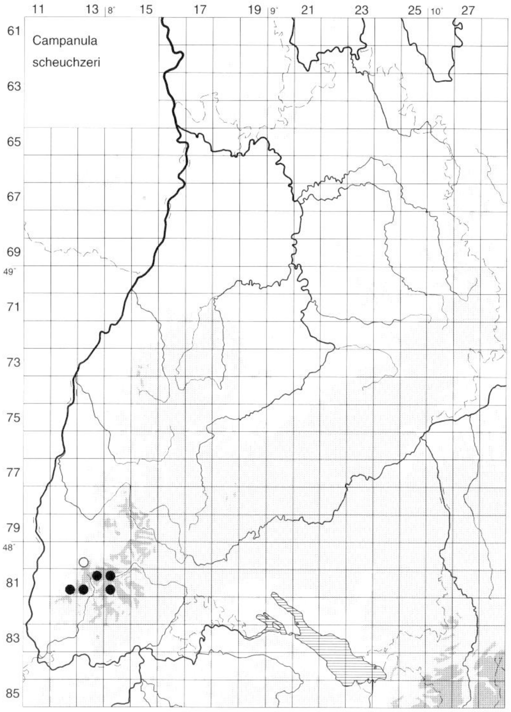

12. Campanula scheuchzeri Vill. 1779

Scheuchzers Glockenblume

Morphologie: Pflanze mit kriechendem Wurzelstock, ausdauernd, 15–20 cm hoch. Stengel niederliegend-aufsteigend, kahl. Grundblätter gestielt, rundlich, gezähnt, zur Blütezeit meist vertrocknet. Stengelblätter lanzettlich, sitzend, am Grund bewimpert. Blütenstand 1- bis 5blütig, traubig. Kelchblätter schmal-lanzettlich, Blütenknospe nickend, Krone groß (bis 3 cm), weitglockig, dunkelblau. Kapsel rund, sich am Grund mit 3 Poren öffnend. – Blütezeit: Juli–August.

Unteres Stengelblatt von *Campanula scheuchzeri* (links) und *Campanula rotundifolia* (rechts). Zeichnung: A. ROSENBAUER

Variabilität: Die Art ist nah verwandt mit Campanula rotundifolia. Die beiden Arten kommen als Höhenvikariisten räumlich getrennt vor: Campanula rotundifolia in den unteren Lagen, Campanula scheuchzeri in der hochmontanen und subalpinen Region. Es bestehen keine Kreuzungsbarrieren, deshalb kommt es im Überlappungsbereich der beiden Arten (am Feldberg etwa zwischen 1100 und 1300 m) zu Kreuzungen und fertilen Bastarden (BOGENRIEDER 1982). Diese zeigen Merkmale beider Eltern und lassen sich oft nicht eindeutig zuordnen.

Ökologie: Scheuchzers Glockenbume wächst vereinzelt auf Felsbändern, in Schuttfluren, in Weiden und Steinrasen der alpinen Stufe, auf frischen, mageren, basenreichen, neutralen bis saueren Lehmböden.

Pflanzensoziologische Aufnahmen von den Borstgrasrasen des Feldbergs bei BOGENRIEDER (1982: Tab. 1), SCHWABE-BRAUN (1980: Tab. 20) und BARTSCH (1940: Tab. 11 u. S. 106). Sie kommt gern zusammen mit *Arnica montana, Meum athamanticum, Nardus stricta, Festuca rubra, Galium saxatile* und *Leontodon pyrenaicus* vor.

Scheuchzers Glockenblume (*Campanula scheuchzeri*)
Feldberg, 4. 8. 1991

Allgemeine Verbreitung: In den Europäischen Gebirgen: Pyrenäen, Südschwarzwald und Alpen. Im Süden bis zum Apennin, Sizilien, Albanien und Montenegro.

Verbreitung in Baden-Württemberg: Nur im Südschwarzwald im Feldberggebiet und am Belchen in Höhenlagen um 1300 m:

8013/3: Schauinslandgipfel, 1885, SCHNEYDER (KR); 8112/4: NSG Belchengipfel, nach 1970, (LfU); 8113/2: Weidfeld N Stübenwasen, nach 1970, (LfU); 8113/3: Belchen, über 1340 m, 1983, SEYBOLD (STU-K); 8114/1: Feldberg am Seebuck, 1983, SEYBOLD (STU-K); 8114/3: Grafenmatt N Herzogenhorn, 1988, DEMUTH (KR-K).

Höhenverbreitung von 1440 m am Feldberg bis 1280 m am Schauinslandgipfel.

Erstnachweise: Die Art ist im Gebiet urwüchsig. Ältester literarischer Nachweis: J. SCHILDKNECHT (1863: 100) für den Belchen.

Bestand und Bedrohung: Scheuchzers Glockenblume hatte wohl nie mehr als die Standorte auf den höchsten Gipfeln im Südschwarzwald. Die Standorte liegen sehr isoliert und die Art sollte geschont werden (G 5). Die Art wird durch Schafbeweidung eher gefördert (BOGENRIEDER u. WILMANNS 1990). Die Borstgrasrasen als Biotope der Glockenblume müssen extensiv bewirtschaftet werden. Düngung und Überweidung müssen genauso wie Beeinträchtigungen durch Wintersport und Tourismus vermieden werden.

13. Campanula rotundifolia L. 1753
Rundblättrige Glockenblume

Morphologie: Pflanze mehrjährig, Stengel aufsteigend-aufrecht, 10–40 cm hoch, kahl oder dicht kurz behaart. Grundblätter gestielt, rundlich-nierenförmig, gezähnt, zur Blütezeit meist vertrocknet. Stengelblätter lineal-lanzettlich, sitzend. Blüten in einer mehr oder weniger verzweigten Rispe. Kelchblätter pfriemlich, Blütenknospen aufrecht. Krone dunkelblau, weitglokkig, zu etwa $\frac{1}{3}$ geteilt. Kapsel länglich, sich am Grund mit drei Poren öffnend. – Blütezeit: Juni–Oktober. Sehr variable Art!

Ökologie: Die Rundblättrige Glockenblume wächst in mageren Wiesen und Weiden, an Wegrändern und Rainen, an Felsen, in Mauerritzen und in Säumen von lichten Eichenwäldern. Sie bevorzugt mäßig trockene, nährstoffarme, mäßig saure, modrig-humose, lehmige oder sandige Böden. In Vegetationsaufnahmen aus Baden-Württemberg häufig enthalten, so z. B. in Mesobrometen und Weiden der Schwäbischen Alb bei KUHN (1937: Tab. 17 u. 22) und K. BAUR und K. MÜLLER (1972: Tab. 17), in Besenginsterheiden des Schwarzwalds bei BARTSCH (1940: Tab. 13) und in Felsgesellschaften und Kalkmagerrasen des

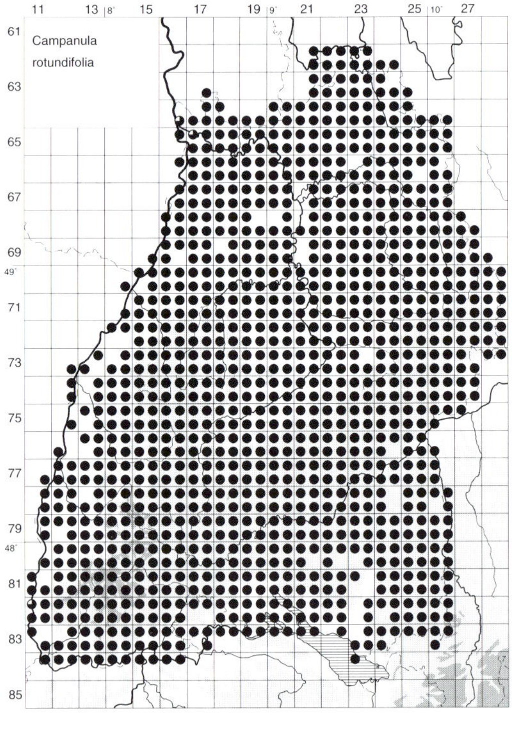

Rundblättrige Glockenblume
(*Campanula rotundifolia*)
Aufhausen-Nack, 5. 7. 1987

westlichen Bodenseegebiets bei LANG (1973: Tab. 33, 79 und 80). *Campanula rotundifolia* wächst gern zusammen mit *Thymus serpyllum, Lotus corniculatus, Scabiosa columbaria, Carlina acaulis, Festuca ovina, Achillea millefolium* und *Bromus erectus.*

Allgemeine Verbreitung: Zirkumboreale Pflanze: in ganz Europa von den Pyrenäen bis Ostsibirien, in Skandinavien bis zum Nordkap, in Südeuropa nur in den Gebirgen. In Nordamerika von Alaska und Kanada bis in die nördlichen USA.

Verbreitung in Baden-Württemberg: Verbreitet und häufig in allen Landesteilen. Höchstes Vorkommen auf ca. 1200 m am Feldberg, niedrigstes Vorkommen bei ca. 100 m bei Mannheim.

Erstnachweise: Die Art ist im Gebiet urwüchsig. Ältester literarischer Nachweis: J. BAUHIN (1598: 190) für die Umgebung von Bad Boll (7323). Ältester archäologischer Nachweis: Hagnau, Mittleres/Spätes Subboreal (Späte Bronzezeit, RÖSCH 1992).

Bestand und Bedrohung: Die Art ist in Baden-Württemberg weit verbreitet und häufig, sie ist nicht gefährdet. Jedoch verträgt sie keine Düngung und verschwindet auf intensiv genutztem Grünland. In Ballungsgebieten und intensiv genutzten Agrarlandschaften findet man sie deshalb seltener. *Campanula rotundifolia* ist schnittempfindlich bis mäßig schnittverträglich, sie verträgt 1–2 Schnitte pro Jahr. Der erste Schnitt soll nicht vor Mitte Juli liegen (BRIEMLE u. ELLENBERG 1994).

Campanula baumgartenii J. Becker 1827
Lanzettblättrige Glockenblume

Pflanze ausdauernd, 20–50 cm hoch mit rübenförmigem, verzweigtem Rhizom. Stengel aufsteigend bis aufrecht, kantig, unten zottig behaart, bis in den rispigen Blütenstand hinein gleichmäßig beblättert. Grundblätter rundlich bis nierenförmig, lang gestielt, Stengelblätter lanzettlich, sitzend, bis 8 mm breit, auf der Unterseite zottig behaart. Blüten blau, lang gestielt, breit trichterförmig, zu etwa ⅓ der Länge geteilt. Kelchblätter lineal, abstehend. Kapsel rundlich, nickend. – Blütezeit: Juli–August.

Campanula baumgartenii kommt vereinzelt an wechselfeuchten, schattigen Böschungen und Rainen, in Waldverlichtungen, auf kalkarmen, meist nährstoffarmen sandig-lehmigen Böden vor. Sie gilt als Assoziationskennart des Lanzettblattglockenblumen-Saums (Teucrio-Campanuletum baumgartenii). Pflanzensoziologische Aufnahmen von sauren Saumgesellschaften aus dem Pfälzer Wald bei HAILER (1968). Sie wächst gern zusammen mit *Teucrium scorodonia, Agrostis tenuis, Calluna vulgaris, Sarothamnus scoparius* und *Avenella flexuosa.*

Lanzettblättrige Glockenblume
(*Campanula baumgartenii*)

Die Art ist endemisch für Mitteleuropa. Sie kommt nur im Pfälzer Wald, den nördlichen Vogesen und im südlichen Taunus sowie im westlichen Odenwald vor.

In Baden-Württemberg kam sie an der Bergstraße zwischen Weinheim und Heidelberg vor (WOLF 1935; bei Heidelberg, OBERDORFER 1979). Die Art existiert dort heute nicht mehr (DEMUTH, mündl.). Es ist nicht sicher, ob die Art im Gebiet urwüchsig war oder ob sie nur kurzfristig existiert hat. Die einzige Fundortangabe von WOLF (1935) wurde von Oberdorfer in seinen Floren übernommen. Herbarbelege zur Bestätigung dieses Vorkommens fehlen. Vielleicht war dieser Fundort der östlichste Vorposten des Verbreitungsschwerpunkts im Pfälzer Wald.

Heute ist die Lanzettblättrige Glockenblume in Baden-Württemberg ausgestorben.

2. **Legousia** Durande 1782
Frauenspiegel

Einjährige Kräuter, die meist in Getreidefeldern und anderen offenen, trockenen und gestörten Biotopen vorkommen. Kelch und Krone tief fünfteilig, Blüten in lockeren Rispen. Kelchblätter lang lanzettlich, Krone schwach glockig bis radförmig ausgebreitet, 5 Staubblätter, Narbe dreilappig. Fruchtknoten unterständig, 3fächerig, sich mit 3 Klappen nahe der Spitze des langen Fruchtknotens öffnend. Samen prismatisch, zahlreich, klein. Die Gattung umfaßt etwa 10 Arten, die in Nord- und Südamerika, Mittel- und Südeuropa verbreitet sind. Die 5 europäischen Arten kommen vor allem im Mediterrangebiet vor, in Baden-Württemberg gibt es 2 Arten.

1 Kelchblätter lanzettlich, länger als die Kronblätter. Fruchtknoten mindestens zweimal so lang wie die Kelchblätter . . . . 1. *L. hybrida*
– Kelchblätter linealisch, etwa so lang wie die Kronblätter, Fruchtknoten etwa so lang wie die Kelchblätter . . . . 2. *L. speculum-veneris*

1. **Legousia hybrida** (L.) Delarbre 1800
Campanula hybrida L. 1753
Kleiner Frauenspiegel

Morphologie: Pflanze einjährig, aufsteigend bis aufrecht, 10–25 cm hoch. Stengel einfach oder verzweigt, am Grunde abstehend behaart. Blätter länglich oder verkehrt-eiförmig, mit abgerundetem oder verschmälertem Grund sitzend, Blattrand gewellt. Blüten einzeln endständig. Kelchblätter lanzettlich, fast doppelt so lang wie die radförmig ausgebreitete, blaß-violette Krone. Fruchtknoten bis 2,5 cm lang. – Blütezeit: Mai–Juli, Insekten- oder Selbstbestäubung.

Ökologie: Der Kleine Frauenspiegel kommt unbeständig auf Getreidefeldern und an locker bewachsenen, trockenen Ruderalstellen vor. Er bevorzugt sommerwarme, mäßig frische, nährstoff- und basenreiche, flachgründige, sandige oder steinige Lehmböden und gilt als Verbandskennart der wärmeliebenden Halmfruchtgesellschaften (Caucalidion). Pflanzensoziologische Aufnahmen aus Baden-Württemberg existieren aufgrund der Seltenheit der Pflanze nicht. Auf der nördlichen Ostalb auf extensiv bewirtschafteten Getreideäckern wächst er zusammen mit *Euphorbia exigua, Consolida regalis* und *Ranunculus arvensis.*

Allgemeine Verbreitung: Von Portugal bis zur Elbe und der Dalmatinischen Küste, im Norden bis Mittelengland, im Süden bis zum Atlas-Gebirge und Sizilien, sowie rund um das Schwarze Meer.

Verbreitung in Baden-Württemberg: Das Hauptverbreitungsgebiet des Kleinen Frauenspiegels liegt auf der Schwäbischen Alb, wo sich auch die einzigen noch aktuellen Vorkommen befinden. Früher war der Kleine Frauenspiegel verbreitet im Oberrheingebiet, in der Gegend um den Kaiserstuhl sowie vereinzelt bei Mannheim. Auch auf der Baar gab es früher einen weiteren Ver-

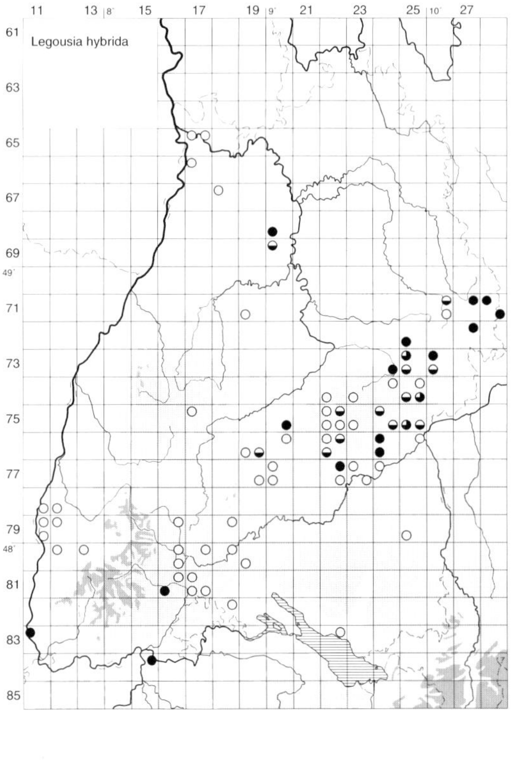

Kleiner Frauenspiegel *(Legousia hybrida)*
Merdingen

breitungsschwerpunkt. Sehr zerstreut kam die Art in den Gäulandschaften vor, im Alpenvorland gab es wenige, ganz vereinzelte Vorkommen.

Oberrheingebiet: 6517/1: Seckenheim, im Wald vor Schwetzingen, DÖLL (1859); 6517/2: Neckarhausen, DÖLL (1859); 6617/1: Schwetzingen, vor 1900, o.F. (STU); 7811/4: Kaiserstuhl, Königsschaffhausen, NEUBERGER (1912); 7812/3: Amoltern-Sasbach, DÖLL (1859); 7911/2: Achkarren, NEUBERGER (1912); 7911/4: Ihringen, NEUBERGER (1912); 7912/1: Oberschaffhausen, Wasenweiler, NEUBERGER (1912); 8012/1: Munzingen, NEUBERGER (1912); 8013/1: Freiburg, vor 1900, SPENNER (KR); 8311/1: o.O., 1990, DEMUTH (KR-K).
Gäulandschaften: 6718/1: Äcker zwischen Wiesloch und Malschen, HUBER (1891); 6820/3: Deutschherrenfeld, 1992, BAUMANN (STU-K); 6920/1: Stocksberg bei Brakkenheim, 1941, SCHMOHL (STU-K); 7119/3: Heimsheim-Friolzheim, KIRCHNER u. EICHLER (1900); 7517/1: Dornstetten, KIRCHNER u. EICHLER (1900).
Baar: 7916/2: Villingen-Danchingen, ZAHN (1889); 8016/2: Buchberg, Grüningen, Donaueschingen, ZAHN (1889); 8016/4: Hüfingen, ZAHN (1889); 8017/2: Öfingen, ZAHN (1889); 8116/2: Mundelfingen, ZAHN (1889); 8117/1: Hondingen, ZAHN (1889); 8117/3: Eichberg b. Blumberg, 1843, o.F. (KR); 8117/4: Tengen, DÖLL (1859).
Schwäbische Alb: 7126/2: Braunenberg bei Aalen, 1908, A. BRAUN (STU); 7126/4: Wasseralfingen, KIRCHNER u. EICHLER (1900); 7127/2: Acker nordwestlich Aufhausen, 1989, HAUG (STU-K); 7128/1: Äcker westlich

Kirchheim, 1990, Haug (STU-K); 7128/4: Riegelberg südöstlich Utzmemmingen, 1987, Nebel (STU-K); 7225/3: Christental, 1979, Sebald (STU-K); 7227/2: Südwestlich Neresheim, 1988, Gewers (STU-K); 7324/4: Michelsberg bei Geislingen, 1972, Seybold (STU-K); 7325/1: Christental, 1979, Sebald (STU-K); 7325/3: Geislingen, o. J., Schlenker (STU-K); 7326/1: Ackerrand ö Sontheim, 1992, Trittler (STU-K); 7326/3: Gerstetten, Müller (1957); 7422/3: Dettingen, Hülben, Kirchner u. Eichler (1900); 7423/3: Donnstetten, Schopfloch, Kirchner u. Eichler (1900); 7424/2: Aufhausen Kirchner u. Eichler (1900); 7425/2: Ettlenschieß, Kirchner u. Eichler (1900); 7425/3: Luizhausen, Müller (1957); 7425/4: Lonsee, Vorderdenkental, Müller (1957); 7520/4: Östlicher Rand des Roßfelds, 1977, Berndt (STU-K); 7522/1: Urach, Wittlingen, Kirchner u. Eichler (1900); 7522/2: Urach, Böhringer Steige, 1901, A. Mayer (STU); 7522/3: Offenhausen, Kirchner u. Eichler (1900); 7522/4: Münsingen, Kirchner u. Eichler (1900); 7523/3: Böttingen, Kirchner u. Eichler (1900); 7524/1: Machtoltsheim, Müller (1957); 7524/4: Blaubeuren, Müller (1957); 7525/3: Herrlingen, Kirchner u. Eichler (1913); Herrlingen, 1955, Leidolf (STU); 7525/4: Güterbahnhof, Ulm, Müller (1957); 7525/4: Söflingen, Kirchner u. Eichler (1913); 7619/3: Ostdorf, Kirchner u. Eichler (1900); 7619/4: zwischen Bisingen und Tannheim am Hohenzollern, 1912, A. Mayer (STU); 7620/2: Talheim, vor 1900, Troll (STU); 7622/1: Sternenberg bei Offenhausen, Hiller (1805); 7622/2: Eglingen, Kirchner u. Eichler (1913); 7622/3: Oberstetten, Kirchner u. Eichler (1913); 7624/1: Schmiechener See, 1991, Krieglsteiner (STU-K); 7624/3: o. O., 1985, Rauneker (STU-K); 7625/2: Ulm, vor 1900, Valet (STU); 7719/4: Balingen, Äcker bei Burgfelden, 1863, Entress (STU); 7720/1: Onstmettingen, Kirchner u. Eichler (1900); 7720/3: Ebingen, Kirchner u. Eichler (1900); 7722/2: Felswand an der Lauter oberhalb Indelhausen, 1985, Nebel (STU-K); 7722/4: Zwiefalten, Untermarchtal, Kirchner u. Eichler (1900); 7723/1: Lauterach, Kirchner u. Eichler (1900); 7723/4: Untermarchtal, Kapelle, vor 1900, Fuchs (STU); 7724/1: Ehingen, Kirchner u. Eichler (1900); 7918/2: Spaichingen, am Dreifaltigkeitsberg, Kirchner u. Eichler (1900); 8018/2: Tuttlingen, Kirchner u. Eichler (1900); 8019/3: Liptingen, Jack (1891).
Alpenvorland: 7925/3: Fischbach bei Biberach, Kirchner u. Eichler (1900); 8218/2: Katzental bei Hilzingen, ca. 1990, Koch (STU-K); 8322/2: Seemoos, Kirchner u. Eichler (1900).
Hochrhein: 8415/2: Kiesgrube bei Dangstetten, 1984, Quinger (KR-K).

Niedrigstes Vorkommen auf ca. 100 m bei Sekkenheim (6517/1), höchstes Vorkommen auf ca. 920 m bei Burgfelden (7719/4).

Erstnachweise: Als typisches Ackerunkraut ist der Kleine Frauenspiegel ein Archäophyt. Ältester literarischer Nachweis: Hiller (1805: 29) für den Sternenberg bei Offenhausen (7622/1), dort 1802 gefunden von Nördlinger.

Bestand und Bedrohung: Durch Intensivierung und starke Herbizidanwendung in der Landwirtschaft ist der Kleine Frauenspiegel in Baden-Württemberg akut vom Aussterben bedroht (G 1). Die meisten Vorkommen sind schon im letzten Jahrhundert erloschen, heute kann man ihn nur noch sehr vereinzelt auf der Ostalb finden. Um die letzten Bestände zu erhalten, sind extensive und dauerhaft herbizidfreie Getreidekulturen oder zumindest Ackerrandstreifen notwendig.

Auch Erhaltungskulturen, wie sie z. B. im Feldflorareservat Beutenlay bei Münsingen durchgeführt werden, können bei einer so seltenen und stark gefährdeten Art sinnvoll sein.

2. Legousia speculum-veneris (L.) Chaix 1785

Campanula speculum-veneris L. 1753
Gewöhnlicher Frauenspiegel

Morphologie: Pflanze einjährig, Stengel aufsteigend-aufrecht, verzweigt, 10–30 cm hoch, kahl oder behaart. Blätter oval, mit verschmälertem Grund sitzend, schwach entfernt gebuchtet. Blüten einzeln, am Stengel endständig. Kelchblätter linealisch, etwa so lang wie die dunkelviolette

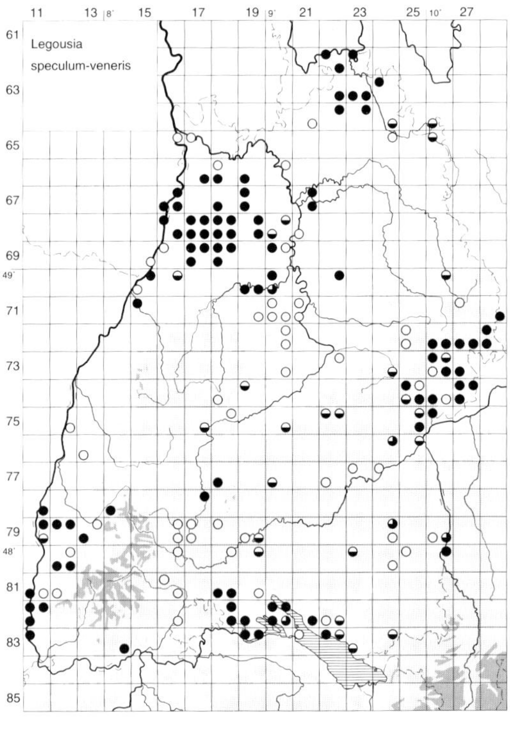

Gewöhnlicher Frauenspiegel
(Legousia speculum-veneris)
Utzmemmingen, 21. 6. 1992

Krone. Fruchtknoten etwa so lang wie die Kelchblätter.

Biologie: Blütezeit: Juni–August. Insektenbestäubung. Selbstbestäubung kommt vor, auch kleistogame und unvollständige Blüten wurden beobachtet. Die Blüten führen Schlafbewegungen aus.

Ökologie: Der Gewöhnliche Frauenspiegel kommt oft unbeständig in Getreidefeldern auf sommerwarmen, mäßig frischen, nährstoff- und basenreichen, flachgründigen Kalkschotterböden vor. Er gilt als Verbandskennart der wärmeliebenden Halmfruchtgesellschaften (Caucalidion). Pflanzensoziologische Aufnahmen von Stoppelfeldern aus dem Oberrheingebiet bei HÜGIN (1986: Tab. 2) und von Ackerunkrautgesellschaften des Taubergebietes bei PHILIPPI (1994: Tab. 2). Er wächst gern in Gesellschaft mit *Adonis aestivalis, Consolida regalis, Euphorbia exigua, Sherardia arvensis* und *Caucalis platycarpos.*

Allgemeine Verbreitung: Zentral- und Südeuropa, von den Pyrenäen ostwärts bis zum Schwarzen Meer, im Norden bis Norddeutschland, im Süden bis Zypern.

Verbreitung in Baden-Württemberg: Die Art kommt in Baden-Württemberg vor allem in den klimatisch begünstigten Gebieten mit Kalkböden vor.

Im Kraichgau und im Neckarbecken, den wärmsten Gebieten der Gäulandschaften liegt ein Verbreitungsschwerpunkt. Ein weiterer befindet sich auf der nordöstlichen Schwäbischen Alb und im Main-Taubergebiet. Auch auf der Baar, der südwestlichen Alb, im westlichen Bodenseegebiet und im Oberrheingebiet ist der Gewöhnliche Frauenspiegel noch verbreitet. Ganz vereinzelte Fundpunkte liegen in den östlichen Keupergebieten, im nördlichen Alpenvorland und auf der Mittleren Alb. Im Schwarzwald fehlt die Art fast völlig.

Main-Taubergebiet: 6222/1: Nördlich Boxtal, 1987, SEBALD (STU-K); 6222/4: Grundbächlein NW Sonderriet, 1987, WÖRZ (STU-K); 6223/1: o.O., 1987, PHILIPPI (STU-K); 6322/4: o.O., 1987, PHILIPPI (STU-K); 6323/3: o.O., 1987, PHILIPPI (STU-K); 6323/4: Haigergrund, 1992, ROSENBAUER (STU-K); 6324/1: o.O., 1987, RATHAUSKY (STU-K); 6421/4: Buchen, BRENZINGER (1904); 6422/2: o.O., 1987, PHILIPPI (STU-K); 6423/2: o.O., 1986, WEIMERT (STU-K); 6424/4: Edelfingen, KIRCHNER u. EICHLER (1913); 6426/3: Waldmannshofen, KIRCHNER u. EICHLER (1913); 6524/2: Mergentheim, KIRCHNER u. EICHLER (1900); 6525/1: Creglingen, KIRCHNER u. EICHLER (1913).
Schwäbisch-Fränkischer Wald: 7026/2: Ellwangen Bahnhof, 1909, BRAUN (STU).
Nördliches Alpenvorland: 7924/2: Jordanbad, Weg nach Ummenhof, 1952, BERKOLDER (STU); 7924/4: Schweinhausen, KIRCHNER u. EICHLER (1900); 7926/3: Rot bei Leutkirch, KIRCHNER u. EICHLER (1900); 7926/4: Illerauen bei Oberopfingen, 1955, MÜLLER (STU); 8023/1: Hochberg, KIRCHNER u. EICHLER (1913); 8024/4: Waldsee, KIRCHNER u. EICHLER (1900); 8025/1: Eberhardzell-Hummertsried, KIRCHNER u. EICHLER (1900); 8026/2: o.O., 1983, LENKER (STU-K).
Nördliche Schwäbische Alb, aktuelle Vorkommen z.B.: 7128/4: Riegelberg bei Utzmemmingen, 1987, NEBEL (STU-K); 7226/4: Halbtrockenrasen am Auffahrtsberg b. Itzelberg, nach 1970, (LfU); 7227/4: Höllenteich N Fleinheim, 1987, NEBEL (STU-K); 7426/3: Bernstadt, 1981, RAUNEKER (STU-K); 7427/1: Lonetal zw. Bissingen und Stetten, 1972, SEYBOLD (STU-K); 7427/2: nördlich Bergenweiler-Hürbetal, 1984, SEBALD (STU-K); 7427/3: Niederstotzingen, 1977, MATTERN (STU-K); 7525/4: Mähringen, 1981, RAUNEKER (STU-K).
Südliche Gäulandschaften, nur aktuelle Vorkommen: 7718/3: Hang Ö Gösslingen, nach 1970, (LfU); 7817/2: NSG Neckarburg N Rottweil, nach 1970, (LfU).
Südliches Oberrheingebiet: 7512/4: Ichenheim, BAUR (1886); 7613/3: Sulz, Schutterlindenberg, MOHR (1898); 7811/4: o.O., nach 1970, WILMANNS (KR-K); 7911/2: W Achkarren, HÜGIN (1986); 7911/4: Ihringen, 1908, o.F. (KR); 7912/1: o.O., nach 1970, SCHLESINGER (KR-K); 7913/2: Waldkirch, vor 1900, o.F. (KR); 7913/3: o.O., nach 1970, KOCH (STU-K); 8012/2: Schönberg, DÖLL (1859); 8012/3: Biengen und Umgebung, 1986, QUINGER (KR-K); 8111/3: Neuenburg, 1993, WÖRZ (STU-K); 8111/4: Müllheim, vor 1900, LANG (KR); 8112/3: Badenweiler, DÖLL (1859); 8211/1: Trockenwald W Steinenstadt und Acker N „Im Stein“,

nach 1970, (LfU); 8211/2: Steinbruch W Niedereggenen, nach 1970, (LfU); 8211/3: Getreideacker N Bad Bellingen, nach 1970, (LfU); 8311/1: NSG Buchgraben bis Huttingen, 1990, DEMUTH u. VOGGESBERGER (STU-K).
Schwarzwald: 7814/3: Bleibach-Unterdörfle, 1988, AHRENS (KR-K); 8012/4: Ölberg b. St. Ulrich, 1986, KOCH (STU-K); 8314/4: o. O., 1993, SCHUHWERK (STU-K).

Das niedrigste Vorkommen befand sich auf ca. 100 m bei Mannheim, das höchste Vorkommen auf ca. 700 m bei Schwenningen.
Erstnachweise: Als typisches Ackerunkraut ist der Frauenspiegel ein Archäophyt. Ältester literarischer Nachweis: LEOPOLD (1728: 29): „in Äkkern auf dem Michaelsberg" (bei Ulm). Ältester archäologischer Nachweis: Tübingen, 13. Jh. n. Chr. (RÖSCH 1991).
Bestand und Bedrohung: Die Art ist in Baden-Württemberg ebenso wie der Kleine Frauenspiegel durch die Intensivierung in der Landwirtschaft gefährdet. Der Gewöhnliche Frauenspiegel ist jedoch insgesamt häufiger und die Bestände sind noch nicht so stark zurückgegangen. Dennoch ist er schon in weiten Teilen des Landes ausgestorben (G 0: Baar, südliche Schwäbische Alb, südliche Gäulandschaften). Deshalb ist für diese Art insgesamt die Gefährdungsstufe 2 (stark gefährdet) angebracht. Die Art sollte durch extensiven Anbau und ungespritzte Ackerrandstreifen in den Gebieten mit noch aktuellen Vorkommen gefördert werden.

3. **Phyteuma** L. 1753
Teufelskralle

Ausdauernde Kräuter mit fleischigem, rübenförmigem Wurzelstock. Stengel aufrecht, einfach, meist kahl, Blätter einfach, ganzrandig bis gezähnt. Blütenstand einzeln endständig, dicht kugelig oder walzlich, von Hochblättern umgeben. Der Name „Teufelskralle" bezieht sich auf die oben eingekrümmten, länglichen Blütenknospen. Einzelblüten mit linealen Tragblättern. Blüten 5teilig, Kelchblätter frei, lineal, Krone tief geteilt mit linealen Zipfeln, die anfangs an der Spitze noch verbunden sind. Staubblätter frei, mit verbreiterter Basis, die den Nektar umgibt und ihn nur für langrüsselige Insekten zugänglich macht. Fruchtknoten unterständig, 2- bis 3fächerig, Griffel behaart, mit 2–3 Narben, weit aus der Blüte herausragend. Kapsel länglich, sich mit seitlichen Poren öffnend. Die kleinen, ovalen Samen werden durch den Wind verbreitet.

Die Gattung *Phyteuma* ist mit etwa 25 Arten hauptsächlich in den Gebirgen Mittel- und Südeuropas verbreitet, von den Gebirgen Spaniens im Westen zu den Baltischen Staaten und den Karpaten, im Norden bis Dänemark, im Süden bis Süditalien und zu den Dinarischen Alpen. In Baden-Württemberg kommen drei Arten vor.

1 Blüten weiß bis grünlich, Blütenstand länglich-spitz, Blätter oft schwarz gefleckt . . . . 1. *P. spicatum*
– Blüten schwarzblau, Blätter rein grün 2
2 Blütenstand länglich-spitz, Hüllblätter lineal, Grundblätter mit deutlich herzförmigem Grund . . . . 2. *P. nigrum*
– Blütenstand kugelig, Hüllblätter breit-dreieckig, Grundblätter mit keilig verschmälertem oder abgerundetem Grund . . . . . . 3. *P. orbiculare*

1. **Phyteuma spicatum** L. 1753
Ährige Teufelskralle

Morphologie: Pflanze mit eßbarer, rübenförmiger Wurzel, ausdauernd. Stengel einfach, aufrecht, kahl, 30–80 cm hoch. Grundblätter lang gestielt mit herzförmigem Grund, doppelt gezähnt, oft schwarz gefleckt. Stengelblätter länglich, schwach gezähnt, mit keiligem oder abgerundetem Grund sitzend, nach oben schmäler werdend. Blütenstand anfangs länglich-spitz, später walzlich, bis 14 cm lang, von langen, schmalen Hochblättern umgeben. – Blütezeit: Mai–Juli, Insektenbestäubung.
Variabilität: Die Blüten sind im allgemeinen weiß bis grünlich, Pflanzen mit bläulichen Blüten werden zur subsp. *caeruleum* (Gremli) R. Schulz 1904 gezählt. Diese kommt im Gebiet zerstreut vor:

Schwäbischer Wald: 6526/3: Lichtel, HANEMANN (1927); 6725/4: Leofels, HANEMANN (1927); 6823/4: Neunkirchen, Waldenburger Berge, HANEMANN (1927); 6825/2: Schwarze Lache N Maulach, 1987, KRIEGLSTEINER (STU-K); 6924/2: südlich vom Einkorn, HANEMANN (1927); 6926/3: Rosenberg, HANEMANN (1927).
Schwäbische Alb: 7123/4: Bärenbachtal, 1972, SEBALD (STU).
Schwarzwald: 7417/2: Altensteig, o. J., SCHWARZ (STU-K); 7417/1: Grömbach, o. J., SCHWARZ (STU-K).

Aufgrund der geringen Datenmenge kann man noch keine sicheren Aussagen über die Verbreitung der Unterart im Gebiet machen. Dennoch zeigt sich eine gewisse Häufung der Vorkommen im Schwäbischen Wald. Weitere Untersuchungen zur Verbreitung der Unterart wären wünschenswert.
Ökologie: Die Ährige Teufelskralle wächst in krautreichen Laub- und Nadelmischwäldern und

auf Bergwiesen, auf frischen, nährstoff- und basenreichen, neutralen bis mäßig sauren, lockeren, humosen, tiefgründigen Lehmböden. Sie gilt als Ordnungskennart der mesophilen Buchenwälder (Fagetalia). Pflanzensoziologische Aufnahmen aus Hohenlohe bei NEBEL (1986: Tab. 10), von Grauerlenwald und Buchenmischwäldern aus dem Schwarzwald bei BARTSCH (1940: Tab. 30, 31), von Buchenmischwäldern der Schwäbischen Alb bei KUHN (1937: Tab. 33, 37) und des westlichen Bodenseegebiets bei LANG (1973: Tab. 111, 114). Die Ährige Teufelskralle wächst gern zusammen mit *Campanula trachelium, Mercurialis perennis, Anemone nemorosa, Galium odoratum, Viola reichenbachiana, Asarum europaeum* und *Brachypodium sylvaticum.*

Allgemeine Verbreitung: Eine mitteleuropäische Pflanze, von den Pyrenäen bis Mittelrußland verbreitet, im Norden bis Dänemark und zu den baltischen Staaten, im Süden bis zu den Dinarischen Alpen.

Verbreitung in Baden-Württemberg: In den meisten Landesteilen verbreitet und häufig, jedoch in der Oberrheinebene nur zerstreut vorkommend. Höchstes Vorkommen bei 1360 m auf dem Feldberg (8114/1), tiefstes Vorkommen auf ca. 100 m bei Schriesheim (6518/3).

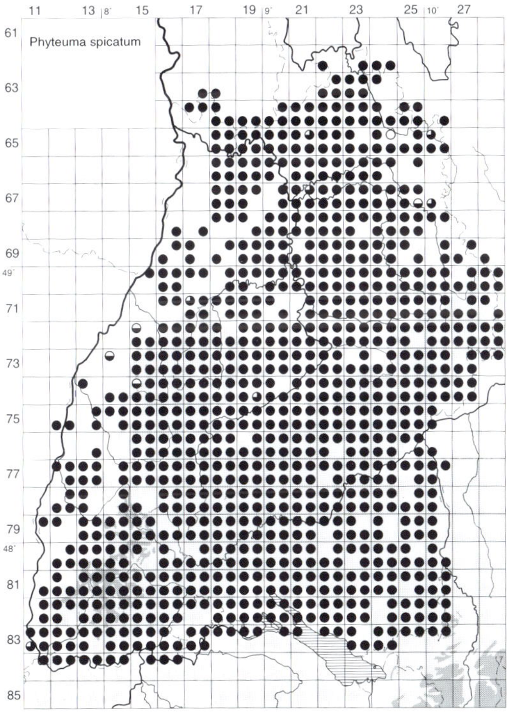

Ährige Teufelskralle *(Phyteuma spicatum)*
Ellwangen, 13. 6. 1992

Erstnachweise: Die Art ist im Gebiet urwüchsig. Ältester literarischer Nachweis bei DUVERNOY (1722: 126) für Tübingen. Ältester archäologischer Nachweis: Allensbach, Frühes Subboreal (KARG 1990).

Bestand und Bedrohung: Die Ährige Teufelskralle ist weit verbreitet und nicht gefährdet. Die Art ist schnittunverträglich bis schnittempfindlich, sie verträgt höchstens einen Herbstschnitt pro Jahr (BRIEMLE u. ELLENBERG 1994).

2. **Phyteuma nigrum** F. W. Schmidt 1794
Schwarze Teufelskralle

Morphologie: Pflanze ausdauernd, aufrecht, kahl, 20–50 cm hoch. Grundblätter lang gestielt, länglich herzförmig, gekerbt. Stengelblätter breit lanzettlich, schwach gekerbt, mit verschmälertem Grund sitzend, die oberen schmäler werdend. Das obere Drittel des Stengels ist blattlos. Blütenstand länglich bis walzlich, von linealen, bewimperten Hochblättern umgeben. – Blütezeit: Mai–Juli, Insektenbestäubung.

Ökologie: Die Schwarze Teufelskralle kommt in frischen Bergwiesen und lichten, bodenfeuchten Laubwäldern vor. Sie bevorzugt halbschattige Stellen auf frischen, mäßig nährstoffreichen, kalkarmen, mäßig sauren, humosen Lehmböden. Pflanzensoziologische Aufnahmen von Rotschwingel-Bergwiesen aus dem Schwarzwald bei BARTSCH (1940: Tab. 12) und von Feucht- und

Schwarze Teufelkralle *(Phyteuma nigrum)*
St. Wendel zum Stein, 5. 5. 1990

Glatthaferwiesen aus dem Schwäbisch-Fränkischen Wald bei SEBALD (1974: Tab. 21 a, 23 b, 24 a). Gern zusammen mit *Anthoxanthum odoratum, Rumex acetosa, Centaurea nigra* und *Festuca rubra*.

Allgemeine Verbreitung: Eine der wenigen Arten, die endemisch für Zentraleuropa ist. Sie kommt vor allem in den Gebirgen von Belgien bis an den Ostrand Österreichs vor: in den Ardennen, im Rheinischen Gebirge, in den Vogesen und den deutschen Mittelgebirgen, aber auch in der Nordwestdeutschen Tiefebene.

Verbreitung in Baden-Württemberg: Verbreitet in den Sandstein- und Urgesteingebieten des Landes: Auf Buntsandstein im Odenwald und im Schwarzwald, auf Keuper im Schwäbischen Wald und um Stuttgart. Ganz vereinzelt auf entkalkten Böden im Oberrheingebiet, auf der Schwäbischen Alb, am Hochrhein und im Alpenvorland.

Schwäbische Alb: 7127/2: nördlichen Aufhausen, 1969, ENGELHARD (STU-K), nach 1970 (LfU); 7521/4: Zellertal bei Unterhausen, 1983, (STU-K); 7620/1: Rauher Berg, 1993, KLEINSTEUBER (KR-K); 7821/1: Laubwald im Neckental, nach 1970, (LfU); 8018/2: Tuttlingen, Ruine Konzenburg, o. J., BERTSCH (STU-K).
Donauniederung: 7625/3: o. O., 1975, RAUNEKER (STU-K); 7725/1: Ersinger Gemeindewald, 1982, SEBALD, (STU-K).
Alpenvorland: 8025/1: Füramoos, KIRCHNER u. EICHLER (1900); 8024/2: Tal der Umlach N Mühlhausen, nach 1970, (LfU); 8124/4: Weissenbronnen, KIRCHNER u. EICHLER (1900).

Höchstes Vorkommen am Feldberg auf 1400 m (8114/1), tiefstes Vorkommen auf ca. 100 m bei Friedrichsfeld (6517/3).

Erstnachweise: Die Art ist im Gebiet urwüchsig. Ältester literarischer Nachweis: ROTH VON SCHRECKENSTEIN (1805: 112) auf der Baar. Die ältere Angabe von S. KERNER (1726: 58) „auf Wiesen zwischen Möhringen und Rohr“ muß als unsicher gelten, da damit möglicherweise *Phyteuma orbiculare* gemeint war.

Bestand und Bedrohung: Die Art ist zwar verbreitet, aber nirgends häufig. Die Schwarze Teufelskralle ist besonders in den Keupergebieten, aber auch im Kraichgau und im Neckartal zurückgegangen. Sie zählt zu den schonungsbedürftigen Pflanzen (G 5). Deshalb sollten Stellen, an denen sie noch vorkommt, wie feuchte Wiesen auf saurem Untergrund, höchstens zweimal im Jahr gemäht und möglichst wenig gedüngt werden. Die Vorkommen in feuchten Laubmischwäldern sind kaum gefährdet, solange dort nicht die Wirtschaftsweise geändert wird (z. B. durch Umwandlung in Fichtenforste). Die Art ist schnittempfindlich bis mäßig schnittverträglich, sie verträgt 1–2 Schnitte pro Jahr. Der erste Schnitt soll nicht vor Mitte Juli liegen (BRIEMLE u. ELLENBERG 1994).

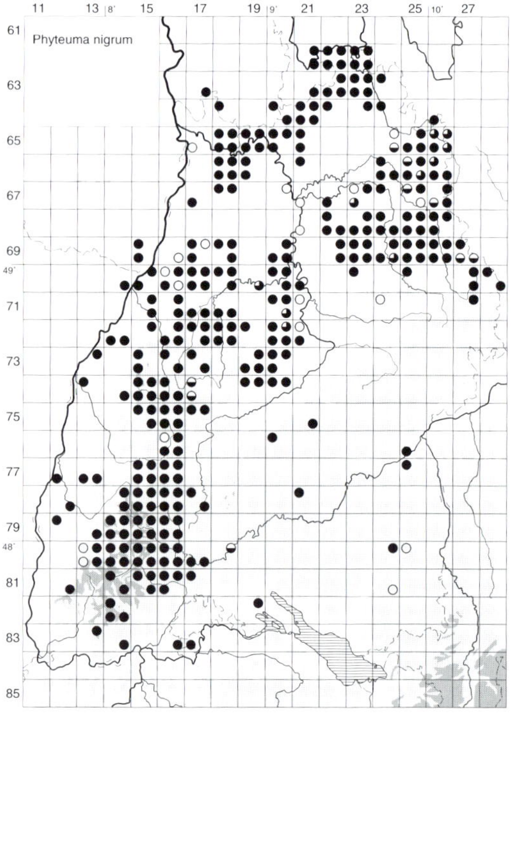

3. **Phyteuma orbiculare** L. 1753
Kugelige Teufelskralle

Morphologie: Pflanze aufrecht, 10–50 cm hoch, manchmal Ausläufer bildend. Grundblätter gestielt, länglich-eiförmig, gekerbt. Stengelblätter lanzettlich, kurz gestielt bis halbstengelumfassend sitzend. Stengel kahl, Blätter randlich bewimpert. Blütenkopf rundlich, von breit-dreieckigen Hüllblättern umgeben. – Blütezeit: Mai–August, Insektenbestäubung.
Variabilität: Die Art ist sehr variabel in bezug auf Form und Anzahl der Stengel- und Hüllblätter und Zahl der Narben (2–3). Von R. SCHULZ (1904) wurde sie in zahlreiche Unterarten aufgetrennt. Diese sind jedoch durch Übergänge miteinander verbunden und haben keinerlei geographische Eigenständigkeit. Es handelt sich dabei wahrscheinlich eher um ökologische Rassen. Von den vorhandenen Belegen konnte keiner eindeutig einer Unterart zugeordnet werden. GÖRS (1974) gibt subsp. *tenerum* (Schulz) P. Fourn. 1934 für den Taubergießen an.
Ökologie: Die Kugelige Teufelskralle kommt auf sonnigen Stellen an Felsen, in Kalkmagerrasen und mageren Säumen und selten in Moorwiesen vor. Sie bevorzugt trockene bis frische, basenreiche, kalkhaltige, modrig-humose, steinige Ton- und Lehmböden. Sie gilt als Ordnungskennart der europäisch-alpinen Steinrasen (Seslerietalia). Pflanzensoziologische Aufnahmen von Mesobrometen aus dem Taubergießengebiet bei GÖRS (1974: Tab. 3), von Sesleria-Mesobrometen der Schwäbischen Alb bei KUHN (1937: Tab. 17) und vom Geranio-Peucedanetum der Baaralb bei WITSCHEL (1980: Tab. 20). *Phyteuma orbiculare* wächst gern zusammen mit *Koeleria pyramidata, Bromus erectus, Ranunculus bulbosus, Sanguisorba minor, Hippocrepis comosa, Anthyllis vulneraria* und *Scabiosa columbaria.*

Kugelige Teufelskralle *(Phyteuma orbiculare)*
Hörnle bei Balingen, 19. 5. 1990

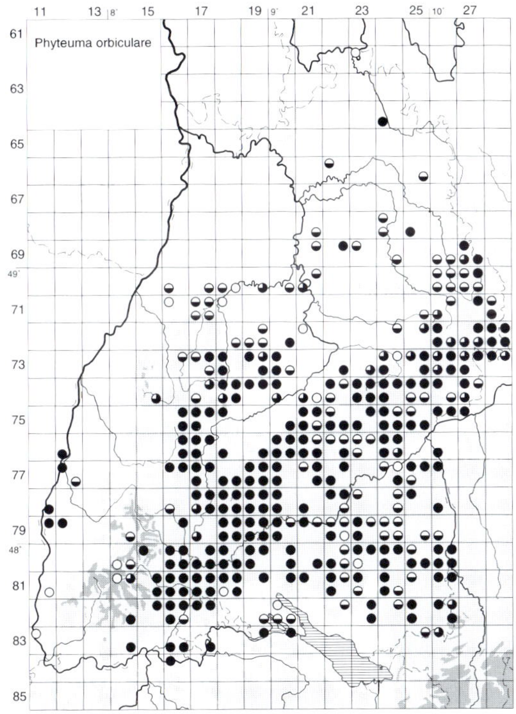

Allgemeine Verbreitung: Europäische Gebirgspflanze: von den Deutschen Mittelgebirgen bis Süditalien und zu den Dinarischen Alpen, vom französischen Zentralmassiv bis zu den Karpaten.
Verbreitung in Baden-Württemberg: Verbreitet, aber nicht häufig auf der Schwäbischen Alb, in den Gäulandschaften und im Alpenvorland. Ganz vereinzelt auch im Südschwarzwald und im südlichen Oberrheingebiet.

Südliches Oberrheingebiet: 7612/3: Rheindamm Taubergießen, 1991, SEYBOLD (STU-K); 7712/1: Taubergießen GÖRS u. MÜLLER (1974); 7712/4: Bleichheim, EGM; 7811/4: o.O., nach 1970, (KR-K); 7812/3: Degenmatt, 1994, WÖRZ (STU-K); 7911/2: Feuchtgebiet W Achkarren, nach 1970, (LfU); 7912/1: Badberg, 1985, QUINGER (KR-K); 8111/4: Müllheim, vor 1900, LANG (KR); 8311/1: Kleinkems, WINTER (1889).

Taubergebiet und nördliche Gäulandschaften: 6223/1: Wertheim, DÖLL (1859); 6424/3: Halbtrockenrasen W Sachsenflur, nach 1970, (LfU); 6622/1: Roigheim, KIRCHNER u. EICHLER (1913).

Höchstes Vorkommen auf dem Feldberg bei ca. 1400 m (8114/1), tiefstes Vorkommen auf ca. 150 m bei Wertheim (6223/1).

Erstnachweise: Da die Art an naturnahen Standorten vorkommt, ist sie wahrscheinlich im Gebiet urwüchsig. Ältester literarischer Nachweis: LEOPOLD (1728: 147) für Ulm.

Bestand und Bedrohung: Die Bestände der Kugeligen Teufelskralle sind besonders in den Gäulandschaften, in der nördlichen Schwäbischen Alb und im Alpenvorland stark zurückgegangen. Mehr als die Hälfte der Standorte sind seit der Jahrhundertwende erloschen. Ein geschlossenes Verbreitungsgebiet findet sich heute nur noch auf der südwestlichen Alb. Der starke Rückgang dieser Art ist die Folge der Zerstörung geeigneter Standorte: extensiv bewirtschaftete, wenig gedüngte, einschürige Wiesen (Mähder). Um einen weiteren Rückgang der Art zu vermeiden, müssen solche Biotope geschützt werden. Die extensive Bewirtschaftung solcher Standorte muß für die Landwirte durch Ausgleichszahlungen wieder attraktiv werden. Die Kugelige Teufelskralle wurde in Baden-Württemberg bisher (HARMS et al. 1983) als gefährdet (G 3) eingestuft. Angesichts des rapiden Rückgangs der Art ist jedoch die Gefährdungsstufe 2 (stark gefährdet) angebracht.

Die Art ist schnittempfindlich bis mäßig schnittverträglich, sie verträgt 1–2 Schnitte pro Jahr. Der erste Schnitt soll nicht vor Mitte Juli liegen (BRIEMLE u. ELLENBERG 1994).

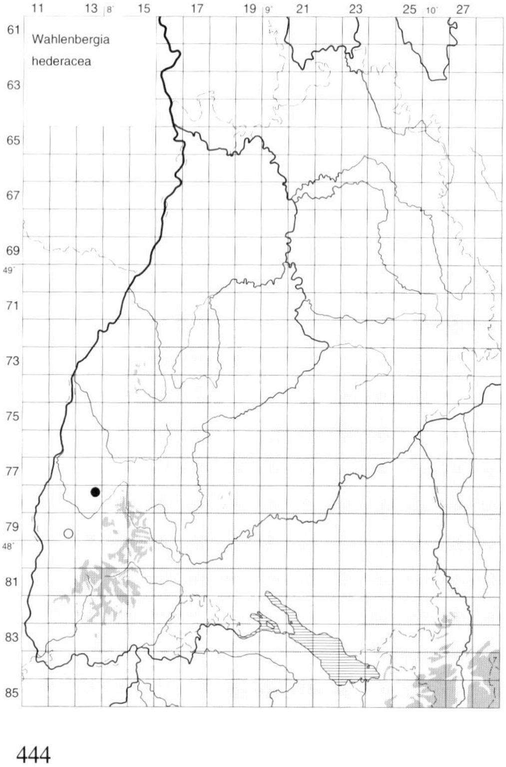

4. **Wahlenbergia** Schrader ex Roth 1827

Moorglöckchen

Die Gattung ist mit 85 Arten vor allem in Süd- und Westafrika, aber auch in Südamerika, Australien, dem Himalaja, Indien, China, auf den Kanaren und in Westeuropa verbreitet.

Von den zwei europäischen Arten kommt eine auch in Baden-Württemberg vor.

1. **Wahlenbergia hederacea** (L.) Reichenb. 1827

Campanula hederacea L. 1753

Moorglöckchen

Morphologie: Pflanze ausdauernd, kahl, niederliegend und an den Knoten wurzelnd, 5–30 cm lang. Blätter rundlich mit 5 zugespitzten Lappen, efeuähnlich. Kelchblätter lanzettlich, 3–4 mm lang. Blüten einzeln endständig, schmalglockig, bis 1 cm lang, hellblau mit dunkleren Adern. Staubblätter behaart, frei, am Grund kaum verbreitert. Griffel mit 3–5 kurzen Narben. Kapsel kugelig, 3- bis 5fächerig, sich an der Spitze zwischen den Kelchzipfeln mit Klappen öffnend. – Blütezeit: Juni–September.

Ökologie: Das Moosglöckchen wächst in Flach- und Quellmooren, an Gräben, im Erlenbruch und auf Torfmoospolstern, auf sicker- und staunassen, kalkarmen, mäßig sauren, torfigen Sumpfhumusböden. Pflanzensoziologische Aufnahmen aus dem Hünersedelgebiet und genauere Angaben zur Ökologie und Soziologie macht PHILIPPI (1963: Tab. 2). Typische Begleitarten sind *Viola palustris, Carex fusca, Menyanthes trifoliata, Hieracium auricula, Potentilla erecta* und *Comarum palustre.*

Allgemeine Verbreitung: Atlantisch-westeuropäische Pflanze: Von Portugal bis Westdeutschland, im Norden bis Schottland und Dänemark. Das Moorglöckchen befindet sich im Oberrheingebiet an der Ostgrenze seiner Verbreitung.

Moorglöckchen *(Wahlenbergia hederacea)*
Hünersedel

Verbreitung in Baden-Württemberg: Nur an wenigen Stellen im südlichen Oberrheingebiet und im mittleren Schwarzwald:

7813/2: bei Oberspitzenbach, SCHLATTERER (1920), Hünersedel, PHILIPPI (1963), NSG südlich Kreuzmoos-Hof, zuletzt gesehen 1994, AIGELDINGER u. WÖRZ (STU-K); 7912/4: im Mooswald rechts von der Straße nach Hugstetten, 1884, BARTENSTEIN u. EISELE (in BAUMGARTNER et al. 1884) ; Freiburg-Lehen, 1884, GILG (KR).

Höhenverbreitung von 720 m bei Oberspitzenbach bis 230 m im Mooswald.

Erstnachweise: Die Art ist im Gebiet urwüchsig. Ältester literarischer Nachweis: BARTENSTEIN und EISELE (in BAUMGARTNER et al. 1884: 104–108) für den Mooswald bei Freiburg.

Bestand und Bedrohung: Die Standorte im Oberrheingebiet sind schon im letzten Jahrhundert erloschen, evtl. durch Entwässerung der Standorte.

Im Hünersedelgebiet ist die Art jedoch seit mindestens 10 Jahren in reichlichen Beständen vorhanden (AIGELDINGER mündl.), der Standort wird vom Naturschutz als einschürige Wiese regelmäßig gepflegt.

Dennoch ist eine so isolierte Population am Rand des Verbreitungsgebiets vom Aussterben bedroht (G 1).

5. **Jasione** L. 1753
Sandglöckchen

Ein- bis mehrjährige, meist behaarte Kräuter mit einfachen, ganzrandigen oder gezähnten, wechselständigen Blättern. Blütenstand endständig, kopfig, doldig, am Grund von Hüllblättern umgeben. Blüten klein, radiär, 5zählig. Kelchblätter lineal, Krone blau mit 5 schmalen, am Grund röhrig verwachsenen Zipfeln. Staubblätter am Grund verwachsen, Fruchtknoten unterständig, zweifächerig. Griffel weit herausragend mit 2 Narben. Kapsel an der Spitze aufspringend.

Die Gattung besteht aus etwa 13 vorwiegend mediterran verbreiteten Arten, von denen auch 2 in Baden-Württemberg vorkommen.

1 Pflanze ausläufertreibend, mit zahlreichen sterilen Rosetten. Blattrand gerade, Stengel meist einfach mit einem großen Blütenstand (2,5–3 cm Durchmesser) . . . . 2. *J. laevis*
– Pflanze ohne Ausläufer und sterile Rosetten, Blattrand gewellt. Stengel meist ästig verzweigt mit mehreren kleinen Blütenköpfen (1,5–2,5 cm Durchmesser) . . . . 1. *J. montana*

1. **Jasione montana** L. 1753
Berg-Sandglöckchen

Morphologie: Pflanze zweijährig, aufsteigend bis aufrecht, kahl bis rauh behaart, unten schwach verholzt, 10–80 cm hoch. Grundrosette vorhanden, Blätter länglich, stumpf, mit gewelltem Rand, sitzend. Stengelblätter spärlich. Blütenstand dicht kugelig, von dreieckigen Hüllblättern umgeben. Kapsel länglich-fünfeckig. – Blütezeit: Juni–August.

Ökologie: Das Berg-Sandglöckchen wächst in Silikatmagerrasen, auf Dünen, Felsköpfen und an Wegrändern auf sommerwarmen, trockenen, kalkarmen, mäßig sauren, feinerdearmen Sandböden an offenen Stellen. Es gilt als Klassenkennart der Sandrasen (Sedo-Scleranthetea). Pflanzensoziologische Aufnahmen aus dem Schwarzwald von Sarothamnus-Gesellschaften und der *Jasione montana-Ornithopus perpusillus*-Gesellschaft bei SCHWABE-BRAUN (1980: Tab. 3, 12) und von Ginsterheiden bei BARTSCH (1940: Tab. 13), von *Koeleria gracilis*-Beständen aus dem nördlichen Oberrheingebiet bei PHILIPPI (1971: Tab. 9).

Jasione montana wächst gern zusammen mit *Sarothamnus scoparius, Danthonia decumbens, Hieracium pilosella, Potentilla erecta, Festuca rubra* und *Trifolium arvense.*

Allgemeine Verbreitung: In ganz Europa von Portugal bis zum Ural. Im Norden bis Schottland und Karelien, im Süden bis zum Atlas-Gebirge.

Verbreitung in Baden-Württemberg: *Jasione montana* ist vor allem in den Gebieten mit kalkarmen Böden, auf Buntsandstein, Keuper und den tiefentkalkten Böden der nördlichen Alb verbreitet. Im südlichen und mittleren Schwarzwald sowie im nördlichen Oberrheingebiet, in den Keupergebieten und im Odenwald ist es mäßig häufig. Vereinzelt kommt es im Nordschwarzwald, auf der nördlichen Ostalb, im Alpenvorland und am Hochrhein vor. In den nördlichen Gäulandschaften und auf der mittleren und südlichen Schwäbischen Alb fehlend.

Alpenvorland, nach 1945 bestätigte Vorkommen: 7825/4: Kiesgrube W Hürbel, 1982, SEYBOLD (STU-K); 8025/4: Hauerz, Kiesgrube, 1962, BRIELMEIER (STU); 8125/2: W Bodenhaus, 1952, BRIELMEIER (STU); 8218/4: o. O., 1991, E. KOCH, (STU-K); 8226/3: Oberspießwengen, 1957, BAUR (STU-K); 8326/1: Hasenberg, 1955, BAUR (STU-K).

Neckarland und südliche Gäulandschaften: 7120/4: Feuerbacher Tal, 1882, GRADMANN (STU); 7219/2: Waldrand am Weg Richtung Warmbronn, 1988, BAUMANN (STU-K); 7221/1: Degerlocher Seen, 1869 (STU), Gablenberg, 1855 (STU); 7320/1: Feldgehölz am SW-Rand von Schönaich, nach 1970, (LfU); 7320/2:

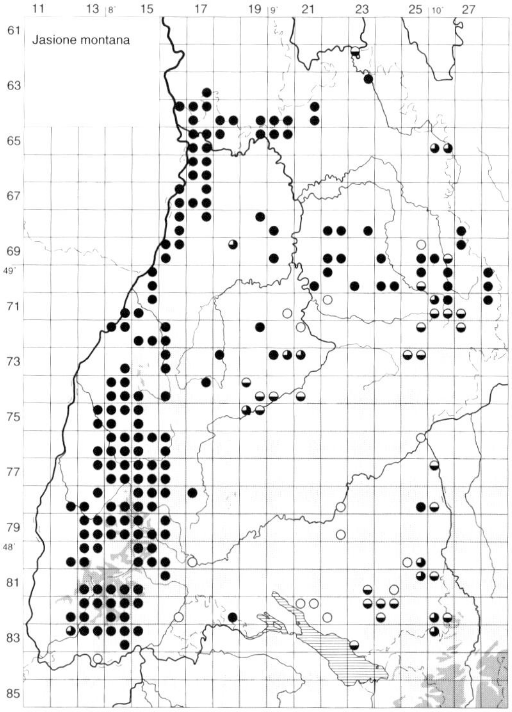

Berg-Sandglöckchen *(Jasione montana)*
Vogesen: Hohneck, 1991

Ostrand Böblinger Panzerplatz, 1959, SEYBOLD (STU-K); 7321/1: Haberschlagheide, 1956, SEYBOLD (STU-K); 7419/1: Entringen-Herrenberg, A. MAYER (1929); 7419/4: Roseck, A. MAYER (1929); 7420/3: Waldhausen, Tübingen, Hagelloch, A. MAYER (1929); 7421/3: Altenburg, o. J., SCHWARZ (STU-K); 7519/2: Rottenburg, A. MAYER (1929).
Nördliche Schwäbische Alb: 7126/1: Kochertal Ö Abtsgmünd, 1948, MAHLER (STU-K); 7126/2: Sandgrube bei Brausenried, nach 1970, (LfU); 7126/3: Forst, 1940, K. MAHLER (STU-K); 7126/4: Aalen, 1939, MAHLER (STU-K); 7127/3: Arlesberg, 1940, K. MAHLER (STU-K), Ebnat, o. J., HAUFF (STU-K); 7128/1: Zwergstrauchheide N Blasienberg, nach 1970, (LfU); 7225/2 Bartholomä, 1943, KOCH (STU-K); 7227/1: Niesitz, 1940, K. MAHLER (STU-K); 7325/1: N Stötten, 1948, HAUFF (STU-K); 7325/2: Böhmenkirch, 1933, HAUFF (STU).
Taubergebiet: 6223/1: Wartberg bei Wertheim, 1944 (KR); 6323/2: Hardt N Werbach, 1983, PHILIPPI (STU-K).

Höchstes Vorkommen bei 1417 m auf dem Herzogenhorn (8114/3), niedrigste Vorkommen auf ca. 100 m bei Mannheim (6416/2).

Erstnachweise: Die Art ist im Gebiet urwüchsig. Ältester literarischer Nachweis bei DUVERNOY (1722: 71) für Tübingen. Die ältere Angabe von C. BAUHIN (1622: 25) „ad ripam Wiesae et inter Riehen et Lörach“ liegt nicht sicher im Gebiet. Ältester archäologischer Nachweis: Hochdorf, Frühes Subatlantikum (Hallstattzeit, KÖRBER-GROHNE, 1985).

Bestand und Bedrohung: Die Art ist außerhalb des relativ geschlossenen, großen Verbreitungsgebiets im Schwarzwald überall zurückgegangen. Auf der Ostalb, im Alpenvorland und im Großraum Stuttgart sind beinahe alle Vorkommen erloschen. Gründe hierfür sind evtl. der starke Nährstoffeintrag in magere Saumbiotope, die Zerstörung von Kleinbiotopen wie Böschungen und Waldrändern, sowie der zunehmende Landschaftsverbrauch. Da die Art nirgends häufig ist und die Populationen rückläufig sind, sind die noch verbliebenen Standorte schonungsbedürftig (G 5). Die Art ist schnittempfindlich, sie verträgt nur einen Herbstschnitt pro Jahr (BRIEMLE u. ELLENBERG 1994).

2. **Jasione laevis** Lam. 1779
Ausdauerndes Sandglöckchen

Morphologie: Pflanze ausdauernd, Ausläufer bildend und mit zahlreichen sterilen Rosetten, aufrecht, Stengel meist einfach. Blätter länglichstumpf, mit keilförmigem Grund sitzend, ganzrandig oder schwach gezähnt. – Blütezeit: Juli–August.

Ökologie: Das Ausdauernde Sandglöckchen wächst auf Silikatmagerrasen, an Böschungen und in lichten Wäldern meist an lückigen Stellen. Es bevorzugt frische, basenreiche und kalkarme, mäßig saure, humose und sandige Lehmböden in milden Lagen. Es gilt als Verbandskennart der Borstgrasheiden der Tieflagen (Violion caninae). Pflanzensoziologische Aufnahmen aus dem Schwarzwald von *Sarothamnus*-Gesellschaften und Flügelginsterheiden bei SCHWABE-BRAUN (1980: Tab. Ib) und BARTSCH (1940: Tab. 14), und von Borstgrasheiden der Schwäbischen Alb bei KUHN (1937: Tab. 24). *Jasione perennis* wächst gern zusammen mit *Genista sagittalis, Calluna vulgaris, Festuca rubra, Potentilla erecta, Arnica montana* und *Antennaria dioica*.

Allgemeine Verbreitung: Atlantisch-submediterrane Pflanze: in den Gebirgen Spaniens und Frankreichs; die Vorkommen in Baden-Württemberg liegen an der nordöstlichen Verbreitungsgrenze der Art.

Verbreitung in Baden-Württemberg: Das Ausdauernde Sandglöckchen hat sein Hauptverbreitungsgebiet im südlichen Schwarzwald, im mittleren und im Nordschwarzwald gibt es nur sehr wenige Fundpunkte.

Auf der Baar, auf der Schwäbischen Alb und im nördlichen Alpenvorland kommt es nur zerstreut vor. Ein ganz isolierter Fundpunkt liegt im nördlichen Oberrheingebiet.

Oberrheingebiet (einziges Vorkommen): 6517/2: Bei Schriesheim, DÖLL (1859).
Nördlicher und mittlerer Schwarzwald: 7414/4: NÖ Lautenbach, nach 1970, (LfU); 7415/1: Hinterlangenbach-Wildsee; 7415/4: Buhlbach, beides KIRCHNER u. EICHLER (1900); 7417/3: Cresbach, KIRCHNER u. EICHLER (1913); 7614/2: S Nordrach, nach 1970, (LfU); 7615/1: Zuwald NÖ Holdersbach, nach 1970, (LfU); 7615/2: Schapbach-Sulz, 1993, EMMERICH (STU-K); 7616/3: W Schenkenzell, nach 1970, (LfU).
Nördliche Ostalb aktuell: 7225/4: Au bei Heidhöfe, 1978, SEYBOLD (STU-K).
Südwestalb und Baar: 7619/4: Thanheim-Zimmern, KUHN (1937); 7720/3: Hardtplateau über Ebingen, KIRCHNER u. EICHLER (1900); 7818/4: Gosheim, BERTSCH (STU-K); 7819/2: Meßstetten, KUHN (1937); 7819/4 + 7919/2: Irndorfer Hardt, 1993, SEBALD (mdl.); 7820/1: Truppenübungsplatz Heuberg, 1985, SEBALD (STU-K); 7916/2: Villingen, ZAHN (1889); 7917/1: Schwenningen, KIRCHNER u. EICHLER (1913); 7917/3:

Ausdauerndes Sandglöckchen *(Jasione laevis)*
Menzenschwand

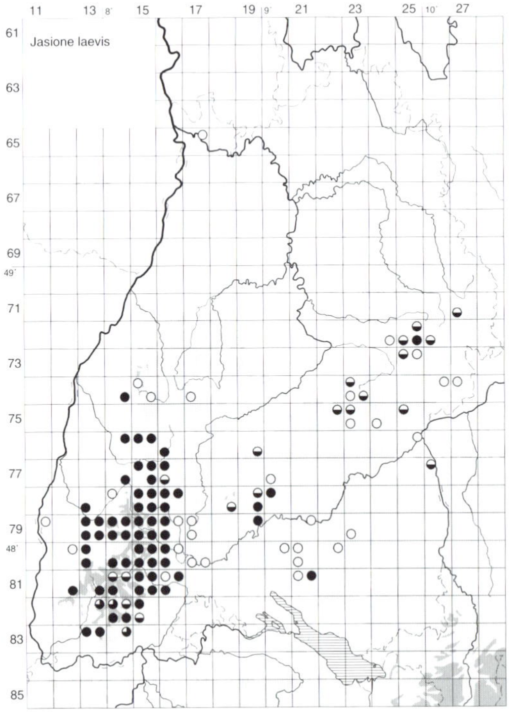

Hirschhaldenwald; 8016/2: Schellenberg; 8017/3: Nendingen; 8017/4: Geisingen; 8116/1: Bachheim-Boll, alles ZAHN (1889); 8116/2 + 3: NSG Wutachschlucht, nach 1970 (LfU).
Alpenvorland: 7726/1: Dorndorf, 1936, V. ARAND (STU-K); 7921/2: Heudorf, KIRCHNER u. EICHLER (1900); 7923/3: Saulgau, 1900, BERTSCH (STU); 8020/2: Messkirch, JACK (1892); 8021/1: Otterschwang; 8021/3: Aach; 8022/2: Pfullendorfer Weiher, alles JACK (1892); Klosterwald, KIRCHNER u. EICHLER (1900), 8121/1: Herdwangen, JACK (1892); 8121/2: Pfullendorf, 1993, LÜTH (STU-K).

Höchstes Vorkommen auf 1400 m an der Feldseewand, tiefstes Vorkommen auf 120 m früher bei Schriesheim (6517/2).
Erstnachweise: Die Art ist im Gebiet urwüchsig. Ältester literarischer Nachweis: C.C. GMELIN (1826: 627–628) „prope Triberg am Schlossberg et prope Elzach... vidi 1814".
Bestand und Bedrohung: Das ausdauernde Sandglöckchen ist in allen Gebieten zurückgegangen, nur im Schwarzwald östlich Freiburg hat die Art heute noch ein geschlossenes Verbreitungsgebiet. Im Alpenvorland und im Oberrheingebiet ist die Art heute ausgestorben (G 0), auf der Schwäbischen Alb sind ¾ aller Vorkommen inzwischen

erloschen. Das ausdauernde Sandglöckchen ist gefährdet (Gefährdungsstufe 3), alle noch aktuellen Fundorte sollten geschützt werden. Obwohl sich die Pflanze hauptsächlich vegetativ vermehrt, sollten die Flächen erst nach dem 1. August gemäht werden, um ein Aussamen zu ermöglichen.

Auf keinen Fall sollten die Standorte gedüngt werden, da die Rosetten sonst leicht von konkurrenzkräftigeren Arten überwachsen werden.

Rubiaceae

Rötegewächse
Bearbeiter: A. WÖRZ

Von dieser außerordentlich großen und vielgestaltigen Familie kommen im Gebiet nur krautige Arten vor. Die Blätter sind gegenständig, ihre Nebenblätter ihnen gleichgestaltet, so daß die typischen, 4- bis 12zähligen scheinbaren Blattwirtel und eine markante Gliederung in Knoten und Internodien entstehen. Die Blüten stehen meist in langgezogenen Thyrsen, sie sind radiär, zwittrig oder eingeschlechtlich, mit freien, häufig fehlenden Kelchblättern, verwachsenen Kronblättern und unterständigem, aus zwei Karpellen bestehendem Fruchknoten. Früchte (der Arten im Gebiet!) trocken, aus zwei kugeligen oder halbkugeligen Teilfrüchten bestehend.

Die Familie besteht aus insgesamt ca. 500 Gattungen mit etwa 7000 Arten, von denen der weitaus größte Teil in den Tropen vorkommt. Dort handelt es sich vorwiegend um holzige Formen, zu denen u. a. der Kaffeestrauch *(Coffea arabica, C. canephora)* und die als Zierpflanzen beliebten Gardenien (z. B. *Gardenia jasminoides*) gehören. *Rubia tinctoria* L., die Färberröte, wurde als Färbekraut im Oberrheingebiet um Karlsruhe und Heidelberg während des vorigen Jahrhunderts kultiviert (DÖLL 1862).

Von der Familie kommen im Gebiet vier Gattungen mit zusammen 22 Arten vor. Eine weitere monotypische Gattung – *Phuopsis* – verwildert bisweilen aus Ziergärten.

1 Kelch 6zipfelig, bis zur Fruchtreife bleibend; Krone lila . . . . 1. *Sheradria* L.
– Kelch fehlend; Krone blau, weiß, gelb oder rötlich, selten (bei *Phuopsis*) lila 2
2 Blütenstände achselständig, von Tragblättern überragt; Thyrsen mit 2 Deckblättern; Blätter oval-lanzettlich, mit Stachelspitze . 4. *Cruciata*
– Blüten in mehr oder weniger endständigen Thyrsen; Blätter meist lanzettlich, wenn breit-eiförmig oder oval, dann stets mit Stachelspitze . . . 3
3 Kronröhre länger als die Kronzipfel; Blüten ungestielt oder Blütenstiele kürzer als die Fruchtknoten 4
– Kronröhre kürzer als die Kronzipfel oder ganz fehlend; Blüten deutlich lang gestielt 3. *Galium*
4 Blüten 3- bis 4zählig . . . . 2. *Asperula*
– Blüten 5zählig . . . . *[Phuopsis]*

Phuopsis stylosa Benth. & Hook. (1873)

Morphologie: Hemikryptophyt mit bewimperten, quirlständigen, lanzettlichen Blättern. Blütenstände kopfig, endständig, Kelch undeutlich, Krone lang trichterförmig, 5zipfelig, rosarot bis lila, Staubblätter an der Kronröhre befestigt, Griffel ungeteilt mit kopfiger Narbe.
Heimat: Kaukasus, Persien. Sehr selten verwildert und unbeständig: 7326/2: Heidenheim, Sportplatz Reute, 580 m ü. M., 1993, BUTTER (STU); 7522/4: „Gegend von Münsingen“, 1989, GÖTZ (STU).

1. **Sherardia** L. 1753

Monotypische Gattung mit den Merkmalen der Art.

1. **Sherardia arvensis** L. 1753

Ackerröte

Morphologie: Therophyt mit ästigem, niederliegend-aufsteigendem, rauh behaartem, 5–25 cm langem Stengel, untere Blattwirtel 4zählig, obere 5- bis 6zählig, Blätter länglich-lanzettlich, spitz, mit nach vorne gerichteten, hellen Borstenhaaren, Hochblätter 8–10, eine Tragblatthülle bildend, Blüten in Trugdolden, Kelch deutlich, 6zähnig, behaart, an der reifen Frucht als Krönchen bleibend, Krone 4–5 mm, 4zipfelig mit langer Röhre, hell-lila. Frucht in zwei Teilfrüchte zerfallend.
Biologie: Die Art blüht von Mai bis Oktober. Ihre Blüten sind gynodynamisch, d. h. es existieren Pflanzen mit rein weiblichen, daneben andere mit ausschließlich zwittrigen Blüten.
Die Art wird durch Fliegen bestäubt, Selbstbestäubung ist aber ebenfalls nachgewiesen.
Ökologie: *S. arvensis* ist ein typisches Unkraut von Getreidefeldern, Maisäckern, Brachland, Wegrändern und anderen Ruderalstandorten. Die Böden sind nährstoffreich, nicht zu kalkarm und lehmig. Als ursprünglich mediterrane Art ist die Ackerröte überdies etwas wärmeliebend. OBERDORFER (1994) wertet sie als Caucalidion-Verbandscharakterart. Häufige Begleitarten sind

Ackerröte (*Sherardia arvensis*)
Mönsheim, 10. 8. 1991

Chenopodium album, Veronica persica, Anagallis arvensis, Myosotis arvensis, Apera spica-venti, Echinochloa crus-galli, Polygonum persicaria, Capsella bursa-pastoris u. a. Soziologische Aufnahmen s. HÜGIN (1956: Tab. 5, 6), LANG (1973: Tab. 39, 42, 43).

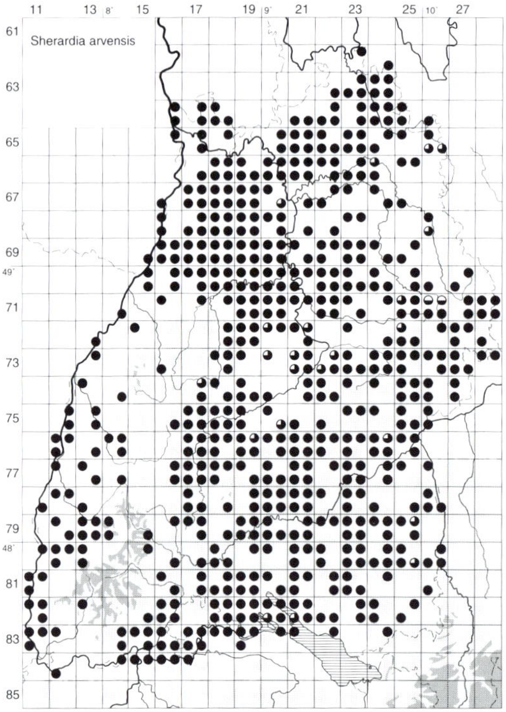

Allgemeine Verbreitung: Mittelmeergebiet, weltweit verschleppt. *S. arvensis* ist ursprünglich ein mediterran-submediterranes Florenelement.

Verbreitung in Baden-Württemberg: Im ganzen Gebiet zerstreut bis verbreitet, in den Hochlagen des Schwarzwaldes sowie in Sandstein-Gebieten (Schönbuch, Schwäbischer Wald) zurücktretend. Der niedrigste Fund liegt bei 100 m ü. M., der höchste SW Ittenhausen in 7821/2 auf 730 m.

Erstnachweise: Ein Archäophyt, der wohl mit dem Getreideanbau in das Gebiet verschleppt wurde. Der erste archäologische Nachweis stammt von Rainau-Buch und datiert in das 2./3. Jh. v. Chr. (STIKA 1993). Die erste Aufsammlung erfolgte 1574–76 im Raum Geislingen – Ulm durch H. HARDER (SCHORLER 1908).

Bestand und Bedrohung: Die Art ist im Gebiet nicht gefährdet.

2. **Asperula** L. 1753

Meier, Meister

Die Gattung besteht aus perennierenden und annuellen Kräutern mit vierkantigem Stengel, ohne oder mit sehr kurzen Blütenstielen (d. h. kürzer als der Kelch) und langer Kronröhre (länger als die Kronzipfel) sowie glatter oder papilloser Frucht, die nie mit Haaren versehen ist.

Von der weltweit ca. 80 Arten umfassenden Gattung kommen im Gebiet nur drei vor, eine weitere, *A. taurina* L. 1753, verwildert bisweilen aus Gärten.

1 Blüten in endständigen Büscheln, die von deutlichen, meist bewimperten Hochblättern überragt werden 2
– Hochblätter fehlend oder kürzer als die Blütenbüschel, ungewimpert oder sehr kurz bewimpert, Blüten weiß oder rötlich 3
2 Blätter breit-lanzettlich bis eiförmig, über 1 cm breit, stets in 4zähligen Wirteln, Blüten gelblichweiß . . . . [*A. taurina*]
– Blätter schmal-lanzettlich bis lineal, nicht über 4 mm breit, im oberen Stengelbereich in 6- bis 8zähligen Wirteln, Blüten hellblau, selten weiß 3. *A. arvensis*
3 Blütenkrone 3zipfelig, Deckblätter stumpf oder zugespitzt, nicht stachelspitzig . 2. *A. tinctoria*
– Blütenkrone 4zipfelig, Deckblätter stachelspitzig, Blätter meist am Rande zugerückgerollt . 1. *A. cynanchica*

Asperula taurina L. 1753
Turiner Meier

Morphologie: Hemikryptophyt mit bis 60 cm langem, vierkantigem Stengel. Laubblätter in 4zähligen Wirteln, breit-lanzettlich bis eiförmig, 40–50 × 10–20 mm, unter der Mitte am breitesten. Blüten in doldenförmigen Ständen, von Hochblattwirtel umgeben, Krone trichterförmig, bis 10 mm lang, gelblichweiß, Staubblätter mit der Kronröhre verwachsen.

Diese Art kommt von Natur aus in den Hochlagen des Mittelmeergebietes bis zu den Nordalpen vor. Aus dem Gebiet sind einige Belege verwilderter Gartenpflanzen vorhanden:

6534/2: Bad Mergentheim, Rössler in Martens und Kemmler (1865, 1882, Beleg von 1862 in STU); 7221/1: Stuttgart-Berg, 1894, Simon (STU).

1. **Asperula cynanchica** L. 1753
Hügel-Meier

Morphologie: Hemikryptophyt mit 8–30 cm langem, liegendem oder aufsteigendem, kahlem Stengel, untere Blattwirtel 4zählig, obere 4- bis 6zählig, Blätter lineal bis länglich-lineal, 1nervig, am Rande etwas zurückgerollt, stachelspitzig, kürzer als die Internodien, Blüten in lokkerrispigen Ständen, Tragblätter lanzettlich, stachelspitzig, Krone 3–7 mm, vierzipfelig, hell-lila bis weißlich, Kronzipfel so lang oder kürzer als die Röhre, Teilfrüchte 3 mm lang, warzig. – Blütezeit: Juni–September.

Variabilität: Eine sehr variable und formenreiche Gruppe diploider und tetraploider Sippen, die

Hügel-Meier *(Asperula cynanchica)*
Pfullinger Berg, 16. 6. 1993

hinsichtlich ihrer Systematik und Taxonomie noch nicht endgültig bearbeitet ist. Diploide Formen sind nach Romerio (1965) mit Sicherheit für das Hegau nachgewiesen. Eine Sichtung des vorliegenden Herbarmaterials läßt an Hand der von Romerio angegebenen Merkmale vermuten, daß beide Ploidiestufen im Gebiet vorhanden sind. Genauere Untersuchungen liegen jedoch noch nicht vor. Weiterhin ungeklärt ist der Status der in einigen Floren (z. B. Oberdorfer (1994)) angegebenen var. *arenicola* (Reut.) Gremli.

Ökologie: *A. cynanchica* ist eine typische Pflanze der Halbtrocken- und Trockenrasen auf kalkreichem Untergrund. Die im allgemeinen trockenen, sonnigen Standorte befinden sich meist auf Malm oder Muschelkalk bis in die Hochlagen der Schwäbischen Alb. Bisweilen greift die Art – vor allem im Oberrheingebiet – auch auf Sandböden und -dünen über. Nach Oberdorfer (1994) ist sie Festuco-Brometea-Klassencharakterart. Typische Begleitarten sind z. B. *Scabiosa columbaria, Euphorbia cyparissias, Bupleurum falcatum, Cirsium acaule* u. a. Soziologische Aufnahmen s. Zimmermann (1924), Philippi (1971: Tab. 7, 8), Lang (1973: Tab. 8, 78, 80, 87, 97, 102), Philippi (1984: Tab. 2, 3), Müller (1980), Witschel (1980: Tab. 7, 8, 10, 11), Sebald (1983: Tab. 9, 12), Genser (1991), v. Rochow (1951: Tab. 14 a, 15 b). Die Art ist schnittempfindlich (nach Briemle und Ellenberg 1994).

Allgemeine Verbreitung: Mittel- und Südeuropa, Kaukasus. *A. cynanchica* ist ein submediterranes Florenelement.

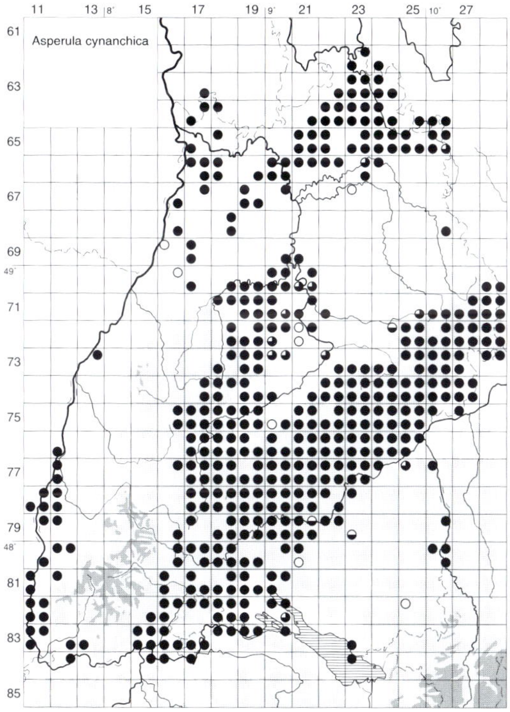

Verbreitung in Baden-Württemberg: In den Kalkgebieten verbreitet bis häufig, sonst zerstreut bis selten.

Oberrheingebiet: Im nördlichen und südlichen Abschnitt zerstreut, sonst nur 7313/2: Rheinau-Freistett, Damm, 1988, PHILIPPI (KR-K).

Schwarzwald: 8112/4: Belchen, 1836, SAUTERMEISTER (STU); dieser Beleg im Stuttgarter Herbar weist ein schwer leserliches Etikett auf, das später überschrieben und möglicherweise falsch interpretiert wurde. Dadurch erscheint die Ortsangabe fraglich; sie wurde nicht in die Karte übernommen.

Odenwald: In den reinen Buntsandstein-Gebieten fehlend, zerstreut bis häufig im südöstlichen Teil gegen das Bauland.

Gäuflächen: Im nördlichen Teil der Hohenloher Ebene und im Bauland häufig, ebenso im Neckarbecken, im östlichen Kraichgau, im Heckengäu und am Oberen Neckar, sonst nur 6826/4: O und NO Westgarthausen, 1987, SEBALD (STU-K).

Schwäbische Alb: Verbreitet bis häufig, nur im nördlichen Vorland zurücktretend.

Bodenseegebiet: Im Westen zerstreut, sonst 8323/3: Eriskircher Ried, 1941, BERTSCH, 1964, FISCHER, beide in WINTERHOFF (1993: 199), Liste MIOTK (1983); 8423/1: Argenaue N neben Bahn, Nähe Hängebrücke, 1982, SCHIEFER (STU-K).

Alpenvorland: Zerstreut bis stellenweise verbreitet im westlichen Bodenseegebiet, sonst selten: 7725/1: Ersingen, ca. 1955, MÜLLER in RAUNEKER (1984); 7726/1: Illerrieden-Wochenau, 1971, SEBALD, 1973, SEYBOLD (STU-K); 7923/3: Saulgau, 1901, BERTSCH (STU); 7926/2: Illerauen zwischen Fellheim und Kirchdorf, 1981, DÖRR (STU-K); 8020/2: Dorfbachtalhang W Meßkirch, 1993, PFAFF (STU-K); 8021/1: S Göggingen, 1988, SEBALD (STU-K); 8021/3: Kloster Wald, 1860, SAUTERMEISTER (STU); 8026/1: o.O., 1983, LENKER (STU-K); 8026/2: Mooshausen-Tannheim, 1972, SEYBOLD (STU-K); 8026/4: o.O., 1983, LENKER (STU-K); 8225/1: Am Windhang bei Kißlegg, 1852, E. SCHÜZ (STU).

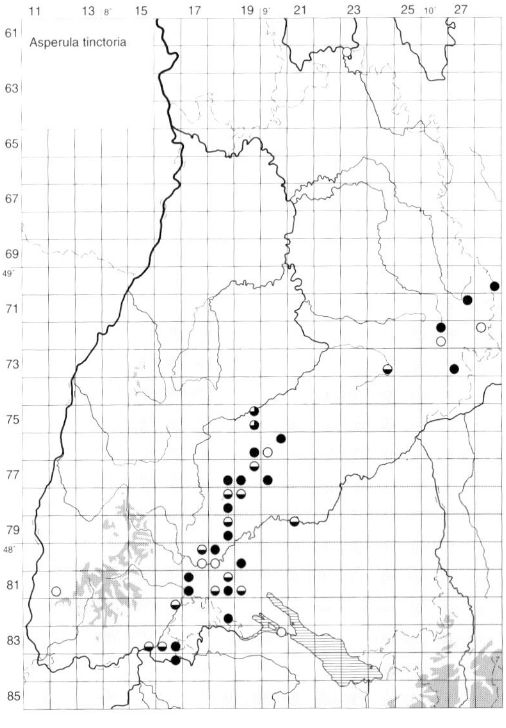

Der niedrigste Fundort liegt bei 100 m ü. M., der höchste am Klippeneck auf der Schwäbischen Alb in 970 m. ü. M.

Erstnachweise: Die Art ist im Gebiet wahrscheinlich urwüchsig, wenngleich ein subfossiler Nachweis bisher nicht vorliegt. *A. cynanchica* wurde erstmals von H. HARDER 1562 in der Umgebung von Geislingen – Ulm gesammelt (ZIMMERMANN 1937).

Bestand und Bedrohung: Die Art ist im Gebiet verbreitet und stellenweise häufig, so daß eine unmittelbare Gefährdung nicht besteht. Langfristig kann – vor allem in den Randgebieten des Areals – die Umwandlung von Trocken- und Halbtrockenrasen in intensiv genutzte Flächen jedoch zu einem Rückgang der Art führen. Die Erhaltung solcher Trockenrasen ist sicherlich von entscheidender Bedeutung für die Sicherung der Vorkommen von *A. cynanchica*.

2. Asperula tinctoria L. 1753

Färber-Meier

Morphologie: Hemikryptophyt mit 30–70 cm hohem, aufrechtem, ästigem, kahlem Stengel, Laubblätter schmal-lineal-lanzettlich, 1–2 mm breit, stachelspitzig, 1nervig, in 4- bis 6zähligen Wirteln, obere bisweilen gegenständig. Blüten weiß, Tragblätter eiförmig, ohne Stachelspitze (!), Krone 3–4 mm, dreizipfelig, Teilfrüchte ca. 2 mm lang, glatt, glänzend, kahl. – Blütezeit: Juni–Juli.

Ökologie: *A. tinctoria* kommt bevorzugt in sonnig-warmen Waldsaum- und lichten Waldbereichen, aber auch auf schattigen Felsen und in Halbtrockenrasen oder *Sesleria*-Halden vor. Der Untergrund ist kalkreich (meist aus Weißem Jura bestehend) und trocken, selten mäßig frisch. Häufige Begleitarten sind *Aster amellus, Galium glaucum, Cynanchum vincetoxicum, Sesleria varia, Hippocrepis comosa, Anthericum ramosum, Festuca ovina* agg., *Veronica teucrium* u. a. Soziologische Aufnahmen s. ZIMMERMANN (1924: 298), WITSCHEL (1980: Tab. 13, 16, 17, 20, 21).

Allgemeine Verbreitung: Europa von Schweden bis Mittelitalien, Balkan, Rußland. Der Färber-

Färber-Meier *(Asperula tinctoria)*
Küssaburg

Meier ist ein gemäßigt-kontinentales bis submediterranes Florenelement.

Verbreitung in Baden-Württemberg: Zerstreut auf der Schwäbischen Alb, vorwiegend im Bereich des Traufes, sowie im Hegau und im Randen, sonst selten.

Oberrheingebiet: 8112/3: Schwärze bei Müllheim, Döll (1862), Beleg in STU.
Taubergebiet: 6223/1: Wertheim, Döll (1862).
Keuper-Lias-Neckarland: 7519/2: Martinsberg/Rammert, Mayer (1950); 7519/4: Dettingen, Hauff in Bertsch (STU-K), Rappenberg bei Weiler, 1960, Seybold (STU-K).
Baar: 8117/1: NSG NE Hondingen, 1994, Sebald (STU-K).
Klettgau: 8315/4: Rheinhalde zwischen Wutachmündung und Hof Ettikon, Becherer (1921); 8316/3: Küssaberg, Seubert & Klein (1905); 8316/4: Kätzler bei Grießen, 1991, Seybold (STU-K); 8416/2: Bergöschingen, Witschel (1980: Tab. 16).
Schwäbische Alb: 7028/4: Berg am Zwerenbach SE Zipplingen (Heimischberg), 1990, Seybold (STU-K); 7127/2: Schenkenstein, 1984, Sebald (STU-K), 1994, Wörz (STU); 7226/2: Pulverturm, r 3581 h 5404, 1965, Koch (STU), 1992, Aleksejew (STU-K); 7226/4: Königsbronn, Valet in Martens und Kemmler (1865); 7228/1: Neresheim, Kirchner und Eichler (1900); 7324/4: Michaelsberg bei Geislingen, Mayer (1950); 7327/3: Buigen, Eselsburger Tal, 1977, Heydebrand (STU-K), ob noch ?; 7619/4: Zeller Horn, Martens und Kemmler (1882), 1982, Sebald (STU-K); 7620/2: Kornbühl, Beiter (1991); 7620/3: Kalkfelsen beim Hangenden Stein, 1890, Hegelmeier (STU); 7718/4: Plettenberg, Bertsch (STU-K), 1980, Ade (STU-K); 7719/2: Onstmettingen, Mayer (1950); 7719/3: Schafberg, 1970, Sebald (STU-K); 7720/3: Ebingen, Mayer (1950); 7818/2: Hochberg, Mayer (1950); 7818/4: Böttingen, Wehingen, Gosheim, Mayer (1929), Klippeneck, 1973, Sebald (STU-K); 7819/1: Hausen a.T., Mayer (1950); 7918/2: Dreifaltigskeitsberg, Mayer (1950); 7918/4: Aiberg bei Wurmlingen, Stapf in v. Martens und Kemmler (1882), Witschel (1986); 7921/1: Hanfertal, Mayer (1950); 8017/2: Osterberg, Seubert & Klein (1905); 8017/4: Geisingen, Gutmadingen, Döll (1862); 8018/1: Ippingen, Witschel (1980); 8018/3: Immendingen, Rehmann und Brunner (1851); 8019/3: Wasserburger Tal, Zimmermann (1924); 8117/1: NSG NE Hondingen, 1994, Sebald (STU-K); 8117/3: Eichberg bei Blumberg, 1960, Wrede (STU), 1994, Wörz (STU-K); 8118/2: Kriegertal, Mayer (1950); 8118/3: Hohenhöwen, Mayer (1950); 8118/4: NSG nö Neuhausen, 1973, Schönfelder (STU-K); 8216/2: Grimmelshofen, Probst (1904); 8218/4: o.O., Koch (STU-K).
Hegau und Bodenseebecken: 8119/3: Aach, Zimmermann (1924); 8320/2: Konstanz, Döll (1862).

Der niedrigste Fundort liegt bei Wertheim (6223/1) in 145 m ü. M., der nächsthöhere bei Mülheim in 260 m ü. M., der höchste am Hochberg bei ca. 1000 m ü. M.

Erstnachweise: Die Art ist im Gebiet urwüchsig. Der erste subfossile Nachweis erfolgte bei Villingen und datiert in das 13. Jh. (Rösch, unpubl.). Erste literarische Erwähnung s. Roth von Schreckenstein (1798: 90): „um den Zollerberg“.

Bestand und Bedrohung: Bereits ein flüchtiger Blick auf die Karte zeigt, daß die Art offensichtlich einen erheblichen Rückgang in den letzten Jahren zu verzeichnen hatte und nur noch wenige Nachweise nach 1970 (15 von insgesamt 46) vorliegen. Die Art muß daher zumindest als stark gefährdet (Gefährdungsstufe 2) angesehen werden. Für die Bundesrepublik wird sie als gefährdet (3), für Rheinland-Pfalz als stark gefährdet (2) und für Hessen als vom Aussterben bedroht (1) eingestuft. Als Ursache dafür muß die Zerstörung der entsprechenden Standorte, vor allem der thermophilen Saumbereiche angesehen werden, die an den meist hochgelegenen Fundorten auf Bergen des nördlichen Albtraufes vielfach an Hecken gebunden sind bzw. waren („Holzwiesen“).

Daneben dürfte auch die Intensivierung der forstwirtschaftlichen Nutzung in den entsprechenden lichten Waldgesellschaften sowie die Überwachsung offener Felsstandorte eine Rolle spielen. Die noch verbliebenen Vorkommen, die noch nicht geschützt sind, sollten als NSG ausgewiesen werden. Dies sind insbesondere:

7028/4: Heimischberg bei Zwerenbach, 7127/2: Schenkenstein (hier sollte an den Vorkommen eine Auflichtung vorgenommen werden, um einer weiteren Überwachsung vorzubeugen), 7226/2: Pulverturm bei Königsbronn, 7818/4: Klippeneck, 8117/3: Eichberg bei Blumberg, 8316/4: Kätzler bei Grießen.

3. **Asperula arvensis** L. 1753

A. ciliata Moench 1794
Acker-Meier

Morphologie: Therophyt mit 10–50 cm hohem, aufrechtem, ästigem, kahlem Stengel, am Grund oft noch mit runden Keim- oder Primärblättern. Untere Laubblätter in 4zähligen Wirteln, mittlere und obere 6- bis 8zählig, lineal-lanzettlich bis lineal, kahl (!), rauh, Blüten in endständigen Büscheln, von einem lang gewimperten Hochblattwirtel umgeben, der die Blüten überragt. Kelch fehlend, Krone 5–6 mm, hellblau, Früchte 2 mm. – Blütezeit: Mai–August.

Ökologie: *A. arvensis* ist ein typisches Ackerunkraut, das vor allem auf Getreidefeldern, bisweilen auch auf Brachen und Weinbergen vorkommt. Der Untergrund kalk- und oft auch tonreich, die Standorte sind im allgemeinen relativ warm, wenngleich die Art in den Alpen auch aus Höhen über 1000 m. ü. M. gemeldet wird. Nach OBERDORFER (1994) ist die *A. arvensis* eine Caucalidion-Verbandscharakterart.

Acker-Meier *(Asperula arvensis)*
Feldflorareservat Unterböhringen, 10. 7. 1980

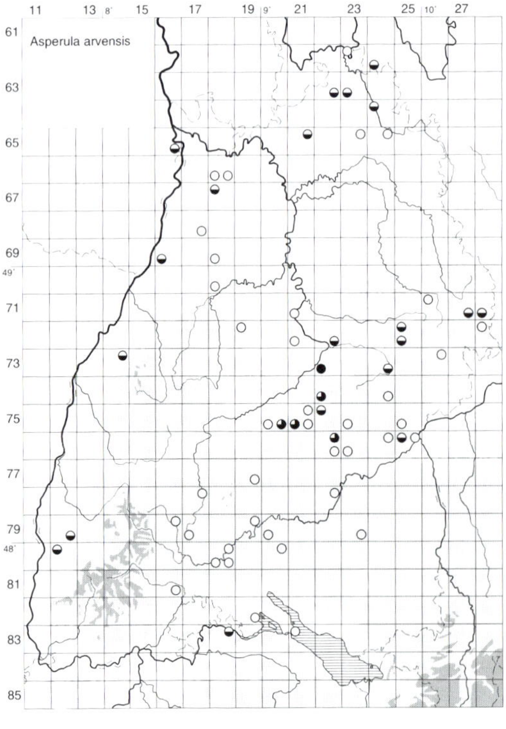

Allgemeine Verbreitung: Mittel und Südeuropa, Nordafrika, Vorderasien. *A. arvensis* ist ein mediterran-submediterranes Florenelement.

Verbreitung in Baden-Württemberg: *A. arvensis* kam an wenigen Stellen schwerpunktmäßig auf der Schwäbischen Alb und in ihrem weiteren Umkreis sowie im Oberrhein- und Taubergebiet vor.

Oberrheingebiet: 6516/4: Mannheim, Hafen, ZIMMERMANN (1907); 6916/3: Karlsruhe, SEUBERT & KLEIN (1905); 7314/2: Bühl/Baden, HUBER (1912); 7912/4: Freiburg, SEUBERT & KLEIN (1905); 8012/1: Schallstadt, SEUBERT & KLEIN (1905).

Baar: 7916/2: Villingen, DÖLL (1862); 7917/3: Dürrheim, DÖLL (1862); 8116/4: Blumegg, DÖLL (1862).

Gäulandschaften: 6223/1: Uissigheimer Kapelle bei Wertheim, 1878, STOLL (KR); 6224/3: Wenkheim, SEUBERT & KLEIN (1905); 6322/4: Höpfingen, BRENZINGER (1904); 6323/3: Schweinberg, BRENZINGER (1904); 6424/1: Gerlachsheim, SEUBERT & KLEIN (1905); 6521/2: Bödigheim, BRENZINGER (1904); 6523/2: Box-

berg, Döll (1862); 6524/2: Mergentheim, Schübler und Martens (1834); 6618/3: Baiertal, Döll (1862); 6618/4: Meckesheim, Döll (1862); 6718/1: Wiesloch, Zimmermann (1907); 6817/4: Heidelsheim, Döll (1862); 6918/3: Bretten, Döll (1862); 7018/3: Wartberg bei Pforzheim, Fischer (1867); 7121/3: Cannstatter Heide, Martens in Kirchner (1888); 7219/1: Merklingen, Schübler und Martens (1834).
Keuper-Lias-Neckarland: 7126/1: Abtsgmünd, Schübler und Martens (1834); 7221/3: Großhohenheim, 1866, Herbar PH Eßlingen (STU); 7222/4: Reichenbach/Fils, Seybold (1969); 7322/3: Mülldeponie Hintere Halde W Birkhau zwischen Kirchheim/Teck und Reudern, 1980, Konold (STU-K); 7817/2: Rottweil, Schübler und Martens (1834).
Schwäbische Alb: 7127/4: Tierstein bei Aufhausen, Frickhinger (1911); 7128/3: Goldberg, Frickhinger (1911); 7225/1: Hornberg, Straub (1903); 7225/3: Kaltes Feld, Straub (1903); 7228/1: Neresheim, vor 1900, Troll (STU); 7324/4: Tegelberg bei Altenstadt, 1880, Degenfeld (STU), Oberböhringen, 1945, Stettner in Bertsch (STU-K); 7326/2: Heidenheim, Schübler und Martens (1834); 7422/3: Hohenneuffen, Schübler und Martens (1834); 7424/4: Merklingen, 1873, Schüz; 7520/3: Mössingen, 1830, Hegelmeier (STU); 7520/4: Gönningen, Mayer (1950); 7521/2: Albplateau bei Eningen, 1862, Hegelmeier (STU); 7521/3: Genkingen, Mayer (1950); 7521/4: Honau, Schübler und Martens (1834), Lichtenstein, 1852, Lechler (STU); 7522/1: St. Johann bei Urach, 1896, A. Mayer (STU), Urach, 1929, Mayer in Bertsch (STU-K); 7523/3: Münsingen, 1952, Lechler (STU); 7525/3: Hochsträß bei Arnegg, 1851, Hauptherbar (STU); 7622/2: Wasserstetten, v. Arand (1959); 7622/4: Hundersingen, 1890, A. Mayer (STU); 7623/3: Bremelau, vor 1900, Troll (STU); 7624/2: Pappelau, Valet in Bauer (1905); 7625/1: Harthausen, Bauer (1905); 7625/2: Grimmelfingen, 1820, Martens (STU); 7719/4: Felder bei Lautlingen, 1854, v. Entress-Fürsteneck (STU); 7822/2: Riedlingen, Schübler und Martens (1834); 7919/2: Beuron, Äcker gegen das Bärental, 1899, Hegelmaier (STU); 7920/3: Leibertingen, Jack (1900); 8018/2: Gailingen, Jack (1900); 8018/3: Immendingen, Döll (1862); 8018/4: Hattingen, Jack (1900).
Oberschwaben: 7923/4: Schussenried, vor 1900, Valet (STU); 8020/2: Meßkirch, Döll (1862); 8219/4: Radolfzell, Döll (1862); 8318/2: Gailingen, Seubert und Klein (1905); 8321/1: Konstanz, Döll (1862).

Der tiefste Fundpunkt liegt bei Mannheim in ca. 100 m ü. M., der höchste bei Leibertingen in 806 m ü. M.

Erstnachweise: Die Art wurde mit dem Getreideanbau aus dem Mittelmeerraum in das Gebiet verschleppt; eine feste Einbürgerung fand vermutlich bestenfalls in den tieferen Lagen statt. Allerdings gibt Stika (1991) einen subfossilen Erstnachweis von ca. 5500 v. Chr. aus Herrenberg an. Die Art wurde erstmals von H. Harder ca. 1562 in der Umgebung Geislingen – Ulm gesammelt (Zimmermann 1937).

Bestand und Bedrohung: Der Acker-Meier ist im Gebiet eine unbeständige Adventivpflanze, deren Vorkommen auf stark von Menschen geprägte Standorte beschränkt war. Nachweise aus jüngerer Zeit liegen nur sehr wenige vor (der letzte datiert von 1980), und die Art scheint im Gebiet weitgehend ausgestorben zu sein. Die Ursachen dafür liegen wohl zum einen in der verbesserten Saatgutreinigung, zum anderen im verstärkten Herbizideinsatz. Es kann auch nicht ausgeschlossen werden, daß die Art nicht fest eingebürgert war, sondern immer wieder neu eingeschleppt wurde. Die Art wird auch für die gesamte Bundesrepbulik als ausgestorben gemeldet.

3. **Galium** L. 1753
Labkraut

Perennierende oder annuelle Kräuter ohne Tragblätter an den äußersten Blütenstandsästen. Blütenstiele meist länger als Fruchtknoten oder Früchte, Krone trichterförmig, glockig oder radförmig, ihre Röhre kürzer als die Kronzipfel. Früchte trocken, bisweilen mit Hakenhaaren.

Von den ca. 300 Arten der Gattung kommen in Europa nach Ehrendorfer in Flora Europaea (1976: 145) im Gebiet 20 vor. Darüber hinaus wurden folgende unbeständige Sippen nachgewiesen:

Galium parisiense L. 1753 – Pariser Labkraut

Pflanzen zierlich, Blätter mit am Rand nach vorne gerichteten Borsten, Blüten grünlichgelb, schmäler als die reife Frucht. Heimat: W- und S-Europa.

Nachweise aus dem Gebiet:

7812/1: Exerzierplatz bei Forchheim, Döll (1862); 7911/4: Breisach, Döll (1862); 7911/2: Eichelberg bei Rotweil, Spenner (1826: 463), Rotweil im Kaiserstuhl, Neuberger (1912); 8211/1: Schliengen, Hauptherbar (STU), Neuberger (1912); 8311/1: Efringen, Neuberger (1912); 7523/3: Äcker auf dem Münsinger Hardt, 1932, v. Arand-Ackerfeld (STU); 8320/2: Konstanz, Seubert u. Klein (1905).

Ferner liegt eine Angabe von Fränkel bei Schlat (7324/3) von Mürdel 1953 in Bertsch (STU-K) vor.

Erster literarischer Nachweis s. Spenner (1826: 463): „In agris et arvis arenosis collis basaltico Eichelberg p Rothweil detexit amicus Alex. Braun."

Galium verrucosum Hudson 1767 (= *G. valantia* Weber in Wiggers 1780) – Anis-Labkraut, Warzenfrüchtiges Labkraut

Therophyt mit 5–50 cm langen Stengeln, Blätter 5–17 × 1,5–5 mm, durch vorwärts gerichtete Stacheln am Rand rauh, in 5- bis 6zähligen Wirteln. Teilinfloreszenzen

(1–)3blütig, nach der Blüte abwärts gebogen, Krone grünlichweiß bis weiß, 2–2,5 mm im Durchmesser. Früchte 5–6 mm, dicht weißhöckerig.

Heimat: Südeuropa.

8218/4: Rosenegg, beim Hof, 1974, ISLER in BECHERER (1976).

1 Blätter dreinervig 2
– Blätter einnervig 3
2 Blätter breit eiförmig bis rund, maximal 2,5mal so lang wie breit . . . . . . 1. *G. rotundifolium*
– Blätter lanzettlich, mehr als 3mal so lang wie breit . . . . 2. *G. boreale*
3 Krone trichterförmig oder glockig, mit langer Röhre 4
– Krone radförmig, mit sehr kurzer, kaum sichtbarer Röhre 5
4 Blätter am Rand umgerollt, schmal lineal, Pflanze blaugrün, Stengel verzweigt . . . . 12. *G. glaucum*
– Blätter am Rand nicht umgerollt, breit lanzettlich, Pflanze grün, Stengel unverzweigt . . . . . 3. *G. odoratum*
5 Stengel von zahlreichen Haken rauh 6
– Stengel glatt 13
6 Blüten schmäler als die reife Frucht, Früchte warzig, höckerig oder behaart (Hakenhaare), selten glatt (*Galium spurium* subsp. *spurium*) . 7
– Blüten breiter als die reife Frucht, reinweiß, Früchte glatt oder rauh, aber nicht warzig, hökkerig oder haarig 11
7 Fruchtstiele bogig herabgekrümmt 8
– Fruchtstiele gerade, nicht bogig gekrümmt . . . 9
8 Früchte kurz-stachelig-warzig, Blätter am Rand mit nach vorne gerichteten Stacheln . . . . . . 20. *G. tricornutum*
– Früchte dicht mit weißlichen, blasigen Warzen bedeckt, Blätter am Rand mit nach hinten gerichteten Stacheln . . . . . . [*G. verrucosum*]
9 Pflanze durch Hakenhaare sehr rauh, überall anheftend („Klebkräuter"), Blätter am Rand mit nach hinten gerichteten Stacheln 10
– Pflanze rauh, aber nicht anheftend, Blätter am Rand mit nach vorne gerichteten Stacheln . . . [*G. parisiense*]
10 Blütenstände mit maximal drei Vorblättern, Blüten 1 mm im Durchmesser, Früchte 1,5–3 mm 19. *G. spurium*
– Blütenstände mit mehrzähligem Vorblattwirtel, Blüten ca. 2 mm im Durchmesser, Früchte 4–7 mm . . . . 18. *G. aparine*
11 Blätter mit deutlicher aufgesetzter Stachelspitze . . . . 4. *G. uliginosum*
– Blätter stumpf, unbespitzt 12
12 Mittlere Stengelblätter 15–20 mm lang, Blüten 4–4,5 mm . . . . 6. *G. elongatum*
– Mittlere Stengelblätter bis 12 mm lang, Blüten 2,5–3,5 mm im Durchmesser . . . 5. *G. palustre*
13 Krone goldgelb bis zitronengelb 14
– Krone weiß, grünlichweiß oder gelblichweiß . . 15
14 Blätter ca. 1 mm breit, Blütenstand dicht, höchstens bisweilen unterbrochen . . . . 7. *G. verum*
– Bätter 2–4 mm breit, Blütenstand locker spreizend . . . . 8. *G.* × *pomeranicum*
15 Kronzipfel mit aufgesetzter, grannenartiger Spitze 16
– Kronzipfel zugespitzt, aber ohne aufgesetzte Grannenspitze 18
16 Blätter 0,5–2 mm breit, glänzend, am Rand umgerollt und durch vorwärts gerichtete Stacheln am Rande rauh . . . . 11. *G. lucidum*
– Bätter 2–8 mm breit, matt, flach oder wenig umgebogen, meist glatt 17
17 Blätter verkehrt-eiförmig, dünn, plötzlich in eine Spitze verschmälert, Blüten unter 2 mm im Durchmesser, Fruchtstand locker 9. *G. mollugo*
– Blätter lanzettlich, meist allmählich zugespitzt, derb, Blüten 2–5 mm im Durchmesser, Fruchtstand dicht . . . . 10. *G. album*
18 Stengel stielrund, nur mit Leisten . . . . 13. *G. sylvaticum*
– Stengel vierkantig 19
19 Blätter am Rand mit vorwärts gerichteten Wimpern, nach vorne deutlich verbreitert, meist zu 6 . . . . 17. *G. saxatile*
– Blätter am Rand kahl oder mit rückwärts gerichteten Wimpern 20
20 Internodien im unteren Stengeldrittel so lang oder kürzer, im oberen Stengelteil 1- bis 3mal so lang wie die Blätter, Krone gelblichweiß . . . . 15. *G. anisophyllon*
– Internodien am gesamten Stengel 2- bis mehrmals so lang wie die Blätter 21
21 Früchte glatt oder stumpf-papillös, Pollenkörner über 19,5 mm im Durchmesser* . . . . 14. *G. pumilum*
– Früchte spitz-papillöse Form, Pollenkörner 17–19,5 mm im Durchmesser* . . . . 16. *G. valdepilosum*

* Gemessen an kurz aufgekochten Pollenkörnern von Herbarmaterial.

1. Galium rotundifolium L. 1753
Rundblättriges Labkraut

Morphologie: Hemikryptophyt mit etwas rauhem, vierkantigem, 10–40 cm langem Stengel. Laubblätter in 4zähligen Wirteln, eiförmig-elliptisch bis rund, maximal 2,5mal so lang wie breit, stumpf mit feiner Stachelspitze und drei deutlichen Nerven, gewimpert. Blüten wenige, in endständigen, lockeren Ständen (Trugdolden), Äste spreizend. Frucht fast kugelig, ca. 1,5 mm, mit hakigen Borsten. – Blütezeit: Juni–Juli.

Ökologie: *G. rotundifolium* ist eine typische Nadelwald-Pflanze, die an schattigen, bodensauren und frischen bis feuchten Standorten mittlerer und höherer Lagen vorkommt. Sie ist besonders häufig in Fichtenforsten, wo trotz der durch die Nadelstreu bedingten Bodenversauerung ein gewisser Mindestnährstoffgehalt im Boden vorhan-

Rundblättriges Labkraut *(Galium rotundifolium)*
Schelingen, 8. 5. 1993

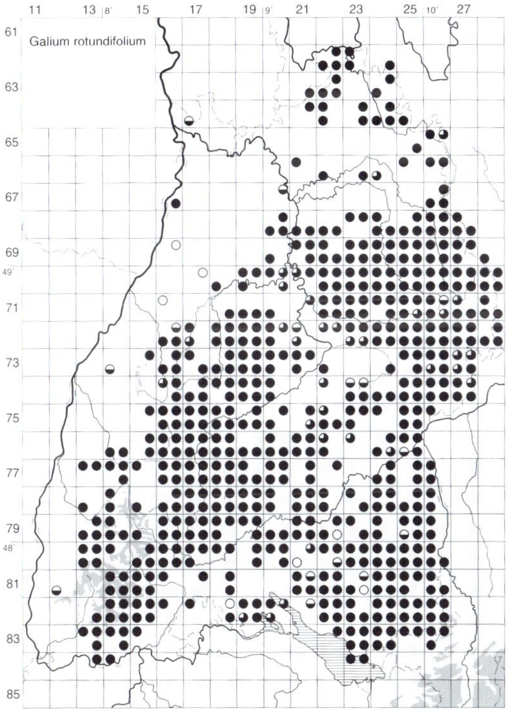

den ist. Wichtige Begleitarten sind *Oxalis acetosella, Rubus idaeus, Dryopteris carthusiana, Carex brizoides, Urtica dioica* u.a. Soziologische Aufnahmen s. LANG (1973: Tab. 113), BARTSCH und BARTSCH (1940: Tab. 21).

Allgemeine Verbreitung: Süd- und Mitteleuropa, Kaukasus, Vorderasien. *G. rotundifolium* ist ein subatlantisch-submediterranes Florenelement.

Verbreitung in Baden-Württemberg: Verbreitet bis häufig in den mittleren und höheren Lagen, auf der Hohenloher Ebene zerstreut (mit Schwerpunkt im Taubergebiet), im Odenwald nur im östlichen Teil, im Oberrheingebiet selten, nur 6417/3: Käfertaler Wald, SEUBERT und KLEIN (1905); 6716/4: o.O., nach 1970, SCHÖLCH (STU-K); 6916/2: Blankenloch, Stutensee, KNEUCKER (1886); 7116/1: Sulzbach, KURR (1826); 7314/7: Achern, SEUBERT und KLEIN (1905); 7713/1: Wälder oberhalb Schmieheim, 1987, QUINGER (KR-K); 8112/3: Badenweiler, SEUBERT und KLEIN (1905). Nach Kreh (1959) ist die Art im Stuttgarter Raum erst vor wenigen Jahrzehnten mit dem Fichtenanbau eingewandert.

Der niedrigste Fundort liegt beim Käfertaler Wald in ca. 100 m ü. M., der höchste am Feldberg (8114/1) in ca. 1350 m ü. M.

Erstnachweise: Die Art ist im Gebiet zumindest in den höheren Lagen urwüchsig, in den mittleren Lagen dürfte es sich um Adventivvorkommen handeln. Erster literarischer Nachweis s. ROTH V. SCHRECKENSTEIN (1800): „Im Thiergarten zu Bachzimmern sparsam", (8018/1).

Bestand und Bedrohung: Die Art ist im Gebiet nicht gefährdet. Aufgrund der Zunahme der Fichtenforste konnte sie ihr Areal sogar sekundär ausweiten (Apophytisierung).

2. Galium boreale L. 1753

Nordisches Labkraut

Morphologie: Hemikryptophyt mit bis zu 60 cm hohem, aufrechtem, vierkantigem, kahlem oder kurzhaarigem Stengel, nach oben verzweigt. Laubblätter in 4zähligen Wirteln, lanzettlich, 15–30 × 3–6 mm, unbespitzt, mehr als 3mal so lang wie breit, mit 3 parallelen Längsnerven, trocken schwarz werdend, am Rand etwas zurückgerollt. Blüten in endständiger Rispe, Krone ca. 3 mm, Frucht ca. 2,5 mm, mit gekrümmten Haaren besetzt. – Blütezeit: Juni–August.

Ökologie: Das Nordische Labkraut besiedelt feuchte, kalkhaltige, stets nährstoffarme Wiesen und Rasenflächen von den Auwäldern des Oberrheingebietes bis zu quellfeuchten Stellen in den

Nordisches Labkraut *(Galium boreale)*
Zellerhorn, 13. 6. 1992

Hochlagen der Schwäbischen Alb. Vor allem in den Hochlagen kann die Art aber auch auf trokkenere Standorte wie Frischwiesen, Blaugrashalden und sogar Halbtrockenrasen übergreifen, wo sie wechselfrische Bedingungen anzeigt. Nach Oberdorfer (1994) ist *G. boreale* eine Verbandscharakterart des Molinion. Wichtige Begleitarten sind *Euphorbia cyparissias, Festuca rubra, Sesleria varia.* Soziologische Aufnahmen s. LANG (1973), MÜLLER (1980), WITSCHEL (1980: Tab. 16, 20), SEBALD (1983: Tab. 12). Die Art ist schnittempfindlich (nach BRIEMLE und ELLENBERG 1994).

Allgemeine Verbreitung: Nord- und Mitteleuropa, nach Süden bis Oberitalien und Griechenland; ferner im Kaukasus, Nordamerika. *G. boreale* ist ein nordisch-eurasisches Florenelement.

Verbreitung in Baden-Württemberg:

Oberrheingebiet: Im mittleren und nördlichen Teil zerstreut, im Rückgang, im südlichen Teil nur 7811/4: Faule Waag – Sasbach, SEUBERT & KLEIN (1905); 7911/2: Achkaaren, NEUBERGER (1912); 7911/4: Breisach, SEUBERT & KLEIN (1905); 7912/4: Freiburg, SEUBERT & KLEIN (1905).

Odenwald: 6222/2: Sandfeld und Mahdacker N Ödengesäß, 1991, VOGGESBERGER (STU-K); 6223/1: NE Bettingen, auf Sand, 1985, PHILIPPI (KR-K); 6223/3: Schönert N Külsheim, 1985, PHILIPPI (KR-K); 6518/3: Handschuhsheim, SCHMIDT (1857).

Schwarzwald: Im Südosten (Wutachgebiet) zerstreut bis verbreitet, sonst selten: 7216/4: Kaltenbronn E Auerhahnstein, Wegrand, 1985, PHILIPPI (KR-K); 7218/2: Büchelberg, Schanzwiesen, 1971, SEBALD (STU-K); 7218/3: Calw, 1873, SCHÜZ (STU); 8215/2: Am Bühl N Birkenhof, 1991, PHILIPPI (KR-K).

Gäuflächen: Zerstreut in den Oberen Gäuflächen bis zum mittleren Neckarraum, sonst nur 6323/3: o. O., o. J., PHILIPPI (KR-K); 6324/4: o. O., o. J., PHILIPPI, (KR-K); 6626/3: Wald SW Schmalfeden, 1969, SEYBOLD (STU-K); 6726/2: Hirschberg bei Brettheim, 1915, HANEMANN (STU); 6726/4: Hengstbach E Hengstfeld, 1984, SEYBOLD (STU-K); 6826/3: Crailsheim, 1975–77, SEYBOLD (STU-K); 7018/2: NE Dürrn, um 1978, PHILIPPI (KR-K); 7018/3: Pforzheim, DÖLL (1862).

Keuper-Lias-Neckargebiet: Im Albvorland zerstreut, sonst nur:

Schwäbisch-Fränkischer Wald: 6922/2: Beim Finsterroter See, 1979, SEBALD (STU-K); 6923/1: Im Wald Dachsbach, 1966, SEBALD (STU-K); 6923/2: o. O., SCHWEGLER (STU-K); 6923/4: Netzblatt SEBALD, 1969 (STU-K); 6924/1: Kalkberg südlich Rothof, 1984, SCHWEGLER (STU-K); 6924/4: W Sanzenbach, 1986, SCHWEGLER (STU-K); 6925/1: Untersontheim, KIRCHNER und EICHLER (1900); 6925/3: Hohenstück NE Mittelfischbach, 1970, SEYBOLD (STU-K); 6927/3: Konradsbronn, 1974, SEYBOLD (STU-K).

Klettgau-Hochrhein: 8316/3: Küssaberg, BECHERER und KOCH (1923); 8316/4: Eichberg bei Riedern, BARTSCH in BECHERER und KOCH (1923); 8317/3: o. O., 1974, FINK (KR-K); 8317/4: Quellmoore bei Nack, 1984, QUINGER (KR-K).

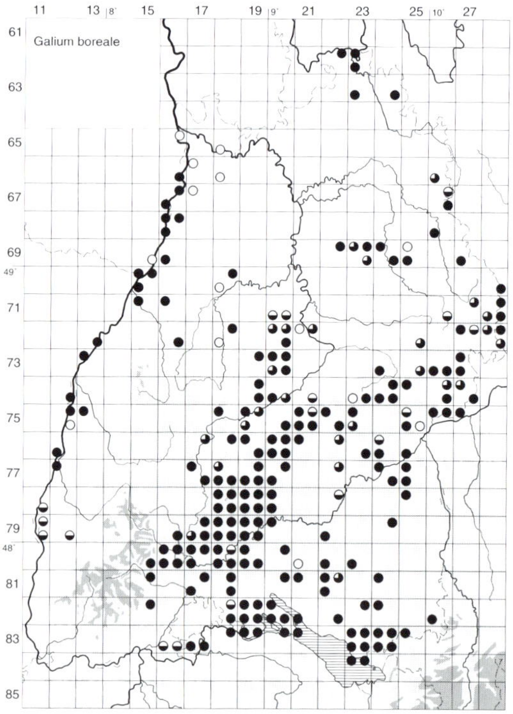

Schwäbische Alb: Zerstreut, vor allem am Albnordrand.
Baar und Alpenvorland: Zerstreut mit Schwerpunkten im westlichen Bodenseegebiet und im Württembergischen Allgäu.

Der niedrigste Fundort liegt bei Mannheim (Neckarau) in ca. 100 m ü. M., der höchste am Hochberg bei Deilingen in ca. 1000 m ü. M.

Erstnachweise: Die Art ist im Gebiet urwüchsig. Der erste subfossile Nachweis erfolgte bei Baden-Baden und datiert in das 2. Jh. n. Chr. Die erste Aufsammlung erfoglte durch H. HARDER ca. 1562 in der Umgebung Geislingen – Ulm (SCHINNERL 1912).

Bestand und Bedrohung: Die Verbreitungskarte zeigt, daß die Art auf der Westalb und im Alpenvorland noch ein geschlossenes Areal aufweist. Die Bestände sind hier stabil. Im Gegensatz dazu läßt sich im Bereich der Ostalb, auf den Gäuflächen und z. T. im Oberrheingebiet ein nicht unerheblicher Rückgang erkennen. In diesen Bereichen muß die Art als gefährdet eingestuft werden (Gefährdungsstufe 3). So wird sie auch in Rheinland-Pfalz und in Hessen eingeordnet. Die Ursache dafür liegt in der Vernichtung geeigneter Standorte, vor allem von Feuchtflächen, oder deren Nutzungsintensivierung. Auch viele Vorkommen auf Halbtrockenrasen sind verschwunden bzw. gefährdet. Wie für viele andere, wesentlich seltenere Arten gilt auch hier, daß nur die Erhaltung der Standorte und ihre Bewirtschaftung nach traditionellen, extensiven Verfahren eine langfristige Sicherung gewährleisten können.

3. **Galium odoratum** (L.) Scop. 1771

Asperula odorata L. 1753
Waldmeister

Morphologie: Hemikryptophyt mit 10–60 cm hohem, aufrechtem, vierkantigem Stengel, stets unverzweigt. Laubblätter in 6- bis 10zähligen Wirteln, verkehrt eilänglich bis lanzettlich, bis ca. 15 mm breit, kahl, stachelspitzig, beim Zerreiben nach Cumarin („Waldmeister") duftend. Blüten in einer endständigen Trugdolde, trichterförmig mit gut ausgebildeter Röhre, 4lappig, etwa bis zur Mitte geteilt. Früchte kugelig, ca. 3 mm lang, dicht mit hellen, hakigen Borsten besetzt. – Blütezeit: April–Mai.

Ökologie: *G. odoratum* ist eine der häufigsten und markantesten Arten der Laubwälder, vor allem der im Gebiet weit verbreiteten Buchenwälder. Auf ausgesprochen kalkarmem Untergrund tritt die Art deutlich zurück. Der Untergrund ist nicht zu trocken und nährstoffreich. Der Waldmeister gilt als Charakterart des Asperulo-Fagetums (müßte eigentlich Galio-Fagetum heißen), nach Oberdorfer (1994) ist er eine Verbandscharakterart des Fagion. Soziologische Aufnahmen s. z. B. SEBALD (1983), LANG (1973), NEBEL (1986), BARTSCH und BARTSCH (1940), OBERDORFER (1982, Tab. 1) u. v. m.

Waldmeister (*Galium odoratum*)
Wendelsheim, 31. 5. 1991

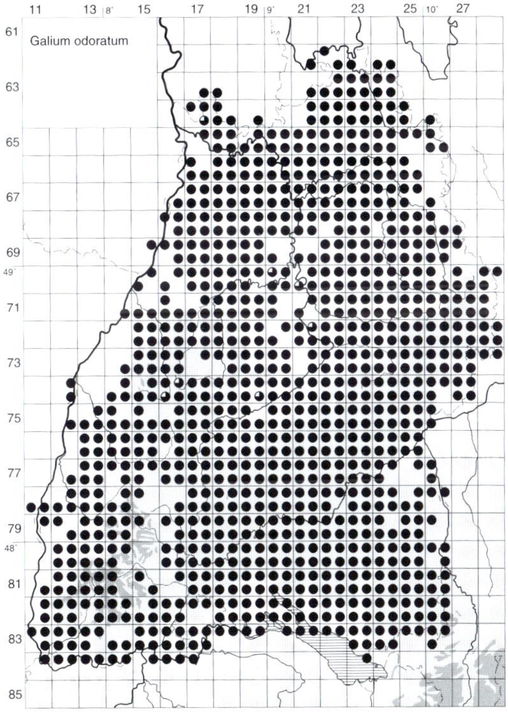

Allgemeine Verbreitung: Nord- und Mitteleuropa, Italien, Balkan, Sibirien, Nordafrika. *G. odoratum* ist ein eurasisch-subozeanisch-submediterranes Florenelement.

Verbreitung in Baden-Württemberg: Verbreitet und häufig, nur in den höchsten Schwarzwaldlagen und in den waldarmen Gebieten des Oberrheins etwas zurücktretend.

Der niedrigste Fundpunkt liegt bei 100 m ü. M., der höchste am Feldberg im Schwarzwald (8114/1) bei 1300 m ü. M.

Erstnachweise: Die Art ist im Gebiet urwüchsig. Der erste subfossile Nachweis erfolgte bei Villingen und datiert in das 13. Jh. Die erste Aufsammlung erfolgte durch H. HARDER ca. 1562 in der Umgebung Geislingen – Ulm (ZIMMERMANN 1937). Die Art wurde in der Kräuterheilkunde als schweißtreibendes Mittel verwendet und aufgrund seines hohen Gehaltes an Cumarinen auch heute noch gerne als Gewürz verwendet. In sehr hohen Dosen sind Cumarine jedoch giftig.

Bestand und Bedrohung: *G. odoratum* ist im Gebiet nicht gefährdet.

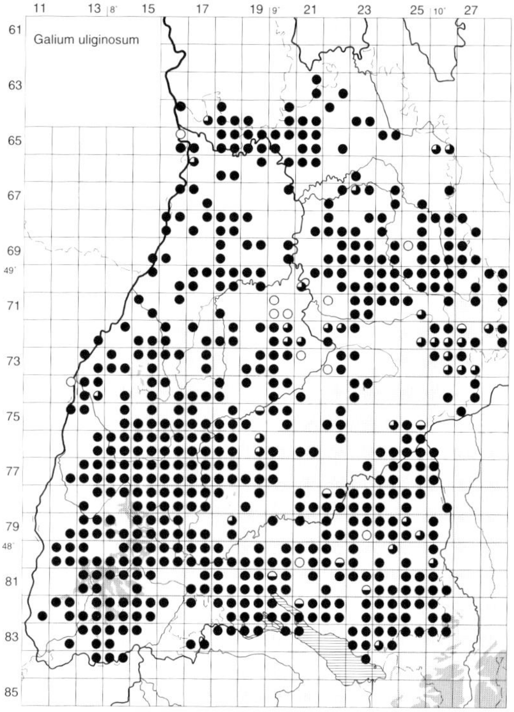

4. Galium uliginosum L. 1753

Moor-Labkraut

Morphologie: Hemikryptophyt mit 10–60 cm langem, liegendem oder aufsteigendem, kahlem, vierkantigem, rauhem Stengel. Laubblätter in 5- bis 7zähligen Wirteln, lineal-lanzettlich, 10–15× ca. 2 mm, spitz, stachelspitzig, am Rand von rückwärts gerichteten Stacheln rauh. Blüten in lockerer, endständiger Trugdolde, Krone 2,5–3 mm, weiß. Frucht 1 mm, papillös. – Blütezeit: Mai–September.

Ökologie: *G. uliginosum* kommt in extensiv bewirtschafteten Naßwiesen, an Bachufern und in Waldsümpfen vor. Die Standorte sind stets feucht bis naß, häufig etwas moorig, aber nicht zu nährstoffarm. Nach Oberdorfer (1994) ist die Art eine schwache Molinietalia-Ordnungscharakterart. Wichtige Begleitarten sind *Juncus effusus, Myosotis palustris* agg., *Crepis paludosa, Filipendula ulmaria, Carex acutiformis, Holcus lanatus* u. a. Soziologische Aufnahmen s. LANG (1973), STEINER und BUCHWALD (1991: Tab. 1, 2, 3), GRÜTTNER (1987: Tab. 7, 10), PHILIPPI (1989). Die Art ist mäßig schnittverträglich (nach BRIEMLE und ELLENBERG 1994).

Allgemeine Verbreitung: In Europa weitverbreitet, nur im äußersten Süden fehlend. *Galium uliginosum* ist ein nordisch-eurassubozeanisches Florenelement.

Verbreitung in Baden-Württemberg: Im ganzen Gebiet zerstreut bis häufig mit einem Verbreitungsschwerpunkt im Schwarzwald. Fehlt nur im südlichen Oberrheingebiet; im Karstbereich der Albhochfläche und im Taubergebiet etwas seltener. Der niedrigste Fundort liegt bei ca. 100 m ü. M., der höchste über Obermulten am Belchen (8113/3) in 1160 m ü. M.

Erstnachweise: Die Art ist im Gebiet urwüchsig. Der erste subfossile Nachweis erfolgte bei Stuttgart-Mühlhausen und datiert in das 4. Jh. v. Chr. (PIENING 1988). Die erste Aufsammlung erfolgte durch H. HARDER ca. 1562 in der Umgebung Geislingen – Ulm (ZIMMERMANN 1940).

Bestand und Bedrohung: Die Art ist nicht unmittelbar gefährdet. Allerdings läßt sie vor allem in siedlungsnahen Bereichen einen gewissen Rückgang erkennen, der auf die Zerstörung von Feuchtflächen zurückzuführen ist.

5. Galium palustre L. 1753

Sumpf-Labkraut

Morphologie: Hemikryptophyt mit 15–60 cm langem, niederliegendem oder aufsteigendem, meist schlaffem Stengel, rauh, kahl, Kanten nicht weiß. Laubblätter in 4zähligen Wirteln, lineal-länglich,

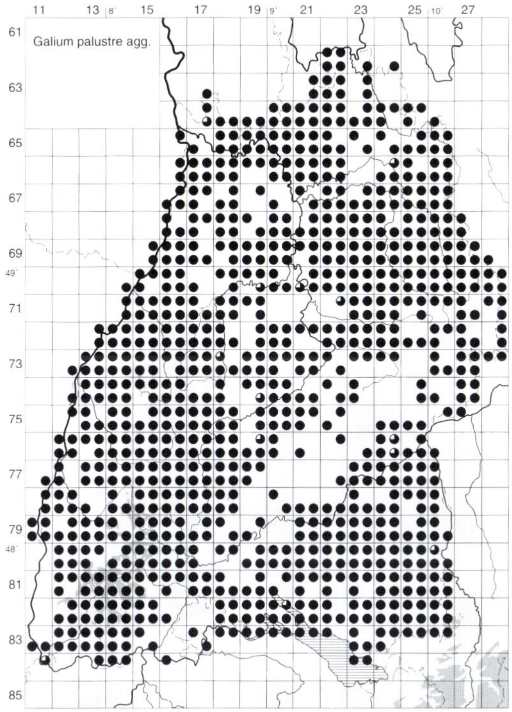

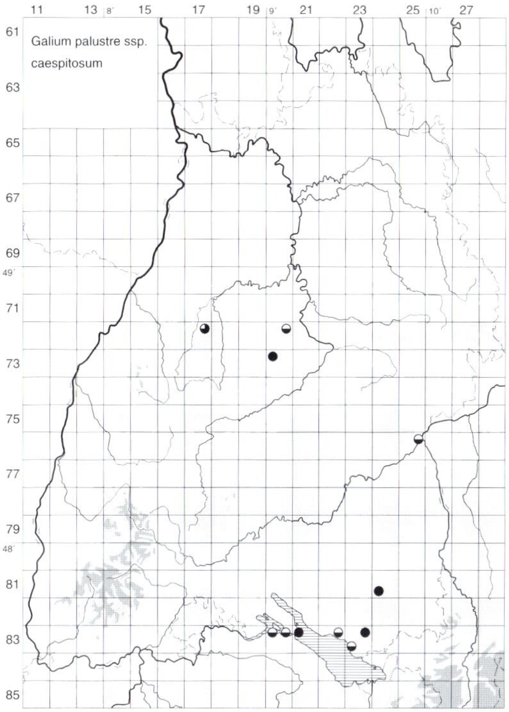

Sumpf-Labkraut-Gruppe (*Galium palustre* agg.)
Böblingen, 12. 7. 1991

bis ca. 15 mm lang und 3 mm breit, stumpf, ohne Stachelspitze, kahl, am Rand glatt. Krone ca. 2 mm, Stiele 2,5–3,5 mm lang, Frucht feinkörnig rauh, 2–3 mm. – Blütezeit: Mai–August.

Variabilität: Von dieser Art wird eine dichtrasige subsp. *caespitosum* (G. F. W. Weber) Oberd. beschrieben, die gestauchte, maximal die 2,5fache Länge der Blätter erreichende Internodien und stark verästelte Stengel aufweist. Die Sippe scheint nach den bisherigen Beobachtungen an den unmittelbaren Uferbereich gebunden zu sein, einzelne Individuen stehen offensichtlich im freien Wasser. Inwieweit es sich dabei um eine echte Unterart oder eine Standortsmodifikation handelt, bedarf der kritischen Prüfung. Am Bodensee konnte die subsp. *caespitosum* im Bereich von Flutrasen sowie an Spülsäumen beobachtet werden. Auffallenderweise handelt es sich dabei um frühblühende, also bereits Mitte Mai in voller Blüte stehende Formen. Es könnte sich bei der Sippe also um eine Flutrasen-Form handeln, die ein ähnliches Verhalten wie z. B. *Deschampsia littoralis* aufweist.

Ökologie: *G. palustre* ist eine typische Pflanze der Feuchtgebiete, vor allem stehender und langsam fließender Gewässer sowie Gräben. Vielfach findet sie sich in Röhrichtbeständen, wobei der Untergrund meist nährstoff- und basenreich und stets naß ist, oft steht die Art an der unmittelbaren Grenze zum offenen Wasser.

Nach OBERDORFER (1994) gilt das Sumpf-Labkraut als Magnocaricion-Verbandscharakterart. Wichtige Begleitarten sind *Carex acutiformis, C. gracilis, C. elata, Filipendula ulmaria, Typha arundinacea, Phragmites communis, Molinia caerulea* u. a.

Soziologische Aufnahmen s. LANG (1973, auch subsp. *caespitosum*!), STEINER und BUCHWALD (1991), KUHN (1937), PHILIPPI (1981, Tab. 16) u. a. Die Art ist schnittempfindlich bis mäßig schnittverträglich (nach BRIEMLE und ELLENBERG 1994).

Allgemeine Verbreitung: Europa, Kleinasien, Nordamerika. *G. palustre* ist ein nordisch-eurasiatisch-subozeanisches Florenelement.

Verbreitung in Baden-Württemberg: Die Art ist im allgemeinen weit verbreitet und häufig, nur im südlichen Oberrheingebiet sowie auf der wasserarmen Albhochfläche tritt sie etwas zurück. Der niedrigste Fundort liegt bei 100 m ü. M., der höchste am Feldberg in 8114/1 auf 1250 m ü. M.

Von der subsp. *caespitosum* sind folgende Vorkommen bekannt:
Schwarzwald: 7217/2: Steinbruch Bühl bei Schömberg, 1952, WREDE (STU).
Keuper-Lias-Gebiet: 7220/2: Ufer des Pfaffensees im Rotwildpark, 1927, KREH (STU); 7320/1: Böblinger Panzerplatz, 1976, BAUMANN (STU).
Oberschwaben: 7625/2: Ulmer Ried, 1921, v. ARAND (STU); 8124/3: Graben im Lochmoos, 1985, REINÖHL (STU).
Bodenseegebiet: 8320/1: Insel Reichenau, 1942, A. MAYER (STU); 8320/2: Wollmatinger Ried, 1937, GSCHEIDLE (STU); 8321/1: Bodenseeufer S Staad, 1994, WÖRZ (STU); 8322/2: Friedrichshafen, Bodenseestrand, 1940, BERTSCH (STU); 8323/2: Feuchtgebiet bei Siggenweiler, 1994, WÖRZ (STU-K); 8323/3: Bodensee bei Eriskirch, 1933, BERTSCH (STU).

Diese Sippe ist möglicherweise weiter verbreitet und vielfach übersehen worden.

Erstnachweise: Die Art ist im Gebiet urwüchsig. Der erste subfossile Nachweis erfolgte bei Hornstaad und datiert in die Zeit 4000 v. Chr. Die erste Aufsammlung erfolgte durch H. HARDER ca. 1562 in der Umgebung Geislingen – Ulm (ZIMMERMANN 1937).

Bestand und Bedrohung: Die Art insgesamt ist im Gebiet nicht gefährdet. Allerdings weist die subsp. *caespitosum* nur sehr wenige Fundorte an gefährdeten Bereichen wie Flutrasen auf und muß zumindest als potentiell gefährdet (Stufe 4) angesehen werden.

6. Galium elongatum C. Presl 1822
Verlängertes Labkraut

Morphologie: Hemikryptophyt mit 30–100 cm langem, aufrechtem oder aufsteigendem, kahlem, rauhem oder selten glattem Stengel, dieser vierkantig oder rund mit deutlichen, hellen bis weißen, flügelartigen Leisten. Blätter in vierzähligen Wirteln, breit-lanzettlich, bis ca. 2 cm lang, stumpf, ohne Stachelspitze. Blüten ca. 3–4 mm, ihre Stiele 1,5–3 mm lang, Früchte kahl. – Blütezeit: Juni–September.

Anmerkung: Diese Sippe ist eng mit *G. palustre* verwandt und nicht immer eindeutig von dieser zu unterscheiden. Ein Blick auf die Chromosomenzahlen zeigt, daß *G. elongatum* mit 2n = 96 meist octoploid ist, es wurden aber auch dodecaploide Pflanzen mit 2n = 144 gefunden (TEPPNER et al. 1976). Zusammen mit der überwiegend diploiden *G. palustre* (2n = 24, 48) bildet die Art eine Gruppe von Sippen verschiedener Ploidiestufen mit der Grundzahl x = 12. TEPPNER et al. grenzen die octo- und dodecaploiden Sippen als eigene Art *G. elongatum* von *G. palustre* ab, während andere diesen Sippen nur den Rang von Unterarten zuerkennen.

Ökologie: *G. elongatum* kommt an Bachufern, Gräben und in Röhrichten mit nicht zu nährstoffreichem Wasser vor. Die Standorte sind ständig feucht bis naß. Häufig steht das Vorkommen in Kontakt zu extensiv bewirtschafteten Feuchtwiesen. Wichtige Begleitarten sind *Carex acutiformis, Polygonum amphibium, Cirsium palustre, Typhoides arundinacea, Iris pseudacorus* u. a.

Allgemeine Verbreitung: Ganz Europa, Vorderasien, Nordafrika. *G. elongatum* ist ein eurasisch-subozeanisches Florenelement. Verbreitungskarte s. MEUSEL und JÄGER (1992: 424).

Verbreitung in Baden-Württemberg: Die vorliegenden Belege aus dem Gebiet lassen auf ein zerstreutes bis seltenes Vorkommen im Neckarraum und in den östlichen Landesteilen schließen. Da die Art wahrscheinlich häufig übersehen wird, dürfte sie jedoch noch weiter verbreitet sein, vor allem in den wasserreichen Gebieten Oberschwabens.

Bisher sind folgende Vorkommen sicher belegt:
Oberrheingebiet: 6517/3: Rheinhafen Mannheim, Bekken II, 1988, Herbar KLEINSTEUBER (STU-K); 8111/3: Rheinsümpfe bei Neuenburg/Baden, 1858, VULPIUS (STU).
Schwarzwald: 7715/4: Flachmoor NO Reichensteinerhof, 1992, NEBEL und SCHOEPE (STU-K).
Gäuflächen: 6723/1: In der Kupfer bei Forchtenberg, 1892, GRADMANN (STU); 6724/4: Waldweg im Forst

Holzhausen NE Steinkirchen, 1984, Nebel (STU-K); 7019/3: Mühlacker, 1919, Uhl (STU); 7716/2: Sumpfwiesen am Staffelbach westl. Fluorn, 1961, Wrede (STU).

Keuper-Lias-Neckarland: 6920/3: Pfefferwald im Stromberg, 1971, Kümmel (STU); 6922/1: 2 km N Prevorst auf feuchtem Waldweg, 1971, Sebald (STU); 7027/4: Teich an der Straße Walxheim–Buchhausen, 1986, Voggesberger (STU); 7120/3: Gerlingen, 1895, Uhl (STU); 7121/3: Stuttgart-Bad Cannstatt, Wasserhaus, vor 1900, Troll (STU); 7126/2: Goldshöfe, Weidengebüsch am Weiher, 1986, Voggesberger (STU); 7219/4: Hölzertal E Magstadt, 1992, Seybold (STU); 7323/2: Charlottensee s Uhingen, 1958, Knauss (STU); 7419/4: Unterjesingen, 1890, Hegelmaier (STU); 7420/3: Ammertal bei Tübingen, Bertsch (1948).

Schwäbische Alb: 7524/4: Kalkwerk Altental bei Gerhausen, 1944, K. Müller (STU); 7525/3: Herrlingen, 1949, K. Müller (STU); 7526/2: Westerried bei Langenau, 1943, K. Müller (STU); 7625/3: Donautal bei Erbach, 1944, K. Müller (STU); 8018/2: Zwischen Möhringen und Tuttlingen, 1986, Seybold (STU).

Alpenvorland: 7723/4: Bachtal am Kreisgarten S Luppenhofen, 1984, Nebel (STU-K); 7724/2: Untergriesingen, Kirchner und Eichler (1900); 7724/3: Donaubrücke Gewann Haken O Herbertshofen, 1984, Nebel (STU-K); 7822/2: Schwarzach bei Riedlingen, 1902, Gradmann (STU); 7923/2: Federsee-Riedgräben bei Buchau, vor 1900, Troll (STU); 8119/2: Hartweiher, Graben entlang Straße, 1994, Wörz (STU); 8122/1: Südufer des Ilmensees, 1985, Reinöhl (STU); 8122/2: Am Ufer des Guggenhauser Weihers, 1985, Reinöhl (STU); 8126/1: Aichstetten, Kirchner und Eichler (1900); 8221/2: Martinsweiher – Kirchberghölzle bei Mimmenhausen, 1991, Breunig (STU-K); 8225/1: Ostufer des Obersees bei Kißlegg, 1978, Dörr (STU-K); 8225/3: Vallereyer Weiher bei Ratzenried, 1967, Brielmaier in Dörr (1978); 8226/3: Am Weg von Rimpach zum Haubacher Moos, 1993, Wörz (STU-K); 8320/1: Hornspitze, im Caricetum elatae, 1982, Peintinger (STU); 8323/1: Tettnang, Bertsch (STU-K); 8323/3: Hemigkofen bei Tettnang, 1919, Bertsch (STU), Eriskircher Ried, Winterhoff (1993); 8324/1+2: o. O., 1977–80, Harms (STU-K); 8324/3: Langensee, 1921, Bertsch (STU); 8423/2: Bodenseeufer bei Kreßbronn, 1933, Bertsch (STU).

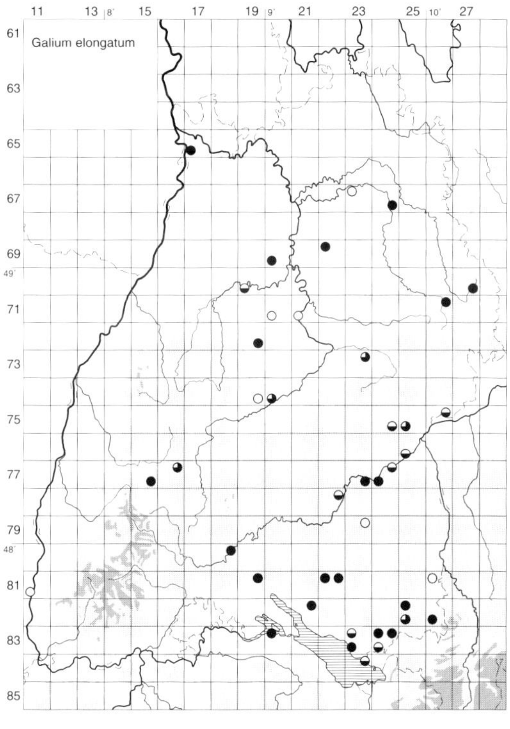

Der niedrigste Fundort liegt bei Neuenburg/Baden (8111/3) in 230 m ü. M., der höchste zwischen Möhringen und Tuttlingen (8018/2) in ca. 650 m ü. M.

Erstnachweise: Die Art ist im Gebiet urwüchsig. Der erste Herbarbeleg datiert in das Jahr 1858 (Rheinsümpfe bei Neuenburg/Baden, Vulpius, STU), die erste literarische Erwähnung s. Kirchner u. Eichler (1900: 357).

Bestand und Bedrohung: Obwohl die Verbreitungskarte sicherlich noch einzelner Ergänzungen bedarf, läßt sich doch ein Rückgang der häufig übersehenen Art erkennen. Viele alte Angaben konnten in neuerer Zeit nicht mehr bestätigt werden, da die entsprechenden Feuchtstandorte nicht mehr existieren. *G. elongatum* muß daher zumindest als gefährdet (Gefährdungsstufe 3) angesehen werden.

Wie für viele andere Arten ist der Schutz der Feuchtflächen von entscheidender Bedeutung. So sollten folgende Gebiete unter Naturschutz gestellt werden:

7027/4: Teich an der Straße Walxheim–Buchhausen, 7126/2: Weiher bei Goldshöfe, 8122/1: Ilmensee, Südufer, 8122/2: Guggenhauser Weiher, 8225/1: Obersee bei Kißlegg, 8226/3: Haubacher Moos.

7. Galium verum L. 1753

(inkl. *G. wirtgenii* F. W. Schultz 1855)

Echtes Labkraut, Unserer lieben Frau Bettstroh

Nach dem Volksglauben wurde mit Stroh von *G. verum* die Krippe des Jesuskindes ausgepolstert.

Morphologie: Hemikryptophyt mit 30–100 cm hohem, aufrechtem-aufsteigendem Stengel, ausläufertreibend, kurzflaumig oder kahl. Laubblätter in 8- bis 12zähligen Wirteln, 15–25 × < 2 mm, stachelspitzig, mit umgerollten Rändern, dunkelgrün, beim Trocknen schwarz werdend. Blüten in

Echtes Labkraut *(Galium verum)*
Müllheim

endständigen Rispen mit flaumiger Achse, Blütenkrone 2–3 mm, gelb. Frucht < 1,5 mm, kahl. – Blütezeit: Mai–September.

Variabilität: Von *G. verum* sind aus dem Gebiet zwei Unterarten bekannt:

1 Rispe dicht, ohne Unterbrechung, Blätter maximal 1 mm breit, etwa so lang wie die Stengelglieder, Blüten goldgelb, nach Honig duftend . subsp. *verum*

– Rispe unterbrochen, in mehreren Etagen, Blätter etwas breiter (bis ca. 2 mm), viel kürzer als die Stengelglieder, Blüten zitronengelb, geruchlos . . . . subsp. *wirtgenii* (F. W. Schultz) Oborny 1885

Biologie: Nach HAYEK in HEGI VI/I (1914: 216) handelt es sich bei *G. verum* subsp. *wirtgenii* um eine Frühjahrsform der Art, die sich unter der Mahdbeeinträchtigung in historischer Zeit entwickelt hat. Die Sammeldaten der in STU vorliegenden Belege bestätigen zumindest den Saisondimorphismus der Art. Subsp. *wirtgenii* ist dabei die vernale Form.

Ökologie: *G. verum* besiedelt vorwiegend Wiesen, Halbtrockenrasen, warme Saumbereiche und Wegraine. Die Standorte sind mäßig trocken, sonnig-warm und häufig südlich exponiert. Bisweilen greift die Art – vor allem die subsp. *wirtgenii* – aber auch auf Feuchtflächen, z. B. Pfeifengrasbestände über. Auf kalkarmem Untergrund fehlt die Art weitgehend. Nach OBERDORFER (1994) ist das Echte Labkraut eine schwache Festuco-Brometea-Klassencharakterart. Wichtige Begleitarten sind *Bromus erectus, Brachypodium pinnatum, Origanum vulgare, Poterium sanguisorba, Linum catharticum, Thymus pulegioides, Koeleria pyramidata.* Soziologische Aufnahmen s. v. ROCHOW (1951: Tab. 14a, 15b), LANG (1973), WITSCHEL (1980: Tab. 10, 11), SEBALD (1983, Tab. 12), MÜLLER und GÖRS (1969). Die Art ist mäßig schnittverträglich (nach BRIEMLE und ELLENBERG 1994).

Allgemeine Verbreitung: Europa, Vorderasien, Nordamerika. *G. verum* ist ein eurasisch-submediterranes Florenelement.

Verbreitung in Baden-Württemberg: Die Art ist im ganzen Gebiet verbreitet und häufig mit Ausnahme des Schwarzwalds, wo sie nur in 8014/4: Bahnhof Titisee, 1988, PHILIPPI (KR-K) vorkommt, und Oberschwaben, wo *G. verum* etwas zurücktritt.

Subsp. *wirtgenii* weist offensichtlich einen Schwerpunkt im Donauraum und Bodenseegebiet auf. Bisher liegen folgende Nachweise vor:

Oberrheingebiet: 6717/1: Reilinger Wald, SEUBERT & KLEIN (1905); 7911/2: Fauler Waag bei Breisach, 1954, SULGER-BÜEL in OBERDORFER (1956).
Schwäbische Alb: 7624/3: Allmendinger Ried (Pfeifengrasbestände), 6. 6. 1931, BERTSCH (STU).
Oberschwaben: 7426/4: Langenauer Ried, MÜLLER in BERTSCH (STU-K); 7625/1: Einsingen, MÜLLER in BERTSCH (STU-K); 7625/2: Einsinger Ried, 19. 6. 1935, K. MÜLLER (STU); 7625/3: Wiesenränder s Erbach 19. 6. 1935, K. MÜLLER (STU); 7723/3: Obermarchtal, BERTSCH (1948); 7725/3: Feuchte Wiesenränder beim Bahnhof Laupheim, 19. 6. 1935, K. MÜLLER (STU); 7726/1: Kiesgrube bei Illerrieden, 2. 6. 1935, K. MÜLLER (STU); 7824/4: Herrlishofen, 12. 6. 1934, K. MÜLLER (STU); 7825/1: Osterried, BUSCHLE in BELLMANN et al. (1980: 29); 7826/4: Württ. Illerufer zwischen Egelsee und Kellmünz, 5. 7. 1837, (STU); 7921/2: Mengen, BERTSCH (1948); 7922/4: Moosheim bei Saulgau, o. J., BERTSCH (STU); 8024/3: Nordwestlich Waldsee, DÖRR (1978); 8124/4: Brendenweiher E Wolfegg, 1993, DÖRR (STU); 8126/3: Güterbahnhof Leutkirch, DÖRR (1978); 8321/2: Stetten/Dysenbach, 1992, BREUNIG (STU-K); 8322/2: Friedrichshafen, BERTSCH (STU-K); 8323/3: Bodenseewiesen bei Eriskirch, o. J., BERTSCH; 8323/4: Argental bei Wiesach, 1976, DÖRR (STU-K).

Der niedrigste Fundort liegt bei 100 m ü. M., der höchste am Hochberg bei Deilingen (7818/2) in ca. 1000 m ü. M.

Erstnachweise: Die Art ist im Gebiet urwüchsig. Der erste subfossile Nachweis erfolgte bei Burk-

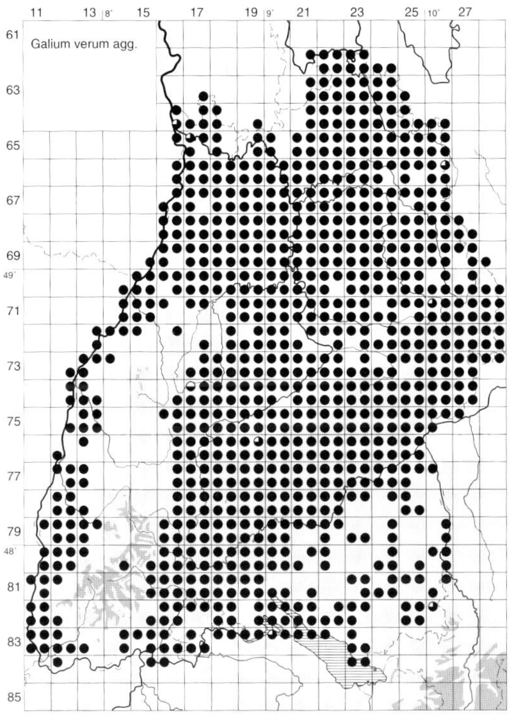

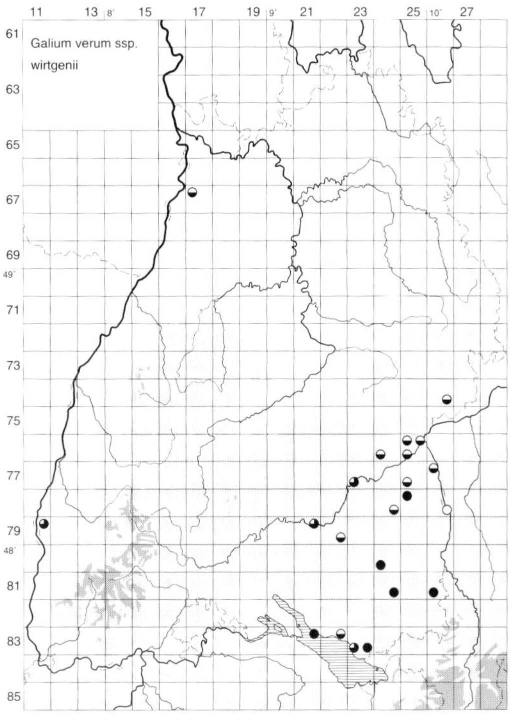

heim und datiert in das 10. Jh. v. Chr. (KÜSTER 1985). Die erste Aufsammlung der subsp. *verum* erfolgte durch H. HARDER ca. 1562 in der Umgebung Geislingen – Ulm (ZIMMERMANN 1937). Erster literarischer Nachweis der subsp. *wirtgenii* s. KNEUCKER (1887: 297).

Bestand und Bedrohung: Die Art insgesamt ist im Gebiet verbreitet und häufig und nicht gefährdet. Seltener ist jedoch sie subsp. *wirtgenii* von der wenige Nachweise aus neuerer Zeit vorliegen. Sie ist vermutlich vielfach der Intensivierung der Nutzung von Magerwiesen zum Opfer gefallen. Die Erhaltung solcher Magerwiesen und ihre entsprechende extensive Nutzung ist sicherlich die Voraussetzung für ihre Sicherung. Falls es sich dabei tatsächlich um eine erst durch Mahd entstandene Sippe handeln sollte, so wäre sie ein bemerkenswertes Beispiel einer durch menschliche Tätigkeit bedingten Aufspaltung einer Art.

8. Galium × pomeranicum Retz. 1795

G. ochroleucum Wolf ex Schweigger & Koert. 1811
G. album × *verum*

Morphologie: Hemikryptophyt, Bastard zwischen *G. album* und *G. verum*, morphologisch letzterer nahestehend. Blätter ca. 2–4 mm breit, lineal-lanzettlich, etwas zurückgerollt, Blütenstand locker, Blüten gelblichweiß, Pflanzen insgesamt ± behaart. – Blütezeit: Juni–August.

Biologie: *G. pomeranicum* kommt überwiegend zusammen mit den Ausgangsarten *G. album* und *G. verum* vor. Obwohl die Sippe verglichen mit anderen Bastarden der Gattung relativ häufig ist, scheint sie doch ziemlich instabil und ganz im Sinne eines Artbastardes nicht generativ fortpflanzungsfähig zu sein. Ein Fruchtansatz ist zwar vorhanden, die Samen sind offensichtlich nicht keimfähig.

Ökologie: *G. pomeranicum* kommt an Wegrändern, Störstellen und anderen Ruderalflächen sowie vereinzelt auch in entsprechenden Wiesen- und Rasenbereichen wie die Elternarten vor.

Allgemeine Verbreitung: Überlappungsbereich von *G. verum* und *G. album*. Über eine Verbreitung außerhalb der Areale der beiden Elternarten ist bisher nichts bekannt.

Verbreitung in Baden-Württemberg: Aus dem Gebiet liegen bisher eine ganze Reihe von Herbarbelegen vor, deren Verteilung, wie sie in der Karte zu entnehmen ist, wahrscheinlich auf die gezielte Besammlung durch bestimmte Bearbeiter (z. B. MÜLLER, BERTSCH) zurückzuführen ist. Allgemein wird *G.* × *pomeranicum* als Bastard

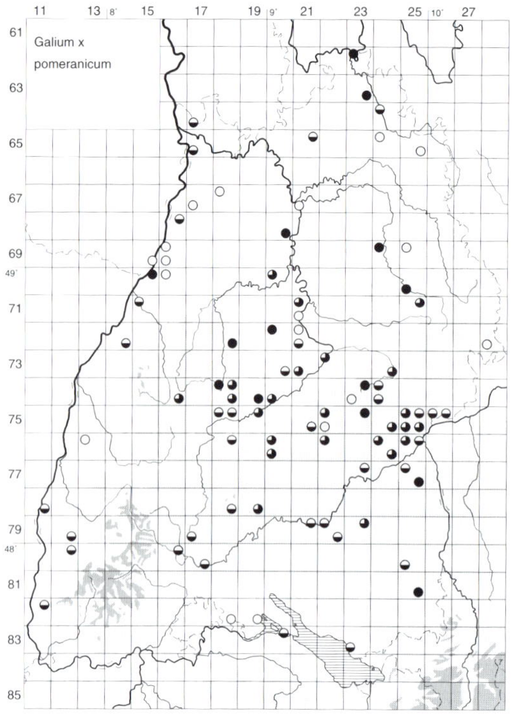

kahlem oder selten behaartem, vierkantigem, reich verzweigtem Stengel. Laubblätter in 6- bis 8zähligen Wirteln, verkehrt-länglich-eiförmig, plötzlich in eine Spitze verschmälert, stachelspitzig, 10–25 × 2–7 mm, dünn, auf der Unterseite heller grün. Blüten weiß, sehr klein, ca. 2 mm im Durchmesser, Blütenstiele meist länger als der Blütendurchmesser, zur Fruchtzeit stumpfwinkelig abstehend (spreizend), Fruchtstand daher locker, Früchte 1–2 mm, dunkel, kahl. – Blütezeit: Juni–Juli (später als *G. album*!).

Variabilität: Nach LIPPERT (1986) kommt im Gebiet eine sehr seltene, behaarte *G. mollugo* var. *pubescens* Schrader vor, die jedoch nicht von behaarten Exemplaren von *G. album* subsp. *pycnotrichum* (H. Braun) Krendl 1967 unterscheidbar ist. LIPPERT faßt daher diese beiden behaarten Formen zusammen und ordnet sie zusammen *G. mollugo* zu, obwohl die beiden sich entsprechend ihrer ursprünglichen Artzugehörigkeit auch in den Chromosomenzahlen unterscheiden. Dieser Schritt wird jedoch in der vorliegenden Bearbeitung nicht nachvollzogen, da dadurch die saubere (und sicherlich auch vom Artkonzept als

wohl häufig übersehen oder nicht erkannt und dürfte im ganzen Gebiet, zumindest im Überlappungsbereich der Elternarten, nicht selten sein.

Bestand und Bedrohung: Der Bastard entsteht immer wieder neu, zumal die Elternarten zu den häufigsten der Gattung zählen.

9. Galium mollugo L. 1753

G. elatum Thuill. 1800
Wiesen-Labkraut

Diese Art wurde häufig mit *G. album* zusammengefaßt bzw. verwechselt, was zu einer ziemlichen Verwirrung auch in der Nomenklatur führte. Erst KRENDL (1967) konnte eine einwandfreie Typifizierung der von LINNÉ (1753) erstmals beschriebenen Art durchführen. Dabei zeigte sich, daß diese keineswegs mit dem tetraploiden *G. album* Mill. identisch ist. Vielmehr konnte an Hand der Pollenkorndurchmesser festgestellt werden, daß das im LINNÉ-Herbar (LINN) befindliche Material zweifelsfrei zu einer diploiden Sippe gehört, auf die sich folglich der Name *G. mollugo* L. bezieht.

Morphologie: Hemikryptophyt mit 30 bis über 100 cm langem und niederliegend-aufsteigendem,

Wiesen-Labkraut-Gruppe (*Galium mollugo* agg.)
Schafenberg bei Gingen an der Fils, 13. 7. 1974

Fortpflanzungsgemeinschaft notwendige) Trennung in das diploide *G. mollugo* das tetraploide *G. album* aufgehoben würde. *G. mollugo* var. *pubescens* Schrader wurde im Gebiet bisher nur einmal gefunden.

Ökologie: *G. mollugo* ist eine Art feuchter, nährstoffreicher Wald- und Waldsaumgesellschaften. Da sie weniger schattverträglich ist, bevorzugt die Art lichte Bestände sowie Rand- und Lichtungsbereiche. Der Untergrund ist nicht zu kalkarm und frisch bis feucht. Wichtige Begleitarten sind *Galium aparine, Ranunculus repens, Urtica dioica, Rubus idaeus, Poa trivialis* u. a.

Allgemeine Verbreitung: Süd- und Mitteleuropa. *G. mollugo* ist ein submediterranes Florenelement.

Verbreitung in Baden-Württemberg: Diese Art wurde bisher an einigen Stellen im Gebiet nachgewiesen. Aufgrund der Verwechslungen mit *G. album* kann über die Verbreitung bisher nichts Endgültiges ausgesagt werden. Zahlreiche Neufunde zeigen jedoch, daß die Art wohl zumindest zerstreut bis stellenweise verbreitet vorkommt. Der Schwerpunkt der Funde aus jüngerer Zeit liegt im Stromberggebiet sowie im Alpenvorland. Auf die weitere Verbreitung der Art sollte künftig unbedingt geachtet werden.

Bisher liegen folgende Nachweise vor:
Oberrheingebiet: 7911/1+2: Rheinaue S Burkheim, 1994, PLIENINGER (STU-K); 8211/1: Steinenstadt, HÜGIN (1956).
Odenwald: 6418/1: Waldsaum oberh. Wüstnächstenbach, 1994, WÖRZ (STU).
Schwarzwald: 7217/2: Schömberger Tälchen, 1951, WREDE (STU); 7814/4: Kostgefäll, 1994, WÖRZ (STU); 7315/2: Schwarzenbachsee, 1994, WÖRZ (STU-K); 7316/4: W Gompelscheuer, 1994, WÖRZ (STU-K).
Gäuflächen:6224/3: Brunnentaler Tannen bei Wenkheim, 1945, KNEUCKER (KR); 6324/2: Gemeindeholz von Großrinderfeld, 1988, SEYBOLD (STU); 6720/4: E Bonfeld an der Straße nach Biberach, 1994, PLIENINGER (STU-K); 6820/1: „Stöckach“, E-Teil, in Eschen-Auwald, 1994, PLIENINGER (STU-K); 6821/3: Membrods, Hölle NE Flein, 1994, PLIENINGER (STU-K); 6821/4: SE Heilbronn, „in den drei Linden“, 1994, PLIENINGER (STU-K); 6822/4: 1 km n Bernbach, 1972, SEBALD (STU); 6918/3: Tal vor Ruit bei Bretten, 1951, HRUBY (KR); 6920/2: E Meimsheim, Steinbruch an der Kläranlage, 1994, PLIENINGER (STU-K); 6920/4: N-Rand Großholz S Freudental, 1994, PLIENINGER (STU-K); 7020/2: Bietigheimer Forst, 1994, PLIENINGER (STU-K); 7021/1: Kälbling bei Mundelsheim, 1994, PLIENINGER (STU-K); 7617/3: Bollerfels bei Aistaig, 1994, WÖRZ (STU-K).
Keuper-Lias-Gebiet: Im Stromberg und Heuchelberg verbreitet, sonst nur 7119/2: Bohnholz N Heimerdingen, 1994, WÖRZ (STU); 7718/1: Rosenfeld, 1907, MAYER (STU).
Schwäbische Alb: 7225/1: Beurener Kreuz am Sattel S Himmelreich, 1994, WÖRZ (STU); 7225/3: Reutersgrund, am Wegdreieck NE Jägerhaus, 1994, WÖRZ (STU); 7525/1: Zwischen Lautern und dem Hohen Fels, 1994, WÖRZ (STU-K); 7721/1: Hölle bei Hausen an der Lauchert, 1994, PLIENINGER (STU-K); 7818/2: Wehingen, 1922, BOLTER (STU); 7918/2: Am Aufstieg zum Dreifaltigkeitsberg bei Spaichingen, 1994, WÖRZ (STU-K); 7919/4: Donautal oberhalb Beuron, 18. 5. 1912, K. F. ARNOLD (M) sub *Galium mollugo* subvar. *pycnotrichum* (= *G. mollugo* L. v. *pubescens* Schrader *(picnotrichum)* rev. Krendl); 8017/4: Geisingen bei Donaueschingen, 1891, SCHATZ (KR); 8117/3: Eichberg bei Blumberg, 1994, WÖRZ (STU-K).
Oberschwaben: 8020/3: Waldrand bei den Baggerseen NE Bahnhof Schwackenreute, 1994, WÖRZ (STU-K); 8021/3: Kloster Wald, 1867, SAUTERMEISTER (STU); 8019/4: Hornberg, 1994, WÖRZ (STU-K); 8022/4: Schloß Königsegg, 1994, WÖRZ (STU-K); 8023/4: Wegrand im Schwendenwald, 1994, WÖRZ (STU); 8119/2: Eschbach-Schleife N Nellenburger Berg, 1994, WÖRZ (STU); 8121/4: Tobel N Frickingen, 1994, WÖRZ (STU-K); 8122/1: Am Ostufer des Illmensees, 1994, WÖRZ (STU).
Bodenseegebiet: 8319/2: Hemmenhofen, 1936, BACMEISTER (STU); 8322/1: Baindter Wald am Weg von Kluftern nach Bürgberg, 1993, WÖRZ (STU).

Erstnachweise: Die Art ist im Gebiet urwüchsig.

Bestand und Bedrohung: An Hand der bisher vorliegenden Daten ist noch nicht ersichtlich, inwieweit die Art in ihrem Bestand gefährdet ist.

10. Galium album Mill. 1768

G. erectum Hudson 1778 non 1762
Weißes Labkraut

Morphologie: Hemikryptophyt mit aufsteigendem, bisweilen aufrechtem, reichlich verzweigtem, kahlem, 50–150 cm langem Stengel. Laubblätter in 6- bis 8zähligen Wirteln, länglich-lanzettlich, allmählich in eine Spitze verschmälert, kahl, derb, stachelspitzig, 10–40 × 1–7 mm. Blüten 3–5 mm im Durchmesser, Blütenstiele kürzer oder gleich lang wie der Blütendurchmesser, zur Fruchtzeit wenig spreizend, Fruchtstand daher zusammengezogen, Früchte ca. 2 mm. – Blütezeit: Mai–September.

Die Art ist mit 2n = 44 tetraploid (Unterschied zu *G. mollugo*).

Variabilität: Von der dicht behaarten var. *pycnotrichum* (H. Braun) Krendl 1967 liegen aus dem Gebiet bisher keine Nachweise vor. Siehe dazu in Abschnitt „Variabilität“ bei *G. mollugo.*

G. album wird als häufigste Art des *G. mollugo*-Komplexes vielfach mit der Artengruppe gleichgesetzt und als *„Galium mollugo“* bezeichnet. Dies hat auch historische Gründe, da eine Tren-

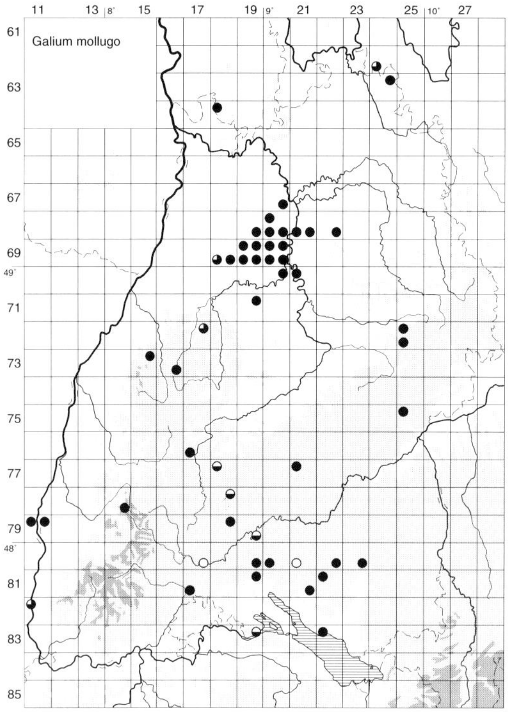

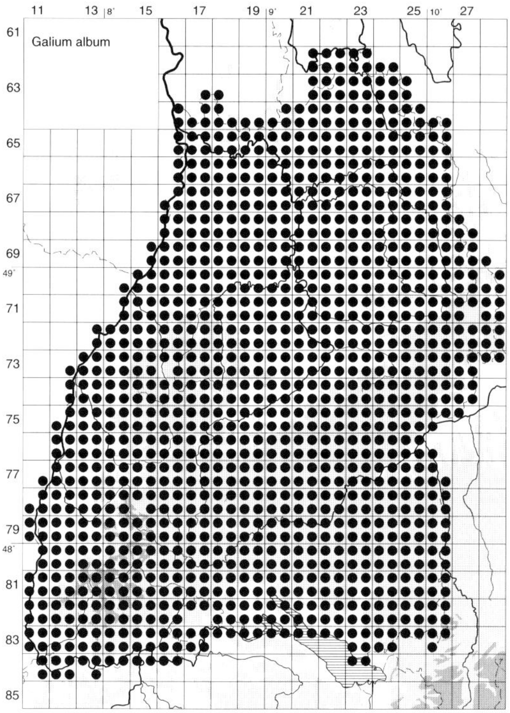

nung der beiden Arten erst durch KRENDL (1967) erfolgte.

Ökologie: *G. album* besiedelt vorwiegend nährstoffreiche Fettwiesen, daneben aber auch (primär) Wald- und Gebüschsäume sowie lichte Waldbereiche. Gelegentlich findet man die Art auch auf Halbtrockenrasen. Die Böden sind frisch oder zumindest wechselfrisch bis feucht und stets nährstoffreich. Nach OBERDORFER (1994) ist *G. album* eine schwache Arrhenatherion-Verbandscharakterart. Wichtige Begleitarten sind *Arrhenatherum elatius, Geranium pratense, Taraxacum officinale* agg., *Plantago lanceolata, Trifolium pratense, Anthoxanthum odoratum* u. a. Soziologische Aufnahmen siehe LANG (1973), SEBALD (1983: Tab. 13), SCHWABE-BRAUN (1980: Tab. IX) u. v. m. Die Art ist gut schnittverträglich (nach BRIEMLE und ELLENBERG 1994).

Allgemeine Verbreitung: Europa, Kaukasus, Kleinasien, Ostindien. *G. album* ist ein eurasisch-subozeanisches Florenelement.

Verbreitung in Baden-Württemberg: Überall verbreitet und häufig. Von ganz wenigen Ausnahmen abgesehen beziehen sich alle Angaben von *Galium mollugo* agg. aus der Kartierung auf *Galium album.*

Der niedrigste Fundort liegt bei ca. 90 m ü. M., der höchste am Feldberg bei 1280 m ü. M.

Erstnachweise: Die Art ist im Gebiet urwüchsig. Der erste subfossile Nachweis (auf *G. mollugo* agg. bezogen) erfolgte bei Wiesloch und datiert in das 11./13. Jh. n. Chr. (RÖSCH, unpubl.). Die erste Aufsammlung erfolgte durch H. HARDER ca. 1562 in der Umgebung Geislingen – Ulm (ZIMMERMANN 1937, ebenfalls *G. mollugo* agg.).

Bestand und Bedrohung: Die Art ist nicht gefährdet.

11. **Galium lucidum** All. 1773

G. rigidum Vill., *G. erectum* Hudson
Glänzendes Labkraut

Morphologie: Hemikryptophyt mit holzigem Wurzelstock, aus dem mehrere 20–60 cm hohe Stengel treiben. Stengel vierkantig mit deutlichen, hellen Leisten, kahl, glatt. Blätter zu 5–8, lineal-lanzettlich bis lineal, am Rande zurückgerollt und durch feine, nach vorne gerichtete Stacheln rauh, glänzend, oberseits dunkelgrün, unterseits etwas heller, deutlich bespitzt. Blütenstiele so lang oder kürzer als die Blüten, Krone 3–4 mm im Durchmesser, weiß oder gelblich (nicht goldgelb), Kronzipfel in eine fädliche

Glänzendes Labkraut *(Galium lucidum)*
Messerschmiedfelsen, 1994

Spitze ausgezogen. Frucht glatt, 1–1,5 mm. – Blütezeit: Juni–September.

Ökologie: Das Glänzende Labkraut bevorzugt wärmeliebende Waldgesellschaften, so zum Beispiel thermophile Eichen-Hainbuchen- und Traubeneichenwälder. Die Art scheint hinsichtlich des Bodens indifferent zu sein. Wichtige Begleitarten sind *Quercus petraea, Anthericum liliago, Avenella flexuosa, Melampyrum pratense* u. a. Soziologische Aufnahmen siehe OBERDORFER (1974).

Allgemeine Verbreitung: Mittelmeergebiet, Kaukasusländer. *G. lucidum* ist ein submediterranes Florenelement.

Verbreitung in Baden-Württemberg: Die Art ist nur von zwei Fundorten im Schwarzwald und im Hegau bekannt:

8112/1: Messerschmiedfelsen bei Staufen/Brsg., OBERDORFER (1974), 1993, WÖRZ (STU-K). Bei diesem erst 1972 von OBERDORFER entdeckten Vorkommen handelt es sich um den einzigen aktuellen Fundort in Deutschland!

8019/3: Bruderhof im oberen Wasserburgtal bei Engen, ZIMMERMANN in BARTSCH (1924); auf diesen Fundort bezieht sich vermutlich die Angabe von DÖLL (1862: 980): „so im Juragebiet, namentlich bei Engen". Hier wurde die Art seither nicht wiedergefunden, und es ist zu vermuten, daß sie aufgrund der nachhaltigen Nutzungsintensivierung erloschen ist.

Die Fundorte liegen bei ca. 330 bzw ca. 650 m ü. M.

Erstnachweise: Die Art ist im Gebiet urwüchsig und erstmals von DÖLL (1862: 980) erwähnt.

Bestand und Bedrohung: Einer der beiden bekannten Fundorte dürfte erloschen sein, der an-

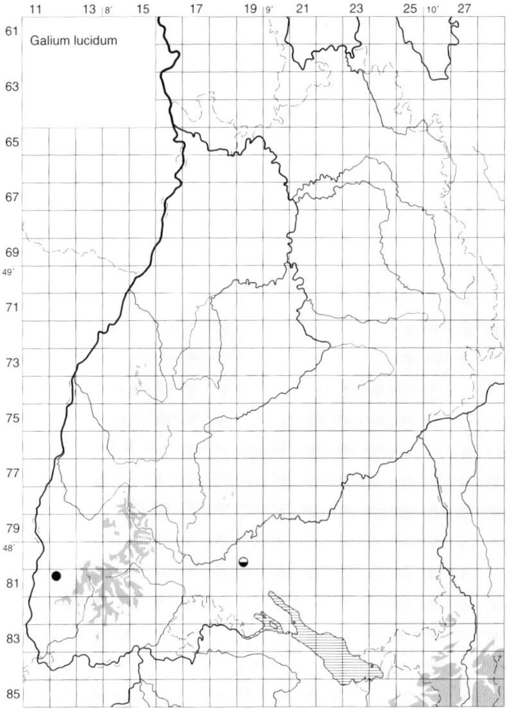

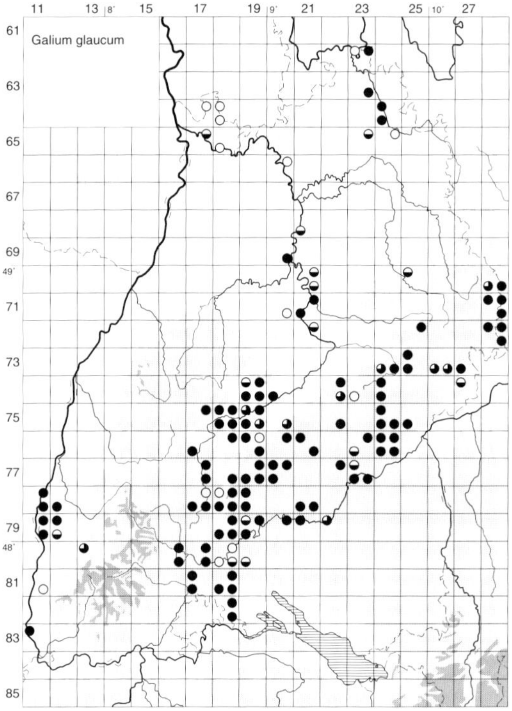

dere, am Messerschmiefelsen bei Staufen liegt in einem Naturschutzgebiet an einem recht steilen Hang. Der Bestand umfaßt ca. 50 Individuen, möglicherweise sind noch mehr vorhanden. Eine unmittelbare Gefährdung liegt hier nicht vor und ist vermutlich auch künftig nicht zu erwarten. Allerdings muß die Art aufgrund ihres kleinflächigen Vorkommens zumindest als „potentiell gefährdet“ (Gefährdungsstufe 4) eingestuft werden.

12. **Galium glaucum** L. 1753

Asperula glauca (L.) Bess. 1822
Blaugrünes Labkraut

Morphologie: Hemikryptophyt mit 20–80 cm hohem, aufrechtem, kahlem, undeutlich vierkantigem Stengel. Laubblätter in 8- bis 10zähligen Wirteln, lineal bis lanzettlich, maximal 2,5 mm breit, stachelspitzig, blaugrün, am Rand deutlich zurückgerollt, 1nervig. Blüten in langgezogenen Trugdolden, Krone trichterförmig, nicht bis zum Grund gespalten, mit längerer Kronröhre. Früchte 2–3 mm, eiförmig, glatt. – Blütezeit: Mai–Juli.

Ökologie: *G. glaucum* ist eine Art der Halbtrockenrasen und trockenen Gebüschsäume, aber auch Felsbereiche und Felsbänder mittlerer und höherer Lagen. Der Untergrund ist kalkreich, trocken, meist handelt es sich um flachgründige, steinige Böden. Nach OBERDORFER (1994) ist *G. glaucum* eine Festuco-Brometea-Klassencharakterart.

Wichtige Begleitarten sind *Salvia pratensis, Bupleurum falcatum, Euphorbia cyparissias, Stachys germanica* u.a. Soziologische Aufnahmen siehe KUHN (1937: Tab. 16), v. ROCHOW (1951: Tab. 14a), BEITER (1991: Tab. 12), FISCHER (1982), MÜLLER und GÖRS (1969), WITSCHEL (1980: Tab. 16, 17). Die Art ist mäßig schnittverträglich (nach BRIEMLE und ELLENBERG 1994).

Allgemeine Verbreitung: West- und Mitteleuropa, Rußland, nördlicher Balkan. *G. glaucum* ist ein submediterran-gemäßigt-kontinentales Florenelement.

Verbreitung in Baden-Württemberg: Zerstreut auf der Schwäbischen Alb und ihrem Vorland, sonst selten im Neckar-, Tauber- und Oberrheingebiet. Fehlt im Schwarzwald und in Oberschwaben.

Oberrheingebiet: Selten im nördlichen und südlichen Abschnitt: 6417/2: Hemsbach, DÖLL (1862); 6418/1: Birkenauer Tal b. Weinheim, SCHMIDT (1857); 6418/3:

Blaugrünes Labkraut *(Galium glaucum)*
Badberg

Weinheim, DÖLL (1862); 6517/2: Schriesheim, ZIMMERMANN (1907); 6518/3: Haarlaß, SCHMIDT (1857); 7811/2: o.O., 1989, REINECKE/RIETDORF (STU-K); 7811/4: Burkheimer Schloßberg, 1951, WALTER (STU), Lützelberg bei Sasbach, 1993, PHILIPPI (KR-K); 7812/3: Schönebene-Obergrub, 1991, PHILIPPI (KR-K); 7911/2: Westseite des Badberges oberhalb Oberbergen, 1992, WÖRZ (STU-K); 7911/4: Rheinebene E Breisach, 1985, QUINGER (KR-K); 7912/1: Badberg/Kaiserstuhl, 1923, A. MAYER (STU), 1992, WÖRZ (STU-K); 7912/3: Tuniberg, SEUBERT & KLEIN (1905); 8013/1: Freiburg, Schloßberg, 1951, HRUBY (KR); 8111/4: Schwärze bei Müllheim, DÖLL (1862); 8311/1: Hartberg bei Istein, 1984, SEYBOLD (STU-K).

Taubergebiet: 6223/1: Wertheim, in Mauerritzen des alten Schlosses, DÖLL (1862); 6223/2: o.O., o.J., PHILIPPI (KR-K); 6323/4: Impfingen, Hunzenberg, 1983, PHILIPPI (STU-K); 6424/1: o.O., ca. 1970, TÜRK (STU-K); 6424/3: Schmierhüttensteige – Theobaldskapelle – W Unterbalbach, 1980, O. BAYER (STU-K); 6523/2: Boxberg, MEIGEN (1902); 6524/2: Mergentheim, 19. Jh., FUCHS (STU).

Hohenloher Ebene: 7025/1: Hohenberg, 1905, BRAUN (STU).

Neckarland: 6620/2: Mosbach, DÖLL (1862); 6821/3: Heilbronn, HECKEL (1929); 6920/4: o.O., 1984–90, SCHMATELKA (STU-K); 7021/2: Kleinbottwar, HECKEL (1929); 7021/4: Marbach, HECKEL (1929); 7120/4: Korntal, LÖRCHER in KIRCHNER (1888); 7121/2: Oberwiesen NW Hochberg, 1991, SEYBOLD (STU-K); 7121/3: Cannstatt, Steinhalde und Zuckerberg, 1991, VOGGESBERGER (STU-K); 7221/2: Kappelberg bei Fellbach, 1940, KREH in SEYBOLD (1969), Nachsuche erfolglos, ob noch?.

Obere Gäue, Schönbuch, Rammert, Mittleres Albvorland: Zerstreut bis stellenweise verbreitet.

Baar: 8016/2: Buchberg bei Donaueschingen, REHMANN und BRUNNER (1851), SE Wolterdingen, 1985, PHILIPPI (KR-K); 8016/4: Bräunlingen, 1984, WITSCHEL (STU-K).

Klettgau: 8218/2: Hohentwiel, 1977, HENN (STU-K); 8218/4: Rosenegger Berg, 1990, VOGGESBERGER (STU-K).

Der niedrigste Fundort liegt bei ca. 100 m ü. M., der höchste am Hochberg bei Deilingen (7818/2) in ca. 1000 m ü. M.

Erstnachweise: Die Art ist im Gebiet urwüchsig. Die erste Aufsammlung erfolgte durch H. HARDER ca. 1574–76 in der Umgebung Geislingen – Ulm (SCHORLER 1908).

Bestand und Bedrohung: Die Art weist zwar auf der Schwäbischen Alb und im Neckargebiet noch ein geschlossenes und halbwegs stabiles Areal auf, in einigen Teilen ihres Areales läßt sich jedoch ein deutlicher Rückgang erkennen. Sie muß insgesamt als gefährdet eingestuft werden (Gefährdungsstufe 3), im Neckarbecken ist sie stark gefährdet (Stufe 2) und am nördlichen Oberrhein verschollen. Die Ursache dafür dürfte in der Abnahme der Halbtrocken- und Trockenrasen liegen, vor allem durch Intensivierung oder Aufforstung. Der Schutz dieser Trockenrasen ist eine Voraussetzung zur langfristigen Sicherung von Galium glaucum im Gebiet. So sollte z. B. die Steinhalde und der Zuckerberg bei Bad Cannstatt (7121/3) unter Schutz gestellt werden.

13. Galium sylvaticum L. 1762
Wald-Labkraut

Morphologie: Hemikryptophyt mit 30–100 cm hohem, aufrechtem, locker ästigem, stielrundem Stengel, glatt, kahl. Laubblätter in 6- bis 8zähligen Wirteln, länglich-elliptisch bis lanzettlich, 20–40 × 3–10 mm, stachelspitzig, oberseits grün, unterseits heller. Blüten an feinen, vor dem Aufblühen nickenden Stielen in einer weit auseinandergezogenen Rispe. Krone 2–2,5 mm, weiß. Frucht 1,5 mm, kahl. – Blütezeit: Juni–September.

Ökologie: *G. sylvaticum* ist ein typischer Laubwaldbewohner, der vor allem in Eichen-Hainbuchen- und Buchenwäldern auf kalkreichem Untergrund vorkommt. Die Standorte sind schattig und nicht zu trocken. Nach OBERDORFER (1994) ist *G. sylvaticum* Assoziationscharakterart des Galio-Carpinetums (Labkraut-Eichen-Hainbuchenwald). Wichtige Begleitarten sind *Fagus sylvatica, Carpinus betulus, Carex montana, Brachypodium sylvaticum, Convallaria majalis, Mercurialis perennis* u. a. Soziologische Aufnahmen s. KOCH und v. GAISBERG (1938), MÜLLER (1967), NEBEL (1986), KUHN (1937), SEBALD (1983, Tab. 2, 4).

Allgemeine Verbreitung: Mitteleuropa und Alpengebiet, Slowenien. Nach Ausschluß der polyploiden *G. schultesii* Vest. ist das Wald-Labkraut eine ausgesprochen mitteleuropäische Art, wobei Mitteleuropa im weiteren Sinn inklusive des norditalienischen und französischen Alpenraumes verstanden werden muß.

Verbreitung in Baden-Württemberg: Überall verbreitet und häufig mit Ausnahme von einigen Teilen des Schwarzwaldes und des Oberrheingebietes. Der niedrigste Fundort liegt bei 100 m. ü. M., der höchste an der Löhlenhalde (7918/4) bei ca. 900 m ü. M.

Erstnachweise: Die Art ist im Gebiet urwüchsig. Der erste subfossile Nachweis erfolgte bei Villingen und datiert in das 6. Jh. v. Chr. (KÖRBER-GROHNE und WILMANNS (1977)). Die erste Aufsammlung erfolgte durch H. HARDER ca. 1562 in der Umgebung Geislingen – Ulm (ZIMMERMANN 1937).

Bestand und Bedrohung: Die Art ist im Gebiet nicht gefährdet.

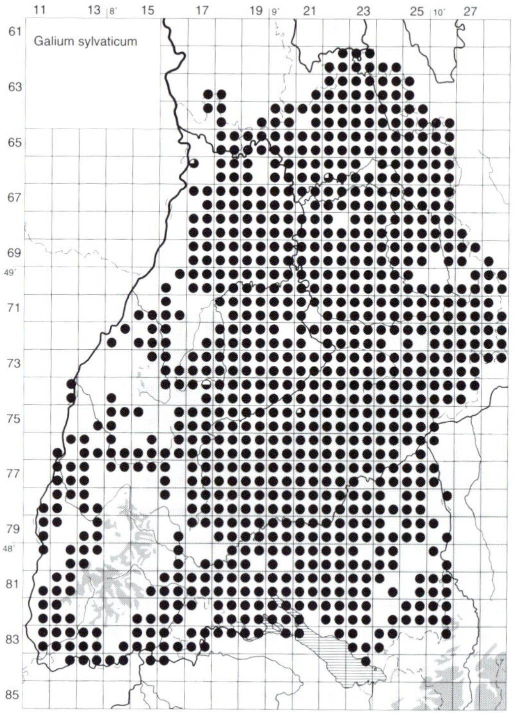

Wald-Labkraut *(Galium sylvaticum)*
Grafenberg, 27. 7. 1991

Die vier folgenden Arten *G. pumilum, G. anisophyllon, G. valdepilosum* und *G. saxatile* gehören zur Sektion Lepto-Galium Lange, einer Gruppe eng verwandter und sehr problematischer Arten unterschiedlicher Ploidiestufen (EHRENDORFER (1956, 1960)). Dabei ist *G. saxatile* recht gut abgrenzbar und bestimmbar. Die drei anderen Arten bilden jedoch ein ziemlich schwieriges Gemisch aus Merkmalen, das einer eingehenden Untersuchung bedarf. Die vorliegende Gliederung ist demnach noch recht provisorisch und soll ausführlich erst in einer späteren Darlegung begründet werden. Als gesichert können jedoch bisher folgende Punkte gelten:

1. Es besteht kein Zweifel daran, daß auf der Schwäbischen Alb *G. anisophyllon* Vill. vorkommt. Die Art weist im Gebiet mehrere Ploidiestufen auf (2n = 22, 44, ?66) und kann sowohl behaart, als auch unbehaart sein.

2. Es besteht ebenfalls kein Zweifel daran, daß in demselben Gebiet auf Malm-Felsen *G. pumilum* Murray vorkommt. Diese Art ist mit Sicherheit nicht, wie vielfach in der Literatur behauptet wird, an kalkarme Böden gebunden. Auch sie kann sowohl behaart als auch unbehaart sein.

3. Auf der Schwäbischen Alb existiert schließlich eine dritte, sehr seltene Sippe, die nach dem

derzeitigen Kenntnisstand *G. valdepilosum* zugeordnet werden muß und mit 2n = 22 diploid ist. Hierbei handelt es sich ausschließlich um behaarte Formen.

Leider sind nicht bei allen Belegen die in der Literatur angegebenen Merkmale miteinander korreliert, so daß die ganze Gruppe ein recht uneinheitliches Bild liefert. Möglicherweise dürfen die Sippen auch nicht als Arten angesehen werden, vielmehr legen die zahlreichen Übergänge und Zweifelsfälle die Vermutung nahe, daß es sich doch nur um Unterarten einer Spezies mit mehreren Ploidiestufen handelt. So erscheint z. B. eine Kreuzung von hexaploiden *G. pumilum*-Sippen mit hexaploiden *G. anisophyllon* (die beide im Gebiet vorhanden sind) möglich. Ebenso läßt insbesondere die eigenartige Verteilung der Behaarungsmerkmale eine Hybridisierung von *G. valdepilosum* und *G. anisophyllon* auf der 2n = 44-Stufe vermuten. Untersuchungen dazu liegen noch nicht vor.

An dieser Stelle möchte ich Herrn Professor F. KRENDL vom Naturhistorischen Museum in Wien sowie Herrn Dr. W. LIPPERT von der Botanischen Staatssammlung München ganz herzlich für die zahlreichen wertvollen Hinweise in Zusammenhang mit der Bearbeitung der Gruppe danken.

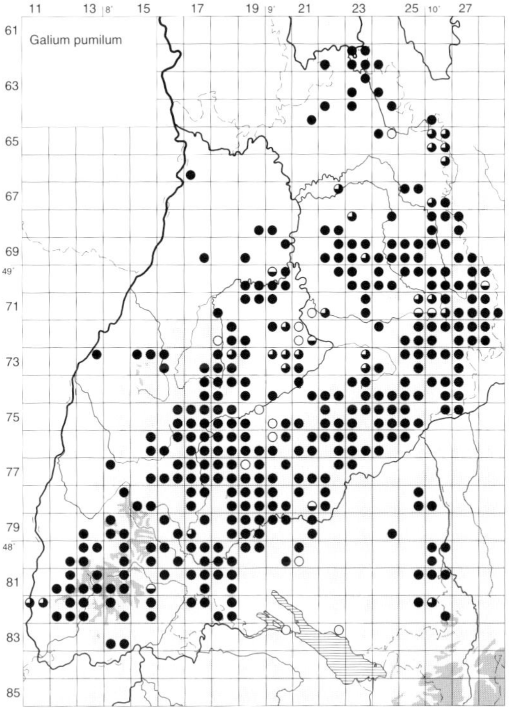

14. **Galium pumilum** Murray 1770

G. asperum Schreber 1771, *G. silvestre* Pollich 1776

Heide-Labkraut

Morphologie: Hemikryptophyt mit 10–50 cm langem, glattem oder wenig rauhem, aufrechtem oder aufsteigendem Stengel, meist alle blühend. Internodien auch an der Stengelbasis mindestens doppelt so lang wie die Blätter (auch im unteren Stengelteil, Unterschied zu *G. anisophyllon!*). Laubblätter in 6- bis 8zähligen Wirteln, 1nervig, lineal-lanzettlich, 10–16 × < 2 mm, stachelspitzig, am Rand etwas zurückgerollt. Blüten weiß, in Trugdolden, Stiele gerade, Krone 2,5–4 mm, mit spitzen Zipfeln, Pollenkörner über 19,5 mm im Durchmesser. Frucht ca. 1 mm, kahl, rund-papillös. – Blütezeit: Juni–August.

Anmerkung: Die Art ist sehr eng mit *G. anisophyllon* verwandt und nicht immer eindeutig von ihr unterscheidbar. Nach EHRENDORFER (1949) kommen „Annäherungsformen" vor, die eine durch den Standort bedingte Ähnlichkeit aufweisen, aber an Hand Chromosomenzählungen und anderer Merkmale eindeutig einer der beiden Sippen zuzuordnen sind (vgl. a. EHRENDORFER 1958). *G. pumilum* ist mit 2n = 66 hexaploid oder 2n = 88 octoploid.

Ökologie: *G. pumilum* findet sich häufig in Magerrasen und Magerweiden auf trockenem bis frischem Untergrund. Die Böden sind feinerde- und tonreich, kalkarm oder kalkreich. Selten wächst die Art auch an Feinerdeanreicherungen in Kalk-Felsspalten. Die Standorte sind offen oder etwas beschattet. Nach OBERDORFER (1994) ist die Art eine Verbandscharakterart der collin-montanen Borstgrasrasen (Violion caninae). Wichtige Begleitarten sind *Nardus stricta, Avena pratensis, Brachypodium pinnatum, Sanguisorba minor, Thymus pulegioides* u. a. Soziologische Aufnahmen s. SEBALD (1983: Tab. 12), KUHN (1938: Tab. 24, 25), WITSCHEL (1980: Tab. 16). Die Art ist mäßig schnittverträglich (nach BRIEMLE und ELLENBERG 1994).

Die Variabilität der Sippe hinsichtlich Chromosomenzahl stellt möglicherweise eine Erklärung für die breite ökologische Amplitude der Art im Gebiet dar: im Gegensatz zu den Angaben von OBERDORFER (1983) und KORNECK und MÜLLER (1967) scheint die Art keineswegs an kalkarmen Untergrund gebunden zu sein, vielmehr wachsen eindeutige *G. pumilum*-Exemplare

Heide-Labkraut *(Galium pumilum)*
10. 6. 1973

sogar auf Malm-Felsen. Vermutlich besteht daher – wie bereits EHRENDORFER (1949) andeutete – *G. pumilum* aus mehreren Kleinsippen mit verschiedenen ökologischen Ansprüchen, die sich im Habitus nur wenig unterscheiden.

Allgemeine Verbreitung: Nord-, Mittel- und Südosteuropa bis Montenegro. *G. pumilum* ist ein subatlantisch(-submediterranes) Florenelement.

Verbreitung in Baden-Württemberg: Die Art kommt in den Mittelgebirgen zerstreut bis häufig vor, außerhalb ist sie relativ selten.

Oberrheingebiet: 6617/3: N Hockenheim, 1992, PHILIPPI (KR-K); 7313/2: Damm W Rheinau-Freistett, 1988, PHILIPPI (KR-K); 8211/1: Steinenstadt, HÜGIN (1956); 8211/2: Mauchen, HÜGIN (1956).

Schwarzwald: Im Südschwarzwald zerstreut, im Nordschwarzwald ist die Art nur im südwestlichen, vom Muschelkalk geprägten Teil häufig, sonst selten:

7315/1: Engelberg, Wolfshügel, 1986, PHILIPPI (KR-K); 7315/2: Oberes Scherbachtal, 1987, PHILIPPI (STU-K); 7316/1: Bermersbach, 1982, SEYBOLD (STU-K); 7316/3: o.O., o.J., 1987, PHILIPPI (KR-K); 7615/2: Abzweigung zum Hanselehof, 1988, SEYBOLD (STU-K).

Odenwald: 6222/3: Hang W Rauenberg, Antoniusmühle, 1986, PHILIPPI (KR-K); 6421/4: o.O., o.J., SCHÖLCH (STU-K).

Gäuflächen: Zerstreut bis häufig mit einem Verbreitungsschwerpunkt im Oberen Gäu, in der Hohenloher Ebene zurücktretend, im Taubergebiet wieder etwas häufiger.

Keuper-Lias-Neckarland, Baar und Schwäbische Alb: Zerstreut bis verbreitet, stellenweise, vor allem am Oberen Neckar, im Südschwarzwald und auf der Schwäbischen Alb häufig.

Alpenvorland: Im östlichen Teil zerstreut, sonst nur 7921/4: Umgebung Zielfingen, 1985, MARQUART (STU-K); 8020/4: Waltereried bei Sattelöse, 1974, SEYBOLD (STU-K); 8021/1: Madenteich N Glashütte, 1989, VOGGESBERGER (STU); 8021/3: Kloster Wald, 1872, SAUTERMEISTER (STU); 8320/2: Wollmatinger Ried, JACK (1900); 8322/2: Raderacher Ried, JACK (1900).

Der niedrigste Fundort liegt bei Rheinau-Freistett (7313/2) in 130 m ü. M., der höchste Fundort ist am Bahnhof Altglashütten (8114/2) in 960 m ü. M.

Erstnachweise: Die Art ist im Gebiet urwüchsig. Die erste Aufsammlung erfolgte durch H. HARDER ca. 1599 in der Umgebung Geislingen – Ulm (SEPTA und GRIMM 1988, auf *G. pusillum* agg. bezogen).

Bestand und Bedrohung: Die Art läßt im Gebiet vor allem in den Siedlungsschwerpunkten einen Rückgang erkennen, wenngleich sie insgesamt nicht als gefährdet betrachtet werden muß. Die Ursache für den Rückgang liegt in der Zerstörung von Magerrasen und deren Überbauung oder Umwandlung in intensiv bewirtschaftete Nutzflächen. Wie für viele andere Arten ist auch für *G. pumilum* der Schutz dieser Flächen von großer Bedeutung.

15. Galium anisophyllon Vill. 1779
Ungleichblättriges Labkraut

Morphologie: Hemikryptophyt mit 5–20 cm langen, liegenden bis aufsteigenden, vierkantigen, kahlen oder behaarten, zu mehreren stehenden Stengeln. Pflanze trocken häufig dunkel werdend. Blätter 7–16 × 1–2(–3) mm, in 5- bis 8zähligen Wirteln, die der nichtblühenden Sprosse eilanzettlich, plötzlich in die Stachelspitze verschmälert, am Rand mit nach unten gerichteten Stacheln, die der blühenden Sprosse an der Basis eilanzettlich bis eiförmig, weiter oben lanzettlich, deutlich nach vorne verbreitert und im oberen Drittel am breitesten, plötzlich in die Spitze verschmälert, netznervig (besonders an verwelkten Blättern sichtbar), kahl oder behaart. Internodien 1- bis 3mal so lang wie die Blätter, dabei im untersten Stengeldrittel gestaucht, so daß die Blätter hier häufig so lang oder sogar länger als

Ungleichblättriges Labkraut *(Galium anisophyllon)*
Lautertal bei Ulm, Juni 1994

die Internodien sind.* Blüten in armblütigen, nicht verlängerten, fast ebensträußigen Ständen, gelblichweiß bis weiß, ca. 3 mm breit, Pollenkörner über 19,5 mm im Durchmesser. Frucht 1–1,5 mm, glatt. – Blütezeit: Juli–September.

Variabilität: Nach EHRENDORFER (1958) ist *G. anisophyllon* ein Polyploidiekomplex aus Sippen mit 2n = 22, 44, 66, 88, und 110, wobei in den Nordalpen und deren Vorland hexaploide (2n = 66) vorkommen. Pollenuntersuchungen zeigten jedoch, daß in Baden-Württemberg auch tetraploide und vereinzelt diploide Exemplare vorkommen (SMETTAN (1994), WÖRZ, in Vorbereitung). SMETTAN (l. c.) ordnet die tetraploiden Belege der subsp. *puberulum* (Christ) Ehrendorfer ined. zu. Im Gebiet kommen sowohl behaarte, als auch unbehaarte Formen vor.

Ökologie: *G. anisophyllon* kommt im Gebiet auf Kalk-Steinschutt sowie Kalkfelsen vor. Die Standorte sind nicht zu schattig, mäßig trocken und feinerdearm. Außerdem findet sich die Art in lichten Kiefernwäldern, z. B. im Coronillo-Pinetum (vgl. MÜLLER 1980). Wichtige Begleitarten sind *Sesleria varia, Cardaminopsis arenosa, Cynanchum vincetoxicum, Thesium pyrenaicum, Dianthus seguieri, Coronilla vaginalis, Crepis alpestris* u. a. Soziologische Aufnahmen siehe KORNECK und MÜLLER (1967), MÜLLER (1980), SMETTAN (1994).

Allgemeine Verbreitung: Alpen, Sudeten, Karpaten, Illyrische Gebirge, Balkan. *G. anisophyllon* ist ein alpin-präalpines Florenelement.

Verbreitung in Baden-Württemberg: Nur an wenigen Stellen auf der Schwäbischen Alb und in Oberschwaben nachgewiesen. Die Art wird möglicherweise übersehen und könnte noch weiter verbreitet sein. Wegen der Schwierigkeiten bei der Unterscheidung von dem z. T. an ähnlichen Standorten vorkommenden *G. pumilum* werden im folgenden nur die an Hand von Herbarbelegen sicher nachgewiesenen Vorkommen aufgeführt. An dieser Stelle sei Herrn Professor F. KRENDL vom Naturhistorischen Museum in Wien für die Bestimmung und Durchsicht des Herbarmateriales ganz herzlich gedankt.

Schwäbische Alb: 7225/2: Sedelfelsen am Rosenstein bei Heubach, 1993, DAMBACH (STU), 1994, WÖRZ (STU),

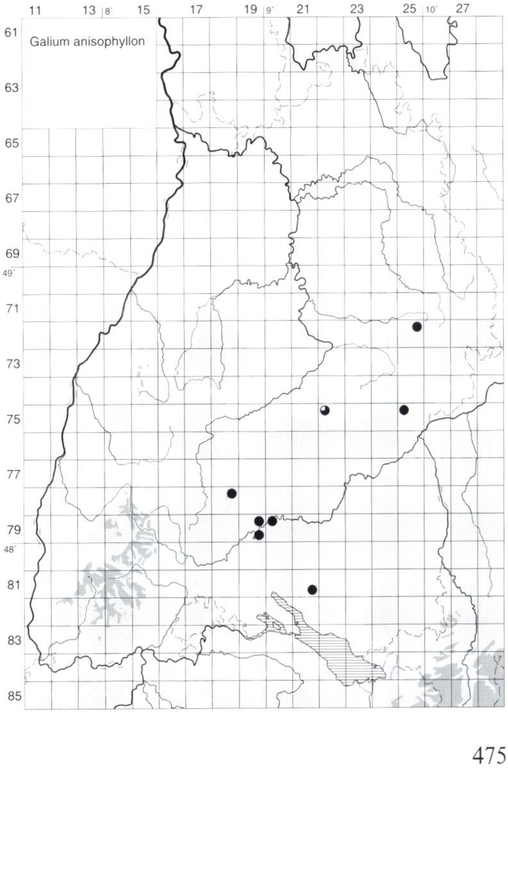

* In den meisten Floren wird hier vereinfachend angegeben: „Internodien gestaucht, so lang oder kürzer als Blätter". Bereits EHRENDORFER (1949) wies jedoch darauf hin, daß sich dieses Merkmal nur auf den unteren Stengelteil bezieht. Die Internodien des oberen Bereiches können sehr wohl wesentlich länger als die Blätter sein!

Smettan (in Druck); 7522/1: Über dem Uracher Wasserfall, 18. 6. 1893, Correns det. Ehrendorfer 1952 (M), Rutschenfelsen, 1968, Seybold (STU); 7525/1: Hoher Fels bei Bermaringen, 1994, Wörz (STU); 7818/2: Riesenwald am Hochberg östlich Wilflingen, 1964, Müller in Korneck und Müller (1967), 1993, Wörz (STU); 7919/2: Altstadtfelsen östlich Beuron, 1993, Wörz (STU); 7919/4: Alpenblick S Beuron, 1993, Wörz (STU), eine behaarte Form!; 7920/1: Bandfelsen östlich Beuron, 1958, Korneck in Korneck und Müller (1967), 1993, Wörz (STU).
Alpenvorland: 8121/4: An Felsen bei der Freundschaftshöhe unweit Heiligenberg, 1936, C. J. Mayer det. F. Ehrendorfer (M), eine behaarte, als subsp. *puberulum* (Christ ap. Gremli) Ehrend. ined. angesprochene Form, Wald bei Heiligenberg, 1973, Seybold (STU), unbehaart.

Der tiefste Punkt liegt am Uracher Wasserfall bei ca. 600 m ü. M., der höchste am Hochberg bei 930 m ü. M.

Erstnachweise: Die Art ist im Gebiet urwüchsig. Wahrscheinlich handelt es sich um ein Glazialrelikt. Erster literarischer Nachweis s. Korneck und Müller (1967). Die erste Aufsammlung der Art datiert in das Jahr 1893 und stammt vom Uracher Wasserfall (leg. Correns, det. Ehrendorfer (M)).

Bestand und Bedrohung: Die Art ist im Gebiet nicht häufig, wenngleich sie möglicherweise noch weiter verbreitet ist, als auf der Karte angegeben wird. Die Standorte liegen im Felsbereich, häufig in Naturschutzgebieten, wo keine unmittelbare Gefährdung durch Überbauung und Landwirtschaft gegeben ist. Ein möglicher Faktor ist jedoch die Trittbelastung, und die Forderung nach einer Einzäunung der entsprechenden Felsbereiche liegt nahe. Beobachtungen am Bandfelsen östlich Beuron zeigen aber, daß die Art gerade in den uneingezäunten Bereichen häufiger ist. Möglicherweise ist eine Bedrohung durch Überwachsung von viel größerer Bedeutung. Aufgrund der wenigen Fundorte muß die im allgemeinen in vitalen Beständen vorhandene Art zumindest als „potentiell gefährdet" (Gefährdungsstufe 4) beobachtet werden. Empfehlenswert ist die Unterschutzstellung des „Alpenblicks" bei Beuron.

16. Galium valdepilosum H. Braun 1886

Mährisches Labkraut

Morphologie: Hemikryptophyt mit 15–40 cm langem, aufsteigendem bis aufrechtem Stengel, mit blütenlosen Trieben. Pflanze kahl oder behaart, trocken hellgrün. Mittlere Internodien 1,5- bis 4,5mal so lang wie die Blätter, diese 11–18 × 0,8–2,3 mm, in meist 7- bis 8zähligen Wirteln, 8- bis 16mal so lang wie breit. Blütenstand eiförmig-länglich bis breit-pyramidal, Blütenstiele kurz, bis ca. 1,1 mm, Blüten 2–3,5 mm im Durchmesser, Pollenkörner 17,5–19,5 mm groß. Fruchtstiele 0,5–3 mm lang, Früchte deutlich spitz-papillös. – Blütezeit: Juni–Juli.

Chromosomenzahl 2n = 22 (im Gebiet), sonst 22, 44 (Krendl 1993).

Variabilität: Außer den beiden unten genannten Belegen liegen aus unmittelbarer Nähe im Lautertal eine Reihe behaarter Exemplare vor, von denen zwei Populationen eindeutig spitzkörnige Früchte aufweisen. Ihre Chromosomenzahl liegt aber bei 2n = 66! Wie diese Belege zu werten sind, ist bisher unklar. Ehrendorfer (1956) beschrieb eine behaarte Form der *G. pusillum*-Gruppe als *G. anisophyllon* subsp. *bavaricum*. Diese Sippe wurde jedoch in neuerer Zeit *G. valdepilosum* H. Braun zugeordnet (Noack 1983, Lippert mdl., Ehrendorfer in Krendl 1993), und auch die entsprechenden Belege aus Baden-Württemberg müssen aufgrund der spitzkörnigen Früchte, der wenigen sterilen Triebe und des Blatt-Internodienverhältnisses mit Sicherheit dem Mährischen Labkraut zugeordnet werden.

Ökologie: Der einzige Fundort von *G. valdepilosum* befindet sich an einem schattigen Weißjura-

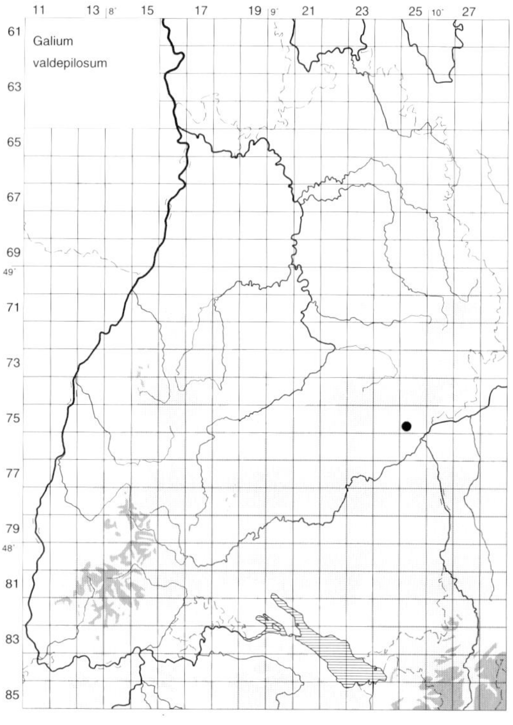

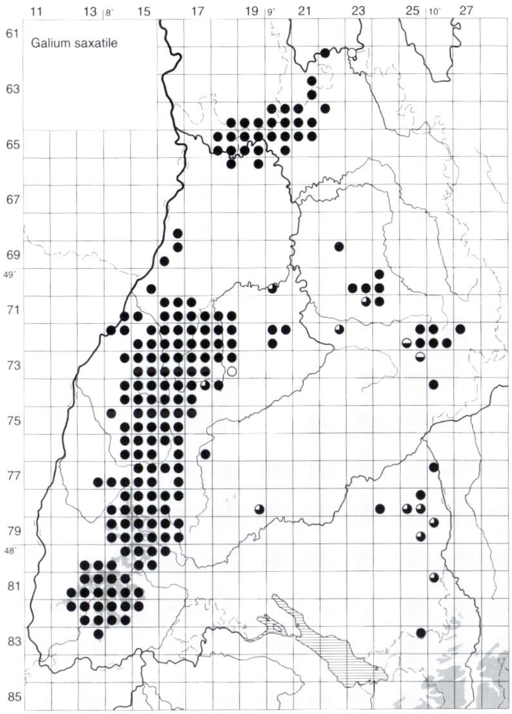

Felsen unmittelbar über der Karstquelle der Lauter. Der Standort ist ziemlich luftfeucht, die Art wächst hier direkt auf dem Gestein.

Allgemeine Verbreitung: Osteuropa von Südostdeutschland bis zur Ukraine, ferner Dänemark. In Bayern ist die Art aus dem Bayerischen Wald und dem Fränkischen Jura bekannt. *G. valdepilosum* ist ein gemäßigt-kontinentales Florenelement.

Verbreitung in Baden-Württemberg: Bisher nur auf der Schwäbischen Alb:

7525/3: Lautertal, an Felsen S Lautern, 1927, MÜLLER (STU), an Malm-Felsen am Lautertopf, 1994, WÖRZ (STU).

Möglicherweise ist die Art noch weiter verbreitet und bisher nicht erkannt worden.

Erstnachweise: Die Art ist im Gebiet vermutlich urwüchsig. Sie wird hiermit erstmals nachgewiesen, wenngleich der erste Herbarbeleg aus dem Jahr 1927 stammt.

Bestand und Bedrohung: Auf Grund ihrer Seltenheit ist die Art potentiell gefährdet (Stufe 4), wenngleich derzeit keine unmittelbare Bedrohung des Vorkommens besteht. Der Lautertopf sollte dringend unter Naturschutz gestellt werden, auch die Vorkommen ähnlicher und möglicherweise verwandter Sippen in der Umgebung, z. B. am Lautertal-Nordhang zwischen der Kirche und dem Lautertopf sind schützenswert.

17. Galium saxatile L. 1753

G. harcynicum Weigel 1772
Hercynisches Labkraut, Felsen-Labkraut

Morphologie: Hemikryptophyt, z. T. Chamaephyt, sterile Stengel liegend, zahlreich, fertile aufsteigend, 10–30 cm lang, vierkantig, kahl. Laubblätter in 6zähligen Wirteln, verkehrt-eiförmig bis lanzettlich, über der Mitte am breitesten, am Rand mit nach vorne gerichteten Zähnen, einnervig. Blüten in Trugdolden, die zu einer schmalen Rispe zusammenstehen, 2–3 mm, Frucht 1,5 mm, dicht mit feinen, spitzen Warzen besetzt. – Blütezeit: August–September.

Ökologie: Das Hercynische Labkraut besiedelt ausschließlich bodensaure Standorte sowohl auf offenen Rasenflächen (Borstgrasrasen, Pfeifengraswiesen), als auch in Wäldern, v. a. Fichtenwäldern, bisweilen sogar bis zum Rand von Flachmooren. Der Untergrund ist frisch bis feucht und meist nährstoffarm, die meisten Vorkommen liegen auf Kristallin oder Buntsandstein. Nach OBERDORFER (1994) ist *G. saxatile* eine Nardetalia-Ordnungscharakterart. Wichtige Begleitarten sind *Dryopteris carthusiana, Potentilla erecta, Luzula campestris, Oxalis acetosella, Calluna vulgaris, Avenella flexuosa* u. a. Sozio-

Hercynisches Labkraut *(Galium saxatile)*
Toter Mann

logische Aufnahmen s. BARTSCH u. BARTSCH (1949: Tab. 11), SCHWABE-BRAUN (1980); BOGENRIEDER (1982: Tab. 1), OBERDORFER (1982), PHILIPPI (1989: Tab. 15), SCHWABE (1990: Tab. 1, 2). Die Art ist mäßig schnittverträglich (nach BRIEMLE und ELLENBERG 1994).

Allgemeine Verbreitung: West- und Mitteleuropa, nach Norden bis Süd-Skandinavien, Balkan, Südrußland. *G. saxatile* ist ein subatlantisches Florenelement.

Verbreitung in Baden-Württemberg: Im Schwarzwald und im Odenwald häufig, sonst zerstreut bis selten in Gebieten mit saurem Untergrund. Ein Teil der Vorkommen beruht wahrscheinlich auf einer sekundären Ausweitung des Areales (Fichtenanbau), wogegen die Vorkommen auf der Alb beispielsweise sicherlich durch eine lokale Bodenversauerung aufgrund der geologischen Verhältnisse (Lehmauflage) bedingt sind.

Fundorte außerhalb der geschlossenen Arealteile in Schwarzwald und Odenwald:

Oberrheingebiet: 6816/4: „Wald, Bahndamm, B 36", 1991, PHILIPPI, (KR-K); 6916/2: o.O., o.J., HAISCH (KR-K); 6916/3: o.O., o.J., PHILIPPI (KR-K); 7015/4: Stangenschlag SE Durmersheim, 1990, DEMUTH (KR-K); 7114/4: NE Hügelsheim, 1988, PHILIPPI (KR-K); 7115/3: Sandfläche nördl. Bahnlinie Rastatt–Wintersdorf, 1994, WÖRZ (STU-K); 7214/1: Stollhofen, 1993, PHILIPPI, (KR-K); 7214/2: Hartwald, 1988, PHILIPPI (KR-K).
Gäuflächen: 6223/1: Wertheim, DÖLL (1862); 7020/3: Wolfställen bei Oberriexingen, 1955, SIEB in SEYBOLD (STU-K).
Keuper-Lias-Neckarland: 6922/2: Heßberg W Wüstenrot, 1975, HARMS (STU); 7023/3: o.O., 1970/74, SCHWEGLER (STU-K); 7023/4: Kaisersbach, ca. 1960, MATTERN (STU-K); 7024/1: o.O., SCHWEGLER (STU-K); 7024/3: Niedermoor s Schadberg, 1987, NEBEL (STU-K); 7123/2: o.O., Liste, 1969, D. RODI (STU-K); 7124/1: Wolfsbachtal s Hüttenbühl, 1987, NEBEL (STU-K); 7220/1: Glemseck, Friedensbrücke, 1983, BUCK (STU-K); 7220/2: Rötelberg, 1969, SEYBOLD (STU); 7220/3: Sommerhofental b. Sindelfingen, 1986, MAAS (STU-K); 7222/2: Schurwald, Hohengehren, 1954, KREH (1959).
Schwäbische Alb: 7225/2: Bartholomä, SCHLENKER in BERTSCH (STU-K), 1983, Liste RODI (STU-K); 7225/3: Weißenstein, SCHLENKER in BERTSCH (STU-K); 7225/4: Böhmenkircher Moor, 1963, KNAUSS (STU), Rauhe Wiese, 1992, WÖRZ (STU-K); 7226/1: Weiherwasen 2,5 km N Irmannsweiler, 1971, SEBALD (STU); 7226/3: Wental, 1975, SEBALD (STU-K); 7226/4: Waldrand SE Zang, 1991, SEBALD (STU-K); 7227/1: Dachsau s Niesitz, 1983, SEBALD (STU-K); 7325/2: Böhmenkirch, SCHLENKER in BERTSCH (STU-K); 7426/1 o.O., 1985, BANZHAF (STU-K); 7819/4: Irndorfer Hardt, MAYER (1950).
Oberschwaben: 7726/1: Nachtrag, 1991, RAUNEKER (STU-K); 7824/3: Moosweiher w Biberach, 1979, SEBALD (STU); 7825/2: Hinterer Eichwald W Schönebürg, BRIELMAIER (1959), 1992, WÖRZ (STU); 7825/3: Heggbacher Weiher bei Maselheim, 1950, K. MÜLLER (STU); 7825/4: Distrikt Freiberg SW Zillishausen, BRIELMAIER (1959); 7925/4: Distrikt Orzen E Bellamont, BRIELMAIER (1959); 7926/1: Distrikt Reichenbach W Erolzheim, BRIELMAIER (1959); 8126/1: Waldteil Karliswinkel, Markung Seibranz, 1957, BRIELMAIER (1959); 8325/2: Harprechtser Moos zwischen Neutrauchburg und Eisenharz, BRIELMAIER in DÖRR (1973).

Der tiefste Punkt liegt im Oberrheingebiet N Karlsruhe (6816/4) in 110 m ü.M., der höchste am Feldberg bei 1440 m ü.M.

Erstnachweise: Die Art ist im Gebiet urwüchsig. Erster literarischer Nachweis s. ROTH V. SCHREKKENSTEIN (1798: 90). „um den Hohenblauen" bei Badenweiler.

Bestand und Bedrohung: Die Art ist im Schwarzwald und Odenwald verbreitet und häufig. Sie ist nicht gefährdet. Sekundär konnte sie wohl ihr Areal mit der Zunahme der Fichtenforste ausweiten, vor allem nach Oberschwaben, aber auch in die höheren Lagen des Neckarlandes.

18. Galium aparine L. 1753
Kleb-Labkraut, Klebkraut

Morphologie: Therophyt mit 30–150 cm langem, niederliegend-spreizklimmendem, vierkantigem Stengel, durch abwärts gerichtete Stacheln sehr rauh, anhaftend, oft unter den Knoten behaart.

Kleb-Labkraut (*Galium aparine*)
Weißach, 9. 6. 1993

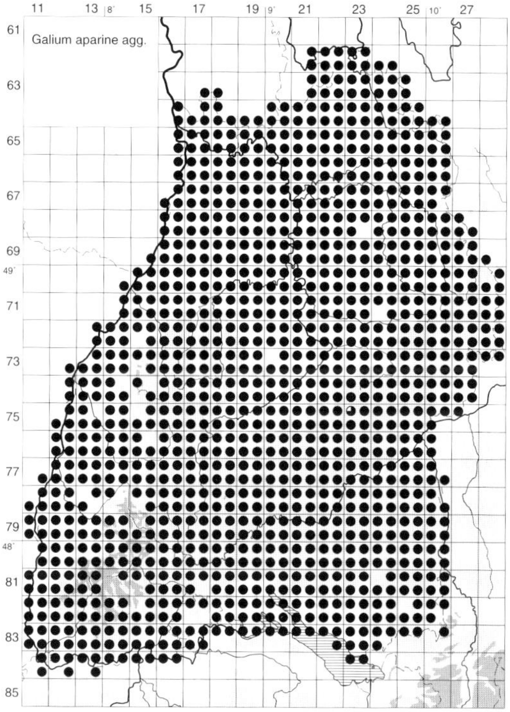

Blütenstände blattwinkelständig, Blüten ca. 2 mm im Durchmesser, Stiele zur Fruchtreife gerade, etwas spreizend, längere Fruchtstiele 1–2 cm lang. Früchte 4–7 mm, Teilfrüchte kugelig, hakig-borstig (Klettfrüchte). – Blütezeit: Mai–September.

Ökologie: Das Klebkraut ist ein typischer Bewohner stickstoffreicher Unkrautfluren, vor allem an Waldsäumen, aber auch Bachufern und Ruderalflächen aller Art mit entsprechenden Bedingungen (Äcker, Schuttplätze, Hecken, auch im Ortsbereich). Die Böden sind meist lehmig und frisch bis mäßig feucht. Nach OBERDORFER (1994) ist *Galium aparine* eine Artemisietea-Klassencharakterart mit Schwerpunkt in der Unterklasse Galio-Urticenea, den nitrophilen Saumgesellschaften. Wichtige Begleitarten sind *Urtica dioica, Aegopodium podagraria, Heracleum sphondylium, Anthriscus sylvestris, Chelidonium majus, Cirsium oleraceum* u. v. m. Soziologische Aufnahmen s. LANG (1973), PHILIPPI (1981: Tab. 19, 20, 1983), SEBALD (1983), HÜGIN (1956), GÖRS und MÜLLER (1969) u. v. m. Die Art ist schnittempfindlich (nach BRIEMLE und ELLENBERG 1994).

Allgemeine Verbreitung: Europa, Nord- und Westasien, adventiv in Nord- und Südamerika. *Galium aparine* ist ein eurasisch(-subozeanisches) Florenelement.

Verbreitung in Baden-Württemberg: Überall verbreitet und häufig, nur in den Hochlagen des Schwarzwaldes etwas zurücktretend. *G. aparine* und *G. spurium* wurden bei der Kartierung nicht immer unterschieden, so daß lediglich die Karte des Aggregates gezeigt wird. Sie entspricht jedoch weitgehend der von *G. aparine.*

Der niedrigste Fundort liegt bei Mannheim in ca. 95 m ü. M., der höchste am Bahnhof Altglashütten (8114/2) in 960 m ü. M.

Erstnachweise: Die Art ist im Gebiet urwüchsig. Der erste subfossile Nachweis erfolgte bei Marbach/N. und datiert in die Zeit 5500 V. Chr. (PIENING 1983). Die erste Aufsammlung erfolgte durch H. HARDER ca. 1562 in der Umgebung Geislingen – Ulm (ZIMMERMANN 1937).

Bestand und Bedrohung: *G. aparine* ist im Gebiet eine der häufigsten Arten der Gattung und nicht gefährdet.

19. Galium spurium L. 1753

Unechtes Labkraut

Morphologie: Therophyt mit 30–80 cm langem, niederliegendem, klimmendem Stengel, meist durch rückwärts gerichtete Stacheln rauh. Laubblätter in 6- bis 10zähligen Wirteln, schmal-lanzettlich bis lineal, stachelspitzig, 30–35 × 2,5–4 mm, am Rand durch rückwärts gerichtete Stacheln rauh, Stacheln der Oberseite nach vorne gerichtet. Blüten in achselständigen, wenigblütigen Trugdolden, mit 1 bis maximal 3 Vorblättern, ca. 1 mm im Durchmesser, grünlichweiß, Stiel auch zur Fruchtreife gerade, Früchte 1,5–3 mm lang, meist mit hakigen Borsten besetzt, seltener kahl, häufig etwas glänzend. – Blütezeit: Mai–September.

Variabilität: Von *G. spurium* sind zwei Unterarten bekannt: a.) subsp. *spurium* mit glatten, kahlen oder warzigen Früchten b.) subsp. *vaillantii* (DC.) Gaud. mit hakig-borstigen Früchten ähnlich *G. aparine*, jedoch wesentlich kleiner (maximal 3 mm lang). Während die letztere, wohl ursprünglichere Form weiter verbreitet ist, findet sich subsp. *spurium* überwiegend in Leinäckern. Der Verlust der hakig-borstigen Fruchtoberfläche dürfte eine Angleichung an die Form der Leinsamen sein, die ein „Durchrutschen" bei Saatgutreinigungen ermöglicht. Wahrscheinlich handelt es sich bei dieser Unterart um eine der wenigen echten, unmittelbar durch menschliche Selektion entstandenen Sippen. Sie wurde bisher aus dem Gebiet nicht gemeldet. Nach der Erstbeschreibung der Art durch Linné (1753) sind die Früchte kahl und glatt, so daß entsprechend der Nomenklaturregeln diese Unterart als Typus angesehen werden muß.

Ökologie: *G. spurium* ist ein typisches Ackerunkraut, das (in der subsp. *spurium*) auf Leinäckern, aber auch (subsp. *vaillantii*) auf Getreidefeldern und bisweilen auch an Schuttplätzen vorkommt. Die Böden sind nährstoffreich, lehmig, kalkreich und nicht zu trocken. Nach Oberdorfer (1994) ist subsp. *spurium* eine Assoziationscharakterart des Sileno linicolaea-Linetum (Leinackerunkraut-Gesellschaft), nach Philippi (1994: 36) des Caucalido-Scandicetum. Wichtige Begleitarten sind *Convolvulus arvensis, Papaver rhoeas, Anagallis arvensis, Vicia angustifolia, Consolida regalis, Viola arvensis* u. a. Soziologische Aufnahmen s. Müller in Oberdorfer (1983, subsp. *spurium*), Philippi (1994).

Allgemeine Verbreitung: Europa, Kaukasus, Vorderasien, Nord- und Zentralafrika. *G. spurium* ist ein submediterran-eurasisches Florenelement.

Verbreitung in Baden-Württemberg: Die Art weist einen Verbreitungsschwerpunkt im Taubergebiet auf, einen anderen im Raum Ulm. Sonst ist die Art selten und teilweise unbeständig. Manche Häufungen von Vorkommen gehen möglicherweise auf die intensive Besammlung durch einzelne Personen zurück (z. B. Karl Müller im Raum Ulm).

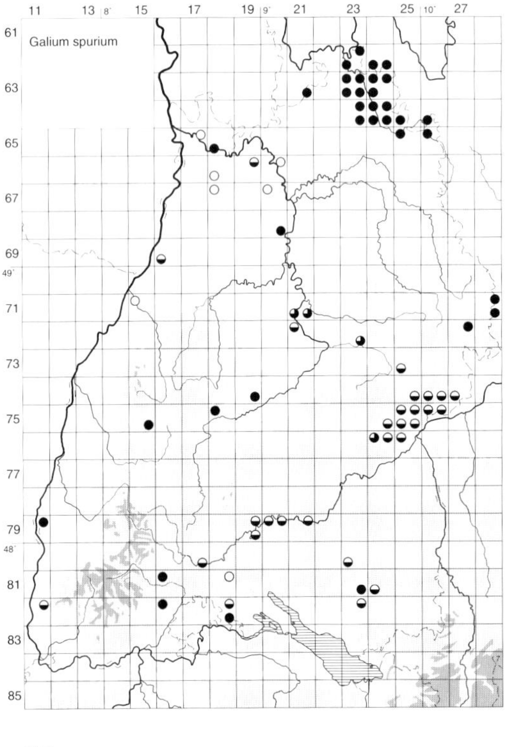

Oberrheingebiet: 6517/2: Ladenburg, Schmidt (1857); 6916/3: Karlsruhe, Seubert & Klein (1905); 7115/1: Rastatt, vor 1900, Vernier (KR); 7911/2: westlich Achkarren, 1983, Hügin und Koch (1993); 8211/2: Lipburg, Seubert & Klein (1905).

Odenwald: 6321/4: o. O., o. J., Philippi (KR-K); 6518/3: Klaus-Plesing-Bergstraße und Philosophenweg, 1988, Philippi (KR-K); 6619/2: Aglasterhausen, Seubert & Klein (1905); 6620/2: Lohrbach, Döll (1862).

Schwarzwald und Baar: 7515/4: Glaswald, Kartoffelbeet in Hausgarten, 1987, Hügin und Koch (1993); 8116/1: bei Bachheim, Weizenfeld und Feldgarten, 1987, Hügin und Koch (1993); 8216/1: zwischen Bettmaringen und Wellendingen, Rapsacker, 820 m ü. M., 1991, Hügin und Koch (1993).

Gäuflächen: im Taubergebiet zerstreut, sonst: 6618/3: Baierthal, Schmidt (1857); 6718/1: Alt-Wiesloch, Schmidt (1857); 6720/1: Hüffenhardt, Döll (1862); 6820/4: Nordheim, Streithart, 1988, Gminder (STU-K), Plieninger (1992); 7518/1: o. O., 1977–79, Harms (STU-K).

Keuper-Lias-Neckarland: 7121/3: Cannstatt, Bertsch und Bertsch (1948); 7121/4: Eßlingen, Bertsch und Bertsch (1948); 7221/1: Hauptgüterbahnhof Stuttgart, 1941, Müller in Seybold (1969); 7223/4: Göppingen, Müllplatz, 1940, Müller (STU); 7419/4: Getreideacker im Enzbachtal bei Tübingen-Unterjesingen, 1985, Harms (STU).

Schwäbische Alb: früher vereinzelt im Donaugebiet, ferner auf der Ostalb: 7128/2: Benzenzimmern, Fischer (1982: 293); 7128/4: Riegelberg bei Utzmemmingen, 1987, Nebel (STU-K), 1994, Wörz (STU); 7227/2: Acker am Eichertweg S Neresheim 1987, Nebel (STU-K); 7325/3: Eybachtal bei Geislingen/Steige, o. J., Gscheidle (STU); 7425/4: Westerstetten, Müller in Rauneker (1984); 7426/3: Luizhausen, Müller in Rauneker (1984); 7426/4: Langenau, Müller in Rauneker (1984); 7427/3: Oberstotzingen, Müller in Rauneker (1984); 7524/4: Gerhausen bei Blaubeuren, 1933, v. Arand (STU); 7525/1: Bollingen, 1932, Mayer (STU); 7525/2: Beimerstetten, Müller in Rauneker (1984); 7525/3: Bermaringen, Müller in Rauneker (1984); 7525/4: „Wanne“ N Mähringen, 1926, Müller (STU); 7526/1: Hörvelsingen, ca. 1940, Müller in Rauneker (1984); 7526/2: Zwischen Langenau und Günzburg, 1940, Mayer (STU); 7624/1: Schelklingen, Müller in Rauneker (1984); 7624/2: Beiningen, Müller in Rauneker (1984); 7625/1: Ermingen, Markbronn, Müller in Rauneker (1984); 7919/2: St. Maurus bei Beuron, 1925, Müller (STU); 7919/4: Fridingen, 1930, Mayer (STU); 7920/1: Hausen, Bertsch (STU-K); 7920/2: Heidenfelsen bei Thiergarten, 1922, Bertsch (STU); 7921/2: Scheer, Bertsch (STU-K); 8017/4: Geisingen/Do., Mayer (1950); 8118/2: Engen, Jack (1900).

Alpenvorland: 8023/3: Bahnhof Altshausen, 1944, Müller (STU); 8123/4: Kiesgrube bei Baindt, 1984, Quinger (KR-K); 8124/3: Erbisreute, Bertsch (STU-

Unechtes Labkraut *(Galium spurium)*

K); 8218/2: Hohentwiel, 1935, BERTSCH (STU); 8218/4: Rosenegg, Rielasingen, 1991, E. KOCH (STU-K); 8223/2: Ravensburg, o. J., BERTSCH (STU).

Der niedrigste Fundort liegt bei Mannheim in 95 m ü. M., der höchste zwischen Bettmaringen und Wellendingen (8216/1) in 820 m ü. M.

Erstnachweise: Die Art ist vermutlich Archäophyt. Der erste subfossile Nachweis erfolgte bei Ulm-Eggingen und datiert in die Zeit von 5500 v. Chr. (GREGG 1984). Erster literarischer Nachweis s. ROTH V. SCHRECKENSTEIN (1804): „um Lippurg, Vulpius".

Bestand und Bedrohung: *G. spurium* ist eine ausgesprochen synanthrope Art, die außerhalb ihres geschlossenen (und aktuell noch vorhandenen) Areals im Taubergebiet selten und unbeständig ist. Im Donauraum um Ulm ist sie vermutlich ganz ausgestorben. Die Art wird aber häufig nicht sauber von *G. aparine* unterschieden, so daß weitere Vorkommen wahrscheinlich sind. Dennoch muß sie aufgrund der vielen unbestätigten alten Angaben als gefährdet eingestuft werden (Gefährdungsgrad 3). Diese Bewertung trifft auch für Bayern zu, in Hessen ist die Art sogar „stark gefährdet" (Stufe 2). Wie bei vielen anderen Ackerunkräutern liegt die Ursache dafür auch hier in der Intensivierung der landwirtschaftlichen Nutzung, vor allem im Herbizideinsatz, bei der subsp. *spurium* spielt aber auch der Rückgang des Leinanbaus eine große Rolle. Diese Unterart dürfte im Gebiet ausgestorben sein und wird so auch in der Roten Liste der Bundesrepublik angegeben.

Abgesehen von einer generellen Verminderung des Herbizideinsatzes auf Ackerflächen können bei solchen Arten höchstens die Ausweisung von bestimmten extensiv bewirtschafteten Schutzflächen einem Rückgang vorbeugen.

20. Galium tricornutum Dandy 1957

G. tricorne Stokes 1787 p. p.
Dreihörniges Labkraut

Morphologie: Ein Therophyt mit 20–80 cm langem, vierkantigem, niederliegend-aufsteigendem, durch abwärts gerichtete Stacheln rauhem Stengel. Laubblätter in 6- bis 8zähligen Wirteln, lineal-lanzettlich, einnervig, stachelspitzig, am Rand durch rückwärts gerichtete Stacheln rauh, an der Oberseite kahl, Blüten in dreiblütigen Ständen, Stiele nach dem Verblühen herabge-

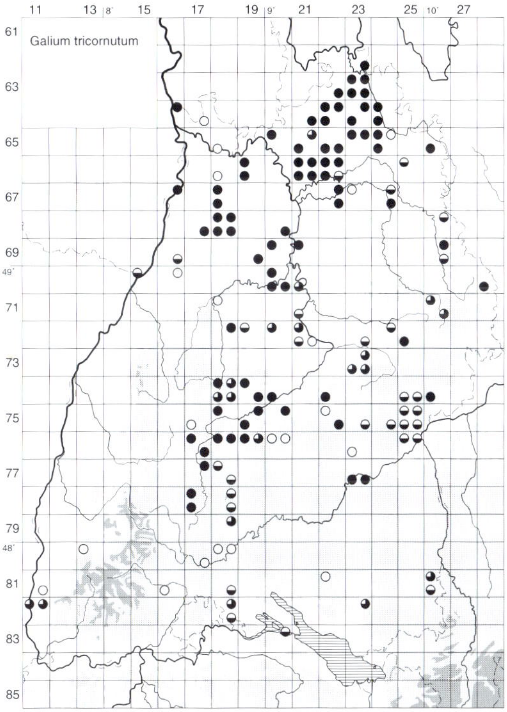

Breithörniges Labkraut *(Galium tricornutum)*
Kreta, 27. 4. 1988

krümmt, Frucht 3–4 mm lang, warzig (nicht stachelig!). – Blützeit: Mai–Oktober.

Ökologie: *G. tricornutum* ist eine Art der Ruderalstandorte, vor allem der Getreidefelder, Schuttplätze und anderer offener Anrißflächen. Der Untergrund ist nährstoff- und kalkreich und die Standorte sind in der Regel warm und nicht zu trocken. Nach OBERDORFER (1994) ist die Art eine Caucalidion-Verbandscharakterart, PHILIPPI (1994) wertet sie als Kennart des Caucalido-Scandicetum. Wichtige Begleitarten sind *Mercurialis annua, Anagallis arvensis, Convolvulus arvensis, Polygonum aviculare, Euphorbia exigua, Bilderdykia convolvulus* u.a. Soziologische Aufnahmen s. HÜGIN (1956, Tab. 5, 6), GÖRS (1966: Tab. 9), PHILIPPI (1994).

Allgemeine Verbreitung: Südeuropa, Vorderasien, Nordafrika, eingeschleppt in ganz Europa. *G. tricornutum* ist ein submediterran-mediterranes Florenelement.

Verbreitung in Baden-Württemberg:

Oberrheingebiet: 6416/2: o. O., o. J., SCHÖLCH (STU-K); 6417/4: Weinheim und Ladenburg, SCHMIDT (1857); 6716/2: o. O., o. J., SCHÖLCH (STU-K); 6916/4: Karlsruhe, Eilgutbahnhof, 1936, JAUCH (KR); 7015/1: Schweinsweide bei Au am Rhein, 1924, KNEUCKER (KR-K); 7016/2: Turmberg bei Durlach, 1883, DONNET (KR); 8013/1: Freiburg, FRANK (KR); 8111/4: Müllheim, LANG (KR); 8211/1: Steinenstadt, HÜGIN (1956); 8211/2: Mauchen, HÜGIN (1956).

Odenwald: 6518/3: Handschuhsheim, SCHMIDT (1857); 6520/1: o. O., o. J., SCHÖLCH (STU-K); 6618/3: Nußloch, SCHMIDT (1857); 6619/1: o. O., o. J., SCHÖLCH (STU-K); 6619/3: o. O., o. J., SCHÖLCH (STU-K).

Baar: 8116/3: Bonndorf, FRANK (KR).

Gäuflächen: Zerstreut vor allem im mittleren und nördlichen Teil, aber auch im Oberen Gäu um Horb, im Taubergebiet stark zurückgehend, in neuester Zeit nur noch selten gefunden.

Keuper-Lias-Neckarland: Zerstreut im Vorland der Schwäbischen Alb sowie in Stromberg und Heuchelberg, sonst nur 6926/2: Weiherwasen N Weipertshofen, 1970, SEYBOLD (STU-K); 6926/4: Goldbach, Westgarthausen, BERTSCH (STU-K).

Schwäbische Alb: Zerstreut im westlichen Teil sowie im Donaugebiet, sonst nur 7422/3: Sommerberg bei Dettingen, 1984, SCHEDLER (STU-K); 7522/1: Urach, 1853, SCHÜZ (STU); 7522/4: NSG Uhenfels bei Seeburg, 1983, STADELMAIER (STU-K); 7623/3: Bremelau, 1898, ALLMENDINGER (STU); 8017/4: Geisingen bei Donaueschingen, 1885, SCHATZ; 8018/1: Bachzimmern bei Donaueschingen, 1885, SCHATZ (KR); 8018/2: Tuttlingen, SCHÜBLER und MARTENS (1834).

Alpenvorland: 8118/4: Welschingen, SEUBERT & KLEIN (1905); 8122/1: Zoznegg bei Stockach, JACK (1900); 8126/1: Bahnhof Aichstetten, 1950, MÜLLER (STU); 8126/3: Bahnhof Leutkirch, HEPP in BERTSCH (STU-K); 8218/2: Hohentwiel, BERTSCH und BERTSCH (1948); 8218/4: Zwischen Buch und Gottmadingen, JACK (1900); 8223/2: Groppach, BERTSCH und BERTSCH (1948); 8320/2: Konstanz, SEUBERT & KLEIN (1905).

Der niedrigste Fundort liegt bei Mannheim in ca. 95 m ü. M., der höchste bei Deilingen (7818/2) in 826 m ü. M.

Erstnachweise: Die Art ist im Gebiet Archäophyt. Der erste subfossile Nachweis erfolgte bei Walheim und datiert in das 2. Jh. n. Chr. (PÜHLER 1990). Erster literarischer Nachweis s. GMELIN (1808: 781).

Bestand und Bedrohung: Die Karte läßt auf einen nicht unerheblichen Rückgang der Art schließen, wenngleich sicherlich auch hier Vorkommen übersehen worden sind. Im Taubergebiet ist die Art über weite Strecken verschwunden (PHILIPPI, mdl.). Die Ursache für den Rückgang liegt daher in der Intensivierung der landwirtschaftlichen Nutzung, vor allem im zunehmenden Herbizideinsatz.

Ähnlich wie bei *G. spurium* kann auch hier nur eine geringere Verwendung von Herbiziden sowie die Ausweisung extensiv bewirtschafteter Bereiche mit dem Ziel der Erhaltung der Ackerflora einem weiteren Rückgang entgegenwirken. Die Art wird in der Bundesrepublik und in den Roten Listen für Rheinland-Pfalz und für Hessen als „gefährdet“ eingestuft, für Baden-Württemberg (ebenso wie für Bayern) muß sie als „stark gefährdet“ (Stufe 2) angesehen werden.

4. **Cruciata** Miller 1754
Kreuzlabkraut

Annuelle oder perennierende Kräuter mit 4zähligen Blattwirteln, Infloreszenzen in achselständigen Zymen, mittlere Blüten zwittrig, äußere männlich oder ganz fehlend, Kelch fehlend, Krone gelb, radförmig, 4zipfelig.

Von dieser Gattung kommen in Europa fünf, im Gebiet eine Art regelmäßig vor. Zwei weitere wurden als sehr seltene Neueinwanderer nachgewiesen.

1 Blätter 1nervig; Zymen (Teilinfloreszenzen) mit maximal drei Blüten; Pflanze einjährig . . . . . *[C. pedemontana]*
– Blätter 3nervig; Zymen mit 3–9 Blüten; Pflanze mehrjährig 2
2 Zymen ohne Tragblätter, Stengel kahl oder kurzhaarig . . . . *[C. glabra]*
– Zymen mit Tragblättern, Stengel steif bis zottig behaart . . . . 1. *C. laevipes*

Cruciata glabra (L.) Ehrend. 1958
Valantia glabra L. 1763, *Galium vernum* Scop. 1772
Kahles Kreuzlabkraut

Hemikryptophyt mit unterirdischen Ausläufern mit bis 30 cm langen, kahlen oder schwach behaarten Stengeln, Laubblätter in 4zähligen Quirlen, dreinervig, Teilinfloreszenzen 3- bis 5blütig, ohne Tragblätter, Blüten gelb bis grünlichgelb, Blütenstiele zur Fruchtreife herabgebogen, Frucht 2,5 mm, glatt.

Diese submediterrane, von Spanien über das nördliche Mittelmeergebiet bis zum Balkan und Südrußland verbreitete Art wurde im Gebiet bisher zweimal gefunden. Sie scheint allmählich einzuwandern und auf weitere Vorkommen sollte dringend geachtet werden.

7117/2: Essigberg bei Dietlingen, 1994, Breunig (mdl.); 7216/3: Reichenbachtal W Kaltenbronn, östl. Reichental, nördl. Glasertwiese, 1994, Griese, Breunig (mdl.).

Cruciata pedemontana (Bellardi) Ehrend. 1958
Piemonteser Kreuzlabkraut

Therophyt mit 1nervigen 3–11 × 2–4 mm großen Blättern und tragblattlosen Blütenstielen, Zymen 2- bis 3blütig, Blüten stets zwittrig.

Von dieser in Südeuropa beheimateten Pflanze liegt bisher ein Herbarbeleg vor:

8324/2: Bahnhof Wangen, 1988, Dörr (STU).

1. **Cruciata laevipes** Opiz 1852
Galium cruciatum (L.) Scop. 1772, *Valantia cruciata* L. 1753
Gewimpertes Kreuzlabkraut

Morphologie: Hemikryptophyt mit aufsteigendem bis aufrechtem, 20–45 cm langem, vierkantigem, zottig behaartem Stengel. Laubblätter länglich-elliptisch bis länglich-eiförmig, ohne Stachelspitze, 3nervig, netzadrig, gelblichgrün, borstenhaarig. Blütenstände mit jeweils 2 Tragblättern an den Verzweigungen, Stiele borstenhaarig, Krone gelb, 2–2,5 mm, Frucht ca. 1,5 mm. – Blütezeit: Mai–Juni.

Ökologie: Das Gewimperte Kreuzlabkraut kommt in nährstoffreichen Saumgesellschaften auf basenreichem Untergrund vor allem an Waldrändern und Hecken vor. Die Standorte sind im allgemeinen gut mit Wasser versorgt, häufig in luftfeuchten Tallagen und mäßig beschattet. Nach Oberdorfer (1994) gilt die Art als schwache Charakterart des Urtico-Cruciatetums (Aegopodion). Wichtige Begleitarten sind *Silene dioica, Agrimonia eupatoria, Anthriscus sylvestris, Glechoma hederacea, Urtica dioica, Cirsium arvense* u. a. Soziologische Aufnahmen s. Lang (1973, Tab. 49, 82, 87), Müller in Oberdorfer (1983: 181), Görs und Müller (1969), Seybold und Müller (1972). Die Art ist schnittempfindlich bis mäßig schnittverträglich (nach Briemle und Ellenberg 1994).

Allgemeine Verbreitung: West-, Mittel- und Südeuropa bis Südrußland. Das Gewimperte Kreuz-

Gewimpertes Kreuzlabkraut *(Cruciata laevipes)*
Gingen an der Fils, 11. 7. 1974

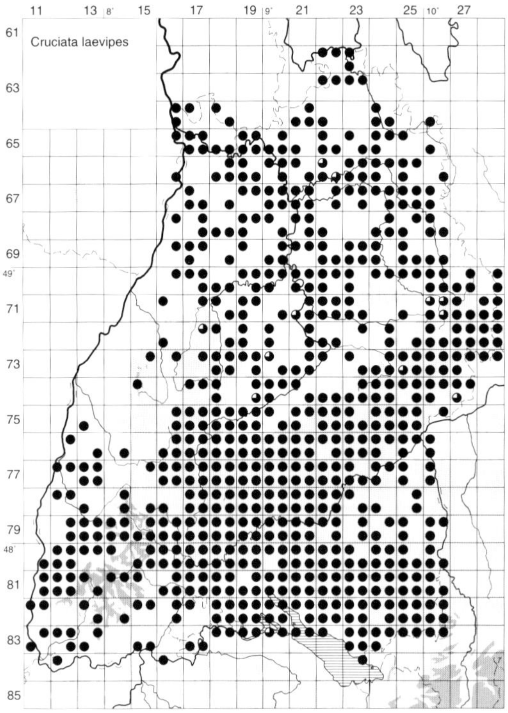

labkraut ist ein submediterran-eurasiatisch-subozeanisches Florenelement.

Verbreitung in Baden-Württemberg: Im ganzen Gebiet zerstreut bis häufig, nur in Teilen des Oberrheingebietes und des Schwarzwaldes fehlend. Der Verbreitungsschwerpunkt der Art liegt auf der Alb und im oberen Neckargebiet.

Der niedrigste Fundort liegt bei ca. 100 m ü. M., der höchste im Wenzenhart N Dürbheim (7918/2) in 930 m ü. M.

Erstnachweise: Die Art ist im Gebiet urwüchsig. Die erste Aufsammlung erfolgte durch H. HARDER ca. 1562 in der Umgebung von Geislingen – Ulm (ZIMMERMANN 1937).

Bestand und Bedrohung: Die Art ist nicht gefährdet.

Adoxaceae

Moschuskrautgewächse

Bearbeiterin: D. LANGE

Zur Familie der Moschuskrautgewächse gehörte bisher nur die monotypische Gattung *Adoxa*. Sie ist in Eurasien und in Nordamerika weit verbreitet. In jüngster Zeit wurden jedoch aus Ostasien weitere sechs Arten beschrieben (HARA 1981; WU and al. 1981, NEPOMNJASCHTSCHAJA 1987; YAO 1992), zwei von ihnen sogar in eigenständige Gattungen gestellt: *Sinadoxa* C. Y. Wu, Z. L. Wu et R. F. Huang und *Tetradoxa* C. Y. Wu.

Die systematische Stellung der Adoxaceae ist umstritten. Je nach unterschiedlicher Deutung der Blütenverhältnisse wird sie in die Nähe der Caprifoliaceae oder zu den Saxifragaceae gestellt (WEBERLING in HEGI 1966; CRONQUIST 1981). Z. T. wird *Adoxa* auch mit *Viburnum* und *Sambucus* in einer Familie vereint (THORNE 1983; WAGENITZ u. LAING 1984).

1. **Adoxa** L. 1753

Moschuskraut, Bisamkraut

Die Gattung enthält nur die folgende Art.

1. **Adoxa moschatellina** L. 1753

Moschuskraut, Bisamkraut

Morphologie: Geophyt, mit waagrecht kriechendem Rhizom. Grundständige Blätter wechselständig, langgestielt, einfach- bis doppelt-dreizählig gefiedert, oberseits mattgrün, unterseits hellgrün, leicht glänzend; Fiedern ± tief in 2–3 eiförmige, kurz bespitzte Abschnitte gespalten. Blütentragende Stengel zu 1–3, meist aus den Achseln der Blätter entspringend, aufrecht, 5–15 cm hoch, 4kantig, kahl, etwa in der Mitte mit 2 Blättern, diese gegenständig, kurz gestielt und den grundständigen sehr ähnlich. Blütenstand kopfig, fast würfelförmig, aus 5–7 Blüten zusammengesetzt. Tragblätter und Vorblätter meist fehlend. Blüten etwa 5 mm breit, ± radiär; Gipfelblüte meist 4zählig, Seitenblüten meist 5zählig; Kronblätter eiförmig, gelblichgrün, nur wenig an der Basis miteinander verwachsen, ca. 3 mm lang und 2,5 mm breit, an der Basis oberseits mit einem aus keuligen Drüsenhaaren bestehenden Nektarium. Fruchtknoten halbunterständig, 4- bis 5fächrig. Frucht eine mehrsamige beerenähnliche Scheinfrucht, 4–5 mm breit. – Blütezeit: März–Mai.

Ökologie: Das Moschuskraut ist eine Halbschattenpflanze und wächst in Auwäldern, in feuchten Laubmischwäldern und Gebüschen, in Erlenbruchwäldern, in Quellfluren, aber auch gern in Parkanlagen. Sie siedelt auf sickerfeuchten, nährstoff- und basenreichen, gern kalkhaltigen, lockeren und humosen Mullböden. Die Art gilt als Querco-Fagetea Klassencharakterart. Sie ist in

Vegetationsaufnahmen von Schluchtwaldbeständen (Aceri-Fraxinetum) des Schwarzwaldes (SCHWABE 1987: Tab. 39), von Klebwäldern der Schwäbischen Alb (KUHN 1937: Tab. 38), von Hangwäldern des Kocher-Jagst-Gebiets (LIBBERT 1939: Tab. 9), von Kalkbuchenwäldern aus Hohenlohe (NEBEL 1986: Tab. 11) und von Winkelseggen-Erlen-Eschenwäldern aus dem Schwäbisch-Fränkischen Wald (SEBALD 1975: Tab. 12b) enthalten. *A. moschatellina* wächst gerne zusammen mit *Allium ursinum, Anemone nemorosa, Ranunculus ficaria, Glechoma hederacea* und *Corydalis cava*.

Allgemeine Verbreitung: Das Moschuskraut ist ein eurasiatisch (bis kontinentales) und zirkumpolares Florenelement, das in fast ganz Europa und bis nach Ostasien und in Nordamerika weit verbreitet ist. Kleinere Vorkommen liegen im Kaukasus, im Tianschan, Pamir und Hindukusch, in Kaschmir sowie in Japan. Die Art fehlt Irland, dem Hohen Norden und dem Mittelmeergebiet weitgehend.

Verbreitung in Baden-Württemberg: Das Moschuskraut kommt in weiten Teilen des Landes zerstreut vor. Im nördlichen und mittleren Schwarzwald fehlt die Art weitgehend und in seinem südlichen Teil tritt sie nur lokal auf. Am

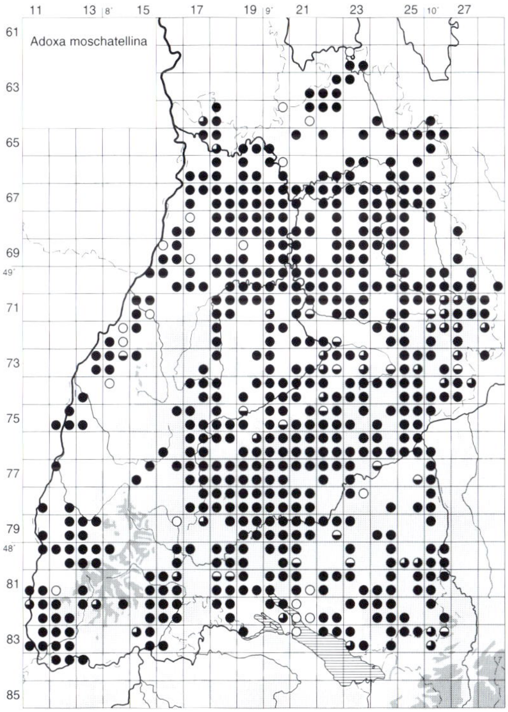

Gewöhnliches Moschuskraut *(Adoxa moschatellina)*
Oberrimsingen

Ostabfall des Schwarzwaldes ist sie ein Begleiter des Grauerlenwaldes. Im Alpenvorland fehlt sie in kleineren Bereichen. Allerdings wird die kleine recht unscheinbare Pflanze, die zudem nur im zeitigen Frühjahr zu erkennen ist, sicher häufig übersehen.

Die tiefsten Vorkommen liegen im Oberrheingebiet bei ca. 100 m ü. M., die höchsten nach BERTSCH (STU) in ca. 995 m ü. M. am Schafberg (7719/3). Im Schwarzwald steigt sie nach SCHWABE (1987: Tab. 39) im Rinkendobel oberhalb des Zastlerlochs (8114/1) bis auf 960 m ü. M.

Erstnachweis: Die Art ist im Gebiet urwüchsig. Sie wurde zum ersten Mal von H. HARDER im Jahr 1594 in der Umgebung von Geislingen – Ulm gesammelt.

Bestand und Bedrohung: Die Bestände des Moschuskrauts sind durch Zerstörung oder Beeinträchtigung ihrer Wuchsplätze zurückgegangen. Die Ursachen sind vielfältig: Sie liegen in der Veränderung bzw. Vernichtung von Auwäldern im Zuge wasserbaulicher Maßnahmen, durch Grundwasserabsenkungen oder im Zuschütten feuchter Mulden mit Müll oder Bauaushub. Auch das Einwerfen von Heu in den bachbegleitenden Erlen-Eschenwald, wie vielerorts, vor allem aber im Nordschwarzwald üblich, führt zu einer Ruderalisierung der Standorte (SCHWABE 1987: 333f.). Dabei verschwinden die charakteristischen Auwaldarten wie *Adoxa moschatellina* und werden von nitrophytischen Arten verdrängt. Negativ auf die Vorkommen der Art wirkt sich auch ein weiträumiges „Auf-den-Stock-setzen“ des Auwaldes aus, da sie auf volle Belichtung empfindlich reagiert. Deshalb sollte in Flußabschnitten, wo aus Gründen des Hochwasserschutzes eine Niederwaldwirtschaft notwendig ist, nie über größere Bereiche abgeholzt werden, sondern dies sollte nur punktuell und fleckenweise erfolgen (SCHWABE 1987: 336). Besonders beeinträchtigend wirkt sich das Anpflanzen von Fichten im Auwald oder im Klebwald aus. Lichtbedürftige Arten wie das Moschuskraut erliegen dann binnen kurzem der Beschattung (KREH 1951: 83). Insgesamt ist die Art derzeit in Baden-Württemberg noch nicht gefährdet.

Caprifoliaceae

Geißblattgewächse
Bearbeiter: S. SEYBOLD, A. WÖRZ, M. VOGGESBERGER

Aufrechte oder windende Sträucher mit gegenständigen, meist einfachen, selten gefiederten Laubblättern. Blütenstand eine Rispe oder Trugdolde, bisweilen auf wenigblütige Teilinfloreszenzen reduziert. Blüten meist 5zählig, zygomorph, Staubblätter der Krone eingefügt. Fruchtknoten unterständig, verwachsen, Frucht eine Beere, Steinfrucht oder seltener (bei ausländischen Arten) Achänen und Kapseln.

Die Familie umfaßt 13 Gattungen mit etwa 400 Arten, von denen 12 im Gebiet vorkommen. Zu der Familie gehören auch einige Zierpflanzen *(Symphoricarpos, Viburnum, Lonicera, Leycesteria)*, einige wenige produzieren eßbare Früchte (z.B. der Schwarze Holunder *(Sambucus nigra)*).

1 Blätter gefiedert . . . . 1. *Sambucus*
– Blätter ungeteilt 2
2 Blüten und Früchte in Trugdolden, die randständigen bisweilen vergrößert; Frucht eine Steinfrucht . . . . 2. *Viburnum*
– Blüten und Früchte zu zweit oder zu mehreren in andersartigen Blütenständen; Frucht eine Beere 3
3 Blütenkrone stark 2lippig; Blütenstand kopfig oder quirlig; Beeren rot oder schwarz . . . . . . 4. *Lonicera*
– Blütenkrone glockig; fast radiär, Blüten in unterbrochenen Trauben; Beeren weiß, Zierpflanze . . . . 3. *Symphoricarpos*

1. **Sambucus** L. 1753

Holunder

Sträucher, kleine Bäume oder Stauden; Stamm mit viel Mark; Blätter gegenständig, gefiedert, mit nebenblattartigen Anhängen, Blütenkrone radförmig, Blütenröhre kurz, mit meist 5 gleichartigen Zipfeln, Narbe dreiteilig, Fruchtknoten aus 3–5 Fruchtblättern zusammengesetzt. Hierher gehören 25 Arten, die hauptsächlich in den gemäßigten Zonen der Nordhalbkugel vorkommen, aber auch bis in die subtropischen Zonen und nach Argentinien, Uruguay und Australien reichen. In Europa kommen nur 3 Arten vor.

1 Pflanze krautig, Nebenblattanhänge fiederartig 1. *S. ebulus*
– Pflanze holzig, Nebenblattanhänge klein oder fehlend 2
2 Blüten weiß, in Scheindolde, Frucht schwarz, Mark weißlich . . . . 2. *S. nigra*
– Blüten grünlichgelb, in einer Rispe, Frucht rot, Mark bräunlich . . . . 3. *S. racemosa*

1. **Sambucus ebulus** L. 1753

Zwerg-Holunder, Attich

Morphologie: Pflanze 60–170 cm hoch, von unangenehmem Geruch, Rhizom kriechend; Stengel gerade, unverzweigt; Blätter groß, bis ca. 30 cm lang und 20 cm breit, aus 5–13 Teilblätt-

Zwerg-Holunder *(Sambucus ebulus)*
Tuniberg

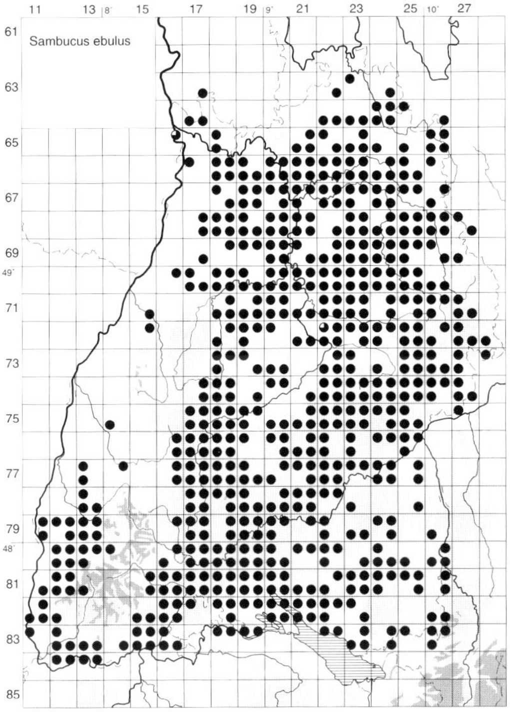

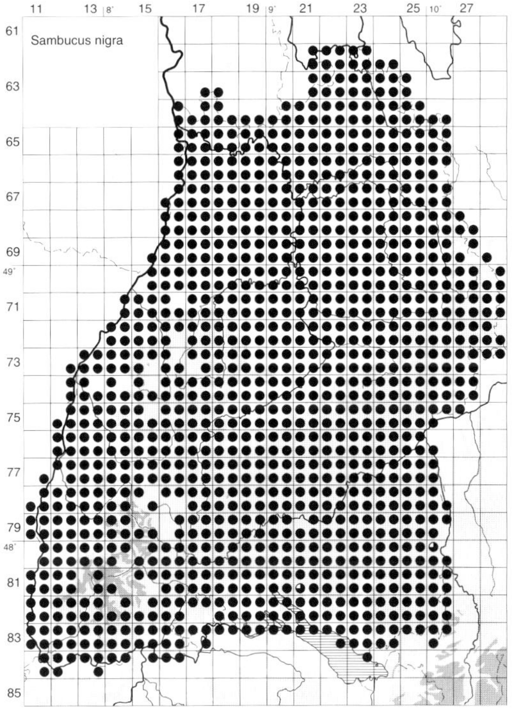

chen bestehend, diese schmal eiförmig bis lanzettlich, gesägt, Nebenblätter (eigentlich herabgerückte Fiederblättchen) blattartig, relativ groß; Blütenstand eine Scheindolde, Blüten weiß, Staubbeutel rot; Steinfrucht schwarz. – Blütezeit: Juni–August.

Ökologie: Auf frischen, nährstoffreichen, meist kalkhaltigen Ton- oder Lehmböden, an Waldwegen, an Waldrändern, an Feldrainen, an Bahndämmen und Böschungen, in Flußauen, gern in ganzen Gruppen, oft in Gesellschaft des Sambucetum ebuli. Vegetationsaufnahmen z. B. bei Oberdorfer (1957: 102–105, 1973: Tab. 1) und Rattay-Prade (1988: 94).

Allgemeine Verbreitung: Süd-, West- und Mitteleuropa, von Spanien und Schottland bis zum Kaukasus und bis Kaschmir, ferner in Nordafrika und auf Madeira. Nach Nordeuropa verschleppt.

Verbreitung in Baden-Württemberg: Im Gebiet ziemlich verbreitet. Nur am Rand des Odenwalds und im Oberrheingebiet selten; im Schwarzwald im Süden tief ins Gneisgebiet hineinreichend, aber im Buntsandsteingebiet selten bis fehlend.

Höchste Vorkommen: 8113/3: Belchen, Multen, 1080 m, Philippi (1989: 864); tiefste Vorkommen bei 100 m.

Erstnachweise: Die Pflanze ist in Baden-Württemberg vermutlich einheimisch. Ältester subfossiler Nachweis ca. 4500 v. Chr. von Creglingen-Frauental (Kreuz 1985). Der älteste Herbarbeleg wurde von H. Harder ca. 1562 in der Umgebung von Geislingen – Ulm gesammelt (Zimmermann 1937).

Bestand und Bedrohung: Die Art ist im Gebiet nicht gefährdet.

2. Sambucus nigra L. 1753

Schwarzer Holunder, Flieder

Morphologie: Strauch oder bis 8 m hoher Baum (T. Müller 1974) mit hellbrauner, rissiger Borke; Blätter aus 5–7–(9) Blättchen zusammengesetzt, diese eiförmig-lanzettlich, gesägt, lang zugespitzt; Nebenblätter unscheinbar oder fehlend; Blütenstand 10–24 cm im Durchmesser, eine lockere Scheindolde; Blüten weiß, Staubbeutel gelb; Steinfrucht schwarzviolett, mit blutrotem Saft. – Blütezeit: Juni–Juli.

Variabilität: Gepflanzt wird gelegentlich eine Form f. *laciniata* (L.) Zabel 1903 mit zerschlitzten Blättern.

Ökologie: Auf frischen, nährstoffreichen Ton- oder Lehmböden in Auwäldern, in Kahlschlägen,

Schwarzer Holunder (*Sambucus nigra*)

in Hecken, an Feldscheunen, in Fichtenforsten, in Robinienwäldern, auf Schuttplätzen und dort Vorwaldgesellschaften aufbauend. Zeigt gute Stickstoffversorgung an. Oft in einer *Atropa-Sambucus nigra*-Gesellschaft zusammen mit *Salix caprea* oder *Rubus fruticosus* oder in *Humulus lupulus-Sambucus nigra*-Gesellschaft. Für weitere ökologische Angaben vgl. auch GRIME et al. (1989). Vegetationsaufnahmen z. B. bei KUHN (1937: 297–315), OBERDORFER (1957: 99–105; 1973: Tab. 1, 2), T. MÜLLER (1966: Tab. 4, 6, 16, 17; 1974: Tab. 1, 3), LANG (1973: Tab. 51, 99, 106–110), SEBALD (1983: Tab. 4), MURMANN-KRISTEN (1987: Tab. 5), SCHWABE (1987: Tab. 34, 36) oder OBERDORFER u. MÜLLER (1992: Tab. 275–281).

Allgemeine Verbreitung: Ganz Europa von Spanien bis Südnorwegen, östlich bis zum Kaukasus, nur in Nordeuropa fehlend, nach Nordafrika und Israel verschleppt.

Verbreitung in Baden-Württemberg: Im ganzen Gebiet verbreitet, nur im Schwarzwald stellenweise etwas seltener.

Höchste Vorkommen: 8326/2: Schwarzer Grat, 1110 m, im Schwarzwald wohl noch höher; tiefste Vorkommen bei 100 m.

Erstnachweise: Die Art ist im Gebiet in der Vorwaldgesellschaft des Auwaldes einheimisch (OBERDORFER 1973: 247). Sie wurde subfossil schon 5500 v. Chr. bei Heilbronn-Klingenberg nachgewiesen (STIKA 1988). Das älteste Vorkommen in der Literatur (Umgebung von Bad Boll, 7323) findet sich bei J. BAUHIN (1598: 145).

Bestand und Bedrohung: Die Art ist häufig und nicht gefährdet.

3. Sambucus racemosa L. 1753

Trauben-Holunder, Roter Holunder

Morphologie: Bis 8 m hoher Strauch (OBERDORFER 1957: 105), Blätter aus 3–7 Teilblättchen zusammengesetzt, diese eiförmig oder elliptisch, gesägt; Nebenblätter klein oder als Drüse ausgebildet; Blütenstand eine eiförmige bis kegelförmige Rispe aus grünlichgelben Blüten; Staubbeutel gelb. – Blütezeit: April–Mai.

Ökologie: Auf frischen, nährstoffreichen, meist kalkarmen Lehmböden besonders in der Bergstufe, in Kahlschlägen und dort Vorwaldgesellschaften bildend, oft im Sambucetum racemosae. Löst die Schlagwaldgesellschaft mit *Senecio ovatus* ab und baut Buchenwälder auf. Vegetationsaufnahmen z. B. bei KUHN (1937: 297–315), BARTSCH und BARTSCH (1940: Tab. 26–28), K. MÜLLER (1948: 274), OBERDORFER (1957: 100–105, 1973: Tab. 1, 2), LANG (1973: Tab. 51), MURMANN-KRISTEN (1987: Tab. 5) oder PHILIPPI (1989: Tab. 4, 10).

Trauben-Holunder (*Sambucus racemosa*)
Geisingen, 8. 5. 1991

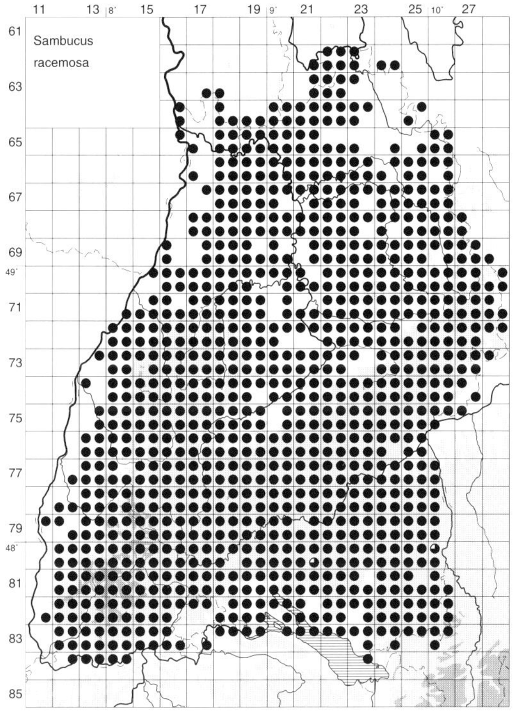

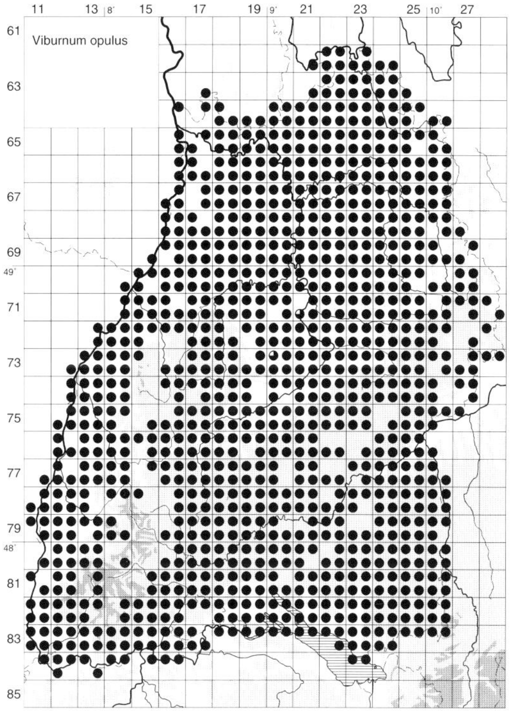

Allgemeine Verbreitung: Mitteleuropa und nördliches Südeuropa. Verwandte Arten kommen in Ostasien und Nordamerika vor.
Verbreitung in Baden-Württemberg: Im ganzen Gebiet verbreitet, meist in Lagen über 300 m, in wärmeren und tieferen Gebieten selten.

Höchste Vorkommen: 8114/1: Raimartihof, 1200 m; tiefste Vorkommen bei 100 m.
Erstnachweise: Die Art ist im Gebiet einheimisch. Erstmals im Gebiet subfossil nachgewiesen 5500 v. Chr. von Heilbronn-Klingenberg (STIKA 1988). In der Literatur zum ersten Mal angegeben von AGER in BOCK (1595: 370 A) „im Schwartzwald hin und wider".
Bestand und Bedrohung: Nicht gefährdet.

2. **Viburnum** L. 1753
Schneeball

Sträucher, auch kleine Bäume mit sommer- oder wintergrünem Laub; Blüten weiß oder rosa; Krone radförmig, fünfspaltig; Staubblätter 5, Narbe dreilappig, sitzend; Früchte trockene oder saftige Steinfrüchte. Hierher gehören etwa 150 Arten, die zusammen ein Areal besiedeln, das von Nordamerika, den südamerikanischen Anden, von Europa (außer dem Norden) und Nordafrika bis Ostasien und Indonesien reicht. In Europa kommen nur 3 Arten vor.

1 Blätter 3- bis 5lappig, oberseits kahl, Zweige kahl, Knospen mit Schuppen . . . 1. *V. opulus*
– Blätter eiförmig, graufilzig, junge Zweige filzig, Knospen ohne Schuppen . . . . . 2. *V. lantana*

1. **Viburnum opulus** L. 1753
Gewöhnlicher Schneeball, Wasser-Schneeball

Morphologie: Bis 4 m hoher Strauch; Zweige etwas kantig; Knospen mit Schuppen; Blätter ahornähnlich 3- bis 5lappig, gestielt, 8–12 cm lang und bis 8 cm breit, langspitzig gezähnt, am oberen Stielende mit 2 oder mehr Drüsen; Blüten weiß, die inneren fertil, 4–7 mm im Durchmesser, die äußeren steril, lang gestielt, 9–25 mm im Durchmesser; Frucht rot. – Blütezeit: Mai–Juni.
Variabilität: Die Form f. *roseum* (L.) Hegi 1914, der Garten-Schneeball mit nur sterilen Blüten in Kugelform wird oft gepflanzt.
Ökologie: Auf sickerfeuchten, nährstoffreichen Lehm- oder Tonböden in Auwäldern, in Gebüschen, an Ufern, auch in Hecken. Oft in Gesellschaft des Salici-Viburnetum opuli zusammen mit *Rubus caesius*.

Gewöhnlicher Schneeball (*Viburnum opulus*)
Küssaburg, 23. 5. 1992

Wolliger Schneeball (*Viburnum lantana*)
Kayh, 28. 4. 1991

Vegetationsaufnahmen z. B. bei KUHN (1937: 290, 320–324), LANG (1973: Tab. 99, 103, 106–7), T. MÜLLER (1974: Tab. 4), OBERDORFER u. MÜLLER (1992: Tab. 275–6).

Allgemeine Verbreitung: Ganz Europa, nur im äußersten Norden und Süden fehlend, West- und Nordasien, Kamtschatka; Nordafrika.

Verbreitung in Baden-Württemberg: Im ganzen Gebiet verbreitet, nur in den höchsten Lagen fehlend.

Höchste Vorkommen: 7918/1: Hausen ob Verena, 860 m; 8115/1: Lenzkirch, 850 m; ob auch höher?; tiefste Vorkommen bei 100 m.

Erstnachweise: Hornstaad, 4. Jh. v. Chr. (RÖSCH 1985). Die älteste Literaturangabe bei J. BAUHIN (1598: 145) für die Umgebung von Bad Boll (7323). Die Art ist im Gebiet einheimisch.

Bestand und Bedrohung: Die Pflanze ist nirgends gefährdet.

2. Viburnum lantana L. 1753
Wolliger Schneeball

Morphologie: 1–5 m hoher Strauch; Blätter breit eiförmig bis oval, 4–14 cm lang und 3,5–9 cm breit, gleichmäßig fein gezähnt, besonders unterseits dicht sternfilzig; Blütenstand eine gewölbte Scheindolde; Blüten sitzend, 6–8 mm im Durchmesser, schmutzig weiß; Frucht flachgedrückt, zuerst rot, später glänzend schwarz. – Blütezeit: Mai–Juni.

Ökologie: Auf nährstoffreichen, meist kalkhaltigen, steinigen Ton- oder Lehmböden, in lichten Wäldern, besonders Steppenheidewäldern, an Waldrändern, in Hecken. Gern zusammen mit *Ligustrum vulgare* oder *Cornus sanguinea*. Vegetationsaufnahmen bei SLEUMER (1933: Tab. 3), KUHN (1937: 270–271), OBERDORFER (1957: 521–522), LANG (1973: Tab. 102, 105–6, 115), T. MÜLLER (1974: Tab. 6–8), WITSCHEL (1980: 135–167) oder OBERDORFER u. MÜLLER (1992: Tab. 275–6, 296–8, p. 129).

Allgemeine Verbreitung: Mittel- und Südeuropa, von Spanien nordwärts bis England, östlich bis zur Ukraine und zum Kaukasus, außerdem in Nordafrika.

Verbreitung in Baden-Württemberg: Im südlichen Baden-Württemberg verbreitet, nur im Kerngebiet des Schwarzwalds fehlend. In Nordbaden und Nordwürttemberg auf weiten Strecken ursprünglich fehlend. Nach KREH (1952) liegt im Neckarland eine unvollständige Einwanderung vor. Heute ist die Art infolge intensiver Pflanzungen an Straßenböschungen auch dort zerstreut und bürgert sich ein. Eindeutig kultivierte Vorkommen wurden auf der Karte weggelassen. Auf folgenden Quadranten sind nur synanthrope Vorkommen bekannt: 6321/4, 6618/2, 6625/1, 6717/1, 6722/4, 6723/2, 6820/1–3, 6821/1+4, 6822/1–4, 6922/4, 6925/2+3, 7022/1+2, 7023/4, 7024/1+3, 7120/4, 7121/2, 7122/2+3, 7123/1, 7222/2, 7322/4, 7913/3, 7915/3, 8112/3. Wegen schwieriger Unterscheidung wird dies aber auch in weiteren Quadranten der Fall sein.

Höchste Vorkommen: 7818/2: Hochberg ca. 1000 m; tiefste Vorkommen: 100 m.

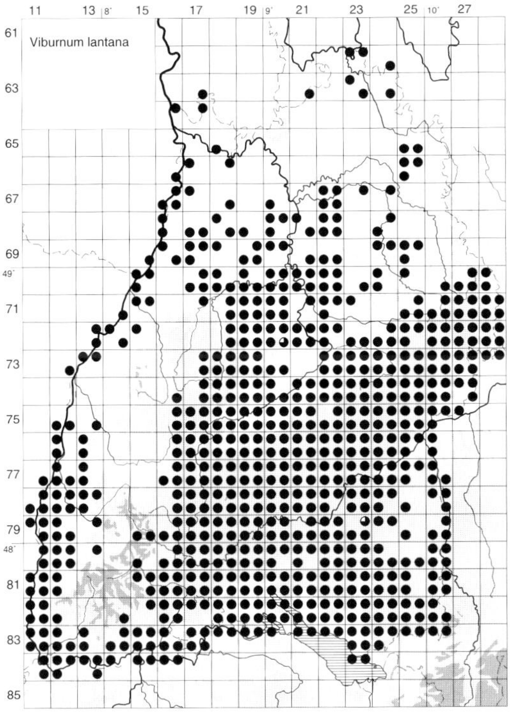

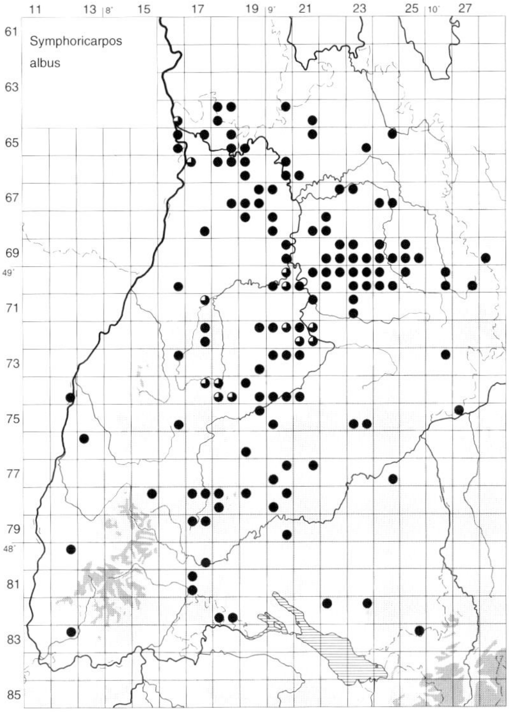

Erstnachweise: Hornstaad, 4. Jahrtausend v. Chr. (RÖSCH 1985). Die älteste Literaturangabe bei J. BAUHIN (1598: 146, 1602: 157) „zwischen Boll und Jebenhausen, auff die Berge Eichelberg und Teck".

3. **Symphoricarpos** Duhamel 1755

Schneebeere

Sträucher mit sommergrünen Blättern; Blüten klein, in endständigen oder achselständigen Ähren oder Trauben; Krone glockig oder trichterförmig, Saum 4- bis 5lappig. Hierher gehören 17 nordamerikanische Arten und eine chinesische Art.

S. albus (L.) S. F. Blake 1914
Vaccinium album L. 1753, *S. racemosus* Michaux 1803, *S. rivularis* Suksdorf 1927

Morphologie: 30–200 cm hoher ausläuferbildender Strauch; Blätter 4–6 cm lang und 8–50 mm breit; rundlich bis eiförmig, ganzrandig, gelegentlich etwas gelappt; Blüten in endständigen oder blattachselständigen Ähren; Blütenkrone 5–6 mm lang, glockenförmig, rosa; Beeren kugelig, 10–15 mm im Durchmesser, weiß. – Blütezeit: Juli–August. Im Gebiet wohl nur in der var. *laevigatus* (Fernald) Blake 1914.

Heimat: Auwälder des östlichen Nordamerika von Alaska bis Kalifornien. Als Zierpflanze kultiviert und öfter im ganzen Gebiet verwildert. Hält sich lange als Kulturrelikt. Einbürgerung durch Bildung von Sämlingen ist aber noch nirgends bei uns mit Sicherheit nachgewiesen. Die Verbreitungskarte ist sicher unvollständig, da verwilderte Arten bei der Kartierung oft übergangen werden.

S. × chenaultii Rehder 1921
S. microphyllus H. B. K. 1918 × *S. orbiculatus* Moench 1794
Bastard-Korallenbeere

Morphologie: Niedriger Strauch, ähnlich der Schneebere, 1,5–2 m hoch, reich verzweigt; Blätter kleiner, elliptisch, etwa 2 cm lang und 1 cm breit, unterseits blaugrün, dicht behaart, Beeren auf der Lichtseite gerötet, auf der Schattenseite weiß mit roten Punkten. Blütezeit: Juni–August. Von CHENAULT um 1910 gezüchtet. In den letzten Jahrzehnten an Stelle von *S. albus* häufig als Zierstrauch gepflanzt, aber bisher noch nicht verwildert beobachtet.

4. **Lonicera** L. 1753

Geißblatt, Heckenkirsche

Aufrecht oder windende Sträucher, Äste bisweilen mit Beiknospen, Laubblätter gegenständig und ungeteilt. Blütenstände köpfchenartig, in den Achseln von Hochblättern stehend, aus dreiblütigen Teilblütenständen (Zymen) zusammengesetzt, an der Basis mit zwei Vorblattwirteln (von denen die unteren als die 1., die oberen als die Vorblätter 2. Ordnung bezeichnet werden), häufig gestielt (genauer: mit verlängertem Hypopodium). Blütenkrone mit langer, bisweilen an der Ventralseite bauchig aufgetriebener Röhre, Oberlippe mit 4 Zipfeln, Unterlippe aus einem langen Zipfel. Frucht eine Beere, durch Verwachsung der Fruchtknoten bisweilen eine Doppelbeere.

Die Gattung umfaßt nach WEBERLING (1966) ca. 180 Arten, die auf der Nordhalbkugel weit verbreitet sind. In Baden-Württemberg sind davon 5 heimisch, eine weitere *(L. caprifolium)* ist verwildert und fest eingebürgert.

1 Kletternde oder windende Sträucher 2
– Aufrechte Sträucher, Fruchtknoten paarig auf einem gemeinsamen Stiel 3
2 Laubblätter nicht an der Basis miteinander verbunden . . . . 6. *L. periclymenum*
– Zumindest die oberen Laubblätter an der Basis miteinander verbunden; Hochblätter zu einem einheitlichen, runden Gebilde verwachsen, das vom Stengel durchstoßen wird oder dem die Blütenstände unmittelbar aufsitzen . . . . 5. *L. caprifolium*
3 Fruchtknoten nur am Grund miteinander verwachsen 4
– Fruchtknoten deutlich über dem Grund (bei *L. caerulea* durch eine gemeinsame Hochblatthülle scheinbar) miteinander verwachsen 5
4 Laubblätter beiderseits auf der Fläche angedrückt behaart; Blüten gelblich; Beeren rot . . . 4. *L. xylosteum*
– Laubblätter nur auf den Nerven behaart; Blüten weiß oder rötlich; Beeren schwarz . 3. *L. nigra*
5 Gemeinsamer Stiel der Blütenpaare so lang oder kürzer als die Blüten; Fruchtknoten durch eine urnenförmige Hochblatthülle zusammengefaßt, dadurch scheinbar verwachsen; Früchte blauschwarz, blau bereift . . . . . . 1. *L. caerulea*
– Gemeinsamer Stiel der Blütenpaare deutlich länger als die Blüten; Fruchtknoten ganz oder zumindest bis weit über die Hälfte verwachsen, eine glänzend kirschrote Frucht (Doppelbeere mit zwei Narben) bildend . . . 2. *L. alpigena*

1. **Lonicera caerulea** L. 1753
Blaue Heckenkirsche

Morphologie: Stark verzweigter, bis ca. 1,5 m hoher Strauch, Zweige markig, kurzhaarig bis kahl, jung gelb-, rot- oder zimtbraun, später graubraun und Borke abblätternd. Wintertriebe meist mit Beiknospen; Laubblätter etwa 1,5–8 × 1–5 cm, eiförmig, elliptisch bis länglich-elliptisch, meist stumpf oder ausgerandet, selten etwas zugespitzt, oberseits grün, unterseits hell bläulichgrün, zu-

Blaue Heckenkirsche *(Lonicera caerulea)*
Alpen

mindest jung und auf den Nerven behaart, später verkahlend. Blüten paarig auf einem gemeinsamen Stiel (genauer: Hypopodium), dieser so lang oder kürzer als die Blüten, behaart; Fruchtknoten paarweise von einer urnenförmigen, aus Vorblättern 2. Ordnung gebildeten Hülle umschlossen, dadurch scheinbar verwachsen, am Grund mit einem weiteren bewimperten, bisweilen auch drüsenhaarigen Vorblattpaar (1. Ordnung); Blütenkrone hellgelblich, am Grunde etwas gespornt, Staubblätter etwas aus der Krone herausragend; Früchte paarweise durch Vorblatthülle vereinigt, blauschwarz, hellblau bereift, eßbar. – Blütezeit: Mai–Juni.

Variabilität: Nach BROWICZ (1976) ist *L. caerulea* hinsichtlich der Behaarung ziemlich variabel. Aus Nordost-Europa und aus Teilen der Alpen wird eine stark behaarte subsp. *pallasii* (Ledeb.) Browicz 1974 (= *L. pallasii* Ledeb.) beschrieben. Sie soll neben zahlreichen kurzen Flaumhaaren einzelne längere Borstenhaare an den Zweigen aufweisen. Tatsächlich nähern sich einige Belege dieser Form an, wenngleich in derselben Population kurzhaarig und ganz kahle Formen nebeneinander vorkommen. Auch hinsichtlich der Blattbehaarung liegt eine erhebliche Variabilität zum Teil an einem Individuum vor. Der Status der Unterart bedarf sicherlich der kritischen Prüfung und die Populationen im Gebiet müssen wahrscheinlich doch ausschließlich der subsp. *caerulea* zugeordnet werden.

Ökologie: Die meisten Standortangaben von *L. caerulea* aus dem württembergischen Allgäu beziehen sich auf Moore und vor allem Moorränder. Nach GÖRS (1966) kommt die Art hier überwiegend auf zersetztem Torf über mineralischem Untergrund vor allem in Buschgesellschaften frischer bis feuchter Standorte (Salici-Betuletum pubescentis, Berberidion) sowie Erlen-Auwälder vor, greift aber auch vereinzelt auf Buchenhochwälder über. LANGER (1958) beschreibt aus dem Benninger Ried im angrenzenden Bayern eine eigene *Salix-Rhamnus-Lonicera-(caerulea)*-Gesellschaft. Im Hauptverbreitungsgebiet in den Alpen wächst die Art überwiegend in Fichten- und Kiefernmoorwäldern (OBERDORFER 1990). Wichtige Begleitarten sind *Betula pubescens, Alnus glutinosa, Frangula alnus, Molinia caerulea, Filipendula ulmaria* u. a. Soziologische Aufnahmen s. GÖRS (1966).

Allgemeine Verbreitung: Die Art weist eine ausgeprägt disjunkte Verbreitung auf mit einem Arealteil in Nordeuropa, Nordrußland bis Turkestan und zu den zentralasiatischen Hochgebirgen und einem zweiten in den Pyrenäen, Alpen, Karpaten, im westlichen Balkan, in Kleinasien und im Kaukasus. *L. caerulea* ist ein nordisch-kontinental-präalpines Florenelement.

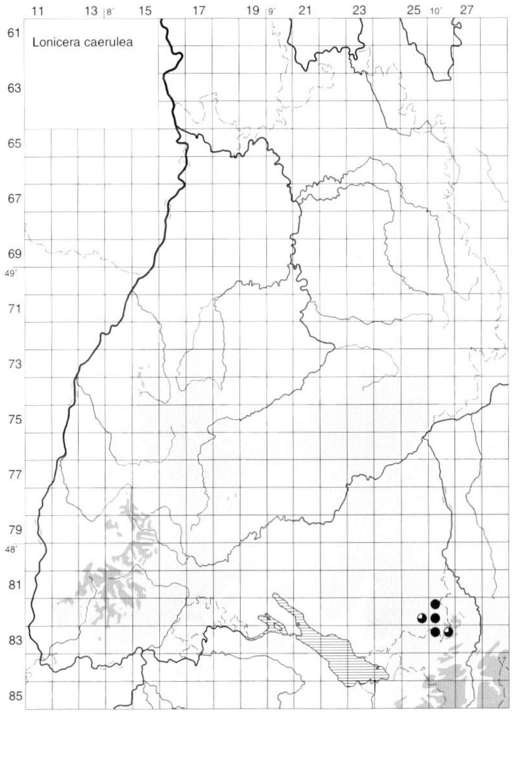

Verbreitung in Baden-Württemberg: Nur im südöstlichen Landesteil. Die Bestände konzentrieren sich auf die Moor- und Sumpfflächen westlich von Isny. Nach GÖRS (1966) muß die Art ähnlich wie die früher in diesem Gebiet vorhanden gewesene Rostrote Alpenrose *(Rhododendron ferrugineum)* als Glazialrelikt angesehen werden, das sich mit dem Zurückweichen des Eises hier festgesetzt hat.

Alpenvorland: 8225/4: Christazhofen, Hochmoorrand SE Ried, 1 stattlicher Strauch, 1966, BRIELMAIER (STU-K); 8226/1: Fetzachmoos, 1977, BRIEMLE (STU-K); 8226/3: Hier liegen eine Reihe lange bekannter Fundorte im nördlichen Teil des Riedmüllermooses: Riedmüllerholz an Straße Neutrauchburg–Ried, GÖRS (1966), 1978, SEYBOLD (STU-K); Riedbach, GÖRS (1966); Riedmüllermoos, SEYBOLD (1978); 8326/1: Riedmüllermoos, südlicher Teil, 1978, BRIEMLE, SEYBOLD (STU-K); Eisenberg bei Isny, Westflanke, GÖRS (1966), 1982, DÖRR (STU), 1992, VOGGESBERGER (STU-K); Rotes Moos bei Isny, BERTSCH (STU-K), GÖRS (1966); r 75 h 84 Bodenmöser, 1977, HARMS (STU); Schweinebach, 1911, BERTSCH (STU), 1928, PLANKENHORN (STU); 8326/2: 84 r 83 h (4 d) bei Bolsternang, 1955, BAUR (STU-K), diese aus einem Netzblatt stammende Angabe wurde später nicht mehr bestätigt und bedarf der Überprüfung. Fragliche Angabe: 8226/4: „auf der Eisenbacher Seite", WÄLDE (1926).

Die Fundorte liegen meist in Höhen um 680 m ü. M., das Vorkommen bei Bolsternang in ca. 800 m ü. M.

Erstnachweise: Die Art ist im Gebiet urwüchsig. Der erste literarische Nachweis findet sich bei W. LECHLER (1845: 160). Die Art wurde von Klein „in der Umgebung von Isny auf Sumpfwiesen" entdeckt.

Bestand und Bedrohung: Bereits frühere Autoren (z. B. BERTSCH 1912) berichten von einem Rückgang der Art. Die Erhebung von GÖRS (1966) ergab jedoch noch eine ganze Menge vitaler und offensichtlich stabiler Populationen, von denen einige auch in neuerer Zeit bestätigt werden konnten. Ihre Lage in oder zumindest am Rande von Feuchtgebieten bedeutet jedoch eine nicht unerhebliche Gefährdung durch mögliche Entwässerungsmaßnahmen, eine Intensivierung der landwirtschaftlichen Nutzung oder sogar durch Überbauung der Fundorte. Es ist daher unumgänglich, zum Schutz der pflanzengeographisch sehr interessanten Bestände die Feuchtgebiete westlich von Isny (Riedmüller-, Rot-, Dornweid-, Fetzachmoos) und die umgebenden Gebüschsaumbereiche unter Naturschutz zu stellen. Die Art muß als gefährdet (Gefährdungsstufe 3) eingestuft werden.

Alpen-Heckenkirsche *(Lonicera alpigena)*
Baden-Württemberg

2. Lonicera alpigena L. 1753
Alpen-Heckenkirsche

Morphologie: Bis ca. 2 m hoher Strauch, mit kantigen jungen Ästen, diese später graubraun und glatt, markig. Laubblätter deutlich gestielt, 7–11 × 3–5 cm, länglich-elliptisch, elliptisch oder verkehrt-eiförmig, stets deutlich zugespitzt, oberseits frischgrün, unterseits etwas heller, meist nur auf den Nerven borstig und drüstig behaart, am Rande oft wimperig. Blüten paarig auf einem bis 5 cm langen, gemeinsamen Stiel (= Hypopodium), Vorblätter 1. Ordnung doppelt so lang wie die Fruchtknoten, Vorblätter 2. Ordnung unter 1 mm lang, auf der einen Seite paarig, auf der anderen zu einem einheitlichen, kurzen, saumartigen Gebilde verwachsen. Die beiden Fruchtknoten bis über die Hälfte verwachsen, Krone 1–2 cm lang, gelblich bis rötlich, innen behaart, trichterig, an der Bauchseite gewölbt. Frucht (Doppelbeere) glänzend kirschrot, ca. 1 cm lang, mit 2 Narben, Samen abgeflacht, gelbbraun. – Blütezeit: Mai–Juni.

Ökologie: *L. alpigena* ist eine typische Art montaner Waldgebiete auf kalkreichem Untergrund. Zum einen kommt sie im Unterwuchs von Buchenwäldern z. B. Dentario heptaphylli-Fagetum (vgl. MÜLLER 1977) vor, zum anderen in Ahornreichen Schluchtwäldern (Aceri platanoidis-Tilietum platyphylli), greift aber auch im oberen Donautal auf Steppenheidewälder über (SEBALD 1983: 25). OBERDORFER (1992) gliederte innerhalb des Fagion einen Unterverband. Lonicero alpigenae-Fagetum kalkreicher, frischer Standorte aus. Wichtige Begleitarten sind *Fagus sylvatica, Lonicera xylosteum, Lathyrus vernus, Dentaria heptaphyllos, Melica nutans, Galium odoratum* u. a. Soziologische Aufnahmen s. OBERDORFER (1971: Tab. 10), SEBALD (1983, Tab. 1–6), MÜLLER (1977: Tab. 1), OBERDORFER (1992: Tab. 319, 335).

Allgemeine Verbreitung: Alpen und nördliches Umland, Pyrenäen, Zentralmassiv, westlicher Balkan, Apenninen-Halbinsel. *L. alpigena* ist ein präalpines Florenelement.

Verbreitung in Baden-Württemberg: *L. alpigena* weist in Baden-Württemberg zwei markante und gut abgrenzbare Teilareale auf, die zum einen die westliche Schwäbische Alb mit dem südwestlich angrenzenden Baar-Wutach-Gebiet, zum anderen das südöstliche Alpenvorland umfassen:

Schwarzwald: 8016/3: Gauchachtal von Nachtwaid bis Hagelsboden, 1987, NEBEL (STU-K); Hagelboden E Dittishausen, 1987, PHILIPPI (KR-K).
Baar-Wutach: Im Gebiet der unteren Wutach auf kalkreichem Gestein sowie in der südlichen Baar zerstreut bis verbreitet.
Klettgau: 8316/1: Untereggingen, o. J., PROBST in EICHLER, GRADMANN und MEIGEN (1905–1926); 8317/3: Baltersweil, 1986, THOMAS (KR-K).
Schwäbische Alb: Im südwestlichen Teil verbreitet, nach Nordwesten bis zum Raum Riedlingen, dort in 7722/3: Ohnhülben, Kohltal, 1977, SEBALD (STU-K); 7722/4: Dobeltal bei Zwiefalten, 1853, CALWER in EICHLER, GRADMANN und MEIGEN (1905–1926); 7822/1: Heuneburg, 1978, SEYBOLD, (STU-K); 7823/1: Offingen, SCHÜBLER und MARTENS (1834).
Alpenvorland: Im südlichen Teil nördlich des Bodensees zerstreut und deutlich zurückgehend, ebenso im württembergischen Allgäu um Isny und Wangen.
Weitere Fundorte: 8125/2: Bei Schloß Zeil, 1950, BRIELMAIER (STU); 8126/1: W Altmannshofen, K. MÜLLER in DÖRR (1978); 8319/1: Südseite des Schiener Berges bei Öhningen, JACK (1892: 393); 8321/1: Konstanz, DÖLL (1843).

Der tiefste Fundort liegt bei Konstanz (inzwischen wohl erloschen) in ca. 400 m ü. M., der höchste am Dreifaltigkeitsberg bei Spaichingen in 980 m ü. M.

Erstnachweise: Die Art ist im Gebiet urwüchsig. Der erste literarische Nachweis findet sich bei CORDUS in GESNER (1561: 223) „in montibus inter Ehingen et Pferingen in sylvis", zwischen Ebingen u. Veringenstadt, vgl. SEYBOLD (1987).

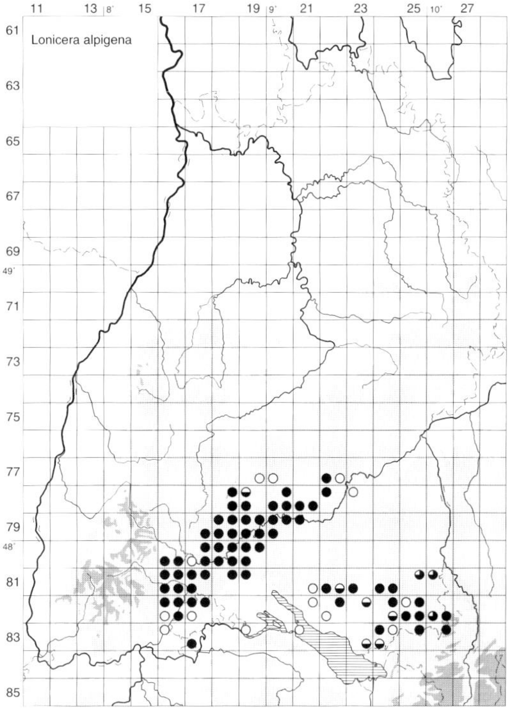

Bestand und Bedrohung: Während die Bestände auf der Schwäbischen Alb halbwegs stabil zu sein scheinen, ist im oberschwäbischen Teilareal ein erheblicher Rückgang der Art zu erkennen. Auffallend ist insbesondere der hohe Anteil an Meldungen aus dem vorigen Jahrhundert, die nicht wieder bestätigt werden konnten. Die Ursache für den Rückgang dürfte in der in Oberschwaben besonders intensiv durchgeführten Umwandlung naturnaher Buchenwälder in Fichtenforste liegen. Die Art muß für Oberschwaben als stark gefährdet (Gefährdungsstufe 2) angesehen werden. Zur Sicherung der Art ist die Erhaltung von naturnahen Buchenwäldern mit der entsprechenden schonenden Bewirtschaftung zu befürworten. Dies gilt insbesondere für die verbliebenen Bestände im Tobel bei Schmalegg nahe Buttenmühle (8123/3) und im Littistobel N Roggenbeuren (8222/2).

3. Lonicera nigra L. 1753

Schwarze Heckenkirsche

Morphologie: Aufrechter und bis 1,5 m hoher Strauch mit gräulichbraunen Ästen und weißem Mark, oft mit Beiknospen. Laubblätter kurz gestielt, 3,5–6 × 1–2,5 cm, breit-lanzettlich, läng-

Schwarze Heckenkirsche *(Lonicera nigra)*
Feldberg

lich-elliptisch bis verkehrt-eiförmig, stumpf oder etwas zugespitzt, oberseits grün, nur auf den Nerven kurzhaarig, bisweilen mit Drüsen, unterseits graugrün, auf den Nerven flaumhaarig, Blätter bisweilen auch ganz kahl. Blüten paarig, ihr gemeinsamer Stiel (= Hypopodium) deutlich länger als die Blüten, Vorblätter 1. Ordnung schmal-lineal, unauffällig, Vorblätter 2. Ordnung zu einer breiten Schuppe verwachsen, halb so lang wie die Fruchtknoten. Fruchtknoten nur am Grund miteinander verwachsen, an der Spitze mit kleinen, dreieckigen, drüsig bewimperten Kelchzähnen, Blütenkrone etwa 1 cm lang, an der Bauchseite aufgewölbt, mit zurückgeschlagener Unterlippe und vorgezogener, vierteiliger Oberlippe, rötlich, Staubblätter und Griffel etwa so lang wie die Oberlippe. Beeren etwa 1 cm lang, nur am Grund miteinander verwachsen, daher stets doppelt, blauschwarz. – Blütezeit: Mai–Juni.

Ökologie: *L. nigra* kommt in montanen krautreichen Bergmischwäldern auf neutralem bis saurem Untergrund, vor allem in Ahorn-Buchenwäldern, auch in Schluchtwäldern sowie in montanen Buchen-Fichten-Tannen-Wäldern vor. Sie greift ferner auf Auwaldgesellschaften der Hochlagen wie z. B. das Alnetum incanae sowie auf Schlagfluren über. Wichtige Begleitarten sind *Sorbus aucuparia, Rosa pendulina, Stellaria nemorum, Lamiastrum montanum, Prenanthes purpurea, Dryopteris filix-mas.* Soziologische Aufnahmen s. BARTSCH und OBERDORFER (1936: Tab. 76), BARTSCH (1940), OBERDORFER (1982: Tab. 2), SCHWABE (1985: Tab. 2), SCHWABE (1987: Tab. 31, 39), MÜLLER in OBERDORFER (1992: Tab. 338).

Allgemeine Verbreitung: Gebirge von West-, Mittel- und Osteuropa, Balkan und nördliche Apenninen-Halbinsel bis zu den Karpaten. *L. nigra* ist ein präalpines Florenelement.

Verbreitung in Baden-Württemberg: Die Art weist im Gebiet zwei getrennte Arealteile auf, und zwar einerseits im südlichen und mittleren Schwarzwald, andererseits im württembergischen Allgäu.

Schwarzwald: verbreitet im südlichen Teil bis etwa zur Schutter, weiter nördlich zerstreut, im Nordschwarzwald nur 7316/4: Urnagold bei Besenfeld, SCHÜBLER und MARTENS (1834); 7416/2: 58 r 83 h, o. J., BAUR (STU-K); 7515/2: Kniebis-Ellbachsee, 1983, SEBALD

(STU-K); 7516/1: Hintere Schnackensägmühle, 1983, SEBALD (STU-K); 7516/4: Lauterbad bei Freudenstadt, voriges Jahrh., ROESLER (STU).
Vorland der Südwestalb: 7817/4: o. O., 1985, Liste ADE (STU-K); 7818/3: Aixheim, MARTENS und KEMMLER (1882); 7917/2: bei Trossingen, 1982, SEBALD (STU-K).
Baar-Wutachgebiet: Zerstreut bis verbreitet.
Schwäbische Alb: nur im westlichsten und südwestlichsten Ausläufer: 8017/2: Himmelberg bei Öfingen, WINTER (1882: 42); 8017/4: Geisingen, 1962, KNAUSS (STU); 8019/3: Liptingen, o. J., JACK in EICHLER, GRADMANN und MEIGEN (1905–1926); 8118/2: Kriegertal, ECKSTEIN in EICHLER, GRADMANN und MEIGEN (1905–1926).
Alpenvorland: Im Südosten im württembergischen Allgäu zerstreut bis verbreitet, sonst selten: 8123/1: Fronhofer Moos, o. J., BERTSCH (STU-K); 8222/4: Markdorf: auf der nordöstlichen Erhebung des Gehrenberges, LINDER (1907).

Der niedrigste Fundort liegt am Fronhofer Moos (8123/1) bei 570 m ü. M., der höchste am Feldberg in 1340 m ü. M.

Erstnachweise: Die Art ist im Gebiet urwüchsig. *L. nigra* wurde erstmals im 13./15. Jh. bei Grabungen im Spitalhof in Heidelberg gefunden (RÖSCH unpubl.). Der erste literarische Nachweis erfolgte durch ROTH V. SCHRECKENSTEIN (1798: 92) am Feldberg und am Fürstenberg.

Bestand und Bedrohung: *L. nigra* ist zwar in den Kernbereichen ihres Areales relativ stabil, doch zeigt sich im Randbereich ein leichter, aber deutlicher Rückgang. Die Ursachen dafür sind ebenso wie bei *L. alpigena* bei der intensivierten forstwirtschaftlichen Nutzung zu suchen. Langfristig hat die Art nur dann eine Chance, wenn genügend naturnah bewirtschaftete Waldgebiete erhalten bleiben. Insgesamt muß die Art wegen der sichtbaren Rückgänge doch als gefährdet (Gefährdungsgrad 3) eingestuft werden.

4. Lonicera xylosteum L. 1753

Rote Heckenkirsche

Morphologie: Aufrechter, bis 2 m hoher, flachwurzelnder Strauch, junge Äste weichhaarig, später verkahlend, graubraun, hohl, Außenhaut längsrissig, Äste meist mit Beiknospen. Laubblätter 3–6 × 2–3 cm, gestielt, breit- bis elliptisch-eiförmig oder verkehrt-eiförmig, kurz zugespitzt, beiderseits dicht auf der Fläche behaart, am Rand gewimpert. Blüten paarig mit einem bis 2 cm langem gemeinsamem Stiel (= Hypopodium), Fruchtknoten nur am Grund miteinander verwachsen oder ganz frei, Vorblätter 1. Ordnung schmal-lanzettlich, etwa so lang oder etwas kürzer als der Fruchtknoten, Vorblätter 2. Ordnung

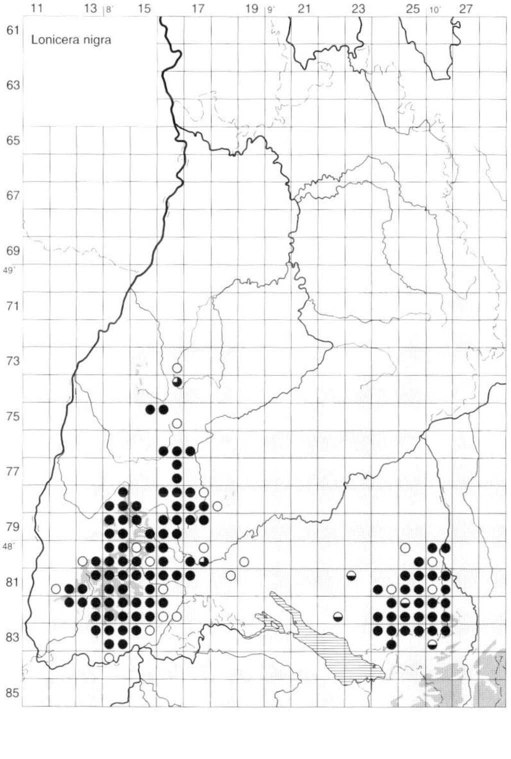

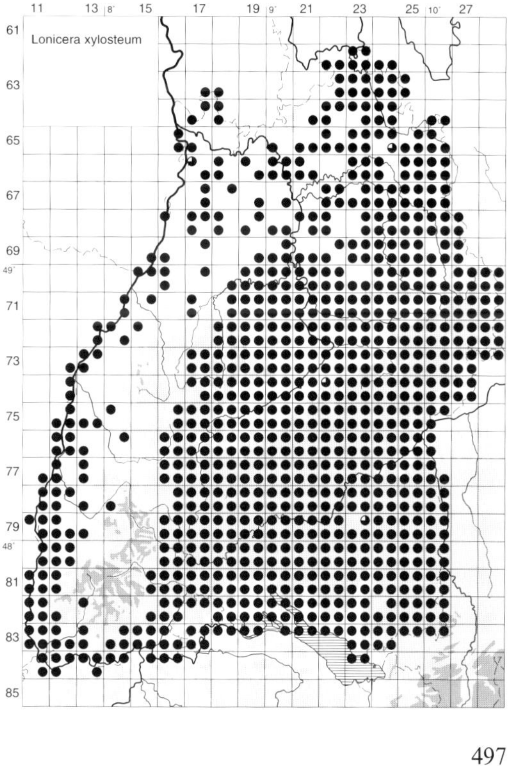

breit-eiförmig, etwa halb so lang wie der Fruchtknoten, Kelch kurz, mit kleinen, dreieckigen Zähnen, Krone 10–15 mm lang, blaßgelb bis rötlichgelb, auf der Bauchseite gewölbt, außen und innen zottig behaart, Staubblätter häufig etwas aus den Blüten herausragend. Beeren ca. 0,5 cm lang, zu zweit zusammenstehend, glänzend, rot. – Blütezeit: Mai–Juni.

Die Beeren von *L. xylosteum* sind ungenießbar und giftverdächtig.

Ökologie: *L. xylosteum* besiedelt überwiegend Gebüsche, v. a. Berberidion-Säume, Waldmäntel und lichte Eichen- und Buchenwälder auf kalkreichem Untergrund. Die Art bevorzugt sommerwarme Klimalagen, wenngleich sie offensichtlich daran nicht ausschließlich gebunden ist. Nach OBERDORFER (1990) ist die Art eine Querco-Fagetea-Klassencharakterart und sie ist in den meisten Gesellschaften dieser Klasse von typischen Buchenwäldern bis hin zu Grauerlen-Auenwäldern vertreten.

Wichtige Begleitarten sind *Prunus spinosa, Rosa canina, Euonymus europaeus, Alnus incana, Fagus sylvatica, Lathyrus linifolius, Daphne mezereum, Mercurialis perennis* u. a. Soziologische Aufnahmen s. z. B. MÜLLER und GÖRS (1958: Tab. 2, 5–7, 9, 10), MÜLLER (1966: Tab. 1, 2, 4), LANG (1973: Tab. 106, 109, 111, 112, 114), MÜLLER (1974: Tab. 4, 5, 6), HÜGIN (1979: Tab. 1, 2, 5), SEBALD (1983: Tab. 2, 3, 4, 6).

Rote Heckenkirsche *(Lonicera xylosteum)*
Wittendorf, 27. 7. 1994

Allgemeine Verbreitung: Europa, Kleinasien, Westsibirien. *L. xylosteum* ist ein eurasisch-(kontinental)-submediterranes Florenelement.

Verbreitung in Baden-Württemberg: *L. xylosteum* ist am südlichen und mittleren Oberrhein sowie im ganzen mittleren und östlichen Landesteil verbreitet bis häufig. Im Schwarzwald (auf saurem Untergrund) fehlt sie weitgehend, und im Kraichgau, in den nördlichen Teilen des badischen Oberrheingebietes und der Gäuflächen ist sie nur noch mit zerstreuten Vorkommen vorhanden.

Der niedrigste Fundort liegt bei Mannheim in ca. 100 m ü. M., der höchste auf dem Lemberg-Plateau in 1015 m ü. M. (SEBALD in STU-K).

Erstnachweise: Lonicera xylosteum ist im Gebiet urwüchsig. Archäologisch ist die Art jedoch erst seit dem 6./8. Jh. (nicht ganz sicher) nachgewiesen (RÖSCH, unpubl.). Der erste literarische Nachweis findet sich bei J. BAUHIN (1598: 151) und stammt aus der Gegend von Bad Boll.

Bestand und Bedrohung: Die Art ist im Gebiet nicht gefährdet.

5. **Lonicera caprifolium** L. 1753

Wohlriechendes Geißblatt, Jelängerjelieber

Morphologie: Rechtswindender Strauch mit unterirdischen Ausläufern, Äste kahl, Rinde gelblich bis rötlich, in Streifen ablösend, Beiknospen vorhanden. Laubblätter sehr kurz gestielt oder sitzend, 4–9 × 3–5 cm, rundlich, elliptisch bis verkehrt-eiförmig, stumpf, oberseits dunkel-, unterseits blaugrün; untere Blätter nur durch einen schmalen Saum paarweise miteinander verbunden, dieser nach oben immer breiter werdend bis schließlich der oberste Hochblattwirtel aus einem runden, perfoliat durchstoßenen Gebilde besteht. Blütenstand entständig, aus 1 bis mehreren von einem perfoliaten Hochblattwirtel umgebenen Scheinquirlen, diese jeweils aus 2 × 3 Blüten bestehend. Vorblätter klein oder fehlend, Kelch saumförmig, Krone bis ca. 5 cm lang, wohlriechend, hell gelblich, oft rötlich überlaufen, Oberlippe zurückgeschlagen, bisweilen aufrecht, Unterlippe schmal. Beeren ca. 1 cm lang, rot. – Blütezeit: Mai–Juni.

Ökologie: Als aus der Kultur verwilderte Zierpflanze kommt *L. caprifolium* gerne an Gebüschsäumen und in Hecken, z. B. im Liguster-Schlehen-Gebüsch, aber auch in ungestörten Keuperklingen in der Stuttgarter Umgebung vor (KREH 1949). Die Art bevorzugt warme Standorte auf kalkhaltigem und lehmigem Untergrund. Nach

OBERDORFER (1990) ist der Jelängerjelieber eine Berberidion-Verbandscharakterart. Wichtige Begleitarten sind *Acer pseudoplatanus, Fraxinus excelsior, Aruncus dioicus, Vicia sylvatica, Prenanthes purpurea, Prunus mahaleb* u. a. Soziologische Aufnahmen s. KREH (1949: 215).

Allgemeine Verbreitung: Südöstliches Europa, Südukraine, Kaukasus, eingebürgert Mitteleuropa. *L. caprifolium* ist ein ostsubmediterranes Florenelement.

Verbreitung in Baden-Württemberg: Zerstreut im gesamten Neckargebiet, auf dem Gäuflächen und im südlichen Alpenvorland, im westlichen Bodenseegebiet und am östlichen Hochrhein etwas häufiger, sonst selten.

Isoliert liegende Fundpunkte:
Oberrheingebiet: 6617/1: Schwetzingen, SEUBERT und KLEIN (1890); 6917/3: Berghausen bei Karlsruhe, offensichtlich eingebürgert, 1985, PHILIPPI (KR-K); 8412/1: NSG Buchs-Buchenwald, 1984, QUINGER (KR-K).
Schwäbische Alb: 7127/2: Schenkenstein, 1985, SEYBOLD (STU-K); 7524/4: o.O., 1975–85, Liste RAUNEKER (STU-K); 7525/3: Arnegger Ried, 1976, SEYBOLD (STU-K); 7619/4: Hechingen, 1976, BURGHARDT (STU-K); 7920/1: Südhalde unter Glasträgerfels beim AV-Weg, 1988, KARL (STU-K).
Der niedrigste Fundort liegt bei Schwetzingen (SEUBERT und KLEIN 1892, erloschen) in ca. 100 m ü. M., der höchste in einer Südhalde unter dem Glasträgerfelsen zwischen Hausen und Beuron an der Donau auf ca. 600 m ü. M.

Erstnachweise: Jelängerjelieber ist eine beliebte Zierpflanze und bei den meisten Vorkommen handelt es sich um verwilderte Kulturpflanzen. Diese Populationen sind fest eingebürgert. Aber auch natürliche Vorkommen können nicht ganz ausgeschlossen werden. So bezeichnet OBERDORFER (1990: 878) die Bestände am Hochrhein und am Bodensee als „vermutlich indigen" und SCHARFETTER (1953: 370) wies darauf hin, daß die Art durch die subboreale Wärmezeit in ihrer Ausbreitung begünstigt wurde, und genau in dieses Subboreal (genauer: ins frühe Subboreal) fällt der erste fossile Nachweis der Art (MESSIKOMER 1883). Dieser stammt von Wangen am Bodensee (8319/2) und in diesem Umkreis liegen nicht nur einige neuere, sogar aktuelle Nachweise, sondern auch ein kleines, aber relativ geschlossenes Teilareal.

Eine Einschleppung durch den Menschen ist hier zwar nicht sehr wahrscheinlich, doch nicht ganz auszuschließen, so daß das Indigenat letztlich zweifelhaft bleibt. Der erste literarische Nachweis s. POLLICH (1776: 214–215) „ac sepibus circa Heidelberg".

Wohlriechendes Geißblatt *(Lonicera caprifolium)*
Rocca di Manerba am Gardasee, 1969

Bestand und Bedrohung: Inwieweit für *L. caprifolium* Schutzmaßnahmen sinnvoll sind, hängt davon ab, ob es sich um urwüchsige Vorkommen handelt. Dies ist bisher nirgends mit Sicherheit nachgewiesen, so daß Schutz- und Pflegemaßnahmen nach dem derzeitigen Wissensstand nicht empfohlen werden können.

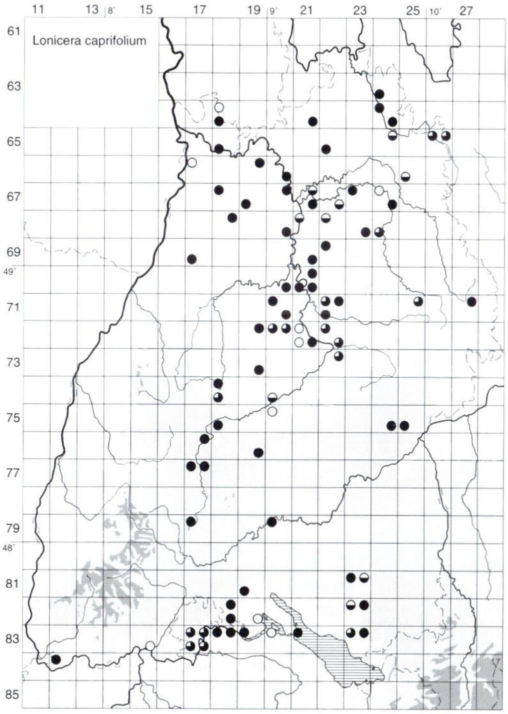

Wald-Geißblatt *(Lonicera periclymenum)*
Oberhausen bei Herbolzheim

6. Lonicera periclymenum L. 1753
Wald-Geißblatt

Morphologie: Rechtwindender und kletternder Strauch mit gelbbraunen, jung drüsenhaarigen Zweigen, oft rötlich überlaufen. Laubblätter 4–8 × 1,5–3,5 cm, eiförmig bis elliptisch, zugespitzt, selten stumpf, oberseits grün, unterseits graublaugrün, kahl, unterseits auf den Nerven behaart, bewimpert, die gegenüberliegenden Blätter nicht miteinander verwachsen. Blütenstände endständig, aus 3–5 kopfig zusammengerückten, dreiblütigen Teilinfloreszenzen bestehend, bisweilen mit weiteren Köpfchen auf Seitenzweigen, Hochblätter klein, laubblattartig, grün, lineallanzettlich, Vorblätter 1. Ordnung unauffällig, schuppenartig, Vorblätter 2. Ordnung breit-eiförmig, mit breitem Grund sitzend und etwa so lang wie der Fruchtknoten, drüsig behaart. Blütenkrone 4–5 cm lang, mit bis zu 2,5 cm langer, etwas gebogener Röhre, gelblichweiß bis gelblich, oft rötlich überlaufen, wohlriechend. Beeren dunkelrot. – Blütezeit: Juni–Juli.

Ökologie: *L. periclymenum* wächst überwiegend in eichenreichen Wäldern mild-humider, atlantischer Klimalagen sowie in Gebüschen, Waldmänteln und Lichtungen entsprechender Standorte. Der Untergrund ist kalk- und basenarm und häufig sandig oder lehmig. Die Art gilt nach Oberdorfer (1990) als Verbandscharakterart des Pruno-Rubion (Brombeer-reiche Gebüsche) und greift auf bodensaure Fagetalia- und Quercetalia-Gesellschaften („Traubeneichenheidewälder“ vgl. Oberdorfer (1938)) über. Wichtige Begleitarten sind *Rubus fruticosus* agg., *Prunus spinosa, Rosa canina, Ligustrum vulgare, Sarothamnus scoparius, Ilex aquifolium, Pteridium aquilinum, Teucrium scorodonia* u. a. Soziologische Aufnahmen s. Oberdorfer (1936: 60), Oberdorfer (1938: Tab. 20, 21), Bartsch und Bartsch (1940: Tab. 23), Murmann-Kristen (1987: Tab. 17, 46).

Allgemeine Verbreitung: Westeuropa von der Iberischen Halbinsel bis zur skandinavischen Küstenregion, ferner Marokko, Apenninen-Halbinsel, nach Osten bis zum Alpenrand, disjunkt bis zum Bayerischen Wald, bis Schlesien und Pommern. *L. periclymenum* ist ein subatlantisch-west-submediterranes Florenelement.

Verbreitung in Baden-Württemberg: Im westlichen Landesteil, am Oberrhein, im westlichen Schwarzwald und im Odenwald verbreitet bis häufig, auf den Gäuflächen und im Keuper-Lias-Gebiet zerstreut (hier zumindest teilweise aus Gärten verwildert), nicht auf der Schwäbischen Alb. Außerhalb der geschlossenen Arealteile:

Schwarzwald: westlich des Hauptkammes verbreitet und häufig, sonst nur: 7318/1: Zavelstein, MAYER (1929); 7416/3: Baiersbronn, 1911, GRADMANN (STU); 7418/1: Burg Hohennagold, NW-Ecktürmchen der Vorburg, 1966, WREDE (STU-K); 7616/3: Zwischen Nollenberg und Reilinsberg S Alpirsbach, 1990, VOGGESBERGER (STU-K); 7716/3: o.O., 1975–85, ADE (STU-K); 7716/3: Zwischen Bad und Geigeshalde S Schramberg, 1991, KLEINSTEUBER (KR-K).

Hochrhein: 8315/3: Zwischen Dogern und Eschbach, 1986, QUINGER (KR-K); 8413/2: o.O., 1975, Liste SCHUHWERK (STU-K); 8414/1: Murgschlucht SE Lochmühle, 1993, PHILIPPI (KR-K); 8414/2: bei Albert, BECHERER (1921: 196).

Bodenseegebiet: 8218/3: Wald N Büsingen, 1989, SEYBOLD (STU-K); 8218/4: o.O., 1974, KOCH (STU-K); 8223/2: Laurental bei Weingarten, 1977, DÖRR (1978); 8319/1: o.O., 1983, RÖSCH (STU-K); 8321/1: Konstanz, DÖLL (1862); 8323/1: Ehrlosen-Hegenen W Tettnang, Lochbrücke – Hechelfurt, 1991, BREUNIG (STU-K); 8323/2: Köstenberg bei Tettnang, 1982, DÖRR (STU); 8323/3: Tettnanger Wald E Mariabrunn, DÖRR (1992).

Westallgäuer Hügelland: 8325/1: Torfstich bei Winhäusern, 1980, HARMS (STU).

Der niedrigste Fundort liegt bei Friedrichsfeld in ca. 100 m ü. M., der höchste am Frauensteigfelsen (8014/1) in 783 m ü. M.

Erstnachweise: Die Art ist im Gebiet urwüchsig. Sie wurde und wird ähnlich wie *L. caprifolium*

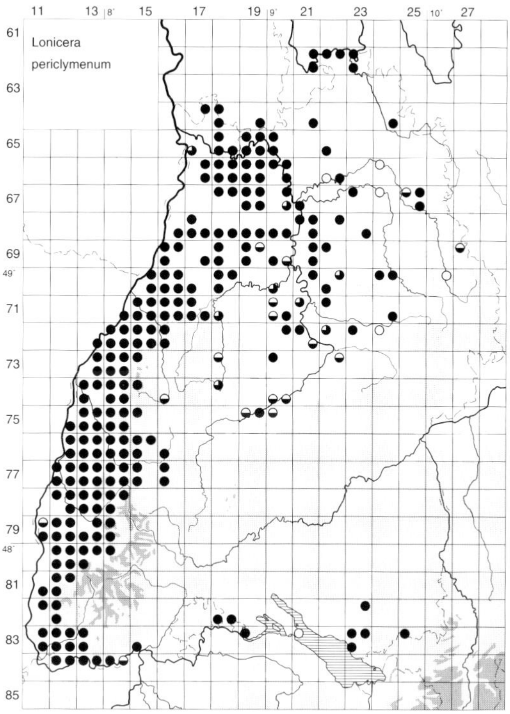

aber auch als Zierpflanze kultiviert und verwildert bisweilen aus Gärten. Der erste literarische Nachweis s. DUVERNOY (1722: 37): Spitzberg bei Tübingen.

Bestand und Bedrohung: Die Art ist im Gebiet insgesamt nicht gefährdet. Rückgänge sind nur außerhalb des geschlossenen Areals festzustellen, wo zumindest ein Teil der Vorkommen auf verwilderte Gartenpflanzen zurückgeht.

Bildquellenverzeichnis

Aleksejew, Peter: 185

Archiv Stuttgart: 359

Baumann, Helmut: 20 (l.), 23, 29, 31, 32, 33, 38, 41, 51, 53, 61, 66, 68, 69, 75, 82, 90, 94, 97, 106, 111, 113, 119, 121, 122, 124, 129, 130, 134, 138, 140, 142, 146, 148, 150, 155, 159, 161, 162, 163, 165, 166, 168, 169, 170, 171, 173 (l.), 176, 177, 179, 181, 182, 186, 187, 190, 195, 196, 197, 201, 208, 211, 212, 215, 219, 222, 229, 232, 248 (l. u. r.), 249, 251, 253, 254, 265, 269, 270, 277, 284, 288, 292, 297, 298, 299, 303, 304, 307, 308, 316 (l. u. r.), 319, 326, 330, 331, 334, 336, 338, 340, 343, 344, 350, 353, 354, 356, 368, 372 (l.), 375 (r.), 381, 392, 397, 406, 427, 428, 429, 434, 439, 441, 442, 443, 450, 451, 457, 458, 459, 461, 472, 478, 488 (r. u.), 490 (l. u. r.), 498

Buettner, Friedrich: 136, 144, 258, 488 (l. o.)

Burghardt, Helmut: 123

Demuth, Siegfried 370, 372 (r.), 375 (l.), 383, 388 (o.)

Griener, Volker: 339

Kleinsteuber, Andreas: 405, 407, 408, 411, 412, 413

Laux, Hans E.: 87

Muer, Thomas: 120, 313, 318 (u.), 357, 388 (u.), 394

Rasbach, Kurt und Helga: 25, 58, 64, 83, 92, 238, 252, 294, 346, 348, 401, 432, 448, 496

Reichenbach, Berthold: 16, 20 (r.), 27, 49, 184, 250, 272, 399, 414, 447, 500

Rihm, Gerhard: 425

Schönfelder, Peter: 48, 173 (r.), 213, 231, 259 (r. o.), 482

Schrempp, Heinz: 35, 39, 43, 45, 47, 50 (l. u. r.), 54, 56, 63, 67, 72, 74, 78, 80, 84, 99, 101, 103, 105, 109, 126, 127, 135, 149, 152, 154, 157, 183, 189, 192, 199, 202, 203, 205, 220, 223, 224, 227, 243, 261, 262 (o. u. u.), 263, 264, 267, 271, 273, 275, 278, 280, 281, 282, 286, 290, 295, 301 (l. u. r.), 305, 309, 311, 312, 318 (o.), 320, 321, 323, 324, 327, 329, 341, 345, 351, 358, 364, 366, 377, 379, 384, 385, 387, 391, 416, 419, 422, 430, 435 (r. u.), 437, 445, 453, 464, 469, 471, 477, 481, 485, 486, 492, 494

Walderich, Ludwig: 22, 37, 86, 93, 118, 259 (l. u.), 332, 420, 421, 424, 435 (l. o.), 454, 466, 474, 483, 499

Wörz, Arno: 475

Literaturverzeichnis

ADE, A. (1989): Flora von Oberndorf am Neckar. – Veröff. Landesstelle Naturschutz Landschaftspflege Bad.-Württ. 64/65: 509–583; Karlsruhe.

ADE, U., B. BAUMANN, H. BAUMANN u. W. WAHRENBURG (1990): Naturnahe Lebensräume und Flora in Schönbuch und Gäu. 244 S.; Remshalden.

ADEMA, F. (1968): En „oude" voor Nederland nieuwe *Salvia*-bastaard. – Gorteria 4: 72–74; Leiden.

ADLER, W., K. OSWALD u. R. FISCHER (1994): Exkursionsflora von Österreich (Hrsg.: FISCHER, M.). 1180 S.; (E. Ulmer), Stuttgart, Wien.

ADOLPHI, K. (1989): Beobachtungen an sich einbürgernden Arten. In: 23. Hessischer Floristentag, Tagungsbeiträge. – Schriftenreihe Umweltamt Stadt Darmstadt – Institut für Naturschutz 12 (4): 28–39; Darmstadt.

Anonymus (1882, 1883): Neue Standorte. – Mitt. Bot. Ver. Kreis Freiburg und das Land Baden. (1882): 2: 25–27; (1883): 1 (6/7): 74–76, 1 (8/9): 85–92. Freiburg i. Br.

Anonymus (1893): Neue Standorte. – Mitt. Bad. Bot. Ver. 3 (115): 142; Freiburg i. Br.

Anonymus (1896): Neue Standorte in der badischen Flora. – Mitt. Bad. Bot. Ver. 3 (141): 366–368; Freiburg i. Br.

Anonymus (1902, 1903): Neue Standorte. – Mitt. Bad. Bot. Ver. (1902): 178: 246–247; (1903): 189: 335–336. Freiburg i. Br.

Anonymus (1911, 1912): Neue Standorte. – Mitt. Bad. Landesver. Naturk. (1911): 5 (263/264): 111–112; (1912): 6 (269–271): 163–164. Freiburg i. Br.

APELGREN, K. (1990a): Variation and distribution of *Myosotis laxa* sensu lato (Boraginaceae) in the Baltic region. – Ann. Bot. Fennici 27: 287–299; Helsinki.

APELGREN, K. (1990b): *Myosotis baltica*, A questionable Taxon. – Sommerfeltia 11: 5–11; Oslo.

ARAND-ACKERFELD, E. v. (ca. 1960): Flora von Ehingen, unveröff. Manuskript.

ARTS, G. H. P. u. C. DEN HARTOG (1990): Phytogeographical aspects of the West European soft-water macrophyte flora. – Acta Bot. Neerl. 39: 369–378; Amsterdam.

ATTAWI, F. A. J. (1977): Morphologisch-anatomische Untersuchungen an den Haustorien einiger *Orobanche*-Arten. – Ber. Deutsch. Bot. Ges. 90 (1/2): 173–182; Stuttgart.

BALL, P. W. (1972): Taxanomic and nomenclatural notes on European Labiatae. – J. Linn. Soc., Bot. 65: 342–352; London.

BALL, P. W. (1972): *Ajuga* L., *Leonurus* L., *Lycopus* L., *Melittis* L., *Onosma* L. – In: Flora Europaea, Vol. 3 (Hrsg.: TUTIN, T. G. et al.). (Univ. Press), Cambridge.

BALL, P. W. u. F. M. GETLIFFE (1972): *Acinos* Miller. – In: Flora Europaea, Vol. 3 (Hrsg.: TUTIN, T. G. et al.). 165–166; (Univ. Press), Cambridge.

BALTISBERGER, M. (1981): *Myosotis rehsteineri* Wartm. im Rugeller Riet (FL). – Ber. Geobot. Inst. ETH Stiftung Rübel 48: 161–163; Zürich.

BARTSCH, J. (1924): Zur Flora des badischen Jura und Bodenseegebietes. – Mitt. Bad. Landesver. Naturk. Naturschutz Freiburg N. F. 1 (12/13): 301–309; Freiburg i. Br.

BARTSCH, J. u. M. BARTSCH (1931): Neue Pflanzenfundorte in Nordbaden. – Beitr. Naturw. Erforsch. Badens 8: 121–125; Freiburg i. Br.

BARTSCH, J. u. M. BARTSCH (1940): Vegetationskunde des Schwarzwaldes. – Pflanzensoziologie 4: 229 S.; (G. Fischer), Jena.

BASLER, A. (1972): Cytotaxonomische Untersuchungen an der Boraginaceen-Gattung *Symphytum* L. – Bot. Jahrb. Syst. 92: 508–553; Stuttgart.

BASLER, A. (1973): *Symphytum* in Norddeutschland. – Kieler Notizen zur Pflanzenkunde in Schl.-Holst. 5: 5–8; Kiel.

BAUER, TH. E. (1905): Flora des württembergischen Oberamtes Blaubeuren. 177 S.; (Fr. Mangold), Blaubeuren.

BAUMANN, B. u. H. BAUMANN (1990): Die gefährdeten Farn- und Blütenpflanzen des Landkreises Böblingen. – In: ADE, U. et al.: Naturnahe Lebensräume und Flora in Schönbuch und Gäu. 88–187; (Natur-Rems-Murr-Verl.), Remshalden.

BAUMANN, E. (1911): Die Vegetation des Untersees (Bodensee). – Arch. Hydrobiol. Suppl. 1: 554 S.; Stuttgart.

BAUMGARTNER, L. (1882–1887): Neue Standorte. – Mitt. Bot. Ver. Kreis Freiburg und das Land Baden und Mitt. Bad. Bot. Ver. 1: 12–16, 25–27 (1882); 74–76, 85–92, 105–108, 120–123, 153–154 (1883); 120–123, 105–108, 153–154 (1884); 153–154 (1885); 266–267 (1886); 208–209, 266–267, 303. Freiburg i. Br.

BAUMGARTNER, W. (1975): Die Baumwolladventivflora von Atzenbach (Baden BRD) und Issenheim (Elsass Frankreich). – Bauhinia 5 (3): 119–129; Basel.

BAUR, K. (1941): Zur Kenntnis einiger Erlenwaldgesellschaften. – Veröff. Württ. Landesstelle Naturschutz Landschaftspflege 17: 158–177; Stuttgart.

BAUR, K. (1956): Die Vegetationsverhältnisse in den Wäldern der Adelegg. – Jh. Ver. Vaterl. Naturk. Württ. 111 (1): 127–136; Stuttgart.

BAUR, K. (1964): Erläuterungen zur vegetationskundlichen Karte 1:25000 Blatt 7416 Baiersbronn (Hrsg.: Staatliches Museum für Naturkunde in Stuttgart). 76 S., 7 Tab.; Stuttgart.
BAUR, K. (1965): Erläuterungen zur vegetationskundlichen Karte 1:25000 Blatt 6526 Creglingen (Hrsg.: Staatliches Museum für Naturkunde in Stuttgart). 46 S., 11 Tab.; Stuttgart.
BAUR, K. (1967): Erläuterungen zur vegetationskundlichen Karte 1:25000 Blatt 8326 Isny (Hrsg.: Staatliches Museum für Naturkunde in Stuttgart). 31 S., 7 Tab.; Stuttgart.
BAUR, K. und K. MÜLLER (1968): Erläuterungen zur vegetationskundlichen Karte 1:25000 Blatt 8225 Kißlegg (Hrsg.: Staatliches Museum für Naturkunde in Stuttgart). 58 S.; Stuttgart.
BAUR, K. und K. MÜLLER (1972): Erläuterungen zur vegetationskundlichen Karte 1:25000 Blatt 7624 Schelklingen. 41 S.; Stuttgart.
BAUR, W. (1886): Beiträge zur Flora Badens. – Mitt. Bot. Ver. Kreis Freiburg und das Land Baden 1 (31/32): 171–177, 271–277; Freiburg i. Br.
BAYTOP, A. (1978): *Nonea* Medikus. – In: Flora of Turkey, Vol. 6 (Hrsg.: DAVIS, P. H.). 404–414; (Univ. Press), Edinburgh.
BECHERER, A. (1921): Beiträge zur Flora des Rheintales zwischen Basel und Schaffhausen. – Verh. Naturf. Ges. Basel 32: 172–200; Basel.
BECHERER, A. (1976): Fortschritte in der Systematik und Floristik der Schweizerflora (Gefäßpflanzen) in den Jahren 1974 und 1975. – Ber. Schweiz. Bot. Ges. 86 (1/2): 1–55; Teufen.
BECHERER, A. u. M. GYHR (1928): Kleine Beiträge zur badischen Flora. – Beitr. Naturw. Erforsch. Badens 1: 1–5; Freiburg i. Br.
BECHERER, A. u. W. KOCH (1923): Zur Flora des Rheintals von Laufenberg bis Hohenthengen – Kaiserstuhl und der Gegend von Thiengen. – Mitt. Bad. Landesver. Naturk. Naturschutz Freiburg N. F. 1 (11): 257–265; Freiburg i. Br.
BECK-MANNAGETTA, G. (1930): Orobanchaceae. – In: ENGLER, A. (Hrsg.): Das Pflanzenreich. Regni vegetabilis conspectus IV. 261. 348 S.; Leipzig.
BECK, R. (1950): Pflanzensoziologische Untersuchungen über die Waldgesellschaften im Strom- und Heuchelberg. – Diss. Univ. Tübingen. 99 S..
BEISINGER, G. (1958): Die Flora der Torflachen bei Viernheim an der hessisch-badischen Grenze. – Hess. Flor. Briefe 7 (73): 2–3; Offenbach.
BEITER, M. (1991): Dauerbeobachtungsflächen in Naturschutzgebieten der Schwäbischen Alb. Anlage und vegetationskundliche Bestandsaufnahme in Kalkmagerrasen der Zellerhornwiese, Beurener Heide und Kornbühl. – Veröff. Naturschutz Landschaftspflege Bad.-Württ. 66: 31–106; Karlsruhe.
BELLMANN, H. et al. (1980): Landschaftsschutzgebiet Osterried bei Laupheim. – Führer Natur- und Landschaftsschutzgebiete Baden-Württemberg 3: 1–78; Karlsruhe.
BENZING, A. G. u. H. BIBINGER (1968): Vegetationskundliche Notizen über das Blindensee-Moor (Mittlerer Schwarzwald). – Mitt. Bad. Landesver. Naturk. Naturschutz Freiburg N. F. 9 (4): 741–754, 4 Abb.; Freiburg i. Br.
BERGMANN, C., K. WEGMANN, K. FRISCHMUTH, E. SAMSON, A. KRANZ, D. WEIGELT, P. KOLL u. P. WELZEL (1993): Stimulation of *Orobanche crenata* seed germination by (+)-Strigol and structural analogues dependence on constitution and configuration of the germination stimulants. – Int. Journ. Plant Physiol. 142: 338–342; Stuttgart.
BERGMANN, G. (1982): Die Efeu-Sommerwurz (*Orobanche hederae*) in Westfalen. – Gött. Flor. Rundbr. 16 (1/2): 43; Göttingen.
BERGMEIER, E. (1986): *Linaria arvensis* (L.) Desf. und *Corrigiola litoralis* L. auf Äckern des Gladenbacher Berglandes. – Hess. Flor. Briefe 35 (1): 4–10; Darmstadt.
BERGMEIER, E. (Zusammenstellung) (1994): Bestimmungshilfen zur Flora Deutschlands. Eine kommentierte bibliographische Übersicht. (Hrsg.: Zentralstelle für die Floristische Kartierung der Bundesrepublik Deutschland, Bereich Nord). – Beih. Flor. Rundbr. 4: 420 S.; (E. Goltze), Bochum.
BERG, C. C., u. R. C. Kaastra (1973): *Myosotis palustris* en *M. laxa* in Nederland. – Gorteria 9: 141–150; Leiden.
BERNSTRÖM, P. (1952): Cytogenetic intraspecific studies in *Lamium*. I. – Hereditats 38: 163–220; Lund.
BERNSTRÖM, P. (1953): Cytogenetic intraspecific studies in *Lamium*. II. – Hereditas 39: 381–437; Lund.
BERNSTRÖM, P. (1955): Cytogenetic studies on relationships between annual species of *Lamium*. – Hereditas 41: 1–122; Lund.
BERTSCH, K. (1907): Hügel- und Steppenpflanzen im oberschwäbischen Donautal. – Jh. Ver. Vaterl. Naturk. Württ. 63: 177–196; Stuttgart.
BERTSCH, K. (1911): Ein neuer Bürger der badischen Flora. – Allg. Bot. Z. Syst. 17: 21–22; Karlsruhe.
BERTSCH, K. (1914): Einige für die schwäbische Alb neue Rhinantheen – Allg. Bot. Z. Syst. 20: 147–148; Karlsruhe.
BERTSCH, K. (1918): Pflanzengeographische Untersuchungen aus Oberschwaben. – Jh. Ver. Vaterl. Naturk. Württ. 74: 69–172; Stuttgart.
BERTSCH, K. (1919): Wärmepflanzen im oberen Donautal. – Bot. Jahrb. Syst. 55 (3): 313–349; Leipzig.
BERTSCH, K. (1928): Steppenheidepflanzen in Oberschwaben. – Veröff. staatl. Stelle NatSchutz Württ. Landesamt DenkmPflege 4: 133–143; Stuttgart.
BERTSCH, K. (1941): Früchte und Samen. – Handbücher der praktischen Vorgeschichtsforschung (Hrsg.: REINERTH, H.), Band 1 (4). 247 S.; (Ferdinand Enke), Stuttgart.
BERTSCH, K. (1941): Das Eriskircher Ried. – Veröff. Württ. Landesstelle Naturschutz 17 (1940): 57–146; Stuttgart.
BERTSCH, K. (1949): Beiträge zur Kenntnis unserer Flora. – Veröff. Württ. Landesstelle Naturschutz Landschaftspflege 18: 145–185; Karlsruhe.

BERTSCH, K. (1962): Flora von Südwest-Deutschland. 3. Aufl., XI + 471 S.; (Wiss. Verlagsgesellschaft), Stuttgart.
BERTSCH, K. u. F. BERTSCH (1933): Flora von Württemberg und Hohenzollern. VIII + 311 S.; (J. F. Lehmann), München.
BERTSCH, K. u. F. BERTSCH (1938): Neue Gefäßpflanzen der württembergischen Flora (1937). – Veröff. Württ. Landesstelle Naturschutz Landschaftspflege 13: 149–156; Stuttgart.
BERTSCH, K. u. F. BERTSCH (1937): Das Wurzacher Ried. – Veröff. Württ. Landesstelle Naturschutz Landschaftspflege 14: 59–146; Stuttgart.
BERTSCH, K. u. F. BERTSCH (1948): Flora von Württemberg und Hohenzollern. Zum Gebrauch auf Wanderungen, in Schulen und beim Selbstunterricht. 2. Aufl., 485 S.; (Wiss. Verlagsgesellschaft), Stuttgart.
BINZ, A. (1901, 1905, 1911): Flora von Basel und Umgebung. 1. Aufl. XXXVIII: 340 S.; 2. Aufl. XLIII: 366 S.; 3. Aufl. XLIII + 320 S. (C. F. Lendorff), Basel.
BINZ, A. (1915): Ergänzungen zur Flora von Basel. I. Teil. – Verh. Naturf. Ges. Basel 26: 176–221; Basel.
BOCK, A. (1986): Vegetationskundliche Untersuchungen in einer „historischen Weinberglandschaft" bei Unterjesingen (Stadt Tübingen). – Veröff. Naturschutz Landschaftspflege Bad.-Württ. 61: 335–348; Karlsruhe.
BOGENRIEDER, A. (1982): Pflanzenwelt. Die Flora der Weidfelder, Moore, Felsen und Gewässer. In: Der Feldberg im Schwarzwald. Subalpine Insel im Mittelgebirge. – Natur- u. Landschaftsschutzgebiete Bad.-Württ. 12: 244–316; Karlsruhe.
BOGENRIEDER, A. (1991): Exkursion zum Feldberg (21. u. 22. Juli 1990). – Tuexenia 11: 467–472; Göttingen.
BOGENRIEDER, A. u. M. BÜHLER (1991): 3. Zwischen Beharren und Wandel – Pflanzengesellschaften unter dem Einfluß des wirtschaftenden Menschen. – Ber. Naturf. Ges. Freiburg 81: 25–64; Freiburg i. Br.
BOGENRIEDER, A. u. O. WILMANNS (1968): Zur Floristik und Ökologie einiger schneegeprägter Standorte im Naturschutzgebiet Feldberg (Schwarzwald). – Veröff. Landesstelle Naturschutz Landschaftspflege Bad.-Württ. 36: 7–26; Ludwigsburg.
BOHN, U. (1990): Über natürliche Vorkommen der Bergweidenröschen - Ruprechtskraut - Saumgesellschaft (Epilobio-Geranietum robertiani Lohm. in Oberd. et al. 1967) und das soziologische Verhalten von *Cynoglossum germanicum* Jacq. in der Rhön. – Tuexenia 10: 137–145; Göttingen.
BOLLIGER, M. (1978): Die *Pulmonaria obscura-officinalis*-Gruppe in der Schweiz. – Ber. Schweiz. Bot. Ges. 88 (1/2): 30–62; Teufen.
BOLLIGER, M. (1982): Die Gattung *Pulmonaria* in Westeuropa. – Phanerogamarum Monographiae, Tomus VIII. 215 S.; (J. Cramer), Vaduz.
BOLLIGER, M. (1990): 465. *Pulmonaria* L., Lungenkraut. In: Schul- und Exkursionsflora für die Schweiz (Hrsg.; HEITZ, CH.). 19. Aufl., 383–385; (Schwabe & Co), Basel.
BONNET, A. (1887): Beiträge zur Karlsruher Flora. – Mitt. Bot. Ver. Kreis Freiburg und das Land Baden (37/38): 323–335; Freiburg i. Br.
BOSTON, H. L. u. M. S. ADAMS (1987): Productivity, growth and photosynthesis of two small „isoetid" plants, *Littorella uniflora* and *Isoetes macrospora*. – J. Ecol. 75: 333–350; Oxford.
BOVET, J. (1958): Contribution à l'Etude des „Races écologiques" du frène, *Fraxinus excelsior* L. – Schweiz. Zeitschrift Forstwesen 109: S. 536–546; Bern.
BRAND, A. (1913): Hydrophyllaceae. – In: Das Pflanzenreich (Hrsg.: A. ENGLER), 59. Heft (IV. 251). 210 S.; (W. Engelmann), Leipzig.
BRANDES, D. (1977): Über *Onopordum acanthium*-Gesellschaften in Mitteleuropa. – Documents Phytosociologiques, N. S. I: 23–31; Vaduz.
BRANDES, D. (1985): Zur Verbreitung und Soziologie von *Salvia nemorosa* L. in Mitteleuropa. – Gött. Flor. Rundbr. 19 (1): 29–34; Göttingen.
BRANDES, D. (1993): Eisenbahnanlagen als Untersuchungsgegenstand der Geobotanik. – Tuexenia 13: 415–444, 15 Tab.; Göttingen.
BRANDT, J. P. (1961): Cytotaxinomie et cytogéographie de *Veronica prostrata* L. – Bull. Soc. Neuchâteloise Sci. Nat. 84: 35–88; Neuchâtel.
BRAUNSTEFFER, P. (1941): Botanische Exkursion nach dem Naturschutzgebiet bei Nächstenbach unweit Weinheim. a. d. B. – Verh. Naturhist.-Med. Ver. Heidelberg, zool.-bot. Sekt. 2 S.; Heidelberg.
BRAUNSTEFFER, P. (1958): Botanische Exkursion zur „Viernheimer Lache". – Hess. Flor. Briefe 7 (75): 3–4; Offenbach.
BRAUN-BLANQUET, J. (1931): Zur Vegetation der oberrheinischen Kalkhügel. – Beitr. Naturdenkmalpflege 14 (3): 281–292; Berlin.
BRAUN-BLANQUET, J. (1931): Die Trockenrasengesellschaften des Hegau und ihre Genese. – Beitr. Naturdenkmalpflege 14: 230–242; Neudamm.
BRAUN-BLANQUET, J. (1961): Die inneralpine Trockenvegetation. IX + 273 S., 78 Abb., 59 Tab.; (G. Fischer), Stuttgart.
BRAUN-BLANQUET, J. u. W. KOCH (1928): Beitrag zur Flora Südbadens. – Beitr. Naturw. Erforsch. Badens 1: 5–8; Freiburg i. Br.
BRAUN-BLANQUET, J., O. ELWERT, A. FABER, A. FUNK, D. GEYER, R. LOHRMANN, H. SCHWENKEL u. R. TÜXEN (1931): Der Hohentwiel. – Veröff. staatl. Stelle NatSchutz Württ. Landesamt DenkmPflege 7: 5–94; Stuttgart.
BRAUN-BLANQUET, J. u. R. SUTTER (Hrsg.) (1983): Zur Vegetation der Engadiner Wildläger. – Tuexenia 3 (Festschrift H. ELLENBERG): 319–323; Göttingen.
BRAUN, H. (1890): II. Seltenere und interessantere Pflanzen aus der Umgebung von Biberach. – Correspondenzbl. für die Gelehrten- und Realschulen Württ. 37: 4–17; Tübingen.
BRAUN, W. (1968): Die Kalkflachmoore und ihre wichtigsten Kontaktgesellschaften im Bayerischen Alpenvorland. – Diss. Bot. 1: 134 S.; (J. Cramer), Lehre.

BRENZINGER, C. (1887): Seltene Pflanzen bei Buchen. – Mitt. Bot. Ver. Kreis Freiburg und das Land Baden 1 (35/36): 320–322; Freiburg i. Br.
BRENZINGER, C. (1904): Flora des Amtsbezirks Buchen. – Mitt. Bad. Bot. Ver. 4 (196–199): 385–416; Freiburg i. Br.
BRESINSKY, A. (1965): Zur Kenntnis des zirkumalpinen Florenelements im Vorland nördlich der Alpen. – Ber. Bayer. Bot. Ges. 38: 5–67; München.
BRESINSKY, A. (1974): Notizen zur Unterscheidung nichtblühender Arten. – Mitt. Arbeitsgem. zur florist. Kart. Bayerns 4: 18–19; München.
BRESINSKY, A. u. J. GRAU (1963): *Myosotis rehsteineri* Wartm. am Starnberger See. – Ber. Bayer. Bot. Ges. 36: 64; München.
BRESINSKY, A. u. P. SCHÖNFELDER (1977): Anmerkungen zu einigen Musterkarten für einen Atlas der Flora Bayerns (4). – Mitt. Arbeitsgem. zur florist. Kart. Bayerns 7: 20–32; München.
BRETSCHNEIDER, J. (1962): Bestimmungsschlüssel der europäischen Sippen der Gattung *Glechoma* L. – Drudea 2: 69–71; Jena.
BREUNIG, TH. u. A. KÖNIG (1988): Grundlagenuntersuchungen über Dünenstandorte und Sandrasenvegetation. – Gutachten für die Landesanstalt für Umweltschutz Baden-Württemberg, 2 Bände. 135 S. u. 134 S.; Karlsruhe, Eschborn.
BRIELMAIER, G.W. (1959): Neues zur Flora Oberschwabens. – Jh. Ver. Vaterl. Naturk. Württ. 114: 80–95; Stuttgart.
BRIELMAIER, G.W. (1965): Streifzüge durch die Pflanzenwelt der Argentäler. – Naturschutz Oberschwaben-Bodensee-Hegau 6: 18–35; Wangen i. A.
BRIEMLE, G. (1988): Ist eine Schafbeweidung auf den Magerrasen der Schwäbischen Alb notwendig? – Veröff. Naturschutz Landschaftspflege Bad.-Württ. 63: 51–67; Karlsruhe.
BRIEMLE, G. u. H. ELLENBERG (1994): Zur Mahdverträglichkeit von Grünlandpflanzen – Möglichkeiten der praktischen Anwendung von Zeigerwerten. – Natur und Landschaft 69: 139–147; (W. Kohlhammer), Bonn.
BROWICZ, K. (1976): *Lonicera*. – In: Flora Europaea, Vol. 4 (Hrsg.: TUTIN et al.). 46–48; Cambr., Lond., N. Y., Melb.
BRUMMITT, R.K. (1971): The diagnostic characters of European *Heliotropium* species. – J. Linn. Soc., Bot. 64: 60–67; London.
BRUMMITT, R.K. (1972): *Heliotropium* L. – In: Flora Europaea, Vol. 3 (Hrsg.: TUTIN, T.G. et al.). 84–86; (Univ. Press), Cambridge.
BRUN-HOOL, J. (1963): Ackerunkraut-Gesellschaften der Nordwestschweiz. – Beitr. Geobot. Landesaufn. Schweiz 43: 146 S.; Bern.
BUCHLI, M. (1936): Ökologie der Ackerunkräuter der Nordost-Schweiz. – Beitr. Geobot. Landesaufn. Schweiz 19: 354 S.; Bern.
BUHL, A., H.D. KNAPP u. H. MEUSEL (1974): Verbreitungskarten hercynischer Leitpflanzen, 14. Reihe. – Hercynia N. F. 11: 89–171; Leipzig.
Bundesanstalt für Geowissenschaften und Rohstoffe und Geologische Landesämter in der BRD (Hrsg) (1982): Bodenkundliche Kartieranleitung. 3. Aufl., 331 S., 19 Abb., 18 Tab. 1 Beil.; (Schweizerbart), Hannover.
BUSCHLE, A. (1980): Die Pflanzenwelt. – In: BELLMANN, H. et al.: Landschaftsschutzgebiet des Osterrieds bei Laupheim. – Führer Natur- und Landschaftsschutzgebiete Bad.-Württ. 3: 16–35; Karlsruhe.
BUTTLER, K.P. (1981): *Linaria genistifolia* (L.) Miller seit 30 Jahren bei Großauheim. – Hess. Flor. Briefe 30 (4): 54; Darmstadt.
BUTTLER, K.P. (1989): *Leonurus cardiaca*. In: Literaturberichte. A. Floristik und Systematik. – Botanik und Naturschutz in Hessen 3: 61–63; Frankfurt a. M.
BUTTLER, K.P. u. U. SCHIPPMANN (1993): Namensverzeichnis zur Flora der Farn- und Samenpflanzen Hessens (Erste Fassung). – Botanik und Naturschutz in Hessen 6: 476 S.; Frankfurt a. M.
BUTTLER, K.P. u. W. STIEGLITZ (1976): Floristische Untersuchungen im Meßtischblatt 6417 (Mannheim-Nordost). – Beitr. naturk. Forsch. Südwestdeutschland 35: 9–51; Karlsruhe.
CASPARY, R. (1870): Die Nuphar der Vogesen und des Schwarzwaldes. – Abh. Naturf. Ges. Halle 11: 181–270, Tab. + Taf.; Halle.
CASPER, S.J. (1962): Revision der Gattung *Pinguicula* in Eurasien. – Feddes Repertorium 66 (1/2): 1–148; Berlin.
CASPER, S.J. (1963): Gedanken zur Gliederung der Gattung *Pinguicula* L. – Bot. Jahrb. Syst. 82 (3): 321–335; Stuttgart.
CASPER, S.J. (1966): Monographie der Gattung *Pinguicula* L. – Bibliotheca Bot. 127/128: 209 S.; Stuttgart.
CASPER, S.J. (1967): Die Gattung *Utricularia* L. (Lentibulariaceae) im thüringisch-sächsischen Raume. – Limnologica 5 (1): 81–104; Berlin.
CASPER, S.J. (1967): Die Gattung *Utricularia* L. (Lentibulariaceae) in Mecklenburg, Brandenburg und Sachsen-Anhalt. – Limnologica 5 (3): 367–396; Berlin.
CASPER, S.J. (1972): *Pinguicula*. – In: Flora Europaea, Vol. 3 (Hrsg.: TUTIN, T.G. et al.). 294–296; (Univ. Press), Cambridge.
CASPER, S.J. (1974): Lentibulariaceae. – In: Hegi, G. (Begr.) Illustrierte Flora von Mitteleuropa IV/3 (Hrsg.: HARTL, D. u. G. WAGENITZ) 2. Aufl., VI/1: 506–550; (C. Hanser), München.
CASPER, S.J. und H. MANITZ (1975): Beiträge zur Taxonomie und Chorologie der mitteleuropäischen *Utricularia*-Arten. – Feddes Repertorium 86 (4): 211–232; Berlin.
CASPER, S.J. u. H.-D. KRAUSCH (1981): Pteridophyta und Antophyta, Teil 2: Saururaceae bis Asteraceae. Süßwasserflora von Mitteleuropa (Hrsg.: ETTL, H., J. GERLOFF und H. HEYNIG) 24: 409–942; (G. Fischer), Stuttgart, New York.
CHAMBERLAIN, D.F. (1978): *Anchusa* L. – In: Flora of

Turkey (Hrsg.: DAVIS, P.H.) 6: 388–402; (Univ. Press), Edinburgh.
CHATER, A.O. (1972): *Lappula* Gilib. – In: Flora Europaea, Vol. 3 (Hrsg.: TUTIN, T.G. et al.). 117–118; (Univ. Press), Cambridge.
CHATER, A.O. (1972): *Nonea* Medicus. – In: Flora Europaea, Vol. 3 (Hrsg.: TUTIN, T.G. et al.). 102–103; (Univ. Press), Cambridge.
CHATER, A.O. (1972): *Anchusa* L. – In: Flora Europaea, Vol. 3 (Hrsg.: TUTIN, T.G. et al.). 106–109; (Univ. Press), Cambridge.
CHATER, A.O. u. D.A. WEBB (1972): *Orobanche* L. – In: Flora Europaea, Vol. 3 (Hrsg.: TUTIN, T.G. et al.). 286–293; (Univ. Press), Cambridge.
CLEMEDSON, C.J. (1981): Kalkdan, *Galeopsis angustifolia*, funnen pa Selaön i Södermanland. – Svensk Bot. Tidskrift 75 (2): 77–84; Stockholm.
Council of Europe (Hrsg.) (1979): Convention of the conservation of European wildlife and natural habitats. – European Treaty Series 104: 37 S.; Bern.
CRONQUIST, A. (1981): An integrated system of classification of flowering plants. 1262 S.; New York.
CULLEN, J. (1972): *Marrubium* L. – In: Flora Europaea, Vol. 3 (Hrsg.: TUTIN, T.G. et al.). 137–138; (Univ. Press), Cambridge.
CULLEN, J. (1982): *Marrubium* L. – In: Flora of Turkey, Vol. 7 (Hrsg.: DAVIS, P.H.). 165–178; (Univ. Press), Edinburgh.
DE BARY, A. (1865): Bericht über neue Entdeckungen im Gebiete der Freiburger Flora. – Ber. Verh. Naturf. Ges. Freiburg 3: 18–28; Freiburg i. Br.
DEFILIPPS, R.A. (1972): *Hyssopus* L. – In: Flora Europaea, Vol. 3 (Hrsg.: TUTIN, T.G. et al.). 170–171; (Univ. Press), Cambridge.
DEWOLF, G.P. (1955): Notes on Cultivated Labiates. – Baileya 3: 98–107; Ithaca.
DEMUTH, S. (1992): Über einige seltene *Orobanche*-Arten (Orobanchaceae) in Baden-Württemberg. – Carolinea 50: 57–66; Karlsruhe.
DERSCH. G. (1963): Zur Zytologie und Taxonomie der Goldnessel (*Lamium galeobdolon* (L.) L. – Ber. Deutsch. Bot. Ges. 76: 351–359; Stuttgart.
DERSCH, G. (1965): Notizen über das Vorkommen von *Callitriche*-Arten in (Nord-)Hessen. – Hess. Flor. Briefe 14: 35–44; Darmstadt.
DERSCH, G. (1986): Zur Verbreitung der *Callitriche*-Arten (Wassersterne) in Niedersachsen. – Gött. Flor. Rundbr. 20: 79–100; Göttingen.
DIENST, M. (1988): Die Höheren Pflanzen des Wollmatinger Riedes. In: JACOBY, H., Das Naturschutzgebiet „Wollmatinger Ried – Untersee – Gnadensee“: Bedeutung, Schutz und Betreuung. – Naturschutzforum 1/2: 283–301; Stuttgart.
DIENST, M. u. P. WEBER (1993): Die Strandschmielen-Gesellschaft (Deschampsietum rhenanae Oberdorfer 1957) im westlichen Bodenseegebiet (Baden-Württemberg, Thurgau). – Limnologie aktuell 5: 229–240.
DIERBACH, J.H. (1819–1820): Flora Heidelbergensis plantas sistens in praefectura Heidelbergensi et in regione ad-fini sponte nascentes secundum systema sexuale Linnaeanum digestas. 2 Teile. 406 S.; (C. Groos), Heidelberg.
DIERSSEN, B. u. K. DIERSSEN (1984): Vegetation und Flora der Schwarzwaldmoore. – Beih. Veröff. Naturschutz Landschaftspflege Bad.-Württ. 39: 512 S., 6 Anlagen; Karlsruhe.
DIETERICH, H.A. (1904): Flora zweier Albmarkungen. – Jh. Ver. Vaterl. Naturk. Württ. 60: 118–146; Stuttgart.
DIETRICH, H. (1971): Blütenmorphologische und palynologische Untersuchungen an *Littorella*. – Feddes Repertorium 82: 155–165; Berlin.
DISTER, E. (1980): Geobotanische Untersuchungen in der hessischen Rheinaue als Grundlage für die Naturschutzarbeit. Unveröff. Diss. Univ. Göttingen. 170 S.
DÖLL, J. CHR. (1843): Rheinische Flora. Beschreibung der wildwachsenden und cultivirten Pflanzen des Rheingebietes vom Bodensee bis zur Mosel und Lahn mit besonderer Berücksichtigung des Großherzogthums Baden. XL + 832 S.; (L. Brönner), Frankfurt a. M.
DÖLL, J. CHR. (1857–1862): Flora des Großherzogtums Baden. 3 Bände. 1429 S.; (G. Braun), Carlsruhe.
DÖLL, J. CHR. (1862): Beiträge zur Pflanzenkunde, mit besonderer Berücksichtigung der Flora des Großherzogthums Baden. – Ver. Naturk. Mannheim, Jahresber. 28: 29–45; Mannheim.
DÖRR, E. (1964–1978): Flora des Allgäus. – Ber. Bayer. Bot. Ges.: 37: 31–40 (1964); 40: 7–16 (1967/68); 41: 55–62 (1969); 42: 141–184 (1970); 43: 25–60 (1972); 44: 143–181 (1973); 45: 83–136 (1974); 46: 47–85 (1975); 47: 21–73 (1976); 48: 27–59 (1977); 49: 203–270 (1978). München.
DÖRR, E. (1973): Floristische Notizen zur Allgäu-Flora. – Mitt. Naturwiss. Arbeitskr. Kempten 17 (3): 2–15; Kempten i. A.
DÖRR, E. (1979): Ergebnisse der Allgäu-Floristik 1979. – Mitt. Naturwiss. Arbeitskr. Kempten 23 (1/2): 31–53; Kempten i. A.
DÖRR, E. (1982): Ergebnisse der Allgäu-Floristik aus dem Jahre 1982 (1. Teil). – Mitt. Naturwiss. Arbeitskr. Kempten 25 (2): 41–62; Kempten i. A.
DÖRR, E. (1985): Ergebnisse der Allgäu-Botanik aus den Jahren 1983, 1984 und 1985. – Mitt. Naturwiss. Arbeitskr. Kempten 27 (1): 5–28; Kempten i. A.
DÖRR, E. (1992): Notizen zur Erforschung der Allgäuer Flora im Jahre 1991. – Mitt. Naturwiss. Arbeitskr. Kempten 31: 5–24; Kempten i. A.
DOMAC, R. (1972): *Cerinthe* L. – In: Flora Europaea, Vol. 3 (Hrsg.: TUTIN, T.G. et al.). 94–95; (Univ. Press), Cambridge.
DOSCH, L. u. J. SCRIBA (1873–1874): Exkursions-Flora der Blüthen- und höheren Sporenpflanzen des Großherzogthums Hessen. 1. Aufl., XLIV + 640 S.; (H. L. Schlapp), Darmstadt.
DOSCH, L. u. J. SCRIBA (1882, 1888): Exkursions-Flora der Blüthen- und höheren Sporenpflanzen mit besonderer Berücksichtigung des Großherzogthums Hessen und der angrenzenden Gebiete. 2. Aufl.

LXXIX + 572 S.; Julius Stern, Worms; 3. Aufl. CVIII + 616 S., 8 Tafeln; Emil Roth, Giessen.
DÜRER, M. (1897): Die Flora der Torflachen bei Virnheim an der hessisch-badischen Grenze. – Allg. Bot. Z. Syst. 3 (9): 146–147; Karlsruhe.
DUQUENOIS, P. (1950): Le ramassage de la Digitale dans les Vosges en 1950 – Bull. Assoc. philomath. Alsace et Lorraine 9 (1): 41–42; Strasbourg.
DUVERNOY, J.G. (1722): Designatio plantarum circa Tubingensem Arcem florentium cum 1. sede seu loco earum natali, 2. Charactere generico et Individuali, 3. Virtutibus medicis probatissimis. In usum Scholae Botanicae Tubingensis. 154 S.; (G.F. Pflick), Tübingen.
DUVIGNEAUD, J. (1987): Notes taxonomiques concernant la flore de la Lorraine française. – Bull. Jard. Bot. Nat. Belg. 57: 459–460; Meise.
EBERLEIN, F. (1991): *Cerinthe minor, Juniperus sabina* und *Sedum dasyphyllum* im Berchtesgadner Land. – Ber. Bayer. Bot. Ges. 62: 231–233; München.
EDMONDS, J.M. (1986): Biosystematics of *Solanum sarrachoides* Sendt. and *S. physalifolium* Rusby (*Solanum nitidibaccatum* Bitter) – J. Linn. Soc., Bot. 92: 1–38; London.
EHRENDORFER, E. (1970): Mediterran-mitteleuropäische Florenbeziehungen in Lichte cytotaxonomischer Befunde – Feddes Repertorium 81: 3–32; Berlin.
EHRENDORFER, F. (1949): Zur Phylogenie der Gattung *Galium* I. Polyploidie und geographisch-ökologische Einheiten in der Gruppe des *Galium pumilum* Murray (Sekt. Leptogalium Lange sensu Rouy) im österreichischen Alpenraum. – Österr. Bot. Zeitschr. 96: 109–138; Wien.
EHRENDORFER, F. (1956): Struktur, Verbreitung und Geschichte der Sippen von Lepto-Galium in Bayern. – Ber. Bayer. Bot. Ges. 31: 5–11; München.
EHRENDORFER, F. (1958): Die geographische und ökologische Entfaltung des europäisch-alpinen Polyploidkomplexes *Galium anisophyllon* Vill. seit Beginn des Quartärs. – Uppsala Universitets Arsskrift 6: 176–181; Uppsala.
EHRENDORFER, F. (1960): Neufassung der Sektion Lepto-Galium Lange und Beschreibung neuer Arten und Kombinationen. (Zur Phylogenie der Gattung *Galium* VII). – Sitz ber. Österr. Akad. Wiss. Mathnaturw. Kl. Abt. I (169): 407–421; Wien.
EICHLER, J., R. GRADMANN und W. MEIGEN (1905–1926): Ergebnisse der pflanzengeographischen Durchforschung von Württemberg, Baden und Hohenzollern. Jh. Ver. vaterl. Naturk. Württ., Heft I (1905): 1–78; Heft II (1906): 79–134; Heft III (1907): 135–218; Heft IV: 1909: 219–278; Heft V (1912): 279–316; Heft VI (1914): 317–388, Heft VII (1926): 389–454; – Beih. 454 S.; Stuttgart.
ELLENBERG, H. (sen.), H.E. WEBER, R. DÜLL, V. WIRTH, W. WERNER u. D. PAULISSEN (1991): Zeigerwerte von Pflanzen in Mitteleuropa – Scripta Geobotanica 18: 248 S.; (E. Goltze), Göttingen.
ENGESSER, C. (1852): Flora des südöstlichen Schwarzwaldes mit Einschluß der Baar, des Wutachgebietes und der anstoßenden Grenze des Höhgaues. 270 S.; (A. Schwarz), Donaueschingen.
ENGLER, A. u. K. PRANTL (1897): Die natürlichen Pflanzenfamilien IV (1, 2): Leipzig.
ERNST, A. (1961): Revision der Gattung *Pinguicula* – Bot. Jahrb. Syst. 80 (2): 145–194; Stuttgart.
EWERLING, H. u. TH. BREUNIG (1992): *Solanum triflorum* Nuttal 1818 – Ein amerikanischer Nachtschatten als Neubürger in Baden-Württemberg. – Jh. Ges. Naturk. Württ. 147: 85–89; Stuttgart.
FAEGRI, K. (1931): Über die in Skandinavien gefundenen *Symphytum*-Arten. – Bergens Museums Arbok, Naturvidenskapelig rekke 4: 47 S., 2 Taf.; Bergen.
FAKLER, J. (1988): Winterbohnenkraut, *Satureja montana*, gefunden. – Unicornis 4: 41; Schwäbisch Gmünd.
FERGUSON, L.F. (1972): *Omphalodes* Miller. – In: Flora Europaea, Vol. 3 (Hrsg.: TUTIN, T.G. et al.). 118–119; (Univ. Press), Cambridge.
FERNANDES, R. (1972): *Melissa* L. – In: Flora Europaea, Vol. 3 (Hrsg.: TUTIN, T.G. et al.). 162–163; (Univ. Press), Cambridge.
FERNANDES, R., u. V.H. HEYWOOD (1972): *Origanum* L. – In: Flora Europaea, Vol. 3 (Hrsg.: TUTIN, T.G. et al.). 171–172; (Univ. Press), Cambridge.
FINCKH, R. (1850): Mitteilung neuentdeckter Pflanzen und neuer Standorte. – Jh. Ver. Vaterl. Naturk. Württ. 6: 213–214; Stuttgart.
FINK, H.G. (1975): Bestimmungsschlüssel für *Lamiastrum galeobdolon* agg. – Gött. Flor. Rundbr. (Beiblatt) 9 (3): 41; Göttingen.
FISCHER, A. (1978): Die Entwicklung der Vegetation an künstlich begrünten Böschungen in Großumlegungsgebieten des Kaiserstuhls. – Unveröff. Staatsexamenarbeit. 100 S.; Freiburg i. Br.
FISCHER, A. (1982): Mosaik und Syndynamik der Pflanzengesellschaften von Lößböschungen im Kaiserstuhl (Südbaden). – Phytocoenologia 10 (1/2): 73–256; Berlin, Stuttgart.
FISCHER, E. (1993): Botanische Untersuchungen hochmittelalterlicher Pflanzenreste aus der Ausgrabung auf dem Gelände des Denkendorfer Pfleghofs, Esslingen. – Diplomarbeit Lehrstuhl f. Geobotanik Univ. Freiburg. 92 S., 18 Tab., 15 Taf.; Univ. Freiburg.
FISCHER, F. (1867): Flora von Pforzheim oder Aufzählung der bei Pforzheim wachsenden Pflanzen mit Angabe der Standorte. 82 S.; (L. Schmidt), Pforzheim.
FISCHER, R. (1982): Flora des Rieses und seiner näheren Umgebung. 551 S.; (Verein Rieser Kulturtage), Nördlingen.
FLOR, T. (1991): Die Vegetation auf Ruderalflächen im Mannheimer Stadtgebiet. – Unveröff. Zulassungsarbeit (Geographie). 243 S.; Heidelberg.
FRANK, J.C. (1830): Rastadts Flora. 171 S.; (J.M. Gutmann), Heidelberg.
FRICKHINGER, H. (1911): Flora des Rieses V: 403 S.; (C.H. Beck), Nördlingen.
FRITSCH (1900): Über Gynodioecie bei *Myosotis palu-*

stris (L.). – Ber. Deutsch. Bot. Ges. 18: 472–480; Berlin.

GADELLA, T.W.J. (1978): Variatie en hybridisatie bij enkele taxa van het genus *Symphytum*. – Gorteria 9 (4): 88–93; Leiden.

GALL, H.J. (1969): Zum Vorkommen von *Carex arenaria* auf den Silbergrasfluren von Speyer – Beitr. Naturk. Forsch. Südwestdeutschland 28 (2): 111–114; Karlsruhe.

GAMISANS, J. u. O. JEANMONOD (1993): Catalogue des plantes vasculaires de la Corse. – Complement au prodrome de la flore Corse (Hrsg.; JEANMONOD, D. u. H.M. BURDET). 2. Aufl., – Annexe 3: 258 S.; (Conservatoire et Jardin botanique), Genève.

GAMS, H. (1927): Boraginaceae. – In: HEGI, G. (Hrsg.) Illustrierte Flora von Mitteleuropa 1. Aufl., V/3: 2122–2226; München.

GAMS, H. (1927): Labiatae. – In: HEGI, G. (Hrsg.): Illustrierte Flora von Mitteleuropa 1. Aufl., V/4: 2255–2548; München.

GARVE, E. u. H.E. WEBER (1987): Verbreitung und Soziologie von *Mimulus moschatus* in Niedersachsen. – Tuexenia 7: 113–120; Göttingen.

GÉHU, J.-M. et al. (1972): Compte-rendu de l'excursion de l'Association Internat. de Phytosociologie dans le Jura en juin 1967. – Documents Phytosociologiques 2: 1–44; Lille.

GENSER, J. (1991): Die Wacholderheiden des NSG „Eselsburger Tal" (Ostalb). – Veröff. Naturschutz Landschaftspflege Bad.-Württ. 66: 107–140; Karlsruhe.

GIBBS, P.E. (1972): *Echium* L. – In: Flora Europaea, Vol. 3 (Hrsg.: TUTIN, T.G. et al.). 97–100; (Univ. Press), Cambridge.

GILCHER, S. (1993): Vegetationskundliche Studien im Deusmaurer Moor zwischen Dietkirchen und Weikkenhammer. – Hoppea, Denkschr. Regensb. Bot. Ges. 54: 79–101; Regensburg.

GILLI, A. (1974): Orobanchaceae. – In: Hegi, G. (Hrsg.): Illustrierte Flora von Mittel-Europa VI/I: 470–505; (C. Hanser), München.

GLEASON, H.A. (1968): The New Britton and Brown Illustrated Flora of the Northeastern United States and Ajacent Canada, Vol. 3. 595 S.; New York.

GLÜCK, H. (1902): Über die systematische Stellung und geographische Verbreitung der *Utricularia ochroleuca* R. Hartmann. – Ber. Deutsch. Bot. Ges. 20 (3): 141–156; Berlin.

GLÜCK, H. (1906, 1911): Biologische und morphologische Untersuchungen über Wasser- und Sumpfgewächse. 2. Teil XII + 256 S.; 3. Teil: Die Uferflora. XXIV + 644 S. (G. Fischer), Jena.

GLÜCK, H. (1936): Pteridophyten und Phanerogamen. – Die Süßwasserflora Mitteleuropas (Hrsg.: PASCHER, A.) 15: XX + 486 S.; (G. Fischer), Jena.

GMELIN, C.CHR. (1805–1826): Flora Badensis Alsatica et confinium regionum cis et transrhenanum plantas a lacu Bodamico usque ad confluentem Mosellae et Rheni sponte nascentes exhibens ... 4 Bände: Tom. 1 (1805), 768 S.; Tom. 2 (1806), 717 S.; Tom. 3 (1808), 796 S.; Tom. 4 (1826), 808 S. (Müller), Carlsruhe.

GÖRS, S. (1951): Lebenshaushalt der Flach- und Zwischenmoorgesellschaften im württembergischen Allgäu. – Veröff. Württ. Landesstelle Naturschutz Landschaftspflege 20: 169–246; Ludwigsburg.

GÖRS, S. (1959/60): Das Pfrunger Ried. Die Pflanzengesellschaften eines oberschwäbischen Moorgebietes. – Veröff. Landesstelle Naturschutz Landschaftspflege Bad.-Württ. 27/28: 5–45; Ludwigsburg, Karlsruhe.

GÖRS, S. (1963): Beiträge zur Kenntnis basiphiler Flachmoorgesellschaften. 1. Teil: Das Davallseggen-Quellmoor (Caricetum davallianae Koch 28). – Veröff. Landesstelle Naturschutz Landschaftspflege Bad.-Württ. 31: 7–30; Ludwigsburg.

GÖRS, S. (1966): Die Pflanzengesellschaften der Rebhänge am Spitzberg. In: Der Spitzberg bei Tübingen. – Natur- u. Landschaftsschutzgebiete Bad.-Württ. 3: 476–534; Ludwigsburg.

GÖRS, S. (1966): Die Flora des Spitzbergs. In: Der Spitzberg bei Tübingen. – Natur- u. Landschaftsschutzgebiete Bad.-Württ. 3: 535–591; Ludwigsburg.

GÖRS, S. (1966): Die Blaue Heckenkirsche *(Lonicera caerulea)* im württembergischen Allgäu. – Veröff. Landesstelle Naturschutz Landschaftspflege Bad.-Württ. 34: 7–13; Stuttgart.

GÖRS, S. (1968): Die Flora des Schwenninger Mooses. – Natur- u. Landschaftsschutzgebiete Bad.-Württ. 5: 148–189; Ludwigsburg.

GÖRS, S. (1968): Der Wandel der Vegetation im Naturschutzgebiet Schwenninger Moos unter dem Einfluß des Menschen in zwei Jahrhunderten. – Natur- u. Landschaftsschutzgebiete Bad.-Württ. 5: 190–284; Ludwigsburg.

GÖRS, S. (1968): Die Wasserfalle *(Aldrovanda vesiculosa* L.) im Landschaftsschutzgebiet Siechenweiher bei Meersburg. – Veröff. Landesstelle Naturschutz Landschaftspflege Bad.-Württ. 36: 27–35; Ludwigsburg, Karlsruhe.

GÖRS, S. (1969): Die Vegetation des Landschaftsschutzgebietes Kreuzweiher im württembergischen Allgäu. – Veröff. Landesstelle Naturschutz Landschaftspflege Bad.-Württ. 37: 7–61; Ludwigsburg.

GÖRS, S. (1974): Nitrophile Saumgesellschaften im Gebiet des Taubergießen. – Natur- u. Landschaftsschutzgebiete Baden-Württemberg. 7: 325–354; Ludwigsburg.

GÖRS, S. (1974): Die Wiesengesellschaften im Gebiet des Taubergießen. – In: Das Taubergießengebiet – eine Rheinauenlandschaft. – Natur- u. Landschaftsschutzgebiete Bad.-Württ. 7: 355–399; Ludwigsburg.

GÖRS, S. u. TH. MÜLLER (1969): Beitrag zur Kenntnis der nitrophilen Saumgesellschaften Südwestdeutschlands. – Mitt. flor.-soz. Arbeitsgem. 14: 153–168; Todenmann/Rinteln.

GÖRS, S. u. TH. MÜLLER (1974): Flora der Farn- und Blütenpflanzen des Taubergießengebietes. – In: Das Taubergießengebiet – eine Rheinauenlandschaft. – Natur- u. Landschaftsschutzgebiete Bad.-Württ. 7: 209–283; Ludwigsburg.

GÖTTLICH, K. u. W. WINTERHOFF (1973): Beiträge zur Entwicklungsgeschichte der Moore in Oberschwaben. – Jh. Ges. Naturk. Württ. 128: 127–141; Stuttgart.
GÖTZ, C.F. (1890): Beiträge zur Flora der Umgebung von Löwenstein. – Aus der Heimat: 3: 14–16, 29–35, 56–61; Stuttgart.
GOLDER, F. (1922): Neue Standorte. – Mitt. Bad. Landesver. Naturk. Naturschutz Freiburg N.F. 1 (8): 220–222; Freiburg i. Br.
GOLL, W. (1884); Botanische Streifzüge um Schiltach. – Mitt. Bot. Ver. Kreis Freiburg und das Land Baden 1 (12/13): 109–112, 116–120; Freiburg i. Br.
GOLL, W. (1887): Pflanzliches. – Mitt. Bot. Ver. Kreis Freiburg und das Land Baden 1 (34): 304–305; Freiburg i. Br.
GOTTSCHLICH, G. (1979): Zwei Neubestätigungen zur Flora von Württemberg: *Orobanche hederae* Duby und *Senecio inaequidens* DC. – Gött. Flor. Rundbr. 13: 50–52; Göttingen.
GRADMANN, R. (1950): Das Pflanzenleben der Schwäbischen Alb. 4. Aufl.; Band 1: Pflanzengeographische Darstellung. XVIII 449 S.; Band 2: Die Flora der Schwäbischen Alb. XLIV + 407 S.; (Schwäbischer Albverein), Stuttgart.
GRAMLICH, R. (1991): *Veronica argute-serrata* – neu für Deutschland. – Flor. Rundbr. 25 (1): 3–5; Bochum.
GRAU, J. (1964): Die Zytotaxonomie der *Myosotis alpestris-* und der *Myosotis silvatica*-Gruppe in Europa. – Österr. Bot. Zeitschr. 111: 561–617; Wien.
GRAU, J. (1967): Cytotaxonomische Bearbeitung der Gattung *Myosotis* L. – III. Die annuellen Sippen. – Mitt. Bot. Staatssammlungen München 7: 17–100; München.
GRAU, J. (1970): Cytotaxonomische Bearbeitung der Gattung *Myosotis* L. – IV. Ergänzende Studien. – Mitt. Bot. Staatssammlungen München 8: 127–136; München.
GRAU, J. (1971): Cytologische Untersuchungen an Boraginaceen II. – Mitt. Bot. Staatssammlungen München 9: 177–194; München.
GRAU, J. u. A. SCHWAB (1982): Mikromerkmale der Blüten zur Gliederung der Gattung *Myosotis* L. – Mitt. Bot. Staatssammlungen München 18: 9–58; München.
GRAU, J. u. H. MERXMÜLLER (1972): *Myosotis* L. – In: Flora Europaea, Vol. 3 (Hrsg.: TUTIN, T.G. et al.). 111–117; Cambridge.
GRAU, J. u. H. MERXMÜLLER (1982): *Myosotis* L. – In: Flora d'Italia, Vol. 2 (Hrsg.: PIGNATTI, S.). 420–426; Bologna.
GREGG, S. (1984): Die vorläufigen Ergebnisse der paläoethnobotanischen Untersuchungen der bandkeramischen Siedlung Ulm-Eggingen. – Archaeologica Venatoria 7: 25–32; Tübingen.
GREUTER, W., H.M. BURDET u. G. LONG (1984, 1986): Med-Checklist, Vol. 1. Pteridophyta (ed. 2), Gymnospermae, Dicotyledones (Acanthaceae – Cneoraceae). 330 S.; Vol. 3. Dicotyledones (Convolvulaceae – Labiatae). 395 S. (Conservatoire et Jardin botanique), Genf.
GRÖGER, M.G. (1985): Untersuchungen am *Myosotis scorpioides* agg. in Bayern. – Unveröff. Zulassungsarbeit 88 S.; München.
GROSSMANN, A. u. P. SCHMIDT (1972): Notiz über *Thymus* in der Rhön. – Ber. Bayer. Bot. Ges. 43: 21–24.; München.
GRÜTTNER, A. (1987): Das Naturschutzgebiet „Briglirain“ bei Furtwangen (Mittlerer Schwarzwald). Vegetationskundliche Untersuchungen eines Komplexes aus Moor-, Wiesen- und Weidegesellschaften. – Veröff. Naturschutz Landschaftspflege Bad.-Württ. 62: 161–271; Karlsruhe.
GRÜTTNER, A. (1990): Die Pflanzengesellschaften und Vegetationskomplexe der Moore des westlichen Bodenseegebiets. – Diss. Bot. 157: 1–323, 29 Abb. u. 74 Tab.; Berlin, Stuttgart.
GÜNTHER, H. u. TH. V. ELSEN (1993): Ackerwildkraut-Gesellschaften im östlichen Meißner-Vorland/Nordhessen und Veränderungen im Auftreten bemerkenswerter Ackerwildkräuter nach 15 Jahren. – Tuexenia 13: 467–501, 19. Abb., 7 Tab.; Göttingen.
GUINEA, E. (1972): *Lavandula* L. – In: Flora Europaea, Vol. 3 (Hrsg.: TUTIN, T.G. et al.). 187–188; (Univ. Press), Cambridge.
GUINOCHET, M. u. R. DE VILMORIN (1975): Flore de France, Fascicule 2. 367–818; (Editions du centre national de la recherche scient.), Paris.
GUSULEAC, M. (1931): Die monotypischen und artenarmen Gattungen der Anchuseae I. und II. – Feddes Repertorium 29: 42–47 u. 113–126; Berlin-Dahlem.
GUTERMANN, W. (1962): Diploides *Lamium galeobdolon* (sensu lato) in Bayern. – Ber. Bayer. Bot. Ges. 35: 43–45; München.
GUTERMANN, W., F. EHRENDORFER u. M.A. FISCHER (1973): Neue Namen und kritische Bemerkungen zur Gefäßpflanzenflora von Mitteleuropas. – Österr. Bot. Zeitschr. 122: 259–273; Wien.
HAEUPLER, H. u. P. SCHÖNFELDER (Hrsg.; 1988): Atlas der Farn- und Blütenpflanzen der Bundesrepublik Deutschland. 768 S.; (E. Ulmer), Stuttgart.
HANELT, P. (1994): Ordnung Himmelsleiterartige Polemoniales. – In: Urania Pflanzenreich Blütenpflanzen 2. 1. Aufl., 209–219; (Urania Verlagsgesellschaft), Leipzig, Jena, Berlin.
HANEMANN, J. (1924): Die Hygrophyten des zum schwäbisch-fränkischen Hügellande gehörigen Keupergebietes östlich vom Neckar und der Fränkischen Platte. – Jh. Ver. Vaterl. Naturk. Württ. 80: 30–47; Stuttgart.
HANEMANN, J. (1927): Ergebnisse der floristischen Durchforschung des östlichen und nordöstlichen Teiles Württembergs. – Jh. Ver. Vaterl. Naturk. Württ. 83: 23–48; Stuttgart.
HANEMANN, J. (1929): Ergebnisse der floristischen Durchforschung des östlichen und nordöstlichen Teils von Württemberg (Fortsetzung). – Jh. Ver. Vaterl. Naturk. Württ. 85: 62–109; Stuttgart.
HANEMANN, J. (1938): Die Flora der näheren und wei-

teren Umgebung Rothenburgs ob der Tauber. 92 S.; (J. P. Petersche Buchhandlung), Rothenburg.
HANF, M. (1982): Ackerunkräuter Europas mit ihren Keimlingen und Samen. 2. Aufl., 496 S.; (Verlagsunion Agrar.), München.
HAPPEL, E. (1984): Die Violette Sommerwurz, *Orobanche purpurea* Jacq., im Buntsandstein-Odenwald. – Hess. Flor. Briefe 33 (1): 11; Darmstadt.
HARA, H. (1981): A new species of the genus *Adoxa* from Mt. Omei of China. – J. Jap. Bot. 56 (9): 271–274.
HARLEY, R.M. (1972): *Mentha* L. – In: Flora Europaea, Vol. 3 (Hrsg.: TUTIN, T.G. et al.). 183–186; (Univ. Press), Cambridge.
HARLEY, R.M. (1972): Notes on the genus *Mentha* (Labiatae). – J. Linn. Soc., Bot. 65: 250–253; London.
HARMS, K.H., G. PHILIPPI u. S. SEYBOLD (1983): Verschollene und gefährdete Pflanzen in Baden-Württemberg. – Beih. Veröff. Naturschutz Landschaftspflege Bad.-Württ. 32: 1–160; Karlsruhe.
HARTL, D. (1956): Eine weitere Mitteilung über die Verbreitung der Weidenseide (*Cuscuta lupuliformis* Krocker). – Hess. Flor. Briefe 5 (53): 2–3; Offenbach.
HARTL, D. (1965): Scrophulariaceae. – In: HEGI, G. (Hrsg.): Illustrierte Flora von Mitteleuropa. Bd. VI, 1. Teil. 1–469; München.
HARTL, D. (1966): Ein Beitrag zur Kenntnis von *Cuscuta lupuliformis* Krocker. – Hess. Flor. Briefe 15 (173): 23–25; Darmstadt.
HASSLER, M. (Hrsg.) (1988): Flora und Fauna von Bruchsal und Umgebung V/1,2 Flora: 205 S.; (Agnus & Bund), Bruchsal.
HASSLER, M. (1993): Flora und Fauna der Bruchsaler Region. 2. Aufl., 553 S.; Bruchsal.
HAUFF, R. (1964): Erläuterungen zur vegetationskundlichen Karte 1:25000 Blatt 8123 Weingarten (Hrsg.: Staatliches Museum für Naturkunde in Stuttgart). 47 S., 10 Tab.; (Landesvermessungsamt Bad.-Württ.), Stuttgart.
HAUFF, R. u. O. SEBALD (1965): Ein floristisch und vegetationsgeschichtlich interessantes Moor bei Haigerloch. – Jh. Ver. Vaterl. Naturk. Württ. 120: 224–231; Stuttgart.
HAUFF, R. u. O. SEBALD (1977): Erläuterungen zur vegetationskundlichen Karte 1:25000 Blatt 7818 Wehingen. Landesvermessungsamt Stuttgart. 53 S., 4 Tab., 1 Kartenskizze; (Landesvermessungsamt Bad.-Württ.), Stuttgart.
HAUG, A. (1909): Beiträge zur Ulmer Flora. – Mitt. Ver. Naturw. Math. Ulm 14: 220 S.; Ulm.
HAUG, A. (1915): Das Ulmer Herbarium des HIERONYMUS HARDER. – Mitt. Ver. Naturw. Math. Ulm 16: 38–92; Ulm.
HAUSRATH, C. (1891): *Linaria striata* D.C. – Mitt. Bad. Bot. Ver. 2 (93): 363; Freiburg i. Br.
HECKEL, G. (1929): Beiträge zur Flora des nordwestlichen Württembergs. – Jh. Ver. Vaterl. Naturk. Württ. 85: 110–137; Stuttgart.
HEER, W., K. KÜBLER, W.K. MAYER, H, MISCHKE, A. REGEN, J. ROTHGEBER, I. JANDL u. D. RODI (1988): Das kalte Feld. – Unicornis 4: 1–37; Schwäbisch Gmünd.
HEGELMAIER, F. (1864): Monographie der Gattung *Callitriche*. 64 S., 4 Taf.; (Ebner u. Seubert), Stuttgart.
HEGI, G. (1906–1987): Illustrierte Flora von Mitteleuropa. 7 Bände. 1. Aufl. 1906–1931; München (C. Hanser). 2. Aufl. 1936–1979; München (C. Hanser) bzw. Berlin, Hamburg (P. Parey). 3. Aufl. 1966–1990; Berlin, Hamburg (P. Parey).
HEINE, H.-H. (1952): Beiträge zur Kenntnis der Ruderal- und Adventivflora von Mannheim, Ludwigshafen und Umgebung. – Jahresber. Ver. Naturk. Mannheim (1950/51) (117/118): 85–132; Mannheim.
HEINZ, W. (1953): Das Dürbheimer Ried. – Veröff. Landesstelle Naturschutz Landschaftspflege Bad.-Württ. 22: 132–145; Ludwigsburg, Tübingen.
HEITZ, C. (1990): Schul- und Exkursionsflora für die Schweiz (begr. von A. BINZ). 19. Aufl., 659 S.; (Schwabe & Co), Basel.
HENDERSON, N.C. (1962): A taxonomic revision of the genus *Lycopus* (Labiatae). – The American Midland Naturalist 68 (1): 95–138; Notre Dame/Indiana.
HENN, K. u. H. SONNABEND (1983): Florenliste des Mindelseegebietes. In: Der Mindelsee bei Radolfzell. – Natur- u. Landschaftsschutzgebiete Bad.-Württ. 11: 303–319; Karlsruhe.
HERRMANN, H. (1980): Bemerkenswerte Funde zur Flora und Fauna der Baar. – Schriften Ver. Gesch. Naturgesch. Baar 33: 145–150; Donaueschingen.
HERTER, L. (1888): Mitteilungen zur Flora von Württemberg. – Jh. Ver. Vaterl. Naturk. Württ. 44: 177–204; Stuttgart.
HERZOG, TH. (1896): Neue Standorte der badischen Flora. – Mitt. Bad. Bot. Ver. 3 (141): 366–368; Freiburg i. Br.
HESS, H.E., E. LANDOLT u. R. HIRZEL (1967–1980): Flora der Schweiz. Bd. 1, 858 S. (1967), Bd. 2, 956 S. (1970), Bd. 3, 876 S. (1972, 1973, 1980). (Birkhäuser), Basel, Stuttgart.
HEYWOOD, V.H. (Edit.) (1993): Flowering plants of the world. 335 S.; (B. T. Batsford) London.
HÖCK, F. (1903): Ankömmlinge in der Pflanzenwelt Mitteleuropas während des letzten Jahrhunderts VII. – Beih. Bot. Centralbl. 13: 211–232; Jena.
HÖCK, F. (1910): Neue Ankömmlinge in der Pflanzenwelt Mitteleuropas. – Beih. Bot. Centralbl. 26: 391–433; Dresden.
HÖFLE, M.A. (1850): Die Flora der Bodenseegegend mit vergleichender Betrachtung der Nachbarfloren. 175 S.; (Ferdinand Enke), Erlangen.
HÖLZER, A. (1978): Vegetations- und standortskundliche Untersuchungen am Kaiserberg bei Bruchsal. – Beitr. Naturk. Forsch. Südwestdeutschland 37: 55–92; Karlsruhe.
HÖLZINGER, J., K. MÜLLER u. K. SCHILHANSL (1969): Die Pflanzen- und Vogelwelt des Schmiecher Sees. – Jh. Ges. Naturk. Württ. 124: 172–184; Stuttgart.

HOFELICH, A. (1935): Die Sektion Alsinebe Griseb. der Gattung *Veronica* in ihren chromosomalen Grundlagen. – Jahrb. wiss. Bot. 81: 541–572; Leipzig.
HOFMEISTER, H. u. E. GARVE (1983): Lebensraum Akker. 272 S.; (P. Parey), Hamburg, Berlin.
HOLUB, J. (1993): *Leonurus intermedius*, species nova – with additional notes on some other *Leonurus* taxa. – Preslia 65 (2): 97–115; Praha.
HOLUB, J., J. MESICECK u. V. JAVURKOVA (1971): Annoted chromosome counts of Czecheslovak plants. – Folia Geobot. Phytotax. 6: 197–214; Prag.
HORNUNG, G. (1952): Fremdlinge in der Pflanzenwelt unserer Heimat. – Aus der Heimat 60: 312; Öhringen.
HORVAT, I., V. GLAVAČ u. H. ELLENBERG (1974): Vegetation Südosteuropas. – Geobotanica selecta (Hrsg.: TÜXEN, R.) IV: 768 S.; (G. Fischer), Jena, Stuttgart.
HOSTRUP, O. u. G. WIEGLEB (1991): Anatomy of leaves of submerged and emergent forms of *Littorella uniflora* (L.) Ascherson. – Aquat. Bot. 39: 195–209; Amsterdam.
HUBER, F. (1891): Bemerkenswerte Pflanzenstandorte der Umgebung von Wiesloch. – Mitt. Bad. Bot. Ver. 2 (82): 257–264; Freiburg i. Br.
HUBER, F. (1908): Pflanzenstandorte in der Umgebung von Kenzingen. – Mitt. bad. Landesver. Naturkunde 226/227: 210–212; Freiburg i. Br.
HUBER, F. (1909): Ein Beitrag zur Flora der Pfalz. – Mitt. bad. Landesver. Naturkunde 239: 297–302; Freiburg i. Br.
HUBER, F. (1933): Einige Pflanzenstandorte in Baden. – Mitt. Bad. Landesver. Naturk. Naturschutz Freiburg N. F. 2 (23): 312–313; Freiburg i. Br.
HÜGIN, G. u. U. KOCH (1993): Botanische Neufunde aus Südbaden und angrenzenden Gebieten. – Mitt. Bad. Landesver. Naturk. Naturschutz Freiburg N. F. 15 (3/4): 607–626; Freiburg i. Br.
HÜGIN, G. (jun.) (1991): Hausgärten zwischen Feldberg und Kaiserstuhl. Versuch einer Landschaftsgliederung mit Hilfe von Unkräutern, Zier- und Nutzpflanzen der Gärten in Schwarzwald, Vogesen, Baar und Oberrheintal. – Beih. Veröff. Naturschutz Landschaftspflege Bad.-Württ. 59: 1–176; Karlsruhe.
HÜGIN, G. (jun.) (1992): Höhengrenzen von Ruderal- und Segetalpflanzen im Schwarzwald. – Natur und Landschaft 67 (10): 465–472; Stuttgart.
HÜGIN, G. (jun.) (1993): Die Herbarien des Freiburger Naturkundemuseums – Bestandsaufnahme und erste Auswertung. – Mitt. Bad. Landesver. Naturk. Naturschutz Freiburg N. F. 15 (3/4): 627–633; Freiburg i. Br.
HÜGIN, G. (sen.) (1956): Wald-, Gründland-, Acker- und Rebenwuchsorte im Markgräfler Land. 129 S.; Diss. Freiburg. 129 S. + Tab.; Freiburg i. Br.
HÜGIN, G. (sen.) (1982): Die Mooswälder der Freiburger Bucht. – Beih. Veröff. Naturschutz Landschaftspflege Bad.-Württ. 29: 88 S.; Karlsruhe.
HÜGIN, H. u. G. HÜGIN (1994): *Veronica opaca* in Mitteleuropa – Erkennungsmerkmale, Verbreitung und standörtliches Verhalten. – Flora 189: 7–36; Jena.
HUGONOT, J.-C., M. KOKABI, M. RÖSCH u. J. WAHL (1991): Die villa rustica von Lomersheim, Stadt Mühlacker, Enzkreis. – Fundber. Bad.-Württ. 16: 175–213.
HULTÉN, E. (1968): Flora of Alaska and neighboring Territories. 1008 S.; Stanford/California
HULTÉN, E. u. M. FRIES (1986): Atlas of North European Vascular plants north of the tropic cancer. 3 Bände. 1172 S.; (S. Koeltz), Königstein i. T.
IRSSLINGER, W. (1983): Das Schwenninger Moos, in der östlich des Schwarzwald gelegenen Baar. – Telma 13: 53–71; Hannover.
ISLER-HÜBSCHER, K. (1980): Beiträge 1976 zu GEORG KUMMERS „Flora des Kantons Schaffhausen mit Berücksichtigung der Grenzgebiete“. – Mitt. Naturf. Ges. Schaffhausen 31 (1977/80): 7–121; Schaffhausen.
ISSLER, E. (1937): Beiträge zur Flora des Ostabfalls des südlichen Schwarzwaldes. – Mitt. Bad. Landesver. Naturk. Naturschutz Freiburg N. F. 3 (23/24): 329–333; Freiburg i. Br.
ISSLER, E., E. LOYSON u. E. WALTER (1982): Flore d'Alsace (Hrsg.: Société d'étude de la flore d'Alsace). 2. Aufl., 621 S.; Strasbourg.
JACK, J. B. (1891–1896): Botanische Wanderungen am Bodensee und im Hegau. Mitt. bad. bot. Ver. 91/92: 341–356 (1891); 2, 3, 4: 365–404, 419–420 (1892); 3: 25–28 (1893); 363–366 (1896); Freiburg i. Br.
JACK, J. B. (1892): Botanischer Ausflug ins obere Donautal. – Mitt. Bad. Bot. Ver. 3 (102): 13–24; Freiburg i. Br.
JACK, J. B. (1893): Anhang zu Botanischen Wanderungen am Bodensee und im Hegau. – Mitt. Bad. Bot. Ver. 3 (103): 25–28; Freiburg i. Br.
Jack, J. B. (1900): Flora des badischen Kreises Konstanz. 132 S.; (J. J. Reiff), Karlsruhe.
JACOMET, S. (1988): Pflanzen mediterraner Herkunft in neolithischen Seeufersiedlungen der Schweiz. In: Forsch. Ber. Vor- u. Frühgesch. B.-W. 31: 205–212; Stuttgart (Konrad Theiss).
JAEGER, P., N. HEILIGENSTEIN u. M.L. BACH (1958): Sur la présence de la Digitale pourprée (*Digitalis purpurea* L.) dans les Vosges septentrionales. – Bull. Assoc. philomath. Alsace et Lorraine 10 (3): 52–56; Strasbourg.
JAGEL, A. (1994): Kartierung der Flora Westfalens. – Flor. Rundbr. 28 (2): 144–153; Bochum.
JALAS, J. (1950): Zur Kausalanalyse der Verbreitung einiger nordischen Os- und Sandpflanzen. – Ann. Bot. Fennici 24: 1–345; Helsinki.
JALAS, J. (1970): *Thymus* sectio Serpyllum in the Southern French Alpes (Alpes françaises du Sud). – Ber. Geobot. Inst. ETH Stiftung Rübel 43: 186–203; Zürich.
JALAS, J. (1971): Notes on *Thymus* L. in Europe I. u. II. – J. Linn. Soc., Bot. 64: 199–215 u. 247–269; London.
JALAS, J. (1972): *Thymus* L. – In: Flora Europaea, Vol. 3 (Hrsg.: TUTIN, T. G. et al.). 172–182; (Univ. Press), Cambridge.

JALAS, J. u. K. KALEVA (1967): Chromosome studies in *Thymus* L. (Labiatae) V. – Ann. Bot. Fennici 4: 74–80; Helsinki.

JALAS, J. u. K. KALEVA (1970): Subraspezifische Gliederung und Verbreitungstypen in der Gattung *Thymus* L. (Labiatae). – Feddes Repertorium 81: 93–106; Berlin.

JANSSEN, J.G.M. (1973): Effects of Light, Temperature and Seed Age on the Germination of the Winter Annuals *Veronica arvensis* L. and *Myosotis ramosissima* Rochel ex Schult. – Oecologia 12: 141–146; Berlin.

JAUCH, F. (1938): Fremdpflanzen auf den Karlsruher Güterbahnhöfen. – Beitr. Naturk. Forsch. Südwestdeutschland 3: 76–147; Karlsruhe.

JOHRI, J.B. (1963): Embryology and Taxonomy. – In: MAHESHWARI, P. (Ed.): Recent Advances in the Embryology of Angiosperms. – Int. Soc. Plant Morph. 394–438.

JONES, M. (1991): Studies into the pollination of *Orobanche*-species in the British Isles. In: K. WEGMANN, J. MUSSELMANN LYTTON (eds.): Progress in *Orobanche* research. Proceedings of the international workshop on Orobanche research – Obermarchtal, FRG, August 19–22, 1986–15; Tübingen.

JUNELL, S. (1934): Zur Gynäceummorphologie und Systematik der Verbenaceen und Labiaten. – Symbolae Botanicae Upsalienses 4: 219 S., 8 Tafeln; Uppsala.

KAHNT, U. (1990): Die Verbreitung submerser Makrophyten in den Fließgewässern Brenz, Pfeffer, Hürbe und Lone. – Jh. Ges. Naturk. Württ. 145: 87–107; Stuttgart.

KAPPUS, A. (1953): Verwilderte Kulturpflanzen im Oberrhein. – Mitt. Bad. Landesver. Naturk. Naturschutz Freiburg N. F. 6: 34–36; Freiburg i. Br.

KARG, S. (1988): Pflanzenreste aus zwei Bodenproben der frühmittelbronzezeitlichen Siedlung Uhingen-Römerstraße 91 (Kreis Göppingen). – Forsch. Ber. Vor- u. Frühgesch. Baden-Württemberg. 31: 231–237; Stuttgart.

KERSTING, G. (1986): Die Pflanzengesellschaften des unteren Schwarza- und Schlüchttales im Südostschwarzwald. Mit einer Studie zur Habitatswahl des Berglaubsängers (*Phylloscopus bonelli*). Unveröff. Dipl.-Arb. Univ. Freiburg. 160 S.; Freiburg.

KIPP, F. (1978): *Nymphoides peltata*, Familie Menyanthaceae, im St. Anna-See, Löwensteiner Berge – eine für Württemberg neue Pflanzenart. – Jh. Ges. Naturk. Württ. 133: 144–145; Stuttgart.

KIRCHNER, O. (1888): Flora von Stuttgart und Umgebung (Ludwigsburg, Waiblingen, Esslingen, Nürtingen, Leonberg, ein Teil des Schönbuches etc.) mit besonderer Berücksichtigung der pflanzenbiologischen Verhältnisse. 767 S.; (E. Ulmer), Stuttgart.

KIRCHNER, O. u. J. EICHLER (1900): Exkursionsflora für Württemberg und Hohenzollern. 1. Aufl., 440 S.; (E. Ulmer), Stuttgart.

KIRCHNER, O. u. J. EICHLER (1913): Exkursionsflora für Württemberg und Hohenzollern. 2. Aufl., 479 S.; (E. Ulmer), Stuttgart.

KLEIN, L. (Bearb.) (1891): Exkursionsflora für Baden (begr. von M. SEUBERT). 5. Aufl., 434 S.; (E. Ulmer), Stuttgart.

KLEIN, L. (1905): Exkursionsflora für das Grossherzogtum Baden. 6. Aufl., 454 S.; (E. Ulmer), Stuttgart.

KLEIN, H. (1955): Über die Formen von *Teucrium chamaedrys* L. in Hessen. – Hess. Flor. Briefe 4 (40): 1–2; Offenbach.

KLEINSTEUBER, A. u. TH. WOLF (1993): *Utricularia stygia* und *Hammarbya paludosa* am Blauensee bei Vogt/Kreis Ravensburg. – Carolinea 51: 107–108; Karlsruhe.

KLEYER, M. (1993): Acker-Unkrautbestände im Naturraum Kraichgau (SW-Deutschland) und ihre Abhängigkeit von der landwirtschaftlichen Produktionsintensität. – Tuexenia 13: 503–517, 5 Tab.; Göttingen.

KLOKOV, M. (1957): Conspectus generis *Melittis* L. – Not. Syst. ex Herb. Inst. Bot. nomine V. L. Komarovii Acad. Sci. URSS 18: 183–217.

KLOTZ, A. (1887): Einige interessante Standorte des Freiburger Florengebietes. – Mitt. Bot. Ver. Kreis Freiburg u. Land Baden 34: 301–302; Freiburg.

KNAPP, G. (1946): Ackerunkraut-Gesellschaften des unteren Neckarlandes. – Manuskript-Vervielf. 12 S.; Heidelberg.

KNAPP, G. (1946): Die Ackerunkraut-Gesellschaften im mittleren Odenwald. – Manuskript-Vervielf. 26 S.; Heidelberg.

KNAPP, G. (1964): Ackerunkraut-Vegetation im unteren Neckarland. – Ber. Oberhess. Ges. Natur- und Heilk. N. F. 33 (4): 395–402; Gießen.

KNEUCKER, A. (1884): Zur Karlsruher Flora. – Mitt. Bot. Ver. Kreis Freiburg und das Land Baden 1 (11): 101–105; Freiburg i. Br.

KNEUCKER, A. (1886): Führer durch die Flora von Karlsruhe und Umgegend. V + 167 S.; (J. J. Reiff), Karlsruhe.

KNEUCKER, A. (1887): Weitere Beiträge zur Flora von Karlsruhe. – Mitt. Bot. Ver. Kreis Freiburg und das Land Baden 1 (39): 339–343; Freiburg i. Br.

KNEUCKER, A. (1887): Ein Ausflug durch die Sand- und Sumpfflora von Walldorf und Waghäusel. – Mitt. Bot. Ver. Kreis Freiburg und das Land Baden 1 (34): 295–302; Freiburg i. Br.

KNEUCKER, A. (1888): Beiträge zur Flora von Karlsruhe. – Mitt. Bot. Ver. Kreis Freiburg und das Land Baden 1 (47/48): 411–420; Freiburg i. Br.

KNEUCKER, A. (1889): Eine kleine Pfingstexkursion im Kraichgau 1889. – Mitt. Bad. Bot. Ver. 2 (66): 130–132; Freiburg i. Br.

KNEUCKER, A. (1890): Das Welzthal, ein Beitrag zur Flora unserer nördlichsten Landestheile. – Mitt. Bad. Bot. Ver. 2 (71/72): 165–174; Freiburg i. Br.

KNEUCKER, A. (1895): Nachträge und Berichtigungen zur Flora der Umgegend von Karlsruhe mit Berücksichtigung von Funden aus anderen badischen Landesteilen und der angrenzenden Rheinpfalz. – Mitt. Bad. Bot. Ver. 3 (133/134): 295–312; Karlsruhe, Freiburg i. Br.

KNEUCKER, A. (1896): Zwei interessante rechtsrheini-

sche Pflanzenstandorte. – Allg. Bot. Z. Syst. 31/32: 126–127; Karlsruhe.
KNEUCKER, A. (1903): Pfingstexkursion 1903. – Mitt. Bad. Bot. Ver. 4 (187/188): 313–321; Freiburg i. Br.
KNEUCKER, A. (1924): Kurzer Bericht über den derzeitigen Zustand einiger phytogeographisch interessanter Gebiete unseres Landes nebst verschiedenen floristischen Einzelbeobachtungen. – Mitt. Bad. Landesver. Naturk. Naturschutz Freiburg N. F. 1 (12/13): 294–298; Freiburg i. Br.
KNEUCKER, A. (1924): Die Schweinsweide bei Au a. Rh. mit Berücksichtigung der Schweinsweide bei Illingen a. Rh. – Mitt. Bad. Landesver. Naturk. Naturschutz Freiburg N. F. 1 (12/13): 290–294, 294–298; Freiburg i. Br.
KNEUCKER, A. (1931): Mitteilungen und Berichtigungen zur Flora Badens und seiner Grenzgebiete. – Beitr. Naturw. Erforsch. Badens 7: 111–120; Freiburg i. Br.
KNEUCKER, A. (1935): Ergebnisse systematischer, floristischer und phytographischer Beobachtungen und Untersuchungen über die Flora Badens und seiner Grenzgebiete. – Verh. Naturwiss. Ver. Karlsruhe 31 (1929/35): 209–239; Karlsruhe.
KNUTH, B. (1899): Handbuch der Blütenbiologie, II. Band, 2. Teil: Lobeliaceae bis Gnetaceae. 705 S.; (Wilhelm Engelmann), Leipzig.
KOCH, D.G.D.J. (1857): Synopsis Florae Germanicae et Helveticae, Pars Prima. 3. Aufl., 875 S.; (Lipsiae), Leipzig.
KOCH, H. u. E. VON GAISBERG (1938): Die standörtlichen und forstlichen Verhältnisse des Naturschutzgebiets Untereck. – Veröff. Württ. Landesstelle Naturschutz Landschaftspflege 14: 5–58; Stuttgart.
KOCH, L. (1887): Die Entwicklungsgeschichte der Orobanchaceae mit besonderer Berücksichtigung ihrer Beziehungen zu den Kulturpflanzen. 389 S.; Heidelberg.
KÖNIG, K. (1841): Der botanische Führer durch die Rheinpfalz oder Übersicht aller bisher in der Rheinpfalz aufgefundenen, sowohl wildwachsenden, als auch verwilderten, phanerogamischen Pflanzen.... 248 S.; (F. Götz), Mannheim.
KÖRBER-GROHNE, U. (1987, 1988): Nutzpflanzen in Deutschland. Kulturgeschichte und Biologie. 1. Aufl. 1987, 2. Aufl. 1988. 490 S.; (Theiss), Stuttgart.
KÖRBER-GROHNE, U. u. O. WILMANNS (1977): Eine Vegetation aus dem hallstattzeitlichen Fürstengrabhügel Magdalenenberg bei Villingen – Folgerungen aus pflanzlichen Großresten. – In: SPINDLER, K.: Magdalenenberg V: 51–68; Villingen.
KOHLER, A. u. G.-H. ZELTNER (1974): Verbreitung und Ökologie von Makrophyten in Weichwasserflüssen des Oberpfälzer Waldes (Naab, Pfreimd und Schwarzach). – Hoppea 33: 171–232; Regensburg.
KOHLER, A., H. VOLLRATH u. E. BEISL (1972, 1971): Zur Verbreitung, Vergesellschaftung und Ökologie der Gefäß-Makrophyten im Fließwassersystem Moosach (Münchener Ebene). – Arch. Hydrobiol. 69: 333–365; Stuttgart.
KOHLER, A., R. WONNEBERGER u. G. ZELTNER (1973): Die Bedeutung chemischer und pflanzlicher „Verschmutzungsindikatoren" im Fließgewässersystem Moosach (Münchener Ebene). – Arch. Hydrobiol. 72: 533–549; Stuttgart.
KONOLD, W. (1987): Oberschwäbische Weiher und Seen. – Beih. Veröff. Naturschutz Landschaftspflege Bad.-Württ. 52: 1–634; Karlsruhe.
KONOLD, W. u. K.F. EISELE (1990): Dr. JOHANN NEPOMUK ZENGERLES „Verzeichnis aller bisher im Oberamtsbezirk Wangen aufgefundenen Pflanzen" aus dem Jahr 1838. – Jh. Ges. Naturk. Württ. 145: 109–148; Stuttgart.
KORNECK, D. (1960): Beobachtungen an Zwergbinsengesellschaften im Jahr 1959. – Beitr. Naturk. Forsch. Südwestdeutschland 29 (1): 101–110; Karlsruhe.
KORNECK, D. (1963): Die Pfeifengraswiesen und ihre wichtigsten Kontaktgesellschaften in der nördlichen Oberrheinebene und im Schweinfurter Trockengebiet. III. Die wichtigsten Kontaktgesellschaften der Molinieten. – Beitr. Naturk. Forsch. Südwestdeutschland 22 (1): 19–44; Karlsruhe.
KORNECK, D. (1966): Das siebenbürgische Perlgras (*Melica transsilvanica* Schur) im Naturschutzgebiet „Mainzer Sand". – Hess. Flor. Briefe 15 (174): 29–32; Darmstadt.
KORNECK, D. (1972): *Orobanche elatior* Sutt. in Rheinhessen und Nachbargebieten. – Hess. Flor. Briefe 21 (2): Darmstadt.
KORNECK, D. (1974): Xerothermvegetation in Rheinland-Pfalz und Nachbargebieten. – Schriftenreihe für Vegetationskunde 7: 196 S. 158 Tab.; (Landwirtschaftsverlag), Bonn-Bad Godesberg.
KORNECK, D. (1975): Beitrag zur Kenntnis mitteleuropäischer Felsgras-Gesellschaften (Sedo-Scleranthetea). – Mitt. flor. – soz. Arbeitsgem. N. F. 18: 45–102; Göttingen.
KORNECK, D. (1984): Floristische Beobachtungen im Rhein-Main-Gebiet, 3. Folge. – Hess. Flor. Briefe 33 (3): 34–42; Darmstadt.
KORNECK, D. (1987): Die Pflanzengesellschaften des Mainzer Sandgebietes. – Mainzer Naturw. Archiv 25: 135–200; Mainz.
KORNECK, D. (1992): Das Acker-Leinkraut (*Linaria arvensis* (L.) Desf.) in der Vulkaneifel. – Natur und Landschaft 67 (10): 473–475; Bonn.
KORNECK, D. (1995): *Veronica verna* und *Veronica dillenii* im Rheingebiet. – Floristische Rundbr. 29 (2): 135–143; Bochum.
KORNECK, D. u. TH. MÜLLER (1967): *Galium anisophyllon* Vill. auf der Schwäbischen Alb. – Veröff. Landesstelle Naturschutz Landschaftspflege Bad.-Württ. 35: 28–31; Ludwigsburg.
KORNECK, D., W. LANG u. H. REICHERT (1981): Rote Liste der in Rheinland-Pfalz ausgestorbenen, verschollenen und gefährdeten Farn- und Blütenpflanzen und ihre Auswertung für den Arten- und Biotopschutz. – Beitr. Landespflege Rheinland-Pfalz 8: 7–137; Oppenheim.
KOVANDA, M. (1972): *Cynoglossum* L. – In: Flora Euro-

paea, Vol. 3 (Hrsg.: TUTIN, T.G. et al.). 119–121; (Univ. Press), Cambridge.

KRACH, J.E. u. R. FISCHER (1979): Bemerkungen zur Verbreitung einiger Pflanzensippen in Südfranken und Nordschwaben. – Ber. Bayer. Bot. Ges. 50: 161–172; München.

KRAUSE, E.H.L. (1917): Die Korb- und Röhrenblütler (Syngenesistae und Tubutae) Elsaß-Lothringens. – Beih. Bot. Centralbl. 35: 1–220; Dresden.

KRAUSE, E.H.L. (1921): Beiträge zur Flora von Baden. – Mitt. Bad. Landesver. Naturk. Naturschutz Freiburg N.F. 1 (4): 130–133; Freiburg i. Br.

KRAUSE, W. (1971): Die makrophytische Wasservegetation der südlichen Oberrheinaue. – Arch. Hydrobiol. Suppl. 37: 387–465; Stuttgart.

KREH, W. (1938): Verbreitung und Einwanderung des Blausterns (*Scilla bifolia*) im mittleren Neckargebiet. – Jh. Ver. Vaterl. Naturk. Württ. 94: 41–94; Stuttgart.

KREH, W. (1949): Beiträge zur Vegetationskunde von Württemberg. I–III. Jh. Ver. Vaterl. Naturk. Württ. (1941–1945). 97–101: 199–219; Stuttgart.

KREH, W. (1949): Das Bittersüß (*Solanum dulcamara*) als Ubiquitist. – Jh. Ver. Vaterl. Naturk. Württ. 97–101: 207–211; Stuttgart.

KREH, W. (1950/1951): Verlust und Gewinn der Stuttgarter Flora im letzten Jahrhundert. – Jh. Ver. Vaterl. Naturk. Württ. 106: 69–124; Stuttgart.

KREH, W. (1952): Der Fliederspeer (*Buddleia variabilis*) als Jüngsteinwanderer unserer Flora. – Aus der Heimat 60: 20–25; Öhringen.

KREH, W. (1954): Verlust und Gewinn der Stuttgarter Flora im letzten Jahrhundert. Nachtrag 1953. – Jh. Ver. Vaterl. Naturk. Württ. 109: 63–82; Stuttgart.

KREH, W. (1955): Verlust und Gewinn der Stuttgarter Flora im letzten Jahrhundert. Nachtrag 1955. – Jh. Ver. Vaterl. Naturk. Württ. 110: 199–211; Stuttgart.

KREH, W. (1957): Verlust und Gewinn der Stuttgarter Flora im letzten Jahrhundert. Nachtrag 1957. – Jh. Ver. Vaterl. Naturk. Württ. 112: 188–200; Stuttgart.

KREH, W. (1959): Verbreitungsbilder aus der Pflanzenwelt des mittleren Neckarraumes. – Florist. Ber. Stuttgarter Blümleszunft, 4. Jg., Verbreitungsbilder Nr. 1–9. Stuttgart.

KREH, W. (1959): Verlust und Gewinn der Stuttgarter Flora im letzten Jahrhundert. Nachtrag 1959. – Jh. Ver. Vaterl. Naturk. Württ. 114: 138–165; Stuttgart.

KREH, W. u. G. SCHAAF (1931): Neue Glieder der der Stuttgarter Pflanzenwelt. II – Jh. Ver. Vaterl. Naturk. Württ. 87: 131–146; Stuttgart.

KRENDL, F. (1967): Cytotaxonomie der *Galium mollugo*-Gruppe in Mitteleuropa (Zur Phylogenie der Gattung *Galium* VIII). – Österr. Bot. Zeitschr. 114: 508–549; Wien.

KRENDL, F. (1993): Chromosomenzahlen und geographische Verbreitung in der Gattung *Galium* L. (Sect. Leptogalium – Rubiaceae). – Biosystematics and Ecology Series 4: 51–112; (Österr. Akademie der Wissenschaften), Wien.

KRETZSCHMAR, F. (1992): Die Wiesengesellschaften des Mittleren Schwarzwaldes: Standort-Nutzung-Naturschutz. – Diss. Bot. 189: 146 S. + 12 Tab.; Berlin, Stuttgart.

KRIEGLSTEINER, L. (1987): Farn- und Blütenpflanzen sowie höhere Pilze im Raum Schwäbisch Hall. – Stadtplanungsamt Schwäbisch Hall, Arbeitsbericht 16. Schwäbisch Hall.

KRÜSS, A. u. U. ROHDE (1990): Pflegeproblematik und Bestandsentwicklung in den Naturschutzgebieten „Sandhauser Dünen". – Carolinea 48: 109–120; Karlsruhe.

KÜBLER-THOMAS, M. (1994): Extensivierung zum Schutz von Ackerwildkräutern. – Carolinea 52: 35–44; Karlsruhe.

KÜBLER-THOMAS, M. u. P. THOMAS (1989): Über ein Vorkommen von *Teucrium scordium* und *Ophioglossum vulgatum* am östlichen Hochrhein. – Carolinea 47: 147–148; Karlsruhe.

KÜSTER, H. (1985): Herkunft und Ausbreitungsgeschichte einiger Secalietea-Arten. – Tuexenia 5: 89–98; Göttingen.

KUHN, J. (1989): Die Vegetation des Schmiechener Sees. – Jh. Ges. Naturk. Württ. 144: 69–118; Stuttgart.

KUHN, K. (1937): Die Pflanzengesellschaften im Nekkargebiet der Schwäbischen Alb. (Hsrg.: Württ. Landesst. Naturschutz u. Ver. Vaterl. Naturk. Württ.). 340 S.; (F. Rauh), Öhringen.

KUHN, L. (1961): Die Verlandungsgesellschaften des Federseerieds. – In: Die Natur- und Landschaftsschutzgebiete Bad.-Württ. 2: 1–69; Stuttgart.

KUMMER, G. (1937–1946): Die Flora des Kantons Schaffhausen, mit Berücksichtigung der Grenzgebiete. Mitt. Naturf. Ges. Schaffhausen 13: 49–157 (1937); 15: 37–201 (1939); 17: 123–260 (1941); 18: 11–110 (1943); 19: 1–130 (1944); 20: 69–208 (1945); 21: 75–194 (1946); Schaffhausen.

KUNICK, W. (1983): Pilotstudie Stadtbiotopkartierung Stuttgart. – Beih. Veröff. Naturschutz Landschaftspflege Bad.-Württ. 36: 139 S.; Karlsruhe.

KUNZ, H. (1956): *Ranunculus polyanthemophyllus* Koch et Heß, *Neslia apiculata* Fischer et Meyer und *Callitriche obtusangula* Le Gall in Südbaden. – Beitr. Naturk. Forsch. Südwestdeutschland 15: 52–55; Karlsruhe.

KURTZ, K.M. (1880–1881): Flora des Bezirks Ellwangen. In: Programm des Königlichen Gymnasiums zu Ellwangen vom Schuljahre 1880–1881, Nr. 510, 24 S.; Ellwangen.

KURZ, G. (1973): Ulmer Flora. – Mitt. Ver. Naturw. Math. Ulm 29: 1–304; Ulm.

LAMBINON, J., J.-E. DE LANGHE, L. DELVOSALLE u. J. DUVIGNEAUD (1992): Nouvelle Flore de la Belgique, du Grand-Duché de Luxembourg, du Nord de la France et des Régions voisines. – CXX + 1092 S., 4. Aufl.; (Editions du Patrimoine du Jardin botanique nat. de Belgique), Meise.

LANDOLT, E. (1977): Ökologische Zeigerwerte zur Schweizer Flora. – Veröff. Geobot. Inst. der ETH, Stift. Rübel, Zürich 64: 1–208; Zürich.

LANG, G. (1962): Vegetations- und Standortsuntersuchungen in der Grenzzone des Bodenseeufers. – Ber. Deutsch. Bot. Ges. 75: 366–377; Berlin.
LANG, G. (1967): Die Ufervegetation des westlichen Bodensees. – Arch. Hydrobiol. Suppl. 32 (4): 437–574; Stuttgart.
LANG, G. (1968): Vegetationsänderungen am Bodensee in den letzten hundert Jahren. – Schriften Ver. Gesch. Bodensee 86: 295–313; Konstanz.
LANG, G. (1973): Die Vegetation des westlichen Bodenseegebietes. 1. Aufl., – Pflanzensoziologie 17: 452 S.; (G. Fischer), Jena.
LANG, G. (1990): Die Vegetation des westlichen Bodenseegebietes. 2. Aufl., 462 S.; (G. Fischer), Stuttgart, New York.
LANG, W. (1974): *Solanum nitidibaccatum* Bitter (Argentinischer Nachtschatten), eine neue Art der Pfälzer Flora. – Mitt. Pollichia III. Reihe 21: 39–45; Bad Dürkheim.
LANG, W. (1975): Der Saracho-Nachtschatten (*Solanum sarachoides* Sendtner em. Bitter), eine weitere südamerikanische Art, neu für die Pfalz. – Mitt. Pollichia 63: 45–48; Bad Dürkheim.
LANG, W. u. P. WOLFF (1993): Flora der Pfalz. Verbreitungsatlas der Farn- und Blütenpflanzen für die Pfalz und ihre Randgebiete. – Veröff. Pfälz. Ges. Förd. Wiss. Speyer 85: 1–444; Speyer.
LANGER, H. (1958): Die Vegetationsverhältnisse des Benninger Riedes und ihre Verknüpfung mit der Vegetationsgeschichte des Memminger Tales. – Bot. Jahrb. Syst. 77 (4): 355–422; Stuttgart.
LAUTERBORN, R. (1941): Beiträge zur Flora des Oberrheins und des Bodensees. – Mitt. Naturk. Natursch., N. F. 4 (8): 287–301; Freiburg i. Br.
LAUTERER, J. (1874): Excursions-Flora für Freiburg und seine Umgebung (von Lahr bis Efringen, vom Rhein bis St. Blasien, Neustadt und Triberg). 224 S.; (Herder), Freiburg i. Br.
LEBEAU, J. (1967): Une plante fréquente et pourtant méconnue en Belgique: l'hybride *Mentha × villosa* ssp. *velutina*. – Natura Mosana 20 (1/2): 9–13; Namur.
LEBEAU, J. (1967): Observations et trouvailles floristiques en 1966. – Natura Mosana 20 (1/2): 1–8; Namur.
LEBEAU, J. (1974): Appellations nouvelles de *Mentha* (Labiatae) hybrides, et proposition du rang nouveau de subhybride. – Bull. Jard. Bot. Nat. Belg. 44: 249–257; Meise.
LEBEAU, J. (1975): Nouvelles mises au point dans le genre *Mentha*. – Natura Mosana 27 (4): 109–141; Namur.
LEBEAU, J. (1986): Notes destinées à faciliter et encourager l'étude du genre *Mentha*. – Feuille de contact trimestrielle 60–74; Brüssel.
LEBEAU, J. (1992): *Mentha* L. – In: Nouvelle Flore de la Belgique, du Grand-Duché de Luxembourg, du Nord de la France et des régions voisines (Hrsg. J. LAMBINON, LANGHE, J.-E., DELVOSALLE, L., u. DUVIGNEAUD, J.). 4. Aufl., 536–541; Meise.
LECHLER, W. (1844): Supplement zur Flora von Württemberg. 72 S.; (E. Schweizerbart), Stuttgart.
LEUTZ, F. (1883): Beiträge zur Karlsruher Flora. – Mitt. Bot. Ver. Kreis Freiburg und das Land Baden 1 (8/9): 77–82; Freiburg i. Br.
LEUTZ, F. (1884): Verschiedenes. – Mitt. Bot. Ver. Kreis Freiburg und das Land Baden 1 (12): 114; Freiburg i. Br.
LEWEJOHANN, K. (1971): Die Gattung *Orobanche* im südlichen Niedersachsen und angrenzenden Gebieten. I. Teil. – Gött. Flor. Rundbr. 5 (1): 6–10; Göttingen.
LIBBERT, W. (1939): Pflanzensoziologische Untersuchungen im mittleren Kocher- und Jagsttale. – Veröff. Württ. Landesstelle Naturschutz Landschaftspflege 15: 65–102; Stuttgart.
LID, J. (1974): Norsk og Svensk Flora. 4. Aufl., 808 S.; (Det Norske Samlaget), Oslo.
LIEHL, H. (1898): Die Kiesgrube an der Basler Landstraße bei Freiburg. – Mitt. Bad. Bot. Ver. 4 (159): 78–80; Freiburg i. Br.
LIEHL, H. (1900): Neue Funde in der Kiesgrube an der Baslerstraße bei Freiburg. – Mitt. Bad. Bot. Ver. 4 (173/174): 200–201; Freiburg i. Br.
LINDER, TH. (1903): Ein Vegetationsbild vom Oberrhein (Fortsetzung). – Mitt. Bad. Bot. Ver. 4 (187/188): 322–328; Freiburg i. Br.
LINDER, TH. (1903): Ein Vegetationsbild vom Oberrhein (Schluss). – Mitt. Bad. Bot. Ver. 4 (1899): 329–335; Freiburg i. Br.
LINDER, TH. (1905): Bemerkenswerte Pflanzenstandorte (1) und (2). – Mitt. Bad. Bot. Ver. 5 (205/206): 41–44; 5 (207): 47–51. Freiburg i. Br.
LINDER, TH. (1907): Ein Beitrag zur Flora des badischen Kreises Konstanz. – Mitt. Bad. Bot. Ver. 5 (222/223): 165–174; Freiburg i. Br.
LINGG, C. (1832): Beiträge zur Naturkunde Oberschwabens. Inaug. Diss. 32 S.; Tübingen.
LINKE, K.-H. u. M.C. SAXENA (1991): Study on viability and longevity of Orobanche seed under laboratory conditions. – In: WEGMANN, K. u. L.J. MUSSELMANN (eds.): Progress in *Orobanche* research. Proceedings of the international workshop on Orobanche research – Obermarchtal, FRG, August 19–22, 1989: 110–114; Tübingen.
LINKE, K.-H., J. SAUERBORN u. M.C. SAXENA (1989): *Orobanche* Field Guide. 42 S.; Hohenheim.
LIPPERT, W. (1966): Die Pflanzengesellschaften des Naturschutzgebietes Berchtesgaden. – Ber. Bayer. Bot. Ges. 39: 67–122, 70 S., Tab., Karte; München.
LIPPERT, W. (1986): Beiträge zu kritischen oder wenig beachteten Arten und Artengruppen der bayerischen Flora. – Ber. Bayer. Bot. Ges. 57: 113–120; München.
LITZELMANN, E. (1951): Neue Pflanzenfundberichte aus Südbaden. – Mitt. Bad. Landesver. Naturk. Naturschutz Freiburg N.F. 5 (4/5): 191–196; Freiburg i. Br.
LITZELMANN, E. u. M. LITZELMANN (1959): Physiologie und Oekologie der Felsflurvegetation auf dem

Isteiner Klotz. – Beitr. Naturk. Forsch. Südwestdeutschland 18: 144–175; Karlsruhe.
LITZELMANN, E. u. M. LITZELMANN (1963): Neue Pflanzen-Fundberichte aus Südbaden II. – Mitt. Bad. Landesver. Naturk. Naturschutz Freiburg N. F. 8 (3): 463–475; Freiburg i. Br.
LITZELMANN, E., M. LITZELMANN u. H. SCHÄFER (1966): Die Pflanzenwelt am Isteiner Klotz. – In: Der Isteiner Klotz, zur Naturgeschichte einer Landschaft am Oberrhein. – Natur- u. Landschaftsschutzgebiete Bad.-Württ. 4: 111–268; Freiburg i. Br.
LOHMEYER, W. u. H. SUKOPP (1992): Agriophyten in der Vegetation Mitteleuropas. – Schriftenreihe für Vegetationskunde 25: 37–41; (BFANL), Bonn-Bad Godesberg.
LOHMEYER, W., W. TRAUTMANN u. D. KORNECK (1973): Gutachten über die Vegetation des Landschaftsschutzgebietes „Isteiner Klotz" und deren Schutzwürdigkeit (Hrsg.: Bundesanstalt für Vegetationskunde, Naturschutz und Landschaftspflege). 59 S.; Bonn-Bad Godesberg.
LOOS, G. H. (1995): Bestimmungsschlüssel für die *Leonurus cardiaca*-Gruppe in Deutschland. – Flor. Rundbr., 29 (1): 30–33; Göttingen.
LUDWIG, W. (1955): Bestimmungsarbeiten in botanischen Gärten III 14. Das sogenannte *Symphytum asperum*. – Die Gartenbauwissenschaft 20 (3): 334–335; Bonn, München, Wien.
LUDWIG, W. (1970): Über *Callitriche obtusangula*, eine Wasserstern-Art der südhessischen Flora. – Jahresber. d. wetterauischen Ges. f. d. gesamte Naturkde. 121/122: 39–44; Hanau.
LUDWIG, W. (1973): Das südamerikanische *Solanum nitidibaccatum*, ein Neubürger in Hessen. – Jahresber. d. wetterauischen Ges. f. d. gesamte Naturkde. 123/124: 67–73; Hanau.
LUDWIG, W. (1986): *Galeopsis pubescens* Bess. (Lamiaceae) – eine Pflanze hessischer Dörfer. – Hess. Flor. Briefe 35 (3): 35–44; Darmstadt.
LUDWIG, W. (1987): Über die „Dorfpflanze" *Leonurus cardiaca* L. s. lat. (Lamiaceae) und ihre Vorkommen in Hessen. – Jahresber. d. wetterauischen Ges. f. d. gesamte Naturkde. 138–139: 17–29; Hanau.
LÜÖND, B. u. R. LÜÖND (1980): Hybridization in *Ajuga* populations. – Candollea 35 (1): 87–109; Genève.
LÜPPING, W. u. C. M. SCHRÖDER (1972): Zur Bestimmung unserer *Galeopsis*-Arten im blütenlosen Zustand. – Kieler Notizen zur Pflanzenkunde in Schl.-Holst. 4 (3): 46–48; Kiel.
LÜTH, M. (1990): Die Pflanzengesellschaften des Wurzacher Riedes. – Unveröff. Gutachten für die BNL Tübingen (Hrsg.: Bezirksstelle Natursch. Landschaftspfl. Tübingen), 90 S.; Tübingen.
LUTZ, F. (1885): Die Mühlau bei Mannheim als Standort seltener Pflanzen. – Mitt. Bot. Ver. Kreis Freiburg und das Land Baden 1 (19): 164–168; Freiburg i. Br.
LUTZ, F. (1889): Ergänzende Beiträge zu unserer einheimischen Flora. – Mitt. Bad. Bot. Ver. 2 (65): 117–121; Freiburg i. Br.
LUTZ, F. (1910): Zur Mannheimer Adventivflora seit ihrem ersten Auftreten bis jetzt. – Mitt. Bad. Landesver. Naturk. 5 (247/248): 365–376; Freiburg i. Br.
MACHULE, M. (1957): Die mitteleuropäischen *Thymus*-Arten, Formen und Bastarde. – Mitt. Thüring. Bot. Ges. I (4): 13–89; Jena.
MACHULE, M. (1959): *Thymus alpestris* Tausch in Hessen. – Hess. Flor. Briefe 8 (88): 3; Offenbach.
MACHULE, M. (1960): Die mitteleuropäischen *Thymus*-Arten, Formen und Bastarde. – Mitt. Thüring. Bot. Ges. II (1): 176–207; Jena.
MACHULE, M. (1962): Die wichtigsten intraspezifischen *Thymus*-Sippen. – Ber. Bayer. Bot. Ges. 35: 57–72; München.
MACHULE, M. (1975): Bestimmungsschlüssel für die im deutschen Raum vorkommenden Arten der Gattung *Thymus* L. nach dem System von Jalas und Schmidt. – Pollichia 63: 67–71; Bad Dürkheim.
MAHLER (1912): Neue Standorte. – Mitt. Bad. Landesver. Naturk. 6 (138): 267–268; Freiburg i. Br.
MAHLER, G. (1898): Übersicht über die in der Umgebung von Ulm wildwachsenden Phanerogamen. – Nachr. kgl. Gymnas. Ulm Schuljahr 1897–98: 1–39; Ulm.
MAHLER, K. (1952/1953/1956): Über die Verbreitung einiger Pflanzen auf der Ostalb und ihrem Vorland. – Jh. Ver. Vaterl. Naturk. Württ. 107/108/111: 176–190, 74–89, 141–152; Stuttgart.
MANG, F. W. C. (1990): Goldnessel-Probleme. – Ber. Bot. Ver. Hamburg 11: 100–102, 112; Hamburg.
MARTENS, G. von u. C. A. KEMMLER (1882): Flora von Württemberg und Hohenzollern, 2 Bde. 3. Aufl., 296 u. LXXIII + 413 S.; (Gebr. Henninger), Heilbronn.
MATTERN, H. (1972): Natur- und Landschaftsschutz. – In: Um Stromberg und Mittlere Enz. 69–79; Vaihingen/Enz.
MATTERN, H. (1972): Heiden und Haine der Keuperhöhen bei Crailsheim. 16 S.; Crailsheim.
MAUS, H. (1889): Botanische Wanderungen um Alt-Breisach in den Monaten Juli und August. – Mitt. Bad. Bot. Ver. 2 (60): 77–81; Freiburg i. Br.
MAUS, H. (1890): Beiträge zur Flora von Karlsruhe. – Mitt. Bad. Bot. Ver. 2 (73/74): 181–191; Freiburg i. Br.
MAYER, A. (1929, 1930): Exkursionsflora der Universität Tübingen. Mittlere und südliche Alb, württembergischer Schwarzwald, oberes und mittleres Nekkargebiet, Schönbuch, Gäu, Schwarzwaldvorland. 519 S.; Tübingen (Tübinger Chronik).
MAYER, A. (1950): Exkursionsflora von Südwürttemberg und Hohenzollern mit besonderer Berücksichtigung der Universitätsstadt Tübingen. 527 S.; (Wiss. Verlagsgesellschaft), Stuttgart.
MAY, TH. (1985): Vorkommen, Zustand und Gefährdung der atlantischen Arten *Anagallis tenella* und *Scutellaria minor* in Süddeutschland, unter besonderer Berücksichtigung des Hotzenwaldes. – Unveröff. Gutachten für die LfU Bad.-Württ. 23 S.; Karlsruhe.
MAY, TH. (1987): *Anagallis tenella* und *Scutellaria minor* im Hotzenwald – hängen diese Vorkommen mit der Wiesenbewässerung zusammen? – Mitt. Bad.

Landesver. Naturk. Naturschutz Freiburg N.F. 14 (2): 303–314; Freiburg i. Br.
MEIEROTT, L. (1981): Notizen zur Phanerogamenflora Unterfrankens. – Ber. Bayer. Bot. Ges. 52: 149–161; München.
MEIEROTT, L. (1991): Neues und Bemerkenswertes zur Flora von Unterfranken (2. Folge). – Ber. Bayer. Bot. Ges. 62: 97–105; München.
MEIGEN, W. (1902): Gegenwärtiger Stand unserer pflanzengeographischen Durchforschung Badens. – Mitt. Bad. Bot. Ver. 4 (179/180): 247–264; Freiburg i. Br.
MELZER, A. (1976): Makrophytische Wasserpflanzen als Indikatoren des Gewässerzustandes oberbayerischer Seen. – Diss. Bot. 34: 195 S.; Vaduz.
MELZER, H. (1977): Weitere Beiträge zur Erforschung Kärntens. – Carinthia II, 167/87: 263–276; Klagenfurt.
MENNEMA, J. (1989): A taxonomic revision of *Lamium* (Lamiaceae). – Leiden Botanical Series 11: 206 S., Leiden.
MERXMÜLLER, H. (1973): Neue Übersicht der im rechtsrheinischen Bayern einheimischen Farne und Blütenpflanzen. – Ber. Bayer. Bot. Ges. 44: 221–238; München.
MERXMÜLLER, H. u. J. GRAU (1963): Chromosomenzahlen aus der Gattung *Myosotis* L. – Ber. Deutsch. Bot. Ges. 76: 23–29; Berlin.
MERXMÜLLER, H. u. W. SAUER (1972): *Pulmonaria* L. – In: Flora Europaea, Vol. 3 (Hrsg.: TUTIN, T.G. et al.) 100–102; (Univ. Press), Cambridge.
MESSIKOMER, J. (1883): Archäologische Mitteilungen. – Antiqua 1: 7; Zürich.
MESZMER, F.S. (1992 (erschienen 1993)): Flora von Mosbach. – Mosbacher Jahresheft 1993, 3: 19–65; Mosbach.
MEUSEL, H. (Hrsg.) (1978): Vergleichende Chorologie der zentraleuropäischen Flora. Text und Karten, Band II. – XI + 418, (5) + 259–421 S. Jena.
MILL, R.R. (1982): *Leonurus* L. – In: Flora of Turkey, Vol. 7 (Hrsg.: DAVIS, P.H.): 152–153; (Univ. Press), Edinburgh.
MOESLUND, B., B. LOJTNANT, H. MATHIESEN, L. MATHIESEN, A. PEDERSEN, N. THYSSEN u. J.C. SCHOU (1990): Danske vandplanter. – Miljønyt 2: 192 S.; Kobenhavn.
MOHR, G. (1898): Flora der Umgebung von Lahr, Teil 1 und 2. – Mitt. Bad. Bot. Ver. 4 (153–156): 17–50, 33–50; Freiburg i. Br.
MONSCHAU-DUDENHAUSEN, K. (1982): Wasserpflanzen als Belastungsindikatoren in Fließgewässern. – Beih. Veröff. Naturschutz Landschaftspflege Bad.-Württ. 28: 118 S.; Karlsruhe.
MOOR, M. (1936): Zur Soziologie der Isoetetalia. – Beitr. Geobot. Landesaufn. Schweiz 20: 148 S.; Bern.
MOOR, M. (1940): Pflanzensoziologische Beobachtungen in den Wäldern des Chasseralgebietes (Berner und Neuenburger Jura). – Ber. Schweiz. Bot. Ges. 50: 545–566; Bern.
MÜLLER, K. (1937): Pflanzen-Fundberichte aus Baden. – Mitt. Bad. Landesver. Naturk. Naturschutz Freiburg N.F. 3 (23/24): 349–354; Freiburg i. Br.
MÜLLER, K. (1948): Die Vegetationsverhältnisse im Feldberggebiet. In K. MÜLLER (Hrsg.): Der Feldberg im Schwarzwald: 211–362. (L. Bielefeld), Freiburg i. Br.
MÜLLER, K. (1949): Die Stromtalpflanzen der oberen Donau. – Jh. Ver. Vaterl. Naturk. Württ. 97–101: LXII–LXIV; Stuttgart.
MÜLLER, K. (1957): Ulmer Flora. – Mitt. Ver. Naturw. Math. Ulm 25: 1–229; Ulm.
MÜLLER, N. u. H. SUKOPP (1993): Synanthrope Ausbreitung und Vergesellschaftung des Fadenförmigen Ehrenpreises. – *Veronica filiformis* Smith. – Tuexenia 13: 399–413; Göttingen.
MÜLLER, TH. (1961): Ergebnisse pflanzensoziologischer Untersuchungen in Südwestdeutschland. – Beitr. Naturk. Forsch. Südwestdeutschland 20 (2): 111–122; Karlsruhe.
MÜLLER, TH. (1962): Die Fluthahnenfußgesellschaften unserer Fließgewässer. – Veröff. Landesstelle Naturschutz Landschaftspflege Bad.-Württ. 30: 152–163; Ludwigsburg.
MÜLLER, TH. (1966): Vegetationskundliche Beobachtungen im Naturschutzgebiet Hohentwiel. – Veröff. Landesstelle Naturschutz Landschaftspflege Bad.-Württ. 34: 14–61; Ludwigsburg.
MÜLLER, TH. (1966): Die Wald-, Gebüsch-, Saum-, Trocken- und Halbtrockenrasengesellschaften des Spitzbergs. – Natur- und Landschaftsschutzgebiete Bad.-Württ. 3: 278–475; Ludwigsburg.
MÜLLER, TH. (1967): Die geographische Gliederung des Galio-Carpinetums und des Stellario-Carpinetums in Südwestdeutschland. – Beitr. Naturk. Forsch. Südwestdeutschland 26: 47–65; Karlsruhe.
MÜLLER, TH. (1974): Gebüschgesellschaften im Taubergießengebiet. In: Das Taubergießengebiet, eine Rheinauenlandschaft. – Natur- u. Landschaftsschutzgebiete Baden-Württemberg. 7: 400–421; Ludwigsburg.
MÜLLER, TH. (1974): Zur Kenntnis einiger Pioniergesellschaften im Taubergießengebiet. In: Das Taubergießengebiet, eine Rheinauenlandschaft – Natur- u. Landschaftsschutzgebiete Bad.-Württ. 7: 284–305; Ludwigsburg.
MÜLLER, TH. (1977): Buchenwälder mit Fiederzahnwurz *(Dentaria heptaphyllos)* in Südwestdeutschland. – Mitt. flor.-soz. Arbeitsgem. 19/20: 383–392; Todenmann.
MÜLLER, TH. (1980): Der Scheidenkronwicken-Föhrenwald (Coronillo-Pinetum) und der Geißklee-Föhrenwald (Cytiso-Pinetum) auf der Schwäbischen Alb. – Phytocoenologia 7: 392–412; Stuttgart, Braunschweig.
MÜLLER, TH. u. S. GÖRS (1958): Zur Kenntnis der Auenwaldgesellschaften im württembergischen Oberland. – Beitr. Naturk. Forsch. Südwestdeutschland 17 (2): 88–165; Karlsruhe.
MÜLLER, TH. u. S. GÖRS (1960): Pflanzengesellschaften

stehender Gewässer in Baden-Württemberg. – Beitr. Naturk. Forsch. Südwestdeutschland 19 (1): 60–100; Karlsruhe.

MÜLLER, TH. u. S. GÖRS (1969): Halbruderale Trocken- und Halbtrockenrasen. – Vegetatio 18: 203–221; Den Haag.

MÜRDEL, H. (1926): Florula Regenbacensis. Verzeichnis der in der Pfarrei Unterregenbach und Umgebung wild wachsenden Pflanzen. Manuskript (STU).

MURMANN-KRISTEN, L. (1987): Das Vegetationsmosaik im Nordschwarzwälder Waldgebiet. – Diss. Bot. 104: 290 S., Berlin, Stuttgart.

NEBEL, M. (1986): Vegetationskundliche Untersuchungen in Hohenlohe. – Diss. Bot. 97: 253 S.; Berlin, Stuttgart.

NEPOMNASCHTSCHAJA, O.A. (1987): Sistemaroda *Adoxa* (Adoxaceae). – Bot. Zurn. 17 (1): 87–91.

NEUBERGER, J. (1889): Bemerkungen zur Flora Heidelbergs. – Mitt. Bad. Bot. Ver. 2 (60): 81–84; Freiburg i. Br.

NEUBERGER, J. (1898): Flora von Freiburg im Breisgau (Südl. Schwarzwald, Rheinebene, Kaiserstuhl). 1. Aufl., 266 S.; (Herder), Freiburg i. Br.

NEUBERGER, J. (1912): Flora von Freiburg im Breisgau. 3. u. 4. Aufl.; XXIV + 319 S.; (Herder) Freiburg i. Br.

NEUBERGER, J., G. ZIMMERMANN u. W. ZIMMERMANN (1911): Neue Standorte. – Mitt. Bad. Landesver. Naturk. 6 (261–262): 95–96; Freiburg i. Br.

NEZADAL, W. (1975): Ackerunkrautgesellschaften Nordostbayerns. – Hoppea, Denkschr. Regensb. Bot. Ges. 34: 17–149; Regensburg.

NIESCHALK, A. u. CH. NIESCHALK (1968): *Orobanche libanotidis* Ruprecht (= *Orobanche bartlingii* Grisebach) in Hessen. – Hess. Flor. Briefe 17: 35–42; Darmstadt.

NIESCHALK, A. u. CH. NIESCHALK (1974): Mitteilungen zur Verbreitung von *Orobanche bartlingii* Grisebach (= *Orobanche libanotidis* Ruprecht, *O. alsatica* Kirschleger var. *libanotidis* (Ruprecht) Beck in Bayern. – Ber. Bayer. Bot. Ges. 45: 71–74; München.

NIESCHALK, A. u. CH. NIESCHALK (1978): Einige Mitteilungen zur Verbreitung der Gattung *Thymus* L. in Nordhessen. – Hess. Flor. Briefe 27 (3): 35–40; Darmstadt.

NOACK, M. (1983): Untersuchungen an außeralpinen Sippen von *Galium* Sekt. Lepto-Galium in Bayern. – Diplomarbeit Univ. München.

OBERDORFER, E. (1934): Die höhere Pflanzenwelt am Schluchsee. – Ber. Naturf. Ges. Freiburg 34: 213–247; Freiburg i. Br.

OBERDORFER, E. (1934): Die Felsspaltenflora des südlichen Schwarzwaldes. Neufunde von den Kaiserwachtfelsen (Höllental). – Mitt. Bad. Landesver. Naturk. Naturschutz Freiburg N.F. 3 (1/2): 1–14; Freiburg i. Br.

OBERDORFER, E. (1934): Zur Geschichte der Wälder und Sümpfe zwischen Mannheim und Karlsruhe. – Ver. f. Naturk. Mannheim, 100/101 (Festschrift zur Jahrhundertfeier): 99–124; Mannheim.

OBERDORFER, E. (1936): Floristische und pflanzensoziologische Notizen vom Bruhrain (Umgebung von Bruchsal). – Mitt. Bad. Landesver. Naturk. Naturschutz Freiburg N.F. 3: 204–210, 245–252; Freiburg i. Br.

OBERDORFER, E. (1936): Bemerkenswerte Pflanzengesellschaften und Pflanzenformen des Oberrheingebietes. – Beitr. Naturk. Forsch. Südwestdeutschland 1: 49–88; Karlsruhe.

OBERDORFER, E. (1936): Erläuterung zur vegetationskundlichen Karte des Oberrheingebietes bei Bruchsal. – Beitr. zur Naturdenkmalpfl. (Hrsg.: SCHOENICHEN, W.) XVI, 2: 125 S.; Berlin.

OBERDORFER, E. (1937): Betreff: Botanisches Gutachten über den zum Naturschutzgebiet vorgeschlagenen Königsee (adressiert an das Ministerium des Kultus u. Unterrichtes, einzusehen bei der BNL Karlsruhe). – Unveröff. Gutachten, 2 S. Karlsruhe.

OBERDORFER, E. (1938): Ein Beitrag zur Vegetationskunde des Nordschwarzwaldes. – Beitr. Naturk. Forsch. Südwestdeutschland 3: 149–270; Karlsruhe.

OBERDORFER, E. (1949): Die Pflanzengesellschaften der Wutachschlucht. – Beitr. Naturk. Forsch. Südwestdeutschland 8 (1943/49): 22–60; Karlsruhe.

OBERDORFER, E. (1949, 1962, 1970): Pflanzensoziologische Exkursionsflora für Süddeutschland und die angrenzenden Gebiete. 1. Aufl. 1949, 411 S.; 2. Aufl. 1962, 987 S.; 3. Aufl. 1970, 987 S. (E. Ulmer), Stuttgart.

OBERDORFER, E. (1951): Botanische Neufunde aus dem badischen Oberrheingebiet nach Aufzeichnungen. – Mitt. Bad. Landesver. Naturk. Naturschutz Freiburg N.F. 5 (4/5): 186–191; Freiburg i. Br.

OBERDORFER, E. (1956): Botanische Neufunde aus Baden (und angrenzenden Gebieten). – Mitt. Bad. Landesver. Naturk. Naturschutz Freiburg N.F. 6 (4): 278–284; Freiburg i. Br.

OBERDORFER, E. (1957): Süddeutsche Pflanzengesellschaften. 564 S.; (G. Fischer), Jena.

OBERDORFER, E. (1971): Zur Syntaxonomie der Trittpflanzengesellschaften. – Beitr. Naturk. Forsch. Südwestdeutschland 30 (2): 95–112; Karlsruhe.

OBERDORFER, E. (1971): Die Pflanzenwelt des Wutachgebietes. In: Die Wutach – Naturkundliche Monographie einer Flußlandschaft. – Natur- u. Landschaftsschutzgebiete Bad.-Württ. 6: 261–321; Freiburg i. Br.

OBERDORFER, E. (1973): Die Gliederung der Epilobietea angustifolii-Gesellschaften am Beispiel süddeutscher Vegetationsaufnahmen. – Acta Bot. Acad. Sci. Hung. 19: 235–253; Budapest.

OBERDORFER, E. (1973): Thymian, Quendel, *Thymus* L. – Gött. Flor. Rundbr. 7 (4): 67–69; Göttingen.

OBERDORFER, E. (1974): *Galium lucidum* am Schwarzwaldrand des südlichen Oberrheingebietes. – Beitr. Naturk. Forsch. Südwestdeutschland 33: 107–11; Karlsruhe.

OBERDORFER, E. (1979, 1983, 1990, 1994): Pflanzensoziologische Exkursionsflora. 4.–7. Aufl. (E. Ulmer), Stuttgart.

OBERDORFER, E. (1982): Die hochmontanen Wälder und subalpinen Gebüsche. – In: Der Feldberg im Schwarzwald. – Natur- u. Landschaftsschutzgebiete Bad.-Württ. 12: 317–365; Karlsruhe.

OBERDORFER, E. u. TH. MÜLLER (1984): Zur Synsystematik artenreicher Buchenwälder insbesondere im präalpinen Nordsaum der Alpen. – Phytocoenologia 12 (4): 539–562; Stuttgart, Braunschweig.

OBERDORFER, E. (Hrsg.) (1977, 1978, 1983, 1992): Süddeutsche Pflanzengesellschaften. Teil I–IV. (G. Fischer), Stuttgart, New York.

OESAU, A. (1972): Zur Soziologie von *Limosella aquatica*. – Beitr. Biol. Pflanzen 48: 371–397; Berlin.

OESAU, A. (1973): Ackerunkrautgesellschaften im Pfälzer Wald. – Mitt. Pollichia 20: 5–32; Bad Dürkheim.

OESAU, A. (1981): Untersuchungen über *Veronica triloba* (Opiz) Kerner in Rheinhessen. – Tuexenia 1: 39–44; Göttingen.

OTTE, A. (1989): Kalkfels-Balmengesellschaft von *Lappula squarrosa* (Retz.) Dum. (Lappulo-Asperugetum procumbentis Br.-Bl. 1919 im Tal der Schwarzen Laaber (Lkrs. Regensburg). – Ber. Bayer. Bot. Ges. 60: 183–189; München.

OTTE, A. u. TH. LUDWIG (1987): Dörfliche Ruderalpflanzengesellschaften-Gesellschaften im Stadtgebiet von Ingolstadt.– Ber. Bayer. Bot. Ges. 58: 179–227; München.

PASSARGE, H. (1993): Lianenschleier-, fluviatile und ruderale Staudengesellschaften in den planaren Elb- und Oderauen. – Tuexenia 13: 343–371; Göttingen.

PATZAK, A. (1958): Revision der Gattung *Ballota* Section *Ballota*. – Ann. Naturh. Mus. Wien 62: 57–86; Wien.

PATZAK, A. (1972): *Ballota* L. – In: Flora Europaea, Vol. 3 (Hrsg.: TUTIN, T.G. et al.). 149–151; (Univ. Press), Cambridge.

PAUL, H. (1941): Botanische Kurzbeiträge. IV. 1. *Sphagnum balticum* Russow. 2. *Equisetum maximum* Lam. 3. *Carex hartmani* A. Cajander. 4. *Galeopsis pubescens* Bess. – Bayer. Bot. Ges. 25: 112–119; München.

PAWLOWSKI, B. (1972): *Symphytum* L. – In: Flora Europaea, Vol. 3 (Hrsg. TUTIN, T.G. et al.). 103–105; (Univ. Press), Cambridge.

PEINTINGER, M. (1988): Die Vegetation des Litzelsees bei Markelfingen (Westliches Bodenseegebiet). – Carolinea 46: 17–22; Karlsruhe.

PEINTINGER, M. (1993): Zur Verbreitung und Soziologie der Hain-Kresse, *Arabis nemorensis* (Hoffm.) Koch, im westlichen Bodenseegebiet. – Jh. Ges. Naturk. Württ. 148: 127–134; Stuttgart.

PEINTINGER, M. (1994): Verbreitung, Rückgang und Soziologie von *Gratiola officinalis* L. am Bodensee. – Carolinea 52: 25–34; Karlsruhe.

PEINTINGER, M. (1995): Die Strandschmielen-Gesellschaft (Deschampsietum rhenanae Oberdorfer 1957) im westlichen Bodenseegebiet – ein Vergleich von Vegetationsaufnahmen 1959 und 1993 – Carolinea. 53: 69–76; Karlsruhe.

PERRY, L.M. (1933): A revision of the north american species of *Verbena*. – Ann. Missouri Bot. Gard. 20: St. Louis.

PHILBRICK, C.T. u. G.J. ANDERSON (1992): Pollination Biology in the Callitrichaceae. – Systematic Botany 17: 282–292; Tallahassee, Florida.

PHILIPPI, G. (1960): Zur Gliederung der Pfeifengraswiesen im südlichen und mittleren Oberrheingebiet. – Beitr. Naturk. Forsch. Südwestdeutschland 19: 137–187; Karlsruhe.

PHILIPPI, G. (1961): Botanische Neufunde aus dem badischen Oberrheingebiet (und angrenzenden Gebieten). – Mitt. Bad. Landesver. Naturk. Naturschutz Freiburg N. F. 8 (1): 173–186; Freiburg i. Br.

PHILIPPI, G. (1963): Zur Soziologie von *Anagallis tenella, Scutellaria minor* und *Wahlenbergia hederacea* im südlichen und mittleren Schwarzwald. – Mitt. Bad. Landesver. Naturk. Naturschutz Freiburg N. F. 8 (3): 477–484; Freiburg i. Br.

PHILIPPI, G. (1969): Zur Verbreitung und Soziologie einiger Arten von Zwergbinsen- und Strandlingsgesellschaften im badischen Oberrheingebiet. – Mitt. Bad. Landesver. Naturk. Naturschutz Freiburg N. F. 10: 139–172; Freiburg i. Br.

PHILIPPI, G. (1969): Laichkraut- und Wasserlinsengesellschaften des Oberrheingebietes zwischen Straßburg und Mannheim. – Veröff. Landesstelle Naturschutz Landschaftspflege Bad.-Württ. 37: 102–172; Ludwigsburg.

PHILIPPI, G. (1970): Die Kiefernwälder der Schwetzinger Hardt (nordbadische Oberrheinebene). – Veröff. Landesstelle Naturschutz Landschaftspflege Bad.-Württ. 38: 46–92; Ludwigsburg.

PHILIPPI, G. (1971): Beiträge zur Flora der nordbadischen Rheinebene und der angrenzenden Gebiete. – Beitr. Naturk. Forsch. Südwestdeutschland 30 (1): 9–47; Karlsruhe.

PHILIPPI, G. (1971): Zur Kenntnis einiger Ruderalgesellschaften der nordbadischen Flugsandgebiete um Mannheim und Schwetzingen. – Beitr. Naturk. Forsch. Südwestdeutschland 30 (2): 113–131; Karlsruhe.

PHILIPPI, G. (1971): Sandfluren, Steppenrasen und Saumgesellschaften der Schwetzinger Hardt (nordbadische Rheinebene) unter besonderer Berücksichtigung der Naturschutzgebiete bei Sandhausen. – Veröff. Landesstelle Naturschutz Landschaftspflege Bad.-Württ. 39: 67–130; Karlsruhe, Ludwigsburg.

PHILIPPI, G. (1972): Erläuterungen zur vegetationskundlichen Karte 1:25000 Blatt 6617 Schwetzingen. 60 S. + Tab.; (Landesvermessungsamt Bad.-Württ.), Stuttgart.

PHILIPPI, G. (1973): Zur Kenntnis einiger Röhrichtgesellschaften des Oberrheingebietes. – Beitr. Naturk. Forsch. Südwestdeutschland 32: 53–95; Karlsruhe.

PHILIPPI, G. (1977): Vegetationskundliche Beobachtungen an Weihern des Stromberggebietes um Maulbronn. – Veröff. Naturschutz Landschaftspflege Bad.-Württ. 44/45: 9–50; Karlsruhe.

PHILIPPI, G. (1978): Veränderungen der Wasser- und Uferflora im badischen Oberrheingebiet. – Beih. Veröff. Naturschutz Landschaftspflege Bad.-Württ. 11: 99–134; Karlsruhe.

PHILIPPI, G. (1980): Die Vegetation des Altrheins Kleiner Bodensee bei Karlsruhe. – Beitr. Naturk. Forsch. Südwestdeutschland 39: 71–114; Karlsruhe.

PHILIPPI, G. (1981): Wasser- und Sumpfpflanzengesellschaften des Tauber-Main-Gebietes. – Veröff. Naturschutz Landschaftspflege Bad.-Württ. 53/54: 541–591; Karlsruhe.

PHILIPPI, G. (1982): Erlenreiche Waldgesellschaften im Kraichgau und ihre Kontaktgesellschaften. – Carolinea 40: 15–48; Karlsruhe.

PHILIPPI, G. (1983): Erläuterungen zur vegetationskundlichen Karte 1:25000 6323 Tauberbischofsheim-West. 199 S.; (Landesvermessungsamt Bad. Württ.), Stuttgart.

PHILIPPI, G. (1983): Ruderalgesellschaften des Tauber-Main-Gebietes. – Veröff. Naturschutz Landschaftspflege Bad.-Württ. 55/56 (1982): 415–478; Karlsruhe.

PHILIPPI, G. (1983): Erläuterungen zur Karte der der potentiellen natürlichen Vegetation des unteren Taubergebietes (Hrsg.: Landessammlungen für Naturkunde Karlsruhe). 83 S.; Stuttgart.

PHILIPPI, G. (1984): Trockenrasen, Sandfluren und thermophile Saumgesellschaften des Tauber-Main-Gebietes. – Veröff. Naturschutz Landschaftspflege Bad.-Württ. 57/58: 533–618; Karlsruhe.

PHILIPPI, G. (1989): Die Pflanzengesellschaften des Belchen-Gebietes im Schwarzwald. – In: Der Belchen. Geschichtlich-naturkundliche Monographie des schönsten Schwarzwaldberges. – Natur- u. Landschaftsschutzgebiete Bad.-Württ. 13: 747–890; Karlsruhe.

PHILIPPI, G. (1989): Die Flache Quellbinse *(Blysmus compressus)* im Südschwarzwald und angrenzenden Gebieten. – Veröff. Naturschutz Landschaftspflege Bad.-Württ. 64/65: 129–143; Karlsruhe.

PHILIPPI, G. (1993): *Thymelaea passerina* im Taubergebiet. – Carolinea 51: 108–111; Karlsruhe.

PHILIPPI, G. (1994): Halmfruchtgesellschaften des Unteren Taubergebietes. – Diss. Bot. (Festschrift Gerhard Lang) 234: 33–57; Berlin, Stuttgart.

PHILIPPI, G. u. V. WIRTH (1970): Botanische Neufunde aus Südbaden. – Mitt. Bad. Landesver. Naturk. Naturschutz Freiburg N. F. 10 (2): 331–348; Freiburg i. Br.

PIENING, U. (1983): Verkohlte Pflanzenreste der Frühlatènezeit von Lauffen am Neckar Kr. Heilbronn. – Fundber. Bad.-Württ. 8: 47–54; Stuttgart.

PIENING, U. (1988): Kultur- und Wildpflanzenreste aus Gruben der Urnenfelder- und Frühlatènezeit von Stuttgart-Mühlhausen. – Forsch. Ber. Vor- u. Frühgesch. Bad.-Württ. 31: 269–280; Stuttgart.

PIETSCH, W. (1977): Beiträge zur Soziologie und Ökologie der europäischen Littorelletea- und Utricularietea-Gesellschaften. – Feddes Repertorium 88 (3): 141–245; Berlin.

PIGNATTI, S. (1982): *Utricularia*. – In: Flora d'Italia, volume secundo. 626–627; (Edagricole), Bologna.

PIGNATTI, S. u. J. LEBEAU (1982): *Mentha*. – In: Flora d'Italia, volume secundo. 494–499; (Edagricole), Bologna.

PLIENINGER, W. (1992): Einige bemerkenswerte floristische Funde in Baden-Württemberg. – Flor. Rundbr. 26 (1): 11–20; Bochum, Göttingen.

POEVERLEIN, H. (1907): Beiträge zur Kenntnis der bayrischen Veronica-Arten. II. *Veronica aquatica* Bernhardi in der bayerischen Pfalz. – Mitt. Bayer. Bot. Ges. 2 (3): 37–38; München.

POEVERLEIN, H. (1908): Flora exsiccata Rhenana. – Allg. Bot. Z. Syst. 7/8 (Beilage): 1–16; Karlsruhe.

POEVERLEIN, H. (1913/14): Die Utricularien Süddeutschlands. – Allg. Bot. Z. Syst. 19/29: Seiten: 3–5, 33–35, 145–150, 161–167, 182–184, 9–10, 36–40, 49–54. Karlsruhe.

POLATSCHEK, A. (1966): Cytotaxanomische Beiträge zur Flora der Ostalpenländer, II. – Österr. Bot. Zeitschr. 113: 101–147; Wien.

PORSCH, O. (1903): Die österreichischen *Galeopsis*-Arten der Untergattung Tetrahit Reichb. – Abh. K. K. Zool.-Botan. Ges. Wien 2 (2): 125 S.; Wien.

PRANTL, K. (1880): Exkursionsflora für das Großherzogthum Baden (begr. von M. Seubert). 3. Aufl., VIII + 376 S.; (E. Ulmer), Stuttgart.

PREUSS, M. (1885): Beiträge zur Flora von Ühlingen. – Mitt. Bot. Ver. Kreis Freiburg und das Land Baden 1 (24/25): 225–230; Freiburg i. Br.

PROBST, R. (1904): Im Zickzack von Stühlingen über den Randen zum Zollhaus. – Mitt. Bad. Bot. Ver. 4 (191/192): 345–360; Freiburg i. Br.

PRZYWARA, L. (1983): Further karyological studies on the series *Palustres* M. Pop. of the genus *Myosotis* L. from Poland. – Acta Biol. Cracov., Ser. Bot. 25: 85–101; Krakow.

PÜHLER, D. (1990): Die botanischen Makroreste der römischen Zivilsiedlung in Walheim am Neckar. Diplomarbeit Univ. Hohenheim. Univ. Hohenheim.

PUSCH, J. (1989): Die Sommerwurzarten des Kreises Artern. 44 S.; Bad Frankenhausen.

PUSCH, J. u. K.-J. BARTHEL (1992): Über Merkmale und Verbreitung der Gattung *Orobanche* L. in den östlichen Bundesländern Deutschlands. – Gleditschia 20 (1): 33–56; Berlin.

RAABE, E.-W. (1979): Zur Kenntnis der Utricularien in Schleswig Holstein. – Kieler Notizen zur Pflanzenkunde in Schl.-Holst. 11 (2): 21–37; Kiel.

RAABE, E.-W. (1980): Übersicht über die Taxa der Gattung *Mentha* in Schleswig-Holstein und Hamburg. – Kieler Notizen zur Pflanzenkunde in Schl.-Holst. 12 (2): 21–39; Kiel.

RÄUBER, A. (1891): Der Ausflug des botanischen Vereins auf den Feldberg. – Mitt. Bad. Bot. Ver. 2 (83): 265–268; Freiburg i. Br.

RANDIG, W. (1992): Zum Vorkommen von *Melittis melissophyllum* an seiner Verbreitungsgrenze in NW-Deutschland. – Flor. Rundbr. 26 (2): 86–90; Bochum.

RASTETTER, V. (1966): Beitrag zur Phanerogamen- und Gefäß-Kryptogamen-Flora des Haut-Rhin. – Mitt.

Bad. Landesver. Naturk. Naturschutz Freiburg N. F. 9 (1): 151–237; Freiburg i. Br.
RAUNEKER, H. (1984): Ulmer Flora. – Mitt. Ver. Naturw. Math. Ulm 33: I–VII, 1–280; Ulm.
REBHOLZ, E. (1926): Die Pflanzenwelt der Fridinger Alb mit Berücksichtigung ihres Schutzgebietes. – Veröff. staatl. Stelle NatSchutz Württ. Landesamt DenkmPflege 3: 42–110; Stuttgart.
REBHOLZ, E. (1928): *Euphrasia lutea* L. im badischen Jura. – Mitt. Bad. Landesver. Naturk. Naturschutz Freiburg N. F. 2 (11/12): 133–135; Freiburg i. Br.
REBHOLZ, E. (1931): Pflanzensoziologisch-pflanzengeographische Studien in Südwestdeutschland II. Von Friedingen nach Beuron. – Beitr. Naturdenkmalpflege 14 (3): 221–229; Neudamm.
RECHINGER, K.H. (1913): Standorte seltener Pflanzen aus Österreich. – Allg. Bot. Z. Syst. 19 (10): 167–168; Karlsruhe.
RECHINGER, K.H. (1941): Monographische Studie über *Teucrium* Sect. *Chamaedrys*. – Bot. Archiv 42: 335–420; Leipzig.
REHDER, H. (1964): Wärmestufen, geologische Unterlage und Verbreitung einzelner Arten und Pflanzengesellschaften im Südost-Schwarzwald (auch in Beitr. Phytologie 1: 1–20, Stuttgart). – Arb. Landwirtsch. Hochsch. Hohenheim 30: 125–144; Hohenheim.
REHMANN, E. u. F. BRUNNER (1851): Gaea und Flora der Quellenbezirke der Donau und Wutach. – Beitr. Rhein. Naturgesch. Freiburg 2: 1–107; Freiburg i. Br.
REICHELT, G. (1978): Das Zollhausried bei Blumberg (Baaralb). – Schriften Ver. Gesch. Naturgesch. Baar 32: 61–86; Donaueschingen.
RICH, T.C.G., M.D.B. RICH u. F.H. PERRING (1988): – Plant Crib. 141 S.; London.
RIEDL, H. (1966): Die Gattung *Heliotropium* in Europa. – Ann. Naturh. Mus. Wien 69: 81–93; Wien.
RIEHL, S. (1993): Botanische Großreste aus einer neolithischen Profilabfolge. – Die horgenerzeitliche Seeufersiedlung Wangen/Bodensee. – Magisterarbeit Univ. Tübingen. 141 S.; Univ. Tübingen.
ROBE, W.E. u. GRIFFITHS (1990): Photosynthesis of *Littorella uniflora* grown under two PAR regimes: C3 and CAM gas exchange and the regulation of internal C02 and 02 concentrations. – Oecologia 85: 128–136; Berlin.
ROCHOW, M. von (1951): Die Pflanzengesellschaften des Kaiserstuhls. – In: Pflanzensoziologie 8: VII + 140 S.; (G. Fischer), Jena.
RODI, D. (1959/60): Die Vegetations- und Standortsgliederung im Einzugsgebiet der Lein (Kreis Schwäbisch Gmünd). – Veröff. Landesstelle Naturschutz Landschaftspflege Bad.-Württ. 27/28 (1959/60): 76–167; Ludwigsburg.
RODI, D. (1960): Zwei neue Naturdenkmale bei Welzheim. – Veröff. Landesstelle Naturschutz Landschaftspflege Bad.-Württ. 27/28 (1959/60): 46–61; Ludwigsburg.
RODI, D., R. WINKLER, P. ALEKSEJEW u. M. WALDERICH (1983): Vegetation und Standorte des Rosensteins. – Unicornis 3: 17–35; Schwäbisch Gmünd.
RÖSCH, M. (1985): Die Pflanzenreste der neolithischen Ufersiedlung von Hornstaad-Hörnle I am westlichen Bodensee I. Bericht. – 1. Bericht- Ber. z. Ufer- und Moorsiedlung Südwestdeutschl. – 2. Materialheft z. Vor- u. Frühgeschichte in Bad.-Württ. 7: 164–199; Stuttgart.
RÖSCH, M. (1987): Zur Umwelt und Wirtschaft des Neolithikums am Bodensee. – Botanische Untersuchungen in Bodman-Blissenhalde. – Arch. Nachr. Baden 38/39: 42–53.
RÖSCH, M. (1992d): Bericht über die Untersuchungen an den pflanzlichen Resten aus der Bestattung in der Pfarrkirche von Durbach. In: FINGERLIN, I.: Freiherr WILHELM HERMANN VON ORSCELAR – Die ungewöhnliche Bestattung in der Durbacher Pfarrkirche. – Arch. Inform. Bad.-Württ. 23: 60.
RÖSCH, M. (1992e): Zwei pflanzenhaltige Gruben der Linearbandkeramik vom Viesenhäuser Hof, Stuttgart-Mühlhausen. – Arch. Ausgr. 1991: 53–56; Stuttgart.
RÖSCH, M. (1993b): Anmerkungen zu den Pflanzenresten der frühmittelalterlichen Siedlungen Hofstatt und Löchleacker, Gemeinde Schallstadt-Mengen, Kreis Breisgau-Hochschwarzwald. – In: Ch. BÜKKER: Untersuchungen zu den Anfängen der germanischen Besiedlung im Breisgau im 4./5. Jhd. n. Chr. – Diss. Univ. Freiburg. Freiburg.
RÖSCH, M. (1993c): Pflanzenreste der Spätbronzezeit aus der Ufersiedlung Unteruhldingen-Stollenwiesen (Bodenseekreis). – Plattform 2: 38–55.
RÖSCH, M. (1993d): Nahrungs und Nutzpflanzen im mittelalterlichen Villingen. – In: B. JENISCH: Zur Topographie des mittelalterlichen Villingen aufgrund von archäologischen Untersuchungen. – Diss. Univ. Tübingen. Tübingen.
RÖSCH, M. (1993e): Zum Ackerbau der Urnenfelderkultur am nördlichen Oberrhein. Botanische Untersuchungen am Fundplatz Wiesloch-Weinäcker, Rhein-Neckar-Kreis. – Arch. Ausgr. 1992: 95–99; Stuttgart.
RÖSCH, M. (1994): Pflanzenreste aus einer Grube der Urnenfelderkultur in Knittlingen/Enzkreis. – In: SCHALLMAYER, E., BAUMEISTER, D., KOKABI, M. u. M. RÖSCH: Eine Siedlung der Urnenfelderkultur in Knittlingen/Enzkreis. – Fundber. Bad.-Württ. 19 (1994).
RÖSCH, M. u. B. SCHMID (1992): Ein hochmittelalterliches Grubenhaus mit verkohltem Kulturvorrat von Biberach an der Riß. – Fundber. Bad.-Württ. 17 (1): 521–573.
RÖSCH, M. u. U. GROSS (1994): Hochmittelalterliche Nahrungspflanzenvorräte aus Gerlingen, Kreis Ludwigsburg. – Fundber. Bad.-Württ. 19 (1994):
RÖSCH, M., ST. JACOMET u. S. KARG (1992): The history of cereals in the region of the former Duchy of Swabia (Herzogtum Schwaben) from the Roman to the Post-medieval period: results of archaeobotanical research. – Vegetation History and Archaebotany 1: 193–231.
RÖSCH, M., S. KARG u. M. SILLMANN (1994): Pflanzen-

reste aus dem Haus „Lange Straße 49" – Dokumente zu Ernährung, Landwirtschaft und Landschaft im alten Schwäbisch Hall. – Haus(ge)schichten, Katalog z. gleichn. Ausstellung im Hällisch-Fränkischen Museum Schwäbisch Hall (1994).

ROMERIO, M. (1965): Contribution à la cytotaxonomie du groupe de l'*Asperula cynanchica* L. – Bull. Soc. Neuchâteloise Sci. Nat. 88: 65–76; Neuchâtel.

RONNIGER, K. (1925): Über einige kritische *Thymus*-Formen. – Allg. Bot. Z. Syst. 26/27: 14–19; Karlsruhe.

RONNIGER, K. (1932): Bestimmungs-Schlüssel für die *Thymus*-Arten der Flora von Württemberg – Feddes Repertorium 31: 129–135; Berlin.

RONNIGER, K. (1924): Beiträge zur Kenntnis der Gattung *Thymus*. – Feddes Repertorium 20: 321–332; Berlin.

RONNIGER, K. (1944): Bestimmungstabelle für die *Thymus*-Arten des Deutschen Reiches. – Heilpfl.-Schriftenr. 10 (5): 1–24; Berlin.

RONNIGER, K. (1954): Bestimmungstabelle für die *Thymus*-Arten des Deutschen Reiches. – Ber. Bayer. Bot. Ges. 30: 102–108; München.

ROSSKOPF, G. (1971): Pflanzengesellschaften der Talmoore An der Schwarzen Laber im Oberpfälzer Jura. – Denkschr. Regensb. Bot. Ges. 28, N. F. 22: 1–115; Regensburg.

ROTH von SCHRECKENSTEIN, F. (1798): Beiträge zu einer schwäbischen Flora. – Botan. Taschenbuch Anf. Wiss. Apothekerkunst auf das Jahr 1798: 80–123; Regensburg.

ROTHMALER, W. (Begr.) (1963–1986): Exkursionsflora für die Gebiete der DDR und der BRD. Kritischer Band. Bd. 4, 1.–6. Aufl. (Hrsg.: R. SCHUBERT u. W. VENT), 811 S. (Volk und Wissen), Berlin.

ROTHMALER, W. (Begr.) (1990): Exkursionsflora von Deutschland. Kritischer Band. Bd. 4, 8. Aufl., (Hrsg.: R. SCHUBERT u. W. VENT), 811 S. (Volk und Wissen), Berlin.

ROTH, H.J. (1983): *Polemonium caeruleum* L. im Westerwald. – Hess. Flor. Briefe 32 (1): 11–13; Darmstadt.

ROUX, G. (1975): *Thymus* L. – In: Flore des France, Fascicule 2 (Hrsg.: GUINOCHET, M. u. VILMORIN, R. de). 694–697; (Editions du centre national de la recherche scient.), Paris.

ROWECK, H. (1986): Zur Vegetation einiger Stillgewässer im Südschwarzwald. – Arch. Hydrobiol. Suppl. 66 (4): 455–494; Stuttgart.

ROWECK, H. u. H. REINÖHL (1985 (erschienen 1986)): Zur Verbreitung und systematischen Abgrenzung der Teichrosen *Nuphar pumila* und *N.* × *intermedia* in Baden-Württemberg. – Veröff. Naturschutz Landschaftspflege Baden-Württemberg. 61: 81–153; Karlsruhe.

ROWECK, H. u. K. RAAB (1989): Zur Verbreitung von *Littorella uniflora* in Baden-Württemberg. – Jh. Ges. Naturk. Württ. 144: 119–131; Stuttgart.

ROWECK, H. u. W. SCHÜTZ (1988): Zur Verbreitung seltener sowie systematisch kritischer Laichkräuter (*Potamogeton*) in Baden-Württemberg. – Veröff. Naturschutz Landschaftspflege Bad.-Württ. 63: 431–524; Karlsruhe.

ROYER, J.-M. u. J.-C. RAMEAU (1983): Les associations des ourlets des forêts du Carpion (*Trifolion medii* et *Geranion sanguinei*) en Bourgogne et Champagne méridional. – Colloques Phytosociologiques, VIIX (Les lisières forestières (Lille 1979); 83–113; Vaduz (J. Cramer).

RUMSEY, F.J. u. S.L. JURY (1991): An account of *Orobanche* L. in British and Ireland. – Watsonia 18: 257–295; Arbroath, Scotland.

SACHS, F. (1961): Veränderungen in der Pflanzenwelt des Landkreises Buchen seit 1904. – Beitr. Naturk. Forsch. Südwestdeutschland 20 (1): 7–14; Karlsruhe.

SAUER, W. (1972): Die Gattung *Pulmonaria* in Oberösterreich. – Österr. Bot. Zeitschr. 122: 33–50; Wien.

SAUER, W. (1974): Beiträge zur Kenntnis von *Pulmonaria montana* Lejeune und *P. mollis* Wulfen (recte: Wolff) ex Hornemann in Mitteleuropa – Phyton 16 (1–4): 239–264; Horn.

SAUER, W. (1975): Karyo-systematische Untersuchungen an der Gattung *Pulmonaria* (Boraginaceae) – Bibliotheca Bot. (Hrsg.: H. MELCHIOR) 131: 1–85; Stuttgart.

SAUER, W. (1975): Einige Bemerkungen zur Gattung *Pulmonaria* in Bayern. – Gött. Flor. Rundbr. 9 (1): 3–7; Göttingen.

SAUER, W. u. G. GRUBER (1979): Beitrag zur Kenntnis der Gattung *Pulmonaria* in Bayern: Kritische Sippen, Verbreitung und allgemeine Hinweise auf die Arealbildung. – Ber. Bayer. Bot. Ges. 50: 127–160; München.

SAUER, W. u. M. THIV (1995): Die Gattung *Pulmonaria* (Boraginaceae) in Baden-Württemberg. – Jh. Ges. Naturk. Württ. 151 (im Druck): Stuttgart.

SAVIDGE, J.P. (1960): The experimental taxonomy of european *Callitriche*. – Proc. Linn. Soc. Lond. 171: 128–130; London.

SCHABEL, A. (1836): Flora von Ellwangen. 100 S.; (P. Balz), Stuttgart.

SCHAEFER-GUIGNIER, O. (1991): Les Étangs des Vosges saônoises. Étude de la végétation et classification floristico-écologique. – Publications du Centre Universitaire d'Etudes régionales 8: 41–106; Besançon.

SCHAEFER-GUIGNIER, O. (1994): Weiher in der Franche-Comté: eine floristisch-ökologische und vegetationskundliche Untersuchung. – Diss. Bot. 213: 239 S.; Berlin, Stuttgart.

SCHÄFLE, L. (1956): Das Arnegger Ried – ein neues Naturschutzgebiet im Blautal. (Festschrift für HANS SCHWENKEL) – Veröff. Landesstelle Naturschutz Landschaftspflege Bad.-Württ. 24: 309–316; Ludwigsburg.

SCHARFETTER, R. (1853): Biographien von Pflanzensippen. 546 S.; Wien.

SCHATZ, J.A. (1892): *Orobanche scabiosae* Koch = *O. reticulata* Wallroth forma *typica* G. Beck. – Mitt. Bad. Bot. Ver. 2 (98): 405–406; Freiburg i. Br.

SCHATZ, J.A. (1892): *Ajuga genevensis* × *reptans* im

badischen Juragebiet – Mitt. Bad. Bot. Ver. 2 (98): 406–407; Freiburg i. Br.
SCHEERER, H. (1956): „Entlesboden“ und „Viehweide“, zwei wenig bekannte Naturschutzgebiete in den Waldenburger Bergen. – Veröff. Landesstelle Naturschutz Landschaftspflege Bad.-Württ. 24: 288–308; Ludwigsburg.
SCHEERER, H. (1993): Floristische Erhebungen an xerothermen Keuperbiotopen im mittleren Remstal. In: Xerothermbiotope im mittleren Remstal – Beih. Veröff. Naturschutz Landschaftspflege Bad.-Württ. 76: 91–248; Karlsruhe.
SCHIEFER, J. (1981): Bracheversuche in Baden Württemberg – Beih. Veröff. Naturschutz Landschaftspflege Bad.-Württ. 22: 325 S.; Karlsruhe.
SCHILDKNECHT, J. (1855): Skizze aus der Flora von Ettenheim. Beilage zu dem Programm der höheren Bürgerschule in Ettenheim. 32 S.; (Friedrich Wagner), Freiburg i. Br.
SCHILDKNECHT, J. (1862): Nachtrag zu Spenners Flora Friburgensis. (Friedrich Wagner), Freiburg i. Br.
SCHILDKNECHT, J. (1863): Führer durch die Flora von Freiburg. 206 S.; (Fr. Wagner'sche Buchhandlung), Freiburg i. Br.
SCHILL, J. (1887): Neue Entdeckungen im Gebiet der Freiburger Flora – Ber. Naturf. Ges. Freiburg II (3): 1–19; Freiburg i. Br.
SCHINNERL, M. (1912): Ein neues deutsches Herbarium aus dem XVI. Jahrhundert. – Ber. Bayer. Bot. Ges. 13: 207–254; München.
SCHLATTERER, A. (1912): Vereinsausflug ins Bodenseegebiet – Mitt. Bad. Landesver. Naturk. 6 (269–271): 152–158; Freiburg i. Br.
SCHLATTERER, A. (1920): Neue Standorte. – Mitt. Bad. Landesver. Naturk. Naturschutz Freiburg N. F. 1 (4): 109–112; Freiburg i. Br.
SCHLENKER, G. (1908): Das Schwenninger Zwischenmoor und zwei Schwarzwald-Hochmoore in Bezug auf ihre Entstehung, Pflanzen und Tierwelt – Mitt. der Geolog. Abt. des K. Württ. Statist. Landesamtes 5: 1–279; Stuttgart.
SCHLENKER, G. (1936): Experimentelle Untersuchungen in der Sektion *Beccabunga* der Gattung *Veronica*. – Flora, N. F. 30: 305–350; Jena.
SCHLESINGER, S. (1991): Zweiter Fund von *Orobanche picridis* F. W. Schultz in Baden-Württemberg. – Carolinea 49: 125; Karlsruhe.
SCHMIDT, B. (1993): Die Skorpionsmoos-Wasserschlauchgesellschaft (Scorpidio-Utricularietum) – eine für das Wollmatinger Ried neue Pflanzengesellschaft. – Jahresber. NSG Wollmatinger Ried – Untersee – Gnadensee 6–10; Konstanz-Reichenau.
SCHMIDT, J. A. (1857): Flora von Heidelberg. Zum Gebrauch auf Excursionen und zum Bestimmen der in der Umgebung von Heidelberg wildwachsenden und häufig cultivierten Phanerogamen. 394 S.; (J. C. B. Mohr), Heidelberg.
SCHMIDT, P. (1968): Beitrag zur Kenntnis der Gattung *Thymus* L. in Mitteldeutschland. – Hercynia N. F. 5 (3): 385–419; Halle/S.
SCHMIDT, P. (1970): Vorläufiger Bestimmungsschlüssel heimischer *Thymus*-Arten. – Rundschr. Arbeitsgem. mitteldt. Floristen 3 (70): 7 S.; Halle/S.
SCHMIDT, P. (1971): Die mitteleuropäischen Arten der Gattung *Thymus* L. unter besonderer Berücksichtigung von Wuchsform, Verbreitung und soziologischem Verhalten. – Thesen zur Dissertation für die Promotion A: 1–18; Halle/S.
SCHMIDT, P. (1971): Die *Thymus*-Arten im Nordosten des europäischen Teiles der UdSSR, Studien zur Kenntnis der Gattung. – Feddes Repertorium 81 (8/9): 527–538; Berlin.
SCHMIDT, P. (1973): Übersicht über die mitteleuropäischen Arten der Gattung *Thymus* L. – Feddes Repertorium 83 (9/10): 663–671; Berlin.
SCHMIDT, P. (1974): Das soziologische Verhalten der mitteleuropäischen *Thymus*-Arten als Beispiel für die Bedeutung „Kritischer Sippen“ in der Geobotanik. – Mitt. Sekt. Geobot. Phytotaxon. Biol. Ges. DDR 49–59; Berlin.
SCHMIDT, P. (1977): Revision der *Thymus*-Arten von Ph. M. Opiz. – Folia Geobot. Phytotax. 12: 377–416; Prag.
SCHMIDT, P. u. H. P. KNAPP (1977): Die Arten der Gattung *Thymus* L. (Labiatae) im hercynischen Florengebiet. – Wiss. Z. Martin-Luther-Univ. Halle-Wittenberg, Math.-Naturw. Reihe 26 (2): 71–118; Halle.
SCHMIDT, R. (1969): Die Trockenrasenvegetation des Kappelberges bei Fellbach. – Jh. Ges. Naturk. Württ. 124; 200–221; Stuttgart.
SCHMID, E. u. H. GAMS (1927): *Echium* L. – In: Illustrierte Flora von Mitteleuropa V/3 (Hrsg.; HEGI, G.). 1. Aufl., 2192–2197; (J. F. Lehmanns), München.
SCHMUCKER, T. u. G. LINNEMANN (1959): Carnivorie. – Handbuch der Pflanzenphysiologie (Hrsg.: Ruhland, W.) XI. 198–183; Berlin, Göttingen.
SCHNEDLER, W. (1977): Pflanzen, von denen in der mitteleuropäischen Literatur selten oder gar keine Abbildungen zu finden sind. Folge III, IV – Gött. Flor. Rundbr. 11 (3): 50–57, 88–97; Göttingen.
SCHNEDLER, W. (1979): Pflanzen, von denen in der mitteleuropäischen Literatur selten oder gar keine Abbildungen zu finden sind. Folge IX: Noch einmal zur Gattung *Lallemantia* Fisch. et Mey. – Gött. Flor. Rundbr. 13 (1): 15–17; Göttingen.
SCHNEIDER, C., U. u. H. SUKOPP (1994): Biologisch-ökologische Grundlagen des Schutzes gefährdeter Segetalpflanzen. – Schriftenreihe für Vegetationskunde 26: 356 S.; Bonn-Bad Godesberg.
SCHNETTER, M. u. R. NOLD (1955): Biologische Exkursion zu Rieselgut, Mooswald und Ochsenmoos am 15. 5. 1954. – Mitt. Bad. Landesver. Naturk. Naturschutz Freiburg N. F. 6 (3): 195–201; Freiburg i. Br.
SCHNIZLEIN, A. u. A. FRICKHINGER (1848): Die Vegetations-Verhältnisse der Jura- und Keuperformation in den Flußgebieten der Wörnitz und Altmühl. 344 S.; (C. H. Beck), Nördlingen.
SCHÖNFELDER, P. (1967): Das Galeopsietum angustifoliae Büker 1942 – eine Kalkschuttpioniergesellschaft

Nordbayerns. – Mitt. flor.-soz. Arbeitsgem. N. F. 11/12: 5–10; Stolzenau/Weser.
SCHÖNFELDER, P. (1970): Südwestliche Einstrahlung in der Flora und Vegetation Nordbayerns. – Ber. Bayer. Bot. Ges. 42: 17–100; München.
SCHÖNFELDER, P. (1975): Zur Unterscheidung der einheimischen *Thymus*-Sippen und ihrer Verbreitung in Bayern. – Gött. Flor. Rundbr. 9 (3): 70–84; Göttingen.
SCHÖNFELDER, P. u. A. BRESINSKY (1990): Verbreitungsatlas der Farn- und Blütenpflanzen Bayerns. 752 S. + Anhang; (E. Ulmer), Stuttgart.
SCHÖNFELDER, P. u. S. WEGMÜLLER (1974): Zur Unterscheidung und Verbreitung der Sippen von *Lamiastrum galeobdolon* agg. in Süddeutschland. – Gött. Flor. Rundbr. 8 (1): 24–34; Göttingen.
SCHORLER, B. (1908): Über Herbarien aus dem 16. Jahrhundert. – Sitz.ber. Abh. naturw. Ges. Isis Dresd. 1907: 73–91; Dresden.
SCHOTSMAN, H. D. (1954): A taxonomic spectrum of the section *Eu-Callitriche* in the Netherlands. – Acta Bot. Neerl. 3: 313–384 + 16 plates; Amsterdam.
SCHOTSMAN, H. D. (1958): Beitrag zur Kenntnis der *Callitriche*-Arten in Bayern. – Ber. Bayer. Bot. Ges. 32: 128–140; München.
SCHOTSMAN, H. D. (1967): Les Callitriches. – In: P. JOVET (Hrsg.): Flore de France, Vol. 1, 152 S. (P. Lechevalier), Paris.
SCHOTSMAN, H. D. u. G. HALDIMANN (1981): Callitriches inédites du Jura Français. *C. cophocarpa* Sendtn., *C. platycarpa* Kütz. (Angiospermae) et l'hybride dans la partie septentrionale. – Bull. Soc. Neuchâteloise Sci. Nat. 104: 131–143; Neuchâtel.
SCHRÖTER, C. u. O. KIRCHNER (1902): Die Vegetation des Bodensees. Teil II. – Schriften Ver. Gesch. Bodensee 31: 1–86; Lindau.
SCHUBERT, R. u. V. VENT (W. ROTHMALER Begr.) (1986): Exkursionsflora für die Gebiete der DDR und der BRD. Band 4, Kritischer Band. 6. Aufl., 812 S.; (Volk und Wissen), Berlin.
SCHÜBLER, G. u. G. VON MARTENS (1834): Flora von Wirtemberg. 6 + III – XXXII + 695 S.; (Osiander), Tübingen.
SCHÜTZ, W. (1992): Struktur, Verbreitung und Ökologie der Fließwasserflora Oberschwabens und der Schwäbischen Alb. – Diss. Bot. 192: 195 S. + Anhang; Berlin.
SCHÜZ, E. (1861): Flora des nördlichen Schwarzwaldes. 64 S.; (A. Ölschläger), Calw.
SCHUHMACHER, W. (1977): Flora und Vegetation der Sötenicher Kalkmulde (Eifel). – Beih. Decheniana 19, I–IV: 1–199, 8 Farbtafeln, 4 Veg.tabellen; Bonn.
SCHULTHEISS, F. X. (1976): Flora von Ellwangen – Ellwanger Jahrbuch 1975/76 26: 143–212; Ellwangen.
SCHULTZ, F. W. (1846): Flora der Pfalz enthaltend ein Verzeichnis aller bis jetzt in der bayerischen Pfalz und den angränzenden Gegenden Badens, Hessens, Oldenburgs, Rheinpreussens und Frankreichs beobachteten Gefäßpflanzen. 576 S.; (G. L. Lang), Speyer.
SCHULTZ, F. W. (1863): Grundzüge zur Phytostatik der Pfalz. LXXVI + 233 S.; Weissenburg a. d. Lauter.
SCHULTZ, F. W. (1873): Beiträge zur Flora der Pfalz (Schluß) – Flora LVI: 247–251; Regensburg.
SCHUMACHER, A. (1937): Floristisch-soziologische Beobachtungen in Hochmooren des südlichen Schwarzwalds. – Beitr. Naturk. Forsch. Südwestdeutschland 2 (1): 221–283; Karlsruhe.
SCHURHAMMER, H. (1954): *Mimulus guttatus* DC. (= *M. luteus* auct.), die Gauklerblume. – Mitt. Bad. Landesver. Naturk. Naturschutz Freiburg N. F. 6 (2): 128–129; Freiburg i. Br.
SCHUSTER, R. (1967): Taxonomische Untersuchungen über die Serie *Palustre* M. Pop der Gattung *Myosotis*. – Feddes Repertorium 74: 39–98; Berlin.
SCHWABE-BRAUN, A. (1979): Die Pflanzengesellschaften des Bannwaldes „Flüh“ bei Schönau (Südschwarzwald). In: Der Bannwald „Flüh“: 1–68. (Hrsg.: Forstliche Versuchs- und Forschungsanstalt Bad.-Württ.). Freiburg i. Br.
SCHWABE-BRAUN, A. (1980): Eine pflanzensoziologische Modelluntersuchung als Grundlage für Naturschutz und Planung. Weidfeld-Vegetation im Schwarzwald: Geschichte der Nutzung – Gesellschaften und ihre Komplexe – Bewertung für den Naturschutz. – Urbs et Regio 18: 1–212 + Tab.; Kassel.
SCHWABE-BRAUN, A. (1983): Die Heustadel-Wiesen im nordbadischen Murgtal. Geschichte – Vegetation – Naturschutz. – Veröff. Naturschutz Landschaftspflege Bad.-Württ. 55/56 (1982): 167–237; Karlsruhe.
SCHWABE, A. (1987): Fluß- und bachbegleitende Pflanzengesellschaften und Vegetationskomplexe im Schwarzwald. – Diss. Bot. 102: 368 S. + Anhang; Berlin, Stuttgart.
SCHWABE, A. u. A. KRATOCHWIL (1986): Schwarzwurzel. *(Scorzonera humilis-)* und Bachkratzdistel- *(Cirsium rivulare-)*reiche Vegetationstypen im Schwarzwald: Ein Beitrag zur Erhaltung selten werdender Feuchtwiesen-Typen. – Veröff. Naturschutz Landschaftspflege Bad.-Württ. 61 (1985): 277–333; Karlsruhe.
SCHWABE, A., A. KRATOCHWIL u. J. BAMMERT (1989): Sukzessionsprozesse im aufgelassenen Weidfeld-Gebiet des „Bannwald Flüh“ (Südschwarzwald) 1976–1988. Mit einer vergleichenden Betrachtung statistischer Auswertemethoden. – Tuexenia 9: 351–370; Göttingen.
SCHWARZ, O. (1974): Globulariaceae. – In: HEGI, G. (Hrsg.): Illustrierte Flora von Mitteleuropa, 2. Aufl. Überarb. von D. HARTL und G. WAGENITZ, Band VI, Lieferung 7/8. 2. Aufl., 551–558; München.
SCHWARZ, O. (1988): Die Gattung *Globularia*. – Bot. Jahrb. Syst. 69: 318–373; Stuttgart.
SEBALD, O. (1966): Erläuterungen zu vegetationskundlichen Karte 1:25000 Blatt 7617 Sulz. 107 S.; (Landesvermessungsamt Bad.-Württ.), Stuttgart.
SEBALD, O. (1974): Erläuterungen zur vegetationskundlichen Karte 1:25000 Blatt 6923 Sulzbach/Murr.

100 S. + Tab.; (Landesvermessungsamt Bad.-Württ.), Stuttgart.

SEBALD, O. (1975): Zur Kenntnis der Quellfluren und Waldsümpfe des Schwäbisch-Fränkischen Waldes. – Beitr. Naturk. Forsch. Südwestdeutschland 34: 295–327; Karlsruhe.

SEBALD, O. (1980): Zur Kenntnis eschen- und sommerlindenreicher Standortsgesellschaften im Wuchsbezirk Südwestliche Donaualb (Schwäbische Alb). – Forstwiss. Centralbl. 99: 129–136; Hamburg, Berlin.

SEBALD, O. (1983): Erläuterungen zur vegetationskundlichen Karte 1:25000 Blatt 7919 Mühlheim a.d. Donau. 87 S., 16. Tab.; (Landesvermessungsamt Bad.-Württ.), Stuttgart.

SEBALD, O. u. S. SEYBOLD (1969): Beiträge zur Floristik von Südwestdeutschland I. – Jh. Ges. Naturk. Württ. 124: 222–236; Stuttgart.

SEBALD, O. u. S. SEYBOLD (1973): Beiträge zur Floristik von Südwestdeutschland III. – Jh. Ges. Naturk. Württ. 128: 142–147; Stuttgart.

SEBALD, O. u. S. SEYBOLD (1978): Beiträge zur Floristik von Südwestdeutschland V. – Jh. Ges. Naturk. Württ. 133: 125–132; Stuttgart.

SEBALD, O. u. S. SEYBOLD (1982): Beiträge zur Floristik von Südwestdeutschland VII. – Jh. Ges. Naturk. Württ. 137: 99–116; Stuttgart.

SEBALD, O. u. S. SEYBOLD (1988): Beiträge zur Floristik von Südwest-Deutschland VIII. – Jh. Ges. Naturk. Württ. 143: 185–207; Stuttgart.

SEIBIG, A. (1976): Zum Vorkommen von *Scutellaria minor* Huds. in Hessen. – Hess. Flor. Briefe 25 (4): 69–72; Darmstadt.

SEUBERT, M. (1875): Flora des Großherzogtums Baden. 2. Aufl., 258 S.; (E. Ulmer), Stuttgart.

SEUBERT, M. u. K. PRANTL (1880): Excursionsflora für das Großherzogthum Baden. 3. Aufl., 376 S.; (E. Ulmer), Stuttgart.

SEUBERT, M. u. K. PRANTL (1885): Exkursionsflora für das Großherzogtum Baden. 4. Aufl., 420 S.; (E. Ulmer), Stuttgart.

SEUBERT, M. u. L. KLEIN (1891): Exkursionsflora für Baden. 5. Aufl., 434 S.; (E. Ulmer), Stuttgart.

SEUBERT, M. u. L. KLEIN (1905): Exkursionsflora für das Großherzogtum Baden. 6. Aufl., VIII + (44) + 454 S.; (E. Ulmer), Stuttgart.

SEYBOLD, S. (1972): Über die Verbreitung von *Ballota alba* in Württemberg – Gött. Flor. Rundbr. 6 (1): 3–7; Göttingen.

SEYBOLD, S. (1987): VALERIUS CORDUS (1515–1544), einer der frühesten Floristen in Südwestdeutschland. – Jh. Ges. Naturk. Württ. 142: 143–155; Stuttgart.

SEYBOLD, S. (1994): Die ältesten Pflanzenangaben von Baden-Württemberg aus der Literatur. – Stuttgarter Beitr. Naturk., Ser. A 514: 18 S.; Stuttgart.

SEYBOLD, S. et al. (1968): Flora von Stuttgart – Jh. Ver. Vaterl. Naturk. Württ. 123: 140–297; Stuttgart. – Auch als Buch (1969): 160 S.; (Ulmer), Stuttgart.

SEYBOLD, S. u. TH. MÜLLER (1972): Beitrag zur Kenntnis der Schwarznessel (*Ballota nigra* agg.) und ihrer Vergesellschaftung. – Veröff. Landesstelle Naturschutz Landschaftspflege Bad.-Württ. 40: 51–128; Ludwigsburg.

SIHLER, M. (1959/60): Zur Gliederung der südwestdeutschen *Thymus*-Arten. – Veröff. Landesstelle Naturschutz Landschaftspflege Bad.-Württ. 27/28: 62–75; Ludwigsburg.

SIMON, M. (1988): Observations floristiques dans les terrains agricoles inondables en Alsace. – Bull. Assoc. philomath. Alsace et Lorraine 24: 69–97; Strasbourg.

SIMON, M. u. F. GEISSERT (1984): *Lindernia procumbens* (= *L. pyxidaria*), une plante alsacienne. – Bull. Soc. bot. Centre-Ouest, N.S. 15: 27–34.

SLAVIKOVA, Z. (1963): The systematic position of the species *Galeopsis bifida* Boenn. – Acta Universitatis Carolinea – Biologica 1963 (3): 255–263; Praha.

SLAVIK, B. (1993): *Leucanthemella serotina* (Asteraceae), ein pannonisch-danubialer Endemit. – Preslia 65: 293–302; Praha.

SLEUMER, H. (1933): Die Pflanzenwelt des Kaiserstuhls. – In: Der Kaiserstuhl, eine Naturgeschichte des Vulkangebirges am Oberrhein. 158–268; Freiburg i. Br.

SLEUMER, H. (1934): Die Pflanzenwelt des Kaiserstuhls. – Beih. Rep. spec. nov. reg. veg. (Feddes Repertorium) 77: 1–170 oder 6–112; Berlin-Dahlem.

SLEUMER, H. (1935): Neue Pflanzenstandorte aus Baden. – Mitt. Bad. Landesver. Naturk. Naturschutz Freiburg N.F. 3 (13/14): 181–183; Freiburg i. Br.

SMEJKAL, M. (1961): Taxonomische Studien der Art *Ajuga chamaepitys* (L.) Schreb. Briq. in der Tschechoslowakei. – Preslia 33: 386–398; Praha.

SMEJKAL, M. (1975): *Galeobdolon argentatum* sp. nova, ein neuer Vertreter der Kollektivart *Galeobdolon luteum* (Lamiaceae) – Preslia 47: 241–248; Praha.

SMETTAN, H.W. (1991): Die Gipskeuperdolinen in der Umgebung von Sersheim, Kreis Ludwigsburg. – Veröff. Naturschutz Landschaftspflege Bad.-Württ. 66 (1990/91): 251–310; Karlsruhe.

SMETTAN, H.W. ((in Druck)): Das Alpen-Labkraut (*Galium anisophyllon* Vill.) in Baden-Württemberg. – Jh. Ges. Naturk. Württ. Stuttgart.

SMITH, A.J.E. (1972): *Prunella* L. – In: Flora Europaea, Vol. 3 (Hrsg.: TUTIN, T.G. et al.). 162; (Univ. Press), Cambridge.

SOÓ, R. von u. O. BORSOS (1962): Die *Melittis*-Arten und Formen der ungarischen und karpatischen Flora – I. Ann. Univ. Sci. Budapest 7: 157–167; Budapest.

SPENNER, F.C.L. (1825–1829): Flora Friburgensis et regionum proxime adjacentium. 3 Bände. 1088 S.; (F. Wagner), Freiburg i. Br.

STACE, C. (1991): New Flora of the British Isles. 1226 S.; (Univ. Press), Cambridge.

STACE, C.A. (1975): Hybridization and the flora of the British Isles. – XIII + 626 S.; London, New York, San Francisco.

STEERE, W.C., (General Editor) (1967): Wild Flowers of The United States. Volume One: The Northeastern States. Part Two of Two parts (Hrsg.: New York Botanical Garden). 2. Aufl., 559 S.; (Mc Graw-Hill Book Company), New York.

STEHLE, J. (1869): Verzeichnis neuaufgefundener Pflanzenstandorte aus der Flora von Donaueschingen. – Verh. Naturwiss. Ver. Karlsruhe 3: 101–103; Karlsruhe.

STEHLE, J. (1883): In: Neue Standorte. – Mitt. Bot. Ver. Kreis Freiburg und das Land Baden 1 (6/7): 74–76; Freiburg i. Br.

STEHLE, J. (1884): Wanderungen im unteren Wutachthale und auf den angrenzenden Höhen. – Mitt. Bot. Ver. Kreis Freiburg und das Land Baden 1 (16): 145–147; Freiburg i. Br.

STEHLE, J. (1895): Standorte seltener Pflanzen aus der Umgebung von Freiburg. – Mitt. Bad. Bot. Ver. 3 (136): 323–330; Freiburg i. Br.

STEIGER, J. (1970): Die Unterscheidung der schweizerischen *Pinguicula*-Arten – Beitr. zur Kartierung der Schweizer Flora 3: 1–8; Bern.

STEINER, L. u. R. BUCHWALD (1991): Vegetationskundliche und hydrochemische Untersuchungen im Naturschutzgebiet „Bisten" (Südschwarzwald). – Veröff. Naturschutz Landschaftspflege Bad.-Württ. 66: 363–408; Karlsruhe.

STEIN, W. (1884): Zur Flora der Taubergegend. – Mitt. Bot. Ver. Kreis Freiburg und das Land Baden 1 (14): 123–130; Freiburg i. Br.

STEPANKOVA, J. (1993): Ploidy Variation in the Group of *Myosotis palustris* and *M. laxa* in the Czech Republik and Slovakia. – Folia Geobot. Phytotax. 28: 113–128; Prag.

STIKA, H.-P. (1993): Beiträge zu Landwirtschaft, Ernährung und Umwelt in den römischen Provinzen Obergermanien und Rätien aufgrund botanischer Untersuchungen von Makroresten aus archäologischen Ausgrabungen in Baden-Württemberg. Diss. Univ. Innsbruck. 204 S., Beil.; Innsbruck.

STRAKA, H. (1962): Die Fangblase von *Utricularia* als Kohäsionsmechanismus mit aktiver Wasserabgabe. – Handbuch der Pflanzenphysiologie (Hrsg.: RUHLAND, W.) XVII, 2: 767–773; Berlin, Göttingen.

STRAUB, S. (1893): Die Flora des Rosensteins zwischen Heubach und Lautern. – Blätter des Schwäbischen Albvereins V: 78–79, 170–171, 182–184; Stuttgart.

STRAUB, S. (1903): Exkursions-Flora des Bezirks Gmünd. 2. Aufl., 216 S.; (Muth), Stuttgart.

STREY, M. (1931): Karyologische Studien an Boraginoideae. – Planta 14: 682–730; Berlin.

SUCCOW, F. G. L. (1821, 1822): Flora Mannhemiensis et vicinarum regionum Cis – et Transrhenanarum Pars I und Pars II X+244 u. 168 S. (Schwan & Götz), Mannheim.

SUESSENGUTH, K. u. K. RONNIGER (1942): Über *Orobanche alsatica* Kirschl. var. *Mayeri* Sues. et Ronn. – Beitr. Naturk. Forsch. Oberrheingeb. 7: 123–127; Karlsruhe.

SUTORY, K. (1988): Variability and distribution of *Cynoglossum germanicum* Jacq. (Boraginaceae) in western and central Europe. – Acta Musei Moraviae/ Scientiae naturales 73 (1/2): 149–167; Brno.

SVENSSON, B. M., B. A. CARLSSON, P. S. KARLSSON u. O. NORDELL (1993): Comparative long-terme demography of three species of *Pinguicula*. – J. Ecol. 81 (4): 635–645; (Oxford London Edinburgh Boston Melbourne Paris), Berlin, Vienna.

SVENSSON, R. u. M. WIGREN (1986): Sminkrotens historia och biolgi i Sverige – Svensk Bot. Tidskrift 80 (2): 107–131; Lund.

TAYLOR, P. (1972): *Utricularia* L. – In: Flora Europaea, Vol. 3 (Hrsg.: TUTIN, T. G. et al.). 296–297 (Univ. Press), Cambridge.

TAYLOR, P. (1989): The genus *Utricularia* – a taxonomic monograph. – Kew Bulletin Additional Series (Hrsg.: Royal Botanic Garden, Kew) XIV: XI + 724 S.; London (HMSO).

TEPPNER, H., F. EHRENDORFER u. C. PUFF (1976): Karyosystematic Notes on the *Galium palustre*-Group (Rubiaceae). – Taxon 25 (1): 95–97; Utrecht.

THELLUNG, A. (1903): Beiträge zur Freiburger Flora. – Mitt. Bad. Bot. Ver. 4 (184): 295–296; Freiburg i. Br.

THELLUNG, A. (1905): Neue Arten (Ankömmlinge u. Bastarde). – Mitt. Bad. Bot. Ver. 5 (207): 51–52; Freiburg i. Br.

THELLUNG, A. (1907): Funde von seltener verwildernden Zier- und Nutzpflanzen im Gebiet der Flora von Freiburg i. Br. – Allg. Bot. Z. Syst. 13 (4): 60; Karlsruhe.

THELLUNG, A. (1908): Zur Freiburger Adventivflora. – Mitt. Bad. Bot. Ver. 5 (224): 186–187; Freiburg i. Br.

THELLUNG, A. (1913): Neue Standorte. – Mitt. Bad. Landesver. Naturk. Naturschutz Freiburg 6 (284–286): 224–226, 280–281; Freiburg i. Br.

THELLUNG, A. (1919): Mitteilungen aus dem botanischen Museum der Universität Zürich LXXXIII. Beiträge zur Adventivflora der Schweiz III. – Vierteljahresschrift der Naturforschenden Ges. in Zürich LXIV: 684–815; Zürich.

THOMAS, P., M. DIENST, M. PEINTINGER u. R. BUCHWALD (1987): Die Strandrasen des Bodensees (Deschampsietum rhenanae und Littorello-Eleocharitetum acicularis). Verbreitung, Ökologie, Gefährdung und Schutzmaßnahmen. – Veröff. Natursch. Landschaftspf. Bad.-Württ. 62 (1986): 325–346; Karlsruhe.

THOMMA, R. (1972): Pflanzenstandorte vom Hochrheingebiet, Südschwarzwald und Klettgau. – Mitt. Bad. Landesver. Naturk. Naturschutz Freiburg N. F. 10: 549–557; Freiburg i. Br.

THORNE, R. F. (1983): Proposed new realignements in the angiosperms. – Nord. J. Bot. 3: 85–117; Kopenhagen.

THOR, G. (1979): *Utricularia* i Sverige, speciellt de förbisedda artena *U. australis* och *U. ochroleuca*. – Svensk Bot. Tidskrift 73 (5): 381–395; Stockholm.

THOR, G. (1987): Sumpbläddra, *Utricularia stygia*, en ny svensk art (*Utricularia stygia* Thor, a new *Utricularia* species in Sweden). – Svensk Bot. Tidskrift 81 (5): 273–280; Stockholm.

THOR, G. (1988): The genus *Utricularia* in the Nordic countries, with special emphasis on *U. stygia* and *U. ochroleuca*. – Nord. J. Bot. 8: 213–225; Kopenhagen.

TOPITZ, A. (1914): VII. Diagnoses formarum generis Menthae praecipue ex auctoris scripto: Beiträge zur

Kenntnis der Menthenflora von Mitteleuropa. – Rep. spec. nov. reg. veg. (Feddes Repertorium) 386/387 XIV. Band: 17–42; Berlin-Dahlem.

TOWNSEND, C.C. (1962): Some notes on *Galeopsis ladanum* L. and *G. angustifolia* Ehrh. ex. Hoffm. – Watsonia 5: 143–149; Arbroath.

TOWNSEND, C.C. (1972): *Galeopsis* L. – In: Flora Europaea, Vol. 3 (Hrsg.: TUTIN, T.G. et al.). 145–147; (Univ. Press), Cambridge.

TRAUTMANN, W., A. KRAUSE u. R. WOLFF-STRAUB (1970): Veränderung der Bodenvegetation in Kiefernforsten als Folge industrieller Luftverunreinigungen im Raum Mannheim, Ludwigshafen. – Schriftenreihe für Vegetationskunde 5: 193–207; Bonn-Bad Godesberg.

TURNER, C. (1972): *Nepeta* L. – In: Flora Europaea, Vol. 3 (Hrsg.: TUTIN, T.G. et al.). 183–186; (Univ. Press), Cambridge.

TUTIN, T.G. (1972): *Polemonium* L. – In: Flora Europaea, Vol. 3 (Hrsg.: TUTIN, T.G. et al.). 74; (Univ. Press), Cambridge.

TUTIN, T.G. u. D. WOOD (1972): *Teucrium* – In: Flora Europaea, Vol. 3 (Hrsg. TUTIN, T.G. et al.). 129–135; (Univ. Press), Cambridge.

USINGER, H. u. A. WIGGER (1961): Vegetationskundliche Beobachtungen im Schwarzwald-Lager 1959. – Jahrb. Deutsch. Jugendb. Naturbeob. (DJN) 1960/61: 27–41; Hamburg.

VALENTINE, D.H., u. A.O. CHATER (1972): Boraginaceae. – In: Flora Europeae, Vol. 3 (Hrsg.: TUTIN, T.G. et al.). 83–122 (Univ. Press), Cambridge.

VAN DER HAM, R.W.J.M. (1981): *Teucrium chamaedrys* L. ssp. *chamaedrys* in Nederland. – Gorteria 2: 63–64; Leiden.

VAN DER LAAN, D. u. W. SWANT (1985): Waarnemingen aan *Teucrium scordium* L. in het duingebied van Voorne. – Gorteria 12 (11/12): 255–267; Leiden.

VAN DER PLOEG, D.T.E. (1964): *Galeopsis pubescens* Bess. nog steeds bij Oranjewoud. – Gorteria 2: 63–64; Leiden.

VAN DER PLOEG, D.T.E. (1989): *Galeopsis pubescens* Besser bij Oldeberkoop: een laat eerherstl. – Gorteria 15 (1): 27–29; Leiden.

VOGEL, u. D. BÜSCHER (1988 (erschienen 1989)): Die Verbreitung, Vergesellschaftung und Rückgang von *Apium repens* (Jacq.) Lag. und *Teucrium scordium* L. in Westfalen. – Flor. Rundbr. 22 (1): 21–30; Bochum.

VOGGESBERGER, M. (1991): Floristische und vegetationskundliche Beobachtungen im Weihergebiet um Ellwangen. – Jh. Ges. Naturk. Württ. 146: 159–192; Stuttgart.

VOLK, O.H. (1931): Beiträge zur Ökologie der Sandvegetation der oberrheinischen Tiefebene. – Zeitschrift für Botanik 24: 81–185; Jena, Stuttgart.

VOLLMANN, F. (1914): Flora von Bayern. XXVIII + 840 S.; (E. Ulmer), Stuttgart.

VOLLMAR, F. (1947): Die Pflanzengesellschaften des Murnauer Moores. Teil I (Hrsg.: K. SUESSENGUTH) – Ber. Bayer. Bot. Ges. 27: 13–97; Nürnberg.

VOLLRATH, H. (1966): Über Ackerunkrautgesellschaften in Bayern – Denkschr. Regensb. Bot. Ges. N.F. 20: 117–159; Regensburg.

VULPIUS, F.W. (1887): Der Höhgau und das badische Donauthal. – Mitt. Bot. Ver. Kreis Freiburg und das Land Baden 1 (34, 40, 41/42, 43): 299–310, 351–355, 368–372, 375–381; Freiburg i. Br.

WÄLDE, A. (1926): Über die Reliktflora der Adelegg. – Blätter des Schwäbischen Albvereins 38 (8): 162; Tübingen.

WAGENITZ, G. u. B. LAING (1984): Die Nektarien der Dipsacales und ihre systematische Bedeutung – Bot. Jahrb. Syst. 104: 483–507; Stuttgart.

WALTER, E. (1951): *Veronica filiformis* Smith. – Bull. Assoc. philomath. Alsace et Lorraine 9 (2): 60; Strasbourg.

WALTHER, K. (1955): *Veronica–longifolia–Scutellaria hastifolia*–Ass. – Mitt. flor.-soz. Arbeitsgem. N.F. 5: 103; Stolzenau/Weser.

WEBERLING, F. (1966): 122. Familie Caprifoliaceae. – In: HEGI, G. (Hrsg.): Illustrierte Flora von Mitteleuropa 2. Aufl., VI/2: 3–87.

WEBERLING, F. (1981): Morphologie der Blüten und Blütenstände. 391 S.; (E. Ulmer), Stuttgart.

WEBER-OLDECOP, D.E. (1977): Fließgewässertypologie in Niedersachsen auf floristisch-soziologischer Grundlage. – Gött. Flor. Rundbr. 10: 73–79; Göttingen.

WEBER, H. u. D. HARTL (1954): Die Weidenseide, ein Neubürger der westdeutschen Flora. – Hess. Flor. Briefe 3 (33): 2–3; Offenbach.

WEBER, H.C. (1993): Parasitismus von Blütenpflanzen. X + 168 S.; (Wissenschaftliche Buchgesellschaft), Darmstadt.

WEGMANN, K. u. L.J. MUSSELMANN (eds.) (1991): Progress in *Orobanche* research. Proceedings of the international workshop on *Orobanche* research – Obermarchtal, FRG, August 19–22, 1989. (8) + 362 S.; Tübingen.

WEIHE, K. VON (Hrsg.) (1972): GARCKE, Illustrierte Flora. 23. Aufl., 1607 S.; (Parey), Berlin, Hamburg.

WELSS, W. (1985): *Nonea rosea* (M.B.) Link seit 100 Jahren in Nordostbayern – Ber. Bayer. Bot. Ges. 56: 81–84; München.

WELZ, F. (1885): Die geologischen Verhältnisse in der Umgebung von Thiengen und Aufzählung nicht allgemeiner Pflanzen in derselben. – Mitt. Bot. Ver. Kreis Freiburg und das Land Baden 1 (23): 203–208; Freiburg i. Br.

WENDEROTH, G.W.F. (1831): Einige Bemerkungen über verschiedene neue Pflanzenarten des botanischen Gartens in Marburg. Nebst einer Abbildung der *Polygala depressa* Wender. – Schriften Ges. Beförd. Gesammten Naturwiss. Marburg 2: 211–267; Marburg.

WESTMAN, G. (1984): Nagra fynd av *Utricularia ochroleuca*, blekblåddra, i Norrland – Svensk Bot. Tidskrift 78 (4): 223–225; Stockholm.

WEVER, G. (1843): Badenweiler mit seinen Umgebungen. 264 S.; (Adolph Emmerling), Freiburg i. Br.

WEYMAR, H. (1966): Buch der Lippenblütengewächse und Rauhblattgewächse. 160 S., 82 Abb.; (Neumann Verlag), Radebeul, Berlin.
WIBEL, A.W.E.C. (1799): Primitiae florae Werthemensis. 372 S.; (Goepferdt), Jena.
WIEGLEB, G. (1978): Untersuchungen über den Zusammenhang zwischen hydrochemischen Umweltfaktoren und Makrophytenvegetation in stehenden Gewässern. – Arch. Hydrobiol. 83: 443–484; Stuttgart.
WIETOLD, J. (1989): Botanische Großreste und Gefäßkeramik aus hoch- und spätmittelalterlichen Fundkomplexen von Ulm, Donaustraße. Dipl.-Arb. Univ. Kiel. 321 S. + Beil.; Kiel.
WILLERDING, U. (1986): Zur Geschichte der Unkräuter Mitteleuropas – Göttinger Schriften zur Vor- und Frühgeschichte (Hrsg.: JAHNKUHN, H.) 22: 382 S.; (Karl Wachholtz), Neumünster.
WILMANNS, O. (1975): Wandlungen des Geranio-Allietum in den Kaiserstühler Weinbergen? – Pflanzensoziologische Tabellen als Dokumente. – Beitr. Naturk. Forsch. Südwestdeutschland 34: 429–443; Karlsruhe.
WILMANNS, O. (1988): Können Trockenrasen derzeit trotz Immissionen überleben? – Eine kritische Analyse des Xerobrometum im Kaiserstuhl. – Carolinea 46: 5–16, 1 Tab.; Karlsruhe.
WILMANNS, O. (1989): Vegetation. In: Der Kaiserstuhl – Gesteine und Pflanzenwelt (Hrsg. WILMANNS, O., WIMMENAUER, W. u. G. FUCHS). 3. Aufl., 89–204; (E. Ulmer), Stuttgart.
WILMANNS, O., A. SCHWABE-BRAUN u. M. EMTER (1979): Struktur und Dynamik der Pflanzengesellschaften im Reutwaldgebiet des Mittleren Schwarzwaldes. – Documents Phytosociologiques, N.S. 4: 983–1024; Lille.
WIMMENAUER, W. u. V. WIRTH (1963): Geologisch-botanische Exkursion ins Höllental am 22. Juli 1962. – Mitt. Bad. Landesver. Naturk. Naturschutz Freiburg N.F. 8: 507–508; Freiburg i. Br.
WINTERHOFF, W. (1993): Die Gefäßpflanzenflora des Eriskircher Riedes. – Beih. Veröff. Naturschutz Landschaftspflege Bad.-Württ. 69: 157–219; Karlsruhe.
WINTERHOFF, W. et al. (1993): Die Pflanzenwelt des NSG Eriskircher Ried am Bodensee – Beih. Veröff. Naturschutz Landschaftspflege Bad.-Württ. 69: 280 S.; Karlsruhe.
WINTER, J. (1882): Botanische Streifzüge in der Baar. – Mitt. Bot. Ver. Kreis Freiburg und das Land Baden 1 (3/4): 29–48; Freiburg i. Br.
WINTER, J. (1884): Charakteristische Formen der Flora von Achern. – Mitt. Bot. Ver. Kreis Freiburg und das Land Baden 1 (15, 16): 132–137, 140–145; Freiburg i. Br.
WINTER, J. (1885): Charakteristische Formen der Flora von Achern (Nachträge pro 1885) – Mitt. Bot. Ver. Kreis Freiburg und das Land Baden 1 (26): 234–235; Freiburg i. Br.
WINTER, J. (1889): Am Isteiner Klotze. – Mitt. Bad. Bot. Ver. 2 (57/58): 49–63; Freiburg i. Br.
WINTER, J. (1890): Flora von Achern. I. Phanerogamen und Gefäßcryptogamen. – Mitt. Bad. Bot. Ver. 2 (76–79): 205–234; Freiburg i. Br.
WINTER, J. (1895): Nachtrag pro 1894 zur „Flora von Achern". – Mitt. Bad. Bot. Ver. 3 (130): 237; Freiburg i. Br.
WIRTH, V. (1975): Die Vegetation des Naturschutzgebietes Utzenfluh (Südschwarzwald), besonders in lichenologischer Sicht. – Beitr. Naturk. Forsch. Südwestdeutschland 34: 463–476; Karlsruhe.
WITSCHEL, M. (1977): Das Mosaik der basiphytischen Xerothermvegetation zwischen Basel und Breisach. Unveröff. Diplomarbeit. 128 S.; Freiburg i. Br.
WITSCHEL, M. (1980): Xerothermvegetation und dealpine Vegetationskomplexe in Südbaden. – Beih. Veröff. Naturschutz Landschaftspflege Bad.-Württ. 17: 1–212; Karlsruhe.
WITSCHEL, M. (1980): Seltene Pflanzengesellschaften auf Reliktstandorten der Baar. – Schriften Ver. Gesch. Naturgesch. Baar 33: 117–135; Donaueschingen.
WITSCHEL, M. (1986): Zur Ökologie, Verbreitung und Vergesellschaftung des Berghähnleins (*Anemone narcissiflora* L.) in Baden-Württemberg. – Veröff. Naturschutz Landschaftspflege Bad.-Württ. 61: 155–173; Karlsruhe.
WITSCHEL, M. (1986): Zur Ökologie, Verbreitung und Vergesellschaftung von *Daphne cneorum* L. in Baden-Württemberg, unter Berücksichtigung der zönologischen Verhältnisse in den anderen Teilarealen. – Jh. Ges. Naturk. Württ. 141: 157–200; Stuttgart.
WITSCHEL, M. (1987): Die Verbreitung und Vergesellschaftung der Federgräser (*Stipa* L.) in Baden-Württemberg. – Jh. Ges. Naturk. Württ. 142: 157–196; Stuttgart.
WITSCHEL, M. (1989): Ökologie, Verbreitung und Vergesellschaftung von Amethyst-Schwingel (*Festuca amethystina* L.) und Horst-Segge (*Carex sempervirens* Vill.) in Baden-Württemberg. – Jh. Ges. Naturk. Württ. 144: 177–209; Stuttgart.
WITSCHEL, M. (1993): Zur Synsystematik der *Trinia glauca*-reichen Trockenrasen im südlichen Oberrheinraum – Carolinea 51: 27–40; Karlsruhe.
WITTMANN, H. u. W. STROBL (1986): Zur Kenntnis der Gattung *Galeobdolon* Adans. im Bundesland Salzburg – Ber. Bayer. Bot. Ges. 57: 163–176; München.
WÖRZ, A. (1992): Untersuchungen zur Abgrenzung, Verbreitung und Standortswahl von *Anthriscus sylvestris* (L.) Hoffm. ssp. *stenophylla* (Rouy u. Camus) Briquet (Apiaceae). – Bot. Jahrb. Syst. 114 (3): 329–348; Stuttgart.
WÖRZ, A. (1995): Über die Arten der Sektion *Leptogalium* LANGE sensu EHRENDORFER der Gattung *Galium* (Rubiaceae) auf der Schwäbischen Alb. – Jh. Ges. Naturkde. Württemberg 151. Stuttgart.
WOJCIECHOWSKA, B. (1966): Morfologia i anatomia owocow i nasion z rodziny Labiatae ze szczegolnym uwzglednieniem gatunkow leczniczych (Morphology and anatomy of fruits and seeds in the family Labiatae with particular respect to medicinal species) – Monographiae Botanicae 21: 3–142; Warschau.

WOLFF, P. u. A. SCHWARZER (1991): *Ranunculus rionii* Lagger – eine neue Wasserpflanze in Deutschland. – Flor. Rundbr. 25: 69–85; Göttingen.

WOLFF, P. u. O. ORSCHIEDT (1993): *Lemna turionifera* Landolt – eine neue Wasserlinse für Süddeutschland, mit den Erstnachweisen für Europa. – Carolinea 51: 9–26; Karlsruhe.

WU, C.Y. (1981): Another new genus of Adoxaceae with special references on the infrafamiliar evolution and the systematic position of the family. – Acta Bot. Yunnanica 3 (4): 383–388.

WU, C.Y., Z.L. WU and R.F. HUANG (1981): *Sinadoxa* C.Y. Wu, Z.L. Wu & R.F. Huang, genus novum familiae Adoxacearum. – Acta Phytotax. Sin. 19 (2): 203–210.

YAO, G. (1992): A new species and a newly recorded species of *Adoxa* L. from Xizang. – Acta Phytotax. Sin. 30 (2): 179–180.

ZACHMANN (1887): Neue Standorte. – Mitt. Bot. Ver. Kreis Freiburg und das Land Baden 1 (44): 386–387; Freiburg i. Br.

ZAHN, H. (1891): Altes und Neues aus der badischen Flora. – Mitt. Bad. Bot. Ver. 2 (83): 268–270; Freiburg i. Br.

ZAHN, H. (1889): Flora der Baar und der angrenzenden Landesteile. Schriften Ver. Geschichte u. Naturgeschichte der Baar 7: 1–74; Donaueschingen.

ZAHN, K.H. (1888): Sommer um den Feldberg. – Mitt. Bot. Ver. Kreis Freiburg und das Land Baden 1 (45): 391–402; Freiburg i. Br.

ZAHN, K.H. (1890–1891): Altes und Neues aus der badischen Flora. – Mitt. Bad. Bot. Ver. 2 (76–79, 83): 234–236 (1890), 268–270 (1891); Freiburg i. Br.

ZAHN, K.H. (1895): Altes und Neues aus der badischen Flora und den angrenzenden Gebieten. – Mitt. Bad. Bot. Ver. 3 (131/132): 279–289; Freiburg i. Br.

ZAUNER, F. (1992): Anhang 3: Die Pflanzenfunde von Oberflacht. – In: SCHIEK, S.: Das Gräberfeld der Merowingerzeit bei Oberflacht. – Forsch. Ber. Vor- u. Frühgesch. Bad.-Württ. 41: 128–166; Stuttgart.

ZELTNER, L. (1970): Recherches de biosystematique sur les genres *Blackstonia* Huds. et *Blackstonia* Hill. – Bull. Soc. Neuchâteloise Sci. Nat. 93: 5–164; Neuchâtel.

Zentralstelle für die Floristische Kartierung der Bundesrepublik Deutschland (Nord) (Hrsg.) (1993): bearbeitet von WISSKIRCHEN, R.: Standardliste der Farn- und Blütenpflanzen der Bundesrepublik Deutschland (vorläufige Fassung) – Beih. Flor. Rundbr. 3: 478 S.; (Goltze), Bochum.

ZEVEN, A.C. u. J.M.J. DE WET (1982): Dictionary of cultivated plants and their regions of diversity. Wageningen.

ZIELONKOWSKI, W. (1968): Die Verbreitung von *Callitriche obtusangula* Legall in Bayern. – Ber. Bayer. Bot. Ges. 40 (1967/68): 63–65; München.

ZIMMERMANN, F. (1906/1907): Flora von Mannheim und Umgebung. – Mitt. Bad. Bot. Ver. 5: 85–104, 109–137, 141–158; Freiburg i. Br.

ZIMMERMANN, F. (1907): Die Adventiv- und Ruderalflora von Mannheim, Ludwigshafen und der Pfalz nebst den selteneren einheimischen Blütenpflanzen und den Gefäßkryptogamen. Auch in Mitt. Pollichia 67: 1–174; Bad Dürkheim, 1922. 1. Aufl., 171 S.; (H. Haas), Mannheim.

ZIMMERMANN, G. (1911): Neue Standorte. – Mitt. Bad. Landesver. Naturk. 6 (261–262): 95–96; Freiburg i. Br.

ZIMMERMANN, G. u. W. ZIMMERMANN. (1911): Neue Standorte – Mitt. Bad. Landesver. Naturk. 6 (263–264): 111–112; Freiburg i. Br.

ZIMMERMANN, P. (1992): Das geplante Natur- und Landschaftsschutzgebiet „Wolfachtal mit Seitentälern". Ein wertvolles Schwarzwald-Talsystem im Landkreis Freudenstadt. – Veröff. Naturschutz Landschaftspflege Bad.-Württ. 67 (1991): 165–204; Karlsruhe.

ZIMMERMANN, W. (1923): Neufunde und neue Standorte in der Flora von Achern (1918–1923). – Mitt. Bad. Landesver. Naturk. Naturschutz Freiburg N.F. 1 (11): 263–269; Freiburg i. Br.

ZIMMERMANN, W. (1924): Xerothermensiedlungen am südöstlichen badischen Jurarand. – Mitt. Bad. Landesver. Naturk. Naturschutz Freiburg N.F. 1: 298–301; Freiburg i. Br.

ZIMMERMANN, W. (1926): Weitere Neufunde und Standortsmitteilungen aus der Flora von Achern (1924–25). – Mitt. Bad. Landesver. Naturk. Naturschutz Freiburg N.F. 2 (3): 28–32; Freiburg im Breisgau.

ZIMMERMANN, W. (1929): Neufunde und Standortsmitteilungen aus der Flora von Achern (1926–1928). – Beitr. Naturw. Erforsch. Badens 4: 57–61; Freiburg i. Br.

ZIMMERMANN, W. (1936–1937): Das Anfangsherbarium des HIERONYMUS HARDER. – Bände: 76 (64), 693–5, 12. 8. 1936; 77 (86), 834–6, 27. 10. 1937; 77 (87), 845–6, 30. 10. 1937; 77 (88), 852–5, 30. 10. 1937. – Süddeutsche Apotheker-Zeitung 76/77: Stuttgart.

ZOBRIST, L. (1935): Pflanzensoziologische und bodenkundliche Untersuchungen des Schoenetum nigricantis im nordwestschweizerischen Mittellande. – Beitr. Geobot. Landesaufn. Schweiz 18: 144 S.; Bern.

ZOLLER, H. (1954): Die Arten der *Bromus erectus*-Wiesen des Schweizer Juras. – Veröff. Geobot. Inst. der ETH, Stift. Rübel, Zürich 28: 283 S.; Bern.

Pflanzenregister